The Control Handbook:
Control System Applications, Second Edition

控制手册:控制系统的行业应用(第2版)

(上册)

〔美〕 威廉·S·莱文 编著

William S. Levine

University of Maryland, College Park, MD, USA

张爱民 任志刚 李 晨
杨 旸 王 莹 任晓栋 译

西安交通大学出版社

Xi'an Jiaotong University Press

The Control Handbook: Control System Applications, Second Edition
William S. Levine
ISBN: 978-1-4200-7360-7

陕西省版权局著作权合同登记号:图字 25-2011-214 号

图书在版编目(CIP)数据

控制手册:控制系统的行业应用.上册/〔美〕威廉·S·莱文(William S. Levine)主编;张爱民等译.—2版.—西安:西安交通大学出版社,2016.9.
书名原文:The Control Handbook: Control System Applications, Second Edition
ISBN 978-7-5605-8794-3

Ⅰ.①控… Ⅱ.①威… ②张… Ⅲ.①工业控制系统 Ⅳ.①TP273

中国版本图书馆 CIP 数据核字(2016)第 174326 号

书　　名 控制手册:控制系统的行业应用(第 2 版)(上册)
编　　著 〔美〕威廉·S·莱文
译　　者 张爱民　任志刚　李　晨　杨　旸　王　莹　任晓栋

出版发行 西安交通大学出版社
(西安市兴庆南路 10 号　邮政编码 710049)
网　　址 http://www.xjtupress.com
电　　话 (029)82668357　82667874(发行中心)
(029)82668315　82669096(总编办)
传　　真 (029)82669097
印　　刷 陕西宝石兰印务有限责任公司

开　　本 787 mm×1092 mm　1/16　**印　张** 31.5　**字　数** 786 千字
版次印次 2017 年 6 月第 1 版　2017 年 6 月第 1 次印刷
书　　号 ISBN 978-7-5605-8794-3
定　　价 112.00 元

读者购书、书店添货如发现印装质量问题,请与本社发生中心联系、调换。
订购热线:(029)82665248　(029)82665249
投稿热线:(029)82665397
读者信箱:banquan1809@126.com

译者序

《控制手册》(第2版)的作者们在第1版的基础上,收录了自第1版之后200多名权威专家在控制系统方面的前沿研究,并将其从第1版的一本扩展为三本,包括《控制系统的基础》、《控制系统的行业应用》、《控制系统的先进方法》。

《控制系统的行业应用》共收录了84位权威专家在各个行业领域中进行控制系统设计及应用的34个实际案例,主要涉及汽车(包括PEM燃料电池)、航空航天、机器与过程工业控制、生物医学(包括机器人手术和药物研发)、电子和通信网络等领域,以及金融资产投资组合的构建、土木建筑结构的地震响应控制、量子估计和控制、空调制冷系统的建模和控制等"特殊应用领域"。

本书译者将原书中的34个不同的控制系统设计及应用案例分为上下两册进行组织,上册由汽车、航空航天和过程工业控制领域中的18个实际应用案例组成,下册由生物医学、电子、通信网络及其他特殊应用领域的16个实际应用案例组成。

这些应用案例大多属于交叉学科,都是控制理论与技术在行业领域中的最新应用,代表着最先进的控制技术的发展方向。

本书译者期望把控制理论与方法在各行业领域中的最新应用尽早展现给读者,但鉴于书中涉及到许多不同的行业及专业术语,在翻译过程中难免有不妥之处,敬请读者谅解和指正。

在此还要感谢在翻译过程中给予帮助的张早校教授和杨卫卫教授。

张爱民

2017年5月于西安交通大学

第 2 版序言

正如你了解的那样,《控制手册》(第 1 版)反响颇佳,获得了很好的销量,很多读者告诉我他们觉得这本书十分有用。对于出版者而言,这就是再版的理由;对于第 1 版的编者来说,这也是一个不利因素。第 2 版不会像第 1 版那么好这一风险是真实存在而且令人不安的。我尽力保证第 2 版至少会像第 1 版一样好,希望你们赞同我已经做到这一点。

我在第 2 版中进行了两个大的调整。第一,《行业应用》一书中的所有案例都是全新的。工程实践中的一个不可改变的事实是,一旦一个问题得到解决,人们就不会像它没解决时那么感兴趣了。在第 2 版中,我尽力寻找了一些特别具有启发性且令人激动的应用。

第二,我意识到根据学科分类来组织《行业应用》一书的编写是不合理的。大部分控制应用都是跨学科的。例如,一个自动控制系统包含把机械信号转变为电信号的传感器、把电信号转变为机械信号的执行机构、若干计算机以及把传感器、执行机械、计算机连接起来的通信网络,他们不属于任何一个特定的学科领域。你会发现这些实例现在是根据应用领域的分类而组织起来的,比如自动化领域和航空航天领域。

这种新的组织会带来一个小小的、但在我看来很有趣的问题。一些很精彩的应用不适合这种新分类方法,起初我把他们归并到杂项中。有些作者认为"杂项"这个词有点负面含义而表示反对,我也同意他们的说法。经再三考虑,并咨询文学方面的朋友和查询了图书馆资料后,我把这一章节重新命名为"特殊应用"。抛开名字不谈,这些都是很有趣而且很重要的例子,我希望读者会像对待符合我分类方案的其他章节一样,阅读这些论文。

《先进方法》一书中涉及的领域也有了显著的改进,为此第 2 版中收录了二十几篇全新论文。一部分位于两个新的章节中:混合系统分析和设计以及网络和网络控制。

《基础》一书中也有了一些改变,主要体现在更注重抽样和离散化,这是因为现在的大部分系统都是数字的。

我很享受编辑第 2 版的过程,同时也学到了很多。我希望读者们也能享受阅读的过程并有所收获。

William S. Levine

鸣　谢

书中各篇论文的作者们对本书第 2 版起到了至关重要的作用，他们花费了非常多的精力进行论文创作，以至于我自己都怀疑我是否能够报答他们的辛勤劳作。真的非常感谢他们！

顾问/编辑委员会的成员为第 2 版的主题选择和作者寻找提供了很大的帮助，在此表示感谢。两位学者为本书提供了特别帮助，Davor Hrovat 负责自动化应用，Richard Braatz 在工业过程控制应用和选择方面发挥了关键作用。

我很荣幸能够在此对成就了《控制手册》（第 2 版）的人员表示感谢与认可。Taylor & Francis/CRC 出版社工程与环境科学的出版人 Nora Konopka 很久之前就在鼓励我出版这第 2 版，虽然几经波折，但我最终还是被她说服。项目协调员 Jessica Vakili 和 Kari Budyk 在与潜在作者以及同意写作论文的作者进行联系沟通方面提供了巨大帮助。此外，高级项目主管 Syed Mohamad Shajahan 非常有效地处理了所有生产阶段，Taylor & Francis/CRC 出版社的项目编辑 Richard Tressider 在本书的出版过程中为我们把握方向，并进行监督和质量控制。没有以上人员及他们的助理，就不会有第 2 版的出版；就算有，那也会比现在看到的差很多。

最重要的是，我要感谢我的妻子 Shirley Johannesen Levine，感谢她嫁给我这么多年以来为我做的每一件事。她不仅参与了编辑本书，她为我的每一件工作所做的贡献都数不胜数。

William S. Levine

编辑委员会

编　者

William S. Levine 在麻省理工学院获得了学士、硕士以及博士学位，后加入了马里兰大学帕克分校，目前担任电子与计算机工程系研究教授。在他的整个职业生涯中，他一直致力于控制系统的设计和分析以及估计滤波与系统建模中的相关问题。为了理解一些有趣的控制器的结构，他和几位神经生理学家合作，在哺乳动物运动控制方面进行了大量的研究。

他是 1992 年 3 月出版的《基于 Matlab 的控制系统的分析和设计》的合著者之一，该书在 1995 年 3 月出版第 2 版；他还是 Birkhauser 出版社出版的《网络和嵌入式控制系统手册》一书的合编者之一。此外，他也是 Birkhauser 出版社控制工程系列丛书的编辑。他曾担任 IEEE 控制系统学会和美国自动控制委员会的主席，目前担任 SIAM 控制理论及其应用特别兴趣小组的主席。

他是 IEEE 会士，IEEE 控制系统学会的杰出会员，也是 IEEE 第三千禧奖章的获得者。他和他的合作者们由于在旋翼飞机方面的杰出研究而获得 1998 年的 Schroers 奖。此外，他和他的另一个团队还因论文"Discrete-Time Point Processes in Urban Traffic Queue Estimation"而获得了《IEEE 自动控制学报》的优秀论文奖。

参与人

Farhad Aghili：加拿大太空局航天器工程部门，加拿大魁北克 Saint-Hubert
Juan C. Agüero：纽卡斯尔大学电气工程和计算机科学学院，澳大利亚新南威尔士州卡拉汉
Andrew Alleyne：伊利诺伊大学香槟分校机械科学与工程系，伊利诺伊州厄巴纳
Anuradha M. Annaswamy：麻省理工学院机械工程系，马萨诸塞州剑桥市
Francis Assadian：克莱菲尔德大学汽车工程系，英国克莱菲尔德
John J. Baker：密歇根大学机械工程系，密歇根州安阿伯市
Matthijs L. G. Boerlage：通用电气全球研究中心，可再生能源系统和仪表部，德国慕尼黑
Michael A. Bolender：美国空军实验室，卓越控制科学中心，俄亥俄州赖特-帕特森空军基地
Dominique Bonvin：瑞士联邦理工学院洛桑分校自动控制实验室，瑞士洛桑
Francesco Borrelli：加州大学伯克利分校机械工程系，加州伯克利
Richard D. Braatz：伊利诺伊大学香槟分校化学工程学系，伊利诺伊州厄巴纳
Vikas Chandan：伊利诺伊大学香槟分校机械科学与工程系，伊利诺伊州厄巴纳
Panagiotis D. Christofides：加州大学洛杉矶分校化学与生物分子工程系、电气工程系，加州洛杉矶
Francesco Alessandro Cuzzola：Danieli Automation，意大利 Buttrio
Raymond A. DeCarlo：普渡大学电气和计算机工程系，印第安纳州西拉斐特市
Josko Deur：萨格勒布大学机械工程及造船工程系，克罗地亚萨格勒布
Jaspreet S. Dhupia：南洋理工大学机械和航空航天工程学院，新加坡
Stefano Di Cairano：福特汽车公司，密歇根州迪尔伯恩市
David B. Doman：美国空军实验室，卓越控制科学中心，俄亥俄州赖特-帕特森空军基地
Thomas F. Edgar：德克萨斯大学奥斯汀分校化学工程学系，德克萨斯州奥斯汀市
Atilla Eryilmaz：美国俄亥俄州立大学电子和计算机工程部门，俄亥俄州哥伦布市
Paolo Falcone：查尔姆斯理工学院信号与系统部门，瑞典 Goteborg
Thor I. Fossen：挪威科技大学工程控制论及船舶和海洋中心结构系，挪威特隆赫姆
Grégory François：瑞士联邦理工学院洛桑分校自动控制实验室，瑞士洛桑
Henri P. Gavin：杜克大学土木与环境工程系，北卡罗来纳州达勒姆
Veysel Gazi：TOBB 大学电气电子工程系，土耳其安卡拉
Hans P. Geering：瑞士联邦理工学院测量和控制实验室，瑞士苏黎世
Alvaro E. Gil：施乐研究中心，纽约韦伯斯特
Graham C. Goodwin：纽卡斯尔大学电气工程和计算机科学学院，澳大利亚新南威尔士州卡拉汉

Lino Guzzella：瑞士联邦理工学院，瑞士苏黎世
Michael A. Henson：马萨诸塞大学阿姆斯特分校化学工程学系，马萨诸塞州阿姆赫斯特
Raymond W. Holsapple：美国空军实验室，卓越控制科学中心，俄亥俄州赖特-帕特森空军基地
Seunghyuck Hong：麻省理工学院机械工程系，马萨诸塞州剑桥市
Karlene A. Hoo：德克萨斯理工大学化学工程学系，德克萨斯州卢博克市
Davor Hrovat：研发和先进工程部，福特汽车公司，密歇根州迪尔伯恩市
Gangshi Hu：加州大学洛杉矶分校化学与生物分子工程系，加州洛杉矶
Neera Jain：伊利诺伊大学香槟分校机械科学与工程部门，伊利诺伊州厄巴纳
Matthew R. James：澳大利亚国立大学工程和计算机科学学院，澳大利亚堪培拉
Mrdjan Jankovic：研发和先进工程部，福特汽车公司，密歇根州迪尔伯恩市
Mustafa Khammash：加利福尼亚大学圣巴巴拉分校机械工程系，加州圣塔芭芭拉
Ilya Kolmanovsky：研发和先进工程部，福特汽车公司，密歇根州迪尔伯恩市
Robert L. Kosut：SC公司，加州森尼维尔市
Rajesh Kumar：美国约翰霍普金斯大学计算机科学系，马里兰州巴尔的摩市
Katrina Lau：纽卡斯尔大学计算机科学系，澳大利亚新南威尔士州卡拉汉
Bin Li：伊利诺伊大学香槟分校机械科学与工程系，伊利诺伊州厄巴纳
Mingheng Li：加州州立理工大学化学和材料工程系，加州波莫纳
Rongsheng (Ken) Li：波音公司，加州埃尔塞贡多
Jianbo Lu：研发和先进工程部，福特汽车公司，密歇根州迪尔伯恩市
Stephen Magner：研发和先进工程部，福特汽车公司，密歇根州迪尔伯恩市
Amir J. Matlock：密歇根大学航空航天工程系，密歇根州安阿伯市
Lalit K. Mestha：施乐研究中心，纽约韦伯斯特
Roel J. E. Merry：爱因霍芬科技大学机械工程系，荷兰爱因霍芬
Marinus J. van de Molengraft：爱因霍芬科技大学机械工程系，荷兰爱因霍芬
Brian Munsky：洛斯阿拉莫斯国家实验室，CCS-3和非线性研究中心，新墨西哥州洛斯阿拉莫斯
Zoltan K. Nagy：拉夫堡大学化学工程系，英国拉夫堡
Jason C. Neely：普渡大学电子与计算机工程系，印第安纳州西拉斐特市
Babatunde Ogunnaike：特拉华大学化学工程系，特拉华州纽瓦克
Michael W. Oppenheimer：美国空军实验室，卓越控制科学中心，俄亥俄州赖特-帕特森空军基地
Gerassimos Orkoulas：加州大学洛杉矶分校化学与生物分子工程系，加州洛杉矶
Rich Otten：伊利诺伊大学香槟分校机械科学与工程系，伊利诺伊州厄巴纳
Thomas Parisini：的里雅斯特大学电气电子工程系，意大利的里雅斯特
Kevin M. Passino：美国俄亥俄州立大学电子与计算机工程系，俄亥俄州哥伦布市
Steven D. Pekarek：普渡大学电子与计算机工程系，印第安纳州西拉斐特市
Tristan Perez：纽卡斯尔大学工程学院，澳大利亚新南威尔士州卡拉汉；挪威科技大学船舶和

海洋结构中心，挪威特隆赫姆

Michael J. Piovoso：宾夕法尼亚州立大学研究生学院，宾夕法尼亚州莫尔文

Giulio Ripaccioli：锡耶纳大学信息化工程系，意大利锡耶纳

Charles E Rohrs：Rohrs 咨询公司，马萨诸塞州牛顿

Michael J. C. Ronde：爱因霍芬科技大学机械工程系，荷兰爱因霍芬

Melanie B. Rudoy：麻省理工学院电子与计算机科学，马萨诸塞州剑桥市

Michael Santina：波音公司，加利福尼亚州密封海滩

Antonio Sciarretta：IFP Energies Nouvelles，法国 Rueil-Malmaison

Jeff T. Scruggs：杜克大学土木与环境工程系，北卡罗来纳州达勒姆

Srinivas Shakkottai：德州农工大学电子与计算机工程系，德克萨斯州大学站

Jason B. Siegel：密歇根大学机械工程系，密歇根州安阿伯市

Eduardo I. Silva：费德里科·圣玛丽亚技术大学电子工程系，智利瓦尔帕莱索

Masoud Soroush：德雷塞尔大学化学和生物工程系，宾夕法尼亚州费城

Anna G. Stefanopoulou：密歇根大学机械工程系，密歇根州安阿伯市

Maarten Steinbuch：爱因霍芬科技大学机械工程系，荷兰爱因霍芬

Hongtei E. Tseng：研发和先进工程部，福特汽车公司，密歇根州迪尔伯恩市

A. Galip Ulsoy：密歇根大学机械工程系，密歇根州安阿伯市

M. Vidyasagar：德克萨斯大学达拉斯分校生物工程学系，德克萨斯州理查森

Meng Wang：纽卡斯尔大学电气工程和计算机科学学院，澳大利亚新南威尔士州卡拉汉

Diana Yanakiev：研发和先进工程部，福特汽车公司，密歇根州迪尔伯恩市

Xinyu Zhang：加州大学洛杉矶分校化学与生物分子工程系，加州洛杉矶

目　录

第一部分　汽车领域

第三部分 工业领域

第一部分

汽车领域

1

非线性系统的线性变参数控制在汽车与航空领域中的应用[①]

Hans P. Geering
瑞士联邦理工学院

1.1 引言

本章将利用连续可微的系统矩阵 $\boldsymbol{A}(\boldsymbol{\theta})$、$\boldsymbol{B}(\boldsymbol{\theta})$和 $\boldsymbol{C}(\boldsymbol{\theta})$来表示具有参数向量 $\boldsymbol{\theta}$ 的线性变参数(Linear Parameter-Varying,LPV)对象[$\boldsymbol{A}(\boldsymbol{\theta})$,$\boldsymbol{B}(\boldsymbol{\theta})$,$\boldsymbol{C}(\boldsymbol{\theta})$]。正如 1.2 节所述,通常可以通过非线性对象模型在其标称轨迹处的线性化来获得这样的 LPV 对象的描述。本章将要考虑的控制问题是要寻找具有其状态空间模型的系统矩阵为 $\boldsymbol{F}(\boldsymbol{\theta})$、$\boldsymbol{G}(\boldsymbol{\theta})$和 $\boldsymbol{H}(\boldsymbol{\theta})$形式的 LPV 连续时间控制器。

在 1.3 节中,将把控制问题表述为采用混合灵敏度方法的 $\boldsymbol{H}_\infty$ 问题,并允许整形权重 $\boldsymbol{W}_e(\boldsymbol{\theta},s)$、$\boldsymbol{W}_u(\boldsymbol{\theta},s)$和 $\boldsymbol{W}_y(\boldsymbol{\theta},s)$是参数时变的。该方法最具吸引力的特点是能够确定鲁棒控制系统的变参数带宽 $\boldsymbol{\omega}_c(\boldsymbol{\theta})$。在 1.4 节中,将描述对合适的整形权重进行选择的方法。有关设计方法的更多细节,读者可以参考文献[1~6]。

在 1.5 节中,将给出如何利用 1.3 节和 1.4 节提出的框架来处理对象动态特性中的变参数时延问题。对于更多的细节,请查阅文献[5,7]。

在 1.6 节中,将讨论所提方法在汽车发动机控制领域中的两个应用。在第一个应用[4,5,8]中,将介绍用于燃料喷射的 LPV 反馈控制器的设计,该设计适用于发动机的整个工作范围。

在第二个应用[9,10]中,为了补偿端口喷射的(port-injected)汽油发动机进气歧管的变参数湿壁动态特性,将利用 LPV 反馈控制器的设计原理来设计附加的 LPV 前馈控制器。

在 1.7 节中,将讨论飞行器短期运动的 LPV 控制问题。

1.2 控制问题的陈述

假设如下非线性时不变动态系统(“对象”)具有无约束的输入向量 $\boldsymbol{U}(t)\in\mathbf{R}^m$,状态向量

---

① 在获得许可后,部分内容翻印自文献:*Proceedings of the IEEE International Symposium on Industrial Electronics—ISIE* 2005,Dubrovnik,Croatia,June 20-23,2005. pp. 241-246,c 2005. IEEE。

$\boldsymbol{X}(t)\in\mathbf{R}^n$,输出向量 $\boldsymbol{Y}(t)\in\mathbf{R}^p$:

$$\dot{\boldsymbol{X}}(t)=f(\boldsymbol{X}(t),\boldsymbol{U}(t))$$
$$\boldsymbol{Y}(t)=g(\boldsymbol{X}(t))$$

其中,f 和 g 为完全“平滑的”连续可微函数。

对于一个相当大的时间间隔 $t\in[0,T]$(可能 $T=\infty$),假设已经找到了一个合理的甚至是最优的开环控制策略 $\boldsymbol{U}_{\text{nom}}(t)$,理论上此时应该产生标称的状态 $\boldsymbol{X}_{\text{nom}}(t)$和输出轨迹 $\boldsymbol{Y}_{\text{nom}}(t)$。

为了保证实际状态 $\boldsymbol{X}(t)$和输出轨迹 $\boldsymbol{Y}(t)$始终接近各自的标称值,应在开环控制 $\boldsymbol{U}_{\text{nom}}(t)$的基础上,增加(修正的)反馈部分 $\boldsymbol{u}(t)$。这样,组合后的开-闭环输入向量为:

$$\boldsymbol{U}(t)=\boldsymbol{U}_{\text{nom}}(t)+\boldsymbol{u}(t)$$

状态误差和输出轨迹误差分别为:

$$\boldsymbol{x}(t)=\boldsymbol{X}(t)-\boldsymbol{X}_{\text{nom}}(t)$$
$$\boldsymbol{y}(t)=\boldsymbol{Y}(t)-\boldsymbol{Y}_{\text{nom}}(t)$$

假设采用小的闭环修正作用 $\boldsymbol{u}(t)$能够使上述误差保持最小,那么就允许我们在线性化后的对象动态特性的基础上,设计线性(变参数)输出反馈控制器:

$$\dot{\boldsymbol{x}}(t)=\boldsymbol{A}(\boldsymbol{\theta})\boldsymbol{x}(t)+\boldsymbol{B}(\boldsymbol{\theta})\boldsymbol{u}(t)$$
$$\boldsymbol{y}(t)=\boldsymbol{C}(\boldsymbol{\theta})\boldsymbol{x}(t)$$

其中,符号 $\boldsymbol{A}(\boldsymbol{\theta})$、$\boldsymbol{B}(\boldsymbol{\theta})$和 $\boldsymbol{C}(\boldsymbol{\theta})$表示以下 Jacobi 矩阵:

$$\boldsymbol{A}(\boldsymbol{\theta})=\frac{\partial f}{\partial \boldsymbol{x}}(\boldsymbol{X}_{\text{nom}}(t),\boldsymbol{U}_{\text{nom}}(t))$$

$$\boldsymbol{B}(\boldsymbol{\theta})=\frac{\partial f}{\partial \boldsymbol{u}}(\boldsymbol{X}_{\text{nom}}(t),\boldsymbol{U}_{\text{nom}}(t))$$

$$\boldsymbol{C}(\boldsymbol{\theta})=\frac{\partial g}{\partial \boldsymbol{x}}(\boldsymbol{X}_{\text{nom}}(t))$$

符号 $\boldsymbol{\theta}$(或更准确地应为 $\boldsymbol{\theta}(t)$)表示参数向量,这样就可将 Jacobi 矩阵参数化。Jacobi 矩阵分别包含了状态向量和控制向量的参考值 $\boldsymbol{X}_{\text{nom}}(t)$和 $\boldsymbol{U}_{\text{nom}}(t)$,也可能包含一些附加的“外部”信号,这些信号将对描述对象动态特性的非线性方程的参数(例如,温度,它没有被作为状态变量包含在模型中)产生影响。

通过使用符号 $\boldsymbol{\theta}$ 而不是 $\boldsymbol{\theta}(t)$,表明在每个时刻 t(“被冻结的线性化动态特性”),我们都是在时不变线性化对象的基础上设计反馈控制器的。

这就产生了如下的 LPV 控制器设计问题:

对于参数向量 $\boldsymbol{\theta}$ 所有可取的值,设计一个具有如下状态空间描述的鲁棒动态控制器(具有合适的阶次 n_c)

$$\boldsymbol{z}(t)\in\mathbf{R}^{n_c}$$
$$\dot{\boldsymbol{z}}(t)=\boldsymbol{A}_c(\boldsymbol{\theta})\boldsymbol{z}(t)+\boldsymbol{B}_c(\boldsymbol{\theta})\boldsymbol{e}(t)$$
$$\boldsymbol{u}_s(t)=\boldsymbol{C}_c(\boldsymbol{\theta})\boldsymbol{z}(t)$$

使其满足所有指定的定量且与参数有关的性能,以及鲁棒性的性能指标(见图 1.1)。

在 1.3 节中,将把上述相当普遍的问题缩减为一个合适而易懂的 H_∞ 控制的设置问题,并将给出解决方案。

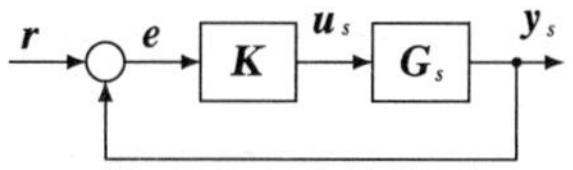

图 1.1　反馈控制系统示意图

1.3　LPV H_∞控制

本节来考虑阶次为 n_s 的 LPV 时不变对象：

$$\dot{\boldsymbol{x}}_s(t) = \boldsymbol{A}_s(\boldsymbol{\theta})\boldsymbol{x}_s(t) + \boldsymbol{B}_s(\boldsymbol{\theta})\boldsymbol{u}_s(t)$$
$$\boldsymbol{y}_s(t) = \boldsymbol{C}_s(\boldsymbol{\theta})\boldsymbol{x}_s(t)$$

为简单起见，假设对象是“方”的，即输出信号个数等于输入信号个数：$p_s = m_s$。

此外，假设输入 u_s、状态 x_s 和输出 y_s 均经过适当的尺度变换，这样频率响应矩阵 $\boldsymbol{G}_s(j\omega) = \boldsymbol{C}_s[j\omega I - A_s]^{-1}\boldsymbol{B}_s$ 的奇异值的范围就不会太宽。

现在，利用文献[1,2]中的 H_∞ 方法来对图 1.1 所描述的 LPV 时不变控制器 $\boldsymbol{K}(\boldsymbol{\theta})$进行设计。对与参数有关的权值 $W.(\boldsymbol{\theta},s)$的利用是该方法的一个创新点。这个特点尤其能够让我们调节更好地调节闭环控制系统的带宽 $\omega_c(\boldsymbol{\theta})$，以适应对象的参数依赖特性。

图 1.2 为抽象的通用 H_∞ 控制系统示意图。其中，$\boldsymbol{K}(\boldsymbol{\theta})$为想要设计的控制器，$\boldsymbol{G}(\boldsymbol{\theta},s)$为所谓的增广对象。设计的目的是确定补偿器 $\boldsymbol{K}(\boldsymbol{\theta},s)$，以使得从辅助输入 w 到辅助输出 z 的 H_∞ 范数小于 $\gamma(\gamma \leqslant 1)$，即对于定常参数向量 $\boldsymbol{\theta}$ 的所有可取值，满足：

$$\| \boldsymbol{T}_{zw}(\boldsymbol{\theta},s) \| \infty < \gamma \leqslant 1$$

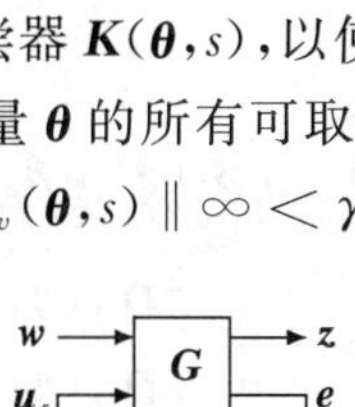

图 1.2　H_∞控制系统的示意图

这里选择混合灵敏度方法进行 H_∞ 设计，以便于我们对控制系统（见图 1.1）中的灵敏度矩阵 $\boldsymbol{S}(j\omega)$和互补灵敏度矩阵 $\boldsymbol{T}(j\omega)$的奇异值进行整形，其中

$$\boldsymbol{S}(\boldsymbol{\theta},s) = [\boldsymbol{I} + \boldsymbol{G}_s(\boldsymbol{\theta},s)\boldsymbol{K}(\boldsymbol{\theta},s)]^{-1}$$
$$\boldsymbol{T}(\boldsymbol{\theta},s) = \boldsymbol{G}_s(\boldsymbol{\theta},s)\boldsymbol{K}(\boldsymbol{\theta},s)[\boldsymbol{I} + \boldsymbol{G}_s(\boldsymbol{\theta},s)\boldsymbol{K}(\boldsymbol{\theta},s)]^{-1}$$
$$= \boldsymbol{G}_s(\boldsymbol{\theta},s)\boldsymbol{K}(\boldsymbol{\theta},s)\boldsymbol{S}(\boldsymbol{\theta},s)$$

这样，我们选择图 1.3 所描述的标准 $S/KS/T$ 加权方案，可得到下列传递矩阵：

$$\boldsymbol{T}_{zw}(\boldsymbol{\theta},s) = \begin{bmatrix} \boldsymbol{W}_e(\boldsymbol{\theta},s)\boldsymbol{S}(\boldsymbol{\theta},s) \\ \boldsymbol{W}_u(\boldsymbol{\theta},s)\boldsymbol{K}(\boldsymbol{\theta},s)\boldsymbol{S}(\boldsymbol{\theta},s) \\ \boldsymbol{W}_y(\boldsymbol{\theta},s)\boldsymbol{T}(\boldsymbol{\theta},s) \end{bmatrix}$$

增广对象 $\boldsymbol{G}$（见图 1.2）具有两个输入向量 $\boldsymbol{w}$ 和 $\boldsymbol{u}_s$，和两个输出向量 $\boldsymbol{z}$ 和 $\boldsymbol{e}$，其中 $\boldsymbol{z}$ 由三个子向量 $\boldsymbol{z}_e$、$\boldsymbol{z}_y$ 和 $\boldsymbol{z}_u$ 组成（见图 1.3）。图 1.4 的示意图给出了更详细的描述。

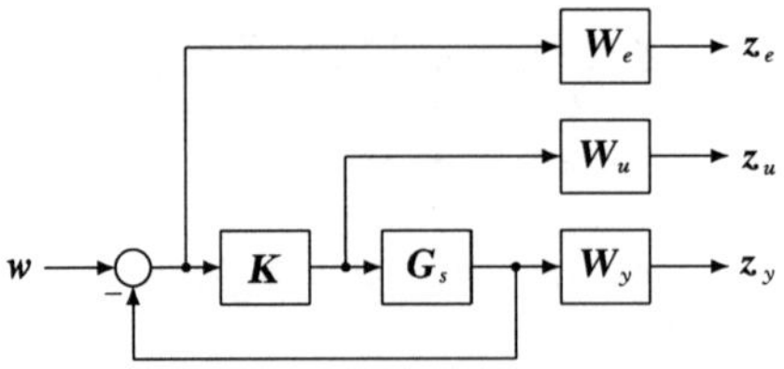

图 1.3　S/KS/T 加权方案

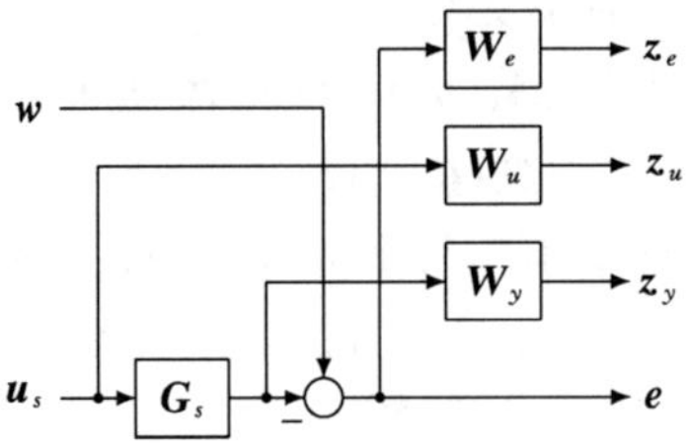

图 1.4　增广对象的示意图

一般情况下，四个子系统 $\boldsymbol{G}_s(\boldsymbol{\theta},s)$、$\boldsymbol{W}_e(\boldsymbol{\theta},s)$、$\boldsymbol{W}_u(\boldsymbol{\theta},s)$和 $\boldsymbol{W}_y(\boldsymbol{\theta},s)$均为 LPV 时不变系统。把它们单独的状态向量组合在一个状态向量 $\boldsymbol{x}$ 中，就可以把增广对象的动态特性描述为如下状态空间模型：

$$\dot{\boldsymbol{x}}(t)=\boldsymbol{A}(\boldsymbol{\theta})x(t)+\begin{bmatrix}\boldsymbol{B}_1(\boldsymbol{\theta}) & \boldsymbol{B}_2(\boldsymbol{\theta})\end{bmatrix}\begin{bmatrix}\boldsymbol{w}(t)\\ \boldsymbol{u}_s(t)\end{bmatrix}$$

$$\begin{bmatrix}\boldsymbol{z}(t)\\ \boldsymbol{e}(t)\end{bmatrix}=\begin{bmatrix}\boldsymbol{C}_1(\boldsymbol{\theta})\\ \boldsymbol{C}_2(\boldsymbol{\theta})\end{bmatrix}\boldsymbol{x}(t)+\begin{bmatrix}\boldsymbol{D}_{11}(\boldsymbol{\theta}) & \boldsymbol{D}_{12}(\boldsymbol{\theta})\\ \boldsymbol{D}_{21}(\boldsymbol{\theta}) & \boldsymbol{D}_{22}(\boldsymbol{\theta})\end{bmatrix}\begin{bmatrix}\boldsymbol{w}(t)\\ \boldsymbol{u}_s(t)\end{bmatrix}$$

为使 H_∞ 控制设计问题的解存在，需要具备以下条件②：

1. 加权 $\boldsymbol{W}_e$、$\boldsymbol{W}_u$ 和 $\boldsymbol{W}_y$ 是渐进稳定的。
2. 对象$[\boldsymbol{A}_s,\boldsymbol{B}_s]$是可镇定的。
3. 对象$[\boldsymbol{A}_s,\boldsymbol{C}_s]$是可检测的。
4. $\boldsymbol{D}_{11}$的最大奇异值足够小：$\bar{\sigma}(\boldsymbol{D}_{11})<\gamma$。
5. 秩$(\boldsymbol{D}_{12})=m_s$，即从 $\boldsymbol{u}_s$ 到 $\boldsymbol{z}$ 具有一个完全的连接通道。
6. 秩$(\boldsymbol{D}_{21})=p_s=m_s$，即从 $\boldsymbol{w}$ 到 $\boldsymbol{e}$ 具有一个完全的连接通道。
7. 系统$[\boldsymbol{A},\boldsymbol{B}_1]$在虚轴上没有不可控极点。
8. 系统$[\boldsymbol{A},\boldsymbol{C}_1]$在虚轴上没有不可检测极点。

注：

条件 6 能够自动得到满足（见图 1.4）。条件 7 要求对象 G_s 在虚轴上没有极点。而通过把前馈矩阵 $\boldsymbol{W}_u$ 选择为一个小的方形的静态矩阵：$\boldsymbol{W}_u(s)\equiv\varepsilon\boldsymbol{I}$，则可以很容易地满足条件 5。

② 为避免繁琐的标记，在推导结果的过程中，没有明确表示各符号对参数向量 $\boldsymbol{\theta}$ 的依赖性。

为了以一种合理美观的形式给出 H_∞ 问题的解，引入下列替换式[3,4]：

$$\boldsymbol{B}=[\boldsymbol{B}_1 \quad \boldsymbol{B}_2]$$

$$\boldsymbol{D}_{1\cdot}=[\boldsymbol{D}_{11} \quad \boldsymbol{D}_{12}]$$

$$\overline{\boldsymbol{R}}=\begin{bmatrix} D_{11}^{\mathrm{T}}D_{11}-\gamma^2 I & D_{11}^{\mathrm{T}}D_{12} \\ D_{12}^{\mathrm{T}}D_{11} & D_{12}^{\mathrm{T}}D_{12} \end{bmatrix}$$

$$\overline{S}=B\overline{R}^{-1}B^{\mathrm{T}}$$

$$\overline{A}=A-B\overline{R}^{-1}D_{1\cdot}^{\mathrm{T}}C_1$$

$$\overline{Q}=C_1^{\mathrm{T}}C_1-C_1^{\mathrm{T}}D_{1\cdot}\overline{R}^{-1}D_{1\cdot}^{\mathrm{T}}C_1$$

$$G=\begin{bmatrix} G_1 \\ G_2 \end{bmatrix}=\overline{R}^{-1}(B^{\mathrm{T}}K+D_{1\cdot}^{\mathrm{T}}C_1)$$

$$\hat{R}=I-\frac{1}{\gamma^2}D_{11}^{\mathrm{T}}D_{11}$$

$$\overline{\overline{R}}=D_{21}\hat{R}(\gamma)^{-1}D_{21}^{\mathrm{T}}$$

$$\overline{\overline{C}}=C_2-D_{21}G_1+\frac{1}{\gamma^2}D_{21}\hat{R}^{-1}D_{11}^{\mathrm{T}}D_{12}G_2$$

$$\overline{\overline{S}}=\overline{\overline{C}}^{\mathrm{T}}\overline{\overline{R}}^{-1}\overline{\overline{C}}-\frac{1}{\gamma^2}G_2^{\mathrm{T}}D_{12}^{\mathrm{T}}D_{12}G_2-\frac{1}{\gamma^4}G_2^{\mathrm{T}}D_2^{\mathrm{T}}D_1 1\hat{R}^{-1}D_{11}^{\mathrm{T}}D_{12}G_2$$

$$\overline{\overline{A}}=A-B_1G_1+\frac{1}{\gamma^2}B_1\hat{R}^{-1}D_{11}^{\mathrm{T}}D_{12}G_2-B_1\hat{R}^{-1}D_{21}^{\mathrm{T}}\overline{\overline{R}}^{-1}\overline{\overline{C}}$$

$$\overline{\overline{Q}}=B_1\hat{R}^{-1}B_1^{\mathrm{T}}-B_1\hat{R}^{-1}D_{21}^{\mathrm{T}}\overline{\overline{R}}^{-1}D_{21}\hat{R}^{-1}B_1^{\mathrm{T}}$$

注：

矩阵 $\boldsymbol{K}$ 与 $\boldsymbol{A}$ 具有相同的维数。下面将给出第一个 Riccati 代数矩阵方程的解。矩阵 $\boldsymbol{G}$ 和 $\boldsymbol{B}^{\mathrm{T}}$ 具有相同的分块。矩阵 $\overline{\boldsymbol{Q}}$ 和 $\overline{\overline{\boldsymbol{Q}}}$ 将自动为半正定矩阵。请记住：所有这些矩阵都是"冻结的"参数向量 $\boldsymbol{\theta}$ 的函数。

H_∞ 问题的解如下文所述。

定理 1.1：

对于给定的 $\gamma>0$，当且仅当 Riccati 代数矩阵方程

$$0=\boldsymbol{K}\overline{\boldsymbol{A}}+\overline{\boldsymbol{A}}^{\mathrm{T}}\boldsymbol{K}-\boldsymbol{K}\overline{\boldsymbol{S}}\boldsymbol{K}+\overline{\boldsymbol{Q}}$$

有一个半正定的镇定解(stabilizing solution)$\boldsymbol{K}$，并且当且仅当 Riccati 代数矩阵方程

$$0=\overline{\overline{\boldsymbol{A}}}\boldsymbol{P}+\boldsymbol{P}\overline{\overline{\boldsymbol{A}}}^{\mathrm{T}}-\boldsymbol{P}\overline{\overline{\boldsymbol{S}}}\boldsymbol{P}+\overline{\overline{\boldsymbol{Q}}}$$

有一个半正定的镇定解 $\boldsymbol{P}$ 时，H_∞ 问题有解。 ■

控制器 $\boldsymbol{K}(s)$ 具有如下状态空间描述：

$$\dot{\boldsymbol{z}}(t)=[\boldsymbol{A}-\boldsymbol{B}_1\boldsymbol{G}_1-\boldsymbol{B}_2\boldsymbol{G}_2-\boldsymbol{H}(\boldsymbol{C}_2-\boldsymbol{D}_{21}\boldsymbol{G}_1-\boldsymbol{D}_{22}\boldsymbol{G}_2)]\boldsymbol{z}(t)+\boldsymbol{H}\boldsymbol{e}(t)$$

$$\boldsymbol{u}_s(t)=-\boldsymbol{G}_2\boldsymbol{z}(t)$$

输入矩阵为：

$$\boldsymbol{H}=[\boldsymbol{P}\overline{\overline{\boldsymbol{C}}}^{\mathrm{T}}+\boldsymbol{B}_1\hat{\boldsymbol{R}}^{-1}\boldsymbol{D}_{21}^{\mathrm{T}}]\overline{\overline{\boldsymbol{R}}}^{-1}$$

注：

对于足够大的 γ 值，上述两个 Riccati 代数矩阵方程具有唯一的镇定解，使得 $\overline{\boldsymbol{A}}-\overline{\boldsymbol{S}}\boldsymbol{K}$ 和 $\overline{\overline{\boldsymbol{A}}}$

$-\boldsymbol{P}\overline{\overline{S}}$是稳定的矩阵。这里将在 $\gamma=1$ 的情况下,针对参数向量 $\boldsymbol{\theta}$ 的所有可取的值,寻找方程的解。

1.4 LPV 权重 $W.(\boldsymbol{\theta},s)$ 的选择

对于与参数无关的 SISO 对象 $G_s(s)$ 而言,控制工程师在观察对象的幅值图 $|G_s(j\omega)|$ 后,便可知道如何选择控制系统的带宽 ω_c(见图 1.1),即回路增益 $|G_s(j\omega)K(j\omega)|$ 的穿越频率。

控制工程师还知道如何根据通频带的灵敏度 $|S(j\omega)|$ 来为满足系统的性能而选择定量的指标,以及如何根据抑制区域的互补灵敏度 $|T(j\omega)|$、穿越区域的 $|S(j\omega)|$(例如 3 dB≈1.4)和 $|\boldsymbol{T}(j\omega)|$ 的峰值(例如 1 dB≈1.12)来为鲁棒性选择定量的性能指标。

由于权重 $\boldsymbol{W}_e$ 和 $\boldsymbol{W}_y$ 能够分别对灵敏度 S 和互补灵敏度 T 进行整形,所以可以根据以下方式选择其权值:

(1)在所有的频率中,选择函数 $\overline{S}(\omega)$ 和 $\overline{T}(\omega)$ 分别从上面约束 $|S(j\omega)|$ 和 $|T(j\omega)|$ 的定量的性能指标;

(2)将权重 $\boldsymbol{W}_e$ 和 $\boldsymbol{W}_y$ 分别选择为 $\overline{S}$ 和 $\overline{T}$ 的逆,以使得 $|\boldsymbol{W}_e(jw)|\equiv 1/\overline{S}(\omega)$ 和 $|\boldsymbol{W}_y(jw)|\equiv 1/\overline{T}(\omega)$ 成立。

例:

为简单起见,令 $\overline{S}(\omega)$ 表示滞后-超前环节,满足:$\overline{S}(0)=S_{\min}=0.01$,$\overline{S}(\infty)=S_{\max}=10$,且转折频率为 $\boldsymbol{S}_{\min}\omega_c$ 和 $\boldsymbol{S}_{\max}\omega_c$;同时令 $\overline{T}(\omega)$ 表示超前-滞后环节,满足:$\overline{T}(0)=T_{\max}=10$,$T(\infty)=T_{\min}=10^{-3}$,转折频率为 $\kappa\omega_c/T_{\max}$ 和 $\kappa\omega_c/T_{\min}$,其中 κ 满足 $0.7<\kappa\leqslant 2,\cdots,10$。

对于与参数有关的 SISO 对象 $G_s(\boldsymbol{\theta},s)$,以及参数向量 $\boldsymbol{\theta}$ 的每一个值,将采用与上述描述一致的方法。这里的"一致"意味着应该在每一个可取的工作点处都同样强烈地"强调"被控对象。这样,就有可能使得闭环控制系统选定的带宽与对象 $G_s(\boldsymbol{\theta},s)$ 的自然带宽 $\omega_n(\boldsymbol{\theta})$ 之间具有相当恒定的比率 $\omega_c(\boldsymbol{\theta})/\omega_n(\boldsymbol{\theta})$。

在上述例子中,对于 SISO 对象,会得到以下权重:

对于 $\boldsymbol{W}_e$,变参数超前-滞后环节为:

$$\boldsymbol{W}_e(\boldsymbol{\theta},s)=\frac{1}{\overline{S}_{\max}(\boldsymbol{\theta})}\frac{s+\overline{S}_{\max}(\boldsymbol{\theta})\omega_c(\boldsymbol{\theta})}{s+\overline{S}_{\min}(\boldsymbol{\theta})\omega_c(\boldsymbol{\theta})}$$

对于 $\boldsymbol{W}_y$,变参数滞后-超前环节为:

$$\boldsymbol{W}_y(\boldsymbol{\theta},s)=\frac{1}{\overline{T}_{\min}(\boldsymbol{\theta})}\frac{s+\dfrac{\kappa(\boldsymbol{\theta})\omega_c(\boldsymbol{\theta})}{\overline{T}_{\max}(\boldsymbol{\theta})}}{s+\dfrac{\kappa(\boldsymbol{\theta})\omega_c(\boldsymbol{\theta})}{\overline{T}_{\min}(\boldsymbol{\theta})}}$$

正如 1.3 节所述,为了能够自动满足条件 5,通常把加权 W_u 选择为具有非常小的增益 ε(例如 $\varepsilon=10^{-8}$)的一个静态元素:

$$\boldsymbol{W}_u(\boldsymbol{\theta},s)=\varepsilon$$

就变参数 MIMO 对象而言,由于 $\boldsymbol{e}$、$\boldsymbol{u}_s$ 和 $\boldsymbol{y}_s$ 是向量,所以权重 $\boldsymbol{W}_e$、$\boldsymbol{W}_u$ 和 $\boldsymbol{W}_y$ 是方阵。一般情况下,可以分别使用具有相同对角元素的对角矩阵 $\boldsymbol{w}_e(\boldsymbol{\theta},s)$、$\boldsymbol{w}_u(\boldsymbol{\theta},s)$ 及 $\boldsymbol{w}_y(\boldsymbol{\theta},s)$。

如果能够使用恒定的参数 $\overline{S}_{\min}$、$\overline{S}_{\max}$、$\overline{T}_{\min}$、$\overline{T}_{\max}$ 和 $\boldsymbol{\kappa}$，就表示已经以一致的方式选择了穿越频率 $\boldsymbol{\omega}_c(\boldsymbol{\theta})$的参数依赖性。

1.5 PV 时延的处理

在许多应用中，由于对象的动态特性中包含了大量可能的时变参数、时间延迟 $T_i(\boldsymbol{\theta})$，仅靠有理传递矩阵 $\boldsymbol{G}_s(\boldsymbol{\theta},s)$来为线性化的对象建模是不充分的。

使用下面的 Padé 型近似[5,7]，可获得对时延的超越传递函数 e^{-sT} 的有理近似：

$$\mathrm{e}^{-sT} \approx \frac{\sum_{k=0}^{N} a_k(-sT)^k}{\sum_{k=0}^{N} a_k(sT)^k}, \text{其中 } a_k = \frac{(2N-k)!}{k!(N-k)!}$$

系数 a_k 也可以按照下列方案进行递归计算：

$$a_N = 1$$

$$a_{k-1} = \frac{k(2N+1-k)}{N+1-k} a_k, \text{其中 } k = N, \cdots, 1$$

可以按照以下思路，选择近似的阶次 N[4]：

- 在低频时，上述的 Padé 近似是非常好的，频率 $\omega^* \approx \frac{2N}{T}$时，相位误差为 $\pi/6(30°)$。
- 为了只经受由 Padé 近似的误差所带来的小的相位裕度损失，需要把 ω^* 放到抑制频带中。我们建议 $\omega^* = \alpha\omega_c$，其中 $\alpha = 30$。
- 这将导致近似阶次 N 的选择如下：

$$N(\boldsymbol{\theta}) = \left\lceil \frac{\alpha}{2} w_c(\boldsymbol{\theta}) T(\boldsymbol{\theta}) \right\rceil$$

显然，选择 $\omega_c(\boldsymbol{\theta}) \sim 1/\boldsymbol{T}(\boldsymbol{\theta})$会得到与参数无关的近似阶次 N。

1.6 在汽车发动机控制中的应用

本节将把 LPV 控制器的 H_∞ 设计方法应用于四冲程、火花点火、端口喷射的汽油发动机的两个燃油控制的问题中。1.6.1 节将讨论基于模型的反馈控制，1.6.2 节将讨论基于模型的前馈控制。

照例，控制的设计是以数学模型为基础的，但是反馈控制和前馈控制对数学模型精确度的要求明显著不同。

在对一个渐进稳定的对象进行鲁棒的反馈控制设计时，一旦选择了控制器，只要穿越频率 ω_c、(足够大的)相位裕度 φ 及奈奎斯特曲线在 ω_c 处的(可接受的)切线方向具有良好的精度，那么该控制器便满足要求。换言之，一个较为粗糙的对象模型，只要满足上述要求，便可以工作。

相反地，在前馈控制器的设计中，需要相当精确的对象模型。这是因为在本质上，前馈控制应该是对象动态特性的逆，而控制策略中的反馈部分主要负责稳定性和鲁棒性。除此之外，还负责进一步提高指令的跟踪性能。

1.6.1 燃料的反馈控制

在这个例子中,需要设计一个反馈控制器,该控制器的任务是保持汽缸中混合物的空燃比为化学计量不变。

燃料的喷射是由控制律 $t_i=\beta(n,m)U$ 来控制的,其中,t_i 是喷射脉冲的持续时间,n 是发动机转速,m 是汽缸中的空气质量(通过输入歧管观测器计算获得)。函数 $\beta(n,m)$是以如下方式定义的:使得无量纲控制变量 U 在每个静态工作点均为标称值 1,$U_{\text{nom}}(n,m)\equiv 1$。

使用宽量程的 λ 传感器可在发动机排气管中测量得到所产生的空燃比。它的信号 Λ 与空燃比成正比,且已经通过尺度变换使得 $\Lambda=1$ 对应于化学计量,因此 $\Lambda_{\text{nom}}\equiv 1$。

在发动机的任意暂态运行过程中,需要找到一个鲁棒补偿器 $K(\boldsymbol{\theta},s)$,使得控制量 $U(t)=U_{\text{nom}}+u_s(t)$的小改变 $u_s(t)$使误差 $\lambda_s(t)=\Lambda(t)-\Lambda_{\text{nom}}$保持最小。显而易见,描述工作点的参数向量为 $\boldsymbol{\theta}(t)=[n(t),m(t)]$。

为了为发动机燃料通道的线性化的动态特性建模,必须考虑以下现象:进气歧管的燃油湿壁动态特性、排气管气体的湍流混合、λ 传感器的动态特性,以及(最后但是最重要的)燃料喷射与相应的混合物到达 λ 传感器位置处的时延。我们可以利用的最简单模型为:

$$G_s(\boldsymbol{\theta},s)=-\mathrm{e}^{-sT(\boldsymbol{\theta})}\frac{1}{\tau(\boldsymbol{\theta})s+1}$$

控制器设计可按以下步骤进行:

- 辨识整个发动机工作范围内的时延函数 $T(\boldsymbol{\theta})$和对于时间常数的函数 $\tau(\boldsymbol{\theta})$。辨识是在参数 $\boldsymbol{\theta}=[n,m]$的足够细密的网格下,通过测量发动机对喷射燃料量的阶跃变化的响应而实现的。
- 选择控制系统的变参数带宽函数 $\omega_c(T,\tau)$。(请注意变量的变化!)
- 选择加权函数 $W_e(T,\tau,s)$、$W_u(s)$和 $W_y(T,\tau,s)$。
- 选择 e^{-sT} 的 Padé 近似阶次 $N(T)$,这将得到对象的近似的有理传递函数 $\widetilde{G}_s(T,\tau,s)$。
- 对于每对(T,τ),求解 H_∞ 问题。
- 通过陆续观察所产生的 Nyquist 曲线来降低所得补偿器 $\widetilde{K}(T,\tau,s)$的阶次,并在 Nyquist 曲线显著变形前停止。出于实用目的,最终得到的降阶后补偿器的阶次相对于 T 和 τ 来说,应是一常量。
- 为降阶的传递函数 $\widetilde{K}(T,\tau,s)$③找到结构合理的描述,以使得可以建立参数,比如 $k_i(T,\tau)$,关于 T 和 τ 的连续、鲁棒映射。

现实中,发动机控制操作如下:在每个控制瞬间,即对于每个即将到来的汽缸请求,汽缸中的喷射信号 t_i、发动机的瞬时转速 n 和汽缸中的空气质量 m 都是可以利用的,并可采取以下步骤:

- 计算 $T(n,m)$和 $\tau(n,m)$。

③ 原书此处函数有误,已更正。——译者注

- 计算具有传递函数 $K(T,\tau,s)$的连续时间控制器的参数 $k_i(T,\tau)$。
- 离散化控制器。
- 对一个时间步长的离散时间控制器进行处理，输出相应的信号 t_i。

注：

请注意这里的细节：随着发动机转速的改变，离散时间控制器的时间增量也在发生改变。

对于 BMW 1.8 升 4 汽缸的发动机，可以发现在发动机整个工作范围内，时延 T 和时间常数 τ 处于范围 $T=0.02,\cdots,1.0\text{s}$ 和 $\tau=0.01,\cdots,0.5\text{s}$ 内。在文献[4]中，选择的带宽为 $\omega_c(T,\tau)=\pi/6T$；若取 $\alpha=30$，将使得时延的 Padé 近似为恒定的阶次 $N=8$。

关于 LPV 燃料反馈控制策略的更多细节，请参考文献[4,5,8,11]和文献[12,ch.4.2.2]。

1.6.2 燃料的前馈控制

在这个例子中，需要设计前馈控制器。前馈控制器的任务是对进气管燃油湿壁动态特性进行取逆，以使得在发动机的动态运行过程中，空燃比 $\Lambda(t)$在理论上永远不会偏离其标称值 $\Lambda_{\text{nom}}=1$。

1981 年，Aquino 发布了燃油湿壁动态特性的经验模型[13]，该模型描述喷射的燃料质量 m_{Fi}与到达汽缸的燃料质量 m_{Fo}之间的动态不匹配特性：

$$m_{Fo}(s)=\left(1-\kappa+\frac{\kappa}{s\tau+1}\right)m_{Fi}(s)$$

该模型捕捉了在进气管中进入附壁燃油(wall-wetting fuel puddle)的燃料质量流与被其再次释放的燃料质量流之间的平衡关系，从这个意义讲，这是一个很好的模型。问题是，对于任意给定的发动机，分数 κ 和时间常量 τ 对空气温度、燃料温度、进气管温度、空气质量流 $\dot{m}$、进气管压力等的依赖性很强。

因此，Aquino 的模型有助于基于模型的前馈燃料控制器设计，但应该使用第一物理原理来推导它的参数。

文献[9,10,23～25]发表了通过这种方法推导出的模型和对应的变参数燃料前馈控制器设计，在文献[12,ch.2.4.2]中可以找到对这个模型的概述。

1.7 在飞机飞行控制中的应用

本节将把针对 LPV 控制器设计的 LPV H_∞研究方法应用到小型无人驾驶飞机的短期运动控制中。

对于飞机在垂直面上的控制，可以利用两个物理控制变量：推力 F(用于“前进”方向的控制)和升降舵角 δ_e(用于俯仰轴的角度控制)。

在大多数情况下，可以将飞机俯仰动态特性分为快模态(从升降舵角 δ_e 到迎角 α)和慢模态(从迎角 α 到航迹角 γ)。因此，对于飞行控制，使用迎角作为控制变量(而不是 δ_e)更为有利。这种情况下，在飞行控制设计中，应该以一种合适的方法把从 δ_e 到 α 的快动态特性看作从飞行器的迎角指令 α_{com}到实际迎角之间的执行机构的动态特性。由于升降舵角中的一个阶跃变化将引起迎角的阻尼振荡响应，所以这些“执行机构动态特性”通常与“短期运动”

("short-period motion")的概念有关。

这样,就可以得到下列整个控制方案中的快速内控制回路的问题,也即控制短期运动的控制问题:

对于输入为 δ_e,输出为 α,传递函数为 $G_{\alpha\delta e}(\boldsymbol{\theta},s)$的二阶欠阻尼变参数系统,确定传递函数为 $K(\boldsymbol{\theta},s)$的变参数控制器,使得指令跟踪系统

$$\alpha(s)=\frac{K(\boldsymbol{\theta},s)G_{\alpha\delta e}(\boldsymbol{\theta},s)}{1+K(\boldsymbol{\theta},s)G_{\alpha\delta e}(\boldsymbol{\theta},s)}\alpha_{\mathrm{com}}(s)$$

是鲁棒的,且在参数向量 $\boldsymbol{\theta}=(v,h)$所描述的整个工作范围内,都以满意的方式运行。在参数向量 $\boldsymbol{\theta}$ 中:速度 $v=v_{\min},\cdots,v_{\max}$,海拔高度 $h=h_{\min},\cdots,h_{\max}$。

文献[14,15]对具有 28 kg 起飞质量、3.1 m 翼展、速度和海拔高度的工作范围分别为 $v=20,\cdots,100$ m/s 和 $h=0,\cdots,800$ m 的小型无人驾驶飞机的鲁棒及自动防故障飞行控制进行了研究。

传递函数 $G_{\alpha\delta e}(\boldsymbol{\theta},s)$可以表示为:

$$G_{\alpha\delta e}(\boldsymbol{\theta},s)=G_{\alpha\delta e}(\boldsymbol{\theta},0)\frac{s_1(\boldsymbol{\theta})s_2(\boldsymbol{\theta})}{(s-s_1(\boldsymbol{\theta}))(s-s_2(\boldsymbol{\theta}))}$$

在整个飞行范围内,可以将极点 $s_1(\boldsymbol{\theta})$、$s_2(\boldsymbol{\theta})$(rad/s)和稳态增益 $G_{\alpha\delta e}(\boldsymbol{\theta},0)$以非常高的精度进行参数化:

$$G_{\alpha\delta e}(\boldsymbol{\theta},s)=G_{\alpha\delta e}(\boldsymbol{\theta},0)\frac{s_1(\boldsymbol{\theta})s_2(\boldsymbol{\theta})}{(s-s_1(\boldsymbol{\theta}))(s-s_2(\boldsymbol{\theta}))}$$

其中,

$$c_1=-1.47\times10^{-1}\ \mathrm{rad/m}$$
$$c_2=1.37\times10^{-5}\ \mathrm{rad/m^2}$$
$$c_3=7.01\times10^{-2}\ \mathrm{rad/m}$$
$$c_4=-3.08\times10^{-6}\ \mathrm{rad/m^2}$$
$$c_5=1.20$$
$$c_6=-7.47\times10^{-5}\ \mathrm{m^{-1}}$$

对于手动驾驶无人飞机而言,理想的是,在整个飞行范围内,指令跟踪控制(从 α_{com} 到 α)的动态和静态特性都是与参数无关的。使用 S/KS/T 加权方案(见图 1.3),并使用与参数无关的权重 $\boldsymbol{W}_e$、$\boldsymbol{W}_u$ 和 $\boldsymbol{W}_y$ 可以很容易地实现这种理想情况。

$$W_e(\boldsymbol{\theta},s)=\frac{1}{\overline{S}_{\max}(\boldsymbol{\theta})}\frac{s+\overline{S}_{\max}(\boldsymbol{\theta})\omega_c(\boldsymbol{\theta})}{s+\overline{S}_{\min}(\boldsymbol{\theta})\omega_c(\boldsymbol{\theta})}$$

$$W_y(\boldsymbol{\theta},s)=\frac{1}{\overline{T}_{\max}(\boldsymbol{\theta})}\frac{s+\dfrac{K(\boldsymbol{\theta})\omega_c(\boldsymbol{\theta})}{\overline{T}_{\max}(\boldsymbol{\theta})}}{s+\dfrac{K(\boldsymbol{\theta})\omega_c(\boldsymbol{\theta})}{\overline{T}_{\min}(\boldsymbol{\theta})}}$$

$$W_u(\boldsymbol{\theta},s)=\varepsilon$$

对于下列选用的恒定参数的权重:

$$\omega_c(\boldsymbol{\theta})\equiv 2\ \mathrm{rad/s}$$
$$\kappa(\boldsymbol{\theta})\equiv 1.5$$

$$S_{\min}(\boldsymbol{\theta}) \equiv 0.01$$
$$S_{\max}(\boldsymbol{\theta}) \equiv 10$$
$$T_{\max}(\boldsymbol{\theta}) \equiv 100$$
$$T_{\min}(\boldsymbol{\theta}) \equiv 0.001$$
$$\varepsilon(\boldsymbol{\theta}) \equiv 10^{-4}$$

且对于所有的 $v=20,\cdots,100$ m/s 和 $h=0,\cdots,800$ m，从 α_{com} 到 α 的单位阶跃响应的上升时间大约为 1 s，没有超调。

1.8 结论

本章详细描述了 LPV 对象 $A(\boldsymbol{\theta})$、$B(\boldsymbol{\theta})$ 和 $C(\boldsymbol{\theta})$ 的一些 LPV H_∞ 控制的概念，其显著之处是对控制系统带宽的变参数性能指标 $\omega_c(\boldsymbol{\theta})$ 的选择。此外，还规定了变参数的加权函数 $W.(\boldsymbol{\theta},s)$。

此外，简要讨论了这些概念在汽车发动机燃油控制领域中 LPV 反馈与前馈控制方面的应用，以及在飞机飞行控制中的短期运动 LPV 控制方面的应用。

在本章中，假设参数 $\boldsymbol{\theta}$ 是"冻结的"，也即忽略了 $\boldsymbol{\theta}(t)$ 真正的时变性质。自然地，问题就在于这样的 LPV 控制系统在参数向量迅速变化的过程中，是否依然是渐进稳定且充分鲁棒的。目前，世界范围内有许多针对时变参数问题的研究，如文献[16～22]。这里可以肯定地说，在关于发动机燃料喷射和飞机短期运动控制的例子中，即使发动机或飞机处于恶劣的瞬态操作中，$\boldsymbol{\theta}(t)$ 的动态特性的带宽也至少比控制系统的带宽小一个数量级。

参考文献

1. J. C. Doyle, K. Glover, P. P. Khargonekar, and B. A. Francis, State-space solutions to standard H_2 and H_∞ control problems, *IEEE Transactions on Automatic Control*, vol. 34, pp. 831–847, 1989.
2. U. Christen, *Engineering Aspects of H_∞ Control*, ETH dissertation no. 11433, Swiss Federal Institute of Technology, Zurich, Switzerland, 1996.
3. H. P. Geering, *Robuste Regelung*, 3rd ed., IMRT-Press, Institut für Mess- und Regeltechnik, ETH-Zentrum, Zurich, Switzerland, 2004.
4. H. P. Geering and C. A. Roduner, Entwurf robuster Regler mit der H_∞ Methode, *Bulletin SEV/VSE*, no. 3, pp. 55–58, 1999.
5. C. A. Roduner, *H_∞-Regelung linearer Systeme mit Totzeiten*, ETH dissertation no. 12337, Swiss Federal Institute of Technology, Zurich, Switzerland, 1997.
6. U. Christen, Calibratable model-based controllers, in *Proceedings of the IEEE Conference on Control Applications*, Glasgow, Scotland, October 2002, pp. 1056–1057.
7. J. Lam, Model reduction of delay systems using Padé approximants, *International Iournal of Control*, vol. 57, no. 2, pp. 377–391, 1993.
8. C. A. Roduner, C. H. Onder, and H. P. Geering, Automated design of an air/fuel controller for an SI engine considering the three-way catalytic converter in the H_∞ approach, in *Proceedings of the 5th IEEE Mediterranean Conference on Control and Systems*, Paphos, Cyprus, July 1997, paper S5-1, pp. 1–7.
9. M. A. Locatelli, *Modeling and Compensation of the Fuel Path Dynamics of a Spark Ignited Engine*, ETH dissertation no. 15700, Swiss Federal Institute of Technology, Zurich, Switzerland, 2004.
10. M. Locatelli, C. H. Onder, and H. P. Geering, An easily tunable wall-wetting model for port fuel injection engines, in *SAE SP-1830: Modeling of Spark Ignition Engines*, March 2004, pp. 285–290.

11. E. Shafai, C. Roduner, and H. P. Geering, Indirect adaptive control of a three-way catalyst, in *SAE SP-1149: Electronic Engine Controls*, February 1996, pp. 185–193.
12. L. Guzzella and C. H. Onder, *Introduction to Modeling and Control of Internal Combustion Engine Systems*. London: Springer, 2004.
13. C. F. Aquino, Transient A/F characteristics of the 5 liter central fuel injection engine, *1981 SAE International Congress, SAE paper 810494*, Detroit, MI, March 1981.
14. M. R. Möckli, *Guidance and Control for Aerobatic Maneuvers of an Unmanned Airplane*, ETH dissertation no. 16586, Swiss Federal Institute of Technology, Zurich, Switzerland, 2006.
15. G. J. J. Ducard, *Fault-Tolerant Flight Control and Guidance Systems for a Small Unmanned Aerial Vehicle*, ETH dissertation no. 17505, Swiss Federal Institute of Technology, Zurich, Switzerland, 2007.
16. J. S. Shamma and M. Athans, Analysis of gain scheduled control for nonlinear plants, *IEEE Transactions on Automatic Control*, vol. 35, pp. 898–907, 1990.
17. R. A. Hyde and K. Glover, The application of scheduled H_∞ controllers to a VSTOL aircraft, *IEEE Transactions on Automatic Control*, vol. 38, pp. 1021–1039, 1993.
18. G. Becker and A. Packard, Robust performance of linear parametrically varying systems using parametrically-dependent linear feedback, *Svstems & Control Letters*, vol. 23, pp. 205–215, 1994.
19. D. A. Lawrence and W. J. Rugh, Gain scheduling dynamic linear controllers for a nonlinear plant, *Automatica*, vol. 31, pp. 381–390, 1995.
20. P. Apkarian, P. Gahinet, and G. Becker, Self-scheduled H_∞ control of linear parameter-varying systems: A design example, *Automatica*, vol. 31, pp. 1251–1261, 1995.
21. P. Apkarian and R. J. Adams, Advanced gain-scheduling techniques for uncertain systems, *IEEE Transactions on Control Systems Technology*, vol. 6, pp. 21–32, 1998.
22. F. Bruzelius, *Linear Parameter-Varying Systems*, Ph.D. dissertation, Chalmers University of Technology, Göteborg, Sweden, 2004.
23. C. H. Onder and H. P. Geering, Measurement of the wall-wetting dynamics of a sequential injection spark ignition engine, in *SAE SP-1015: Fuel Systems for Fuel Economy and Emissions*, March 1994, pp. 45–51.
24. C. H. Onder, C. A. Roduner, M. R. Simons, and H. P. Geering, Wall-wetting parameters over the operating region of a sequential fuel injected SI engine, in *SAE SP-1357: Electronic Engine Controls: Diagnostics and Controls*, February 1998, pp. 123–131.
25. M. R. Simons, M. Locatelli, C. H. Onder, and H. P. Geering, A nonlinear wall-wetting model for the complete operating region of a sequential fuel injected SI engine, in *SAE SP-1511: Modeling of SI Engines*, March 2000, pp. 299–308.

2

动力总成控制[①]

Davor Hrovat
福特汽车公司
Mrdjan Jankovic
福特汽车公司
Ilya Kolmanovsky
福特汽车公司
Stephen Magner
福特汽车公司
Diana Yanakiev
福特汽车公司

2.1 引言

汽车控制及与其相关的微型计算机和嵌入式软件是最活跃的工业研究与开发(R&D)领域之一。自从第一台微型计算机首先在发动机控制方面得到应用以来,毫无疑问,动力总成控制已经发展成为这一不断扩展领域中应用最为广泛、发展最为成熟的一个分支。例如,20 世纪 70 年代到 80 年代初期,在福特汽车上前四代车载计算机全部都是应用于车载发动机的控制(Powers,1993)的。直到 80 年代中期,车载计算机才首次在底盘/悬架和车辆控制中得到应用。

美国管理机构对改善燃油经济性和减少排放的要求驱动了早期动力总成控制的应用。由于计算机和相关软件固有的灵活性,使人们也可以对汽车的功能、动力性、驾驶性能和可靠性进行改进,并能够进一步减少相关产品从构思到进入市场的时间。这样,到 20 世纪 70 年代中期,为了满足高燃油经济性和低排放之间时而存在的矛盾需求,美国汽车制造商推出了基于微型处理器的发动机控制系统。

如今的发动机控制系统包括许多输入(例如:压力、温度、转速、尾气特性)和输出(例如:点火正时、废气再循环、喷油器脉宽、节气门位置、气门或凸轮正时)。汽车控制的独特之处在于

① 本章中的彩色图片可从 http://www.crcpress.com/product/isbn/9781420073607 获取。

对所开发系统的要求。要求开发的系统应具有较低的成本，能够应用于成千上万的汽车部件；对于具有固有制造差异的汽车，开发的系统应该能够正常工作；此外，开发的系统还将由许多操作员来使用，因此要求该系统应该能够适应不定期的维护和不断变化的工作条件。这些都与飞机/飞船控制形成了鲜明对比。在飞机或飞船控制方面，人们已经开发出了许多复杂的控制技术。从这个意义上讲，我们可以列举出一些与车辆制造几乎完全相反的情况。

到目前为止，已经开发的(嵌入式)控制器的软件结构与应用在其他领域中的软件结构(例如飞机控制器，过程控制器)类似，都存在"外回路"("outer-loop")的工作模式。这里，通常把驾驶员下达的指令，例如油门踏板的位置，作为后续控制智能体的指令或参考信号，而后续的控制智能体通常又由前馈—反馈—自适应(学习)模块组成。传统上，前馈或者"开环"部分占据主导地位，其主要包括诸如"if-then-else"条件语句以及相关的二维和三维表格的逻辑结构、海量参数以及底层物理现象和装置的在线模型。更确切地说，前馈部分还可能包括相关部件，以及像通过节气门调节器的流量的非线性静态规则这样的物理现象的逆模型。

假设已经有了具有给定精密计时和记忆功能的微机模块，则开发一整套嵌入式控制系统的结构化或规范化方法通常包括以下主要步骤：(1)需求开发；(2)合适的线性和非线性对象模型的开发；(3)利用线性数字化控制系统方法进行初步设计；(4)非线性仿真或控制器设计；(5)为辨识、校准，以及包括对没有违反上述计时和记忆约束情况下的确认的验证，提供半实物/实时仿真能力。这一步还包括在快速原型设计、自动编码、数据收集和操作工具的帮助下进行测功器的试验和车辆测试。

尽管在"自校准"方法和工具方面的不断努力可能会大幅减少这项耗时的任务，但典型的动力系统控制策略仍然包含几十万行的 C 代码和数以千计的相关参数，以及需要耗费成千上万的工时来校准的变量。此外，还需要不断增加和更新诸如电子节气门控制(Electronic Throttle Control，ETC)、可变凸轮正时(Variable Cam Timing，VCT)和宽域废气氧(Universal Exhaust Gas Oxygen，UEGO)传感器这样的不同的传感器和执行机构，以及新的功能和需求。当计算机内存和/或计时能力已经枯竭，而又需要增加新的或改进的功能时，就会引发对下一代发动机计算机模块的开发。例如，在 1977—1982 年期间，福特汽车公司推出了四代功能不断增加的发动机控制计算机(Engine Control Computers，EEC)。这种演变既需要满足对燃油经济性和污染的更为苛刻的要求，同时也需要满足更新和/或更复杂的对功能的需求，以及需要改进动力性的需求(Powers，1993)。

上述控制策略的五个开发步骤并不总是按顺序进行的，有时可以省略中间的一些步骤。此外，在实践中，不同的步骤之间可能隐含着迭代循环。例如，开发者可以以当时可获得的最优需求从步骤 1 开始，其控制系统随后经过步骤 2 到步骤 5，可以得到进一步完善。类似地，步骤 2 中的模型也可以作为步骤 5 的硬件实现和测试的结果而得到进一步细化。

在某些情况下，可能已经得到了对象或组件详细的非线性模型，因此可以直接利用这些模型(经过可能的简化)对基于对象的非线性控制器进行设计。或者，可以利用这些详细的非线性模型提取简化的，与在感兴趣的带宽内进行线性控制系统设计有关的详细的线性化模型。步骤 2 的模型开发可能包含在第一原理(基于物理现象的模型)的基础上建立的模型或者半经验式和基于辨识的方法建立的模型("灰箱"和"黑箱")。每种方法都有其各自的优点和缺点。黑箱或者灰箱模型很大程度上依赖于实际的实验数据，因此它们被默认为是"有效的"，且通常这些模型需要较短的开发时间。另一方面，基于物理现象建立的模型甚至允许人们在建立实际的硬件/对象之前，就能够对(至少初步地)控制器进行设计，并且可以为开环不稳定的系统设计一个初始的镇定控制器。此外，尤其是在处理某些难以捉摸的动态响应时，这些模型将有助于对对象的**工作方法**的理解，并是获取关于这种**工作方法**的关键信息的宝贵来源。就此而论，它们能以一种双赢的方式影响整个系统硬件和软件的设计。

在我们重点描述动力总成控制的具体应用之前，将首先列举出开发这些控制系统的主要驱动力和目标，下一节将对此进行简要概述。

2.2 动力总成控制及其相关属性

现代动力总成控制系统必须满足许多经常相互矛盾的需求，因此一个典型的动力总成控制系统的设计需要权衡多种属性(Hrovat and Powers，1988，1990)。从控制理论的角度出发，可以将这些属性进行如下量化分类：

- **排放**：排放是一组在最后的时刻或终止时刻需要满足的不等式约束(例如，对于汽油发动机，在整个认证的驾驶循环工况内，这组不等式约束适用于关键的污染成份：NO_x，CO 和 HC)。
- **燃油消耗**：通常把一个需要在一个循环工况内最小化的标量作为需要最小化的目标函数。
- **驾驶性能**：驾驶性能表现为针对一些关键特征变量的约束，比如对主导的振动模式的阻尼比、一个或多个状态变量的不等式约束。在整个时间间隔内的每个时刻都必须满足这些约束(例如，车轮转矩或车辆加速度应在一定的指定范围内)。
- **动力性**：动力性是目标函数的一部分，或者是中间点的约束，例如，动力性是指达到指定的速度 0～60 m/h 的加速时间。
- **可靠性**：可靠性是指对于认证过的部分零排放(Partial Zero-Emission Vehicle，PZEV)汽车，计算机控制系统中的部件(传感器、执行机构和计算机)作为排放控制系统的一部分，具有高达 150000 英里[②]或 15 年的保质期。在设计过程中，可靠性可体现为灵敏度或者鲁棒性条件。例如，复平面中根的位置，或者在 H_∞ 或 μ 综合和分析方法中，更明确地体现为不确定性的界和加权灵敏度/互补灵敏度的界。
- **成本**：成本的影响依赖于问题本身。定量体现成本的典型方式是增加控制变量在二次性能指标(这意味着相对降低执行机构的成本)和输出的权重，而不是增加在状态反馈中的权重(这意味着需要较少的传感器，但是需要较多的软件)。
- **打包(packing)**：计算机和/或智能传感器，以及执行机构的联网需要以分布式控制理论为基础，并且需要在数据速率、任务划分、冗余度，以及其他方面进行折中。
- **电磁干扰**：电磁干扰主要是硬件问题，在解析的控制系统设计过程中，很少明确地涉及到这个问题。
- **防篡改**：防篡改是使用计算机控制的原因之一，防篡改的需求直接导致了自适应/自校准

② 1英里＝1.60934千米。——编者注

系统的使用,从而使得当动力总成系统老化或变更时,不再需要经销商对其进行调整。

为了说明如何应用控制理论和技术设计动力总成控制系统,下面将回顾一些典型发动机、变速器和传动系统控制的示例,以及诸如与驾驶性能和故障诊断等相关的重要因素。本章将以讨论车载计算机控制诊断技术的当前发展趋势作为结尾。

2.3 发动机控制

在过去的十年中,客运车辆排放法规变得严格了5(在以与Tier I和Tier II bin 5 EPA排放标准进行比较的基础上)到30(在比较Tier I和Tier II bin 2,即超低排放车辆标准的基础上)倍,这就迫使汽车制造商增加了废气后处理催化剂的使用量,以及它的贵金属的加载量,发明了发动机冷启动的新方法,引入了单独的冷发动机的减排工作模式,开发了能够准确控制和协调空燃比、节气阀位置、点火正时和VCT的系统。另外,也明确了必须在汽车上安装车载诊断系统(on-Board Diagnostic,OBD),以对系统运行进行监控,该车载诊断系统能够对任何引起排放量大于指定阈值的故障作出响应。

为了提高燃油经济性和动力性,汽车制造商已经增加了新的发动机设备和新的工作模式。如今生产的发动机已把ETC和VCT列入标准硬件。在产品的申请表中出现了诸如可变的气门升程、可变排量(也称为停缸技术)、进气控制阀、进气谐振、涡轮增压器、机械增压器等这样的附加设备。

每台设备的运行都是由计算机控制的。因此,发动机脉谱图标定和优化过程的主要任务,就是要寻找使燃油经济性、峰值转矩/功率和排放量之间取得最佳折中的稳态工作点的组合。通常需要把设备的输出维持在期望的工作点上,并为每个设备开发一个局部反馈控制系统。通常发动机的瞬态响应时间很长,且优化设备可能会以不希望或不理想的方式相互影响,所以对这些优化设备的瞬态行为进行控制和同步也是很重要的。

图2.1给出了把发动机作为被控系统的示意图。它的主要特点是扰动输入、发动机转速③和环境条件均是可测量或已知的,而动力性变量、实际转矩、排放量、燃油效率通常是不可以得到的(除非在实验室测试期间),但能够根据油门踏板的位置获得参考的设定值和对发动机转矩的要求。随后的三个小节将简要地回顾发动机控制系统设计的重要范例:油耗设定值的优化和反馈调节。在每个范例中都尝试了先进的优化或控制方法,也都通过实验验证了取得的效果。

2.3.1 油耗优化

在如今的发动机中,都加入了一些优化的设备来提高诸如燃油经济性这样的属性。在大多数情况下,每种设备的最佳设定值都会随着发动机的运行条件的变化而变化,通常需要通过实验来寻找最佳的设定值。这些设备的相互结合使得对这样的发动机的脉谱图标定和校准变得越来越困难,而且非常耗时。随着设备数量(即自由度)的增加复杂度不是按照线性,而是按

③ 在某些运行模式和其他系统状态(如发动机怠速)中,发动机转速可视为扰动输入。

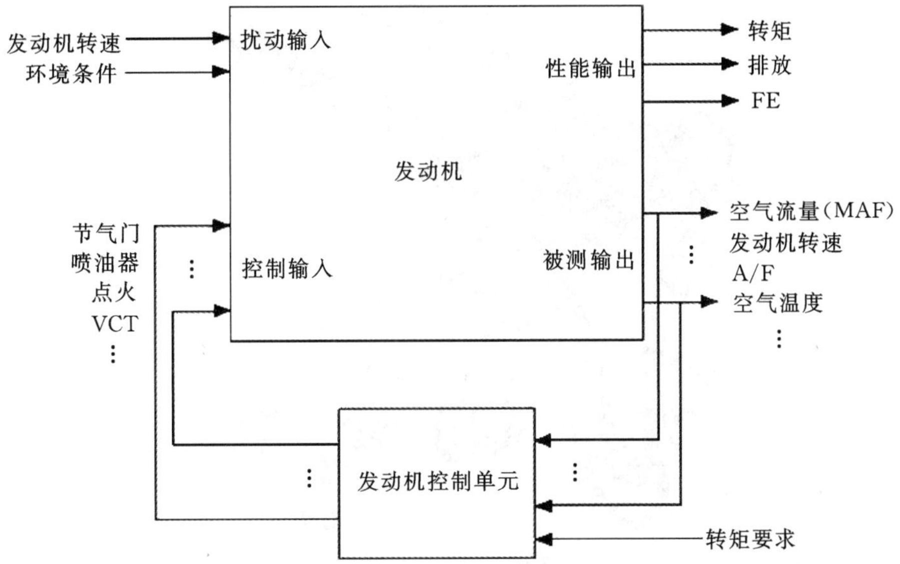

图 2.1 典型的发动机控制系统的输败输出结构

照指数规律增加。通常每增加一个自由度,会按照脉谱图标定时间和校准表大小使复杂度增大 2(对于两位置的装置)到 3～10(对于无级变速装置)倍。对于一个具有高自由度(High-Degree-of-Freedom,HDOF)的发动机,生成最终校准结果的传统过程非常耗时。例如,对于将用作验证本节结果平台的双独立可变凸轮正时的(dual-independent Variable Cam Timing,diVCT)汽油发动机,其脉谱图标定时间可能比传统的(non-VCT)发动机增大了 30 倍或者更高倍数,或者也可以以牺牲潜在的利益为代价,结束这个过程。从产品开发的角度出发,上述任何一种结果都是不可取的。

diVCT 发动机具有可以独立改变的进气和排气凸轮执行机构(Jankovic and Magner,2002; Leone et al.,1996)。图 2.2 给出了一种典型的 VCT 硬件。以上止点后的(After Top Dead Center,ATDC)(见图 2.2 中,TDC 是在 360°曲轴转角处)曲轴转角表示的进气门开启相位(Intake Valve Opening,IVO)和排气门关闭相位(Exhaust Valve Closing,EVC)被认为是两个独立的自由度。本节试验研究所用的 3.0 L V6 发动机的 IVO 范围为－30°～30°ATDC,EVC 范围为 0°～40°ATDC。

2.3.1.1 发动机循环工况和逐点优化

在确保定义在一个循环工况上的特定的排放量法规得到满足的情况下,现在来考虑车辆燃油效率的优化问题。在法规中规定了车辆在一个循环工况内的速度和运行条件,现在采用循环工况来评估车辆在通用或特殊驱动模式下的排放量或燃油消耗量。图 2.3 中最上面的子图给出了车辆在部分 US75 循环工况内的速度曲线。在给定变速器换档步骤的情况下,跟随驾驶轨迹所需要的发动机转速和转矩是由车辆速度唯一决定的。因此,从发动机优化的角度出发,发动机转速(中间的图)和发动机转矩(下方的图)是受约束的变量。

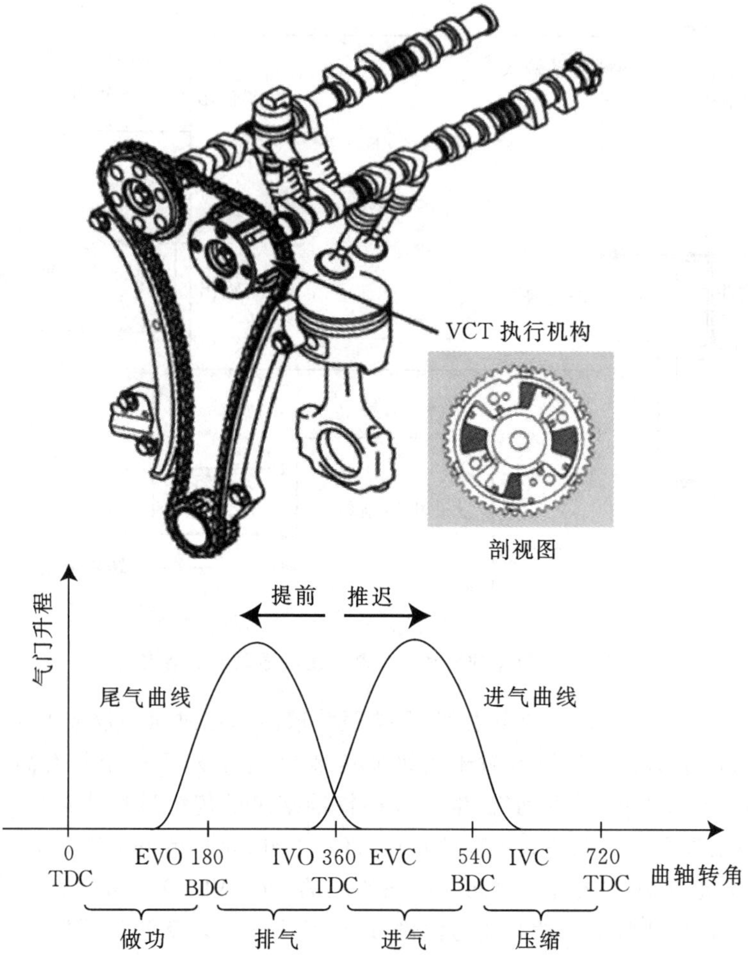

图 2.2　VCT 发动机内的气门升程与曲轴转角

由于起燃后（冷启动后 50～100 秒）三效催化器对消除法规排放很有效，其优化问题基本可分成两个独立的方面：

- 在控制废气（发动机排气）排放的同时，实现催化剂的快速起燃。
- 在催化剂起燃之后，优化燃油经济性指标。

本节只考虑后一个问题。

假设发动机转速和转矩受循环工况的约束，那么为了确保催化系统的高效性，就要保持空燃比接近于化学计量，这里可以用于优化燃油消耗的变量是 IVO、EVC 和点火正时（Spark timing，spk）。大体上说，我们想要在发动机运行的各种速度和转矩点上寻找这三个变量的最佳组合（见图 2.3）。燃油消耗是在恒扭矩工况下测量的，因此经常把它称为有效比油耗（Brake Specific Fuel Consumption，BSFC）。图 2.4 给出了在一个典型的速度/转矩工作点（1500 r/m 发动机转速，62 Nm 转矩）处，BSFC 与两个优化变量的关系。上面的图给出了对于最佳燃油经济性（称为 MBT（Maximum Break Torque，MBT）点火正时）而言，BSFC 与在点

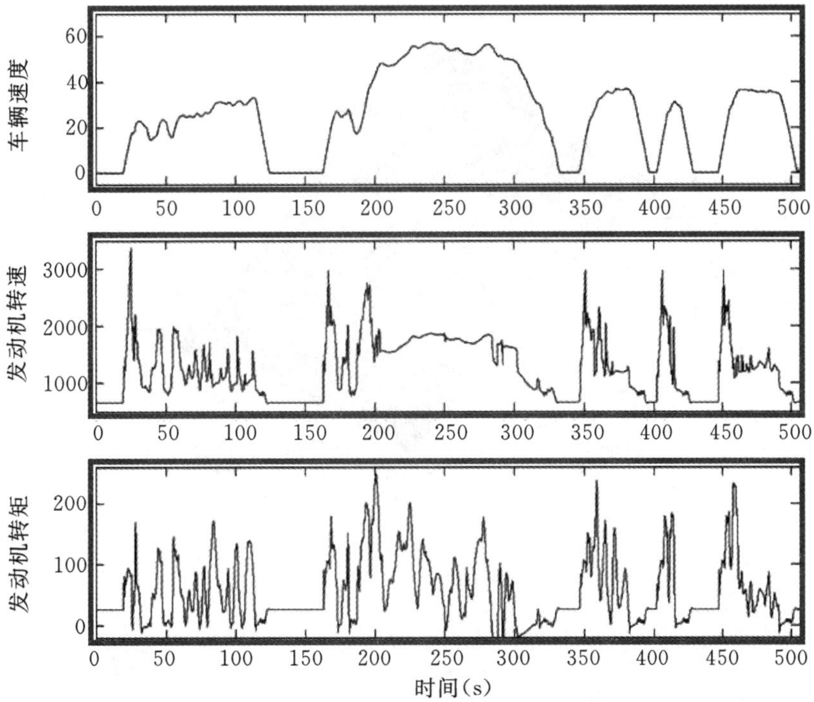

图 2.3 在 US75 循环工况的第一个和最后一个 505 秒(取样袋 1 和 3)期间的车辆速度、发动机转速和转矩

火正时的 IVO 和 EVC 的关系。下面的图给出了当 EVC=30°时,BSFC 与 IVO 相位和点火正时的关系。因此,图 2.4(a)和(b)中的虚线表示同一组被标定的点。这些图是通过全因子脉谱图标定而获得的,其生成过程非常耗时。另一方面,发掘 diVCT 技术在燃油经济性方面的潜力需要这些(超)曲面在所有运行条件下的准确知识。

2.3.1.2 用于发动机优化的极值搜寻(Extremum Seeking,ES)方法

要想让发动机在稳态条件下运行在最佳油耗状态,仅需要知道最优的 IVO-EVC 对以及相应的 MBT 点火正时的信息。现在已经有了一些获得这些最优组合的计算方法:带正弦摄动的 ES 方法(Ariyur and Krstic,2003),诸如 Nealder-Mead(Wright,1995;Kolda et al.,2003)的直接搜索方法,以及梯度搜索方法(Box and Wilson,1951;Spall,1999;Teel,2000),而且已经把这些算法应用到发动机的优化中了。例如,Draper 和 Lee(1951)利用正弦摄动法,通过改变空燃比和点火对发动机的油耗进行了优化,而 Dorey 和 Stuart(1994)使用了梯度搜索方法来寻找最优的点火设置。

ES 是一种能够在物理系统上实时运行的迭代优化方法,它不需要事先建立模型,也不需要对模型进行校准,待优化的函数是系统的输入参数和其动力性输出之间的稳态函数。对于本节讨论的 BSFC,优化函数记为 $f(\cdot)$,通常称为响应脉谱图。由于 $f(\cdot)$未知(否则,可以通过计算机对它进行优化),ES 控制器只能依靠测量值去寻找最优值。ES 控制器从一些初始参数值开始,迭代地使参数发生变化,监控其响应,并调整这些参数以提高动力性。通常只要

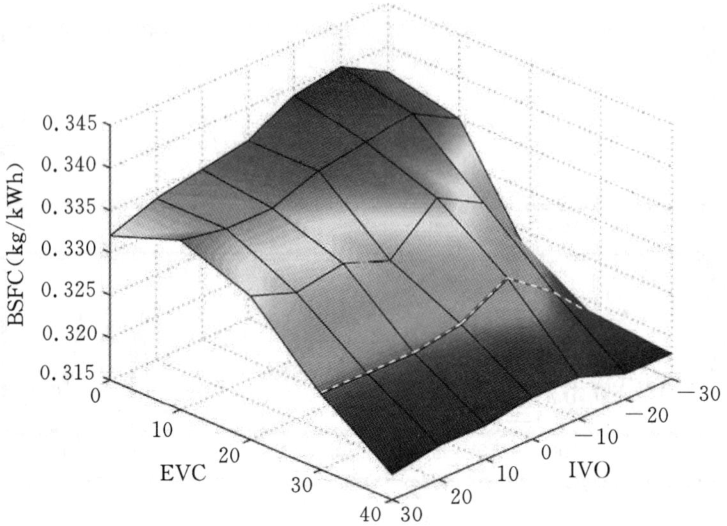

(a)

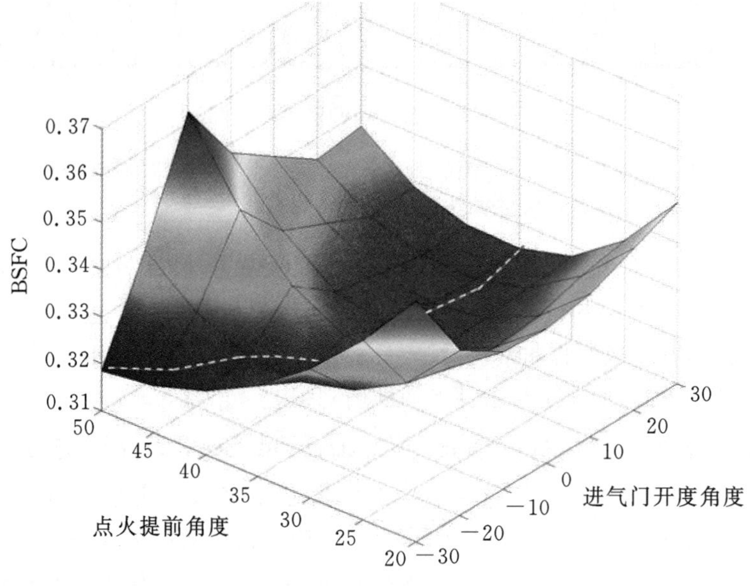

(b)

图 2.4　BSFC：(a)在 MBT 点火时，BSFC 与 IVO 和 EVC 的关系；
(b)在 EVC=30°时，BSFC 与 IVO 和点火的关系

动力性得到提高，这个过程就会根据选择的优化算法一直运行下去。

已经开发出了几种隶属于梯度搜索(Gradient Search)类型的 ES 算法，并在 diVCT 发动机上对它们进行了实验测试(Popovic et al.,2006)。这些算法包括改进的 Box-Wilson 算法，同步摄动随机逼近(Simultaneously Perturbed Stochastic Approximation,SPSA)算法(Spall,1999)和持续激励的有限差分算法(Persistently Exciting Finite Differences,PEFD)(Teel,2000)。后两种算法虽然理论基础不一样，但在实现方面却密切相关。这样，下面将描述这些

方法是如何对 BSFC 响应脉谱图函数 $f(x)$进行优化的，其中的优化参数向量 $\boldsymbol{x}=[x_1x_2x_3]^T$ 由 IVO，EVC 和点火正时组成。

三维空间中的 SPSA 和 PEFD 算法起始于从如下四个摄动方向中选择出的一个方向：

$$\boldsymbol{v}_1=[1,1,1], \boldsymbol{v}_2=[-1,1,1], \boldsymbol{v}_3=[1,-1,1], \boldsymbol{v}_4=[1,1,-1]$$

SPSA 随机地选择方向，而 PEFD 却是周期性的以循环方式来进行选择。在选定向量 $\boldsymbol{v}_i$ 所指的方向上，将参数 $x(k)$的当前值摄动一个由参数 λ 控制的量，这样可以得到测量值 $f(x_k+\lambda_{vi})$。因为脉谱图是由一个动态系统产生的，所以需经过一段时间，通常是在大的瞬变消失之后，才能测量到 f 对输入参数变化的响应。测量量通常是有噪声的，可能需要进行滤波或平均处理。对于 BSFC 优化，在设定值改变后我们等待 1 秒，然后求取后续 3 秒测量量的平均值。

接下来，在 $-\boldsymbol{v}_i$ 方向上摄动当前的参数值 $x(k)$，测量得到 $f(x_k-\lambda\boldsymbol{v}_i)$的值，再次等待并进行求平均运算。研究发现，进行一次参数更新的总时间为 8 秒，这个时间主要是由获得测量值所需要的时间来决定的。代入这两个测量值，在与方向导数相反的方向上更新参数：

$$x_{k+1}=x_k-\alpha_k\boldsymbol{v}_i\frac{f(x_k+\lambda\boldsymbol{v}_i)-f(x_k-\lambda\boldsymbol{v}_i)}{2\lambda}$$

其中，α_k 是参数更新的时变步长。在获得新的参数值后，以选定的方向向量开始，重复这个过程。

图 2.5 给出了在测试单元中使用 SPSA 算法的实验验证结果。在测量单元中，测功机把发动机转速保持在 1500 r/m 不变，同时通过调节节气门把发动机转矩控制在 62 Nm。图 2.5 上面的图给出了 BSFC 和最优参数估计随时间变化的曲线，其中的起始参数估计为 IVO＝0，EVC＝0，spk＝30。

由这种方法引入的摄动会在 BSFC 中产生类噪声跳变，而参数图只给出了估计值(无摄动)，因此是平滑的。在大约 20 分钟后，BSFC 中的参数收敛到(局部)最小值。为方便比较，生成了见图 2.5 所示的完整响应曲面，利用传统的发动机脉谱图标定方法，该过程需要花费大约 15～20 小时。图 2.5 下面的图是 BSFC 的响应曲面(在 IVO 和 EVC 中)，图中箭头指出了初始点和终点。在不是很明显的情况下，使用该算法找到的最小值是局部的，全局的最小值(略低)在脊线的另一侧。这样，在一般情况下，为了找到全局最小值，该算法将不得不从不同的初始条件开始运行多次。

在不同转速和转矩上重复这样的优化过程，可以提供整个发动机运行范围内的 BSFC 凸轮和点火表。关于优化算法在不同运行条件下(转速-转矩对)的性能，动力性的比较，以及一些未决问题讨论的更多的细节，请参考 Popovic 等人(2006)的著作。

2.3.1.3　最优的瞬态调度

在前面的小节中介绍了在不同转速和转矩工作点上寻找最佳 BSFC 参数组合的有效方法。虽然每次优化运行的结果都是三个一组的最优参数值，但都没有获得关于完整的响应曲面 $f(x)$的有用信息。

如果发动机仅仅是运行在稳态，那么三个一组的优化参数可能就是我们需要的所有参数。如果发动机转速和转矩变化相对较慢，使得优化的变量总是处于它们的最优值上，同样也是可以接受的。在这样的情况下，控制策略可能会在发动机转速 N 和转矩 Tq 的基础上，调整这三

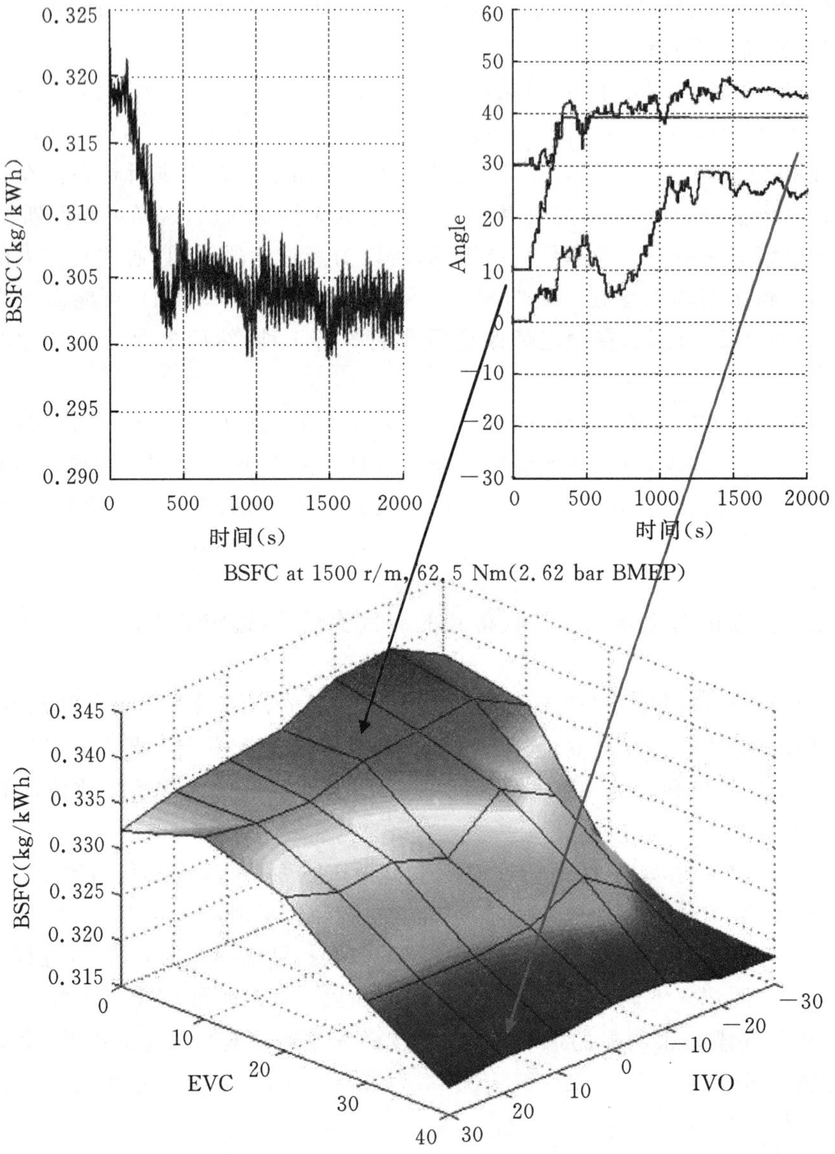

图 2.5　在 1500 r/m 和 62 Nm 点上运行的参数优化过程：上面的图是 BSFC(左)和参数值(右)；下面的图是响应曲面上的开始点和终止点

个参数的期望值(参考值)：

$$
\begin{aligned}
\text{IVO\_ref} &= \text{Fn\_ivo}(N, Tq) \\
\text{EVC\_ref} &= \text{Fn\_evc}(N, Tq) \\
\text{spk\_ref} &= \text{Fn\_spk}(N, Tq)
\end{aligned}
\tag{2.1}
$$

然而，如图 2.3 所示，发动机转速和转矩受到循环工况的约束，它们会随时迅速变化。实际的 IVO 和 EVC 通常需在最多 0.5 秒内跟踪上它们的参考值，而点火实际上也是瞬间的。在瞬态过程中，若点火和 VCT 不同步，将造成大的燃油经济性恶化(根据图 2.4(b)，高达

15%),在某些情况下甚至会导致更低的燃烧质量和失火。因此,一般情况下,这种称为因循守旧的调度方法(式 2.1)对于瞬态来说是不可接受的。相反,因为点火是最快的变量,所以它通常是根据其他四个变量的瞬时(被测量的)值来进行调度的:

$$spk\_ref = Fn\_spk(N, Tq, IVO, EVC) \tag{2.2}$$

注意从 ES 优化中不能得到根据式(2.2)进行点火安排所需要的信息。也就是说 ES 测试仅提供了最优的三个一组的变量,而没有提供生成式(2.2)所需的完整的脉谱图。

2.3.1.4 发动机的脉谱图标定:复杂性/燃油效率的折中

如上所述,采用全因子方法进行脉谱图标定太耗时,而 ES 方法又不能提供足够的信息,使发动机在瞬态条件下正常运行,因此,汽车工业标准想要利用实验设计(Design of Experiments,DOE)的方法(Montgomery,2001;Edwards et al.,1999)来生成所需的参数曲线。在 DOE 设计的基础上,基于模型的 MATLAB® 校准工具箱模型特别适用于汽车发动机脉谱图的标定和优化任务。

DOE 方法的主要思想是在发动机变量的空间中,给设计者提供进行测量的最好位置,以更好地生成精确的响应曲面。对于 DOE 脉谱图标定,可以把受约束的变量(速度和转矩)和两个优化参数(IVO 和 EVC)集总在一起,而把点火正时分开处理。也就是说,在其他四个参数的每种组合中,进行所谓的“点火扫描”(“spark sweep”),即可找到 MBT 点火正时,这里在进行脉谱图标定时选择了 DOE 方法。另外,可以利用多项式或径向基函数(Radial Basis Function,RBF)回归分析来拟合 MBT 点火和相应的 BSFC。一旦可以使用回归分析,那么寻找最佳的 BSFC 点就变成了一项简单的任务(特别是在使用多项式的时候)。DOE 设计考虑到了所采用的回归方法(例如多项式的阶数)和所测量的测量值的数量。例如,设计者可以规定,MBT 点火和 BSFC 可以由 N、Tq、IVO 和 EVC 表示的 p 阶多项式回归表示:

$$spk = \sum_{i+j+k+l+m=p} a_n \cdot N^i \cdot Tq^j \cdot IVO^k \cdot EVC^l \cdot 1^m$$

$$BSFC = \sum_{i+j+k+l+m=p} b_n \cdot N^i \cdot Tq^j \cdot IVO^k \cdot EVC^l \cdot 1^m$$

在选择点火扫描的点数 M 时,也需要在精度和脉谱图标定时间之间进行折中。另外,可以利用实验设计 DOE 工具来选择要进行测量的 M 个点(现在是在 4 维空间内)的位置。作为示例,我们固定发动机速度,选择 $p=3$ 和 $M=30$,利用基于模型的 V 型优化校准设计来提供进行点火扫描所需要的点(见图 2.6)。

人们利用 diVCT 发动机的模型,对这种方法的效率以及在精确性与标定点数量之间的折中进行了评估,Jankovic 和 Magner(2006)对此进行了报道。评估是通过与作为基准的全因子模型进行比较而完成的。全因子脉谱图仅在运行空间中的一个给定区域(矩形)内才能使用,当采用诸如 US75(见图 2.3)的循环工况驱动发动机时,发动机会在该区域上花费大量时间。与固定的 VCT 发动机(对于非 VCT 发动机,选择固定的 IVO=−10,EVO=10 作为典型值)相比之下,燃油经济性在整个矩形区域的改善潜能(使用全因子脉谱图的标定)是 3.11%。全因子方法在整个矩形范围内使用了 630 条点火扫描线来表示响应曲面的特征(为方便比较,对于一个速度/转矩点,图 2.4 中的响应曲面使用了 35 条扫描线)。在四维空间内(N,Tq,IVO 和 EVC),采用 $M=100$ 条扫描线的 V 型优化设计使得 BSFC 改善了 2.1%。这意味着由于脉

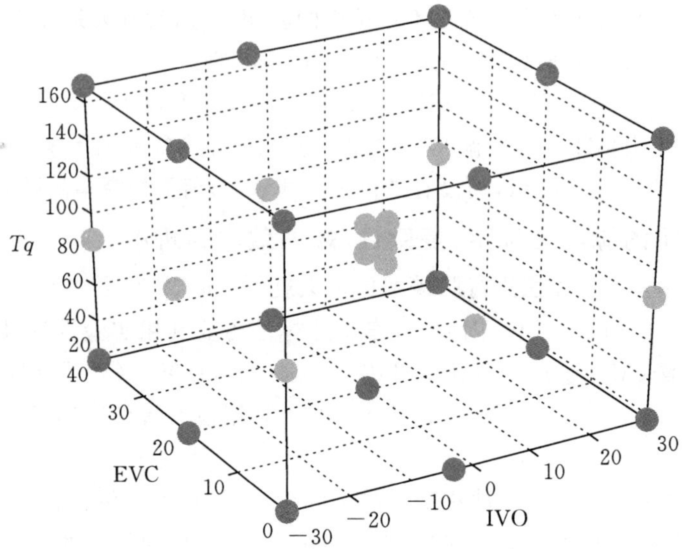

图 2.6　在三维空间中(Tq,IVO 和 EVC),对于 V 型优化 DOE 而言,脉谱图标定点的模式;阴影对应于点的垂直位置

谱图标定的约束,大约三分之一的潜在效益未被送达。使用其他的 DOE 设计(例如,D 最优设计)、回归(regressions,RBFs)或者使用更多的点时也不能显著地改善复杂性与燃油经济性之间的折中关系。例如,$M=150$ 可使 BSFC 提高到 2.41%,而将 M 增加到超过 200 条扫描线时,BSFC 的改善并不显著。一种解释是:DOE 设计在参数空间中心的精度高于参数空间的边缘,然而许多(大多数)BSFC 最优点都位于 IVO 或者 EVC 矩形的边缘上(见图 2.4(a))。

2.3.1.5　引导式脉谱图的标定

DOE 的设计在很大程度上将发动机视为黑箱,然而在发动机的设计阶段(当选定了压缩比、凸轮曲线等参数时)即可获得有关发动机操作和效率的有用信息。另外,在经常使用的速度/转矩工作点上,可以利用 ES 优化方法快速确定最优的三元组(IVO,EVC 和 spk)。这样,如果已知大多数最优点都位于运行空间的边缘上这一**先验**信息,那么是否存在一种能够获得优于黑箱 DOE 结果的脉谱图标定过程的修改方法呢?下面将给出答案。

Jankovic 和 Magner(2004)提出的直线标定方法的主要潜在思想,是使用 1 条直线连接大部分的优化点,并把脉谱图的标定约束在这些直线上。一般来说,可能会把式(2.1)中的最优的 IVO 和 EVC 安排约束在标定过的直线上。因此,从优化的角度出发,这个问题就转变为把一个较低维的空间标定 1 次。如果能够正确选择这些直线,那么就可以取得在复杂性和燃油经济性之间的折中方面的改进。对于正在研究的问题,经研究发现超过 90%的最优点都落在 IVO-EVC 平面的两条直线上:进排气相位均可变线和仅进气相位可变线(见图 2.7)。因此,双独立 VCT 发动机脉谱图的标定任务就变成了描绘(标定)具有进排气相位均可变的 VCT 的发动机和具有仅进气相位可变的 VCT 的发动机的脉谱图的问题(虽然这些直线的位置可能有所不同,但是两种硬件选择都与生产中实际使用的发动机相对应)。图 2.7 中的最优动力

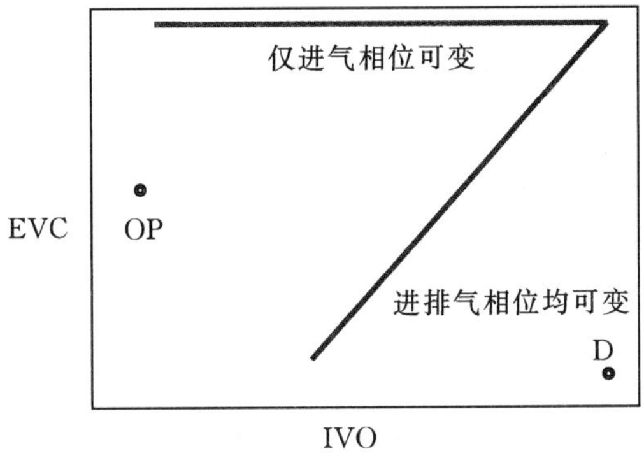

图 2.7 用于 diVCT 发动机的引导式脉谱图标定的特征模式

性(Optimal Performance,OP)和默认值(Default,D)这两个特征点是为了保证发动机在特殊条件下(对于最优 BSFC,它们不是必须的)也可以运行。

见图 2.8 所示的三维(依旧是在固定的发动机转速情况下)图中,对于两线引导式的脉谱图标定而言,已标定过的点的模式与图 2.6 中的 V 型最优 DOE 的模式差别很大。在整个四维空间中,利用关于每个点或直线特征的全因子脉谱图,我们获得了 $M=198$ 条扫描线(在与上述相同的矩形区域内)。与基准相比,得到的 BSFC 收益是 3.07%(接近于最大值 3.11%)。如果利用关于这些特征的 DOE(基本上等同于标定两个低维发动机)方法,那么当 $M=84$ 时,BSFC 即可获得 2.58%的改善,依然优于采用几乎两倍点数的黑箱 DOE 方法。

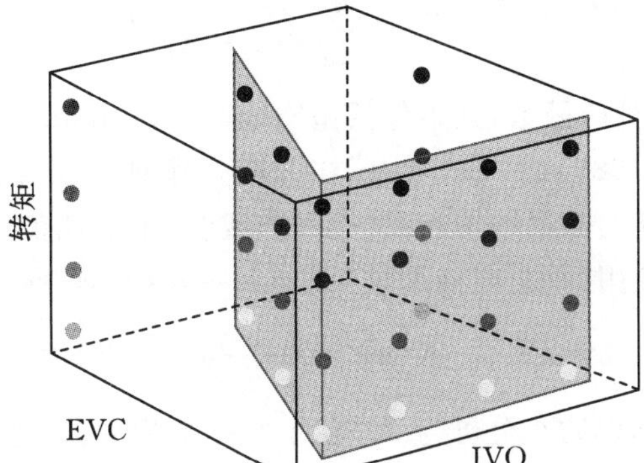

图 2.8 在三维(Tq,IVO 和 EVC)空间中,两线引导式脉谱图标定的标定点的模式

2.3.1.6 反距离插值

引导式的脉谱图标定避免了黑箱式的 DOE 在进行脉谱图标定时的不足,但又带来了瞬态调度的问题。即在瞬态过程期间,当 IVO 和 EVC 穿过已标定的特征点之间的空间时,发动机控制器该如何计算相应的点火正时呢?一种答案是利用直线特征的扩展式的核插值方法(Jankovic and Magner,2004)。

一般情况下，插值是指在给定的测量得到的数据对(X_i, Y_i)，$i=1,\cdots,M$ 的前提下，对于任意 $x\in\mathbf{R}^m$，寻找函数 $Y(x)$的值。数据对(X_i, Y_i)通常是通过把独立的向量变量 $\boldsymbol{X}$ 设置在某些预定或给定的 X_i 值上，然后测量因变量 Y_i 而获得的；也可能来自由上面讨论的其中任何一种标定方法确定的发动机测量值。

全因子脉谱图标定在超立方体的每个节点处都确定了一个(X_i, Y_i)数据对，这样就提供了一个(超)查询表结构。如果将该结构存储在控制器内存中，那么通过标准的多线性插值即可求出四维空间中(N，Tq，IVO 和 EVC)任意点处的点火正时。

这些参数化方法(例如多项式回归)通常在计算上非常有效[很少的几个参数就可以表示一个(超)平面]，另一个优点是无论怎样，利用 DOE 方法进行脉谱图标定时，都会引出一个参数化的回归。另一方面，这些参数化方法需要一个预先选定的模型(例如，一个三阶多项式)，而这个模型在数据贫乏区域的行为可能不太规律(这就是为什么 DOE 工具需要生成尽量均衡的标定点网格的原因)。此外这些参数化方法在车载校准时，很难手动调整。

在 IVO-EVC 空间内，引导式的脉谱图标定得到了分布非常不规则的数据点(见图 2.8)。而在 N-Tq 维度中，数据点的空间分布是规律的，因此可以利用查找的表或者参数(多项式)回归的方法来表示这些曲面。在 IVO-EVC 空间中，可以考虑把非参数(核)方法作为备选方案，虽然它们比参数化方法计算效率低，但由于独立于模型，所以在数据贫乏区更有预见性，而且更容易进行直接校准。

核插值起始于一个给定的称为核函数的对称函数 $K(u)$，并可根据下式计算一些 x 值处 Y 的插值：

$$\hat{Y}(x)=\frac{\sum_{i=1}^{M}K(x-X_i)\times Y_i}{\sum_{i=1}^{M}K(x-X_i)} \tag{2.3}$$

文献中已经考虑过各种核函数，其中包括抛物线“Epanechnikov 核”和使用 Gaussian 概率分布函数作为核(Hardle，1989)的“Gaussian 核”，究竟哪种核函数最好，这要取决于实际应用。在本文的情况中，稀疏的数据结构和在特征(点或线)上的插值曲面需要通过特征上的值的期望值，给出的建议是使用“反距离核函数”(“inverse-distance kernel”)：

$$K(u)=\frac{1}{u^2+\varepsilon} \tag{2.4}$$

其中，ε 是一个很小的常数，以防止分母为 0。在本文的应用中，已把插值公式(式(2.3))扩展到点(X_i, Y_i)和线(L_i, Y_{Li})上。

对于点的特征(例如图 2.7 中的 OP 和 D)，可直接计算核 K_p。如果采用 $x=(x_1, x_2)$表示测量得到的(IVO，EVC)数据对，那么第 i 个数据点的核值是：

$$K_p(x-X_i)=\frac{1}{(x_1-X_{i1})^2+(x_2-X_{i2})^2+\varepsilon}$$

相应的 Y_i 正好是在点 X_i 和当前的 N 和 T_q 处的点火正时的值：$Y_i=\mathrm{spk}_i=\mathrm{Fn\_spk}_i(N, T_q)$，其中，根据不同的表示方法，$\mathrm{Fn_spk}_i(\cdot)$可以是一个多项式，也可以是一个查找表等。

为了计算特征线上的核值 $K_L(x, L_i)$，这里利用参数 s 来参数化每个直线段，其取值位于 $s_{\min}$ 和 $s_{\max}$ 之间。这样，直线段上 x_1 和 x_2 的坐标必须满足

$$x_1 = a_{i1}s + b_{i1}$$
$$x_2 = a_{i2}s + b_{i2}$$

现在，核的计算需要的是到特征线的距离，也就是到直线段上最近点的距离，而不是到特征点的距离。最小化关于 s 的平方距离可以得到在该点处参数 s 的值

$$d_{Li}(x_i, x_2, s) = (x_1 - a_{i1}s - b_{i1})^2 + (x_2 - a_{i2}s - b_{i2})^2$$

最小值必须满足：

$$\frac{\partial d_{Li}}{\partial s} = 2a_{i1}(x_1 - a_{i1}s - b_{i1}) + 2a_{i2}(x_2 - a_{i2}s - b_{i2}) = 0$$

在 s 的取值范围内求解上述关于 s 的方程，可以得到与第 i 个直线段上距离(x_1, x_2)最近的点相对应的 s_i^* 的值：

$$s_i^* = \min\left\{s_{i\max}, \max\left\{s_{i\min}, \frac{a_{i1}x_1 - b_{i1} + a_{i2}x_2 - b_{i2}}{a_{i1}^2 + a_{i2}^2}\right\}\right\}$$

现在在这条线上被评估的核的值是

$$K_L(x, L_i) = \frac{1}{(x_1 - a_{i1}s_i^* - b_{i1})^2 + (x_2 - a_{i2}s_i^* - b_{i2})^2 + \varepsilon}$$

通过标准算法可以获得第 i 条线上 Y_{Li} 的值：$Y_{Li} = \mathrm{spk}_{Li} = \mathrm{Fn\_spk}_{Li}(N, Tq, s_i^*)$。把 K_i，Y_i，K_{Li}和 Y_{Li}的值代入式(2.3)，可以得到在任意点(N，Tq，IVO 和 EVC)上的点火正时。

这种插值算法已经在一辆实验车辆上得以实现。并且把由车载反距离插值方法计算得到的点火数据与相同输入(也是在线获取的)时由全因子模型产生的点火正时进行了比较。图 2.9 给出了在 40 秒的运行期内，使用车载反距离方法和全因子模型方法得到的点火正时的比较结果。由于点火与基准值(全因子情况下)不相等造成的，总的燃油经济性损失估计为

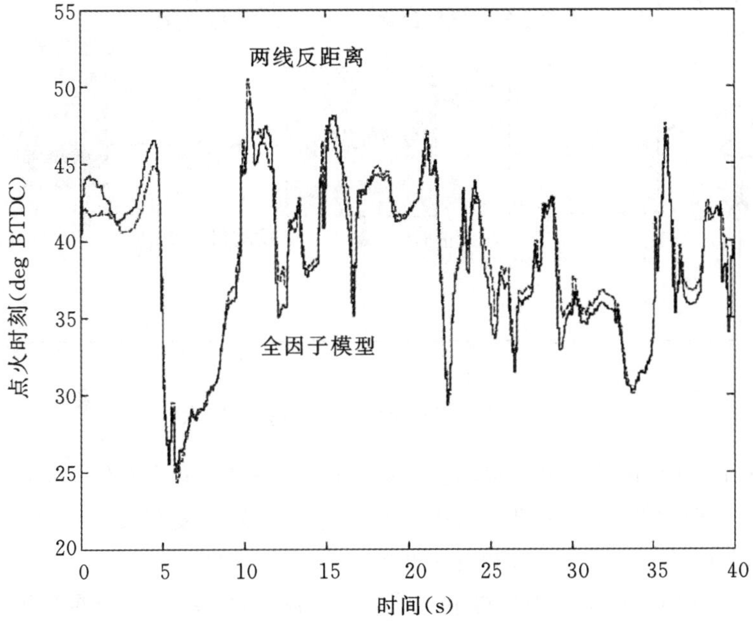

图 2.9 两线反距离插值和全因子模型的点火定时对比

0.04%，因此该误差可以忽略不计。由于凸轮正时数据表也是由几乎无损精度的 2 线引导式脉谱图标定过程（2-line guided mapping procedure）（对应于 $M=198$）产生的，所以我们期望结合脉谱图和插值能提供一个无缝的查找表格。这一点已经通过运行背靠背的车辆测试得到了证实，其中利用底盘测功机，比较了固定式的 VCT 查找表格与 2 线的查找表格或插值。观测到的收益为 2.97%（取 4+4 次运行的平均值），与模型预测的 3.11%差别不大。尽管车辆测试可能引入混淆比较结果的额外因素，但是通常认为在测试中使用标准方法通过排放分析仪测得的油耗是准确的。

2.3.2 怠速控制

怠速控制（Idle Speed Control，ISC）是现代汽油和柴油发动机的关键反馈控制功能之一（Hrovat and Sun，1997；Hrovat and Powers，1998）。对于火花点火（Spark-Ignition，SI）的汽油发动机，当驾驶员的脚离开加速油门踏板时，ISC 就会通过操纵电子节气门的位置和点火正时（输入），把发动机转速（被控输出）维持在设定值上。如图 2.10 所示，怠速控制必须抑制由动力转向、空调开启和关闭、变速器啮合，以及发电机载荷变化而导致的任何可被测量得到的（估计的）和不能被测量得到的转矩扰动。通常挂档时的怠速大约设定为 625 r/m，而空档时的大约设定为 650 r/m。但在转换到怠速期间，以及当发动机和环境温度较低时，可以根据配件的状态对该设定值进行修改。发动机转速可以作为输出变量用于反馈控制。在任何可能的情况下，都要对发动机的转速提出严格的性能要求，要求其下降幅度（当扰动出现时，发动机转速下降最大幅度）在 80 r/m 以内，上升幅度（当扰动出现时，发动机转速上升最大幅度）在 120 r/m 以内。

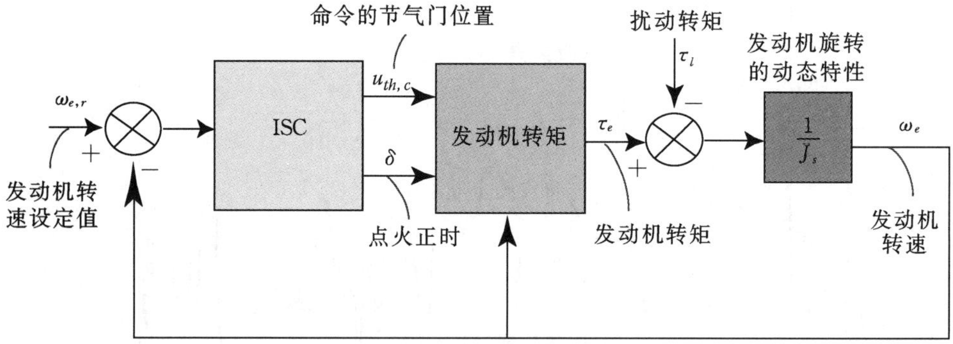

图 2.10 汽油发动机的 ISC 怠速控制框图

无论是电子节气门，还是点火正时都会影响发动机的转矩，并会补偿扰动的影响。图2.11是描述产生发动机指示转矩过程的方块图。在飞轮处的发动机转矩为 $\tau_e=\tau_{e,ind}+\tau_{e,pump}+\tau_{e,fric}$，它是指示转矩、泵气损失 $\tau_{e,pump}$ 和机械摩擦力矩 $\tau_{e,fric}$ 的总和。

增加发动机节气门相位将增加流过节气门的空气流量，依次将增大进气歧管压力，以及流入发动机气缸的空气流量。随着流入气缸的空气流量的增加，空燃比控制器将增加燃油流量，从而将空燃比维持在设定值上。发动机转矩将随着空气和燃料缸进料的增加而增大，而这将

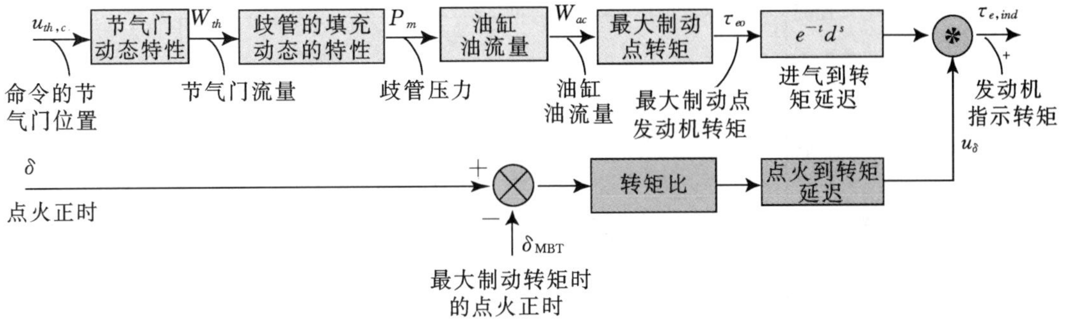

图 2.11 汽油发动机的指示(燃烧)转矩

受到进气冲程到功率输出(intake-to-power,IP)之间延时的制约,即发动机进气冲程与转矩产生之间的延时,该延时大约是 360°曲轴转角。

调整点火正时将影响与以曲轴转角计的燃烧始点。由点火到转矩产生的延时是很短的,并且调整点火正时几乎会立即影响发动机转矩。这样,与节气门角度调整这一较慢的执行机构相比,可以把点火正时看作是一个较快的执行机构。

在产生最大转矩的上止点前(Before Top Dead Center,BTDC)测量得到的以曲轴转角度数表示的点火正时被称为 MBT 点火正时。与 MBT 点火正时相比较,一般情况下的点火正时只是被推迟了(使其稍晚发生),这会导致发动机转矩减小(见图 2.12)。然而最大的点火推迟量受燃烧稳定性约束的限制。因此为了确保点火对发动机转矩具有双向权限,稳态的点火正时的设定值经常是从 MBT 开始被推迟的。这个稳态的点火推迟被认为是**预定点火相位**。与把点火正时维持在 MBT 时的情况相比,预定点火相位的操作要求降低了燃油经济性。从点火到功率输出(spark-to-power,SP)大约有 90°曲轴转角的延时,与 IP 延时相比,该延时通常(但不总是)可以忽略不计。

从历史上看,ISC 与最老的机械反馈控制系统之一,即被用作蒸汽发动机速度控制器的 Watt 调速器(1787)有关。利用可编程逻辑控制器的调速器已经在固定式发动机上使用多年了,通常把这些固定式发动机用作发电和诸如天然气管道的输送系统的组件。汽车系统中的 ISC 已成为控制领域文献中常用的一个研究案例,例如,可参见 Hrovat 和 Sun 的综述性论文(1997)。在较老的使用机械节气门的汽油发动机中(即节气门与司机油门踏板机械连接),ISC 使用了称为空气旁路阀门的专用执行机构。而在现代发动机中,随着电子节气门的发展,空气旁路阀门已经被淘汰。但这样控制问题并没有得到简化,这是因为为常规驾驶设计的电子节气门在怠速工况下的运行范围很窄,其中很小的瑕疵就可能会造成大的影响。

尽管多年来 ISC 的研究已经取得了很大发展,但进一步改进仍具有显著的意义,这是因为这种改进可以转变为车辆属性的提高,尤其是会带来更好的燃油经济性。与把点火正时维持在 MBT 的情况相比,维持预定的点火相位尤其会导致油耗的恶化。IP 延时是引起对于发动机转速控制回路的保守的节气门调节,以及不能取消预定点火相位的关键因素之一。降低怠速时燃油消耗的另一种方法是降低怠速转速的设定值,但前提是汽车的其他配件都能适应。降低怠速速度设定值从两方面使得问题变得更复杂。第一,IP 延时 t_d 与发动机转速 ω_e 成反

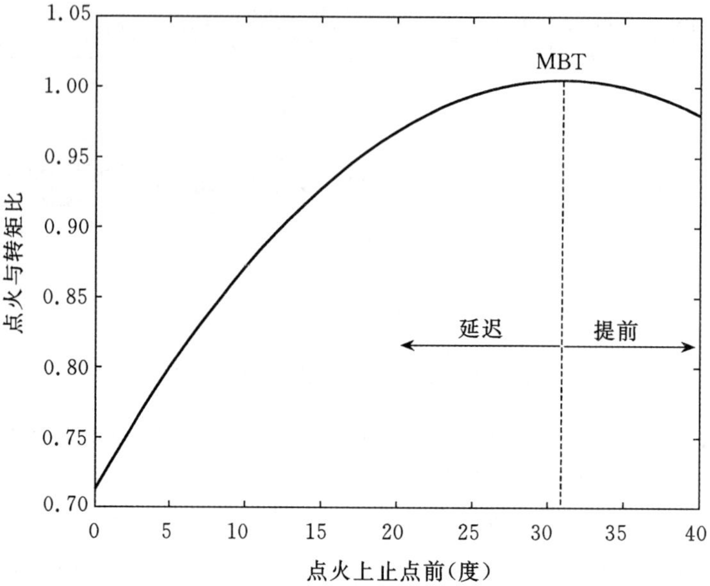

图 2.12 从 MBT 开始推迟点火正时时,发动机指示转矩贩部分降低

比,这里 ω_e 的单位是 rad/s,因此 t_d 会随着发动机转速下降而增大。第二,必须严格控制发动机转速变化,尤其是骤降。这是因为当发动机转速下降到低于所谓的"fishhook"点时,会导致发动机摩擦激增,再加上延时的增加,这会引起系统不稳定和发动机熄火。需要注意的是,不管使用年限和制造误差,以及大范围变化的环境和运行条件(温度、压力、湿度、粉尘含量等)导致了怎样的可变性,使闭环系统都必须完美无瑕地运行。作为一个特殊的例子,节气门上的沉积物(所谓的"节气门淤渣")会改变节气门有效流通面积。如果在控制器开发过程中没有正确处理这个问题,则会导致发动机在怠速期间熄火。

综上所述,我们注意到在其他一些操作条件中,例如在自动变速汽车的变速器换档中,也可以利用发动机转速的反馈控制。在柴油发动机中(在本节中没有详细讨论),ISC 是通过调节燃油流量来实现发动机转速调节的。在柴油机的压缩点火过程中,由于燃烧由直接喷射启动,而且在喷射之前可以更改燃油量,所以传输延时小得多。

2.3.2.1 开环模型及其特性

对象模型反映了发动机的运行动力学,以及进气歧管的填充和排空动态特性:

$$\dot{\omega}_c = \frac{1}{J}(\tau_{e0}(t-t_d)u_\delta + \tau_{e,pump} + \tau_{efric} - \tau_L)$$

$$\dot{\tau}_{e0} = -k_2\frac{RT}{V}\left(\frac{\omega_e}{k_1}\tau_{e0} - k_3 u_{th}\right)$$

其中,参考图 2.10 和 2.11,J 是有效的曲轴转动惯量,τ_{e0} 是发动机在 MBT 时的转矩,u_δ 是对于指示转矩的点火影响,τ_L 是扰动(负载)转矩,u_{th} 是节气门位置,R 为气体常数,T 是进气歧管的温度,V 是进气歧管的体积,而 k_0,k_1,k_2,k_3 是模型参数。这样气缸空气流量就可以表示为 $W_{ac}=\frac{k_2}{k_1}p_1\omega_e+k_0$,MBT 点的发动机转矩可表示为 $\tau_{e0}=\frac{k_1}{\omega_e}W_{ac}$,在假设堵塞的情况下,节气

门流量可由 $W_{th}=k_3U_{th}$ 给出。当节气门位置发生变化时，发动机转速的阶跃响应可以由二阶欠阻尼特性（阻尼比约 0.5）和时间延时来表示，其中，在空载条件（例如，“空档”时的变速器）下，阻尼量会下降。

传统的发动机 ISC 以前馈控制、对气流采用的比例积分微分（Proportional-plus-Integral-plus-Derivative，PID）反馈和对点火正时采用的比例微分（Proportional-plus-Derivative，PD）反馈为基础，前馈项负责对已经估计到的配件负载扰动进行控制，反馈增益与发动机速度误差呈非线性关系，以便当误差较大时能够提供较快的响应。被测量的发动机速度误差在馈送到比例、微分项之前，由滚动平均（低通）滤波器进行滤波。可能会将反馈增益设计为关于运行条件（发动机冷却液温度，空档或者驱动之间变速，空调开或者关）的函数，也可能会在扩展的燃烧状态下暂停微分项。如果积分器状态超过预定界限，将暂停积分器的更新，这时可以应用简单的积分器抗饱和策略。也可以利用一个简单的自适应函数来学习积分器的值，以保持当前的记忆，随后再把它作为前馈信号。控制器的调整（标定）必须要考虑元部件的变化性。很明显，推荐的做法是在保持足够大的稳定裕度的同时，调整 ISC 增益以适应元部件的可变性范围的“下限（slow end）”。从控制设计的角度出发，PID 控制器方法简单易懂，且无需大量培训。

下面，本节将讨论建立在先进的控制方法基础上的三种控制系统设计方法：

- 非线性。该方法将控制方法有助于深刻理解系统架构。
- 自适应控制方法。该方法几乎不需要先验的系统知识，且可以通过预测来处理时间延迟。
- 模型预测控制（Model Predictive Control，MPC）方法。该方法采用基于模型的线性预测和受约束的控制优化，可以形成分段仿射的控制律。

下面将通过车辆实验结果讨论和说明这些应用的突出特点。

2.3.2.2 非线性控制

虽然可以基于线性技术设计有效的 ISC，但非线性控制方法将更有助于深刻理解控制系统的结构：

- 控制点火正时可以补偿时间延迟，也即，$\tau_{e0}(t-t_d)u_\delta=\tau_{e0}(t)$，其中 $\tau_{e0}(t)$ 是指定的控制输入。选择这种快速的点火正时控制，并假设它是在点火控制权限之内，就可以不必在节气门控制回路设计中考虑延迟的影响。
- 设计 $\tau_{e0}(t)$ 的比例积分型控制律可以将发动机速度 $\omega_e(t)$ 镇定到它的设定值 r。可以在“LgV”（Sepulchre et al.，1997）或者速度梯度（Speed-Gradient）（Fradkov，1979）设计技术的基础上来完成这种设计。也可以采用未知输入的观测器（Kolmanovsky and Yanakiev，2008；Stotsky et al.，2000）或自适应卡尔曼滤波器（Pavkovic et al.，2009）来估计 τ_L，并把这个估计值用作前馈补偿。
- 可以采用逆推方法（Sepulchre，1997）推导 u_{th} 的控制律（Kolmanovsky and Yanakiev，2008；Stotsky et al.，2000）。为避免对在第一阶段设计的 $\tau_{e0}(t)$ 控制律进行数值微分，可以采用基于动态面控制的逆推方法（Kolmanovsky and Yanakiev，2008）。

注意到，根据上述分析得到的整个控制系统具有级联结构，内反馈控制节气门以便把估计的发动机指示转矩带到设定值处，而该设定值是按照发动机的速度跟踪要求由外反馈决定的。请参考 Kolmanovsky 和 Yanakiev(2008)对这个控制器的实验评价。

2.3.2.3 自适应 Posicast 控制

自适应 Posicast 控制器(Adaptive Posicast Controller，APC)是按照自适应控制观点设计的针对时延系统的非线性控制器。它与经典的 Smith 预估器和有限频谱分配(finite spectrum assignment)(Niculescu and Annaswamy，2003)的思想有关。可以把开环系统看作是线性和时不变的，并把延迟作为一个输入。开环传递函数的参数可能是未知的，但需要已知延迟值和相对阶(极点超过零点的个数)。被控对象传递函数的无延迟部分可以是不稳定的，但需假设在右半闭平面内不包含任何传输零点(transmission zeros)，尽管在一定假设下，可采用额外的设计步骤处理在右半闭平面的已知传输零点。

Yildiz 等人(2007)已经把 APC 应用到 ISC 中。在该应用中，控制输入 $u(t)$是节气门空气流量指令与标称值之间的偏差，可表示为：

$$
\begin{aligned}
u(t) &= \theta_1^{\mathrm{T}}(t)\omega_1(t)+\theta_2^{\mathrm{T}}(t)\omega_2(t)+\theta_4^{\mathrm{T}}(t)r+\int_{-t_d}^{0}\lambda(t,\sigma)\mathrm{d}\sigma \\
\dot{\omega}_1 &= A_{0\omega 1}+l\cdot u(t-t_d), \\
\dot{\omega}_2 &= A_{0\omega 2}+l\cdot y(t), \\
e(t) &= y(t)-y_m(t), \\
\theta &= [\theta_1 \quad \theta_2 \quad \theta_4]^{\mathrm{T}}, \\
\Omega &= [\omega_1 \quad \omega_2 \quad r]^{\mathrm{T}}, \\
\dot{\theta} &= \Gamma e(t)\Omega(t-t_d), \\
\frac{\partial\lambda(t,\tau)}{\partial t} &= -\Gamma_\lambda e(t)u(t-t_d+\tau),\ -t_d\leqslant\tau\leqslant 0
\end{aligned}
$$

这里，y 表示发动机转速与标称值之间的偏差，r 是该偏差的设定值，t_d 表示时间延迟，$y_m(t)$是输入为 $r(t-t_d)$的参考模型的输出，其极点数等于开环传递函数的相对阶，(Λ_0,l)是一个维数与对象极点个数相同的可控对，其动态特性比参考模型更快，$\theta(t)$表示被调参数(在实际实现时，积分项由被权值 $\lambda(t,\sigma_i)$加权过的历史控制输入的和来近似)，Γ、Γ_λ 是增益矩阵。控制器还增加了以下附加特性(Yildiz et al.，2007)：

- 为了确保鲁棒性，避免参数漂移，采用了 sigma 修正方法。
- 增加了抗积分饱和逻辑来应对执行机构的饱和。
- 给出了基于对象模型参数的近似知识选择自适应参数的初始估计的步骤，以及基于期望的自适应速度选择学习增益的步骤。
- 实验已经证明了控制器对延迟值的不确定性的鲁棒性。

图 2.13 和 2.14 给出了在汽车上采用这种控制方法抑制动力转向扰动的结果。注意到在发动机速度偏移和误差积分方面，尽管控制器的开发几乎不需要明确的系统模型知识，但是 APC 比作为基准的 PID 控制器更好。

2.3.2.4 模型预测控制(Model Predictive Control，MPC)

在动力系统中应用 MPC 具有重要意义，这是因为 MPC 在强制执行状态与控制约束、处

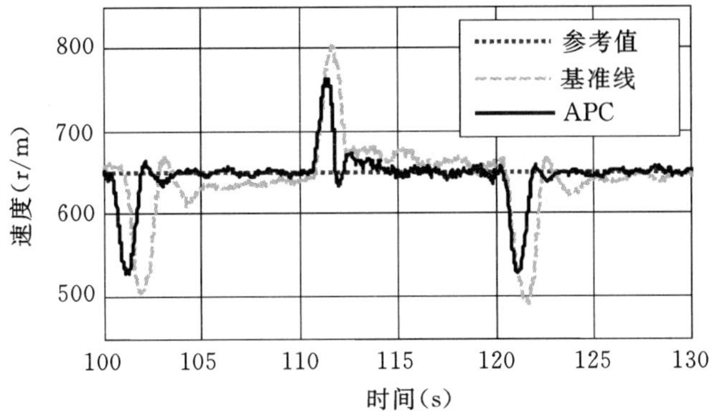

图 2.13 转速为 650 r/m 时,APC 对动力转向扰动的抑制情况

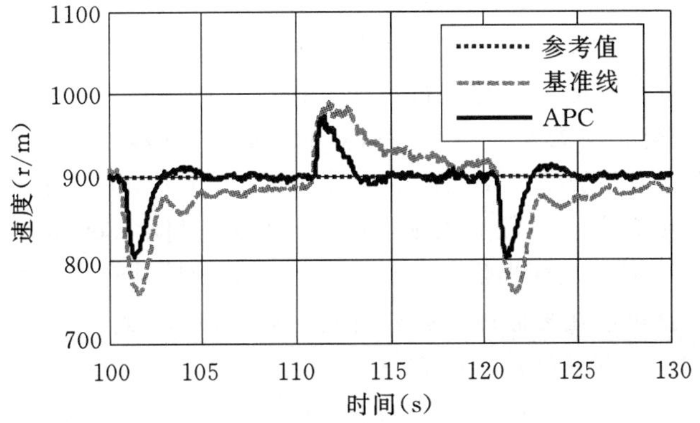

图 2.14 转速为 900 r/m 时,APC 对动力转向扰动的抑制情况

理延迟、应对具有连续值和离散值(分类)决策变量的混合系统模型方面,具有近似最优的系统控制能力。在系统参数发生变化或者失效的情况下,通过改变预测中使用的模型可以重构 MPC 控制律。

MPC 已经在化工行业出现和使用很多年,化学加工行业的特点是过程缓慢,计算能力充裕,并且对每个要控制的过程都可以单独地进行调节。近年来增加车载计算能力和进一步发展设计方法的趋势,促使 MPC 在大规模汽车生产中得以应用。

Hrovat(1996)首次在具有负载扰动预览功能的 ISC 中使用了 MPC,这证明了使用仿真方法的可行性和优势。MPC 方法和工具的最新进展使得实现 MPC 在汽车上的实验成为可能(Di Cairano et al.,2008)。目前已对 MPC 解决方案进行了广泛的测试和分析,结果表明 MPC 是能够用于未来汽车应用的实用技术。下面简要回顾这些发展。

回想一下,汽油发动机中 ISC 的目标是利用标量控制输入(节气门位置)或者矢量控制输入(节气门位置和点火正时),来调节发动机转速与设定值 r 之间的偏差 y。

MPC 公式以如下所示的优化问题为基础:

$$\omega\sigma^2 + \sum_{i=0}^{N-1} \| y(i \mid k) - r(k) \|_2^Q + \| \Delta u(i \mid k) \|_2^R \to \min_{\sigma, u(k)}$$

满足

$$\begin{aligned}
x(i+1 \mid k) &= Ax(i \mid k) + Bu(i \mid k), \quad i = 0,1,\cdots,N-1 \\
y(i \mid k) &= Cx(i \mid k), \quad i = 0,1,\cdots,N-1 \\
u_{\min} &\leqslant u(i \mid k) \leqslant u_{\max}, \quad i = 0,1,\cdots,N-1 \\
\Delta u_{\min} &\leqslant \Delta u(i \mid k) \leqslant \Delta u_{\max}, \quad i = 0,1,\cdots,N-1 \\
y_{\min} - \sigma &\leqslant y(i \mid k) \leqslant y_{\max} + \sigma, \quad i = 0,1,\cdots,N_c - 1 \\
u(i \mid k) &= u(N_u - 1 \mid k), \quad i = N_u - 1,\cdots,N-1 \\
u(-1 \mid k) &= u(k-1) \\
x(1 \mid k) &= \hat{x}(k), \quad \sigma \geqslant 0
\end{aligned}$$

其中，$y(i|k)$，$u(i|k)$和 $x(i|k)$分别表示输出、控制输入和由 k 时刻之前的 i 步预测得到的状态，$r(k)$表示被测量的输出的设定值。根据实验得到的发动机响应数据可以辨识用于预测的实现形式为(A,B,C,D)的线性模型。这里对控制输入的幅值($u_{\min}$，$u_{\max}$)和变化率($\Delta u_{\min}$，$\Delta u_{\max}$)进行了限制，引入松弛变量 σ 以放宽输出约束(与界限 $y_{\min}$，$y_{\max}$一起)，并在代价函数中利用权重 ω 对松弛变量和权重 ω 一起进行惩罚。代价函数还将惩罚输出与设定值之间的偏差，以及控制输入的变化。注意 $\| y-r \|_2^Q = (y-r)^{\mathrm{T}} Q (y-r)$，$\| \Delta u \|_2^R = (\Delta u)^{\mathrm{T}} R (\Delta u)$，那么这个优化问题就简化为关于变量 $u(i|k)$，$i=1,\cdots,N_u-1$ 和 σ 的二次规划(Quadratic Program，QP)问题。该 QP 问题在参数上依赖于状态 $x(0|k)$，利用 Bemporad(2002)等人的方法可以离线求解这个 QP 问题，从而提供一个显式的可由关于估计状态$\hat{x}(k)$的分段仿射函数表示的 MPC 控制律，并且可以在多面体区域分块上定义该 QP 问题：

$$u(k) = F_i \hat{x}(k) + G_i u(k-1) + T_i r(k),$$

$$i \in \{1,2,\cdots,N_r\} : H_i \hat{x}(k) + J_i u(k-1) + K_i r(k) \leqslant 0$$

采用 MATLAB 中的 Hybrid 工具箱(Bemporad，2003)或者 Multiparametric 工具箱(Kvasnica et al.，2004)可以数值地计算该表达式中的矩阵。ISC 得以应用的关键是 MPC 具有显式解，这就避免了在软件中实施在线优化去计算控制律的要求。

Di Cairano 等人(2008)给出的 MPC 设计以根据车载节气门和点火正时的阶跃响应数据辨识得到的离散时间发动机模型为基础。将 IP 延迟建模为输入延迟，并扩展为模型的额外状态。模型中增加了关于发动机速度的积分器，以使稳态误差为零。此外，引入卡尔曼滤波器来估计状态和负载转矩扰动，卡尔曼滤波器的调整对控制器的干扰抑制性能影响显著。预测范围与系统的开环响应的调整时间相当($N=30$ 倍的 30 ms 的步长)，但为了达到响应与求解复杂度之间的最佳折中，选择了更短的控制范围($N_u=3$)和约束范围($N_c=3$)。

引入松弛变量可以对发动机速度偏差上的输出约束进行软处理，以避免大扰动时的不可行性(不可行性是指不存在满足约束的解)。当实际和/或预测的速度跟踪误差较大时，输出约束在修正瞬态响应和快速恢复方面提供了额外的灵活性。

图 2.15 显示了在车辆上只对节气门采用 MPC 控制器时的性能，该图具有 7 个多面区域，$N_r=7$。这种设计保留了传统的点火控制器。电子控制单元(Electronic Control Unit，ECU)在最坏情况下的计算负荷仅为怠速期间 ECU 能力的 0.05%，这是易于实现的。

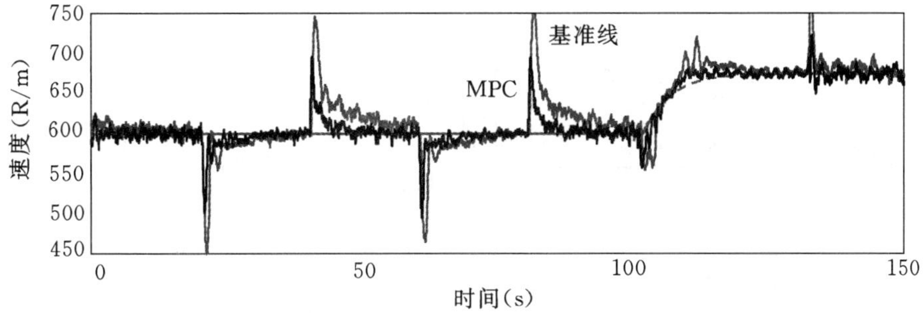

图 2.15 MPC 控制器与基准控制器在动力转向机构甩负荷实验和设定值跟踪方面的比较

在取 $N_r=131$ 的情况下，得到了对节气门和点火正时进行协调控制的 MPC 设计，并在车辆上进行了测试。在存在饱和的情况下（尤其是在点火正时范围内），由此得到的控制器能够保持接近最优的执行机构协调能力。在最坏情况下，ECU 的计算载荷低于 5%。与简单的 MPC 方案相比，动力性得到了改善，但代价是增加了在最坏情况下的计算量。

2.3.3 空燃比的闭环控制

汽油发动机中的后处理系统（三效催化剂）对消除汽车排气管尾气中的碳氢化合物（Hydrocarbons，HC）、一氧化碳（Carbon Monoxide，CO）和氮氧化物（Nitrogen Oxides，NO_x）的排放特别有效。事实上，需要超过 99%的催化效率才能满足当今针对这三类排放的严格法规。只要发动机运行在化学计量的空燃比上——即刚好能够使所有燃料（碳和氢）完全氧化的空气量对应的空燃比，就可以实现较高的催化效率。对于传统的汽油燃料，化学计量空燃比大约是 14.6，等价的化学计量燃空比（Fuel-to-Air，FAR）为 0.069。

催化剂转换器还具有存储和释放氧气的能力。氧气存储能力使得发动机在非化学计量下仍然可以短暂地高效运作。只要有氧气，催化剂转换器就会持续地将 HC 和 CO 氧化为 H_2O 和 CO_2。相反，只要有空闲的氧气存储位置，NO_x 就会被还原（成 N_2 和 O_2）而释放的氧气（与从尾管中释放出的 N_2 一起）就会被存储起来。因为这种机制，才使得尾管排放与 FAR 信号“曲线下的面积”有关。面积越大，解决污染问题的潜力就越大。如果 FAR 在足够长的时间内保持浓（稀），那么在氧气存储变空（变满）后，排放量将会显著增加。

2.3.3.1 FAR 调节系统

在汽车的汽油发动机中，通过调节进入气缸的空气量可以控制发动机转矩，同时通过调节注入的燃料量可以控制燃空比。为了使 FAR 尽可能地保持在化学计量附近，汽车发动机采用了一种精细的与闭环系统相结合的前馈系统，而闭环系统由内部闭环 FAR 控制器和外部调节回路组成。见图 2.16 所示的燃油控制系统，可以分解为以下几个部分：

- 计算在发动机循环的进气阶段中进入气缸的充气量，确定能够提供期望燃空比的燃油量（通常是化学计量）。该系统必须考虑来自于其他来源（碳罐解吸）的燃油、燃料类型（添加乙醇的汽油燃料）等。
- 计算附壁燃油对进入气缸的燃油质量的影响，并对其进行瞬态燃油补偿（参见 Guzzella

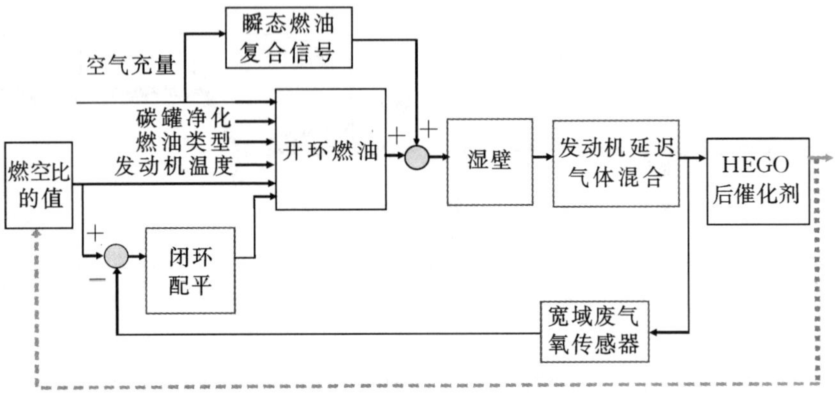

图 2.16　汽车燃油控制系统的框图

和 Onder，2004 年第 2.4.2 节)。

- 内反馈控制器需要"微调"("trims")位于催化剂上游的传感器处的燃油喷射量，以达到期望的 FAR。氧传感器通常用于测量燃烧过的气体中的过量氧气，但也可以用来提供测量燃空比的信号。本章假定使用的是称为 UEGO 的传感器。
- 根据发动机的操作要求、冷启动燃烧稳定性或者催化剂效率，确定燃空比的参考值。在正常的驱动条件下，外反馈控制器要向内部 UEGO 反馈控制器提供调节过的 FAR 参考信号。虚线所示的外反馈超出了本章的讨论范围(Peyton-Jones et al.，2006)。

目前，大量的文献和研究兴趣都集中在上述系统的各个部分中。感兴趣的读者可以参考两本有关发动机控制方面的书籍(Guzzella and Onder，2004；Kiencke and Nielsen，2000)和其中的参考文献。本章将关注内反馈的 FAR 调整，特别是用于补偿时间延迟的 Smith 预估器在改善闭环系统性能方面的潜能。

2.3.3.2　线性系统模型

如果微调是在 FAR 单元中计算得到的(使用归一化的 FAR，$\varnothing$=FAR/FAR_stoic)，那么从控制器输出到 UEGO 传感器(见图 2.16)的内反馈信号通路包括经过充气估计的倍增后到达喷射的燃油处，然后再经过湿壁动态特性、气缸内空气和燃油的混合、燃烧、排气后，最终到达 UEGO 传感器。这一过程的物理原理相当复杂。一旦气缸口达到标称工作的温度，湿壁效应就趋于最小。将用于表示开环对象 P 的系统的其余部分，通常被建模为一个由时间延迟和一阶滞后(Guzzella and Onder，2004)环节组成的集总参量系统：

$$P(s)=\frac{e^{-\tau_d s}}{T_c s+1} \tag{2.5}$$

在对象传递函数中，τ_d 是延迟时间，T_c 是时间常数。时间延迟和时间常数将随着发动机转速和发动机负载(归一化的充气量)的变化而变化；参见 Jankovic 和 Kolmanovsky 的文献(2009)。对于给定的发动机转速和负载，假定 τ_d 和 T_c 是常数。

为了评估该模型对闭环系统设计的影响，我们比较了发动机和这个相应的简单模型在阶跃扰动下的响应。图 2.17 和图 2.18 给出的测试结果是在转速为 1000 r/m、发动机负荷为 0.16(相当于在怠速空档时的变速器，即转矩为 0)的情况下获得的。在上述条件下，该模型使

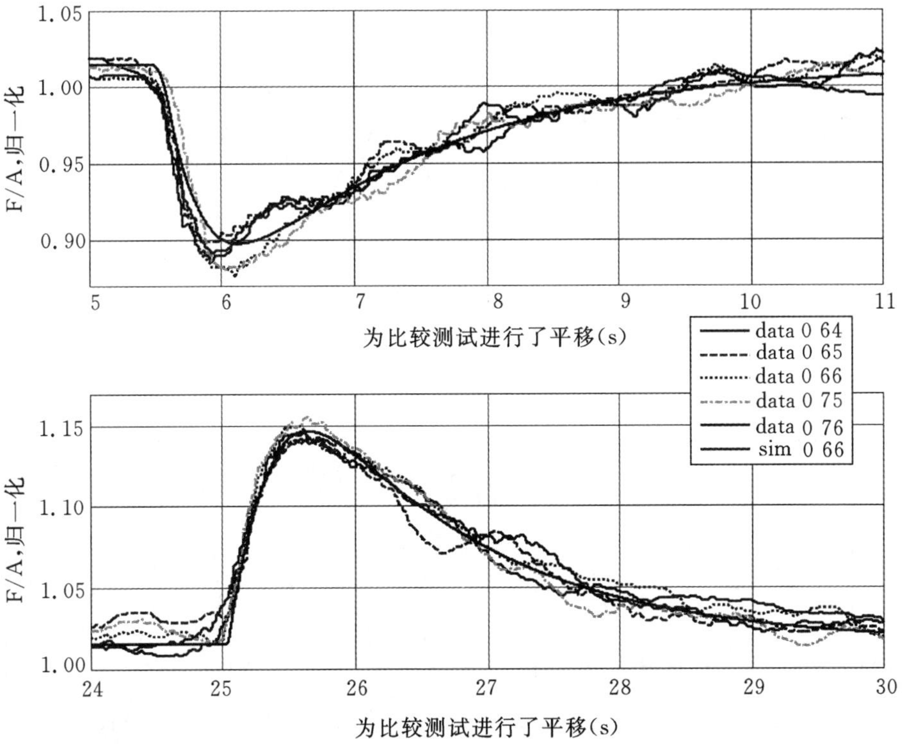

图 2.17　发动机与具有低增益 PI 控制器(无延迟补偿)的模型对扰动响应的比较

用了 0.25 s 的时间延迟和 0.30 s 的时间常数。图 2.17 给出了当喷油器的喷油速率变化 20% 时燃空比的五条响应曲线,其中喷油速率 20% 的变化用来为喷射的燃油量产生一个阶跃变化。黑色粗线轨迹表示该模型的响应。在上方的图中,降低了喷油器的喷油速率,这导致了稀的燃空比。在下方的图中,增大喷油器喷油速率使得系统混合气过浓。在这两种情况下,标准的 PI 控制器都能够抑制(在一段时间后)扰动。PI 控制器的增益非常保守($K_p=0.18$,$K_i=0.7$),这导致了大约 0.8 rad/s 的闭环系统带宽。

图 2.18 给出了发动机(两次运行)和模型在明显增大 PI 增益,而其他条件保持不变的情况下的响应,其中,$K_p=1.2$,$K_i=4.5$,带宽为 5 rad/s。K_p/K_i 的比值保持与低增益情况下的比值相同。从图 2.18 可以观察到两点:第一,高 PI 增益和没有延迟补偿使系统处于不稳定的边缘;第二,该模型看来能够捕捉到系统不稳定情况的发生。

2.3.3.3　Smith 预估器

面对由于时间延迟引起的带宽限制和由此产生的缓慢的干扰抑制,我们可以尝试诸如 Smith 预估器这样的延迟补偿方法。控制器结构如图 2.19 所示。当给定 PI 控制器的传递函数为(K_p+K_i/s)时,从参考值跟踪误差 $e=r-y=\mathrm{FAR}_{\mathrm{ref}}-\mathrm{FAR}$ 到控制器输出 u 的传递函数是

$$C(s)=\frac{u(s)}{e(s)}=\frac{(K_p s+1)(K_p s+K_i)}{T_c s^2+s+(K_p s+K_i)(1-\mathrm{e}^{-\tau_d s})} \tag{2.6}$$

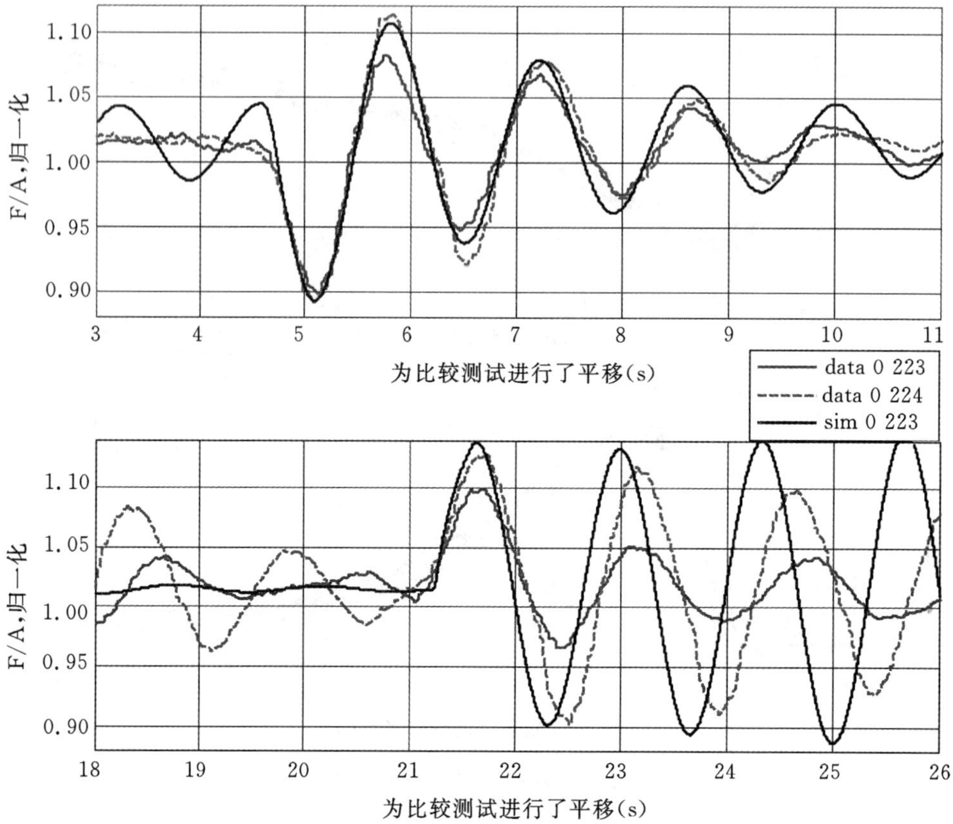

图 2.18　发动机与具有高增益 PI 控制器(无延迟补偿)的模型对阶跃响应的比较

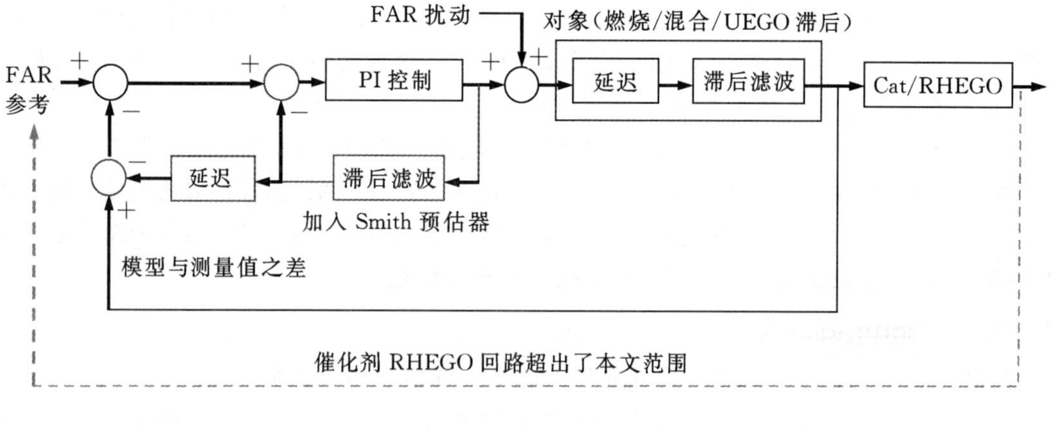

图 2.19　UEGO 内环控制系统中的 Smith 预估器控制器的框图

采用该控制器,图 2.19 中的内部闭环传递函数变为

$$\frac{y(s)}{r(s)}=\frac{(K_p s+K_i)\mathrm{e}^{-\tau_d s}}{T_c s^2+s+(K_p s+K_i)} \tag{2.7}$$

除了 $e^{-\tau_d s}$（延迟）项，式(2.7)与利用针对无延迟的一阶滞后环节的 PI 控制器获得的闭环传递函数相同。换句话说，Smith 预估器把延迟从反馈回路里面拉出来，消除了对参考值跟踪的响应速度的限制。

众所周知，Smith 预估器将会为参考信号的跟踪提供好的结果。另一方面，Smith 预估器对扰动抑制的有效性取决于对象的开环极点（参见 1996 版(Levine，1996)控制手册的第 10 章(Z. J. Palmor)，或参见本手册当前版本中，**控制系统基础**部分的 9.8 节）。然而，Nakagawa 等(2002)和 Alfieri 等(2007)已提出了相同结构的控制器，并将它们分别用于汽油和柴油发动机燃油-空气比的调节中。正如这里报道的，可以看出这些控制器对扰动有明显的抑制作用。

由于采用了合适的 Smith 预估器，我们将 PI 增益($K_p=3.6$，$K_i=12$)调节得比图 2.17 或图 2.18 中的高很多。这里对于参考轨迹的带宽是 12 rad/s，如图 2.20 所示，在与图 2.17 和图 2.18 相同的条件下，获得的扰动响应比图 2.17 所示结果快了大约 4～5 倍。由于发动机转速在空档怠速期间的激励，出现了小的震荡（在图 2.17 中也可见到）。Smith 预估控制器提供了比没有使用延迟补偿时能够达到的更快的响应。为了评估对催化效率的影响，在排放循环中对两种控制器进行了比较。传统的 PI 采用类似产品式的对预先安排的增益 K_p 和 K_i 进行调整，Smith 预估器采用固定增益，且比图 2.20 所用增益降低了 50%，而式(2.5)中的延迟 τ_d 和时间常数 T_c 是根据转速和负载来安排的。图 2.21 给出了在冷启动后首个 150 s 内，使用

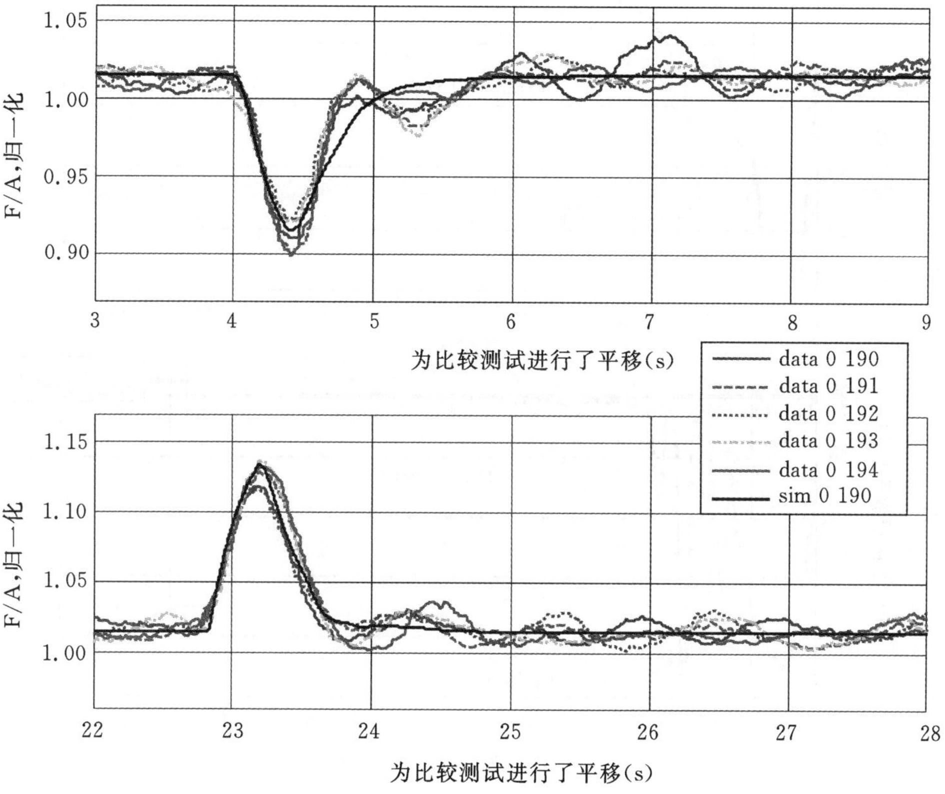

图 2.20 Smith 预估器对 FAR 扰动的抑制情况

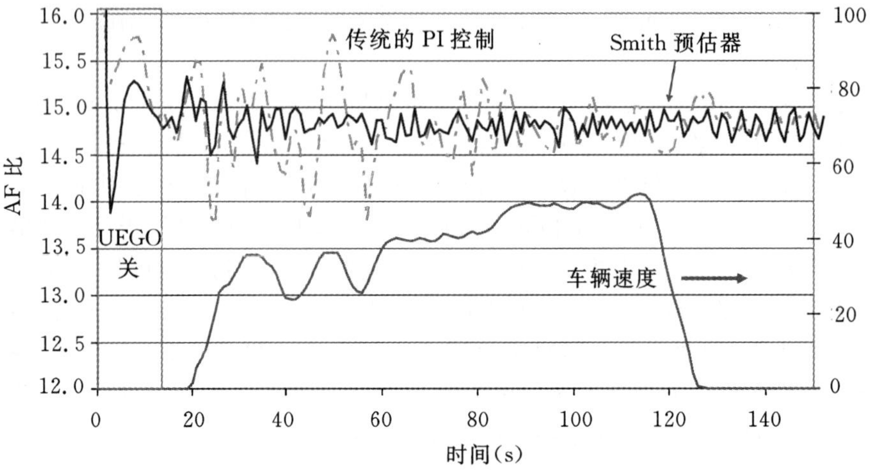

图 2.21 传统的PI控制器与Smith预估控制器在空燃比调节方面的比较

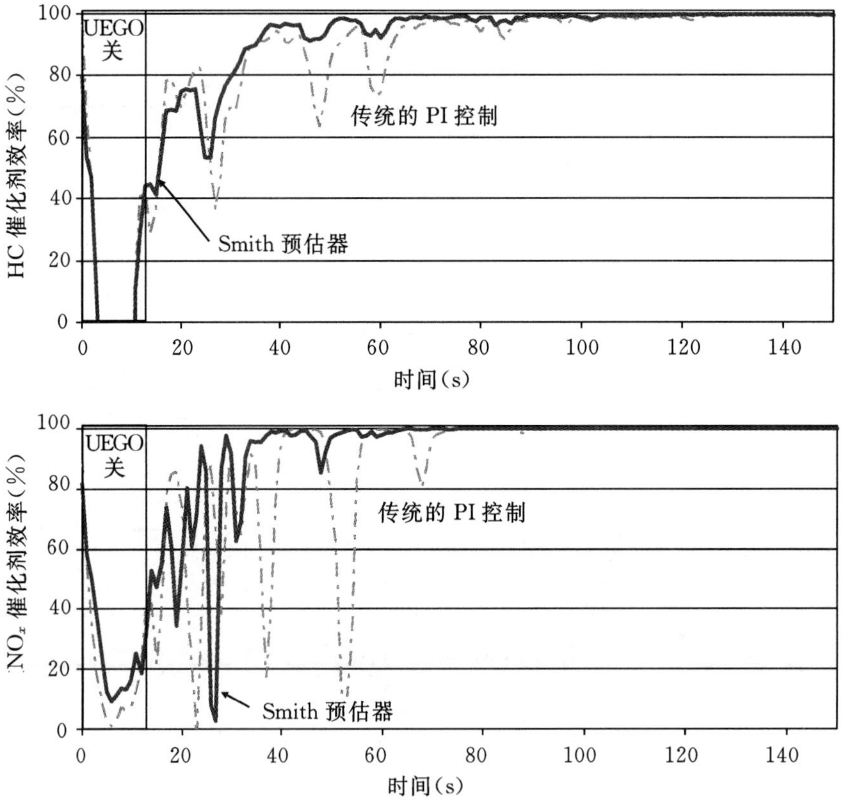

图 2.22 PI控制器与Smith预估制器在HC(上图)和 NO_x(下图)催化剂效率方面的比较

采样间隔为 1 s 的排放分析仪所获结果的比较。由图可知，Smith 预估器的更加严格的调节改进了催化剂效率。图 2.22 显示了催化剂效率在 HC 和 NO_x 方面的改善，这意味着这种改善归功于更加严格的 FAR 控制，而不是浓或稀的 FAR 偏置。这一点是很关键的，这是因为循环中的主要排放是在前 100 s 内从尾管排出的，而此时催化剂还未开始高效工作。

2.4 变速器控制

汽车变速器是汽车动力总成系统中的重要组成部分，其主要功能是使发动机和汽车之间能够更好地匹配。特别是，由于典型的 IC 发动机在发动机转速低时具有相对较低的转矩，因此在汽车低速时，就非常有必要放大这个转矩，然后将其传送到车轮上。例如，在从静止状态启动期间，变速器通常是在第一档，其特点是传动比最大，也即，发动机转矩的放大倍数最大。这个大的转矩最终将施加到车轮上，以提供最大可能的加速度来推动车辆启动。根据不同的车辆种类，变速器档位的数目会有所不同，相应的转矩比放大倍数也不同。重型卡车，尤其是当载重时，可能有高达几十个甚至更多的档位来使它们的大质量加速。另一方面，为了使车辆动力性、燃油经济性和驾驶性能或平滑性得到改善，典型的现代客运车辆具有 4～6 个档位，目前的趋势是具有更多档位（7 和 8 个）。

目前存在着多种变速器。手动和自动变速器之间的差别就是后者能够自动地执行不同的变速动作，而不需要驾驶员干预。在自动变速器中，又分为有级和无级（甚至是无穷级变速）变速器两种。有级变速器具有有限数量的齿轮，用于实现与上述发动机——车辆之间的匹配。无级变速器，正如其名所表示的，能够连续改变变速器的传动比，以保持发动机运行在最佳效率。在一些混合动力车辆（Hybrid Electric Vehicles，HEVs）中存在一类特殊的无级变速器，能够通过单个（或多个）行星齿轮组与 IC 发动机、电动机以及发电机（Kuang and Hrovat，2003）恰当地连接，以获得连续改变的传动比。在这种情况下，当存在多个行星齿轮时，我们可以考虑将有级变速和无级变速的变速器组合在一起的一种混合变速器。

自动有级变速器在美国最为普及，它们可以实现两个基本功能：一个是通过齿轮换档而使发动机工作在一个更为有利的工作区；另一个是使车辆从停止位置启动更为方便。有级变速器可分为两类。较传统的自动变速器属于行星类型的变速器，在这类变速器中，行星集（内齿轮、太阳轮和行星架）的不同部分与不同的离合器、传送带和单向离合器相连接，在适当的时候相啮合或相分离以完成换档任务。车辆启动是在所谓的液力变矩器这一特殊设备的帮助下实现的，液力变矩器可以方便、平滑地连接发动机与被驱动的车轮，使其从零车速开始向前行进（Hrovat et al.，2000）。另一类自动变速器带有副轴结构，最近已经投产。与传统的手动变速器相比较，它们除了具有两个离合器之外，其他很相似，而手动变速器只有单个离合器。借助于这两个离合器可以平滑、不间断地实现动力换档（Hrovat and Powers，1998；Hrovat et al.，2000）。这些变速器也称为双离合变速器（Dual Clutch Transmissions，DCT）或动力换档变速器。

以上每种类型的变速器都有其各自的控制难点。尽管在过去可以利用诸如由迷宫般的通路及相应的液压系统、线轴和阀组成的阀体这样的硬件措施来处理这些难点，但现代的大多数自动变速器则在更大程度上依赖于微型计算机和嵌入式控制技术。对于典型的自动有级变速器，主要的控制难点体现在平滑、快速的换档，响应，以及平滑启动方面。由于DCT或动力换档变速器通常没有液力变矩器，那么这种情况下的启动控制尤其具有挑战性，这时可以同时使用前馈控制和反馈控制。前馈控制通常依赖于发动机和离合器转矩产品的详细模型，而反馈控制以期望的滑动率或发动机和变速器输入轴转速为基础，可用于补偿任意模型的不准确性和对象的参数变化(Hrovat and Powers，1998；Hrovat et al.，2000)。

在典型的现代5～8速自动变速器中有多种档位，而这涉及到在齿轮之间进行的多个升档和降档(例如，1～2升档，5～2降档)。此外，这些换档可以发生在动力状态下(即踩下油门踏板时)，此时称为加动力升档和降档；也可以发生在滑行期间(即松开油门踏板时)，此时称为无动力升档和降档。由于整个换档持续的时间相对较短(通常远低于1 s)，所以这是一个有趣且富有挑战的、具有重要的前置期和后置期的伺服控制问题。例如，在1～2加动力升档情况下，存在两个主要阶段(Hrovat and Powers，1998；Hrovat et al.，2000)。在第一阶段，或所谓的转矩阶段，转矩在对应于第一档和第二档的两条功率路径之间传递。在副轴或者DCT变速器的情况下，转矩在两个离合器之间传递，第一个离合器连接到第一档的路径上(“奇数离合器”)，第二个离合器连接到第二档的路径上(“偶数离合器”)。这种传递是在十分之几秒之内发生的，而且很重要的是它要以一种很精确的形式来减少任何让车辆驾驶人员可能感到的驾驶性能的突变。

目前，由于没有鲁棒的低成本转矩传感器能够适合于车辆生产，所以转矩传递大多是开环的。这种开环控制设计依赖于合适的变速器动力学特性以及和前置期的嵌入式模型，也就是依赖于在转矩阶段开始之前，以确定离合器的正确的连接和分离过程。一旦完成了转矩传递，正在分离的离合器，也就是奇数离合器，将被完全打开，而正在连接的离合器，也就是偶数离合器，将被用于启动和控制第二个阶段的换档，即所谓的惯性或有级改变阶段。在这个阶段，发动机转速应该从第一档位下降到第二档位。通常在这个过程中，在不到半秒钟的时间内会达到每分钟数百转速的变化。这通常是以闭环形式来实现的，其中利用了速度或加速度指令曲线，并对指令进行适当滤波以确保平滑地“降落”到新的工作水平。许多不同的控制技术，从经典的具有可调参数的PID控制到诸如H-infinity(Hibino et al.，2009)这样的“现代”鲁棒控制，都可以用于实施闭环速度或滑动率的控制。可以通过对诸如离合器压力(Hrovat and Powers，1998)这样的关键驱动执行机构变量使用监测，来进一步加强换档控制以及启动控制的性能。有关该部分或变速器控制其他方面的细节——如转矩转换液力变换器的旁路离合器滑动率控制和变速器啮合，可在文献(Deur et al.，2006；Hibino et al.，2009；Hrovat and Powers，1998；Hrovat et al.，2000)以及其中的参考文献中找到。这些文献中还给出了一些实际实现和测试的示例，来展示计算机控制的灵活性和潜力。在这些示例中，我们可以以一种控制方式来改变从运动、快速，到平稳、舒适的换档持续时间。

2.5 驾驶性能

良好的驾驶性能是关键的车辆属性，因为它直接关系到客户的满意度以及有效地驾驶和控制车辆的整体能力。驾驶性能包括车辆操作的各个方面，包括从静止启动、油门踏板的给油与松油门的响应、变速器换档，以及车辆对经由不同执行机构施加的驾驶指令的一般响应。从更严格的纵向(前后的)动力学的角度出发,执行机构包括油门踏板、刹车、换档杆,以及其他类似部件。人们通常希望响应牢靠、灵敏,没有太大的延迟和振荡或震颤,且希望在变速器干预的情况下能够平滑换档。更一般意义上的驾驶性能包括了车辆的横向和垂直运动,其执行机构包括方向盘和可能用于不同(半)主动悬架设置的旋钮。本节将只涉及车辆纵向运动方面的驾驶性能,并将给出采用控制原理和相关的嵌入式软件来改善和增强驾驶性能的两个例子。

2.5.1 变速灵活性

当油门踏板较快变化而引起发动机转矩增加(给油)或减小(松油门)时,都会导致车辆发生明显的纵向振荡,因此在第一个例子中我们重点关注如何在典型的油门踏板操作期间改善车辆的驾驶性能。特别地,典型的手动变速器总成动力系统的给油和松油门(tip-in and back-out)响应是小阻尼衰减的前后方向振动,被称为"shuffle mode"振动(Hrovat and Tobler,1991;Hrovat et al.,2000)。虽然起初这种类型的响应仅限于手动变速器,然而现在也扩展到了其他变速器上。这类变速器在相似的驾驶条件下,可以像手动变速器一样工作,主要包括自动换档的手动变速器(Automatic Shift Manual,ASM)、动力换档(双离合)变速器,以及混合动力汽车的动力系统。与手动变速器类似,所有这些类型的变速器的典型特征是都不具有液力变矩器,而液力变矩器可以为良好驾驶性能提供足够量的"shuffle mode"振动的衰减。

应该指出的是,本例的重点是提高也即增加"shuffle mode"的阻尼,这是良好的给油驾驶性能的主要特征之一。此外,本例只考虑从一个正转矩档位到下一个更高档位的给油。在这种情况下,传动链不经过存在于其中的各种齿轮间隙。然而,即使给油(和松油门)期间的转矩反向引起传动链经过其齿轮间隙,增大的"shuffle mode"阻尼仍然非常有利,这是因为经过轮齿间隙后的"shuffle mode"激励水平变得更大了。

提高变速灵活性的有效方法是通过改进结构和/或一些主动措施来增加"shuffle mode"阻尼。典型的主动措施包括提前或推迟改变点火正时来控制发动机(Jansz et al.,1999)。为了获得使用点火干预所能带来的可能的总体改进情况,下面将首先忽略点火驱动限制,然后再在线性二次(Linear-Quadratic,LQ)优化框架内,把这些限制看作对控制动作的软约束。

2.5.1.1 模型描述

图 2.23 给出了与上述给油或松油门动态特性相关的、简单的面向控制的汽车原理图。它包括由发动机、变速器与关键的动力传动组件一起组成的动力总成单元,动力传动系统组件是指用于将发动机转矩传送到车轮上的差速器和半轴。相应的模型由三种状态组成(见下文),并包括捕捉主导的动力总成系统或车辆振动的"shuffle mode"所需要的关键因素(Hrovat and Tobler,1991;Hrovat et al.,2000)。这些关键因素包括有效的发动机-变速器转动惯量 J_e、传动比为 g_r 的转换器(齿轮组)、有效的或组合的半轴刚度 k_a、具有有效阻尼系数 b_t 的轮胎阻力和由车辆质量 m_v 表示的车辆转动惯量 J_v。这里应注意,主导的"shuffle mode"阻尼是由轮胎提供的,而轮胎的动作是与由半轴提供的主导"shuffle mode"顺次**串联**在一起。文献中经常遗漏这种串联结构,通常都认为二者是并联工作的。可以证明,一个给定的"shuffle mode"阻尼比可以由**串联**或者并联结构来表示。然而,只有串联方式才能反应正确的趋势。这样,当轮胎的有效阻尼系数增大时,总的"shuffle mode"阻尼比才能降低!

图 2.23 中的虚线给出了附加的发动机和车辆的阻尼,这是因为对于这里的问题,它们并

不是必需的。也就是说，除非另有说明，通常都是假设可以忽略由空气阻力和类似情况产生的发动机阻尼 b_e 和车辆阻尼 b_v。类似地，这里忽略了各种动力传动部件的结构阻尼，这样就会得出一种较为保守的方法。由发动机转矩源 S_e 提供的控制，反过来，也可以由具有相应的歧管动态特性的电子节气门执行机构，和/或通过合适的驱动或计算延迟而实现的点火提前或推迟来提供(Jansz et al.，1999)。对于目前的研究，由于主要关注点在于动力传动子系统和抑制过度的“shuffle mode”振动，所以将忽略这些附加的动态效应。后续会加入这些效应进行最终的验证和实现。

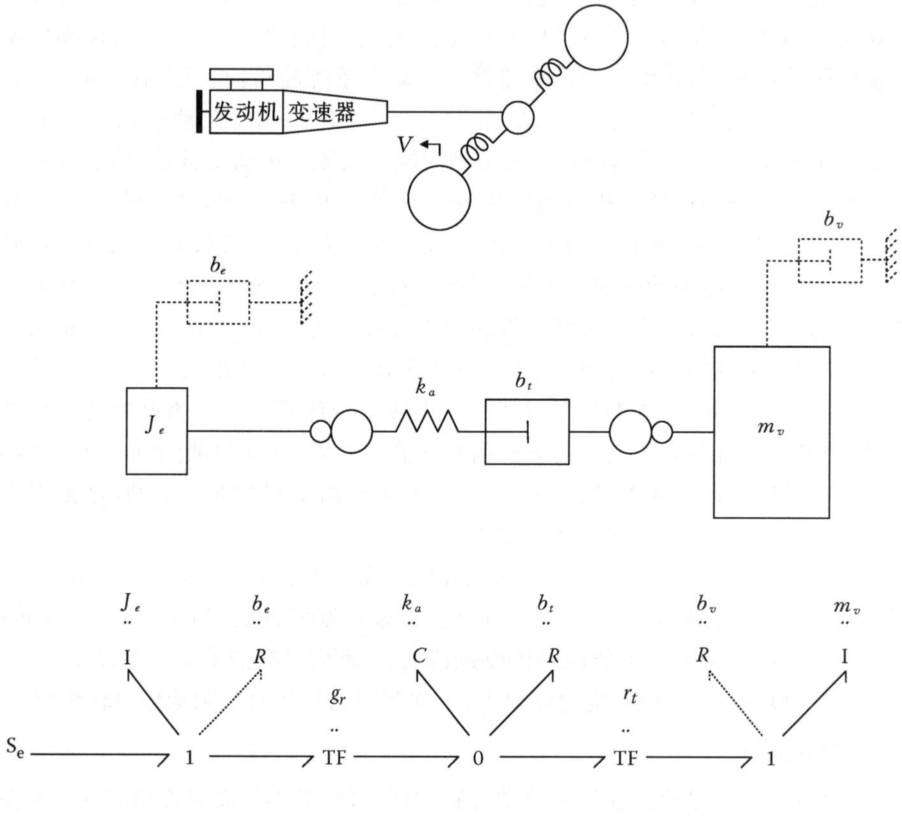

图 2.23　与变速灵活性有关的动力总成系统结构图，以及相应的线性运动原理图和联结图模型

图 2.23 中还给出了与上述模型对应的联结图(Karnopp et al.，2006)，其中转换器 TF 代表变速器、具有总传动比 g_r 的最终驱动，以及变换比等于轮胎(负载)比 r_t 的轮胎。从这种表示法可以看出，该系统可以由三个状态描述：发动机转速 ω，单位是 rad/s；半轴偏转量 θ，单位是 rad；车辆速度 V，单位 m/s。相应的状态方程是

$$\begin{bmatrix}\dot{\omega}\\ \dot{\theta}\\ \dot{V}\end{bmatrix}=\begin{bmatrix}-b_e/J_e & -k_s/J_e/g_r & 0\\ 1/g_r & -k_s/b_t & -1/r_t\\ 0 & k_s/m_v/r_t & -b_v\end{bmatrix}\begin{bmatrix}\omega\\ \theta\\ V\end{bmatrix}+\begin{bmatrix}1/J_e\\ 0\\ 0\end{bmatrix}\tau_{eng} \tag{2.8}$$

下面的数据描述了处在第二档的中小型轿车的特征，它们还将会出现在随后的数值示例中：$J_e=0.164\ \mathrm{kgm^2}$，$g_r=8.159$，$b_t=1400$ Nm s/rad，$k_s=5038$ Nm/rad，$r_t=0.27$ m，$m_v=$

1445 kg。注意式(2.8)中的发动机转矩 τ_{eng}[Nm]可以作为由油门踏板施加的系统的参考输入,以及由下一小节将要设计的点火延迟/提前控制策略实现的控制输入。我们主要感兴趣的系统输出是半轴转矩 $\tau_s=k_s\theta$,这是因为它是车辆乘坐人员感觉到的一个主要因素。这样相应的 $\boldsymbol{C}$ 矩阵和 $\boldsymbol{D}$ 矩阵是

$$\boldsymbol{C}=[0 \quad k_s \quad 0] \qquad \boldsymbol{D}=0 \tag{2.9}$$

其中,唯一的系统输出等于半轴转矩,这是变速灵活性和车辆乘坐人员舒适度的主要指标。

2.5.1.2 控制设计

目前的研究中,将采用两种不同的控制设计方法。首先,将使用一种在极点配置基础上的状态空间控制方法来提高"shuffle mode"阻尼。随后介绍一种与关于控制输入(发动机转矩)的软约束相结合的 LQ 优化设计方法,该方法能够达到与"shuffle mode"阻尼提高方法相似的水平。

2.5.1.2.1 极点配置控制

为了建立良好的给油响应基准,在假设在点火驱动控制上没有施加约束的情况下,我们首先利用极点配置技术设计一个基于状态空间的控制器。

由于开环对象在"shuffle mode"下具有很低的阻尼,所以控制设计的主要目标是增加"shuffle mode"阻尼。的确,相应的开环极点在 0 和 $-1.7993\pm22.4957i$ 处。在 0 处的临界稳定极点对应着整个车辆以速度 V 向前移动的刚体模式。如果需要(主要用于数值目的),则可以引入非零的发动机阻尼 b_e 或者引入车辆阻尼 b_v 来增加这个模式的阻尼。目前驾驶性能研究的主要关注点是这时的共轭复数极点对,因为这将产生仅有 0.08 或 8%的相对低的阻尼比。图 2.24 给出的相应的阶跃响应是一个剧烈振荡的转矩轨迹,它将导致不可接受的驾驶性能,这是因为如果驾驶员稍微有力地踩下和松开油门踏板,就会使整个车辆在前后方向上"乱动"("shuffle")。

为了改进驾驶性能,需要显著地增大"shuffle mode"阻尼。为了达到这一目的,需要选择位于 $-11.2838\pm19.5441i$ 处的极点作为"shuffle mode"的闭环极点,这样就会对应明显较大的 0.5 或 50%的阻尼比。选择这个阻尼比代替较常用的 0.7 的原因是,我们期望在油门踏板给油时出现一些超调,从而呈现出更有力或启动更快的动力系统效果。同时,"shuffle mode"的自然频率依然维持在 22.5675 rad/s 或者大约 3.6 Hz 不变,这对于运行在低档位上(例如本例中考虑的第二档)的类似车辆来说是很常见的。剩余的"刚体"极点留在开环位置 0 处保持不变。

使用上面的设置以及诸如 MATLAB(MATLAB 用户指南,1998)的标准 CACSD 工具,可得闭环控制增益为

$$\boldsymbol{K}=[3.11091 \quad -91.3369 \quad -94.0071] \tag{2.10}$$

图 2.24 给出了当发动机输入为单位阶跃转矩时,闭环系统与相应的开环系统的性能比较。从图中可以看出闭环响应具有更好的阻尼,能够实现上文设想的理想的、轻微的超调。

从式(2.10)中可以看到比率 $K_3/K_1=-30.2185$ 刚好等于比率 g_r/r_t,这意味着当第一个和第三个状态受到恰当的影响时,可以具有相同的增益,使得两者之间的差异仅与控制器有关。还要注意的是,相对于组合的轴刚度 $k_s=5038$ Nm/rad 而言,半轴饱和状态 x_2 的增益较

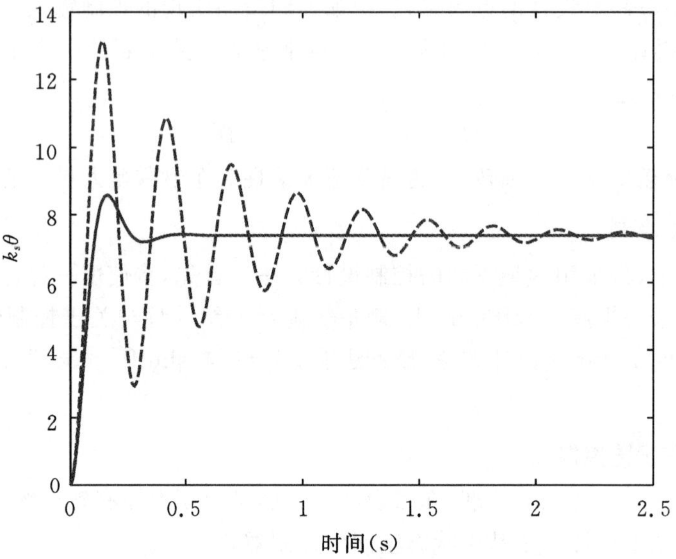

图 2.24　阶跃响应:开环响应(虚线)和采用了极点配置控制器的闭环响应(实线)

小,因此可以忽略不计。所有这些都意味着,至少对于发动机而言,控制器试图模仿图 2.25 中给出的“虚拟阻尼器”,该虚拟阴尼器作用于横穿发动机与车轮(被反映的上游)之间的传动系统的相对速度上。需要注意的是,为了取得更好的“shuffle mode”阻尼,不需要使用常用于最佳主动悬架设计的“skyhook-like”阻尼项(Hrovat,1997)。在改进的档位控制中也使用了这种“虚拟阻尼器”的概念(Hrovat et al.,2001)。上述基于状态空间的分析和下面将要讨论的

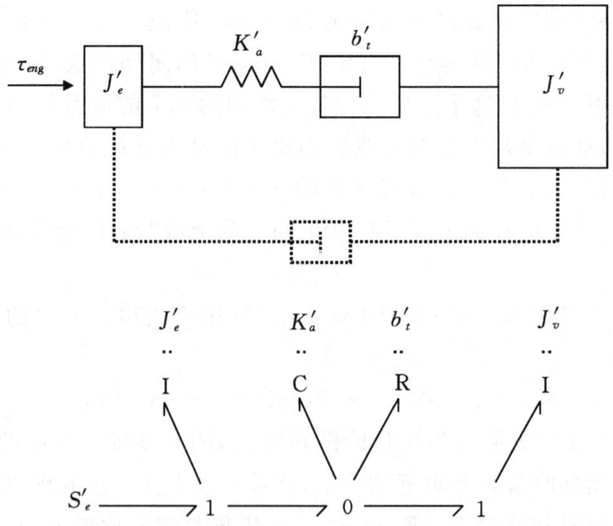

图 2.25　表示控制器的“虚拟阻尼器”作用的系统模型

相关的 LQ 最优研究证实了这一方法的有效性。

2.5.1.2.2 LQ 控制

为了便于设计基于 LQ 的控制系统，我们借助于从极点配置结果和联结图建模中得到的结论，归一化上述模型，其得到的原理图和联结图模型如图 2.25 所示。从模型中可以获得下列状态方程：

$$\begin{bmatrix}\dot{x}_1\\ \dot{x}_2\\ \dot{x}_3\end{bmatrix}=\begin{bmatrix}-b'_e/J'_e & -k_s/J'_e & 0\\ 1 & -k_s/b_t & -1\\ 0 & +k_s/J'_v & 0\end{bmatrix}\begin{bmatrix}x_1\\ x_2\\ x_3\end{bmatrix}+\begin{bmatrix}1/J'_e\\ 0\\ 0\end{bmatrix}u \tag{2.11}$$

其中，$J'_e=J_eg_r^2$，$b'_e=b_eg_r^2$，$J'_v=J_vr_t^2$，以及 $u=\tau'_e=\tau_eg_r$。发动机转矩由开环部分和由点火实现的闭环控制部分组成。点火控制权的限制将在 LQ 性能指标中通过关于控制的软约束反映出来，也就是由 u 中带有加权值 R 的二次项来表示。

接下来我们选择在 LQ 性能指标中的状态加权矩阵 $\boldsymbol{Q}$。考虑到选择加权矩阵的主要目标是为了增加“shuffle mode”阻尼，并且借助于从上述极点配置设计中获得的经验，我们选择主要将用于惩罚发动机惯性(reflected downstream)和车辆速度(reflected upstream)之间的相对速度(x_1-x_3)的状态加权矩阵，这种惩罚主要是通过二次项 $q_1(x_1-x_3)^2$ 来实现的。此外，还加入了一个相对较小的将用来惩罚半轴偏转的项，这种惩罚将由二次项 $q_2\theta^2$ 来实现，这种半轴偏转是对车辆乘坐人员能够感受到的车轮转矩的表示。这样，加权矩阵 $\boldsymbol{Q}$ 将具有以下形式：

$$\boldsymbol{Q}=\begin{bmatrix}q_1 & 0 & -q_1\\ 0 & q_2 & 0\\ -q_1 & 0 & q_1\end{bmatrix}\times 10^5 \tag{2.12}$$

而控制权重 R 将设置为 $R=1$。

下一步将使用 LQ 问题的公式，以及 2.5.1.1 节中给出的车辆数据，

$$\boldsymbol{A}=\begin{bmatrix}0 & -461.4668 & 0\\ 1 & -3.5986 & -1\\ 0 & 47.8259 & 0\end{bmatrix}\quad \boldsymbol{B}=\begin{bmatrix}0.0916\\ 0\\ 0\end{bmatrix}\quad \boldsymbol{C}=[0\quad 5038\quad 0] \tag{2.13}$$

经过几次迭代，得到

$$\boldsymbol{Q}=\begin{bmatrix}0.5916 & 0 & -0.5916\\ 0 & 0.001 & 0\\ -0.5916 & 0 & 0.5916\end{bmatrix}\times 10^5 \tag{2.14}$$

在上述数据基础上，获得了如下的 LQ 控制增益：

$$K_{CL}[210.1106\quad -687.632\quad -210.1106] \tag{2.15}$$

注意，控制增益 K_{CL1} 和 K_{CL3} 的绝对值相同，但符号不同。该结果是可以预料到的，这是因为我们使用的是归一化的状态表达式(式(2.11))，其中的两个速度状态已被恰当地反应出来，也就是经过了归一化处理。由控制增益(式(2.15))得出的闭环极点是

$$P=-11.4224\pm 19.6238\mathrm{i},\quad -2\times 10^{-15} \tag{2.16}$$

这些极点与前面讨论的极点配置方法所得结果接近，这一点也可以从图 2.26 中给出的相

应的阶跃响应轨迹看出来。图中的两个闭环响应,一个使用了极点配置,而另一个使用了 LQ,但其结果却非常相似,且都明显改善了原来开环情况下的阻尼。

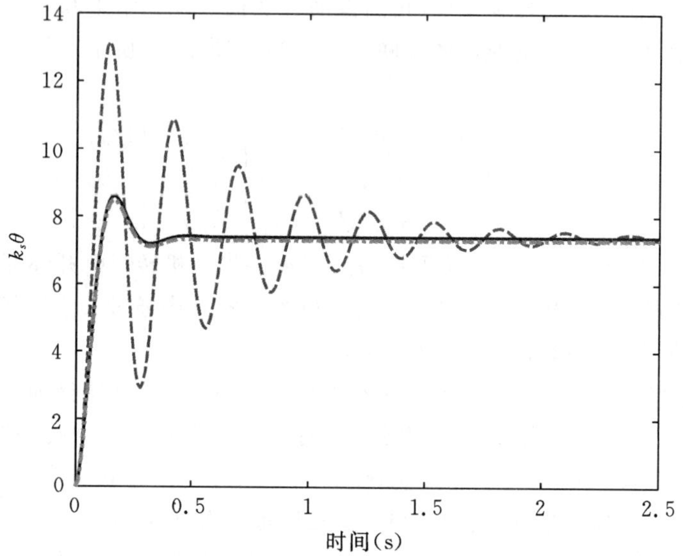

图 2.26 阶跃响应:开环响应(虚线),采用了极点配置控制器的闭环响应(实线),以及采用了 LQ 控制器(点划线)的闭环响应

2.5.1.3 讨论

上述示例表明,可以使用简单、精辟的汽车驱动传动模型来刻画给油/松油门动态特性的一些关键特征,这些动态特性可能会导致具有“shuffle mode”的车辆前后振荡。使用该模型及其归一化形式,有可能设计出一个简单,但是有效且实用的反馈控制器,来大幅提高“shuffle mode”的阻尼,从而减少导致不能接受的驾驶性能的过度的车辆振荡。控制器基本上相当于一个位于两个主惯性元件之间只对发动机惯性起作用的虚拟阻尼器。如果假设可以忽略在半轴偏转状态上的较小的增益,那么相应的实现就不需要额外的状态观测器。确实在实际中,半轴偏转状态上的增益项确实很小,这是因为任何通过软件也即算法的干预来显著改变有效刚度的尝试都可能是无效的。在这种情况下,通过设计不同直径的半轴以及类似的结构变化来改变硬件的方法更为合适。这是一个具有隐含的相互影响的例子,这种相互影响经常存在于实际使用的控制(或软件)和结构(或硬件)干预中,而在真正意义上的“系统设计”中会酌情使用这两种干预。

2.5.2 消除 VCT 引起的空气/转矩扰动

在 2.3 节的讨论中,并没有深入探讨增加优化设备后带来的一系列瞬态问题,例如,快速的 VCT 运动可能引起转矩的激增和骤降,这会产生不可接受的后果。图 2.27 给出了在装备有单自由度 VCT 设备的进排气相位均可变 VCT 发动机上的 VCT 的瞬态影响(大致与图 2.7 中的进排气相位均可变线吻合)。该图说明了随着发动机转速的变化而变化的凸轮正时的显著影响。

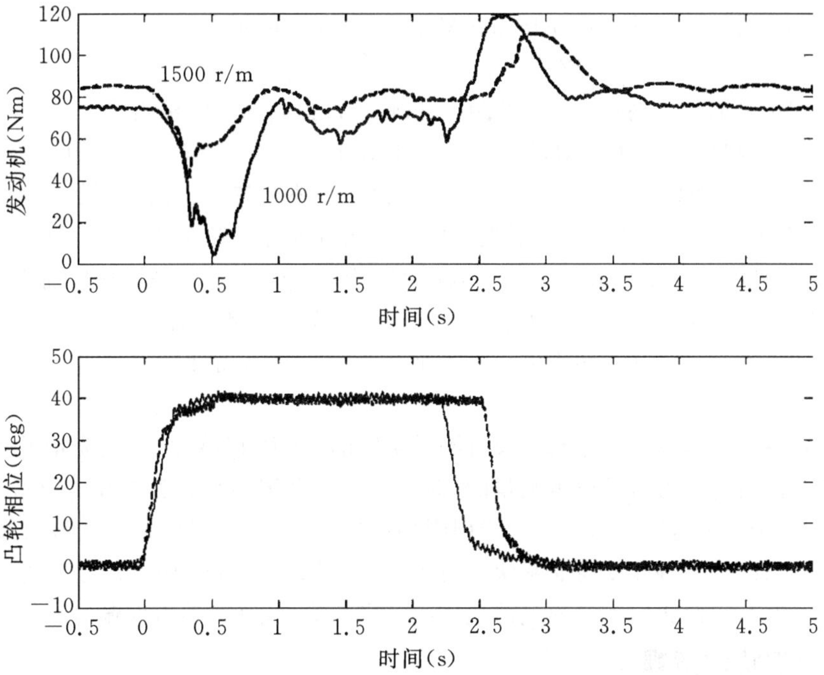

图 2.27 转速为 1000 和 1500 r/m 时的发动机的转矩响应(上图)和 VCT 瞬态特性(下图)

如果没有使用控制系统来消除这种影响,并恢复可接受的车辆驾驶性能,那么就将不得不修改 VCT 的调度计划,减缓其响应。与 2.3.1 节描述的过程中的最佳结果相比较,其最终结果将引起油耗的恶化。

针对这一问题,Jankovic 等人在 1998 年提出了前馈控制器的解决方案,在 2000 年报道了其实验结果,并在 2002 年采用非线性扰动解耦的方式重新考虑了这个问题。这里将给出该方法的简要概述和结果。

2.5.2.1 系统模型

该系统模型是根据理想气体定律 $PV=mRT$ 得到的标准歧管填充方程(见文献 Guzzella 和 Onder(2004)中的 2.3 节),其中,P 表示压强,V 表示体积,m 表示空气质量,R 表示空气的气体常数,T 表示温度。在标准的等温假设下④,进气歧管压力变化率是

$$\dot{P} = K_m(W_\theta - W_{cyl}) \tag{2.17}$$

其中,W_θ 是节气门的质量流的速度,W_{cyl} 是气缸的质量流的速度,且有 $K_m=RT/V$。节气门流量是节气门角度 θ、节气门压力比 P/P_{amb} 的函数,并且还依赖于被抑制的环境条件:

$$W_\theta = g(\theta)\Psi(P/P_{amb}) \tag{2.18}$$

亚音速校正因子 Ψ 也是标准的(见文献 Guzzella and Onder,2004;Jankovic,2002)。节气

④ 正如文献 Deur 等人(2004)及其中的参考文献所讨论的那样,如果使用多变的进气歧管温度假设来替代恒温假设,可以改善模型精度。

门特性 $g(\cdot)$是非线性但可逆的。在进排气相位均可变的 VCT 发动机中,进入气缸的流量是歧管压力的仿射函数(见文献 Jankovic and Magner(2002)中的图 2.6):

$$W_{cyl}=\alpha_1(\xi_{cam})P+\alpha_2(\xi_{cam}) \tag{2.19}$$

其中,ξ_{cam} 表示 VCT 的位置,斜率 α_1 和截距 α_2 依赖于被抑制的发动机转速。

在图 2.27 中观察到的 VCT 对转矩的影响是由它对气缸空气流 W_{cyl} 的影响而引起的,W_{cyl} 由式(2.19)给出,如果消除了对气缸空气流的影响,那么就可以消除对转矩响应的影响。这个问题的一个重要特征体现在两个对发动机空气流量进行有效控制的执行机构之间的差别上。节气门是电控的(Electrically Actuated,ETC),快速、精确、可重复性强,而 VCT 的机械结构是液压调节的(参见 2.3.1 节),可能比节气门慢很多。因此,如同式(2.1)所示,我们是根据外部信号、转速以及(期望的)转矩进行决策来命令 VCT 的,而抑制空气和转矩扰动的决策是通过调节 ETC 来完成的。

对于反馈解决方案,我们注意到并没有测量实际的“动力性”变量、空气充量或者转矩。紧挨着的上游变量,歧管压力是可以被测量的,但是要求的系统的带宽就变得非常高,且需要高采样率。其中一个原因是随着压力接近于周围环境的压力,节气门质量空气流对歧管压力的高灵敏性,使得它的动态特性变得非常快。由于 VCT 的位置是已知的,它对空气或转矩的影响也是可以估计的,因此我们决定通过前馈控制器来消除扰动(在动力性输出上解耦)。

2.5.2.2 前馈扰动解耦

为了设计一个驱动节气门的控制器以消除由 VCT 引起的扰动,我们将从扰动解耦范式开始(见文献 Isidori(1989)中的 4.6 节)。给定一个非线性系统

$$\begin{aligned}\dot{x}&=f(x)+g(x)u+p(x)w\\ y&=h(x)\end{aligned} \tag{2.20}$$

其中,x 为状态,u 为控制输入,w 为扰动输入。现在的问题是寻找控制律 u 来抑制扰动 w 对输出 y 的影响。“相对阶”的概念在决定扰动解耦问题是否可解时具有关键作用。这里采用 r 表示从输入变量 u(或 w)到输出 y 的相对阶,它是在输入 u(分别地 w)出现在输出 y 的表达式的右手侧之前,需要对输出求微分的次数。这样,相对阶为 1 就表示 y 不直接依赖于 u,但 $\dot{y}$ 直接依赖于 u。由于扰动已知(被测量),所以如果从输入到输出的相对阶不大于从扰动到输出的相对阶,那么扰动解耦问题就是可解的。我们感兴趣的输出是气缸空气流量 W_{cyl},那么很显然从 ξ_{cam} 到输出的相对阶小于从控制输入 θ 到输出的相对阶,因此扰动解耦问题不可解。然而,如果将 VCT 执行机构建模为带有时间常数 T_{VCT} 的一阶滞后环节,

$$\dot{\xi}_{cam}=-\frac{1}{T_{VCT}}(\xi_{cam}-\xi_{ref}) \tag{2.21}$$

并把已知量 ξ_{ref} 看作扰动,那么无论从控制输入还是从扰动输入到输出的相对阶都为 1。也就是,

$$\dot{W}_{cyl}=\alpha_1\dot{P}+\dot{\alpha}_1P+\dot{\alpha}_2=\alpha_1K_m[g(\theta)\Psi(P/P_{amb})-W_{cyl}]+\left(\frac{\partial\alpha_1}{\partial\xi_{cam}}P+\frac{\partial\alpha_1}{\partial\xi_{cam}}\right)\dot{\xi}_{cam}$$

假定节气门特性 $g(\cdot)$是可逆的,而且 $\alpha_1K_m\neq0$,则可以采用输入 θ 来指定期望的气缸空气流量的响应特征。一种可能性是强迫 W_{cyl} 像与 $\xi_{cam}=0$ 对应的参考模型一样响应。也就是希望 W_{cyl} 跟随由下式生成的 W_{cyl}^0:

$$\dot{P}^0 = K_m(W_\theta^0 - W_{cyl}^0)$$
$$W_{cyl}^0 = \alpha_1(0)P^0 + \alpha_1(0) \tag{2.22}$$

注意节气门流量 W_θ^0 是由常规的节气门的运动 θ^0 产生的。使 W_{cyl} 跟随 W_{cyl}^0 的 θ 解为

$$\theta = g^{-1}\Bigg(\frac{\alpha_1(0)}{\alpha_a(\zeta_{cam})}\frac{g(\theta^0)\Psi(\frac{p^0}{p_{amb}})}{\Psi(P/P_{amb})} - \frac{(\frac{\partial\alpha_1}{\partial\zeta_{cam}}p + \frac{\partial\alpha_1}{\partial\zeta_{cam}})}{\alpha_1(\zeta_{cam})K_m\Psi(P/P_{amb})}\dot{\zeta}_{cam}$$
$$+ \frac{\alpha_1(\zeta_{cam})P + \alpha_2(\zeta_{cam}) - \frac{\alpha_1(0)}{\alpha_1(\zeta_{cam})}W_{cyl}^0}{\Psi(P/P_{amb})}\Bigg) \tag{2.23}$$

考虑到具体实现,假设歧管压力 P 是“正确的”,即在当前 ξ_{cam} 值(非 0)的情况下,它可以产生与零 VCT 相对应的期望的气缸空气流量,由此可以简化上述表达式:

$$P = \frac{W_{cyl}^0 - \alpha_2(\zeta_{cam})}{\alpha_1(\zeta_{cam})}$$

这使得控制器(式(2.23))完全是前馈的。利用测量得到的 P 值可能会闭合无意构成的反馈回路,当压力接近环境压力时,这样会引入不稳定性的风险。

利用近似的导数来生成式(2.23)中需要的 $\dot{\zeta}_{cam}$,可以获得如下所示的实验结果。这里还成功地尝试了利用式(2.21)的方法。图 2.28 给出了由扰动解耦系统获得的对发动机转矩响应的改进结果。在该测试中,只改变 VCT,而保持式(2.22)中的参考模型变量恒定。上面的图比较了当扰动解耦系统关闭(虚线)和开启(实线)时的发动机转矩响应。值得注意的是,控

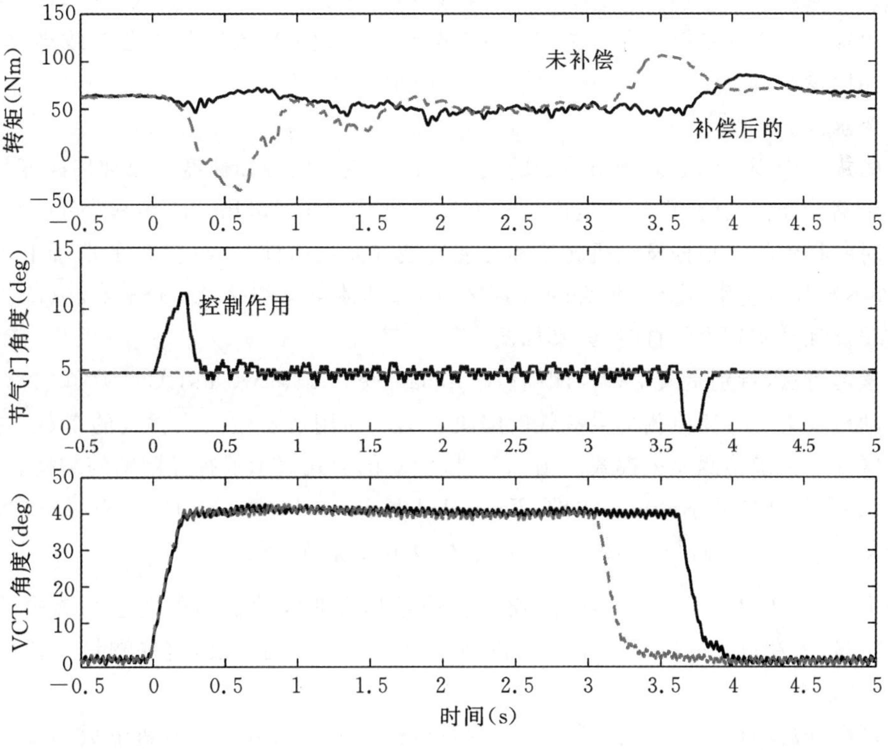

图 2.28 扰动解耦系统关闭(虚线)和开启(实线)时的系统响应比较

制器实现了接近平坦的转矩响应。也就是,控制器解耦了来自于 VCT 扰动的转矩(和空气流量)。中间的图给出了相应的节气门位置轨迹。下面的图给出了 VCT 的移动(扰动)。当不要求参考模型保持恒定,而让它随着转矩指令的变化而变化时,也可以观察到明显的改进。其他细节和更多的实验测试结果可以参见文献 Jankovic(2000)和 Jankovic(2002)。

在这个应用中,VCT 对转矩和车辆驾驶性能的影响如此严重,以至于在部分工作区域上不能使用最佳的 VCT 调度,而且必须对参考指令 ζ_{ref} 进行滤波以减缓 VCT 的响应。扰动解耦控制器的实施可以允许重新恢复优化调度,并去掉滤波器,这样做的结果是使得循环燃油经济性的改进超过了1%。

2.6 诊断

车辆必须服从于各种法规,这些法规要求发动机的电子控制单元(Electronic Control Unit,ECU)监测大多数与排放有关的组件和系统,并且需要利用预先设定的代码来报告检测到的任何故障。检测的项目包括所有的传感器、执行机构,以及包括催化剂转换器、油箱和蒸发控制系统(例如,活性碳罐)在内的发动机上的设备。

2.6.1 失火检测

失火检测是汽车 OBD-II 系统的重要组成部分,它是在1994年款的汽车产品中首先被引入的。失火被定义为气缸空燃混合物的有效部分点火失败的状态。失火会导致排放增加,因此必须要加以诊断,以满足在车辆中正确设置故障指示灯(Malfunction Indicator Light,MIL)这一法律要求。

传统的失火检测方法是监测由单独的气缸燃烧产生的曲轴加速度。曲轴加速度是根据曲轴位置传感器计算得到的,更具体地说是根据发动机脉冲轮(engine pulse wheel)的齿与齿之间的通过时间得到的。根据发动机转速和可能安装在发动机前端或后端[5]的曲轴上传感器的位置,也许不容易将正常点火和失火的气缸区分开,具体可见图 2.29(a)~2.29(c)。当发动机的转速较高和具有较多气缸时,尤其如此。

机器学习方法,特别是人工神经网络(Artificial Neural Networks,ANN)可以为具有大量气缸的发动机失火的鲁棒检测提供有效的解决方案。使用诱发性失火得到的车载数据,可以训练神经网络来正确检测失火模式。图 2.30 以图示的形式表示了神经网络的结构。

将多数据流的扩展 Kalman 滤波(Extended Kalman Filter,EKF)方法(Feldkamp and Puskorius,1998)应用于回归 ANN 结构,可以有效地训练 ANN:

- 采用 EKF 方法时,可以把 ANN 的权重看作是具有非线性输出的动态系统中的恒定参数;根据输入和输出的测量值估计可以估计获这些权重的状态,这些测量值是用于训练 ANN 的数据。
- 采用多数据流的训练方法时,各权重的更新是根据由原始数据集随机形成的多个数据流

⑤ 注意:由于扭转振动,后端的位置更具有挑战性。

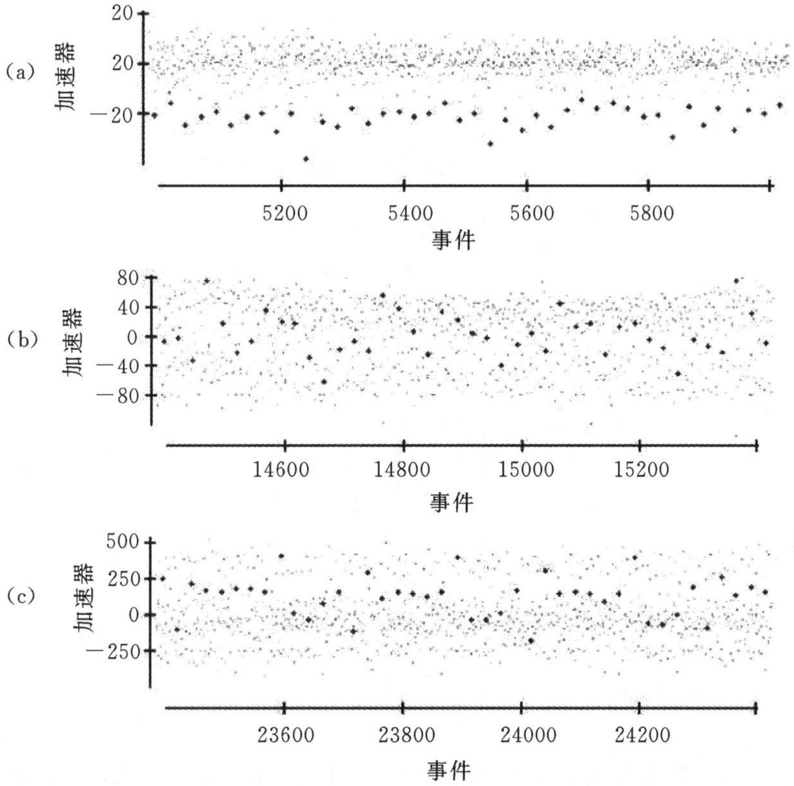

图 2.29 转速为(a)1700 r/m、(b)4000 r/m 和(c)6500 r/m 时的曲轴加速度。加号对应于发动机失火

同时完成的。权重的同时更新是通过把 ANN 看作为一个非线性动态系统而实现的，其中非线性动态系统的每个元素的向量输出都是 ANN 输出的精确拷贝，且其输出的总数等于用于训练的数据流数。

图 2.31 表明 ANN 解决方案可以有效地区分非失火状态和失火状态。

2.6.2 VCT 监控

从 2006 年开始，美国加州空气资源委员会(the California Air Resource Board，CARB)要求低排放车辆安装针对 VCT 系统(如果配备了的话)的监控器。这些监控器应该连续运行来检测执行机构响应中的故障，如果车辆运行于诸如 FTP75 的排放测试循环的情况，这些故障将产生超过适用标准 1.5 倍的排放。

监控器可能在未运行 FTP75 时，而是在运行一个不同的驱动模式时来检测故障。因此法规允许对一些小的差错不用提供足够多的信息以检测性能退化，而只要求报告“性能指数”(“performance rate”)来告知故障频率，让监控器检测到故障。性能指数是由满足检测标准的差错次数(“分子”)与满足一定的持续时间、车辆速度和周围环境状况条件下的“符合条件”的差错次数(“分母”)之比来确定的。对于 VCT 阈值监控器而言，要求性能指数超过 0.336，这

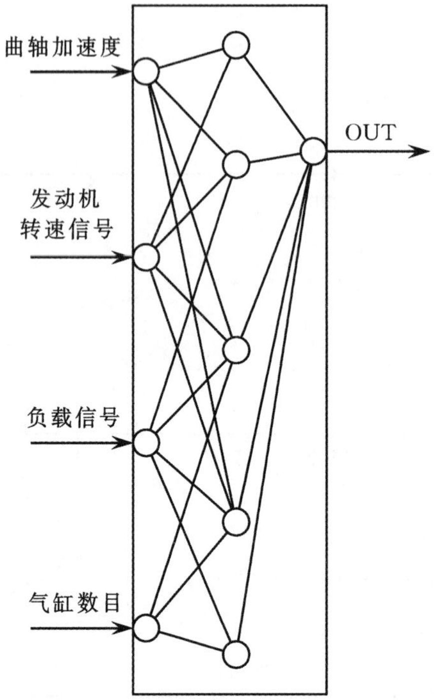

图 2.30 用于失火检测的 ANN 示意图。曲轴加速度信号、发动机转速信号、负载信号(表示在给定的发动机转速处与最大空气充入量有关的发动机空气充入量),以及气缸数目都是输入

意味着系统能够检测到超过 1/3 的符合条件的差错 VCT 系统的潜在故障。为了满足这些要求,本节将回顾来源于美国专利(Magner et al.,2007)的方法。

2.6.2.1 阈值监控器

VCT 通过对燃烧气体的稀释和燃烧质量的作用来影响发动机废气的排放。VCT 故障会在以下三种情况下,引起一种或多种规定的气体成分的增加,其机理如下:

1. 凸轮位置的误差导致在发动机内不能保留足够的残留的稀释气体(从前一个循环开始燃烧的气体),这可能会增加 NO_x 气体的排放。对于这里考虑的发动机(进排气相位均可变的 VCT),过于提前的 VCT(over-advanced VCT)会造成比预期的残留更低的结果。
2. 凸轮位置的误差导致发动机接受过多的由过度延迟的 VCT 引起的残留。在低负载和低发动机转速下,过多的残留会导致部分燃烧,从而增加 HC 和 CO 的排放。
3. 由于通常不分开单独计算每排的点火和(开环)燃料,这可能使得两排的计算结果都不正确,因此 V 型发动机两排中的不同的凸轮位置可能会引起排放增加。

一个正确运行的 VCT 系统,会在期望的(cam_ph_d)和被测量的(cam_act)凸轮位置之间产生一些时间滞后。因此,我们不希望惩罚由 cam_expect 信号指示的正常运行的 VCT 系统。图 2.32 给出的一个例子说明了诸如偏移量、慢响应和高频振荡这样的非理想特性是如何影响排放的。

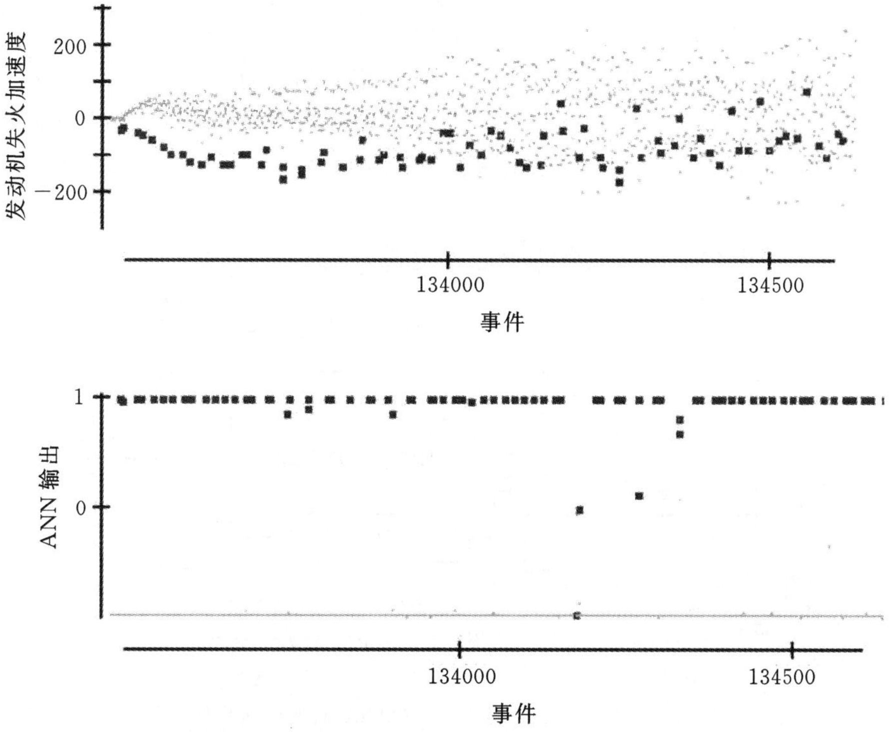

图 2.31 增大发动机转速时测试到的 ANN 性能。上图:红点表示发动机失火时的加速度;下图:ANN 的输出表明,可以很容易地从正常的燃烧事件中把失火状态区分出来

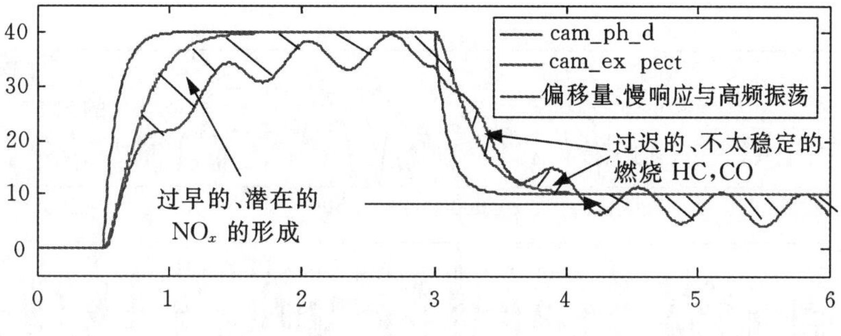

图 2.32 过早和过迟的误差的示意图

在一个循环期间的车辆排放是一个累积的测量量。也就是说,一个比较严重但是短暂的 VCT 退化对测试排放的影响可能小于一个不太严重但持续时间较长的 VCT 退化。由此我们发现,与排放量最相关的度量是 VCT 的误差在一个循环期间的积分。我们期望的是与理想的 VCT 响应之间的小偏差几乎不增加排放,而大偏差将导致不成比例的排放的大量增加。结果是可以用平方误差的积累替代误差的绝对值积累(积分)。需要注意的是,简单积分是不可接受的,这是因为经过足够长的时间后,即使是近乎完美的 VCT 运行,也将达到超过任何

误差限制的积分程度。因此这里采用具有"遗忘"因子的积分器。这种算法的递归实现过程实际上与一阶低通滤波器相同,而且实现方法也相同。因此每种错误类型(过早的、过迟的、V 型发动机两排之间有差异的)都将会有一个获得误差指标的低通滤波累加器。每个误差指标都会与一个预定的、校准的阈值相比较,该阈值用于设置 OBD 代码来指示在排放循环期间,排放超过 1.5 倍规定值的故障。该系统的结构如图 2.33 中所示。

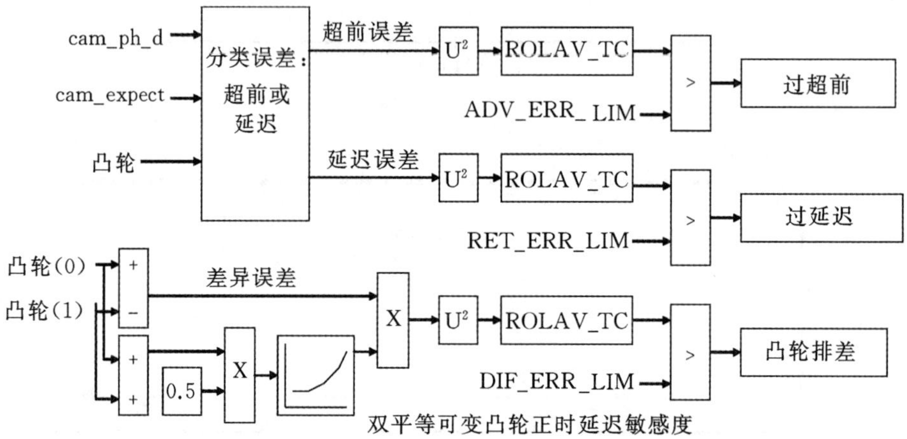

图 2.33 从每个凸轮误差到设置 OBD 代码的信号处理

为了说明诊断系统的运行情况,我们引入了一个(人为的)VCT 故障。在该故障中,使得其中一排的延迟在 26(曲轴)度以下。如果这一排的凸轮轴在前进方向上有两个齿的偏移(装配有误),那么就有可能发生这种故障,这时会采用停止位(the end stop)来限制延迟。图 2.34 给出了在 FTP-75 循环中的车辆速度(上方的图)。图 2.34 中间的图给出了在两排上的 VCT

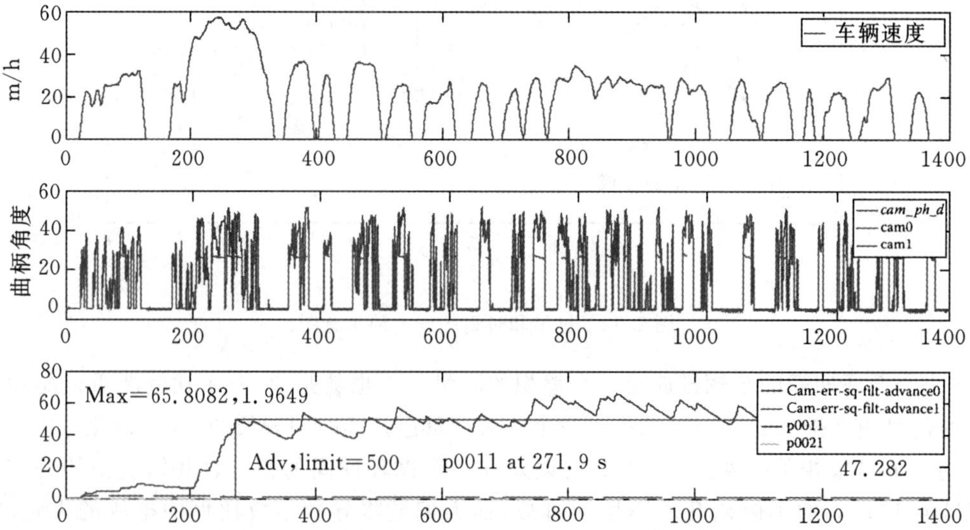

图 2.34 0 排延迟不能超过 26 度,造成了这一排上的配气相位过度提前误差

位置，其中一个是期望的轨迹，而另一个被限制在 26 度延迟(因此经历了过分超前的误差)。下方的图给出了这两排的过分超前指标的累计值。这两排的指标值的巨大差异(按系数 30～50)表明了系统具有良好的检测能力。在这种情况下，可能会在开始后 250 s 设置指示故障的 OBD 代码。

2.6.2.2 性能指数监控器

VCT 阈值监控器的另一个重要功能是确定“性能指数”，或者说是确定能够让阈值监控器检测到的故障发生的频率是多少。

直观上，很明显，如果调度者没有要求 VCT 执行机构改变位置，那么监控器就不可能辨别这些执行机构是否正在正常工作。一般情况下，只有当 VCT 激励足以能够检测到故障时，性能指数的分子才应该递增。

我们想要说明的是，这个问题与参数辨识问题有关，并且想利用“持续激励”的概念来确定能否鲁棒地估计/检测出这些参数(与执行机构故障对应)，其中，“持续激励”可由测量得到(或已知)的信号进行计算。现在来考虑根据信号 y 和 x 的测量值辨识参数 θ_1 和 θ_2 的问题，其中，信号 y 和 x 会随着时刻 i 而发生变化，两者之间的关系如下(ε 是随机噪声)：

$$y(i)=\theta_1+\theta_2 * x(i)+\varepsilon(i) \tag{2.24}$$

信号 x 表示期望的凸轮相位，y 表示实际的凸轮位置。注意在存在噪声的情况下，只有当 $x(i)$的变化范围足够大时，才能估计到这些参数。也就是说，不希望期望的凸轮信号(例如 $x(i)$)固定在一个仅有较短持续时间的值上，这是因为没有足够时间去累积误差，也就无法采用阈值监控器来检测故障。把故障检测问题和直线参数估计联系起来的另一种方法，是去考虑被测信号在什么样的情况下，我们才能够把正常运行的执行机构(cam≈cam_ph_des；即 $\theta_1\approx 1$ 和 $\theta_2\approx 0$)从一种卡住的执行机构(cam≈constant；即 $\theta_1\approx 0$ 和 $\theta_2\approx$constant)中区分出来。

估计式(2.24)中两个参数的条件是众所周知的，我们可以从持续激励的行列式中获得这种条件(cf.(Ioannou and Sun，1996))。为了防止求和(积分)时达到无穷大，并且为了确保能够捕捉到长期无故障运行之后发生的故障，要以一定的折扣去对待 $x(i)$和 $y(i)$的旧的测量值(可能与不同的(旧)参数值相对应)，这可以通过引入遗忘因子 λ 来实现。在进行 n 次测量后，辨识这两个参数的持续激励条件如下：

$$\det\begin{bmatrix}\sum_{i=1}^{n}\lambda^{n-i} & \sum_{i=1}^{n}\lambda^{n-i}x(i)\\ \sum_{i=1}^{n}\lambda^{n-i}x(i) & \sum_{i=1}^{n}\lambda^{n-i}x^2(i)\end{bmatrix}>E$$

其中，E 是选择的激励阈值，它应使得在大多数常见的驾驶条件下，在阈值监控器准备好去宣布一个故障之前(如果故障存在)，性能指数没有递增。

图 2.35 给出了关于这个目标激励监控器如何运行的例子。对于像 cam_ph_d 这样的输入，输入(在这种情况下是目标值)的频率变化，在由 te_exctitation 表示的最后的行列式值中的变化频率基本上不起作用。上面的那组图描述了输入频率较低时的情况。在这两种情况下，行列式的值最终都达到了相同的稳定水平。

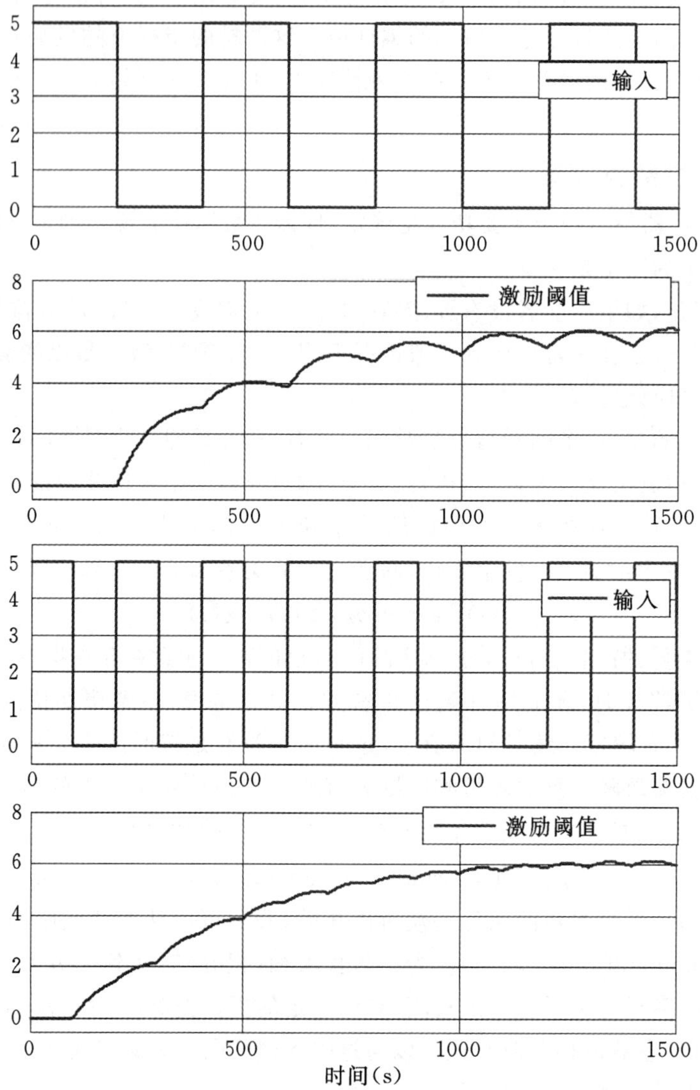

图 2.35　如果固定 VCT 的范围,也可以达到同样的目标激励水平,但输入频率改变了

2.7　结论

现代汽车的动力总成系统在运行过程中依赖于计算机控制系统。而控制系统能够确保对驾驶员要求的理想响应,能够确保对各种执行机构的最优设置,以便改善燃油经济性和排放情况,还能够确保各工作点之间的平稳过渡、对非标准状态的处理和系统诊断。在需求严格性、发动机和变速器硬件复杂性方面的不断增加,以及计算能力方面的日益增强,带来了对先进控制、估计算法、相关的优化和调整方法的发展,以及实现方面的需求和机会。

本章的目的是说明这些新发展,讨论已经观察到的优势。涉及到的示例涵盖了多个领域的问题，这些问题包括了需要在动力总成系统开发阶段实现的 HDOF 发动机脉谱图的标定与优化问题。给出的怠速控制和空燃比控制问题阐明了反馈调节的原理，给出的阻尼传动系统振荡的反馈设计和在 VCT 发动机中的前馈扰动抑制阐明了对影响车辆驾驶性能的动力总成系统瞬态特性的处理方法。同时也涉及到了有关发动机排放诊断的问题，以及神经网络失火检测和 VCT 阈值监控算法。

本章还介绍了在车辆动力总成系统设计中，以及在车辆校准期间可以使用的各种各样的优化和先进控制方法。这些方法是在线梯度搜索、具有延迟补偿的前馈控制器、线性二次型、非线性、自适应、模型预测控制和神经网络等。目前依然存在许多把控制和估计理论中的先进思想应用于这些和其他动力总成系统控制，以及诊断问题中的机会。

在最终的产品中，以先进控制技术为基础设计的控制器的实施取决于许多因素，这些因素包括与已有控制器相比较实际的动力性的改进、对于各种不确定性和异常状态的鲁棒性、计算的复杂性、校准的复杂性和效率、软件的易用性，以及在先进控制方面可能非专业的校验工程师。本章精选的方法不是已在最终的产品中得以实现，就是在作者看来，代表着未来在方法实现方面的发展方向。

参考文献

Alfieri E., Amstutz A., Onder C.H., and Guzzella L., 2007. Automatic design and parameterization of a model-based controller applied to the AF-ratio control of a diesel engine, *Proceedings of American Control Conference*, New York, NY.

Ariyur K.B. and Krstic M., 2003. *Real-Time Optimization by Extremum Seeking Methods*, Hoboken, NJ: John Wiley & Sons.

Bemporad A., 2003. *Hybrid Toolbox—User's Guide*, http://www.dii.unisi.it/hybrid/toolbox.

Bemporad A., Morari M., Dua V., and Pistikopoulos E., 2002. The explicit linear quadratic regulator for constrained systems, *Automatica*, 38(1), 3–20.

Box G.E.P. and Wilson K.B., 1951. On the experimental attainment of optimum conditions, *Journal of the Royal Statistical Society, Series B*, 13, 1–38.

Deur J., Magner S., Jankovic M., and Hrovat D., 2004. Influence of intake manifold heat transfer effects on accuracy of SI engine air charge prediction, *Proceedings of ASME IMECE*, Anaheim, CA.

Deur J., Petric J., Asgari J., and Hrovat D., 2006. Recent advances in control-oriented modeling of automotive power train dynamics, *IEEE Transactions on Mechatronics*, 11(5), 513–523.

Di Cairano S., Yanakiev D., Bemporad A., Kolmanovsky I.V., and Hrovat D., 2008. An MPC design flow for automotive control and applications to idle speed regulation, *Proceedings of IEEE Conference on Decision and Control*, Mexico, pp. 5686–5691.

Dorey R.E. and Stuart G., 1994. Self-tuning control applied to the in-vehicle calibration of a spark ignition engine, *Conference on Control Applications*, Glasgow, UK, pp. 121–126.

Draper C.S. and Li Y.T., 1951. Principles of optimalizing control systems and an application to the internal combustion engine, *ASME*, 160, 1–16.

Edwards S.P., Grove D.M., and Wynn H.P. (eds), 1999. *Statistics for Engine Optimization*, London: Professional Engineering Publishing.

Feldkamp L. and Puskorius, G., 1998. A signal processing framework based on dynamic neural networks with application to problems in adaptation, filtering, and classification, *Proceedings of the IEEE*, 86(11), 2259–2277.

Fradkov A.L., 1979. Speed-gradient control scheme and its application in adaptive control problems, *Automation and Remote Control*, 40(9), 90–101.

Guzzella L. and Onder C.H., 2004. *Introduction to Modeling and Control of Internal Combustion Engine Systems*, Berlin: Springer-Verlag.

Hardle W., 1989. *Applied Nonparametric Regression*, Cambridge: Cambridge University Press.
Hibino, R., Osawa, M., Kono, K., and Yoshizawa, K., 2009. Robust and simplified design of slip control system for torque converter lock-up clutch, *ASME Journal of Dynamic Systems, Measurement, & Control*, 131(1).
Hrovat D., 1996. MPC-based idle speed control for IC engine, *Proceedings of FISITA Conference*, Prague, Czech Republic.
Hrovat D., 1997. Survey of advanced suspension developments and related optimal control applications, *Automatica*, 33, 1781–1817.
Hrovat D., Asgari J., and Fodor M., 2000. Automotive mechatronic systems, *Mechatronic Systems, Techniques and Applications: Vol. 2—Transportations and Vehicle Systems*, C.T. Leondes (Ed.), pp. 1–98, Amsterdam: Gordon and Breach Science Publishers.
Hrovat D., Asgari J., and Fodor M., 2001. Vehicle shift quality improvement using a supplemental torque source, *U.S. Patent* 6,193,628.
Hrovat D. and Powers W., 1988. Computer control systems for automotive powertrains, *IEEE Control Systems Magazine*, August 3–10.
Hrovat D. and Powers W., 1990. Modeling and control of automotive powertrains, *Control and Dynamic Systems*, 37, 33–64.
Hrovat D. and Sun J., 1997. Models and control methodologies for IC engine idle speed control design, *Control Engineering Practice*, 5(8), 1093–1100.
Hrovat D. and Tobler W.E., 1991. Bond graph modeling of automotive power trains, *The Journal of the Franklin Institute*, Special Issue on Current Topics in Bond Graph Related Research, 328(5/6), 623–662.
Ioannou P. and Sun J., 1996. *Robust Adaptive Control*, Englewood Cliffs, NJ: Prentice-Hall.
Isidori A., 1989. *Nonlinear Control Systems*, 2nd ed., Berlin: Springer-Verlag.
Jankovic M., 2002. Nonlinear control in automotive engine applications, *Proceedings of 15th MTNS Conference*, South Band, IN.
Jankovic M., Frischmuth F., Stefanopoulou A., and Cook J.A., 1998. Torque management of engines with variable cam timing, *IEEE Control Systems Magazine*, 18, 34–42.
Jankovic M. and Kolmanovsky I., 2009. Developments in control of time-delay systems for automotive powertrain applications, *Delay Differential Equations—Recent Advances and New Directions*, B. Balachandran, T. Kalmár-Nagy, and D. Gilsinn (Eds), Berlin: Springer-Verlag.
Jankovic M., and Magner S., 2002. Variable cam timing: Consequences to automotive engine control design, *Proceedings of 15th IFAC World Congress*, Barcelona, Spain.
Jankovic M., and Magner S., 2004. Optimization and scheduling for automotive powertrains, *Proceedings of American Control Conference*, Boston, MA.
Jankovic M., and Magner S., 2006. Fuel economy optimization in automotive engines, *Proceedings of American Control Conference*, Minneapolis, MN.
Jankovic M., Magner S., Hsieh S., and Koncsol J., 2000. Transient effects and torque control of engines with variable cam timing, *Proceedings of American Control Conference*, Chicago, IL.
Jansz N.M., DeLaSallle S.A., Jansz M.A., Willey J., and Light D.A., 1999. Development of drivability for the Ford Focus: A systematic approach using CAE, *Proceedings of 1999 European Automotive Congress*, Barcelona, Spain.
Karnopp D.C., Margolis D.L., and Rosenberg R.C., 2006. *System Dynamics*, 4th ed., New York: John Wiley & Sons.
Kiencke U. and Nielsen L., 2000. *Automotive Control Systems*, Berlin: Springer-Verlag.
Kolmanovsky I. and Yanakiev D., 2008. Speed gradient control of nonlinear systems and its applications to automotive engine control, *Transactions of SICE*, 47(3), 160–168.
Kolda T.G., Lewis R.M., and Torczon V., 2003. Optimization by direct search: New perspectives on some classical and modern methods, *SIAM Review*, 45, 385–482.
Kuang M. and Hrovat D., 2003. Hybrid Electric Vehicle powertrain modeling and validation, *Proceedings of the 20th International Electric Vehicle Symposium (EVS)*, Long Beach, CA.
Kvasnica M., Grieder P., Baotic M., and Morari M., 2004. *Multi-Parametric Toolbox (MPT)* (Hybrid Systems: Computation and Control), 2993, 448–462, Lecture Notes in Computer Science.
Leone T.G., Christenson E.J., and Stein R.A., 1996. Comparison of variable camshaft timing strategies at part load, *SAE World Congress*, SAE-960584, Detroit, MI.
Levine W.S. (Ed.), 1996. *The Control Handbook*, Boca Raton, FL: CRC Press.
Magner S., Jankovic M., and Dosdall J., 2007. Method to estimate variable valve performance degradation, *U.S. Patent* 7,171,929.
MATLAB User's Guide, 1998. Natick, MA: The MathWorks, Inc.
Montgomery D.C., 2001. *Design and Analysis of Experiments*, 5th ed., New York: John Wiley & Sons.

Nakagawa S., Katogi K., and Oosuga M., 2002. A new air–fuel ratio feed back control for ULEV/SULEV standard, *SAE World Congress*, SAE-2002–01–0194, Detroit, MI.

Niculescu S-I. and Annaswamy A.M., 2003. An adaptive Smith-controller for time-delay systems with relative degree $n \geq 2$, *Systems and Control Letters*, 49, 347–358.

Pavkovic D., Deur J., and Kolmanovsky I.V., 2009. Adaptive Kalman filter-based load torque compensator for improved SI engine Idle Speed Control, *IEEE Transactions on Control Systems Technology*, 17(1), 98–110.

Peyton-Jones J.C., Makki I., and Muske K.R., 2006. Catalyst diagnostics using adaptive control system parameters, *SAE World Congress*, SAE-2006–01–1070. Detroit, MI.

Popovic D., Jankovic M., Magner S., and Teel A., 2006. Extremum seeking methods for optimization of variable cam timing engine operation, *IEEE Transactions on Control Systems Technology*, 14, 398–407.

Powers, W., 1993. Customers and Control, *IEEE Control Systems Magazine*, 13(1), 10–14.

Sepulchre R., Jankovic M., and Kokotovic P.V., 1997. *Constructive Nonlinear Control*, London: Springer-Verlag.

Spall J.C., 1999. Stochastic optimization, stochastic approximation and simulated annealing, *Encyclopedia of Electrical Engineering*, 20, 529–542, John Wiley & Sons.

Stotsky A., Egardt B., and Eriksson S., 2000, Variable structure control of engine idle speed with estimation of unmeasured disturbances, *Journal of Dynamic Systems, Measurement and Control*, 122(4), 599–603.

Teel A., 2000. Lyapunov methods in nonsmooth optimization, Part II: Persistently exciting finite differences, *Proceedings of 39th IEEE CDC*, Sydney, Australia.

Wright M., 1995. Direct search methods: Once scorned, now respectable, in *Numerical analysis*, D.F. Griffiths and G.A. Watson (Eds.), Longman, UK: Addison Wesley.

Yildiz Y., Annaswamy A., Yanakiev D., and Kolmanovsky I.V., 2007. Adaptive idle speed control for internal combustion engines, *Proceedings of American Control Conference*, pp. 3700–3705, New York, NY.

3

车辆控制

Davor Hrovat
福特汽车公司
Hongtei E. Tseng
福特汽车公司
Jianbo Lu
福特汽车公司
Josko Deur
萨格勒布大学
Francis Assadian
克莱菲尔德大学
Francesco Borrelli
加州大学伯克利分校
Paolo Falcone
查尔姆斯理工学院

3.1 引言

车辆控制系统通常包括一些在纵向、横向和垂直三个方向能够影响车辆动态特性的底盘元件。这三个自由度分别由像刹车、转向和悬挂这样的底盘驱动机构来进行控制，传统上，都是采用机械的方式来对它们进行控制的。例如，司机转动方向盘带动转向器转动，这将导致转向助力单元的液压机构去放大司机施加的力矩，从而在道路的接触点上实现所期望的轮胎转动。

在过去的几十年里，电气和电子(或机械)驱动逐渐扩展了上述的机械驱动。这些都为计算机控制和相关软件的应用创造了条件。早期的计算机控制应用开始于相对缓慢(低带宽)的负荷均衡悬挂和防抱(锁)死制动系统(Antilock Braking Systems，ABS)，后来主动悬挂和半主动悬挂以及四轮驱动控制促进了这些计算机控制技术的发展。另一方面，为了提高车辆在各种路面上的动力性以及稳定的操作，在牵引控制技术方面也有一些进展，这就使得这些技术也进一步扩展到了整个车辆的稳定性控制。在整个车辆的稳定性控制中，为了提高横摆的稳定性和可控性，在车辆的一侧引入了制动干预措施。另外，侧倾稳定控制(Roll Stability Control，RSC)的使用也有可能进一步提高侧倾方向的稳定性，减缓可能的性能降低。

本章将重点讲述车辆控制系统的各个方面，将从对车辆动力学和相应的轮胎特性建模开始，到主动悬挂和车辆的稳定性控制，最后再以主动转向控制和相关的未来先进控制应用结束。

3.2 描述车辆动力学特性的轮胎模型

车辆运动主要取决于轮胎与道路之间的摩擦力。因此合适的轮胎模型是完整的车辆动力学模型的关键因素之一，而汽车动力学模型是各种仿真实验以及控制设计研究所必需的。通常，静态轮胎模型能够充分满足典型的车辆操作和控制仿真，然而，反映三维轮胎结构柔顺性以及轮胎与道路接触摩擦动力学特性的动态模型是更准确的仿真所必需的。

3.2.1 静态轮胎模型

静态轮胎模型可以分为两类：经验模型和物理模型。经验模型包括一组与实验记录的轮胎静态曲线相符的公式，而物理模型则是以轮胎与道路摩擦接触的物理描述为基础的。

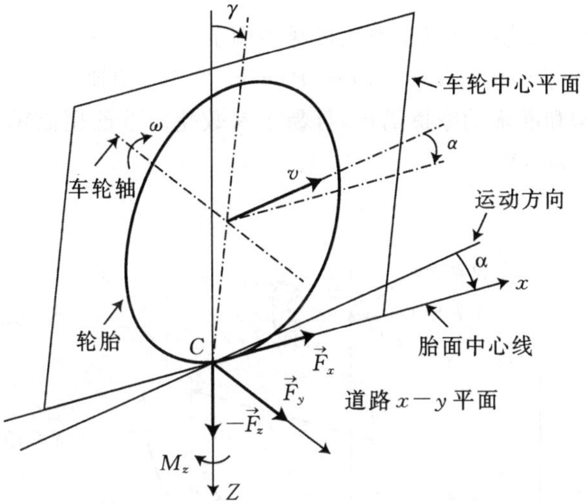

图 3.1 轮胎坐标系

任何静态模型①都将轮胎的纵向作用力 F_y 和横向作用力 F_y 描述为纵向滑动率 s 和侧偏角 α 的函数(见图 3.1)，其中纵向滑动率可以定义为：

---

① 这里没有给出轮胎的自回正力矩 M_z 的模型。M_z 的建模方法与 $F_{x,y}$ 建模方法类似，在 Bakker 等人(1987)、Pacejka(2002)、Pacejka 和 Sharp(1991)、Deur 等人(2004)的著作中可以找到关于它的更多内容。

$$s = \frac{v\cos\alpha - r\omega}{v\cos\alpha} \tag{3.1}$$

其中,v 为轮胎的中心速度,ω 为轮胎的旋转速度,r 为轮胎的有效半径。

所谓的"magic"公式模型(Bakker et al.,1987)也许是应用最为广泛的静态轮胎模型。起初,对应于纯纵向运动和纯转弯的静态曲线 F_x 和 F_y 分别是由特定的三角公式描述的。后来,为了获得将纵向和横向运动结合在一起的最终静态曲线,在半物理(Bakker et al.,1987)或基于"magic"公式的经验方法(Pacejka,2002)中把这些基本曲线结合在一起了。为了简化描述,这里给出基本的"magic"公式模型:

$$\begin{aligned}
\sigma_x &= \frac{s}{(1-s)} \\
\sigma_y &= \frac{\tan\alpha}{(1-s)} \\
\sigma &= \sqrt{\sigma_x^2 + \sigma_y^2} \\
F(\sigma) &= D\sin(C\arctan(B\sigma)) \\
F_x &= (\sigma_x/\sigma)F(\sigma) \\
F_y &= (\sigma_y/\sigma)F(\sigma)
\end{aligned} \tag{3.2}$$

该模型只包括一个单一的、简化的被定义在组合滑动变量 σ 上的基本曲线 $F(\sigma)$。最好应该使得该模型中的参数 B、C 和 D 与例如像轮胎正常负荷 F_z、摩擦系数 μ 和轮胎速度 v 这样的不同的轮胎量有关。

典型地,物理模型是以轮胎与路面摩擦接触的刷子(brush)表示为基础的(见图 3.2)。与传统的 brush 模型(Pacejka and Sharp,1991;Pacejka,2002)相比较,最近提出来的 LuGre 模型具有紧凑的数学结构和准确的摩擦描述,且易于参数化。下面用简单的公式来描述组合的滑动模型(Deur et al.,2004):

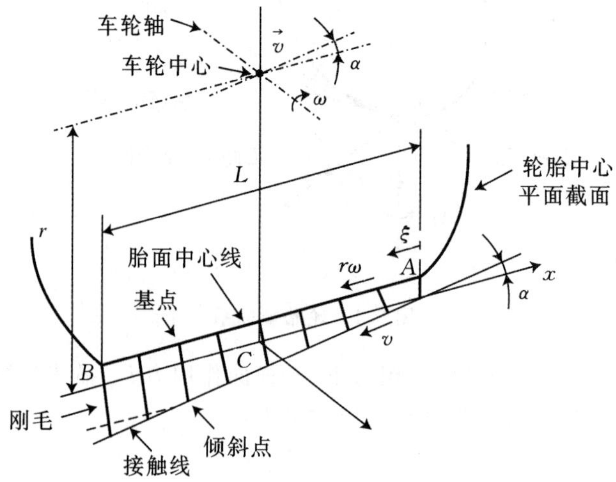

图 3.2 轮胎的 brush 模型

$$F_{x,y} = \frac{v_{rx,y}}{|v_r|} g(v_r) \left[1 - \frac{Z_{x,y}}{L} (1 - e^{-L/z_{x,y}}) \right] \tag{3.3}$$

其中，L 是接触面的长度（见图 3.2），$v_{r(x,y)}$ 是滑动速度（见图 3.2），$g(v_r)$ 是轮胎与道路的摩擦势能函数，$Z_{x,y}$ 是长度常数：

$$v_{rx} = r\omega - v\cos\alpha$$

$$v_{ry} = v\sin\alpha$$

$$v_r = \sqrt{v_{rx}^2 + v_{ry}^2}$$

$$g(v_r) = F_C + (F_S - F_C) e^{-|v_r/v_s|^\delta}$$

$$Z_{x,y} = \left| \frac{r\omega}{v_r} \right| \frac{g(v_r)}{\sigma_{0x,y}}$$

如图 3.3 所示，bristle 的水平刚度参数 $\sigma_{0x,y}$ 定义了零滑动的轮胎静态曲线的梯度（“刚度”），而滑动的摩擦函数 $g(v_r)$ 确定了高滑（滑动）力的值。

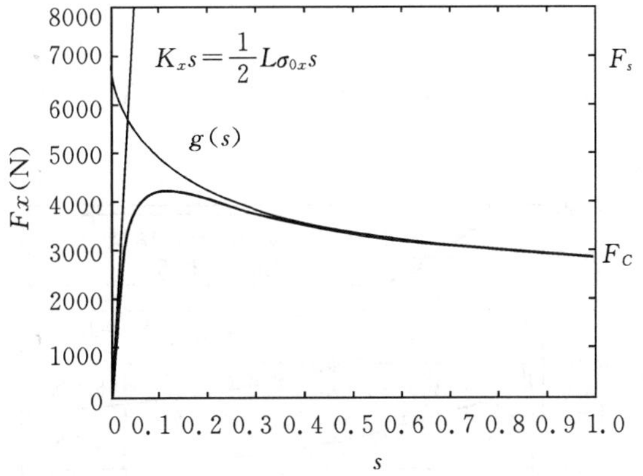

图 3.3 LuGre 模型静态曲线的构建（$\alpha=0$）

图 3.4 给出了全“magic”公式的模型（Bakker，1987）与由式（3.3）所示的 LuGre 模型相比较的组合滑动的静态曲线。如果是在坐标系 $F_y(F_x)$ 中绘制的曲线，那么图 3.4 中的曲线将会形成实际的（摩擦）椭圆形，而基本的“magic”公式模型则只能预测出摩擦圆的形状。如图 3.4 所示，紧凑的物理模型（3.3）能给更复杂的全“magic”公式模型的曲线提供准确的预测，通过以经验为主的细化，能进一步提高其曲线的准确性（Deur et al.，2004）。图 3.5 给出了不同的轮胎在正常负荷 F_z 情况下的纯制动曲线的比较结果（Deur et al.，2004）。再一次地说明，这两种模型给出了非常相似的曲线。图 3.6 给出了在不同的道路情况下的 LuGre 模型的静态曲线（Deur et al.，2004）。虽然存在诸如湿沥青和干冰（Deur et al.，2005）等一些例外的情况，但在大多数的道路条件下，轮胎的曲线刚度（见图 3.3）都会随着轮胎道路的摩擦系数的减小而减小。在这方面，整个轮胎力（方程 3.3）应该正比于摩擦系数 μ，而不仅仅只是正比于摩擦势能函数 $g(v_r)$（见图 3.6）。

图 3.4～3.6 说明具有合理大小的横向（转弯）力的车辆的最大纵向加速能力（驱动）或减速能力（制动）是通过保持大约 10% 的纵向滑动率 s 来实现的，而这又分别是牵引控制系统

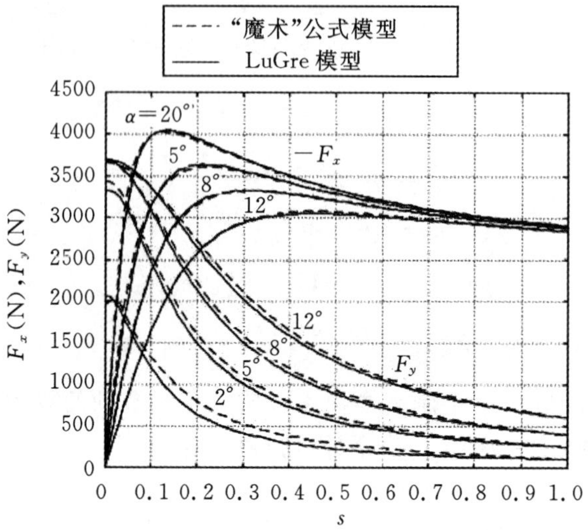

图 3.4 "magic"和 LuGre 模型(制动)得到的组合滑动静态曲线

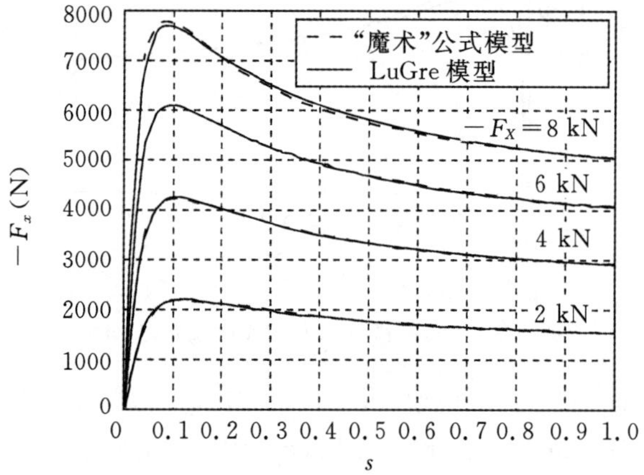

图 3.5 不同轮胎正常负载的纯制动静态曲线

(Traction Control Systems,TCS)或防抱(锁)死制动系统的任务。一个最优的 TCS 或 ABS 将以根据驾驶条件给出的不同水平的期望的滑动率为目标,所以,例如当车辆在一个湿滑的路面上转向时,将给出一个期望的较小的滑动率命令(Hrovat et al.,2000;Borrelli et al.,2006;Deur,2009)。另一方面,在低摩擦系数、低法向负载,和/或大的纵向力的条件下,横向力很容易饱和,这样会影响车辆转向的稳定性。在这种情况下,可以通过适当的车辆动态特性控制(Vehicle Dynamics Control,VDC)或者电子稳定控制的作用(Electronic Stability Control,ESC)来克服。

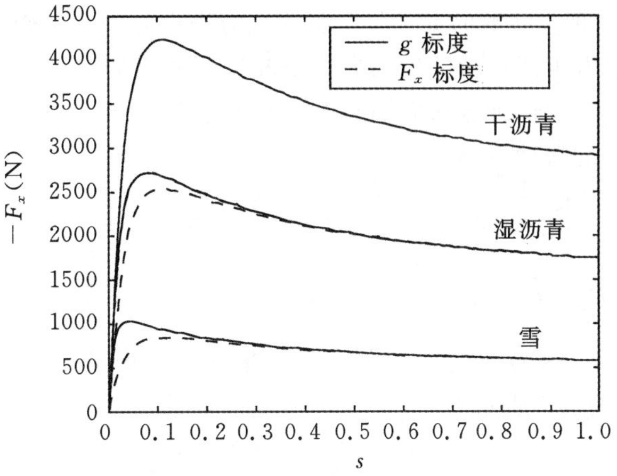

图 3.6 LuGre 模型在不同道路情况下的纯制动静态曲线

3.2.2 动态轮胎模型

图 3.7 给出了关于车轮转矩变化的动态轮胎模型的结构，这是一个由车轮边缘转动惯量 I_a，轮胎带转动惯量 I_b，由刚度 k_θ 和阻尼系数表示的轮胎侧壁的扭矩柔量，以及轮胎摩擦动力学特性组成的双质量弹性系统。与静态模型相比，这个模型的主要优势在于可以预测轮胎力的滞后行为，而且可以在较宽的速度范围内提供可计算的有效仿真（Deur et al.，2004）。图 3.7 所示的模型可以扩展成为包括纵向、横向和垂直的轮胎侧壁柔量（Maurice，2000；Pacejka，2002）的 3D 轮胎动态特性的模型。

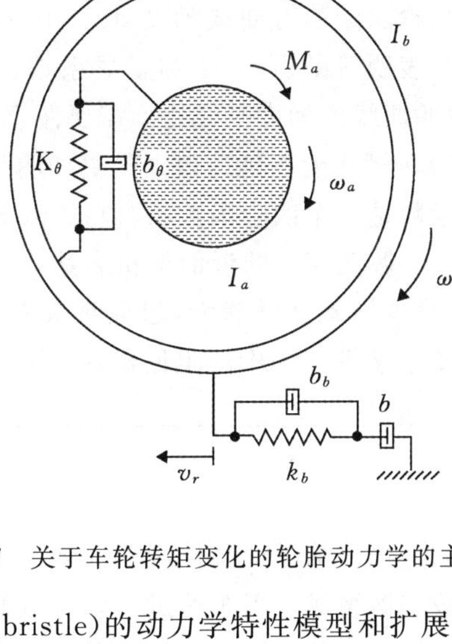

图 3.7 关于车轮转矩变化的轮胎动力学的主要模型

利用集总参数的轮胎面（bristle）的动力学特性模型和扩展的“magic”公式静态模型，可以建立非线性的轮胎摩擦的动力学特性的模型(Bernard,1995;Zegelaar,1998;Maurice,2000;Pacejka,2002)。在对分布式参数的 brush 模型的行为进行分析的基础上,可以"调整"这些集总参数。另一种直接且有可能更为准确的方法是开发一种紧凑的分布参数模型,并把它解析地转换为集总参数模型。把这种方法应用到 LuGre 模型(Deur et al. ,2004)中,就可以得到下列最终的集总参数组合的滑动模型:

$$\begin{aligned} \frac{\mathrm{d}\hat{z}_{x,y}}{\mathrm{d}t} &= V_{rx,y} - \left[\frac{\sigma_{0x,y} \mid v_r \mid}{g(v_r)} + \frac{K_{x,y}}{L} r \mid \omega \mid \right] \tilde{z}_{x,y} \\ F_{x,y}(t) &= \sigma_{0x,y} \tilde{z}_{x,y}(t) + \sigma_{1(x,y)} \frac{\mathrm{d}\tilde{z}_{x,y}(t)}{\mathrm{d}t} \end{aligned} \tag{3.4}$$

其中,$\tilde{z}_{x,y}$ 是 bristle 在纵向和横向方向上的平均水平弹性变形量,σ_1 是 bristle 的水平阻尼系数,$\kappa_{x,y}$ 是特征的集总参数,可表示为

$$\kappa_{x,y} = \frac{1 - \mathrm{e}^{-L/Z_{x,y}}}{1 - \frac{Z_{x,y}}{L}(1 - \mathrm{e}^{-L/Z_{x,y}})}$$

模型(3.4)的稳态解对应于式(3.3)给出的静态 LuGre 模型。

当把上述稳态解应用到图 3.7 中的纵向(在平面内)的轮胎动力学特性中时,式(3.4)只表现出纵向(x)的公式,即 $v_r = v_{rx}$ 并且 $v_{ry} = 0$。模型的线性化(Deur et al. ,2009)揭示了图 3.7 给出的轮胎与道路之间摩擦接触的结构,并且给出了如下的滑动速度和纵向轮胎力 F_x(p= Laplace 变量)之间的传递函数:

$$G_x(p) = \frac{F_x(p)}{v_r(p)} = b \frac{b_b p + k_b}{(b + b_b)p + k_b} \tag{3.5}$$

其中,式(3.5)和图 3.7 中的线性化模型参数 b、k_b 和 b_b 与图 3.3 中的轮胎静态曲线的主要特征有关(滑动率 s 定义为 $s = v_r / v$):

$$b = \frac{1}{v} \frac{\mathrm{d}F_x}{\mathrm{d}s}, \quad k_b \approx \sigma_0 \frac{\mathrm{d}F_x/\mathrm{d}s}{F_x/s}, \quad b_b \approx \sigma_1 \frac{\mathrm{d}F_x/\mathrm{d}s}{F_x/s} \tag{3.6}$$

除了轮胎的摩擦阻尼系数与轮胎的静态曲线梯度 $\mathrm{d}F_x/\mathrm{d}s$(Hrovat et al. ,2000)成正比这一众所周知的事实之外,式(3.6)表明等效刚度 k_b 和阻尼系数 b_b 也都取决于轮胎的工作点。更准确地说,它们取决于静态轮胎曲线的梯度割线比。需要注意的是,延迟时间常数$(b+b_b)/k_b$ 反比于速度,即在更低的轮胎/车辆速度下延迟效果会更加明显。

图 3.7 所示模型的总传递函数是一个四阶函数,它包括 40 Hz 和 90 Hz 附近的两个振动模态,Deur 等人给出(2009)了关于振动模态的近似解析表达式。40 Hz 处的模态阻尼系数与摩擦阻尼系数 b 的逆有关,也就是说滑动率 s 越大,阻尼系数 b 越小(见式 3.6 与图 3.3),而 40 Hz的模态阻尼系数越大(需要注意图 3.7 中的阻尼器 b 是串联的)。

3.3 车辆悬挂控制

现代车辆中使用三种类型的悬挂。第一种是传统的或者是所谓的"被动"悬挂,这种悬挂一般由车辆每个角上的弹簧和减震器组成。当车辆进行转向或相似的机动时,这些弹簧和减震器能够与相关联的被动翻车保护杆一起被用来抑制过多的车辆摇晃。第二种悬挂类型就是

所谓的"主动"悬挂,"主动"悬挂利用诸如油泵或者压缩机的主动动力源来产生一个期望的悬挂力或位移。第三种类型是所谓的"半主动"悬挂,"半主动"悬挂本质上是一个可控减震器,它可以通过改变阻尼参数以获得所期望的悬挂性能。

汽车的悬挂可以实现车辆的几个重要功能。第一,可以充当过滤器来减小路面产生的振荡,并减缓突然转向或者可能的道路倾斜所带来的车辆过度运动,由此提高车辆的驾驶性能和司机的驾驶舒适度。第二,悬挂还可以促进车辆在三维空间中的道路的跟随性能(跟踪道路坡度和高海拔路面),提高紧急情况下的转向能力和总体机动性。随着主动悬挂和半主动悬挂应用的增加,以及这些先进的悬挂类型与车辆控制系统的结合,必将会产生新的功能和独特的能力。

本节将着重关注在保证驾驶舒适度和车辆操作性能的前提下,利用线性二次(Linear Quadratic,LQ)最优控制方法来研究主动悬挂的潜在优势。的确,正如文献[1]中所述,LQ研究方法非常适合这个任务,这是因为乘车舒适度方面的一些关键指标是由乘客车厢垂直加速度中的一个二次项来描述的。因此通过附加一个额外的反映设计或组装约束的二次项,可以限制悬挂安装点之间的可用空间("跳动空间"),同时,为了保证良好的转向性能可以采用另一个二次项来惩罚轮胎过度偏转,这样我们就可以采用公式来描述下列的LQ优化问题。

对于图3.8给定的线性四分之一车的模型,可以写出描述车辆垂直动力学特性的状态空间方程:

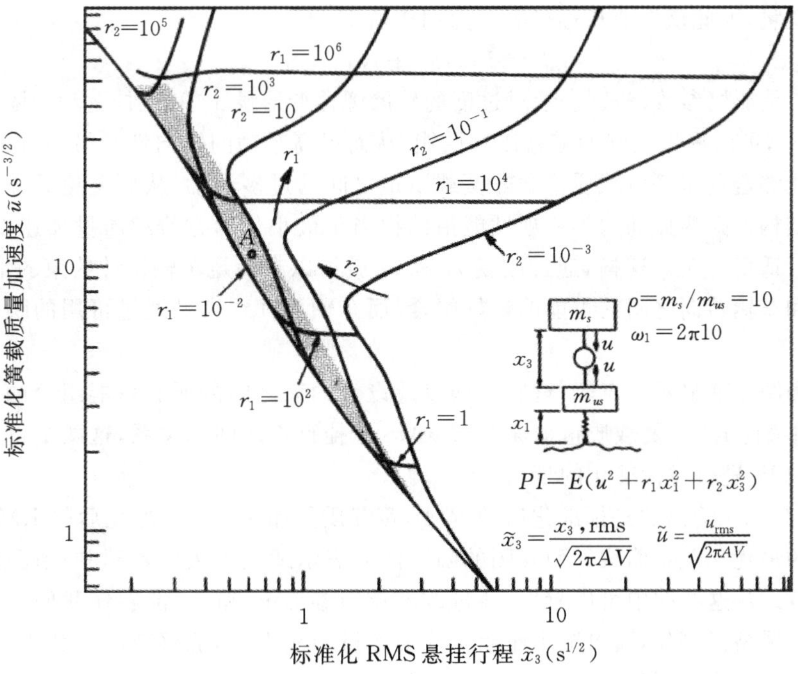

图3.8 四分之一车模型和簧载质量加速度与悬挂行程的关系图

$$\frac{\mathrm{d}}{\mathrm{d}t}\begin{bmatrix} x_1 \\ m_{us}x_2 \\ x_3 \\ m_s x_4 \end{bmatrix} = \begin{bmatrix} 0 & 1 & 0 & 0 \\ -k_{us} & 0 & 0 & 0 \\ 0 & -1 & 0 & 1 \\ 0 & 0 & 0 & 0 \end{bmatrix}\begin{bmatrix} x_1 \\ x_2 \\ x_3 \\ x_4 \end{bmatrix} + \begin{bmatrix} 0 \\ 1 \\ 0 \\ -1 \end{bmatrix} U + \begin{bmatrix} -1 \\ 0 \\ 0 \\ 0 \end{bmatrix} w$$

或

$$\frac{\mathrm{d}}{\mathrm{d}t}\begin{bmatrix} x_1 \\ x_2 \\ x_3 \\ x_4 \end{bmatrix} = \begin{bmatrix} 0 & 1 & 0 & 0 \\ -\omega_1^2 & 0 & 0 & 0 \\ 0 & -1 & 0 & 1 \\ 0 & 0 & 0 & 0 \end{bmatrix}\begin{bmatrix} x_1 \\ x_2 \\ x_3 \\ x_4 \end{bmatrix} + \begin{bmatrix} 0 \\ \rho \\ 0 \\ -1 \end{bmatrix} u + \begin{bmatrix} -1 \\ 0 \\ 0 \\ 0 \end{bmatrix} w$$

其中,x_1 是主悬挂挠度(即,轮胎弹性变形量),x_2 是非簧载质量(车轮/轮胎/车轴)速度,x_3 是次悬挂挠度(跳动间隔),x_4 是簧载质量(主车身)速度,w 是由路面粗糙度引起的地面输入速度,U 是主动悬挂力,$u(=U/m_s)$是相对应的簧载质量加速度(即标准化的主动悬挂力)。

在该背景下,关键的车辆参数是 k_{us},m_{us} 和 m_s,它们分别表示轮胎刚度、车辆非簧载质量和簧载质量。此外,$\rho=m_s/m_{us}$是簧载质量与非簧载质量的比率;$\omega_1=sqrt(k_{us}/m_{us})$是主悬挂的自然频率,有时也被称为车轮的共振自然频率;对于绝大多数机动车辆来说,ω_1 通常在 8 Hz 和 12 Hz 之间。

道路扰动 w 表示路面的粗糙速度,它可以近似为功率谱密度为 w 的白噪声,并等于道路粗糙因子 A 与车辆速度 V 的乘积(Hrovat,1997)。

对于上述描述车辆垂直运动的动态系统,我们可以使如下性能指标最小化。由于道路粗糙度是随机变量,因此该性能指标可表示为期望值 $E[\cdot]$。

$$J = E[r_1 x_1^2 + r_2 x_3^2 + u^2]$$

其中,r_1 和 r_2 是加权参数,分别表示对过度的轮胎弹性变形量 x_1 和悬挂跳动间隔 x_3 的惩罚。通过最小化 x_1,可以提供良好的道路接触性能,从而提高车辆的转向性。另一方面,通过最小化跳动间隔能够避免车辆簧载质量和非簧载质量之间的过多运动,从而避免悬挂触底和不希望的潜在的结构性毁坏振动。第三项性能指标相当于最小化均方簧载质量加速度,这项指标与车辆行驶舒适度有关。这样,通过改变 r_1 和 r_2 就可以在满足车辆设计约束的情况下,实现行驶舒适度和车辆转向之间的可能的最好组合,而车辆设计约束是通过可用的跳动间隔来体现的。

图 3.8 和图 3.9 显示了车辆行驶、转向以及设计约束之间的所有可能组合的总体图。图 3.8 是可能的最优 RMS 簧载质量加速度与 RMS 悬挂行程之间的关系,这两个量都是根据道路的粗糙参数 W 进行过标准化的量。

类似地,图 3.9 给出的是标准化后的 RMS 簧载质量加速度与标准化后的 RMS 轮胎弹性变形量之间的最优化关系曲线。两幅图的阴影区域表示适用于大多数驾驶/道路情况下的最有用的工作点。从这些图中可以看出,通过改变调节参数 r_1 和 r_2,能够使我们适应不同的道路条件和驾驶风格。例如,通过减小轮胎弹性变形量的权重 r_1,能够减小簧载质量加速度,得到更平坦的行驶路线,而与此同时却增加了轮胎的弹性变形量,而轮胎的弹性变形量是与转向恶化相对应的。对于在几乎没有转弯的长直路面上行驶的情况,这个特殊的折中方法可能是可以接受的。另一方面,如果行驶在弯曲的山路上,我们可能会选择一组不同的权重 r_1 和 r_2,

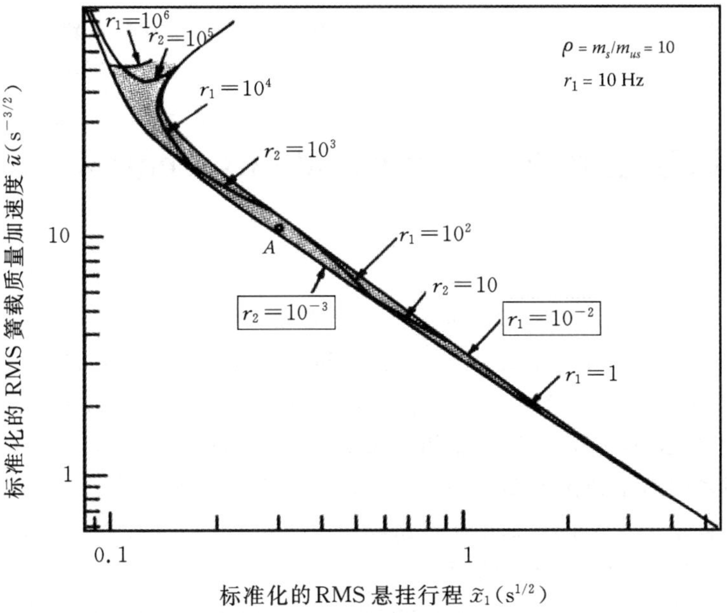

图 3.9 簧载质量加速度与轮胎弹性变形量的对比图

以使得它们能够严厉地惩罚过多的轮胎弹性变形量，以便在这种情况下产生最大的轮胎抓地和道路保持性能。主动悬挂的这种适应能力是相对于传统被动悬挂的关键优势之一（Hrovat，1997），因此对于主动悬挂而言，在任何给定的情况下，我们都可以获得满足车辆设计和道路约束的行驶路线与转向参数的最优组合。

在悬挂设计方面，还需要考虑对各种负载条件的响应这样的额外因素，这些负载条件是指车载重量、转向/制动时附加的惯性力、或者由风引起的一些外力。为此，使用负载均衡或者基于具有附加积分器的 LQI 设计的快速负载均衡非常有效，其中积分器可以保证车辆姿态的稳态误差为零（Hrovat，1997）。这里必须指出的是，LQ 方法也可以得到最优的悬挂结构，从设计和整体概念角度出发，这个额外的优点是非常重要的。

例如，LQ 方法的应用和相应的状态空间表示，可以引出所谓“sky-hook”（基于“Sky-Hook”理论的悬挂电控单元运行模式）阻尼器的概念。不同于传统的连接在车辆簧载质量和非簧载质量之间的阻尼器或减震器，“sky-hook”阻尼器安装在簧载质量和“惯性”sky-hook 参考点之间。“sky-hook”阻尼器可以大大提高簧载质量振动的有效阻尼，解决传统的阻尼器中存在的由同时着地或路面粗糙引起的振动问题。更具体地说，sky-hook 阻尼器可以使得簧载质量振动模式的阻尼比显著增加，与典型的传统悬挂阻尼比 0.2～0.3 相比，sky-hook 阻尼器的值可以接近 0.7。换句话说，LQ 最优系统的闭环极点比相对应的被动悬挂极点的位置更好。

另一些以 LQ 最优方法为基础的对主动悬挂结构进行改进的例子可以在 Hrovat（1997）的著作中找到，其中包括为达到可能的最优的四分之一车悬挂结构而使用的“廉价”最优控制的一些例子。引进车前道路轮廓预览可以进一步完善主动悬挂的性能（Hrovat，1997）。所有这些因素的组合,再加上附加的传感器、状态估计器、非线性影响、驱动器的设计和全球定位系统(Global Positioning System,GPS)的信息,可以实质性地提高车辆行驶、转向和整体的主动安全性,并且会带来许多令人兴奋的新功能。

3.4 电子稳定控制(Electronic Stability Control,ESC)

3.4.1 引言

自上世纪九十年代后期以来,ESC 得到了大量普及,并被广泛认可。近些年,由于各个国家汽车总量的增加,ESC 得到了广泛应用,这也使得能够在真实的车辆撞击中去评估 ESC 的效果。根据 2004 年 NHTSA(National Highway Traffic Safety Administration,国家公路交通安全管理局)的报告(Dang,2007)和最近的文献综述(Ferguson,2007),ESC 可以有效地减少轿车和运动型多用途车(Sport Utility Vehicles,SUV)的单车撞击。致命的单车撞击降低了 30%~50%,涉及到 SUV 的致命单车撞击降低了 50%~70%,致命的倾翻翻车撞击减少了 70%~90%(Dang,2007;Ferguson,2007)。

美国汽车工程师协会(Society of Automotive Engineers,SAE)将 ESC 定义为一个具有以下属性的系统(Vehicle Dynamics Standards Committee,车辆动态特性标准委员会,2004 年):ESC 通过应用和调整车辆制动,以便能够单独地为车辆引入修正的横摆转矩,从而加强车辆方向的稳定性;ESC 是一个计算机控制系统,在适当的时候它应用闭环算法以限制车辆转向不足和转向过度;ESC 能够估计车辆横摆角速度和车辆侧滑,监控驾驶员的方向盘输入;可以期望的是,ESC 能够运行于车辆的整个速度范围内。

不管车辆行驶在何种道路上,ESC 系统都可以通过各种各样的机动性帮助驾驶员保持良好的控制和横向稳定性。除了横摆和横向控制之外,最近还要求 ESC 系统中的制动控制能够减缓车辆行驶过程中发生的非倾翻翻车。例如,Palkovics(1999)描述了一个应用于商业卡车的建立在横摆稳定控制(Yaw Stability Control,YSC)系统之上的增强型系统。翻车控制功能(Rollover Control Function,RCF)被认为是对 ESC 的一种增强(Lu et al.,2007a)。Ford 汽车公司开发了侧倾稳定控制 TM(Roll Stability Control™,RSC)系统,该系统是通过在 ESC 系统中增加侧倾角速度传感器,以及额外的传感和控制算法而实现的(Lu et al.,2007b)。

对于 ESC 和它的各种增强型(例如 RSC)的开发来说,遇到的控制设计任务应包括以下几点,但不仅仅局限于以下几点:驾驶员意图的识别,车辆横向状态估计,车辆侧倾估计以及相应的横摆与侧倾稳定控制。接下来,讨论的焦点将集中于典型的 ESC 和 RSC 系统的开发任务。

下面将顺序介绍驾驶员意图识别、车辆横向状态估计、车辆侧倾估计、增强的侧倾角估计以及横摆与侧倾稳定控制。

3.4.2 驾驶员意图的识别

ESC 可以影响车辆的运动和姿态,它通常是为驾驶员保留下来的功能,因此 ESC 需要理解驾驶员的意图,以便在行驶的车辆的物理限制内作为驾驶员的助手,提供适当的方向控制。方向盘相对于直线行驶情况下的角位置为 ESC 系统提供了必不可少的信息,角位置可以通过方向盘角度传感器来进行测量。

方向盘角度传感器分为绝对位置传感器和相对位置传感器两类。绝对位置传感器使用硬件索引来测量当前转向位置与固定参考点之间的绝对误差。相对位置传感器仅仅测量相对于其上电位置的转向行程，并依靠软件找到上电位置。由于可能的硬件变化和前轮定位的改变，这两种类型的传感器都需要知道真正的车辆直线行驶时方向盘的位置中心。

以单轨模型（见图 3.10）为基础，标称的目标横摆率 ω_{z-tgt} 可以作为道路的车轮转向角度 δ 和车辆的纵向速度 v_x 的函数，由下式计算：

$$\omega_{z-tgt} = \frac{v_x}{(b_f + b_r) + k_{us} v_x^2 / g} \delta \tag{3.7}$$

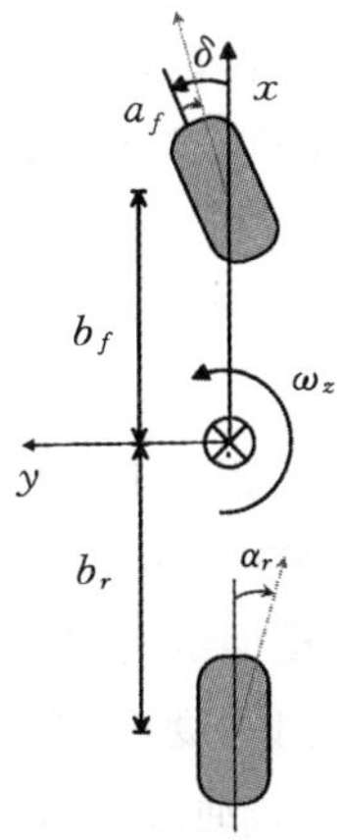

图 3.10　双轮模型

其中，$(b_f + b_r)$ 表示车辆轴距，b_f 表示到车辆重心（Center-of-Gravity，CG）的前轴距，b_r 表示到车辆重心的后轴距，g 是重力加速度常数，k_{rs} 表示被动的车辆转向特征。该标称目标横摆率描述了驾驶员通常习惯的在高摩擦道路上的典型车辆行为。

由于道路的表面摩擦和相应的物理限制，可能达不到驾驶员所期望/目标的横摆率 ω_{2-tgt} 的标称值。不幸的是，没有一个传感器能够直接测量轮胎与道路之间附着力的极限。因此，如何以最恰当的方式修改目标横摆率以达到切实可行的目标值，进而确保稳定的车辆机动性，并在道路极限附着力下不削弱驾驶员的转向指令，不同的供应商有着不同的 ESC 控制策略。

一种方法（van Zanten，2000）是通过从当前横向加速度测量中反映出的轮胎与道路的摩擦使用水平来修改和限制目标横摆率 a_y，横摆率目标极限可定义为：

$$\omega_{z-\lim} = \frac{a_y}{v_x} \tag{3.8}$$

这个公式为横摆率提供了一个在当前轮胎/道路情况下，不用产生过多的侧滑就可以得到的实际极限值。在对 ω_{z-tgt} 和 $\omega_{z-\lim}$ 之间的差异进行滤波之后，可以计算 Δ 值 $\Delta\omega_{z-tgt}$，并从标称目标横摆率中减去 $\Delta\omega_{z-tgt}$ 以得到适用于 ESC 的修正的目标横摆率。这个修正值为：

$$\omega_{z-tgt,\text{modified}} = (|\omega_{z-tgt}| - |\Delta\omega_{z-tgt}|) \cdot \text{sign}|\omega_{z-tgt}| \tag{3.9}$$

其中，$\Delta\omega_{z-tgt}$ 可按如下方式推导得到：

如果$|\omega_{z-tgt}|\leqslant|\omega_{z-\lim}|$

$$\Delta\omega_{z-tgt}=0$$

否则

$$\frac{\mathrm{d}}{\mathrm{d}t}\Delta\omega_{z-tgt}=\frac{1}{\tau}(|\omega_{z-tgt}|-|\omega_{z-\lim}|)-\Delta\omega_{z-tgt}$$

其中,τ是设计参数。

通过上述过程,过度的目标横摆率被低通滤波,从而被从标称目标横摆率中去除。这样,在各种路面上,在维持驾驶员方向盘命令响应能力的同时,修正过的目标横摆率$\omega_{z-tgt,\text{modified}}$能够使横摆率平稳地过渡到切实可行的横摆率。

人们也可以尝试估计有效的摩擦力,并直接将这个信息馈送到横摆率目标发生器中(Fennel and Ding,2000)。有效的道路摩擦估计可以以线性横摆率与线性横向加速度之间的差值以及它们的测量值(Kim et al.,2003)为基础,或者可以以扩展的车辆状态估计(Lakehal-ayat et al.,2006)为基础。

3.4.3 车辆横向状态的估计

车辆横向的速度信息或相应的车辆/轮胎侧滑角可以表明与车辆横向稳定性有关的动态状态,因此可以作为ESC和RSC系统的控制变量。

在文献中,大量针对横向速度的基于模型的观测器都将车辆模型与轮胎模型结合起来,并且这些轮胎模型要么具有有效/线性的转向刚度,要么具有非线性特性。有效转向刚度定义为轮胎侧滑角与轮胎作用力之间的线性增益。通过这种方法,相应的车辆系统模型可以近似为线性模型,在这个模型中轮胎作用力表示为轮胎侧滑角与有效转向刚度的乘积(Ungoren et al.,2004;Sierra et al.,2006),这样就可以应用各种现代的线性观测器理论。另一种基于非线性轮胎模型的方法,可以在标称道路表面/情况下更好地描述与实际轮胎作用力的相关性。然而,这个特殊的、且通常比较复杂的轮胎函数在其他道路表面/情况下可能是无效的,可能需要额外的转换逻辑(Fukuda,1998;Tseng et al.,1999;Hac and Simpson,2000;van Zanten,2000;Nishio et al.,2001)。

这种基于有效转向刚度和线性模型的方法可以利用各种现代控制理论去解析证明估计的收敛性(Kaminaga and Naito,1998;Liu and Peng,1998)。然而,正如定义的那样,可能需要调整有效转向刚度以反映轮胎的非线性和路面的变化。这种方法要求参数具有自适应性,其性能取决于参数的自适应收敛速度。

这里给出一个有效转向刚度模型的例子:

$$\begin{bmatrix}\dot{v}_y\\ \dot{\omega}_z\end{bmatrix}=\begin{bmatrix}-\dfrac{c_f+c_r}{M_t v_x} & -v_x+\dfrac{-b_f c_f+b_r c_r}{M_t v_x}\\ \dfrac{-b_f c_f+b_r c_r}{I_z v_x} & \dfrac{-b_f^2 c_f-b_r^2 c_r}{I_z v_x}\end{bmatrix}\begin{bmatrix}v_y\\ \omega_z\end{bmatrix}+\begin{bmatrix}\dfrac{c_f}{M_t}\\ \dfrac{b_f c_f}{I_z}\end{bmatrix}\delta \tag{3.10}$$

其中,c_f和c_r分别是未知的前轮有效转向刚度和后轮有效转向刚度,M_t是车辆质量,I_z是关于横摆轴的车辆转动惯量,ω_z是横摆角速度,v_y表示车辆CG的横向速度。

Liu和Peng(1998)提出了一个可以同时估计参数和状态变量的状态-空间方法,该方法能够保证状态和参数稳态分析的收敛性。进一步的实验研究表明，在实际应用时，可能需要进一步提高其收敛速度(Ungoren et al.，2004)。

另一种方法应用 Lyapunov 观测器以使状态收敛，并使用滑模观测器(Sliding Mode Observer，SMO)促进参数收敛(Tseng，2002)。下面将概述 SMO 方法。

考虑如下线性时变对象的模型

$$\dot{\boldsymbol{x}} = \boldsymbol{A}\boldsymbol{x} + \boldsymbol{B}u \qquad y = \boldsymbol{C}\boldsymbol{x} \tag{3.11}$$

其中，$\boldsymbol{x}=\begin{bmatrix} v_y \\ \omega_z \end{bmatrix}$，$u=\delta$，

$$\boldsymbol{A} = \begin{bmatrix} -\dfrac{c_f + c_r}{M_t v_x} & -v_x + \dfrac{-b_f c_f + b_r c_r}{M_t v_x} \\ \dfrac{-b_f c_f + b_r c_r}{I_z v_x} & \dfrac{-b_f^2 c_f - b_r^2 c_r}{I_z v_x} \end{bmatrix} \qquad \boldsymbol{B} = \begin{bmatrix} \dfrac{c_f}{M_t} \\ \dfrac{b_f c_f}{I_z} \end{bmatrix}$$

$$\boldsymbol{C} = [0 \quad 1]$$

这样由 Lyapunov 函数 $V=\tilde{x}P\tilde{x}+\tilde{\theta}^{\mathrm{T}}\Gamma\tilde{\theta}$ 可得到组合的观测器的结构：

$$\begin{aligned} \dot{\hat{\boldsymbol{x}}} &= \hat{\boldsymbol{A}}\,\hat{\boldsymbol{x}} + \hat{\boldsymbol{B}}u + L(y - \boldsymbol{C}\hat{\boldsymbol{x}}) \\ &= \boldsymbol{W}(\hat{\boldsymbol{x}},u)\hat{\theta} + L(y - \boldsymbol{C}\hat{\boldsymbol{x}}) \end{aligned} \tag{3.12}$$

$$\dot{\hat{\boldsymbol{\theta}}} = \Gamma^{-1}\boldsymbol{W}^{\mathrm{T}}(\hat{\boldsymbol{x}},u)P\mathrm{sign}(\tilde{\boldsymbol{x}}') \tag{3.13}$$

其中，$\boldsymbol{\theta}=[c_f \quad c_r]^{\mathrm{T}}$，$L$ 是观测器增益的设计参数，P 和 Γ 是 Lyapunov 函数的设计参数。

请注意，$\tilde{\boldsymbol{x}}'=\begin{bmatrix} \tilde{v}'_y \\ \tilde{\omega}_z \end{bmatrix}=\begin{bmatrix} v'_y - \hat{v}_y \\ \omega_z - \hat{\omega}_z \end{bmatrix}$，而 v'_y 在 Tseng(2002)的著作中被称为“虚拟测量量”，它由下式推导而来：

$$\dot{\tilde{v}}'_y = -\lambda\tilde{v}'_y + (\dot{v}_y - \dot{\hat{v}}_y) \tag{3.14}$$

其中，$\dot{v}_y$ 是测量量($\dot{v}_y=a_y-v_x\cdot\omega_z$)，$\tilde{v}'_y$ 是虚拟横向速度测量误差，λ 是设计参数。

基于上述对 v_y 的估计，可以计算出在后轴的侧滑角为：

$$\beta_{ESC-ra} = \tan^{-1}\frac{v_y - b_r\omega_z}{v_x}$$

在 Tseng(2002)的著作中讨论了对于几个机动操作的 SMO 实验结果，通常认为这些实验结果是难以估计的，下面将对其进行验证。图 3.11～3.14 对 β_{ESC-ra} 的测量值和估计值进行了比较。值得注意的是，后轮侧滑角是比横向速度本身或者车辆 CG 处的侧滑角更明显的车辆极限转弯指标。

图 3.11 显示了当车辆在积雪路面上缓慢漂移机动时对 β_{ESC-ra} 的估计性能。图 3.12 和 3.13给出了当车辆在积雪路面上进行不同的窄车道和宽车道机动时对 β_{ESC-ra} 的估计性能。两条曲线在幅值和相位方面很好地跟踪了仪器的测量值。

值得注意的是，车辆在有坡面的道路上机动时，横向速度的时间微分除了受测量的横向加速度 a_y、横摆角速度 ω_z 和车辆速度 v_x 的影响外，还受车辆侧倾角 φ_x 的影响。也就是说测量的横向速度微分包含车辆的摇晃扰动。

$$\dot{v}_y = a_y - v_x\omega_z - g\sin\varphi_x \tag{3.15}$$

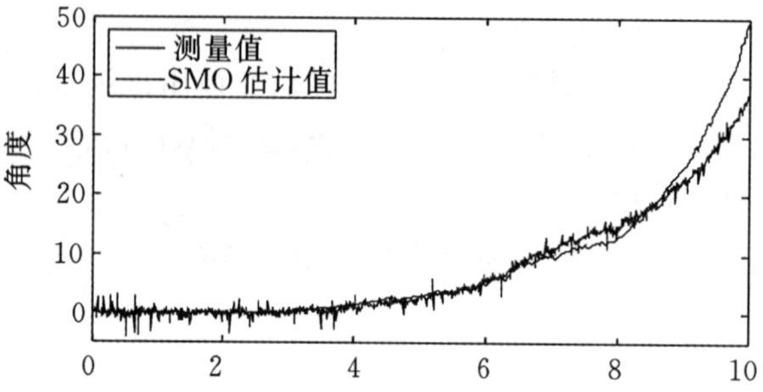

图 3.11 在雪地中缓慢移动时的后轴侧滑角

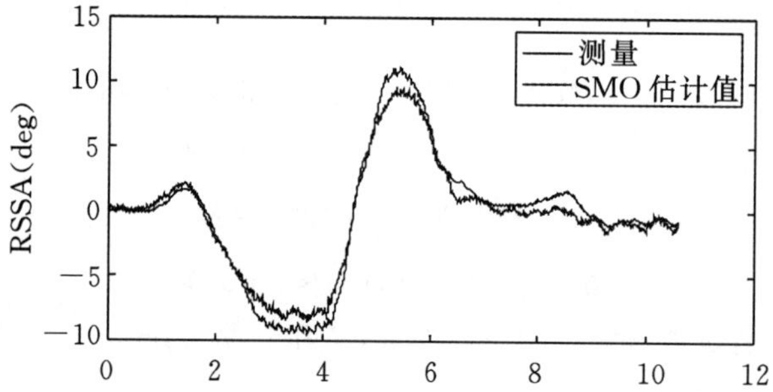

图 3.12 车辆在积雪路面宽车道上机动时的后轴侧滑角

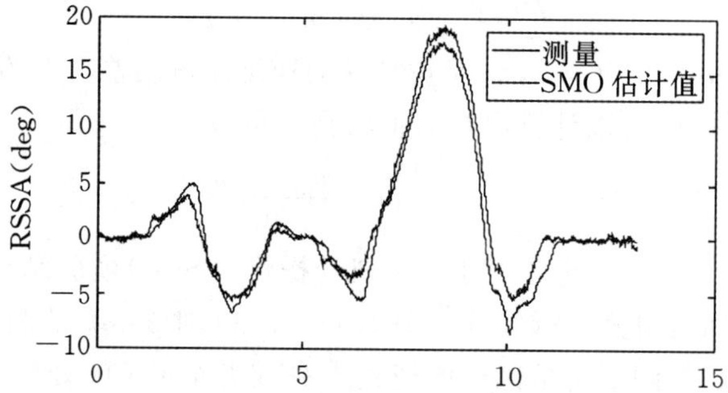

图 3.13 车辆在积雪路面不同车道上机动时的后轴侧滑角

由于车辆摇晃扰动是不可避免的,并且有时是大量存在的,因此非常期望能够正确估计车辆的侧倾角。

3.4.4 基于ESC传感器组的侧倾角估计

在文献中,Fukada(Fukada,1998,1999)首先考虑了车辆侧倾角估计问题及其对车辆横向状态估计的影响。为了获得侧倾角的估计，他从横向加速度测量量和轮胎模型中推导出横向轮胎力，并对横向轮胎力进行了比较。在该方法中，车辆侧滑角的估计和车辆侧倾角的估计相互影响，且很难证明观测器的稳定性。Nishio 等人(2001)利用横向加速度测量量和横摆角速度与车辆纵向速度乘积之间的差值的低通滤波值来作为侧倾角的估计，但是没有考虑有时比较显著的测量扰动。特别地，他的方法中所描述的差值不仅仅包含了车辆动态机动期间的车辆侧倾角信息。Tseng(2000,2001)首次提出了不依赖于侧滑角估计并能限制测量扰动的侧倾角估计方法，所提出来的道路坡面估计计算方法后来得到了简化(Tseng and Xu,2003;Xu and Tseng,2007)，后文将对其进行概述。

如上所述，为了从传感器量测值中得到正确的横向速度微分值，需要知道车辆侧倾信息，具体如式(3.15)所示。

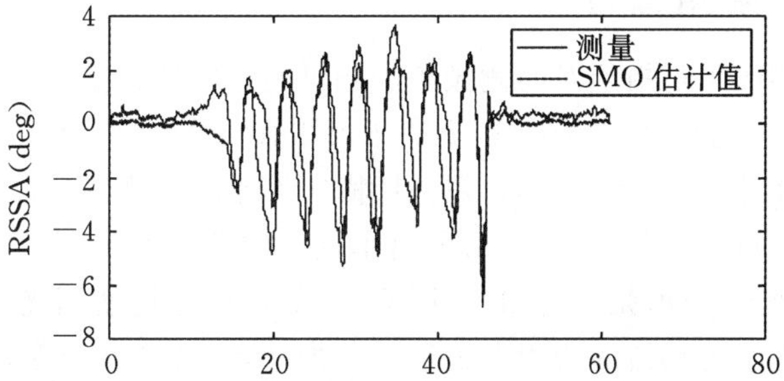

图 3.14 车辆在具有障碍的雪地斜坡上机动时的后轴侧滑角估计

同样的，基于相同的运动学方程，若想要知道车辆的侧倾角，需要先知道横向速度的微分信息，

$$\varphi_x = \sin^{-1}[(a_y - v_x\omega_z)/g - \dot{v}_y/g] \tag{3.16}$$

首先估计原始的车辆侧倾角：

$$\hat{\varphi}_{x,raw} = \sin^{-1}[(a_y - v_x\omega_z)/g] \tag{3.17}$$

其中忽略了不能直接测量的 $\dot{v}_y$。考虑到未知的动态扰动及其对原始车辆侧倾角估计的影响，一种实用的方法是调节这个原始的估计以实现更好的估计。正如 Tseng(2001)所描述的那样，通过引入动态因子可以得到精确的车辆侧倾信息，以反映未知的车辆动态扰动 $\dot{v}_y$ 的大小。下文将该动态因子表示为 DFC。

$$\text{DFC} = \frac{2v_x^2}{[(b_f + b_r) + k_{us}v_x^2]g}\left[k_{us}a_y + \frac{\omega_z}{v_z}(b_f + b_r) - \delta\right] \tag{3.18}$$

$$\hat{\varphi}_{x,refined} = \sin^{-1}(\sin\hat{\varphi}_{x,raw} \cdot \max[0, 1 - |\text{DFC}|]) \tag{3.19}$$

注意到，如果双轮模型和它的标称转向不足系数是准确的(Tseng,2001)，那么 DFC 在稳态转向时为零。然而实际的车辆转向不足系数可能偏离它的标称值，但是通过选择基于车辆高摩擦面行为的标称转向不足系数，可以使这些变化对 DFC 的影响达到最小化。对于选择的标称值 k_{us}，由于可以把 a_y 限制在低摩擦路面，所以可以限制乘积 $k_{us}a_y$ 与其实际值的偏差，从而获得一个在实际中对于各种路面都是鲁棒的值。

因此，经过调节(式 3.19)精确的侧倾角估计可以完全反映稳态的车辆侧倾角，尽管当横向速度变化率和相应的 DFC 增加时，车辆侧倾角会逐渐变得更加保守(也就是说，估计值变得更接近于零)。

基于实验数据，图 3.14 表明，通过将本节提出的精确侧倾角估计馈送到前面小节描述的 SMO 中，横向速度估计对路面斜坡扰动是鲁棒的。可以看到，当车辆在车辆侧倾角和坡度变化很大的高摩擦坡面上进行有障碍积雪路面机动时，β_{ESC-ra} 的估计值接近于 GPS 的测量值。

需要指出的是，当车辆行驶在坡度较大的路面上时，调制逻辑给出的建议是车辆的横向速度通常不会有太大改变，反之亦然。由此可知，该方法可以改善车辆侧倾角的估计值，并可以在大多数而非所有情况下，消除大多数的动态的车辆横向扰动。侧倾角速度传感器与来自 ESC 系统的信息一起可以提供更加鲁棒的车辆侧倾角估计，该问题将在下一节进行讨论。

3.4.5 增强的侧倾角估计

我们关心的车辆侧倾角包括绝对的侧倾角和相对的侧倾角。相对于海平面的车身侧倾角 φ_x 被称为**绝对侧倾角**，它与地球引力矢量(垂直于海平面 g 的大小为 $9.81\ \mathrm{m/s^2}$)和车辆车身横向方向之间的夹角互补，这个关系使 φ_x 在补偿横向加速度量测值时很有用。移去包含在横向加速度量测中的地球重力部分，就可以引申出车辆横向速度的推导。这样就可以从横向加速度量测中得到横向速度(也就是侧滑角)。同样，比如可以通过使用光学传感器直接测量得到车辆的横向速度。光学传感器的费用要远远大于加速计，并且在特定路况(如积雪路面)下测量性能不佳，这使得实现光学传感器的大量生产显得不太实际。

我们关心的另一个角度是**相对侧倾角** φ_{xbm}，它测量相对于平均路面的车身侧倾角。一般而言，可以由 φ_{xbm} 推导出侧倾稳定性，而不必一定由 φ_x 来推导。只有当路面与海平面相一致时，φ_{xbm} 才与 φ_x 一致。同样可以利用安装在车身上的多个激光传感器，通过测量传感器安装的位置与平均路面之间的距离直接确定相对侧倾角 φ_{xbm}。但是，激光传感器成本高昂，因此限制了大批量的生产实现。

确定车辆侧倾角和其他状态的实际方法是估计算法，该算法以来自于诸如加速计和角速率等惯性传感器的信息为输入。应用最为广泛的一种惯性传感器结构是所谓的 **ESC 传感器集**，它包括纵向加速计、横向加速计、横摆角速度、方向盘角度、四个车轮速度和主缸压力传感器。通常将前三个惯性传感器打包到一个叫作 **ESC 运动传感器簇**的集群里。另一种结构是在 ESC 传感器集中增加侧倾角速度传感器。也就是说，将侧倾角速度传感器加到 ESC 运动传感器簇中。这种扩充的传感器集在 RSC 中得到使用(Brown and Rhode，2001；Lu et al.，2007b)，并被称为 **RSC 传感器集**。第四种传感器元件簇是由 ESC 运动传感器簇扩充而来的，被称为 **RSC 运动传感器簇**。

绝对侧倾角 φ_x 与车身的侧倾欧拉角有关。车身的欧拉角(Green-wood，1998)确定了车身相对于海平面的角位置，并可以采用不同的类型来对其进行数学表征。它们是通过围绕车身固定坐标轴的一系列简单旋转而定义的。在三维空间里，欧拉角具有唯一刻画车身运动的能力，并且欧拉角与角速度传感器的测量有关。一般而言，φ_x 不能只通过对侧倾角速度信号积分进行简单估计，这是因为它与节距欧拉角 φ_y、来自辊和节距的角速度测量值以及安装在车体上的横摆角速率传感器相耦合。更具体地说，φ_x 和 φ_y 遵从以下运动学方程：

$$\begin{aligned}\dot{\varphi}_x &= \omega_x + \omega_y \sin(\varphi_x)\tan(\varphi_y) + \omega_z \cos(\varphi_x)\tan(\varphi_y) \\ \dot{\varphi}_y &= \omega_y \cos(\varphi_x) - \omega_z \sin(\varphi_x)\end{aligned} \tag{3.20}$$

其中,ω_x、ω_y 和 ω_z 分别为沿着车身固定坐标系中的纵向轴、横向轴和垂直轴的旋转角速度的测量值。如果针对不确定性,对传感器测量量进行了较好的校准和补偿,那么对耦合的常微分方程(3.20)直接积分即可得到期望的 φ_x 和 φ_y 的估计。

也可以通过下列地球重力因素的加速度来确定角度 φ_x 和 φ_y:

$$\begin{aligned}\varphi_y &= \sin^{-1}\left\{\frac{\dot{v}_x - a_x - \omega_z v_y}{g}\right\} \\ \varphi_x &= \sin^{-1}\left\{\frac{a_y - \omega_z v_x - \dot{v}_y}{g\cos(\varphi_y)}\right\}\end{aligned} \tag{3.21}$$

其中,a_x 与 a_y 分别为车身的纵向加速度和横向加速度,v_x 和 v_y 分别为纵向速度和横向速度。

并不是通过传感器可以直接测量得到式(3.20)和(3.21)中的所有信号。在使用 ESC 的情况下,可以与纵向速度 v_x 一起测量的只有三个运动变量 a_x、a_y 和 ω_z,而纵向速度 v_x 是由诸如车轮速度这样的其他传感器信号计算得到的。在使用 RSC 的情况下,需要利用额外的侧倾角速度 ω_x。把式(3.20)与式(3.21)结合起来就可得到具有常规常微分方程(Ordinary Differential Equations,ODE)(3.20)和代数约束(3.21)的混合常微分方程(Hybrid Ordinary Differential Equations,HODE)。由于已经得到含有四个未知量 φ_x、φ_y、ω_y 和 v_y 的四个方程,所以求解 HODE 的那些未知量可能是一个适定问题。

在求解 HODE 之前,需要回答当已知信号仅仅是传感器的测量值和计算值 v_x 时,HODE 是否有唯一解。由于上一节已经讨论过基于 ESC 传感器集的状态估计,因此本节将主要讨论基于 RSC 传感器集的车辆状态估计。

通过选择 v_y 作为未知量,并且通过小角度近似来调整式(3.20)和(3.21),可以将 HODE 等价为下列关于单个未知量 v_y 的单一常微分方程:

$$\ddot{v}_y - \omega_z^2 v_y = g(\omega_x + \omega_z \Psi_y - \dot{\Psi}_x) \tag{3.22}$$

其中,

$$\Psi_y = (\dot{v}_x - a_x)/g \qquad \Psi_x = (a_y - \omega_z v_x)/g$$

对于给定的关于 v_y 的初始条件,式(3.22)有唯一解 v_y,因此 HODE 必有一个唯一解。将从式(3.22)得到的解 v_y 代入到代数方程(3.21),进而获得欧拉角 φ_x 和 φ_y,以及节距率 ω_y,可以很容易地证明上述结论。换而言之,如果给定 ω_x、ω_z、a_x、a_y 和 v_x,式(3.22)表明从 HODE 中可以得到 φ_x、φ_y、ω_y 和 v_y 的唯一解。

在实际中,传感器元件信号会产生各种误差,原因如下:

- 传感器的偏置(包括由温度变化引起的慢时变成分);
- 传感器标度因子误差;
- 由调谐与非正交性产生的传感器轴对准偏差。

因此,需要补偿传感器信号。例如,当车辆停止时,可以找出侧倾和横摆速度传感器的偏置;在一定假设下,根据特定的驾驶条件可以补偿加速计的偏置。在没有额外信息的条件下(例如 GPS 接收器),并不是所有上述的传感器误差都能得到补偿。这里的挑战在于如何尽可能多地补偿传感器信号,从而尽可能将车辆状态估计中的误差最小化。

除了传感器簇内部的误差以外,安装传感器时也可能会引入误差。传感器簇具有自己的坐标系(叫作**传感器框架**),该坐标系没有必要与车身坐标系(叫作**车身框架**)完全对齐。图 3.15给出车辆行驶在斜坡路面上的后视图,其中的传感器框架 S 由纵向轴 s_1、横向轴 s_2 和垂直轴 s_3 组成(这里只显示了 s_2 和 s_3),而车身框架 B 则由纵向轴 b_1、横向轴 b_2 和垂直轴 b_3 组成(这里只显示了 b_2 和 b_3)。在车辆下方依附于路面,但与车辆一起行驶和横摆的框架 M,被称为**移动路面框架**。如图 3.15 所示,该框架由横向轴 m_2 和垂直轴 m_3 组成。我们用 φ_{xbw} 表示车身框架 B 和前轮轴或后轮轴之间的相对侧倾角,用 φ_{xbm} 表示车身框架 B 和移动路面框架 M 之间的相对侧倾角。

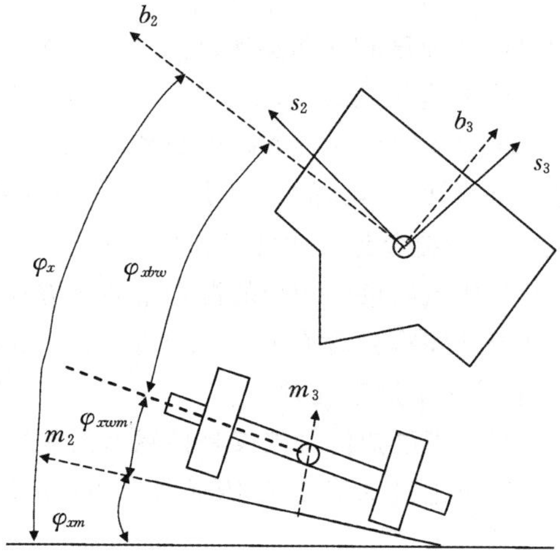

图 3.15 行驶在斜坡路面上的车辆侧倾角的定义(后视图)

为了把定义在传感器框架 S 上的信号与前面使用的通用信号区别开来,这里给每一个变量都添加一个下标"s"。也就是说,侧倾角速度和横摆角速度传感器测量量现在被记为 ω_{xs} 和 ω_{zs};a_{xs} 和 a_{ys} 分别表示 RSC 运动传感器簇原点的纵向和横向加速度测量量,不过它们是定义在传感器框架 S 上面的;v_{xs} 和 v_{ys} 表示定义在传感器框架 S 上的 RSC 运动传感器簇原点的速度。

传感器单元和车身框架 B 之间的总对准偏差可以表示为 Δ_x、Δ_y 和 Δ_z,它们分别代表侧倾、节距和横摆对准偏差。在特定的驾驶条件下,可以由原始的传感器信号来估计 Δ_x、Δ_y 和 Δ_z。令 σ_{xs}、σ_y 和 σ_{zs} 为传感器单元(角速度或者加速度)的三个组成部分,令 σ_{xb}、σ_{yb} 和 σ_{zb} 为这三部分在车身框架 B 上的投影,于是可以得到如下变换:

$$\sigma_{xb} = c_z c_y \sigma_{xs} - (s_z c_x - c_z s_y s_x)\sigma_{ys} + (s_z s_x + c_z s_y c_x)\sigma_{zs}$$
$$\sigma_{yb} = s_z c_y \sigma_{xs} + (c_z c_x + s_z s_y s_x)\sigma_{ys} + (c_z c_x + s_z s_y c_x)\sigma_{zs}$$
$$\sigma_{zb} = - s_z \sigma_{xs} + c_y s_x \sigma_{ys} + c_y c_x \sigma_{zs}$$

其中,$s_x = \sin\Delta_x$,$c_x = \cos\Delta_x$,$s_y = \sin\Delta_y$,$c_y = \cos\Delta_y$,$s_z = \sin\Delta_z$ 和 $c_z = \cos\Delta_z$。

首先考虑 φ_{xbw} 的计算,也可以把 φ_{xbw} 称为**底盘侧倾角**,它的主要作用是描述悬挂挠度。令 F_{yf} 和 F_{yr} 是沿着 RSC 运动传感器簇横向方向的合力,它们分别通过前辊中心和后辊中心作用于车身;令 h_f 和 h_r 分别表示从车身 CG 到前轧辊中心和后轧辊中心的垂直距离;l_{s2cg} 表示

RSC 运动传感器簇的原点和车身 CG 之间的纵向距离。在传感器框架 S 中应用 Newton 定律即可得到下列运动方程：

$$
\begin{aligned}
M_t(a_{ys}+l_{s2cg}\dot{\omega}_{zs}) &= F_{yf}+F_{yr} \\
I_z\dot{\omega}_{zs} &= F_{yf}b_f-F_{yr}b_r \\
I_x\dot{\omega}_{xs} &= F_{yf}h_f+F_{yr}h_r-K_{roll}\varphi_{xbw}-D_{roll}\varphi_{xbw}
\end{aligned}
\tag{3.24}
$$

其中，I_x 是相对于纵向车身轴的车身转动惯量；K_{roll} 和 D_{roll} 等效于侧倾刚度和悬挂阻尼速度。在式(3.24)的基础上运用 Laplace 变换，可以求解出 φ_{xbw}：

$$\varphi_{xbw}=T_1(s)a_{ycgs}+T_2(s)\omega_{sx}+T_3(s)\omega_{zs} \tag{3.25}$$

其中，可以很容易地由式(3.24)得到传递函数 $T_1(s)$、$T_2(s)$和 $T_3(s)$，而

$$a_{ycgs}=a_{ys}+l_{s2cg}\dot{\omega}zs \tag{3.26}$$

是车身 CG 处的横向加速度在传感器框架 S 横向方向上的投影。

这样，计算得到的 φ_{xbw} 是以具有固定的车身侧倾坐标轴的线性模型为基础的。如果车辆有车轮提升或者运行在悬挂的非线性工作区域的情况，那么 φ_{xbw} 就有可能偏离其真值，φ_{xbw} 也有可能对车辆负载、CG 高度或者侧倾转动惯量的变化敏感。然而，如果没有车轮提升，对于给定的车辆参数，φ_{xbw} 与 φ_{xbm} 是一致的。因此较小的 φ_{xbw} 就可以充分推断出稳定的侧倾(roll-stable)情况。

对于任何绕其纵轴的旋转量高于 90°的车辆的这种不稳定的侧倾状况或者翻车都被定义为猛烈碰撞，或者等效为 φ_{xbm} 充分大。另一种直接测量翻车事件的方法是根据前轮胎轴或者后轮胎轴与框架 M 之间的侧倾角，该角度被称作车轮与地面的分离角，在图 3.15 中用 φ_{xwm} 表示。

根据前面提到的 φ_x 和 φ_{xbw}，我们知道车轮与地面的分离角 φ_{xwm} 不一定是可观测的，这是因为由于存在如下所示的关系，使得不能将它从图 3.15 所示的道路坡度 φ_{xm} 中分离出来：

$$\varphi_x-\varphi_{xbw}=\varphi_{xwm}+\varphi_{xm} \tag{3.27}$$

一种确定 φ_{xwm} 进而推断不稳定的侧倾状况的方法是辨别不稳定的侧倾状况开始发生的时间。这样的定性测定与式(3.27)一起可以共同推断出 φ_{xwm}，前提是假设在翻车事故中路面的坡度变化相对于车轮与地面的分离角 φ_{xwm} 是可以忽略的。也就是说，通过将路面坡度 φ_{xm} 限幅为不会引起翻车状况的某个合适值，可以假设它在整个翻车事件中几乎是恒定的。因此，若想估计 φ_{xwm}，则需要通过独立的信息来源，而不是根据由惯性传感器测量值计算得到的侧倾角来对可能的翻车事件特性进行描述。

根据驾驶员方向盘输入、车辆转向加速和车轮运动状态可以间接地推断出道路上翻车事件的发生。车轮提升检测(Wheel Lift Detection，WLD)是一种对翻车事件进行推断的方法，它不是直接应用侧倾角信息，而是通过动态刻画车轮升离地面的状态来进行判断的。这种方法关注的是确定大的翻车事件的定性性质，后续将会进行更详细地讨论。在此，我们使用了将来自于惯性传感器的定量侧倾角与来自于 WLD 算法的定性侧倾传感信息相集成的状态估计方法。该方法与很多已有的翻车检测方法不同，已有的许多方法要么丢失了鲁棒的定量侧倾传感信息(例如，没有使用侧倾角速度传感器)，要么只操控定性的侧倾传感信息，以达到减缓翻车的目的。这种集成方法的优势在于它提供了一种侧倾不稳定性的检测方法，该方法对于传感器的不确定性、道路变化和驾驶状态变化都是鲁棒的。同时，这种集成的方法将侧倾传感

信息的定量部分作为反馈控制变量,用于生成平滑且有效的控制命令,以防止翻车。

更具体地说,WLD 通过主动车轮提升检测(Active Wheel Lift Detection,AWLD)算法和被动车轮提升检测(Passive Wheel Lift Detection,PWLD)算法,确定是否存在内部车轮升离地面的情况。集成的车轮提升检测(Intrgrated Wheel Lift Detection,IWLD)算法对 AWLD 与 PWLD 进行仲裁和协调,以产生车轮提升状态的最终指示。将每个车轮的车轮提升状态设定为五个离散状态 2、4、8、16 和 32(存储在一个字节变量中的不同的位)之一,并假定这五个状态(离散状态)分别表示完全接地、可能接地、没有指示、可能提升和绝对提升这样的定性的车轮特征。

此外,AWLD 通过检查车轮对测试的制动压力的转动响应来确定车轮提升状态。当显示驾驶员给出过多的转向输入以及足够大的转向加速度,并且检验到内部车轮的转动响应时,AWLD 就需要将少量的制动压力传送到内部车轮。如果出现纵向滑动率大于阈值的情况,那么就可以认为车轮可能会从地面上升起(转向加速状态反映低摩擦表面的状态)。考虑到车轮转动模式和其他的车辆状态,基于检测置信度,可以将轮胎提升描述为可能被提升或者完全被提升。

由于测试的制动压力的反应特性,因此来自于 AWLD 算法的车轮提升的结论可能会存在一些时间延迟。PWLD 的作用是通过检测车辆和车轮的状态来确定车辆的车轮提升状态,因此不主动要求向车轮发送测试的制动压力。也就是说,它被动地与车辆状态一起监视车轮的运动模式,以确定是否发生车轮提升。

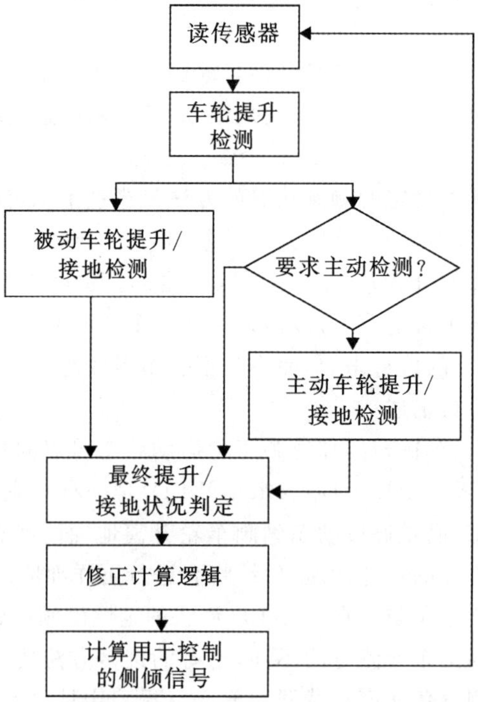

图 3.16 AWLD 与 PWLD 的集成

为了既利用 AWLD 在稳态驾驶状态下的优势，又利用 PWLD 在动态机动状态下的优势，我们使用了 IWLD。图 3.16 描述了集成的概念。图 3.17 使用了车辆基于失谐的 RSC 控制器进行 J 型转向机动时获得的测试数据，来说明实时确定的各种车轮提升状态。图 3.17 还给出了 AWLD 要求的制动压力和车轮速度响应。关于 WLD 的更多细节可以参考 Lu 等人的著作(2006)。

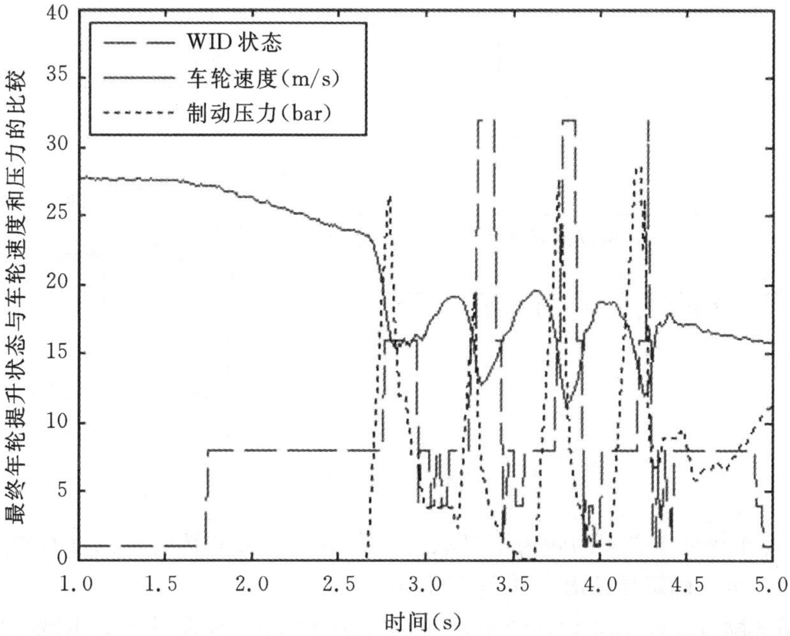

图 3.17 J 型转向机动(采用了失调的控制)中内部车轮的 WLD 标志

3.4.6 横摆稳定性控制

当车辆在湿滑道路上做转弯机动时，可以通过单车轮制动控制引入横摆力矩来实现车辆的横向稳定性。通过监测车辆的横摆角速度和侧滑角，由车轮制动引发的横摆力矩控制可以有效地修正过度转向和转向不足(Pillutti et al.，1995；Hrovat and Tran，1996)。

3.4.2 节已讨论了一种将车辆横摆角速度调整到其期望值的方法。另一种方法是通过限制车辆的侧滑角来权衡横摆角速度的调节。Hac(1998)讨论了每一种方法的优点与缺点。这两种方法相结合可用于更可预测的、渐进的和无妨碍的车辆横向行为。在 Tseng 等人(1999)和 van Zanten(2000)的著作中可以找到这些实际结合理念的详细描述。例如，可以将目标的横向响应设计为响应灵敏且渐进的，那样它既可以保证车辆的稳定性，还可以保持“驾驶乐趣”的品质。在 Tseng 等人(1999)的著作中还讨论了其他驱动因素，比如系统透明度、驱动效率和平滑性。图 3.18 给出了 YSC(Yaw Stability Control)流程图。

3.4.7 侧倾稳定性控制

RSC(Roll Stability Control)的目的是防止发生非倾翻翻车。也就是说为了避免非倾翻

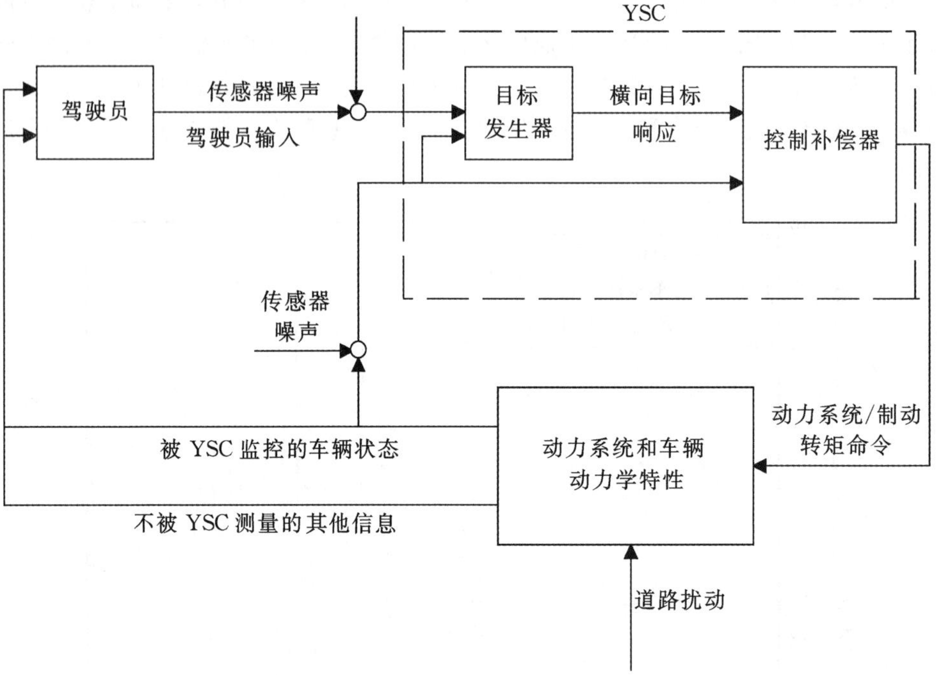

图 3.18 YSC 和反馈

翻车,RSC 会使车辆处于更多的转向不足状态。车辆以较大的转向加速度行驶时,通过监控车辆的侧倾趋势可以确定导致潜在翻车的机动行为。

这里采用文献(Lu et al.,2007b)中记录的方法作为例子,来讨论为 RSC 设计的控制策略。该控制策略不仅需要确定控制命令,而且需要(1)克服制动液压的时间延迟;(2)提供有效的制动转矩以抵消由所有的车辆配置、道路状况以及驾驶员输入等因素造成的车辆侧倾运动;(3)不要产生干预性的、令人讨厌的、并限制车辆响应性能的不必要的动作。

Lu 等人(2007b)希望实现满足上述要求的 RSC。RSC 包括**切换控制器**(Transition Controller)和**准稳态反馈控制器**,前者用于在动态机动的过渡部分执行 RSC,后者用于在动态机动中较少的动态部分执行 RSC。

3.4.7.1 切换控制器(Transition Controller)

切换控制器包括一个前馈控制律和三个反馈控制律。一般而言,为了阻止翻车,在车辆具有明显的翻车趋势时,前外轮需要迅速形成巨大的制动压力,它有可能超过最大的逐步建立制动压力的速率。在这种情况下,由于液压能力受到限制,生成满足要求的制动压力的过程会有明显的时间延迟。如果在侧倾不稳定性发生之后才要求建立制动压力,那么就可能没有足够的时间去控制或减缓侧倾不稳定事件。为了解决制动压力建立时的延迟问题,在切换控制器中首次应用了前馈控制以提前启动制动液压;见图 3.19 中"x"型线表示的制动压力曲线。为了在侧倾不稳定前预先填充制动卡钳,这里的前馈控制利用了以驾驶员转向输入和车辆状态为基础的预测。设计这种预先填充的目的仅仅是为了最小化建立压力时的时延,而且这种预先填充只需要相对少量的压力就能克服制动泵的惯性,并减少卡钳振动。除了卡钳的预先填充之外,还引入了制动压力的预测和执行机构的延迟补偿。当有可能需要一个预定的压力水平时，在 φ_{xbw}、ω_x、$\dot{\omega}_x$ 以及被估计的卡钳压力的基础上，设计的前馈可以补偿在制动液压方面的限制。当需要减少建立压力时的速率限制的影响时，就可以建立制动压力，以便得到期望的峰值压力。

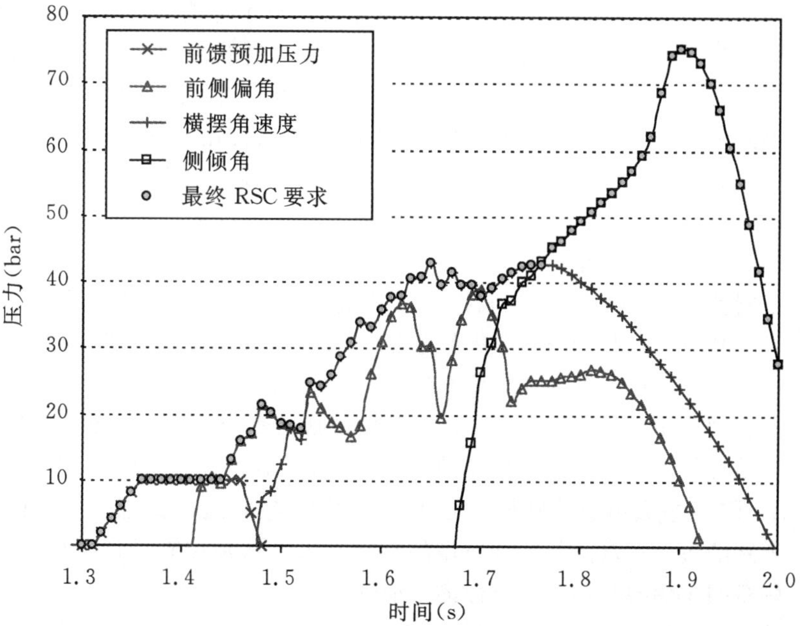

图 3.19 180°水平掉头机动中转换控制的压力分布曲线

在切换控制器中使用的另一种控制策略是反馈控制，它由三种控制律组成。第一种反馈控制律采用的是前轴处的基于模型的线性侧滑角，其定义如下：

$$\beta_{falin} = \frac{F_{yf}}{c_f} \tag{3.28}$$

其中，F_{yf} 是前向转向力，它可以通过式(3.24)计算如下：

$$F_{yf} = \frac{I_z\dot{\omega}_{zs} + b_r M_t a_{ycgs}}{b_f + b_r} \tag{3.29}$$

由于与实际的前向转向力 F_{yf} 成比例关系，因此它在横摆速率和侧倾角产生之前就建立了自己的主导地位。图 3.19 中"Δ"型线即为基于这种 β_{falin} 反馈获得的制动压力分布曲线。

当 F_{yf} 在横摆角速度逐渐减退之前形成时，横摆角速度可能会在车辆的响应中起主导作用。为了给车辆提供充分的横摆阻尼，将引入基于横摆角速度的比例和微分(Proportion and Differentiation，PD)反馈控制。基于横摆角速度的反馈控制与为 ESC 设计的控制是不同的，从某种意义上来说，在这里不管驾驶员的转向输入是什么，目标横摆角速度总为零。基于横摆角速度的反馈控制对车辆有以下好处：(1)在限定的行驶状况下，使横摆角速度发生过度超调的可能性达到最小；(2)减少超过车辆稳态转向能力的过大的侧滑角和横向力的发生；(3)增加侧倾稳定裕度，尤其是在过激的车辆机动行为中。设计这种控制器是为了提供尽可能多的横摆阻尼，而不抑制正常驾驶情况下车辆的动态响应。图 3.19 中"+"型线给出了基于这种横摆角速度反馈的制动压力分布曲线。

当横摆角速度接近它的峰值时,车辆侧倾角开始增加。因此基于侧倾角的反馈控制可以产生有效的命令来直接阻止车辆的侧倾运动(而先前的反馈控制是间接的控制方案)。这里介绍一种基于 φ_{xbw} 且具有事件的自适应控制增益和死区的 PD 反馈控制律。为了获得在不同驾驶状态下的鲁棒性,这里使用的 φ_{xbw} 针对车辆负载条件进行了补偿,而车辆负载条件是通过有条件的最小二乘参数辨别算法来实时确定的。对于过激的过渡机动操作,侧倾冲力会导致在车辆过渡运行的最后时刻提升车辆的 CG。基于 φ_{xbw} 的 PD 反馈控制的目的是在将前向转向力过渡到车轮提升之前产生有效的侧倾阻尼,而该侧倾阻尼会在过渡性机动操作的最后阶段逐渐减退;见图 3.19 中"□"型线表示的制动压力的分布曲线。值得注意的是,如果当 φ_{xbw} 已经建立的时候,才发出需要制动压力的要求,由于制动液压系统的局限性,可能会来不及控制车辆的侧倾运动。β_{falin} 的主要指标和横摆角速度产生了反馈控制命令,以便为形成直接的侧倾控制而准备了制动液压,而该侧倾控制提高了减缓潜在翻车的有效性。当 φ_{xbw} 增加到一定程度时,由于车辆的能量从侧滑和横摆转移到侧倾,β_{falin} 和横摆角速度都开始减小,这表明仅仅基于横摆角速度和 φ_{xbw} 的反馈与侧倾角相比,不能提供比侧倾角更持久的可持续的控制变量。覆盖上述所有制动压力命令的命令被用作最终的压力命令;见图 3.19 中的"○"型线。

在这样一个结合了反馈和前馈的控制结构中,正如在 180°急转弯机动动作中的过渡机动过程(见图 3.19)那样,将会出现特殊控制起主导作用的局面,这就接近于一个惊慌的驾驶员为了让车辆从道路的边缘恢复正常行驶所做的转向努力。这种控制设计支持平滑的干预,并且减少了形成刺激的车辆的节距动态特性的可能性。

设计切换控制器的目的是,针对给定的机动动作产生应用在准稳态反馈控制器(3.4.7.2 节)中的控制信号,当制动压力达到一个显著的水平后,就可以启动准稳态反馈控制。因此,准稳态反馈控制器需要较小幅值的反馈信号来实现临界制动压力水平以镇定车辆。

3.4.7.2 准稳态控制

在准稳态的动态驾驶情况下(通常是在车辆的非线性动态区域,但包含较少的动态成分),随着车轮升起或者侧滑角增大,车辆会经历一个缓慢的积累过程。例如,在高 CG(如具有车顶负载的车辆)车辆的 J 字型转向机动中,在车辆后轴侧滑角产生(横向不稳定)之前,车辆的一个或两个车轮可能会抬起(侧倾不稳定)。在这种情况下,侧倾角速度、横摆角速度和驾驶员方向盘转角的速度变化都很小,以至于上文提到的切换控制器不再起作用。另一方面,对于相同的机动动作,如果车辆具有较低的 CG,那么车辆的一个或者两个车轮在发生提升之前(侧倾稳定),可能会经历一个缓慢的产生侧滑角(横向不稳定)的过程。相似的情况可能会在转向半径逐渐减小的转向过程中发生,例如在某高速公路上驶入匝道或者驶出匝道时。

由于 ESC 传感器组的传感限制,应用在 ESC 中的计算结果不能有效地捕捉准稳态状态。在这些驾驶条件下,检测和准确估计车辆缓慢产生侧倾角和后轮侧滑角过程的能力,对产生合适的有时限限制的镇定力矩而言非常重要。使用 RSC 传感器集有可能恰当地计算 φ_{xwm} 或 φ_{xbm} 和后轮侧滑角 β_{RSC-ra}(与线性侧滑角 β_{falin} 相比是非线性的)。因此,在除了高度动态的侧倾和横摆情况下的准稳态区域内,RSC 可以提供递增的车辆控制能力。车身和移动路面框架之间的相对侧倾角 φ_{xbm} 和 β_{RSC-ra} 是应用在那些驾驶情况下的主反馈控制变量。

对于一个受相当稳态的转向输入驱动,以及具有高 CG 的车辆来说,车轮会在相对较低的横向加速度下(即在建立大的后轮侧滑角之前)发生提升,这样会导致车轮与地面的分离角的产生。由于先前描述的切换控制器没有考虑这种情况,而 φ_{xbm} 又能为这种准稳态情况提供独特的描述,因此有可能产生一个有效的基于侧倾角的反馈控制命令。在 Lu 等人(2007b)的著作中使用了一种以车身和道路之间相对的侧倾角 φ_{xbm}(包括车轮与地面的分离角)为基础的 PID 反馈结构。建立 PID 控制器的死区和增益的方法是,需要在车轮与地面的分离角增加期间(侧倾不稳定)产生适当且渐进的制动压力水平,而同时每当车轮的与地面的分离角明显减小时(侧倾稳定的情况),在没有不必要的制动介入时,都允许车辆在受限制的操作机动过程中行驶得很好。

对于车辆在低 CG 状态下运行,并且在接近于车辆操作极限的稳态机动过程中行驶的情况,如果车辆后轮的侧滑角逐渐增大到超过一定的阈值,车辆的车轮会突然提升,即在发生侧倾不稳定之前,后轮侧滑角会缓慢地增加。在这些情况下,基于侧倾角 φ_{xbm} 的反馈控制将是不存在的;后轮侧滑角也会以低速率增加。如果这种情况被忽略并且不受控制,那么缓慢增长的后轮侧滑角 β_{RSC-ra} 最终将导致车辆突然发生侧倾不稳定。因此,在这种情况下,计算出的后轮侧滑角 β_{RSC-ra} 能够提供检测侧滑缓慢增加的能力,并且可以设计一个以 β_{RSC-ra} 作为控制变量的 PD 反馈控制律,以克服这种扩散的车辆侧滑趋势。

车辆在额定负载下做 J 型转向机动动作时,RSC 的侧滑角控制要求在外前轮施加超过 ESC 压力需求的制动压力。具体细节可以参见 Lu 等人(2007b)的著作。这样的控制可以导致车辆的侧滑角减小,从而进一步减小转向力以降低车辆发生侧翻的可能性。

3.4.7.3 RSC 内部的控制集成

前面讨论的控制策略包括为了补偿建立压力时产生的延迟,而提前准备制动液压的切换控制器中的前馈控制;在诸如 180°转弯和双车道变换这样的动态条件下,用于减少翻车事故的切换控制器中的反馈控制;以及在诸如 J 型转弯和半径减小转弯的非动态情况下,减少翻车事故的准稳态反馈控制器中的反馈控制。为了实现协调的或组合的控制策略,需要集成上述提及的控制策略。图 3.20 给出了这种集成案例的示意图。

3.4.7.4 RSC 与其他功能的交互

ESC 系统赋予驾驶员充分的能力去控制车辆,以按照驾驶员的意图控制车辆,但当需要时系统会进行干预。ESC 和 RSC 最大的区别之一就是 RSC 的制动控制不再仅仅只反映驾驶员的意图。有可能发生这种情形,RSC 系统可能会引起车辆去减小外部轮胎的横向力,这将导致在 RSC 处于激活状态时,去激活 ESC 系统来请求转向不足下降控制,即 RSC 的功能被 ESC 的转向不足下降控制抵消了。鉴于此,把 RSC 和 ESC 的功能集成起来是很重要的。

另一方面,当 RSC 激活时,如果同时也激活 ESC 的转向过度控制,那么仲裁后的制动压力可能会选择 ESC 转向过度控制命令和 RSC 控制命令之间的最大值,并同时启动大的滑动目标控制功能。值得注意的是,RSC 也必须与 ABS 功能集成在一起。当 ABS 以保持一定的滑动目标为目的,来优化在 ABS 制动时的停车距离和转向能力时,RSC 很可能会请求另一个滑动目标以调整转向力,并且随后减小所引起的车辆侧倾力矩。由于 AWLD 正在检测潜在的被提升的内部车轮,如果由于应那个车轮的请求而建立的较小的制动压力的结果,产生了纵向滑动率,那么这将会因此进入到 ABS 事件中。因此,RSC 中使用的 AWLD 同样也需要与

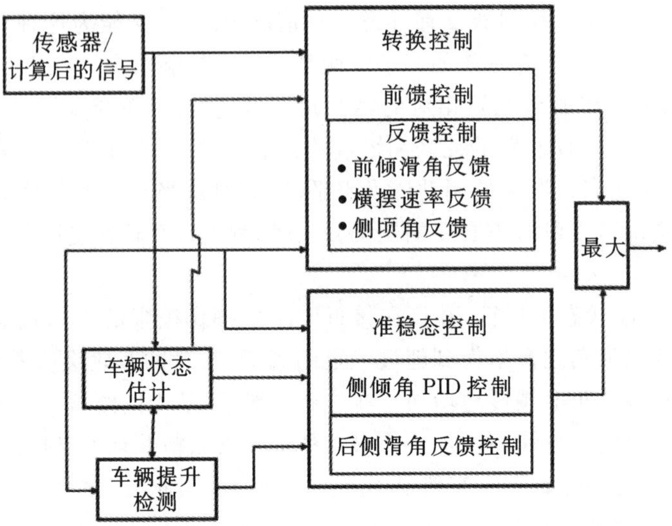

图 3.20　RSC 算法的集成

ABS 功能进行交互。

RSC 系统归属于制动的电子控制单元(Electronic Control Unit,ECU),而 ABS、TCS 和 ESC 功能通常也属于该单元,这样就可以很容易地实现 RSC 与已有的制动控制功能之间的集成。这种集成的方块图如图 3.21 所示,其中下层方框描述的是 ECU 制动,它被分为两个部分:下面的部分包括已有的功能、已有功能的优先次序、仲裁逻辑,以及其他模块,比如传感器自动防故障装置和接口逻辑;上面部分包括 RSC 功能、RSC 功能的优先级和仲裁逻辑。

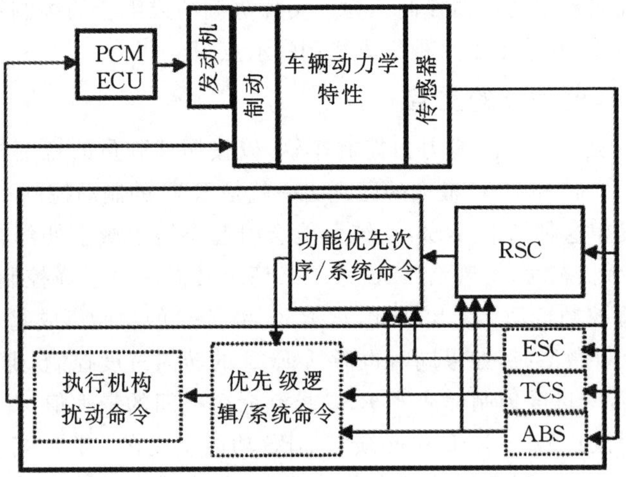

图 3.21　制动控制 ECU 的功能划分

3.4.8 小结

ESC 系统能够提高车辆的稳定性和操纵的可预见性。与 ABS 和 TC 系统没有什么不同，这些系统都需要驾驶员的控制以帮助驾驶员在不同驾驶环境下安全地实现期望的机动动作。由于这个系统对驾驶员是有价值的，因此对于主动系统而言，识别驾驶员的意图，了解当前车辆的状态，以非介入并且性价比高的方式帮助驾驶员是十分重要的。本节重点研究了这些实际问题。随着将来传感器/驱动器价格的下降、可能的传感技术的添加，以及在转向和悬挂方面控制权限的添加，ESC 有望提供额外的安全特性，并进一步提高驾驶员与车辆的交互。

3.5 电子差动控制

3.5.1 引言

在汽车工业中，车辆转向控制系统逐渐得到了普及。目前生产的这类系统大多是 ESC 系统，该系统在每个车轮上应用制动干预措施来增强横摆力矩，以在车辆稳定性受到危害的时候保护车辆的稳定性。从车辆动态特性和稳定性的角度来看，这些系统是有效的，而且现在这些系统是高档汽车的标准配置。然而，对于下一代车辆转向控制系统，高端车辆制造商关注的焦点不仅仅是当车辆运行在低于或是达到吸附力极限时提高车辆的稳定性，而且还包括增加司机的驾驶乐趣。基于制动的稳定系统由于会导致汽车减速和车速损失，因而多少让人有些反感。

因此，可以认为替代的驱动系统可能会在没有基于制动的系统干预的情况下，增加车辆的稳定性。主动抗滑差动器(Active Limited Slip Differential，ALSD)可以实现电子控制驱动轮间的转矩传递，因此主动抗滑差动器就是一种替代的驱动系统。被控制的转矩通过车轴传递会产生横摆力矩，从而可以利用这种横摆力矩来增加车辆的稳定性。与基于制动的系统相比，由于在该系统中车轮转矩只是重新分配而不是减少，所以这就以一种较少干预的方式增强了稳定性。

为了在实际的车辆上实现这种稳定性效果，需要实用的 ALSD 控制算法。开发这种控制器的关键挑战是下面将要描述的执行机构的单向半主动性能以及它们相对缓慢的动态响应(与制动系统对比)。设计这种控制器的替代选择之一是使用 H 无穷(Hinf)控制器，它是现代控制的综合，具有在频域中用公式表达最优问题的能力。本节描述 ALSD 实用反馈控制器的开发，将所设计的控制器应用于一个实际的车辆，并且将评估系统的稳定性控制性能。

3.5.2 主动差速器

传统的开环差速器为左车轮和右车轮分配等量的转矩，但允许它们以不同的速度旋转。主动差速器利用离合器来提供可控的左/右(或前/后)车轮转矩分配，从而以一种平滑的、具有良好可控性的方式来提高牵引控制和 YSC 性能(Sawase and Sano，1999)。

ALSD(见图 3.22a)使用了一个单离合器，把差动旋转箱与其中一个从动轴连接在一起。由于差动旋转箱的速度等于 $\omega_c=(\omega_1+\omega_2)/2$(Hrovat et al.，2000)，并且离合器总是从较快速的轴向较慢速的轴传递转矩，所以 ALSD 只能为较慢的轮子提供转矩传递。转矩传递的方向以及横摆力矩的施加方向是由穿过轴的车轮速度的差异决定的。因此，在这种情况下，ALSD 仅仅是一个半主动装置(Hrovat，1997)。尽管这对牵引控制是有效的(较低速车轮有更好的牵引)，但由于只能产生转向不足的转矩(转矩传递到内部/较慢速车轮)，所以有时这不足以获得高性能的 YSC。

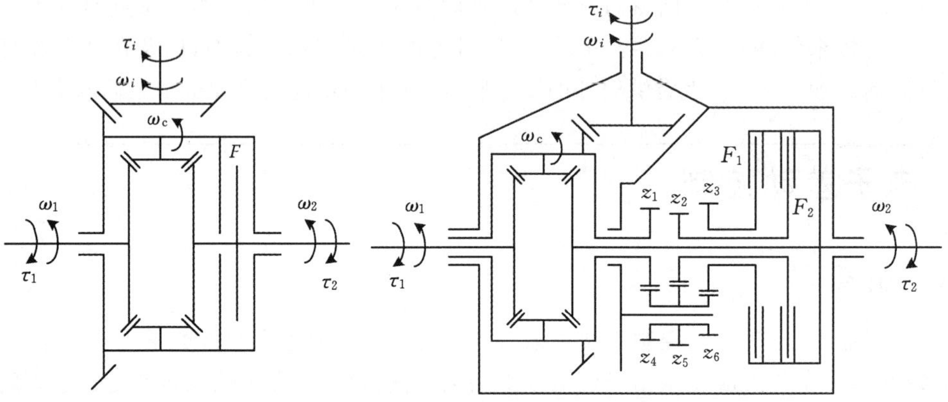

(a) (b)

图 3.22 ALSD(a)和 TVD(b)的运动学方案

转矩定向差速器(TVD)可以将转矩传递到较慢速车轮和较快速车轮，提供全主动横摆控制功能[能够产生转向不足和转向过度(Gillespie，1992)]。这可以通过附加的传动装置和附加的离合器来扩展 ALSD 硬件而实现，具体如图 3.22(b)所示(Sawase and Sano，1999)。正齿轮组 $z_1-z_4-z_5-z_2$ 使离合器 F_2 的输入传动轴加速(齿轮齿数比 $h_2=z_1z_5/(z_4z_2)>1$)，这样即使右车轮比左车轮旋转得更快，也允许离合器 F_2 把转矩传递到右车轮。类似地，齿轮组 $z_1-z_4-z_6-z_3$ 减缓离合器 F_1 的输入传动轴($h_1=z_1z_6/(z_4z_3)<1$)，因此，即使左车轮比右车轮旋转得更快，也可以把右车轮的力矩降低之后，再把力矩传递到左车轮。对于特殊的齿轮齿数比 $h_1=0.875$ 和 $h_2=1.125$，如果较快速车轮的速度不超过较慢速车轮速度的 28.6%，转矩也可以传递到较快速的车轮(Sawase and Sano，1999；Deur et al.，2008a)。这样一个充分的裕量能够应对各种 VDC 的情况(Assadian and Hancock，2005)。在 Deur 等人(2008a)和 Sawase 等人(2006)的著作中描述和分析了 TVD 的其他一些运动学结构。

除了受限的转矩传递方向的这一缺点之外，ALSD 还存在转矩传递响应不准确而且速度慢的缺点(Deur，2008b)，这是因为接合的离合器很容易由于轻度转弯而被锁定(滑动速度 $\omega_f=(\omega_1-\omega_2)/2$ 降至为零)，并且锁定的离合器是不可控的。另一方面，由于使用了附加的传动装置，TVD 的离合器的滑动速度增加，并且几乎不能被锁定，这在可控性方面非常有利，但是与 ALSD 相比，能量损失却大得多。

用于这个调查研究的车辆是后轮驱动轿车，所使用的 ALSD 的示意图如图 3.23 所示，其特色是使用了一副在两个驱动轴之间传递转矩的湿摩擦离合器组件。离合器组件上的锁模力是由电动机驱动的，根据球坡机制运行的传动系统来控制。差速器的响应可以通过纯延迟和一阶滞后(见图 3.24)来描述。

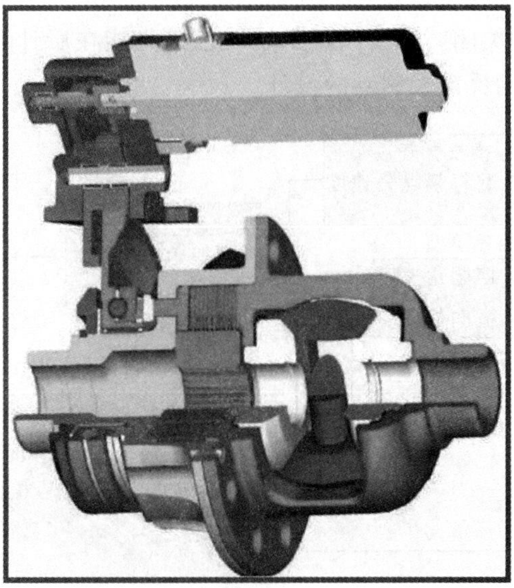

图 3.23 适合于原型车的 ALSD 示意图

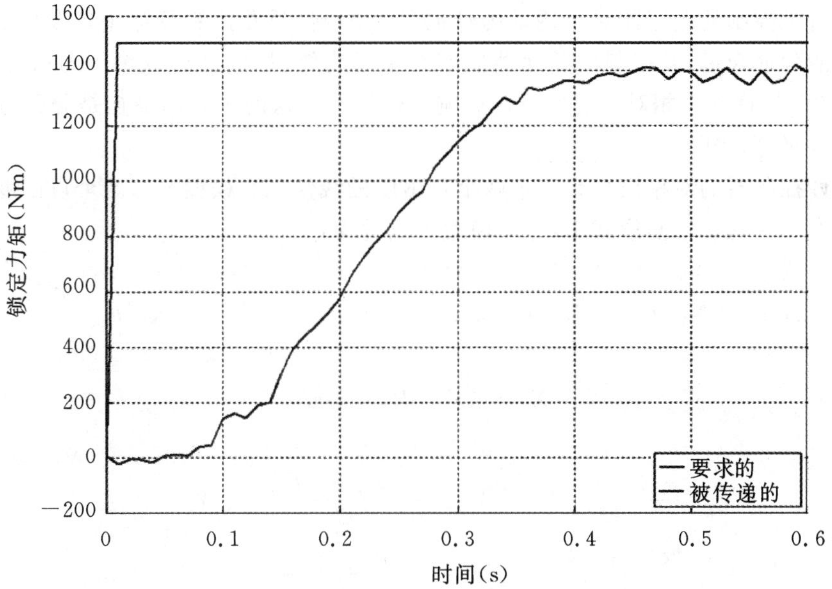

图 3.24 执行机构的时间响应

3.5.3 控制设计

图 3.25 所示的是 ALSD 稳定控制器的结构。正如图中所示,该控制器是基于参考模型的。参考模型是一个相对简单的汽车模型,用于根据车辆速度、驾驶员转向输入以及估计的路面摩擦系数来生成目标横摆角速度。为了产生 ALSD 要求的转矩传递,需要把目标横摆角速

度和车辆实际横摆角速度之间的误差馈送给反馈控制器。由于 ALSD 只能产生待加强的转向不足横摆力矩（当节流阀关闭时），所以这个转矩传递只能在所计算的横摆误差指示转向过度时应用。本节的重点将是反馈控制器的设计。

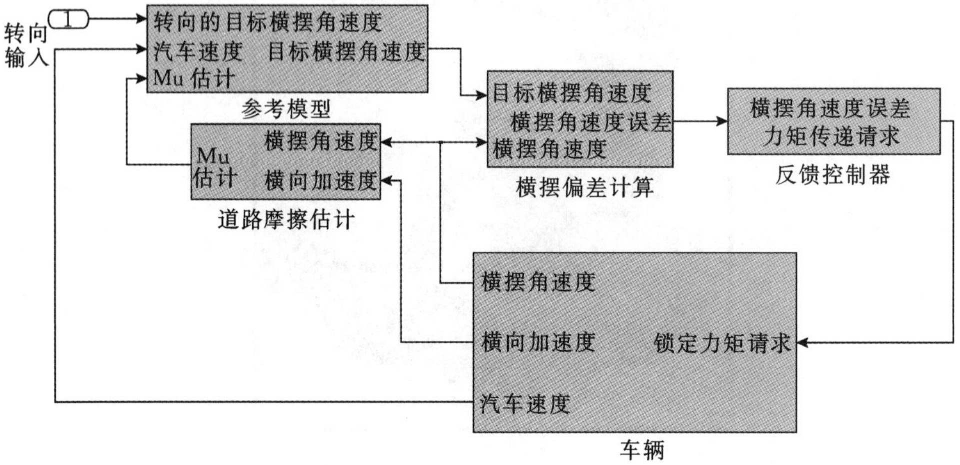

图 3.25 控制器结构

为了分析被控制的差速器对车辆动力性的潜在影响，开发控制算法是首要的。从 3.5.2 节我们可以清楚地知道，被控制的差速器能够在横摆力矩/稳定性以及牵引力（Assadian and Hancock，2005）这样两个相对广泛的方面影响车辆性能。这两个方面最初是分开考虑的。本节描述的是 YSC 算法的开发。

用于设计控制器的对象模型是一个两个自由度的线性双轮模型。这两个自由度是横摆速度和侧滑速度。在状态空间形式下，这个模型可以写为：

$$\begin{bmatrix}\dot{V}\\ \dot{r}\end{bmatrix}=\begin{bmatrix}Y_V/M & Y_r/M-U\\ N_V/I_{zz} & N_r/I_{zz}\end{bmatrix}\begin{bmatrix}V\\ r\end{bmatrix}+\begin{bmatrix}0\\ 1/I_{zz}\end{bmatrix}[T_{yaw}]+\begin{bmatrix}Y_\delta/M\\ N_\delta/I_{zz}\end{bmatrix}[\delta]$$

或者

$$\dot{X}=AX+Bu+Gw$$

其中，

$$Y_V=\frac{-C_{\alpha f}-C_{\alpha r}}{U}\qquad Y_r=\frac{-bC_{\alpha f}+cC_{\alpha r}}{U}\qquad Y_\delta=C_{\alpha f}$$

$$N_V=\frac{-bC_{\alpha f}+cC_{\alpha r}}{U}\qquad N_r=\frac{-b^2C_{\alpha f}-c^2C_{\alpha r}}{U}\qquad N_\delta=bC_{\alpha f}$$

其中，M 是车辆质量，I_{zz} 是围绕 z 轴的质量转动惯量矩，$C_{\alpha f}$ 是前胎侧偏刚度，$C_{\alpha r}$ 是后胎侧偏刚度，U 是纵向车辆速度，b 是从 CG 到前轴的距离，c 是从 CG 到后轴的距离。

需要重点注意的是，YSC 既可以利用横摆角速度，也可以利用横摆加速度，因此最终的控制器是一个多输入单输出（Multiinput Single Output，MISO）的控制器。添加横摆加速度的一般方法是利用对状态方程进行微分后获得的横摆加速度项来扩展状态空间。然而，更简单的方法是增广输出矩阵 $\boldsymbol{C}$，从而获取横摆加速度：

$$\begin{bmatrix} r \\ \dot{r} \end{bmatrix} = \begin{bmatrix} 0 & 1 \\ N_V/I_{zz} & N_r/I_{zz} \end{bmatrix} \begin{bmatrix} V \\ r \end{bmatrix} + \begin{bmatrix} 0 \\ 1/I_{zz} \end{bmatrix} [T_{yaw}] + \begin{bmatrix} 0 \\ N_\delta/I_{zz} \end{bmatrix} [\delta]$$

或者

$$y = \boldsymbol{C}X + D_{2u} + D_1 w$$

车身横摆转矩 T_{yaw} 此时被静态地映射到转矩传递(锁定的转矩请求)ΔT 中,如图 3.25 所示。

原来的模型包含标称对象 P_0,而 Hinf 方法(Mayne,1996)要求通过整形滤波器增广标称对象,用以推导最终控制器,具体如图 3.26 所示。用于增广标称对象的滤波器如下所示:

$$\boldsymbol{W}_1 = \begin{bmatrix} W_{11} = \dfrac{K\omega_n^2}{s^2 + 2\zeta\omega_n s + \omega_n^2} \\ W_{12} = K \end{bmatrix}$$

其中,K 是常数,ω_n 是自然频率,ζ 是阻尼系数。

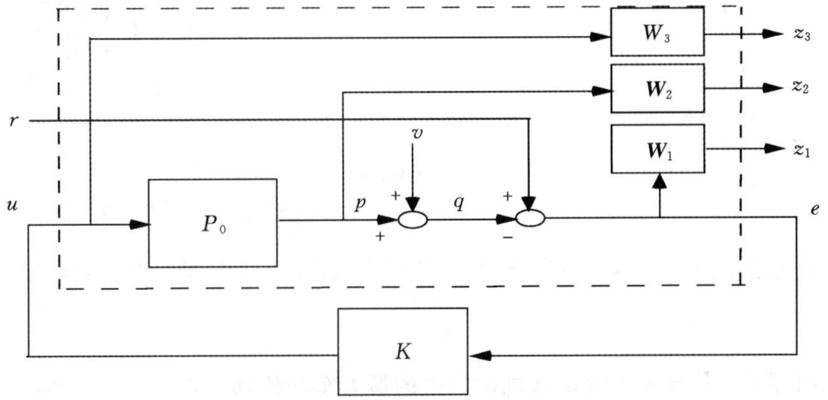

图 3.26 标称的增广闭环系统

这个滤波器对矩阵灵敏度传递函数(扰动输入到被控输出)进行了加权。W_{11} 滤波器对横摆角速度输出的灵敏度传递函数进行加权,而 W_{12} 对横摆加速度输出的灵敏度传递函数进行加权。此外,值得一提的是,闭环灵敏度传递函数是这些滤波器的逆。例如,横摆角速度输出的灵敏度传递函数以整形后的 W_{11} 滤波器的逆为基础,它在低频处较小,而在高频处有所增加。为了简化问题,横摆加速度的权重通常是一个常数。由于执行机构频带宽度的限制,横摆加速度反馈的效果也是相当有限的。随着执行机构频带宽度增大,横摆加速度反馈的效果将变得更加明显。

闭环传递函数(互补传递函数)的整形滤波器矩阵 $\boldsymbol{W}_2$ 如下所示:

$$\boldsymbol{W}_2 = \begin{bmatrix} W_{21} = \dfrac{K_1 s}{s + \dfrac{K_1}{T_{\max}}} \\ W_{22} = W_{21} \end{bmatrix}$$

由于执行机构的动态特性,这个滤波器矩阵通常用作互补传递函数的权重,这使得在存在纯时间延迟 $T_{\max}$ 的情况下,仍然可以保证闭环稳定性。

为了利用参数 K_1 以及参数 $T_{\max}=0.1$ s 设计加权滤波器 W_2,以确保在出现小于 0.1 s 的

纯时间延迟情况下的鲁棒性,由小增益理论(Helton,1999)可知,我们需要的条件为

$$\left|\frac{\hat{p}(jw)}{p(jw)}-1\right|\leqslant W_2$$

其中,$\hat{P}$是具有纯时间延迟不确定性的实际对象,P 是标称对象。因此,可以得到$|e^{-Tjw}-1|\leqslant W_2$。图 3.27 通过展示不等号两边表达式的波特图,说明了所设计的加权滤波器满足这个条件。

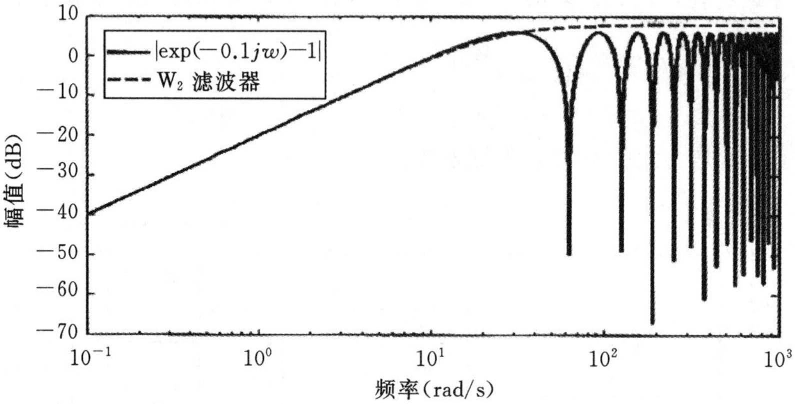

图 3.27 $|e^{-0.1jw}-1|$(实线)和 W_2(虚线)的波特图

最终的加权滤波器被用来限制执行机构的作用,该加权滤波器可由下式给出

$$W_3=\frac{1}{\rho}$$

其中,ρ 是一个常数,并且等于由执行机构产生的最大车身横摆转矩。

除了上述反馈控制器,还存在一个对应的前馈控制器,该前馈控制器是通过对车身横摆转矩 T_{yaw} 到横摆角速度 r 之间的传递函数进行求逆而推导得到的。由此,该传递函数的稳态增益可以用作前馈控制器的比例增益。

3.5.4 实车测试结果

可以基于一些不同的机动动作,通过仿真以及实车测试来分析系统的控制性能。本节给出了双车道变更机动的实车测试结果,车辆的行驶过程如图 3.28 所示。该机动动作是在关闭节流阀(在入口门处释放节流阀)并将初始速度设置为最大的情况下进行的,此时驾驶员仍然

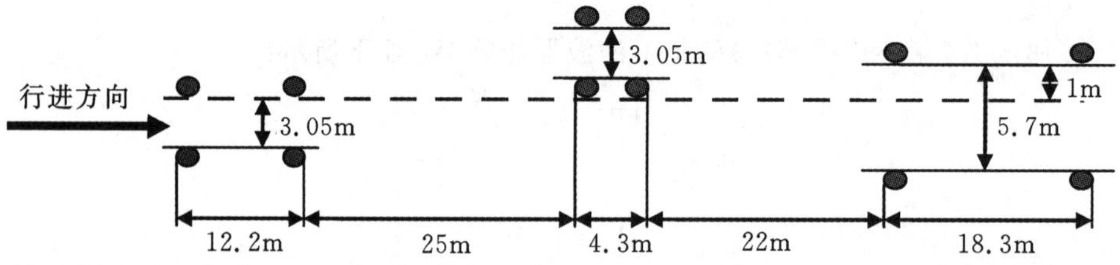

图 3.28 双车道变线过程

可以通过方向盘转向,并不会失去对车辆的控制。由于这个测试的闭环特性,需要大量的被动和被控的行驶过程,从而确保实验结果是有意义的。另外被动且被控的行驶过程是连续可互换的,从而确保每种配置都具有相似的轮胎磨损、轮胎温度、跑道状况和驾驶熟练度。此外,还摒弃了任何初始速度显著地偏离目标的行驶过程。

图 3.29 显示了在目标初始速度为 125 k/h 的被动行驶过程中,方向盘转角随时间的变化曲线。可以看到,方向盘转角在不同运行过程中存在显著的变化,并且在大多数情况下,驾驶员在机动的某些时刻采用了逆操舵。

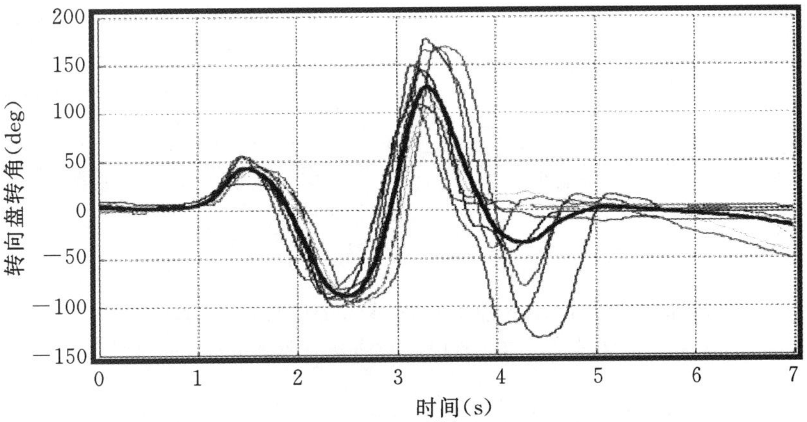

图 3.29 在目标初始速度为 125 k/h(实际的平均初始速度=127.2 k/h)的情况下所实施的九次双车道变换过程中,方向盘转角随时间的变化曲线。被动车辆平均轨迹如黑线所示

该双车道变更过程需要三个明显的转向输入,一个是向左转向以驶向第二个门,另一个是向右转向以通过第二个门并向出口驾驶,还有一个是向左返向以恢复到向前直行。因此,如果存在第四个驾驶输入(正如许多行驶过程所具有的那样),那么通过出口大门时车辆就会转向过度,驾驶员也就会应用逆操舵。然而,当从第二个门驶出时,车辆就开始变得转向过度,因此第三个驾驶输入也包括逆操舵。这一点可以通过分析一个特殊的案例进行进一步阐明(见图 3.30)。这里,通过参考横摆角速度与实际横摆角速度的比较(见图 3.30(b)),可以明确看出,由于这两个横摆角速度变得显著地不协调,车辆在第二个驾驶输入之后就变得转向过度,而且由于驾驶输入和横摆角速度在 3 秒左右的时候符号相反,因此第三个驾驶输入(见图 3.30(a))最初至少是逆操舵。

图 3.31 显示了在控制器处于激活状态的情况下,八次运行过程中方向盘转角随时间的变化曲线。正如所看到的那样,与被动情况相比,方向盘转角在不同运行过程中的变化显著减少,这说明车辆具有更强的可预测性/可控性,因此也更易于驾驶。相对于被动行驶,被控行驶过程的一致性增加的原因是,其第三和第四个转向输入峰值的变化大幅减小。需要注意的是,在被控情况下,机动出口处的逆操舵被大大消除(见下文),因此不存在第四个输入。

如图 3.32 所示,ALSD 对驾驶员工作负荷的影响是显而易见的,图中对比了被动情况和主动情况的平均驾驶输入。可以看出,所有机动出口的逆操舵都已被排除了,并且第三个转向输入幅值的减小量超过了 50%。这两种情况都显著地表明了车辆具有更强的可控性和稳定

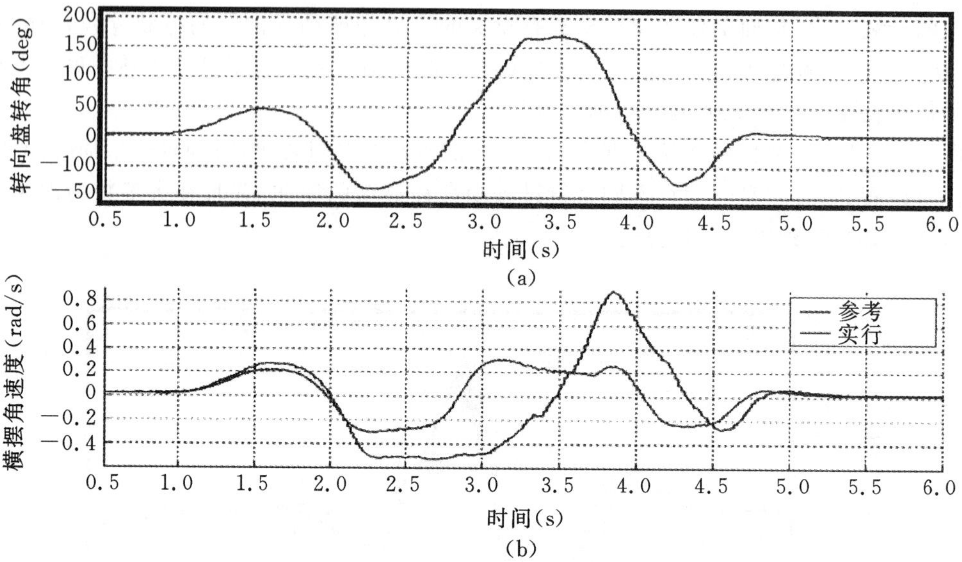

图 3.30 在目标初始速度为 125 k/h 的情况下所实施的被动双车道变换过程中,有关车辆和驾驶员行为的示例

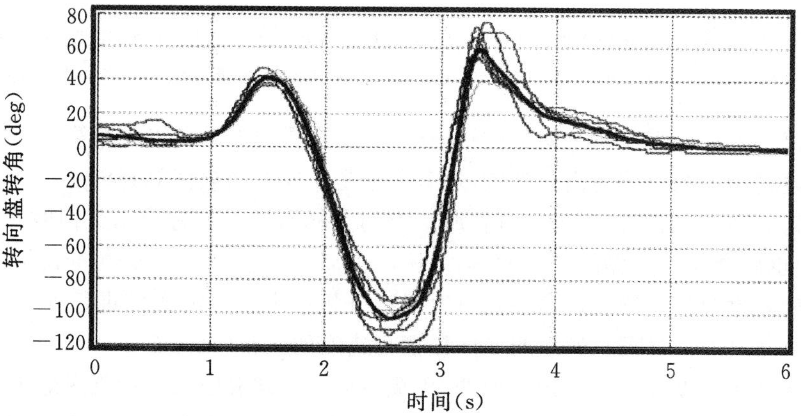

图 3.31 在目标初始速度为 125 k/h(实际的平均初始速度=126.4 k/h)的情况下所实施的八次双车道变换过程中,方向盘转角随时间的变化曲线。主动车辆。平均轨迹如黑线所示

性。需要注意的是,这个结论的有效性是以两种情况下的实际平均输入速度的差异小于 0.5%(在被动情况下为 127.2 k/h,在被控情况下为 126.4 k/h)这一事实为支撑的。

图 3.33 对比了典型的被动和主动被控行驶过程。从图 3.33(a)中可以再次清楚地看出,驾驶员的工作负荷大幅减少。这一点可从被控车辆的横摆角速度中反映出来,该横摆角速度在整个机动过程中基本上与参考横摆角速度同相位。

这个结果证实了在仿真环境下得到的结论:即使这种极端的机动动作下,ALSD 仍然有能

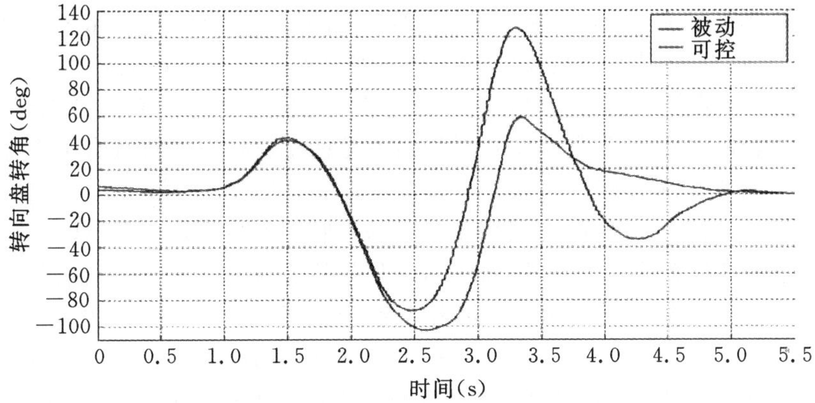

图 3.32 在目标初始速度为 125 k/h 的情况下所实施的双车道变换过程中，被动行驶和被控行驶情况下平均方向盘转角随时间变化曲线的对比

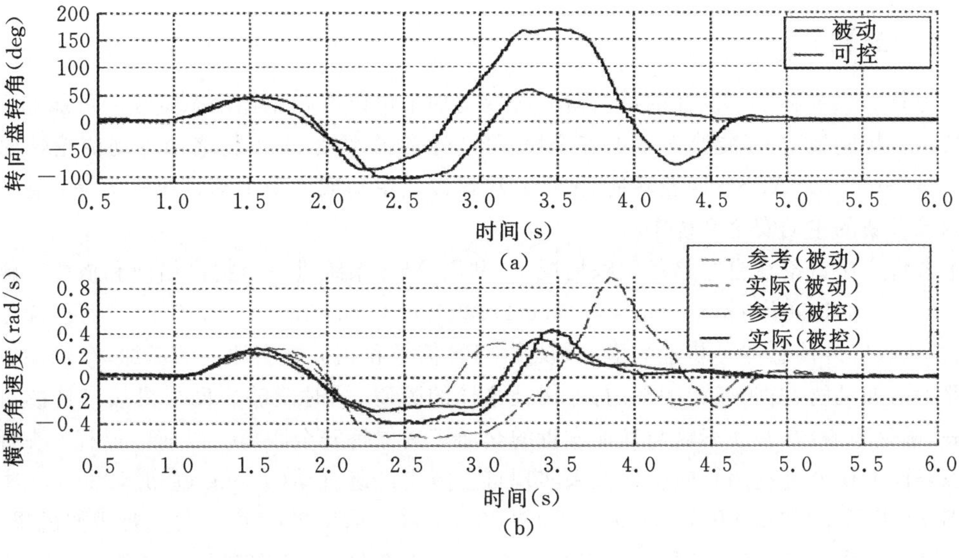

图 3.33 对于被动行驶和被控行驶示例，在目标初始速度为 125 k/h 的情况下所实施的双车道变换过程中，驾驶员、车辆和控制器行为的对比

力迫使车辆追踪参考横摆角速度，尽管不是太精确。当车辆穿过入口大门之后，转向输入开始回到中央时，通过应用转矩传递即可实现这一结果。因此这证实了 ALSD 是一个有效的稳定控制装置。

3.5.5 小结

在本节中，我们给出了几种不同类型的主动差速器，阐述了它们在增强车辆可控性和稳定性方面的潜力。由于 ALSD 硬件结构简单、成本低，因此选择它来对相应的控制系统开发进行进一步的说明。为了对车辆横摆进行主动控制,设计了一种 MISO 鲁棒的 Hinf 控制器。采用相对较高的速度进行了双车道变换实车机动实验,证明了 ALSD 与 Hinf 控制器的有效性。值得提及的是,尽管 Hinf 控制器是线性控制器,但它可以实现在纯时间延迟为 100 ms、上升时间为 400 ms 的高度非线性执行机构上。此外,虽然它是半主动装置,这意味着它只能从较快车轮到较慢车轮传递转矩,但是 ALSD 对转向不足梯度(横摆权限)具有重要影响,以便镇定处于高度动态机动下的车辆。

重要的是要注意,设计 ALSD 不是用于替代基于制动的稳定控制器,这是因为它们没有基于制动的控制器那样多的车辆横摆权限。ALSD 与基于制动的稳定性控制器之间的同步问题正在进一步调查研究中,虽然这里没有给出结果,但这两个执行机构似乎能够进行良好的互补。通过调节,ALSD 的干预可以远远早于基于制动的控制器,因此当基于制动的控制器动作时,它只需要更小的制动压力,这可以有效降低制动执行机构的干预。此外,当两个执行器协同工作时,它们具有更大的横摆权限,并且对转向不足梯度具有更强的影响。

3.6 主动转向控制及其他

3.6.1 引言

动力总成系统和车辆设计的最新研究进展增加了可以影响车辆动态特性的可能的干预装置的数量。特别地,为了提高车辆的安全性、舒适性和灵敏性,可以把诸如主动前轮转向(Active Front Steering,AFS)、四轮转向、主动差速器以及主动或者半主动悬挂机构等装置集成到现有的或者新的主动安全系统中。

本节将集中讨论在自主路径跟踪情况下,利用 AFS 系统进一步提高横向和横摆车辆稳定性(Ackermann,1990;Ackermann and Sienel,1993;Ackermann et al.,1999)。假设随着车载相机、雷达和红外传感器等装置的增添,以及 GPS 信号和相关数字地图的增加,车辆能够辨别出道路上诸如动物、石头或者倒下的树/树枝这样的障碍,同时能够协助司机按最佳的可能道路行驶,避免障碍物,并使车辆与其他靠近的交通工具保持安全距离。以前已经有人在标称的高摩擦路面上研究过利用转向机器人来实现自主障碍规避机动(Tseng et al.,2005)。本节将概述 Borrelli 等人(2005)和 Falcone 等人(2006a,b,2007a,b,2008a,b)的主要研究成果,其中我们将针对一类路径跟踪问题,去研究通过 AFS 和组合的 AFS 实现的模型预测控制(Model Predictive Control,MPC)方法,并将研究在低摩擦路面上的特殊制动问题。

MPC 的主要概念是使用对象的**模型**去**预测**系统将来的演变(Mayne and Michalska,1993;Mayne et al.,2000)。在每个采样时间内,从车辆当前的状态开始,在有限的时间范围内求解开环最优控制问题。开环最优控制问题能够在满足运行约束的前提下,最小化一系列未来的转向角和制动转矩的预测输出与其相应的参考值之间的偏差。由此产生的最优命令信号只有在下一个采样间隔里才能应用于控制过程。在下一个时间步长内,将在滚动的时域范围内求解基于新的状态测量值的最优控制问题。

我们将重点关注采用 MPC 实现的 AFS 控制及其与主动差动制动的集成,并将通过实验展示车辆在冰/雪道路上的高速自动驾驶测试。需要指出的是,所提出的 MPC 方法可以应用于没有要求具备全球定位信息的更简单的一类问题中(比如,利用差动制动器和 AFS 的标准横摆角速度控制设计方案)。

我们注意到,问题的规模和系统的非线性度都极大地影响着 MPC 问题的复杂度。特别地,大量的执行机构和车辆的强非线性明显增加了问题的复杂度,并且妨碍了 MPC 算法的实时实现。本节描述了大量的实验,这些实验突显了实现实时 MPC 方案的好处和局限性。

本节组织如下:3.6.2 节给出在后续内容进行控制设计所要用到的车辆模型;在 3.6.3 和 3.6.5 节中,我们将公式化描述一个可看作 MPC 问题的自主路径跟踪任务,其中的控制输入分别是前轮转向,以及四个车轮的转向与制动的组合。文中将给出实验结果,并对实验结果进行讨论;3.6.7 小节将对本节进行总结。

3.6.2 面向控制的车辆模型

在本节中,我们将给出后续控制算法设计中要用到的车辆模型。该模型在文献中经常出现,并在 Gillespie(1992)的文献中得到了详尽的阐述。考虑到完整性,我们将在下文中对该模型进行介绍。

3.6.2.1 双轨道车辆模型

在后续内容中要用到的术语与图 3.34 所示的模型有关(Falcone et al.,2009)。此外,下文通篇将使用两个下标符号来表示与四个车轮相关的变量。

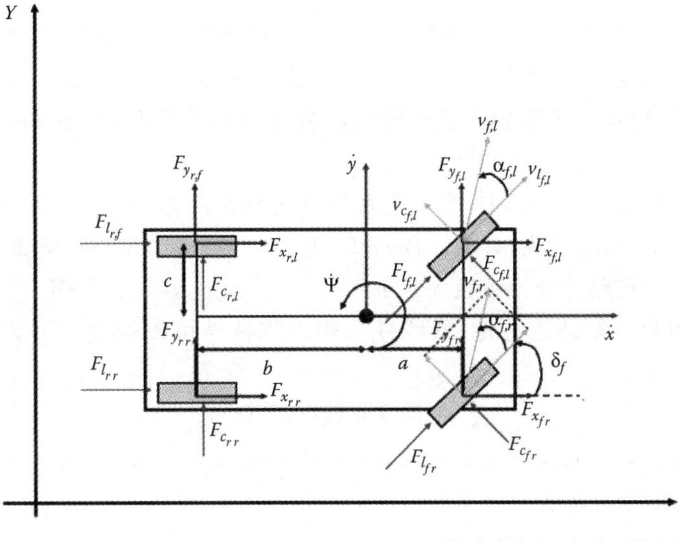

图 3.34 F_l,F_c 分别是纵向(或“牵引”)轮胎力和横向(或者“转向”)轮胎力,F_x,F_y 是在车身坐标系下的轮胎力,a,b 和 c 是由汽车几何尺寸得到的,v_l,v_c 分别是纵向车轮速度和横向车轮速度,$\dot{x}$ 和 $\dot{y}$ 分别是纵向车辆速度和横向车辆速度,α 是轮胎侧滑角,δ_f 是前转向角,Ψ 为方位角。下标$(\cdot)_{fl}$,$(\cdot)_{fr}$,$(\cdot)_{rl}$ 和$(\cdot)_{rr}$ 分别表示左侧前轮变量、右侧前轮变量、左侧后轮变量和右侧后轮变量

特别地,第一个下标 $*\in\{f,r\}$表示前轴和后轴,而第二个下标 $\cdot\in\{l,r\}$表示车辆的左侧

和车辆的右侧。例如,变量$(\cdot)_{f,l}$是指左前车轮。

车辆的纵向、横向和横摆的动态特性可由 $x-y$ 车身坐标系中的如下微分方程组描述:

$$m\ddot{y} = -m\dot{x}\dot{\Psi} + (F_{l_{f,l}} + F_{l_{f,r}})\sin\delta_f + (F_{c_{f,l}} + F_{c_{f,r}})\cos\delta_f + F_{c_{r,l}} + F_{c_{r,r}} \quad (3.30a)$$

$$m\ddot{x} = -m\dot{y}\dot{\Psi} + (F_{l_{f,l}} + F_{l_{f,r}})\cos\delta_f + (F_{c_{f,l}} + F_{c_{f,r}})\sin\delta_f + F_{l_{r,l}} + F_{l_{r,r}} \quad (3.30b)$$

$$\begin{aligned} I\ddot{\psi} &= a[(F_{l_{f,l}} + F_{l_{f,r}})\sin\delta_f + (F_{c_{f,l}} + F_{c_{f,r}})\cos\delta_f] - b(F_{c_{r,l}} + F_{c_{r,r}}) \\ &\quad + c[(-F_{l_{f,l}} + F_{l_{f,r}})\cos\delta_f + (F_{c_{f,l}} - F_{c_{f,r}})\sin\delta_f - F_{l_{r,l}} + F_{l_{r,r}}] \end{aligned} \quad (3.30c)$$

在绝对惯性坐标系下,车辆的运动方程是

$$\dot{Y} = \dot{x}\sin\psi + \dot{y}\cos\psi \quad (3.31a)$$

$$\dot{X} = \dot{x}\cos\psi + \dot{y}\sin\psi \quad (3.31b)$$

式(3.30)中的轮胎转弯力 $F_{c_{*,\cdot}}$、纵向力 $F_{l_{*,\cdot}}$ 可由下式给出:

$$F_{c_{*,\cdot}} = f_c(\alpha_{*,\cdot}, s_{*,\cdot}, \mu_{*,\cdot}, F_{z*,\cdot}) \quad (3.32a)$$

$$F_{l_{*,\cdot}} = f_l(\alpha_{*,\cdot}, s_{*,\cdot}, \mu_{*,\cdot}, F_{z*,\cdot}) \quad (3.32b)$$

其中,$\alpha_{*,\cdot}$是轮胎侧滑角,$s_{*,\cdot}$是滑动率,$\mu_{*,\cdot}$是道路摩擦系数,而 $F_{z_{*,\cdot}}$ 是轮胎轴向力。在下文中,我们假设轴向的轮胎负载恒定不变,即 $F_{z_{*,\cdot}}$ =常数。如图 3.34 所示,式(3.32)中的侧滑角 $\alpha_{*,\cdot}$表示轮胎速度矢量 $v_{*,\cdot}$与车轮自身方向的夹角,并且可以简单地表示为

$$\alpha_{*,\cdot} = \arctan\frac{v_{c_{*,\cdot}}}{v_{l_{*,\cdot}}} \quad (3.33)$$

注 1

四车轮的轮胎滑动率 $S_{*,\cdot}$是车轮角速度的非线性函数。可以通过求解非线性微分方程组来计算车轮的角速度,该非线性微分方程组的右侧是制动转矩的函数。含 $S_{*,\cdot}$的方程式与本章余下内容无关,这里不再赘述。感兴趣的读者可以参看 Falcone 等人(2009)的著作进行进一步的了解。

Pacejka 模型(Bakker et al.,1987)对轮胎纵向力和转向力(式(3.32))进行了描述。更加详细的说明可以在 Bakker 等人(1987)、Borrelli 等人(2005)和 Falcone 等人(2007a)的著作中找到。假设某一特定道路的摩擦系数矢量 $\boldsymbol{\mu}=[\mu_{f,l},\mu_{f,r},\mu_{r,l},\mu_{r,r}]$,利用式(3.30)~(3.33)以及注 1 提到的附加的车轮动态特性,非线性车辆动态特性可以通过下列紧凑的微分方程来描述:

$$\dot{\xi}(t) = f^{4w}_{\mu(t)}(\xi(t), u(t)) \quad (3.34)$$

其中,$\boldsymbol{\xi}=[\dot{y},\dot{x},\psi\dot{\psi},Y,X,\omega_{f,l},\omega_{f,r},\omega_{r,l}w_{r,r}]$,$\boldsymbol{u}=[\delta_f,T_{b_{f,l}},T_{b_{f,r}},T_{b_{r,l}},T_{b_{r,r}}]$,$T_{b_{*,\cdot}}$ 是四车轮制动转矩,而 $\omega_{*,\cdot}$是车轮角速度。

3.6.2.2 简化的双轨道车辆模型

下面提出的双轨道车辆模型(Falcone et al.,2006a)以如下的一系列简化为基础。

简化 3.1:

使用小角度近似,即有 $\cos\delta_f=1$ 和 $\sin\delta_f=0$。

简化 3.2:

将车辆的每一侧都看作是单车轮制动,即存在 $F_{l_{f,\cdot}}$ $F_{l_{r,\cdot}}=0$。

注 2

利用简化 3.1 和 3.2，可以通过作用力 $F_{l\cdot}=F_{l_{f,\cdot}}+F_{l_{r,\cdot}}$，$\cdot\in\{l,r\}$ 对纵向轮胎力 $F_{l_{*,\cdot}}$ 的纵向和横摆动态特性的作用效果进行描述。

通过简化 3.1 和 3.2，可以把式(3.1)改写为如下形式：

$$m\ddot{y}=-m\dot{x}\dot{\Psi}+F_{c_{f,l}}+F_{c_{f,r}}+F_{c_{r,l}}+F_{c_{r,r}} \tag{3.35a}$$

$$m\ddot{x}=-m\dot{y}\dot{\Psi}+F_{l_l}+F_{l_r} \tag{3.35b}$$

$$I\ddot{\Psi}=a(F_{c_{f,l}}+F_{c_{f,r}})-b(F_{c_{r,l}}+F_{c_{r,r}})+c(-F_{l_l}+F_{l_r}) \tag{3.35c}$$

其中，F_{l_l} 和 F_{l_r} 分别是车辆左侧、右侧制动引起的纵向力(见注 2)。利用式(3.31)～(3.35)，车辆的非线性动态特性可以描述为如下紧凑的微分方程：

$$\dot{\xi}(t)=f^{4w,\mathrm{simpl}}_{s(t),\mu(t)}(\xi(t),u(t)) \tag{3.36}$$

其中，$\xi=[\dot{y},\dot{x},\Psi,\dot{\Psi},Y,X]$ 和 $u=[\delta_f,F_{l_l},F_{l_r}]$，而 $s(t)=[s_{f,l},s_{f,r},s_{r,l},s_{r,r}](t)$ 和 $\mu(t)=[\mu_{f,l},\mu_{f,r},\mu_{r,l},\mu_{r,r}]$ 分别是四个车轮在 t 时刻的滑动率矢量和道路摩擦系数矢量。

3.6.2.3 简化的单轨道模型

从 3.6.2.1 节提出的车辆模型开始，通过引入以下内容，将推导出更加简单的单轨道(或双轮)模型(Margolis and Asgari，1991)。

简化 3.3：

在前轴和后轴处，左车轮和右车轮是相同的，并可以归并为一个单个车轮。

简化 3.4：

在四个车轮上没有施加制动作用，即 $F_{l_{*,\cdot}}=0$。

通过简化 3.3 和 3.4，式(3.30)可以重新写为：

$$m\ddot{y}=m\dot{x}\dot{\Psi}+2F_{c_f}\cos\delta_f+2F_{c_r} \tag{3.37a}$$

$$m\ddot{x}=m\dot{y}\dot{\Psi}+2F_{c_f}\sin\delta_f+2F_{c_r}\sin\delta_f \tag{3.37b}$$

$$I\ddot{\Psi}=2aF_{c_f}\cos\delta_f-2bF_{c_r} \tag{3.37c}$$

其中，式(3.32)是针对一个单轴的(即去掉了第二个符号)。结合式(3.31)～(3.33)和式(3.37)，简化的双轮模型可以描述为如下紧凑的微分方程：

$$\dot{\boldsymbol{\xi}}(t)=f^{2w}_{s(t),\mu(t)}(\boldsymbol{\xi}(t),\boldsymbol{u}(t)) \tag{3.38}$$

其中，状态矢量和输入矢量分别是 $\boldsymbol{\xi}=[\dot{y},\dot{x},\Psi,\dot{\Psi},Y,X]$ 和 $\boldsymbol{u}=\delta_f$，$\boldsymbol{s}(t)=[s_f,s_r](t)$ 和 $\boldsymbol{\mu}(t)=[\mu_f,\mu_r](t)$ 分别是两轴在 t 时刻的滑动率矢量和道路摩擦系数矢量。

3.6.2.4 具有制动横摆力矩的单轨道简化模型

明显地，3.6.2.3 节提出的双轮简化模型没有对单独的制动对横摆动态特性的影响进行建模。接下来，我们将引入更深层次的简化，从模型(式(3.34))中推导出一个简单的双轮模型，以体现单轮制动的效果(Falcone et al.，2008b)。

简化 3.5：

制动的应用只产生横摆力矩，不会造成纵向力和/或横向力的改变。

简化 3.6：

在横向轮胎力计算中，假定轮胎滑动率为零，即 $F_c = f_c(\alpha, 0, \mu, F_z)$。

简化 3.7：

转向和制动对车辆速度的影响可以忽略不计。

注 3

由于制动系统只用于横摆镇定，因此我们期待使用最小的制动和单侧的制动，那么简化 3.5～3.7 就是合理的。

通过简化 3.3 和简化 3.5～3.7，我们有

$$\dot{x} \simeq 0 \tag{3.39a}$$

$$2F_{y_f} \simeq 2F_{c_f}\big|_{s=0}\cos\delta_f \tag{3.39b}$$

$$2F_{y_r} \simeq 2F_{c_r}\big|_{s=0} \tag{3.39c}$$

根据式(3.39)和式(3.30)，可以将简化的双轮模型重新写为如下形式：

$$m\ddot{y} = -m\dot{x}\dot{\psi} + 2F_{y_f} + 2F_{y_r} \tag{3.40a}$$

$$\ddot{x} = 0 \tag{3.40b}$$

$$I\dot{\Psi} = 2aF_{y_f} - 2bF_{y_r} + M \tag{3.40c}$$

其中，M 是制动横摆力矩，在四轮模型(3.30)中，可以通过如下公式进行计算：

$$M = c(-F_{x_{f,l}} + F_{x_{f,r}} - F_{x_{r,l}} + F_{x_{r,r}}) \tag{3.41}$$

特别对于前轴和后轴而言，可以通过式(3.32)和(3.33)计算得到式(3.39)中的作用力。

注 4

这里要指出，式(3.40)中的作用力 F_{y_f} 和 F_{y_r} 代表转向轮胎力 F_c 的横向组成部分，转向轮胎力 F_c 是由单轮与地面接触产生的。

可以把由式(3.31)～(3.33)、式(3.39)和(3.40)描述的非线性的车辆动态特性重写为以下紧凑的形式：

$$\dot{\boldsymbol{\xi}}(t) = f_{\mu(t)}^{2w,brk}(\boldsymbol{\xi}(t), \boldsymbol{u}(t)) \tag{3.42}$$

其中，$\boldsymbol{\mu}(t) = [\mu_f(t), \mu_r(t)]$。状态矢量和输入矢量分别为 $\boldsymbol{\xi} = [\dot{y}, \dot{x}, \Psi, \dot{\Psi}, Y, X]$ 和 $\boldsymbol{u} = [\delta_f, M]$。

3.6.3 主动转向控制器设计

本节针对已提出的基于 AFS 系统的路径跟踪问题，给出两种控制设计方法。控制器的设计过程遵循基于模型的预测方法。特别地，3.6.3.1 节将介绍以 3.6.2.3 节所述的非线性双轮模型为基础的 MPC 算法，该算法在每一个时间步长内均需要求解一个非线性约束优化问题。3.6.3.2 节将给出一个复杂性更低的设计方法，该方法需要求解二次规划(Quadratic Programming，QP)问题。

3.6.3.1 基于非线性模型预测控制器(NMPC)的主动转向控制器

方位角 Ψ 和横向距离 Y 的期望参考值在有限的时间范围内定义了一个期望的路径。可以利用非线性车辆动态特性(式(3.38))和 Pacejka 轮胎模型来预测车辆行为，并且可以把前轮转向角 δ_f 选为控制输入。

为了得到一个有限维的最优控制问题，这里使用固定的采样时间 T_s 对系统的动态特性(式 3.38)进行离散化：

$$\boldsymbol{\xi}(t+1)=f_{s(t)\mu(t)}^{2w,\mathrm{dt}}(\boldsymbol{\xi}(t),\Delta\boldsymbol{u}(t)) \tag{3.43a}$$

$$\boldsymbol{u}(t)=\boldsymbol{u}(t-1)+\Delta\boldsymbol{u}(t) \tag{3.43b}$$

其中，使用了 Δu 的表达式，并且 $\boldsymbol{u}(t)=\boldsymbol{\delta}_f(t),\Delta\boldsymbol{u}(t)=\Delta\boldsymbol{\delta}_f(t)$。

这里定义横摆角和横向位置状态的输出映射为：

$$\boldsymbol{\eta}(t)=h(\boldsymbol{\xi}(t))=\begin{bmatrix}0&0&1&0&0&0\\0&0&0&0&1&0\end{bmatrix}\boldsymbol{\xi}(t) \tag{3.44}$$

考虑如下代价函数：

$$J(\boldsymbol{\xi}(t),\Delta\boldsymbol{U}_t)=\sum_{i=1}^{H_p}\|\eta_{t+i,t}-\eta_{ref\,t+i,t}\|_Q^2+\sum_{i=1}^{H_c-1}\|\Delta u_{t+i,t}\|_R^2 \tag{3.45}$$

其中，$\boldsymbol{\eta}=[\Psi,Y]$，而 η_{ref} 表示相应的参考信号。在每个时间步长 t 中，求解下列有限时长最优控制问题：

$$\min_{\Delta U_t} J(\xi_t,\Delta U_t)$$

满足

$$\xi_{k+1,t}=f_{s_{k,t},\mu_{k,t}}^{2w,dt}(\xi_{k,t},\Delta_{u_{k,t}}) \tag{3.46a}$$

$$\eta_{k,t}=h(\xi_{k,t})\qquad k=t,\cdots,t+H_p \tag{3.46b}$$

$$\delta_{f,\min}\leqslant u_{k,t}\leqslant\delta_{f,\max} \tag{3.46c}$$

$$\Delta\delta_{f,\min}\leqslant\Delta u_{k,t}\leqslant\Delta\delta_{f,\max} \tag{3.46d}$$

$$u_{k,t}=u_{k-1,t}+\Delta u_{k,t} \tag{3.46e}$$

$$k=t,\cdots,t+H_c-1$$

$$\Delta u_{k,t}=0\qquad k=t+H_c,\cdots,t+H_p \tag{3.46f}$$

$$s_{k,t}=s_{t,t}\qquad k=t,\cdots,t+H_p \tag{3.46g}$$

$$\mu_{k,t}=\mu_{t,t}\qquad k=t,\cdots,t+H_p \tag{3.46h}$$

$$\xi_{t,t}=\xi(t) \tag{3.46i}$$

其中，$\Delta\boldsymbol{U}_t=[\Delta u_{t,t},\cdots,\Delta u_{t+H_c-1,t}]$是 t 时刻的最优矢量；$\boldsymbol{\eta}_{t+i,t}$ 表示在 $t+i$ 时刻预测的输出矢量，该输出矢量是通过从状态 $\xi_{t,t}=\boldsymbol{\xi}(t)$ 开始，将输入序列 $\Delta u_{t,t},\cdots,\Delta u_{t+i,t}$ 应用于系统(式(3.43)和式(3.44))而获得的；H_p 和 H_c 分别表示输出预测时间范围和控制时间范围。我们令 $H_p>H_c$，并且在 $H_c\leqslant t\leqslant H_p$ 时间范围内，假定控制信号为常数。这里假定滑动率和摩擦系数都是常数，并且在预测的时间范围内都等于 t 时刻的估计值(约束条件，式(3.46g)～(3.46h))。

在式(3.45)中，第一个被加项反映了对轨道跟踪误差的惩罚，而第二个被加数则惩罚两个连续采样时刻之间的转向变化，$\boldsymbol{Q}$ 和 $\boldsymbol{R}$ 则是具有适当维数的加权矩阵。

我们采用 $\Delta\boldsymbol{U}_t^*\triangleq[\Delta u_{t,t}^*,\cdots,\Delta u_{t+H_c-1,t}^*]'$表示最优输入增量序列，它是在 t 时刻根据当前的观测状态 $\xi(t)$求解方程(3.46)而计算得到的。这样，通常利用 $\Delta\boldsymbol{U}_t^*$ 的第一采样值来计算最优控制指令，由此得到的状态反馈控制律是

$$\boldsymbol{u}(t,\boldsymbol{\xi}(t))=\boldsymbol{u}(t-1)+\Delta\boldsymbol{u}_{t,t}^*(t,\boldsymbol{\xi}(t)) \tag{3.47}$$

在下一个时间步长 $t+1$,可以以新的状态 $\xi(t+1)$ 的测量量为基础在滚动时域内求解最优化问题(3.46)。

注 5

这个问题(式(3.46))是一个非线性的,且一般为非凸的、受约束的最优控制问题。根据车辆运行条件,求解这个问题(式(3.46))可能需要复杂的计算设备。在3.6.3.2节中,我们将给出一个替代的、具有较低复杂度的MPC问题公式。在以后的内容中,将把控制器(式(3.46)和(3.47))称作NMPC。

3.6.3.2 基于线性时变MPC(LTV MPC)的主动转向控制器

NMPC控制器(式(3.46)和式(3.47))的计算复杂度强烈依赖于车辆的运行状态,它的实时实现可能会被限制在较小的操作区域内(见注5)。

本节将给出一个复杂度低于NMPC控制器(式(3.46)和(3.47))的MPC方案。我们注意到,问题(式(3.46))的非线性和可能的非凸性来自于非线性的车辆动态特性(式(3.46a))。此外,代价函数(式(3.45))是二次的,而约束条件(式(3.46b)到式(3.46i))是线性的。因此,为了在凸优化问题的基础上用公式来描述MPC控制器,我们利用每一个时间步长中的当前车辆状态和先前施加的控制输入计算得到的线性化的动态特性代替非线性的车辆动态特性。特别地,在时间步长 t 处,令 $\xi(t)$,$u(t-1)$ 分别表示系统的当前状态和以前的输入(式(3.38))。我们现在来研究利用近似地线性动态特性代替非线性离散时间动态特性(式(3.46a))之后,从式(3.46)中得到的最优化问题

$$\xi_{k+1,t} = A_t\xi_{k,t} + B_t u_{k,t} + d_{k,t} \qquad k = t,\cdots,t+H_p-1 \tag{3.48}$$

其中,

$$A_t = \left.\frac{\partial f^{2w,dt}_{s_t,\mu_t}}{\partial \xi}\right|_{\xi_t,\mu_t} \qquad B_t = \left.\frac{\partial f^{2w,dt}_{s_t,\mu_t}}{\partial u}\right|_{\xi_t,\mu_t} \tag{3.49a}$$

$$d_{k,t} = \xi_{k+1,t} - A_t\xi_{k,t} - B_t u_t \tag{3.49b}$$

可以把由此产生的优化问题重新看作一个QP问题(具体细节可以在Borrelli等人(2005)的著作中找到),这样,问题就具备了凸性。以后,我们将这个具有较低复杂度的MPC公式称为LTV MPC。

我们注意到,当评估所提出方案的在线计算负担以及求解优化问题(式(3.46),式(3.48)和式(3.49))所用的时间时,需要考虑计算式(3.48)中的线性模型(A_t,B_t),以及将式(3.46)、(3.48)和(3.49)转换为标准QP问题时所消耗的时间资源。尽管如此,对于所提出的应用,与NMPC控制器相比,LTV MPC方案的复杂度已大大降低。这一点将会在3.6.4.1节和3.6.4.2节中的特定情况中有所体现。

这里应该指出,使用线性化动态特性(式3.48)代替(式(3.46a))会导致控制器性能下降。大量仿真结果表明,当车辆速度增加时,LTV MPC控制器不能限制轮胎的侧滑角,并且无法迫使车辆在一个稳定区域内运行。另一方面,Borrelli等人(2005)所报告的当在雪地上的速度达到17 m/s时,有关NMPC控制器的仿真结果表明,由于轮胎特性方面的原因,NMPC控制器隐式地将前轮的侧滑角(α_f)限制在[$-3°$,$+3°$]区间内。这个范围近似地处于当积雪覆盖道路时($\mu=0.3$)轮胎特性的线性区域内,这时可获得最大的横向轮胎力。大量仿真结果表

明，在极端驾驶条件下总能观测到这种现象，这使得我们在 LTV MPC 公式中增加了附加约束。特别地，我们增加的约束有

$$\begin{bmatrix} \alpha_{f_{k,t}} \\ \alpha_{r_{k,t}} \end{bmatrix} = \boldsymbol{C}_t \xi_{k,t} + \boldsymbol{D}_t u_{k,t} + \boldsymbol{e}_{k,t} \tag{3.50a}$$

$$\alpha_{f_{\min}} - \varepsilon \leqslant \alpha_{f_{k,t}} \leqslant \alpha_{f_{\max}} + \varepsilon \tag{3.50b}$$

$$\alpha_{r_{\min}} - \varepsilon \leqslant \alpha_{r_{k,t}} \leqslant \alpha_{r_{\max}} + \varepsilon \tag{3.50c}$$

$$k = t+1, \cdots, t+H_u$$

$$\varepsilon \geqslant 0 \tag{3.50d}$$

其中，通过线性化式(3.33)可计算得到矩阵 $\boldsymbol{C}_t$，$\boldsymbol{D}_f$ 和矢量 $\boldsymbol{e}$，$H_u \leqslant H_p$ 是约束的时间范围，ε 是松弛变量，$\alpha_{*_{\max}}$，$\alpha_{*_{\min}}$ 分别是轮胎侧滑角的上界和下界。

在这个复杂度较低的 MPC 公式中，为了把横摆角速度参考值也包括在内，输出映射应修改为：

$$\boldsymbol{\eta}(t) = h(\boldsymbol{\xi}(t)) = \begin{bmatrix} 0 & 0 & 1 & 0 & 0 & 0 \\ 0 & 0 & 0 & 1 & 0 & 0 \\ 0 & 0 & 0 & 0 & 1 & 0 \end{bmatrix} \boldsymbol{\xi}(t) \tag{3.51}$$

3.6.4 基于主动转向的双车道变换

已经在以不同的入口速度执行一系列地双车道变化的机动动作中，使用了 3.6.3 节中描述的 NMPC 和 LTV MPC 转向控制器。期望的路径如图 3.35 所示。这是一个回避障碍的应急机动测试，在该测试中，车辆以给定的初始前进速度，在积雪或者覆冰路面上，进行双车道的变化机动动作。控制输入是前转向角，控制目标是通过最小化车辆与目标路径之间的偏差来尽可能近地跟随期望的路径。在该实验的重复过程中，不断地增大进入速度，直到车辆失去控制。

可以在不同情形下，不同机动的时候采用相同的控制器去控制车辆。在 Keviczky 等人的著作(2006)中，使用了相同的 MPC 控制器来评估外部阵风对车辆的影响。该研究可以估计基于 MPC 的主动转向系统在保持车辆稳定的前提下所能允许的最大风速。

3.6.4.1 实验设置

通过仿真以及在光滑路面上的实验，对 3.6.3 节提出的 MPC 控制器进行了测试。实验是在装备了可操控的冰雪轨道的实验中心进行的。在质量为 2050 kg、转动惯量为 3344 kg/m^2 的客车上对 MPC 控制器进行了测试。该控制器运行在一个 dSPACE^{TM} Autobox 系统里，该系统配备了一个 DS1005 处理器板和一个 DS2210 I/O 板，采样时间为 50 ms。

我们使用了牛津大学的技术方案(Oxford Technical Solution，OTS)RT3002 感测系统，在惯性坐标系下测量车辆的位置和方向，并在车身坐标系下测量车辆速度。OTS RT3002 安放在一个封装的小型装置内，该装置包含了差动的 GPS 接收器、惯性的测量单元(Inertial Measurement Unit，IMU)和数字信号处理器(Digital Signal Processor，DSP)。它配备了一个单天线以接收 GPS 信息。IMU 包括三个加速计和三个角速率传感器。DSP 接收来自 IMU 和 GPS 的测量值，利用 Kalman 滤波器融合传感器信息，计算车辆位置、方向以及诸如纵向速度和横向

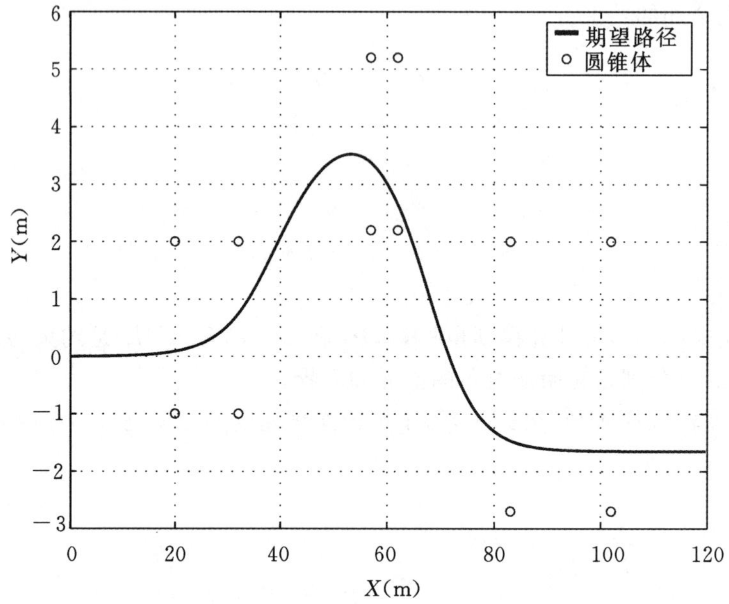

图 3.35 跟踪的参考路径

速度等其他状态。

实验所用的汽车装设了 AFS 系统,该系统能够利用电子驱动马达来改变手动方向盘和车轮角(Road Wheel Angles,RWAs)之间的关系。该操作与方向盘的位置无关,因此通过对驾驶员手动方向盘的位置和制动器角度运动量进行求和可以获得前 RWA。手动方向盘的位置以及手动方向盘和车轮之间的角度关系都会被测量。传感器、dSPACE™ Autobox 和制动器之间通过 CAN 总线进行通信。

驾驶员通过一个按钮来启动自主转向测试。当按下按钮时,就会对图 3.34 所示的惯性坐标系进行如下初始化:将当前车辆位置作为原点,X 和 Y 轴分别由当前的纵向和横向车辆轴线进行定向。这样一个惯性坐标系也同时成为期望的路径坐标系。一旦初始化程序结束,车辆就开始执行双车道变化机动动作。

在这个实验中,手动方向盘可能会偏离它的中心位置,这是因为驾驶员难以保持方向盘处于静止状态,而这一点有助于促进这种特殊测试车辆的自主运行。在我们的设置中,这被认为是一个很小的有界输入扰动。此外,由于装设了单天线传感器,噪音可能会影响横摆角度的测量。

3.6.4.2 结果描述与讨论

在下一节中,我们将给出两个 MPC 控制器。这些控制器都是由 3.6.3.1 节和 3.6.3.2 节中给出的 MPC 问题公式推导得到,我们将其称为控制器 A 和控制器 B:

- 控制器 A:非线性 MPC(具有如下参数的式(3.46)和式(3.47))。

  $T=0.05\text{s}$, $H_p=7$; $H_c=3$; $\delta_{f,\min}=-10°$, $\delta_{f,\max}=10°$, $\Delta\delta_{f,\min}=-1.5°$, $\Delta\delta_{f,\max}=1.5°$,

$\mu=0.3$

$$Q=\begin{bmatrix}500 & 0\\ 0 & 75\end{bmatrix}, R=150$$

- 控制器 B:3.6.3.2 节中描述的具有如下参数的 LTV MPC。

  $T=0.05\text{s}, H_p=25; H_c=1, H_u=H_p, \delta_{f,\min}=-10°, \delta_{f,\max}=10°, \Delta\delta_{f,\min}=-0.85°, \Delta\delta_{f,\max}=0.85°, \mu=0.3$

$$\alpha_{f_{\min}}=-2.2\text{deg} \qquad \alpha_{f_{\max}}=2.2\text{deg} \qquad \alpha_{r_{\min}}=-\infty \qquad \alpha_{r_{\max}}=\infty$$

$$\text{加权矩阵 } Q=\begin{bmatrix}200 & 0 & 0\\ 0 & 10 & 0\\ 0 & 0 & 10\end{bmatrix} \qquad R=5\times 10^4 \qquad \rho=10^3$$

接下来,我们将介绍由这两个控制器得到的结果,并分别展示它们的实验结果。对于这两个控制器,需要手动设置实际的路面摩擦系数 μ,并根据路况,在每个实验中都保持不变。这样做是希望能专注于控制器闭环性能的研究,而不去考虑 μ 的估计以及与其相关的误差和动态特性。

3.6.4.2.1 控制器 A

控制器(式(3.46)和(3.47))是用 C 语言编写的 S 函数实现的,其中利用商业的 NPSOL 软件包(Gill et al.,1998)求解非线性规划问题(式(3.46))。NPSOL 是一组采用 Fortran 语言编写的子程序,用于最小化服从约束条件的平滑函数,这些约束条件可能包括简单的变量范围、线性约束条件和平滑的非线性约束条件。NPSOL 使用序列二次规划(Sequential Quadratic Programming,SQP)算法,其中每一个搜寻方向都是一个 QP 子问题的解。

由于受到非线性规划求解程序的计算复杂度及所使用硬件的限制,我们只能进行低速实验。事实上,随着入口速度的增大,为了使车辆沿着道路稳定行驶,需要更大的预测和控制时间范围。更大的预测范围意味着对目标函数进行的更多次数的评估,然而更大的控制范围也意味着一个更大的优化问题(式(3.46))。表 3.1 报告了仿真结果,其中总结了当以不同的速度执行 3.6.4 节所描述的机动动作时,控制器 A 和控制器 B 分别计算基本的非线性和 QP 问题的解所需要的最大计算时间。表 3.1 中选择的控制范围和预测范围都是可以允许车辆在每种速度下稳定运行的最小值。这个结果是在具有 2.0 GHz 迅驰处理器的笔记本电脑上运行 MATLAB® 6.5 进行仿真而得到的。

表 3.1 控制器 A 和 B 在不同车辆速度下完成一个双车道变化机动所需的最大计算时间

$\dot{x}$ (m/s)	控制器 A 计算时间(s)	控制器 B 计算时间(s)
10	0.15($H_p=7, H_c=2$)	0.03($H_p=7, H_c=3$)
15	0.35($H_p=10, H_c=4$)	0.03($H_p=10, H_c=4$)
17	1.3($H_p=10, H_c=7$)	0.03($H_p=15, H_c=10$)

图 3.36 给出了当速度为 7 m/s 时进行机动的实验结果。在图 3.36(b)的上图中,虚线表示驾驶员的转向动作(即输入扰动),这个转向动作在这个测试中是可以忽略的。实际的 RWA 是来自于 MPC 控制器的 RWA 和来自于驾驶员的转向动作的总和。图 3.36(b)的下图

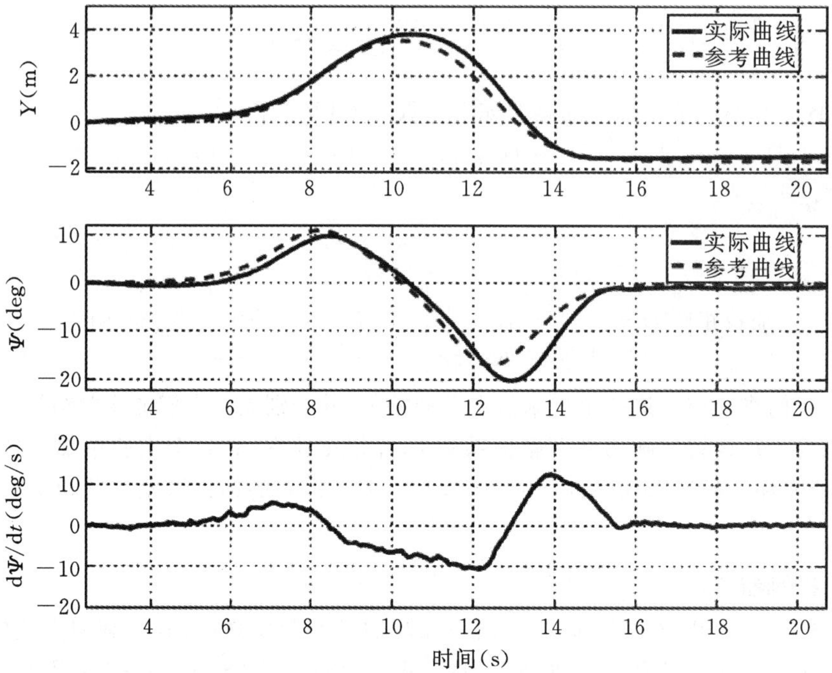

(a)

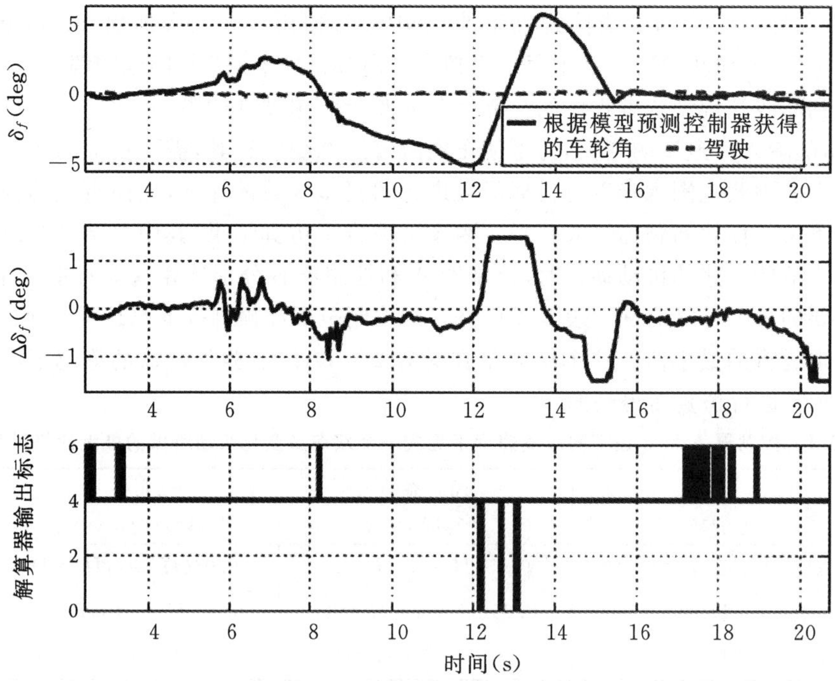

(b)

图 3.36 车辆入口速度为 7 m/s 时的实验结果。3.6.4.2.1 节中描述的控制器 A

给出了 NPSOL 的输出标志。在我们的测试中，假设这个标志的值为 0、1、4 和 6。当找到一个最优可行解时，返回值为 0。当求解程序不能收敛于一个可行解时，返回值为 1。值 4 表示已达到迭代次数的限制，并且找到了一个可行但非最优的解。值 6 表示所得解不能满足最优性条件(Gill et al. ,1998)。在实验测试中，求解程序经常达到设定的迭代限制，并返回一个次优解。然而，由于车速较低，与次优解相对应的性能也是非常好的。

在 10 m/s 下的实验测试表明，控制器 A 不能使车辆稳定。数据分析表明该控制器失败的原因是由于非线性求解程序不能收敛于一个可行解。Borrelli 等人(2005)的著作中给出的仿真结果表明，如果求解程序最大迭代次数不受限制，那么 NMPC 控制器可以执行 10m/s 或者更高速度的机动动作。

3.6.4.2.2 控制器 B

回顾一下上述内容可知，控制器 B 以 LTV MPC 方案为基础，该方案源自式(3.46)，是通过采用线性化的动态特性(式(3.48))代替非线性的动态特性(式(3.46a))，并附加约束条件(式(3.50))而得到的。已在 MATLAB 中采用 C 语言编写的 S 函数对使用了本节所设定参数值的控制器 B 进行了实现，并采用了 MathWorks Inc.(2005)提供的 QP 求解程序。这些程序实现了 Dantzig-Wolfe 算法，具有很好的性能，并且它的 C 代码是开源的。由于求解程序总可以收敛于一个最优解，下文不再报告求解程序的输出标志。

我们注意到，正如表 3.1 给出的计算时间所展示的那样，与控制器 A 相比，LTV MPC 控制器的计算负担显著地减少了。

在实验中对控制器 B 进行了测试，实验中的车辆分别以 10 m/s 到 21 m/s 的速度进行双车道变化机动。为了简化说明，下面只介绍车辆在 21 m/s(即最大入口速度)时的实验结果。表 3.2 概括了车辆在低速行驶时的实验结果。图 3.37 给出了入口速度为 21 m/s 的实验结果，尽管有很大的跟踪误差，控制器仍然可以使车辆保持稳定。在 Falcone 等人(2007a)的著作中可以找到关于该实验的详细讨论。我们观察到，尽管车辆在低摩擦路面上以相当高的速度行驶，控制器依然可以使车辆保持稳定，这是由于控制器能够迫使前轮侧滑角处于一个与稳定运行区间相对应的范围内(见图 3.37(b)的下图)。这里应注意，轮胎侧滑角稍微违背了约束条件(式(3.50))。这相当于使用软约束能够使系统对于驾驶员的轻微转向动作具有鲁棒性。

表 3.2 控制器 B 的实验结果总结。作为车辆纵向速度函数的 RMS 和最大跟踪误差

$\dot{x}$(m/s)	μ	Ψ_{rms}(deg)	Y_{rms}(m)	$\Psi_{\max}$(deg)	$Y_{\max}$(m)
10	0.2	9.52×10^{-1}	5.77×10^{-2}	13.12	3.28
21	0.2	1.037	7.66×10^{-2}	12.49	3.20

3.6.5 集成的制动和主动转向控制

接下来，将对 3.6.3 节给出的控制设计方案进行扩展，以延伸应用于对四个车轮单独制动的情况。我们将给出三种不同的具有较低复杂度的方法，并利用 3.6.4 节中描述的路径跟踪场景对这三种方法进行验证。对于由所提出控制方案得到的实验结果，我们将进行全面详细的讨论，并强调所提方案在统筹安排五个不同输入方面的简单性，该方案可以使五个输入的调

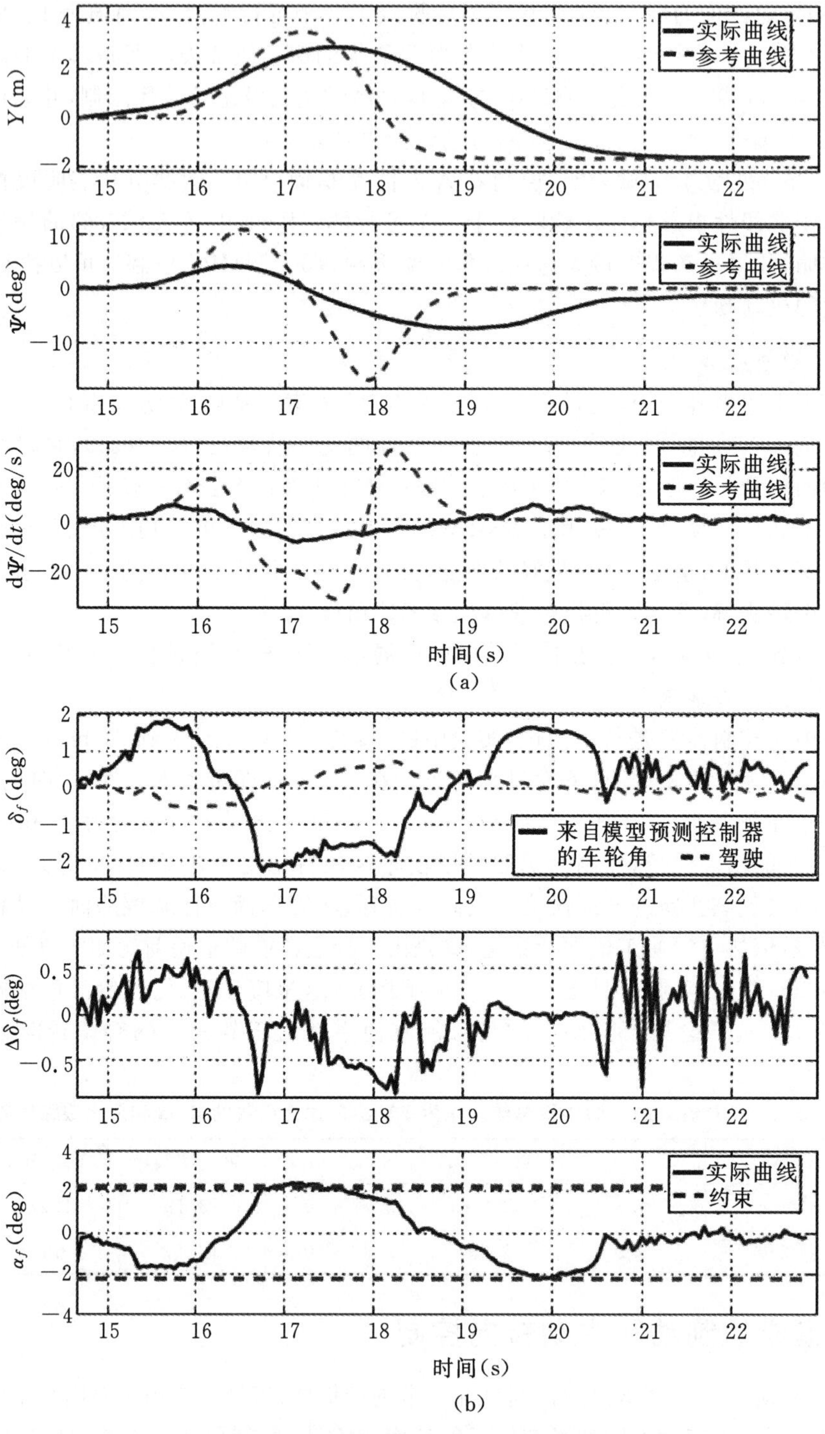

图 3.37　车辆入口速度为 21 m/s 时的实验结果。控制器 B

节代价最小。此外，还将解释如何通过引入额外的状态和输入约束自然地实现复杂的反向转动机动动作。

我们采用上述章节中给出的控制设计方法，利用采样时间 T_s 来离散化车辆模型（式(3.34)）：

$$\xi(t+1) = f_{\mu(t)}^{4w,\mathrm{dt}}(\xi(t), u(t)) \tag{3.52a}$$

$$u(t) = u(t-1) + \Delta u(t) \tag{3.52b}$$

其中，$u(t)=[\delta_f(t), T_{b_{f,l}}(t), T_{b_{f,r}}(t), T_{b_{r,l}}(t), T_{b_{r,r}}(t)]$，$\Delta u(t)=[\Delta\delta_f(t), \Delta T_{b_{f,l}}(t), \Delta T_{b_{f,r}}(t), \Delta T_{b_{r,l}}(t), \Delta T_{b_{r,r}}(t)]$。通过下列输出映射定义需要跟踪的输出变量：

$$\eta(t) = h(\xi(t)) = \begin{bmatrix} 0 & 1 & 0 & 0 & 0 & 0 & 0 & 0 & 0 & 0 \\ 0 & 0 & 1 & 0 & 0 & 0 & 0 & 0 & 0 & 0 \\ 0 & 0 & 0 & 1 & 0 & 0 & 0 & 0 & 0 & 0 \\ 0 & 0 & 0 & 0 & 1 & 0 & 0 & 0 & 0 & 0 \end{bmatrix} \xi(t) \tag{3.53}$$

此外，将代价函数（式(3.45)）修改如下：

$$\begin{aligned} J(\xi(t), \Delta U(t), \varepsilon) = & \sum_{i=1}^{H_p} \| \eta(t+i) - \eta_{ref}(t+i) \|_Q^2 + \sum_{i=0}^{H_c-1} \| \Delta u(t+i) \|_R^2 \\ & + \sum_{i=0}^{H_c-1} \| u(t+i) \|_S^2 + \rho\varepsilon^2 \end{aligned} \tag{3.54}$$

与式(3.45)相比(3.6.3.1 节)，这里增加了第三个被加数，用以惩罚制动转矩。

我们在滚动时域中求解非线性的、一般非凸的、受约束的优化控制问题，该优化控制问题源自于式(3.46)所描述的问题，是通过将双轮模型（式(3.46a)和式(3.46b)）替换为式(3.52)和式(3.53)，并最小化代价函数（式(3.54)）而得到的。

考虑到计算复杂度，利用本节概述的设计步骤所得到的 NMPC 控制器是难以实时实现的。由于这个原因，下一节将给出一个替代的具有较低复杂度的方法。

3.6.5.1 LTV MPC 组合式主动转向和制动控制器

类似于 3.6.3.2 节给出的 LTV MPC 转向控制器，可以通过不断地在当前状态和先前控制输入附近将车辆模型线性化来设计得到 LTV MPC 组合式的转向和制动控制器。即在式(3.49a)中，采用式(3.52)代替非线性函数（式(3.43)）。为了保持车辆的稳定性，还增加了其他约束条件（式 3.50）(Falcone et al.,2009)。

3.6.5.2 基于低复杂度非线性车辆模型的非线性 MPC 组合式主动转向和制动控制器

接下来描述两种不同的 MPC 组合式的主动转向和制动控制器。这两种方法都需要在每个时间步长内求解一个非线性约束优化问题。与基于非线性车辆模型（式(3.52)）的 MPC 控制器相比，通过使用简化的**非线性**车辆模型，使得优化问题的规模减小，从而降低了复杂度，但该模型仍然包括了基本的车辆非线性。

图 3.38(a)粗略地描述了第一个低复杂度的 NMPC 方法，该方法在后续内容中被称为**双制动器** MPC。通过将原模型（式(3.52)）替换为一个离散时间模型（式(3.42)），可将 MPC 问

题公式化。在每个时间步长内,NMPC 控制器都需要计算转向命令 δ_f 和期望的制动横摆力矩 M,然后,为了产生期望的横摆力矩 M,图 3.38(a)中的制动逻辑会在当前车辆状态的基础上,计算四个单独的轮胎的制动转矩。Falcone 等人(2008b)详细介绍了该制动逻辑的一个实例,下文将其称作**双制动器算法**。特别地,为了产生具有最小的纵向动态效应的期望的制动横摆力矩,**双制动器算法**实现了一个单轮制动逻辑。**双制动器算法**以如下著名的结果为基础:

- 外部车轮制动引起转向不足,而内部车轮制动引起转向过度。
- 在车辆转向时,左/右制动分配比前/后制动分配更加有效(Motoyama et al.,1992)。
- 在产生转向过度横摆力矩方面,后轮内侧的制动最有效;在产生转向不足横摆力矩方面,前轮外侧的制动最有效(Tseng et al.,1999;Bahouth,2005;Bedner et al.,2007)。

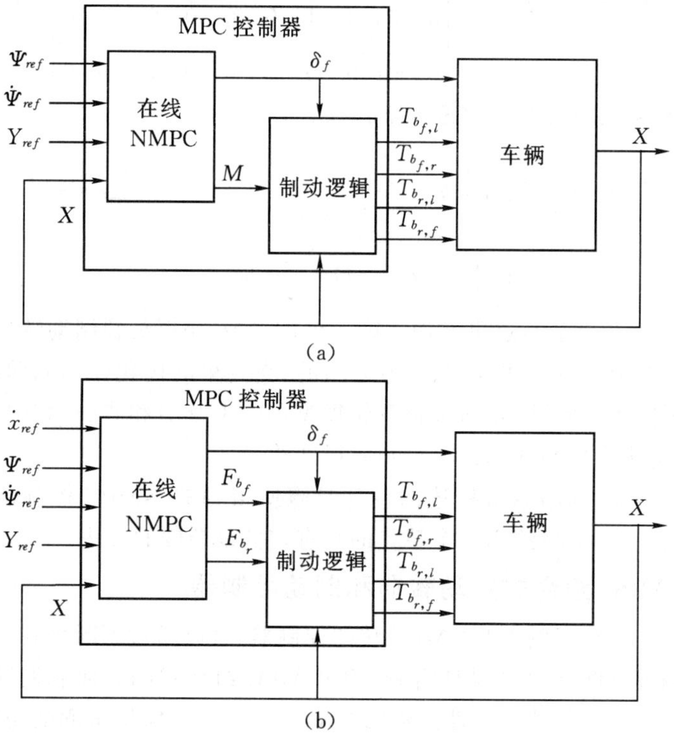

图 3.38 用于集成的 VDC 问题的两种不同方法

图 3.38(b)粗略地描述了第二种 MPC 方法,该方法在后续内容中被称为**三制动器 MPC**,它以简化的非线性车辆模型(式(3.36))为基础,在每一个时间步长内,都需要计算车辆左侧和右侧的转向命令以及制动力。如同双制动器的 MPC 控制器一样,可以根据车辆的当前状态,利用制动逻辑为每个车轮计算制动转矩。在 Falcone 等人(2006a)的著作中可以找到关于这种制动逻辑的例子,下文称其为**三制动器算法**。

3.6.6 基于主动转向和差动制动的双车道变换

对 3.6.5 节描述的组合式转向和制动的 MPC 控制器进行了实现,用以自主执行 3.6.4

节描述的双车道变换机动。

接下来我们将仅介绍 3.6.5.1 节所给出的 LTV MPC 组合式制动和转向控制器的实验结果。对 3.6.5.2 节提出的双制动控制器和三制动控制器进行了测试，实验结果表明，它们能够成功地使车辆以高达 60 k/h 的速度沿着期望路径稳定地行驶(Falcone et al.,2010)。

所实现的 LTV MPC 控制器的参数如下：

- **采样时间**：$T=0.05$ s。
- **时间范围**：$H_p=15, H_c=1, H_u=2$。
- **边界**：
  - $\delta_{f,\min}=-10°, \delta_{f,\max}=10°, \Delta\delta_{f,\min}=-0.85\text{deg}, \Delta\delta_{f,\max}=0.85\text{deg}$。
  - $T_{b_{*,\cdot}\min}=0$ Nm, $T_{b_{*,\cdot}\max}=600$ Nm, $\Delta T_{b_{*,\cdot}\min}=-58,33$ Nm, $\Delta T_{b_{*,\cdot}\max}=58.33$ Nm。
  - $\alpha_{*\min}=-2.5\text{deg}, \alpha_{*\max}=2.5\text{deg}$。
- **摩擦系数**：$\mu=0.3$。
- **加权矩阵**：
  - $\boldsymbol{Q}\in R^{4\times4}$，其中 $Q_{11}=1, Q_{22}=10, Q_{33}=1, Q_{44}=30, Q_{ij}=0$ 当 $i\neq j$。
  - $\boldsymbol{R}\in R^{5\times5}$，其中 $R_{ij}=10$ 当 $i=j$ 且 $R_{ij}=0$ 当 $i\neq j$。
  - $\boldsymbol{S}\in R^{5\times5}$，其中 $S_{ij}=10^{-1}$ 当 $i=j$ 且 $S_{ij}=0$ 当 $i\neq j$。
  - $\rho=10^5$。

边界 $\Delta\delta_{f,\#}$ 和 $\Delta T_{b_{*,\cdot}\#}$ ($\#=\{\min,\max\}$)分别是根据实际制动器的转向率和制动率得到的。选择边界 $\alpha_{*\#}$ 是为了迫使车辆运行在轮胎特性的线性区域。时间范围 H_p, H_c 和 H_u 是通过权衡性能和计算复杂度而选择的。特别地，时间范围 H_p 和 H_c 是允许控制器在 Falcone 等人(2009)所描述的快速成型平台上实时执行的最大时间值。已经通过大量的仿真对约束的时间范围 H_c 以及加权矩阵 $\boldsymbol{Q}, \boldsymbol{R}$ 和 $\boldsymbol{S}$ 进行了调整。

式(3.52)中的道路摩擦系数 μ 是手动设置的，并且在每个实验中都是根据道路状况设定为一个恒定值。

当车辆分别以 50 k/h 和 70 k/h 的纵向速度进行双车道变换时，实验结果如图 3.39 和图 3.40 所示。图 3.39(b)和图 3.40(b)分别展示了车辆在 50 k/h 和 70 k/h 速度下四个车轮处的制动转矩。特别地，实线表示通过控制器计算得到的期望转矩，而虚线则表示由制动系统传递的转矩。图 3.39(c)和 3.40(c)分别展示了实验中车速为 50 k/h 和 70 k/h 时的转向角(期望值用实线表示，而实际值用虚线表示)。我们还注意到，在用以近似自主受控的转向机器人小车的路径跟踪测试中，来自驾驶员的转向角(虚点线)表现为小的驾驶扰动。其他的图使用了相同的线条约定。表 3.3 总结了误差的最大值和均方根值(Root Mean-Squared,RMS)。

表 3.3 实验结果。作为车辆纵向速度函数的 RMS 和最大跟踪误差

$\dot{x}_{ref}$ (m/s)	Ψ_{rms} (deg)	$\dot{\Psi}_{rms}$ (deg/s)	Y_{rms} (m)	$\Psi_{\max}$ (deg)	$\dot{\Psi}_{\max}$ (deg/s)	$Y_{\max}$ (m)	$\dot{x}_{\max}$ (m/s)
14	1.51	3.15	0.24	5.19	15.91	0.91	7.32
19.4	3.93	7.29	1.22	10.91	26.99	3.42	11.30

接下来，我们将对上述结果进行评论，以强调说明：(1)转向和制动之间的协调，(2)为了恢复对车辆的控制而执行的反向转动机动。

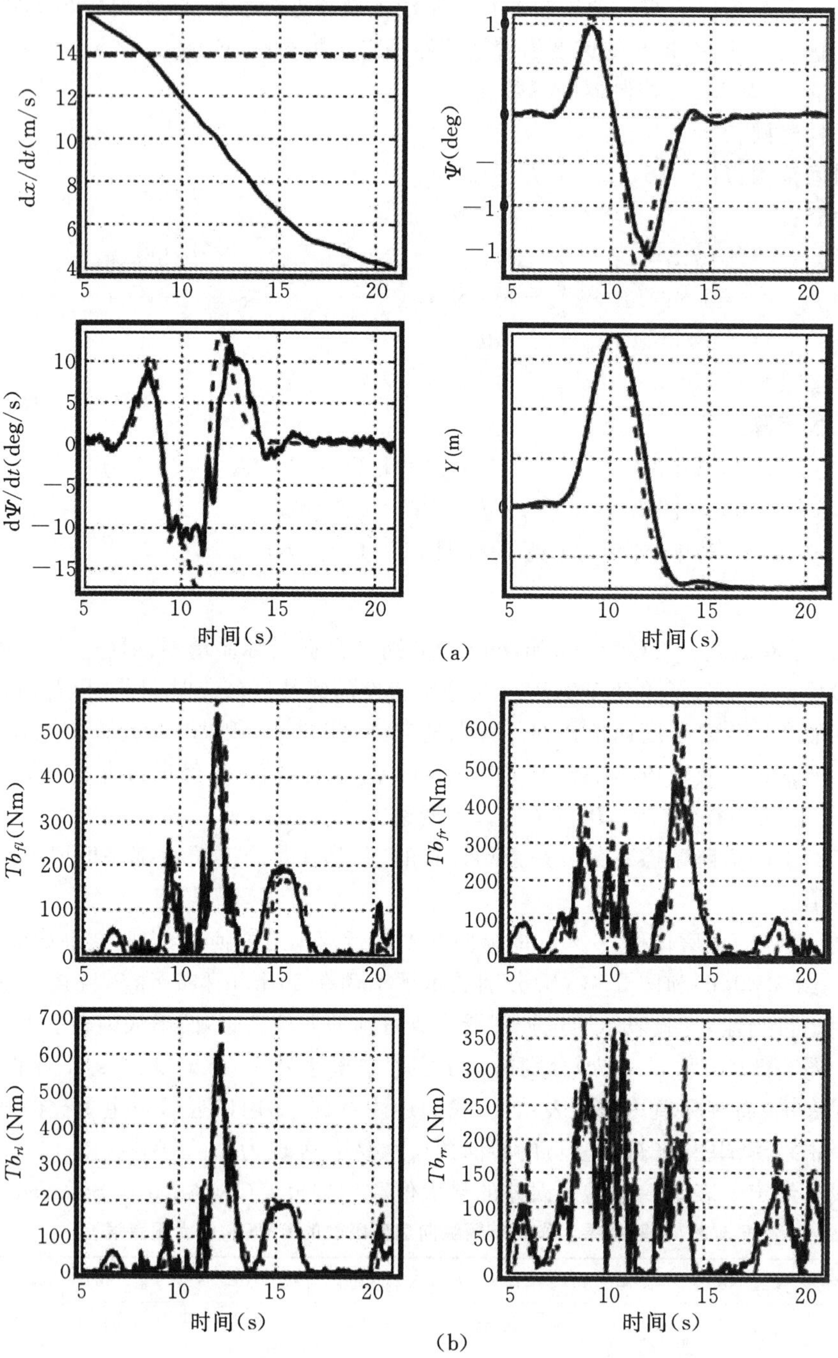

图 3.39　入口速度为 14 m/s 时的实验结果

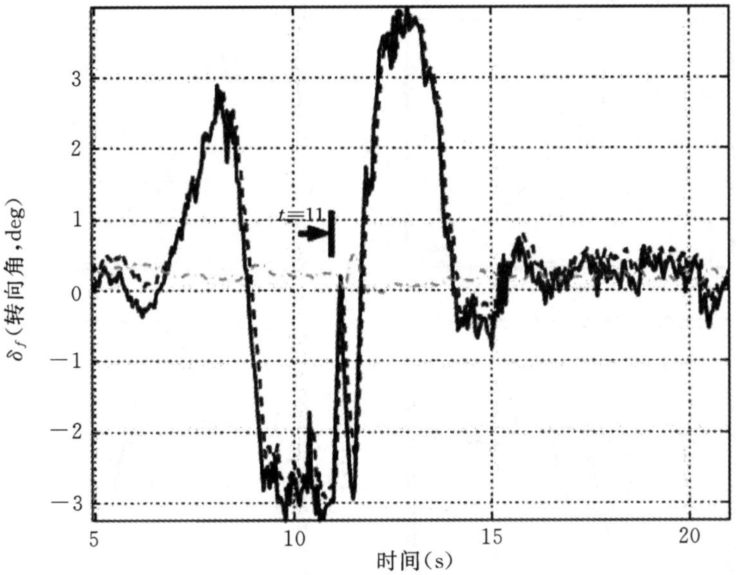

(c)

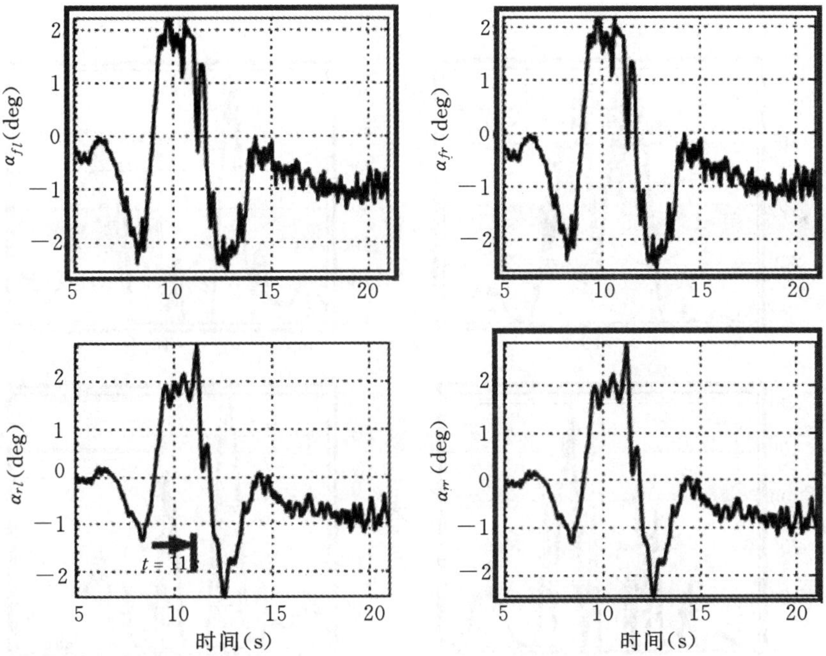

(d)

图 3.39　续

为了讨论要点(1),假定逆时针旋转角度为正,并且假定在车辆左侧和右侧制动车轮分别会产生正的和负的整体横摆力矩。现在考虑图 3.39 所示的在速度为 50 k/h 时的实验结果。在图 3.39(b)和 3.39(c)中,我们注意到为了跟踪横摆角速度参考值,在大约 12 s 时开始了左侧制动和从右到左的转向。在大约 13 s 的时候,左侧制动停止;与此同时,开始了右侧制动以

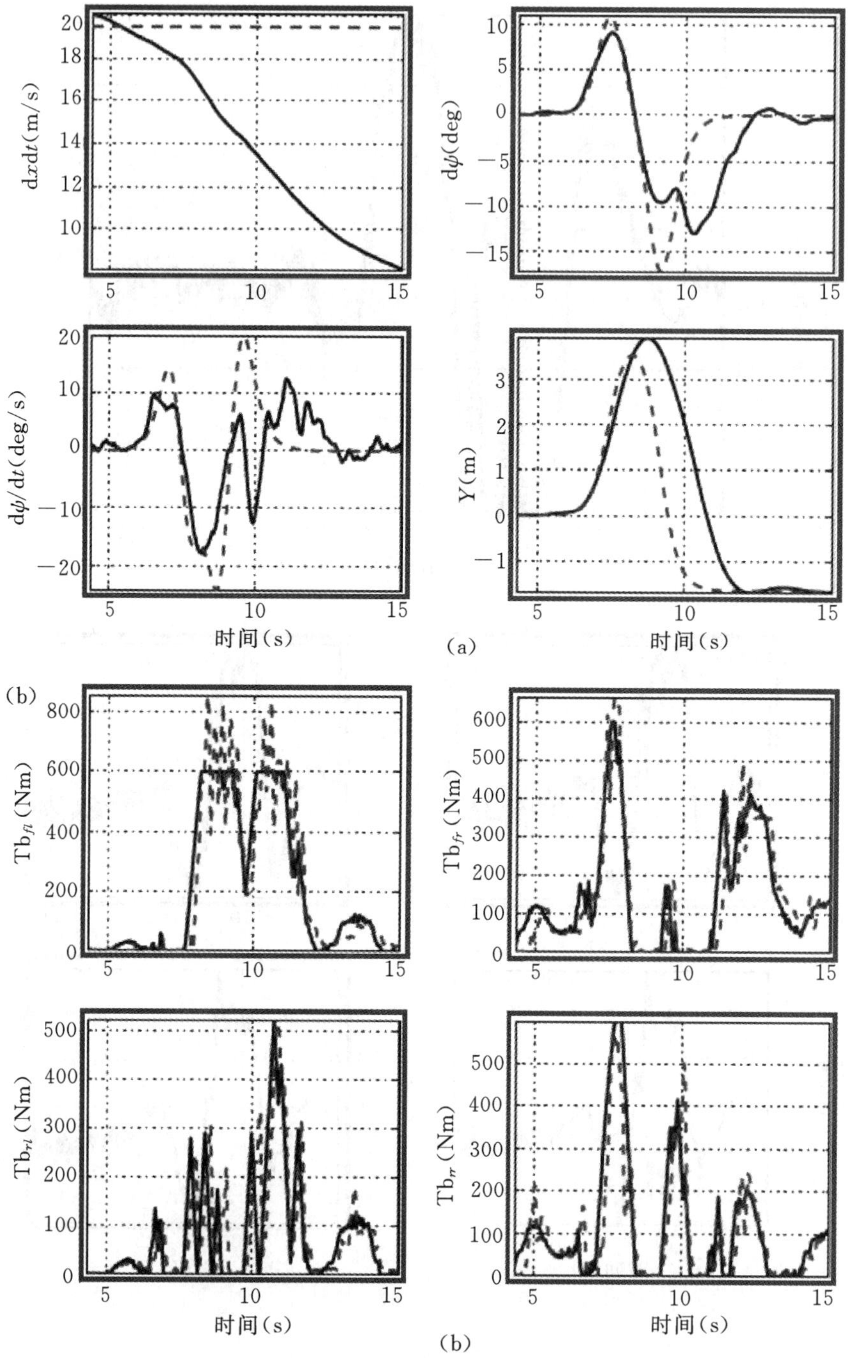

图 3.40　入口速度为 19 m/s 时的实验结果

及向右的转向。在车速为 70 k/h 时在实验中可以观察到类似的行为。然而，由于一个更加剧烈的振荡行为，使得转向和制动之间的协调关系不太明显了。

在讨论要点(2)之前，我们要知道反向转动是一个通常由熟练的驾驶员执行的复杂机动动

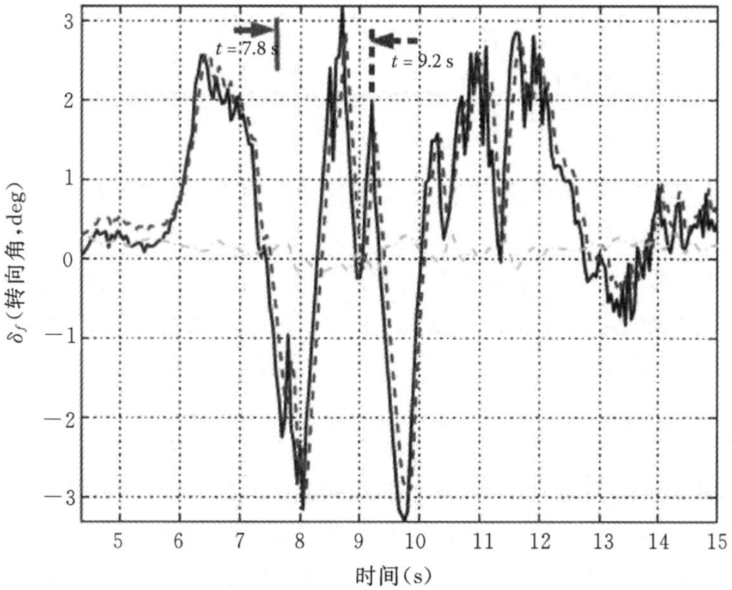

(c)

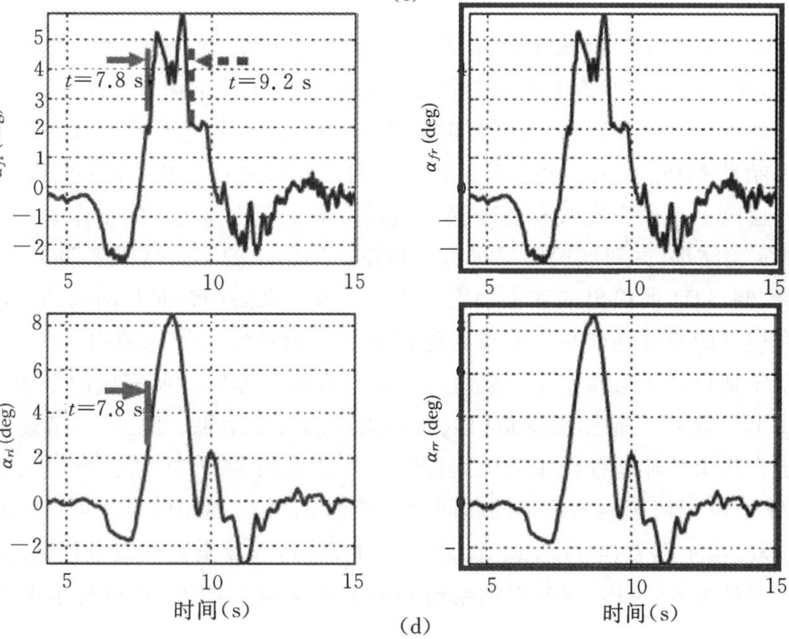

(d)

图 3.40 续

作,以便在紧急情况下恢复对车辆的控制。特别地,由于过大的轮胎的侧滑角,车辆可能会运行在轮胎特征的某一区域,在这一区域横向轮胎力是关于轮胎的侧滑角的递减函数。在这种情况下,车辆可能会偏离它的正常运行状态,甚至变得不稳定。为了使车辆稳定,一个熟练的驾驶员可以向与预想的轨迹相反的方向转向,以这种方式限制轮胎的侧滑角。我们注意到,根据我们的控制问题公式,可以实现反向转动,这得益于对轮胎的侧滑角的约束(式(3.50))。考虑图3.39所示的实验结果,在图3.39(b)中我们可以观察到,在11 s时,后轮胎的侧滑角超过了上限,即2.5°,控制器做出了一个简短的反向转向响应(Falcone et al.,2009)。考虑到式(3.33)的小角度近似,对于后轴有

$$\alpha_r = \frac{\dot{y} - b\dot{\Psi}}{\dot{x}} \tag{3.55}$$

由于$\partial\alpha_r/\partial\dot{\psi}<0$,为了减小后轮侧滑角,转向角(以及横摆角速度)会突然增加。此后后轮侧滑角返回到界限之内,并且为了恢复路径跟踪性能,转向角会再次减小。

类似的论证可以解释控制器在车速为70 k/h的实验中的表现,在该实验的7.8 s和9.2 s之间,前后轮胎侧滑角都超过了上界(见图3.40(d))。在这种情况下,通过增加转向角,同时减小前后轮胎侧滑角。然后,为了恢复路径追踪性能,控制器向右侧转向。

3.6.7 小结

在这一小节,我们介绍了进行AFS自动路径跟踪的MPC方法,并将所给出的方法进一步扩展用于协调AFS和各个车轮的制动,给出了对所提算法的实验结果。此外,我们着重强调了MPC设计方法在所考虑的路径跟踪应用中的计算问题,并给出了不同的具有低复杂度的MPC方案。

在所提出的LTV MPC算法中,可以将转向和制动作为二次规划问题的解来计算。在每个时间步长内,通过在当前状态和先前控制输入附近将非线性车辆模型线性化,实现了问题的公式化描述。为了进行实验验证,在采样时间为50 ms的dSPACE™快速成型系统上实现了集成的转向和制动MPC算法。实验验证由一些自主路径测试构成,在这些测试中,车辆需要在积雪覆盖的道路上高速完成双车道变换的机动动作。此外,还给出了车速为50 k/h和70 k/h时的测试实验结果,并对实验结果进行了讨论。所给出的实验结果表明了三个显著成效:(1)为了实现控制目标,所提出的算法采用了系统级方法来协调转向和制动的使用,(2)所提出的算法能够在模型的非线性变得非常重要的较宽的轮胎特性工作区域内,使车辆稳定,(3)所提出的算法系统地再现了通常由专业熟练的驾驶员在镇定车辆时所完成的复杂的反向转动操作,这是在MPC方法中对轮胎侧滑角引入软约束后的自然结果。此外,本节还给出了两个可供选择的用于在线求解非线性约束优化问题的低复杂度的MPC方法。所给出的方法具有一般性,可以用来解决任何车辆的稳定控制问题。特别地,本节提出的算法可进一步扩展到诸如主动差动和主动、半主动悬挂(Giorgetti,2006)等制动器,以及全主动底盘控制问题中。然而,随着其他制动器的加入,MPC控制器的规模和复杂度会有所增大,计算复杂度将成为实时实现的严重障碍。

3.7 结论

在当今的汽车工业中,车辆控制正扮演着越来越重要的角色。本章总结了包括车辆悬挂、电子差动到主动转向、EMC,以及它们的扩展几个方面的控制应用。在所有这些情况下,轮胎都是连接车辆与道路,并且传递相关作用力的关键核心元件。根据到目前为止所积累的经验,轮胎纵向力方面的应用最为成熟普遍,这包括ABS、TCS、稳定控制的各个方面,以及其他扩

展。另一方面，在现代汽车工业中，基于轮胎横向力、垂直力或者正交力的生产应用还没有普及，这包括主动前轮转向、后轮转向/四轮转向、半主动或者连续被控制的阻尼，以及负载水平悬挂。

正如所观察到的那样，在大多数车辆控制应用中，对被控对象的建模和估计是成功实现所期望的控制性能的关键因素。因此本章投入了相当的篇幅来说明这些新的控制设计过程的重要方面。未来汽车将配备新一代的制动器和传感器，这一主要趋势将更有利于新的控制设计过程的发展。在制动器方面，新的控制设计过程包含不同形式的主动转向系统以及全主动和半主动悬挂机构。在传感器方面，新的控制设计过程将包含照相机、GPS 以及车辆到车辆/基础设施间的通信。这些都将在改善/优化车辆操作和行驶性能，以及整个车辆的可控性、稳定性和安全性方面提供许多额外的机会，同时还将会创造出许多新的和令人兴奋的功能。

参考文献

Ackermann, J., Advantages of active steering for vehicle dynamics control. *29th Conference on Decision and Control*, Honolulu, HI, 1990.

Ackermann, J., Odenthal, D., and Bünte, T., Advantages of active steering for vehicle dynamics control. *32nd International Symposium on Automotive Technology and Automation*, Vienna, Austria, 1999.

Ackermann, J. and Sienel, W., Robust yaw damping of cars with front and rear wheel steering. *IEEE Trans. Control Systems Technology*, 1(1):15–20, 1993.

Assadian, F. and Hancock, M., A comparison of yaw stability control strategies for the active differential. *Proc. of 2005 IEEE International Symposium on Industrial Electronics*, Dubrovnik, Croatia, 2005.

Bahouth, G., Real world crash evaluation of vehicle stability control (VSC) technology. *49th Annual Proceedings, Association for the Advancement of Automotive Medicine*, September 11–14, Boston, 2005.

Bakker, E., Nyborg, L., and Pacejka, H.B., Tyre modeling for use in vehicle dynamics studies. *SAE paper No. 870421*, 1987.

Bedner, E., Fulk, D., and Hac, A., Exploring the trade-off of handling stability and responsiveness with advanced control systems. *SAE*, SAE 2007-01-0812, 2007.

Bernard, J.E. and Clover, C.L., Tire modeling for low-speed and high-speed calculations. *SAE paper No. 950311*, 1995.

Borrelli, F., Falcone, P., Keviczky, T., Asgari, J., and Hrovat, H., MPC-based approach to active steering for autonomous vehicle systems. *Int. J. Vehicle Autonomous Systems*, 3(2/3/4):265–291, 2005.

Borrelli F., Bemporad A., Fodor M., and Hrovat D., An MPC/hybrid system approach to traction control, *IEEE Transactions on Control Systems Technology*, 14(3), 541–552, 2006.

Brown, T. and Rhode, D., Roll over stability control for an automotive vehicle, *US Patent 6263261*, 2001.

Dang, J., Statistical analysis of the effectiveness of electronic stability control (ESC) systems—final report, *NHTSA Technical Report*, DOT HS 810 794, 2007.

Deur, J., Asgari, J., Hrovat, D., A 3D brush-type dynamic tire friction model, *Vehicle System Dynamics*, 40, 133–173, 2004.

Deur, J., Hancock, M., and Assadian, F., Modeling and analysis of active differential kinematics, *CD Proc. 2008 ASME Dynamic Systems and Control Conference*, Ann Arbor, MI, 2008a.

Deur, J., Hancock, M., and Assadian, F., Modeling and of active differential dynamics, *DVD Proc. IMECE2008, ASME Paper No. 2008-69248*, Boston, MA, 2008b.

Deur, J., Kranjèeviæ, N., Hofmann, O., Asgari, J., and Hrovat, D., Analysis of lateral tyre friction dynamics, *Vehicle System Dynamics*, 47(7), 831–850, 2009.

Deur, J., Ivanoviæ, V., Pavkoviæ, D., Asgari, J., Hrovat, D., Troulis, M., and Miano, C., On low-slip tire friction behavior and modeling for different road conditions, *CD Proc. of XIX IAVSD Symposium*, Milan, Italy, 2005.

Deur, J., Pavkovic, D., Hrovat, D., and Burgio, G., A model-based traction control strategy non-reliant on wheel slip information, in: *CD Proc. of 21st IAVSD International Symposium on Dynamics of Vehicles on Roads and Tracks*, Stockholm, Sweden, 2009.

Falcone, P., Borrelli, F., Asgari, J., Tseng, H.E., and Hrovat, D., Low complexity MPC schemes for integrated vehicle dynamics control problems. *9th International Symposium on Advanced Vehicle Control*, Kobe, Japan, 2006a.

Falcone, P., Borrelli, F., Asgari, J., Tseng, H.E., and Hrovat, D., A real-time model predictive control approach for autonomous active steering. *Nonlinear Model Predictive Control for Fast Systems*, Grenoble, France, 2006b.

Falcone, P., Borrelli, F., Asgari, J., Tseng, H.E., and Hrovat, D., Predictive active steering control for autonomous vehicle systems. *IEEE Trans. Control System Technol.*, 15(3):566–580, 2007a.

Falcone, P., Borrelli, F., Tseng, H.E., Asgari, J., and Hrovat, D., Integrated braking and steering model predictive control approach in autonomous vehicles. *Fifth IFAC Symposium on Advances of Automotive Control*, August 20–22, Aptos, CA, 2007b.

Falcone, P., Borrelli, F., Asgari, J., Tseng, H.E., and Hrovat, D., Linear time varying model predictive control and its application to active steering systems: Stability analysis and experimental validation. *Int. J. Robust Nonlinear Control*, 18:862–875, 2008a.

Falcone, P., Borrelli, F., Asgari, J., Tseng, H.E., and Hrovat, D., MPC-based yaw and lateral stabilization via active front steering and braking. *Vehicle System Dynamics*, 46:611–628, 2008b.

Falcone, P., Borrelli, F., Asgari, J., Tseng, H.E., and Hrovat, D., Linear time varying model predictive control and its application to active steering systems: Stability analysis and experimental validation. *Int. J. Vehicle Autonomous Systems*, 7(3/4):292–309, 2009.

Falcone, P., Borrelli, F., Tseng, H.E., and Hrovat, D., On low complexity predictive approaches to control of autonomous vehicles, *Automotive Model Predictive Control of Lecture Notes in Control and Information Sciences*, 195–210. Springer, Berlin, 2010.

Fennel, H. and Ding, E., A model-based failsafe system for the continental TEVES electronic-stability-program, *SAE Automotive Dynamics and Stability Conference, SAE 2000-01-1635*, 2000.

Ferguson, S., The effectiveness of electronic stability control in reducing real-world crashes: A literature review, *Traffic Iniury Prevention*, 8(4), 329–338, 2007.

Fukada, Y., Estimation of vehicle side-slip with combination method of model observer and direct integration, *4th International Symposium on Advanced Vehicle Control (AVEC)*, Nagoya, Japan, September 14–18, 201–206, 1998.

Fukada, Y., Slip-angle estimation for vehicle stability control, *Vehicle System Dynamics*, 32(4), 375–388, 1999.

Gill, P., Murray, W., Saunders, M., and Wright, M., *NPSOL–Nonlinear Programming Software*. Stanford Business Software, Inc., Mountain View, CA, 1998.

Gillespie, T., *Fundamentals of Vehicle Dynamics*, Society of Automotive Engineers Inc, 1992.

Giorgetti, N., Bemporad, A., Tseng, H. E., and Hrovat, D., Hybrid model predictive control application towards optimal semi-active suspension. *Int. J. Control*, 79 (5), 521–533, 2006.

Greenwood, D., *Principle of Dynamics*, 2nd edn., Prentice-Hall, Inc., Englewood Cliffs, NJ, 1998.

Hac, A., Evaluation of two concepts in vehicle stability enhancement systems, *Proceedings of 31st ISATA, Automotive Mechatronics Design and Engineering*, Vienna, 205–212, 1998.

Hac, A., and Simpson, M. D., Estimation of vehicle sideslip angle and yaw rate, *SAE World Congress*, Detroit, MI, USA, March 6–9. *SAE 2000-01-0696*, 2000.

Helton, W., *Extending H^∞ Control to Nonlinear Systems: Control of Nonlinear Systems to Achieve Performance Objectives*, Society for Industrial and Applied Mathematics, 1999.

Hrovat, D., Survey of advanced suspension developments and related optimal control applications, *Automatica*, 33(10), 1781–1817, 1997.

Hrovat, D., Asgari, J., and Fodor, M., Automotive mechatronic systems, Chap. 1 of *Mechatronic Systems Techniques and Applications, Vol. 2: Transportation and Vehicular Systems*, C.T. Leondes, Ed., Gordon and Breach international series in engineering, technology and applied science, The Netherland. 2000.

Hrovat, D. and Tran, M., Method for controlling yaw of a wheeled vehicle based on under-steer and over-steer containment routines, *US5576959*, 1996.

Kaminaga, M. and Naito, G., Vehicle body slip angle estimation using an adaptive observer, *4th International Symposium on Advanced Vehicle Control (AVEC)*, Nagoya, Japan, Sep. 14–18, 207–212, 1998.

Keviczky, T., Falcone, P., Borrelli, F., Asgari, J., and Hrovat, D., Predictive control approach to autonomous vehicle steering. *Proc. Am. Contr. Conf.*, Minneapolis, Minnesota, 2006.

Kim, D., Kim, K., Lee, W., and Hwang, I., Development of Mando ESP (electronic stability program), *SAE 2003-01-0101*, 2003.

Lakehal-ayat, M., Tseng, H. E., Mao, Y., and Karidas, J., Disturbance observer for lateral velocity estimation, *JSAE 8th International Symposium on Advanced Vehicle Control (AVEC)*, Taipei, Taiwan, Aug. 20–24, 2006.

Liu, C. and Peng, H., A state and parameter identification scheme for linearly parameterized systems, *ASME J. Dynamic Systems, Measurement and Control*, 120(4), 524–528, 1998.

Lu, J., Messih, D., Salib, A., and Harmison, D., An enhancement to an electronic stability control system to include a rollover control function, *SAE 2007-01-0809*, 2007a.

Lu, J., Messih, D., and Salib, A., Roll rate based stability control—The roll stability control™ system. ESV 07-136, *Proceedings of the 20th Enhanced Safety of Vehicles Conference*, Lyon, France, 2007b.

Lu, J., Meyers, J., Mattson, K., and Brown, T., Wheel lift identification for an automotive vehicle using passive and active detection, US Patent 7132937, 2006.

Margolis, D.L. and Asgari, J., Multipurpose models of vehicle dynamics for controller design. *SAE Technical Papers*, 1991.

Maurice, J.P., Short wavelength and dynamic tyre behaviour under lateral and combined slip conditions. Ph.D. Thesis, TU Delft, Netherlands, 2000.

Mayne, D.Q. and Michalska, H., Robust receding horizon control of constrained nonlinear systems. *IEEE Trans, Automatic Control*, 38(11):1623–1633, 1993.

Mayne, D.Q., Rawlings, J.B., Rao, C.V., and Scokaert, P.O.M., Constrained model predictive control: Stability and optimality. *Automatica*, 36(6):789–814, 2000.

Motoyama, S., Uki, H., Isoda, L., and Yuasa, H., Effect of traction force distribution control on vehicle dynamics. *Proc. 1992 Int. Symp. Advanced Vehicle Control (AVEC '92)*, 447–451, Yokohama, Japan, 1992.

Nishio, A., Tozu, K., Yamaguchi, H., Asano, K., and Amano, Y., Development of vehicle stability control system based on vehicle sideslip angle estimation, *SAE 2001-01-0137*, 2001.

Pacejka, H.B. and Sharp, R.S., Shear force development by pneumatic tyres in steady state conditions: A review of modelling aspects. *Vehicle System Dynamics* 20, 121–176, 1991.

Pacejka, H.B., *Tyre and Vehicle Dynamics*. Butterworth-Heinemann, Oxford, 2002.

Palkovics, L., Semsey, A., and Gerum, E., Rollover prevention system for commercial vehicles—additional sensorless function of the electronic brake system, *Vehicle System Dynamics*, 32, 285–297, 1999.

Pillutti, T., Ulsoy, G., and Hrovat, D., Vehicle steering intervention through differential braking, *Proceedings of American Control Conference*, 1667–1671, Seattle, WA, 1995.

Sawase, K. and Sano, Y., Application of active yaw control to vehicle dynamics by utilizing driving/braking force, *JSAE Review*, 20, 289–295, 1999.

Sawase, K., Ushiroda, Y., and Miura, T., Left-right torque vectoring technology as the core of super all wheel drive control (S-AWC), *Mitsubishi Motors Technical Review*, 18, 16–23, 2006.

Sierra, C., Tseng, E., Jain, A., and Peng, H., Cornering stiffness estimation based on lateral vehicle dynamics, *Vehicle System Dynamics*, 44(1) 24–88, 2006.

The MathWorks Inc., *Model Predictive Control Toolbox*, 2005.

Tseng, H.E., Ashrafi, B., Madau, D., Brown, T.A., and Recker, D., The development of vehicle stability control at Ford. *IEEE-ASME Trans. Mechatronics*, 4(3):223–234, 1999.

Tseng, H.E., Dynamic estimation of road bank angle. *Proceedings of the 5th International Symposium on Advanced Vehicle Control (AVEC)*, Ann Arbor, MI, 421–428, 2000.

Tseng, H.E., Dynamic estimation of road bank angle, *Vehicle System Dynamics*, 36(4–5), 307–328, 2001.

Tseng, H.E., A sliding mode lateral velocity observer, *6th International Symposium on Advanced Vehicle Control (AVEC)*, Hiroshima, Japan, Sep. 9–13, 387–392, 2002.

Tseng, H.E. and Xu, L., Robust model-based fault detection for roll rate sensor, *Proceedings of the 42nd IEEE Conference on Decision and Control*, Maui, HI, pp. 1968–1973, 2003.

Tseng, H.E., Asgari, J., Hrovat, D., Van Der Jagt, P., Cherry, A., and Neads, S., Evasive maneuvers with a steering robot. *Vehicle System Dynamics*, 43(3):197–214, 2005.

Ungoren, A., Peng, H., and Tseng, H.E., A study on lateral speed estimation methods, *International Journal of Vehicle Autonomous System*, 2(1/2) 126–144, 2004.

Vehicle Dynamics Standards Committee. *Automotive Stability Enhancement Systems*, SAE Standards, Document number J2564, 2004.

Xu, L. and Tseng, H. E., Robust model-based fault detection for a roll stability control system, *IEEE Transactions on Control Systems Technology*, 15(3), 519–528, 2007.

Zanten, A., Bosch ESP systems: 5 years of experience, *SAE Automotive Dynamics and Stability Conference, SAE 2000-01-1633*, 2000.
Zegelaar, P.W.A., The dynamic response of tyres to brake torque variations and road unevennesses. Ph.D. Thesis, TU Delft, Netherlands, 1998.
Zhou, K. and Doyle, J., *Essentials of Robust Control*, Prentice-Hall, Englewood Cliffs, NJ, 1998.

4

基于模型的混合动力车辆能量优化监督控制

Lino Guzzella
瑞士联邦理工学院
Antonio Sciarretta
法国石油研究院

4.1 引言

4.1.1 动机

目前,个人出行的需求正在迅速增加,全球范围内汽车的数量在未来 20～30 年内将持续增长(Guzzella,2009)。不幸的是,原生化石能源是有限的,特别就原油而言,价格便宜、供应充足的时代即将结束。显然,只有通过在个人出行系统中结合多种改变才能平衡这两种发展趋势。改变的一个核心部分就是开发大量更节能的汽车推进系统①。

实现上述目标的一种可行方法是发展混合动力系统。这种推进系统一方面可以提高标准的内燃机较差的热效率;另一方面可将短程纯电动行驶和远程驱动能力相结合,为个人出行的部分电气化奠定基础。

4.1.2 问题描述及限制

本章将介绍有利于对混合电力传动系统的能量消耗进行分析和优化的方法和工具。在介绍合适的建模方法之后,将先后提出非因果控制算法和因果控制算法。把第一套控制算法作为第二套算法的参考是非常有用的,并且非因果算法也会为混合电力传动系统在结构和参数方面的一种可能的最优设计方法打下基础。

下面讨论的所有控制器都工作在监控级,也就是说,只对动力系统中不同节点之间的能量流进行控制。这些控制系统发出的命令将用作与实际硬件组件进行交互的较低级别控制器的

① 很明显仅这一点将是不够的。其他的必要措施是改用更小和更轻的汽车,增加可选燃料来源的种类,改变出行方式。

参考值。动力系统动态特性的许多重要方面只能在这些较低级别的控制器中进行处理。特别地,操纵性能(转矩平滑性)和热机污染物排放都是难点,不能简单地将这些问题纳入监督控制系统。幸运的是,这两个问题的时间尺度差异很大,因此本章提出的分层方法可以得到较好的结果。

4.2 混合动力车辆能量流的建模

4.2.1 建模要求

为了能够实现在引言部分提出的目标,本节提出的模型必须具备以下属性:

- 模拟整个动力系统所需的计算量必须低;
- 各个模块必须具有可扩展性,也就是说,必须使用可对设备"尺寸"进行参数化描述的模型来表示相应的设备行为;
- 所有模块的接口必须允许所有组件之间的任意连接。

下面将给出能够描述满足上述要求的最相关系统组件的行为的方程。在 Guzzella 和 Sciarretta(2007)中可以找到更多的细节。

在本章的上下文中,**前向模型和后向模型**的区分是很重要的。第一类模型反映了出现在特定物理系统中被接受的因果关系,第二类模型将该因果关系倒置了。描述道路车辆纵向行为的方程是前向模型的一个典型例子:

$$c_m \cdot \frac{\mathrm{d}}{\mathrm{d}t}v(t) = -[c_0 + c_2 \cdot v^2(t)] + F(t) \tag{4.1}$$

其中,$v(t)$为速度,$F(t)$为推进力,$\{c_m, c_0, c_2\}$分别为描述滚动摩擦、气动摩擦和惯性影响的系数。在该方程中,推进力是因——因此必须是**预先已知**的——而速度是结果。反向方程则将该因果关系倒置,即速度是因,而推进力是结果:

$$F(t) = c_m \cdot \frac{\mathrm{d}}{\mathrm{d}t}v(t) + [c_0 + c_2 \cdot v^2(t)] \tag{4.2}$$

当然,速度 $v(t)$必须是**预先已知**的,这种方法才有用。例如,当需要遵循标准化测试循环时便是这种情形。实际中存在很多这样的循环,例如图 4.1 给出的欧洲 MVEG-95,以及美国的 FTP-75。除了这种法规定义的循环外,所有汽车制造商都拥有各自能够更好地反映出平均驾驶行为的驾驶循环工况,这些驾驶循环工况考虑了一些额外影响,尤其是地势高低变化的影响。然而这些周期都不能描述每个时刻 t 的瞬时速度,只能根据下述公式了解特定时刻 t_k 的速度 $v(t)$:

$$F(t) \approx c_m \cdot \frac{v(t_{k+1}) - v(t_k)}{h} + [c_0 + c_2 \cdot (\frac{v(t_{k+1}) + v(t_k)}{2})^2], \forall t \in [t_k, t_{k+1}) \tag{4.3}$$

如果遵循的测试周期是一个关于时间的分段仿射函数(诸如 MVEG-95),则上式所述的这种近似是相当准确的。在其他情况下,只有当采样间隔 h 与相关的动态影响相比很小时(见下文),该近似才可以接受。通常 h 等于 1 s,但也可使用更小或变化的采样间隔。

对于像转矩或空气/燃料比控制回路这样的较低级控制器的设计和优化,前向模型是必不

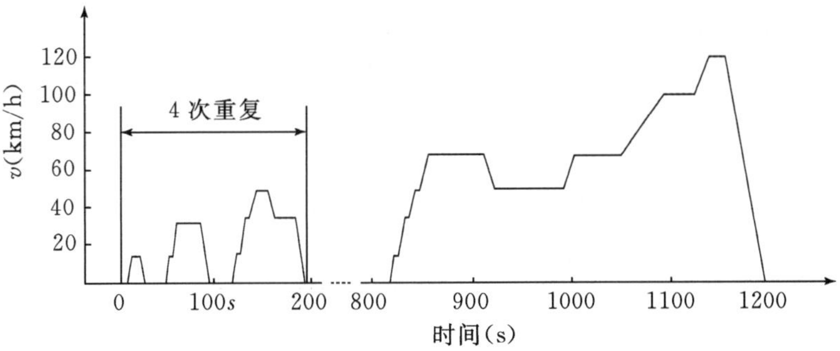

图 4.1 欧洲的驾驶循环工况 MVEG-95。车辆速度 v(km/h)与时间 t(s)

可少的。而管理混合动力车辆(Hybrid Electric Vehicle,HEV)能量流的控制器设计,以及确定 HEV 动力系统最佳大小和结构的算法都依赖于后向模型。这类模型的主要优势是,它们在任何仿真中的计算量都很小。特别地,如果使用基于矢量的算法,在标准 PC 机上对数千秒标准 HEV 动力系统模型的仿真也只需要几秒钟。

4.2.2 机械系统

上一节给出的式(4.3)描述了车辆纵向的动态特性,其中的参数 c_m 描述车辆惯性。假设动力系统是刚性的,该参数可写为

$$c_m = m + \frac{\Theta}{r^2 \cdot \gamma^2} \tag{4.4}$$

其中,m 为车辆的总质量,Θ 为齿轮箱前的所有旋转部件的惯性,γ 为总齿轮比,r 为车轮半径。由于多种原因,式(4.4)中的第二个加数可近似为 $0.1 \cdot m$;当然在所有的优化过程中直接采用式(4.4)也并不困难。尤其是当将齿轮比 γ 用作优化的一个自由度时,这种方法便很有必要。参数 c_0 表示侧倾摩擦和道路倾斜度:

$$c_0 = m \cdot g \cdot (c_r + (\sin\alpha)) \approx m \cdot g \cdot (c_r + \alpha) \tag{4.5}$$

其中,c_r 为轮胎摩擦系数,α 是以弧度为单位的道路倾斜度。参数 c_2 表示气动摩擦:

$$c_2 = \frac{1}{2} \cdot \rho \cdot c_w \cdot A_f \tag{4.6}$$

其中,ρ 为空气密度,c_w 为空气阻力系数,A_f 为车辆前部的面积。表 4.1 列出了本章介绍的全部参数的典型范围。

表 4.1 适用于 HEV 客车的典型模型参数

参数	标称值(范围)		单位
C_W	0.33	(0.25～0.40)	—
C_r	0.013	(0.008～0.015)	—
A_f	2.50	(2.00～3.00)	m^2
m	1500	(1000～2500)	kg
Θ	0.25	(0.20～0.30)	kg m^2

续表

参数	标称值(范围)		单位
γ	—	(2.5～15.0)	—
ρ	1.15	(1.00～1.30)	kg/m^3
r	0.25	(0.20～0.30)	m
e	0.43	(0.40～0.45)	—
P_{m0}	1.8×10^5	$(1.5\times10^5\sim3.0\times10^5)$	Pa
V_0	230	(40～600)	V
R_0	0.3	(0.2～0.5)	Ω

注意:齿轮比 γ 取决于所选档位;最小值表示最高档,最大值即第一档。

当然,在实际车辆中会存在许多额外的损失。例如,辅助设备需要一定的能量,传动摩擦也会带来一些额外的能量损失。为了简便起见,本章将忽略这些影响。

4.2.3 发动机系统

内燃机非常复杂,人们目前还不完全了解它是如何通过将燃烧产生的热量“迂回”传递,从而将储存在碳氢化合物中的能量转化为机械能的。这种发动机具有较高的能量、功率密度和较低的成本,因此在过去 100 年来取得了巨大成功。为实现对动力系统的建模和控制,本节将使用下述方法来充分近似地估计内燃机(火花和压缩点火)的燃料消耗。

需要给出以下定义。首先引入平均有效压力 p_{me}:

$$p_{me}=\frac{4\cdot\pi\cdot T_{me}}{V_d}\tag{4.7}$$

其中,T_{me} 是平均有效的(有用的)发动机转矩,V_d 是四冲程发动机的排量。其次引入平均燃油压力:

$$p_{mf}=\frac{m_f\cdot H_l}{V_d}\tag{4.8}$$

其中,m_f 为发动机在每次循环中燃烧的燃料质量,H_l 是发动机所燃烧燃料的低热值(对于汽油和柴油燃料而言,大约为 43 MJ/kg)。基于这些定义,现在可以为发动机的燃料——功的转换效率构造一个简单而精确的模型:

$$p_{me}=e(\omega)\cdot p_{mf}-p_{m0}(\omega)\tag{4.9}$$

其中,$e(\omega)$是一个一定程度上依赖于发动机速度的内部效率值,$p_{m0}(\omega)$表示一个类似的依赖于发动机速度的摩擦压力(Pachernegg,1969)。通常,通过二阶多项式拟合能够得到非常好的效果,而对于初始计算,甚至可以将 $e(\omega)$和 $p_{m0}(\omega)$的值假定为常数。需要注意的是,式(4.9)并不依赖于发动机的大小。将式(4.7)和(4.8)相结合,可以得到任意内燃机能量转换效率的可扩展描述。

第二种描述发动机效率的方法是使用测量得到的脉谱图。例如,图 4.2 给出了一种现代火花点火(汽油)发动机的效率脉谱图。利用式(4.9)、常数值 $e=0.43$,以及 $p_{m0}(\omega)=180000$ (N/m^2),发动机效率则可由图 4.2 中的细直线近似表示。在相关工作点,这种近似相当准确,而利用依赖于速度的系数 $e(\omega)$ 和 $p_{m0}(\omega)$，则可以得到更精确的估计。

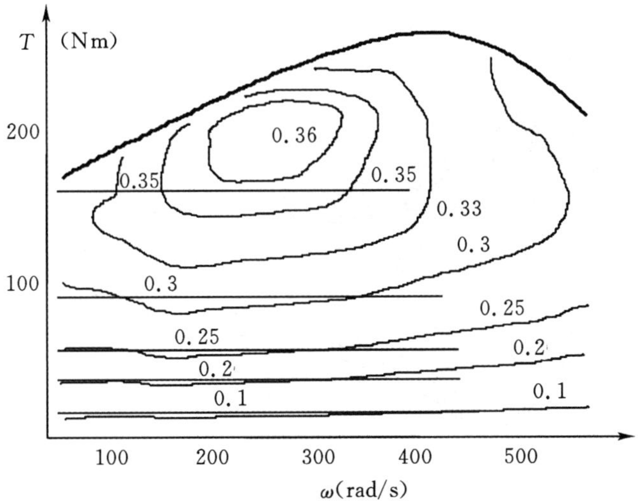

图 4.2　实际测量（粗线）和估计（细线）的现代 2.2 l SI 发动机的效率脉谱图。发动机转矩 T(Nm)和发动机转速 ω(rad/s)

4.2.4　电气系统

与内燃机类似，电动机也可以由式(4.9)给出的可扩展描述或者测量的脉谱图来描述。图 4.3 给出了这种脉谱图的一个例，这种脉谱图覆盖了所有的四个象限，但由于负向速度具有对称性这一假设，通常只对其中的两个象限进行测量。

电力电子器件的效率非常高，它们的速度如此之快，在考虑能量监督控制问题时，可以忽略其损耗和动态行为。然而对于电池系统，这一点并不成立。下面是一个可用于能量管理的最简单模型：

$$I_b(t)=\frac{V_0-\sqrt{V_0^2-4R_0P_b(t)}}{2R_0},\quad x(t)=\frac{Q_b(0)-\int_0^t I_b(\tau)\mathrm{d}\tau}{Q_{b,\max}} \tag{4.10}$$

其中，$I_b(t)$是电池电流（放电时为正）；$P_b(t)$表示由电池发出的能量（$P_b(t)>0$）或者存储在电池中的能量（$P_b(t)<0$）；$0<x(t)<1$ 表示电池的充电状态(State of Charge，SoC)。式(4.8)中的参数包括开路电压 V_0、内阻 R_0，以及电池的最大容量 $Q_{b,\max}$。在初步分析中，这些参数均可假定为常数，表 4.1 列出了它们的合理取值。在更为精确的计算中，通常假设这些参数依赖于充电状态(SoC)和电池电流。

4.3　非因果控制方法

4.3.1　离线优化

优化混合动力系统的能量消耗涉及两层分析。在较抽象的层次，通过对系统组件之间动

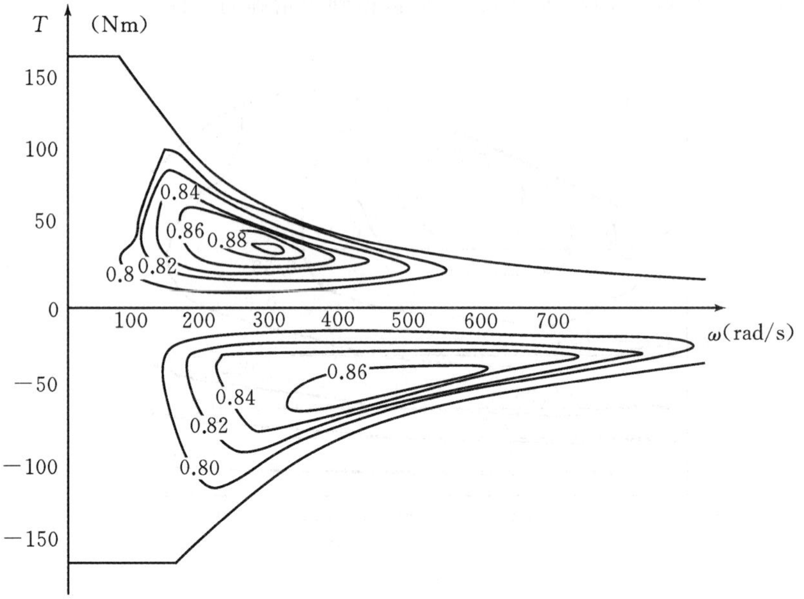

图 4.3　实际测量的一种 15 kW 电动机的效率脉谱图。电动机转矩 T(Nm)和电动机转速 ω(rad/s)

力流的优化,可以为给定的测试用驾驶循环工况设计能量管理策略。由于驾驶循环工况必须是预先**已知**的,所以该过程被称为**离线**优化。而在系统的实际运行过程中,除了某些特定情况,这显然是不可能的。因此,在实际实现中需采用**在线**控制器。然而,离线优化依然是一种非常有用的工具,这是因为它可以提供一种最优的性能基准,而该基准可以用来评估任何因果的、但是次优的在线控制器的性能。此外,在某些情况下,最优但无法实现的解决方案能够使人们洞悉如何设计可实现的控制系统。

与许多物理系统一样,HEV 可由扰动输入、控制输入、可测量输出以及状态变量刻画。在离线框架下,主要扰动是指必须遵循的测试的驾驶循环工况。正如 4.2 节讨论的那样,根据车辆速度曲线提供的知识,可以直接得知车轮所需的速度和转矩水平,所有的功则由动力系统组件提供。监督控制器(supervisory controller)的目标是对每个组件的参考信号进行综合分析,这些变量的性质与 HEV 结构的类型紧密相关。例如,对于并联式混合动力发动机,可将 IC 发动机转矩看作为一个被控变量,而对电动机转矩进行约束,使之满足车轮所需的总转矩。状态变量的性质显然与系统动力学有关,后者一般包括机械、热力、电气,以及电气化学子系统。考虑到能量管理的目的,通常采用“后向”模型描述 HEV,因此状态变量的数目大大减少,可以减少到只包含诸如电池 SoC $x(t)$这样的积分量。

从数学角度讲,监督控制问题是指,当扰动输入 $w(t)$预先**已知**时,寻找在规定的驾驶循环工况内,能够最小化燃料消耗量的控制律 $u(t)$:

$$J_f = \int_0^{t_f} \dot{m}_f(u(t), x(t), w(t)) \cdot \mathrm{d}t \tag{4.11}$$

该最优控制问题必须遵守一些像状态变量的动态特性(通常为电池的 SoC)这样的约束

$$\frac{\mathrm{d}x(t)}{\mathrm{d}t} = f(u(t), x(t), w(t)) \tag{4.12}$$

当然,只将 J_f 最小化是不够的,在整个轨迹(状态约束)中有必要将电池 SoC 强制在一定的容许范围内。此外,SoC 的终值(循环结束)必须接近其初始值,从而确保 SoC 的中性平衡,这也是任意自持 HEV 系统的自持性所要求的。考虑到后面的这一点,插入式 HEV 的优化问题将迥然不同。

从数学上讲,为了建立一个新的多目标性能指标,可以在准则 J_f 的基础上添加最终状态约束

$$J = J_f + \varphi(x(t_f)) \tag{4.13}$$

函数 $\varphi(\cdot)$ 描述了应用于 SoC 的终值的约束类型。尽管存在一些其他定义,并在实际中获得了应用,但是本章其余部分只考虑硬约束,即 SoC 终值必须严格等于初始值:

$$x(t_f) = x(0) = x_0 \tag{4.14}$$

4.3.2 动态规划

动态规划(Dynamic Programming,DP;Pu and Yin,2007;Ao et al.,2008;Gong et al.,2008;Liu and Peng,2008)是解决上节所述最优控制问题的一种非常常用的技术。与其他离线优化技术一样,所有扰动(对于确定性 DP)或者至少它们的随机属性(对于随机 DP(Johannesson et al.,2007))必须是预先**已知**的。

DP 使用了整体代价函数的定义(式(4.13)),但通过定义如下代价函数,也可以把它扩展应用到时间——状态空间中的任一点:

$$J_n(t,x(t)) = \varphi(x(t_f)) + \int_t^{t_f} \dot{m}_t(u(\tau),x(\tau),w(\tau)) \cdot \mathrm{d}\tau \tag{4.15}$$

该函数依赖于从当前时刻到循环结束期间采用的控制律 $\pi=\{u(\tau)\}, \tau=t,\cdots,t_f$,因此,从当前任意点 (t,x) 到达终点 (t_f,x_0) 的最优代价可定义为

$$\Gamma(t,x) = \min_{\pi} J_\pi(t,x) \tag{4.16}$$

根据该定义,值 $\Gamma(0,x_0)$ 与要寻找的 J_π 的最优值相对应。

为了计算函数 $\Gamma(t,x)$,DP 需要将时间-状态空间离散化。这样,我们只可以在一些数量固定的点 $t_k=k\cdot\Delta t, k=0,\cdots,N$ 和 $x_i=x_{\min}+i\cdot\Delta x, i=0,\cdots,p(p=(x_{\max}-x_{\min})/\Delta x)$ 上计算函数 Γ。在计算开始时设置

$$\Gamma(t_f,x_i) = \varphi(x_i) \tag{4.17}$$

在"硬"终端约束条件下,为了从目标 SoC 中区别出任意不可行的最终 SoC,可将式(4.17)改写为

$$\Gamma(t_f,x_0) = 0 \text{ 和 } \Gamma(t_f,x_i) = \infty, \forall\ x_i \neq x_0 \tag{4.18}$$

在时域中,反向求解递归算法的计算过程如下:

$$\Gamma(t_k,x_i) = \min_{u\in V}\{\Gamma(t_{k+1},x_i + f(u,x_i,w(t_k)) \cdot \Delta t) + \dot{m}_f(u,w(t_k)) \cdot \Delta t\} \tag{4.19}$$

式(4.19)清楚地表明,必须将燃料消耗看作当前扰动 $w(t)$、当前状态 x_i,以及所应用的控制输入的函数,并采用系统后向模型评估 SoC 的变化和燃料消耗情况。控制输入 $u(t)$ 受到依赖于状态 $V(x(t))$ 的可行子集的限制,在实际中,也必须将这个子集离散化,以限制只对 q 个 $u_j(j=1,\cdots,q)$ 的值进行搜索。这些取值在每个时刻的取值可以有所不同,并且可以是一个关于状态的函数。

最小化问题的参数存储在反馈控制函数 $U(t_k, x_i)$ 中，该函数被用来重构最优轨迹 $x^\circ(t)$、$u^\circ(t)$，并且由此可得到 $\dot{m}^\circ_{fuel}(t)$。该过程从 $t=0$ 时刻开始，在时域中前向执行：

$$u^\circ(t_k) = U(t_k, x^\circ(t_k)), x^\circ(t_{k+1}) = x^\circ(t_k) + f(u^\circ(t_k), x^\circ(t_k), w(t_k)) \cdot \Delta t \tag{4.20}$$

由于一般情况下状态值 $x_i + f(u, x_i, w(t)) \cdot \Delta t$ 和 $x^\circ(t_k)$ 与可能的网格点均不匹配，所以在求解方程(4.19)和(4.20)时需特别小心。因此，对应的 Γ 和 U 值必须由计算出的最近网格点插值得到。已经有几种可用的插值方法，但每种方法都具有特定的优点和不足(Guzzella and Sciarretta, 2007)。

在处理不可行状态或控制输入时，若指定了一个无穷大代价，例如在式(4.18)中，那么就会引起另一个问题。如果同时使用了插值方法和无穷大代价，那么网格中的无穷大值就会向后传播，这将人为地引起不可行状态数量的增加。目前已经提出一些技术来正确处理这些插值，比如使用大但有限的值代替这些无限值，或者精确计算出可行与不可行状态之间的边界(Sundström et al., 2009)。

其他一些技术旨在减少 DP 的时间消耗。一般情况下，DP 算法的计算负荷与问题时刻点数 N、离散化的状态值的数量 p，以及离散化的控制输入值的数量 q 具有线性比例关系。为减少计算量，一种技术是减小 p。在每次迭代中，选择整个空间的一小部分作为状态空间，该状态空间以在上一次迭代中评价出的最优轨迹为中心。遗憾的是，DP 算法的复杂度与状态变量个数 n、控制输入变量个数 m 成指数关系：

$$O(N \cdot p^n \cdot q^m) \tag{4.21}$$

这使得该算法只适合低阶系统。幸运的是，在 HEV 优化问题中，电池的 SoC 是唯一的状态变量，因此 $n=1$，而 m 通常被限制为两个输入(例如，转矩分配和齿轮数)。

4.3.3 与最小值原理的联系

除 DP 之外，另一种能量管理优化的离线方法是利用 Hamilton-Jacobi 理论求解式(4.11～4.13)描述的优化问题，然后采用 Pontryagin 的最小化原理(Bryson and Ho, 1975)。与 DP 相比，该技术在计算负担和算法复杂性方面具有一定优势。此外，它在本质上更接近于相应的在线形式。然而，其状态约束更难处理，算法的收敛性是不确定的。这种方法以如下所示的 Hamiltonian 函数作为起始点：

$$H(u(t), x(t), w(t), \lambda(t)) = \dot{m}_f(u(t), x(t), w(t)) + \lambda(t) \cdot f(u(t), x(t), w(t)) \tag{4.22}$$

根据该函数，最优控制律可计算为

$$u^{opt}(t) = \arg\min_u H(u(t), x(t), \lambda(t)) \tag{4.23}$$

变量 λ 的动态特性可由 Euler-Lagrange 方程给出：

$$\frac{d\lambda(t)}{dt} = -\frac{\partial H(u, x, w, \lambda)}{\partial x} \tag{4.24}$$

这样，可将 λ 定义为一个与 x 共轭的新状态变量(协状态)，其动态特性仍然可由式(4.22)给出。遗憾的是，x 的边界条件是在初始时刻设定的，而 λ 的边界条件是在终止时刻设定的：

$$\lambda(t_f) = \frac{\partial \varphi(x(t_f))}{\partial x(t_f)} \tag{4.25}$$

这是一种典型的两点边界条件问题，必须通过数值方式求解。目前已经有很多求解方法(例如下文将要讨论的“打靶”算法以及类似的算法)，这些方法都有其各自的优点和不足。此外，这些方法获得的解都是开环的；也就是说，它们只适用于特定的初始 λ 值。将这些解扩展为反馈类型的解是比较困难的。通常情况下，构造一个与共轭变量最终约束有关的简单非线性最小二乘问题就足够了，特别地，如果已知某一特定情况下的解，那么使用逐次逼近法便可以求解其他情况(同伦算法)。

当采用式(4.18)所表示的“硬”约束时，这个过程特别直观。在这种情况下，λ 的未知初始值是要确保 SoC 等式成立(式(4.14))的值。在大多数实际情况中，$\lambda(0)$ 和 $x(t_f)$ 之间的关系是单调的，因此只存在一个满足式(4.14)的 $\lambda(0)$ 值。特别地，如果 $\lambda(0)$ 太小，$x(t_f)$ 将大于 x_0；另一方面，如果 $\lambda(0)$ 太大，$x(t_f)$ 将小于 x_0。在迭代结束时，可以使用与 $x(t_f)-x_0$ 一致的正负号来校正 $\lambda(0)$。例如，可使用二分法，图 4.4 给出了该方法的流程图。这种方法有时候也被称为**打靶算法**，在应用时，通常进一步假设可以忽略式(4.24)右侧的项。事实上，虽然燃料消耗率并不直接依赖于 SoC，但由于开路电压和内阻这些电池参数，由式(4.10)定义的函数 $f(\cdot)$ 仍然依赖于 SoC。然而，在许多情况下，可以忽略这种依赖关系(尤其是由内阻引起的关系)，因此式(4.24)可简化为(Sciarretta and Guzzella, 2007)：

$$\frac{\mathrm{d}\lambda}{\mathrm{d}t} \approx 0 \rightarrow \lambda(t) \approx \lambda(0) \tag{4.26}$$

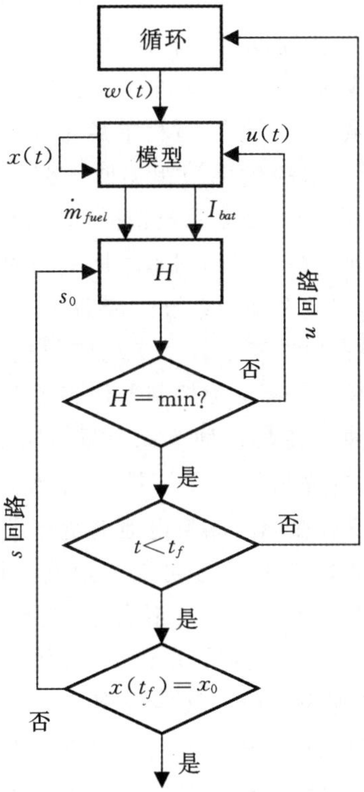

图 4.4 用于找出协状态 $\lambda(0)$ 的正确初始条件的二分算法流程图

在可将 λ 视为常数的情况下,由式(4.22)定义的 Hamiltonian 函数具有新含义。当采用简单的电池模型,并认为正向电流可使电池放电时,SoC 的变化可表示为关于电池终端电流 I_b 和标称容量 $Q_{b,\max}$ 的函数:

$$\frac{\mathrm{d}x(t)}{\mathrm{d}t}=f(u(t),x(t),w(t))=-\frac{I_b(u(t),x(t),w(t))}{Q_{b,\max}} \tag{4.27}$$

在上述假设下,电池的开路电压是一个常量,因此式(4.22)可写为

$$P_H(u(t),x(t),w(t),\lambda(t))=H_l\cdot\dot{m}_f(u(t),x(t),w(t))+s_0\cdot I_b(u(t),x(t),w(t))\cdot V_0 \tag{4.28}$$

其中,$s_0=-\lambda_0 H/(Q_{b,\max}V_0)$是一个新的常数项,与 λ_0 相比,它具有直接将式(4.28)中的两个能量项,即燃料的化学能 $\dot{m}_f H_l$ 和电化学(内部)电池能量 $I_b V_0$,进行加权的优势;参数 s_0 被称为等价因子,它在4.4.2节介绍的方法中具有重要作用。

4.4 因果控制方法

4.4.1 在线优化

在传统基于ICE的动力系统中,发动机转速是一个只受发送给传输系统相应命令影响的状态变量,而期望的发动机转矩则由驾驶人确定。该转矩设定点被发送给低级别的发动机控制器,该控制器将控制发动机,使其传递期望的转矩。相比之下,HEV 所需的总转矩可由不同的来源产生。此外,在一些 HEV 结构中,发动机和电动机的运行速度可独立于车速进行自主选择。因此,HEV 拥有一些必须在车辆运行过程中**实时**选择的自由度。

这种控制问题与4.3.1节所介绍的优化问题类似。然而,主要区别在于一些扰动输入 $w(t)$仅在 $\tau\leqslant t$ 的时间段才是已知的,其中 t 表示当前时间。此外,车辆的速度可以被测量,而车轮所需的总转矩是通过**解译**驾驶员在油门和刹车踏板上的动作来获得的。这项任务非常关键,合适的解译可以很大程度上影响整个动力系统的传动性能。

在这种情况下,可以利用已经提出的若干技术实现监督控制。首先要对可实现的启发式控制器和非因果最优控制器加以区分。第一类控制器代表了大多数原型和大批量生产的混合动力车的最新技术。这些控制器建立在与各种车辆变量有关的布尔或模糊控制规则的基础上。这些策略所应用的逻辑包括:首先根据一些切换规则确定发动机的状态(开启或关闭状态)。如果发动机正在运行,系统只有在同时满足电池电量充足、发动机足够热、电池温度足够低、车速足够低、所需总功率足够低等条件时,才可以关闭发动机,同时激活纯电力推进模式。相反,如果发动机停机,那么只要上述条件有一条不满足,就必须启动发动机。如果这些规则规定要将发动机点火,那么需要为发动机指定转矩设定值;如果车辆速度没有固定发动机转速设定值,那么还要为发动机指定转速设定值。转矩设定值是根据车轮所需功率推导出来的。然而,为了优化电池的操作,需要对该功率进行调制。如果 SoC 的值与目标值相比太低,那么为了给电池充电,需从发动机获取额外功率。相反,如果 SoC 高于目标值,那么电池则可以协助发动机满足功率需要。最后,作为发动机设定值和总动力需求的函数,启发式控制器将把设定值分配给所有其他组件,至少包括一台电机。

当然，在实际控制器中，启发式规则的结构可能非常复杂，涉及多个必须与准确或模糊阈值进行对比的要测量的变量，并且需要大量使用查找表来确定分配给控制量的值。这些数据规则对控制器的行为至关重要。通常，需要大量校准，以使得这些数据适应给定的系统，通常还包括给定的行驶状况，也即测试驾驶循环工况。

一种实际可选的启发式控制器设计就是在 4.3.3 节介绍的最优控制律的基础上开发的。

4.4.2 最小化等效消耗策略

基于 Pontryagin 最小值原理（Pontryagin's Minimum Principle，PMP）的控制策略统称为最小化等效消耗策略（Equivalent Consumption Minimization Strategies，ECMS；Paganelli et al.，2000），虽然这个简称最初是指由启发方式推导出来的一种特定设计。事实上，这个简称源于式（4.28）的直观意义，即将有待最小化的 Hamiltonian 函数表示为燃料能与由等价因子 s_0 加权的电化学能之和。乘积 $s_0 I_{bat} V_{oc}$ 可重新解释为与电化学消耗等价的燃料消耗（在动力单元中）。因此，有待最小化的总代价函数是由两部分贡献的代数和产生的等效燃料消耗量。

当然，在线控制器中不能利用打靶方法来确定等价因子 s_0，而必须将其作为系统当前状态的反馈来进行实时估计，具体如图 4.5 所示。构造的 Hamiltonian 代价函数为

$$P_H(u,x(t),t) = P_f(u,t) + s(t) \cdot P_{ech}(u,x(t),t) \tag{4.29}$$

其中，在每个时刻都要对等价因子进行估计。控制向量可表示为

$$u^{opt}(t) = \arg\min_u P_H(u(t),x(t),t) \tag{4.30}$$

必须强调的是，$s(t)$的动态特性不会试图去模拟由式（4.24）定义的协状态 $\lambda(t)$的实际动态特性。这些动态特性可简化为式（4.26）所示的形式，这将产生一个在最优运行过程中保持恒定的“真实”等价因子。然而，这个恒定值并不是预先**已知**的，这是因为它取决于总体（包括未来）传动条件。因此，要估计这个常量，需要一个随时间明显变化的修正项。一种简单的自适应算法是将其设计为电池 SoC 的函数。Ambühl 等人（2007）、Kessels 等人（2008）、Chasse 等人（2009）在这方面做了一些工作：

$$s(t) = s_c - k_p(x(t) - x_c) \tag{4.31}$$

该自适应规则建立在 4.3.3 节所讨论的等价因子（相当于协状态）与电池 SoC 之间的关系的基础上。一旦为 SoC 指定了确定的目标值 x_c，该规则（式 4.31）就可以通过减小 $s(t)$，即偏向于使用电化学能来给电池放电的方法来纠正当前 $x(t)$与 x_c 的所有正向偏差；相反地，当 SoC 低于其目标值时，该规则将增大 $s(t)$以阻止进一步使用电池，并促使其充电。参数 x_c 被选为电池技术的函数，而 s_c 是 s_0 的初始猜测值，后者是可以被在线调整的。

除了估计等价因子外，ECMS 的实际实现在许多方面都需慎重执行（Chang et al.，2009；Phillips et al.，2009）。利用附加项修改式（4.29）所示的 Hamiltonian 函数 P_H 可以惩罚一些从传动角度来说不太理想的情况，虽然这些情况对应的整体效率较高。这样的惩罚项可能涉及发动机状态的变化、发动机负荷的变化、齿轮的变化等。特别地，为了避免发动机过于频繁地启动或停止，在选择最小代价函数时还会进行一些额外的细致考虑。例如，根据与发动机启动和关闭状态相对应的控制向量的两个子集，分别对 P_H 进行最小化。然后，这两个候选控制向量之间的比较结果需满足磁滞阈值和正时问题的要求。

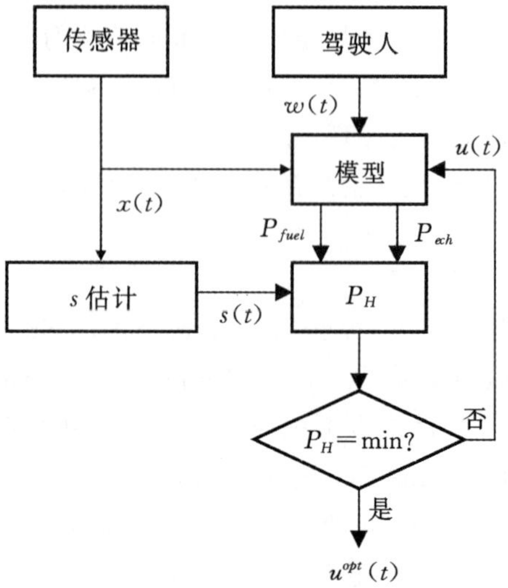

图 4.5 用于寻找等价因子 s_0 的实时估计算法的流程图

4.4.3 ECMS 方法的扩展

当 s_0 的最优值不是**预先**已知时,虽然不得不使用诸如式(4.31)所示的自适应规则,但是它们必然会恶化相对于最优值的控制性能,这将导致次优的控制设计。当然,通过仔细校准诸如 k_p 和 s_c 等控制参数,可以减少性能损失。然而,要使这些参数适应于任何实际操作通常是一项复杂的任务,特别是在道路高度变化的情况下。

一种可行办法是利用来自于车辆环境的信息来提高等价因子的在线估计精度。这些信息可由传感器(主要是指利用与全球信息系统(Global Information Systems,GIS)关联在一起的全球定位系统(Global Positioning Systems,GPS)检测未来道路的高度曲线;也包括利用雷达或激光扫描仪检测车辆下游是否存在固定或移动的障碍)产生,或接收来自于发射装置的信息。如何将这些信息纳入 ECMS 框架仍然是一个研究课题,提出的大多数方法通常是对一些与式(4.31)中 k_p 和 s_c 相同或等价的控制参数进行调整,这种调整可通过全面优化实现——例如 DP——利用对未来传动曲线的详细估计进行在线运行(Back et al.,2004;Sciarretta et al.,2004)。一种更为简单的方法是仅利用对未来能量需求的估计,并根据全局能量平衡来实现调整。确实,可以很直观地将式(4.31)所示的定义扩展到能量不仅能以电化学形式,同时也能以势能形式储存于电池板的情况。在这种情况下,等价因子的估计不仅取决于当前的 SoC,同时还取决于当前高度 $z(t)$。例如,具有如下形式:

$$s(t) = s_c - k_p(x(t) - x_c) - k_z(z(t) - z_c) + \cdots \tag{4.32}$$

其中,z_c 是可以通过导航系统得到的目标高度,$z(t)$ 可利用 GPS 和 GIS 估计得到。式(4.32)所示规则还可以进一步扩展包含动能的情况,这样就可以把加速或减速(Ambühl and Guzzella,2009)考虑进来。

ECMS 的其他扩展可能涉及另外的优化准则,例如,把污染物排放量加入到燃料消耗中(Ao et al.,2009),两者都是源于瞬时质量流率的积分准则。然而,要将这些瞬时质量流率组合成一个单一的性能指标,则必须引入用户定义的加权因子。此外,还可以考虑 4.4.1 节所介绍的与 ECMS 有关的其他动态性能,例如,车速或热能级,特别地,可以证明将后者与基于污染物的准则相结合非常重要。热状态变量以及与它的 Hamiltonian 代价函数共轭的协状态可能有助于找到一些情况之间的最优折衷:例如,为避免局部地污染物的排放而关闭发动机,还是为避免降低催化剂的温度以减少后续污染物的排放而保持发动机开启?

4.5　软件和工具

4.5.1　建模工具

MATLAB® 和 Simulink 为常用的数值工具,可用于建模和控制系统设计。MATLAB 和 Simulink 中有许多免费且经过授权的软件包和仿真工具,都可用于评估混合电动车辆的燃料消耗。正如前面指出的那样,这些工具的关键概念在于每个动力组件的可扩展模块。本节将介绍 MATLAB 和 Simulink 中可用于车辆推进系统优化的两个模型库。利用这些工具可以快速灵活地设计动力系统,还可以轻松地计算这类系统的燃料消耗。一般情况下,这些工具都以本章前文介绍的模型假设为基础。

可以在线获得由美国国家可再生能源实验室开发的先进车辆模拟器(Advanced Vehicle Simulator,ADVISOR),可以把它用作车辆动力系统建模的免费模型库。该库包含了许多动力系统组件以及能量管理策略,它由 AVL 购买并在 2003 年获得许可证。

其中一个免费的车辆推进系统库是 QSS 工具箱(Guzzella and Amstutz,1999;Rizzonin et al.,1999)。QSS 工具箱由 ETH Zurich 开发,可从 URL www.idsc.ethz.ch/research/downloads 中下载获得。QSS 模型需要的 CPU 时间非常短(对于传统的动力系统,在普通 PC 上的加速因子通常为 100～1000),因此它非常适于不同控制策略下的油耗优化。

4.5.2　优化软件

在 HEV 优化中,优化问题通常包含两种类型。第一种是动力系统中两个能量转换器之间功率分配的动态优化;第二种是诸如发动机排量和电动机最大功率的不同组件规格的静态优化。在对车辆整体进行优化时,必须兼顾静态优化和动态优化。通常使用具有近似求解非凸优化问题能力的优化算法来求解静态优化问题,一部分工具可以从 MATLAB 中获取,而诸如粒子群优化工具箱和遗传算法工具箱的其他工具可在网上找到。

正如 4.3.2 节提到的那样,HEV 中的动态优化问题通常采用 DP 算法求解。当然,仅在所有的未来扰动和参考输入均已知的情况下,才可获得 DP 解。从这个意义上说,这种解决方案是非因果的。然而,相应的最优解非常有用,这是因为它可以用作与所有因果控制器比较的基准。

鉴于 DP 算法的计算复杂度与状态个数和输入个数成指数关系,在对其进行实现时,必须特别注意如何最小化整体计算代价。此外,正如 4.3.2 节所述,可能会出现数值问题,并产生一个次优解。因此,如何实现能够有效求解给定 DP 问题的合适的数值算法,是混合动力车辆优化过程中的一个重要部分。

学者 Sundström 和 Guzzella(2009)提出了一种利用 MATLAB 有效求解确定性 DP 问题的通用 DP 函数。该函数称为动态规划矩阵(Dynamic Programming Matrix,DPM)函数,它实现了 DP 算法,而模型函数需由用户来实现。如果实现的模型函数支持矩阵值输入和输出,那么计算时间将大大缩短。如果模型函数使用矩阵运算,则在标准台式计算机上,DPM 函数通常在不到 1 分钟的时间内便可求解 HEV 中的能量管理问题。DPM 函数和两个示例问题可通过访问网址 www. idsc. ethz. ch/research/downloads 获得。

4.6 示例

4.6.1 系统描述与建模

这个示例将分析并联式混合-电气动力系统这种简单情况。所考虑的发动机和电动机运行在同一根轴上,具有相同转速,且无齿轮比的变化。为允许纯电气传动,发动机可以借助于一个致动离合器从动力系统中脱离。由于发动机在低于某最低速度时无法运行,所以该动力系统在低速时必须采用电操作。

目标是在一个给定的驾驶循环工况中,计算评估实现在发动机和电动机之间的最小化燃料消耗量的功率分配方案。采用 4.2 节介绍的后向方法构造动力系统模型,表 4.1 和 4.2 总结了本例使用的参数。

表 4.2 单齿轮 HEV 的模型参数——4.6 节中的例子

参数	值	单位
V_d	1×10^{-3}	m^3
q_0	200	Nm
q_1	0.7	Nms
q_2	-1×10^{-3}	Nms^2
H_l	4.25×10^{7}	J/kg
$\omega_{e,\min}$	100	rad/s
$\omega_{e,\max}$	600	rad/s
γ	4	—
η_g	0.9	—
η_m	0.9	—
$P_{m,\max}$	5×10^{4}	W
$T_{m,\max}$	300	Nm
$Q_{b,\max}$	2.34×10^{4}	C

为遵循驾驶循环工况,车轮所需的推进力 $F(t)$ 由式(4.3~4.6)计算得到。单齿轮传动后的转矩和速度为

$$T_g=\frac{F(t)\cdot r}{\gamma\cdot\eta_g^{\operatorname{sign}(F(t))}},\quad \omega_g=\frac{\nu(t_{k+1})+\nu(t_k)}{2}\cdot\frac{\gamma}{r} \tag{4.33}$$

其中，η_g 表示传输效率，它被假定为一常数。

传输输入所需的转矩 T_g 必须以发动机和电动机转矩组合的形式来进行传递，因此必须满足如下平衡条件：

$$T_g = T_{me} + T_{mm} \tag{4.34}$$

其中，T_{me} 是发动机的平均转矩，T_{mm} 是电动机的平均转矩。在这个例子中，选择发动机转矩作为控制变量，即

$$u = T_{me} \tag{4.35}$$

为简便起见，将发动机效率建模为与速度无关的量。正如 4.2.3 节所讨论的那样，发动机在一个时间步长 h 内的燃料消耗可近似为

$$\Delta m_f = \frac{\omega_g \cdot h}{4\pi} \cdot m_f \tag{4.36}$$

其中，m_f 表示在每次发动机循环内消耗的燃料质量，它可根据式(4.7～4.9)和式(4.35)得到：

$$m_f = \begin{cases} \dfrac{V_d \cdot p_{m0}}{H_l \cdot e} + \dfrac{4\pi}{H_l \cdot e} \cdot u, & 如果\ u > 0 \\ 0, & 其他 \end{cases} \tag{4.37}$$

最大发动机转矩可由如下所示的二阶多项式来近似：

$$T_{me,\max} = q_0 + q_1 \cdot \omega_g + q_2 \cdot \omega_g^2 \tag{4.38}$$

其中，发动机的转速被限制在区间 $\omega_g \in [\omega_{e,\min}, \omega_{e,\max}]$ 内。基于表 4.2 中列出的本例使用的参数，发动机能够被点火启动的速度范围为 22.5～135 km/h。

假设电动机的效率 η_m 恒定，那么通过下式可将电功率与所要求的转矩和控制信号关联起来：

$$P_b = \frac{\omega_g \cdot (T_g - u)}{\eta_m^{\text{sign}(T_g - u)}} \tag{4.39}$$

电动机可以传递的最大转矩为 $T_{m,\max}$，最大机械功率为 $P_{m,\max}$。这里假设这些限制对电动机和发电机模式来说是对称的。根据式(4.10)可对电池建模。

4.6.2 最优解

利用 DP，可以获得由式(4.11～4.14)和 4.6.1 节所述模型定义的最优控制问题的最优解。状态变量的边界条件为 $x(t_f) = x(0) = x_0 = 0.55$。这里使用了 Sundström 和 Guzzella (2009)提出的 DPM 函数。该算法以最优控制信号 $U(t,x)$ 和最优代价函数 $\Gamma(t,x)$ 作为结果，其中后者是关于时间和电池 SoC 的函数。

图 4.6 给出了 MVEG-95 驾驶循环工况的最优控制信号，图中表明该动力系统的最优控制主要包括纯电气传动和在低 SoC 状态下占主导地位的再充电。图中的实线表示，在初始条件 $x(0) = 0.55$ 下应用最优控制 $U(t,x)$ 得到的最优状态轨迹。

利用根据 DP 得到的最优代价函数 $\Gamma(t,x)$ 可以计算出 4.3.3 节介绍的最优等价因子。最优原则表明，最优协状态 λ 是代价函数 $\Gamma(t,x)$ 在 x 方向上的梯度。将该最优协状态归一化，可以得到标准的等价因子

$$s^{\circ}(t,x) = -\frac{H_l}{Q_{b,\max} V_0} \frac{\partial \Gamma(t,x)}{\partial x} \tag{4.40}$$

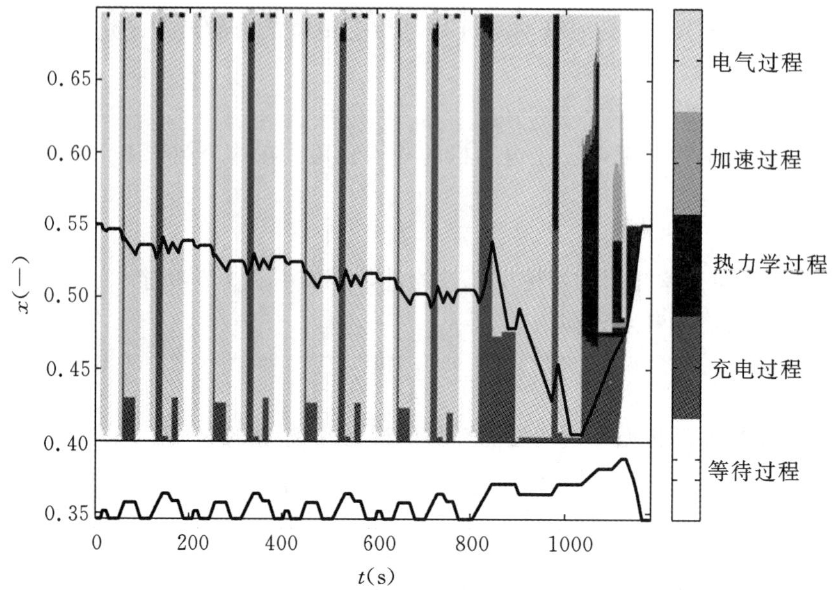

图 4.6 针对 MVEG-95 驾驶曲线,利用 DP 找到的最优控制信号

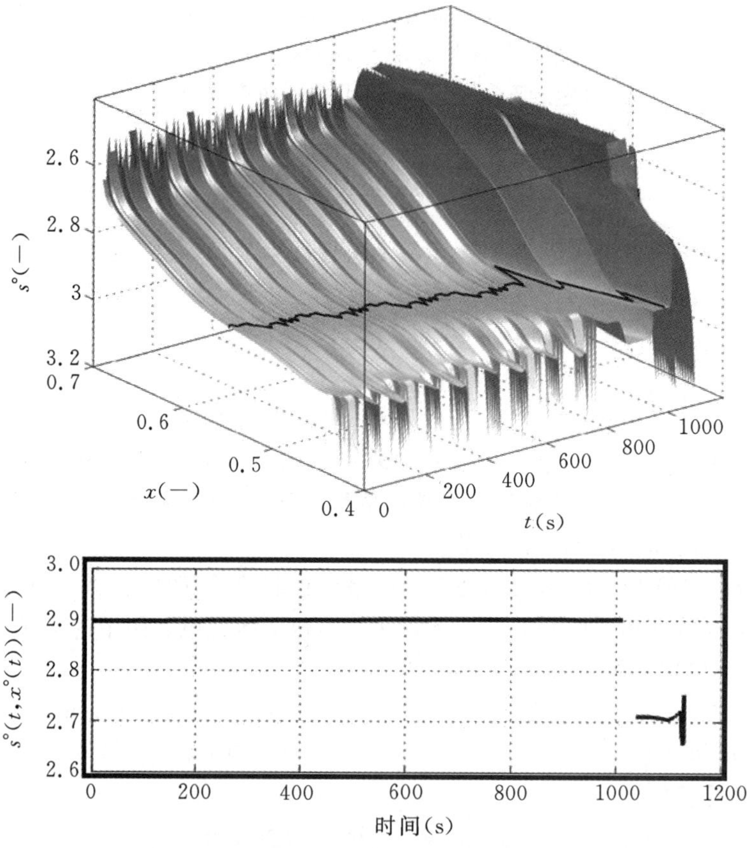

图 4.7 示例 MVEG-95 的最优等价因子。请注意,上面的纵轴采用了逆序

图 4.7 表示用于本例所示的动力系统和 MVEG-95 驾驶循环工况的最优等价因子。图中表明等价因子随着 SoC 的减小而增大，这一增长大到接近于状态约束的界限。在初始条件 $x(0)=0.55$ 下沿最优状态轨迹的最优等价因子用实线表示，且在下方的图中表示为关于时间的函数。这些结果表明，等价因子在驾驶循环工况的大部分时间内几乎都保持不变。然而，在驾驶循环工况即将结束时，s 值有一个很大的变化。这表明只要驾驶循环工况的特征变化不大，等价因子便保持恒定这一假设是成立的。

参考文献

Ambühl, D. and Guzzella, L., Predictive reference signal generator for hybrid electric vehicles, *IEEE Transactions on Vehicular Technology*, 58(9), 4730–4740.

Ambühl, D., Sciarretta, A., Onder, C.H., Guzzella, L., Sterzing, S., Mann, K., Kraft, D., and Küsell, M., A causal operation strategy for hybrid electric vehicles based on optimal control theory, *4th Braunschweig Symposium on Hybrid Vehicles and Energy Management*, Braunschweig, 2007.

Ao, G.Q., Qiang, J.X., Zhong, H., Mao, X.J., Yang, L., and Zhuo, B., Fuel economy and NO_X emission potential investigation and trade-off of a hybrid electric vehicle based on dynamic programming. *Proceedings of the IMechE, Part D—Journal of Automobile Engineering*, 222 (D10), 1851–1864, 2009.

Back, M., Terwen, S., and Krebs, V., Predictive powertrain control for hybrid electric vehicles. *IFAC Symposium on Advances in Automotive Control*, Salerno, 2004.

Bryson, E. and Ho, Y.C., *Applied Optimal Control*, Taylor & Francis, New York, 1975.

Chasse, A., Pognant-Gros, Ph., and Sciarretta, A., Online implementation of an optimal supervisory control for hybrid powertrains, *SAE International Powertrains, Fuels and Lubricants Meeting*, Florence, Italy, *SAE No. 2009-01-1868*, 2009.

Gong, Q.M., Li, Y.Y., and Peng, Z.R., Trip-based optimal power management of plug-in hybrid electric vehicles, *IEEE Transactions on Vehicular Technology*, 57(6), 3393–3401, 2008.

Guzzella, L., Automobiles of the future and the role of automatic control in those systems, *Annual Reviews in Control*, 33, 1–10, 2009.

Guzzella, L. and Amstutz, A., CAE-tools for quasistatic modeling and optimization of hybrid powertrains, *IEEE Transactions on Vehicular Technology*, 48(6), 1762–1769, 1999.

Guzzella, L. and Onder, C., *Introduction to Modeling and Control of Internal Combustion Engine Systems*, Springer-Verlag, Berlin, 2004.

Guzzella, L. and Sciarretta, A., *Vehicle Propulsion Systems—Introduction to Modeling and Optimization*, 2nd Edn, Springer Verlag, Berlin, 2007.

Johannesson, L., Asbogard, M., and Egardt, B., Assessing the potential of predictive control for hybrid vehicle powertrains using stochastic dynamic programming, *IEEE Transactions on Intelligent Transportation Systems*, 8(1), 71–83, 2007.

Kessels, J.T.B.A., Koot, M.W.T., van den Bosch, P.P.J., and Kok, D.B., Online energy management for hybrid electric vehicles, *IEEE Transactions on Vehicular Technology*, 57(6), 3428–3440, 2008.

Liu, J.M. and Peng, H.E., Modeling and control of a powersplit hybrid vehicle, *IEEE Transactions on Control Systems Technology*, 16(6), 1242–1251, 2008.

Pachernegg, S.J., A closer look at the Willans-line, *SAE International Automotive Engineering Congress and Exposition*, Detroit, 1969.

Paganelli, G., Guerra, T.-M., Delprat, S., Santin, J.-J., Delhom, M., and Combes, E., Simulation and assessment of power control strategies for a parallel hybrid car, *Proceedings of the IMechE, Part D: Iournal of Automobile Engineering*, 214(7), 705–717, 2000.

Phillips, A.M., McGee, R.A., Lockwood, J.T., Spiteri, R.A., Che, J., Blankenship, J.R., and Kuang, M.L., Control system development for the dual drive hybrid system, *SAE Paper No. 2009-01-0231*, 2009.

Pu, J. and Yin, C. Optimal fuel of fuel economy in parallel hybrid electric vehicles, *Proceedings of the IMecheE, Part D—Journal of Automobile Engineering*, 221 (D9), 1097–1106, 2007.

Optimal fuel of fuel economy in parallel hybrid electric vehicles, *Proceedings of the IMechE, Part D—Journal of Automobile Engineering*, 221(D9), 1097–1106, 2007.

Rizzoni, G., Guzzella, L., and Baumann, B., Unified modeling of hybrid electric vehicle drivetrains, *IEEE/ASME Transactions on Mechatronics*, 4(3), 246–257, 1999.

Sciarretta, A., Back, M., and Guzzella, L., Optimal control of parallel hybrid electric vehicles, *IEEE Transactions on Control Systems Technology*, 12, 352–363, 2004.

Sciarretta, A. and Guzzella, L., Control of hybrid electric vehicles—A survey of optimal energy-management strategies, *IEEE Control Systems Magazine*, 27(2), 60–70, 2007.

Sundström, O., Ambühl, D., and Guzzella, L., On implementation of dynamic programming for optimal control problems with final state constraints, *Oil & Gas Science and Technology—Rey. IFP*. DOI: 10.2516/ogst/2009020, 2009.

Sundström, O. and Guzzella, L., A generic dynamic programming MATLAB function, *IEEE Conference on Control Applications*, Saint Petersburg, Russia, 2009.

5

PEM 燃料电池末端封闭式阳极运行时的清理程序

Jason B. Siegel
密歇根大学
Anna G. Stefanopoulou MLD
密歇根大学
Giulio Ripaccioli
锡耶纳大学
Stefano Di Cairano
福特汽车公司

5.1 引言

为显著提高聚合物电解质膜(Polymer Electrolyte Membrane,PEM)燃料电池(Fuel Cell,FC)的耐久性,并降低其在大规模化汽车商业应用中的成本,我们需要对 PEM 燃料电池的设计和控制方面进行改进。研究表明,在燃料电池负荷跟踪和启动过程中,随着一些不期望的电池反应的发生,会出现电池的退化现象。而电池内液态水的局部积聚及其时空分布变化会加速电池的退化[1,2]。由于电池退化问题对燃料电池堆的寿命和性能均有很大危害,因此,在电池运行中需要减少液态水的积聚,并避免出现流道水淹或堵塞问题。以阳极流道的液态水堵塞现象为例,它不仅会导致电池内局部区域出现氢气匮乏,并且在特定条件下会引起阴极侧碳氧化和催化剂活性面积的损失等问题[3~5]。

为了避免在阳极流道中出现液态水的积聚,通常氢气需要以较高流速流过电池堆,从而形成流通式阳极结构(Flow-Through Anode,FTA)。而为了提高燃料的利用率,则需要采用再循环式阳极结构(Re-Circulated Anode,RCA)。在这种结构设计中,需要将水分从离开流道的气流中清除掉,并让剩余的氢气重新循环回到电池堆的入口,在那里与存储介质中额外的氢气混合,然后被加湿。由于需要外部加湿和阳极再循环回路,上述结构增加了电池的成本,并且降低了电池的功率密度。为了达到具有竞争力的成本及功率密度的目标,我们开发了一种末端封闭式阳极(Dead-Ended Anode,DEA)系统中水管理的建模与控制方法。该系统无需外部加湿就可在较低的氢气流速下运行。但是,该设计仍会受到严重的水空间分布不均的影响(入口处干燥而出口处水淹)。

在 PEM 燃料电池内,各种条件下均可能导致液态水的出现,其有时静止不动,有时呈现周期性变化或者极不规则的变化模式[1,6]。由于缺乏可重复性的实验数据,难以就液态水对电池退化的影响进行统计评估或者物理建模。本章中,我们设计并且展示了水淹模式受控的逐板实验[7],并且用它来确定低温燃料电池内两相(液态水和蒸汽)、动态的和空间分布式的传输现象的模型参数。然后,我们将首先对描述燃料电池多孔介质和流道内的气液界面演变的常微分方程(Ordinary Differential Equation,ODE)进行推导来降低模型的复杂性。这种简化减少了计算工作量,能够进行高效的参数化,并且为能够利用模型预测控制方法(Model Predictive Control,MPC)得到显式控制律的进一步简化提供了思路。我们的控制目标是调控阳极的清理周期和持续时间,以便减少燃料浪费,防止膜脱水,并且使燃料电池的热力学效率(给定负载下的端电压)最大化。

5.2 背景:PEMFC 基础知识

质子交换膜燃料电池,又称作 PEMFC,它是一种电化学能量转换装置,它通过将氢气和来自空气的氧气结合起来产生电能,并形成水和少量的热量。PEMFC 的核心是聚合物电解质膜,这种膜是氢气和氧气隔离的屏障。它要能够很容易的传导质子,又需保证电子绝缘以迫使电子通过外部电路做有用功。由杜邦(Dupont)公司制造的全氟磺酸-聚四氟乙烯共聚物(Nafion©)就是其中一种薄膜材料,另一种具有竞争力的产品是由戈尔(Gore)公司提供的。这些聚合物膜具有较低的熔点,需要将电池运行温度限制在 100 ℃以下。PEMFC 具有工作温度低和效率高(通常燃料电池堆为 50%~70%,整体系统为 40%~60%)等的特点,使得其成为汽车及便携式电源应用中的不错选择。

PEMFC 的基本结构如图 5.1 所示。燃料和氧气(空气)通过一系列流道供入到电池的有效区域。通常这些流道是加工在可以传导电子的基板上,以保证电子能够传输到集电器形成闭合的电流回路。在流道的设计中,流道的宽度与骨架(接触)宽度的比值是影响燃料电池性能的一个重要设计参数。气体扩散层(Gas Diffusion Layer,GDL)是一种多孔材料,它可以均匀地将反应气体从流道输送到流道下面的催化剂表面和骨架覆盖区域下面的催化剂表面。GDL 通常由可导电的碳纸或碳布材料制成。为了增强催化剂区域产物水的移除,在设计中通常用诸如聚四氟乙烯(Telfon)这样的憎水涂层来对扩散层的碳材料进行憎水处理。最后,催化层(Catalyst Layer,CL)是由碳载的铂颗粒(Platinum Particles,Pt)组成。催化层是燃料电池内部发生反应的地方,要让反应发生在阴极上,就需要保证质子、氧气和电子这三种反应物必须都能够接触到 Pt 粒子。而质子需要通过 Nafion 膜材料来进行传导,电子需要通过碳载结构进行传导,氧气则需要在孔隙来传输。因此,每个 Pt 粒子都必须与电池中的这三部分相接触[9]。通常在设计时,可在 GDL 和 CL 间增加一层很薄的微孔层(Micro-Porous Layer,MPL)结构,来减小接触电阻,加快催化层中水的移除,并且增强膜的水和作用[10]。

膜是一种可吸水的聚合物,膜中的水含量 λ_{mb} 指的是膜中每摩尔 SO_3H 所携带的水的摩尔数,它是影响膜中的质子传输和物质分子在膜中渗透的重要参数。随着膜中的水含量增加,质

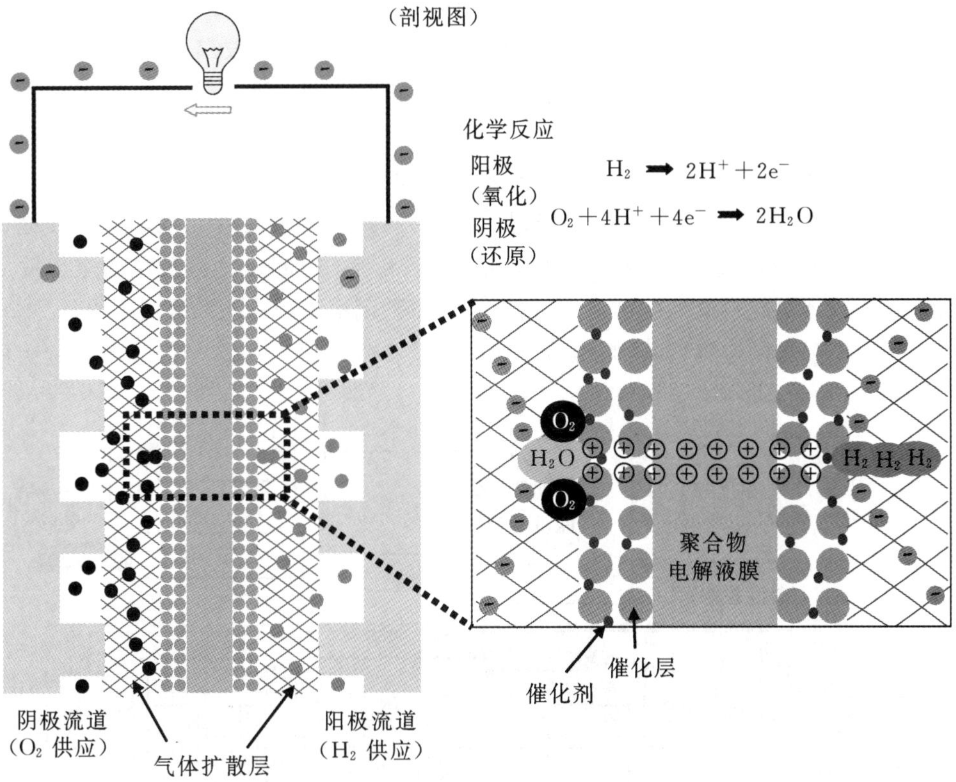

图 5.1 燃料电池的基本结构(没有按比例)(改编自文献 McCain, B. A., A. G. Stefanopoulou, and I. V. Kolmanovsky, *Chemical Engineering Science*, 63, 4418-4432, 2008)

子电导率和气体通过膜的渗透率也随之增加。增加质子电导率有利于提高燃料电池的效率,但是渗透率的增加导致物质渗透过膜的速率增大,这首先会降低燃料电池的效率,其次,会导致阳极流道中水(堵塞)和氮气(覆盖)的过度积聚,从而取替或阻塞氢气到达催化点。对上述这种积聚作用的建模和管理是本章研究的主题。

5.3 燃料电池子系统的控制

PEMFC系统的控制可以分为三类,每一类都在以不同的时间尺度演变,最快的是反应气体(空气或氧气和氢气)的供应,其次是热量管理和水管理。尽管每个子系统的控制目标和其动态运行特性是紧密地耦合在一起的,例如实际中可能会利用过量的反应物供应将热量和产物水带到电池外部,但是这些分类给我们提供了一个有用的建模框架。本章将集中于水管理的研究,目前有关电池系统控制的文献还没有广泛地涉及到这个问题,控制领域对这个问题也没有进行太多的研究。然而,电池的水管理问题被认为是目前低温PEM燃料电池堆商业化的障碍之一[11]。本章中,我们将首先介绍电池堆管理的总系统,以便提供合适的视角并引出水管理的问题。

图5.2(a)给出了燃料电池的一个基本控制架构,其包括了许多在反应物供应系统、阳极

侧的氢气供应和阴极侧的空气供应中常见的控制执行器。虽然有些小的便携式燃料电池系统是低压空气自呼吸式的，它们依靠自然对流来传递氧气，但在大多数汽车应用中，都是利用涡旋式或离心式压缩机来强迫通风以增加流道内的氧气压力，进而提高系统的功率密度[12]。系统中利用执行器 u_2 来控制供应到燃料电池阴极侧的空气流量和背压。研究发现，当系统中的压缩机由燃料电池驱动时，为了避免氧气匮乏，燃料电池堆的功率增加比率存在着一定的限制[13]。人们已经利用多种控制技术对空气压缩机的约束和多种歧管充填动态特性进行建模和管理[12,14]，其中包括反馈线性化[15]和设定值调节器[16]。向阴极供应过量的空气除了能缓解负载电流的增加对燃料电池的破坏之外，还有助于从阴极流道中去除液态水[1,17,18]。

由于是供应过量的空气，通常是维持反应所需量 2～3 倍的过量空气，气体通过阴极流道

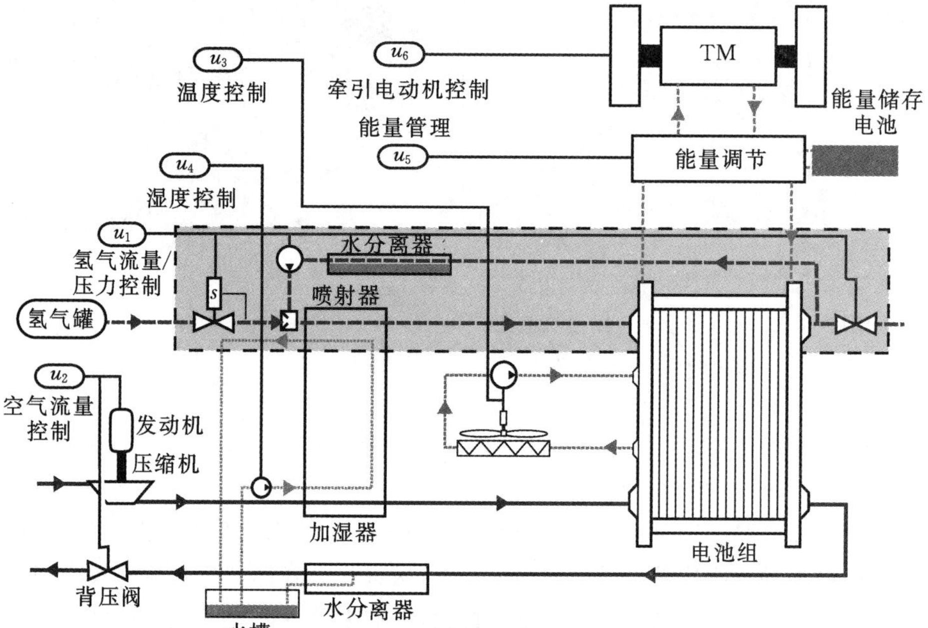

(a)在循环阳极(RCA)

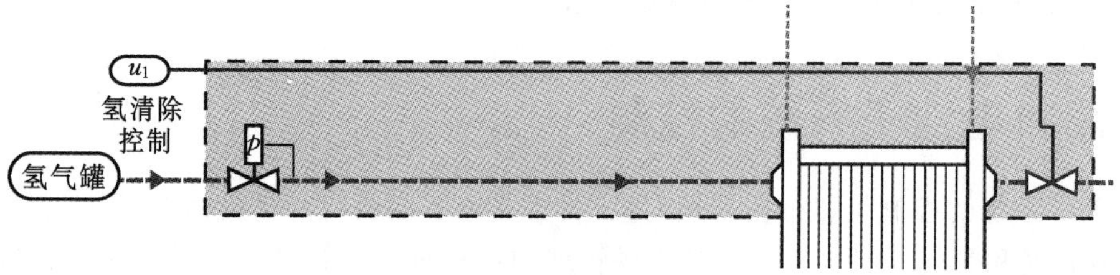

(b)端闭阳极(DEA)

图 5.2 燃料电池控制执行机构和子系统。(改编自文献 Pukrushpan, J. T., A. G. Stefanopoulou, andH. Peng, *Control of Fuel Cell Power Systems: Principles, Modeling, Analysis and Feedback Design*. New York: Springer, 2000.)(a)灰色虚线框显示的是 RCA 所需硬件；(b)压力调节式 DEA 的简化氢气输送系统，该系统减少或消除了对入口加湿、喷射器、水分离器和再循环管道的需求

时流速非常高，因此就有必要对从外部供入的空气进行加湿以防止膜干涸。通常使用起泡器、电热板注射器和其他新式的加湿器对入口处的空气进行加湿。由图中调节器 u_4 指示水温和流量，通过薄膜型加湿器控制从外部进入的空气的相对湿度[19,20]。由于冷却水离开电池堆后会被注入加湿器，所以这个子系统与空气流量和热量管理子系统紧密相连[21]。图中由调节器 u_3 指示的冷却液流速和风扇转速可被用来控制冷却系统。

子系统级控制模式中的难点在于对空气流速、阴极压力、阴极入口处相对湿度以及电池堆温度的控制，它们都与水管理这一更高级别的控制目标有关。在PEMFC运行过程中，水管理是确保电池堆寿命及高效运行的一个关键问题。成本和耐用性或者电池堆寿命是阻碍PEM-FC被广泛采用的两个限制因素[11]，而影响PEMFC耐用性的主要因素之一是水管理，特别是电池内部液态水的形成[1]和膜的干-湿变化过程[22,23]。液态水的形成会阻止反应物到达催化剂，引起催化层中反应物匮乏和碳腐蚀问题[3,5,24]，最终导致阴极支持结构的永久性退化。相反，膜变得干燥会增加质子传输的阻力，进而降低电池的效率，如式(5.55)所示。膜需要有足够高的含水量(即高 λ_{mb})以保证质子传输的顺畅，但又不希望出现水淹和流道堵塞的问题，因此需要进行电池的水管理[2,4,25]。控制工程可以提供必要技术促进燃料电池的设计开发及其商业化进程。

5.4 阳极水的管理

在大多数实验室或试验性的氢气PEMFC系统中，阳极和阴极都采用流通式运行(Flow-Through Anode，FTA)。然而对于商业和便携式系统而言，FTA运行时燃料利用率太低。燃料利用率定义为燃料的消耗率除以燃料的输送率，即 $U_{fuel}=(I_{fc}/(nF))/v_{fuel}$[9]，其中，$I_{fc}$ 是燃料电池的电流，单位为安培(A)；$n=2$ 是反应中的电子转移数；$F=96400\ \text{Cmol}^{-1}$ 是法拉第常数；v_{fuel} 是氢气的输送率，单位为 mol s^{-1}。燃料化学计量数是燃料利用率的倒数，即 $\lambda_{H_2}=1/U_{fuel}$。如图5.2(a)所示的阳极反应物子系统，采用再循环回路回收过量的氢气，并输送回燃料电池堆以提高燃料的利用率。然而再循环式阳极结构(RCA)需要氢气管道及其他硬件如喷射器/风机、水分离器和氢气加湿器等。这些组件增加了系统的重量、体积和费用[26,27]。需要注意的是，在气体离开阳极到达喷射器之前必须去除其中的水分，而所要供应到阳极的干燥燃料必须重新进行加湿以防止膜的过度干涸。

尽管RCA子系统可清除掉阳极气流中的水分，但仍然需要一定的清理操作以处理系统中残余的氮气。在阴极所供给空气中氮气分压力梯度的驱动下，少量的氮气可以渗透过膜到达阳极。随着时间的推移，这些氮气会在阳极供料系统中积聚，从而稀释了阳极氢气燃料[28,29]。H_2 的稀释会降低燃料电池电压，进而降低电池的效率。因此，需要对阳极再循环系统进行定期清理，以清除积聚的惰性气体。

我们采用以干燥氢气供应的DEA结构，如图5.2(b)所示，它是通过压力调节来维持阳极压力，并准确供给反应所需的氢气量(即 $\lambda_{H_2}=1$)。由于流道内气流速度较低，DEA运行不像RCA系统那样需要对氢气入口处的湿度进行严格控制；渗透穿过膜的水就足以对氢气燃料进行自加湿。由于DEA系统中使用压力调节器取代了质量流量控制器，不需要循环回路中的水分离器和氢气喷射器[30,31]或风机等、并且阳极进口处气体不需要增湿等，其系统成本更低，体积更小。在 DEA 运行中,利用二值控制信号 $u_1 \in \{0,1\}$ 打开下游电磁阀,为了维持系统压力,压力调节器会打开,从而在阳极流道中产生短暂的高速气流。这样的高速气流有助于去除液态水滴[1,18],而在 RCA 情况下,由于气体流速较低,水滴将保持静止。文献[32～34]通过实验对一些阳极结构设计及其实际运行时残余物的清除方面与流通式结构进行了对比研究。为了进行有效水管理和提高燃料利用率,本章重点放在从数学上推导基于模型的残余物清除,包括清理间隔时间和清理持续时间。

与之前讨论的 RCA 系统类似,氮气和水在膜中的渗透问题也值得关注。在 DEA 系统中,反应物的流动会将残留的氮气推向流道的末端,并在那里积聚。积聚的 N_2 会形成一层覆盖层,完全阻止氢气传输到催化层,受到 N_2 覆盖影响的电池区域也就无法进行电能生产[35]。同样,加湿后的阴极与干燥的阳极之间的水蒸汽梯度会促使过量的水穿过膜渗透到阳极,导致阳极侧明显的液态水积聚。如图 5.3 所示,水蒸汽的最大分容积是由温度决定的,而与其不同的是,液态水可以充满流道内的整个空间,我们稍后将对此进行讨论。流道内液态水的积聚会阻塞反应物的流动,我们称之为流道堵塞,受到影响的电池区域会停止产电。

在氢气消耗的推动下,重力和气流速度二者促使比氢气重的氮气和水分子运动到流道的底部。随着这两种物质的持续积聚,流道内将形成一种分层模式,如图 5.4 所示,其中富氢区

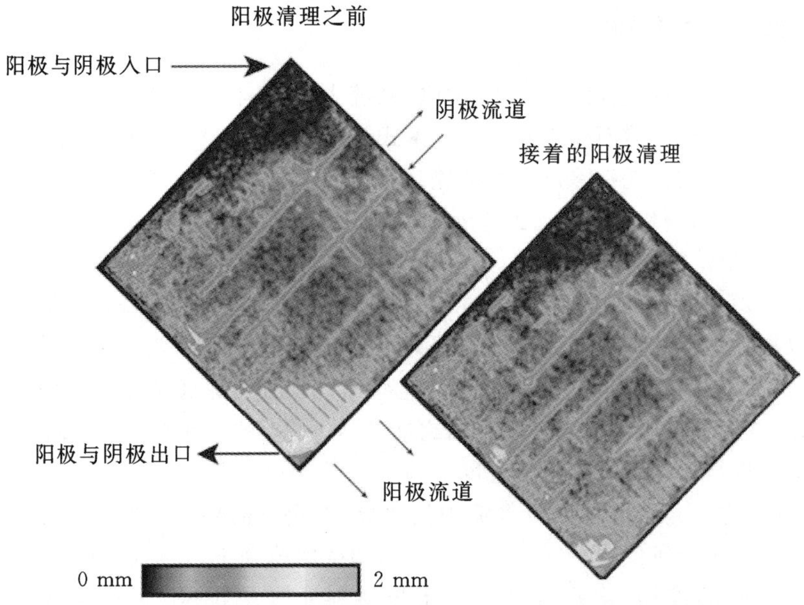

图 5.3 阳极清理前后燃料电池活性区域中子成像的图像,它表示电池的实际情况。电池在 566 mA cm^{-2},55℃下运行,阴极侧供入以化学计量数 200%的充分加湿空气,阳极以干燥的氢气进行供应。在清理之前阳极流道容积的 12%充满了液态水,因此燃料电池的有效面积减少了 12%。由于氢气的供应,电池有效区域顶部的 10%非常干燥,也不会像电池中部区域一样产生足够的电流。(改编自文献 Siegel, J. B., et al. *J. Electrochem. Soc.*, 155, pp. B1168-B1178, 2008)

域位于氢气耗尽区域的上方。这些区域间的边界是随时间发生变化的界面，它会向上朝着入口处移动[35]。实际上，氮气和水分子积聚会阻隔氢气传输，使其不能到达阳极催化点，这正是实验中观察到的可恢复性电压衰降的原因[7,28,36]。因此，阳极流道空间的清理对于清除掉通道内反应产物和惰性气体是非常必要的。清理后，能够进行电池反应的催化剂区域增多，测量的电池电压也会随之升高。

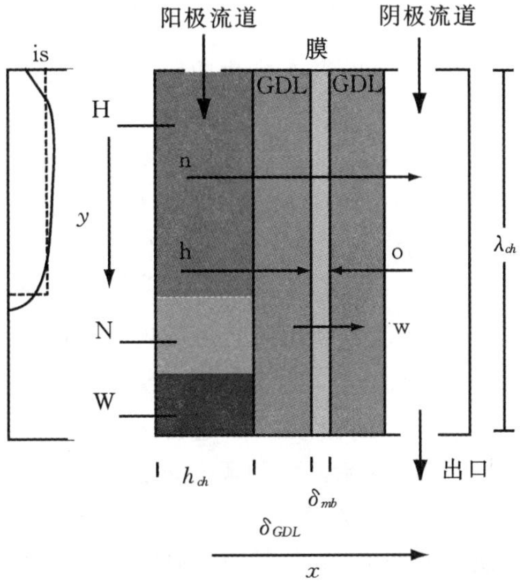

图 5.4　沿着 x 轴方向的一维 FC 建模区域，x 轴方向表示通过膜的方向，y 轴表示顺着流道从入口到出口的方向。该示意图显示了产物水的分层、惰性氮气以及电池底部氢气的取替。图的左边显示了沿流道方向的电流密度分布 $i_{fc}(y)$；实际电流密度分布(实线)、我们的预测值，即表观电流密度(虚线)

我们希望利用电池电压和输入/输出测量值如温度和压力等，开发一种基于模型的 H_2 清理调度策略，以避免出现阳极的干燥和水淹等问题而引起的可恢复电压的损耗。利用该 PEMFC 模型，通过对进入流道的液体流量、膜中氮气渗透率以及阳极流道内液态水和氮气的积聚量的估计，来预测电压降，并显示燃料电池中水淹和氮气覆盖的程度。利用燃料电池电压或阻抗等测量值的组合来对电池内部状态和膜的含水量 λ_{mb} 进行估计，以此来增加开环模型预测方法的鲁棒性[37]。

尽管时间、安培小时数或电压等参数都可以设置阈值用以启动阳极清理程序，进而防止电压的过度下降，但这些方案没有考虑到由于负载电流的突然增加而引起的瞬态电压降，或者阳极流道内液态水和氮气前沿界面的动态演变。虽然人们可以用实验确定的液态水渗透率[7]来获得 DEA 流道内的液态水积聚率。但不幸的是，这种方法对于膜和 GDL 老化不具有普适性，并且其需要进行大量参数化。开发一种基于电压阈值的清理方案的工作量非常大，需要进行大量的实验，以便为所有可能的工作状态(温度、压力、负载电流、阴极入口相对湿度以及阴极流速)确立正确的触发清理程序的电压值。此外，如果为考虑电流跃升引起瞬态压降而设置具有合理安全裕量的阈值，则就有可能产生过于保守的控制律，即会导致清理过于频繁、浪费燃料，同时会使膜变得干涸。因此，对 DEA FC 内液态水前沿界面的变化及其全部动态特性理解、建模和预测将有助于选择出合理的清理时间间隔和持续时间。更好的清理策略可以在清除时减少 H_2 浪费并避免膜的过度干涸。开发一个简单模型的优点在于能够实时/在线地执行系统仿真，并且可以利用 MPC 或基于观测器的反馈算法。

5.5 从流道到流道、扩散层和膜的一维模型

从最简单的模型，如式(5.48)所示的静态极化曲线，到完全瞬态的 3D 多相流模型[39]，共同的目标是预测燃料电池的电压或者性能。有关燃料电池建模方法的综述可参见文献[40]。对反应物(气体)从流道经过 GDL 到达膜表面催化层的传输过程的合理建模对于预测 PEMFC 性能至关重要，对于阴极催化剂表面的产物水的移除的数学描述也同等重要。液态水会阻塞催化剂表面，减少活性催化点的数量，或者其占据了 GDL 的一些孔隙，抑制反应物气体到达 CL。

如图 5.3 给出的中子成像所示，通过膜扩散回阳极侧的产物水会凝结，并在阳极流道内积聚，其会驱替氢气，并阻止氢气到达催化层，从而使受到影响的电池区域停止产电。在恒电流运行方式下，电池其余的富氢区域必须产生更大的电流密度($A\ cm^{-2}$)以便对无法产电的电池区域进行补偿。因此，可以采用表观电流密度的概念来描述这种影响[35,41]。5.9.1 节将给出阳极流道水量表观面积的计算。图 5.4 给出了阳极流道内液态水和氮气充注的示意图。因为水会在 GDL 和流道内凝结，所以膜与 GDL 之间，和 GDL 到流道间的水传输量决定了阳极的水积聚率。因此，我们给出了气体扩散层从流道到流道方向的一维(1D)建模方法[41]。

5.5.2 节将描述应用于流道的集总容积方法，其建立了一种质量平衡。文献[42]报道了与利用集总流道模型类似的工作，其中用来描述 GDL 中反应物传输的 PDE 在每一个控制容积内可通过相关的 ODE 进一步简化和近似。该模型调试后可以用来预测 Ballard Nexa PEMFC 堆的动态运行行为，该电堆采用自动加湿，阴极侧供应的气体为饱和态。但是，当供给电池的反应物不完全饱和或是干燥状态时，利用集总容积流道模型来描述两相液体和水蒸汽系统行为的局限性就较为明显。这种情况下，沿着气流流动的方向水蒸汽分压力有很大的梯度分布。该现象可从图 5.3 中看出，其中液态水积聚在电池底部，而与图中较暗区域对应的干燥区域则出现在临近入口处的区域。液态水和氮气的积聚会导致电流密度的分布，其会改变膜中的含水量，并影响水和氮气的在膜中的渗透率。文献[43]已经证明了流道方向建模对于预测水的渗透率和电池性能的重要性。对于 PEMFC 系统控制而言，模型精确度和计算复杂性之间的权衡，即选择 1D，还是 2D，还是 3D 模型，是具有较大难度的工程挑战。我们提出的穿过膜方向 1D 的建模方法是一种良好折中，这是因为如图 5.4 所示的表观电流密度可以捕捉到它们在流道方向上的影响，而不会增加计算复杂度。

5.5.1 建模区域概述

为了描述相关的动态特性，可以把燃料电池的建模区域分为五个部分，这五个部分分别与燃料电池在穿过膜方向(x)的五个独立区域相对应，即阳极流道、阴极流道、膜、阳极 GDL 和阴极 GDL。每个流道区域都涉及到三个瞬时状态量(阴极流道内的组分质量{$m_{O_2,ca,ch}$，

$m_{N_2,ca,ch}$，$m_{w,ca,ch}$}和阳极流道内的组分质量{$m_{H_2,an,ch}$，$m_{N_2,an,ch}$，$m_{w,an,ch}$}），其余的每个区域都只有一个状态量（阴极 GDL 液态水前沿界面的位置 $x_{fr,ca}$，阳极 GDL 的液态水前沿界面的位置 $x_{fr,an}$ 以及膜的含水量 λ_{mb}），共计有 9 个被建模的状态量。5.5.4 节和 5.5.5 节中，将 GDL 和膜中的初始时刻水的状态定义为 PDE 方程，5.7 节将对其进一步简化，以推导出状态 $x_{fr,ca}$、$x_{fr,an}$ 和 λ_{mb}。由于 GDL 中气体扩散的时间常数比液体快得多，因此 GDL 中气体组分的分布可以近似为稳态曲线[44]。图 5.5 简单地描述了建模区域以及各区域间的相互作用。可以把燃料电池堆的负载电流 I_{fc} 看作对象 D1 的被测量的扰动。

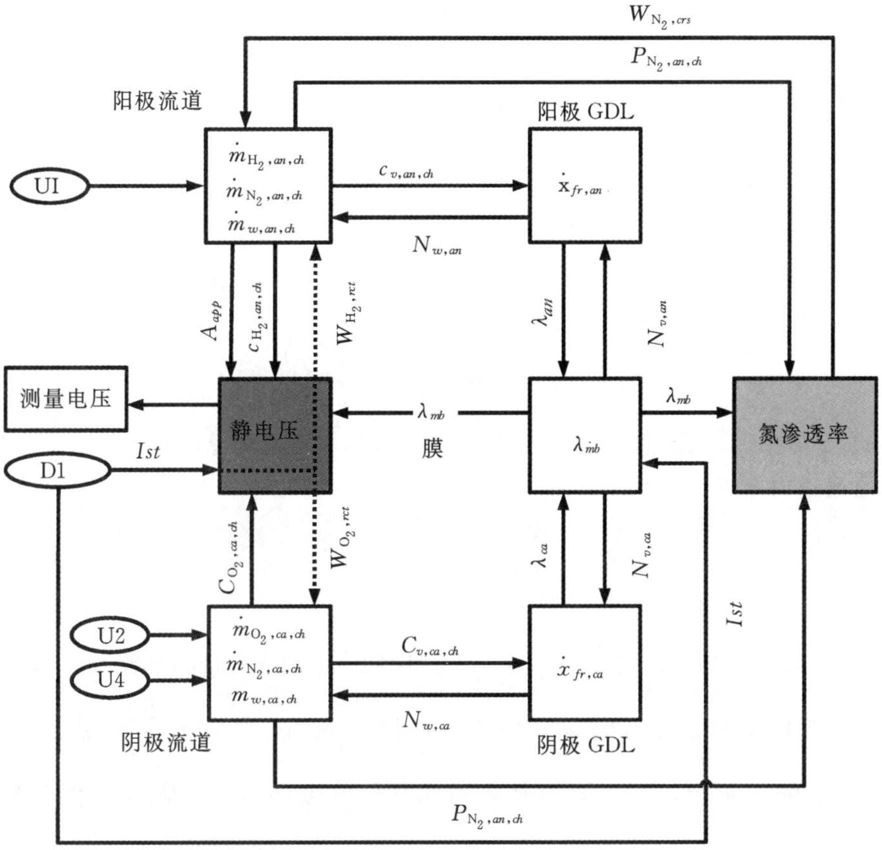

图 5.5　子系统互连和被建模状态量的示意图。阳极流道有三个状态量，阴极流道有三个状态量，表示阳极 GDL 液态水前沿界面位置的状态量是 $x_{fr,an}$，阴极 GDL 液态水前沿界面位置的状态量是 $x_{fr,ca}$，膜含水量的状态量是 λ_{mb}

5.5.2　阳极流道模型

与文献[41]类似，集总容积方程对流道中三种气体（H_2/O_2，N_2，以及 H_2O）中的每一种都建立了质量平衡。

流道内涉及到三种瞬时状态量，

$$\frac{\mathrm{d}m_{i,an,ch}}{\mathrm{d}t}=W_{i,an,in}+W_{i,an,GDL}-W_{i,an,out} \tag{5.1}$$

其中，$i\in\{H_2,N_2,w\}$分别与氢气、氮气和水对应。

流道内的液体和蒸汽被合并为一种状态，并假设流道内的蒸汽和液体处于相变平衡状态，因此

$$m_{v,an,ch}=\min\left(m_{w,an,ch},\frac{P_{sat}(T)V_{an,ch}M_v}{RT}\right) \tag{5.2}$$

其中，M_v 是水的摩尔质量，$P_{sat}(T)$是随温度变化的饱和蒸汽压力[45]。因此，剩余的水则处于液相

$$m_{l,an,ch}=m_{w,an,ch}-m_{v,an,ch} \tag{5.3}$$

假设阳极入口处气体流速等于干燥氢气的供应速率，因此有

$$W_{N_2,an,in}=W_{w,an,in}=0 \text{ 且 } W_{H_2,an,in}=W_{tot,an,in} \tag{5.4}$$

利用式(5.10)和阳极入口处压力 $P_{an,in}$，可以计算出进入阳极的气体总流量 $W_{tot,an,in}$，其中 $P_{an,in}$是由压力调节器设置的，是一常数。

假设 GDL 中气体达到稳定状态[44]，那么氢气在催化剂表面的消耗率就等于氢气离开阳极流道进入 GDL 的流量，可表示为

$$W_{H_2,an,GDL}=-W_{H_2,rct}=-\frac{i_{fc}}{2F}M_{H_2}A_{fc} \tag{5.5}$$

可以通过式(5.45)计算从流道进入到 GDL 的液态水和水蒸汽的总流量 $W_{w,an,GDL}$。膜中的氮气渗透量是通道内氮气分压力的函数，

$$\begin{aligned}W_{N_2,an,GDL}&=-W_{N_2,ca,GDL}\\&=\frac{k_{N_2,perm}M_{N_2}A_{fc}}{\delta_{mb}}(P_{N_2,ca,ch}-P_{N_2,an,ch})\end{aligned} \tag{5.6}$$

由文献[28]可知，氮气渗透率 $k_{N_2,perm}(T,\lambda_{mb})$是温度和膜中的含水量的函数：

$$k_{N_2,perm}(T,\lambda_{mb})=\alpha_{N_2}(0.0295+1.21f_v-1.93f_v^2)\times 10^{-14}\times\exp\left[\frac{E_{N_2}}{R}\left(\frac{1}{T_{ref}}-\frac{1}{T}\right)\right]$$

其中，$E_{N_2}=24000\ \mathrm{Jmol^{-1}}$，$T_{ref}=303$，$R$ 是通用气体常数，$f_v(\lambda_{mb})$是膜中水的体积比（式(5.42)）。

基于理想气体定律，我们可以由气体质量计算得到每一种气体的分压力，

$$P_{N_2,an,ch}=\frac{m_{N_2,an,ch}RT}{M_{N_2}V_{an,ch}} \tag{5.7}$$

其中，$V_{an,ch}$是阳极流道的体积，而流道内气体总压力为各种气体分压力的总和 $P_{an,ch}=P_{H_2,an,ch}+P_{N_2,an,ch}+P_{v,an,ch}$给出。

当电池正常运行时，离开阳极流道的气体流量为零。在阳极清理期间，气体流速较大，但仍处于层流状态下。

从通道出口流出的每种气体流量，可由出口节流孔的气体总流量乘以每种气体的质量分数向量 $\boldsymbol{x}_j$ 计算得出，

$$\begin{bmatrix} W_{H_2,an,out} \\ W_{N_2,an,out} \\ W_{w,an,out} \end{bmatrix} = \boldsymbol{x}_j W_{tot,an,out} \tag{5.8}$$

其中，当 $u_1=1$ 时，$W_{tot,an,out}$ 由式(5.10)给出；否则 $W_{tot,an,out}$ 为零。当 $P_1=P_{an,ch}\geqslant P_2=P_{an,outlet}$ 时，下标 $j=1$ 对应于阳极的流道；否则 $j=2$，表示通道出口处气体回流。当阳极流道存在液态水时，假设它覆盖出口的节流孔，气体混合物参数由用式(5.10)中与液态水相对应的参数替换，直到液体被清除干净，因此有

$$\boldsymbol{x}_1 = \begin{cases} [x_{H_2,an,ch}, x_{N_2,an,ch}, x_{v,an,ch}]^T, & m_{l,an,ch} = 0 \\ [0,0,1]^T, & m_{l,an,ch} = 0 \end{cases} \tag{5.9}$$

那么气体混合物的密度可由式 $\rho_{an,ch}=m_{tot,an,ch}/V_{an,ch}$ 给出。

式(5.10)给出了流入和流出燃料电池流道体积的物质总质量，其中，$C_{turb}=0.61$ 是紊流状态下的无量纲流量系数；D_h 是水力直径，单位为 m；A 是节流孔面积，单位为 m^2；$R_t=9.33$ 是来自文献[46]的临界值；ρ 是气体密度，单位为 $kg\ m^{-3}$；$v=\mu/\rho$ 是运动粘度，单位为 $m^2\ s^{-1}$；P_1，P_2 分别表示孔上游和下游的压力，单位为 Pa。根据流道内气体种类的摩尔分数 y，可以计算出气体混合物的动态粘度 μ[9]。

$$W_{tot} = \begin{cases} A\rho_1\left(C_{turb}\sqrt{\dfrac{2}{\rho_1}|P_1-P_2|+(\dfrac{v_1R_t}{2C_{turb}D_h})^2}-\dfrac{v_1R_t}{2D_h}\right), & P_1\geqslant P_2 \\ -A\rho_2\left(C_{turb}\sqrt{\dfrac{2}{\rho_2}|P_1-P_2|+(\dfrac{v_2R_t}{2C_{turb}D_h})^2}-\dfrac{v_2R_t}{2D_h}\right), & P_1< P_2 \end{cases} \tag{5.10}$$

5.5.3 阴极流道模型

图 5.2 中所示的控制输入 u_2 和 u_4 影响进入阴极流道的空气量、流道内气体压力和所供应的空气的相对湿度。为简单起见，我们将这些控制输入量分别表示为 $\lambda_{O_2,ca}$、$P_{tot,ca,in}$ 和 $RH_{ca,in}$，其中 $\lambda_{O_2,ca}$ 为阴极入口处的氧的化学计量数，$P_{tot,ca,in}$ 为阴极入口处的气体压力，$RH_{ca,in}$ 为供应到阴极的空气的相对湿度。在实际中，这些值是鼓风机[12]和加湿器[19]等的动态输出参数。

阴极流道中涉及到三个瞬时状态量，相应的质量平衡方程为

$$\frac{dm_{i,ca,ch}}{dt} = W_{i,ca,in} + W_{i,ca,GDL} - W_{i,ca,out} \tag{5.11}$$

其中，$i\in\{O_2, N_2, w\}$ 分别对应于氧气、氮气和水。

根据化学计量比可计算出流入阴极的氧气量：

$$W_{O_2,ca,in} = \lambda_{O_2,ca}\frac{i_{fc}}{4F}A_{fc}M_{O_2} \tag{5.12}$$

利用干燥空气中氧气的摩尔分数 $OMF_{ca,in}=0.21$，可以计算出流入阴极的氮气量：

$$W_{N_2,ca,in} = \frac{M_{N_2}}{OMF_{ca,in}M_{O_2}}W_{O_2,ca,in} \tag{5.13}$$

最后利用阴极入口处的水蒸汽压力 $P_{v,ca,in}=RH_{ca,in}P_{sat}(T)$，可以计算出进入阴极的水蒸汽流量：

$$W_{v,ca,in}=\frac{P_{v,ca,in}M_v}{OMF_{ca,in}(P_{tot,ca,in}-P_{v,ca,in})M_{O_2}}W_{O_2,ca,in} \tag{5.14}$$

催化剂表面氧气的消耗量等于从阴极流道传输到 GDL 的氧气流量：

$$W_{O_2,ca,GDL}=-W_{O_2,rct}=-\frac{i_{fc}}{4F}M_{O_2}A_{fc} \tag{5.15}$$

膜中氮气的渗透率可由式(5.6)给出。

如果假设阴极出口处压力固定，那么阴极流道出口公式与阳极的出口公式类似，为简便起见，在此略过。

5.5.4 气体扩散层中的水传输

对于图 5.6 所示的沿 x 方向通过气体扩散层的 1D 时变液态水的分布[41,44,47]，两相水的状态是扩散层中的关键状态量，它们可由两个耦合的二阶偏微分方程(Partial Differential Equations，PDE)来描述。文献[41]最早构建了这种模型，此处仅做简略回顾。GDL 中的液态水的传输取决于 GDL 中的液态水的体积比：

$$s(x,t)=\frac{V_l}{V_p} \tag{5.16}$$

其中，V_l 是液态水的体积，V_p 是 GDL 的开孔体积。若多孔介质中液态水足够多，我们用固定的饱和度极限 s_{im} 来描述，它使得扩散层内存在连贯的液体通路，那么液态水可以容易地流动。当 s 降到临界值以下时，那么就不会存在流过 GDL 的液体。我们用简化的液态水饱和度 $S(x,t)$ 描述这个现象，其中 $S(x,t)=\frac{s(x,t)-s_{im}}{1-s_{im}}$，并且当 $s<s_{im}$ 时，$S=0$。GDL 中液体的流动由毛细压力 P_c 的梯度驱动：

$$W_l=-\boldsymbol{\varepsilon}A_{fc}\rho_l\frac{K}{\mu_l}KS^3\frac{\partial P_c}{\partial S}\frac{\partial S}{\partial x} \tag{5.17}$$

毛细压力为

$$P_c=\frac{\sigma\cos(\theta_c)\sqrt{\boldsymbol{\varepsilon}}}{\sqrt{K}}(1.417S-2.12S^2+1.263S^3) \tag{5.18}$$

其中，K 是绝对渗透率，μ_l 是液态水的粘度，$\boldsymbol{\varepsilon}$ 是 GDL 的孔隙率，σ 是水与空气间的表面张力，θ_c 是 GDL 上水滴的接触角[48]。在文献[49～51]中可以找到其他较新的毛细压力模型。

描述 GDL 中液态水的 PDE 如下：

$$\frac{\partial s}{\partial t}=\frac{1}{\boldsymbol{\varepsilon}A_{fc}\rho_l}\frac{\partial W_l}{\partial x}-\frac{M_v}{\rho_l}r_v(c_{v,an}) \tag{5.19}$$

其中，M_v 为水蒸汽的摩尔质量，ρ_l 是液态水的密度，$r_v(c_{v,an})$ 是水的蒸发速率。

通过蒸发和凝结，可将液体和蒸汽的 PDE(式(5.19)～(5.21))关联起来：

$$r_v(c_{v,an})=\begin{cases}\gamma(c_{v,sat}(T)-c_{v,an}) & \text{其中 } s>0\\ \min\{0,\gamma(c_{v,sat}(T)-c_{v,an})\} & \text{其中 } s=0\end{cases} \tag{5.20}$$

其中，γ 是容积的冷凝系数，$c_{v,sat}(T)$ 是水蒸汽的饱和浓度，$c_{v,an}$ 是 GDL 中的水蒸汽浓度。

GDL 中水蒸汽浓度为稳态值，其分布可描述为[44]：

$$0=\frac{\partial c_{v,an}}{\partial t}=\frac{\partial}{\partial x}\left(D_v^{sim}\frac{\partial c_{v,an}}{\partial x}\right)+r_v(c_{v,an}) \tag{5.21}$$

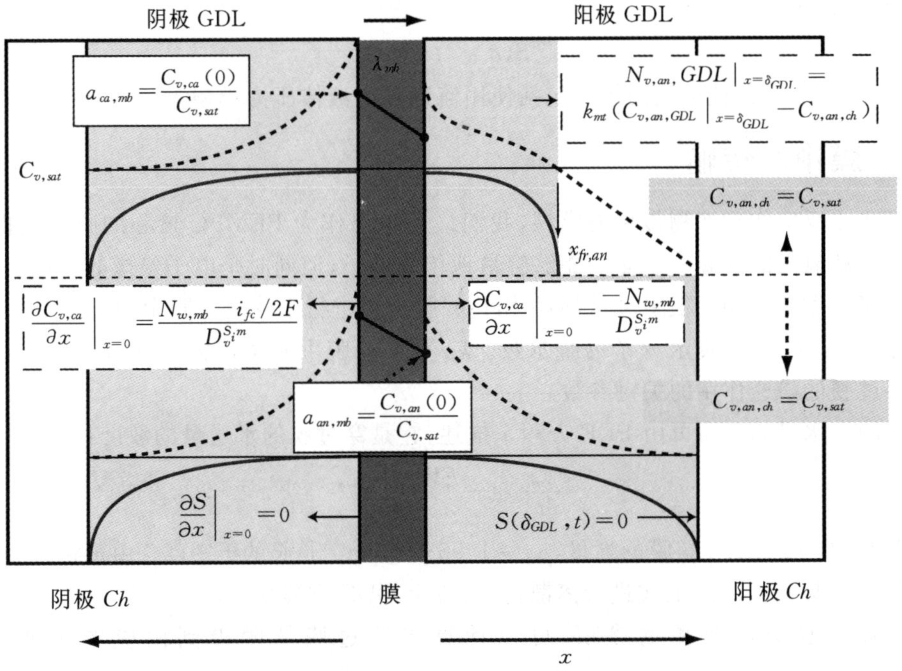

图 5.6 GDL 和膜中的水传输。虚线表示 GDL 中的水蒸汽分布 c_v，蓝色实线表示液态水饱和度 S。PDE 模型的边界条件(Boundary Condition，BC)如图所示，箭头表示每个区域中 x 的正方向。图中显示了两种不同情况下的水分布，即饱和的(下半部分)和不完全饱和的(上半部分)阳极流道条件。在不完全饱和的阳极流道条件下，采用液态水前沿界面位置 $x_{fr,an}$ 将两相(液态水和水蒸汽)及单相(只有水蒸汽)之间的过渡表示为 GDL 中沿 x 方向 S→0 的点

其中，$D_v^{s_{im}}=D_V D_{eff}(s=s_{im},\boldsymbol{\varepsilon})$为当 s 接近 s_{im} 时，GDL 内水蒸汽的有效扩散率[44]，D_V 是自由空间中蒸汽的扩散率，$D_{eff}(s,\boldsymbol{\varepsilon})$是有效扩散率[48]的修正项。

对 GDL 中水积聚和传输模型的封闭可通过边界条件来实现。对于 $c_{v,an}(x,t)$，在扩散层两边施加了 Neumann 型的边界条件。流道(ch)的边界条件为

$$N_{v,an,\mathrm{GDL}}\big|_{x=\delta_{\mathrm{GDL}}}=k_{mt}\left(c_{v,an,\mathrm{GDL}}\big|_{x=\delta_{\mathrm{GDL}}}-c_{v,an,ch}\right) \tag{5.22}$$

其中，$c_{v,an,ch}$ 是流道内的水蒸汽浓度；$k_{mt}=ShD_V/H_{ch}$ 是质量传输系数[52]，它与 Sherwood 数 Sh、水蒸汽在氢气中的自由空间扩散系数 D_V 以及流道的高度 h_{ch}(即特征尺度)有关。膜中水蒸汽分布的斜率由穿过膜的水蒸汽的流量确定：

$$\left.\frac{\partial c_{v,an}}{\partial x}\right|_{x=0}=\frac{-N_{w,mb}}{D_v^{s_{im}}} \tag{5.23}$$

其中，膜中水的摩尔流量 $N_{w,mb}$ 由电渗作用和反向扩散作用共同决定[41]，具体如式(5.26)所示。

对于液态水的 PDE，再次应用混合的边界条件。具体来说，由于微孔层的存在，可以假定从膜进入 GDL 的水是蒸汽形态，因此有$\left.\frac{\partial S}{\partial x}\right|_{x=0}=0$。从 GDL 进入流道的液态水量取决于

GDL 流道界面处的边界条件。当有充足的水形成连贯的通路时，液体容易流动，因此与文献[53]类似，我们可以假设

$$S(\delta_{\mathrm{GDL}},t)=0 \tag{5.24}$$

将来，我们还会考虑其他可能的模型包括使用流道内的液体压力模型[54]。

5.5.5 膜中水传输

为了建立反应物和产物传输的模型，我们最后考虑作为 PEMFC 核心的膜。膜提供了一个隔离氢气和氧气的屏障。它必须能够容易地传导质子，但同时是电子绝缘的，以迫使电子通过外部电路并做有用功。很多文献都对 Nafion 膜材料进行了建模。膜中的含水量 λ_{mb} 定义为膜中每摩尔 SO_3H 所携带水分子的摩尔数。λ_{mb} 是影响膜中质子传输、水的扩散、电渗作用以及分子穿过膜的渗透作用的关键参数。

膜中的含水量的分布可由 PDE 方程来描述，它是穿过膜的水通量的散度：

$$\frac{\partial \lambda_{mb}}{\partial t}=-\frac{EW}{\rho_{mb}}\frac{\partial N_{w,mb}}{\partial x} \tag{5.25}$$

其中，$EW=1100\ \mathrm{g\ mol^{-1}}$ 是膜的当量，$\rho_{mb}=1.9685\ \mathrm{g\ cm^{-3}}$ 是膜的干密度。由于膜非常薄，$\delta_{mb}=25\ \mu\mathrm{m}$，因此可以在空间对上式进行离散化，由单个 ODE 方程来表示。

根据膜中水的扩散和电渗项，可以计算出穿过膜从阴极到阳极的水通量 $N_{w,mb}$（$\mathrm{mol\ cm^{-2}}$）：

$$N_{w,mb}=-D_w(\lambda_{mb},T)\frac{\partial \lambda_{mb}}{\partial x}-n_d(\lambda_{mb},T)\frac{i_{fc}}{F} \tag{5.26}$$

其中，$D_w(\lambda_{mb},T)$ 是膜中水的扩散系数（式(5.37)），$n_d(\lambda_{mb})$ 是电渗拖曳系数（式(5.40)）[55]。这两者都与膜的含水量 λ_{mb} 和温度 T 有关，并且都随着膜的含水量和温度的增大而增大。

膜中水传输的控制方程由其边界条件完成封闭，并且将这些与 GDL 关联起来。我们假设膜处于平衡状态，且 GDL 中膜表面的水蒸汽浓度为 $c_{v,an}(0)$ 和 $c_{v,ca}(0)$，那么在膜的左边缘和右边缘施加 Dirichlet BC 可求取膜中的 λ_{mb}。利用式(5.33)所示的膜中吸水等温线 $\lambda_{T,a}$ 和 GDL-MB 交界面的水分活度 $a_{an,mb}=c_{v,an}(0)/c_{v,sat}$，可计算出平衡值 λ_{an}[41,55]。如式(5.23)所示，离开膜的水通量 $N_{w,mb}$ 可作为 GDL 的边界条件。

5.6 扩散层中液态水前沿界面的简化

在 GDL 内部，液态水的轮廓会形成一个陡峭的界面。毛细压力的 S 型函数导致了 GDL 中两相水区域和单相水域之间过渡的饱和度 s 的陡降[48]。在陡峭的液态水前沿界面的形成和迁移模式中[53]，其他的毛细管压力模型[49~51]也表现出类似行为。为了精确地表示液态水前沿界面的迁移，此时描述水传输的 PDE 方程[8,41]需采用非常精细的离散化网格。为了处理该问题，我们采用了为解决地下水传输问题而开发的自适应网格，但这种网格不太适于复杂度降低后的面向控制的模型。本章利用 GDL 内液态水体积急剧转变的性质，沿 x 方向根据与文献[53]类似的 ODE 方程在 GDL 中定义了两相水界面的位置，大大降低了 1D 两相水模型的计算复杂度。

我们假设液态水以恒定的、可调的，且比固定极限 s_{im} 稍大的体积比 s_* 进行迁移。文献[57]利用水积聚的中子成像数据估计了 s_{im} 的值。图 5.7 给出的该过程的放大示意图，方形的两相前沿界面的变化描绘了陡峭界面的过渡和液相水前沿的迁移。利用文献[8,41]中推导出的 PDE 的数值解与文献[7]中给出的实验观测值，可以推断液态水首先在 GDL 内开始局部积聚，具体如图 5.7(a)所示。在图 5.7(b)中，液态水前沿界面已经到达了 GDL 流道的边界。由于水进入流道时几乎无阻力，所以水开始从 GDL 溢出，并进入流道在那里积聚。在图 5.7(c)中，液态水完全充满了阳极流道，开始沿 y 方向克服重力向流道上方迁移。

下节将介绍用来描述膜中水的动态特性和 GDL 中液相水前沿界面迁移的 ODE。该 GDL 模型使用三个非线性状态量(阳极 $x_{fr,ca}$、阴极 $x_{fr,ca}$、GDL 液相水界面位置和膜中的含水量 λ_{mb})以及三个输入量(作为流道模型的状态参数：阳极和阴极流道的蒸汽浓度，以及测量的电流密度)，来预测水淹和干燥两种极限状态间阳极侧和阴极侧各自的液态水界面位置的动态演变过程，以及膜中含水量的动态变化过程。在这里，我们只给出了阳极和膜的详细模型方程，对于阴极的计算，只对必要的修改作以说明。

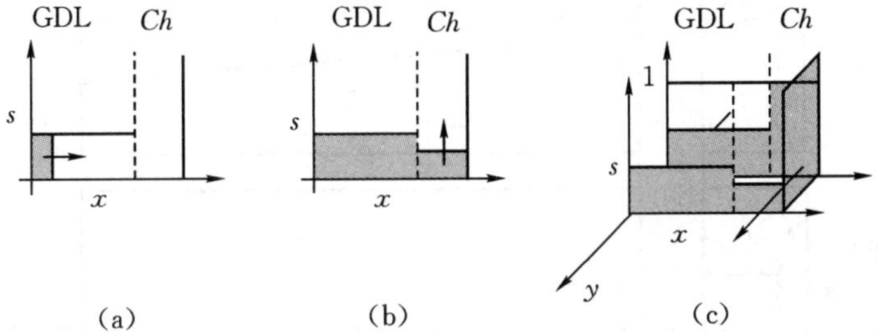

图 5.7　GDL 和流道中液态水界面的演变。图(a)，液态水填充 GDL 直到 $s=s_*$，然后两相界面朝着流道迁移；其次在图(b)中，液体开始在流道中积聚；最后在图(c)中，水一旦将流道部分完全充满就开始沿着流道向后迁移

5.7　扩散层中液态水前沿界面的迁移

GDL-MB-GDL 单元模型中水的动态特性取决于膜中含水量和如下所示的 GDL 中液态水前沿界面的位置。膜的吸水过程可由单个状态量建模表示。相对于膜的吸水过程，膜中水的扩散速度更快，因此可以利用式(5.31)和(5.44)求解每半个膜中水的扩散和电渗作用，这就得到了如图 5.8 所示的分段线性的含水量曲线。可以根据从阴极侧进入膜的水通量 $N_{v,ca,mb}$ 以及从阳极侧离开膜的水通量 $N_{v,an,mb}$ 计算膜的平均含水量 λ_{mb}，

$$\frac{d\lambda_{mb}}{dt} = K_{mb}(N_{v,ca,mb} - N_{v,an,mb}) \tag{5.27}$$

其中，$K_{mb}=EW/(\rho_{mb}\delta_{mb})$ 是膜的吸水率。

阳极 GDL 中两相(液态-蒸汽)界面的位置 $x_{fr,an}$ 由 GDL 中水的积聚率，即水蒸汽凝结成液相的速率 $N_{l,an}$ 决定。因此，液相界面的迁移可由下式给出：

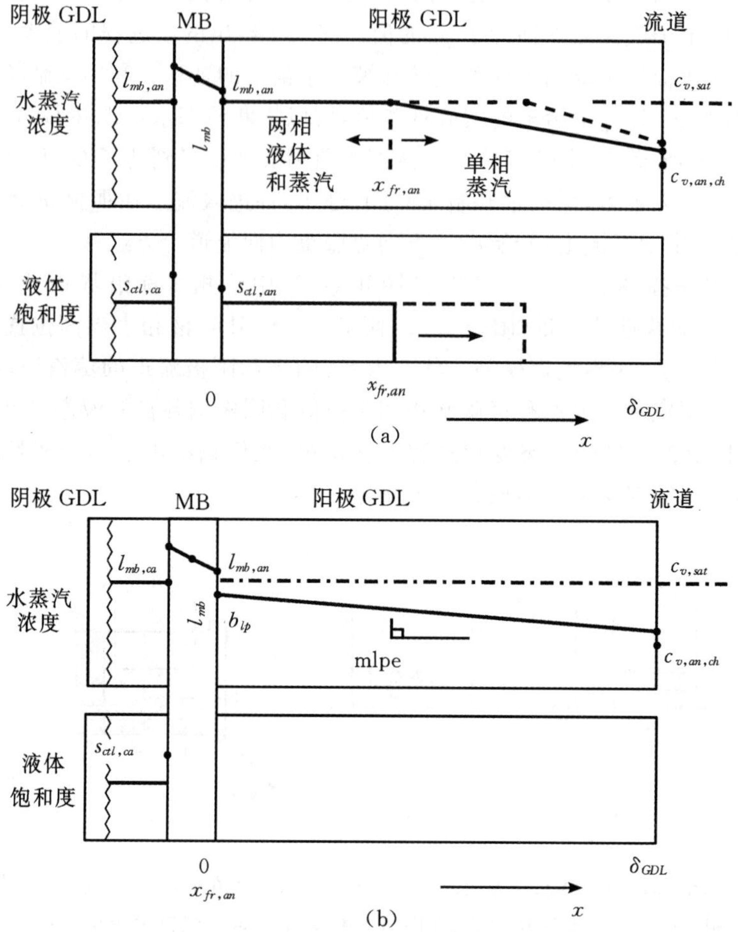

图 5.8　单元燃料电池模型中阳极 GDL 中两相界面的演变,它代表了图 5.1 中的 1D 切面。该图给出了阳极内单相(b)和两相(a)条件下膜的含水量(灰色区域)、GDL 中水蒸汽浓度(上图)和 GDL 液态水饱和度(下图)的假设分布曲线

$$\frac{\mathrm{d}x_{fr,an}}{\mathrm{d}t}=K_L\begin{cases}N_{l,an} & x_{fr,an}<\delta_{\mathrm{GDL}}\\ \min(0,N_{l,an}) & x_{fr,an}=\delta_{\mathrm{GDL}}\end{cases}\tag{5.28}$$

其中,$K_L=M_v/(\rho_l s_* \in \delta_{\mathrm{GDL}})$是一个常数,当假设液相界面以恒定液态饱和度($s=s_*$)迁移时,两相区域中液态水的几何形状和密度可由该常数来描述,具体如图 5.8 所示。式(5.28)的右边取决于 $N_{l,an}$,它等于从膜进入 GDL 的水通量 $N_{v,an,mb}$ 与从 GDL 离开并进入流道的蒸汽通量 $N_{v,an}$ 之间的差值:

$$N_{l,an}=N_{v,an,mb}-N_{v,an}\tag{5.29}$$

这些通量是扩散通量,所以取决于 GDL 中水蒸汽的浓度曲线 $c_{v,an}(x)$,而 $c_{v,an}(x)$ 又与液相界面的位置 $x_{fr,an}$ 有关。

在本章中,将利用两个假设对通过凝结和蒸发形成的液相和汽相之间的时空耦合过程进行简化。首先,由于液体密度比气体密度大 1000 倍,液态水的动态特性比气体的动态特性慢得多，因此，为了跟踪燃料电池中液态水前沿界面的迁移，我们假定气体处于稳态状态[8,53,58]。其次，假设所有凝结和蒸发都发生在膜-GDL 的交界面(MB-GDL)$x=0$[58]处以及气液界面的位置 $x_{fr,an}$。根据这些假设，蒸汽扩散方程的稳态解是一个关于水蒸汽浓度的分段线性函数，正如从图 5.8 看到的那样，该函数取决于液态水前沿界面的位置：

$$c_{v,an}(x)=\begin{cases}\min(b_v,c_{v,sat}(t)) & x\leqslant x_{fr,an}\\ m_v x+b_v & x>x_{fr,an}\end{cases} \tag{5.30}$$

在两相区域 $x\leqslant x_{fr,an}$ 的蒸汽曲线 $c_{v,an}(x)$ 等于饱和浓度 $c_{v,sat}(T)$；而在汽相区域，即气液界面位置和流道之间 $x>x_{fr,an}$，根据 Fickian 扩散定律，蒸汽浓度的分布为线性曲线。

在阴极 GDL 中的气液界面位置的迁移 $\dot{x}_{fr,ca}$ 的定义也是类似的，其中 $N_{l,ca}$ 由式(5.43)给定。为简便起见，仅给出了详细的阳极侧的公式，除非特别说明，阴极侧公式将与阳极侧公式类似。对于整个系统可以用等温模型来描述，或者考虑电池内温度呈缓慢变化的分布。当考虑温度分布时，可以将测量得到的电池两端的温度作为边界条件施加到 GDL-流道(GDL-ch)交界面上，此外，由于反应会产生热量，因此膜-GDL(MB-GDL)交界面处的温度会比电池两端的温度高几度(与负载相关)。这里，我们假设温度在空间上的分布保持不变，并且仅在首次引入变量时给出显式的依赖于温度的公式。

5.7.1 膜中水传输

从膜中传输到阳极 GDL 的水通量由膜中水的扩散和渗透作用所决定：

$$N_{v,an,mb}=2\frac{D_w(\lambda_{mb},T)\cdot(\lambda_{mb}-\lambda_{an})}{\delta_{mb}}-\frac{n_d i_{fc}}{F} \tag{5.31}$$

式(5.31)中的第一项描述了膜中水的扩散，该项由如图 5.8 所示的靠近阳极侧的膜中水浓度的梯度所驱动。靠近阳极侧的膜中水浓度的梯度由状态 λ_{mb} 和膜与阳极 GDL 交界面的含水量 λ_{an} 定义。由于催化层非常薄，所以它的影响可以归并到 λ_{an} 中。因此，我们把 λ_{an} 表示为催化层水淹的程度 $s_{ctl,an}$ 和 GDL 中蒸汽浓度 $c_{v,an}(0)$ 的函数，

$$\lambda_{an}=(1-s_{ctl,an})\lambda_{T,a}+s_{ctl,an}\lambda_{\max} \tag{5.32}$$

其中，$\lambda_{\max}=22$[59] 是当膜与液态水达到热力学平衡时的含水量，而 $\lambda_{T,a}$ 是膜的吸水等温线[41,55]，

$$\lambda_{T,a}=c_0(T)+c_1(T)a+c_2(T)a^2+c_3(T)a^3 \tag{5.33}$$

它是 GDL-MB 交界面上水分活度 a 的函数。GDL-MB 交界面中的水分活度等于蒸汽的浓度与蒸汽的饱和浓度的比，即 $a_{an,mb}=c_{v,an}(0)/c_{v,sat}$。利用表 5.1 中的参数值，并通过对在 30 ℃和 80 ℃时测量的吸水等温线[55]进行线性插值，可以计算出 $c_i(T)$，$i\in\{0,1,2,3\}$

$$c_i(T)=\frac{(c_{i,353}-x_{i,303})}{50}(T-303)+c_{i,303} \tag{5.34}$$

为了描述待测阳极的水淹状态，可以引入膜中的含水量与催化层液态饱和度的关系式。我们提出把 $s_{ctl,an}$ 作为液体流量 $N_{l,an}$ 的函数，具体表示为：

$$s_{ctl,an}=\frac{\max(N_{l,an},0)}{N_{L,\max}} \tag{5.35}$$

表 5.1 燃料电池参数

$\{c_{0.303}, c_{1.303}, c_{2.303}, c_{3.303}\}$	$\{0.043, 17.81, -39.85, 36\}$[60]
$\{c_{0.353}, c_{1.353}, c_{2.353}, c_{3.353}\}$	$\{0.3, 10.8, -16, 14.1\}$[61]
$\{D_{w,303}, D_{w,353}\}$	$\{0.00333, 0.00259\}$[62]
$a_w(\mathrm{cm^2 s^{-1}})$	2.72E−5[55]
$c_f(\mathrm{mol\ cm^{-3}})$	0.0012[55]
舍伍德数	$Sh=2.693$[52]

其中,$N_{L,\max}$表示催化层内液态水完全饱和之前可以承受的最大液态水的流量。$N_{L,\max}$应该与液态水粘度成反比,因此我们选择了如下的与温度呈指数关系的函数形式:

$$N_{L,\max}(T) = N_{L0}\left(\exp\left[N_{L1}\left(\frac{1}{303}-\frac{1}{T}\right)\right]\right) \tag{5.36}$$

其中,N_{L1}和 N_{L0}是可调参数。

$$D_w(\lambda,T) = \begin{cases} a_w c_f \exp[2416(1/303-1/T)]\dfrac{M_v\lambda_{mb}\rho_{mb}}{(p_l EW + M_v\lambda_{mb}\rho_{mb}}\dfrac{\mathrm{dlog}a_{mb}}{\mathrm{dlog}\lambda_{mb}}, & \lambda < \lambda_{a=1}(T) \\ D_{w0}(T) + D_{w1}(T)\cdot\lambda, & \lambda \geqslant \lambda_{a=1}(T) \end{cases} \tag{5.37}$$

$$D_{w0}(T) = \frac{a_w c_f \exp[2416(1/303-1/T)]}{(\rho_l EW + M_v\lambda_{a=1}(T)\rho_{mb})}\frac{M_v\lambda_{a=1}(T)^2\rho_{mb}}{c_1(T)+2c_2(T)+3c_3(T)} - \lambda_{a=1}(T)D_{w1}(T) \tag{5.38}$$

$$D_{w1}(T) = \left(K_{w,303} + \frac{D_{w,353}-D_{w,303}}{50}(T-303)\right)a_w c_f \exp[2416(1/303-1/T)] \tag{5.39}$$

注 1:催化剂中的液相体积比 $s_{ctl,an}$ 表示膜与液态水相接触的部分。因此式(5.32)中的 $s_{ctl,an}$为与水蒸汽热力学平衡时膜中的含水量$\lambda_{T,a=1}$和与液态水热力学平衡时膜中含水量 $\lambda_{\max}=22$之间的线性插值。

注 2:当液态水在膜两侧的 GDL 中都出现时,由于膜两侧蒸汽浓度都等于 $c_{v,sat}$,膜中水蒸汽的浓度梯度变为零。此时,膜两侧催化层的水淹程度 $s_{ctl,an}$和 $s_{ctl,ca}$之间的差就成为膜中水传输的驱动力。

注 3:式(5.37)中膜的水扩散系数 $D_w(\lambda_{mb},T)$与温度呈指数关系,但当 λ_{mb}的值大于 6[55,62]时,它与膜含水量呈线性关系。当电池接近水淹状态时,典型的膜中水含量范围为 9~14。

式(5.31)中的第二项描述了膜中水的电渗传输。因为该方式是通过膜中质子传导将水从阳极拉到阴极,因此,水的电渗传输取决于电流密度 i_{fc},电渗系数可表示为:

$$n_d = \begin{cases} \lambda_{mb}/\lambda_{T,a=1} & \lambda_{mb} < \lambda_{T,a=1} \\ K_{\lambda,T}(\lambda_{mb}-\lambda_{T,a=1})+1 & \lambda_{mb} \geqslant \lambda_{T,a=1} \end{cases} \tag{5.40}$$

它是膜的含水量和温度的函数,其中,$K_{\lambda,T}$是当膜与水蒸汽热力学平衡时 $n_d=1$ 和膜与液态水热力学平衡时 $n_d=-1.834+0.0126T$ 的线性插值[62],具体表示为:

$$K_{\lambda,T} = \frac{-1.834+0.0126T-1}{\lambda_{\max}-\lambda_{T,a=1}} \tag{5.41}$$

膜中水的体积比 f_v 可由下式计算:

$$f_v = \frac{\lambda_{mb} V_w}{V_{mb} + \lambda_{mb} V_w} \tag{5.42}$$

其中，$V_{mb} = EW/\rho_{mb}$ 是干膜体积(当量除以密度)，而 V_w 是水的摩尔体积。

5.7.1.1　阴极侧方程

当考虑水的生成项，并根据不同的坐标轴对符号进行修改后，阴极侧也可以采用相同的方程组：

$$\frac{1}{2}\frac{i_{fc}}{F} - N_{v,ca,mb} = N_{v,ca} + N_{l,ca} \tag{5.43}$$

$$N_{v,ca,mb} = 2\frac{D_w(\lambda_{mb}, T) \cdot (\lambda_{ca} - \lambda_{mb})}{\delta_{mb}} - \frac{n_d i_{fc}}{F} \tag{5.44}$$

5.7.1.2　与流道间的水传输

GDL内的两相界面的位置决定了GDL与流道间的水蒸汽和液态水的传输量。当液相位置位于GDL内部，即 $x_{fr,an} < \delta_{\mathrm{GDL}}$ 时，此时GDL与流道间的水传输仅为汽相。当液态水前沿界面到达流道时，即 $x_{fr,an} = \delta_{\mathrm{GDL}}$ 时，此时从GDL进入流道的水是液体和蒸汽传输量的总和：

$$W_{w,an,\mathrm{GDL}} = A_{fc} M_v (N_{v,an} + \max(N_{l,an}, 0)), \text{如果 } x_{fr,an} = \delta_{\mathrm{GDL}} \tag{5.45}$$

利用max(·)函数可防止流道内的液态水进入到GDL中，因为模型中的公式 $N_{l,an} < 0$ 表示在GDL内部后退的两相界面。

5.8　拟合水传输参数

在阳极末端封闭式的PEMFC运行时，式(5.36)中的可调参数 N_{L0} 和 N_{L1} 可以通过阳极流道内液态水的积聚率观察得到的中子成像数据来实验确定[7]。根据系统的时间演变可计算准稳态积聚率，图5.9给出了准稳态积聚率与电流密度 i_{fc} 和电池温度 T 的函数关系曲线。燃料电池运行参数的选取要尽可能保证每一个通道内的工况一致，这样能保证集总流道近似模型始终是有效的。因此，我们采用阴极入口气体完全加湿条件下获得的实验数据来对参数进行辨识。在这些运行工况下，当观察到阳极流道内有液态水的积聚时，我们可以假设阳极和阴极GDL内都是液态水饱和的，即 $x_{fr,an} = \delta_{\mathrm{GDL}}$；并且可以认为阳极流道内的液态水积聚率等于穿过膜的水流量。基于假设 $c_{v,an,ch} = c_{v,ca,ch} = c_{v,sat}(T)$ 和 $x_{fr,an} = x_{fr,ca} = \delta_{\mathrm{GDL}}$，可以求解式(5.46)中膜含水量的平衡值 $\lambda = \lambda_{eq}$ 以及相应的通过膜进入阳极的水通量 $N_{v,an,mb,eq}$。需要利用测量得到的液态水积聚数据来拟合式(5.47)中的函数 $N_{v,an,mb,eq}(T, i_{fc}, \lambda = \lambda_{eq}, N_{L0}, N_{L1})$，利用MATLAB®中的非线性最小二乘法来拟合参数 N_{L0} 和 N_{L1}。可以很容易地计算Jacobian矩阵的解析式，这便加快了参数拟合的收敛速度。表5.2给出了修正后的参数。在式(5.36)中给出的 $N_{L,\max}$ 的具体函数形式，其并不依赖调整步骤，因此利用其他函数关系也可以很容易地将模型参数化。

表5.2　液态水传输模型中的修正参数

s_*	0.37
N_{L0}	2.3434
N_{L1}	3991

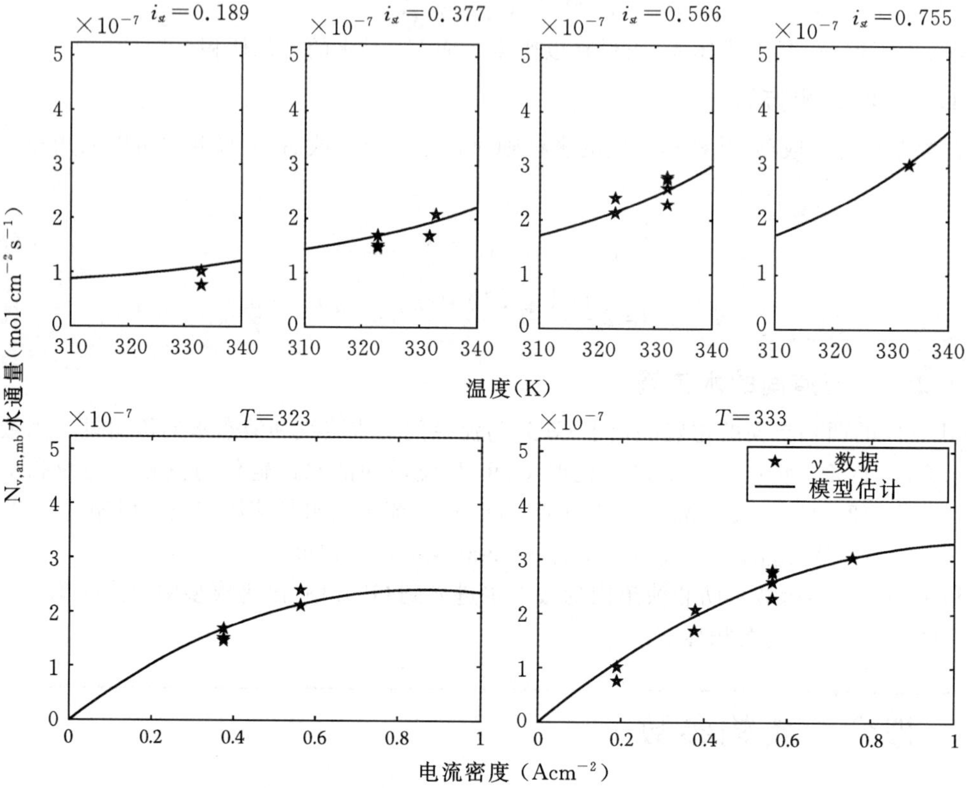

图 5.9 利用拟合参数得到的准稳态积聚率,它随着温度呈上凸的变化关系,与电流密度呈下凹的变化关系

整定后的模型表明,由于扩散系数方程(5.37)中指数项的作用,阳极流道内的水渗透率和液体积聚率将随着温度的升高而呈指数增长。当水生成率增大时,膜中水的渗透率随电流密度一起增大,直至式(5.31)中电渗项开始起主导作用,此时膜中水的渗透率会随着电流密度的进一步增大而开始减小。

5.9 燃料电池终端电压

燃料电池端电压是系统主要的可测量输出量,它是电池所处状态及电池运行工况(包括温度及负载电流)的静态非线性的输出值。由于电化学动态响应特性非常快[12,63],所以反应物向电池内的质量传输过程(或者说通道内反应物的浓度)以及产物水的去除过程,决定了电池电压中观察到的动态行为。

$$\lambda_{eq} = \frac{4F\lambda_{a=1}(T)N_{L,\max}(T) - \lambda_{a=1}i_{fc} + \lambda_{\max}i_{fc}}{4FN_{L,\max}(T)} \tag{5.46}$$

$$N_{v,an,mb,eq} = \frac{2FN_{L,\max}(T)D_{ve}D_w(\lambda_{eq},T)(\lambda_{eq} - \lambda_{a=1}(T)) - i_{fc}\delta_{mb}n_d(\lambda_{eq},T)}{F(N_{L,\max}(T)D_{ve}\delta_{mb} + 2D_{ve}D_w(\lambda_{eq},T)(\lambda_{\max} - \lambda_{a=1}(T)))} \tag{5.47}$$

电压模型的输入包括：总电流 I_{fc}(A)、温度 T(K)、膜中的水含量 λ_{mb}、膜表面的氢气分压力 $P_{H_2,an,mb}$(Pa)，以及根据式(5.61)计算得到的阴极膜表面的氧气分压力 $P_{O_2,ca,mb}$(Pa)。根据理想气体定律 $P_{H_2,an,mb}=RTc_{H_2,an,mb}$，可将气体压力和气体浓度关联起来，其中的 R 表示通用气体常数。电池的开路电位(可逆电压)减去浓差损失、过电位和欧姆损失，可计算得到电池的端电压。

$$V_{cell}=E_{rev}-\eta_{act,ca}-\eta_{act,an}-\eta_{mb}-\eta_{ohmic} \tag{5.48}$$

电池的可逆电压由下式给定：

$$E_{rev}=E_0-\frac{RT}{nF}\log\left(\frac{aH_2O}{aH_2\sqrt{(aO_2)}}\right) \tag{5.49}$$

其中，$E_0=1.229-(T-T_0)\times 2.304\times 10^{-4}$[9]。由于假定产物水为液态，所以根据浓度 $aH_2=c_{H_2,an,mb}/C_{ref,H_2}$，$aO_2=c_{O_2,ca,mb}/C_{ref,O_2}$ 和 $aH_2O=1$ 可计算出反应物和产物的活度。下标 ref 表示参考量，下标 ca,mb 表示阴极膜表面。

为了简化电池电压的计算，可以根据交换的电流密度 $i_{o,ca}$ 和 $i_{o,an}$，并使用双曲正弦函数来计算过电位 $\eta_{act,ca}$ 和 $\eta_{act,an}$

$$\eta_{act,ca}=\frac{RT}{\alpha_{c,a}nF}\operatorname{asinh}\left(\frac{i_{fc}+i_{loss}}{2i_{o,ca}}\right) \tag{5.50}$$

其中，$i_{fc}=I_{fc}/A_{fc}$ 是电流密度；i_{loss} 是由于膜中氢气渗透而损失的电流密度，表 5.3 中给出其整定值。$n=2$ 是电子的迁移数，$F=96485$ C/摩尔电子是法拉第常数。当正向和逆向反应系数相等时($\alpha_{c,a}=\alpha_{c,c}$)[45]，双曲正弦(函数)与 Butler-Volmer 方程相同。交换的电流密度由如下方程给定：

$$i_{o,ca}=i_{o,ref,ca}\left(\frac{C_{O_2,ca,mb}}{C_{ref,O_2}}\right)^{\gamma O_2}\left(\frac{C_{H^+_{ca,mb}}}{C_{ref,H^+}}\right)^{\gamma_{H^+}}\exp\left(\frac{-E_c}{R}\left(\frac{1}{T}-\frac{1}{T_0}\right)\right) \tag{5.51}$$

其中，$i_{o,ref,ca}$ 是参考电流密度，c_* 是反应物浓度，γ 是浓度项的指数。Arrhenius 项中的 E_c 代表铂表面上氢气氧化的活化能[64]。文献[65]给出了阴极侧局部质子活性项的指数 $\gamma_{H^+}=0.5$。尽管阴极反应与氧气浓度和膜中质子的活性均相关，但由于在燃料电池正常运行时，有足够多的质子存在，所以通常可将质子的活性项忽略掉，即$(c_{H^+_{ca,mb}}/C_{ref,H^+})^{\gamma_{H^+}}\approx 1$。

表 5.3 电压方程中的给定参数

$i_{o,ref,ca}$	7E-8(A cm^{-2})	阴极交换电流
$i_{o,ref,an}$	0.05(A cm^{-2})	阳极交换电流
i_{loss}	1E-3(A cm^{-2})	渗透电流
D_{eff}	0.35	GDL 中的扩散率
R_{GDL}	0.275(Ω cm^{-2})	接触电阻

类似地，对于阳极侧有，

$$\eta_{act,an}=\frac{RT}{\alpha_{a,a}nF}\operatorname{asinh}\left(\frac{i_{fc}+i_{loss}}{2i_{o,an}}\right) \tag{5.52}$$

其中，阳极的交换电流密度为

$$i_{o,an}=i_{o,ref,an}\left(\frac{C_{H_2,an,mb}}{C_{ref,H_2}}\right)^{\gamma H_2}\exp\left(\frac{-E_c}{R}\left(\frac{1}{T}-\frac{1}{T_0}\right)\right) \tag{5.53}$$

由于膜中质子电导率的损失而造成的电压降可由下式表示:

$$\eta_{mb} = i_{fc} R_{mb}(T, \lambda_{mb}) \tag{5.54}$$

其中,膜的电阻为

$$R_{mb}(T, \lambda_{mb}) = \frac{\exp\left[1268\left(\frac{1}{T} - \frac{1}{303}\right)\right]}{-0.00326 + 0.005193\lambda_{mb}} \delta_{mb} \tag{5.55}$$

δ_{mb}表示膜的厚度,且膜的电导率是膜中水含量和温度的函数,该函数采用了 Springer 等人提出的关联式[60]。

最后,将 GDL 及接触电阻等集总到 R_{ohmic} 中,则欧姆损失可表示为

$$\eta_{ohmic} = i_{fc} R_{ohmic} \tag{5.56}$$

极化曲线是描述燃料电池运行特性的典型曲线,如图 5.10 所示,该图反映了端电压 V_{cell} 与施加的电流密度 i_{fc} 之间的关系。当电流密度较小时,由于活化损失 $\eta_{act,an}$ 和 $\eta_{act,ca}$ 电池电压初始会有一个迅速下降。极化曲线的中间部分称为欧姆区,它呈现出良好的 $i-v$ 线性关系,并且在这个电流密度范围内电池电压的损失主要是由欧姆项 η_{mb} 和 η_{ohmic} 引起的。

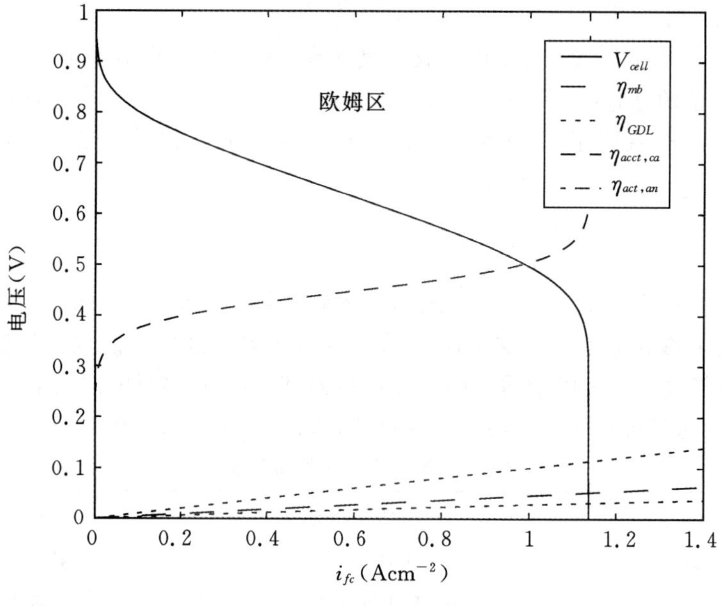

图 5.10 燃料电池的极化曲线

如图 5.10 所示,当电流密度较大时,电池电压会有一个陡降,这是由于膜表面的反应物浓度降低引起的浓差损失,而该浓差损失根源在于从流道通过 GDL 到达 CL 的反应物(特别是氧气)的扩散过程。$c_{O_2,ca,mb}$表示催化层中可利用的氧气浓度,该量在电流密度较大时会有所降低,这是因为当气体传输通过 GDL 时会受到一定的阻力。由于扩散是一个快速的过程,并假设 GDL 中氧气扩散满足 Fick 定律,可以考虑采用 1D 稳态函数

$$N_{O_2,ca,GDL} = -D_{eff}(s, \boldsymbol{\varepsilon}) D_{O_2} \frac{\partial c_{O_2,ca,GDL}}{\partial x} \tag{5.57}$$

我们假设膜表面为 Neumann 边界条件，即在膜表面，氧气的传输量等于氧气的消耗量

$$N_{O_2,ca,GDL}\mid_{x=0} = -N_{O_2,rct} \tag{5.58}$$

并且，流道与 GDL 界面上也满足 Neumann 边界条件，可由通道内氧气质量传递系数 k_{mt} 给出[52]，

$$N_{O_2,ca,GDL}\mid_{x=\delta_{GDL}} = k_{mt}(c_{O_2,ca,GDL}\mid_{x=\delta_{GDL}} - c_{O_2,ca,ch}) \tag{5.59}$$

其中，$c_{O_2,ca,ch}$ 表示位于流道内的氧气浓度。氧气的消耗速率（mol cm^{-2} s^{-1}）由下式给出

$$N_{O_2,rct} = \frac{i_{fc}}{4F} \tag{5.60}$$

为了考虑 GDL 多孔结构及其由于扩散介质中液态水的积聚引起的体积减小等的影响，将自由空间的扩散系数 D_{O_2} m^2 s^{-1}乘以有效的扩散系数 $D_{eff}(s,\boldsymbol{\varepsilon})$[48]。在扩散率恒定的情况下，$D_{O_2}^{s_{im}} = D_{O_2} D_{eff}(s_{im},\boldsymbol{\varepsilon})$，我们有

$$\begin{aligned} C_{O_2,ca,mb} &= c_{O_2,ca,GDL}\mid_{x=0} \\ &= C_{O_2,ca,ch} - \left(\frac{1}{k_{mt}} + \frac{\delta_{GDL}}{D_{O_2}^{s_{im}}}\right) N_{O_2,rct} \end{aligned} \tag{5.61}$$

上述方程对阳极也适用，其中

$$N_{H_2,rct} = \frac{i_{fc}}{2F} \tag{5.62}$$

对于 $D_{eff}(s(x))$ 在非恒定运行情况下反应物函数的推导可参见文献[8]。

5.9.1 表观电流密度与缩减的电池面积

电池富氢部分区域的表观电流密度可以用来描述液态水和氮气积聚对于电池端电压的影响。在上述的电压模型中使用表观电流密度 i_{app} 代替标称电流密度 i_{fc}，可描述由于流道中的物质积聚导致的电压降。

$$i_{app} = \frac{I_{fc}}{A_{app}} \tag{5.63}$$

根据流道中的氮气和水的积聚量，电池的表观面积可由下式计算：

$$A_{app} = A_{fc}\frac{y_{fr}}{L_{ch}} \tag{5.64}$$

其中，L_{ch} 是流道长度，y_{fr} 是液态水界面位置。在如图 5.11 所示的液态水界面上方区域，在饱和蒸汽条件以及均匀表观电流密度假设的基础上，可以使用考虑了标称电流密度、流道压力和温度的简单模型，将 DEA 流道中的液态水和氮气的质量转换为液态水界面的位置

$$m, l_{an,ch}, m_{N_2,an,ch} \rightarrow y_{fr} \tag{5.65}$$

$$y_{fr} = \begin{cases} L_w & m_{N_2} \leqslant m_{N_2,critical} \\ y_{frN_2} & m_{N_2} > m_{N_2,critical} \end{cases} \tag{5.66}$$

其中，可以根据流道维数、液态水密度 ρ_l 和阳极流道内液态水的质量（式(5.3)），利用下列方程来定义液态水界面的位置 L_w：

$$L_w = \left(1 - \frac{m_{l,an,ch}}{\rho_l V_{an,ch}}\right) L_{ch} \tag{5.67}$$

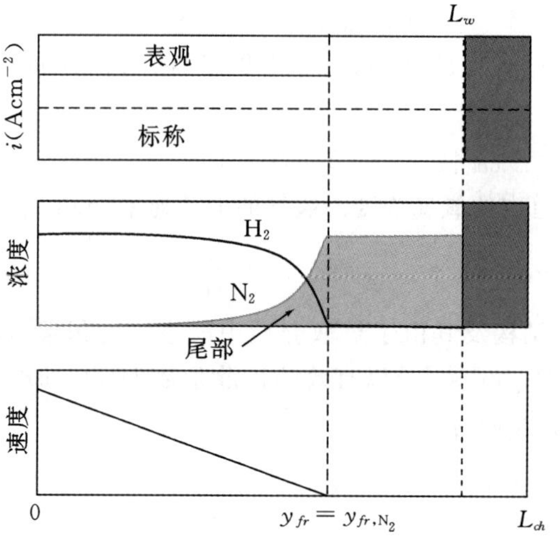

图 5.11　氮气前沿迁移的示意图(没有按比例)

可以通过求解式(5.75)得到氮气前沿位置 y_{frN_2},而氮气前沿形成处的临界氮气质量可由下式给出

$$m_{N_2,critical}=M_{N_2}\frac{V_{ch}}{L_{ch}}\frac{(P_{an}-P_{v,sat}(T))}{(RT)}\left(\frac{\sqrt{2L_wD_{N_2,H_2}}\left(1-\exp\left(-\frac{K_vi_{fc}L_w}{2D_{N_2,H_2}}\right)\right)}{\mathrm{erf}\left(\frac{\sqrt{K_vi_{fcL_w}}}{\sqrt{2D_{N_2,H_2}}}\right)\sqrt{K_vi_{fc}\pi}}\right) \quad (5.68)$$

为了推导这个关系,我们假设阳极流道满足稳态对流条件以及 Fickian 扩散定律

$$0=\frac{\partial c_{N_2}}{\partial t}=\frac{\partial}{\partial y}\left(D_{N_2,H_2}\frac{\partial c_{N_2}}{\partial y}\right)-V(y)\frac{\partial c_{N_2}}{\partial y} \quad (5.69)$$

假设相对于 H_2 的反应速率,N_2 渗透量较小,那么根据氢气消耗量便可计算出对流速度 $V(y)$,($\mathrm{m\ s^{-1}}$)。由于在氮气前沿位置之后的区域没有发生反应,所以该区域内的对流速度为零。

$$V(y)=\begin{cases}K_v\dfrac{i_{fc}}{y_{fr}}(y_{fr}-y) & y\leqslant y_{fr}\\ 0 & y>y_{fr}\end{cases} \quad (5.70)$$

其中,K_v 可表示为:

$$K_v=L_{ch}\frac{(w_{ch}+w_{rib})}{2F}\frac{RT}{P_{an}(w_{ch}h_{ch})} \quad (5.71)$$

P_{an} 为阳极流道中的压力,w_{ch}、h_{ch} 和 w_{rib} 分别为流道宽度、高度和挡边(肋骨)宽度。

式(5.69)的稳态解可由下式表示

$$c_{N_2}(y)=\begin{cases}c_1+c_2\,\mathrm{erf}\left(\dfrac{\sqrt{K_vi_{fc}}(y-y_{frN_2})}{\sqrt{2y_{frN_2}D_{N_2,H_2}}}\right) & y\leqslant y_{frN_2}\\ (p_{an}-p_{v,sat}(T))/RT & y>y_{frN_2}\end{cases} \quad (5.72)$$

我们可以利用BC $c_{N_2}(0)=0$（向系统提供干氢）和 $c_{H_2}(y_{frN_2})=0$ 来求解 c_1 和 c_2，其意味着 $c_{N_2}(y_{frN_2})=(P_{an}-P_{v,sat}(T))/RT$。

所以，当 $y\leqslant y_{frN_2}$ 时，氮气浓度的分布为

$$C_{N_2}(y)=\frac{(P_{an}-P_{v,sat}(T))}{RT}\left(1+\frac{\operatorname{erf}\left(\frac{\sqrt{K_v i_{fc}}(y-y_{frN_2})}{\sqrt{2y_{frN_2}D_{N_2,H_2}}}\right)}{\operatorname{erf}\left(\frac{\sqrt{K_v i_{fc} y_{fr}N_2}}{\sqrt{2D_{N_2,H_2}}}\right)}\right) \tag{5.73}$$

根据系统状态 m_{N_2} 并利用如下表达式，可以得到氮气前沿位置 y_{frN_2} 以及氮气质量 $m_{N_2,tail}$，而氮气质量对表观电流密度没有影响。

$$m_{N_2}=m_{N_2,\text{tail}}+m_{N_2,\text{blanket}} \tag{5.74}$$

这里，对式(5.72)和(5.73)沿流道方向进行积分，可以得到被覆盖区域中氮气质量 $m_{N_2,\text{blanket}}$ 和尾部的氮气质量

$$m_{N_2}=M_{N_2}\frac{V_{ch}}{L_{ch}}\frac{(P_{an}-P_{v,sat}(T))}{RT}\left((L_w-y_{frN_2})+\frac{\sqrt{2y_{frN_2}D_{N_2,H_2}}\left(1-\exp\left(-\frac{K_v i_{fc} y_{frN_2}}{2D_{N_2,H_2}}\right)\right)}{\operatorname{erf}\left(\frac{\sqrt{K_v i_{fc} y_{frN_2}}}{\sqrt{2D_{N_2,H_2}}}\right)\sqrt{K_v i_{fc}\pi}}\right) \tag{5.75}$$

以数值方式求解上式，可得到氮气覆盖的前沿位置。

5.10 仿真结果

从实验中可以测量得到电流密度 i_{fc}、电池堆温度 T、阴极化学计量数以及阴极入口处的相对湿度(露点温度)，并将这些量作为模型的输入参数。图5.12给出了对NIST[7]所做的一个实验的模拟结果，该实验采用在阴极入口气体加湿的方式。阳极流道中的水蒸汽浓度始终保持接近饱和值，仅在阳极清理期间稍微有些减小。如图5.12中的第二幅子图所示，膜中水含量 λ_{mb} 与电流密度和温度密切相关，在 $t=3850$ min时刻，它随电流密度而增大；而在 $t=3785$ min①时，它随温度而减小。图5.12中的第三幅子图表示归一化的液态水界面的位置，最后一幅子图表示阳极流道中液态水的质量。

如图5.13所示的阳极清理过程描述了从GDL中去除液态水的过程，这一点可通过阳极流道液态水质量曲线中的平坦部分清楚地看出来。在阳极清理之后，阳极流道中的液态水再次开始积聚之前，液态水必须重新充满GDL。由于干燥氢气流过燃料电池时，必须要在GDL中引起两相液态水界面位置衰退之前，先从流道中去除所有的液态水，所以在流道内液态水轨迹中，平坦区域的持续时间取决于阳极清理的“强度”，液态水的流速和持续时间，以及清理前流道内的液态水量。我们的模型预测出1s的清理时间会引起阳极液态水界面的位置发生大约5%的变化，并且该模型与流道中液态水重新积聚之前的时间周期相一致。

① 这个时间和图5.12的数据不匹配，应该是3930。——译者注

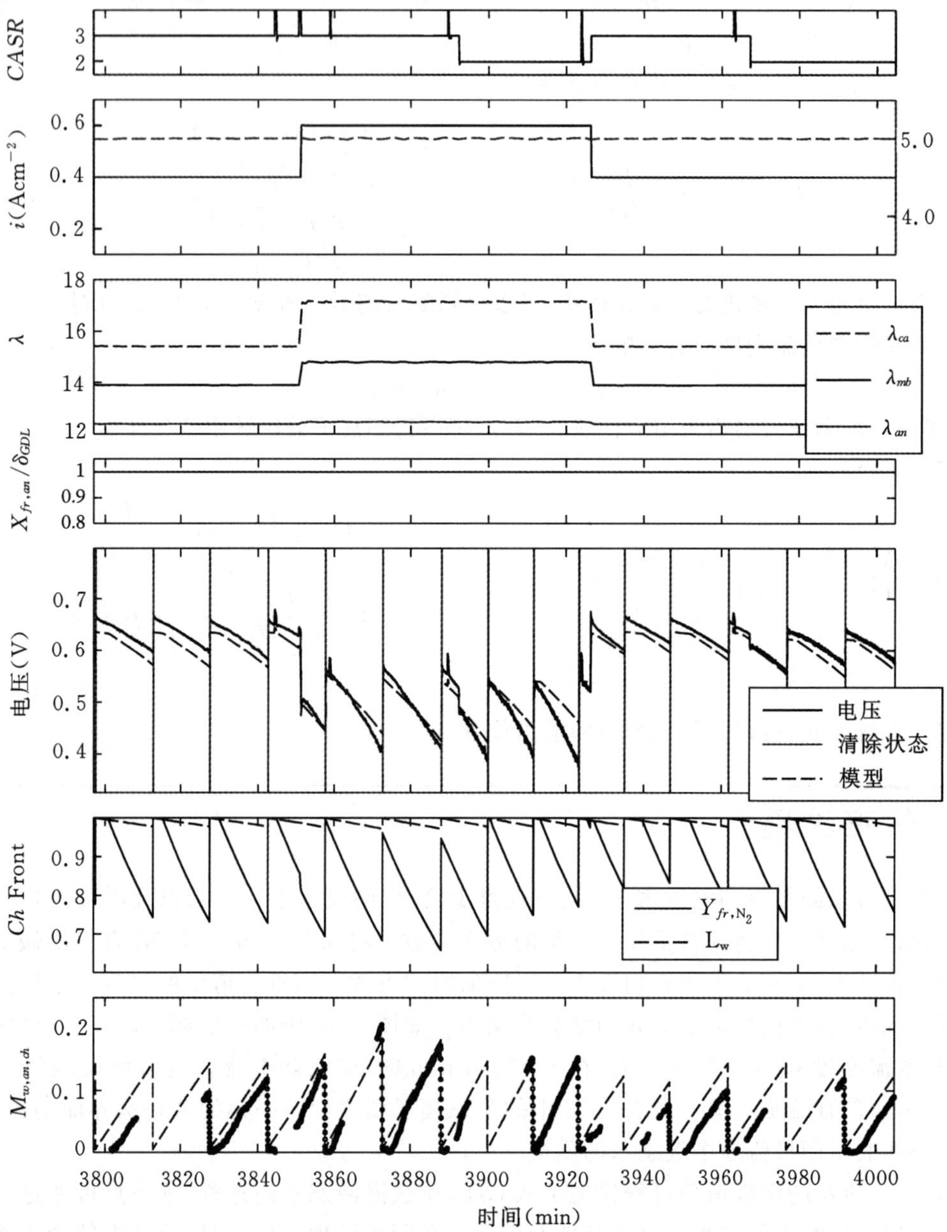

图 5.12　NIST 在 2007 年 8 月 7 日的实验与模拟。在 $t=3785$ min 时刻,电池温度从 314 K 升至 323 K。在温度和电流密度的变化范围内,模型表现出良好的一致性,但当电流密度较高时,略低于预期的通向阳极的水传输(改编自文献 Siegel,J. B. et al.,*J. Electrochem. Soc.*,155,pp. B1168 - B1178,2008)

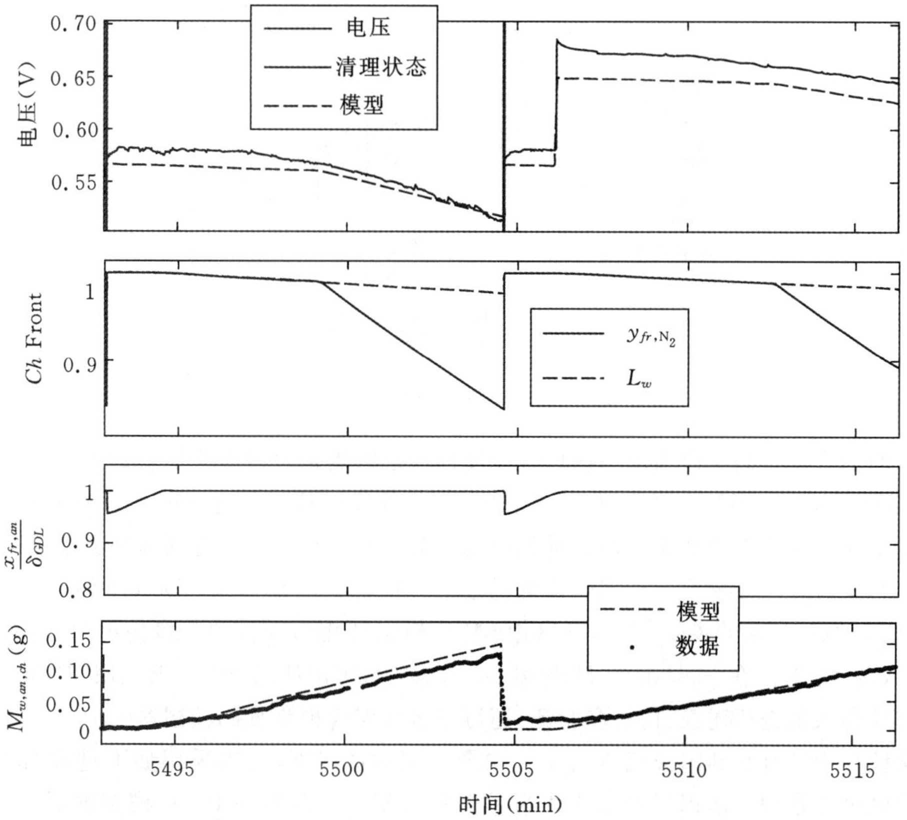

图 5.13 模型预测与测量数据的缩放图。在对阳极进行清理时，即去除GDL中的液态水之后，仅在液态水界面回到流道之后，液态水才重新在阳极流道积聚。实验条件为：电池温度为60℃，阴极入口充分湿润。在 $t=5506$ min时刻，电流密度在0.6→0.4 A cm^{-2}之间变化，阴极化学计量数在3到4之间变化

5.11 MPC的应用

本节将讨论MPC方法在阳极流道内水淹-堵塞问题中的应用。文献[38]给出了一个关于如何使用MPC工具处理水淹-堵塞问题的例子，本节将采用该例来说明在水管理问题中应用严格的控制技术所需要的步骤，而对于PEMFC的DEA操作而言，水管理问题主要与阳极清理程序有关。图5.14概述了我们所遵循的步骤：在考虑氮气的影响之前[35]，首先采用高保真的PDE对系统进行描述[41]，我们认定阳极GDL和流道内的液态水的行为可由一个两状态、双模式的混合自动机来简单描述，其中，这两个状态与GDL内液态水界面的迁移相对应，而紧随液态水界面迁移之后的是流道内液体的积聚。控制目标则是要避免：(1)燃料电池电压的过度下降；(2)阳极流道内积聚过量的水，这可能会导致燃料不足以及碳腐蚀；(3)氢使用量过大。

近些年，混合动态模型已被用来分析和优化各种系统，这些系统的物理过程均以切换形式

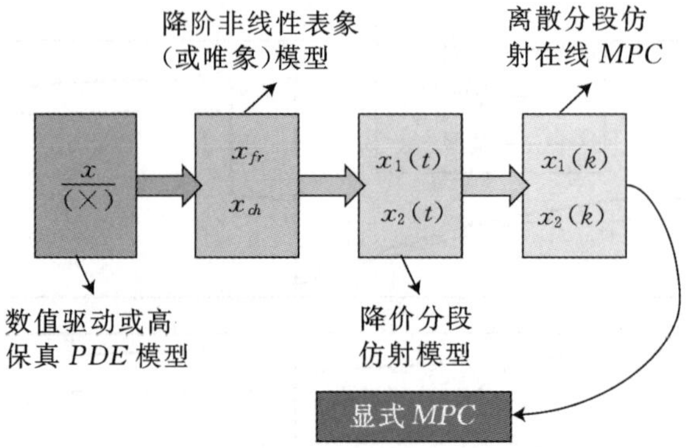

图 5.14 建模方法:面向 MPC 的应用

展现出相的转变。人们也提出了一些形式化建模方法来表示包括混合逻辑动态(Mixed Logical Dynamical,MLD)系统[69]在内的混合系统[67,68]。MLD 是一种混合的离散时间建模框架,它可以用来表示涉及混合动态特性的优化问题。为了从混合动态特性的高级文本描述中获得 MLD 模型,文献[70]开发了一种混合系统描述语言(HYbrid Systems Description Language,HYSDEL)。通过自动的步骤[71,72],可以把 MLD 模型转化为等价的分段仿射(Piecewise Affine,PWA)模型[69]。在 Matlab 的 Hybrid Toolbox 中,可以使用 HYSDEL、MLD 和 PWA 模型对混合动态系统进行建模、仿真和验证,还可以设计混合模型预测控制器。

在系统行为没有受到阳极流道内氮气积聚限制的情况下,可以采用如下过程对 PEMFC 中的水积聚进行管理。水积聚可以描述为一个具有相应离散时间 PWA 模型的混合自动机。从非线性模型获取混合模型的步骤涉及到对重要的连续动态特性进行线性化和时间离散化。通过分析从非线性方程中得到的仿真数据和从中子成像[7]得到的真实数据,已经推导出了 PWA 模型的参数。一旦将系统建模为离散时间的 PWA 形式,那么就可以把它作为 HYSDEL 模型进行实现,就可以生成面向控制的 MLD 模型,并且利用这个模型对清理管理的 MPC 算法进行综合。最后给出了使用高保真的非线性模型获得的闭环系统的仿真结果,以及选择优化问题权重的指南。此外,还导出了控制律的等效显式形式,使得该控制律可在具有较少计算资源的控制器硬件中得以实现。

5.11.1 用于控制的混合模型

我们的目标是设计一个能够根据阳极 GDL 和阳极流道内的液态水的积聚量的测量量或估计值产生对清理阀 u_1 进行命令的控制律。液态水的积聚与燃料电池性能直接相关,图5.12 给出了通过模拟得到的由流道内液态水积聚而引起的电压降,在中子成像数据中也观测到了这个电压[7]。

如式(5.28)和文献[53]所说明的那样,通过对工作条件的一组给定的集合进行两次线性近似,燃料电池各层内的水迁移和积聚特征可由一个移动的液态水界面进行描述。因此,PWA 模型就是对该系统的一个自然描述。

由上述模型(式(5.28))可以导出如图 5.13 所示的归一化的 GDL 中液态水界面的位置

$x_{fr,an}/\delta_{GDL}\in[0,1]$。下面将采用 GDL 的液态水界面位置来推导混合模型的第一个状态。混合模型的第二个状态可近似为流道内的水积聚 x_{ch}，这是因为它与模型参数有关

$$x_{ch}(t)=m_{l,an,ch}(t)\times 10^4 \tag{5.76}$$

其中，为了提高模型的数值稳定性，将流道内液态水的质量，即式(5.3)中的 $m_{l,an,ch}$，增大了 10^4 倍。

如图 5.15(b)所示，在液体到达流道之前，流道积聚只是由从膜通过 GDL 扩散至流道的水蒸汽凝结引起的。一旦液态水界面到达流道，由于从 GDL 到流道的液态水的传输，流道内的水积聚会加速进行，具体如图 5.15(b)所示。当清理阀打开后，首先会从流道中去除液态水，具体如图 5.15(c)所示。一旦液态水从流道中被去除，那么液态水界面便开始退回到 GDL，并向膜方向移动，具体见图 5.15(d)。

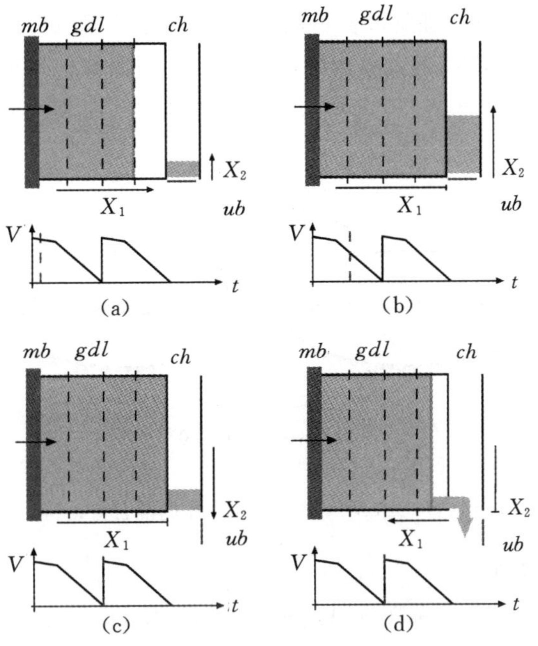

图 5.15 GDL 内液态水界面的迁移及流道内水积聚的演变

5.11.2 混合自动机

如图 5.16 所示，可以把前面描述过的行为建模为一个具有两个离散状态的线性混合自动机[74]。如图 5.15(a)所示，第一个离散状态值(P)与通过 GDL 的液态水界面迁移和回退相关。当液态水界面到达流道时，离散状态切换为流道内水积聚(A)的动态特性，该特性可由式(5.45)中的 max(·)函数定义。令 $\theta\in\{P,A\}$表示离散状态，则系统动态特性可表示为

如果$\theta(t)=P$

$$\begin{cases}\dot{x}_1(t)=Q_{m2g}-Q_{g2a}\cdot u_1(t)\\ \dot{x}_2(t)=Q_{m2c}\end{cases} \tag{5.77}$$

如果$\theta(t)=A$

$$\begin{cases}\dot{x}_1(t) = 0 \\ \dot{x}_2(t) = Q_{g2c} - Q_{c2a} \cdot u_1(t)\end{cases} \tag{5.78}$$

其中，$x_1(t)$为式(5.28)给出的 GDL 中液态水界面位置 $x_{fr,an}(t)$的分段近似；状态 $x_2(t)$是式(5.76)给出的阳极流道内水的质量 $x_{ch}(t)$的近似；最后，控制输入 $u_1(t)\in\{0,1\}$是一表示阀位置的布尔变量，其中，$u_1=1$ 表示阀是打开的(清理)。从 α 到 β 的归一化水流量记为 $Q_{\alpha 2\beta}$②，被用来描述两个混合状态的演变。特别地，从膜到 GDL 的水流量 Q_{m2g} 即为 GDL 内水积聚的速率，与式(5.29)中的 $N_{L,an}$ 相关，它引起了 GDL 内液态水界面的迁移。由于从膜通过 GDL 传输到流道的水蒸汽凝结产生的水流量 Q_{m2c} 和从 GDL 到流道的水流量 Q_{g2c} 都会引起流道内的水积聚，所以两者都与式(5.45)中的 $N_{v,an}$ 和 $N_{L,an}$ 相关。需要注意的是，当 GDL 中液态水界面在移动时，流道内的水传输量 Q_{m2c} 小于当 GDL 液态水界面到达流道时，从 GDL 到流道的水流量 Q_{g2c}。利用当液态水界面到达流道时由式(5.47)计算出的膜中水流量，可以从非线性模型直接确定 Q_{g2c}。Q_{c2a} 表示在清理阶段流道内水减少的速率，而 Q_{g2a} 表示 GDL 内液态水界面反向运动的回退速率。从 GDL 中去除水的速率是关于孔隙大小分布和 PTFE 涂层重量的强函数，因此 Q_{g2c} 和 Q_{g2a} 既取决于材料，也取决于离开阳极的气体总流量。

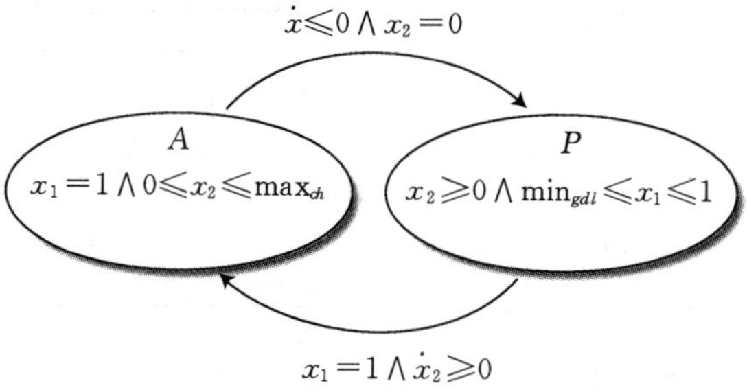

图 5.16 PEMFC 的 DEA 操作的混合自动机

由此可以给出转移条件：

- $P \rightarrow A:[x_1 = 1, \dot{x}_2 \geqslant 0]$
- $A \rightarrow P:[x_2 = 0, \dot{x}_1 \leqslant 0]$

其中，记号$\mathfrak{X}\rightarrow\mathfrak{Y}[f]$表示当 f 语句为真时，离散状态$\mathfrak{X}$到离散状态$\mathfrak{Y}$的状态转移。与每个离散状态 A 和 P 相关联的不变集为

$$\begin{aligned} inv(A) &= \{(x_1,x_2)\in\mathbb{R}^2: x_1 = 1, 0\leqslant x_2\leqslant \max_{ch}\} \\ inv(P) &= \{(x_1,x_2)\in\mathbb{R}^2: \min_{gdl}\leqslant x_1\leqslant 1, x_2\geqslant 0\}\end{aligned} \tag{5.79}$$

其中，$\max_{ch}$ 和 $\min_{gdl}$ 分别为完全填充流道的液态水最大质量和 GDL 内液态水界面的最小位置。

注意，这里状态 x_1，即 GDL 水淹程度，它不会影响到电池电压，这是因为即使 GDL 部分区域出现水淹，氢气也可以很容易地扩散通过扩散层。由于低温燃料电池通常采用疏水性多

② 注意：由于非标准单位的原因，流速符号改为 Q，代替之前使用的 W。

孔材料制作 GDL，水不会堵塞所有的孔隙，因此在流道充满水并阻止氢气进入 GDL 之前，氢气通向膜的气体通道就不会被切断。

5.11.3 分段仿射的离散时间系统

式(5.78)所示的混合自动机可以转化为 PWA 模型[75]，然后以离散时间方式 $x[k]=x(kT_s)$ 表示，采样时间为 $T_s=0.3$ s。重新描述的 PWA 系统为

$$\text{如果} x_1+x_2<1+\delta_a \quad (\text{离散模式} \quad P)$$

$$\begin{cases} x_1[k+1]=x_1[k]+Q_{m2g}T_s-Q_{g2a}T_s\cdot u_1[k] \\ x_2[k+1]=x_2[k]+Q_{m2c}T_s \end{cases} \tag{5.80a}$$

$$\text{如果} x_1+x_2\geqslant 1+\delta_a \quad (\text{离散模式} \quad A)$$

$$\begin{cases} x_1[k+1]=x_1[k] \\ x_2[k+1]=x_2[k]+Q_{g2c}T_s-Q_{c2a}T_s\cdot u_1[k] \end{cases} \tag{5.80b}$$

这里，对切换条件进行了修改以提高系统的数值稳定性。为了考虑由式(5.78)中 Q_{m2c} 定义的凝结过程影响，利用常数 $\delta_a\in[0.02\sim0.07]$加大了转变的边界。

注意，在式(5.80)的公式中，不变集覆盖了 $\mathbb{R}^2$，即 $S_{inv}(P)\cup S_{inv}(A)\equiv\mathbb{R}^2$，这样就可以让系统避免进入到未定义的动态特性区域。在实际中，数值积分的精度或传感器噪声会引起这种问题。

5.11.4 性能输出

最后我们来考虑系统的被测量输出，即燃料电池电压。一旦阳极流道被淹没，那么由此导致的电压衰减就与阳极流道内的液态水积聚量 $m_{w,ch}$ 有关。因此，模型输出可由关于 x_2 的线性关系近似：

$$y(t)=v_0-x_2(t)\cdot v_m \tag{5.81}$$

其中，v_0 是燃料电池在无淹没状态下的输出电压，v_m 是线性增益。如图 5.10 所示，当燃料电池运行在线性或欧姆区时，上述假设是合理的。假设阴极入口完全湿润、阳极入口未湿润、阳极的压力调节条件与文献[41,47]相同，那么 v_0 和 v_m 均依赖于工作条件、负载产生的电流 I_{fc}（以安培为单位，A）、燃料电池温度 T（以绝对温度为单位，K）以及阴极空气的供给率 $\lambda_{O_2,ca}$（无量纲）。我们将影响流速和性能输出的参数 v_0 和 v_m 的工作条件集合记为 $\Omega=[I_{fc},\lambda_{O_2,ca},T]$。

5.11.5 非线性模型的线性化与参数辨识

为了将燃料电池内阳极侧液态水界面的动态特性建模为 PWA，需要对在不同模式下表示水增加和减少速率的参数集合 $Q(\Omega)=\{Q_{m2g},Q_{g2a},Q_{g2c},Q_{c2a},Q_{m2c}\}$ 以及电压参数 $\{v_0,v_m\}$ 进行辨识。通过观察恒定条件下的模拟数据可以获得这些参数，而所谓的恒定条件分布在由源自非线性模型的不同 Ω 值定义的几个运行点周围，所采用的非线性模型已经根据由中子成像获得的实验数据进行修正和验证[47]。注意，PWA 仿射模型并不是连续地依赖于负载电流，反而是不同的 Ω 值与不同的参数相对应，从而与不同的 PWA 模型实现相对应。表 5.4 和5.5给出了当 $T=333$ K、$\lambda_{O_2,ca}=2$ 时的一些参数，这些参数是关于堆电流的函数。水流量 $Q_{g2a}=0.028$ 与电流无关。注意，I_{fc} 与水积聚速率之间呈近似线性关系。

在面积为 53 cm^2 的单体电池的不同运行条件下,通过非线性模型仿真对 $x_{fr,an}$ 进行分析,可获得参数 Q_{m2g} 和 Q_{g2a}。Q_{m2g} 表示在浸润器测得的液态水界面 $x_1(t)$ 的速率和在清理之后的初始部分。Q_{g2a} 表示水减少的速率,它可通过测量流道内液态水界面的位置 $x_1(t)=1$ 与在清理期间清理之后液态水界面位置之间的差值来获得。由于归一化的原因,Q_{m2g} 和 Q_{g2a} 是无量纲的。为了确定 Q_{m2c}、Q_{g2c} 和 Q_{c2a} 的值,对式(5.76)中的流道内液态水的质量 $m_{w,ch}(t)$ 进行了分析,具体见图 5.17。

表 5.4 辨识的水传输参数

I_{fc} (A)	Q_{m2g}/I_{fc} (A^{-1})	Q_{g2c} (10^{-4} kg s^{-1})	Q_{c2a} (10^{-4} kg s^{-1})	Q_{m2c} (10^{-4} kg s^{-1})
10	1.6×10^{-5}	4.1×10^{-3}	4.62×10^{-4}	3.3×10^{-4}
20	1.65×10^{-5}	9.1×10^{-3}	18.3×10^{-4}	5.97×10^{-4}
30	1.7×10^{-5}	14.1×10^{-3}	33.7×10^{-4}	10×10^{-4}

表 5.5 辨识的电压参数

I_{fc}(A)	i_{fc}(A cm^{-2})	v_0(mV)	$v_m\left(\frac{mV}{kg}\right)$
10	0.189	755	$3.5\cdot10^{-4}$
20	0.337	618	$5.4\cdot10^{-4}$
30	0.566	505	$7.7\cdot10^{-4}$

由于式(5.76)中引入的尺度变换因子,这些参数的量纲为 kg$\times10^{-4}$$s^{-1}$,并可确定为

$$Q_{m2c}=\frac{x_2(t_{A_s})-x_2(t_{\delta_f})}{t_{A_s}-t_{\delta_f}},Q_{g2c}=\frac{x_2(t_{\delta_f})-x_2(t_{A_s})}{t_{\delta_s}-t_{A_s}},Q_{g2a}=\frac{x_2(t_{\delta_f})-x_2(t_{\delta_s})}{t_{\delta_f}-t_{\delta_s}} \quad (5.82)$$

其中,t_{A_s} 表示液态水积聚的起始时刻,t_{δ_s}、t_{δ_f} 分别表示清理的开始和结束时间。

式(5.81)中的参数 v_m 被确定为

$$v_m=\frac{v(t_2)-v(t_1)}{m_{w,ch}(t_2)-m_{w,ch}(t_1)} \quad \forall(t_1,t_2) \quad (5.83)$$

而通过电压方程(5.48)可以直接计算 v_0。对于给定的 Ω,v_0 表示燃料电池可以提供的最大电压。

由于我们的目的是通过控制作为 x_1、x_2、y 函数的清理输入 $u_1(t)$ 来跟踪参考命令 x_{ref}、y_{ref},因此有必要定义与实际工作条件 Ω 一致的参考值。x_{ref} 值不依赖于实际电流和温度,可以对其进行独立设置,后续几节将对此进行说明。然而对于 y_{ref} 来说,由于 $y(t)$ 是由 v_0 驱动的,所以它始终依赖于 Ω。如果目标是把 $y(t)$ 保持在最大的可能值,那么在初始时刻 t_0 的参考值就是 $y_{ref}=v_0(t_0)$。当在 t_1 时刻电流发生变化,就会有 $v_0(t_1)\neq v_0(t_0)$,这时控制器将尽量使得 $v_0(t_1)-v_0(t_0)$ 最小化,但该值永远不会收敛到 0。为避免这个问题,在查找表中已经嵌入了非线性静态函数 $v_0=f(\Omega)$,通过这个函数可以在每个采样时刻计算 $y(t)$ 的参考值。下文将这个参考函数称为**参考选择器**。

5.11.6 MLD 模型验证

在 HYSDEL 中实现了由离散 PWA 方程(5.80)和(5.81)定义的混合动态模型。使用

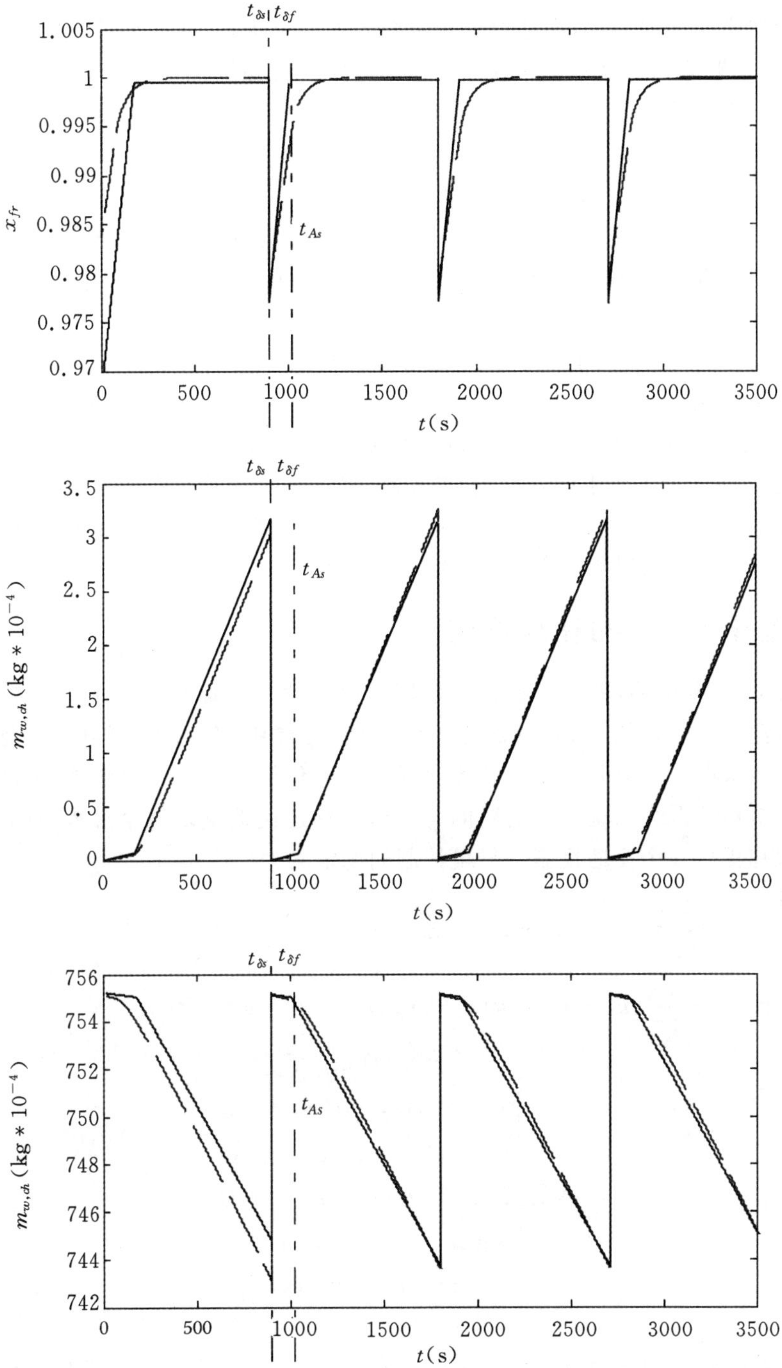

图 5.17　MPC 预测模型的验证

Matlab 中的 Hybrid Toolbox 获得的 MLD 模型[73]是与 PWA 模型等价的[69]。得到的 MLD 模型是由服从于线性混合整数方程的线性动态方程描述的，该混合的整数方程是包含连续和二值变量的不等式。

为了说明建模误差的原因,在建模框架中纳入了系统状态、液态水界面位置以及流道中水积聚量的约束,并把这些约束用于控制器设计。需要把这些约束选择的比对物理系统进行安全运行时的限制更为严苛,

$$\begin{aligned} \min_{\text{gdl}} &\leqslant x_1(t) \leqslant 1 \\ 0 &\leqslant x_2(t) \leqslant \max_{ch} \end{aligned} \tag{5.84}$$

因此,实现的 MLD 模型有 2 个连续状态(x_1, x_2),1 个二值输入(清理信号 u_1),1 个输出(y),3 个辅助变量(1 个二值变量和 2 个连续变量),以及 12 个混合整数线性不等式。

通过在不同恒定条件下的开环仿真已经对该模型进行了验证。图 5.17 给出了离散时间 PWA 模型的状态 x_1、x_2 以及输出 y,并与通过对燃料电池的完全非线性模型进行仿真获得的相同数据进行了比较,仿真条件为:$I_{fc}=10$ A,$\lambda_{O_2,ca}=2$,$T=333$ K,清理周期 $\Delta=900$ s(当 $u_1=0$ 时,也即系统是末端封闭的),清理持续时间 $\delta_p=0.3-s(u_1=1$ 时)。需要注意的是,由于参数 Q 是在稳态条件辨识出来的,所以在初始瞬态中,尽管误差一直低于 10%,但是也存在一定程度的模型失配。不管是在长时间范围内,还是在秒级范围内,拟合的质量正如我们对 MPC 要求的那样,都足以预测液态水界面的行为。

5.11.7 基于 MPC 的在线优化

MPC 有许多工业应用,并且已经成功应用于混合动态系统[76~78]。这一节将介绍如何推导用于燃料电池清除管理的 MPC 控制器。在 MPC 方法中,在每个采样时刻,把当前状态作为初始条件可以求解一个有限时域开环优化问题。优化提供了一个最优控制序列,但只有它的第一个元素被用于混合系统。在随后的每个时刻都迭代地重复这个过程,就可以为扰动抑制和设定值跟踪提供一个反馈机制。最优控制问题定义为

$$\begin{aligned} \min_{\boldsymbol{\xi}} \Big(J(\boldsymbol{\xi}, x(t)) \triangleq Z_\rho \rho^2 + \sum_{k=1}^{H} (x_k - x_{ref})^{\mathrm{T}} S (x_k - x_{ref}) \\ + \sum_{k=0}^{H-1} (u_k - r_{ref})^{\mathrm{T}} \boldsymbol{R} (u_k - u_{ref}) + (y_k - y_{ref})^{\mathrm{T}} \boldsymbol{Z} (y_k - y_{ref}) \Big) \end{aligned} \tag{5.85a}$$

$$\text{满足} \begin{cases} x_0 = [x_{fr}(t), x_{ch}(t)]^{\mathrm{T}} \\ x_{k+1} = A x_k + B_1 u_k + B_{3z_k} \\ y_k = C x_k + D_1 u_k + D_3 z_k \\ E_3 z_k \leqslant E_1 u_k + E_4 x_k + E_5 \\ \min_{\text{gdl}} - \rho \leqslant x_1 \leqslant 1 + \rho \\ 0 - \rho \leqslant x_2 \leqslant \max_{ch} + \rho \\ \rho \geqslant 0 \end{cases} \tag{5.85b}$$

其中,H 为控制时域,z_k 为辅助变量,$x_k = [x_1[k], x_2[k]]^{\mathrm{T}}$ 为 MLD 系统在采样时刻 k 的状态,$\boldsymbol{\xi} \triangleq [u_0^{\mathrm{T}}, \cdots, u_{H-1}^{\mathrm{T}}, z_0^{\mathrm{T}}, \cdots, z_{H-1}^{\mathrm{T}}, \rho]^{\mathrm{T}} \in \mathbb{R}^{3H+1} \times \{0,1\}^{2H}$ 为优化向量,$\boldsymbol{Z}$、$\boldsymbol{R}$ 和 $\boldsymbol{T}$ 是权重矩阵,$Z_\rho = 10^5$ 是一个用于对水积聚量施加软约束(式 5.58(b))的权重。特别地,将式(5.85)中使用的参考信号定义为

$$y_{ref} \triangleq v_0 \qquad u_{ref} \triangleq 0 \qquad x_{ref} \triangleq [1 \quad 0]^{\mathrm{T}} \tag{5.86}$$

为了防止膜过于干燥，允许后退到 GDL 的液体水界面的最小距离选择为 $\min_{gdl}=0.3$。由于 x_2 通过式(5.81)与电压相关，所以为了防止由于流道内的水积聚引起较大的电压衰降，应将最大液态水积聚量选择为 $\max_{ch}=20\times10^{-4}$ kg。可以把这些约束看作为软约束，因此可以违反这些约束，但这将导致成本大幅增大。MPC 控制器用这样的方法尽量避免违反这些约束。选择更为保守的软约束有助于减小建模误差，并降低系统损坏的风险。

可以把这样的问题(式 5.85)转变为混合二次整数规划(Mixed Integer Quadratic Program，MIQP)问题，即转化为服从线性约束的二次型代价函数的最小化问题，其中一些变量是二值的。尽管这类问题的复杂度按照指数形式增长，但依然存在一些有效的数值求解工具[79]。

5.11.8 切换型 MPC 控制器

由于 MPC 是以在对于恒定的条件集合 Ω 进行参数化的 PWA 模型为基础的，因此控制器的性能会偏离其标称值。由于我们使用了状态反馈，所以控制器对模型的失配不太敏感，然而，如果模型是完全不同的，那么闭环的动态特性肯定不会令人满意。在我们研究的实例中，电堆电流可以在很宽的电流密度范围 $i_{fc}\in[0.09\sim0.94]$ A cm^{-2} 内变化，参数 $Q(\omega)$ 的变化也将非常显著，所以人们提出了基于不同 PWA 模型的多种控制器，具体如图 5.18 所示。根据实际运行条件 $C_i(\Omega(t))$ 和参考的选择器，切换实体 Sw 可以激活一个单个的控制器。在这种结构下，由于只有被激活的控制器必须在每个采样时刻负责计算控制律，所以就计算时间而言其复杂度不会受影响。在 Sw 中实施且在模拟图 5.20 中使用的切换策略是以电流阈值为基础的。为避免由噪声信号引起的抖动现象，我们需要一个鲁棒性更强的切换策略。用于改善混合状态估计性能的一个可能方案是在 Kalman 滤波器的基础上与随机离散状态估计器相结合[80]。

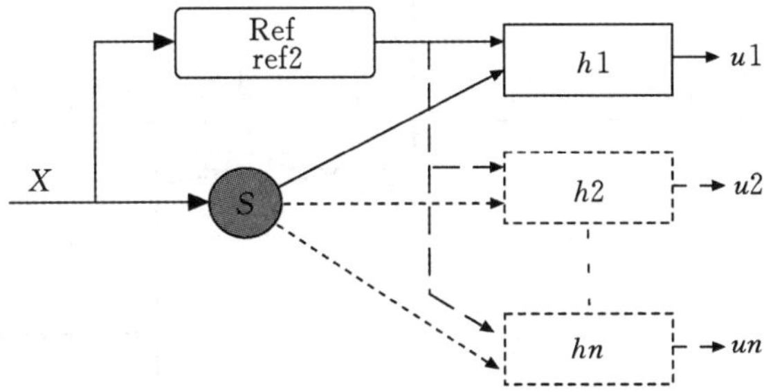

图 5.18 切换型 MPC 控制器的结构

5.11.9 仿真结果

在模拟中，利用本章前半部分描述的高保真的非线性模型对采用 MPC 控制器的燃料电池闭环行为进行了评估。对于给定的在 $\Omega=[10,2,333]$范围内进行参数化的 PWA 模型，利用 MPC(式(5.85))设计的控制器依赖于预测范围 $H=10$ 和权重

$$Z=1 \qquad R=1 \qquad \boldsymbol{S}=\begin{bmatrix}1 & 0\\0 & 1\end{bmatrix} \tag{5.87}$$

在图 5.19 的模拟计算中，让 I_{fc} 发生了阶跃变化，以便检验控制器对于模型失配的闭环鲁棒性以及在 Ω 标称值附近的性能。参考电压 $y_{ref}=755.25$ mV，模拟初始条件为 $x_1(0)=1$、$x_2(0)=1.13$、$y(0)=749.43$ mV、$u_1(0)=0$。在时间 $t=423$ s 时，控制器发出进行第一次清理的命令，清理的持续时间被控制在 0.3 s[③]。如图 5.19(b)所示，电压恢复到了 y_{ref}；而由图 5.19(a)可知，阳极流道的水被排尽，液态水界面后退到 GDL。在 629 s(Δ_{C_1})之后的 $t=1115$ s 时刻，要求进行第二次清理，持续时间还是 $\delta=0.3$ s。在 $t=1500$ s 时刻，电堆电流从 10 A 变为 15 A，这导致实际电压 y 和参考电压 y_{ref} 都分别骤减。在较大电流密度下，水积聚速率和电压下降速率也较快。控制器对此作出的反应是在 $t=1719$ s 和 $t=2171$ s 时刻发出清理命令，清理周期缩短为 $\Delta=452$ s。在时间 $t=2500$ s 时，电流增大到 $I_{fc}=20$ A，要求进行一次清理；而在 t

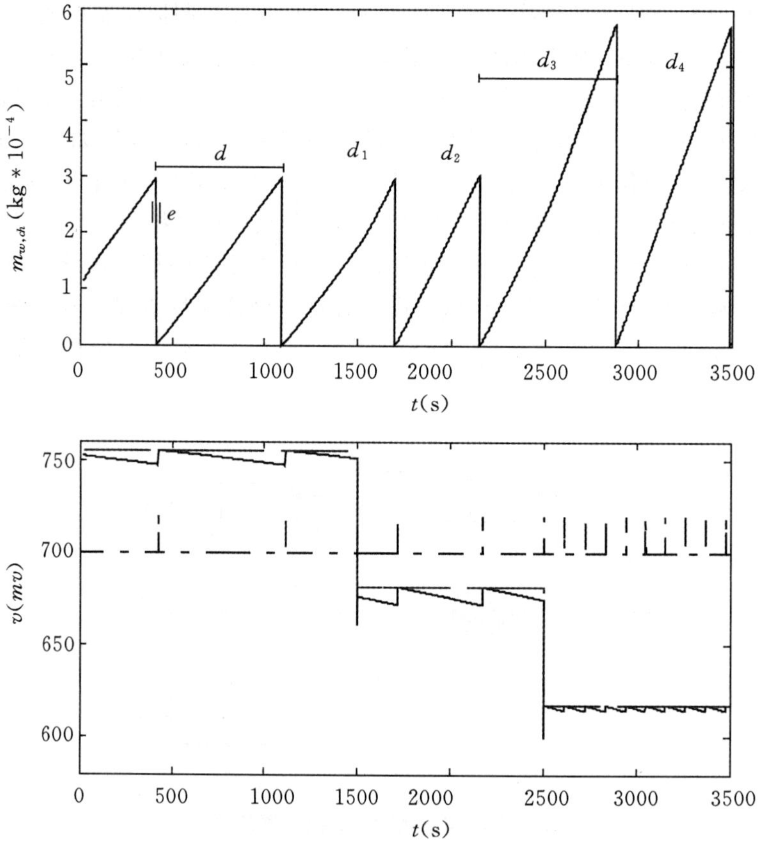

图 5.19 闭环响应

③ 稍后将明显可见 $\delta \equiv T_s$ 会保持不变，这是因为在一个采样时间内流道会被完全清理干净，因此需要一个更快或自适应的采样速率来控制从流道中清理出来的水。

=2610.3 s时刻，控制器又命令进行一次清理，而且以后每隔 Δ=110.3 s进行一次清理。为尽可能避免较大的电压衰降，针对小电流密度而整定的控制器对于 $I_{fc}=20$ 的情况过于保守，在该情况下，控制器会进行频繁的清理，考虑到对氢的浪费，这种操作以牺牲效能为代价。可以利用具有子控制器的切换型 MPC 控制器来解决这个问题，其中的子控制器均是在以理想工作状态下参数化的 PWA 模型为基础的。

5.11.10 切换型 MPC 的仿真

图 5.20 中所示的第二个仿真结果表示在代价函数(式(5.85))中使用两组不同的权重时的切换型 MPC 控制器的闭环性能。该仿真结果中的模型输入与图 5.19 完全相同。第二个控制器是以在范围 $\Omega=[20,2,333]$上的参数化的 PWA 模型为基础的，其切换阈值设定为 $I_{fc}=16$ A。从 $t=0$ 到 $t=2500$ 时刻，其结果与第一个仿真结果相同。在 $t=2500$ 时，电流增长到 20 A，超过了切换阈值，而且激活了控制器 C_2。图 5.20 中的实线表示采用了与 C_1(式(5.87))相同的权重的控制器 C_{2A}的实现。通过观察图 5.20 中 $t=2500$ s 时刻负载变化前后的实线，可以看到控制器 C_{2A}通过选择更短的清理周期，使得水积聚量与电流密度较小时的情况相同。在这种情况下，切换型 MPC 可以正确预测大电流时水的快速积聚情况，并与调整的参数表现

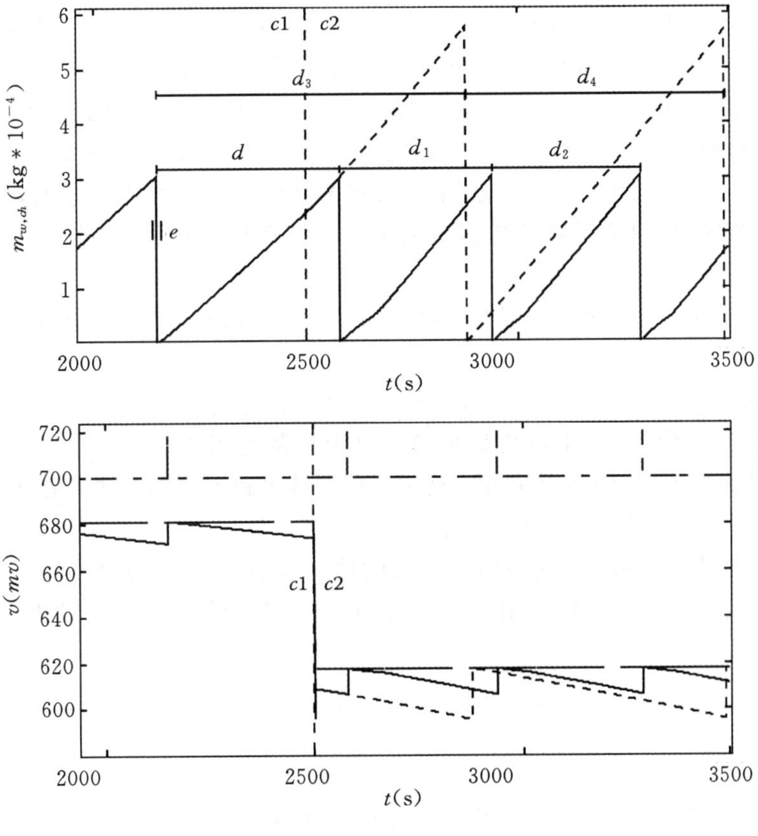

图 5.20 切换型 MPC 的闭环响应

一致。

利用范围 $H=10$ 和如下权重可以计算图5.20虚线所示的控制器 C_{2B} 的第二个实现

$$Z_2 = 1e-1 \qquad R_2 = 10 \qquad S_2 = \begin{bmatrix} 1 & 0 \\ 0 & 0.1 \end{bmatrix} \tag{5.88}$$

为了惩罚阀门的开度,我们为 x_2 和 y 选择了较小的权重,为 u_1 选择了较大的权重,目的是以电压和水积聚量的参考跟踪性能为代价来减少氢的消耗量,从而导致较长的清理周期。虽然控制器 C_{2B} 能更好地利用氢,但它在避免低电压约束方面的安全裕度较低,且只能用于当负载电流变化不频繁时的主流道控制的情况。

在RAM为2GB、处理器为Intel Centrino Duo 2.0 GHz的PC上运行Matlab Hybrid Toolbox[73]以及CPLEX 9中的MIQP求解器[79]对闭环系统的第一种情况进行仿真时,花费的时间大概为173.3 s,其中CPLEX花费了105.9 s,这意味着每步平均耗时约为9 ms。由于在线优化对CPU的要求很高,且求解混合整数规划问题的软件复杂度较大,MPC控制器不能在嵌入式微控制器或者在没有装配优化软件的计算机上直接实现。为避开该实现问题,下一节将使用计算机确定一个MPC控制器的**显式**版本,该版本不需要进行在线的混合整数优化。

5.11.11 显式MPC混合控制器

由于基于最优控制问题的MPC控制器需要在线求解MIQP,所以它不能在标准的嵌入式微控制器中直接实现,在这种情况下,控制器的设计分为两步执行。首先,在仿真中使用MIQP求解器调整MPC控制器,直到达到期望的性能为止。然后,为了实现目的,采用多参数二次规划[81]和动态规划相结合的方法离线地计算MPC控制律的显式PWA形式,并在Hybrid Toolbox中进行实现[73]。由此获得的PWA控制函数与由MPC控制器(式(5.85))计算得到的结果相同,但只需计算简单函数而无需进行在线优化,从而降低了在线计算的复杂度。

正如文献[82]所描述的那样,MPC控制律(式(5.85))的显式表达式 $u(t)=f(\theta(t))$ 可表示为一组参数集

$$\theta = [x_1 \quad x_2 \quad y \; x_{1,ref} \quad x_{2,ref} \quad y_{ref}]^{\mathrm{T}}$$

在(可能的重叠)多面体划分上的仿射增益。对于控制范围 $H=10$,可以得到一个定义在11304个多面体区域上的PWA控制律。通过将范围减少到 $H=3$,并去除在仿真过程中一直无效的约束 $x_2 \leqslant \max_{ch}$,可以把分区个数减少到64。

$H=3$ 时的性能与采用更大范围时所达到的性能差别不大。通过精确调整权重,有可能得到与前面小节相同的结果,但在相同的计算机平台上,整个仿真的时间可从173.3 s减少到33.6 s。

5.12 结论

本章介绍了PEMFC的DEA中水和氮气的积聚模型。为了用ODE来描述GDL和流道中液态水前沿的缓慢演变,我们引入若干简化,与传统的求解耦合的两相扩散PDE的方法相比,其简化了模型计算的复杂度。如果将催化层水淹及其对膜内水传输的影响考虑在内,就能

更加突显本章所提模型能够描述的复杂度等级。该模型用表 5.2 中所列的三个水传输参数以及表 5.3 中所列的静态电压方程中的五个参数进行校准。校准后的模型可用来估算影响燃料电池性能的膜含水量、水渗透过膜的流量,以及阳极流道内液态水的积聚。

本章还介绍了一种用于开发具有 DEA 结构的燃料电池清除管理控制器的系统方法,该方法将 PWA 模型与混合 MPC 结合在一起。采用离线计算的 PWA 控制律的形式对 MPC 进行的显式实现避免了在线优化,也使得整个方法可以在计算资源较少的设备上实现。这种实现采用了阳极 GDL 中液态水前沿界面的位置 x_{fr} 和阳极流道内的水位 x_{ch} 的状态反馈,因此需要根据传统的 FC 测量量,比如电压,来额外估计这些信息。在 PWA 建模方面结果良好,这意味着有可能通过一个比如在混合的随机状态估计器[80]的基础上的混合观测器来解决这类问题。

参考文献

1. E. Kimball, T. Whitaker, Y. G. Kevrekidis, and J. B. Benziger, Drops, slugs, and flooding in polymer electrolyte membrane fuel cells, *AIChE Journal*, vol. 54, no. 5, pp. 1313–1332, 2008.
2. N. Yousfi-Steiner, P. Mocoteguy, D. Candusso, D. Hissel, A. Hernandez, and A. Aslanides, A review on PEM voltage degradation associated with water management: Impacts, influent factors and characterization, *Journal of Power Sources*, vol. 183, pp. 260–274, 2008.
3. W. Baumgartner, P. Parz, S. Fraser, E. Wallnöfer, and V. Hacker, Polarization study of a PEMFC with four reference electrodes at hydrogen starvation conditions, *Journal of Power Sources*, vol. 182, no. 2, pp. 413–421, 2008.
4. W. Schmittinger and A. Vahidi, A review of the main parameters influencing performance and durability of PEM fuel cells, *Journal of Power Sources*, vol. 180, pp. 1–14, 2008.
5. J. P. Meyers and R. M. Darling, Model of carbon corrosion in PEM fuel cells, *Journal of the Electrochemical Society*, vol. 153, no. 8, pp. A1432–A1442, 2006.
6. N. Pekula, K. Heller, P. A. Chuang, A. Turhan, M. M. Mench, J. S. Brenizer, and K. Ünlü, Study of water distribution and transport in a polymer electrolyte fuel cell using neutron imaging, *Nuclear Instruments and Methods in Physics Research Section A*, vol. 542, pp. 134–141, 2005.
7. J. B. Siegel, D. A. McKay, A. G. Stefanopoulou, D. S. Hussey, and D. L. Jacobson, Measurement of liquid water accumulation in a PEMFC with dead-ended anode, *Journal of the Electrochemical Society*, vol. 155, no. 11, pp. B1168–B1178, 2008.
8. B. A. McCain, A. G. Stefanopoulou, and I. V. Kolmanovsky, On the dynamics and control of through-plane water distributions in PEM fuel cells, *Chemical Engineering Science*, vol. 63, no. 17, pp. 4418–4432, 2008.
9. R. P. O'Hayre, S.-W. Cha, W. Colella, and F. B. Prinz, *Fuel Cell Fundamentals*. Hoboken, NJ: Wiley, 2006.
10. A. Shah, G.-S. Kim, W. Gervais, A. Young, K. Promislow, J. Li, and S. Ye, The effects of water and microstructure on the performance of polymer electrolyte fuel cells, *Iournal of Power Sources*, vol. 160, no. 2, pp. 1251–1268, 2006.
11. DOE, Hydrogen and fuel cell activities, progress, and plans, DOE, Tech. Rep., 2009. Available: http://www.hydrogen.energy.gov/pdfs/epactreportsec811.pdf.
12. J. T. Pukrushpan, A. G. Stefanopoulou, and H. Peng, *Control of Fuel Cell Power Systems: Principles, Modeling, Analysis and Feedback Design*. New York: Springer, 2000.
13. K.-W. Suh and A. G. Stefanopoulou, Performance limitations of air flow control in power-autonomous fuel cell systems, *IEEE Transactions on Control Systems Technology*, vol. 15, no. 3, pp. 465–473, 2007.
14. A. Vahidi, A. Stefanopoulou, and H. Peng, Current management in a hybrid fuel cell power system: A model-predictive control approach, *IEEE Transactions on Control Systems Technology*, vol. 14, no. 6, pp. 1047–1057, November 2006.
15. W. K. Na and B. Gou, Feedback-linearization-based nonlinear control for pem fuel cells, *IEEE Transactions on Energy Conversion*, vol. 23, no. 1, pp. 179–190, March 2008.

16. A. Vahidi, I. Kolmanovsky, and A. Stefanopoulou, Constraint handling in a fuel cell system: A fast reference governor approach, *IEEE Transactions on Control Systems Technology*, vol. 15, no. 1, pp. 86–98, 2007.
17. F. Y. Zhang, X. G. Yang, and C. Y. Wang, Liquid water removal from a polymer electrolyte fuel cell, *Journal of the Electrochemical Society*, vol. 153, no. 2, pp. A225–A232, 2006.
18. E. Kumbur, K. Sharp, and M. Mench, Liquid droplet behavior and instability in a polymer electrolyte fuel cell flow channel, *Journal of Power Sources*, vol. 161, no. 1, pp. 333–345, 2006.
19. D. A. McKay, A. G. Stefanopoulou, and J. Cook, A membrane-type humidifier for fuel cell applications: Controller design, analysis and implementation, *ASME Conference Proceedings*, vol. 2008, no. 43181, pp. 841–850, 2008.
20. H. P. Dongmei Chen, Analysis of non-minimum phase behavior of PEM fuel cell membrane humidification systems, in *Proceedings of the 2005 American Control Conference*, pp. 3853–3858, vol. 6, 2005.
21. E. A. Müller and A. G. Stefanopoulou, Analysis, modeling, and validation for the thermal dynamics of a polymer electrolyte membrane fuel cell system, *Journal of Fuel Cell Science and Technology*, vol. 3, no. 2, pp. 99–110, 2006.
22. X. Huang, R. Solasi, Y. Zou, M. Feshler, K. Reifsnider, D. Condit, S. Burlatsky, and T. Madden, Mechanical endurance of polymer electrolyte membrane and PEM fuel cell durability, *Journal of Polymer Science Part B: Polymer Physics*, vol. 44, no. 16, pp. 2346–2357, 2006.
23. F. A. d. Bruijn, V. A. T. Dam, and G. J. M. Janssen, Review: Durability and degradation issues of PEM fuel cell components, *Fuel Cells*, vol. 8, pp. 3–22, 2008.
24. C. A. Reiser, L. Bregoli, T. W. Patterson, J. S. Yi, J. D. Yang, M. L. Perry, and T. D. Jarvi, A reverse-current decay mechanism for fuel cells, *Electrochemical and Solid-State Letters*, vols 8-6, pp. A273–A276, 2005.
25. M. Schulze, N. Wagner, T. Kaz, and K. Friedrich, Combined electrochemical and surface analysis investigation of degradation processes in polymer electrolyte membrane fuel cells, *Electrochimica Acta*, vol. 52, no. 6, pp. 2328–2336, 2007.
26. A. Karnik, J. Sun, and J. Buckland, Control analysis of an ejector based fuel cell anode recirculation system, in *American Control Conference*, 2006, Minneapolis, MN, 6 pp, June 2006.
27. R. K. Ahluwalia and X. Wang, Fuel cell systems for transportation: Status and trends, *Journal of Power Sources*, vol. 177, no. 1, pp. 167–176, 2008.
28. S. S. Kocha, J. D. Yang, and J. S. Yi, Characterization of gas crossover and its implications in PEM fuel cells, *AIChE Journal*, vol. 52, no. 5, pp. 1916–1925, 2006.
29. R. Ahluwalia and X. Wang, Buildup of nitrogen in direct hydrogen polymer–electrolyte fuel cell stacks, *Journal of Power Sources*, vol. 171, no. 1, pp. 63–71, 2007.
30. A. Y. Karnik and J. Sun, Modeling and control of an ejector based anode recirculation system for fuel cells, in *Proceedings of the Third International Conference on Fuel Cell Science, Engineering, and Technology*, Ypsilanti, MI, FUELCELL2005-74102, 2005.
31. A. Karnik, J. Sun, A. Stefanopoulou, and J. Buckland, Humidity and pressure regulation in a PEM fuel cell using a gain-scheduled static feedback controller, *IEEE Transactions on Control Systems Technology*, vol. 17, no. 2, pp. 283–297, 2009.
32. P. Rodatz, A. Tsukada, M. Mladek, and L. Guzzella, Efficiency improvements by pulsed hydrogen supply in PEM Fuel cell systems, in *Proceedings of IFAC 15th World Congress*, Barcelona, Spain, 2002.
33. S. Hikita, F. Nakatani, K. Yamane, and Y. Takagi, Power-generation characteristics of hydrogen fuel cell with dead-end system, *JSAE Review*, vol. 23, pp. 177–182, 2002.
34. L. Dumercy, M.-C. Péra, R. Glises, D. Hissel, S. Hamandi, F. Badin, and J.-M. Kauffmann, PEFC stack operating in anodic dead end mode, *Fuel Cells*, vol. 4, pp. 352–357, 2004.
35. E. A. Müller, F. Kolb, L. Guzzella, A. G. Stefanopoulou, and D. A. McKay, Correlating nitrogen accumulation with temporal fuel cell performance, *Journal of Fuel Cell Science and Technology*, vol. 7, no. 2, 021013, 2010.
36. A. Z. Weber, Gas-crossover and membrane-pinhole effects in polymer–electrolyte fuel cells, *Journal of the Electrochemical Society*, vol. 155, no. 6, pp. B521–B531, 2008.
37. H. Gorgun, F. Barbir, and M. Arcak, A voltage-based observer design for membrane water content in PEM fuel cells, in *Proceedings of the 2005 American Control Conference*, vol. 7, June 2005, pp. 4796–4801.
38. G. Ripaccioli, J. B. Siegel, A. G. Stefanopoulou, and S. Di Cairano, Derivation and simulation results of a hybrid model predictive control for water purge scheduling in a fuel cell, in *The 2nd Annual Dynamic Systems and Control Conference*, Hollywood, CA, USA, October 12–14, 2009.

39. S. Dutta, S. Shimpalee, and J. Van Zee, Three-dimensional numerical simulation of straight channel PEM fuel cells, *Journal of Applied Electrochemistrv*, vol. 30, no. 2, pp.135–146, 2000.
40. D. Cheddie and N. Munroe, Review and comparison of approaches to proton exchange membrane fuel cell modeling, *Journal of Power Sources*, vol. 147, no. 1-2, pp. 72–84, 2005.
41. D. A. McKay, J. B. Siegel, W. Ott, and A. G. Stefanopoulou, Parameterization and prediction of temporal fuel cell voltage behavior during flooding and drying conditions, *Journal of Power Sources*, vol. 178, no. 1, pp. 207–222, 2008.
42. A. J. d. Real, A. Arce, and C. Bordons, Development and experimental validation of a PEM fuel cell dynamic model, *Journal of Power Sources*, vol. 173, no. 1, pp. 30–324, 2007.
43. P. Berg, K. Promislow, J. S. Pierre, J. Stumper, and B. Wetton, Water management in PEM fuel cells, *Journal of the Electrochemical Society*, vol. 151, no. 3, pp. A341–A353, 2004.
44. A. Stefanopoulou, I. Kolmanovsky, and B. McCain, A dynamic semi-analytic channel-to-channel model of two-phase water distribution for a unit fuel cell, *IEEE Transactions on Control Systems Technology*, vol. 17, no. 5, pp. 1055–1068, 2009.
45. M. M. Mench, *Fuel Cell Engines*. Hoboken, NJ: John Wiley & Sons, 2008.
46. W. Borutzky, B. Barnard, and J. Thoma, An orifice flow model for laminar and turbulent conditions, *Simulation Modelling Practice and Theory*, vol. 10, no. 3-4, pp. 141–152, 2002.
47. J. B. Siegel, D. A. McKay, and A. G. Stefanopoulou, Modeling and validation of fuel cell water dynamics using neutron imaging, in *Proceedings of the American Control Conference*, June 11–13, Seattle, WA, pp. 2573–2578, 2008.
48. J. Nam and M. Kaviany, Effective diffusivity and water-saturation distribution in single and two-layer PEMFC diffusion medium, *International Journal of Heat Mass Transfer*, vol. 46, pp. 4595–4611, 2003.
49. J. T. Gostick, M. W. Fowler, M. A. Ioannidis, M. D. Pritzker, Y. Volfkovich, and A. Sakars, Capillary pressure and hydrophilic porosity in gas diffusion layers for polymer electrolyte fuel cells, *Journal of Power Sources*, vol. 156, no. 2, pp. 375–387, 2006.
50. B. Markicevic, A. Bazylak, and N. Djilali, Determination of transport parameters for multiphase flow in porous gas diffusion electrodes using a capillary network model, *Journal of Power Sources*, vol. 172, pp. 706–717, 2007.
51. E. C. Kumbur, K. V. Sharp, and M. M. Mench, Validated Leverett approach for multiphase flow in PEFC diffusion media ii. Compression effect, *Journal of the Electrochemical Society*, vol. 154, pp. B1305–B1314, 2007.
52. Z. H. Wang, C. Y. Wang, and K. S. Chen, Two-phase flow and transport in the air cathode of proton exchange membrane fuel cells, *Journal of Power Sources*, vol. 94, pp. 40–50, 2001.
53. K. Promislow, P. Chang, H. Haas, and B. Wetton, Two-phase unit cell model for slow transients in polymer electrolyte membrane fuel cells, *Journal of the Electrochemical Society*, vol. 155, no. 7, pp. A494–A504, 2008.
54. M. Grötsch and M. Mangold, A two-phase PEMFC model for process control purposes, *Chemical Engineering Science*, vol. 63, pp. 434–447, 2008.
55. S. Ge, X. Li, B. Yi, and I.-M. Hsing, Absorption, desorption, and transport of water in polymer electrolyte membranes for fuel cells, *Journal of the Electrochemical Society*, vol. 152, no. 6, pp. A1149–A1157, 2005.
56. W. Huang, L. Zheng, and X. Zhan, Adaptive moving mesh methods for simulating one-dimensional groundwater problems with sharp moving fronts, *International Journal for Numerical Methods in Engineering*, vol. 54, no. 11, pp. 1579–1603, 2002.
57. J. B. Siegel, S. Yesilyurt, and A. G. Stefanopoulou, Extracting model parameters and paradigms from neutron imaging of dead-ended anode operation, in *Proceedings of FuelCell2009 Seventh International Fuel Cell Science, Engineering and Technology Conference*, Newport Beach, CA, 2009.
58. S. Basu, C.-Y. Wang, and K. S. Chen, Phase change in a polymer electrolyte fuel cell, *Journal of the Electrochemical Society*, vol. 156, no. 6, pp. B748–B756, 2009.
59. L. Onishi, J. Prausnitz, and J. Newman, Water-Nafion equilibria. Absence of Schroeder's paradox, *Journal of Physical Chemistry B*, vol. 111, no. 34, pp. 10 166–10 173, 2007.
60. T. Springer, T. Zawodzinski, and S. Gottesfeld, Polymer electrolyte fuel cell model, *Journal of the Electrochemical Society*, vol. 138, no. 8, pp. 2334–2341, 1991.
61. J. Hinatsu, M. Mizuhata, and H. Takenaka, Water uptake of perfluorosulfonic acid membranes from liquid water and water vapor, *Journal of the Electrochemical Society*, vol. 141, pp. 1493–1498, 1994.
62. S. Ge, B. Yi, and P. Ming, Experimental determination of electro-osmotic drag coefficient in Nafion membrane for fuel cells, *Journal of the Electrochemical Society*, vol. 153, no. 8, pp. A1443–A1450, 2006.

63. J. Laraminie and A. Dicks, *Fuel Cell Systems Explained*, 2nd ed. Hoboken, NJ: Wiley InterScience, 2003.
64. F. Barbir, *PEM Fuel Cells: Theory and Practice*. Burlington, MA: Elsevier, 2005.
65. D. M. Bernardi and M. W. Verbrugge, A mathematical model of the solid-polymer-electrolyte fuel cell, *Journal of the Electrochemical Society*, vol. 139, no. 9, pp. 2477–2491, 1992.
66. J. S. Newman., *Electrochemical Systems*, 2nd ed. Englewood Cliffs, NJ: Prentice-Hall, 1991.
67. M. Branicky, Studies in hybrid systems: Modeling, analysis, and control, Ph.D. dissertation, LIDS-TH 2304, Massachusetts Institute of Technology, Cambridge, MA, 1995.
68. W. Heemels, B. D. Schutter, and A. Bemporad, Equivalence of hybrid dynamical models, *Automatica*, vol. 37, no. 7, pp. 1085–1091, 2001.
69. A. Bemporad and M. Morari, Control of systems integrating logic, dynamics, and constraints, *Automatica*, vol. 35, no. 3, pp. 407–427, 1999.
70. F. Torrisi and A. Bemporad, Hysdel—a tool for generating computational hybrid models, *IEEE Transactions on Control Systems Technology*, vol. 12, no. 2, pp. 235–249, 2004.
71. A. Bemporad, Efficient conversion of mixed logical dynamical systems into an equivalent piecewise affine form, *IEEE Transactions on Automatic Control*, vol. 49, no. 5, pp. 832–838, 2004.
72. T. Geyer, F. Torrisi, and M. Morari, Efficient mode enumeration of compositional hybrid models, in *Hybrid Systems: Computation and Control*, ser. Lecture Notes in Computer Science, A. Pnueli and O. Maler, Eds. Berlin, Springer-Verlag, vol. 2623, pp. 216–232, 2003.
73. A. Bemporad, *Hybrid Toolbox—User's Guide*, jan 2004, http://www.dii.unisi.it/hybrid/toolbox.
74. T. Henzinger, The theory of hybrid automata, in *Logic in Computer Science. LICS'96. Proceedings, Eleventh Annual IEEE Symposium on*, pp. 278–292, 1996.
75. S. Di Cairano and A. Bemporad, An equivalence result between linear hybrid automata and piecewise affine systems. in *Proceedings of the 45th IEEE Conference on Decision and Control*, San Diego, CA, pp. 2631–2636, 2006.
76. F. Borrelli, A. Bemporad, M. Fodor, and D. Hrovat, An MPC/hybrid system approach to traction control, *IEEE Transactions on Control Systems Technology*, vol. 14, no. 3, pp. 541–552, 2006.
77. G. Ripaccioli, A. Bemporad, F. Assadian, C. Dextreit, S. Di Cairano, and I. Kolmanovsky, Hybrid modeling, identification, and predictive control: An application to hybrid electric vehicle energy management, in *Hybrid Svstems: Computation and Control*, vol. 5469. Heidelberg: Springer Berlin, pp. 321–335, 2009.
78. N. Giorgetti, G. Ripaccioli, A. Bemporad, I. Kolmanovsky, and D. Hrovat, Hybrid model predictive control of direct injection stratified charge engines, *IEEE/ASME Transactions on Mechatronics*, vol. 11, no. 5, pp. 499–506, 2006.
79. ILOG, Inc., *CPLEX 9.0 User Manual*, Gentilly Cedex, France, 2003.
80. S. Di Cairano, K. Johansson, A. Bemporad, and R. Murray, Dynamic network state estimation in networked control systems, in *Hybrid Systems: Computation and Control*, ser. *Lecture Notes in Computer Science*, M. Egerstedt and B. Mishra, Eds. Berlin: Springer-Verlag, no. 4981, pp. 144–157, 2008.
81. A. Bemporad, M. Morari, V. Dua, and E. Pistikopoulos, The explicit linear quadratic regulator for constrained systems, *Automatica*, vol. 38, no. 1, pp. 3–20, 2002.
82. F. Borrelli, M. Baotić, A. Bemporad, and M. Morari, Dynamic programming for constrained optimal control of discrete-time linear hybrid systems, *Automatica*, vol. 41, no. 10, pp. 1709–1721, 2005.

第二部分

航空航天领域

6

实时的航空航天控制系统和软件

Rongsheng (Ken) Li
波音公司
Michael Santina
波音公司

6.1 引言

6.1.1 以控制为中心的航空航天系统

在航空航天工业的领域里，尤其是在飞机制造、导弹和航天器的制导、导航和控制(Guidance，Navigation and Control，GN&C)系统中，控制系统的理论及其设计实践应用得十分广泛。无论在过去还是将来，控制系统的理论和设计实践一直都是许多航空航天系统实现的关键，其中包括像阿波罗登月、国际空间站、航天飞机、波音747飞机以及全球定位系统(Global Positioning System，GPS)这样许多具有历史意义的以控制为中心的系统/任务。下面列举一些"控制理论密集型的系统"(Control Theory Intensive Systems)的典型示例：

- 飞机和导弹的飞行控制系统(Flight Control System，FCS)
- 飞机的导航系统
- 飞机和导弹的飞行器管理系统
- 飞机的飞行管理系统
- 飞机的燃油管理系统
- 飞机的避碰控制系统
- 飞机的载荷指向控制系统
- 航天器的姿态控制系统
- 航天器的热控系统
- 航天器的电力管理系统
- 航天器的轨道和姿态确定系统
- 航天器的飞行器管理系统
- 航天器的载荷指向控制系统

这些系统正变得越来越复杂,并且这些系统的实现通常都会涉及大量的实时性软件。实际上,如今几乎所有的航空航天控制系统都把软件作为实现其复杂的逻辑和算法的主要手段。

本章主要针对航空航天实时控制系统的飞行软件这个主题而展开。由于航空航天系统所要求的安全性及任务的重要性在其他工业系统中较为少见,所以需要单独讨论该主题。

本章将讨论航空航天系统的实时软件的特殊性,安全和临界标准,开发过程,框架结构,以及开发、测试、集成、验证和确认方法(Verification and Validation,V&V)及其设置,并重点强调控制系统工程师和分析师所感兴趣的主题。

6.1.2 通过计算系统实现的控制系统的先进性

40年来,控制系统的能力的提高同步于计算系统的发展。计算系统使得越来越复杂的控制算法得以实现;反过来,复杂的控制算法又要求计算能力变得更快、更可靠和更强大,这也推动了计算机硬件和软件技术的发展。

早期的控制系统利用机械原理(或是机械计算机)来实现控制算法。后来模拟计算机因其成本低、重量轻和体积小且功能多,在控制系统中得到了应用。再后来数字计算机,尤其是将中央处理单元(Central Processing Unit,CPU)集成于单芯片上的微型计算机,已成为整个人类文明发展的革命性力量,它无疑也是现代控制系统最重要的推手。

如现场可编程门阵列(Field Programmable Gate Array,FPGA)和专用集成电路(Application Specific Integrated Circuit,ASIC)之类的高密度和高集成电路的进一步发展,使得ASIC和FPGA可以取代通用的计算机(如CPU),并使得在许多应用中硬件逻辑可以取代软件。

6.1.3 技术的进步使控制系统工程师的作用更加重要

显然,控制系统的工程师需要负责提出系统概念、系统需求、系统架构、详细的系统设计和详细的算法设计,然后通过仿真来验证这些详细的算法和系统设计,并完成系统集成和测试任务。除了这些任务外,日益发展的技术和工具以及对于更好、更快、更廉价的系统开发的需求,也迫使控制系统的工程师在实现系统时使用软件或FPGA和ASIC编码来承担更多的任务。

随着日益增长的系统的复杂性,以及对系统成本和软件开发的日益增长的需求,使得控制系统工程师的角色越来越重要。尤其表现在以下几个方面:

1. 算法复杂性的增加要求开发算法和软件架构的人员必须具备相应的专业知识。事实证明,结合控制系统领域的专业知识和系统及软件架构的知识,对于成功地开发这种复杂的、性能要求高、安全要求苛刻的航天系统和软件是非常重要的。
2. 算法复杂性的增加,使得使用开发和调试来实现具体算法的软件的人员必须具备足够的专业知识,才能高效率工作。
3. 经验证,现代迭代式开发方法,如IBM的统一软件开发过程(Rational Unified Process,RUP),要优于传统的瀑布式软件开发过程。迭代式开发要求具有快速的迭代能力,这就需要紧密结合需求、架构、详细设计、实现、集成和测试的活动。而传统的"将系统工程推给软件工程"的做法根本不适合复杂的控制系统的迭代式开发方法。

先进的软件、FPGA 和 ASIC 开发工具以及现代化的系统和软件架构也使得控制系统工程师的角色越来越重要。尤其表现在以下两个方面：

1. 现代分层式软件架构允许控制系统工程师独立地开发大多数的控制应用软件，而在开发时把精力放在控制系统本身。
2. 先进的工具、语言、库以及基于构件的架构允许在更抽象的层次上对应用软件进行开发。例如：在许多情况下，使用 C++和 Java 等语言的基于构件的编程，以及使用可将其中的算法自动生成代码的工具如 MATLAB®、Simulink®或者 MATRIXx™，使得不需要低效的将设计转换为代码的工作，而只需让具有不同技能的人组队来进行具体的实施和调试。

因此，这个越来越重要的角色要求航空航天控制系统的工程师不仅要具备有关航空航天控制系统工程方面的知识，而且要具备软件工程知识，尤其是软件架构、软件集成、测试和开发过程方面的知识。实际上，本章就是以这些需求为出发点的。

6.2 实时的航空航天控制系统的架构

6.2.1 典型的传感器/计算机/执行机构/用户界面的逻辑架构

工业中出现的许多不同的航空航天控制系统，都表现为“传感器/计算机/执行机构/用户界面(User Interface，UI)”架构的基本模式，如图 6.1 所示。

这里，最好把这个架构看成是一个“逻辑架构”而不是“物理结构”。当把它看成是逻辑架构时，“传感器”或者“执行机构”这些元素，在逻辑上提供的就是传感器或执行机构的功能。而这些传感器或执行机构的物理实现却可包含计算机及其他电子设备。类似地，在这个架构中的计算机是一个用来提供计算机功能的“逻辑元素”。从物理上说，这个逻辑计算机可由一台现代意义上的计算机、一个计算机机群或者甚至一个古老的机械或模拟计算机来实现。

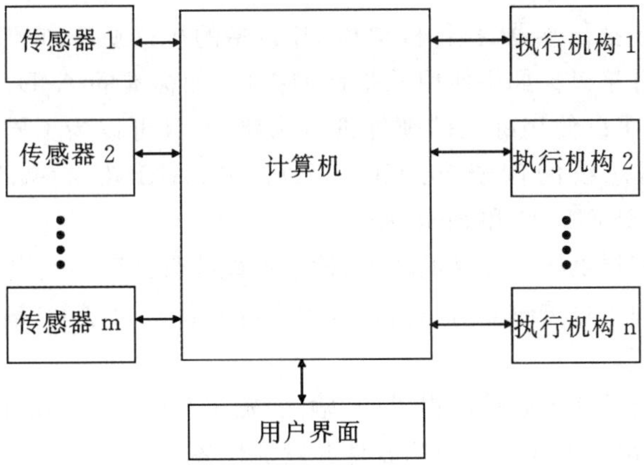

图 6.1 通用的传感器/计算机/执行机构/UI 架构

这个简单的架构会产生一个重要的关键结果,那就是大部分的系统设计和开发工作的重点应该放到计算机内部发生的事务上来。通常,"逻辑软件"是由一台或几台真正的计算机,或者是由 FPGA 或 ASICS 来实现的。

6.2.2 系统的分层架构

图 6.2 提供了从另一种角度观察的系统的"分层"架构。6.3 节将详细介绍这种分层架构。本节需要重点指出的是,在分层式架构中,系统是由"构件"组组成的,而每个"构件"组被称为一个层。在通常情况下,每一层旨在处理不同层次上的关注内容,而且每一层的定义、设计和实现都需要不同的技能和知识基础。

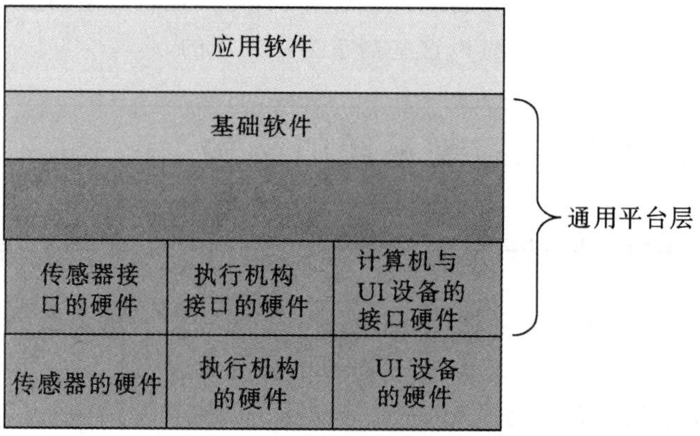

图 6.2 典型的传感器/计算机/执行机构/UI 模式的系统的分层的架构

如图 6.2 所示,底层是传感器、执行机构和 UI 硬件,它们提供了系统与外部世界之间的"输入信息及动作"和"输出信息及动作"。换句话说,正是这个硬件设备层与"外部世界"进行交互。

紧挨着的上一层包括传感器、执行机构和 UI 设备的接口硬件,它们用于提供计算机硬件和实际设备之间的硬件接口。如果使用的是标准接口,如标准的 A/D、D/A 以及标准的串行数据总线,那么本层就可以使用标准的硬件进行构建,并且可以为不同构建目的的系统所使用。标准的串行数据总线的例子有:MIL-STD-1553、ARINC 429、ARINC 629、以太网、RS232、RS422、USB、IEEE 1394 和 Spacewire。

计算机硬件层能够提供执行软件的功能,该软件能执行计算并实现相关逻辑和算法,而这些逻辑和算法用于处理来自传感器/执行机构/用户的硬件接口层的"输入信息",并且为硬件接口层产生"输出信息"。

基础软件层对"计算"和由硬件层提供的"输入/输出"(input/output,I/O)的功能进行"软件抽象"。这种软件抽象极大简化了应用软件开发的任务。

最后,由应用软件来实现航空航天控制系统的详细的逻辑和算法,而这些逻辑和算法的执行是由计算机硬件完成的。由于应用软件位于基础软件之上,因此应用软件开发不需要了解诸多的硬件细节,只要了解硬件的"软件抽象"即可,基础软件使之成为可能。

这种由基础软件层、计算机硬件层和传感器//执行机构/UI 设备硬件层构成的系统设计方法适用于一大类系统。我们称这三个层为一个“平台”,当该平台与其他不同的传感器、执行机构、UI 设备及应用软件关联时,它就可为很多不同的应用所复用。

因此,对于具体的应用系统,最上层和最下层是专用的,而中间三层是通用的。底层的硬件层应根据具体的应用提供专用的传感器、执行机构和 UI 设备。而应用软件则应根据具体的应用来实现专用的逻辑和算法。所以,这种系统架构的主要要求如下:(1)应用软件通过标准接口与基础的设计软件进行通信;(2)传感器、执行机构和 UI 设备通过标准接口与接口硬件进行通信。

这种方法已有意无意地被用于工业中各式各样系统架构的设计,而且这种平台层的使用正变得越来越普遍,并已成为一种趋势。此外,控制应用软件、传感器和执行机构的硬件设备也变得越来越独立于“平台层”。事实上,已用于现代的波音 787 和空中客车 A380 飞机的综合模块化航空电子设备(Integrated Modular Avionics,IMA),就代表了这种方法的最新实现。

6.2.3 分布式与集中式物理架构的比较

对逻辑系统进行物理实现时,分布式和集中式物理架构是两种重要的架构形式。当使用物理上集中的计算机来实现逻辑上的计算机时,这种物理架构形式就是集中式的。当使用物理上分布的计算机来实现逻辑上的计算机时,这种物理架构的形式就是分布式的。这两种架构各具优缺点,到底应该选择哪种架构需要对具体应用和目标进行仔细评估以及权衡性价比后再决定。

6.2.4 综合模块化的航空电子设备

综合模块化的航空电子设备(Integrated Modular Avionics,IMA)的出现是航天控制系统架构的一个显著进步。综合模块化的航空电子设备通过统一的通用计算机网络将飞机上原来由单独的物理“盒子”实现的系统集成起来,其中通用计算机网络是由高速通信数据总线,如现代航空电子全双工交换式以太网(Avionics Full-Duplex Switched Ethernet,AFDX)或更早一点的 ARINC 429 数据总线,进行互连的。传感器和执行机构的硬件也被连接到这个网络中,那么网络中的任何一台计算机都可以对这些硬件进行访问。传统上为每个“盒子”单独开发的软件模块如今已成为运行在计算机网络上的应用软件模块,并位于通用硬件和低层的软件资源的上层。

综合模块化的航空电子设备在降低开发成本、硬件成本、维护成本以及硬件重量方面有着很大的优势。例如:

1. 使用一个公共的应用程序接口(Application Program Interface,API)来访问硬件和网络资源,可极大地简化硬件和软件集成的工作。
2. IMA 可以让应用开发人员更注重应用层上的开发,从而使他们的开发更有效并且系统集成和测试更简单。
3. 随着时间的推移,IMA 可以大规模地重用其他项目或公用的测试过的硬件以及“平台层”中的较低级别的软件。
4. 在运行过程中,当主计算机检测到有故障时,IMA 允许将应用软件进行重新定位并配置到其他从计算机中,这就降低了系统冗余和故障管理的成本。

IMA 已被用于 F22-Raptor[1]、Airbus A380[2]、Boeing 787 及其他一些重要的航空电子系统中[3]。

ARINC 653(航空电子应用标准软件接口)是一种时间和空间分离的软件规范。根据 IMA 架构,ARINC 653 定义了航空电子软件的 API。为了允许对一台计算机中的可用内存和时间进行划分,使之表现的如同多台物理计算机一样,IMA 的实现依赖于与 ARINC 653 规范相兼容的实时操作系统/中间件。

6.2.5 系统架构的开发方法

系统架构的开发由两种类型的输入所驱动:(1)经常被用作"用例"或"功能需求"的功能和使用的需求;(2)经常被用作"质量属性场景集"(Quality Attribute Scenarios)的系统架构的质量属性。

开发架构时可以使用结构模型也可以不使用,但建议最好能参考可视的结构模型,并且使用结构化的建模语言。例如,图形化建模语言,如功能建模的集成定义(Integration Definition for Function Modeling,IDEF0)、统一建模语言(Unified Modeling Language,UML)以及系统建模语言(System Modeling Language,SysML),对提取、记录及表达架构非常有帮助。使用传统的控制系统的方块图也有助于描述架构。

功能和使用的需求给出了系统所需提供的功能,为了使系统能够提供这些功能需要进行架构的开发。而质量属性又决定了架构的决策,这些决策不仅要满足功能需求,而且还要解决开发和操作方面涉及的问题,比如如何使得设计比较容易依据需求的改变而改变;如何使系统操作起来比较简单;如何使设计重用过去的组织开发出的功能。

对上面提到的两种类型的输入,我们可以采用多种不同的方法得出系统的架构。但更好的做法是按照下面几个最重要的步骤去构建,其中每个主要步骤都可以使用各种方法和工具进行扩充或细化:

1. 通过功能和需求分析得出"黑箱的功能需求"。黑箱需求是系统的"外部需求",它独立于内部设计。最重要的是首先要确定"黑箱的需求"是什么,以确保内部的设计及架构的优化有足够的灵活度。可以在不使用架构模型的情况下非正规地完成这一步,也可以直接从"用例"中完成这一步,即可以从使用传统的 IDEF0 功能分析或更为新式的基于 UML 以及 SysML 的方法的使用场景中得出黑箱需求。
2. 建议对候选的逻辑/物理系统进行分解,也就是将系统分解为子系统或构件。可以通过不同的方法完成该步骤。但不管使用哪种方法,都需要有扎实的背景知识来决定如何将某个系统分解为更小的系统,以及如何使这些小的系统能协同工作以实现整个系统的功能,同时仍能尽可能保证系统能够达到良好的"质量属性反应"。这里推荐使用以下三种方法:
    a. 以"功能分解"作为逻辑或物理分解的出发点。通过分解系统"主要"的功能(并非所有功能),来确定如何分解逻辑系统或物理系统。
    b. 使用设计模式。这些设计模式是经过过去的项目验证过的架构模式,这些模式的优缺点都是已知的。采用这种设计模式能够在很大程度上提高成功的概率。实际上,本章中大部分的示例架构都给用户提供了可使用的设计模式。

c. 使用设计策略和原理。

3. 将需求转移到子系统或构件中。该步骤同样可以采用不同的方法来完成，其间可以使用也可以不使用架构模型。如果使用架构模型，则可以采用 IDEF0 和基于 UML/SysML 的方法。这些方法通过子系统或构件间的协作来细化系统黑箱的功能实现。
4. 评估、改进并比较架构。可通过确保架构所支持的系统的功能来评估以及改进架构，同时还要比较不同备选架构之间或每个架构决策之间的质量属性反应。
5. 每个子系统或构件都可以重复步骤 2 到步骤 4 来分层次细化架构，直到最低层构件已经就绪或已经完成开发。需要引起重视的是，这种架构细化的"就绪"程度及"深度"是依据具体目标、情况以及所需关注的问题的不同而不同。

6.2.6　示例：飞机的飞行控制系统的架构

典型的飞机的飞行控制系统（Flight Control System，FCS）遵循前面讨论过的两种常规模式，即传感器/计算机/执行机构/UI 模式和分层式架构。

对于飞机的 FCS，典型的传感器包括测量旋转速率的传感器，如陀螺仪、加速度计。但最重要的是位于飞机不同位置的静态和动态的压力传感器，它们用来产生"空中数据"的输入。

典型的执行机构是操纵面以及与之相连的机械、液压或电气的驱动系统。

由于 FCS 对于飞行是至关重要的，因此飞行的计算机往往是 3 对 1 或 4 对 1 冗余的。飞行控制软件通常利用内部控制回路来增稳，也可利用外部回路以及飞行员指令的形成功能，以便允许飞行员操作并控制飞机。此外，飞行控制软件还提供自动驾驶的功能。

"UI"负责给飞行员提供飞机控制的功能。接口通常是操纵杆和踏板，还有飞行员的控制面板上的显示屏和开关。

图 6.3 显示的是 FCS 的顶层图。

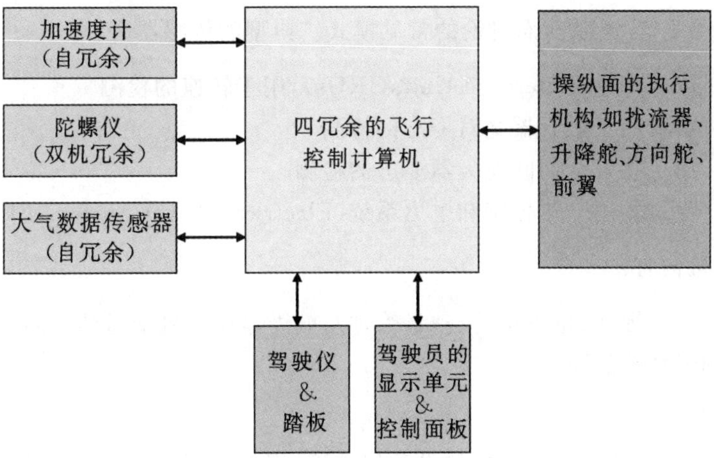

图 6.3　飞机 FCS 的高层框图

6.2.7 示例:航天器的控制系统的架构

非常类似,典型的航天器的姿态控制系统也遵循前面讨论的两种常见模式:传感器/计算机/执行机构/UI 模式以及分层式架构。图 6.4 表示的是典型的航天器控制系统。

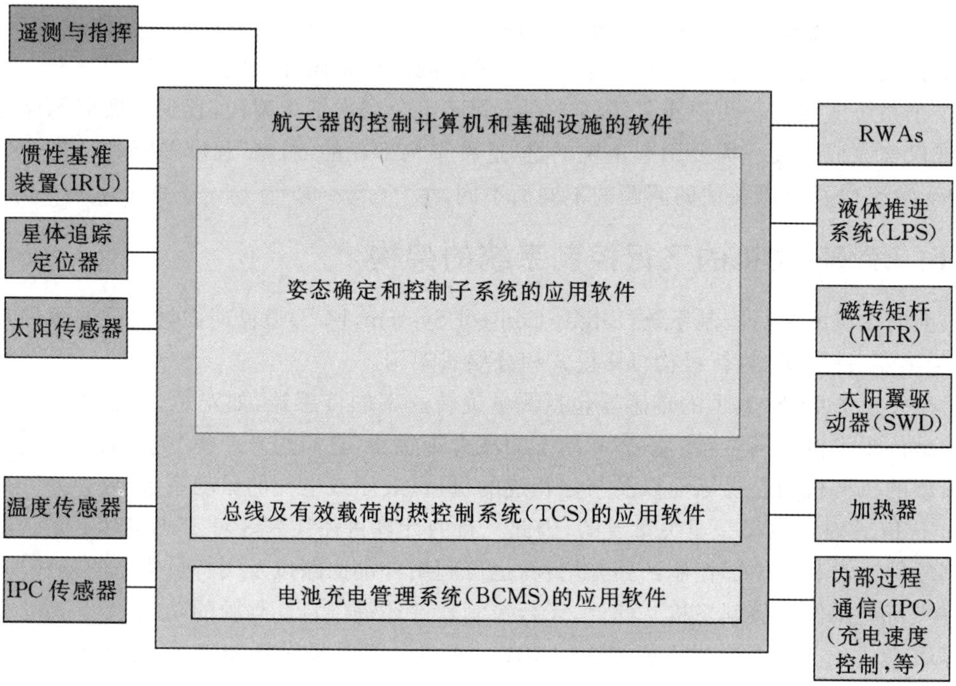

图 6.4　典型的航天器控制系统

典型的航天器 FCS 遵循前面讨论的常见模式。典型的传感器有:

- 惯性基准装置(Inertial Reference Units,IRUs),用于转速的检测
- 星体跟踪定位器,用于航天器绝对姿态的检测
- 太阳传感器,用于将安全期间航天器姿态的检测
- 温度和电流传感器,用于热控制和电力系统(Electrical Power System,EPS)的检测。

典型的执行机构有:

- 推进器,用于轨道提升、位置保持、动量管理及航天器作大机动运动时的姿态控制
- 反作用轮,用于精确的姿态控制
- 磁转矩杆,用于动量的管理

飞行计算机与传感器和执行机构的设备相连接,用来控制飞行器。这个框图提供了一些飞行软件功能的顶层构想。它的“UI”是通过遥测和指挥系统来实现的。

6.2.8 示例:波音 787 的 IMA

由于 IMA 有诸多优点,因此波音 787 和空客 380 都采用了基于 IMA 的航空电子架构。波音 787 的 IMA 是基于公共核心系统(Common Core System,CCS)的,该系统是由 Smith Industry(现在的通用电气公司)开发的。

CCS 相当于 787 的中枢神经系统。它是一个计算平台,包括两套主要进行处理的公共计算资源(common computing resource,CCR)柜、电源控制模块以及网络交换机。特殊应用模块(Application Specific Modules,ASMs)也安装在资源柜中。

CCS 平台在航空电子的全双工交换的以太网(Avionics Full Duplex Switched Ethernet,AFDX)的主干网上运行 ARINC653 的分区操作环境。CCS 提供共享的系统平台的资源来支持飞机的功能系统,如航空电子设备、环境控制、电气、机械、液压、辅助动力装置、客舱服务、飞行控制、卫生管理、燃料、有效载荷以及推进系统。

CCS 带有一个公共的数据网络(Common Data Network,CDN),此网络包含了 CCR 平台内部的网络交换机以及安装在整个飞机上的外部网络交换。CDN 是一个光纤以太网,通过该网络,所有与之相连的系统都可以与 CCS 进行通信或相互之间进行通信。

CCS 的设计旨在利用远程数据集中器(Remote Data Concentrator,RDC)整合来自飞机系统和飞机传感器(包括模拟和数字接口,如 ARINC429 和控制器局域网(CAN)总线)的输入。

CCS 取代了多台计算机,并承载了多达 80 个的航空电子设备以及效用函数,减少了 100 多个线路可替换单元(Line Replaceable Units,LRUs)的使用。

6.3 实时的航空航天系统的软件架构

6.3.1 概述

现代的航空航天系统的软件已经成为许多航空飞机和航天器项目的主要成本和进度的推进力之一。软件架构设计是一项非常关键的工作,它对航空航天系统的开发和维护,无论是在技术性能还是在成本和进度方面都有着重要的影响。

以下两种需求推动了现代航空航天系统的架构的发展:

- 功能/性能/使用的需求
- 操作/开发/维护的质量属性

功能/性能/使用的需求决定着系统架构所要支持的功能。质量属性决定了不同架构的策略及设计模式的选择,从而达到所要求的“质量属性反应”。

对架构设计有着重要影响的两个关键策略是两种通用的“设计模式”,它们分别是分层式架构和基于构件的架构。通常,这两种“设计模式”都能产生所需的质量属性反应,如可维护性、可演化性和易开发性。

在下面的章节中,将详细讨论基于构件的架构和分层式架构,并论述典型的实时航空航天控制系统中各个层的内容。

6.3.2 分层式架构

分层式架构是管理系统内部的依赖性以及随之带来的复杂性的一种特定的方式。分层式架构不仅仅局限于软件,其基本概念适用于系统以及软件。在分层式架构中,系统/软件被分成了构件组,而每个构件组称为一个"层"。

严格的分层式架构需要层与层形成一个串行且相互依赖的组。也就是说,如果从下到上给每一层进行编号,如 0 层、1 层、…、N 层,那么第 K 层只依赖于第 $K-1$ 层。

松散的分层式架构允许上一层依赖于所有较低的层。现实中,架构师和开发人员可以定义一个专用的分层式架构,其依赖规则介于严格的分层式架构和松散的分层式架构之间,以此来提供复杂性管理、性能以及效率之间的最优的折衷。

分层式架构中严格的依赖关系指的是改变某个层的接口只影响严格的分层式架构中紧挨着的上一层或者松散的分层式架构中的该层上面的一些层。

一般,每个层都是根据"关注内容相分离"原则而选择出来的:上面的层负责较高层和更为抽象的关注内容,下面的层负责较低层和更具体的关注内容。

图 6.5 给出了一个典型实时的航空航天系统的分层式架构。在这个例子中,各个层都是根据不同级别的关注内容进行组织的。

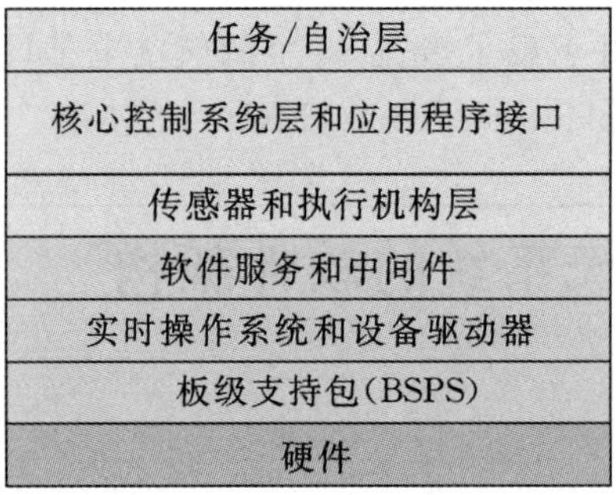

图 6.5　典型的航空航天实时软件的层

最上层"任务及系统自治层",关注的是通过使用核心控制系统的抽象功能(接口)来操作系统以实现任务的目标。这一层并不关注具体操作是如何实现的。

接下来的一层是核心控制系统层,它关注的是如何使用控制算法来提供抽象的功能。对上一层来说,这一层是通过其 API 抽象得到的。

再下一层是传感器和执行机构层,该层处理单个传感器和调节器的具体实现的细节。对上一层来说,抽象的传感器和调节器接口是与设备无关的。

以上三层称为"应用层"。在应用层下面是"软件服务/中间件层",该层提供分配、通信和数据管理的服务。

中间层的下面是实时操作系统和设备驱动层。

板级支持包层将操作系统(Operating System,OS)与硬件分隔开来。

下面的三个层有时候被称为"基础层"。

6.3.3 基于构件的架构

软件构件是一种软件元素，该元素被明确定义的服务和接口所封装，且可重用。软件构件并不局限于被使用的构件环境，可被独立配置。通常构件是由更小的构件构建而成。

通过由架构决定的结构化方法，基于构件的架构可以将工程系统分解为一系列彼此交互的构件。

软件构件经常通过二进制或文本方式以对象或对象集（如 C＋＋，Java 类）的形式出现，并且它还支持一些接口描述语言（如公用对象请求代理结构（Common Object Request Broker Architecture，CORBA）使用的 IDL）。因此，在计算机中构件可以独立于其他别的构件而存在。

基于构件的架构有助于软件有计划的重用（生产线的方法），也允许不同的厂商生产构件来销售给不同的高层集成商。

“大粒度”构件集成了整个系统绝大部分的功能，它可以以非常快速的方式来开发新的系统，这样就能节省大量成本并缩短开发周期。认识到这一点，对我们非常重要。

图 6.6 显示的是一个典型的航天器控制系统的高层的静态架构。该系统由姿态确定和控制系统（Attitude Determination and Control，ADCS）、热控制系统（Thermal Control System，TCS）和 EPS 大粒度的构件组成。ADCS 又由下一层的大粒度的构件构成，这些大粒度的构件有“轨道和星历子系统”、“转向子系统（Steering Subsystem，SteeringSubsys）”、“姿态确定子系统（Attitude Determination Subsystem，ADSubsys）”、“姿态和动量控制子系统（Attitude and Momentum Control Subsystem，AMCSubsys）”、“太阳能电池板控制子系统（Solar Wing Control Subsystem，SWCSubsys）”和“通用万向节控制子系统（Common Gimbal Control Subsystem，CGCSubsystem）”。

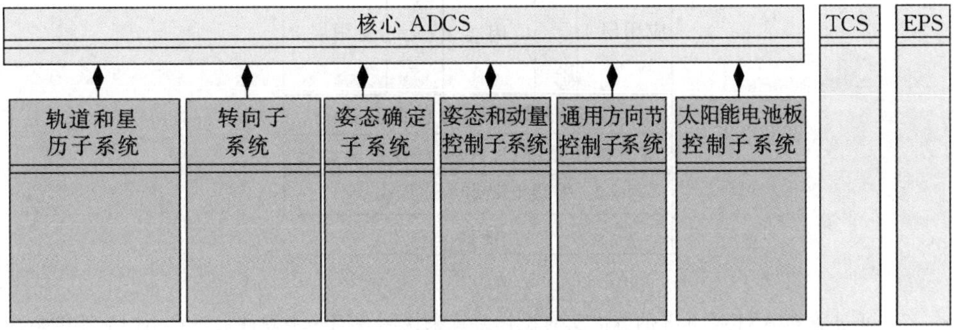

图 6.6 典型的航天器控制系统的高层静态架构

6.3.4 基础层

基础层通常包括三个层：中间层、实时操作系统（Real Time Operating System，RTOS）和设备驱动程序层，以及板级支持包（Board Support Package，BSP）层。

基础软件通过给应用层提供抽象的服务来将计算机硬件屏蔽起来,并通过给应用层提供抽象的服务来计算来自应用软件的输入和输出设备的特性(应用软件并没有屏蔽传感器和执行机构的高层特性)。当计算机硬件、I/O 设备或者基础软件自身由于某些原因需要进行改变时,这些抽象服务并不需要改变。

通常,基础软件提供的服务有:

- 多任务调度/调度分配服务
- 计时服务
- 通信服务
- 数据管理服务

这些服务通常都是由中间件来提供。中间件加强了通用的实时操作系统的功能,使应用软件通过最小代价提供所需服务。

几乎所有的实时控制系统采用的实时操作系统都采用或符合可移植操作系统接口(Portable Operating System Interfaces, POSIX)的标准。采用兼容 POSIX 或符合 POSIX 的 RTOS,意味着如果需要,可以很容易用另一个厂商的产品替代该 RTOS,而不会对中间件和应用软件造成任何问题。

就像上面所提到的,对于航空航天控制系统,ARINC 653 对分区实时操作系统要提供给应用软件的功能定义了一个标准。在 ARINC 653 兼容系统中,吞吐量(时间)和内存被划分成独立的资源,使之表现为一台独立的虚拟机,且发生在某个分区的故障不会传递到其他分区。ARINC 653 允许不同的应用软件在同一台计算机上运行。从某种程度上说,这些应用程序都是独立运行的。图 6.7 说明了这一概念。

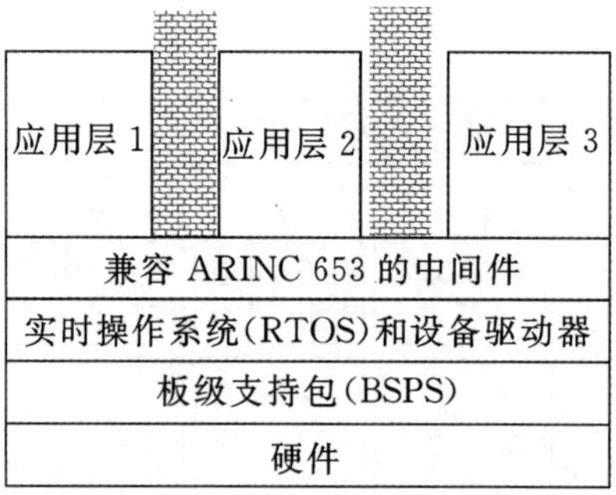

图 6.7 通过兼容 ARINC 653 的分区实时操作系统来说明在同一个硬件上运行不同应用的概念

6.3.5 应用层

应用层执行实时系统的功能,该实时系统位于基础层所提供的平台的顶部。

典型的航空航天应用软件至少分为三层:传感器和执行机构层、核心算法层、操作和自治层。

底部的传感器和执行机构的抽象层提供了传感器和执行机构的抽象。虽然传感器和执行机构本身依赖于具体的传感器和执行机构的特性，但其设计目标是由该层提供的传感器和执行机构的抽象可不依赖于设备本身的特性。因此传感器和执行机构若有改动，并不影响上面的层。

核心算法层执行航空航天系统的具体算法。它的设计目标是使该层独立于硬件设备，且其实现主要关注抽象的算法。

操作和自治层提供的是操作和自治的功能。这些功能主要实现如何使用核心算法层所提供的功能来操作系统。

使用构件来建立每一层是个不错的方法。

6.3.6 示例：飞机 FCS 应用层的软件架构

如我们之前所讨论的，飞行计算机和基础软件构成了所谓的“平台”。对于各系统来说，该“平台”都十分类似。但应用软件、传感器以及执行机构的硬件使得实时航空航天系统与众不同。所以，这个示例包括以下的其他示例，将更加关注应用层软件的架构。

另外值得一提的是，有很多方法可以用来对软件架构进行描述和考虑。在本章中，我们使用的是控制系统工程师更为熟悉的图解法。

图 6.8 表示了一个虚构的飞行控制软件的高层架构。

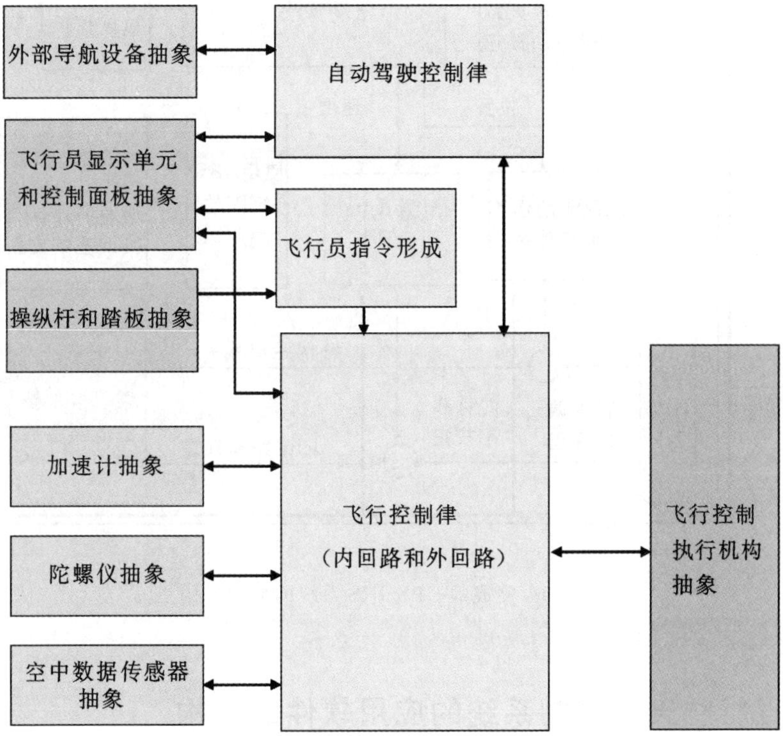

图 6.8 虚构的飞行控制应用软件架构

6.3.7 示例:GPS 辅助的飞机导航系统应用层的系统架构

GPS/INS(Inertial Navigation System)不是一个完整的控制系统,而是一个在“估计器/控制器”系统架构中提供“估计器”功能的系统。因此,GPS/INS 系统具有传感器,但却没有执行机构。

在这个特殊的例子中,惯性测量单元(Inertial Measurement Unit,IMU)、GPS 接收器以及输出连接器,都是通过 MIL-STD-1553 串行数据总线与飞行计算机进行连接。这种方法可以简化硬件架构。

图 6.9 中的功能框图给出了 GPS/INS 应用的飞行软件的功能和机制。在本例中,该软件驻留在专用的导航计算机硬件与底层基础软件之上。相同的应用软件也可以驻留在基于 IMA 的系统中。

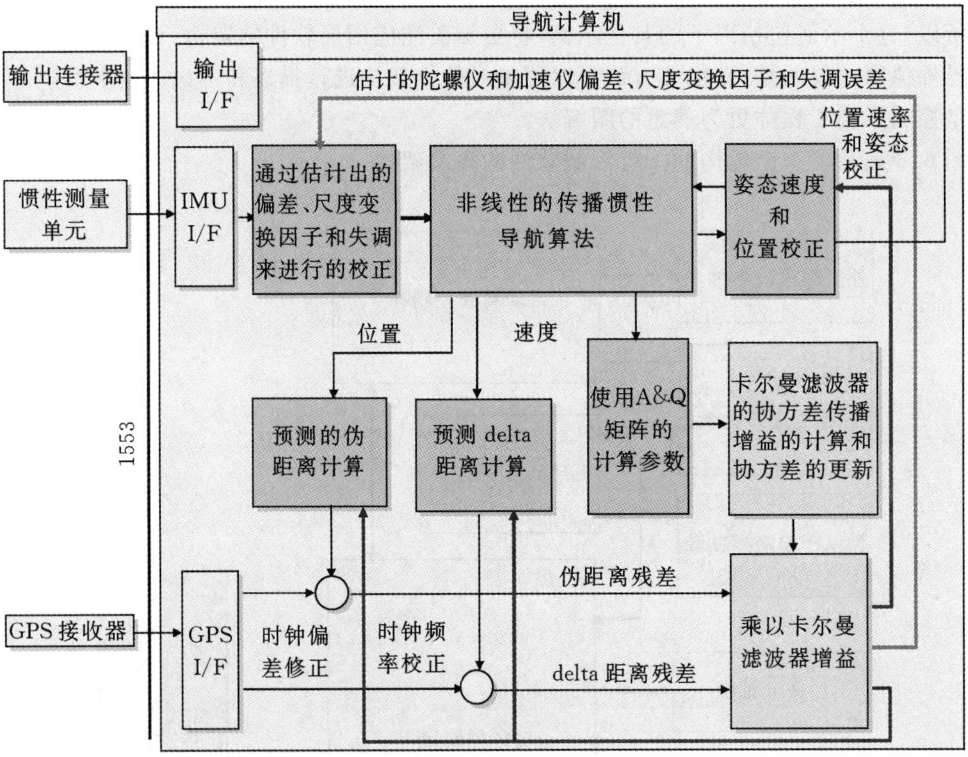

图 6.9 集成的 GPS/INS 系统的典型架构

6.3.8 示例:航天器控制系统的应用软件的架构

图 6.10 给出了一个航天器控制系统中基于“大粒度”构件的架构的例子。

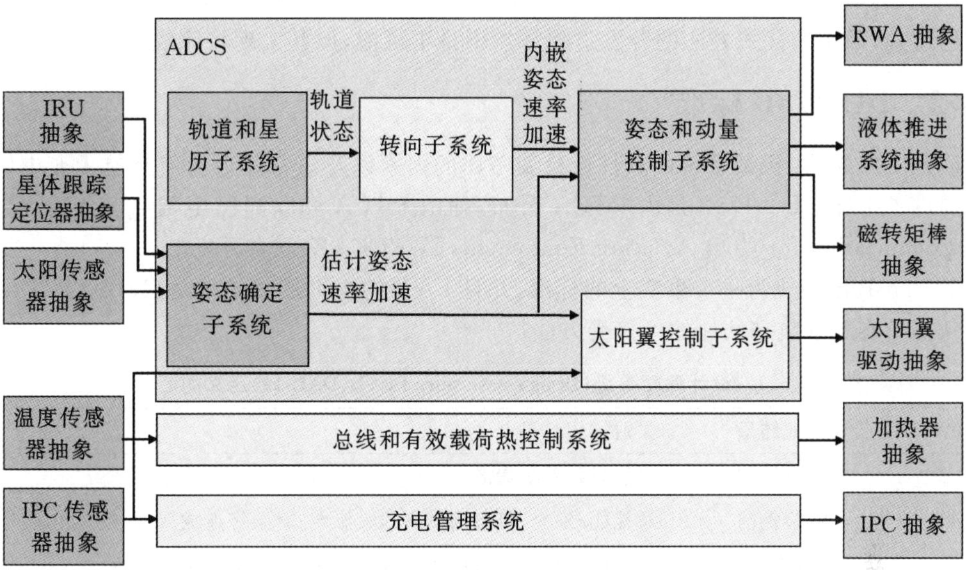

图 6.10 典型的基于"大粒度"构件的航天器控制软件

6.4 实时的航空航天系统的质量与开发过程的标准

6.4.1 概述

航空航天业中可以遵循许多的软件过程标准。具体选择哪种标准取决于此系统面向的市场应用。

对于军事方面的应用,曾出现过 MIL-STD-2167,MIL-STD-498 和 IEEE 12207 的过程标准。由于这些过程在应用现代软件的开发方法时不够灵活,因此与 20 世纪 80 和 90 年代相比,如今它们的应用越来越少。

对于商用航空市场,由于需要 FAA 认证,几乎所有与飞机相关的软件开发都遵循由航空无线技术委员会(Radio Technical Commission for Aeronautics,RTCA)创建的 DO-178B 标准。由于 DO-178 是受目标驱动的,因此当采用不同的软件开发方法时,可提供所需的灵活性。

由卡耐基梅隆大学(Carnegie Melon)的软件工程研究所(Software Engineering Institute,SEI)开发并倡导的能力成熟度模型集成(Capability Maturity Model Integration,CMMI)标准,被广泛地应用于各工业部门。CMMI 不仅适用于软件工程,也同样适用于系统工程。

值得一提的是,由于成本过高和开发周期过长,再加上许多众所周知的航空航天软件开发工作的彻底失败,该行业越来越趋向于采用风险驱动、迭代式开发的方法而不是传统的瀑布式的方法进行开发。在业内所使用的方法中,IBM 的 RUP 和一个被称为统一过程(Unified Process,UP)的类似的过程的开源版本,以及开放的统一过程(Open Unified Process,Open-UP)是比较流行的方法。

如RUP等迭代式开发过程,在DO-178B和CMMI中都是可用的。对于MIL-STD-2167类型的过程,采用迭代式方法的开发过程虽然不是不可能,但其实现将比较困难。

6.4.2 DO-178B标准

DO-178B标准、机载系统中软件设计要考虑的因素以及设备认证为航空航天业中的软件开发提供了指导。DO-178B是由RTCA公布,并由RTCA和欧洲民用航空设备组织(European Organization for Civil Aviation Equipment,EUROCAE)联合开发的。

DO-178B已经成为一个事实上的标准,并且FAA的咨询通告AC20-115B已将DO-178B列为认证所有新的航空软件的可接受方法。

表6.1 设计保障等级(Design Assurance Levels,DALs)的定义的汇总

DAL	失败结果	失败描述结果
A	灾难性的	可能导致系统崩溃
B	危险性的	对性能/安全/机组操作有很大影响;对乘客造成严重/致命伤害
C	巨大的	对性能/安全/机组操作有较大影响;导致乘客感觉不适
D	较小的	能察觉到影响;造成乘客不便
E	无影响	对性能和安全没有影响

DO-178B主要关心开发过程。因此,对于DO-178B的认证需要交付多个配套文件和记录。DO-178B认证所需各项目的特性及所包含的信息量是由认证的级别来决定的。设计保障等级(Design Assurance Levels,DAL)用来对航空航天系统软件进行分类。不同级别的测试和验证的目标具有不同程度的独立性,其定义对于每一级别来说也都不同。

DO-178B标准是目标驱动的结果,因此在软件开发生命周期过程方面有很大的灵活性。传统的瀑布式过程和更流行的迭代式过程都可以在DO-178B标准下进行。在确立目标、已经完成的任务以及已生成的文件方面,DO-178B确实给出了以下开发中需要涉及的关键行为:

- 计划
- 开发
- 验证
- 配置管理
- 质量保证
- 审定联络

以下是DO-178B所需的文档和记录列表。不是所有层次的认证审定都需要以下列出的所有文档及记录。

与计划相关的DO-178B文档:

- 软件方面认证的计划(Plan for Software Aspects of Certification of Cetification,PSAC)
- 软件开发计划(Software Development Plan,SDP)
- 软件验证计划(Software Verification Plan,SVP)
- 软件配置管理计划(Software Configuration Management Plan,SCMP)

- 软件质量保证计划(Software Quality Assurance Plan,SCMP)
- 软件需求标准(Software Requirements Standards,SRS)
- 软件设计标准(Software Design Standards,SDS)
- 软件代码标准(Software Code Standards)

与开发相关的 DO-178B 文档:

- 软件需求数据(Software Requirements Data,SRD)
- 软件设计描述(Software Design Description,SDD)
- 实际的软件代码和图像

与验证相关的 DO-178B 文档/记录:

- 软件验证用例和规程(Software Verification Cases and Procedures,SVCP)
- 软件配置索引(Software Configuration Item,SCI)
- 软件成果总结(Software Accomplishment Summary,SAS)
- 软件验证结果(Software Verification Results,SVR)
- 问题报告

与配置管理相关的 DO-178B 文档/记录:

- 软件配置索引(Software Configuration Item,SCI)
- 软件生命周期环境配置索引(Software Life-Cycle Environment Configuration Item,SECI)
- 软件配置管理记录
- 软件质量保证记录(Software Quality Assurance Records,SQAR)

与质量保证相关的 DO-178B 文档/记录:

- 软件质量保证记录(Software Quality Assurance Records,SQAR)
- 软件一致性评审(Software Conformity Review,SCR)
- 软件成果总结(Software Accomplishment Summary,SAS)

6.4.3 Mil-STD-2167/Mil-STD-498/IEEE 12207 标准

军用-标准-498(Military-Standard-498,MIL-STD-498)是一个以软件开发和文献归档为目的的美国军用标准。该标准于1994年发布,并取代了DOD-STD-2167A以及一些其他的相关标准。MIL-STD-498是作为临时性的标准而使用的,于1998年被取消并由J-STD-016/IEEE 12207所取代。然而,由于这些标准都是由相同的核心技术人员开发而来,并且遵循相同的理念,所以其“核心内容”都是一样的。

这些标准提供了一个强有力的指南,用来指导如何开发软件并确保其质量。这个过程包括对需求分析、架构和详细设计、编码、单元测试、集成测试、鉴定测试、配置管理以及维护方面的指导。这些标准明确说明必须生成以下文件:

- 软件开发计划(Software Development Plan,SDP)
- 软件测试计划(Software Test Plan,STP)
- 软件安装计划(Software Installation Plan,SIP)
- 软件转换计划(Software Transition Plan,STrP)
- 操作性的概念描述(Operational Concept Description,OCD)
- 系统/子系统规范(System/Subsystem Specification,SSS)
- 软件需求规范(Software Requirements Specification,SRS)
- 接口需求规范(Interface Requirements Specification,IRS)
- 系统/子系统设计描述(System/Subsystem Design Description,SSDD)
- 软件设计描述(Software Design Description,SDD)
- 接口设计描述(Interface Design Description,IDD)
- 数据库设计描述(Database Design Description,DBDD)
- 软件测试描述(Software Test Description,STD)
- 软件测试报告(Software Test Report,STR)
- 软件产品规范(Software Product Specification,SPS)
- 软件版本描述(Software Version Description,SVD)
- 软件用户手册(Sofftware User Manual,SUM)
- 软件输入/输出手册(Software Input/Output Manual,SIOM)
- 软件中心操作员手册(Software Center Operator Manual,SCOM)
- 计算机操作手册(Computer Operation Manual,COM)
- 计算机编程手册(Computer Programming Manual,CPM)
- 固件支持手册(Firmware Support Manual,FSM)

6.4.4 能力成熟度模型集成

能力成熟度模型集成(Capability Maturity Model Integration,CMMI)是过程的改进方法,这个方法可以给企业和组织提供有效流程的基本要素。CMMI 是 CMM 的后续软件。CMM 软件是在 1987 年到 1997 年期间开发的。于 2002 年发布 CMMI 1.1 版本,接着于 2006 年发布 1.2 版本。CMMI 项目的目标是通过将多个不同模型集成到一个框架之中的方法,来提高成熟度模型的可用性。CMMI 项目是由工业界、政府以及 SEI 成员所创立,主要赞助商包括美国国防部长办公室(Office of the Secretary of Defense,OSD)和美国国防工业协会。

在称为模型的文档中发表了 CMMI 的最佳实践。过程模型是描述有效流程的特征的实践的结构化集合。经验证明这些实践都是有效的。可以使用过程模型来确保某过程成为稳定的、能胜任的以及成熟的过程,并且可使用过程模型作为指南来改进这些过程。

CMMI 模型并不是一个过程,而是用来描述过程的特征的。因此,差异很大的过程、系统和软件开发的方法也能与 CMMI 所支持的实践保持一致。例如,瀑布式开发过程和迭代开发过程都可以与 CMMI 实践相一致。

目前 CMMI 模型涉及两个关注的领域:开发和获取。本章仅对开发进行讨论。

CMMI 1.2 版本(CMMI-DEV)模型为下面 22 个过程域提供了最佳实践:

- 因果分析和解决方案
- 配置管理
- 决策分析和解决方案
- 集成化项目管理
- 测量和分析
- 组织创新和部署
- 组织流程定义
- 组织流程重点
- 组织流程性能
- 组织培训
- 项目监测和控制
- 项目计划
- 流程和产品质量保证
- 产品集成
- 定量的项目管理
- 需求管理
- 需求开发
- 风险管理
- 供应商协议管理
- 技术方案
- 确认
- 验证

公司/组织流程和实践的成熟度可以用下面五个级别来进行评价和估价：

- 级别 1:初始级
- 级别 2:可重复级
- 级别 3:已定义级
- 级别 4:受管理级
- 级别 5:优化级

6.4.5 瀑布式与迭代式开发过程的比较

值得注意的是，对于系统和软件开发有两种非常不同的开发方法。第一种就是称之为“瀑布式过程”的开发方法，它是以顺序执行系统/软件的开发任务为特征。汽车生产线就是瀑布式过程的一个例子。在瀑布式开发过程中，只在过程的最后才会生成产品。第二种方法就是称之为“迭代过程”的开发方法，它的特征是以迭代方式促进产品的“成长”或“成熟”。每次迭代都会产生一个具有部分功能或不太成熟功能的产品。迭代开发的一个典型的例子就是生命的成长。

由于瀑布式的开发过程只是一个实现或大规模生产的问题，故对于需求和设计都非常成熟的情况它是很有效的。瀑布式开发过程的缺点是它不能应对变化。在需求或设计上进行改动就会对成本和进度造成很大的影响。因此,对设计好的产品进行大规模生产,瀑布式开发过程将是一个非常好的方法。但是,想要完善某产品的设计,瀑布式过程并不是一个好方法。

另一方面,迭代式开发则是通过迭代将产品从一个很不成熟的原型变成一个功能齐全、完全合格的产品。在每一次迭代中,都需要作包括需求分析、架构设计、详细设计、实现、集成和测试在内的所有事情。对于开发过程中需求和设计很有可能发生变化的情况,迭代式开发是比较适合的。当开发的产品不用于大规模生产时,迭代式开发是有效的。(注意,软件从来不是用于大规模生产的,当然我们忽略了生产副本或者通过网站分发产品的情况。)

迭代式开发的一个主要优点在于它能更早更快地暴露并降低风险,因此大多数情况下,在软件开发方面迭代式开发过程比传统的瀑布式开发过程更好。

在众多不同的迭代式开发过程中,IBM 的 RUP 开发方法,是最成功的迭代式开发过程之一。

图 6.11 举例说明了 RUP。

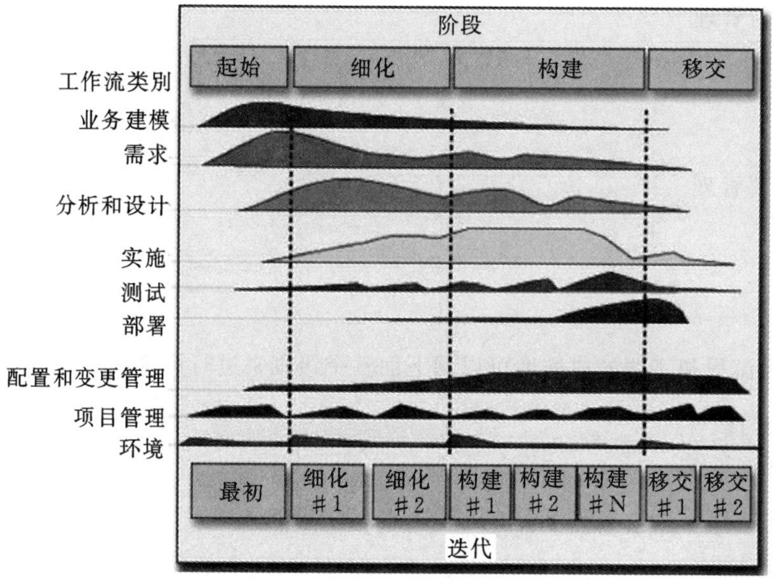

图 6.11 统一软件开发过程

如图 6.11 所示,生命周期被划分为四个连续的阶段(瀑布式过程的特征),每个阶段都包含了许多迭代(迭代式过程的特征)。在每次迭代中,都需要进行一些业务建模、需求分析和设计、实现、测试以及部署的工作。

初始阶段的目的是降低业务的风险。细化的目的是降低架构的风险。构建阶段的目的是构建产品并降低实现的风险。移交阶段的目的是降低部署的风险。

6.5　仿真、测试及验证/确认的方法

6.5.1　概述

对于实时控制系统开发来说，仿真在控制系统开发的生命周期中起着非常重要的作用。仿真是在开发之前用来提供对系统概念的验证，也能用来在“初始阶段”对规模、成本和进度进行估计。

在(传统的)初步设计和关键设计阶段，(与 RUP 的细化阶段相类似)，仿真就是用来验证：(1)系统需求是否与“用例”或“使用场景”相一致；(2)系统架构是否支持所需的全部功能；(3)详细设计是否起作用，以及是否符合需求。

在实现阶段，或在像 RUP 流程的“构建阶段”，“软件在环”(Software-In-the-Loop，SIL)的仿真可以作为软件开发平台来集成并测试所实现的系统/软件。SIL 仿真可以检测出大部分应用软件的漏洞，并在桌面环境下在早期就能轻易地去除这些漏洞。

除了 SIL 仿真提供的逼真度，“处理器在环(Processor-In-the-Loop，PIL)”的仿真也要在通用计算机上运行“真实模型”，并还要在目标处理器上运行飞行软件。PIL 仿真通常是实时进行的，因此它可以使与处理器及实时执行相关的风险能在一个简易的环境中早早退出。

最高的逼真度的仿真是由“硬件在环(Hardware-In-the-Loop，HIL)”的仿真环境给出的，在该环境下，飞行计算机的测试版本是与由真实或模拟的硬件设备驱动的 I/O 硬件集成在一起的。HIL 为被测试的飞行软件提供了真实的环境。“人员在环”的仿真是 HIL 仿真的一种特殊的类型，由于此仿真中也包含人机界面的硬件设备，因此可允许人与系统进行交互。

除了概念开发的仿真之外，如果能将上述包括 SIL 测试的仿真、PIL 测试的仿真、HIL 测试的仿真的各种仿真的共性进行最大化，并且使这些共性能成为低可信度仿真的自然延伸，其结果将更富有成效。

6.5.2　用于概念开发的仿真及验证和确认(Verification & Validation，V&V)

在航空航天控制系统设计的概念的开发中，仿真对验证概念的可行性及系统目标的可达性方面起着非常重要的作用。仿真同样有助于对耗费的精力、成本和进度进行早期估计。

典型地，概念开发的仿真要求仿真比较简单且快速，并容易剪裁，以便在短时间内分析出不同场景的状况。因此，此目的的仿真通常都是采用如 MATLAB、Simulink 语言或者以电子表格的形式出现的。在该阶段除非项目的风险被确定为具有“实现、成本和进度”风险，而不是具有“技术和设计”风险，就不要去使用具有更高逼真度的仿真，因为那样的成本过高。

如果风险在于“实现方面”，那么就可以使用较早版本的高逼真度的仿真，如 SIL、PIL 甚至是 HIL。

6.5.3 飞行软件的在环仿真及验证和确认

一旦详细的设计完成以后,就必须开发并维护具有高逼真度的仿真,以便确认设计、分析性能及降低风险。

虽说要有所花费,但大部分时候采用“飞行软件在环的仿真”这种高逼真仿真,即 SIL 仿真,是很有成效的。SIL 仿真在同时验证系统架构和系统性能、算法设计以及软件实现的方面具有优势。

通常,开发人员的桌面上都有最新版的 SIL 仿真。SIL 仿真可以让设计师、分析师及实现者快速而有效地实现和确定设计上的变更,因此在高效的软件及系统开发过程中,SIL 仿真是非常重要的因素。由于在迭代式开发过程中,早期和频繁的测试以及快速的反复迭代对高效执行迭代是必不可少的,SIL 仿真对于迭代式开发过程尤为重要。

典型的 SIL 要比实时系统运行得更快,以便可以进行高效地测试及调试。如果在开发早期要降低实时过程和多重任务相关的风险时,也可将 SIL 配置成实时运行状态。

6.5.4 处理器在环的仿真及验证和确认

处理器在环(Processor in the Loop,PIL)的仿真为实时航空航天系统提供了下一个层次的仿真逼真度。一些 PIL 平台只具备能够运行飞行软件的目标处理器和运行在通用处理器上的真实仿真模型,并且这两者是通过以太网和传输控制协议以及网络协议(Internet Protocol,TCP/IP)这样的标准接口进行相互通信。通过使所有硬件接口对于处理器来说似乎都是真实存在的方式,一些 PIL 可达到更高的逼真度,并且在这种情况下在此仿真环境中也可以集成并测试低层与硬件相关的软件的功能。

通常情况下,PIL 平台更昂贵也更少见,并且需要花费更多的精力运行测试用例。因此,PIL 应该要比 SIL 使用的频率更低。实际上,大部分调试和测试工作都应该在 SIL 环境中进行。

通过在 PIL 环境下的测试及调试,可以降低与专用处理器相关的风险。随着现代基础软件的进步,在应用软件中这种风险已经很少发生。但 PIL 对降低基础软件的风险仍是非常有用的。

6.5.5 硬件在环的仿真及验证和确认

硬件在环(Hardware in the Loop,HIL)的仿真提供了最高逼真度的仿真,在该仿真中将会把工程开发单元连接在一起进行集成测试。

一个 HIL 平台通常只能实时运行,并使用飞行计算机、传感器和执行机构的工程开发模型进行测试,而测试时硬件接口是非常重要的。

在 HIL 平台上,根据哪些接口或集成问题需要被作为风险进行考虑的因素,在仿真之中不必包含所有的硬件,而只会包括那些注定会对系统的成功开发造成风险的设备。

很显然,HIL 具有最高的逼真度,并且也是最贵且最不常见的。因此,HIL 只用来进行在其他仿真无法完成的测试和验证,如软硬件接口与传感器和执行机构之间的交互,以及对整个系统的测试,如被用作正式的鉴定测试(Formal Qualification Test,FQT)的一部分的测试案例。

6.6 集成化系统、软件工程、模型驱动及基于模型的开发

与其他行业的软件开发不同，航空航天行业的软件开发可以分为两组活动。第一组活动包括算法的定义和确认、算法设计确认及系统性能的仿真的开发、以及算法设计文档的开发，该文档用来将设计告知给将要编写代码的工程师。第二组活动包括测试算法的软件编码、集成以及代码的合格性检查。

这种传统的方法有一个本质上的缺陷：专业领域的知识与代码、测试和集成活动互相分离。因此，第二组活动变得非常低效，并且常常成为项目的风险区域。

事实上，几乎在所有航空航天实时系统的开发项目中，软件成本和进度都被认为是关键风险。虽然有诸多原因，但该领域的专业知识和软件编码、调试以及测试相分离是传统的航空航天软件开发过程中关键问题之一。

由于以下这些原因，这个问题变得越来越显著：

- 算法复杂性的增加要求开发算法和软件架构的人员必须具备相应的专业知识。事实证明，结合控制系统领域的专业知识和系统及软件架构知识，对于开发这种复杂的、性能要求高的、安全要求苛刻的航空航天系统及软件是非常重要的。
- 算法复杂度的增加，也要求编写和调试这种实现算法软件的人具备足够的专业知识。
- 经验证明现代的迭代式开发方法，如 IBM 的统一软件开发过程(Rational Unified Process，RUP)，要优于传统的瀑布式软件开发过程。迭代式开发要求具有快速的迭代能力，这就需要紧密结合需求、架构、详细设计、实现、集成和测试活动。而传统的“将系统工程推给软件工程”的做法根本不适合复杂控制系统的迭代式开发方法。

集成化的算法、仿真和软件开发(Integrated Algorithm，Simulation，and Software Development，IASSD)是将前面提到的两组活动集成到一组活动中去的方法。该项工作将由同时进行算法、仿真和飞行软件开发的工程师团队来完成。IASSD 通常是在一个如 RUP 的迭代式开发过程中来进行。

这里有许多方法可以来实践 IASSD：

通过整合领域专家的团队与使用传统的“手工代码”的方式来开发算法、仿真与飞行软件的软件团队，可以实现 IASSD。为了达到这些目标，需要给该领域的专家培训软件开发的技能，并给软件工程师培训相关领域的知识。

IASSD 也可以通过一种被称为自动编码的技术来实现。当使用自动编码时，算法、仿真和飞行软件都可以通过控制工程师常用的现代图形语言，如 Simulink 和 Matrix-X，来进行定义和实现。然后飞行代码就能从更高层设计的图形描述中自动生成。这种方法经常被称为“基于模型的设计”。

自动编码也能从基于 UML 的架构模型中生成，这种方法常常与“模型驱动设计”相关。

不管采用哪种方法，基于 IASSD 成功开发的一个关键因素是在整个生命周期中对“飞行软件在环”的仿真的开发和使用。对于以手工编码为基础的开发方式，在仿真中也要包括手工编码的飞行软件。对于基于模型的方式，飞行软件在环的仿真本身就是图形化的基于模型的仿真。

6.7 航空航天系统的软件复用和软件生产线

如前面所述,对于航空航天实时软件系统来说,业内一直存在成本和进度的问题。采用更好的开发过程、方法、工具和设计能提供更高的生产率,从而降低成本并减少开发所需的时间。

没有什么方法比完全淘汰某些开发过程,更能提高生产率的方法、节约成本以及缩短开发周期的了,意识到这一点非常重要。因此,软件复用和软件生产线才是降低成本并缩短开发周期的方法。

需要注意的是,复用并不是仅仅指复用代码。概念、需求、架构、架构模型、设计文档、代码、测试用例等等都可以复用。

软件复用比软件生产线(Software Product Lines,SPL)这个术语使用地更广。软件复用可以包括任何形式的复用。而生产线方法仅仅指的是以“规定好的方式”进行“有计划的”和“有管理的复用”。由于在生产线方法中对可复用的资产进行了规划和开发,SPL 方法经常比传统的“普通”复用能得到更好的结果。

这些年来,软件复用已经从对函数和子函数的复用演变到对包含数据和函数的模块、类和对象的复用,甚至可以到对给软件系统提供重要作用的构件的复用。

从复用元素的规模来说,软件复用已经从“小粒度函数/对象”发展到“大粒度构件”。正如我们在架构部分所讨论过的,“大粒度构件”仅仅使用一些大的构件就能进行软件系统的快速组装、集成和测试。

SPL 方法将复用策略的发展更推进到了全面策略的复用。这也就意味着可以以规定好的方式,从一组公共的核心资源中开发出许多具有共同管理特征的软件系统产品。

因此,建立一个 SPL 要比建立一个代码库更复杂。

经过对业内成功及不成功的 SPL 实践的仔细研究,CMU 的 SEI 已经开发出了一个相当成熟的软件生产线的实践框架。目前 SPL 框架版本是 FrameWork 5.0。

该框架确定了三个基本活动,包括“核心资源的开发”、“产品开发”以及“管理”。

该框架确定和描述了 29 个实践领域(Practice Area,PA),这些领域分为三类:“软件工程”、“技术管理”和“组织管理”。

软件工程的实践领域有:

1. 架构定义
2. 架构评估
3. 构件开发
4. 挖掘现有资产
5. 需求工程
6. 软件系统集成
7. 测试
8. 了解相关领域
9. 使用外部的可用软件

技术管理的实践领域有：

10. 配置管理
11. 制造/购买/挖掘/委托分析
12. 测量及跟踪
13. 过程原则
14. 范围界定
15. 技术规划
16. 技术风险管理
17. 工具支持

组织管理的实践领域有：

18. 建立商业案例
19. 客户界面管理
20. 制定收购战略
21. 提供资金
22. 启动和制度化
23. 市场分析
24. 操作
25. 组织规划
26. 组织风险管理
27. 组织结构化
28. 技术预测
29. 培训

航空航天系统与飞机系统、导弹系统、运载火箭系统以及航天器系统有许多相似的地方以及相同的功能。如在导航、姿态定位、轨道定位和热控制等功能中，航空航天系统与许多不同的飞行器都是非常类似的。但是，对于飞行控制，只有较少类型的飞行器之间存在相似性。另外，几乎所有的实时航空航天系统的实时操作系统都很类似。这种相似性使得在不同层次都可进行复用。经过细致的规划，SPL 通过软件生产线能够越过传统的简单复用进入策略的复用。

生产线的成功部署可以促进大规模生产力的提高；加快产品上市时间；有助于保持市场占有率；维持增长；减少对人力的要求；提高产品质量以及客户满意度。

下列一些重要因素有助于 SPL 的成功开发：

1. 令人信服的商业案例
2. 深厚的领域知识
3. 丰富的开发基础
4. 全心全意的拥护者
5. 组织的凝聚力

6. 勇于尝试新的工程方法

6.8 结论

技术的进步可以促进并要求更为复杂的且具有超强的功能的航空航天控制系统出现,同时也可以大大降低成本、缩短开发周期并提高质量。

这种趋势要求航空航天控制系统工程师们兼具系统工程、系统架构、系统分析、仿真工程、软件工程、软件架构、系统软件集成和测试方面的能力。

作者希望本章有助于航空航天控制系统工程适应于未来的发展。

参考文献

1. Sharp, D., Reducing avionics software cost through component based product line development, Software Technology Conference, Salt Lake City, UT, April 1998.
2. Batory, D., Lou Coglianese, L., Mark Goodwin, M., and Shafer, S., Creating reference architectures: An example from Avionics. ACM SIGSOFT Symposium on Software Reusability, Seattle, WA, 1995.
3. Clements, P. and Bergey, J., The U.S. Army's Common Avionics Architecture System (CAAS) Product Line: A case study, Carnegie Mellon University, Software Engineering Institute, CMU/SEI-2005-TR-019, Pittsburgh, September 2005.

7

用于无人机机组的随机决策及空中监视的控制策略

Raymond W. Holsapple
(美国)空军研究实验室
John J. Baker
密歇根大学
Amir J. Matlock
密歇根大学

7.1 引言

在许多现代军事行动中,很多任务都要依赖于无人机(Unmanned Aerial Vehicles,UAV)来完成。有些 UAV 用于向敌军发射武器,有些甚至它们本身就是武器。另外,可以利用 UAV 来收集可能被用来对目前或将来的任务进行决策的信息。尽管毋庸置疑的是,兵力、实力以及火力对于军事上的成功很重要,但不能否认的是,真正关键的方面却是情报、通信以及决策。以情报、通信以及决策为主要目的的任务被称为情报、监视和侦察(Intelligence,Surveillance,and Reconnaissance,ISR)任务。

当 UAV 执行 ISR 任务时,UAV 会面临诸多挑战,因此人们正把大量的研究精力投入到对相关算法和技术的研究之中,以便能够提高 UAV 执行 ISR 任务时的有效性。目前在军事行动中,UAV 的使用正以惊人的速度在增长,并且这已成为一种趋势。在将来的某一时刻,我们甚至可能会说大部分的军事行动(空中、陆地以及海上的)都将由具有不同的自动化水平的自治系统来完成。

在这一领域的研究中,有一些重点研究的课题是有关任务分配以及路径规划的。目前,有很大一部分的精力和金钱都投入到对这些课题的研究中去,同样也涌现出了很多有关这些主题的文章。但并不是所有的研究都将重点放在军事方面,UAV 同样提供了对各式各样的军事及民用方面应用的解决方案。例如,空中监测就是一个对民用和军用都至关重要的技术。民用方面的应用包括森林火灾的监测、野生动物的追踪、石油泄漏的检测、交通监测以及搜救/救援的任务。军事方面应用的数量及种类则更多,不仅包括战略和战术上的应用,而且还包括目标检测、目标分类、目标跟踪、战斗损伤评估、边界监测、区域监视和情报收集这样一些实例。

本章讨论的决策算法是为一个被称为 COUNTER 的空军研究计划而设计的[1,2]。COUNTER 是 Cooperative Operations in UrbaN TERrain(城市地形中的协同作战)的缩写。COUNTER 的主要目标是利用 UAV 机组来研究,在城区 ISR 任务中,如何使用任务分配和路径规划算法。由于收集信息的繁琐性,使得在市区中进行分配和路径规划的决策变得越来越困难。一些较为明显的挑战在于引入的杂波会增多,这会使误报率和漏检率显著增加。

COUNTER 使用的是一个 UAV 组,即一个小型的(无人驾驶)飞机(Small Aerial Vehicle,SAV)和四个微型的(无人驾驶)飞机(Micro Aerial Vehicles,MAVs)。对于这些类型的 UAV,由于 COUNTER 关注的是与平台无关的算法的开发,其平台的确切的大小不需要符合任何标准的行业定义,而其中满足 MAV 角色的 UAV 根据任何标准都算不上是微型的。SAV 在城市上空距离地面(Above Ground Level,AGL)1000～2000 ft① 的高度盘旋,这时操作人员可以观察到从 SAV 传送来的有关关注对象的视频直播。对本章讨论的算法,我们假设关注的目标保持静止状态。在操作人员选定好一些想要仔细观察的对象后,任务分配算法就会对每个要发射的 MAV 分配一个巡查。执行这项工作的任务分配算法并不是本章的重点,其具体描述详见文献[1～6]。MAV 飞行于一个非常低的高度(地面以上 50～150 ft),使得它们能够近距离并以锐角角度观察所关注的对象,这样它们就能够看到车辆内部的情况,并且能透过篷布和伪装网进行观察。和 SAV 一样,每个 MAV 都配备了前向及侧向的摄像机。当 MAV 观察分配给它们的对象集合时,其拍摄的视频将被传送回地面控制站,在地面控制站里,操作人员将试图对这些目标进行实时的分类。

一般来说,系统不会要求操作人员根据他(她)对视频的观察来回答某个对象是不是目标,而是询问操作人员是不是已经看到了在执行任务前向他(她)所描述过(目标)的显著特征。操作人员甚至有一个具有该特征的样本图,用来在执行任务的过程中进行比照。关于该特征有这样的假设,即该特征能唯一的将目标与非目标区分开来。这个假设是必要的,并且在我们考虑 7.2 节的随机控制器时,这个假设将会变得更加必要。

作为一个随机事件而加入的弹出警报,使得协同任务的规划问题变得更加复杂,也增加了飞行器路线的不可预测性。由于所产生的优化问题的极端复杂性以及当弹出警报发生时快速计算新路线的要求,因此计算出的该优化问题的精确解是不可行的。在本章的 7.3 节中,我们会考虑一个空中监视问题,并将采用一种启发式的方法来在可允许的计算时间内,计算出一个合适且可以接受的次优解。

有关 UAV 的协同控制方面的文献非常多,且在文献中也提出了许多控制 UAV 机组的方法。过去对于空中监视的研究至少可以分为两类。一类研究是将监视问题视为覆盖问题。文献[7]中提出了一种类似于割草机模式的详尽搜索算法来进行目标的搜索。Ahmadzadeh 等人[8]在满足诸如初始和最后的位置这样的严格约束的条件下,考虑了优化区域的覆盖问题。DeLima[9]使用如动态覆盖、覆盖的不匀称性以及能源消耗这样的指标来进行覆盖优化。其他人[10～14]也采用了类似的技术来进行覆盖优化。另一类空中监视的研究侧重于控制算法,该算法用来观察某个地区中更为关注的区域。Girard 等人[15]和 Beard 等人[16]给出了对一个已知

① 1 ft=0.3048 m。——编者注

的关注区域的边界进行跟踪的控制算法。

具体而言，本章将针对两个主要问题，给出解决 UAV 的 ISR 问题的策略。第一个问题是有关 UAV 机组使用摄像机近距离地观察潜在目标的任务。该问题的关键就是要决定是否需要再次访问一个对象，以便能收集更多有关该对象的视觉信息。与该任务相关的主要问题是，当考虑要为将来的访问节约燃料的需求时，再次访问关注对象的收益就是不确定的了。第二个问题是有关军事基地中的空中监视的问题。我们假设已将军事基地划分为若干具有变化的优先级的区域。这时的任务就是当这些区域具有动态的优先级(回报)函数时，如何来确定合适的飞行路线。

7.2 具有不确定性的随机决策

如果系统要求操作人员负责 MAV 任务的分配的同时，他(她)还要努力在多个直播视频流中检测潜在的目标特征，那么操作人员很可能不堪重负。因此，需要研发出一种控制器来帮助操作人员进行任务分配的决策[17]。这种方法的主要特点是将操作人员的错误模型纳入其中，并利用随机动态规划的方法来求解该问题。这种类型的问题被称为具有不确定性的决策。这里动态规划的状态是给再次访问所关注的对象分配的燃油量，以下称为储备(reserve)。

除了储备，随机控制器还需考虑操作人员的反应、操作人员做出反应所需的时间(操作人员的滞后)以及在 MAV 巡航中剩余对象的个数。**先验**概率被用来计算回报函数的期望值，而此期望值是动态规划的基石。有些概率值的选取是以实验的结果为基础，还有一些则是设计问题时的选择。这些概率表征了真实目标的密度、真实目标的特征的可见度以及操作人员的决策行为。

由于再次访问潜在的目标可以从另一个方向给出更多的有关对象的可视化的信息，再次访问往往是比较有用的。例如，某个特征只能从关注对象的后方才可见，如果 MAV 只从前方接近对象的话，操作人员将永远看不到这个显著的特征。这种情况下，根据控制器的输入值，可能(或不可能)会有足够的信息增益来执行再次访问。在目标密度极低的情况下，甚至在操作人员认为他(她)在初次观察时已经看到目标的显著特征时，也可能得到足够的信息增益来执行再次访问。这是由于以下两个原因：(1)操作人员反应的不确定性；(2)在目标密度极低的区域，动态规划具有进行目标验证的固有倾向。

这里我们注意到，预留给再次访问的储备是有限的。正如前面所述，这个储备是求解优化问题的动态规划方法中的状态量。动态规划的解会生成一个将被用于决策过程的代价阈值矩阵。操作人员做出反应(与控制器做决策同时发生)时，再次访问的期望代价将用来与在求解随机动态规划的过程中计算出的代价阈值进行比较。从这个角度来说，控制决策只是进行简单地查表。如果期望的代价小于代价阈值且期望的代价是可行的，则 MAV 将再次访问所关注的对象。

在以往的出版物中[17~21]，提出了一种概率的方法来确定动态规划的代价函数的回报值。该概率的产生是建立在 MAV 具有目标自动识别(Automatic Target Recognition，ATR)的功能这个假设之上的。ATR 是一个用于图像中的期望特征检测的自治系统。在计算机科学和机器人领域中，ATR 正成为一个备受关注的研究方向。在使用 ATR 时，如果 ATR 遇到一个模糊的特征,MAV 可能会仅遵从操作人员的分类结果。然而,在这种应用中由于很多原因,如 MAV 有效载荷的限制、潜在的通信不畅以及变化较大的照明条件,光学特征的识别会出现问题。此外,或许最重要的原因在于用于 COUNTER 的 MAV 并没有配备这种装置。这就致使系统仅仅会依赖操作人员进行特征识别,而不会采用 ATR。

在本章中我们将给出三种不同的期望回报函数,并对它们进行比较。这些函数将只依赖于操作人员对俯瞰关注目标时所捕获到的动态视频流进行的观察,而不去使用 ATR。对于不同的回报函数,我们将给出其所需的后验概率的个数。接着将通过回报方法与标准方法的互相比较来进行相关的分析,还将讨论每种方法的性能,并给出今后工作的建议。

7.2.1 术语定义

在这个动态规划的公式化表示中,有三个被看作为布尔算子的主要事件:目标特征的可见度,操作人员的反应及目标的真实状态(感兴趣的对象到底是否是真实的目标)。由于只考虑事件发生的绝对性,因此认为这些事件都是布尔型的。例如,这个目标特征要么是可见的,要么就是不可见的;操作者要么指出了目标特征,要么没有指出目标特征;一个对象要么是目标,要么不是目标。可以将每一次 MAV 的访问看作是这些事件的某种组合。由于将 MAV 的第一次访问和第二次访问都看作为独立的事件,因此当某些概率涉及两次访问的事件时,对具体访问的下标进行标注是很重要的。描述这些事件的变量如表 7.1 所示。

表 7.1 7.2 节中的概率符号

符号	描述
T	目标的真正状态
V	用于识别真实目标的特征的真实可见的状态
R	当出现可识别特征时,操作人员的反应
θ	真实目标的特征的可见距离的长度
	下标
1	对对象的初始俯瞰
2	对对象的第二次俯瞰
t	真
f	假

7.2.2 先验概率

假设所关注的对象是真实目标的概率是一个**先验**概率:

$$P(T_t)=p \tag{7.1}$$

$$P(T_f)=1-p \tag{7.2}$$

那么,在某些场景下 p 可以非常低;在杂乱的市区,p 可能只有千分之一。鉴于本章的目的,我们在[0.1,0.2]之间对 p 值进行选择。如果我们将 p 的值设置得非常小,那么每次运行仿真时,我们都将不得不加载具有成百上千的关注对象的仿真。这将会使仿真的运行花费非常多的时间。而且这个 p 值的范围应与用在 COUNTER 飞行测试中的先验概率的范围相一致。

文献[17]提出的操作人员的混淆矩阵是一种用来描述在给定概率事件的集合的条件下操作人员的不完美行为的方法。在先前的研究中[17~21]，人们简单地认为符合任意一个给定的操作人员反应的概率事件就是目标的真实状态。操作人员当然不知道目标的真实状态，但目标的真实状态却具有如式(7.1)和(7.2)所描述的概率分布。由于本章所描述的操作人员混淆矩阵将另外一个随机事件，即目标特征的可见性，也纳入进来，故它与之前的版本有所不同，混淆矩阵如表 7.2 所示。要注意的是，在一个不是真实目标的关注对象上是看不到真实目标的特征的，因此在表 7.2 中，$P(R|V_t \cap T_f)$自然就是不确定的。同样在表 7.2 中，也会进行设计的选择，其中 $P(R|V_t \cap T_f)$可能就是误警率。但问题在于，即使操作员的指示(对象是目标)从技术上来讲是正确的，但由于没有基于可见的证据，该指示也会被认为是误警，这就是本章对此问题进行建模的方法。

表 7.2 操作人员的混淆矩阵

	R_t	R_f
$P(R\|V_t \cap T_t)$	P_D	$1-P_D$
$P(R\|V_t \cap T_f)$	未定义的	未定义的
$P(R\|V_f \cap T_t)$	P_{FA}	$1-P_{FA}$
$P(R\|V_f \cap T_f)$	P_{FA}	$1-P_{FA}$

这里我们需要注意一些事情。首先，当给定目标的真实状态以及特征可见的状态时，P_D(检测概率)和 P_{FA}(误警率)是操作人员反应的条件概率。第二，假设 P_D 和 P_{FA} 会受到操作人员的工作量大小的影响。通常我们认为，随着操作人员的工作量的增加，检测概率会降低，同时误警率会增大。

现在考虑这样一个事件，其中可能的目标特征可见的结果来源于一个 MAV 飞过某个关注的对象。每个目标都采用这样的方式来建模，即只有在假定的 θ 角的朝向范围内接近这个目标时，该目标才具有显著可见的特征。并且假定 $0<\theta<\pi$。这个可见的范围除以该对象可以被观察到的所有的角度范围，就是假设该对象是目标时其特征可见的条件概率。表 7.3 列出了这种**先验**的条件概率的集合。

表 7.3 给定目标的真实状态的条件下，目标特征的可见度

	V_t	V_f
$P(V\|T_t)$	$\theta/2\pi$	$1-\theta/2\pi$
$P(V\|T_f)$	0	1

在两次访问的情况下，需要这样来进行系统建模，即 MAV 将从与第一次访问的相反的方向进行第二次访问。例如，如果首次接近的朝向角是 100°，并且随机控制器确定需要进行第二次访问，那么再次访问时朝向的角度就将是 280°。根据这个模型，如果某个特征在第一次经过时是可见的，那么在第二次经过时该特征将是不可见的，反之亦然。这是因为对 θ 角进行了约束。现在就可以推导对于两次访问，当给定目标的真实状态时，目标特征可见的条件概率，如表 7.4 所示。

表 7.4 给定目标的真实状态的条件下,目标特征的可见度

	V_{1t},V_{2t}	V_{1t},V_{2f}	V_{1f},V_{2t}	V_{1f},V_{2f}
$P(V_1 \cap V_2 \mid T_t)$	0	$\theta/2\pi$	$\theta/2\pi$	$1-\theta/\pi$
$P(V_1 \cap V_2 \mid T_f)$	0	0	0	1

7.2.3 回报乘子的概率

我们进行如下的演算的目的是,在给定首次访问时操作人员的反应和目标特征的可见度的条件下,来确定第二次访问时操作人员的反应和目标特征可见的概率。我们将把这些概率用作应用到回报值中的增益,以使得我们能够根据这些事件发生的概率对再次访问的增益进行加权。要做到这一点,要将这些概率分解成它们组成成分的**先验**的子概率的组合。

在描述我们如何做到这点之前,首先需要注意的是,需要作如下拆分:

$$P(R_1 \cap V_2 \mid R_1 \cap V_1) = \frac{P((R_2 \cap V_2) \cap (R_1 \cap V_1))}{P(R_1 \cap V_1)}$$
$$= \frac{P(R_2 \cap V_2 \cap R_1 \cap V_1 \cap T_t) + P(R_2 \cap V_2 \cap R_1 \cap V_1 \cap T_f)}{P(R_1 \cap V_1 \cap T_t) + P(R_1 \cap V_1 \cap T_f)} \tag{7.3}$$

其分母项可以分解为如下具有先验成分的部分:

$$P(R_1 \cap V_1 \cap T) = P(R_1 \mid V_1 \cap T)P(V_1 \cap T)$$
$$= P(R_1 \mid V_1 \cap T)P(V_1 \mid T)P(T) \tag{7.4}$$
$$\equiv \widetilde{P}(T) \tag{7.5}$$

其分子项也可以分解为具有**先验**成分的部分。要做到这一点,我们首先给出一个定义。

定义 7.1

两个事件 E_1 和 E_2 有条件地独立于事件 E_3,当且仅当

$$P(E_1 \cap E_2 \mid E_3) = P(E_1 \mid E_3)P(E_2 \mid E3) \tag{7.6}$$

或者等价于

$$P(E_1 \mid E_2 \cap E_3) = P(E_1 \mid E_3) \tag{7.7}$$

■

当将分子拆分成它们的组成部分时,我们必须多次假设事件的发生是条件独立(conditional independence)的。在下面的公式中,我们推导式(7.8)到(7.9)以及式(7.10)到(7.11)时,都假设事件的发生是条件独立的。这种假设是直观的,由于在给定目标的真实状态的情况下,假设第一次访问时操作人员的反应和特征可见度与第二次访问时操作人员的反应和目标特征的可见度相互之间是条件独立的,是很合理的,那以分子项就可作如下分解:

$$P(R_2 \cap V_2 \cap R_1 \cap V_1 \cap T) = P((P_2 \cap V_2) \cap (R_1 \cap V_1) \mid T)P(T) \tag{7.8}$$
$$= P(R_2 \cap V_2 \mid T)P(R_1 \cap V_1 \mid T)P(T) \tag{7.9}$$
$$= \frac{P(R_2 \cap V_2 \cap T)}{P(T)}\frac{P(R_1 \cap V_1 \cap T)}{P(T)}P(T)$$
$$= \frac{P(R_2 \cap V_2 \cap T)P(R_1 \cap V_1 \cap T)}{P(T)}$$

$$=\frac{P(R_2|V_2\cap T)P(V_2\cap T)P(R_1|V_1\cap T)P(V_1\cap T)}{P(T)}$$

$$=P(R_2|V_2\cap T)P(R_1|V_1\cap T)\frac{P(V_2|T)P(T)}{P(T)}P(V_1|T)P(T)$$

$$=P(R_1|V_1\cap T)P(R_2|V_2\cap T)P(V_1|T)P(V_2|T)P(T) \tag{7.10}$$

$$=P(R_1|V_1\cap T)P(R_2|V_2\cap T)P(V_1\cap V_2|T)P(T) \tag{7.11}$$

$$\equiv\hat{P}(T) \tag{7.12}$$

最后,我们利用式(7.4)和式(7.11)来对式(7.3)分子和分母中的**先验**的组成部分进行组合。为了简化,我们将利用式(7.5)和式(7.12)给出的等价形式来重写式(7.3),

$$P(R_2\cap V_2\mid R_1\cap V_1)=\frac{\hat{P}(T_t)+\hat{P}(T_f)}{\tilde{P}(T_t)+\tilde{P}(T_f)} \tag{7.13}$$

7.2.4 回报概率

我们也必须确定用来计算回报值的两个条件概率。这两个概率是 $P(T|R_1\cap V_1)$ 和 $P(T|R_1\cap V_1\cap R_2\cap V_2)$。它们可被分解成如下公式中的组成部分。代入式(7.4)和(7.5),我们得到

$$P(T\mid R_1\cap V_1)=\frac{P(T\cap R_1\cap V_1)}{P(R_1\cap V_1)}$$

$$=\frac{P(R_1\cap V_1\cap T)}{P(R_1\cap V_1\cap T_t)+P(R_1\cap V_1\cap T_f)} \tag{7.14}$$

$$=\frac{\tilde{P}(T)}{\tilde{P}(T_t)+\tilde{P}(T_f)}$$

此外,利用式(7.11)和(7.12),这两个更为复杂的条件概率将变成

$$P(T\mid R_1\cap V_1\cap R_2\cap V_2)=\frac{P(T\cap R_1\cap V_1\cap R_2\cap V_2)}{P(R_1\cap V_1\cap R_2\cap V2)}$$

$$=\frac{P(R_2\cap V_2\cap R_1\cap V_1\cap T)}{P(R_2\cap V_2\cap R_1\cap V_1\cap T_t)+P(R_2\cap R_2\cap V_1\cap T_f)}$$

$$=\frac{\hat{P}(T)}{\hat{P}(T_t)+\hat{P}(T_f)} \tag{7.15}$$

由于每个事件都由一个布尔值来表示,故描述系统所需的方程仅仅为 2^n 个,其中 n 是所涉及的布尔事件的个数。比如,在式(7.15)中,$n=5$,就需要有 2^5 个形如式(7.15)的方程来计算回报值。

7.2.5 回报函数

我们将对之前的研究[17]所给出的两个基于信息论的回报函数以及另一个用于指定离散回报值的方法进行考虑及评估。回报值的范围基本上是任意的,但基于此范围才可以与可能的结果进行比较。我们将通过 7.2.3 节中的式(7.13)对这些回报值分别按比例地进行缩放。为了简单起见,描述这三种方法时,令 $A=R_1\cap V_1$;$B=R_2\cap V_2$。

方法 7.1

我们先从一些条件概率的定义开始:

$$P_{11} = P(T_t \mid A) \tag{7.16}$$

$$P_{12} = P(T_f \mid A) \tag{7.17}$$

$$P_{13} = P(T_t \mid A \cap B) \tag{7.18}$$

$$P_{14} = P(T_f \mid A \cap B) \tag{7.19}$$

然后利用方法 7.1,就可通过式(7.16)到(7.19)表示再次访问的回报值,且可由下式给出:

$$R_1 = \log\left(\frac{P_{13}}{P_{14}} + \frac{P_{14}}{P_{13}}\right) - \log\left(\frac{P_{11}}{P_{12}} + \frac{P_{12}}{P_{11}}\right) \tag{7.20}$$

方法 7.2

我们先从一些概率的定义开始:

$$P_{21} = P(T_t \cap A) \tag{7.21}$$

$$P_{22} = P(T_f \cap A) \tag{7.22}$$

$$P_{23} = P(T_t \cap A \cap B) \tag{7.23}$$

$$P_{24} = P(T_f \cap A \cap B) \tag{7.24}$$

然后利用方法 7.2,就可通过式(7.1,7.2,7.16)到(7.19)以及(7.21)到(7.24)表示再次访问的回报值,且可表示如下:

$$R_2 = \left(P_{23}\log\left(\frac{P_{13}}{P}\right) + P_{24}\log\left(\frac{P_{14}}{1-P}\right)\right) - \left(P_{21}\log\left(\frac{P_{11}}{P}\right) + P_{22}\log\left(\frac{P_{12}}{1-P}\right)\right) \tag{7.25}$$

方法 7.3

在方法 7.3 中,给两次访问中操作人员的反应和特征的可见度的 16 个组合进行离散地赋值。如果某种组合的结果是不可能,例如两次访问中目标的特征都是可见的,则分配给该组合的回报值分配为 0。如果操作人员在两次访问中都出错了,这种情况是有可能的,就给该组合赋予一个较小的回报值。或者当第一次访问时操作人员的反应正确,第二次访问时出错的时候,也给该组合赋予一个较小的回报值。当第一次访问时操作人员出错,而第二次访问正确的时候,就给这个组合赋予一个中等的回报值。当操作人员在两次访问中都正确时,就给该组合赋予最大的回报值。

为了确定出一种用来对方法 7.1 到 7.3 进行比较的基准方法,将利用蒙特卡洛仿真来进行全面的研究以确定操作人员反应的平均延迟。选择比操作人员的平均延迟值略高的延迟阈值作为恒定的延迟阈值。之所以这么做是因为这个阈值能包含操作人员大部分的延迟。如果操作人员的反应延迟小于该阈值,UAV 就会进行再次访问。

当我们认真考虑式(7.20)和(7.25)给出的函数时,显然可能会有几种奇怪的事情发生。首先由于式(7.20)的结构,当概率 P_{11},P_{12},P_{13} 中一个或多个的值有可能会为 0 时,就会造成回报值为无穷大或不确定。其次,比较特殊的是,由于式(7.20)和(7.25)的结构,当 P_{11},P_{12},P_{13},P_{14},P_{21},P_{22},P_{23} 和 P_{24} 取为某个合适的值时,很有可能使 R_1 或 R_2 为负数。现在来简单考虑一下,这意味着什么。这意味着第二次访问所关注的目标时,得到的信息增益为负值,这也就意味着由于再次访问,我们会丢失信息。这些问题就是使用这些类型的回报函数时带来不良的影响。但这些问题不会造成严重的后果。所以采用方法 7.3 的一个好处就是永远都不会存在负的、无穷大或者不确定的回报值。

7.2.6 阈值曲面图

对由阈值函数提供的曲面进行分析可以给出系统将会做出何种反应的初步迹象。阈值曲面是由操作员反应、剩余储备量、剩余需作决策的目标数以及再次访问时得到的信息增益所共同决定的[18~20]。控制器将把再次访问时期望的代价与求解随机动态规划问题时所确定出的相应的阈值进行比较。如果期望代价比确定的阈值低，并且再次访问是可行的(满足系统的约束)，那么 MAV 将会再次访问当前所关注的对象。用来确定再次访问的期望代价的模型是线性的，且由 $J(\tau)=2\tau+\eta$ 给出，其中 τ 是指操作人员的随机延迟，η 是一个固定成本，用来对 UAV 的回转时间进行建模，有关该模型开发的具体细节参见文献[18～20]。直观并深刻地理解阈值曲面的形状如何影响系统，对我们来说是有益的但不是必须的。我们最终关注的是沿着阈值轴发生的任何饱和的现象。大量的饱和表明系统对某种随机控制器的决策会有所偏好。

对于方法 7.1，图 7.1 表明当操作人员的反应为真时，会导致出现一个非常饱和的阈值面。这意味着当操作人员对他或她看到的目标的显著特征这个事件做出反应时，大多数情况下随机控制器强烈倾向于再次访问。而当操作人员做出相反的反应时，情况就变得不可预测，如图 7.2 所示。对于方法 7.2，图 7.3 表示如果操作人员的反应为真时，随机控制器将不太可能进行再次访问，而如果操作人员的反应为假时，随机控制器极有可能进行再次访问，如图 7.4 所示。对于方法 7.3，在图 7.5 和 7.6 中没有足够的饱和来很清楚地表明随机控制器可能有什么样的偏好。7.4 节描述了基于仿真实验的定量分析。

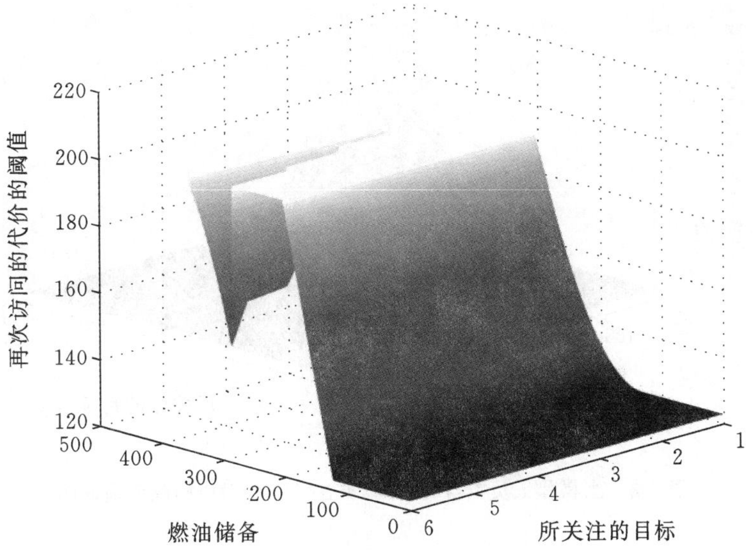

图 7.1 当操作人员响应为真时，方法 7.1 所对应的阈值曲面图

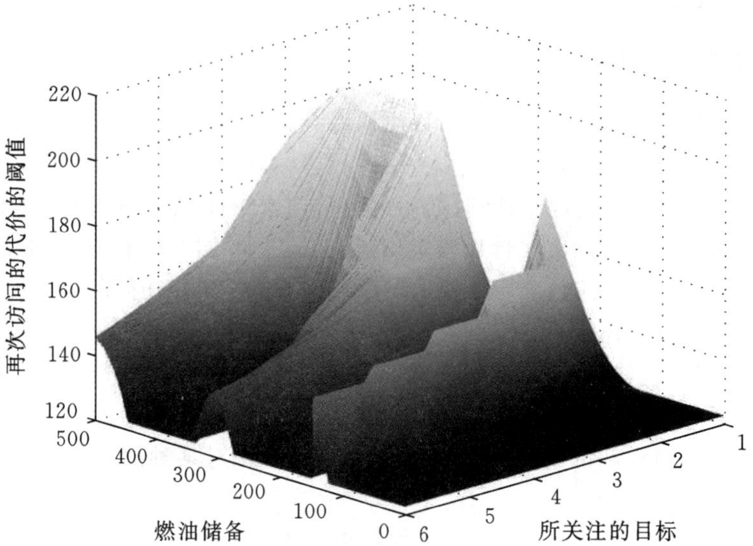

图 7.2　当操作人员响应为假时,方法 7.1 所对应的阈值曲面图

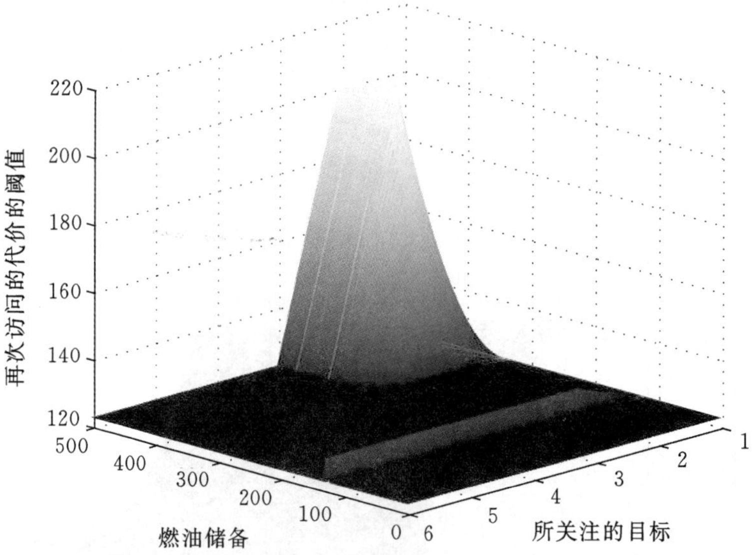

图 7.3　当操作人员响应为真时,方法 7.2 所对应的阈值曲面图

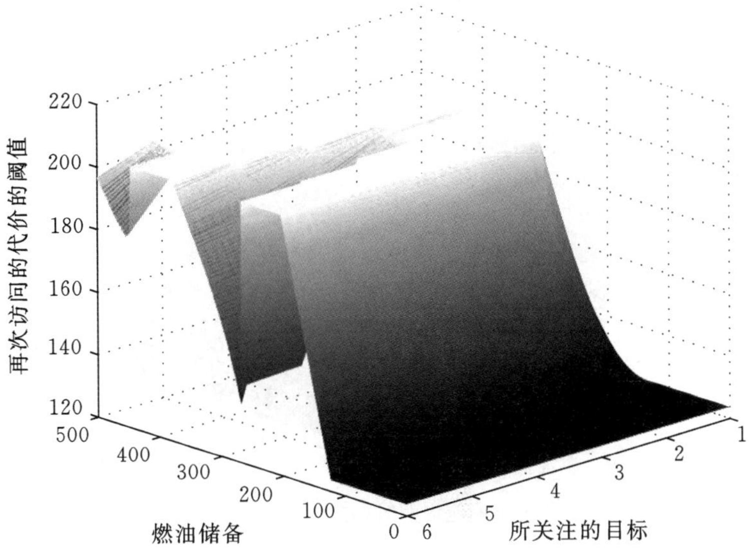

图 7.4　当操作人员响应为假时，方法 7.2 所对应的阈值曲面图

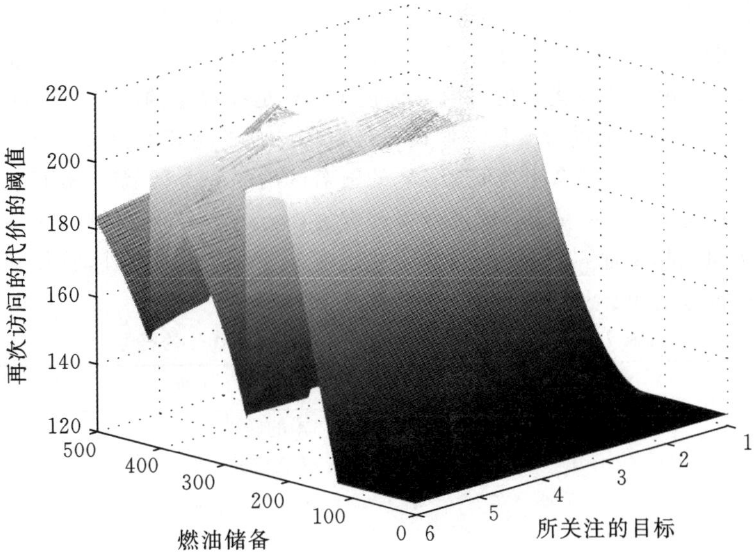

图 7.5　当操作人员响应为真时，方法 7.3 所对应的阈值曲面图

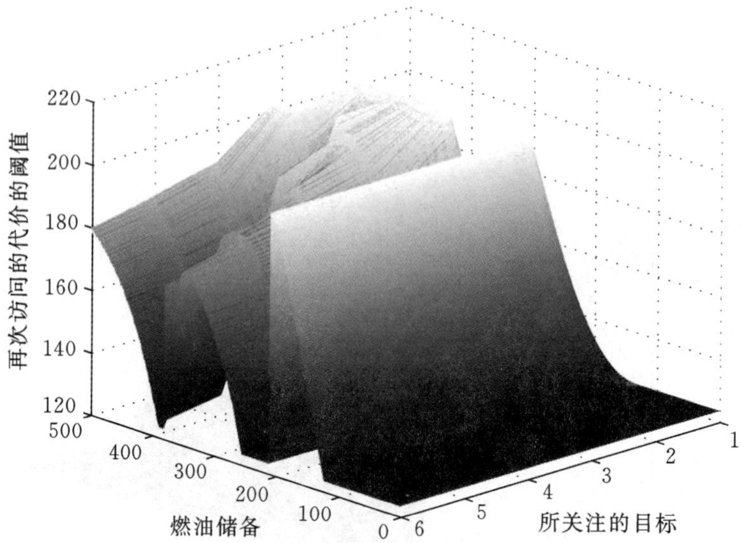

图 7.6 当操作人员响应为假时,方法 7.3 所对应的阈值曲面图

7.3 空中监视

本节考虑这样一个场景,即分配 UAV 机组去侦查一个军事基地及其周边的环境以防止潜在的威胁。每个飞机的路径规划都由如下所述的优化问题的解所确定。回报函数量化了 UAV 在给定时间范围 T 内所累积的信息量,用 $R(z,t)$ 来表示 t 时刻上的回报,其中 z 是 $\mathbb{R}^2$ 平面上所有 UAV 机组的位置坐标的集合。假设 UAV 是在恒定的高度上飞行,那么 UAV 的动态特性就仅在一个平面中进行变化。假设摄像机传感器的覆盖区是以 UAV 正下方的点为中心,半径为 r_i 的一个圆。那么当访问 UAV 的覆盖区内的一个区域时,就可收集到信息。当在给定区域收集信息时,该区域的回报值就将被设为零,这样 UAV 就倾向于不再对之前探测过的区域进行访问。相反地,如果要访问的区域是在 UAV 覆盖区之外,收集到的信息就会增加。优化问题的符号清单详见表 7.5。

表 7.5 在 7.3 节中采用的公式化描述的优化的符号

符号	说明
$\boldsymbol{A}^{\mathrm{T}}$	$\boldsymbol{A}$ 的转置
$N\in\mathbb{Z}$	UAV 的个数
$T\in\mathbb{Z}$	时间的范围
$\boldsymbol{z}_i=[x_i \quad y_i]^{\mathrm{T}}\in\mathbb{R}^2$	飞机 i 的位置坐标
$\Psi\in\mathbb{R}$	飞机 i 的方位角
$u_i\in\mathbb{R}$	飞机 i 的控制输入
$r_i\in\mathbb{R}$	UAVi 的覆盖区的半径
$v_i\in\mathbb{R}$	飞机 i 的恒定速度
$E:\mathbb{R}^3\to\mathbb{R}$	环境的回报函数
$R:\mathbb{R}^{2N+1}\to\mathbb{R}$	所有 UAV 的瞬时回报

7.3.1 问题的公式化描述

首先应该指出，在本节中许多变量，如 UAV 的位置和控制输入是随着时间变化的。但并不需要给出它们对时间变量 t 的显式的函数依赖关系，除非明确要求指明它们与时间的相关性。

这些飞机服从 Dubins 飞行器模型的动态约束，这使得飞机具有恒定的速度以及最大的控制输入。飞机系统的动态特性由下列公式给出：

$$\dot{x}_i(t) = v_i \cos\psi_i(t) \tag{7.26}$$

$$\dot{y}(t) = v_i \sin\psi_i(t) \tag{7.27}$$

$$\dot{\psi}_i(t) = u_i(t) \tag{7.28}$$

除了满足式(7.26)到(7.28)外，飞机系统还要服从如下的约束：

$$\dot{\psi}_i(t) \leqslant \omega_i \tag{7.29}$$

$$\bigcup_{i=1}^{N} \bigcup_{t\in[0,T]} \mathscr{B}[z_i(t), r_i] = \Gamma \tag{7.30}$$

其中，ω_i 是飞机 i 的最大角速度，Γ 是期望的访问点(区域)的集合，而 $\mathscr{B}[z_i(t), r_i]$ 则是由式(7.31)来定义的。

除了表 7.5 中的定义，我们还将所有的 N 个 UAV 的位置坐标定义为 $\boldsymbol{z}(t)=[z_1^{\mathrm{T}}(t)\ z_2^{\mathrm{T}}(t)\ \cdots\ z_N^{\mathrm{T}}(t)]^{\mathrm{T}} \in \mathbb{R}^{2N}$。每个 UAV 的位置明确地由 UAV 的给定的控制输入所确定；我们忽略了可能由输入信号的噪声或其他可能影响 UAV 位置的随机事件所造成的误差。接着，类似于 $\boldsymbol{z}(t)$，我们定义所有 UAV 的控制输出为 $\boldsymbol{u}(t)=[u_1(t)\quad u_2(t)\quad \cdots\quad u_N(t)]^{\mathrm{T}} \in \mathbb{R}^N$。此外，将 $\mathscr{U}$ 记为所有可行的输入的集合，即可使 UAV 系统沿可行的路径进行飞行的所有输入的集合。

使用如下的定义会更方便：

$$\mathscr{B}[z_i, r_i] = \{\hat{\boldsymbol{z}} \in \mathbb{R}^2 \mid d(\hat{\boldsymbol{z}}, z_i) \leqslant r_i\} \tag{7.31}$$

$$\widetilde{R}(z_i, t) = \int_{\mathscr{B}[z_i, r_i]} E(\hat{\boldsymbol{z}}, t)\,\mathrm{d}A \tag{7.32}$$

$$R(\boldsymbol{z}, t) = \sum_{i=1}^{N} \widetilde{R}(z_i, t) \tag{7.33}$$

式(7.31)表示以 z_i 为中心，r_i 为半径的闭球此函数用来描述飞机 i 的覆盖区；函数 d 是普通的欧氏距离函数。式(7.32)用于计算一个中心点为 z_i 的飞机的覆盖区的局部的回报信息，在这个公式中，$\hat{z}$ 是积分所要计算的变量；它要遍历 $\mathscr{B}[z_i, r_i]$ 集内所有的点。E 是环境的回报函数，它描述了在 t 时刻访问区域内某一特殊点的值；在 7.4.2 节中，我们将描述 E 是如何明确地随时间的变化而变化的。该区域可能会被划分为不同的子区域，但(这些子区域的)初始回报值都被设为常值，且所有的回报函数也将以一个相同的且较小的恒定速率进行增长。另一个例子中可能有一个价值很高的资产，在这种情况下，在该资产附近 E 可能是一个二次函数，且随着远离该资产，E 会逐渐变化为一个值较小且值是基本恒定的区域。式(7.33)是所有 N 个 UAV 在 t 时刻的总的回报函数值。此外，为在 7.4.2 节中更方便起见，我们定义：

$$\boldsymbol{v} = [v_1\quad v_2\quad \cdots\quad v_N]^{\mathrm{T}} \tag{7.34}$$

$$\boldsymbol{r} = [r_1\quad r_2\quad \cdots\quad r_N]^{\mathrm{T}} \tag{7.35}$$

$$\boldsymbol{\omega} = [\omega_1 \quad \omega_2 \quad \cdots \quad \omega_N]^{\mathrm{T}} \tag{7.36}$$

我们还将 $\boldsymbol{\gamma}:[0,T]\rightarrow\mathbb{R}^{2N}$ 定义为一条可修正的路径,以使得对于每个 $t\in[0,T]$ 都有 $\boldsymbol{\gamma}(t)=\boldsymbol{z}(t)$。更进一步,还假设 $\boldsymbol{u}$ 和 $\boldsymbol{z}$ 都是连续可微的,即 $u\in C^1(\mathcal{U})$ 及 $z\in C^1(\mathbb{R}^{2N})$。最后,就可以阐述我们的优化问题了。我们想要计算

$$\underset{\boldsymbol{u}\in\mathcal{U}}{\operatorname{argmax}}\int_0^T R(\boldsymbol{z}(t),t)\dot{\boldsymbol{z}}(t)\mathrm{d}t \tag{7.37}$$

或者等价于

$$\underset{\boldsymbol{u}\in\mathcal{U}}{\operatorname{argmax}}\int_{\boldsymbol{\gamma}} R(\boldsymbol{\gamma}(t),t)\mathrm{d}\boldsymbol{\gamma}(t) \tag{7.38}$$

本章并不会求出该优化问题的解析解,相反地,我们将采用启发式的优化技术来得到这个问题的近似解,并计算 UAV 机组的控制输入。我们将在 7.3.2 节中回顾所采用的优化技术。

7.3.2 粒子群优化的回顾

粒子群优化(PSO)是一种基于进化优化的启发式方法,这种启发式的方法是基于鸟类寻找最佳食物来源的社会行为而来的。此算法是由 Russell Eberhart 和 James Kennedy 在若干次尝试模仿鸟群之中鸟的运动之后提出来的。群体的同步动作、突然改变方向、散开以及重新组队都是鸟类运动的实例[22]。自从 PSO 被提出之后,PSO 已经被广泛应用于优化非线性及分段的连续函数中。PSO 是一种可用于搜索非凸空间的非梯度的优化的启发式方法。它变得广为人知,其原因之一就是与其他进化算法相比较,它更易于实施且其结果的质量也较高。

PSO 的特点是它具有 N_P 个粒子,每个粒子的长度都等于搜索空间的维度。粒子的位置矢量 χ_i 代表优化问题的一个解。每个粒子还有一个速度矢量 v_i,其长度与位置矢量的长度相等。粒子能够记忆自己的最优位置 χ_i^b,并且能够记忆所有粒子的全局的最优位置 χ^{gb}。文献中有一些这样的例子,它们将粒子分开放入不同的邻区中。不同之处在于,这些粒子只记得 χ_i^b 以及其局部邻区的最优位置 χ^{gb},该邻域由几个距离此粒子“比较近的”粒子组成。每个粒子会基于 χ_i^b,χ^{gb} 以及它之前速度的权重 α 进行反复迭代以调整其速度。新的速度会增加到当前位置中,而新的位置会给优化问题提供新的解。通过调整式(7.39)中的常数 c_1 和 c_2,就可以改变每个粒子“搜索”与“发掘”之间的平衡。这些常数的典型取值是 $c_1=c_2=1.49$ 和 $\alpha=0.72$[23,24]。要使 PSO 开始工作,就需要给每个粒子赋一个随机的位置和速度。要评估某个解,就要将粒子的位置代入需要进行评价的函数。PSO 算法是迭代的,粒子 i 的进化方程可由下式给出:

$$\nu_i^{k+1} = \alpha\nu_i^k + c_1\mu_1(\chi_i^b - \chi_i^k) + c_2\mu_2(\chi^{gb} - \chi_i^k) \tag{7.39}$$

$$\chi_i^{k+1} = \chi_i^k + \nu_i^{k+1} \tag{7.40}$$

其中 μ_1 和 μ_2 是具有假设分布的随机变量。

7.3.3 PSO 在问题中的应用

为了使用 PSO 来解决监视问题,需要将时间范围离散化为 T 个离散的时间区间。在每个时间区间,我们假设 UAV 具有一个控制输入,该控制输入属于如下三种控制输入:左转、右

转或直行。数学上,可通过对 u_i 施加一个不变的离散的约束来获得此控制输入。对每个 $i=1,\cdots,N$,我们希望

$$u_i \in \{-\omega_i, 0, \omega_i\} \qquad \omega_i > 0 \tag{7.41}$$

其中 ω_i 是车辆 i 的最大转向速率。为了说明如何施加这项约束,首先给每个飞机定义一个控制输入序列:对每个 $i=1,\cdots,N$,

$$\boldsymbol{U}_i = [u_i^1 \quad u_i^2 \quad \cdots \quad u_i^{T-1}]^{\mathrm{T}} \tag{7.42}$$

由于是使用 PSO 求解该优化问题的,因此每次迭代都会得到 u_i^k 的值,然而我们必须保证这些值能够满足式(7.41)中给出的约束条件。首先,对每个 $i=1,\cdots,N$,定义

$$U_i^M = \max_{k=1,\cdots,T-1} \{ |u_i^k| \} \tag{7.43}$$

然后对 N 个飞机,以分量方式计算其中每个飞机的临时控制序列 $\widetilde{U}_i$,对每个 $i=1,\cdots,N$ 以及每个 $k=1,\cdots,T-1$,令

$$\widetilde{U}_i^k = 3\left(\frac{|u_i^k|}{U_i^M}\right) \tag{7.44}$$

最后,按如下分量方式重新定义的实际的控制序列:对每个 $i=1,\cdots,N$ 以及每个 $k=1,\cdots,T-1$

$$U_i^k = \begin{cases} -\omega_i, & 如果\ \widetilde{U}_i^k \leqslant 1 \\ 0, & 如果\ 1 < \widetilde{U}_i^k \leqslant 2 \\ \omega_i, & 如果\ \widetilde{U}_i^k > 2 \end{cases} \tag{7.45}$$

现在我们定义控制输入序列 $\overline{\boldsymbol{U}} \in R^{N(T-1)}$,让它包含所有的 N 个 UAV 的控制输入序列:

$$\overline{\boldsymbol{U}} = [U_1^* \quad U_2^* \quad \cdots \quad U_N^*]^{\mathrm{T}} \tag{7.46}$$

构建 $\overline{\boldsymbol{U}}$ 时,应该使得它的头 $T-1$ 个元素对应于第一个飞机的控制输入;接下来的从 T 到 $2(T-1)$ 个元素对应于第二个飞机,并以此类推。对于每个飞机,$\boldsymbol{U}_i$ 的第一个元素对应于第一个控制输入,其他所有的控制输入都会按顺序执行。

既然已定义好所有的 UAV 的控制序列,那么就可以对系统进行数值积分以粗略估计飞机的状态。应该完全按照控制输入的顺序来定义飞机的状态向量序列。每个飞机的状态序列定义如下:对每个 $i=1,\cdots,N$,

$$\boldsymbol{X}_i = [x_i^1 \quad x_i^2 \quad \cdots \quad x_i^{\mathrm{T}}] \tag{7.47}$$

$$\boldsymbol{Y}_i = [y_i^1 \quad y_i^2 \quad \cdots \quad v_i^{\mathrm{T}}] \tag{7.48}$$

$$\boldsymbol{\Psi}_i = [\psi_i^1 \quad \psi_i^2 \quad \cdots \quad \psi_i^{\mathrm{T}}] \tag{7.49}$$

那么所有飞机的状态序列的阵列由下式给出:

$$\boldsymbol{X} = [\boldsymbol{X}_1 \quad \boldsymbol{X}_2 \quad \cdots \quad \boldsymbol{X}_N] \tag{7.50}$$

$$\boldsymbol{Y} = [\boldsymbol{Y}_1 \quad \boldsymbol{Y}_2 \quad \cdots \quad \boldsymbol{Y}_N] \tag{7.51}$$

$$\boldsymbol{\Psi} = [\boldsymbol{\Psi}_1 \quad \boldsymbol{\Psi}_2 \quad \cdots \quad \boldsymbol{\Psi}_N] \tag{7.52}$$

每个 $\boldsymbol{X}_i,\boldsymbol{Y}_i,\boldsymbol{\Psi}_i$ 的第一个元素都对应于飞机 i 的初始状态,而最后一个元素都对应于飞机的最终状态。每个 X_i,Y_i,Ψ_i 的第二个元素都对应于施加控制输入 u_i^1 后,飞机 i 的状态,以此类推直到计算出最终的状态。这就是仿真中每个飞机虽然都会经历 T 个状态,但却只有 $T-1$ 个控制输入的原因。换句话说,在离散系统中只有 $T-1$ 次状态转换。这里采用二阶

Runge-Kutta 法来进行数值积分运算。

一旦飞机的状态已知,就可以通过式(7.31)到(7.33)计算出 UAV 所在位置的回报。通过对在离散的状态阵列中每个飞机的各个状态的回报进行求和,就可以计算出该系统在最终时刻 T 的总回报。整个过程只能给出一个回报函数值,而该值正是我们一直试图将在式(7.38)此函数的值进行最大化中一直试图最大化的那个值。这里可使用 PSO 算法进行迭代以确定新的控制输入,以便计算 T 时刻的新的总回报。这样的过程将反复执行,直至达到预先设定的停止标准。

7.4 仿真及结果

7.4.1 随机决策的回报函数的比较

我们进行仿真的目的在于测试不同的回报方法,其中每种方法都将经过 100 次测试,每次测试的仿真包括 20 个关注对象以及 4 个 UAV,且仿真时间都为 1200 秒。每次测试都会随机设定关注对象的位置、朝向以及目标的真实状态。对于所有的测试,随机控制器的全部决策会记录在一个日志中。测试运行时所采集到的数据将用于比较不同的回报方法。

为了比较这些不同的方法,我们设计了一套评价体系。对于所有随机控制器中出现 UAV 再次访问关注目标的情况,如果有下列任何一种情况发生的话,系统将增加一分:

1. 在第一次访问中,操作人员的反应为真,而第二次访问时他的反应为假且目标的真实状态为真。
2. 在两次访问中,操作人员的反应都为假,且目标的真实状态也为假。

首先需要注意的是上面的第一个事件,在加 1 之前,我们必须考虑显著特征的朝向以及操作人员响应的顺序;而不是“盲目”地加 1。事件 1 和 2 都是最好的场景,其中操作人员的表现与现实情况一致。由于目标的真实状态为真和假的情况的概率不同,对它们我们要分别进行记分。将每种情况记录的分数除以每种情况发生的概率,就可以得到归一化的评分系统。此时将每一种真实状态的情况的分数相加,就可以确定出每一种方法对应的总分。表 7.6 描述了这些结果。

在表 7.6 中,当目标的真实状态为假时,方法 7.2 要优于其他任何一种方法。这种情况可能源自如下两种情况的结合,即第一种情况是由于阈值函数出现饱和,方法 7.2 具有这样一种明显的倾向,即当操作人员反应“不能看到目标的特征”时,优选再次访问;还可能与这样的事实有关,即第二种情况是操作员倾向于更经常地对两次访问都给出某个特定的反应,而这种反应通常不仅仅是由于目标的密度造成的。

当目标的真实状态为真时,方法 7.3 要优于其他任何一种方法,它的总分数也表明他是三种方法中最好的。这可能是由于如图 7.5 和 7.6 所示的阈值函数都不存在明显的饱和。尽管方法 7.3 对任何一种反应都没有明显的倾向,但平均起来,似乎它对两种反应都能表现良好,而与此同时方法 7.1 和 7.2 则对某种特定的反应具有优势。

表 7.6 仿真结果(目标密度:$p=0.1$)

	标准的方法	方法 7.1	方法 7.2	方法 7.3
T_t 平均分(S_t)	0.190	0.610	0.500	0.760
T_t 标准差	0.419	0.803	0.674	0.842
T_f 平均分(S_f)	0.410	0.070	2.080	0.520
T_f 标准差	0.911	0.432	2.977	1.453
调整的 S_t($\widetilde{S}_t=S_t/p$)	1.900	6.100	5.000	7.600
调整的 S_f($\widetilde{S}_f=S_f/(1-p)$)	0.456	0.078	2.311	0.578
总分 $S_t=\widetilde{S}_t+\widetilde{S}_f$	2.356	6.178	7.311	8.178

7.4.2 防御监视的实例

在本节的仿真过程中,将下列参数设置为恒定值:

$N=3$(UAV 的个数)

$T=20$(时间范围)

$N_p=20$(粒子数)

$\boldsymbol{v}=[30\quad 30\quad 30]^{\mathrm{T}}$(UAV 的恒定速度)

$\boldsymbol{r}=[3\quad 3\quad 3]^{\mathrm{T}}$(UAV 覆盖面的半径)

$\boldsymbol{\omega}=\left[\frac{\pi}{2}\quad \frac{\pi}{2}\quad \frac{\pi}{2}\right]^{\mathrm{T}}$(UAV 的最大角速度)

$\rho=\frac{1}{20}$(环境的回报函数的增长率)

本节描述了三个实例,并使用 MATLAB 来对其进行了仿真。下面将描述三个不同的环境回报函数。在这些实例中不考虑基地内部随机出现的警报。经过固定的时间步长之后,粒子群算法的停止准则将会直接使算法停止迭代。

这里选择连续且半正定的函数作为回报函数。正如 7.3 节提到的那样,环境回报函数将会在 UAV 的非覆盖区内的所有 z 点上增大。至关重要的是要确保回报函数的增长速率不会急剧增加,以使回报函数不会“突然变大”,另外还要确保 UAV 不会在回报函数值最大的区域内逗留。为了全面地描述环境的回报函数,我们将详细给出 $t=0$ 时刻,三个函数在 z 点的值,如式(7.53)到(7.55)所示:

$$E_1(z,0)=E_1([x\quad y]^{\mathrm{T}},0)=\max\{|50-x|,|50-y|\} \tag{7.53}$$

$$E_2(z,0)=E_2([x\quad y]^{\mathrm{T}},0)=10\left(\sin\frac{x}{7}+\sin\frac{y}{7}+2\right) \tag{7.54}$$

$$E_3(z,0)=E_3([x\quad y]^{\mathrm{T}},0)=50-\max\{|50-x|,|50-y|\} \tag{7.55}$$

三个环境回报函数的增长率由以下的微分方程给出:对每个 $k\in\{1,2,3\}$,我们令

$$\frac{\partial E_k(z,t)}{\partial t}=\rho E_k(z,t) \tag{7.56}$$

由于 ρ 是一个常数,并且已知三个函数的初始值,因此通过式(7.53)到式(7.56),可以轻松地得出这三个偏微分方程的解,可由以下的式子表示:

$$E_1(z,t)=E_1([x\quad y]^{\mathrm{T}},t)=\mathrm{e}^{\rho t}\max\{|50-x|,|50-y|\} \tag{7.57}$$

$$E_2(z,t)=E_2([x\quad y]^{\mathrm{T}},t)=10\left(\sin\frac{x}{7}+\sin\frac{y}{7}+2\right)\mathrm{e}^{\rho t} \tag{7.58}$$

$$E_3(z,t)=E_3([x\quad y]^{\mathrm{T}},t)=\mathrm{e}^{\rho t}[50-\max\{|50-x|,|50-y|\}] \tag{7.59}$$

E_1 用于边界监视；E_2 用于湖泊监视；E_3 用于中心资产保护。

7.4.2.1 边界监测

图 7.7 给出了$\left.\frac{\partial E_1(z,t)}{\partial t}\right|_{t=0}=\rho E_1(z,0)$的结果，即 $t=0$ 时刻估算出的 E_1 增长率。正如所期望的边界监视，环境回报函数的值与离开基地中心的距离成正比。在这个实例中，UAV 想要停留在基地的周边，从而阻止可能的威胁到达内部。图 7.8 表示某个特定区域落入任意一个 UAV 的覆盖域之内的次数。虽然没有采用设定好的度量标准进行定量的分析，但是我们可以目测并比较图 7.7 和图 7.8。在极限情况下，想要两个图看起来是相同的。

很明显，虽然仿真仅仅是在有限的时间内运行的，但其实验结果很有说明性。正如我们对在 UAV 监测边界时所期望的那样，UAV 大部分时间都徘徊于基地的边界。

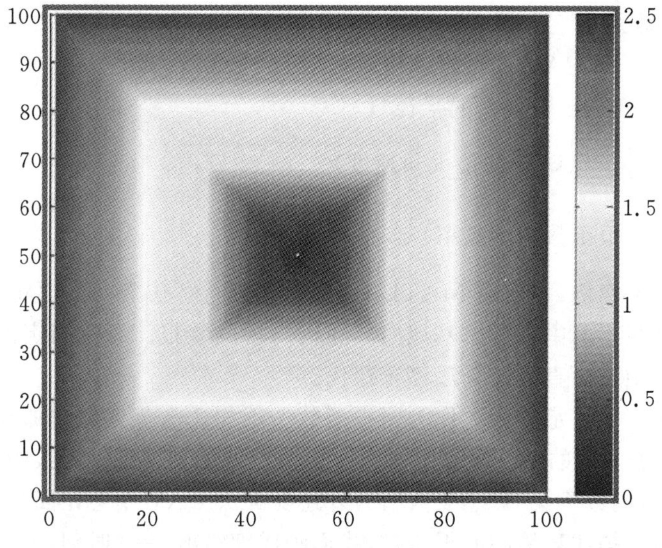

图 7.7 当 UAV 机组监测边界时，$\left.\frac{\partial E_1(z,t)}{\partial t}\right|_{t=0}=\rho E_1(z,0)$的轮廓

7.4.2.2 湖泊监测

图 7.9 给出了$\left.\frac{\partial E_2(z,t)}{\partial t}\right|_{t=0}=\rho E_2(z,0)$的结果，即 $t=0$ 时刻估算出的 E_2 增长率。这个实例是这样的一个监测场景，其中所需关注的区域很少，如在基地中包含的一些小的湖泊[对应的中心在(30,30)，(80,30)，(30,80)和(80,80)的暗黑色的区域]。目标出现在这些区域的概率是非常低的，而湖泊之外的区域才是真正的关注点。在这种场景下，其目标是尽量不花费时间来巡视湖泊上方的区域，而需要主要巡视例如公路这样的热点区域。如图 7.10 所示，

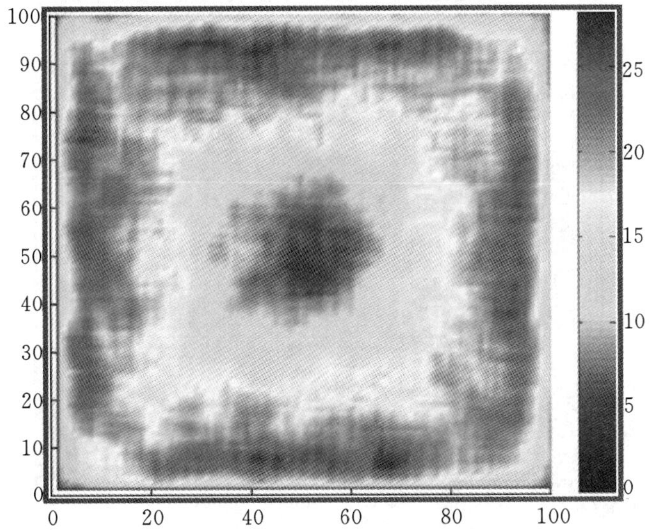

图 7.8 当 UAV 机组监测边界时，每 2000 个时拍中各区域被访问到的次数

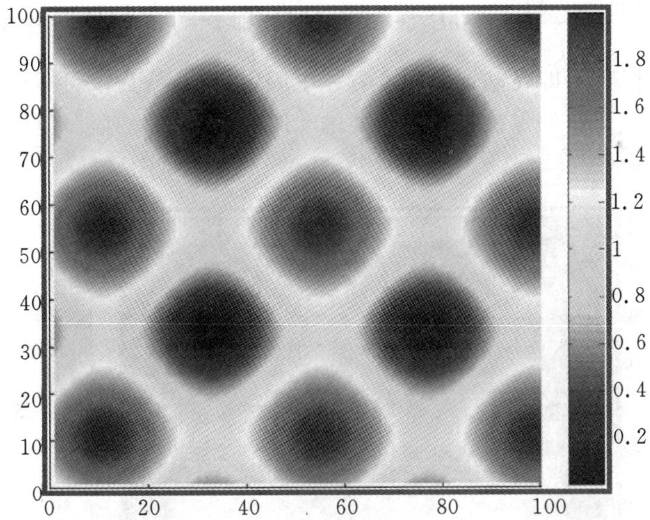

图 7.9 当 UAV 机组监测湖泊时，$\left.\frac{\partial E_2(z,t)}{\partial t}\right|_{t=0}=\rho E_2(z,0)$的轮廓

UAV 将它们的大多数时间花费在巡视那些湖泊之外的更重要的区域，而这些周边地区具有最高的回报值。

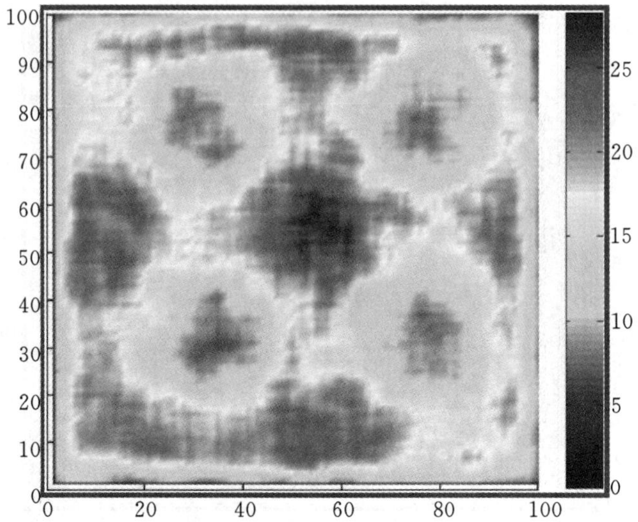

图 7.10 当 UAV 机组监测湖泊时，每 2000 个时拍中各区域被访问到的次数

7.4.2.3 中心资产

图 7.11 给出了$\left.\frac{\partial E_3(z,t)}{\partial t}\right|_{t=0}=\rho E_3(z,0)$的结果，即 $t=0$ 时刻估算出的 E_3 增长率。这个场景考虑了这样一种情况，即在基地的中心有一个固定目标，认为该目标是一个价值很高的资产。依照其价值，对该资产的保护是非常重要的。因此，对基地的监测应该集中于这个中心资

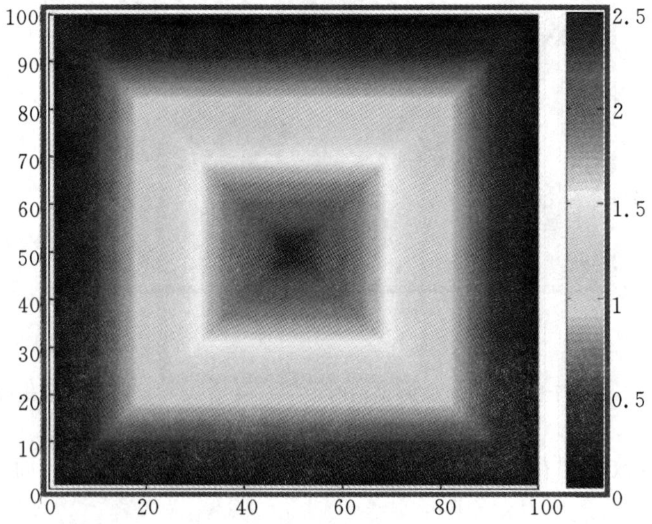

图 7.11 当 UAV 机组监测中心资产时，$\left.\frac{\partial E_2(z,t)}{\partial t}\right|_{t=0}=\rho E_2(z,0)$的轮廓

产。图 7.12 给出了使用粒子群算法的结果。我们可以很容易看出,对大部分的基地内部的区域的巡视次数远远超过了对基地外部区域的巡视。该实例下的仿真结果又是非常有发展前景的。

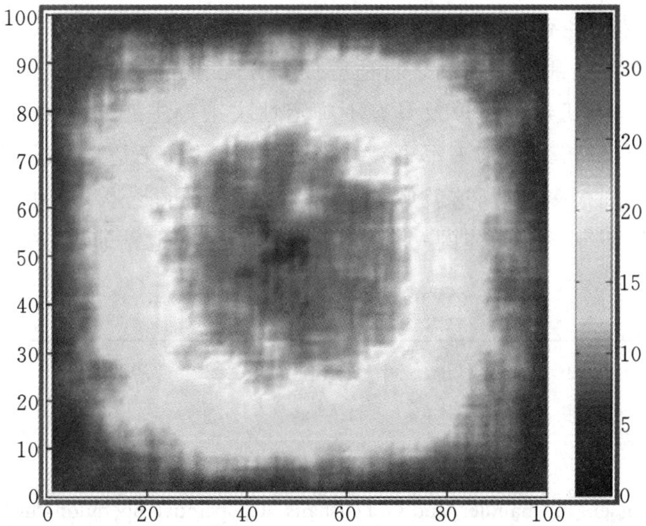

图 7.12 当 UAV 机组监测中心资产时,每 2000 个时拍中各区域被访问到的次数

7.5 结论

随机控制器的性能,或许其有效性完全取决于回报函数。为了评估各种回报函数的性能,本章进行了上百种仿真测试,并且通过一个计分算法来对产生的数据进行分析。这个计分算法的结果表明特定回报函数的性能似乎与在该方法对应的阈值曲面中出现的饱和的数量相关。尽管出现阈值曲面饱和不一定就是不好的,但它肯定不是最优的。能够有效避免饱和的方法,其性能才是最优的。同样可以证明离散的回报方法(离散化回报值的方法)优于基于信息论的回报方法的性能。

本质上,回报函数会输出两个值,即对操作人员反应为真或为假时期望的回报值。在这种情况中,采用一个函数来确定这些基于概率的值不是很有必要。相反,可以通过一个最优化的方法(可能是强化学习的方法)来确定这两种期望的回报值,这种最优化的方法可以对一系列仿真中的数值进行调整。

本章所采用的防御性空中监测算法易于实现,并且可以应用于军用或者民用领域中的监测中。7.4 节所示结果可以证明,粒子群算法是一种切实可行的方法,它可为 UAV 机组中难以进行协作的监测问题构造出航迹。这里已经证明,对于监测而言,PSO 方法能够结合"搜索"与"发掘"这两个重要的方面,并在合理的时间内计算出在线航迹。此外,粒子群算法在线生成的路线是不可预测的,从而使得对手很难预测 UAV 的飞行路线。

本章旨在针对 UAV 执行军事 ISR 任务这一不断发展的研究领域中,两个不同且非常重要的主题,提出两种新的方法。该领域具有诸多的挑战,其中一些问题已被解决,但更多的问题仍亟待解决。UAV 平台的设计是一个被众多商业以及政府部门的研究小组投入大量研究的领域。然而,对大部分类型的 UAV 的自动驾驶仪的设计和航空动力学的基础性的研究已经很充分了,并且它已经是一个被理解得相当透彻的主题。但是真正在微观尺度上实现 UAV,还不现实,虽然已经有大量的研究正在使该技术变得成熟起来。UAV 执行军事 ISR 任务的主要问题通常会涉及到外环控制。自适应任务分配和路径规划、自治组网编队、资产的混合主动控制(人和电脑)、机器学习以及具有不确定性决策等主题对于自治系统的下一次飞跃是非常重要的,而不久的将来对未来军事领域而言,自治系统又是至关重要的。人们可能会觉得实现这一目标会面临很多挑战,这就像一个具有很多面(可能上百个)的固态多面体,而本章我们只是仅仅粗浅地研究了多面体的一个面,更不用说深入地钻研这一整个多面体来真正理解这一主题了。

参考文献

1. D. Gross, S. Rasmussen, P. Chandler, and G. Feitshans. Cooperative operations in UrbaN TERrain (COUNTER). In *Proceedings of the SPIE*, Vol. 6249 of *Defense Transformation and Network-Centric Systems*, Orlando, FL, May 2006.
2. N. Jodeh, M. Mears, and D. Gross. Overview of the cooperative operations in UrbaN TERrain (COUNTER) program. In *Proceedings of the AIAA Guidance, Navigation and Control Conference*, Honolulu, HI, August 2008.
3. S. Rasmussen and T. Shima. Tree search algorithm for assigning cooperating UAVs to multiple tasks. *International Journal of Robust and Nonlinear Control*, 18(2), 135–153, 2008.
4. T. Shima and S. Rasmussen, editors. *Unmanned Aerial Vehicles, Cooperative Decision and Control: Challenges and Practical Approaches*, 1st ed. Advances in Design and Control. SIAM, Philadelphia, PA, December 2008.
5. T. Shima, S. Rasmussen, and D. Gross. Assigning micro UAVs to task tours in an urban terrain. *IEEE Transactions on Control Systems Technology*, 15(4), 601–612, 2007.
6. T. Shima, S. Rasmussen, A. Sparks, and K. Passino. Multiple task assignments for cooperating uninhabited aerial vehicles using genetic algorithms. *Computers and Operations Research*, 33(11), 3252–3269, 2006.
7. D. Enns, D. Bugajski, and S. Pratt. Guidance and control for cooperative search. In *Proceedings of the American Control Conference*, Anchorage, AK, May 2002.
8. A. Ahmadzadeh, A. Jadbabaie, V. Kumar, and G. Pappas. Stable multi-particle systems and application in multi-vehicle path planning and coverage. In *Proceedings of the IEEE Conference on Decision and Control*, New Orleans, LA, December 2007.
9. P. DeLima and D. Pack. Toward developing an optimal cooperative search algorithm for multiple unmanned aerial vehicles. In *Proceedings of the International Symposium on Collaborative Technologies and Systems*, Irvine, CA, May 2008.
10. A. Ahmadzadeh, A. Jadbabaie, V. Kumar, and G. Pappas. Cooperative coverage using receding horizon control. In *Proceedings of the European Control Conference*, Kos, Greece, July 2007.
11. C. Cassandras and W. Li. A receding horizon approach for solving some cooperative control problems. In *Proceedings of the IEEE Conference on Decision and Control*, Las Vegas, NV, December 2002.
12. M. Flint, M. Polycarpou, and E. Fernandez-Gaucherand. Cooperative control for multiple autonomous UAVs searching for targets. In *Proceedings of the IEEE Conference on Decision and Control*, Las Vegas, NV, December 2002.
13. P. Hokayem, D. Stipanovic, and M. Spong. On persistent coverage control. In *Proceedings of the IEEE Conference on Decision and Control*, New Orleans, LA, December 2007.

14. J. Ousingsawat and M. Earl. Modified lawn-mower search pattern for areas comprised of weighted regions. In *Proceedings of the American Control Conference*, New York, NY, July 2007.
15. A. Girard, A. Howell, and J. Hedrick. Border patrol and surveillance missions using multiple unmanned air vehilces. In *Proceedings of the IEEE Conference on Decision and Control*, Paradise Island, Bahamas, December 2004.
16. R. Beard, T. McLain, D. Nelson, D. Kingston, and D. Johanson. Decentralized cooperative aerial surveillance using fixed-wing miniature UAVs. *Proceedings of the IEEE*, 94(7), 1306–1324, July 2006.
17. M. Pachter, P. Chandler, and S. Darbha. Optimal control of an ATR module equipped MAV-human operator team. In *Cooperative Networks: Control and Optimization — Proceedings of the 6th International Conference on Cooperative Control and Optimization*, Edward Elgar Publishing, Northampton, MA, 2006.
18. A. Girard, S. Darbha, M. Pachter, and P. Chandler. Stochastic dynamic programming for uncertainty handling in UAV operations. In *Proceedings of the American Control Conference*, New York, NY, July 2007.
19. A. Girard, M. Pachter, and P. Chandler. Optimal decision rules and human operator models for UAV operations. In *Proceedings of the AIAA Guidance, Navigation and Control Conference*, Keystone, CO, August 2006.
20. M. Pachter, P. Chandler, and S. Darbha. Optimal sequential inspections. In *Proceedings of the IEEE Conference on Decision and Control*, San Diego, CA, December 2006.
21. M. Pachter, P. Chandler, and S. Darbha. Optimal MAV operations in an uncertain environment. *International Journal of Robust and Nonlinear Control*, 18(2), 248–262, January 2008.
22. J. Kennedy and R. Eberhart. Particle swarm optimization. In *Proceedings of the IEEE Conference on Neural Networks*, Perth, Australia, November 1995.
23. I. Trelea. The particle swarm optimization algorithm: Convergence analysis and parameter selection. *Information Processing Letters*, 85(6), 317–325, March 2003.
24. F. van den Bergh and A. Engelbrecht. A study of particle swarm optimization particle trajectories. *Information Sciences*, 176(8), 937–971, April 2006.

8

控制分配

Michael W. Oppenheimer
美国空军实验室
David B. Doman
美国空军实验室
Michael A. Bolender
美国空军实验室

8.1 引言

在过去的几十年里，人们一直把研究重点放在飞行器的过驱动系统上。通过驱动一个飞行器可以为飞行控制系统提供一定的冗余量，这样就有可能使系统在非标称条件下得以恢复。由于存在这种冗余，通常可以利用控制分配算法来计算过驱动问题的唯一解。控制分配器计算施加到执行器的指令，从而使舵面产生一组指定的力或力矩。我们通常可以将控制分配问题表示为优化问题，以便能够利用所有可用的自由度，且当存在足够的控制权时，亦可实现次优的目标。

传统的飞机采用升降舵进行俯仰控制，副翼进行侧倾控制，方向舵进行偏航控制。随着飞机设计的发展，为飞行器配置了更多的舵面（包括一些非传统的舵面）。在某些情况下，某些舵面可能对多个轴产生显著影响。当一个系统配置的舵面的个数多于被控变量时，这个系统就可能是过驱动的。对这些舵面进行分配、调配或混合来实现一些期望的目标，就构成控制分配问题。

由于过驱动以及操纵面对多个被控变量的影响，很难确定出一个恰当的方法来将被控变量的指令转换为一个操纵面的指令。有些设想的飞行器已经设计了 10 个或更多舵面，但只有三个被控变量。随着舵面数量的增加，确定**专用**的控制分配的方案将变得更加困难，同时对系统性控制分配算法的需求也将会增加。此外为了得到一个实际可行的解，必须考虑舵面的速度及位置限制。对控制分配而言，不仅对操纵面的效果进行混合是很重要的，而且还希望当物理上可行时，能使飞机从非标称的条件下，如有操纵面发生故障的情况，得以恢复。可重构的控制器可以调整控制系统的参数，以适应非标称条件[1~5]。在可重构的控制系统中，控制分配算法在仍然服从执行机构的速度及位置限制的同时，可执行众多舵面的控制权请求的自动重新分配。

在最一般的情况下，即忽略舵面的速度及位置的限制，控制分配的问题就是寻找这样的舵面向量，$\boldsymbol{\delta}\in\mathbb{R}^n$，使得

$$f(\boldsymbol{\delta}) = \boldsymbol{d}_{des} \tag{8.1}$$

其中 $\boldsymbol{d}_{des}\in\mathbb{R}^m$ 是期望数值的向量，而 $\boldsymbol{f}(\boldsymbol{\delta})\in\mathbb{R}^m$ 是控制装置的线性或非线性函数向量。举个简单的例子，控制分配问题就是要寻找 δ_1 和 δ_2，使得

$$3\delta_1 + \delta_2 = 2 \tag{8.2}$$

在这种情况下，$d_{des}=2$ 和 $\boldsymbol{f}(\boldsymbol{\delta})=3\delta_1+\delta_2$ 是标量，其中 $\boldsymbol{\delta}=[\delta_1 \quad \delta_2]^{\mathrm{T}}$。式(8.2)中线性的控制向量可以写成矩阵的形式，如：

$$\boldsymbol{B\delta} = \boldsymbol{d}_{des} \tag{8.3}$$

其中

$$\boldsymbol{B} = [3 \quad 1]$$

另一个非线性控制分配问题的例子为

$$3\boldsymbol{\delta}_1^2 + \boldsymbol{\delta}_2^3 = 2 \tag{8.5}$$

本质上，忽略速度及位置限制的控制分配问题，就是同时求解一个未知数比方程数多的方程组的标准的数学问题，即式(8.1)中 $n>m$。在线性框架中，该问题等效于这样一个线性代数问题，即寻找 $\boldsymbol{Ax}=\boldsymbol{b}$ 的一个解，其中矩阵 $\boldsymbol{A}$ 的列数多于行数。

控制分配算法有三个主要目标。

- 当存在多解时，确定式(8.1)的唯一解。
- 服从舵面的物理限制，即速度与位置的限制。
- 当没有解存在时，确定控制设置的一组“最佳”配置。

再次考虑式(8.2)，很明显，这个问题存在多个解。例如，$3\delta_1+\delta_2=2$ 的一些解为

- $\delta_1=0$ 和 $\delta_2=2$
- $\delta_1=\dfrac{2}{3}$ 和 $\delta_2=0$
- $\delta_1=-3$ 和 $\delta_2=11$

图 8.1 说明了这样一个简单的二维问题，即寻找 δ，使得 $3\delta_1+\delta_2=\boldsymbol{d}_{des}$ 且服从 δ 的元素的值的约束。图 8.1 中的矩形定义了一组执行机构的位置上的范围。在这种情况下，δ_1 和 δ_2 都被限制于区间 $-1\leqslant\delta_1\leqslant1$ 和 $-1\leqslant\delta_2\leqslant1$ 上。上面给出的三组解，只有第二组解满足舵面位置的限制。纳入上述限制就可得到有约束的控制分配问题：

$$\begin{gathered}\text{寻找 } \delta_1,\delta_2 \text{ 使得 } \boldsymbol{d}_{des} = 3\delta_1 + \delta_2 \\ \text{并服从 } -1 \leqslant \delta_1 \leqslant 1,\ -1 \leqslant \delta_2 \leqslant 1\end{gathered} \tag{8.6}$$

图 8.1 中的四条直线对应于不同 $\boldsymbol{d}_{des}$ 的值，分别代表方程 $3\delta_1+\delta_2=\boldsymbol{d}_{des}$ 在 $\boldsymbol{d}_{des}=2,3,4,5$ 时的状态。它的解是约束超空间与方程 $\boldsymbol{d}_{des}=3\delta_1+\delta_2$ 的交点。对于 $\boldsymbol{d}_{des}=2$ 或 3 时，存在多个解，如虚线所示。对于 $\boldsymbol{d}_{des}=4$ 时，只存在一个解，它就是 $\delta_1=\delta_2=1$ 的那个点，而对于 $\boldsymbol{d}_{des}=5$，没有解。当只存在一个解时，只要简单选择该解即可。当存在多个解时，就有必要采用一种方法来挑选一个单解。当无解时，就需要一种方法来最小化期望值和可达值之间的误差。这个图

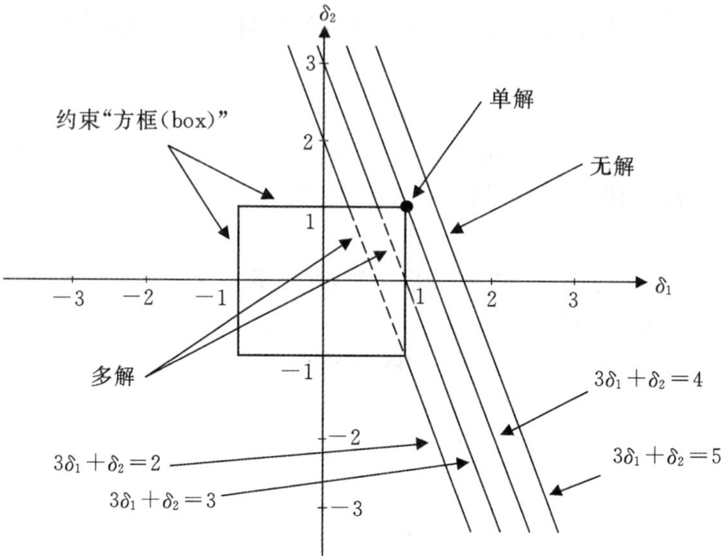

图 8.1 控制分配的实例

说明了有约束的控制分配问题。

本章所描述的技术,可以用来求解无约束及约束的控制分配问题。我们要对舵面的速度及位置的范围要加以约束,以使得执行机构不会违反它的物理限制。显式联动、伪控制、伪逆法以及链式法是一些最简单的控制分配技术。不幸的是,由于这些技术很难保证不会违反速度和位置的限制,并且还由于它们都需要推导**先验**的控制混合律,故这些技术难以得到应用。一种被称为直接分配[6]的有约束控制分配方法,可以找到这样的控制向量,该控制向量可在给定方向上推导出期望向量的最佳近似。无约束的最小二乘控制分配方法也得到了发展,其思想是通过使用罚函数[7]来表示速度和位置上的限制。最早的以线性规划(Linear Programming,LP)为基础的控制分配器的一个实例来自于 Paradiso[8,9]。在这项工作中,对受限的自治系统,Paradiso 提出了基于 LP 方法来确定执行机构位置的选择步骤。最近,人们已经把有约束的控制分配问题转化为一个有约束的优化问题[10]。在这项工作中,控制分配被分成两个子问题。第一个是误差最小化的问题,即试图找到一个控制向量使得舵面能产生与期望的力矩或加速度相匹配的力矩或加速度。如果误差最小化的问题具有多个解,第二个问题则是力图通过将迫使控制变量变为一个能使次优目标最优化的优选向量,来得到唯一解。为了考虑力矩-位移(moment-deflection)曲线的非线性,可以把线性的有约束控制分配问题扩展为一个仿射问题[11]。也可以用二次规划来求解有约束的控制分配问题[12]。在 Bodson[13] 发表的一篇优秀论文中讨论了控制分配的问题,并对众多的控制分配的技术进行了简介。

8.2 历史回顾

控制分配是一个通用术语,它用来描述这样一种过程,该过程将用来决定如何利用多个舵面来从系统得到所需的反应。自从飞机和车辆出现以来,控制分配方法就已经应用于其中。

早期是由飞行员控制操纵杆和方向舵踏板来驱动副翼、升降舵和方向舵来控制飞行器的。通过控制电缆和滑轮等装置，操纵杆和方向舵踏板与飞机的操纵面进行机械的连接。早期典型的单翼飞机有五个操纵面。一套操纵面包括两个副翼、一个方向舵和两个升降舵。控制升降舵和副翼的操纵杆有前后及左右两个自由度。通过移动操纵杆，飞行员可以控制四个操纵面。约束这些操纵面运动的机械连接会导致被称为"联动"(ganging)控制分配策略的出现。联动是将多个操纵面进行约束来一起运动的技术。对于左右副翼，常用的联动策略是约束它们的操纵面以使两个副翼做不同的偏转。为了使飞机右翼向下滚转，右副翼应使后缘向上偏转，同时左副翼应使后缘向下偏转，且要使上下的偏转量相同。图 8.2 表示了典型的用于联动副翼的机械连接。当飞行员向左或向右移动操纵杆时，电缆和滑轮将驱使副翼做不同的偏转。

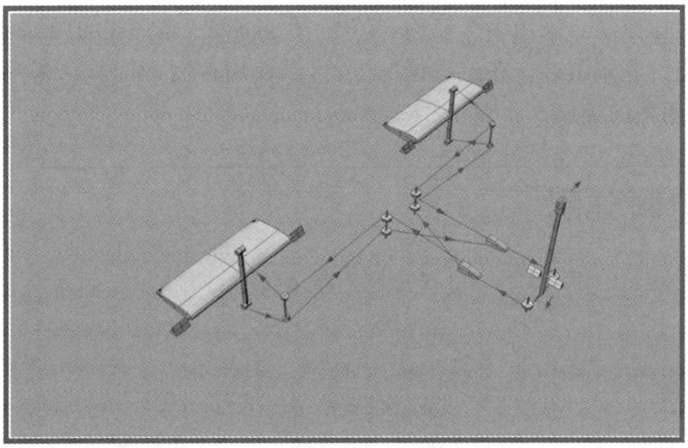

图 8.2　联动的副翼的机械连接

对于升降舵，联动策略将迫使它的两个操纵面进行对称的移动，即，使两个操纵面使其后缘向上或向下移动相同的量。以这种方式，将迫使两个副翼和两个升降舵像一个有效的副翼和一个有效的升降舵那样进行移动。这种联动策略可以有效减少控制空间的维数，将最初的五个操纵面减少到三个有效的操纵面。

联动的目的是为了简化多个舵面的控制任务的分配。对于飞机，联动的一个目的是维持对俯仰、横滚以及偏航这三个转动自由度的控制。通过使先前描述过的操纵面联动，能够使得有效的控制装置的个数(3)和所要控制的转动自由度的个数(3)相等。因此，可以直接在三个有效的操纵面中分配控制任务。其中，有效的副翼控制横滚轴，有效的升降舵控制俯仰轴，方向舵控制偏航轴。这种联动技术在标称条件下是适用的，但是在某些情况下，例如操纵面故障或损坏时，它可能无法充分利用所有可用的操纵有效性(control effectiveness)。

我们可以在传统的汽车中找到另一个联动的例子。驾驶员通过转动方向盘来控制汽车的行进方向，在机械上这将会引起两个前轮一起转动相同的角度。当驾驶员对制动踏板施加力时，这个力会施加到所有四个刹车鼓(drums)或转子上以减缓它们的转动。在制动系统中，将施加到前后轮的刹车上的力构建成联动的，这样与仅对前轮的刹车施加力的时候相比，联动前后轮刹车能够获得更大的制动力。在摩托车上，驾驶员能够独立控制前轮和后轮的制动力。

因此,一个熟练的驾驶员可以利用这个额外的自由度实现联动系统达不到的效果。

从历史上看,设计师已经对标称条件下能够运行良好的舵面联动策略进行了巧妙的设计,但在某些情况下,以其他方式共同协调舵面也可能提高其性能。因为在故障期间,由于联动会迫使多个操纵面像一个操纵面那样一起动作,那么机械上联动的舵面可能会导致不良的后果。

在此讨论的是为了获得所期望的飞行器的响应,有多种可能用来调配舵面的方法。此外,当为没有机械连接束缚的飞行器设计现代控制系统时,设计人员可以共同调配舵面,使得可在不同的情况下减少或消除故障的影响或达到新的系统性能水平。

现在飞行器设计者已经加入了许多舵面以增加冗余,其中一些舵面可以对多个控制变量施加控制。一个操纵面可以影响一个以上被控变量,这种情况的一个例子是飞行器上的双方向舵,该飞行器具有倾斜成“V”型的尾部配置。典型地,每一个操纵面通常都可以对横滚、俯仰以及偏航运动施加控制。采用多个舵面,其中一些可能是“非常规的”操纵面,使得确定一个适用的联动方案变得非常困难。在这些情况下,可以使用控制分配算法来系统地确定必要的控制设置,以产生期望的响应。

8.3 线性控制分配

线性控制分配问题的定义如下:寻找控制向量 $\boldsymbol{\delta}\in\mathbb{R}^n$,使得

$$\boldsymbol{B\delta}=\boldsymbol{d}_{des} \tag{8.7}$$

服从

$$\begin{gathered}\boldsymbol{\delta}_{\min}\leqslant\boldsymbol{\delta}\leqslant\boldsymbol{\delta}_{\max}\\ |\dot{\boldsymbol{\delta}}|\leqslant\dot{\boldsymbol{\delta}}_{\max}\end{gathered} \tag{8.8}$$

其中,$\boldsymbol{B}\in\mathbb{R}^{m\times n}$是控制有效性矩阵,位置的上限和下限分别由 $\boldsymbol{\delta}_{\min}\in\mathbb{R}^n$ 和 $\boldsymbol{\delta}_{\max}\in\mathbb{R}^n$ 定义,$\dot{\boldsymbol{\delta}}\in\mathbb{R}^n$ 是控制率(control rates),$\dot{\boldsymbol{\delta}}_{\max}\in\mathbb{R}^n$ 是最大控制率,$\boldsymbol{d}_{des}\in\mathbb{R}^n$ 是期望的数值量或被控变量,n 是舵面的个数,m 是被控变量的个数。典型地,对飞机的内环控制律来说,$\boldsymbol{d}_{des}\in\mathbb{R}^3$,对应于三个转动自由度。式(8.8)描述了舵面的位置及速度的限制。在数字计算机的实现中,可以把速度的限制转换成有效的位置的限制。归并后的限制 $\underline{\boldsymbol{\delta}}\in\mathbb{R}^n$、$\overline{\boldsymbol{\delta}}\in\mathbb{R}^n$ 变为最具约束性的速度或位置限制,且归并后的限制可被表示为

$$\begin{gathered}\overline{\boldsymbol{\delta}}=\min(\boldsymbol{\delta}_{\max},\boldsymbol{\delta}+\Delta t\dot{\boldsymbol{\delta}}_{\max}\\ \underline{\boldsymbol{\delta}}=\max(\boldsymbol{\delta}_{\min},\boldsymbol{\delta}-\Delta t\dot{\boldsymbol{\delta}}_{\max})\end{gathered} \tag{8.9}$$

其中,Δt 是采样间隔,$\boldsymbol{\delta}$ 的元素描述了每个舵面的当前位置。那么式(8.8)中的约束变为

$$\underline{\boldsymbol{\delta}}\leqslant\boldsymbol{\delta}\leqslant\overline{\boldsymbol{\delta}}$$

注意,式(8.7)中 $\boldsymbol{\delta}$ 是需要计算的量,而式(8.8)中 $\boldsymbol{\delta}$ 是舵面的当前位置。

系统成为过驱动的必要条件是 $\boldsymbol{B}$ 的列数必须大于 $\boldsymbol{B}$ 的行数,即 $n>m$。系统成为过驱动的充要条件是 $\boldsymbol{B}$ 的线性无关的列数必须大于 $\boldsymbol{B}$ 的行数。对飞机内环控制律来说,典型的控制有效性矩阵的形式为

$$\boldsymbol{B}=\begin{bmatrix}\frac{\partial L}{\partial \boldsymbol{\delta}_1} & \frac{\partial L}{\partial \boldsymbol{\delta}_2}\cdots & \frac{\partial L}{\partial \boldsymbol{\delta}_n}\\ \frac{\partial M}{\partial \boldsymbol{\delta}_1} & \frac{\partial M}{\partial \boldsymbol{\delta}_2}\cdots & \frac{\partial M}{\partial \boldsymbol{\delta}_n}\\ \frac{\partial N}{\partial \boldsymbol{\delta}_1} & \frac{\partial N}{\partial \boldsymbol{\delta}_2}\cdots & \frac{\partial N}{\partial \boldsymbol{\delta}_n}\end{bmatrix} \tag{8.11}$$

其中 L、M 和 N 分别是侧滚、俯仰、偏航的力矩。

式(8.7)、式(8.9)和式(8.10)定义了线性控制分配问题。其目标是确定这样的方法，即在可能同时考虑舵面的速度和位置限制的情况下来计算舵面向量 $\boldsymbol{\delta}$。下面的讨论将简要介绍一些方法，这些方法要么将过驱动系统降维成方阵形式的分配问题(即 $n=m$，要么直接求解过驱动的线性控制分配问题。

8.3.1 无约束的线性控制分配

在无约束的线性控制分配中，忽略了舵面的位置及速度限制。其目标是寻找 $\boldsymbol{\delta}$，使得 $\boldsymbol{B\delta}=\boldsymbol{d}_{des}$ 成立。

8.3.1.1 矩阵求逆

当控制有效性矩阵 $\boldsymbol{B}$ 是方阵且可逆时，将出现一种特殊情况。方阵 $\boldsymbol{B}$ 意味着舵面的个数等于其被控变量的个数，也就是 $\boldsymbol{\delta}\in\mathbb{R}^n$ 且 $\boldsymbol{d}_{des}\in\mathbb{R}^n$。如果 $\boldsymbol{B}$ 是方阵且可逆(满秩)，则控制分配的解就是一个标准的求逆运算：

$$\boldsymbol{\delta}=\boldsymbol{B}^{-1}\boldsymbol{d}_{dcs} \tag{8.12}$$

如果 $\boldsymbol{B}$ 中的元素是常数，即当运行条件变化时，式(8.11)中的每个元素都不会变化，那么就可以**先验**地计算出 $\boldsymbol{B}$ 和 $\boldsymbol{B}^{-1}$。对于给定的应用中，用户必须确定，$\boldsymbol{B}$ 的元素是否足够恒定，以便能够在离线情况下，准确计算 $\boldsymbol{B}^{-1}$。如果其元素不恒定，那么需要在线计算 $\boldsymbol{B}^{-1}$。

对于过驱动系统，它的控制有效性矩阵 $\boldsymbol{B}$ 不是方阵。然而，有许多技术可以降低控制空间的维数。在把控制的维数减少的基础上，就有可能将非方阵形式的控制分配问题转换成方阵形式的分配问题，这使得我们可以通过式(8.12)求解此分配问题。下一节将讨论这样的技术。

8.3.1.2 显式联动(Explicit ganging)

在这种方法中，将采用一种**先验**的方法来组合或联动这些舵面，以减少有效的控制装置的个数。历史上采用电缆、滑轮或其他机械装置来实现联动。现代电传飞行器一般在软件中实现联动。其目标是寻找矩阵 $\boldsymbol{G}\in\mathbb{R}^{n\times p}$，其中 $p\leqslant n$，该矩阵能将一组虚拟的控制装置，$\boldsymbol{\delta}_{pseudo}\in\mathbb{R}^p$ 与实际的控制装置 $\boldsymbol{\delta}\in\mathbb{R}^n$ 关联起来进行关联，使得

$$\boldsymbol{\delta}=\boldsymbol{G\delta}_{pseudo} \tag{8.13}$$

例如，考虑一个飞行器，它具有用来控制横滚的左、右副翼 $\boldsymbol{\delta}_{aL}$ 和 $\boldsymbol{\delta}_{aR}$、具有用来控制偏航的方向舵 $\boldsymbol{\delta}_r$，还具有用来控制俯仰的升降舵 $\boldsymbol{\delta}_e$。我们可以构造一个**先验**的联动控制律来产生一个单独的横滚控制设备。一种可能的作法是让

$$\boldsymbol{\delta}_a=0.5(\boldsymbol{\delta}_{a_L}-\boldsymbol{\delta}_{a_R}) \tag{8.14}$$

其中 $\boldsymbol{\delta}_a$ 为单独的有效横滚控制设备。因此，完整的联动控制律变为

$$\boldsymbol{\delta}=\begin{bmatrix}\boldsymbol{\delta}_{aL}\\\boldsymbol{\delta}_{aR}\\\boldsymbol{\delta}_{e}\\\boldsymbol{\delta}_{r}\end{bmatrix}=\begin{bmatrix}1&0&0\\-1&0&0\\0&1&0\\0&0&1\end{bmatrix}\begin{bmatrix}\boldsymbol{\delta}_{a}\\\boldsymbol{\delta}_{e}\\\boldsymbol{\delta}_{r}\end{bmatrix}=G\boldsymbol{\delta}_{pseudo} \tag{8.15}$$

这里,由于 $\boldsymbol{\delta}_{pseudo}$ 中的一个元素 $\boldsymbol{\delta}_{a}$,它不是一个物理的控制装置,而是两个物理的舵面 $\boldsymbol{\delta}_{aL}$ 和 $\boldsymbol{\delta}_{aR}$ 的线性组合,故使用术语"虚拟的控制装置"就变得很自然了。那么控制分配的问题就是要寻找 $\boldsymbol{\delta}_{pseudo}$,使得

$$\boldsymbol{B\delta}=\boldsymbol{d}_{des}\Rightarrow \boldsymbol{BG\delta}_{\text{pseudo}}=\boldsymbol{d}_{des} \tag{8.16}$$

求解对于 $\boldsymbol{\delta}_{pseudo}$ 的分配问题,利用式(8.15)可以产生物理舵面的指令。并且可以离线地确定一个显式的联系策略,当如何对冗余的舵面进行组合的策略是显而易见的时候,通常会使用这个显式联动的策略。如果可将 $\boldsymbol{B}$ 中的元素建模为常数,那么就可以离线计算 $\boldsymbol{BG}$。

需要重点指出的是,可以使用这种方法来减少过驱动系统的控制空间的维数。正如前面所提到的,飞机内环控制律通常包含三个目标函数,即由控制装置产生的力矩等于一组期望的力矩($\boldsymbol{d}_{des}$)。在上述显式联动的例子中,当 $\boldsymbol{\delta}\in\mathbb{R}^4$ 且如果 $\boldsymbol{d}_{des}\in\mathbb{R}^3$ 时,$\boldsymbol{B\delta}=\boldsymbol{d}_{des}$ 是非方阵形式的控制分配问题。采用显式联动的方法后,$\boldsymbol{\delta}_{pseudo}\in\mathbb{R}^3$,则 $\boldsymbol{BG\delta}_{pseudo}=\boldsymbol{d}_{des}$ 就成为方阵形式的控制分配问题。因此,在上述的例子中,控制空间的维数从 4 维减少到了 3 维。

8.3.1.3 伪逆法(Pseudo Inverse)

伪逆法是一种优化的技术,它需要对非方阵的普通矩阵 $\boldsymbol{B}$ 求伪逆。伪逆的解就是控制分配问题的最小 2-范数解,它可表示为如下形式:

$$\min_{\boldsymbol{\delta}} J=\min_{\boldsymbol{\delta}}\frac{1}{2}(\boldsymbol{\delta}+\boldsymbol{c})^{\mathrm{T}}\boldsymbol{W}(\boldsymbol{\delta}+\boldsymbol{c}) \tag{8.17}$$

并服从

$$\boldsymbol{B\delta}=\boldsymbol{d}_{des} \tag{8.18}$$

其中 $\boldsymbol{W}\in\mathbb{R}^{n\times m}$ 是加权矩阵,$\boldsymbol{c}\in\mathbb{R}^n$ 是一个偏移向量,用来表示一个或多个舵面偏离标称条件的情况。为了求解这个问题,首先构造如下的 Hamiltonian(H)

$$H=\frac{1}{2}\boldsymbol{\delta}^{\mathrm{T}}\boldsymbol{W\delta}+\frac{1}{2}\boldsymbol{c}^{\mathrm{T}}\boldsymbol{W\delta}+\frac{1}{2}\boldsymbol{\delta}^{\mathrm{T}}\boldsymbol{Wc}+\frac{1}{2}\boldsymbol{c}^{\mathrm{T}}\boldsymbol{Wc}+\boldsymbol{\xi}(\boldsymbol{B\delta}-\boldsymbol{d}_{\text{des}}) \tag{8.19}$$

其中 $\boldsymbol{\xi}\in\mathbb{R}^n$ 是一个待定的拉格朗日乘子。接着求取 H 对 $\boldsymbol{\delta}$ 和 $\boldsymbol{\xi}$ 的偏导数,并让其表达式等于零,再重新进行整理,即可得到最终的结果[14]:

$$\boldsymbol{\delta}=-\boldsymbol{c}+\boldsymbol{W}^{-1}\boldsymbol{B}^{\mathrm{T}}(\boldsymbol{BW}^{-1}\boldsymbol{B}^{\mathrm{T}})^{-1}[\boldsymbol{d}_{des}+\boldsymbol{Bc}]=-\boldsymbol{c}+\boldsymbol{B}^{\#}[\boldsymbol{d}_{des}+\boldsymbol{Bc}] \tag{8.20}$$

这里,$\boldsymbol{B}^{\#}$ 是 $\boldsymbol{B}$ 的加权伪逆阵。应当注意的是,如果一个舵面的作用被抵消了(offset)(是被锁定且无法移动的),就必须考虑这两项:位置偏移($-\boldsymbol{c}$)和此偏移所产生的力矩($\boldsymbol{Bc}$。对于位置偏移,应将 $\boldsymbol{c}$ 向量中对应的元素值设置为被锁定的位置的相反数。例如,假定有四个控制装置,其中由于处于故障的第三个舵面被锁在$+5°$,则 $\boldsymbol{c}=[0\quad 0\quad -5\quad 0]^{\mathrm{T}}$。

我们可以对加权矩阵 $\boldsymbol{W}$ 进行选择以纳入对舵面位置的限制。例如,可以将矩阵 $\boldsymbol{W}$ 的对角元素选择为 $\boldsymbol{\delta}$ 的对应部分的函数,使得当控制装置接近其物理极限时,其对应权重函数将会趋向∞。在此不能保证发给舵面的命令不会超出其位置的限制;但实际中该方法可有效地约束控制装置的位置。为了鲁棒性的分析的目的,在为更复杂的基于优化的方法生成优选向量

时,该方法是比较有用的。与之前的技术类似,如果 $\boldsymbol{B}$ 是恒定的,那么就可以离线地计算 $\boldsymbol{B}^{\#}$。

8.3.1.4 伪控制

当如何进行操纵面的联动不是那么明显的时候,可以使用伪控制的方法[5]。该方法首先对矩阵 $\boldsymbol{B}$ 进行奇异值分解(Singular Value Decomposition,SVD)[15],使得

$$\boldsymbol{B}=\boldsymbol{U\Sigma V}^{\mathrm{T}}$$

接着,将矩阵 $\boldsymbol{B}$ 分解为

$$\boldsymbol{B}=\begin{bmatrix}\boldsymbol{U}_{01} & \boldsymbol{U}_{02} & \boldsymbol{U}_{1}\end{bmatrix}\begin{bmatrix}\boldsymbol{\Sigma}_{01} & \boldsymbol{0} & \boldsymbol{0}\\ \boldsymbol{0} & \boldsymbol{\Sigma}_{02} & \boldsymbol{0}\\ \boldsymbol{0} & \boldsymbol{0} & \boldsymbol{0}\end{bmatrix}\begin{bmatrix}\boldsymbol{V}_{01}^{\mathrm{T}}\\ \boldsymbol{V}_{02}^{\mathrm{T}}\\ \boldsymbol{V}_{1}^{\mathrm{T}}\end{bmatrix}\tag{8.22}$$

其中,$\boldsymbol{\Sigma}_{01}$ 包含期望的维数的最大奇异值。于是,可以只使用最大奇异值来对矩阵 $\boldsymbol{B}$ 进行近似,即

$$\boldsymbol{B}=\boldsymbol{U\Sigma V}^{\mathrm{T}}\approx\boldsymbol{U}_{01}\boldsymbol{\Sigma}_{01}\boldsymbol{V}_{01}^{\mathrm{T}}\tag{8.23}$$

那么

$$\boldsymbol{\delta}=\boldsymbol{G}\boldsymbol{\delta}_{pseudo}\Rightarrow\boldsymbol{B\delta}=\boldsymbol{BG}\boldsymbol{\delta}_{pseudo}=\widetilde{\boldsymbol{B}}\boldsymbol{\delta}_{pseudo}\tag{8.24}$$

使

$$\begin{aligned}\widetilde{\boldsymbol{B}}&=\boldsymbol{U}_{01}\boldsymbol{\Sigma}_{01}\\ \boldsymbol{G}&=\boldsymbol{V}_{01}\end{aligned}\tag{8.25}$$

则

$$\boldsymbol{BG}\cong(\boldsymbol{U}_{01}\boldsymbol{\Sigma}_{01}\boldsymbol{V}_{01}^{\mathrm{T}})(\boldsymbol{V}_{01})=\widetilde{\boldsymbol{B}}\tag{8.26}$$

由于采用了显式联动的方法,那么控制分配的目标就是寻找 $\boldsymbol{\delta}_{pseudo}$,使得

$$\widetilde{\boldsymbol{B}}\boldsymbol{\delta}_{pseudo}=\boldsymbol{d}_{des}\tag{8.27}$$

找到 $\boldsymbol{\delta}_{pseudo}$ 后,可以使用式(8.24)来确定 $\boldsymbol{\delta}$,其结果是把那个轴指派为在给定轴上具有最多控制权的操纵面。我们将不得不通过反馈来减少来自目前未建模的项,$\boldsymbol{U}_{02}\boldsymbol{\Sigma}_{02}\boldsymbol{V}_{02}^{\mathrm{T}}$,所引起的误差的影响。此外,如果 $\boldsymbol{B}$ 中的元素是常数,就可以离线地计算 $\boldsymbol{B}$ 的 SVD,同时也可以**先验**地对矩阵 $\boldsymbol{B}$ 进行分解。

8.3.2 有约束的线性控制分配

无约束和有约束的线性控制分配之间唯一的区别,就在于是否包含对位置和速度的限制。在有约束的线性控制分配中,其目标是要寻找 $\boldsymbol{\delta}$,使得 $\boldsymbol{B\delta}=\boldsymbol{d}_{des}$,并服从 $\boldsymbol{\delta}_{\min}\leqslant\boldsymbol{\delta}\leqslant\boldsymbol{\delta}_{\max}$,$|\dot{\boldsymbol{\delta}}|\leqslant\dot{\boldsymbol{\delta}}_{\max}$。

8.3.2.1 再分配伪逆

除了对位置和速度的限制,再分配伪逆与伪逆在工作形式上是类似的。对于再分配伪逆而言,整个过程是迭代的,并且需要从随后计算出的伪逆解中去除位置饱和的舵面。第一步是使用式(8.20)中的伪逆解来求解控制分配问题,且把 $\boldsymbol{c}$ 的初始值取为全零向量。如果所有的控制装置都没有超出它们最小及最大的位置极限(回忆一下,速度限制可被转化成有效的位置限制),那么就停止这个过程并使用从式(8.20)中得到的解。然而,如果有一个或多个控制装置的位置饱和,那么就要重新求解该问题,此时将矩阵 $\boldsymbol{B}$ 中饱和的控制装置所对应的列向量

置为零,并将向量 $\boldsymbol{c}$ 中相应的元素置为饱和值的相反值。如果有任何其他的舵面的位置饱和,那么将矩阵 $\boldsymbol{B}$ 对应的列置为零,并重新求解该问题。整个过程将一直持续直到所有舵面的位置都饱和,或者直到得到了一个没有违反位置约束的解为止。需要注意的是,由于位置饱和出现时,式(8.20)存在两个 $\boldsymbol{B}$ 矩阵,一个将用于求解伪逆,$\boldsymbol{W}^{-1}\boldsymbol{B}^{\mathrm{T}}(\boldsymbol{B}\boldsymbol{W}^{-1}\boldsymbol{B}^{\mathrm{T}})^{-1}$,另一个将用于表示求偏移或饱和所起的作用(contribution),$\boldsymbol{Bc}$。当把矩阵 $\boldsymbol{B}$ 中饱和舵面所对应的列向量都置为零时,仅仅需要修改求伪逆使用的矩阵 $\boldsymbol{B}$,而 $\boldsymbol{Bc}$ 项仍将使用原来的矩阵 $\boldsymbol{B}$。

考虑下面再分配伪逆的控制分配问题的例子:取

$$\boldsymbol{B}=\begin{bmatrix}2 & -2 & -2 & -1\\ 1 & 1 & -3 & -2\\ 2 & -2 & -1 & -1\end{bmatrix}\quad \boldsymbol{d}_{des}=[0.5\quad 1\quad 1]^{\mathrm{T}} \tag{8.28}$$

$$-0.75\leqslant\delta_1\leqslant 0.75\quad -0.75\leqslant\delta_2\leqslant 0.75\quad -0.75\leqslant\delta_3\leqslant 0.75\quad -0.75\leqslant\delta_4\leqslant 0.75 \tag{8.29}$$

在本例中,存在三个被控变量(即 $\boldsymbol{B}$ 的行数为3)和四个舵面(即 $\boldsymbol{B}$ 的列数为4)。每一个控制装置都具有相同的位置的上限和下限,且加权矩阵 $\boldsymbol{W}=\boldsymbol{I}$。求解再分配伪逆的第一步是利用式(8.20)来计算 δ,结果为

$$\boldsymbol{\delta}=\boldsymbol{B}^{\#}\boldsymbol{d}_{des}=\begin{bmatrix}2 & -2 & -2 & -1\\ 1 & 1 & -3 & -2\\ 2 & -2 & -1 & -1\end{bmatrix}^{\#}\begin{bmatrix}0.5\\ 1\\ 1\end{bmatrix}=\begin{bmatrix}0.55\\ 0.23\\ 0.5\\ -0.86\end{bmatrix} \tag{8.30}$$

其中 $\boldsymbol{c}=\boldsymbol{0}$。由于 δ_4 超出它的负极限,故取 $\delta_4=-0.75$,并将矩阵 $\boldsymbol{B}$ 的第四列置为零。现在,需要通过下式来计算下一个伪逆解

$$\begin{aligned}\boldsymbol{\delta}&=-\boldsymbol{c}+\boldsymbol{B}_{red}^{\#}[\boldsymbol{d}_{des}+\boldsymbol{Bc}]\\ &=-\begin{bmatrix}0\\ 0\\ 0\\ 0.75\end{bmatrix}+\begin{bmatrix}2 & -2 & -2 & 0\\ 1 & 1 & -3 & 0\\ 2 & -2 & -1 & 0\end{bmatrix}^{\#}\left\{\begin{bmatrix}0.5\\ 1\\ 1\end{bmatrix}+\begin{bmatrix}2 & -2 & -2 & -1\\ 1 & 1 & -3 & -2\\ 2 & -2 & -1 & -1\end{bmatrix}\begin{bmatrix}0\\ 0\\ 0\\ 0.75\end{bmatrix}\right\}\\ &=[0.6875\quad 0.3125\quad 0.5\quad -0.75]^{\mathrm{T}}\end{aligned} \tag{8.31}$$

其中 $\boldsymbol{B}_{red}$ 是缩减了的 $\boldsymbol{B}$ 的矩阵,可以通过将 $\boldsymbol{B}$ 中饱和舵面所对应的列向量置零而得到该矩阵。正如所期望的那样,结果表明 δ_4 正处于它的最负的极限,而其他舵面都没有超出它们的极限,这样就完成了对再分配伪逆的计算。这里给出该结果的检验

$$\boldsymbol{B}[0.6875\quad 0.3125\quad 0.5\quad -0.75]^{\mathrm{T}}=[0.5\quad 1\quad 1]^{\mathrm{T}}=\boldsymbol{d}_{des} \tag{8.32}$$

这样,计算出的控制设置的确能提供期望的指令。在本例中,只执行了两次伪逆计算的迭代。如果在式(8.31)中计算出的舵面的设置中有一个或多个控制装置超出它们的位置限制,那么矩阵 $\boldsymbol{B}$ 中列向量的置零的过程将一直持续,直到所有的控制装置都处于它们位置的极限(无论正极限或负极限)或者找到一个可行的解(该解中剩余的控制装置都没有超出其位置的限制)为止。与使用伪逆法相同,如果 $\boldsymbol{B}$ 中的元素能近似为常数,则可以离线地计算 $\boldsymbol{B}^{\#}$。同样地,可离线计算所有可能的矩阵 $\boldsymbol{B}_{red}^{\#}$。

8.3.2.2 链式法

在链式法中，假设舵面具有层次关系。在这种方法中，当一个或一组控制装置出现饱和时，舵面指令所期望产生的力矩值和舵面实际产生的力矩值之间就会存在误差，那么链式法会试图利用其他的控制装置去减少该误差。图 8.3 表示了链式分配的一个示例。在这个示例中，其目标是产生一个期望的俯仰加速度，记为 $\dot{q}_{des}$。这里有三个控制装置可以产生俯仰力矩，它们分别是升降舵(δ_e)、机身襟翼(bodyflap)(δ_{bf})和鸭式翼(δ_c)。本例求解了方程组 $\boldsymbol{B\delta}=\boldsymbol{d}_{des}$ 中的一个方程。这里单独的方程变为

$$\begin{bmatrix} M_{\delta_e} & M_{\delta_{bf}} & M_{\delta_c} \end{bmatrix}\begin{bmatrix} \delta_e \\ \delta_{bf} \\ \delta_c \end{bmatrix}=\dot{q}_{des} \tag{8.33}$$

且服从 $\delta_{e_{\min}}\leqslant\delta_e\leqslant\delta_{e_{\max}}$，$\delta_{bf_{\min}}\leqslant\delta_{bf}\leqslant\delta_{bf_{\max}}$ 及 $\delta_{c_{\min}}\leqslant\delta_c\leqslant\delta_{c_{\max}}$。矩阵 $\boldsymbol{B}$ 中控制有效性的元素是 M_{δ_e}，$M_{\delta_{bf}}$ 和 M_{δ_c}。

链式过程的工作方式如下：命令最初的舵面，在此例中是 δ_e，产生期望的加速度($\delta_e=\dot{q}_{des}/M_{\delta_e}$)，该指令需要服从其位置和速度限制的约束。如果升降舵可以产生这个加速度，那么就不使用机身襟翼和鸭式翼，并且使算法终止。然而，如果升降舵所产生的加速度与期望的加速度之间存在力矩不足的时候，就要按顺序命令第二个舵面，在此例中是机身襟翼，产生一个加速度，这个加速度要等于升降舵产生的加速度与期望的加速度之差($\delta_{bf}=(\dot{q}_{des}-M_{\delta_e}\delta_e)/M_{\delta_{bf}}$。随后机身襟翼就需要服从其位置和速度限制的约束。如果机身襟翼可以产生所需的加速度，那么就不需要鸭式翼，并且使算法终止。然而，如果机身副翼不能产生所需加速度，那么就要命令鸭式翼产生一个加速度，这个加速度要等于期望的加速度与由升降舵及机身襟翼所产生的加速度的差值($\delta_c=(\dot{q}_{des}-M_{\delta_e}\delta_e-M_{\delta_{bf}}\delta_{bf})/M_{\delta_c}$)。随后鸭式翼也需要服从其位置和速度限制的约束。由于鸭式翼是链中最后一个控制装置，那么即使加速度仍然存在不足，也会结束该过程。

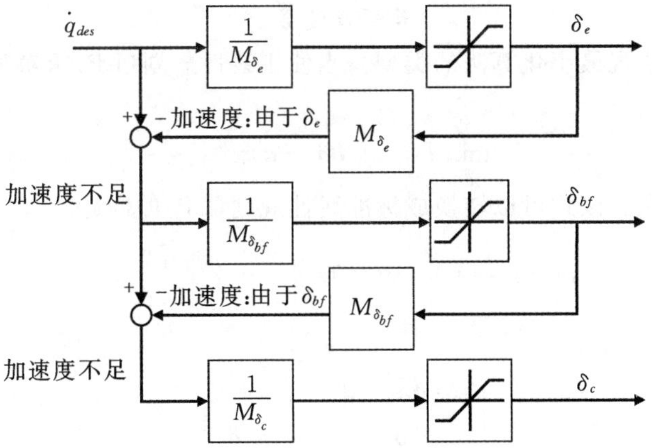

图 8.3 链式分配的例子

本例使用了三个舵面；然而，这一过程可以使用任意多个舵面。这种分配方法的一个缺点

是人们必须设置好(控制装置的)**先验**的层次关系。它的第二个缺点是此方法对舵面只对一个轴具有控制权的情况最为有用。对于舵面对多个轴具有控制权的情况,虽然也可以使用这种链式方法,但有可能会造成来自于不同轴的指令之间的冲突。

8.3.3 直接分配

由 Durham[6] 提出的直接分配法是一种有约束的控制分配方法,其目标是寻找实数 ρ 和向量 $\boldsymbol{\delta}_1$,使得

$$\boldsymbol{B\delta}_1 = \rho \boldsymbol{d}_{des} \tag{8.34}$$

并且服从

$$\boldsymbol{\delta}_{\min} \leqslant \boldsymbol{\delta} \leqslant \boldsymbol{\delta}_{\max} \tag{8.35}$$

如果 $\rho>1$,那么 $\boldsymbol{\delta}=\boldsymbol{\delta}_1/\rho$。如果 $\rho\leqslant 1$,那么 $\boldsymbol{\delta}=\boldsymbol{\delta}_1$。为了使用该方法,必须建立一个可达的力矩集(Attainable Moment Set,AMS)[16]。AMS 具有 $\boldsymbol{d}_{des}$ 的维数,并且对于线性系统,它由力矩或被控变量的空间里的凸包构成,这个空间由处于位置极限的一个或多个舵面的集合所对应的二维平面来定义。物理上,ρ 表示了为了能够接触到 AMS 的边界,必须对控制权的需求按比例缩放的程度。当 $\rho\leqslant 1$ 时,表示力矩的需求在 AMS 以内,且分配器可满足该需求。当 $\rho>1$ 时,表示控制权的需求已超出了分配器所能提供的范围,那么就要在保持 $\boldsymbol{d}_{des}$ 方向的同时,按比例地缩减控制权的需求,以回到能够接触到 AMS 的边界。已有一些算法来为三轴力矩的问题生成 AMS[16]。

8.3.4 线性二次规划的优化方法

8.3.4.1 最小化误差及控制

误差最小化的目标是当给定 $\boldsymbol{B}$ 和 $\boldsymbol{d}_{des}$ 时,寻找一个向量 $\boldsymbol{\delta}$,使得

$$J = \| \boldsymbol{B\delta} - \boldsymbol{d}_{des} \|_p \tag{8.36}$$

最小,并服从

$$\underline{\boldsymbol{\delta}} \leqslant \boldsymbol{\delta} \leqslant \overline{\boldsymbol{\delta}} \tag{8.37}$$

该范数的类型取决于实现最小化算法的类型。当使用线性规划(LP)求解程序时,误差最小化的问题可以被描述为

$$\min_{\boldsymbol{\delta}} J = \| \boldsymbol{B\delta} - \boldsymbol{d}_{des} \|_1 \tag{8.38}$$

且服从式(8.37)的约束。该式可以转换成标准线性规划(LP)的问题[10]

$$\min_{\boldsymbol{\delta}_s} J = [0 \quad \cdots \quad 0 \quad 1 \quad \cdots \quad 1]\begin{bmatrix} \boldsymbol{\delta} \\ \boldsymbol{\delta}_s \end{bmatrix} \tag{8.39}$$

且服从

$$\begin{bmatrix} \boldsymbol{\delta}_s \\ -\boldsymbol{\delta} \\ \boldsymbol{\delta} \\ -\boldsymbol{B\delta}+\boldsymbol{\delta}_s \\ \boldsymbol{B\delta}+\boldsymbol{\delta}_s \end{bmatrix} \geqslant \begin{bmatrix} 0 \\ -\overline{\boldsymbol{\delta}} \\ \underline{\boldsymbol{\delta}} \\ -\boldsymbol{d}_{des} \\ \boldsymbol{d}_{des} \end{bmatrix} \tag{8.40}$$

其中 $\boldsymbol{\delta}_s \in \mathbb{R}^m$ 是松弛变量。注意松弛变量必须为正,但除此之外不存在其他的约束。单独地,松弛变量表示在任何给定轴上,控制权的需求超出供给的程度。如果 $J=0$,那么控制律的指令是可行的,否则,它是不可行的,且舵面不能满足这些需求。可以对控制不足的问题增加一些权重以提供更多的灵活性。在这种情况下,误差最小化的问题变为

$$\min_{\boldsymbol{\delta}_s} J = [0 \quad \cdots \quad 0 \quad \boldsymbol{W}_d^{\mathrm{T}}]\begin{bmatrix}\boldsymbol{\delta} \\ \boldsymbol{\delta}_s\end{bmatrix} \tag{8.41}$$

且服从式(8.40)。式(8.41)中,$\boldsymbol{W}_d^{\mathrm{T}} \in \mathbb{R}^{m\times 1}$ 是权重向量。权重允许我们惩罚那些与其他轴相比,控制权不足的情况更为严重的轴,例如我们可以惩罚开环稳定性最差的轴。无论是式(8.39)还是式(8.41)中所描述的问题都可以由 LP 求解程序来进行求解。这些问题的解可使 $\boldsymbol{B\delta}$ 与 $\boldsymbol{d}_{des}$ 之间距离的不加权(式(8.39))及加权(式(8.41))的 1 -范数最小。

控制最小化的问题是一个次优的最优化问题。对于满足式(8.38)的舵面向量而言,如果轴上存在足够的控制权使得 $J=0$,那么可能存在多解,并且有可能实现次优的目标。由于该问题可能存在多解,且其中的一个解可能要优于其他解,那么能达到这样的效果是采用过驱动系统所带来的直接的结果。可将控制最小化问题描述为以下形式:

$$\min_{\boldsymbol{\delta}_s} J = [0 \quad \cdots \quad 0 \quad \boldsymbol{W}_u^{\mathrm{T}}]\begin{bmatrix}\boldsymbol{\delta} \\ \boldsymbol{\delta}_s\end{bmatrix} \tag{8.42}$$

且服从

$$\begin{bmatrix}\boldsymbol{\delta}_s \\ -\boldsymbol{\delta} \\ \boldsymbol{\delta} \\ -\boldsymbol{\delta}+\boldsymbol{\delta}_s \\ \boldsymbol{\delta}+\boldsymbol{\delta}_s\end{bmatrix} \geqslant \begin{bmatrix}0 \\ -\bar{\boldsymbol{\delta}} \\ \underline{\boldsymbol{\delta}} \\ -\boldsymbol{\delta}_p \\ \boldsymbol{\delta}_p\end{bmatrix}$$

$$\boldsymbol{B\delta} = \boldsymbol{d}_{des} \tag{8.43}$$

其中 $\boldsymbol{W}_u^{\mathrm{T}} \in \mathbb{R}^{n\times 1}$,$\boldsymbol{\delta}_s \in \mathbb{R}^n$ 和 $\boldsymbol{\delta}_p \in \mathbb{R}^n$ 是优选的舵面位置的向量。对舵面向量来说,第一个要求是它必须要能满足控制权的需求(即误差最小化的问题),紧接着选择既能满足控制权的需求又能最小化次优目标(即控制量最小化的问题)的舵面位置。这里可以指定许多次优的目标,例如,最小控制挠度、最小翼面载荷、最小阻力、最小舵面功率,等等。下一节将讨论这些次优目标中的一小部分。

8.3.4.2 最小化操纵面位移(Control Deflection)

最小化操纵面位移是航空应用中最简单的目标之一。它大致近似于最小化阻力及最小化执行装置的位移这样的控制目标。对于最小化操纵面位移,式(8.42)和(8.43)中的 $\boldsymbol{W}_u^{\mathrm{T}}$ 和 δ_p 将变为

$$W_u^{\mathrm{T}} = [1 \quad \cdots \quad 1]\delta_p = [0 \quad \cdots \quad 0]^{\mathrm{T}} \tag{8.44}$$

这里的控制目标是迫使舵面到达它们的零位置,并且还要以相同的权重迫使每个舵面到达其零位置。

8.3.4.3 最小化翼面载荷

在这种情况下,我们将使用一个粗略的近似来实现这一目标。外侧的空气动力面与内侧

的表面空气动力面相比,能产生更大的翼根弯矩。为了获得最小化翼面载荷的近似,设

$$\boldsymbol{\delta}_p = [0 \quad \cdots \quad 0]^{\mathrm{T}} \tag{8.45}$$

并需要将 $\boldsymbol{W}_u^{\mathrm{T}}$ 中那些对应于外侧表面的权重项的值设置得比那些对应于内侧表面的权重项的值更大。例如,使

$$\boldsymbol{\delta} = [\boldsymbol{\delta}_{e_{in_R}} \quad \boldsymbol{\delta}_{e_{in_L}} \quad \boldsymbol{\delta}_{e_{out_R}} \quad \boldsymbol{\delta}_{e_{out_L}}] \tag{8.46}$$

其中 $\boldsymbol{\delta}_{e_{in_R}}$ 是内部的右侧升降副翼,$\boldsymbol{\delta}_{e_{in_L}}$ 是内部的左侧升降副翼,$\boldsymbol{\delta}_{e_{out_R}}$ 是外部的右侧升降副翼,$\boldsymbol{\delta}_{e_{out_L}}$ 是外部的左侧升降副翼。在本例中,为了实现最小的翼面载荷,可设权重向量

$$\boldsymbol{W}_u^{\mathrm{T}} = [1 \quad 1 \quad 1000 \quad 1000] \tag{8.47}$$

以便对外侧表面的挠度施加更多的惩罚。

为了获得实际的最小化的翼面载荷或者最小化的阻力的解,需要有一个航空动力学的模型来确定 $\boldsymbol{W}_u^{\mathrm{T}}$ 和 $\boldsymbol{\delta}_p$ 的值。我们应该查询这个机载(onboard)模型以便确定由于每一个舵面产生的力或力矩,并对优选向量进行选择以实现最小化的翼面载荷或最小化的阻力。

8.3.4.4 鲁棒性分析的最小 2 范数

基于优化的 LP 方法的一个缺点是我们不可能将这个分配器表示为更易于与传统的鲁棒性分析工具一起使用的形式。在伪逆法的推导中,输入($\boldsymbol{d}_{des}$)和输出($\boldsymbol{\delta}$)之间存在一种直接的关系。当 $\boldsymbol{c}=0$ 且 $\boldsymbol{W}=\boldsymbol{I}$,式(8.20)变为

$$\boldsymbol{\delta} = \boldsymbol{B}^{\mathrm{T}}(\boldsymbol{B}\boldsymbol{B}^{\mathrm{T}})^{-1}\boldsymbol{d}_{des} = \boldsymbol{B}^{\#}\boldsymbol{d}_{des} \tag{8.48}$$

在这种情况下,控制分配器是一个由 $\boldsymbol{B}^{\#}$ 给定的增益矩阵。由于我们已经确定出被称为 $\boldsymbol{B}^{\#}$ 的控制分配器的模型,因此对稳定性或鲁棒性的分析而言,这种分配器是非常有用的。但当使用 LP 的控制分配器时,将没有这样的模型,且输入输出之间的关系也将更为复杂。在这种情况下,确定闭环系统的稳定性或鲁棒性将是非常困难的。幸运的是,如果舵面没有超出它们的位置及速度的限制,那么可将式(8.43)中的优选向量取为式(8.48)中给出的 2 范数(或伪逆矩阵)的解,这提供了一种对分配器进行建模的方法。控制分配问题的解将会成为 2 范数解。因此为了进行稳定性和鲁棒性分析,可以使用 $\boldsymbol{B}^{\#}$ 替换 LP 的控制分配模块。但当舵面超出速度及位置的限制时,该模型将不再有效。需要注意的是,该技术也可用于下一节所描述的混合优化的问题。

8.3.4.5 混合优化

混合优化的问题[13]把最小化控制量问题与最小化误差的问题合并成为一个单一的代价函数。可把混合优化的问题描述为以下形式:当给定 $\boldsymbol{B}$,$\boldsymbol{d}_{des}$ 以及优选的控制向量 $\boldsymbol{\delta}_p$ 时,寻找向量 $\boldsymbol{\delta}$,使得

$$J = \| \boldsymbol{B}\boldsymbol{\delta} - \boldsymbol{d}_{des} \| + v \| \boldsymbol{\delta} - \boldsymbol{\delta}_p \| \tag{8.49}$$

最小,并且服从 $\underline{\delta} \leqslant \delta \leqslant \bar{\delta}$,其中 $\nu \in \mathbb{R}^1$ 是一个用来衡量误差最小化问题与控制量最小化问题两者之间相对重要性的加权因子。如果 ν 的值较小(典型的情况),那么与控制量最小化相比,误差最小化具有更高的优先权。

8.3.4.6 混合优化问题与 LP 问题的转换

Buffington[10] 和 Bodson[13] 讨论了将混合优化问题向 LP 问题的转换问题。Buffington[10]

使用松弛变量完成这种转换。尽管这种方法在数学上是正确的，但它会增加不等式约束的个数，从而会导致线性规划问题的计算量变得更大。这里，我们将使用 Bodson[13] 的研究成果来完成这种转换。

标准 LP 问题是寻找向量 $\boldsymbol{\delta}$，使得

$$J = \boldsymbol{m}^{\mathrm{T}}\boldsymbol{\delta} \tag{8.50}$$

最小，且服从

$$\begin{aligned} 0 \leqslant \boldsymbol{\delta} \leqslant \boldsymbol{h} \\ \boldsymbol{A\delta} = \boldsymbol{b} \end{aligned} \tag{8.51}$$

在 Bodson 的文献[13]中涉及到诸多的转换细节，这里仅给出其结果。定义向量 $\boldsymbol{x}^{\mathrm{T}} = (e^{+}\ e^{-}\ \delta^{+}\ \delta^{-})$，则 LP 的问题为

$$\begin{aligned} \boldsymbol{A} &= [\boldsymbol{I} \quad -\boldsymbol{I} \quad -\boldsymbol{B} \quad \boldsymbol{B}] \\ \boldsymbol{b} &= \boldsymbol{B\delta}_{p} - \boldsymbol{d}_{des} \\ \boldsymbol{m}^{\mathrm{T}} &= [1 \quad \cdots \quad 1 \quad \nu \quad \cdots \quad \nu] \\ \boldsymbol{h}^{\mathrm{T}} &= [\boldsymbol{e}_{\max} \quad \boldsymbol{e}_{\max} \quad (\boldsymbol{\delta}_{\max} - \boldsymbol{\delta}_{p}) \quad (\boldsymbol{\delta}_{p} - \boldsymbol{\delta}_{\min})] \end{aligned} \tag{8.52}$$

其中 $\boldsymbol{e} = \boldsymbol{B\delta} - \boldsymbol{d}_{des}$ 是误差，$\boldsymbol{e}_{\max}$ 是误差的某个可达上界（例如，误差的 1 范数）。

$$\boldsymbol{\delta}^{+} = \begin{cases} \boldsymbol{\delta} - \boldsymbol{\delta}_{p} & \text{如果 } \boldsymbol{\delta} - \boldsymbol{\delta}_{p} > 0 \\ \boldsymbol{0} & \text{如果 } \boldsymbol{\delta} - \boldsymbol{\delta}_{p} \leqslant 0 \end{cases} \qquad \boldsymbol{\delta}^{-} = \begin{cases} -\boldsymbol{\delta}_{p} + \boldsymbol{\delta} & \text{如果 } \boldsymbol{\delta}_{p} - \boldsymbol{\delta} > 0 \\ \boldsymbol{0} & \text{如果 } \boldsymbol{\delta}_{p} - \boldsymbol{\delta} \leqslant 0 \end{cases} \tag{8.53}$$

以及

$$\boldsymbol{e}^{+} = \begin{cases} \boldsymbol{e} & \text{如果 } \boldsymbol{e} > 0 \\ \boldsymbol{0} & \text{如果 } \boldsymbol{e} \leqslant 0 \end{cases} \qquad \boldsymbol{e}^{-} = \begin{cases} -\boldsymbol{e} & \text{如果 } -\boldsymbol{e} > 0 \\ \boldsymbol{0} & \text{如果 } -\boldsymbol{e} \leqslant 0 \end{cases} \tag{8.54}$$

那么对于控制挠度向量 $\boldsymbol{\delta}$ 而言，可以采用标准 LP 的求解程序来求解这个问题。

8.3.5 求解 LP 的问题

单纯型算法是求解 LP 问题的一种方法[17]。该算法具有令人非常满意的特性，因为它能保证在有限的时间内找到一个最优解。总的来说，单纯型算法不断地将一个约束集的基本可行解迁移到另一个可行解上去，采用这种方式，可使目标函数的值持续减小，直到达到一个最小值为止。假设不会重复遇到同一个基本可行的解，单纯型算法找到一个解所需迭代的次数最多为 $\dfrac{n!}{m!\ [(n-m)!]}$ 次，其中 m 是控制变量的个数（对于飞行器转动的运动其值为 3）以及 $n = 2p+6$，其中 p 是舵面的个数。我们可以使用反循环的方法[18]来保证遇到同一个基本可行的解的次数不会超过一次。

8.3.6 二次规划

在前面讨论过的优化问题中，除了伪逆矩阵问题使用的是 l_2 范数之外，一般使用的都是 l_1 范数。在控制分配问题的二次函数[7,13]中使用的是 l_2 范数，其目标是寻找控制向量 $\boldsymbol{\delta}$，使得

$$J = \| \boldsymbol{B\delta} - \boldsymbol{d}_{des} \|_2^2 \tag{8.55}$$

最小。式(8.20)的伪逆解给出了该问题的解，其中取 $c=0$ 及 $W=I$。如果计算出的舵面向量在约束范围内，则使该算法停止。然而，如果一个或多个控制装置超出其限制范围，则该算法

将以一种不同于再分配伪逆方法的形式继续计算。在服从等式约束的情况下，求解式(8.55)

$$\|\boldsymbol{\delta}\|_2^2 = p \tag{8.56}$$

对于 $\boldsymbol{\delta}\in\mathbb{R}^2$，式(8.56)的约束是这样一个椭圆，其中 p 要选得足够大，使得这个椭圆恰好能包围由典型的方框约束 $\underline{\boldsymbol{\delta}}\leqslant\boldsymbol{\delta}\leqslant\overline{\boldsymbol{\delta}}$ 形成的矩形。在式(8.55)的解中，服从等式约束(式(8.56))的解为

$$\boldsymbol{\delta} = \boldsymbol{B}^{\mathrm{T}}[\boldsymbol{B}\boldsymbol{B}^{\mathrm{T}} + \lambda\boldsymbol{I}]^{-1}\boldsymbol{d}_{des} \tag{8.57}$$

这个结果与伪逆解看上去很类似；然而，在这种情况下，λ 是 Lagrange 乘子，求解下式，可求出 λ

$$\gamma(\lambda) = \|\boldsymbol{B}^{\mathrm{T}}[\boldsymbol{B}\boldsymbol{B}^{\mathrm{T}} + \lambda\boldsymbol{I}]^{-1}\boldsymbol{d}_{des}\|_2^2 = p \tag{8.58}$$

通过几次二分法[7]的迭代可以求解式(8.58)，且我们可以对控制向量 $\boldsymbol{\delta}$ 进行截尾以满足这些约束。

如果等式约束不起作用，并且恰好能满足 $\boldsymbol{B\delta}=\boldsymbol{d}_{des}$，那么当控制装置的个数($n$)等于所需控制的轴的个数($m$)时，采用线性规划和二次规划的方法将会得到相同的结果。甚至当 $m\neq n$ 时，只要等式约束不起作用，两者的结果也会相同。当约束起作用时，对于使用冗余执行机构的情况，其结果很可能会不同。这两种方法的区别很难在常规的意义上进行定量的衡量，而最为合适的方式是针对某一个具体的应用问题进行定量的衡量。因此，我们需要对这两种方法进行应用，以确定这两种方法中是否一个比另一个更为出色。Page 和 Steinberg[19] 已经对众多的控制分配方法进行了比较。当需要针对某种具体的应用来确定应采用哪种控制分配技术的时候，他们的数据非常有用。

8.4 控制间的相互作用

当飞行器上配置的舵面的个数增加时，舵面发生相互作用的可能性也随之增加。控制的相互作用就是当使用一个舵面的时候，会改变另一个舵面产生的力或力矩。典型地，在控制分配问题中，一个舵面对另一个舵面的影响是忽略不计的。在许多应用中，与每个舵面单独作用时所产生的力和力矩相比，这些舵面间的相互作用的影响是非常小的。然而，确实存在不能忽略这些相互作用的情况。例如在航空应用中，空气动力面用来调节力和力矩。一个操纵面非常接近其他操纵面的情况，或者一个操纵面处于另一个操纵面的下游的情况，都是某些操纵面的位移会对其他操纵面的有效性产生影响的例子。在汽车应用中，转向角的横摆和轴向加速度的有效性与前轮的制动力之间存在着显著的耦合作用[20]。我们还可以在航天运载器中找到另一个控制间相互作用的例子，这个运载器采用差分油门及万象喷嘴相结合的方式来进行姿态控制，但万向喷嘴的效果会受发动机推力的影响。因此，就需要一种可以纳入多个舵面的相互耦合影响的控制分配的方法。

作为控制间相互作用的一个例子，假设俯仰力矩是基础力矩或翼身俯仰力矩之和，每次只使用一个由每个舵面所产生的增量的俯仰力矩，并且操纵面间的任何相互作用都会引起增量的俯仰力矩。那么俯仰力矩的系数变为

$$C_m = C_{mBase}(\alpha,\beta,M) + \sum_{i=1}^{n}\Delta C_{m\boldsymbol{\delta}_i}(\alpha,\beta,M,\boldsymbol{\delta}_i) + \sum_{i=1}^{n}\sum_{j=1,i\neq j}^{n}\Delta C_{m\boldsymbol{\delta}_i,\boldsymbol{\delta}_j}(\alpha,\beta,M,\boldsymbol{\delta}_i,\boldsymbol{\delta}_j) \tag{8.59}$$

其中 α 是攻击角，β 是侧滑角，M 是马赫数，同时 $\boldsymbol{\delta}_i$ 是第 i 个舵面的位置。式(8.59)中的最后一项代表了舵面之间的相互作用。也就是说，除了单独的控制装置所产生的力和力矩，组合的位移也会产生力和力矩。由定义可知，这种舵面间的相互作用是两个操纵面的位移的不可分的非线性函数(一个多变量的可分函数可以被表示为多个单变量函数之和)，所以它们并不适合采用线性的控制分配方案。在一些重要的情况下，这种相互作用可被描述为形如 $\Delta C_m(\boldsymbol{\delta}_i, \boldsymbol{\delta}_j) = (\partial^2 C_m / \partial \boldsymbol{\delta}_i \partial \boldsymbol{\delta}_j) \boldsymbol{\delta}_i \boldsymbol{\delta}_j$ 的双线性的形式。在这样的情况下，除了需要将控制有效性矩阵 $\boldsymbol{B}$ 替换为控制依赖矩阵 $\boldsymbol{A}(\boldsymbol{\delta})$ 以外[21]，我们还可以采用类似于严格线性情况的方式来提出控制分配问题。此时控制分配问题变为

$$\min_{\boldsymbol{\delta}} \| \boldsymbol{A}(\boldsymbol{\delta})\boldsymbol{\delta} - \boldsymbol{d}_{des} \|_1 + \nu \| \boldsymbol{W}_{\boldsymbol{\delta}}(\boldsymbol{\delta} - \boldsymbol{\delta}_p) \|_1 \tag{8.60}$$

且服从 $\underline{\boldsymbol{\delta}} \leqslant \boldsymbol{\delta} \leqslant \overline{\boldsymbol{\delta}}$。对一个具有三轴力矩的航空器的应用来说，需要将式(8.60)中的 $\boldsymbol{A}(\boldsymbol{\delta})$ 给定为如下形式：

$$\boldsymbol{A}(\boldsymbol{\delta}) \triangleq \left\{ \frac{1}{2} \begin{bmatrix} \boldsymbol{\delta}^{\mathrm{T}} \boldsymbol{Q}_L \\ \boldsymbol{\delta}^{\mathrm{T}} \boldsymbol{Q}_M \\ \boldsymbol{\delta}^{\mathrm{T}} \boldsymbol{Q}_N \end{bmatrix} + \boldsymbol{B} \right\} \tag{8.61}$$

矩阵中的元素 $\boldsymbol{Q}_L, \boldsymbol{Q}_M, \boldsymbol{Q}_N$ 表示由于两个操纵面之间的组合作用所产生的横滚、俯仰和偏航力矩的敏感度。更具体地，Q_L(L 是横滚力矩)可表示为如下形式：

$$\boldsymbol{Q}_L = \begin{bmatrix} \dfrac{\partial^2 L}{\partial \boldsymbol{\delta}_1^2} & \dfrac{\partial^2 L}{\partial \boldsymbol{\delta}_1 \boldsymbol{\delta}_2} & \cdots & \dfrac{\partial^2 L}{\partial \boldsymbol{\delta}_1 \boldsymbol{\delta}_n} \\ \dfrac{\partial^2 L}{\partial \boldsymbol{\delta}_2 \boldsymbol{\delta}_1} & \dfrac{\partial^2 L}{\partial \boldsymbol{\delta}_2^2} & \cdots & \dfrac{\partial^2 L}{\partial \boldsymbol{\delta}_2 \boldsymbol{\delta}_n} \\ \vdots & \vdots & & \vdots \\ \dfrac{\partial^2 L}{\partial \boldsymbol{\delta}_n \boldsymbol{\delta}_1} & \dfrac{\partial^2 L}{\partial \boldsymbol{\delta}_n \boldsymbol{\delta}_2} & \cdots & \dfrac{\partial^2 L}{\partial \boldsymbol{\delta}_n^2} \end{bmatrix} \tag{8.62}$$

矩阵 $\boldsymbol{Q}_M$ 和 $\boldsymbol{Q}_N$ 与式(8.62)类似。当我们关注的非线性仅仅只是舵面间的双线性的相互作用时，主对角线上的所有项应取为零。然而，这种形式也可以适用于这样的情况，即力和力矩是某个单独控制挠度的操纵面位移的可分的二次函数时的情况，例如，在低角度攻击时，单独副翼或者襟翼对偏航力矩的影响[22]就属于这种情况。

由于矩阵 $\boldsymbol{A}(\boldsymbol{\delta})$ 本身是 $\boldsymbol{\delta}$ 的函数，所以严格来说，控制分配问题是非线性的。不能直接应用非线性规划技术求解该问题，而需要通过求解一系列 LP 的子问题(每一个子问题都要保证收敛的特性)来逐步改善对最初的非线性规划问题的解的逼近。把操纵面位移向量(Control Deflection Vector)$\boldsymbol{\delta}_k$ 定义为 LP 子问题的最新解，而这个子问题是迭代过程的一部分。现在提出下述的线性 LP 子问题，它的解将更新操纵面位移向量的估计 $\boldsymbol{\delta}_{k+1}$，并且可以使用这个更新的估计向量来求解最初的非线性规划问题：

$$\min_{\boldsymbol{\delta}_{s1}, \boldsymbol{\delta}_{s2}} [0 \quad 0 \quad \cdots \quad 0 \quad w_1 \quad w_2 \quad \cdots \quad w_n \quad 1 \quad 1 \quad \cdots \quad 1] \begin{bmatrix} \boldsymbol{\delta}_{k+1} \\ \boldsymbol{\delta}_{s1} \\ \boldsymbol{\delta}_{s2} \end{bmatrix} \tag{8.63}$$

且服从

$$\begin{bmatrix} \boldsymbol{\delta}_{s1} \\ \boldsymbol{\delta}_{s2} \\ \boldsymbol{\delta}_{k+1} \\ -\boldsymbol{\delta}_{k+1} \\ -\boldsymbol{A}(\boldsymbol{\delta}_k)\boldsymbol{\delta}_{k+1}+\boldsymbol{\delta}_{s2} \\ \boldsymbol{A}(\boldsymbol{\delta}_k)\boldsymbol{\delta}_{k+1}+\boldsymbol{\delta}_{s2} \\ -\boldsymbol{\delta}_{k+1}+\boldsymbol{\delta}_{s1} \\ \boldsymbol{\delta}_{k+1}+\boldsymbol{\delta}_{s1} \end{bmatrix} \geqslant \begin{bmatrix} \mathbf{0} \\ \mathbf{0} \\ \underline{\boldsymbol{\delta}} \\ -\overline{\boldsymbol{\delta}} \\ -\boldsymbol{d}_{des} \\ \boldsymbol{d}_{des} \\ -\boldsymbol{\delta}_p \\ \boldsymbol{\delta}_p \end{bmatrix} \tag{8.64}$$

其中 $\boldsymbol{\delta}_{s1}\in\mathbb{R}^n,\boldsymbol{\delta}_{s2}\in\mathbb{R}^m$ 是松弛变量。我们要不断求解这些 LP 的子问题，直到在控制更新帧结束时，飞行控制系统要求获得一个解，或者直到满足以下的收敛标准为止：

$$\frac{|\boldsymbol{\delta}_{k+1}-\boldsymbol{\delta}_k|}{|\boldsymbol{\delta}_k|}\leqslant \text{tol} \tag{8.65}$$

该式表明后续的迭代将不会产生对解估计的明显改善。在式(8.65)中，变量“tol”是一个用户定义的收敛公差。

8.5 执行机构的动态特性对有约束的控制分配算法的性能的影响

回顾有关有约束的控制分配的文献，我们可以发现尽管最近已有一些研究直接将执行机构的动态特性纳入到控制分配问题中去[12,23]，但曾经人们在很大程度上忽略了组合的有约束的控制分配器与执行机构的动态特性所带来的耦合效应。先前大多数研究都是以执行机构可立即对控制分配器的指令进行响应作为其基本假设的。由于实际中典型的执行机构的动态特性要比被控的刚体的运行模式快得多，故最初这个假设可能看上去是合理的。然而，有约束的控制分配器与执行机构的动态特性之间的相互作用会导致系统达不到其预期的性能。这种相互作用会明显减小系统有效速度的限制范围，而同时所产生的舵面位置也与分配器所命令的位置有所不同[24]。

作为在这种情况下会产生问题的例子，我们运行一个基于 LP 的控制分配算法的仿真。该分配算法通过混合四个舵面来获得一组期望的力矩集，$\boldsymbol{d}_{des}\in\mathbb{R}^3$。在该仿真中，将每一个舵面的执行机构的动态特性都取为 $\boldsymbol{\delta}(s)/\boldsymbol{\delta}_{cmd}(s)=5/(s+5)$，且使用命令的舵面位置，就像控制分配器计算出的那样，在下一个时间步长里初始化分配器。图 8.4 说明了有约束的分配器和执行机构的动态特性间相互作用的影响。这里控制的目标是使舵面产生的加速度($\boldsymbol{B\delta}$)等于控制分配器命令的加速度($\boldsymbol{d}_{des}$)。当不存在执行机构的动态特性时，系统能达到预期的结果，即 $\boldsymbol{B\delta}=\boldsymbol{d}_{des}$。当纳入执行机构的动态特性时，其结果如图 8.4 所示，显然 $\boldsymbol{B\delta}\neq\boldsymbol{d}_{des}$。这里我们将介绍用来补偿执行机构的动态特性影响的方法，以便当存在执行机构的动态特性的时候，也能使舵面产生的加速度出与命令的加速度相等。

本节提出的方法将对控制分配算法的结果进行后置处理以补偿执行机构的动态特性。在实现这个目标时，考虑该方法的现实适用性是非常重要的。为了获得可以在典型飞行计算机

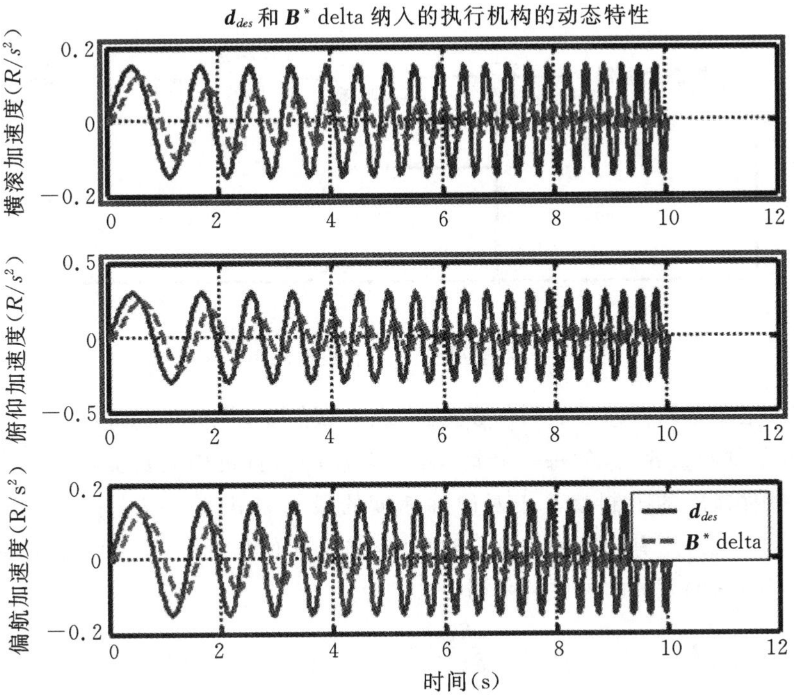

图 8.4　当存在执行机构的动态特性时,控制分配器命令的加速度和控制装置产生的加速度

上实时运行的算法,不再增加有约束的控制分配算法的复杂性是比较合理的作法。尽管Harkegard[12]和 Venkataraman 等人[23]的结果克服了这里出现的一些问题,但仍不能确定在一次飞行控制系统更新中,哪种方法能够在饱和及不饱和情况下保证系统的收敛性。一种能实现这种目标的方法是对控制分配算法的输出进行后置处理,来对发给执行机构的指令进行增强,以便在采样周期结束时,执行机构的实际位置会等于执行机构的期望位置。这就是本节所采用的方法,该方法给出了一种简单且有效,并可补偿执行机构的动态特性的手段。

Bolling[24]已经证明,通过过驱动执行机构可以消除执行机构的一阶动态特性和有约束的控制分配算法间的相互作用,也就是说,通过命令执行机构运动的更多,使得它实际的输出值就等于其期望值。在下面的章节中,我们将对有约束控制分配器和执行机构的一阶的动态特性间相互作用的细节进行展开,并给出减少不良影响的步骤。

要分析的系统如图 8.5 所示。控制分配算法的输入包括命令向量,$\boldsymbol{d}_{des}\in\mathbb{R}^n$,以及包含当前操纵面位移的向量,$\boldsymbol{\delta}\in\mathbb{R}^m$。控制分配器的输出是命令的操纵面的位移向量,$\boldsymbol{\delta}_{cmd}\in\mathbb{R}^m$。执行机构的动态特性对$\boldsymbol{\delta}_{cmd}$进行响应,以产生实际的操纵面位移$\boldsymbol{\delta}$。假设单独的执行机构都没有耦合的动态特性,硬件速度的极限为$\dot{\boldsymbol{\delta}}_{\max}$,且位置的极限为$\boldsymbol{\delta}_{\min}$,$\boldsymbol{\delta}_{\max}$。如同之前所讨论过的那样,我们这样考虑速度的限制,即在下一个采样周期结束时把速度的限制转化为有效的位置的限制(见式(8.9)),同时通过最严格的速度或位置的限制来对舵面的指令进行约束,即

$$\overline{\boldsymbol{\delta}}=\min(\boldsymbol{\delta}_{\max},\boldsymbol{\delta}+\dot{\boldsymbol{\delta}}_{\max CA}\Delta t):\underline{\boldsymbol{\delta}}=\max(\boldsymbol{\delta}_{\min},\boldsymbol{\delta}-\dot{\boldsymbol{\delta}}_{\max CA}\Delta t)\tag{8.66}$$

式(8.66)与式(8.9)之间的区别在于,在式(8.9)中速度的限制是硬件速度的限制,$\dot{\boldsymbol{\delta}}_{\max}$,

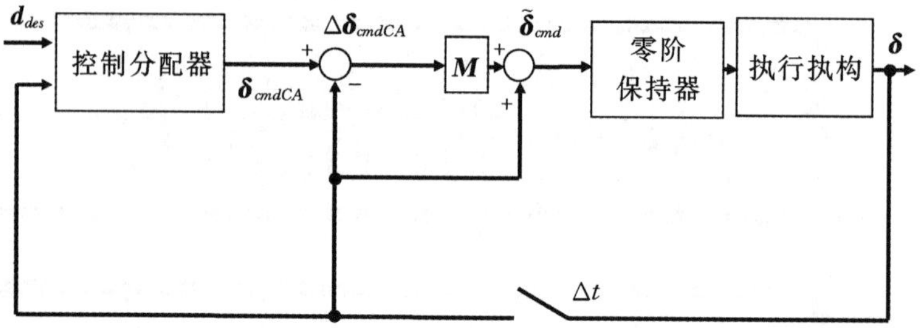

图 8.5 控制分配器和执行机构的相互作用

而在这里,速度限制是软件速度的限制 $\dot{\boldsymbol{\delta}}_{\max CA}$。在典型的实现中,我们将把提供给控制分配算法的对速度的限制向量 $\dot{\boldsymbol{\delta}}_{\max CA}$ 的每一个元素取为对应的执行机构的真实的硬件速度的限制的值。因此,对软件速度的限制就等于对硬件速度的限制或 $\dot{\boldsymbol{\delta}}_{\max CA}=\dot{\boldsymbol{\delta}}_{\max}$;然而 Bolling[24] 已证明,当一个标量系统采用有约束的控制分配算法,并且具有形如式(8.67)所描述的执行机构的一阶动态特性时,它的有效的速度的限制

$$\frac{\boldsymbol{\delta}(s)}{\boldsymbol{\delta}_{cmd}(s)}=\frac{a}{s+a} \tag{8.67}$$

将会变为

$$\dot{\boldsymbol{\delta}}_{\max EFF}=\Gamma\dot{\boldsymbol{\delta}}_{\max CA} \tag{8.68}$$

其中 $\Gamma\equiv1-e^{-a\Delta\tau}$,且 $\dot{\boldsymbol{\delta}}_{\max EFF}$ 是有效速度的限制。例如,当 $a=20$ rad/s,$\dot{\boldsymbol{\delta}}=_{\max CA}=60°/s$,并且飞行控制系统运行于 50 Hz($\Delta t=0.02$ s)时,有效速度的限制为 19.78°/s。该结果比理想值 60°/s 要小得多。

我们将按顺序对图 8.5 以及上述给出的分析进行说明。首先需要注意的是,由式(8.66)给出的瞬时的位置限制使用的是,测量到的执行机构的位置向量的采样值。与使用的执行机构的指令向量 $\boldsymbol{\delta}_{cmd}$ 的上一个时刻的值相比,仿真中更经常使用的是该向量的测量值。使用执行机构的位置的测量值的原因在于,当考虑执行机构的动态特性、扰动以及不确定性时,执行机构的指令向量与实际的执行机构的位置将会不同。而这种不同会导致控制分配器产生不适当的执行机构指令,该指令将不会产生期望的力矩或加速度。因此,给控制分配器提供实际测量到的执行机构的位置向量,具有减少执行机构位置的不确定性的优势。

实际上执行机构的动态特性会以相同的方式减弱速度的限制,并且此动态特性对命令的舵面位置的幅值变化的影响亦是如此。参照图 8.5,我们期望的情况应该是 $\boldsymbol{\delta}=\boldsymbol{\delta}_{cmd}$。然而,执行机构的动态特性改变了指令的信号,使得通常 $\boldsymbol{\delta}\neq\boldsymbol{\delta}_{cmd}$。对具有高带宽的执行机构,与刚体的运行模式相比,执行机构的动态特性的影响并不是一个严重的问题。然而,对于执行机构的动态特性变化不是特别快的情况,就要对此加以考虑。因此,这里将描述一个既能补偿幅值又能补偿衰减速度限制的方法。

我们必须修正执行机构的指令信号,使得

$$\bar{\boldsymbol{\delta}}_{cmd}(tk)=\boldsymbol{M}\Delta\boldsymbol{\delta}_{cmdCA}(t_k)+\boldsymbol{\delta}(t_k)=\frac{1}{\Gamma_s}\Delta\boldsymbol{\delta}_{cmdCA}(t_k)+\boldsymbol{\delta}(t_k) \tag{8.69}$$

其中 $M=1/\Gamma_s$，$\Gamma_s=1-e^{-a_{nom}\Delta t}$是软件的标度因子，$a_{nom}$是一阶执行机构的标称带宽。在一个时间步长中，执行机构的位置指令的增量变化由 $\Delta\boldsymbol{\delta}_{cmdCA}(t_k)\triangleq\boldsymbol{\delta}_{cmdCA}(t_k)-\boldsymbol{\delta}(t_k)$ 所定义，$\boldsymbol{\delta}_{cmdCA}(t_k)$是表示了控制分配器的执行机构的位置的指令。$\Gamma$ 和 Γ_s 之间存在差异的原因是由于受能量损失、部分故障以及其他因素的影响，执行机构所具有的带宽可能小于标称值。换句话说，可能存在 $a<a_{nom}$ 的情况。在这个分析中，假设 a_{nom} 是执行机构的标称带宽，也是带宽的上界。也就是说，如果 $a\neq a_{nom}$，则 $a<a_{nom}$。因此，执行机构的带宽不可能大于标称带宽。在此假设之下，有 $\Gamma<\Gamma_s$。

既然可以由已知参量 a_{nom} 和 Δt 计算得到 Γ_s，那么我们就可以利用式(8.69)对分配器的指令增量的衰减进行补偿。对于一批具有标称带宽 a_{nom} 的解耦的一阶执行机构，可以利用 $\Gamma_{si}=(1-e^{-a_{nom}\Delta t})$来计算它们对应的 Γ_{si} 的值。接着可以对分配器指令的增量进行离散的补偿，如图 8.6 的框图所示。对于许多执行机构，图 8.6 中的 $\boldsymbol{M}$ 是主对角线元素为 $\Gamma_{s1},\Gamma_{s2},\cdots,\Gamma_{sn}$ 的对角矩阵，其中下标 n 被定义为舵面的个数。因此，可以修正控制分配指令的增量的幅值以抵消由一阶执行机构的动态特性与控制分配器之间相互作用所引起的衰减。分配器可继续在这样的假设下运行，即假设执行机构将会立即对分配器的指令作出响应，并保证这些指令服从速度及位置的限制。在分配器计算出一组新的指令之后，该指令的增量将会被标度，并会将其纳入到执行机构位置的测量中去。这样做能带来一个有益的结果，即当对分配器指令的幅值增量进行标度时，有效的速度限制将等于硬件的速度限制。因此，当使用该技术时，将不需要调节软件速度的限制。

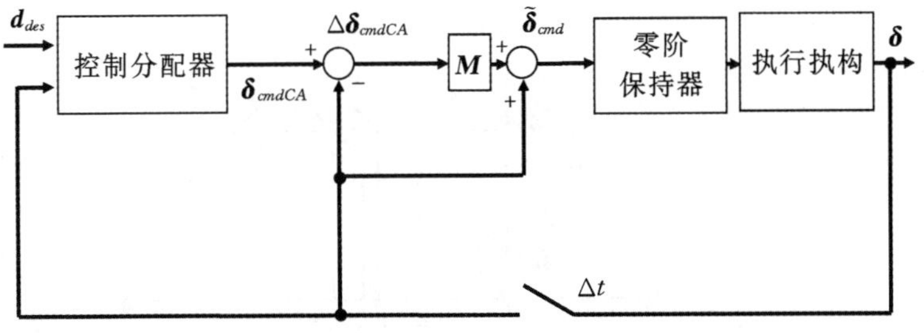

图 8.6　进行指令增量补偿的框图

这里需要指出的是，该技术可有效修正闭环增益。在典型的情况下，即可假设执行机构的动态特性比所要控制的刚体模式的动态特性要快很多，并因此可以忽略执行机构的动态特性的时候，可以采用 $\boldsymbol{\delta}_{cmd}$ 作为设备的输入来进行稳定性的分析。在这种情况下，可以证明对于 $\Gamma\leqslant\Gamma_s$，即使使用了该补偿方案，仍然会有 $\boldsymbol{\delta}\leqslant\boldsymbol{\delta}_{cmdCA}$。因此，对该设备可以采用小于或等于 $\boldsymbol{\delta}_{cmdCA}$ 的输入，它的回路增益也不会变化或者减少。由于还需要执行减轻 $\boldsymbol{\delta}\neq\boldsymbol{\delta}_{cmdCA}$ 的影响的任务，整个控制系统性能的负担将会加重。对执行机构具有或不具有一个简单的零点的二阶动态特性的情况，也可以应用类似的方法[25,26]。

8.6　非线性的控制分配

在式(8.7)和(8.8)中所描述的线性控制分配器中，存在这样一个问题，即假设在控制有效性矩阵(被控变量-位移数据的斜率)中的单个元素都与控制变量之间呈线性关系,并且还假设被控变量-位移的关系曲线会穿过原点。在某种局部意义上说,事实并非如此,因为被控变量-位移关系的非线性会直接影响控制分配器。在本小节中,将会讨论非线性的控制分配器技术。

8.6.1 仿射控制分配器

与线性假设相比,我们可以通过使用仿射控制分配问题的公式来获得非线性的控制分配问题的更加精确的解[11]。它的一个形式为:寻找 $\boldsymbol{\delta}$,使得

$$\boldsymbol{B\delta} + \epsilon(\boldsymbol{\delta}) = \boldsymbol{d}_{des} \tag{8.70}$$

最小,且服从

$$\overline{\boldsymbol{\delta}} \leqslant \boldsymbol{\delta} \leqslant \underline{\boldsymbol{\delta}} \tag{8.71}$$

其中$\in(\boldsymbol{\delta})$是一个截距项,当被控变量——位移曲线是非线性的时候,仿射分配器可以提供更加鲁棒的控制分配算法。很明显,当$\in(\boldsymbol{\delta})\neq 0$ 的时候,这个分配方案并不是严格线性的,然而它也并不是大多数研究者所认为的非线性分配。我们称式(8.70)为仿射控制分配的问题。这项技术适合于单调的但可能是非线性的被控变量——位移关系曲线。对于斜率逆转不太大的情况,适合采用具体分析的方法来进行处理。这项技术的优势是:它可以处理一些非线性,且当这些非线性问题被作为 LP 问题给出时,可通过使用单纯型算法来进行处理。真正的非线性规划算法可以处理数据中更为严重的非线性,但是它们不能保证其收敛性。因此,对于飞行的关键系统,很难应用非线性规划的技术。

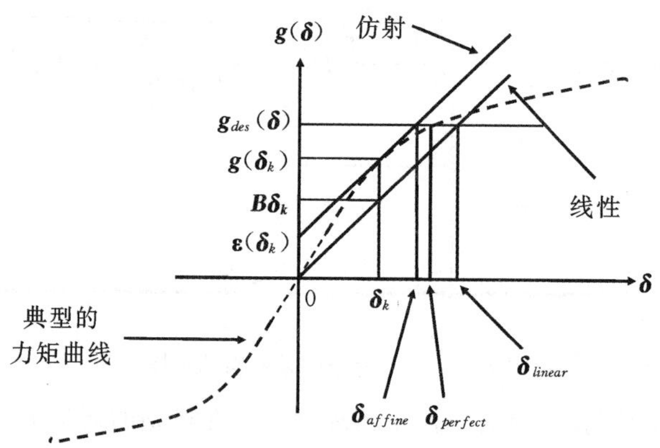

图 8.7 线性控制与仿射控制的有效性的比较

图 8.7 给出了线性控制和仿射控制分配问题的对比结果。这里以一维问题为例,但仿射控制分配的方案也可以用于多维问题。水平轴是舵面的位置 $\boldsymbol{\delta}$,纵轴是由舵面产生的位置(使用的是被控变量的单位)$\boldsymbol{g}(\boldsymbol{\delta})$的值。当舵面在给定位置 $\boldsymbol{\delta}_k$ 运行时,系统的有效性由被控变量-位移曲线在此运行条件处的切线来给定,并且由 $\boldsymbol{\delta}_k$ 产生的实际位置的值为 $\boldsymbol{g}(\boldsymbol{\delta})$。被控变量-位移曲线在 $\boldsymbol{\delta}_k$ 处的切线与 $\boldsymbol{g}(\boldsymbol{\delta})$轴相交于一个非零值,记为$\in(\boldsymbol{\delta}_k)$。在纯粹的线性控制分配问题中,将沿着纵轴平移这个斜线,直到使它相交于原点,使得$\in(\boldsymbol{\delta})=0$。假设在下一次控制更新时,新的指令是 $\boldsymbol{g}_{des}(\boldsymbol{\delta})$。如果控制分配器算法完全知晓被控变量-位移曲线的走势,则此

算法能精确计算出 $\boldsymbol{\delta}_{perfect}$ 来作为所要求的控制位置。然而在线性(或者仿射)分配问题中,只有被控变量-位移曲线的斜率(和截距)对于分配算法来说是可用的。如果采用线性分配的结果,则 $\boldsymbol{\delta}_{perfect}$ 和采用线性信息计算出的位置之间就会存在很大的误差。另一方面,如果采用被控变量-位移曲线的仿射表示,那么 $\boldsymbol{\delta}_{perfect}$ 和 $\boldsymbol{\delta}_{affine}$ 之间的误差就会比 $\boldsymbol{\delta}_{perfect}$ 和 $\boldsymbol{\delta}_{linear}$ 之间的误差要小得多。因此,当被控变量-位移的数据存在非线性时,与线性控制分配问题相比,这种仿射的方法将能得出非常精确的 $\boldsymbol{\delta}$ 的计算结果。

需要注意的是,对于舵面具有速度的限制且采用数字计算机执行的算法的情况,比较适合采用仿射方法。因为速度的限制以及数字的实现从根本上限定了一个时间步长中舵面的位移量,所以即使系统运行于力矩-位移曲线的非线性区域,在大多数情况下速度限制的约束也会使控制有效性(力矩-位移曲线的切线)成为非线性的力矩-位移曲线的一个较为准确的表示。就图 8.7 中的参量而言,对于 $\boldsymbol{\varepsilon}(\boldsymbol{\delta}_k)$ 的计算是非常直观的,可将它表示为

$$\boldsymbol{\varepsilon}(\boldsymbol{\delta}_k) = \boldsymbol{g}_{des}(\boldsymbol{\delta}) - \boldsymbol{B}\boldsymbol{\delta}_k \tag{8.72}$$

即 $\boldsymbol{\varepsilon}(\boldsymbol{\delta})$ 是期望值 $\boldsymbol{g}_{des}(\boldsymbol{\delta})$ 与控制分配器想要产生的值 $\boldsymbol{B}\boldsymbol{\delta}_k$ 之间的差值。通过这个一维的例子可以很容易看出这个结果,但该结果对于多维的情况也成立。

在使用线性或者仿射分配算法时,特别是当力矩-位移曲线中存在斜率逆转时,必须要小心。在这种情况下,分配器算法可能会"陷"入一个局部极小值。幸运的是,典型地这些斜率逆转只发生在舵面的位移的极端的限制处。解决这个问题的一种方法就是对数据进行后置处理,使得模型不会包含特别严重的斜率逆转。注意我们只是修正了模型,不是实际的飞行器。

8.6.2 针对可分非线性的非线性规划

对于大多数的主控轴的舵面,假设力矩是舵面的线性函数是相当有效的,这样经常能成功地实施线性控制分配的方法。在这种情况下,轻微的非线性可以由仿射控制算法来解决,或者可被视作扰动或模型的不确定性,这时控制律必须足够鲁棒以使系统的稳定性和性能不会受到损害。然而,有一些情况,舵面必须在远离线性的区域内运行,或者利用舵面的非线性的影响对系统有利。在这些情况下,就有必要在控制分配问题里纳入非线性的影响。例如,对于左右成对出现的舵面,在低角度攻击时,在偏航力矩和舵面的位移之间存在二次函数的关系。在这种情况中,由于存在不对称的阻力分布,在飞行器一侧,单独的舵面的位移会导致飞行器在那一侧出现偏航力矩。由于操纵面具有正的以及负的位移,那么就会出现这个偏航力矩。在这种情况下,只可对曲线的一侧应用线性拟合,否则将会造成对被控变量-舵面关系的建模完全错误。

为了进一步提高控制分配的准确性,并使装配在飞行器上的舵面套件的性能最大化,需要利用出现在数据中的非线性。理想地,有必要对舵面向量 $\boldsymbol{\delta}$,求解非线性控制分配的问题,使得

$$\boldsymbol{f}(\boldsymbol{\delta}) = \boldsymbol{d}_{des} \tag{8.73}$$

非线性规划方法可以解决这些类型的问题。但不幸的是,该方法通常需要高阶函数来准确地拟合空气动力学的数据,而这就会导致所得的方程组非常难解。对于航空应用来说,更合理的作法是利用空气动力学数据固有的分段线性的特性。这就是 Bolender 所提出的方法[27]。在这种情况下,问题可以被描述为混合的整数线性规划,而混合的整数线性规划可以使用分支定

界算法来进行求解。仿真表明与线性方法相比,采用该方法提高了系统的性能;但是,不足之处在于它只能获得有限规模问题的实时解。其细节已经超出了本文的讨论范围,但是,有兴趣的读者可参阅文献[27]来了解更多细节。

8.7 小结

本章对控制分配进行了讨论,同时概述了一些用来解决线性以及非线性的控制分配问题的技术。我们给出了一些可对舵面空间进行降维的方法,如显式联动及链式法。当考虑了舵面速度及位置限制时,我们也讨论了一些更为复杂的算法,并证明了 LP 是一种切实可行的求解在线的控制分配问题的方法。LP 控制分配器方法发展为两个分支的最优化问题,紧接着给出了混合优化的框架。对不同的优选向量进行了测试,当存在多个解时,这些向量是非常有用的。然后讨论了操纵面之间的相互作用,并提出了通过使用线性规划方法来对这些相互作用加以考虑的方法。接着针对一个简单的执行机构的一阶模型,考虑了有约束的控制分配器与执行机构的动态特性之间的相互作用,并提出了补偿这些相互作用的方法。最后,对仿射控制分配和分段线性的控制分配器这样两种非线性的控制分配技术进行了介绍。所给出的每种控制分配方法都具有各自的优缺点。其中一些算法简单且计算花费少,而另一些则较为复杂且需要占据大量的计算资源,但能提供更为准确的结果。最好的方法会依赖于具体的应用、对问题的物理特性的深入理解、可用的计算资源以及控制律证明和验证过程的苛刻性。

参考文献

1. Brinker, J. S. and Wise, K. A., Nonlinear Simulation Analysis of a Tailless Advanced Fighter Aircraft Reconfigurable Flight Control Law, *Proceedings of the 1999 AIAA Guidance, Navigation, and Control Conference*, AIAA-1999-4040, August 1999.
2. Ward, D. G., Monaco, J. F., and Bodson, M., Development and Flight Testing of a Parameter Identification Algorithm for Reconfigurable Control, *Journal of Guidance, Control and Dynamics*, Vol. 21, No. 6, 1998, pp. 948–956.
3. Chandler, P. R., Pachter, M., and Mears, M., System Identification for Adaptive and Reconfigurable Control, *Journal of Guidance, Control and Dynamics*, Vol. 18, No. 3, May-June 1995, pp. 516–524.
4. Calise, A. J., Lee, S., and Sharma, M., Direct Adaptive Reconfigurable Control of a Tailless Fighter Aircraft, *Proceedings of the 1998 Guidance, Navigation and Control Conference*, AIAA-1998-4108, August 1998.
5. Application of Multivariable Control Theory to Aircraft Control Laws, Tech. Rep. TR-96-3099, Wright Laboratory, WPAFB, OH, 1996.
6. Durham, W., Constrained Control Allocation, *Journal of Guidance, Control and Dynamics*, Vol. 16, No. 4, 1993, pp. 717–725.
7. Enns, D. F., Control Allocation Approaches, *Proceedings of the 1998 Guidance, Navigation and Control Conference*, AIAA-1998-4109, August 1998.
8. Paradiso, J. A., A Highly Adaptable Method of Managing Jets and Aerosurfaces for Control of Aerospace Vehicles, *Proceedings of the 1989 Guidance, Navigation and Control Conference*, AIAA-1989-3429, August 1989.
9. Paradiso, J. A., Adaptable Method of Managing Jets and Aerosurfaces for Aerospace Vehicle Control, *Journal of Guidance, Control and Dynamics*, Vol. 14, No. 1, 1991, pp. 44–50.

10. Buffington, J. M., Modular Control Law Design for the Innovative Control Effectors (ICE) Tailless Fighter Aircraft Configuration 101-3, Tech. Rep. Report. AFRL-VA-WP-TP-1999-3057, U.S. Air Force Research Lab., Wright Patterson AFB, OH, June 1999.
11. Doman, D. B. and Oppenheimer, M. W., Improving Control Allocation Accuracy for Nonlinear Aircraft Dynamics, *Proceedings of the 2002 Guidance, Navigation and Control Conference*, AIAA-2002-4667, August 2002.
12. Härkegård, O., Dynamic Control Allocation Using Constrained Quadratic Programming, *Proceedings of the 2002 Guidance, Navigation and Control Conference*, AIAA-2002-4761, August 2002.
13. Bodson, M., Evaluation of Optimization Methods for Control Allocation, *Journal of Guidance, Control and Dynamics*, Vol. 25, No. 4, 2002, pp. 703–711.
14. Lewis, F. L. and Syrmos, V. L., *Optimal Control*, John Wiley & Sons, Inc., New York, NY, 1995.
15. Kincaid, D. R. and Cheney, E. W., *Numerical Analysis*, Brooks/Cole Publishing Company, Pacific Grove, CA, 1990.
16. Durham, W., Attainable Moments for the Constrained Control Allocation Problem, *Journal of Guidance, Control and Dynamics*, Vol. 17, No. 6, 1994, pp. 1371–1373.
17. Luenberger, D., *Introduction to Linear and Nonlinear Programming*, Addison Wesley Longman, Reading, MA, 1984.
18. Winston, W. L. and Venkataramanan, M., *Introduction to Mathematical Programming, Volume I*, Academic Internet Publishers, Pacific Grove, CA, 2003.
19. Page, A. B. and Steinberg, M. L., A Closed-loop Comparison of Control Allocation Methods, *Proceedings of the 2000 Guidance, Navigation and Control Conference*, AIAA-2000-4538, August 2000.
20. Hac, A., Doman, D., and Oppenheimer, M., Unified Control of Brake- and Steer-by-Wire Systems Using Optimal Control Allocation Methods, *Proceedings of the 2006 SAE World Congress*, SAE-2006-01-0924, April 2006.
21. Oppenheimer, M. W. and Doman, D. B., A Method for Including Control Effector Interactions in the Control Allocation Problem, *Proceedings of the 2007 Guidance, Navigation and Control Conference*, AIAA 2007-6418, August 2007.
22. Doman, D. B. and Sparks, A. G., Concepts for Constrained Control Allocation of Mixed Quadratic and Linear Effectors, *Proceedings of the 2002 American Control Conference*, May 2002.
23. Venkataraman, R., Oppenheimer, M., and Doman, D., A New Control Allocation Method That Accounts for Effector Dynamics, *Proceedings of the 2004 IEEE Aerospace Conference*, IEEE-AC-1221, March 2004.
24. Bolling, J. G., *Implementation of Constrained Control Allocation Techniques Using an Aerodynamic Model of an F-15 Aircraft*, Master's thesis, Virginia Polytechnic Institute and State University, 1997.
25. Oppenheimer, M. W. and Doman, D. B., Methods for Compensating for Control Allocator and Actuator Interactions, *Journal of Guidance, Control and Dynamics*, Vol. 27, No. 5, 2004, pp. 922–927.
26. Oppenheimer, M. and Doman, D., A Method for Compensation of Interactions Between Second-Order Actuators and Control Allocators, *Proceedings of the 2005 IEEE Aerospace Conference*, IEEE-AC-1164, March 2005.
27. Bolender, M. A. and Doman, D. B., Non-linear Control Allocation Using Piecewise Linear Functions, *Journal of Guidance, Control and Dynamics*, Vol. 27, No. 6, Nov./Dec. 2004, pp. 1017–1027.

9

群体稳定性

Veysel Gazi
TOBB 经济与技术大学
Kevin M. Passino
俄亥俄州立大学

9.1 智能体模型

我们可以使用各种各样的数学模型来表示自治的动态智能体(如:机器人、人造卫星、无人车或无人机)。一种常见的表示是以**质点**运动的牛顿第二定律为基础,该方法有时也被称为**双积分**模型,并可由下式给出:

$$\dot{x}_i = v_i \qquad \dot{v} = u_i \tag{9.1}$$

其中,$x_i \in \mathbb{R}^n$ 是智能体 i 的位置,$v_i \in \mathbb{R}^n$ 是智能体的速度,$u_i \in \mathbb{R}^n$ 是智能体的控制(力)输入。下标 i 表示智能体 i 的动态特性。假设群体中有 N 个同样的智能体。不失一般性,还可假设上述模型中所有智能体的质量 $m_i=1$,这是因为通过合理缩放智能体的控制输入,可以很容易对其质量进行补偿。

式(9.1)所示的模型是有关多智能体动态系统的文献广泛使用的模型之一。尽管诸如机器人、人造卫星、无人车或无人机等实际智能体的动态特性更加复杂,但该模型仍是一个有意义并且有用的模型,这是因为它不需要探究智能体的底层细节,就能捕获其高级行为。因此,该模型允许学习更高级别的算法,以适应各种典型的群体行为。文献[1]综述了最新的有关研究群体行为的各种相关问题、智能体模型以及方法。

本章将讨论当给定式(9.1)中的智能体动态特性时,如何来建立控制算法以获得诸如聚集、社会性觅食以及编队控制等群体行为。我们将要描述的用来解决这些问题的方法是基于人工势函数的方法。主要是由于人工势函数易于实现且计算时间短,因此在过去的几十年里,它已被广泛应用于机器人导航及控制。由于这里采用人工势函数来定义智能体间的相互作用,其实现与传统方法有所不同。

我们假设所有智能体同时运动,且它们都能准确获知群体中其他智能体的相对位置。$\boldsymbol{x}^{\mathrm{T}}=[x_1^{\mathrm{T}},x_2^{\mathrm{T}},\cdots,x_N^{\mathrm{T}}]\in\mathbb{R}^{Nn}$ 表示连续的位置向量,$\boldsymbol{v}^{\mathrm{T}}=[v_1^{\mathrm{T}},v_2^{\mathrm{T}},\cdots,v_N^{\mathrm{T}}]\in\mathbb{R}^{Nn}$ 表示在整个群体中所有智能体的连续的速度向量。$(\boldsymbol{x},\boldsymbol{v})$对表示整个群体的状态,而$(x_i,v_i)$对,$i=1,\cdots,N$ 表示

每一个智能体的状态。

我们用势函数 $J:\mathbb{R}^{Nn}\to\mathbb{R}$ 来表示群体中智能体间的相互作用，并将这个函数称为智能体间相互作用的势函数，有时也将它称作聚集势。通过智能体间的相互作用，我们可表示群体中智能体之间的吸引或排斥关系。类似地，可通过另一个势函数 $\sigma:\mathbb{R}^{n}\to\mathbb{R}$ 来表示智能体与环境之间的相互作用。我们称环境势函数 $\sigma(\cdot)$ 为**资源函数**。可以使用环境势函数来表示需要实现的目标或目的，以及需要避开的障碍或威胁。智能体间相互作用的势函数 $J(x)$ 是由设计者根据期望的群体行为而选择的。我们将会简单讨论，为实现聚集，势函数应该具有哪些属性，并且针对一个具体的势函数给出一些结果。类似地，可以使用环境势函数 $\sigma(x)$ 表示环境中存在的“资源”，该函数可由设计者根据环境的布局以及期望的导航目标来选择，使得环境中的群体可以像导航目标那样运动。

9.2 聚集

聚集是群体中实际可见的一种最基础的行为(例如昆虫群体)，并且有时是群体完成集体任务的初始阶段。在本节中，我们将讨论如何实现式(9.1)中的质点模型的聚集。

一种常见的方法是设计势函数 $J(x)$ 使得群体处于期望的行为时有一个极小值，然后设计智能体的控制输入，以使得智能体沿其负梯度方向运动。然而由于式(9.1)存在二阶动态特性，我们还需要在控制输入中加入一个阻尼项，以避免振荡及不稳定。因此，可以选择式(9.1)中智能体 i 的控制输入 u_i 为如下形式：

$$u_i=-kv_i-\delta\nabla_{x_i}J(x) \tag{9.2}$$

其中，当 $k>0$ 时，第一项是一个阻尼项，第二项代表沿着势场方向的运动(如势函数的负梯度方向)。由于 $\nabla_{x_i}J(x)$ 在某种程度上代表了零梯度势与当前势之间的误差，因此式(9.2)中的控制器与比例微分(Proportional-Derivative, PD)控制器有一些相似之处。其中，第一(阻尼)项类似于微分项(期望速度为零时)，而势函数项类似于一个比例项。

9.2.1 聚集势

直观地，为了实现聚集，各智能体需要相互吸引。然而，如果只有吸引力，那么群体将很可能收缩(collapse)为一个点[①]。因此，当一个智能体非常接近其他智能体时，为了避免碰撞并保持合适的间距，该智能体应该排斥其他智能体。在这些条件下，可将人工势函数选择为如下形式：

$$J(x)=\sum_{i=1}^{N-1}\sum_{j=i+1}^{N}\left[J_a(\|x_i-x_j\|)-J_r(\|x_i-x_j\|)\right] \tag{9.3}$$

其中，$J_a:\mathbb{R}^+\to\mathbb{R}$ 代表势函数吸引的部分，且 $J_r:\mathbb{R}^+\to\mathbb{R}$ 代表势函数排斥的部分。

给定以上类型的势函数，可以按下式计算智能体 i 的控制输入

$$u_i=-kv_i-\sum_{j=1,j\neq i}^{N}\left[\nabla_{x_i}J_a(\|x_i-x_j\|)-\nabla_{x_i}J_r(\|x_i-x_j\|)\right] \tag{9.4}$$

---

① 收缩成为一个点是另一个相关问题，并被称为分布式协调性、一致或会合。该问题通常是在有限感知、局部信息及动态(即时变的)邻域的条件下进行研究的。

将式(9.4)中的梯度$\nabla_y J_a(\|y\|)$和梯度$\nabla_y J_r(\|y\|)$分别表示为

$$\nabla_y J_a(\|\boldsymbol{y}\|)=\boldsymbol{y}g_a(\|\boldsymbol{y}\|)\text{和}\nabla_y J_r(\|\boldsymbol{y}\|)=\boldsymbol{y}g_r(\|\boldsymbol{y}\|)$$

可通过链式规则及适当的函数定义 $g_a:\mathbb{R}^+\to\mathbb{R}^+$ 和 $g_r:\mathbb{R}^+\to\mathbb{R}^+$ 来得到这个式子。需要注意的是,吸引项$-\boldsymbol{y}g_a(\|\boldsymbol{y}\|)$和排斥项 $\boldsymbol{y}g_r(\|\boldsymbol{y}\|)$都作用于连接两个相互作用的智能体的直线上,但方向相反。向量 $\boldsymbol{y}$ 决定了对齐方式(也就是说,它保证了相互作用的向量将沿着向量 $\boldsymbol{y}$ 所在直线的方向),而 $g_a(\|\boldsymbol{y}\|)$和 $g_r(\|\boldsymbol{y}\|)$这两项仅仅影响梯度大小,而它们之间的差异决定了沿向量 $\boldsymbol{y}$ 的哪个方向。将函数 $g(\cdot)$定义为

$$g(\boldsymbol{y})=-\boldsymbol{y}[g_a(\|\boldsymbol{y}\|)-g_r(\|\boldsymbol{y}\|)] \tag{9.5}$$

将函数 $g(\cdot)$称为吸引力/排斥力方程,该函数代表了势函数的梯度,也是产生势场的函数。我们假设在远距离时吸引力占优势,在近距离时排斥力占优势,并且存在一个能使吸引力和排斥力保持平衡的**唯一距离**。换句话说,我们假设势函数 $J(x)$以及由此得出的相应的吸引力/排斥力的函数 $g(\cdot)$满足如下假设。

假设 9.1

势函数 $J(x)$应满足:水平集 $\Omega_c=\{x|J(x)\leqslant c\}$是紧的,式(9.5)所示的相应的吸引力/排斥力函数 $g(\cdot)$是奇函数,并且对于 $g_a(\cdot)$和 $g_r(\cdot)$,存在一个唯一的距离 δ 使得 $g_a(\delta)=g_r(\delta)$。此外,对于$\|\boldsymbol{y}\|>\delta$,有 $g_a(\|\boldsymbol{y}\|)>g_r(\|\boldsymbol{y}\|)$,而对于$\|\boldsymbol{y}\|<\delta$,有 $g_a(\|\boldsymbol{y}\|)<g_r(\|\boldsymbol{y}\|)$。

本章仅考虑吸引力/排斥力函数 $g(\cdot)$,由于该函数是奇函数,因此它关于原点对称。这是一个重要的特征,该特征会使得智能体间的相互作用具有互斥性。因此,我们仅考虑具有互斥作用的群体。水平集的紧性缩小了可能的势函数 $J(x)$集合的范围。然而,由于确保 $J(x)$为非增的控制器会直接将智能体的运动约束在一个紧集中,水平集的紧性会使得内聚性分析更为容易。我们可对此进行松弛,但必须特别注意的是,需要确保智能体之间互相分离,不会导致 $J(x)$的减少。

直观地,由于 $J_a(\|x_i-x_j\|)$是一个吸引势(是沿着其负梯度方向运动的),它的极小值应出现在$\|x_i-x_j\|=0$ 处或在该点附近。相反地,由于$-J_r(\|x_i-x_j\|)$是一个排斥势,因此它的极小值应出现在$\|x_i-x_j\|\to\infty$处。并且,由假设 9.1 可得,$J_a(\|x_i-x_j\|)-J_r(\|x_i-x_j\|)$组合的极小值应出现在$\|x_i-x_j\|=\delta$处,即在两个智能体间的排斥力和吸引力保持平衡的地方。但需要注意,当涉及的智能体多于两个时,对于所有的 $j\neq i$,整个势函数 $J(x)$的极小值并不一定会出现在$\|x_i-x_j\|=\delta$处,这时就有可能存在多个极小值。

有可能将 $J(x)$视为群体的人工势能的一个表示,而人工势能的值取决于智能体间的距离。那么式(9.2)中的控制输入(以及式(9.4)中的控制输入)会迫使群体沿着 $J(x)$的负梯度方向运动,并且将充当控制器的角色,试图把群体的人工势能或至少是部分人工势能最小化,而人工势能是由群体中相应的智能体到其他智能体的相对位置而引起的。

一个满足上述条件和假设 9.1,并且已在有关群体聚集的文献中使用过(见文献[2])的势函数是

$$J(x)=\sum_{i=1}^{N-1}\sum_{j=i+1}^{N}\left[\frac{a}{2}\|x_i-x_j\|^2+\frac{bc}{2}\exp\left(-\frac{\|x_i-x_j\|^2}{c}\right)\right] \tag{9.6}$$

其中,参数 a,b 及 c 由设计者选择。参数 a 是一个吸引力的参数,而参数 b 和 c 是排斥力的参

数。为了让排斥力在短距离时占主导地位，就需要满足 $b>a$。式(9.6)中所对应的吸引力/排斥力函数可由下式计算

$$g(y)=-y\left[a-b\exp\left(-\frac{\|y\|^2}{c}\right)\right] \tag{9.7}$$

注意，该势函数也属于具有线性吸引力及有界排斥力的势函数，如图 9.1 所示(一些其他类型的势函数参见文献[3])。图 9.1(a)给出了当参数 $a=1$，$b=10$ 和 $c=1$ 时，由式(9.6)表示的两个智能体之间吸引势、排斥势以及合并后的总势；图 9.1(b)则给出了由式(9.7)表示的相应吸引力/排斥力函数的曲线。我们将在随后的分析中使用式(9.6)和(9.7)中的函数，并详述以这些函数为基础的大多数结果。但需要注意，对于所有具有线性吸引力及有界排斥力并满足假设 9.1 的势函数，这些结果将直接成立，而且它们也可对其他势函数进行扩展。

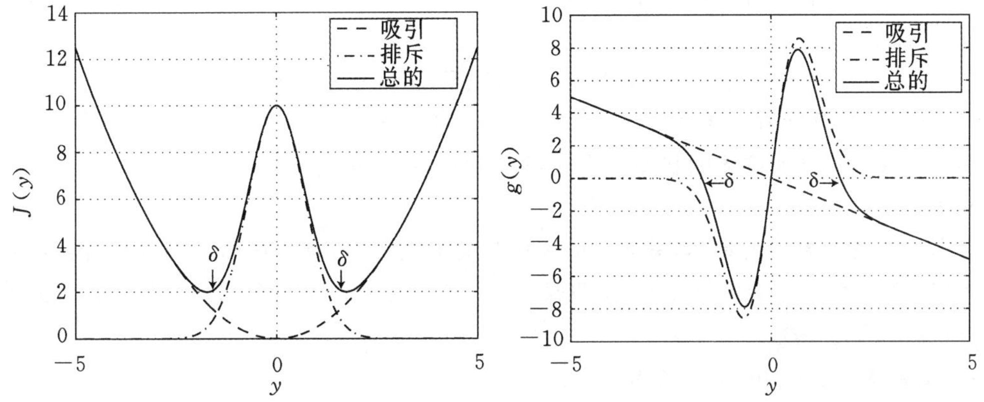

(a) 势函数　　(b) 吸引力/排斥力的函数

图 9.1　式(9.6)的势函数图(仅在两个智能体之间)，以及当 $a=1$，$b=10$ 和 $c=1$ 时，式(9.7)中对应的吸引力/排斥力函数图

9.2.2　群体的运动分析

在本节中，我们将用群体的质心运动来代表群体的集体运动，该运动可定义为

$$\bar{x}=\frac{1}{N}\sum_{i=1}^{N}x_i,\qquad \bar{v}=\frac{1}{N}\sum_{i=1}^{N}v_i$$

需要再次提醒的是，由于函数 $g(\cdot)$ 是奇函数，因此它关于原点对称，智能体间的相互作用是互斥的，故智能体间的相互作用对质心动态特性影响的总和为零。如果智能体的动态特性是一阶的(即单一的积分)，那么质心将会保持不动。然而，由于质心的动态特性是一个二阶系统，在此情况下，质心一般不会不动。事实上可以证明质心的速度以指数形式迅速收敛到零，这意味着质心会收敛到一个固定位置。这一点可由以下引理予以正式说明。

引理 9.1

一个质心为 $\bar{x}$ 的群体，若其中的智能体具有式(9.1)所描述的动态特性，其控制输入可由式(9.4)描述，且势函数 $J(x)$ 满足假设 9.1，那么该群体的质心会以指数速率快速收敛到一个稳定点 x_c。

证明:质心速度对时间的导数由下式给出

$$\dot{\bar{v}}=-k\frac{1}{N}\sum_{i=1}^{N}v_i-\frac{1}{N}\sum_{i=1}^{N}\sum_{j=1,j\neq i}^{N}[g_a(\|x_i-x_j\|)-g_r(\|x_i-x_j\|)](x_i-x_j)=-k\bar{v}$$

其中,第二项用来去除相互作用中的互斥性。从该式可以看出,由于 $k>0$,随着 $t\to\infty$,质心的速度 $\bar{v}\to 0$,是以指数形式迅速收敛的,这就意味着对于某个 $x_c\in\mathbb{R}^n$,$\bar{x}\to x_c$ 是以指数形式迅速收敛的。

注意,质心收敛到一个固定位置的速度由阻尼参数 k 决定。同样,由于智能体的动态特性是确定的,因此最终质点的位置 x_c 仅由智能体的初始位置及速度来决定。事实上,有可能将其表示为 $x_c=\bar{x}+\frac{1}{k}\bar{v}(0)$。因此,如果智能体的初始速度为零,质点将会静止不动。但质心静止一般并不意味着各个智能体也会静止,有可能证明实际情况往往如此。针对这个目标,可将群体平衡(或静止)点的不变集记为

$$\Omega_e=\{(x,v):v_i=0\text{ 且}\nabla_{x_i}J(x)=0,\forall i\}\tag{9.8}$$

注意,$(x,v)\in\Omega_e$ 意味着对于所有的 $i=1,\cdots,N$,均有 $v_i=0$,这说明所有的智能体都是静止的。接下来我们将证明群体的状态会收敛到 Ω_e,且智能体也会停止运动。

定理 9.1

考虑一个质心为 $\bar{x}$ 的群体,若其中的智能体具有式(9.1)所描述的动态特性,其控制输入可由式(9.4)描述,且势函数 $J(x)$ 满足假设 9.1。那么对于任意$(x(0),v(0))\in\mathbb{R}^{2Nn}$,随着 $t\to\infty$,有$(x(t),v(t))\to\Omega_e$。

证明:定义系统的 Lyapunov 函数为

$$V=J(x)+\frac{1}{2}\sum_{i=1}^{N}\|v_i\|^2$$

由 $J(x)$的水平集的紧性以及 $V(x,v)$的定义可知,V 的水平集也是紧的。求取其关于时间的导数,可以得到

$$\dot{V}=-k\sum_{i=1}^{N}\|v_i\|^2\leqslant 0$$

这意味着对于所有的 t,V 会减小,除非对于所有 $i=1,\cdots,N$,$v_i=0$。因此,群体的运动被限制在紧集 $V(x(0),v(0))$上。定义集合 $\Omega_v=\{(x,v):v_i=0,\forall i\}$,且需要注意 $\Omega_e\in\Omega_v$。很明显,随着 $t\to\infty$,$(x,v)\to\Omega_v$。此外,我们可以看出智能体在 Ω_v 上的动态特性由下式给出

$$\dot{x}_i=v_i,\dot{v}_i=-\nabla_{x_i}J(x)$$

这表明 Ω_v 并非不变。事实上,我们可以看出 Ω_v 的最大不变子集是集合 Ω_e。因此,由 LaSalle 不变性原理可以推出,随着 $t\to\infty$,$(x,v)\to\Omega_e$。

上述结论除了说明智能体将最终停止以外,也说明了对于所有的智能体将会得到 $\nabla_{x_i}J(x)=0$,这意味着此时势函数 $J(x)$也会达到其极小值(至少是局部极小值)。该结论对于后面证明群体的内聚性也会有帮助。正如之前所提到的那样,聚集是世界上许多群体的一个非常基础的行为。然而需要注意的是,这里讨论的聚集与 flocking 行为有所不同,在 flocking 中智能体并不会停止,而是实现朝向对齐,并在相同的方向上表现出聚合的运动。对于由具有式(9.1)所描述的动态特性的智能体所组成的群体来说,也有可能实现 flocking 的行

为。为了实现这一目标，式(9.2)中控制输入的速度阻尼项需要由如下形式的速度的对应项进行替换：

$$u_i = -k \sum_{j=1\, j\neq i}^{N} (v_i - v_j) - \nabla_{x_i} J(x) \tag{9.9}$$

在这种情况下，智能体的速度将会收敛到相同的值，且智能体将会沿相同的方向运动。需要注意的是，运动方向和共同速度不是事先定义的，而是一种突现特性②。对所有智能体仍会有 $\nabla_{x_i} J(x)=0$。注意，类似 flocking 的行为更适合如**无人机**(Uninhabited Air Vehicles，UAV)等工程上的群体的应用，在这个群体里的智能体绝不会停止运动(除了如直升飞机、四旋翼飞行器或者气球等无人机)。类似地，如果要求群体去跟踪一个给定的参考轨迹 $\{\ddot{x}, \dot{x}_r, x_r\}$，该轨迹对于智能体来说是已知的(或可估计)，则智能体的控制输入可以被设定为

$$u_i = \ddot{x}_r - k_v(v_i - \dot{x}_r) - k_p(x_i - x_r) - \nabla_{x_i} J(x) \tag{9.10}$$

它将产生这样的结果，即群体的质心将跟踪参考轨迹，且群体作为聚合的实体也会跟随参考轨迹进行运动。

9.2.3 群体的内聚性分析

群体的稳定性和大小可能有不同的定义。这里我们将内聚性作为一种稳定的属性，且通过智能体到群体质心的距离 $\bar{x}$ 来定义群体的大小，其中对于智能体 i，我们将智能体到群体质心的距离定义为如下形式 $e_i = x_i - \bar{x}$，且用 e_i 的模的界作为群体大小的测量。

由定理 9.1 可知，随着 $t \to \infty$，对于所有的智能体有

$$\nabla_{x_i} J(x) = \sum_{j=1\, j\neq i}^{N} [g_a(\| x_i - x_j \|) - g_r(\| x_i - x_j \|)](x_i - x_j) = 0 \tag{9.11}$$

我们将对式(9.6)中的势函数进行分析。然而，需要注意的是，它适用于具有线性吸引力及有界排斥力的所有函数，并且还可以扩展到其他类型的势函数。对于式(9.6)的势函数，式(9.11)变为

$$\nabla_{x_i} J(x) = \sum_{j=1\, j\neq i}^{N} \left[a - b\exp\left(-\frac{\| x_i - x_j \|^2}{c}\right)\right](x_i - x_j) = 0 \tag{9.12}$$

代入 $\sum_{j=1 j\neq i}^{N} (x_i - x_j) = N e_i$ 这一关系式，将式(9.2)重新整理并写为

$$e_i = \frac{1}{aN} \sum_{j=1,\, j\neq i}^{N} b\exp\left(-\frac{\| x_i - x_j \|^2}{c}\right)(x_i - x_j)$$

由上式可得

$$\| e_i \| \leqslant \frac{b}{a}\sqrt{\frac{c}{2}}\exp\left(-\frac{1}{2}\right)$$

注意，这里得出了式(9.6)中势函数 $J(x)$ 的一个界。如果给出另一个具有线性吸引力和有界排斥力的势函数，其界的表达式将会略有不同，但仍会由函数的吸引力及排斥力的参数来确定。以下的定理将正式说明上述结果。

---

② 由于这里的所有条件都是确定的，所以群体的运动方向取决于初始条件，即智能体的初始位置及速度。如果智能体间相互作用的定义是动态的，那么群体的运动方向还取决于相互作用拓扑结构的变化。

定理 9.2

考虑一个由具有式(9.1)所描述的动态特性的智能体所组成的群体，该群体具有形如式(9.4)的控制输入，其势函数 $J(x)$ 由式(9.6)给出(该势函数满足假设 9.1，并具有线性吸引力及有界排斥力)。那么随着时间的推移，群体内所有智能体将会收敛到一个超球体。

$$B_\varepsilon(\bar{x}) = \left\{x : \|x - \bar{x}\| \leqslant \varepsilon = \frac{b}{a}\sqrt{\frac{c}{2}}\exp\left(-\frac{1}{2}\right)\right\}$$

需要再次强调的是，虽然定理 9.2 中的势函数只是指式(9.6)中的势函数 $J(x)$，但对于具有线性吸引力及有界排斥力且满足假设 9.1 的其他的势函数，只需要修改边界 ε 的数值，定理 9.2 中的结果就可直接成立。还需要注意的是，如果去除排斥力，即如果对于所有的 i 和 j，$j \neq i$，有 $g_r(\|x_i - x_j\|) \equiv 0$，那么群体将收缩到它的质心 $\bar{x}$。相反地，如果去除吸引力，即如果对于所有的 i 和 j，$j \neq i$，有 $g_a(\|x_i - x_j\|) \equiv 0$，那么群体将由质心 $\bar{x}$ 沿着所有方向朝无穷远处分散开来。在远距离时占主导的吸引力防止了群体的分散，同时在近距离时占主导的排斥力防止了群体收缩(collapsing)成为一个点，而在此之间将会建立平衡。

在**某些**生物群体中，可以观察到智能体会更多地被更大的密集群体所吸引。这个属性也出现在上述模型中，在此模型中群体的吸引力与智能体数成正比。还需要注意的是，群体的最终规模大小依赖于吸引力和排斥力参数 a，b 和 c，这一点从直观上很容易理解；且较大的吸引力(较大的 a)会使群体的较小，而较大的排斥力(较大的 b 和/或较大的 c)会使一个群体较大。

9.3 编队控制

编队控制的问题可以被描述成这样的一个问题，即通过选择智能体控制输入，使得智能体慢慢形成并保持预先设定的几何形状。给定式(9.1)中的智能体模型以及形如式(9.4)的控制输入，其目标是要设计一个势函数 $J(x)$，以便求解编队控制问题。根据上一小节的结果，我们可以立即看出，如果合理选择势函数使其在群体处于期望编队处时，具有一个极小值且 $\nabla_{x_i} J(x) = 0$，那么采用之前讨论的求解聚集情况的过程，至少可以局部地求解编队控制的问题。但一般而言，势函数存在所谓的局部极小值问题，这里考虑的势函数(其为仅与相对距离有关的类型)也存在这个问题，故只能局部地求解该问题③。尽管如此，假定我们还倾向于使用上一小节中讨论过的适用于聚集情况的基于势函数的方法，该过程就可归结为合理的选择势函数 $J(x)$。为了实现具有某种几何形状的队形，其智能体间的距离是两两相互依赖的，那么相互作用的参数及相关的吸引力/排斥力的函数 $g(\cdot)$ 也需两两相互依赖。由于这个原因，假设势函数被记为

$$J(x) = J_{formation}(x) = \sum_{i=1}^{N-1}\sum_{j=i+1}^{N}\left[J_{ija}(\|x_i - x_j\|) - J_{ijr}(\|x_i - x_j\|)\right] \tag{9.13}$$

那么，相应式(9.4)中控制输入由下式给出：

$$u_i = -kv_i - \sum_{j=1, j\neq i}^{N}\left[\nabla_{x_i} J_{ija}(\|x_i - x_j\|) - \nabla_{x_i} J_{ijr}(\|x_i - x_j\|)\right]$$

③ 将局部极小值定义为点 x_0，在该点处对于所有的 $x \in N(x_0)$，有 $J(x_0) \leqslant J(x)$，其中 $N(x_0)$ 是 x_0 的某个邻域。这类点中的某些点可能与期望的编队不符。在这些点上，梯度也为零，但智能体可能会在这类点处被卡住。

$$=-kv_i-\sum_{j=1,j\neq i}^{N}[g_{ija}(\|x_i-x_j\|)-g_{ijr}(\|x_i-x_j\|)](x_i-x_j) \quad (9.14)$$

需要注意的是，这里仍假设势函数 $J(x)$ 满足假设 9.1，且对所有的 (i,j) 对，两两相互依赖的吸引力/排斥力的函数为

$$g_{ij}(y=-y[g_{ija}(y)-g_{ijr}(y)] \quad (9.15)$$

该函数使得在两两相互依赖的平衡距离 δ_{ij} 处，吸引力和排斥力也处于平衡状态，但对于不同的智能体对，该平衡距离有所不同。为了使式(9.6)中势函数适合编队控制的框架，它的参数 a, b 和 c 需被设成两两相互依赖的形式

$$J(x)=\sum_{i=1}^{N-1}\sum_{j=i+1}^{N}\left[\frac{a_{ij}}{2}\|x_i-x_j\|^2+\frac{b_{ij}c_{ij}}{2}\exp\left(-\frac{\|x_i-x_j\|^2}{c_{ij}}\right)\right] \quad (9.16)$$

那么，智能体 i 的控制输入将具有以下形式：

$$u_i=-kv_i-\sum_{j=1,j\neq i}^{N}\left[a_{ij}-b_{ij}\exp\left(-\frac{\|x_i-x_j\|^2}{c_{ij}}\right)\right](x_i-x_j) \quad (9.17)$$

假设对于所有的 (i,j)，$j\neq i$，所需的编队可**先验的**由如下形式的**编队约束**来指定。

$$\|x_i-x_j\|=d_{ij}$$

需要选择智能体的势函数及控制输入，来实现该编队(即，是可镇定的)。对于上述仅使用了相对距离的编队约束的类型，仅通过智能体间的相对排列来指定某个编队就足够了，这种约束可以允许整个群体进行旋转或平移。它的优点是不需要全局绝对的位置信息。然而正如之前所提到的，它会导致局部极小值的存在，一般也仅能给出局部的结果。另外还要提醒的是，为了使问题可解，编队约束不应冲突且编队应是可行的。

设置完框架，最后一步是选择势函数(且因此选择相应的吸引力/排斥力函数 $g_{ij}(\cdot)$)，使得两两依赖的智能体间距离 δ_{ij} 与期望的距离 d_{ij} 相等($\delta_{ij}=d_{ij}$)。对式(9.6)中的势函数，为了实现这样的关系，需要合理地选择参数 a_{ij}, b_{ij} 及 c_{ij}。一个可能的选择是对所有的二元对 (i,j) 设 $b_{ij}=b$, $c_{ij}=c$，并对于某些常量 b 和 c，可采用 $a_{ij}=b\exp(-d_{ij}^2/c)$ 来计算 a_{ij}。那么，由聚合情况的结果可以推出以下结论。

推论 9.1

考虑一个群体，由具有式(9.1)所描述的动态特性的智能体所组成，具有形如式(9.14)的控制输入，其势函数 $J(x)$ 满足假设 9.1 且具有两两依赖的相互作用。假设选择两两依赖的智能体间的吸引力或排斥力函数为 $g_{ij}(\cdot)$，使得距离 δ_{ij} 满足 $\delta_{ij}=d_{ij}$，其中 d_{ij} 是期望的编队距离，在距离 δ_{ij} 处的智能体间吸引力和排斥力在对 (i,j) 之间处于平衡状态。那么群体在期望编队处的平衡就是局部渐近稳定的。

在上述结果中只能得到局部渐近稳定的原因是因为局部极小值问题。由于可能存在势函数 $J(x)$ 的局部极小值，而该值并不与期望的编队相对应，因此一般来说不一定能保证群体会从任意的初始位置收敛到期望的编队，而只有智能体的初始位置足够接近那样的形状时，才能保证群体会收敛到期望的编队。对于不同的编队形状及不同的势函数的参数，期望编队的吸引力范围的大小也会不同。这里已有很多的策略用来跳出局部极小值，例如模拟退火方法。然而，讨论这样的策略已经超出了本章的范围。

我们要提醒的是，用于聚集群体情况的过程也可扩展到在预先设定的编队下跟踪期望轨

迹或 flocking 类型中速度协调的问题。

9.4 社会性觅食

除了智能体间的相互作用,群体的动态特性也会受环境的影响,从这个意义上来说,社会性觅食的情况与聚集和编队控制的情况会有所不同。在本章所考虑的势函数的结构中,环境影响也可被纳入到一个形如 $\sigma:\mathbb{R}^n\to\mathbb{R}$ 的势函数来进行表示。正如之前所提到的那样,我们称这个势函数为"资源函数"。它代表环境中的资源,该资源可以是营养物、引诱物或令人讨厌的物质(例如,生物群体中的食物/营养物,由其他智能体释放的信息素,或有毒的化学物质,或者工程群体的应用中的目标、标靶、障碍或威胁)。为不失一般性,我们可以假设具有较低的资源函数值的区域表示营养/标靶/目标集中度较高(且有毒物/危险/障碍集中度较低)的区域,那么,这些区域是智能体更喜欢的区域。在多智能体系统(如多机器人)的背景下,如果给定一个需要规避的障碍或威胁(类似于有毒物质)及需要朝之运动的标靶或目标(类似于食物)的环境,那么就可以由使用者来选择或"设计"该资源函数 $\sigma(x)$,以纳入这些属性/影响。

在此方案下将环境影响纳入到之前小节(使用的势函数)的框架中是非常简单的,且可以将整个势函数 $\overline{J}(x)$ 选择为

$$\overline{J}(x)=\sum_{i=1}^{N}\sigma(x_i)+J(x)$$

其中 $J(x)$ 是在之前小节中讨论聚集时所使用的势函数。也就是说,除了环境的影响,还假定整个势函数包含了满足假设 9.1 的聚集的部分。因此,对应的控制器也将包含基于资源函数以及智能体间相互作用势的项,其形式为

$$\begin{aligned}u_i&=-kv_i-\nabla_{x_i}\sigma(x_i)-\nabla_{x_i}J(x)\\&=-kv_i-\nabla_{x_i}\sigma(x_i)-\sum_{j=1,j\neq i}^{N}[g_a(\|x_i-x_j\|)-g_r(\|x_i-x_j\|)](x_i-x_j)\end{aligned}\tag{9.18}$$

这里,$-\nabla_{x_i}\sigma(x_i)$ 项引导智能体 i 朝向资源函数 $\sigma(x_i)$ 的低数值(即,标靶、目标)的区域,同时远离高数值(即,威胁、障碍)区域。可以将它看作智能体控制器"利己"的部分,而第二项 $-\nabla_{x_i}J(x)$ 是"社会化"的部分,它倾向于使智能体们一起继续留在群体内。还要注意的是,式(9.18)中的控制器隐含地进行了这样的假设,即智能体已经获知了(即通过测量或估计)资源函数的梯度 $-\nabla_{x_i}\sigma(x_i)$。这个约束并不十分严格,因为即使是简单的细菌,例如**大肠杆菌**,也可以估计并爬升梯度④。

选择广义的 Lyapunov 函数候选项为⑤。

$$V=\overline{J}(x)+\frac{1}{2}\sum_{i=1}^{N}\|v_i\|^2=\sum_{i=1}^{N}\sigma(x_i)+J(x)+\frac{1}{2}\sum_{i=1}^{N}\|v_i\|^2\tag{9.19}$$

基本上,它就是聚集情况下纳入了环境影响的 Lyapunov 函数。求其时间导数,并经过几个简单的变换,我们可以再一次得到对于所有的 t 有

---

④ 参见研究**大肠杆菌**觅食的参考文献[4,5]。甚至有从大肠杆菌的觅食行为而受到启发的优化算法。

⑤ 在这里,V 是称为广义的 Lyapunov 函数候选项,因为它不是必须为正定的。

$$\dot{V} = -k\sum_{i=1}^{N}\|v_i\|^2 \leqslant 0 \tag{9.20}$$

因此，假设可以将群体的运动限定在一个紧集上(如果式(9.19)中的 Lyapunov 函数 V 的水平集是紧的，此假定可以自动得以保证)，该结论与聚集情况得出的结论类似。然而，需要注意的是，V 的水平集的紧性也取决于资源函数 $\sigma(x)$ 的特性。因此对于不同的资源函数，群体稳定的特性会有所不同。在接下来的小节中，我们将会分析系统在若干资源函数中的运动。具体地，我们将会考虑平面、二次和 Gaussian 的函数。对于所有这些实例，只是有可能表明在山谷型的二次或 Gaussian 函数的实例中，智能体将会停止运动，或随着 $t\to\infty$，状态 $(x(t), v(t))$ 基本上会收敛至 Ω_e，其中 Ω_e 是式(9.8)中所定义的集合。除此之外，智能体不一定会停止运动。尽管在下一小节中才会给出函数的表达式，在下面我们就对此予以正式说明。

定理 9.3

考虑一个觅食性群体，该群体由具有式(9.1)所描述的动态特性的智能体所组成，且具有形如式(9.18)的控制输入，其智能体间相互作用的势函数 $J(x)$ 满足假设 9.1。假设环境的资源函数 $\sigma(\cdot)$ 是下列(函数)之一：

- 是一个山谷型二次函数[即，式(9.24)中当 $A_\sigma>0$ 时的函数]
- 是一个山谷型 Gaussian 函数[即，式(9.25)中当 $A_\sigma>0$ 时的函数]

那么，随着 $t\to\infty$，有 $(x(t), v(t))\to\Omega_e$。

证明：该证明与定理 9.1 的证明非常类似。

需要注意的是，定理 9.3 说明对于之前提到的情况(即当 $A_\sigma>0$ 时的二次及 Gaussian 函数)，对所有的 i，随着 $t\to\infty$ 有

$$-\nabla_{x_i}\sigma(x) - \nabla_{x_i}J(x) = 0 \tag{9.21}$$

在接下来的分析中，该等式将会很有用。另一个要注意的问题是，对于定理 9.3 中没有包括的情况，即平面资源函数、山峰型二次函数(即当 $A_\sigma<0$ 时的二次函数)以及山峰型 Gaussian 函数(即当 $A_\sigma<0$ 时的 Gaussian 函数)，其智能体的运动可能不会被限定于一个紧集中。因此，我们不能应用 LaSalle 不变性原理(该原理是证明的主要工具)。对于这些情况，正如下面我们将看到的一样，群体可能会保持内聚，也可能会发散且不会停止运动。然而，在此之前让我们先考虑群体**质心**的运动。利用一个简单的求导，可以得到

$$\dot{\bar{x}} = \bar{v} \qquad \dot{\bar{v}} = -k\bar{v} - \frac{1}{N}\sum_{i=1}^{N}\nabla_{x_i}\sigma(x_i) \tag{9.22}$$

从该式可以看出，群体质心的运动是由在智能体位置处估算出的资源函数梯度的平均值来进行“导引”的。因此，正如在该情况下群体的稳定的特性一样，对于不同的函数，质心的动态特性也会有所不同，其中质心的动态特性在一定程度上能代表整个群体的集体运动。

9.4.1 平面资源函数

我们首先考虑由以下形式的方程所描述的**平面**资源函数

$$\sigma(y) = a_\sigma^{\mathrm{T}}y + b_\sigma \tag{9.23}$$

其中 $a_\sigma\in\mathbb{R}^n$ 和 $b_\sigma\in\mathbb{R}$。在点 $y\in\mathbb{R}^n$ 处计算它的梯度，得到

$$\nabla_y \sigma(y) = a_\sigma$$

那么,由式(9.22)可知群体质心的运动可由下式进行描述

$$\dot{\bar{x}} = \bar{v} \qquad \dot{\bar{v}} = -k\bar{v} - a_\sigma$$

从上式我们可以看出随着 $t \to \infty$,有 $\dot{\bar{v}}(t) \to 0$ 和 $\bar{v}(t) \to -\frac{1}{k}a_\sigma$,这意味着群体的质心将沿着该向量的方向匀速运动(即沿着平面资源函数的负梯度方向运动),且最终将朝着无穷远处发散(在那里函数将出现极小值)。这将在下述引理中予以正式说明。

引理 9.2

考虑一个觅食性的群体,该群体由具有式(9.1)所描述的动态特性的智能体所组成,且具有形如式(9.18)的控制输入,其智能体间相互作用的势函数 $J(x)$ 满足假设 9.1。假设环境的资源函数 $\sigma(\cdot)$ 由式(9.23)给出。那么随着 $t\to\infty$,群体质心将以速度 $\bar{v}(t)\to-\frac{1}{k}a_\sigma$ 沿函数的负梯度方向朝无穷远处运动。

为了分析在群体中的智能体相对应的动态特性,让我们定义状态变换 $z_i=x_i-\bar{x}$ 及 $\xi_i=v_i-\bar{v}$。同时,假设聚集势由式(9.6)给出。那么,在这些相对应的状态变量下,智能体的动态特性可以被表示为

$$\dot{z}_i = \zeta_i \qquad \dot{\zeta}_i = -k\zeta_i - \sum_{j=1,j\neq i}^{N}\left[a - b\exp\left(-\frac{\| z_i - z_j \|^2}{c}\right)\right](z_i - z_j)$$

这恰好是式(9.1)、(9.2)及(9.6)中得到的聚集方程,且在聚集情况下得到的结果对于这些相关的动态特性也成立,其说明如下。

推论 9.2

考虑一个群体,该群体由具有式(9.1)中动态特性的智能体所组成,且具有形如式(9.18)的控制输入,其智能体间相互作用的势函数 $J(x)$ 由式(9.6)给出(它具有线性吸引力及有界排斥力,且满足假设 9.1)。假设环境资源函数 $\sigma(\cdot)$ 由式(9.23)给出。那么,随着时间的推移,所有群体中的智能体将会收敛到一个超球体

$$B_\varepsilon(\bar{x}) = \left\{x : \|x - \bar{x}\| \leqslant \varepsilon = \frac{b}{a}\sqrt{\frac{c}{2}}\exp\left(-\frac{1}{2}\right)\right\}$$

该结果表明群体将会保持其内聚特性。需要注意的是,对于平面函数,有 $\Omega_e=\varnothing$。换句话说,对于平面函数中的群体运动,不存在平衡点。此外,同时应用引理 9.2 和推论 9.2,我们将会得出这样一个结论,即群体作为一个内聚的实体将会沿着函数的负梯度方向朝无穷远处运动。

9.4.2 二次资源函数

我们第二个考虑的资源函数是**二次**资源函数,它由下式给出

$$\sigma(y) = \frac{A_\sigma}{2}\| y - c_\sigma \|^2 + b_\sigma \tag{9.24}$$

其中 $A_\sigma\in\mathbb{R}$,$b_\sigma\in\mathbb{R}$ 和 $c_\sigma\in\mathbb{R}^n$。需要注意的是,该函数在 $y=c_\sigma$ 处有一个全局极值(极小值或极大值取决于 A_σ 的符号)。在点 $y\in\mathbb{R}^n$ 处求其梯度,可得

$$\nabla_y \sigma(y) = A_\sigma(y - c_\sigma)$$

可以使用下式来计算质心 $\bar{x}$ 的运动

$$\dot{\bar{x}} = \bar{v}, \dot{\bar{v}} = -k\bar{v} - A_\sigma(\bar{x} - c_\sigma)$$

对上式进行坐标变换 $\bar{x}_c = \bar{x} - c_\sigma$ 和 $\bar{v}_c = \bar{v}$，并以矩阵形式重写为

$$\begin{bmatrix} \dot{\bar{x}}_c \\ \dot{\bar{v}}_c \end{bmatrix} = \begin{bmatrix} 0 & 1 \\ -A_\sigma & -k \end{bmatrix} \begin{bmatrix} \bar{x}_c \\ \bar{v}_c \end{bmatrix}$$

需要注意，$\bar{x}_c = c_\sigma$ 和 $\bar{v} = 0$ 是系统的一个平衡点。计算系统矩阵的特征值可以得到 $\lambda_{1,2} = (-k \pm \sqrt{k^2 - 4A_\sigma})/2$。质心的运动将取决于特征值 $\lambda_{1,2}$ 实数部分的符号，并被表述为如下结果。

引理 9.3

考虑一个觅食性的群体，该群体由具有式(9.1)所描述的动态特性的智能体所组成，且具有形如式(9.18)的控制输入，其智能体间相互作用的势函数 $J(x)$ 满足假设 9.1。假设环境的资源函数 $\sigma(\cdot)$ 由式(9.24)给出。随着 $t \to \infty$，有

- 如果 $A_\sigma > 0$，那么 $\bar{x}(t) \to c_\sigma$(即群体的质心会收敛到函数的全局极小值 c_σ)，或者
- 如果 $A_\sigma < 0$ 且 $\bar{x}(0) \neq c_\sigma$，那么 $\bar{x}(t) \to \infty$(即群体的质心将从函数的全局极大值 c_σ 处开始发散)。

证明：通过考察系统矩阵的特征值，可以看到，当 $A_\sigma > 0$ 时，特征值都具有负实部；而当 $A_\sigma < 0$ 时，特征值具有正实部，从中可直接得出上述结论。 ■

这是一个直观的结果，基本上可以说明在一个山谷型函数中，群体的质心将会收敛到全局极小值，而在一个山峰型函数中，群体的质心将会从全局极大值处开始发散。另外，假设 $A_\sigma > 0$，$k^2 - 4A_\sigma$ 的符号将决定质心的运动特征。具体地，当 $0 < A_\sigma < k^2/4$ 时，它的运动是过阻尼的，而当 $A_\sigma > k^2/4$ 时，它的运动是欠阻尼的。回顾定理 9.3，对于 $A_\sigma > 0$ 的二次函数，可以证明智能体最终将停止运动。现在，假设智能体间相互作用的势函数由式(9.6)给出，并进行群体的内聚性分析。

定理 9.4

考虑一个觅食性的群体，该群体由具有式(9.1)所描述的动态特性的智能体所组成，且具有形如式(9.18)的控制输入，其智能体间相互作用的势函数 $J(x)$ 由式(9.6)给出(它具有线性吸引力及有界排斥力，且满足假设 9.1)。假设环境资源函数 $\sigma(\cdot)$ 由 $A_\sigma > 0$ 时的式(9.24)给出。那么随着 $t \to \infty$，所有的智能体 $i = 1, \cdots, N$，将会落入

$$B_\varepsilon(c_\sigma) = \left\{ x : \| x - c_\sigma \| \leqslant \varepsilon = \frac{b(N-1)}{aN + A_\sigma} \sqrt{\frac{c}{2}} \exp\left(-\frac{1}{2}\right) \right\}$$

证明：由于 $A_\sigma > 0$，从定理 9.3 可知，随着 $t \to \infty$ 有 $(x(t), v(t)) \to \Omega_e$。因此，随着 $t \to \infty$，$\sigma(x)$ 和 $J(x)$ 可满足式(9.21)。用式(9.24)中的 $\sigma(x)$ 和式(9.6)中的 $J(x)$ 替换该式的 $\sigma(x)$ 和 $J(x)$ 之后，对公式进行整理，并利用引理 9.3 得出结果 $\bar{x}(t) \to c_\sigma$，即可获得边界。

由于该结果表明了群体中**所有**智能体会向资源函数的营养区域(标靶，目标)收敛，故它非常重要。也有可能证明当 $A_\sigma < 0$ 时，**所有**智能体会从远离资源函数的有毒区域(威胁，障碍)处开始发散。

需要注意的是，由式(9.21)有可能证明，使用另一种方法也可以得到当 $t \to \infty$(或基本处

于平衡点)时,有 $\bar{x}(t)=c_\sigma$。为了理解该方法,将式(9.21)对所有 i 进行求和

$$\sum_{i=1}^{N}(-\nabla_{x_i}\sigma(x)-\nabla_{x_i}J(x))=-\sum_{i=1}^{N}\nabla_{x_i}\sigma(x)=-A_\sigma\sum_{i=1}^{N}(x_i-c_\sigma)=-A_\sigma(\bar{x}-c_\sigma)=0$$

其中,由于智能体之间相互作用的互斥性,抵消了 $\sum_{i=1}^{N}\nabla_{x_i}J(x)$ 项,然后从最后一个等式即可得出上述结果。

9.4.3 Gaussian 资源函数

资源函数的第三个类型是 Gaussian 函数,该函数由以下形式的方程所描述:

$$\sigma(y)=-\frac{A_\sigma}{2}\exp\left(-\frac{\|y-c_\sigma\|^2}{l_\sigma}\right)+b_\sigma \tag{9.25}$$

其中 $A_\sigma\in\mathbb{R}$,$b_\sigma\in\mathbb{R}$,$b_\sigma\in\mathbb{R}^+$ 和 $c_\sigma\in\mathbb{R}^n$。注意,该函数在 $y=c_\sigma$ 处也存在一个唯一的极值(极小值或是极大值取决于 A_σ 的符号)。可由下式计算该函数在点 $y\in\mathbb{R}^n$ 处的梯度

$$\nabla_y\sigma(y)=\frac{A_\sigma}{l_\sigma}(y-c_\sigma)\exp\left(-\frac{\|y-c_\sigma\|^2}{l_\sigma}\right)$$

它对于所有 $y\in\mathbb{R}^n$ 的点都是有界的,且满足

$$\|\nabla_y\sigma(y)\|\leqslant\bar{\sigma}=\frac{|A_\sigma|}{\sqrt{2l_\sigma}}\exp\left(-\frac{1}{2}\right) \tag{9.26}$$

这个边界对后续的分析十分有用。

代入梯度的表达式,可以得到质心的动态特性

$$\dot{\bar{x}}=\bar{v},\dot{\bar{v}}(t)=-k\bar{v}-\frac{A_\sigma}{Nl_\sigma}\sum_{i=1}^{N}(x_i-c_\sigma)\exp\left(-\frac{\|x_i-c_\sigma\|^2}{l_\sigma}\right)$$

可以证明对于一个山谷型 Gaussian 函数,最终群体将环绕/包围函数的全局极小值,这将在下面的结果中进行说明。

引理 9.4

考虑一个觅食性的群体,该群体由具有式(9.1)所描述的动态特性的智能体所组成,且具有形如式(9.18)的控制输入,其智能体间相互作用的势函数 $J(x)$ 满足假设 9.1。假设环境的资源函数 $\sigma(\cdot)$ 由式(9.25)给出。那么随着 $t\to\infty$,有 $c_\sigma\in conv\{x_1,\cdots,x_N\}$,其中 $conv$ 表示凸包(即一些智能体包围了函数 c_σ 的极小值点)。

证明:由于 $A_\sigma>0$,从定理 9.3 可知,随着 $t\to\infty$,有 $(x(t),v(t))\to\Omega_e$。因此,对于 $A_\sigma>0$ 的二次函数的情况,可满足式(9.21)。将式(9.21)对所有 i 进行求和,有

$$-\sum_{i=1}^{N}\nabla_{x_i}\sigma(x)=-\frac{A_\sigma}{l_\sigma}\sum_{i=1}^{N}(x_i-c_\sigma)\exp\left(-\frac{\|x_i-c_\sigma\|^2}{l_\sigma}\right)=0$$

如果重新整理该式,可得

$$c_\sigma=\frac{\sum_{i=1}^{N}x_i\exp\left(-\frac{\|x_i-c_\sigma\|^2}{l_\sigma}\right)}{\sum_{i=1}^{N}\exp\left(-\frac{\|x_i-c_\sigma\|^2}{l_\sigma}\right)}$$

该表达式可以写作

$$c_\sigma=\sum_{i=1}^{N}\alpha_i x_i$$

其中 $\alpha_i=(\exp(-(\|x_i-c_\sigma\|^2)/l_\sigma))/\left(\sum_{i=1}^N\exp(-(\|x_i-c_\sigma\|^2)/l_\sigma)\right)$且对所有的$i=1,\cdots,N$满足$0<\alpha_i<1$。此外,我们有$\sum_{i=1}^N\alpha_i=1$,即可证明该结果。

尽管该结果并不像二次函数情况下对应的结论那样有用(因为它不能表明$\bar{x}$收敛到c_σ),但它仍是一个有价值的结论,因为它意味着智能体将会围绕全局极小值。那么,一旦确定了群体大小的边界,我们就知道所有智能体将位于全局极小值的某个距离的范围之内。接下来,我们将分析群体的内聚性。

定理 9.5

考虑一个觅食性的群体,该群体由具有式(9.1)所描述的动态特性的智能体所组成,且具有形如式(9.18)的控制输入,其智能体间相互作用的势函数$J(x)$由式(9.6)给出(它满足假设9.1,且具有线性吸引力及有界排斥力)。假设环境资源函数$\sigma(\cdot)$由$A_\sigma>0$时的式(9.25)给出(资源函数的梯度边界由式(9.26)中的$\bar{\sigma}$给出)。那么随着$t\to\infty$,对所有的i有$x_i(t)\to B_\varepsilon(\bar{x}(t))$,其中

$$B_\varepsilon(\bar{x}(t))=\left\{y(t):\|y(t)-\bar{x}(t)\|\leqslant\varepsilon=\frac{\bar{\sigma}}{Na}+\frac{b}{a}\sqrt{\frac{c}{2}}\exp\left(-\frac{1}{2}\right)\right\}$$

证明:由于$A_\sigma>0$,由定理9.3可知随着$t\to\infty$,有$(x(t),v(t))\to\Omega_e$。对于$A_\sigma>0$的二次函数的情况,所有的智能体i可满足式(9.21)。对于势函数有

$$-\nabla_{x_i}\sigma(x_i)-\sum_{j=1,j\neq i}^N\left[a-\frac{bc}{2}\exp\left(-\frac{\|x_i-x_j\|^2}{c}\right)\right](x_i-x_j)=0$$

该式经重新整理后可写作

$$aNe_i=-\nabla_{x_i}\sigma(x_i)+b\sum_{j=1,j\neq i}^N\exp\left(-\frac{\|x_i-x_j\|^2}{c}\right)(x_i-x_j)$$

利用式(9.26)中的边界,并对第二项取其极大值可得

$$\|e_i\|\leqslant\frac{\bar{\sigma}}{Na}+\frac{b}{a}\exp\left(-\frac{1}{2}\right)$$

定理得证。 ■

从以上证明可以看出除了势函数的参数a,b和c(类似于聚集的情况,这些参数会影响群体大小),群体大小也依赖于资源函数梯度的边界。具体来说,较大的$\bar{\sigma}$(快速变换的场景)会得到一个较大的群体。

9.5 仿真实例

在本节中,将给出具有说明性的数值仿真的实例来更好地理解群体的动态特性。为了方便显示,在实例中我们取$n=2$或$n=3$。

9.5.1 聚集

首先考虑正在聚集的群体的实例。图9.2(a)表示了在一个智能体数$N=21$的群体中,各个智能体的轨迹,其中各个智能体的初始位置在$[0,10]^3$区域内随机产生,且初始速度为零。对所有智能体,阻尼参数都设为$k=20$。智能体的初始及最终位置分别用矩形和圆圈来表示,

而其轨迹用虚线来表示。从图 9.2(a)中可以很容易地看出，这些智能体都在朝着其他智能体相互运动，并形成一个内聚性的群体。群体的质心在所有时刻都是稳定的(尽管未在图中标明)。

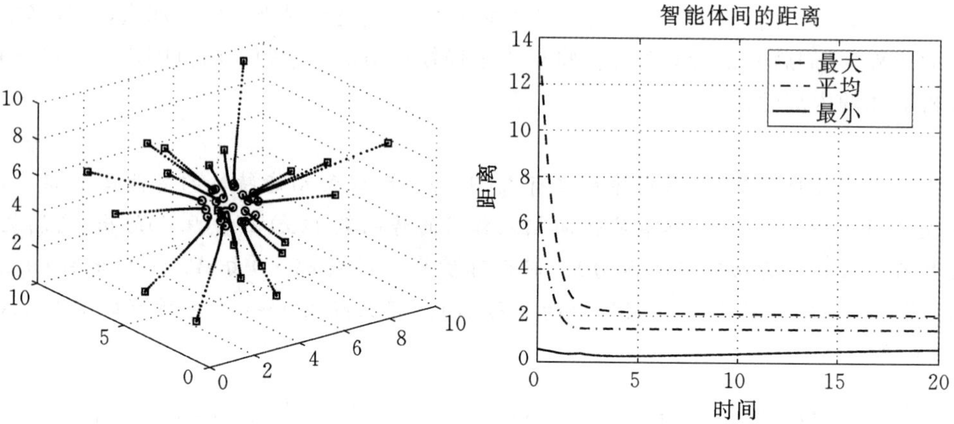

(a) 智能体的轨迹

(b) 最小、最大以及平均距离

图 9.2　聚集群体(初始速度为零)

图 9.2(b)表示了群体中智能体间的最小、最大以及平均距离。正如我们所看到的那样，由于存在排斥力，可以使智能体之间保持某个距离且不会发生碰撞。在这些仿真中，都采用式(9.6)中势函数 $J(x)$，且其参数为 $a=1$，$b=10$ 和 $c=1$。有了这些参数的值，我们可以计算出群体大小的边界 $\varepsilon \approx 4.29$。需要注意的是，由于 ε 是一个保守的边界，实际的群体尺寸会比它小。更小的阻尼参数 k 会使质心的运动状态振荡更大，但最终智能体的分布与图 9.2 所示的结果类似。

图 9.3 表示了具有相同参数的另一个仿真的结果，只不过其智能体的初始速度被设为在 $[-20,20]^3$ 区域内的随机值。正如图 9.3(a)所示，非零的初始速度导致智能体轨迹在开始时有些弯曲。该弯曲也会造成质心的运动，如图 9.3(b)中星点(黑色粗线)所示。这些智能体的最终位置也如图 9.3(b)所示。剩余部分的智能体运动与前例类似。同样的，较小的阻尼参数 k 会使得质心的运动振荡更大(因为相比于更大的 k，初始速度的影响消失得更慢，并使得从中恢复起来也更慢)。

9.5.2　编队控制

第二个例子是编队控制的实例。假设群体里有六个智能体，且需要它们产生一个等边三角形的编队，其中三个智能体在每条边的中点，且每两个相邻智能体间的距离等于 1。对于这个实例，我们再次使用式(9.6)中的势函数，但其势函数却具有式(9.16)中两两相依的智能体间相互作用参数。具体地，依照它们在编队中所需的相对位置，对于不同的(i,j)对，我们选择 $\delta_{ij}=1$，$\delta_{ij}=2$ 或 $\delta_{ij}=\sqrt{3}$。为了实现这些值，我们对所有智能体取 $b=20$ 和 $c=0.2$，并根据 $a_{ij}=b\exp(-\delta_{ij}^2/c)$ 计算出 a_{ij}。在所有智能体的控制器中，采用 $k=1$ 作为阻尼参数。图 9.4(a)表示了智能体的轨迹以及形成的几何形状。随机选定智能体的初始位置，且将初始速度设为

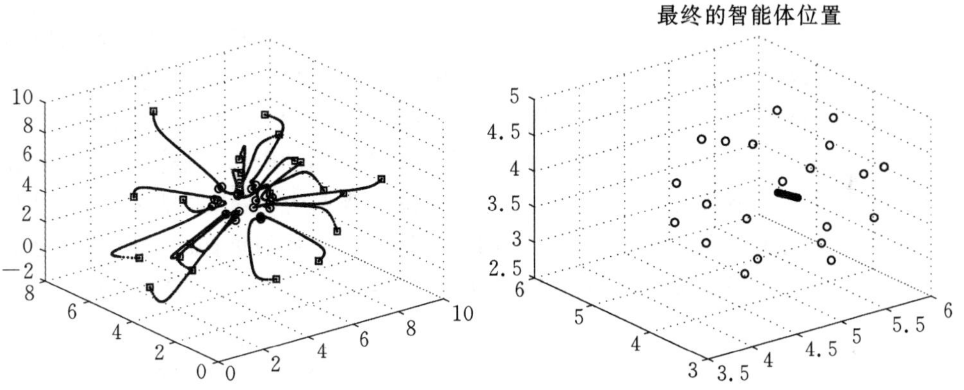

(a) 智能体的轨迹　　(b) 最终智能体的分布

图 9.3 正在聚集的群体(随机的初始速度)

零。正如我们所看到的,智能体进行运动并产生期望编队。图 9.4(b)表示了智能体间的距离。可以很容易地看到,智能体间的距离收敛到期望的数值 $d_{ij}=1, d_{ij}=2, d_{ij}=\sqrt{3}$。且正如图中所示,选取的势函数可以避免智能体间的碰撞(智能体间的距离不为零)。

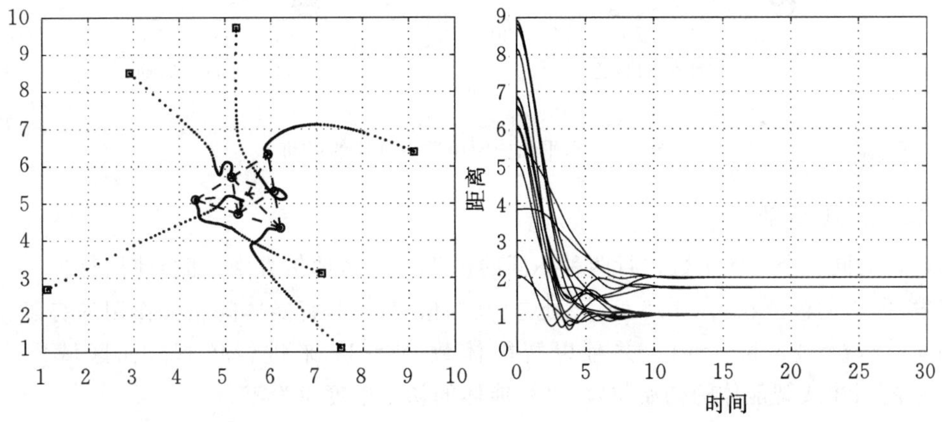

(a) 智能体的轨迹　　(b) 智能体间的距离

图 9.4 六个智能体组成的等边三角形编队

9.5.3 社会性觅食

最后,我们将进行数值仿真来说明一个正在觅食的群体,在之前小节中所讨论过的资源函数中的运动。在所有的仿真中,初始区域为空间中[0,30]×[0,30]的区域。使用式(9.6)中的势函数作为智能体间相互作用的势函数。

9.5.3.1 平面函数

图 9.5(a)表示了在 $a_\sigma=[0.1,0.2]^T$ 的平面资源函数中的智能体的轨迹。智能体间相互作用的势函数的参数取为 $a=1,b=20$ 及 $c=0.2$,并且以智能体数 $N=21$ 进行仿真。对于该仿真,所有智能体的阻尼参数设为 $k=2$。我们可以很容易地看出,正如预期的那样,群体沿着负梯度 $-a_\sigma$ 的方向运动。需要注意的是,由于开始时智能体间的吸引力远大于资源函数的强度,一些智能体沿着与负梯度相反的方向运动。通过减少吸引力(或增加排斥力)可以避免这种现象。图 9.5(b)给出了质心的运动,可以看到,群体沿着函数的负梯度方向进行运动。正如预期的那样,增加阻尼参数 k 可减缓群体的运动(没有给出对这种情况的仿真)。

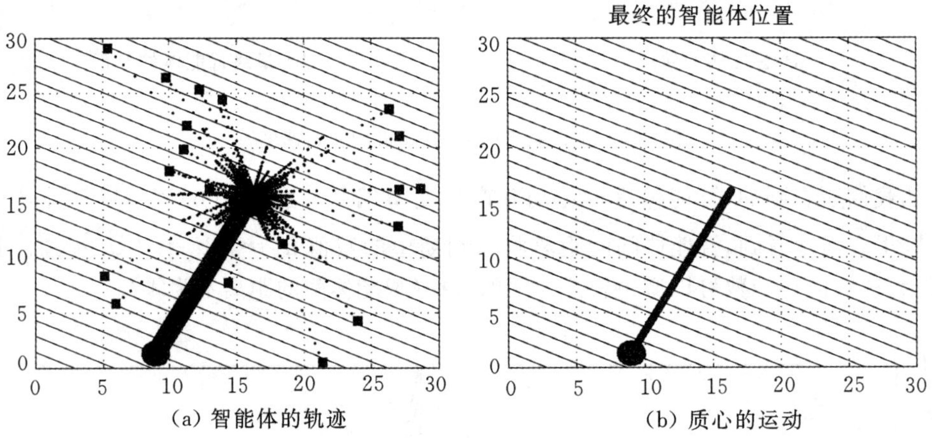

图 9.5 在平面资源函数中群体的运动

9.5.3.2 二次函数

我们将对同一个二次函数进行两种不同的仿真。在两种仿真中,都会使用这样一个二次资源函数,即它的极值在 $c_\sigma=[15,20]^T$ 处,且其幅值 $A_\sigma=2$,智能体间相互作用的势函数的参数取为 $a=1,b=20$ 和 $c=1$。并且以智能体数 $N=11$ 来进行仿真。在区域 $[0,10]\times[0,10]$ 中随机生成智能体的初始位置,且智能体的初始速度设为零。

图 9.6 表示在选取阻尼参数 $k=3$ 时的仿真结果。在这种情况下,$k^2-4A_\sigma>0$,这表明系统矩阵的特征值为实数。智能体的轨迹见图 9.6(a)。可以很容易地观察到,智能体都在朝着全局极小值的方向运动,并且围绕或环绕这个极小值。图 9.6(b)给出了质心随时间的运动。正如预期的那样,它收敛至全局极小值 $c_\sigma=[15,20]^T$ 处(图中两条曲线代表了 x 和 y 维度)。

图 9.7 表示了取另一个阻尼参数 $k=1$ 时的仿真结果,在这种情况下,$k^2-4A_\sigma<0$,这表明系统矩阵特征值为复数。这时智能体会再一次收敛到全局极小值的一个较小区域中,而质心则收敛到它的极小值处。然而相比之前过阻尼的情况,质心的运动是欠阻尼的。智能体的轨迹也可见类似的特征。

对 $A_\sigma<0$ 的情况(山峰型二次函数,其仿真结果没有给出)进行仿真,结果表明此时群体会保持内聚性,但却远离质心。初始时 $\bar{x}=c_\sigma$ 的实例是群体可能在全局极大值附近静止不动

的唯一实例。需要注意的是，这个位置是质心的不稳定的平衡点，即使很小的扰动也将促使群体脱离此停顿状态。

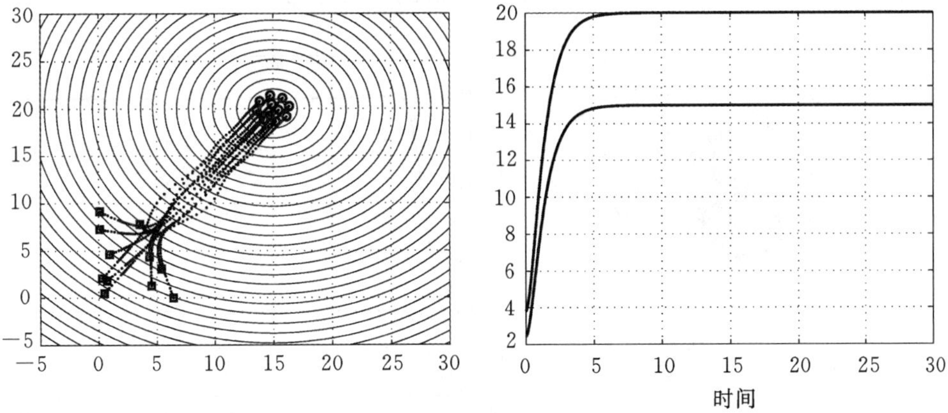

(a) 智能体的轨迹　　(b) 质心的运动

图 9.6　$k^2-4A_\sigma>0$(实数特征值)时的二次函数中群体的运动

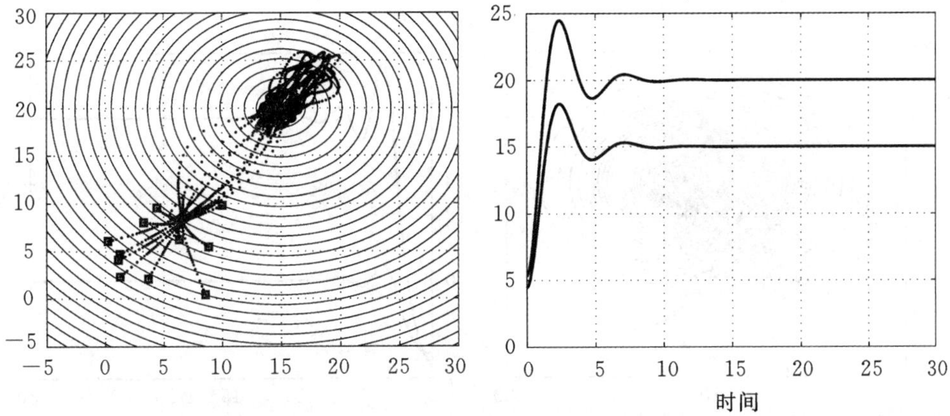

(a) 智能体的轨迹　　(b) 质心的运动

图 9.7　$k^2-4A_\sigma<0$(复数特征值)时的二次函数中群体的运动

9.5.3.3 Gaussian 函数

对于 Gaussian 函数，其仿真结果也类似于二次函数。设该函数在 $c_\sigma=[10,15]^{\mathrm{T}}$ 有全局极小值，且幅值 $A_\sigma=100$，宽度 $l_\sigma=20$。在区域$[0,15]\times[0,15]$中随机生成智能体的初始位置，且智能体的初始速度取为零。其他条件如智能体的个数、势函数及控制器参数的选取与二次函数的设定值相同。图 9.8 表示了采用阻尼系数 $k=3$ 时的仿真结果。正如我们所见，智能体收敛到全局极小值的邻域，并环绕全局极小值。我们还可以看出质心的运动与二次函数的情况类似，并且有 $\bar{x}(t)\to c_\sigma$。虽然没有分析证明，但这是一个很好的观测结果。利用智能体会收敛到 c_σ 附近的较小区域这样的事实，并线性化在此区域内资源函数对智能体及质心的运动的影响,我们可以分析说明对于线性系统有 $\bar{x} \to c_\sigma$。对于 $k=1$ 的实例,也可以得到类似的结果,如图 9.9 所示。正如我们所见,智能体会再一次收敛到 c_σ 的邻域,并且环绕 c_σ。此外,质心会收敛到 c_σ,并有一个欠阻尼的响应(类似于二次函数的情况)。

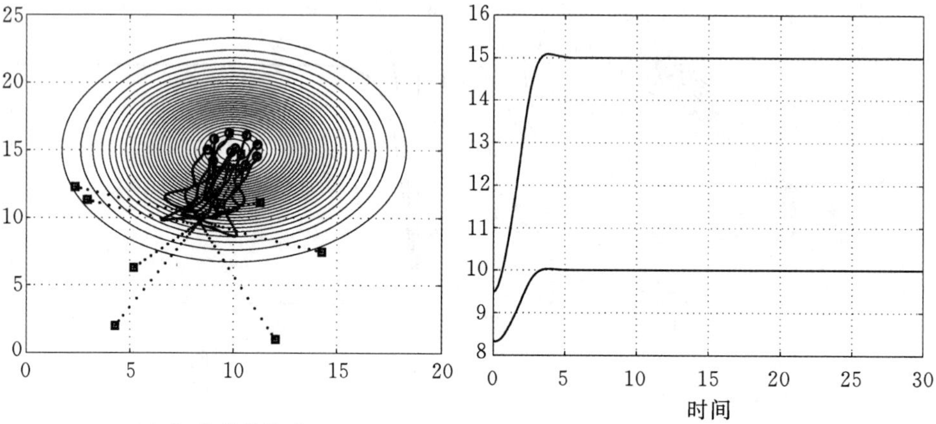

(a) 智能体的轨迹　　(b) 质心的运动

图 9.8　$k=3$ 时的 Gaussian 函数中群体的运动

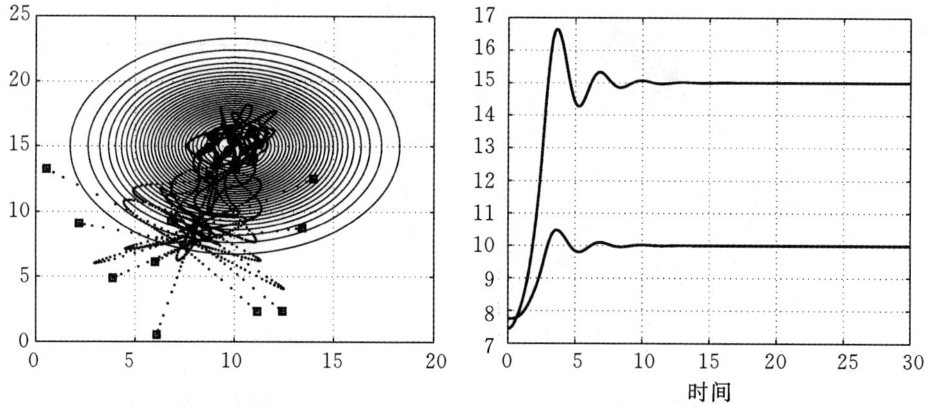

(a) 智能体的轨迹　　(b) 质心的运动

图 9.9　$k=1$ 时的 Gaussian 函数中群体的运动

9.5.3.4　多峰 Gaussian 函数

最后,我们想要对之前没有进行分析讨论过的情况给出一个简单的仿真,这种情况就是多峰 Gaussian 函数的情况。图 9.10(a)给出了用于该仿真实例的多峰 Gaussian 函数。

它的表达式形式为

$$\sigma(y) = -\sum_{i=1}^{M} \frac{A_{\sigma i}}{2} \exp\left(-\frac{\| y - c_{\sigma i} \|^2}{l_{\sigma i}}\right) + b_\sigma \tag{9.27}$$

其中对于所有 $i=1,\cdots,M$,有 $c_{\sigma i} \in \mathbb{R}^n$,$l_{\sigma i} \in \mathbb{R}^+$,$A_{\sigma i} \in \mathbb{R}$,且 $b_\sigma \in \mathbb{R}$。需要注意的是,它有若干个极小值和极大值。具体地,图 9.10(a)中函数由 $M=10$ 个 Gaussian 成分组成,其中“最大的”

山谷型 Gaussian 的成分的极小值位于 $C_{\sigma i}=[15,5]^T$ 处，该极值点具有 $A_{\sigma i}=-20$ 的幅值和 $l_{\sigma i}=10$ 的幅径（且全局极小值的位置非常接近 $[15,5]^T$）。图 9.10(b) 表示了在整个区域内随机生成的初始位置，且初始速度取为零的实例的运行结果。正如图中所示，智能体会形成一个内聚群体，并且运动到局部极小值处，同时规避了函数的局部极大值的区域。不同的势函数和函数参数得到的群体的行为会有所不同。

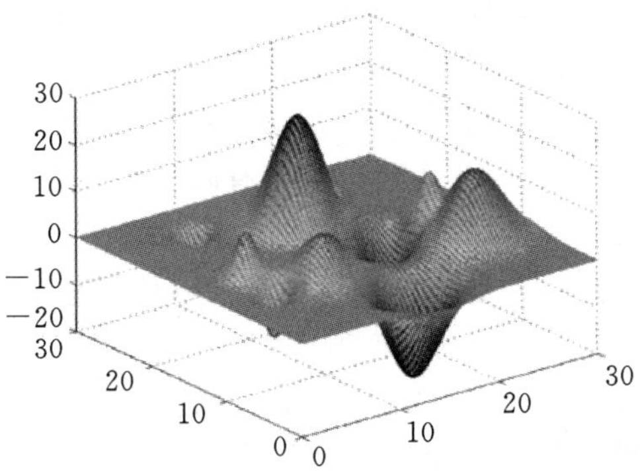

(a) 资源函数

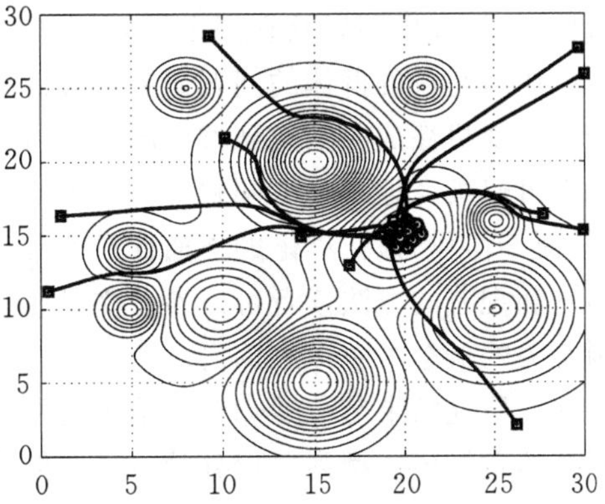

(b) 智能体的轨迹

图 9.10 多峰 Gaussian 函数的仿真结果

9.6 更深入的问题及相关工作

本章中的结果是使用 Lyapunov 分析得到的。由于它是以最坏情况的分析为基础的，因此得到的边界是保守的，而实际群体的大小通常小于分析所得到的上限。另外在本章中，都是以智能体能够感知群体中其他所有智能体的位置为前提的。因此，可以使用一张完全图表示本章所考虑的群体的交互拓扑结构。此外，我们还假设智能体间相互作用是互斥的。对这些假设进行松弛（例如假设一般或时变的交互拓扑结构或者非互斥的相互作用），可能会导致不同而有趣的行为，目前已有关于这些主题的论著[6]。从生物学的角度来看，时变或可切换的相互作用将更接近现实，同时从多机器人系统的角度来看，这样的相互作用可能更易实现，且更好扩展。即使没有环境的影响，非互斥的相互作用也可能会导致群体在空间中的漂移。

另一个可以考虑的问题是不完美性（imperfection），如测量误差，时间延迟，或模型的不确定性。我们可以在文献[5]中找到有关研究方向以及与本章研究结果密切相关的研究内容，文献[5]考虑了在有噪环境中的社会性觅食问题。我们可在文献[7]中找到另一项研究，该研究使用了一个实际可行的全驱动模型来描述智能体的动态特性（与单积分或双积分模型不同），在该模型中考虑了如智能体模型的不确定性等不完美性，以及抑制这些不完美性并实现本章所考虑的群体行为的鲁棒控制策略。这里还有其他的一些论著，它们考虑了具有或不具有模型不确定性的非完整的独轮车机器人，并实现了类似于在本章中所讨论的或相关的群体行为，如循环追踪。

多智能体的动态系统的研究人员还考虑了一些其他相关的问题。其中的一个问题是flocking问题,在这个问题中,除了内聚性之外,还必须要求这些智能体达到速度匹配以及航向对齐[8]。另一个相关问题就是分布式的协调问题(或一致,或会合),文献[9]已经详尽地考虑了该问题。协同智能体的群体中的资源配置和任务分配也是研究人员已经讨论并仍将继续讨论的主题。

需要进一步关注的问题可能是由不同的非协同甚至是竞争关系的智能体所组成的群体的动态特性,如捕食模型以及它们之间的相互作用。据本文所知,对这个问题的研究还没有像对相同智能体所组成的群体的问题研究那样深入。此外,文献中考虑的大多数群体的模型是确定性的。将随机性成分纳入到群体的动态特性中,可能会进一步扩展研究视野。我们已经知道连通性可以极大地影响协同机器人系统[10]的性能。因此在通信范围有限的机器人的群体中,为了便于协作,保持群体的连通性是非常重要的。这是一个正在研究的课题。对于其他相关的问题和现有的方法读者可以参考文献[1]。此外,专著[11]也给出了与群体的稳定、优化及控制有关的概念的更深入探讨。

本章的研究结果与文献[2～4]给出的结果直接相关。事实上,它们是对文献[2～4]中从单一积分的智能体模型到双积分的牛顿智能体模型的一部分结果的直接扩展。因此,我们试图紧跟这些研究方法。读者可以在文献[12]中找到类似的方法,文献[12]中的作者也是紧跟文献[2～4]的分析,并且得到了与本章中讨论的部分结果非常类似的结果。

参考文献

1. V. Gazi and B. Fidan. Coordination and control of multi-agent dynamic systems: Models and approaches. In E. Sahin, W. M. Spears, and A. F. T. Winfield, eds., *Proceedings of the SAB06 Workshop on Swarm Robotics*, Lecture Notes in Computer Science (LNCS) 4433, pp. 71–102. Springer-Verlag, Berlin, 2007.
2. V. Gazi and K. M. Passino. Stability analysis of swarms. *IEEE Trans Automatic Control*, 48(4):692–697, April 2003.
3. V. Gazi and K. M. Passino. A class of attraction/repulsion functions for stable swarm aggregations. *Int. J. Control*, 77(18):1567–1579, December 2004.
4. V. Gazi and K. M. Passino. Stability analysis of social foraging swarms. *IEEE Trans. Systems, Man, and Cybernetics: Part B*, 34(1):539–557, February 2004.
5. Y. Liu and K. M. Passino. Stable social foraging swarms in a noisy environment. *IEEE Trans. Automatic Control*, 49(1):30–44, 2004.
6. W. Li. Stability analysis of swarms with general topology. *IEEE Trans. Systems, Man, and Cybernetics: Part B*, 38(4):1084–1097, August 2008.
7. V. Gazi. Swarm aggregations using artificial potentials and sliding mode control. *IEEE Trans. Robotics*, 21(6):1208–1214, December 2005.
8. R. Olfati-Saber. Flocking for multi-agent dynamic systems: Algorithms and theory. *IEEE Trans. Automatic Control*, 51(3):401–420, March 2006.
9. L. Moreau. Stability of multiagent systems with time-dependent communication links. *IEEE Trans. Automatic Control*, 50(2):169–182, February 2005.
10. J. A. Fax and R. M. Murray. Information flow and cooperative control of vehicle formations. *IEEE Trans. Automatic Control*, 49(9):1465–1476, September 2004.
11. V. Gazi and K. M. Passino. *Swarm Stability and Optimization*. Springer-Verlag, Berlin, 2011. to appear.
12. D. Jin and L. Gao. Stability analysis of swarm based on double integrator model. In D.-S. Huang, K. Li, and G. W. Irwin, eds., *Proceedings of ICIC 2006*, Lecture Notes in Bioinformatics (LNBI) 4115, pp. 201–210. Springer-Verlag, Berlin, 2006.

第三部分

工业领域

10

机床及加工过程控制

Jaspreet S. Dhupia
南洋理工大学
A. Galip Ulsoy
密歇根大学

10.1 引言

制造业对一个国家的经济繁荣影响巨大。在 20 世纪末，制造业占据了美国国民生产总值的 20%，雇佣了全美 17%的劳动力，从这点可以看出它对美国经济的重要性。目前，控制方法与技术已被应用于制造业的不同层次。在系统层，可以利用制造控制技术来最大化生产效率和消除资源浪费。例如，在加工系统层，可以采用精益生产和 6σ 等技术来达到上述目的。然而，本章主要关注的是应用于机器层的各种控制方法。一个制造厂通常拥有多种不同的机床，这些机床被用于加工作业，去除工件中的多余材料以获得期望的零件外形。

机床及加工过程控制是一项成熟技术，其中对成型切削的研究可追溯至 18 世纪。F. W. Taylor 早在 1906 年就提出了一种有关金属切削的经验方法，该方法至今在金属切削研究和应用中仍具有重要意义[1]。Taylor 研究了粗加工阶段中刀具材质和切削条件对刀具寿命的影响，以期确定构建最优切削条件的经验法则。Eugene Merchant 以加工剪切面模型为基础，在切削过程力学方面做了一些基础性工作，开辟了一套更为科学的方法[2]。

机床控制最重要的发展起始于 20 世纪 60 年代数控(Numerically Controlled，NC)机床和计算机数控(Computer Numerically Controlled，CNC)机床的出现。第二次世界大战后不久，Wright-Patterson 空军基地 Propeller 实验室的 John Parsons 设想使用数学数据驱动机床。1949 年 6 月，美国空军资助了一个为机床开发数学或数字控制系统的项目，这促使 Bendix 公司于 1955 年开发了第一台用于机床的商用计算机控制(或数字控制)单元。随着微型计算机的出现，CNC 机床在商业应用中得到广泛认可，并推动了伺服控制和插补技术的发展。在该领域中得到广泛应用的两大技术是：(a)点到点(Point-To-Point，PTP)CNC 系统；(b)轮廓加工 CNC 系统[3]。

这类机床的共同缺点是它们的进刀量、加工速度等过程控制变量必须由零件加工程序员指定，这就依赖于程序员的加工知识和经验。为了尽可能避免刀具损坏和零件质量不合格的现象，程序员必须考虑最恶劣的加工条件，并为过程控制变量选取较为保守的值。因此，实际可达到的生产率常常低于理想值。机载CNC计算机的处理能力促进了加工过程控制技术的发展，该技术在有关机床的文献中也被称为自适应控制(Adaptive Control，AC)。在该技术中，过程变量通常为进刀量，它可被连续调节以达到最大的安全生产率[4,5]。刀具磨损或断裂通常是机器停机的主要原因，而CNC机床允许增加监控功能，通常可以利用声发射(Acoustic Emission，AE)传感器、刀具温度、静态/动态切削力、从加速度计获取的振动信号、基于超声和光学测量的各种方法、工件表面光洁度、工件尺寸、压力/应力分析、主轴电机电流来监测刀具的磨损和断裂情况[6]。然而，这些过程控制与监测功能仅在实验室中进行了测试，还未在商业用途中广泛采用。

对于复杂的制造机床，为了实现期望的制造目标，在执行任务时，存在多种选择来配置现有的资源，这样就会引起不同的加工行为。监督加工控制可以用于决定在什么时候选择什么资源去执行什么任务。研究人员已经提出了一套监督控制理论[7]，该理论利用有限状态机描述被控系统。监督加工控制是对加工作业中多个复杂模块的一种智能调节，通过调节加工模块的行为，监督控制器可以保证各模块正常运转，且可以保证各模块间不会发生有害的相互作用。

本节介绍控制方法在机床中的各种重要应用，这些应用也可采用图10.1所示的控制层次来表示。最底层是伺服(或机器)控制，该层控制切削刀具相对于工件的运动；其上一层是过程控制层，该层控制切削力和进刀速度等过程变量，以维持较高的生产率和良好的零件质量；最高层是监督层，该层直接测量工件尺寸、表面粗糙度等与产品相关的变量。此外，它还执行颤振检测、刀具监控、机床监控等任务。以下各节将详细讨论各个控制层中的应用，并提供一些有关各领域中重要研究的例子。下一节主要讨论机床控制的最底层，即伺服控制；其后描述加工过程，在回顾完刀具磨损和断裂监控方面的主要研究工作后，介绍机床过程控制；本章最后讨论监督控制层，该层可以根据机床的状态来选择适当的过程控制策略。

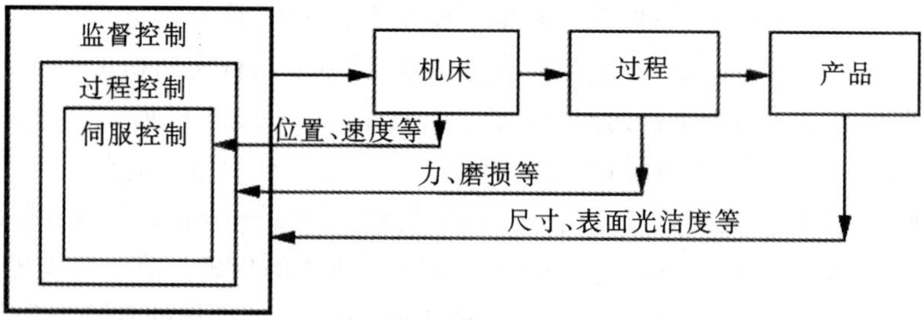

图10.1 机床控制层次

10.2 伺服控制

机床的运动平台由伺服电机驱动，其运动控制方式可分为(1)PTP控制和(2)轮廓(或连续路径)控制[3]。与轮廓控制相比，PTP控制较为简单。在这类系统中，控制器直接将刀具移动到执行过程操作所需要的位置，而不对两点之间的轨迹进行控制，它通常应用在钻孔和点焊等操作中。机床的 PTP 控制与机器人等其他应用领域中的 PTP 伺服控制具有很多相同点，但它对加工精度的要求通常更为严格(例如，0.01mm，或者更高)。为了保证精度，机床的 PTP 控制必须考虑切削力和发热等因素。对于大中型加工中心而言，通过减少机床几何误差和热误差可以将控制精度提高一个数量级(例如，从 200μm 到 20μm)[8]。

轮廓控制的目标是最小化“轮廓误差”，它通常用于铣削、车削、弧焊等过程操作中。从控制的角度看，它更难以处理。术语“轮廓误差”表示刀具的实际位置与期望轨迹间的垂直误差分量(即刀具位置偏离期望路径的大小)。图 10.2 给出了在两轴系统中加工期望轮廓的轮廓误差，而图 10.3 给出了采用两轴 CNC 系统实现平面轮廓控制的方块图[9]。通过前馈控制、交叉耦合控制和最优控制这三种控制策略可以减小轮廓误差[3]，其中最优控制可以进一步细分为预测控制、自适应控制和学习控制。文献[10]对近期有关跟踪和减小轮廓误差方面的研究工作进行了综述。

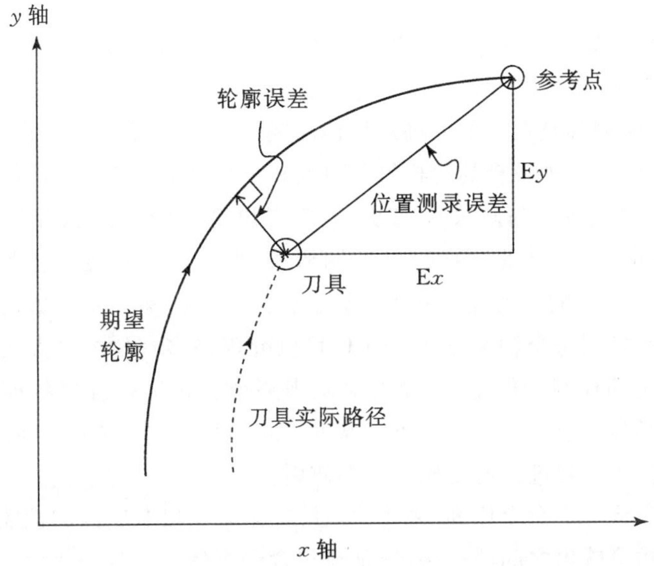

图 10.2 二维轮廓误差

前馈控制器利用那些在对被控对象产生影响前就可被测量到的扰动，并根据数学模型来确定使误差达到最小所需要的命令信号。在典型情况下，命令信号与被控对象模型的逆结合起来一起使用。对于不可求逆的对象模型，Tomizuka[11]提出了采用零相位误差跟踪控制的思想作为折中方案，该策略虽然优于标准的极点配置技术，但它不能消除幅值误差且无法处理前馈控制器的饱和问题。Weck[12]则提出了一种“逆补偿方法”，通过对目标路径进行低通滤波来消弱饱和问题。该方法一定程度上解决了因控制命令饱和而引起的失控问题，但却无法处理协调运动问题。作为开环补偿，前馈控制器在计算控制信号时不使用历史和当前路径的误差信息，也不考虑协调运动问题。因此，当存在未知扰动或模型不准确时，前馈技术表现不佳。

Koren[13]提出了交叉耦合控制(Cross-Coupled Control，CCC)，该方法将控制器的关注点

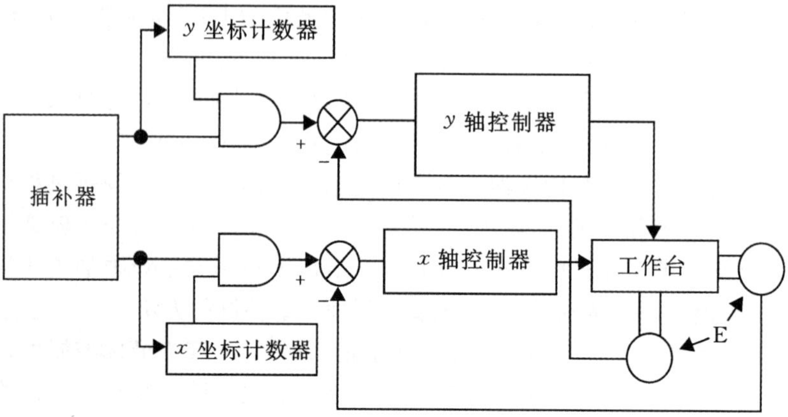

图 10.3 两轴轮廓控制系统

从保持各轴位于期望位置转为最小化误差。CCC 通过估计目标路径中距离对象位置最近的点来确定各个轴的误差,然后利用该误差信号与任意一个控制器一起去控制需要被协调的位置。如前所述,该方法的难点在于如何确定目标路径中距离对象位置最近的点。对于特定的跟踪路径类型,通过使用各种闭合的解析解可以获得所需点;但当两个路径段相遇时,或者对于一般路径,该方法会失效。为解决该问题,需要提出合适的公式或者利用足够的计算力。Seethaler 和 Yellowley[14] 提出了一种 CCC 控制形式,当任一轴的误差过大时,该方法实时地降低目标运动速度。CCC 的有效性依赖于计算目标路径中距离对象位置最近点的方法,以及计算得到该点后用来控制每个轴的方案。CCC 可以处理许多其他控制方案不能解决的问题,例如多个轴的协调运动控制。但是,它缺乏对未来路径变化进行补偿的能力。特别是,CCC 系统在遇到拐点或其他任意障碍物之前不会减速,因此可能会导致某个轴的减速速度超过其极限,这表明应该将 CCC 与进刀速度规划一起使用。

最优控制器会生成一个命令序列,来优化系统在未来一段时间内的性能。典型地,它可以最小化目标位置与预测输出之间的偏差,通常也包含命令信号自身的代价。目前,先进最优控制的代表是广义预测控制(Generalized Predictive Control,GPC)及其变型。GPC 通常假设对象具有线性模型,因此无法处理齿侧间隙和不对称性等问题。此外,预测控制的基本形式没有考虑命令的饱和问题,Tsang 和 Clarke[15] 采用"带输入约束的 GPC"方法解决了该问题。然而,由于 GPC 的计算量很大,所以带输入约束的 GPC 可能会因计算量太大而不适用于伺服控制。这些问题有望随着计算能力的提高而得到解决。

10.3 机床及加工过程

机床具有多种分类方式。一种方式是根据机床可执行的不同加工工艺进行分类,例如车、镗、钻、铰、铣、刨与成形加工、拉削、攻丝与螺纹加工以及磨削。另一种方式是在系统级根据机床能够生产的产品范围进行分类,它们可能是用于重复制造单一零件的专用机床,也可能是能够进行多种加工操作的柔性机床，还可能是新近出现的用于生产某零件族的可重构机床[16~18]。可重构系统的目标是实现专用制造系统的效率和鲁棒性，并获得像柔性制造系统那样，根据市场需求调整生产的能力。

无论机床如何分类，它们都是用于执行材料的去除操作。这是一个变形过程，在这个过程中，多余的材料被从工件上去除。工件与切削刀具相互作用去除切屑时会产生切削力，目前已提出了许多描述切削力的模型，其中考虑了刀具、工件和切屑之间的摩擦力，以及切屑形变所带来的应力。常用的计算切削力的模型由 Ernst 与 Merchant[2]，Lee 与 Shaffer[19] 提出，然而这些模型相当复杂，不适于控制器设计。一种典型的可用于控制器设计的静态切削力模型[20]为

$$F = Kd^{\beta}V^{\gamma}f^{\alpha} \tag{10.1}$$

其中，F 表示切削力，K 是特定的切削力系数，d 表示切削深度，V 表示切削速度，f 表示进刀量，α、β、γ 分别是描述切削力与过程变量(即 d、V、f)之间非线性关系的系数。在加工过程中，参数 d、V 和 f 由操作员选定，K 由工件和刀具的性质确定，而系数 α、β 和 γ 则是根据实验数据的拟合曲线来校准。由于零件的几何形状决定了切削深度是恒定的，而切削速度对切削力的影响很弱(即 $\gamma \approx 0$)，所以不能通过主动调节这些变量来控制切削力。通常情况下，可以通过在线改变进刀量来控制切削力。当考虑主轴转动一周过程中的力时，如最大值或平均值，也可使用静态模型。这类模型适于中断操作(例如铣削)，其中的切屑载荷在主轴转动过程中通常会有变化，而且在稳态运行阶段，工件上留存的齿痕数量也会发生变化。

假设使用零阶保持器，一阶切削力模型为

$$F = Kd^{\beta}V^{\gamma}\frac{1+a}{z+a}f^{\alpha} \tag{10.2}$$

其中，a 是依赖于时间常数和采样周期的离散时间极点，z 是离散时间前移算子。除了其他的模型参数之外，参数 a 也必须根据不同的操作进行校准。当考虑主轴瞬时力时，通常采用一阶模型，可通过在主轴转动一周过程中多次采样来获得瞬时力。该模型适于非中断操作(例如车削)，在这类操作中，通常单个刀具持续作用于工件，而且在稳态运行阶段，切屑载荷保持不变。

在工业环境中，通常不可能直接测量切削力；而在实验室环境中，可以采用测压元件或测力计来测量切削力。然而，它们不适于实际的工业应用，这已成为基于切削力的监测和控制技术在工业中应用的主要障碍之一。我们可以根据伺服驱动器或主轴电机中的电流信号，估计得到切削力[21]。通常使用霍尔效应传感器监测主轴和从轴电机的功率，这类传感器易于安装和维护，但由于电机驱动器的质量较大，它所产生的信号带宽通常很有限[22,23]。大多数生产线广泛采用了压电加速度计，这类传感器尤其适于恶劣的工业环境。文献[24]提出一种根据加速度测量量来确定铣削加工中切削力的鲁棒方法。计算切削力需要知道机床结构的频率响应函数(Frequency Response Function，FRF)矩阵的逆。然而，病态的 FRF 矩阵将会放大加速度信号中的测量噪声，从而导致结果很差。采用正则化技术可以克服这一障碍，图 10.4 给出了切削力实测值和估计值的实验结果。

在切削过程中，切削力会引起振动，从而导致切削宽度不断变化。机床刀具与工件之间的这种相互作用可能引起共振，由于切削力的作用，二者均被激励，而这可能会导致受力过度、刀具磨损加剧、刀具故障，以及表面光洁度不合格引起的零件报废[25]。车削过程的动力学通常

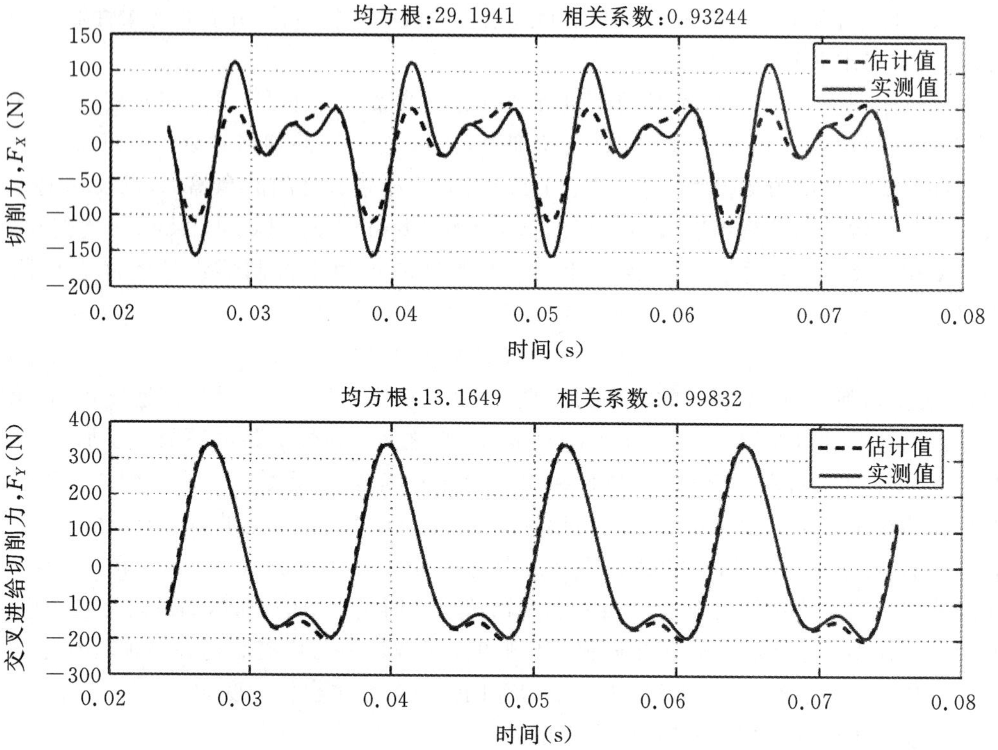

图 10.4 铣削加工中切削力的估计值以及采用测力计获得的测量值

可由如下所示的单自由度模型来描述:

$$m\ddot{x}(t)+c\dot{x}(t)+kx(t)=Kd[f_n+x(t)-x(t-\tau)] \tag{10.3}$$

其中,f_n 为标称进刀量,x 为刀具在进给方向上的位移,而 τ 为刀具转动一周的时间,m、c 和 k 分别为刀具的有效质量、阻尼和结构刚度。方程的右边定义了进刀量与切削力之间的关系,其中假设切削力与瞬时进刀量和切削深度成正比,但不显式依赖于切削速度。方程左边描述了刀具结构的振动情况。如果工件和刀具的柔度相近,那么必须针对刀具与工件间的相对弹性形变来定义参数 m、c 和 k。

通过求解方程(10.3)可以获得机床的稳定运行区域。当系统响应变得不稳定时,机床发生颤振。图 10.5 给出的稳定性波瓣图以图示方式证实了机床颤振的存在,它将转速和切削深度平面划分为稳定和不稳定区域[25]。通常可以采用由 Budak 和 Altintas[26] 提出的线性颤振分析方法来确定稳定性波瓣图,然而其中的线性铣削模型是一近似模型。最近有学者研究了切削力-进刀量之间的关系[27]、间歇切削[28]、可变时间延迟[29]、结构化非线性[30,31]等非线性因素对稳定性波瓣图的影响。虽然经验丰富的机床操作员根据尖锐的声音或工件上留下的颤振特征痕迹,可以很容易地意识到机器颤振,但是颤振的自动检测和抑制仍具有挑战性。Altintas和 Chan[32] 提出了利用声谱检测铣削加工过程中颤振的方法,这类技术依赖于检测颤振频率处的谱密度分量是否超过一定的阈值。Tarng 和 Li[33] 给出了谱阈值,以及加工操作中推力和力矩信号的标准差。需要指出的是,刀齿通过频率中包含大量能量,如果刀齿通过频率与主导结构频率接近,则必须对过程信号进行适当滤波。在磨削加工中,通常将AE信号与神经网络相结合,用作模式识别工具来检测颤振[34,35],其中一种方法是基于包络AE信号的功率谱,采用反向传播神经网络检测颤振[35]。最近,文献[36]提出了一种不同的自动检测颤振的方法,该方法采用了粗粒度熵率这一标量指标,该指标可以根据法向磨削力波动而计算得到。

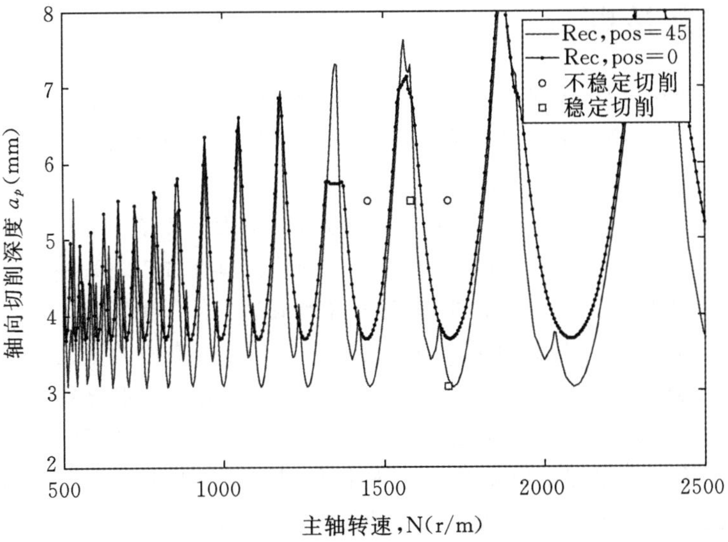

图 10.5 拱式可重构机床以全浸方式切削 AISI 1018 型钢时的稳定性波瓣图

尽管学术研究中已提出了一些自动检测颤振的方法,但在工业中通常都是根据稳定性波瓣图来选择机床运行参数,即主轴转速和切削深度,来避免颤振,从而在保证稳定加工操作的同时达到特定的材料去除率。因此,通过适当选择机器运行参数可以获得高质量的产品,同时避免刀具过度磨损。目前,已有学者研究抑制铣削颤振的方法。一种常见的技术是在铣削过程中改变主轴转速,该技术通常将一个小的正弦变化叠加到标称主轴转速上[37,38]。

除了机床和工件的振动,机床的伺服误差、对准误差以及热形变也会引起尺寸和几何误差。目前已有大量有关误差补偿的研究以消除这类误差,其中有关伺服对准误差补偿的研究可以追溯到20世纪60年代初。为了减小机床的系统误差,文献[39]对基于预测的补偿控制进行了有益的讨论。当机床运行时间过长时,内部和外部热源将引起热弹性形变,从而导致工件的几何精度不准确。热效应对总体误差的影响超过50%,在20世纪60年代初期,人们已经意识到消弱热诱误差源的必要性,Bryan等学者[40,41]针对这一领域进行了开创性的研究。关于机床因几何和热源引起的误差补偿问题,目前已有许多研究成果,文献[42]对该领域中的重要成果进行了详细描述。

加工操作完成后,工件上残留的细小且多余的金属碎片称为**毛刺**。**毛刺**会造成工件配合不当、加快设备磨损以及降低设备性能。由于通常无法避免形成毛刺,设计者一般通过尽可能降低毛刺的强度,确保毛刺出现在容易处理的工件位置等方法,减少后续去毛刺操作的复杂性。毛刺是由于工件的塑性形变而产生的[43],通常通过离线测量平均高度、基础厚度和韧度来实现毛刺测量。毛刺的位置和可及性也备受关注。人们已经知道过程变量对毛刺的物理特性具有重要影响。在端面铣削加工中，如果切削深度太小，刀具将把材料"推"到工件的一侧，从而在工件边缘形成一个大而硬的毛刺。如果没有适当的模型，人们只能依靠经验来预测和控制毛刺的形成。

10.4 监控及诊断

机床的停机时间是指机床对给定的工件没有进行任何加工操作的持续时间。工件转移或机器维修等原因引起的停机是不可避免的。然而，通过监测刀具状态，可以避免由刀具过度磨损或断裂引起的停机。刀具断裂是加工过程意外中断的一个主要原因，它在时间和经济方面都会造成很大损失[44]。有人估计，对于普通机床来讲，由刀具断裂引起的停机时间占总停机时间的6%～8%[44]，甚至有人认为接近20%[45]。即使刀具在加工过程中不会断裂，使用钝的或受损的刀具也会给机床系统带来额外负担，并导致成品工件质量下降。

F. W. Taylor在1906年最早报道了有关刀具磨损和刀具寿命的研究工作[1]，该工作至今仍被认为具有重要意义。Taylor对机加工车间中计件系统的应用很感兴趣，该系统为某个特定工种设定计时津贴，并给那些能够在规定时间内完成任务的工人发放奖金。为协助该系统的应用，Taylor研究了在粗加工情况下，刀具材料和切削条件对刀具寿命的影响。由此，他获得了描述切削速度与刀具寿命之间关系的经验法则

$$VT^n = C$$

其中，V为切削速度，T为刀具寿命，n和C为通过实验获得的常数，它们依赖于进刀速率以及刀具和工件的材料。改进的Taylor方程考虑了进刀速率和切削深度以及这些变量之间的相互作用的影响[46]。

刀具与工件以如下任何单一或组合模式相互作用都会引起刀具磨损：

a. 剪切面变形引起的粘着磨损；
b. 切削硬质颗粒造成的磨料磨损；
c. 高温下形成的扩散磨损；
d. 由疲劳而造成的破碎等断裂磨损。

与工件接触的刀面的磨损称为隙面磨损，而与切屑接触的刀面的磨损称为月牙洼磨损。主切削刃的磨料磨损可能会引起刀尖磨损或倒角，从而导致负前角增加。典型的刀具磨损特性如图10.6所示[6]。刀具在初始阶段磨损很快，在稳定阶段降低到一个恒定的速率，最后会进入一个快速磨损阶段，并可能最终损坏(见图10.7)。

文献[6,47]对预测刀具磨损的各种方法进行了很好的综述。基于加速度计、声发射(AE)传感器、电流/电压读数、切削力测量、传声器、切削速度，以及视觉系统的多种方法已用于刀具状态监测。

金属被切割或自身破裂时会发生形变，并产生AE。AE是一种超高频振荡或应力波，人们普遍认为它与工件和刀具相互作用产生切屑时的塑性形变有关。AE已成功应用于车削加工中的刀具监测[48]，而其在铣削加工中的应用较复杂[49]。应用AE信号分析铣削加工的难点

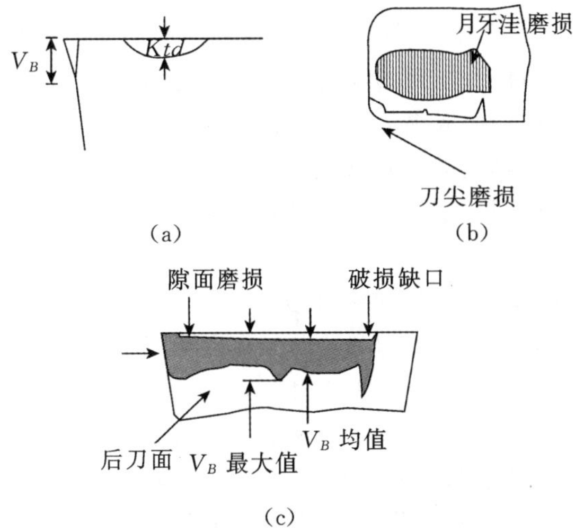

图 10.6 车削加工中刀具磨损的典型特征

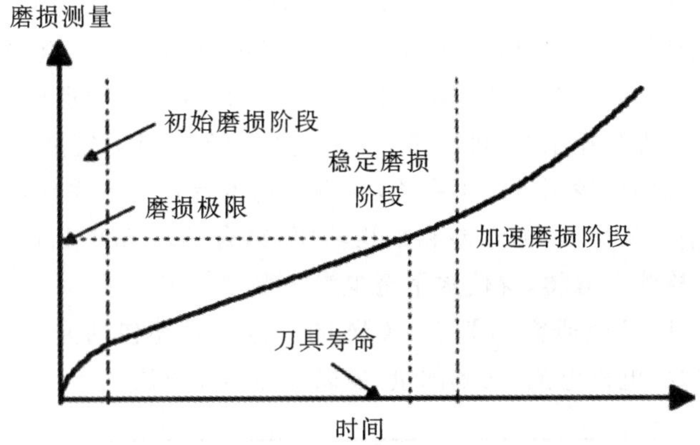

图 10.7 典型的隙面磨损随时间变化的趋势

在于，每个刀齿接触和离开工件时均会发生脉冲冲击负荷。仅靠 AE 监测切削刀具的状态比较困难，若将其与其他传感方法联合使用时，可以提高刀具状态监测的可靠性，这一特点使得 AE 很有吸引力。Dornfeld[50,51]全面综述了 AE 传感技术在制造过程，尤其是在加工刀具磨损检测方面的应用。

切削速度和前角变化时会引起高压和高温，从而导致刀具和切屑之间的摩擦系数剧烈变化。针对车削加工，Chow 和 Wright[52]基于插在刀片底部的标准热电偶，设计了一种在线测量刀具和切屑接触面温度的方法，并实验收集了真实的切削数据，将其与根据理论模型预测的接触面温度进行了比较。实验中采用有涂层和无涂层的接触受控刀片对普通的碳素钢管(AISI 1020)进行干切削。实验结果分析表明，刀具磨损会引起切削温度升高，理论模型也证实了这一点。我们可以根据这一性质进行刀具状态监测(Tool Condition Monitoring，TCM)。最近，Choudhury 等学者[53]实验分析了车削加工中隙面磨损与切削区域温度之间的关系，其中利用了刀具与工件之间自然形成的热电偶作为温度传感器。在这种情况下，只能检测切削区的平均温度。对于在线 TCM 等实际应用，由于无法直接测量刀尖和前刀面的温度分布，那么远端热电偶传感似乎是测量工件-刀具温度的唯一合理方法。大多数现有的远端热电偶传感仪器只能测量刀具-工件接触面或更远区域的温度，而不是刀尖温度。刀尖温度虽然是一合适的刀具磨损指标，但由于切削区域不可接近，所以在 TCM 等在线应用中，很难被准确地测量。刀具温度监测的另一挑战是，切屑携带了切削过程中耗散的 90% 的能量，因此主导了所发出的辐射的强度[54]。

目前已经确定切削力的变化与刀具磨损有关[55~57]。早期研究发现，进刀力和径向力比切削力对刀具磨损更敏感。据报道，进刀力和径向分力会受隙面磨损的影响，其中径向分力对刀尖磨损最敏感[58]；类似地，隙面磨损与进刀力和切削力有关[55~57,59]。当刀具磨损时，力的比值呈现一定的模式，因此也可以用来预测刀具磨损[60]，其中进刀力与切削力的比值对隙面磨损比较敏感[59]。测力计的物理特性严重约束了工件的物理尺寸，此外，它价格昂贵。因此，有学者研究了间接测量切削力以克服这些实际限制的方法[24]。测力计的现有缺点还促进了一类安装在刀架上的测力计的发展，这类测力计打破了原有限制[61]。切削力会引起机床振动，这也是本领域中一个值得关注的现象。

基于振动信号的 TCM 可由加速度计实现。针对车削加工，文献[62]采用振动信号和小波分析创建了离散隐马尔可夫模型(Hidden Markov Model，HMM)，将从振动数据中抽取的特征向量转换为符号序列，并用于 HMM。正如文献[63]所表明的那样，通过将 HMM 与基于小波的统计信号处理方法相结合，可以进一步改进 HMM。针对铣削加工，文献[64]采用多感知人工神经网络训练模糊逻辑 TCM 系统，并将加速度计作为该系统的一部分。该系统测量了 10 频程内振动信号的均值、标准差和平均功率，结合 AE、功率和切削力的测量结果，它能够对磨损刀具进行检测和分类，置信水平至少为 80%。

除了上述方法以外，已经研究的关于 TCM 的其他技术还包括光学与机器视觉系统、应力/应变测量、工件尺寸、电机电流/功率测量、磁以及超声波方法。

10.5 加工过程控制

机床操作员执行在线和离线过程控制，他们通过调节进刀量和速度抑制颤振；当刀具断裂时，则启动紧急停止，通过重写零件加工程序增加切削深度从而尽量减少毛刺等。离线过程控制一般用于过程规划阶段，操作员通常参考加工手册或根据经验选择过程变量。计算机辅助过程规划是一项较为复杂的技术，在某些情况下，它根据离线过程模型选择过程变量。离线规划的缺点是过于依赖模型精度，且无法消除干扰。过程自动化则可以在线和离线地自主调整机器参数(进刀量、速度、切削深度等)，大幅提高机床在零件公差、表面光洁度、加工周期等方面的性能。过程自动化有望超过人工操作能力，缩小产品设计和过程规划之间的差距。

机床控制器由用于处理加工顺序和操作员接口的可编程逻辑控制器(Programmable Logic Controller，PLC)，以及协调实时控制功能的微处理器组成。如图 10.8 所示，微处理器的架构大致可以分为三个层次：伺服机构控制回路、插补回路以及过程控制回路。伺服机构控制器调节主轴及各个从轴的速度和位置，而插补器生成从轴的参考位置，所有的现代 CNC 都具有这些功能。在有关机床的文献中，过程控制回路也被称为AC[9]，虽然它由于具有显著提高加工生产率和质量的潜力而成为研究焦点，但在当前的CNC中已很少见。术语AC在这里实际上是不恰当的，这是因为加工过程控制可能并不具有控制理论文献中常说的自适应性[65,66]。AC技术的主要目的是通过提高金属去除率(Metal Removal Rate，MRR)等方式提高生产率。图10.9说明了这一点，其中的AC用于在切削深度和/或宽度可变的铣削加工中调整进刀速率。如果不使用自适应控制，需要根据零件的最坏工况来选择最小进刀速率。

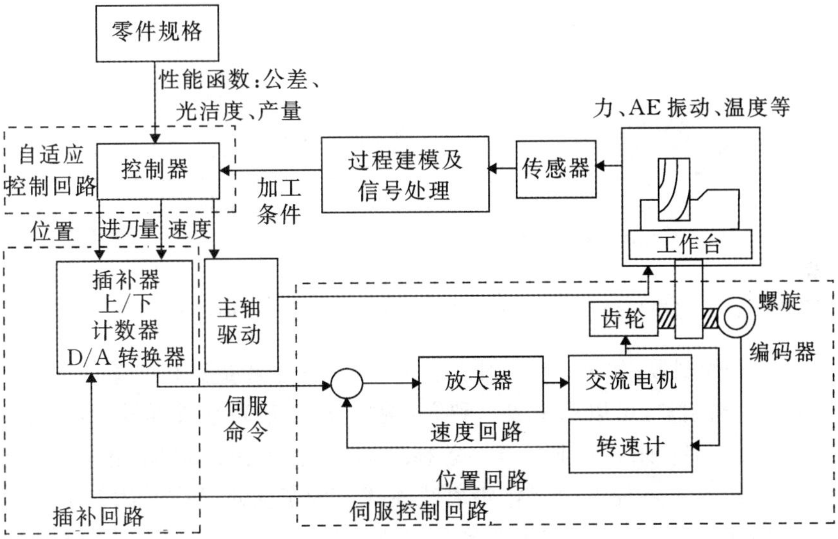

图10.8　机床监控的一般方案

自适应控制技术[4,66]通过设置过程变量来满足生产率或质量要求，它包括自适应优化控制(Adaptive Control with Optimization，ACO)、自适应约束控制(Adaptive Control with Constraints，ACC)以及几何自适应控制(Geometric Adaptive Control，GAC)。ACO系统代表一类最一般的AC系统，但它难以实现。将ACO作为一种过程控制方法的思想是伴随着一个有名的铣削研究项目而发展起来的，该项目源于Bendix公司与美国空军的合同，并在1962—1964年实施[67]。该系统的设计目的是根据铣削加工中切削转矩、刀具温度和刀具振动情况的测量结果，在线最大化某一经济性能指标以确定所需的进刀速率和主轴转速。性能指标是关于进刀速率f(英寸/分)①和主轴转速N(转/分)的函数，其表达式为

$$J(f,N)=\frac{MRR}{[C_1+(C_1t_1+C_2\beta)TWR/W_0]} \tag{10.4}$$

其中，TWR表示刀具的磨损率(英寸/分)，W_0表示允许的最大隙面磨损宽度(英寸)，C_1表示机器和操作员的单位时间成本($/分钟)，$C_2$表示每次更换和重磨刀具的成本($/更换)，t_1表示刀具的更换时间(min)。

常数β是一个在[0,1]范围内可调的参数，它决定了性能指标J的类型。如果$\beta=1$，那么

① 英寸，单位符号in，1 in=25.4 mm。——编者注

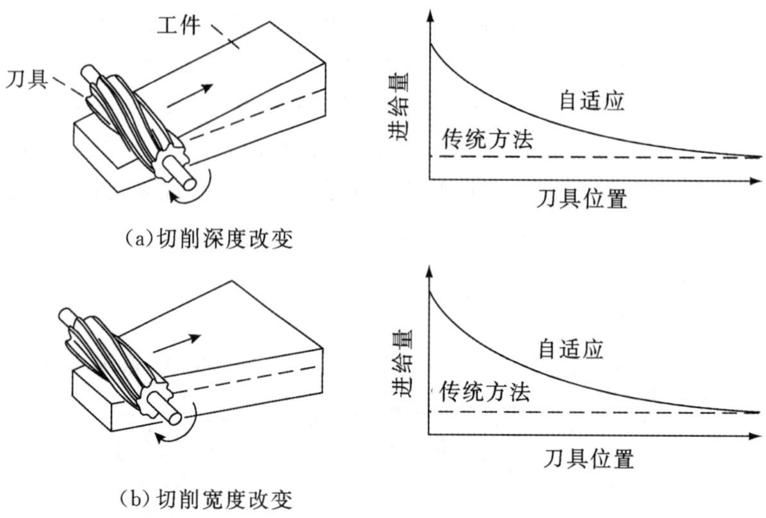

(a)切削深度改变

(b)切削宽度改变

图 10.9　当切削量改变时，自适应和非自适应铣削加工中进刀速率的比较

J 表示单位产品成本的倒数；如果 $\beta=0$，则 J 表示生产率；如果 β 取中间值，J 表示这两个目标的加权组合，通过适当调整，可以用来表示利润（例如，产量最高且成本最低）。Bendix 系统已在实验室中成功实现，但从未在工业环境中鲁棒地运行过。文献[68]报道了另一个用于磨削的 ACO 系统，该系统在工业环境中工作于离线模式。为了实现 ACO 策略，这类系统均需要在线检测刀具磨损状况，因此难以被工业界接受[9]。虽然人们还不能完全成功地实现 ACO 系统，但是已经成功开发了一些次优系统，这些系统具有 ACO 系统的大部分优点，通常可分为 ACC 系统和 GAC 系统。

目前，大多数商业过程控制系统均采用 ACC。这些系统利用了如下事实：在一定的切削条件下，过程优化问题具有一个最优解，且该解位于约束边界上。例如，在粗切削加工中，一个实用的目标函数通常描述为使 MRR 最大化，该目标反过来要求在满足刀具磨损约束的条件下，采用最大的进刀速率。因此，对于具有特定几何形状的刀具，过程控制目标可以表述为："调整进刀速率以维持实际切削力与其参考值一致，而参考切削力一般设置为能够保证刀具没有断裂危险的最大切削力"。目前，可以获得用于车、铣以及钻孔加工的商用 ACC 系统，但它们并未被广泛应用[69]。工业界不愿接受这类系统的原因是，当过程参数变化时，它们存在控制器不稳定和刀具断裂等潜在问题。

GAC[70]适用于抛光加工，其中的过程优化问题通常以保证产品质量（例如，尺寸精度和/或表面光洁度）为目标。如果零件的尺寸和表面粗糙度可以测量，那么过程控制策略便可以表述为："根据测量尺寸，引入一定的刀具偏移量以补偿刀具磨损，同时调整进刀速率以生产具有参考表面粗糙度的产品，该参考值是由允许的最大粗糙度约束决定的"。目前，GAC 系统也未被工业界广泛接受，尽管文献[71]描述的 GAC 系统已经在一制造厂得以实现。

10.6　监督控制和统计质量控制

加工过程控制领域的研究大多集中于采用进刀量或主轴转速等单个过程变量调整受力或颤振等单一过程现象。实际上，加工过程控制具有许多控制层次。最近，一些研究主要关注加工过程控制不同层次中多个控制器的集成问题。监督控制的功能包括控制策略的选择、传感器融合、过程控制层次中参考命令的生成、刀具断裂监测、颤振检测以及机器监控。Teltz 和 Elbestawi[72]提出了一个分层控制系统，它由监督层和过程层（切削力和颤振控制器）组成。监督层监测信号和报警事件，并利用推理引擎搜索知识库，将报警事件与恢复操作相关联。Ramamurthi 和 Hough[73]将加工影响图（Machining Influence Diagram，MID）用于监督，并将其应用到钻孔加工中，他们在训练阶段调整知识库，并采用 MID 识别故障。

图 10.10 通过例子对监督控制进行了说明，其中根据钻孔深度为过程控制选择适当的控制策略以及相应的参考信号。在入口阶段，即第 I 阶段，监督控制器选择合适的进刀量和速度控制策略，其中进刀量和速度的参考值是根据孔洞位置误差约束而选定的。开始钻孔后，监督控制器切换为速度和转矩控制策略，其参考值是在避免刀具断裂和考虑刀具磨损率的前提下，根据最大化材料去除率这一目标而确定的。最后，当通孔接近完成时，监督控制器重新切换为进刀量和速度控制策略，以尽可能避免形成毛刺。表 10.1 给出了使用这种监督控制策略的结果，该表比较了采用四种控制器的实验结果：(1)无控制（传统方法：选择进刀量和速度的标称值，但在钻孔过程中不对其进行控制）；(2)基于进刀量和速度的反馈控制；(3)基于转矩和速度的反馈控制；(4)监督控制器（如上文所述，它综合使用了策略(2)和(3)）。比较的项目有：(1)单孔的加工时间；(2)毛刺等级；(3)孔位误差（采用孔位误差的合并标准差进行描述）；(4)钻孔时发生停机事件的百分比。孔洞加工时间以秒计；毛刺等级范围为 1（毛刺非常小）到 5（毛刺很大）；孔的质量用合并标准差描述，其值越小表示孔位精确度越高；钻孔停机事件指的是钻头转矩超过最大允许值而导致钻头断裂，加工被迫停止。该应用要求孔位误差的合并标准差小于 4.5×10^{-3} 英寸，毛刺等级小于 1.75，同时希望不发生停机事件，且在不违反孔质量、毛刺以及刀具断裂约束的前提下，加工时间最短。

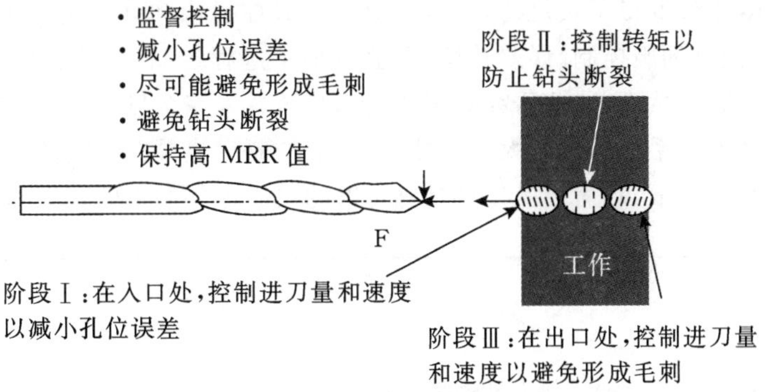

图 10.10　通孔加工的监督控制

监督控制策略是唯一满足孔质量和毛刺约束，且没有发生停机事件的策略，其加工时间与无控制或进刀量/速度控制策略相当,略高于转矩/速度控制器。这些结果源于一项统计研究的平均值,该研究以随机顺序采用每个策略分别钻 20 个孔[74~76]。实验结果清楚地表明,与单个过程控制策略(即进刀量、速度或转矩控制)相比,监督控制策略具有潜在优势。文献[71~76]还给出了一些额外的实验结果。

表 10.1 钻孔控制策略的对比

	无控制器	进刀量/速度控制器	转矩/速度控制器	监督控制器
加工时间(s)	11.11	11.28	9.79	11.71
毛刺等级	2.93	2.94	2.26	1.58
孔位质量(in.)	4.43×10^{-3}	4.53×10^{-3}	6.28×10^{-3}	4.25×10^{-3}
停机事件	25	15	0	0

10.7 总结、结论以及未来研究方向

本章对过去几十年中有关机床及加工过程控制的重要研究进行了简要综述。机床控制可归为机器控制的不同层次。最底层是伺服控制,它根据规定的刀具相对于工件的轨迹,控制刀具的切削方向,PTP 和轮廓控制是其中的两种主要控制策略。在轮廓控制策略下,刀具需要在尽可能消除干扰影响和处理模型不准确性的同时,去跟踪预定轨迹并最小化轮廓误差。伺服控制的上一层是加工过程控制,该层的任务是控制切削力和进刀量以最大化材料去除率,同时尽可能减小刀具磨损并避免刀具断裂。该层策略的成功实现有赖于传感和诊断领域的重大进展,目前已有一些传感器和相关技术被用于估计刀具磨损程度和刀具寿命。刀具寿命严重地受到机床再生自激振动(即通常所说的机器颤振)的影响。到目前为止,大部分对加工过程监测和控制的研究还主要集中于通过单一过程变量来调节单一过程。未来研究将重点关注利用多个过程变量来控制单个和多个过程,这就是机器控制的最高层,即监督控制。

机床及加工过程控制是一项成熟的技术,伴随着对产品精度和生产率要求的提高,该研究领域在 20 世纪 60 年代取得了长足的发展,并引导了数控机床和计算机数值控制机床在工业中的应用。从那时起,伺服控制、误差补偿、自适应加工过程控制、传感、诊断等几个相关领域也得到了相应的研究。然而,这些研究对工业的影响还并未完全显现,将其应用到工业中的主要障碍是设计和开发新系统的成本太高。此外,目前的研究成果在工业环境中并不容易实现,这是因为在大多数情况下,它需要操作员具有足够的关于零件加工的知识和经验。

参考文献

1. Taylor, F.W., Art of cutting metals [with discussion]. *Proceedings of the American Society of Mechanical Engineers*, 1906. **28**: 1–248.
2. Ernst, H. and Merchant, M.E., Chip formation, friction, and high quality machined surfaces. In *Surface Treatment of Metals*, NY: American Society of Metals, 1941. **29**: 299pp.
3. Koren, Y. and Lo, C.C., Advanced controllers for feed drives. *CIRP Annals*, 1992. **41**(2): 689–698.

4. Koren, Y. and Ulsoy, A.G., Adaptive control. In *Metals Handbook: Machining*, J.R. Davis (Ed.), 1989, Metals Park, OH: ASM Int., pp. 618–626.
5. Ulsoy, A.G. and Koren, Y., Applications of adaptive control to machine tool process control. *Control Systems Magazine, IEEE*, 1989. **9**(4): 33–37.
6. Dimla, D.E.S., Sensor signals for tool-wear monitoring in metal cutting operations—A review of methods. *International Journal of Machine Tools and Manufacture*, 2000. **40**(8): 1073–1098.
7. Ramadge, P.J. and Wonham, W.M., Supervisory control of a class of discrete event processes. *SIAM Journal on Control and Optimization*, 1987. **25**(1): 206–230.
8. Chen, J.S., Yuan, J.X., Ni, J., and Wu, S.M., Real-time compensation for time-variant volumetric errors on a machining center. *Transactions of the ASME, Journal of Engineering for Industry*, 1993. **115**(4): 472–479.
9. Koren, Y., *Computer Control of Manufacturing Systems*. 1983, McGraw-Hill: New York.
10. Ramesh, R., Mannan, M.A., and Poo, A.N., Tracking and contour error control in CNC servo systems. *International Journal of Machine Tools and Manufacture*, 2005. **45**(3): 301–326.
11. Tomizuka, M., Zero phase error tracking algorithm for digital control. *Transactions of the ASME, Journal of Dynamic Systems, Measurement and Control*, 1987. **109**(1): 65–68.
12. Weck, M. and Ye, G., Sharp corner tracking using the IKF control strategy. *CIRP Annals—Manufacturing Technology*, 1990. **39**(1): 437–441.
13. Koren, Y., Cross-coupled biaxial computer control for manufacturing systems. *Transactions of the ASME, Journal of Dynamic Systems, Measurement and Control*, 1980. **102**(4): 265–272.
14. Seethaler, R.J. and Yellowley, I., Regulation of position error in contouring systems. *International Journal of Machine Tools and Manufacture*, 1996. **36**(6): 713–728.
15. Tsang, T.T.C. and Clarke, D.W., Generalised predictive control with input constraints. *IEEE Proceedings, Part D: Control Theory and Applications*, 1988. **135**(6): 451–460.
16. Koren, Y., Heisel, U., Jovane, F., Moriwaki, T., Pritschow, G., Ulsoy, G., and Van Brussel, H., Reconfigurable manufacturing systems. *CIRP Annals—Manufacturing Technology*, 1999. **48**(2): 527–540.
17. Koren, Y. and Ulsoy, A.G., Reconfigurable manufacturing system having a production capacity method for designing same and method for changing its production capacity, in U.S. Patent # 6,349,237. 2002, The Regents of the University of Michigan.
18. Mehrabi, M.G., Ulsoy, A.G., Koren, Y., and Heytler, P., Trends and perspectives in flexible and reconfigurable manufacturing systems. *Journal of Intelligent Manufacturing*, 2002. **13**(2): 135–146.
19. Lee, E.H. and Shaffer, B.W., Theory of plasticity applied to problem of machining. *Transactions of the ASME, Journal of Applied Mechanics*, 1952. **19**(2): 234–239.
20. Landers, R.G. and Ulsoy, A.G., Model-based machining force control. *Transactions of the ASME, Journal of Dynamic Systems, Measurement and Control*, 2000. **122**(3): 521–527.
21. Kim, T.-Y., Woo, J., Shin, D., and Kim, J., Indirect cutting force measurement in multi-axis simultaneous NC milling processes. *International Journal of Machine Tools and Manufacture*, 1999. **39**(11): 1717–1731.
22. Jeong, Y.-H. and Cho, D.-W., Estimating cutting force from rotating and stationary feed motor currents on a milling machine. *International Journal of Machine Tools and Manufacture*, 2002. **42**(14): 1559–1566.
23. Stein, J.L. and Wang, C.-H., Analysis of power monitoring on AC induction drive systems. *Transactions of the ASME, Journal of Dynamic Systems, Measurement and Control*, 1990. **112**(2): 239–248.
24. Powalka, B., Dhupia, J.S., Ulsoy, A.G., and Katz, R., Identification of machining force model parameters from acceleration measurements. *International Journal of Manufacturing Research*, 2008. **3**(3): 265–284.
25. Dhupia, J., Powalka, B., Katz, R., and Ulsoy, A.G., Dynamics of the arch-type reconfigurable machine tool. *International Journal of Machine Tools and Manufacture*, 2007. **47**(2): 326–334.
26. Budak, E. and Altintas, Y., Analytical prediction of chatter stability in milling. I. General formulation. *Transactions of the ASME. Journal of Dynamic Systems, Measurement and Control*, 1998. **120**(1): 22–30.
27. Landers, R.G. and Ulsoy, A.G., Nonlinear feed effect in machining chatter analysis. *Journal of Manufacturing Science and Engineering*, 2008. **130**(1): 011017–1.
28. Davies, M.A., Pratt, J.R., Dutterer, B., and Burns, T.J., Stability prediction for low radial immersion milling. *Journal of Manufacturing Science and Engineering*, 2002. **124**(2): 217–225.
29. Insperger, T., Hartung, F., Stepan, G., and Turi, J. State Dependent Regenerative Delay in Milling Processes. In *Proceedings of IDETC/CIE 2005 ASME 2005 International Design Engineering Technical Conferences & Computers and Information in Engineering Conference September 24–28*, 2005, Long Beach, California USA: American Society of Mechanical Engineers, New York, NY 10016-5990.

30. Dhupia, J., Powalka, B., Ulsoy, A.G., and Katz, R. *Experimental Identification of the Nonlinear Parameters of an Industrial Translational Guide*, 2006. Chicago, IL: American Society of Mechanical Engineers, New York, NY 10016-5990.
31. Dhupia, J.S., Powalka, B., Galip Ulsoy, A., and Katz, R., Effect of a nonlinear joint on the dynamic performance of a machine tool. *Transactions of the ASME, Journal of Manufacturing Science and Engineering*, 2007. **129**(5): 943–950.
32. Altintas, Y. and Chan, P.K., In-process detection and suppression of chatter in milling. *International Journal of Machine Tools and Manufacture*, 1992. **32**(3): 329–347.
33. Tarng, Y.S. and Li, T.C., Detection and suppression of drilling chatter. *Transactions of the ASME, Journal of Dynamic Systems, Measurement and Control*, 1994. **116**(4): 729–734.
34. Tönshoff, H.K., Friemuth, T., and Becker, J.C., Process monitoring in grinding. *CIRP Annals—Manufacturing Technologv*, 2002. **51**(2): 551–571.
35. Karpuschewski, B., Wehmeier, M., and Inasaki, I., Grinding monitoring system based on power and acoustic emission sensors. *CIRP Annals— Manufacturing Technology*, 2000. **49**(1): 235–240.
36. Gradisek, J., Baus, A., Govekar, E., Klocke, F., and Grabec, I., Automatic chatter detection in grinding. *International Journal of Machine Tools and Manufacture*, 2003. **43**(14): 1397–1403.
37. Li, C.J., Ulsoy, A.G., and Endres, W.J. *The Effect of Spindle Speed Variation on Chatter Suppression in Rotating-Tool Machining*. 2006. Taipei, R.O.C., Taiwan: Trans Tech Publications Ltd, Stafa-Zuerich, CH-8712, Switzerland.
38. Pakdemirli, M. and Ulsoy, A.G., Perturbation analysis of spindle speed vibration in machine tool chatter. *JVC/Journal of Vibration and Control*, 1997. **3**(3): 261–278.
39. Wu, S.M. and Ni, J., Precision machining without precise machinery. *CIRP Annals—Manufacturing Technology*, 1989. **38**(1): 533–536.
40. McKeown, P.A., The role of precision engineering in manufacturing of the future. *CIRP Annals—Manufacturing Technology*, 1987. **36**(2): 495–501.
41. Bryan, J., International status of thermal error research (1990). *CIRP Annals—Manufacturing Technology*, 1990. **39**(2): 645–656.
42. Weck, M., McKeown, P., Bonse, R., and Herbst, U., Reduction and compensation of thermal errors in machine tools. *CIRP Annals—Manufacturing Technology*, 1995. **44**(2): 589–598.
43. Gillespie, L.K., *Deburring Capabilities and Limitations*. 1976, Dearborn, MI: Society of Manufacturing Engineers, 429pp.
44. Byrne, G., Dornfeld, D., Inasaki, I., Ketteler, G., Konig, W., and Teti, R., Tool condition monitoring (TCM)—The status of research and industrial application. *CIRP Annals—Manufacturing Technology*, 1995. **44**(2): 541–567.
45. Kurada, S. and Bradley, C., A review of machine vision sensors for tool condition monitoring. *Computers in Industry*, 1997. **34**(1): 55–72.
46. Woldman, N.E. and Gibbons, R.C., *Machinability and Machining of Metals*, 1st edition, 1951. New York: McGraw-Hill.
47. Rehorn, A.G., Jin, J., and Orban, P.E., State-of-the-art methods and results in tool condition monitoring: A review. *International Journal of Advanced Manufacturing Technology*, 2005. **26**(7–8): 693–710.
48. Sampath, A. and Vajpayee, S., Tool health monitoring using acoustic emission. *International Journal of Production Research*, 1987. **25**(5): 703–719.
49. Kakade, S., Vijayaraghavan, L., and Krishnamurthy, R., In-process tool wear and chip-form monitoring in face milling operation using acoustic emission. *Journal of Materials Processing Technology*, 1994. **44**(3–4): 207–214.
50. Dornfeld, D.A., Lee, D.E., Hwang, I., Valente, C.M.O., and Oliveira, J.F.G., Precision manufacturing process monitoring with acoustic emission. *International Iournal of Machine Tools and Manufacture*, 2006. **46**(2): 176–188.
51. Pruitt, B.L. and Dornfeld, D.A. *Monitoring End Mill Contact Using Acoustic Emission*, 1996. Boston, MA: ASME.
52. Chow, J.G. and Wright, P.K., On-line estimation of tool/chip interface temperatures for a turning operation. *Transactions of the ASME, Journal of Engineering for Industry*, 1988. **110**(1): 56–64.
53. Choudhury, S.K. and Bartarya, G., Role of temperature and surface finish in predicting tool wear using neural network and design of experiments. *International Journal of Machine Tools and Manufacture*, 2003. **43**(7): 747–753.
54. Boothroyd, G., *Fundamentals of Metal Machining and Machine Tools*. 1975. Washington: Scripta Book Co. xxix, 350.
55. Danai, K. and Ulsoy, A.G. *An Adaptive Observer for On-line Tool Wear Estimation in Turning. II. Results*, 1988. Atlanta, GA: American Automatic Control Council.

56. Koren, Y., Ko, T.-R., Galip Ulsoy, A., and Danai, K., Flank wear estimation under varying cutting conditions. *Transactions of the ASME, Journal of Dynamic Systems, Measurement and Control*, 1991. **113**(2): 300–307.
57. Park, J.-J. and Ulsoy, A.G., On-line tool wear estimation using force measurement and a nonlinear observer. *Transactions of the ASME, Journal of Dynamic Systems, Measurement and Control*, 1992. **114**(4): 666–672.
58. Oraby, S.E. and Hayhurst, D.R., Development of models for tool wear force relationships in metal cutting. *International Journal of Mechanical Sciences*, 1991. **33**(2): 125–138.
59. Yao, Y., Fang, X.D., and Arndt, G., Comprehensive tool wear estimation in finish-machining via multivariate time-series analysis of 3-D cutting forces. *CIRP Annals—Manufacturing Technology*, 1990. **39**(1): 57–60.
60. Bayramoglu, M. and Dungel, U., Systematic investigation on the use of force ratios in tool condition monitoring for turning operations. *Transactions of the Institute of Measurement and Control*, 1998. **20**(2): 92–97.
61. Kistler Corporation. Rotating multi-component dynamometer HS-RCD, Type 9125A. 2008.
62. Sim, W.M., Dewes, R.C., and Aspinwall, D.K., An integrated approach to the high-speed machining of moulds and dies involving both a knowledge-based system and a chatter detection and control system. *Proceedings of the Institution of Mechanical Engineers, Part B: Journal of Engineering Manufacture*, 2002. **216**(12): 1635–1646.
63. Crouse, M.S., Nowak, R.D., and Baraniuk, R.G., Wavelet-based statistical signal processing using hidden Markov models. *IEEE Transactions on Signal Processing*, 1998. **46**(4): 886–902.
64. Fu, P., Hope, A.D., and King, G.A., On-line tool condition monitoring based on a neurofuzzy intelligent signal feature classification procedure. In *Practical Applications of Soft Computing in Engineering*, Sung-Bae Cho (Eds), 2001. pp. 183–199.
65. Goodwin, G.C.S.K.S., Adaptive filtering prediction and control. *Prentice-Hall Information and System Sciences Series*, 1984. Englewood Cliffs, NJ: Prentice-Hall. xii, 540pp.
66. Ulsoy, A.G., Koren, Y., and Rasmussen, F., Principal developments in the adaptive control of machine tools. *Transactions of the ASME, Journal of Dynamic Systems, Measurement and Control*, 1983. **105**(2): 107–112.
67. Huber, J. and Centner, R., Test results with an adaptively controlled milling machine. ASTME Paper No. MS68–638, 1968.
68. Amitay, G., Malkin, S., and Koren, Y., Adaptive control optimization of grinding. *Transactions of the ASME, Journal of Engineering for Industry*, 1981. **103**(1): 103–108.
69. Hirata, M., Makihara, N., Kawai, K., and Nagasawa, M., *Adaptive Control Apparatus for a Machine Tool*. U.S. Patent, Editor. 1988, Toyoda Koki Kabushiki Kaisha US.
70. Watanabe, T. and Iwai, S., Control system to improve the accuracy of finished surfaces in milling. *Transactions of the ASME, Journal of Dynamic Systems, Measurement and Control*, 1983. **105**(3): 192–199.
71. Wu, C.L., Haboush, R.K., Lymburner, D.R., and Smith, G.H. *Closed-loop Machining Control for Cylindrical Turning*, 1986. Anaheim, CA: ASME (DSC v 4), New York, NY, USA.
72. Teltz, R. and Elbestawi, M.A., Hierarchical, knowledge-based control in turning. *Transactions of the ASME, Journal of Dynamic Systems, Measurement and Control*, 1993. **115**(1): 122–132.
73. Ramamurthi, K. and Hough, C.L., Jr., Intelligent real-time predictive diagnostics for cutting tools and supervisory control of machining operations. *Transactions of the ASME, Journal of Engineering for Industry*, 1993. **115**(3): 268–277.
74. Furness, R.J., Galip Ulsoy, A., and Wu, C.L., Supervisory control of drilling. *Transactions of the ASME, Journal of Engineering for Industry*, 1996. **118**(1): 10–19.
75. Furness, R.J., Ulsoy, A.G., and Wu, C.L., Feed, speed, and torque controllers for drilling. *Transactions of the ASME, Journal of Engineering for Industry*, 1996. **118**(1): 2–9.
76. Furness, R.J., Wu, C.L., and Ulsoy, A.G., Statistical analysis of the effects of feed, speed, and wear of hole quality in drilling. *Transactions of the ASME, Journal of Manufacturing Science and Engineering*, 1996. **118**(3): 367–375.

11

半导体制造的过程控制

Thomas F. Edgar
德克萨斯大学奥斯汀分校

11.1 引言

固态器件是在名为晶圆的半导体磁盘上制造而成的，这些器件具有由两维层面堆叠而成的三维结构，每一层的加工都由沉积、成形、掺杂、热处理四个基本操作中的一个或两个来完成。关于每种操作的例子，可以参看表 11.1。沉积的目的是在晶圆表面增加一层薄薄的特殊材料；成形是指选择性地去除晶圆表层（或多层）的过程；掺杂过程是指通过在晶圆的裸露区域加入特定的杂质，以改变晶圆表面的电导率和电阻率；最后，热处理是指对晶圆进行升温或降温，以蒸发掉溶剂或将表面退火[1]。

表 11.1 半导体制造中四个类型的单元操作

沉积	氧化、化学气相沉积、分子束外延
成形	等离子体蚀刻、离子研磨、光刻
掺杂	扩散、离子注入
热处理	快速热处理、热板加热

图 11.1 给出了半导体制作过程中具有代表性的加工步骤。为制造一个集成电路，一般需要表 11.1 所示的 10 个或更多的步骤。例如，制造一个典型的金属氧化物半导体（Metal Oxide Semiconductor，MOS）栅，需要如下步骤：

1. **沉积**：将晶圆表面氧化，以生成二氧化硅层，并充当掺杂剂势垒。
2. **成形**：在氧化层创建两个孔，用作晶体管的源极和漏极。
3. **掺杂**：通过氧化层的开口掺入 N 型杂质。
4. **成形**：去除源极和漏极之间的氧化物。
5. **沉积**：氧化裸露硅以生成栅氧化层。
6. **成形**：在再氧化的源极和漏极区域创建两个孔。
7. **沉积**：沉积导电金属层。
8. **成形**：去除部分金属化层。
9. **热处理**：在氮气环境中加热，将金属渗入裸露的源极和漏极，以改善接触性能。

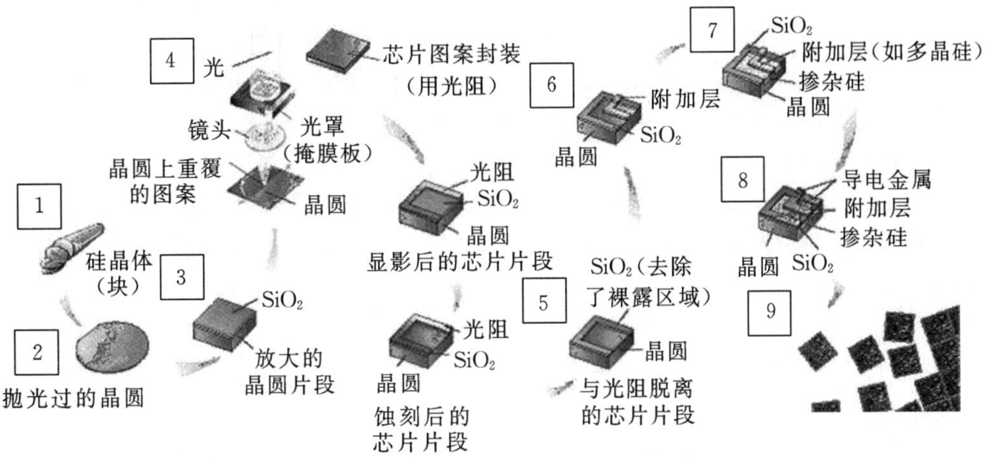

图 11.1 半导体制造中关键步骤的流程图（已获得 SEMATECH 授权）

10. 沉积：沉积钝化层以保护晶体管。

11. 成形：去除部分钝化层，以在芯片边缘生成终端垫衬。

11.2 半导体制造的控制方法

微电子加工的过程控制问题可分为四类：工厂（晶圆厂）管理、污染控制、材料处理以及单元操作控制。需要把大部分精力用于协调不同单元操作的进度、控制所需反应物的纯度以及监控晶圆在不同机器之间的转移过程。目前，在改进表 11.1 中所列出的单个单元操作控制方面的研究还较少，而这正是本章的重点。

若想在全球市场上具有竞争力，半导体制造越来越依赖于先进的过程建模和控制技术，以缩小特征尺寸（$<0.20\mu m$ 线宽）和增加晶圆直径（可达 300mm）。鉴于这些关键尺寸（Critical Dimension，CD）的约束以及进一步小型化的趋势，半导体制造对容差具有严格要求，而要达到这样严格的规范是一项重大的工程挑战。因此，需要综合建模与控制技术以获得令人满意的收益，最大限度地提高生产能力并降低生产成本。

在传统的半导体制造中存在两种截然不同的过程控制方法。统计过程控制（Statistical Process Control，SPC）技术是指通过监测过程输出（一般利用与过程不直接相关或经过变化的测量量）发现“失控”过程。SPC 企图为外部干扰赋予因果关系，如果输出变化可以归咎于某个可指明的原因，则认为该过程“失控”[2]。然而，在大部分情况下，操作员会通过调节过程的输入变量来补偿误差，而不会中断机器。SPC 并没有定义使过程重新回到“可控”状态所需要的控制操作，而将这一工作留给了控制工程师。SPC 已经在分立器件制造业中得到广泛接受，在该行业中，过程一般具有高重复性和自然可变性。

过程控制的另一种方法是自动过程控制（Automatic Process Control，APC）。APC 通过测量重要的过程变量实施反馈和前馈控制，从而保证产品质量。从本质上讲，APC 通过将输出变量的变化传递给输入的控制变量以实现该目标[3]。最近，为了减小产品的差异性，一种称为间歇控制的方法获得了广泛应用。APC从业者可将间歇控制看作一种监督控制器，用以调节底层设备控制器的设定值。间歇控制的最终目标是批量控制多个晶圆。通过分析以往批处理的结果，间歇控制器应能够操控批处理配方，以减小每个批次的输出差异。

为了完成必要的控制任务，间歇控制器具有多种组成方式。然而，除一些细节外，几乎所有的间歇控制器都具有类似的结构。它们一般由基于模型的控制器与某些类型的观测器组合而成，而且基于模型的控制通常采用线性回归和响应面模型。间歇控制器使用的大部分模型均为稳态模型，这些纯增益模型都假设过程变化缓慢，并且可由间歇控制器的积分控制操作适当地进行补偿。

在具有噪声的过程中引入反馈时，需要通过观测器估计过程的实际状态。观测器的设计可以很简单，如计算连续误差的算术平均值；也可以很复杂，如Kalman滤波器。观测器一般工作在两种模式之一：渐进模式观测器用于缓变的过程，它假设输出变化主要是由过程的自然变化而引起的；另一种模式是快速模式，它用于过程发生显著变化时的情况。当过程发生了确定性变化时，快速模式观测器赋予变化后的输出测量值较大的权重。

基于指数加权移动平均（Exponentially Weighted Moving Average，EWMA）的方案是实现最为广泛的间歇控制设计。可以证明，它与内模控制（Internal Model Control，IMC）等价[4]。一般来说，过程模型具有线性回归形式：

$$y_k = Bu_{k|k-1} + c_{k|k-1} + e_k \tag{11.1}$$

其中，y_k 是批次 k 的输出，B 是过程增益，$u_{k|k-1}$ 是根据批次 $k-1$ 时的信息计算得到的批次 k 时的输入，$c_{k|k-1}$ 是截断估计，e_k 是未知的系统过程噪声。通常情况下，系统增益和截断的初始值都是根据所设计实验的**先验知识**而获得的。

截断可以通过具有如下形式的观测器递归更新：

$$c_{k|k-1} = \lambda(y_{k-1} - Bu_{k-1|k-2}) + (1-\lambda)c_{k-1|k-2} \tag{11.2}$$

其中，λ 是观测器的指数加权因子或调整参数，其取值范围为 0～1，具体取值由观测器的期望性能决定。当系统具有较小的确定性漂移和相对较大的自然变化时，λ 的取值应较小；相反，采用较大的加权因子可以很好地补偿高度相关的输出误差。由于半导体工业过程具有缓慢漂移的特点，渐进模式观测器中的 λ 通常在 0.1～0.3 间选择。

研究间歇控制的一个驱动力是目前缺乏**现场**测量所关注的产品质量的方法。通常情况下，半导体制造的目标是控制薄膜厚度或电气特性等指标的质量。然而，在加工过程中，这些指标难以实时测量。对于大部分半导体产品来说，需将它们从工艺处理室搬到计量工具上，才能准确测量控制变量的值。有些测量方法可能不适合产品晶圆的形态，因此会对晶圆造成破坏，那么为了达到测量目的，需要牺牲同一批产品中的一个晶圆。尽管通常可用便宜的测试晶圆替代产品晶圆，然而测试晶圆不能反映或只能部分反映产品晶圆的形态，其结果不能代表实际的产品晶圆。由于**异位**测量很费时，工厂在获得测量结果之前可能已经生产了很多新产品，所以这种测量延迟会给间歇反馈控制带来问题。虽然现代工厂很少采用在线的过程传感器，但在过去几年中，已经开始应用来自商业供应商的新型传感器，包括射频（Radio Frequency，RF）传感器以及针对工艺（发射光谱或OES）和晶圆的光学传感器（干涉、椭圆测量术、散射、傅里叶变换红外光谱）。此外，廉价的质谱仪也投入使用。

对于可以实时测量的被控变量（Controlled Variable，CV），例如化学浆液流速以及能够反映反应器状态的温度和压力等过程输入，半导体加工工具也具有实时控制器，通常是 PID 回路。为了实现控制目的，制造工程师需设定一个配方，其中包含为生产出合格产品所需要的输入和状态的设定值；而负责监督的间歇控制器的任务则是调整配方参数，以减小输出产品的差异。

在诸如特种化工等其他批过程工业中，主要的控制问题是跟踪批过程中的设定值。在半导体制造中，主要的控制问题是抑制干扰、前馈控制以及适应不同批次间的产品目标的变化（修改设定值）。干扰包括设备老化、机器维护、室壁堆积物以及不可测的输入晶圆的状态变化。可以改变的前馈值包括可测的机器状态（如传热管的使用时间）以及测量的晶圆状态（如薄膜厚度）。由于同一台机器可以反复用于不同的过程或生产不同的产品，那么改变产品目标是必要的。

图 11.2 给出了美国超微半导体公司（Advanced Micro Devices，AMD）中典型设备操作的控制策略，其中的计量步骤同时采用了前馈和反馈控制方法。在前馈控制中，薄膜厚度测量值决定了沉积或蚀刻步骤的起点。对于蚀刻而言，需要知道去除多少材料，然后根据已知的若干纳米/秒的蚀刻速率设定蚀刻时间。每步中的反馈控制均采用间歇控制器。若要了解厂级控制的更多细节，读者可查阅文献[5]。

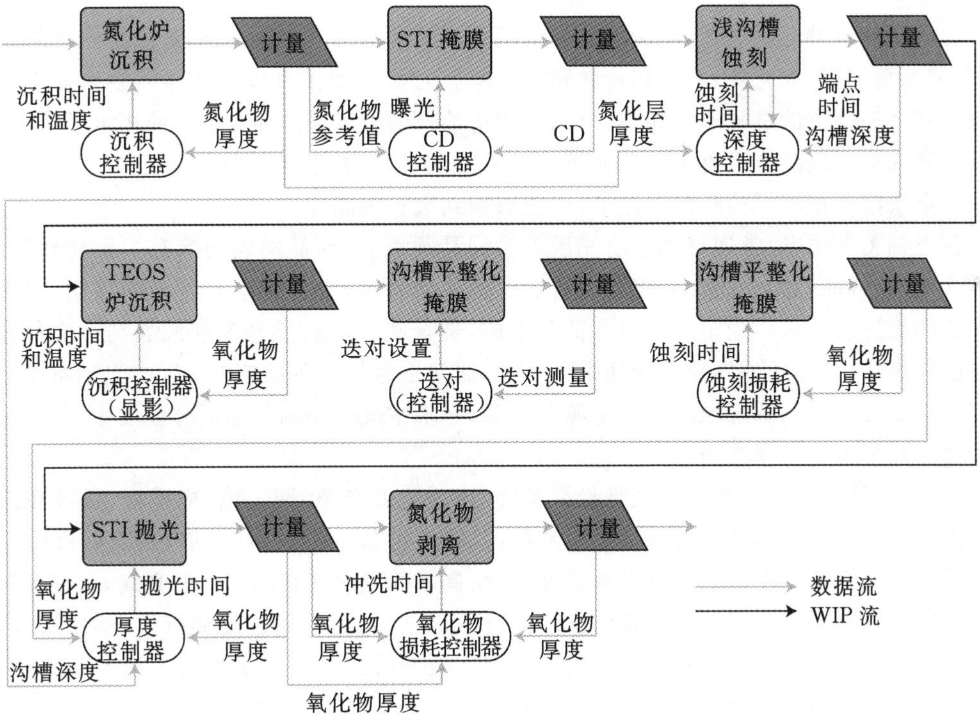

图 11.2　AMD 公司中的厂级控制（改编自 Qin，S. J.，et al.，*Journal of Process Control*，16，179－191，2007）

APC 已经广泛应用于半导体制造中的单元操作，包括化学气相沉积、扩散炉、快速热处理（Rapid Thermal Processing，RTP）、等离子蚀刻、光刻以及化学机械抛光（Chemical-Mechanical Planarization,CMP)[3]。大多数大型制造企业均设有内部控制组,负责实现生产中的建模与控制技术。这些工作通常需要选取和发展现有的控制理论以适应半导体制造的特殊需求。

人们希望精心设计的工厂控制系统能够改进生产量、生产周期、收益、维护周期、柔性、对局部和全局工艺的理解以及上市时间。APC 还可以延长工厂加工设备的使用寿命。国际半导体技术蓝图(The International Technology Roadmap for Semiconductor,ITRS)[6]强调需要提高生产力,以保持本行业每年每项功能成本降低 30%。虽然可以通过提高产量来降低成本,但是目前的产量已经很高。因此,未来必须通过增加资本设备的利用率,最大限度地提高产品晶圆的生产量并降低安装成本,从而降低总体成本。

11.3 典型示例:光刻过程

本节以光刻过程[7]为例说明半导体加工中建模与控制的基本思路。光刻过程具有两个目标:一是尽可能按照每一层的设计要求,在晶圆表面上生成图案。晶圆表面上的图案尺寸称为特征尺寸,更常见的叫法是关键尺寸(CD)。虽然从技术方面讲,CD 是图案中最小的计量单位,但是计量工具通常使用 CD 来描述图形的大小。二是确保晶圆的每一层与前一层对准,从而保证整个器件对准。这里的"对准"通常称作迭对[8]。

与摄影和玻璃蚀刻类似,光刻工艺中的图案转移包含多个步骤。首先根据器件的设计要求,在玻璃金属罩(即光罩)上创建待转移的图案。光罩的制作过程与半导体制造业中将相应图案转移到晶圆上的过程非常相似,可以采用抗蚀-曝光-显影循环或直接使用电子束,将图案刻在镀铬的空白玻璃或石英石上。光罩需完美无缺,因此检查生成的图案至关重要。光罩上的一个小缺陷在被工厂检测出来之前,可能影响到数百个晶圆。

在光刻工艺中,通常通过光罩将光源汇聚到晶圆表面,而晶圆表面涂有一层光敏聚合物,称为光刻胶,或简称为光阻。光阻具有特定的热流动特性,它被粘附在特定的表面,用来和特定波长的光进行反应。光阻通常由四部分组成:聚合物、溶剂、感光剂和添加剂。这种光敏光阻需施以保护,以防止外界环境光线引起早曝,这就是为什么在半导体工厂的光刻室中使用黄色灯光的原因。当晶圆区域受到能量源照射时,光阻中聚合物的化学成分会发生变化,使得其或多或少地可溶于显影液中。

图 11.3 给出了一个常见的光刻投影系统,该系统由光源、聚光镜、掩膜板、物镜和涂有光阻的晶圆构成。光源与聚光镜合称照明系统,其镜头由若干折射镜(玻璃)和反射镜(镜面)组合而成。照明系统的作用是提供具有适度强度、良好的方向性和均匀性的光线,并将其从光源传递到掩膜板。光线会穿过掩膜板(光罩)的透明部分,并在这里被玻璃折射,然后穿过物镜,将图案投射到晶圆表面。晶圆表面裸露区域的光阻变得或多或少地可溶于特定的溶剂中,当晶圆显影时,掩膜板上的图案已转移到晶圆表面,为下一步的操作做好了准备。

光刻涉及到化学和机械加工,是半导体制造中最复杂的单元操作。该工艺可以选择**步进式光刻机**或**扫描式光刻机**作为加工工具,具体选择哪一种工具取决于晶圆通过光罩曝光区域的方式。步进式光刻机首先使某一晶圆片段的整个场区曝光,然后移动晶圆,使其下一片段的整个场区曝光。如此重复,直到整个晶圆都被曝光。扫描式光刻机并不一次曝光整个场区,而是使光线穿过光罩的狭窄场区并投影到晶圆上,这与影印机的工作方式非常类似。扫描式光

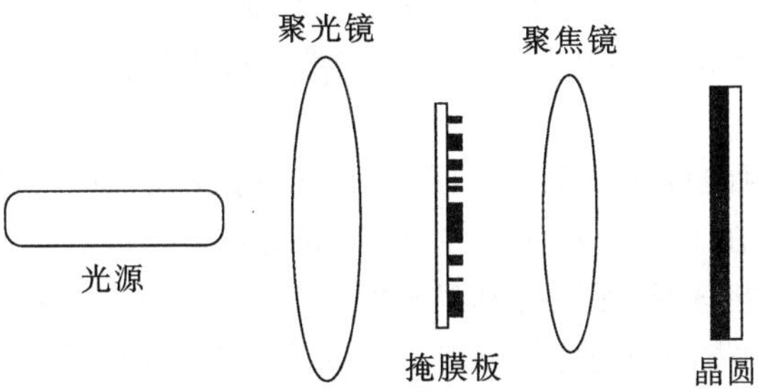

图 11.3 用于光刻的基本投影系统(改编自 Martinez,V. and T. F. Edgar, *IEEE Control Systems Magazine*,26(6),46-55,2006. © IEEE,2006)

刻机中的晶圆和光罩同时移动,但光罩移动得快一些,因此光罩上的图像比投射到晶圆表面的图像大几倍。当某个场区曝光后,晶圆移动到下一场区,这就是为什么扫描式光刻机也被称为步进扫描工具的原因。大多数的现代工具均采用步进扫描方式,并使用深紫外光(Deep Ultraviolet,DUV)激光投影图像。

半导体器件每一层的形成都需将图案从光罩转移到晶圆表面,这涉及十个基本步骤。根据所要形成的层和使用技术的不同,需要的步骤有很大差异。图 11.4 说明了为产生图案所需的蚀刻和光刻步骤,每一步都会涉及一些过程控制技术,下文将对其进行讨论。

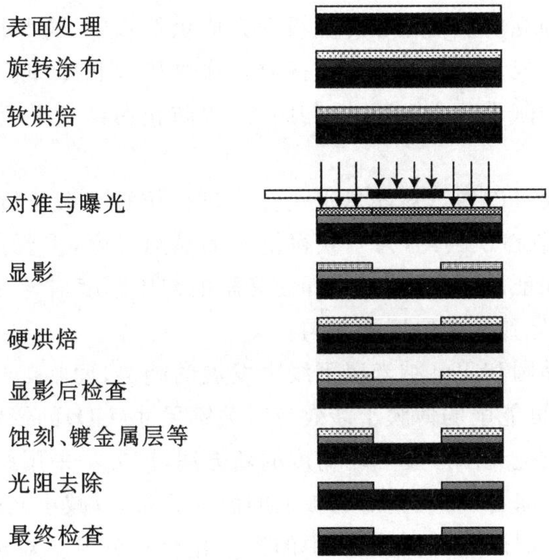

图 11.4 光刻工艺中将图案从光罩转移到晶圆所需的十个步骤(改编自 Martinez,V. and T. F. Edgar, *IEEE Control Systems Magazine*, 26(6),46-55,2006. © IEEE,2006)

11.3.1 表面处理与光阻涂布

在应用光阻之前,需要彻底清理晶圆表面,保证无污染物或湿气。根据前一步骤的内容,晶圆可能需要经历化学清洗步骤。为确保与光阻的粘结,晶圆表面不能有水颗粒,因此有时还需将晶圆脱水烘焙。为保持低湿度环境并防止水汽在晶圆表面集结,需要合理设定工厂的环境条件。除了脱水烘焙,可能还需在晶圆表面预先涂一层化学材料,以确保晶圆与光阻的良好粘结。

在晶圆表面涂布光阻的目标是创建一层均匀、无缺陷的薄膜。典型的光阻层厚度在0.5～1.5μm之间,厚薄相差在±0.01μm以内。为了实现如此严格的均匀性,现代跟踪器(一种单独的设备,通常与光刻机连接)采用移动机械臂施配工艺。每个晶圆低速旋转,同时移动手臂式光阻分配器从晶圆的中心向边缘缓慢移动。整个晶圆涂抹完毕后,加快转速使光阻变为均匀的薄膜。该技术可以在晶圆上创建较均匀的薄膜,并最大限度地减少材料浪费。光阻膜的最终厚度会受到光阻粘度、表面张力、干燥性能以及旋转速度的影响。

11.3.2 软烘焙

软烘焙是一种热操作,用以去除光阻上的溶剂。需要去除晶圆表面薄膜上的溶剂的原因有两个:第一,溶剂颗粒会干扰曝光源引起的化学反应;第二,过量的溶剂会使薄膜无法完全粘附在晶圆表面,从而引起光阻脱落。为了避免过烘焙和欠烘焙,控制烘焙温度和持续时间是很重要的。过烘焙可能引起光阻分子发生聚合,而欠烘焙则可能导致在曝光阶段无法形成完整的图案。

目前存在多种烘焙方法:对流烤箱、真空烤箱、微波炉、加热板等。加热板的烘焙时间短、温度控制能力好,因此获得了广泛使用。然而,它只能操作单个晶圆,会降低产量。

传统的热系统采用独立的烘焙板和冷却板来完成烘焙步骤,这些操作单元由被设定在恒温点的大型热质量系统组成。基质并不是直接放置在烘焙板和冷却板上,而是放置在小基座上,与平板保持大约5密耳(千分之一英寸)的距离,以防止污染。平板可以单独使用,也可组成多区域系统。

传统烘焙系统的性能可以通过对能量平衡方程进行仿真[9]来分析。正如预期的那样,晶圆边缘的温度低于晶圆中心。因此,为了获得统一的晶圆温度,需要使用温度不均匀的烘焙板。传统的烘焙板不能保证晶圆温度一致,即使光阻的初始厚度均匀,接下来的烘焙也会使得晶圆的温度不一致,从而导致光阻厚度不均匀。

随着向更大尺寸的晶圆和100纳米以下线宽发展的趋势,面临的挑战之一是严格控制光阻的厚度和均匀性,以尽可能削弱薄膜干涉效应对关键尺寸(CD)的影响。Ho等学者[10]提出了一种通过软烘焙工艺改进光阻厚度和均匀度的新方法,该方法采用厚度传感器阵列、多区域烘焙板以及先进的控制策略,实时调整烘焙板上的温度分布,以减小光阻厚度的不均匀性。该方法还可以限制烘焙板的温度,以防止光阻中的光敏化合物分解。对于不同的晶圆以及单个晶圆,他们实验获得了稳定的光阻厚度改善性能,厚度的不均匀度小于10埃。与传统的软烘焙工艺相比,该方法将厚度均匀性平均改进了10倍。

11.3.3 对准与曝光

图案的精确对准和图案尺寸的精确投影是半导体制造中生产功能芯片的最关键要求,这里的功能芯片也称为裸片。晶圆的每一层都必须与上一层和绝对基准恰当对准,才能正确形成整个器件。目前存在多种对准系统,它们均为光学和非光学系统。为简单起见,这里只介绍本行业中较常见的、用于步进扫描工具的光学对准系统。曝光系统也千差万别，主要取决于使用的能源类型。

在步进-扫描式系统中，晶圆和光罩同时移动，这使得对准每个组件尤为重要。光罩是运动系统平台的一部分，它只能在两个维度上移动。晶圆则可以在平台所处的平面以及任意角度的倾斜平面上移动。通过放置光罩使其轴线与晶圆凹槽成 90°，可以对准晶圆的第一层，后续层则可以借助对准标记与前一层进行对准，这里的对准标记也称为靶子，具体如图 11.5 所示。那些特殊的图案位于每个裸片的边缘，并被机载对准系统用于在每步中定位晶圆。自动对准是通过汇聚一束低能量的激光束，使其穿过光罩上的对准标记，并由晶圆表面上的标记反射回来而实现的。机载计算机进行信号分析后计算校正量，发送给晶圆定位系统，使晶圆与光罩对齐。

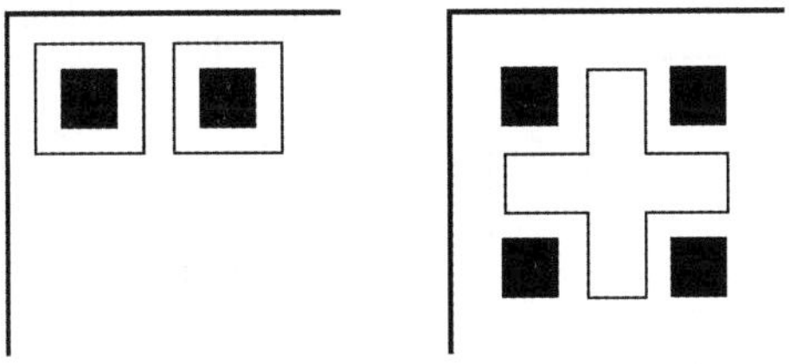

图 11.5　对准标记示例(改编自 Martinez, V. and T. F. Edgar, *IEEE Control Systems Magazine*, 26(6), 46 - 55, 2006. © IEEE, 2006)

11.3.3.1　光刻迭对(对准)

对准晶圆上的第一层掩膜板，使其 X 轴与晶圆平面或凹槽平行，采用对准标记将后续的掩膜板与前一层对准，这些对准标记可能位于裸片之间，也可能位于晶圆边缘，具体如图 11.5 所示。接下来，光刻机采用低能量激光将光罩与晶圆表面的标记对准。在所谓的**"经由透镜对准"**系统中，光刻机可以使用光罩上的标记或投影系统中的参考点。对准系统有两个目标：使当前层与**参考对准层**对准，使整个器件结构保持刚对准后的状态。

晶圆曝光之后，离开光刻机，进入单独放置的计量工具。计量工具使用与当前层相同的标记，但与光刻机不同的参考层，该层称为**测量层**。器件的设计规范、整体对准目标以及标记本身的可见性等多方面的原因促使计量工具与光刻机采用不同的参考层。这样的系统难以控制，这是因为其输出(计量结果)和输入(光刻机校正量)没有准确且直接的关系。迭对误差可以分为多个类别(线性、旋转、晶圆场区、光罩场区等)，这取决于它们的产生原因和形状。图 11.6 给出了各种晶圆场区和光罩场区误差的示意图。

迭对计量方法涉及在晶圆表面选择用于测量晶圆与光罩之间的误差的位置。可以采用数学回归技术来拟合原始数据以得到迭对模型，不同的综合制造商使用的迭对模型也有所不同，式(11.3)和(11.4)给出了一个典型的场区内误差模型：

$$\delta e_x = T_X + S_s * x - R_s * x + S_A * x - R_A * y \tag{11.3}$$

$$\delta e_y = T_Y + S_s * y - R_s * y + S_A * y - R_A * x \tag{11.4}$$

其中，δe_x 表示测得的 x 轴对准偏移，δe_y 表示测得的 y 轴对准偏移，T_X 表示 x 方向上的平移，

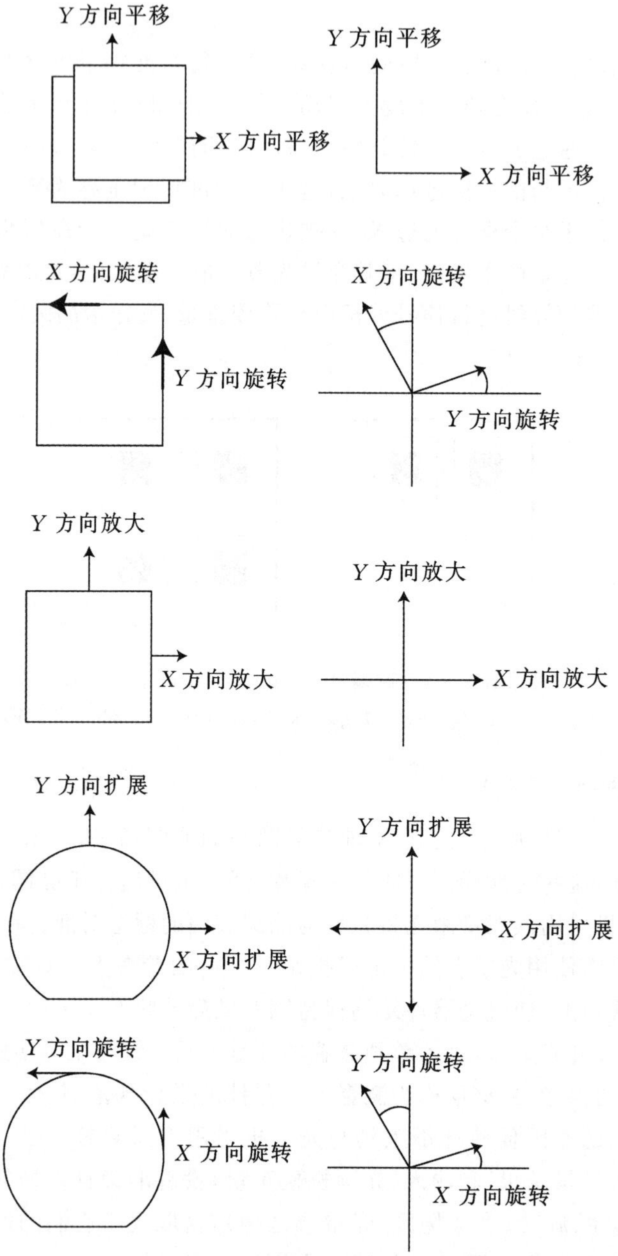

图 11.6 晶圆或光罩场区误差(改编自 Martinez, V. and T. F. Edgar, *IEEE Control Systems Magazine*, 26(6), 46-55, 2006. © IEEE, 2006)

T_Y 表示 y 方向上的平移,S_s 表示对称性缩放,R_s 表示对称性旋转,S_A 表示不对称性缩放,R_A 表示不对称性旋转,x 表示从晶圆中心到数据点的水平距离,y 表示从晶圆中心到数据点的垂直距离。

计量工具软件采用来自晶圆测试点和一般 9～15 个光罩场区的原始数据来计算晶圆迭对

参数的平均值，其中每个测试点和场区上都有若干对准标记。测量一批中所有的25个晶圆是不现实的，因此可以随机选择几个晶圆进行测量，然后将计算得到的平均值再次平均，作为该批晶圆的迭对测量值。选择能够精确代表待测量晶圆上的所有光罩场区的测试点，需要花费很大精力。应选择晶圆边缘和中心等位置作为测试点，以代表晶圆的所有区域。

对于给定层，仅当最大迭对误差符合规范，才允许晶圆继续进行下一步操作。后续层的对准标记将会发生一定偏移，而当晶圆到达光刻设备为下一层曝光时，晶圆将根据有偏移的标记与光罩对准。这种类型的误差会在层与层之间累积，导致最终产品与原始层完全错位。不同的设备（步进式光刻机、扫描式光刻机）和不同的光源（I-线、DUV）会造成迭对误差的积累。

AMD公司采用模型预测控制（Model Predictive Control，MPC）进行大容量加工设备的光刻迭对控制[11]。与手动方法相比，自动迭对控制能够将所有掩膜操作最大测量点误差的平均值减小43%，将投影开始时的平均最大误差减小为允许迭对误差的90%。当控制器用于更多掩膜层并精确配置后，它能够将总体误差降低到平均规格界限的51%左右，并在超过2年的时间内稳定运行。

间歇控制的第一阶段将采用一个标准的基于模型的EWMA控制器，并持续23个月。MPC被用于加工设备以支撑EWMA控制器，自2002年起获得成功应用。除了本章详细介绍的一些改进外，MPC方法能够将EWMA控制器的平均迭对误差改善9%。

除了改进控制性能之外，采用MPC方法还可以带来其他生产效益。半导体制造中广泛使用的测试晶圆属于非产品晶圆，或为小批量产品晶圆，它们参与半导体制造的全过程，并用以评估其性能。由于测试晶圆增加了运行过程的成本，包括原材料成本及占用的正常产品的加工时间，所以我们期望减少测试晶圆的使用量。AMD公司采用MPC控制方法，有效减少了迭对控制中测试晶圆的使用量。MPC方法还可以自动管理配方，大大减少了人为错误，缩短了维持过程所需的工程时间。这些优点以及改进的控制性能提高了光刻模块的工具利用率和生产能力。

11.3.4　显影与硬烘焙

晶圆完成对准和曝光步骤后，光罩的图案已隐藏在晶圆表面。光阻曝光区域已发生聚合反应，这将使它们能够不溶于（负光阻）或溶于（正光阻）显影液中。将正光阻和负光阻显影的过程以及所需使用的化学药品是不同的。

负光阻会在晶圆表面的两个区域之间产生具有较大差异的溶出率，显影过程由化学显影浸泡以及随后的冲洗步骤构成。化学显影浸泡可以溶解掉晶圆上的未聚合光阻，并原封不动地保留好聚合的光阻。冲洗有两个目的：一是迅速淡化晶圆表面的显影液以停止显影过程；二是去除曝光与未曝光区域间过渡区域中未完全发生聚合的光阻。另一方面，正光阻在曝光与未曝光区域的溶出率差异较小，这更增加了显影过程的精细程度。光阻在显影液中的时间过长可能会导致光阻过薄或脱落。

硬烘焙是光刻操作中的第二次热处理，其目的与软烘焙相同，即蒸发溶剂和硬化光阻，该操作的目标是实现光阻与晶圆表面的良好粘结。对于大晶圆而言，控制温度的均匀性是一项挑战。为了获得统一的温度，设备通常配有多个加热区。可以采用诸如文献[9]中介绍的与软烘焙步骤类似的方法进行多区域温度控制。

11.3.5 显影后检查

显影后检查（After Development Inspection，ADI）的目的是评估晶圆表面图案的质量。ADI测量两个变量：CD和迭对（将在下文讨论）。如果这两个变量中的任一个超出了规格限定的范围，相应批次的产品将会被拒绝，在去除光阻后，将其放入光刻室重新处理。这类产品通常称为**返工品**，返工品将与新批次（一次通过的）产品经历相同的阶段。如果没有手动或自动反馈控制，它们还将得到与新批次产品相同的配方设置。随着设计复杂性的增加和印制CD尺寸的减小，返工率也会增大。虽然返工批次产品的质量不差于新批次产品，但是返工会降低生产量、浪费时间和材料。保持最低的返工率对于保持工厂高效率和高效益运行是很重要的。

存在多种对CD和迭对进行测量的方法，扫描式电子显微镜（Scanning Electron Microscope，SEM）是现代晶圆工厂最常用的设备。它使用电子束作为照明源，电子撞击引起晶圆表面释放电子，这些二次电子被计算机收集并译成图像；然后采用先进的模式识别软件对图像进行分析，并计算得到晶圆的CD和迭对。这些数值会被发送到数据档案，必要时用于调整配方参数。

11.3.6 最后步骤

通过ADI检查的晶圆将被送到工厂的下一个车间，进行蚀刻、金属喷镀、掺杂等步骤。在蚀刻步骤中，晶圆暴露在反应液（可以是液体、气体或等离子体）中，反应液腐蚀晶圆表面的材料。蚀刻将光罩上的图案刻到晶圆基质上；蚀刻过后，晶圆与光阻脱离并被再次检查，这种检查称为清洗后检查，或简称为ACI（After Clean Inspection）。蚀刻不会影响晶圆表面图案的位置，因此无需再次测量迭对而只需测量CD。过蚀刻或欠蚀刻均会引起CD错误，而该错误是不可修复的，通常会致使晶圆上的器件无法使用，从而导致晶圆报废。这就是为什么CD控制在蚀刻过程中非常重要并在过去十年一直是主要研究对象的原因[12,13]。

11.4 步进式光刻机的匹配（工厂控制）

间歇控制在整个半导体行业已经获得较为广泛的应用；很明显，其独特的制造特点促使人们开发出更为有效的算法。其中一个特征是，单个工厂（如ASIC工厂或晶圆代工）需要制造多种混合的产品，其中涉及的产品不仅种类多，而且产品的组合不断地变化。此外，工艺设备的高成本驱使制造商最大限度地使用他们的工具，尽可能减少设备关机和空闲时间，导致留给专门加工特殊产品的时间很少。因此，一批特定产品与下一批同样的产品在工厂中可能经历完全不同的加工途径。

产品质量的变化会受到制造工具以及产品自身的影响，在这里制造工具也被称为制造环境。不同的产品在使用材料、器件和连接件的配置或布局、特征尺寸以及整体芯片尺寸等方面各有不同，它们在加工过程中的行为也不同。更为复杂的是，看似相同的工具在加工相同晶圆时的表现也有所不同，这是由于工具自上次维修后加工产品的数量不同、工具在制造过程中存在的微小差异、外部条件发生细微变化等原因造成的。

在工厂控制中，光刻工程师会使用一种称为工具匹配或光刻机匹配的技术。该方法对于迭对操作尤其有用，这是因为其中每一层的位置取决于前几层的位置。每个光刻机均具有对准晶圆和光罩的内部机制，这些机制会引起图案产生系统误差，通常定义为式(11.5)所示的配准误差：

$$R = P_1 - P_0 \tag{11.5}$$

其中，R 表示配准误差，P_1 表示晶圆中图案的位置，P_0 表示工具参考网格中的对应点。

工具参考网格的形式取决于工具制造商，但大多均使用印在晶圆上的初始的零层。在曝光每个场区前对准光罩和晶圆时，工具会使用参考网格及光罩上的标记，将晶圆移动到正确位置。尽管经过不断校准，不同的光刻机仍具有不同的配准特征。

配准误差(及迭对误差)可以分为两类，即**场区内误差**与**场区间误差**。场区内误差是由工具的投影系统和光罩本身造成的，而场区间误差则是由平台的定位系统造成的。晶圆表面不一致的误差并不是由工具软件使用的全局迭对模型造成的，因此不能通过改变模型配方参数而得到控制。然而，这些误差在每个工具中表现出一定的一致性，并在不同层间重复出现。如果一个完整器件只在一个工具上创建，那么配准误差可以被消除，从而产生较小的迭对误差。但是，采用一台设备只生产单一的产品会导致设备成本过高，这在经济方面是不可行的，特别是那些要在一个月内加工出多种最终产品(例如 50 种)的大容量、高混合制造环境，成本将更高。在这种情况下，一个给定的光刻机要用于生产多种产品。

大多数工厂具有不同级别的专用工具，然而，他们通常都采用最先进(且昂贵)的光刻机加工关键层，而采用较旧的光刻机加工非关键层。在这种所谓的**混合与匹配环境**中，配准误差是形成累积迭对误差的重要原因。光刻机匹配通过调整工具的内部参数来重新产生特定的配准图案，进而尽可能降低现有工具组中配准误差的变化。一组专门生产的具有最小配准误差的**标准晶圆**被提供给车间中每个光刻机作为参考，根据计量数据调整光刻机，使之与标准晶圆上的图案相匹配。不断重复该过程，可以实现所有工具的相互匹配。

另一种可选的光刻机匹配技术是通过定义一个参考光刻机而实现的。参考光刻机首先在晶圆上印制一个参考图案，然后其余的光刻机加工这些晶圆，通过不断调整来实现与参考工具的匹配。该技术虽然在匹配迭对误差方面具有优势，但在配准误差方面稍有欠缺，同时它还依赖于参考工具的瞬时状态。

光刻机匹配过程的目标是校准车间中的所有工具，使它们的性能尽可能接近。不幸的是，光刻机性能通常随时间发生变化，因此需要对它们定期调整，有时需要每周进行一次。当发现某工具不合规格时，必须对它进行必要的脱机调整。在大批量制造环境中，工具闲置时间会降低生产率和生产量，工具调整引起闲置的成本会超过人工匹配工具的成本。

11.5　快速热处理(Rapid Thermal Processing，RTP)

RTP 已经成为几乎所有现代集成电路制造中不可或缺的一步。集成电路制造中的硅化物退火、植入物退火、栅氧化层的形成等步骤都需要将硅片加热到高温(如 1000℃)状态并持续很短时间。这些工艺中限制性最小的也许是硅化物退火，该步骤中覆盖在晶圆表面的金属薄膜与硅退火，形成金属硅化物(如硅化钛)。RTP 具有能源需求低、能够加工单个晶圆(限制不当处理的后果)、在晶圆加热前清除不利气体(如氧气)、工作周期短从而减少加工工作量(Work in Progress,WIP)等优点,因此目前获得广泛应用。由于硅化反应的过程窗口相对较大,RTP 在温度均匀性方面的限制不会阻碍其应用。

RTP 系统采用红外热源加热半导体晶圆,红外热源通常选择卤钨灯或电弧灯(见图 11.7 中的多区灯配置)。在这些系统中,辐射通常是主要的传热机制。温度控制、均匀性问题以及滑移错位已成为限制 RTP 广泛用作生产工具的主要障碍。影响 RTP 系统中晶圆温度均匀性和过程可重复性的主要因素包括红外热源、热处理室设计以及包含有非入侵式实时温度传感系统的温度控制系统。由于晶圆表面温度的微小变化将导致反应速率的巨大差异,所以保持晶圆表面温度均匀是至关重要的。RTP 设计中的另外一个问题是,对于硅沉积而言,表面吸收能力和粗糙度会随着薄膜厚度的增加而改变,这反过来会导致恒定照射灯设置的传热率随时间变化。此外,温度测量(通常采用高温测量法)也会出现错误。这意味着,由于过程增益的非线性、时变特征,以照射灯电压为调节变量(Manipulated Variable,MV)、以温度为被控变量(Controlled Variable,CV)的恒增益比例控制器会导致非恒定的增长率[14]。Breedijk 等学者[15]提出了一种增强的非线性模型预测控制方法,该方法将连续线性化模型和模型预测控制应用于 RTP 反应器,与先前提出的基于线性模型的方案相比,可以提供更好的控制效果。他们获得了半导体晶圆能量方程的广义分布参数模型。在为四区反应器(见图 11.6)开发多变量控制系统的过程中,Breedijk 等学者[15]认识到 4×4 控制系统的病态本质,这可以从增益矩阵条件数中反映出来。他们没有使用 MPC 算法进行模型预测,进而控制四个温度的平均值和标准偏差,而是将输出方程进行变换,得到一个 4×2 的降阶系统。4×2 与 4×4 系统的归一化增益矩阵表明,与原系统相比,变换后系统的非线性减弱了。增益矩阵的对比表明,变换后系统的条件数更好(小于原系统的百分之一),因此比原系统更容易控制。

11.6 等离子蚀刻

等离子蚀刻过程的控制是微电子工业需要面对的一项更艰巨的挑战。这个过程本身可用一个关于非线性变量的复杂函数描述,而我们对该函数还知之甚少。蚀刻率、均匀性、器件几何尺寸等关键工艺参数难以直接获得,并且在蚀刻操作中它们一般都是未知的。此外,蚀刻性能依赖于时变的因素以及腔体结构,因此很难获得可重复的结果。

等离子蚀刻的常规操作比较基本,采用简单的比例-积分-微分(Proportional-Integral-Derivative,PID)算法可以控制各个气体流速、射频或微波功率、腔体压力、施加的偏置电压以及其他工艺参数。绝大多数变量相互耦合,这使得单独调节任一参数非常困难。蚀刻率、最终器件的几何尺寸、单个晶圆在不同阶段的均匀性和不同晶圆间的均匀性,以及其他工艺参数组成的调节变量和控制变量之间的关系难以建模。目前还不能对这些变量进行现场实时测量,这使得自动过程控制难以实施。

表 11.2 给出了等离子蚀刻过程中的过程变量,其中的测量变量可以从过程仪表中获得,MV 是可以随时改变的输入变量(通过控制系统),性能变量是需要在过程操作中优化的变量。表 11.2 是从诸如 Cl_2/N_2 的氯基等离子体的监控系统中得到的,这里之所以选择氯基等离子为例子,是因为它已广泛用于金属栅极蚀刻。

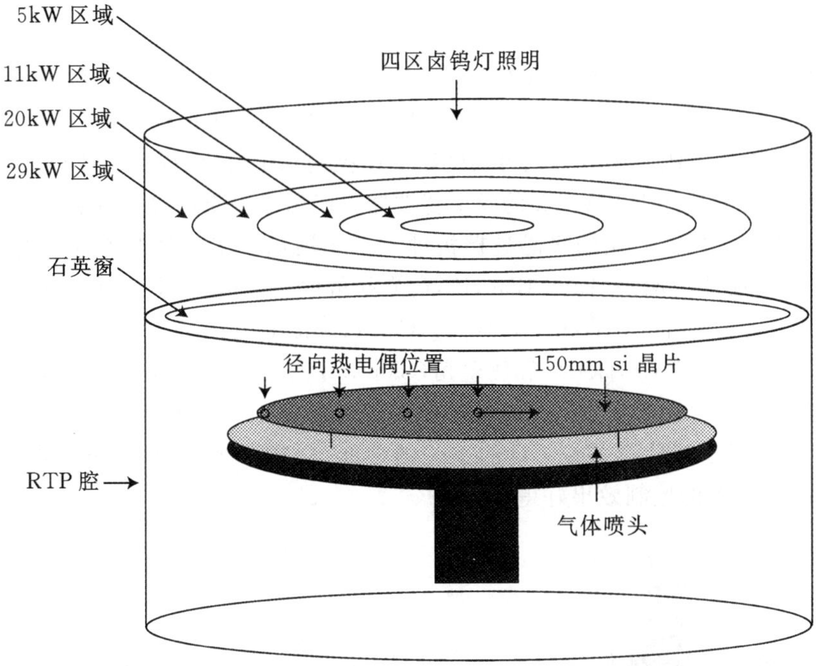

图 11.7 德州仪器四区 RTP 系统的示意图

表 11.2 采用 Cl_2/N_2 蚀刻 TiN 金属栅极时涉及的重要测量变量、调节变量和性能变量

测量/被控变量	调节变量	性能变量
[Cl],[Cl_2]	RF 功率	TiN 蚀刻率(中心)
DC 偏置功率(离子能量)	腔体压力	TiN 的蚀刻均匀性(中心边缘)
撞击率	蚀刻剂成分(N_2/Cl_2)	TiN 的水平蚀刻率
电子密度	蚀刻剂总流速	选择性
电子能量分布		

来源:改编自 Edgar,T. F.,*SEMICON Korea*,STS-2,65-77,Seoul,Korea,2008。

在建立适当的模型后,需要为蚀刻过程设计间歇反馈控制系统。例如,RF 电源系统是等离子体蚀刻反应器中的一个关键子系统,它控制等离子体的密度以及基质的电势。在等离子蚀刻过程监控中,通常采用 OES 现场测量等离子体的状态。对于特定的等离子体,OES 谱中有几个对应的特征线或峰值。一般情况下,需要根据经验将这些特征线和峰值加权后,才能用来近似相关样品的浓度。

等离子蚀刻的主要控制指标是线宽的中心和边缘控制、隔离嵌套线。对于栅极、触点和槽位的加工,存在多个控制变量,可以保持晶圆的均匀度和线密度的灵敏性。在蚀刻轮廓和线宽控制中,需要调整多个 MV 以满足中心和边缘轮廓的控制要求。为了解决轮廓和均匀度控制问题,系统需要采用能够识别 CV 与 MV 间相互作用的多输入多输出(Multiinput Multioutput,MIMO)方法。蚀刻方法通常包含多个步骤,每个步骤具有不同的 MV。典型的 MV 包括步骤持续时间、气体流量、功率、压力、温度、气体组合比例、中心和边缘气体流量,以及中心和边缘的温度。

非线性规划可用来处理非线性 MIMO 关系,并给 MV 和 CV 施加约束,从而在每次运行后修改蚀刻配方,最大限度地改善多步骤蚀刻工艺的性能。二次目标函数采用加权因子来区分各个控制变量的优先级。配方优化可与间歇反馈控制相结合,以提供闭环控制,最大限度地提高特定的性能目标。基于 EWMA 的反馈滤波器可以用来更新每次运行后的偏移项。

Lee 等学者[17]采用商业化的多晶硅栅极蚀刻工艺展示了多变量配方优化的效果。如图 11.8 所示,CV 包括蚀刻偏差(Etch Bias,EB)、侧壁角偏差(Sidewall Angle Bias,SWAB)、中心和边缘 CD 之间的差值(Difference between Center and Edge CD,CDΔ)。引入的干扰变量(Disturbance Variable,DV),即 CD 和侧壁角(Sidewall Angle,SWA)也会影响到 CV,因此需要将这种交互作用包含在模型中。系统的控制性能由所增加 CV(SWA 和 CDΔ)的均方误差(MSE)来衡量,它优于当前仅控制 CD 的工艺的性能。与"不施加控制"的情况相比,MIMO 优化对 SWA 和 CDΔ 的控制效果好得多。

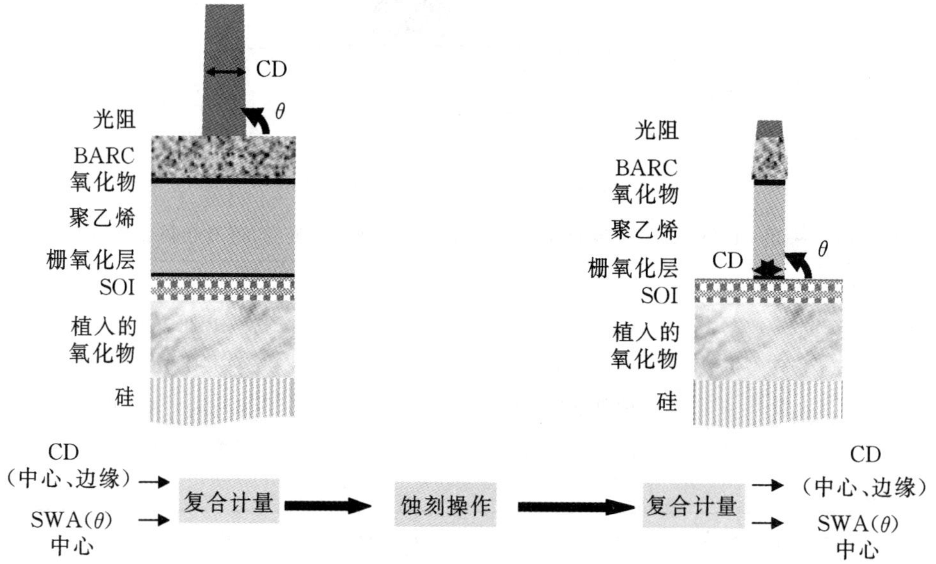

图 11.8 半导体制造中多晶硅栅极蚀刻过程的输入和输出。晶圆中的测量输入(CD)和 SWA 可用于前馈控制,而测量输出(CD、CDΔ 及 SWA)用于反馈控制。BARC 表示底部抗反射涂层,SOI 表示绝缘体上的硅

11.7 化学机械抛光(Chemical-Mechanical Planarization,CMP)

CMP 用来保证层间介电二氧化硅的平整度,并为光刻过程中亚微米槽位隔离提供所需要的平整度。CMP 过程涉及将硅晶圆在真空下附着在载体上,并将其面朝下压入抛光垫。抛光环境中充满胶体浆,这可以增强耐磨性并有助于防止氧化物或金属再沉积。在抛光板旋转的

同时，晶圆也沿其轴线以与抛光板相同的轨道旋转。鉴于抛光环境的性质，不可能获得表面平整度的实时测量值，因此需要离线测量表面的厚度和均匀度来描述这个过程的特征。现代工具可配置多个加工头，允许同时抛光多达五个晶圆。

CMP 用于晶圆光刻前的准备工作，其目标是尽可能地将晶圆平整化[3]，通常根据表面均匀性要求限定靶材厚度。CMP 过程的输出通常受到三种变化的影响：一是过程的自然变化。每个制造过程都会受到自然变化的影响，CMP 过程中的随机噪声会被不均匀的抛光泥浆放大。二是来自前几个过程的变化。其他过程经历沉积等输出变化后，会与抛光过程发生耦合，这就有必要采用前馈控制器。最后，CMP 过程还会受到耗材退化的影响。随着晶圆的抛光，抛光垫会发生磨损，导致抛光率下降。CMP 过程中的其他耗材还包括晶圆载体和调节垫。随着多头抛光工具的引入，产生了一个新的变化源。加工头间的依赖关系会引起抛光率的细微变化，而这会导致输出产品的重大变化。

由于表面厚度无法现场测量，实时控制只能作用于过程输入。输入包括抛光时间、抛光垫转速、抛光头的下压力、泥浆传输率、晶圆转速以及载体的反作用力。通常采用一组单输入单输出的 PID 控制回路将这些输入保持在抛光方法规定的设定值。由于 PID 控制器只对输入作出响应，因此必须使用监督控制或间歇控制方法更新设定值，以补偿过程中的变化[18]。

11.8　结论

未来的微电子制造控制技术必须满足更快的收益变化的需求，在提高生产率的同时降低成本，并关注环境、安全和健康。在不久的将来，真正的驱动力是缩小器件和芯片的尺寸，而设备实时控制系统和间歇控制系统中的控制技术也将发生变化。

自 1999 年以来，300 毫米平台的发展催生了配备有新软件系统和软件能力的设备。这些系统能够智能地采集、存储和处理数据，并以更有效的方式传输数据和信息。这些新软件平台与晶圆加工工具的集成，提供了自本行业引入 SPC 以来最大的控制范式的转变机遇。

除了替换诸如带模型预测控制器的 PID 控制算法，未来的发展趋势是继续在控制算法中加入其他传感器输出。对于热处理过程，即使用改进的温度传感器。集群工具的不断使用意味着，叠层薄膜或多腔体过程仪表化的唯一机遇是现场或在线测量。一旦增加计量功能，不仅反馈控制变得可行，前馈控制也将变得更加可行。很多时候，可利用的传感器不能测量主要的性能变量，因此软测量，即通过融合传感器数据估计另一个不能测量的变量，将是未来的一个发展方向。虽然目前已经出现了一些用于热变量的软传感器，但它们的估计误差通常远高于期望值，因此软传感器或虚拟传感器并未得到广泛使用。

随着间歇反馈控制变得越来越普遍，闭环识别技术将变得很重要。虽然它已在其他行业得到广泛使用，但到目前为止，还未用于半导体加工。间歇控制中闭环识别的主要难点是确保每个批次均符合规范。另一个识别问题是分析具有多个时间尺度的数据，即对传感器大约每秒测量一次的实时数据与在运行后非现场测量的数据进行分析。

未来半导体制造业采用先进建模和控制技术的机会很多。监督(间歇)控制的改进可能产生重大影响，特别是在减少必须采用的测试晶圆数量的方面。单晶圆反应器的基本数学模型已经发展到了一个复杂度相当高的水平。针对这类设备，应该提供评估各种先进控制技术的方法。未来必须对较大晶圆进行精确控制，因此还应借助数学模型分析设计参数是如何影响单晶圆反应器的控制质量的。然而，对于这种反应器，还需开发控制策略（多变量、模型预测，甚至自适应）。实时测量量的缺乏阻碍了反馈和前馈控制在半导体加工中的应用，为了实现实时过程控制技术，还需要优先研究精确并相对廉价的非入侵式测量技术[3]。

参考文献

1. Quirk, M. and J. Sedra, *Semiconductor Manufacturing Technology*, Englewood Cliffs, NJ: Prentice-Hall, 2001.
2. Seborg, D.E., T.F. Edgar, and D.A. Mellichamp, *Process Dynamics and Control*, 3rd ed., New York: Wiley & Sons, 2010.
3. Edgar, T.F., S.W. Butler, W.J. Campbell, C. Pfeiffer, C.A. Bode, S.B. Hwang, K.S. Balakrishnan, and J. Hahn, Automatic control in microelectronics manufacturing: Practices, challenges, and possibilities, *Automatica*, 36(11), 1567–1603, 2000.
4. Butler, S.W., J. Stefani, M. Sullivan, Maung, S.G. Barna, and S. Henck, An intelligent model based control system employing *in situ* ellipsometry. *Journal of Vacuum Science and Technology. A*, 12(4), 1984–1991, 1994.
5. Qin, S.J., G. Cherry, R. Good, J. Wang, and C.A. Harrison, Semiconductor manufacturing process control and monitoring: A fabwide framework, *Journal of Process Control*, 16, 179–191, 2007.
6. International Technology Roadmap for Semiconductors, www.itrs.net, 2008.
7. Martinez, V. and T.F. Edgar, Control of lithography in semiconductor manufacturing, *IEEE Control Systems Magazine*, 26(6), 46–55, 2006.
8. Levinson, H.J., *Lithography Process Control*, Bellingham, WA: SPIE Optical Engineering Press, 1999.
9. Ho, W.K., A. Tay, L.L. Lee, and C.D. Schaper, On control of resist film uniformity in the microlithography process, *Control Engineering Practice*, 12, 881–892, 2004.
10. Lee, L.L., C.D. Schaper, and W.K. Ho, Real-time predictive control of photoresist film thickness control, *IEEE Transactions on Semiconductor Manufacturing*, 15(1), 51–59, 2002.
11. Bode, C.A., B.S. Ko, and T.F. Edgar, Run-to-run control and performance monitoring of overlay in semiconductor manufacturing, *Control Engineering Practice*, 12, 893–900, 2004.
12. Krogh, O., M. Freeland, R. Mori, and T. Chowdhury, Gate etch process control, *Proceedings of SPIE*, 5038, 1065–1070, 2003.
13. Toprac, A.J. AMD's advanced process control of poly-gate critical dimension, *Proceedings of SPIE*, 3882, 62–65, 1999.
14. Chatterjee, S., H. Huang, C.J. Spanos, and M. Gatto, Modeling and control of RTCVD of polysilicon, *Proceedings of RTP Conference*, 386–391, 1993.
15. Breedijk, T., T.F. Edgar, and I. Trachtenberg, Model-based control of rapid thermal processes, *Proceedings of the American Control Conference*, 887–892, 1994.
16. Edgar, T.F., Process monitoring and control of plasma etching, *SEMICON Korea*, STS-2, 65–77, 2008, Seoul, Korea.
17. Lee, H., A. Ranjan, D. Prager, K.A. Bandy, E. Meyette, R. Sundararajan, A. Viswanathan, A. Yamashita, and M. Funk, Advanced profile control and the impact of sidewall angle at gate etch for critical nodes, *Metrology, Inspection, and Process Control for SPIE Advanced Lithography*, 69220T-13, 6922, 2008.
18. El Chemali, C., J. Moyne, K. Khan, R. Nadeau, P. Smith, J. Colt, J. Chapple-Sokol, and T. Parikh, Multizone uniformity control of a chemical mechanical polishing process utilizing a pre- and post-measurement strategy, *Journal of Vacuum Science and Technology. Part A*, 18(4), 1287–1296, 2000.

12

聚合过程控制

Babatunde Ogunnaike
特拉华大学
Grégory François
瑞士联邦理工学院洛桑分校
Masoud Soroush
德雷塞尔大学
Dominique Bonvin
瑞士联邦理工学院洛桑分校

合成聚合物每年在全球的产量超过1亿吨，它们是现代化工过程工业的重要组成部分。相应的聚合物反应器是重要的过程处理单元，它们可以运行在连续模式、批或半批模式，但在有效控制方面面临一些独特的问题。本章将讨论聚合物反应器最重要的特点，这些特点使得聚合物反应器成为最难进行建模、控制和优化的对象之一。本章还将对已经提出的策略以及那些已经成功应用于工业实践的策略进行综述。

12.1 引言及概述

聚合过程的主要目标是生产具有可接受的稳定性能的聚合物，它们可应用于电灯开关、汽车保险杠、光纤电缆等特定终端。这些聚合物产品的性能好坏由抗张强度、韧性、抗紫外线能力等属性决定。这些属性通常无法在生产过程中测量，但它们均源于**在聚合物合成过程中**确定的聚合物的分子和/或宏观结构。因此，为了满足客户对聚合物产品属性(除了维护过程安全运行、满足产量指标和环保法规之外)的要求，需要根据这类制造过程的独有特点，对其进行有效控制[1~3]。

正如下文将要讨论的那样，聚合过程(包含很多种类)非常复杂，它们呈现出显著的非线性特性。在许多情况下，我们对这些非线性特性还知之甚少。在聚合过程中，某些产品属性无法在线测量，而这些属性却对产品在最终应用中的性能具有重要影响。此外，如何构造一个有效的控制策略高度依赖于所关注的聚合过程的具体特点。例如，在**连续**过程中生产大批量的聚合物更为经济，其主要目标是尽可能快地启动过程，并使这个过程保持在经济且理想的稳态运行状态;另一方面,可以在批过程和半批过程中生产小批量的特种聚合物,这时的主要目标是在每个批次循环结束时,获得可接受的产品质量。这两种不同的运行模式产生了与之对应的不同的控制问题。

对聚合物反应器实现良好控制的主要困难在于在线测量不充足、对过程动力学缺乏认识、反应器的非线性行为,以及缺乏控制非线性过程的成熟技术。虽然温度、压力、流量以及反应物成分一般可以在线测量,但是诸如分子量分布(Molecular Weight Distribution,MWD)和共聚物成分这样重要的产品质量变量通常只能离线测量,并且延迟时间一般非常长。最终聚合物的性质与聚合物反应器中的分子量及成分分布有关,而我们对其中的相互关系还不完全了解,因此只能在长时间的后加工过程之后测量聚合物的性质。最后,每一个连续式工业聚合物反应器通常都被用于制造各种档次的相同的基本产品,因此需要频繁的启动、转化和关闭。类似地,同一批式或半批式反应器经常用来生产不同的聚合物,相应的反应物也有所不同。尽管设备(反应器)保持不变,但如何操作和控制加工过程应取决于当前正在生产的产品。

本章将概述与控制聚合物反应器有关的关键问题,并讨论解决这些问题的相关技术。本章其余部分的组织如下:12.2 节通过简要介绍聚合物生产的机制和流程,提供聚合物反应器控制的基础科学背景;12.3 节讨论连续过程控制;12.4 节讨论批(和半批)过程的控制;12.5 节对本章进行总结。

12.2 背景:聚合机制和过程

12.2.1 聚合反应机制

聚合物,即由大量单体单元连接而成的长链构成的大分子,可以通过许多不同的反应机制产生,这些机制会影响最终分子的基本结构,因此也会影响最终产品的特性。这里总结两种最常见的机制:自由基聚合和离子聚合。

12.2.1.1 自由基聚合

正如下文所阐释的那样,该机制由四步构成:(1)**引发**,引发剂分子通过分解产生两个引发剂自由基,每个自由基与单体单元反应产生一个"活"的、长度为 1 的聚合物链;(2)**传播**,活性聚合物分子与单体迅速反应,产生越来越多的聚合物链;(3)终止,一个活性聚合物分子与另一个活性聚合物分子通过组合(形成单个聚合物链)或歧化(形成两个死聚合物分子)形成死聚合物分子;(4)**链转移**,当前生长的聚合物链末端的自由基被转移到链转移剂、单体分子、溶剂分子,甚至另一个聚合物分子。

- **引发**

$$I \to 2I^{\cdot}$$

$$I^{\cdot} + M \to R_I$$

- **传播**

$$R_k + M \to R_{k+1};\quad k = 1,2,\cdots$$

- **歧化终止**

$$R_k + R_{k'} \rightarrow P_k + P_{k'}; \quad k, k' = 1, 2 \cdots$$

- 组合终止

$$R_k + R_{k'} \rightarrow P_{k+k'}; \quad k, k' = 1, 2, \cdots$$

- 链转移至链转移剂

$$R_k + T \rightarrow P_k + T^{\cdot}; \quad k = 1, 2, \cdots$$

- 链转移至单体分子

$$R_k + M \rightarrow P_k + R_1; \quad k = 1, 2, \cdots$$

- 链转移至溶剂分子

$$R_k + S \rightarrow P_k + S^{\cdot}; \quad k = 1, 2, \cdots$$

- 链转移至聚合物

$$R_k + P_m \rightarrow P_k + R_m; \quad k, m = 1, 2, \cdots$$

这里的 I 和 $I^{\cdot}$ 分别表示引发剂分子和引发剂自由基；M 表示单体分子；R_k 和 P_k 分别表示正在生长的(活性)聚合物分子和死的聚合物分子，其长度均为 k；T 和 S 分别表示链转移剂分子和溶剂分子，$T^{\cdot}$ 和 $S^{\cdot}$ 表示相应的自由基。聚合物分子的一个本质特征是，可以通过生长改变长度。因此，上文所述的链长度 k 不是固定的，而是一个由多种因素决定的随机量。因此，聚合物大分子的分子量不均匀，这就是它们的主要特征可由 MWD 描述的原因。此外需注意：从上面的机制可以看出，根据自由基聚合，可以通过调节(直接或间接)引发、传播、链转移和终止的速率来控制最终产品的 MWD(因此可以控制平均分子量)。

12.2.1.2 离子聚合

离子聚合的中间物质是带有正负电荷的离子，分别为阳离子和阴离子，而非自由基。此外，离子聚合反应与自由基聚合反应的区别在于，前者只在与水反应时终止聚合。由于两种游离分子的相互作用不会引起聚合终止，所以离子聚合比自由基聚合更容易控制平均分子量。此外，由于引发反应只需较低的激活能量，离子聚合可以在低温下进行。然而，离子反应难以实现工业生产的规模，这也是在任何可能的情况下，我们首选自由基聚合的原因。

12.2.2 聚合过程

无论是在连续操作模式下，还是在批操作模式下，都存在多种可以用于制造聚合物的工艺，而且每种工艺都具有鲜明特色。现将在工业实践中应用最广泛的几种工艺总结如下：

1. **本体聚合**：该工艺又称为大块聚合，这种工艺在对单体(通常为液体)进行聚合时，仅利用催化剂、引发剂或加速剂而无需其他任何介质。本体聚合的一个重要特点是聚合物是否可溶于单体相。
2. **溶液聚合**：在这种情况下，聚合反应发生在溶解有单体和催化剂的溶剂介质中。反应产生的热量被溶剂吸收，这使得温度控制更容易实现。在某些情况下，最终必须将溶剂从聚合物中彻底移除(例如，通过蒸馏)，这样做的代价可能会非常高。
3. **悬浮聚合**：该聚合过程发生在液体介质(通常是水)中，其中的单体是**不可溶**的。可以通过剧烈的机械搅拌和稳定剂来生成单体液滴悬浮，而聚合就发生在其中。由于反应产生的部分热量被水吸收，与本体聚合相比，该聚合过程的温度控制更为容易，这一点与溶液聚合相同。

4. **乳液聚合**:这个流行的工艺过程也称为单体**乳液**的自由基聚合。该过程将不溶于水的单体分子分散为液滴,这些液滴由单层的表面活性剂分子镇定在水单体表面。聚合过程由一种水溶性引发剂引发,此后单体分子不断扩散,由液滴生长为聚合物颗粒,从而完成传播过程,在该过程中,表面活性剂会阻止聚合物颗粒的聚集。

乳液聚合的产品称为"乳胶",在许多情况下,它几乎会用完所有的单体,但不会用到溶剂。最后,以良好的反应速率产生具有超高分子量的乳胶,这在本体聚合或溶液聚合过程中是不可能实现的。这些特点提供了重大的经济环境优势,这也是工业中一般采用乳液聚合的主要原因。

因此,本体聚合和溶液聚合可归类为**同质**过程,而悬浮聚合和乳液聚合过程是**异质**的。聚合过程的另一种常见的分类方式是以参与反应的不同单体数目为依据。**在同质聚合**中,聚合物由单一的单体生成,而在**共聚**或**三元聚合**中,聚合物产品由两种或三种不同的单体形成。

因此,术语"聚合过程"的涵盖内容很广,包括可能的操作配置、反应机制和基本过程。例如,图 12.1 描述了一个半批式乳液共聚过程,其中的反应器中预装了单体 B 和表面活性剂,然后逐步添加单体 A 和引发剂。产生的聚合物产品可以在批过程结束时移除。

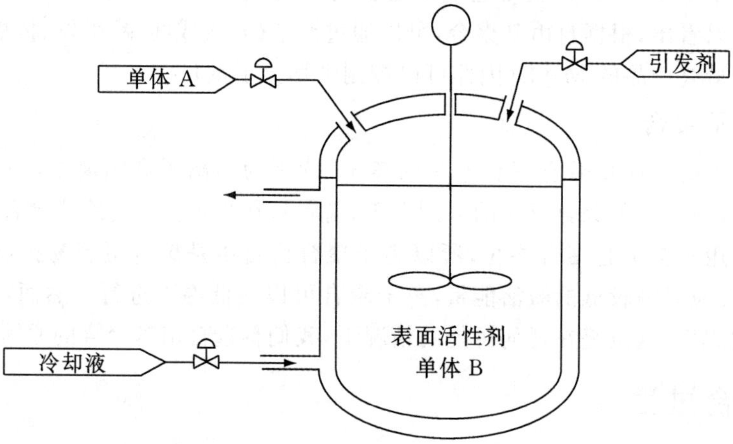

图 12.1 典型的半批式乳液共聚反应器

尽管存在多样性,这些制造过程也具有一些共同特点,围绕这些特点,可以总结出对聚合过程进行有效控制的难点。

1. 聚合过程具有复杂的稳态和非线性动态特性,其中包括多个稳态、开环不稳定和对参数的高度敏感性。
2. 聚合过程涉及多个相互作用较强的变量。
3. 一个典型的工业连续聚合物反应器通常用于制造各种档次的相同的基本产品,因而需要频繁的启动、在线切换和关闭。类似地,同一种批式反应器或半批式反应器通常使用许多不同的反应物来生产各种聚合物。虽然设备(反应器)保持不变,但是如何运作和控制这个过程，往往取决于目前正在生产的产品。

4. 决定聚合物产品质量的最重要的因素（例如，平均分子量、MWD、熔融指数、门尼粘度）难以测量，而依赖于产品质量决定因素的产品的最终使用性能（例如，抗张强度、抗紫外线能力）也只能在生产以后确定。

因此，如果只依赖于可以及时获得的测量量为基础、具有静态结构的经典线性单回路控制器本身，而不对其进行改进的话，通常不能有效地控制产品特性。

下文将从连续过程开始，讨论聚合过程的控制策略。

12.3　连续过程

12.3.1　过程特点及控制问题

连续过程主要用于商品聚合物的大批量生产，它通常具有强烈的非线性，表现形式包括多个稳态、参数敏感性、极限环等[4~6]。尤其是自由基聚合，非线性的主要来源是聚合反应的催化性质，即所谓的“凝胶效应”，它经常会引起反应失控，从而导致温升过高、转化过快和设备泄漏。

在连续聚合过程中，存在四种可识别的操作模式：

1. 启动。
2. 稳态操作。
3. 分程过渡（即从一个稳态过渡到另一个稳态）。
4. 关闭。

在启动和关闭过程中，主要目标是安全。在稳态运行和分程过渡过程中，主要考虑产品的质量控制。其中，分程过渡的目标是尽可能有效地从一个稳定的运行状态过渡到下一个稳态。因此，在每种情况下，控制目标以及相应的控制策略各不相同。

典型的现代策略采用一种通用的两级层次结构。第一级为“基础调节控制层”，用以控制单体流速和温度等过程调节变量。这些过程变量的设定值由更高一级的“先进控制层”决定，以获得期望的产品特性。有关每一级控制器如何设计与实现的具体细节，依赖于当前面临的具体问题以及执行人员期望的复杂程度。接下来讨论一些普遍适用的一般原则。

12.3.2　基础调节控制

12.3.2.1　温度控制

聚合反应通常伴随着强放热，因此温度控制对任何操作模式都具有普遍重要性。在启动和关闭模式下，温度控制主要用于确保安全；在其他两种操作模式下，温度控制用以间接地影响聚合物性能，这是因为温度对聚合物性能有很大影响。当反应器不得不在一个不稳定的状态运行时，温度控制更加重要。在强放热聚合过程中，除了控制反应器温度的真实值以外，还必须认真监测**反应温度的变化率**，特别是当反应器中存在大量的未反应单体时。这是因为反应器中的大量未反应单体会使温度急剧增加，这会带来极大的安全挑战。

采用最常见的设备设计,即利用反应器外部环绕外套中的流体,或反应器**内部**的加热/冷却管,来实现加热和冷却。在工业应用中,有效的反应器温度控制策略通常由两个比例-积分-微分(Proportional-Integral-Derivative,PID)控制器级联实现,其中外部温度控制器为内部冷却/加热流体控制器设置设定值。级联控制系统设计的标准技术可在过程控制的教科书中找到(例如文献[7~9]),它们通常用于设计和实现聚合物反应器的基本温度控制。

12.3.2.2 流量控制

对于连续聚合反应器,反应物(进料)的总流速(等价于反应器体积与反应物平均停留时间的比值)对反应器的稳态和动态行为具有重要影响。只要反应器在期望的稳态运行,总的进料速率应尽可能保持恒定。单体和溶剂(惰性)的流速通常占据主导地位,与其相比,链转移剂、交联剂和引发剂的流速通常较小。这些"小"流速的变化对反应器停留时间的影响很小或者根本没有影响,因此,可以将这些"小"流速用作调节输入来影响和微调聚合物的性能。

通常采用多个单回路 PID 控制器来保持主导流速恒定,并为用作调节变量的"小"流速设定期望值。再次说明,使用过程控制教科书中讨论的标准技术即可以成功设计这些控制器,因此,聚合物反应器的基础调节控制只涉及标准的单回路和级联控制的应用,它们特别适用于聚合过程。

12.3.3 先进控制策略 I:稳态操作

温度和流量的基础调节控制在满足安全和生产量需求方面是必要的(适当的),但在实现产品质量目标方面却是不充分的(不适当)。为了确保在稳态操作以及从一个稳态过渡到另一个稳态的过程中的产品质量良好,对连续聚合反应器的控制要求审慎地调整调节控制器的设定值,该任务通常由先进控制策略执行。这项任务特别具有挑战性,主要是因为待控制变量不能在线测量,且其他分析方法又不能足够快地提供其取值。下文即将讨论的主要策略是利用可获得的在线测量量推断所需的聚合物性能。但首先需要注意到,这项研究工作的三个主要方向已经转变为如何提供可靠的在线测量量,从而据此推断出聚合物的性能。

- 开发新的在线传感器[2,10]。
- 发展状态估计技术,以根据可获得的测量量估计出不可测量的聚合物性能(文献[2]及其中的参考文献)。文献[11]给出了一些测量量,根据这些测量量可以观察或检测出某些聚合物性能。
- 理解和利用容易获得的在线测量量(例如,密度、粘度和折射率)与某些聚合物性能(例如平均分子量)之间的定性和/或定量关系[12~14]。例如,文献[15]介绍了一种根据在线测得的温度和气体成分预测流化床乙烯共聚反应器中熔融指数和密度的方法。

实现聚合反应器先进控制的结构主要可以分为三大类:

1. 多采样率级联控制结构(见图 12.2)。
2. 多采样率分散控制结构(见图 12.3)。
3. 具有多采样率状态估计功能的多采样率控制结构(见图 12.4)。

所有这些控制结构都反映了聚合物反应器先进控制的关键特点,即利用不同采样率和时间延迟下的测量量。诸如温度、压力和流速的“快”测量量可以采用高采样率获得，几乎没有时间延迟；“慢”测量量通常与产品质量直接相关，需要采用低采样率获得，并具有相当大的时间延迟（从采样到获得样本分析结果的延迟时间长达24小时也很正常）。在随后的讨论中，采用 $\boldsymbol{y}$ 表示快速输出测量量向量，并采用 $\boldsymbol{Y}$ 表示慢速输出测量量向量。

12.3.3.1　多采样率级联控制结构

如图12.2所示，这种控制结构由两个回路（或级别、层次）构成。对于测量量可在两种不同的采样频率下获得的情况，每个回路对应一个采样频率。内回路负责控制快速输出，它以较高的采样频率采集快速测量量，而外回路（主控制器）以较低的采样频率采集慢速测量量。主控制器定期（不经常）调节辅助（快速）被控输出的设定值。一般情况下，获得测量量的不同采样频率的数量决定了不同的反馈回路的数量。

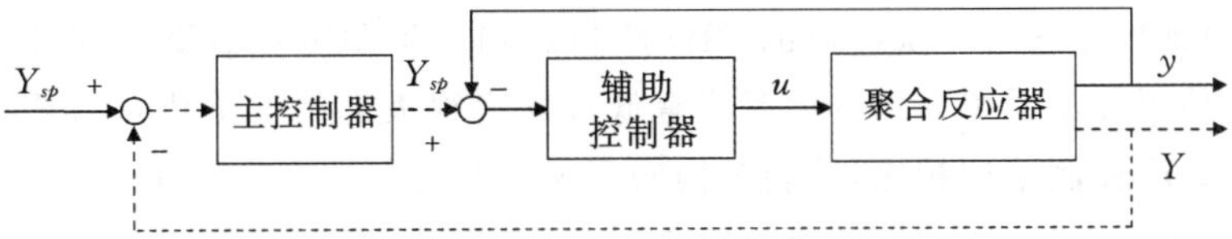

图12.2　多采样率级联控制结构

在聚合工业中，主控制器通常是操作员或过程工程师，他/她们根据自身的经验以及实验室的样品分析数据，调整辅助被控输出的设定值，以实现期望的聚合物产品质量。在这种结构中，只要获得主被控输出的测量量，便可更新辅助被控输出的设定值。主控制器和辅助控制器可以是从经典PID控制器到模型预测控制器的任何一种类型的控制器。

作为一个简单的例证，考虑如下聚合反应器：反应器温度用 y 表示，它可在每秒中无延时地在线测量；被调节的输入为向反应器中添加或从反应器中移除的热能的速率，记为 u。令聚合物数目-平均分子量为辅助被控输出 Y，并在实验室中，每天以离线方式对其进行测量，时间延迟为一天。在图12.2所示的配置下，反应器处于“连续”温度控制之下，温度设定值由主控制器（可能是操作员或过程工程师）根据所测聚合物数目（平均分子量）与其期望值之间的差异每天调节一次。

这种控制结构在聚合工业中非常普遍。对于这样的工业系统，在“较低层次”，辅助回路由分布式控制系统（Distributed Control System，DCS）进行配置和实现，以控制压力、温度、液位、流量；而在“较高层次”，主控制回路由监控计算机进行配置，以实现对聚合物性能的先进控制[16]。

12.3.3.2　多采样率下完全分散的控制结构

如图12.3所示，该控制结构包含两个“独立”的反馈回路，用于测量量可由两种不同的采样频率获得的情况。需要注意的是，当可以采用 $n>2$ 种不同的采样频率进行测量时，就会有相应的 n 个不同的反馈回路，且每个回路对应一种测量频率。

与图12.2所示结构相同，辅助（快速）回路使用控制器2控制快速输出 y，它以较高的采样频率测量快速输出测量量。另一方面，主控制器1调节慢速输出（产品质量变量）Y，并以较

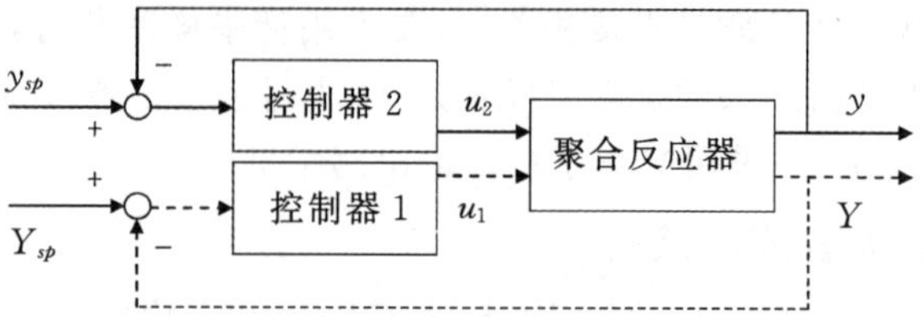

图 12.3　多采样率分散控制结构

低的采样频率测量慢速输出测量量。然而,与图 12.2 所示结构不同的是,控制器 1 直接调整(不经常地)自身的调节输入集 u_1,而 u_1 与主被控(慢速)输出配对。与图 12.2 所示级联结构中的基本(主)控制器相同的是,控制器 1 可以是操作员或过程工程师。两种控制器(1 和 2)也可以是标准的自动控制器——从经典的 PID 控制器到模型预测控制器。这种多采样率控制结构的分散性,使得控制系统在测量频率非常低且延迟很大的情况下仍具有测量鲁棒性。与图 12.2 所示的级联控制结构相比,控制结构的实现需要更多的调节输入。

作为一个简单的例证,考虑如下聚合反应器:反应器温度可在每秒钟无延时地在线测量,聚合物数-平均分子量则是每天在实验室中以离线方式测量的,时间延迟为一天。在这种情况下,后者为主控(慢速)输出 Y,而温度为辅助(快速)被控输出 y。对于该过程,调节输入 u_1 和 u_2 分别为链转移剂(或热引发剂)的流速和反应器中热能的增加率或减少率,其中后者用来控制温度,而前者则用来控制聚合物数目-平均分子量。与图 12.2 所示的控制结构相同,其中的反应器处于"连续"温度控制之下。然而,与先前的结构不同的是,链转移剂和热引发剂流的流速由主控制器(可能是操作员或过程工程师)根据所测聚合物数目(平均分子量)与其期望值之间的差异每天调节一次,该过程几乎独立于温度控制回路[16]。

12.3.3.3　具有多采样率状态估计功能的多采样率控制结构

图 12.4 所示的控制结构适合于测量量可以以较广的采样频率范围获得的情况,因此它比前面介绍的控制结构更加通用。由于它包含多采样率状态估计器,所以整个控制策略必须以模型为基础,而不能像前面讨论的策略那样,采用任意形式的控制器。多采样率状态估计器是该方案的核心,它利用主输出 Y 的不频繁测量值、辅助输出 y 的频繁测量值以及调节输入向量 $\boldsymbol{u}$ 的信息,频繁且无延迟地计算所有聚合反应器状态变量的估计值 $\hat{x}$。该估计值将被用于一个合适的控制方案中,同时控制主输出和辅助输出。

估计器可以以 Kalman 滤波器[17]或 Luenberger 观测器[18]为基础。然而,由于聚合物反应器的非线性动态性能,这些滤波器和观测器也必须是非线性的。此外,聚合物反应器需要足够精确的动力学模型,以获得对不可测状态的足够精确的估计。考虑到精确的过程模型(特别是工业过程)不容易获得这一事实,估计器对对象模型失配和不可测干扰具有鲁棒性是很重要的。确保这种鲁棒性的一个直接方法是在估计状态变量的同时,估计一组模型参数,这使得估计器具有适应性,而代价是求解一个更大的估计问题。由于变量之间的耦合以及对复杂过程的状态估计的严重依赖性,这种控制方案在针对测量延迟的鲁棒性方面很可能不如其他两种方案。

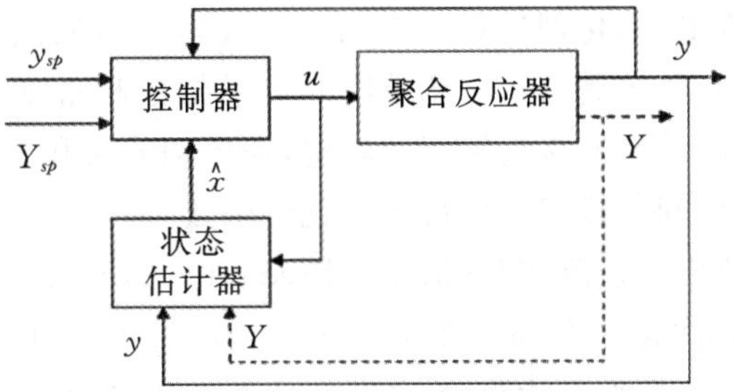

图 12.4 具有多采样率状态估计功能的多采样率控制结构

为了说明这一点，考虑前面使用过的相同的有关聚合反应器的简单例子。该反应器的温度可以以较高的采样频率、无延时地在线测量；此外，聚合物数目-平均分子量可以在实验室中每天离线测量一次，时间延迟为一天。调节输入 u_1 和 u_2 分别为链转移剂(或热引发剂)的流速和反应器中热能的增加率或减少率。在这种情况下，多采样率状态估计器采用所有的可用信息，获得对聚合物数目-平均分子量的高频率的无延迟估计，随后该估计被控制器(多变量或完全分散的控制器)用来确定合适的控制动作。需要注意的是，控制动作的确定和实现是以对辅助输出 y 的高频采样为基础的。在该控制结构中，通过使用由状态估计器得到的对平均分子量的高频无延迟估计，实现对平均分子量的“连续”控制。因此，控制系统的性能强烈依赖于这种多采样率状态估计器的性能。

需要注意的是，我们也可在图 12.2 和 12.3 所示的控制结构中使用多采样率估计器，计算对主输出 Y 的无延迟的频繁估计，并将该估计用于反馈回路，代替主输出的延时的不频繁测量值。在该控制方法中，两种控制器(图 12.2 中的主控制器和辅助控制器；图 12.3 中的控制器 1 和 2)都需以较高采样率对快速输出进行测量。然而，若要实现对两个反馈回路的“连续”控制，还需要一个鲁棒的估计器。

12.3.4 先进控制策略 II:分程过渡

单个连续的聚合过程通常在工业中用于生产不同等级的同种聚合物产品。对于这种过程，每次“活动”需要运行在一个特定的稳态条件下，直到完成相应等级的产品的期望生产数量；而后，下一场“活动”从向新的运行条件“过渡”开始，以生产本次生产周期中下一个类型的产品。若使该过程有效运行，需明确要求各级产品之间的过渡尽可能平滑和快速。慢速过渡将产生大量不合格的聚合物，从而导致能源和反应物的浪费。

分程过渡(使过程输出在最短时间内从一个初始状态过渡到不同的最终期望状态)控制问题的内在本质是，将连续聚合反应器的过渡控制转变为一个理想的动态优化问题。这类问题存在多种不同的求解方法。

一种方法是根据标称的过程模型，通过数值优化离线计算最优输入(进料流速和温度)曲线，然后以开环方式(计算过程中不使用反馈和中期修正)或闭环方式在线执行该输入曲线，其中在闭环方式采用温度和进料速率反馈控制器执行最优输入曲线。这种动态优化方法的主要缺点是，当存在模型失配和未建模的过程干扰时，过渡过程不是最优的。尽管如此，即使在这种不理想的条件下,该方法仍然可能获得良好的性能。文献[19]给出了一个有关的示例应用,其中的反应器温度、滤液流量、催化剂进料速率以及料位高度的最优开环策略/轨迹均由离线动态优化方法确定。微分几何控制器用来调节瞬时熔融指数和密度,并在等级切换时提供伺服控制。为了使"测得"的产品性能接近期望的轨迹,需要调节氢和丁烯的进料速率。

另一种可选方法是将该问题描述为以最小化代价函数(通常为不合规格的材料数量、过渡时间或两者皆有)为目标的模型预测控制(Model Predictive Control,MPC)问题。由于反应器的非线性动态特性,相应的优化问题通常是非凸的。文献[20]给出了非线性 MPC 和 Luenberger 观测器在甲基丙烯酸甲酯连续聚合过程以及气相聚乙烯过程的分程过渡问题中的应用。

第三种方法是前两种方法的结合。它根据过程的标称模型对最优过渡进行离线数值计算。鉴于对象模型失配和干扰对应的不确定性,计算得到的曲线对于对象来说绝不是最优的。然而,所得的最优过渡可由弧的顺序和类型详细描述——这些弧或者位于可行域内,或者位于可行域的边界上,分别反应了它们要么将灵敏度强制为0,要么使某约束生效。所得结果是一"解模型",它以非常实用的方式表示了对象需满足的最优性必要条件(Necessary Condition of Optimality,NCO)。这些 NCO 可以基于反馈和适当的在线测量来实现。换句话说,通常采用典型的多回路 PID 控制结构并通过反馈控制,在线调节这些弧和它们之间的切换时间。这种方法称为 NCO-跟踪,可归类为自寻优控制器。有关第三种方法在工业聚合过程中的应用可以在文献[21~23]中找到。

12.4 不连续过程

12.4.1 不连续过程的特点

大量的聚合物是为专门的应用而定制的小批量特殊材料,采用不连续(批和半批)过程制造这类产品的效率很高,这是因为这些过程可以提供很强的灵活性:批过程和半批过程可以在较短的时间内重复运行,这使得它们便于制造各种各样的小批量产品。可重复性还允许批与批之间的调整,有利于快速适应质量要求的改变。

虽然批和半批聚合过程具有"不连续运行"这一共同特点,但是它们之间也存在一些重要差异:

- 在批过程中,反应物在开始阶段装入反应堆槽,然后发生反应,到达预定的反应时间之后取出产品,在这期间不增加和移除反应材料。
- 在半批过程中,一种或多种反应物可以逐步添加到反应混合物中。在某些情况下,还可在反应过程中逐步地将产品从反应器中取出。

然而,在本章讨论的背景下,这类过程最重要的显著特点是可重复的不连续运行策略,也就是说,它们不连续运行。因此,从这个角度上,我们用到"批"这一术语时,在一般意义上也包括半批过程,除非确实有必要将两者区别开。

连续聚合过程主要运行在在经济方面比较理想的稳定状态,而批聚合过程始终工作在"瞬态”模式，过程条件和产品特性在开始到完成之间不断演变，没有“稳态”可言。因此，除了确保安全和经济运行之外，批聚合反应器的设计和操作的主要目的是，在每个批处理周期结束时获得质量特性可接受的产品。在连续运行模式下，设计的控制系统应使得聚合过程能够尽快地到达并维持在期望的稳态工作点，而批聚合的目标是跟踪设计的时变策略/轨迹，以在批过程结束时生产出具有期望性能的聚合物。任何有效的批控制系统都必须克服这种非稳态过程的操作特点，具体影响如下：在连续过程中，运行目标是维持过程工作在稳态运行状态的一个小邻域内，那么线性近似是合理有效的，因此控制器很可能精确有效；批操作没有稳定状态，那么线性近似和线性控制器一般是无效的。

除了没有稳定状态，批聚合过程中影响控制系统有效性的其他一些重要特征还包括：

1. **运行范围广**：批操作从开始到结束不断扩展其运行状态。在批开始时，反应器中只有反应物，而在批结束时，反应器中主要是成品。
2. **单个设备，多种产品**：同一批式或半批式反应器通常用于生产许多不同的聚合物产品。
3. **重复性**：批过程用于小批量的生产，需要频繁地重复批操作。

前两个特征要求传感器能够覆盖大范围的待测值，并要求控制器不但能够运行在这么广的操作范围之内，而且还要具有严格的鲁棒性和控制性能，这对有效控制提出了挑战。由于聚合反应器的动力学强烈依赖于化学成分和进料（反应物）类型，第二个特征要求即使是在使用同一设备（反应器）时，控制方法和/或控制器的参数也可以根据不同的反应物进行适当调整。另一方面，第三个特点是有利的，这是因为先前的运行结果可以（通过随后将要讨论的“批次间”控制和优化方案）用来改善后续的操作。

在批过程中通常也会遇到缺乏在线测量量这一问题，这会给控制系统的设计和实现带来负面影响。

12.4.2 批聚合过程的控制 I：反馈控制

如前所述，反应机制和聚合过程的多样性会产生多种特定问题。不过，批聚合过程控制也具有一些根本性的典型特点：要求从运行开始到结束都跟踪期望的轨迹，其目标是使最终产品具有期望的性质。因此，正如将要更详细地讨论的那样，有效的控制策略包括以下两个步骤：

1. 离线确定生产具有期望性质的产品所需要的输入和输出曲线（轨迹）。
2. 设计控制方案，应尽可能紧致地跟踪选定的期望曲线。

控制方法之间的区别在于每一步在实际中是如何实现的。一般情况下，参考轨迹是根据积累的有关过程和产品的经验或知识，或通过求解动态优化问题而确定的。有关通过优化进行轨迹计算的内容将在 12.4.3 节讨论。这里重点介绍跟踪预定轨迹的控制方法。

一般情况下，可以采用以下两种方式实现轨迹跟踪：（1）通过各个批过程内的“在线控制”，即在批运行的同时在线确定输入调节量；（2）通过多个批过程间的“批次间”控制，该方式不是在一个批过程内在线确定调节量，而是在批次之间采用从前一批收集到的信息确定如何操作下一批，进而计算得到输入轨迹。

对于这两种控制方法，需要区分**运行期间的输出**和**运行结束时的输出**。前者是指随批“运行时间”变化的输出变量，而后者包括在批过程结束时可获得的过程量，例如产品质量（离线测量的)、批运行时间以及反应器的最高温度。

12.4.2.1 在线控制

对于单个批次,在线控制体现为跟踪离线确定的曲线。尽管实现该策略所涉及的所有动作会在每个批过程中不断重复,但是对某个批过程的动作内容(形式上)不会延续到下一个批过程。然而,控制目标是跟踪根据标称模型预先计算得到的曲线,这是因为对象模型失配和未建模的过程干扰会造成所获得的控制系统的性能**不是**最优的。12.4.3 节将重点介绍如何使参考曲线适应这种不确定性。

对于**运行期间输出变量的在线控制**,最常用的策略主要是通过调整反应器的加热/冷却速率跟踪预先计算的温度曲线。有时通过调节链转移剂的进料率也可以跟踪关于产品平均分子量(作为示例)的辅助参考曲线。然而,这种控制策略需要使用观测器根据其他(可能不是很频繁)测量量,重建反应器中产品的平均分子量。图 12.5 给出了在批式反应器中对某运行期间的输出 y 进行在线控制的通用方块图。根据对过程知识的了解情况,控制器可以采取多种形式,包括简单的线性控制器以及更复杂的非线性控制器[24]。

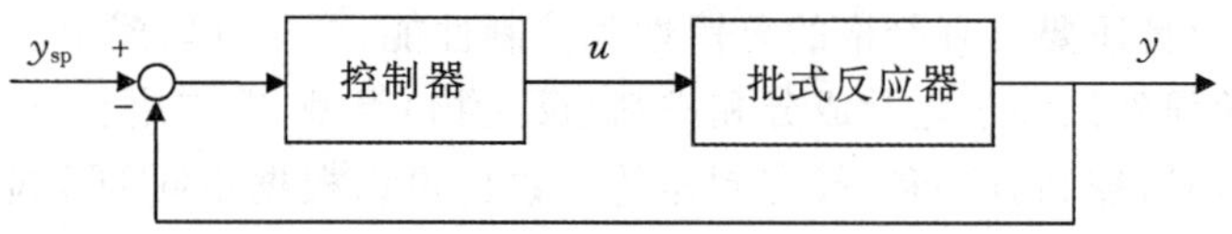

图 12.5　批式反应器中运行期间输出变量 y 的在线控制

在文献中可以找到一些有关采用先进控制方法对运行期间输出量进行在线控制的工业应用。例如,文献[25]报道了采用基于平面结构的双自由度控制器成功实现对 $35m^3$ 批式工业聚合反应器的温度控制。文献[26]比较了四种不同的控制器(标准的 PI 控制、自整定 PID 控制以及两种非线性控制器)在对一个 5L 的批式夹套悬挂型甲基丙烯酸甲酯聚合反应器进行温度调节方面的性能。正如预期的那样,标准的 PI 控制器的性能最差,这是因为其参数是固定的,无法适应不断变化的过程特点。以自适应极点消除为基础的自整定 PID 控制[27]使用可获得的测量量,使控制器能够适应不断变化的过程特点,因此表现较好。两种非线性控制器以需要全状态测量量的微分几何技术[28]为基础,因此需要实现扩展 Kalman 滤波器,以便根据可用的测量量估计出难以获得的状态。虽然两种非线性控制器所基于的模型不同,但它们在热传递系数具有显著不确定性的情况下,都表现出良好的性能。

有了足够精确的过程模型,在没有干扰的情况下,通过跟踪离线确定的曲线通常足以满足批过程终端的产品质量要求。然而,当存在干扰时,通过跟踪预先设定的曲线可能无法达到期望的产品质量。因此产生了如下问题:是否可以设计一种**在线**控制方案,通过使用**运行期间**的测量量实现**对运行结束时**的输出的有效控制?这种方法相当于控制某个未测量的量,因此需要**预测**运行结束时的输出,以计算必要的修正控制动作,可以使用诸如 MPC 之类的控制方法。这种批控制方法可以描述为预测时间范围(等于距离批结束的剩余时间)递减的 MPC 问题,其目标函数是惩罚预测值与对产品质量在批结束时的期望值之间的偏差。根据该策略,在批过程的每个采样时刻,求解 MPC 优化问题,得到分段恒定的未来控制动作曲线。按照经典的 MPC 方法，在实现第一个控制动作后，需要在下一采样时刻根据过程测量值和状态估计值重新初始化状态。重复这个过程，直到批过程结束。

在批过程控制领域，工业上广泛采用的是线性 MPC，而不是非线性 MPC，但后者仍是一个活跃的研究领域。例如，已提出了改进的非线性 MPC，用以维护运行结束时的分子特性位于一定范围内（符合行业规范），而不是将它们控制在某些固定值[29]。推荐的方法已经应用到对苯乙烯乳液聚合批控制的仿真中。

12.4.2.2 批次间控制

批次间控制的目的是利用批过程的其中一个特点——重复性，使当前批次的控制过程明确使用先前批次中的相关信息。该方法**并不**在线调整输入曲线，而是在第 k 个批次结束时，根据输入曲线 $u_k[0,t_f]$ 和由此获得的产品质量，确定下一个输入曲线 $u_{k+1}[0,t_f]$，其中，t_f 表示终结时间。

批次间调整用来满足最终目标，它具有多种不同的实现方式。例如，根据预测输出与实际运行结束时输出之间的差异改进过程模型，更新的模型随后用来调整控制器的参数。此外，为了实现最终目标，也可将输入曲线参数化，即从当前运行到下一次运行，调整输入参数。图 12.6 给出了后一种批次间控制方法的示意图，该方法可以表述如下：

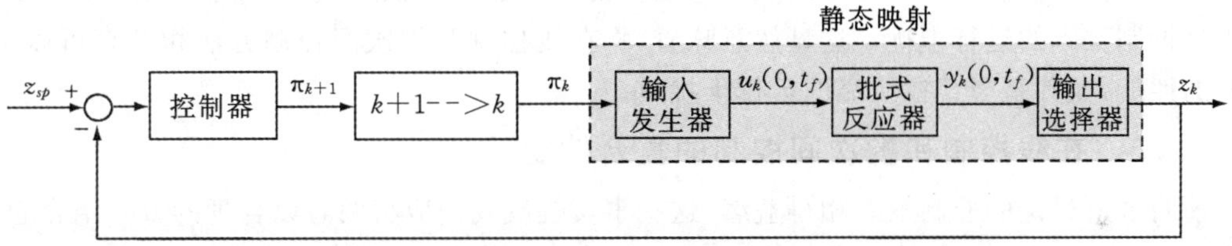

图 12.6 在批式反应器中，对最终输出 z 的批次间控制

1. 将输入曲线参数化，$u_k[0,t_f]=\mathcal{U}(\pi k)$，其中，$\pi_k$ 表示输入参数向量。
2. 开始第一次运行：设置 $k=1$ 并初始化 π_k。
3. 以开环方式完整执行第 k 个输入曲线；在批结束时，测量最终的聚合物性能 z_k。
4. 确定运行输出的测量值与期望值之间的差异，计算输入参数的第 $(k+1)$ 个值。例如，当采用积分批次间控制时，$\pi_{k+1}=I(z_k,z_{sp})$，因此 $u_{k+1}[0,t_f]=\mathcal{U}(\pi_{k+1})$。
5. 设置 $k:=k+1$，并返回至步骤(3)。

因此，虽然每个批次都工作在开环方式，但是在更新第 k 与第 $k+1$ 个批次间的输入曲线时，引进了反馈。需要特别注意的是，虽然批反应器是一个高度动态的过程，但在这种控制方法中，通过**静态映射**将输入参数 π_k 与最终输出 z_k 关联起来。实际上，由于批过程**初期**的输入参数是固定的，而最终输出在同一批次**结束**时才评估，静态映射中包含了对象动力学——它描述将批开始时的反应物转化为批结束时所获产品的过程。因此，过程动力学隐含在这看似呈静态的关系中。还要注意，由于其循环性质，该方法涉及的一个重要问题是批次间控制律的收敛性。

最终输出的批次间控制没有使用任何可以通过运行间输出获得的在线信息，这是它的一个不足。将先前批次的运行间信息用于控制当前批次运行间输出的一种方法是，以主动且渐近的方式“学习”过程的运行特点。这种方法称为**迭代学习控制**(Iterative Learning Control，ILC)，图 12.7 对其进行了描述。ILC 根据参考输出轨迹 $y_{sp}[0,t_f]$与观测轨迹 $y_k[0,t_f]$之间的误差，调整从一个批次到下一个批次的输入曲线，目标是减少每次迭代的误差。尽管过程目标仍是满足运行结束时的产品需求，但是 ILC 却以运行期间的输出为中心，并将其作为实现运行最终目标的**间接**手段。

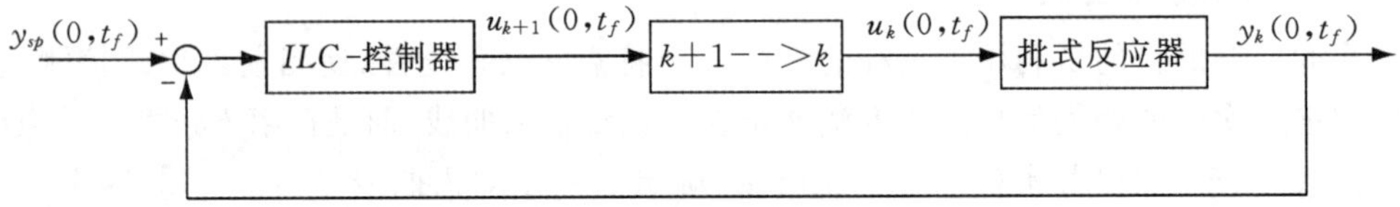

图 12.7 在批式反应器中，对运行期间输出曲线 $y[0,t_f]$的迭代学习控制

文献[30]给出了 ILC 在工业中成功应用的一个示例，其中采用自适应机制来学习和补偿反应器传热系数的变化，这缩短了后续批过程的加热时间。该方法目前已经成为许多工业应用的标准[31]。

所有批次间控制方法的主要缺点是它们在批运行过程中没有进行任何在线反馈校正，因此无法抵制实际的运行干扰。这显然意味着，将在线控制和批次间控制方法相结合可以提供更好的性能，尤其是当存在明显的运行干扰时。

12.4.2.3 在线控制和批次间控制的复合控制

前两节所讨论的控制策略相得益彰，这一事实提醒我们应将两者以合理的方式结合起来，以满足运行期间和运行结束时的输出目标。然而，这里有必要提醒一下，由于这两种方案试图调整相同的输入变量，一定要小心确保在线修正与批次间修正不矛盾。文献[32]对这种混合策略进行了讨论，其中将在线 MPC 与批次间控制相结合，以仿真和实验方式研究了对乳液聚合产品粒度分布的控制效果。

文献[33]介绍了将在线控制与批次间控制成功结合的另一示例。其中，批聚合反应器的温度曲线被分为两段连续的弧线，并采用在线控制进行跟踪。两个弧线之间的切换时段以及批操作的结束时段均由批次间控制方法进行调整。

12.4.3 批聚合过程的控制 II：最优控制

作为 12.4.2 节所讨论的“反馈”方法的替代方法，通过将批聚合控制问题描述为一个优化问题并进行求解，可以**同时**且直接地满足批次间和批次结束时的目标。这种方法需充分利用有关一般最优控制的丰富文献，经适当修改后用于批聚合过程。文献[34]对此进行了全面综述，其中包含近 140 篇参考文献，涉及聚合反应建模、控制和优化的各个方面。12.4.2 节和本节所讨论的目标在概念上的主要区别在于，本节引进了一项待优化的经济性能指标，并将运行期间和运行结束时的目标看作**约束**。尽管批聚合过程的最优控制策略已在文献中获得了广泛研究，但有关它在工业反应器中成功应用的报道还很少。作为示例，本节后面将给出一个这样的应用。

12.4.3.1 问题描述

批聚合过程优化问题可以以数学方式描述如下：

$$\min_{u_k[0,t_f],\boldsymbol{\rho}} \quad J_k = \phi(x_k(t_f)) + \int_0^{t_f} L(x_k(t), u_k(t), t)\mathrm{d}t \tag{12.1}$$

$$\text{使} \quad \dot{x}_t(t) = F(x_k(t), u_k(t), \boldsymbol{\rho}); \quad x_k(0) = x_k, 0(\boldsymbol{\rho}) \tag{12.2}$$

$$S(x_k(t), u_k(t), \boldsymbol{\rho}) \leqslant 0 \tag{12.3}$$

$$P(x_k(t_f), \boldsymbol{\rho}) \leqslant 0 \tag{12.4}$$

其中，J_k 表示需要在第 k 个批次最小化的标量代价，S 表示运行期间的约束，P 表示运行结束时的约束，$\boldsymbol{\rho}$ 表示时不变的决策变量向量，t_f 表示“固定”或“自由”的结束时间。t_f 可以作为待定的优化的一部分（不是固定的，可以理解为由先验知识确定），从这个意义上讲，它是自由的，需要包含在 $\boldsymbol{\rho}$ 中。ϕ 表示与最终状态相关的标量代价，L 表示 Lagrangian 函数。需要注意的是，初始条件也可以作为决策变量进行处理。

对于一个特定的过程，P 表示被控变量的边界集，例如批结束时平均分子量（感兴趣的聚合物产品性能）的边界；而 S 表示调节变量的边界以及运行约束，例如对反应器热去除能力的物理限制。为了便于说明，一个特定的优化问题可以描述如下：

$$\min_{t_f, T_{j,in}(t)} \quad t_f \tag{12.5}$$

$$\text{使} \quad \dot{x}(t) = F(\boldsymbol{x}(t), T_{j,in}(t)), \quad \boldsymbol{x}(0) = x_0 \tag{12.6}$$

$$X(t_f) \geqslant X_{\min} \tag{12.7}$$

$$\overline{M}_w(t_f) \geqslant \overline{M}_{w,\min} \tag{12.8}$$

$$T_{j,in}(t) \geqslant T_{j,in,\min} \tag{12.9}$$

$$T_r(t) \leqslant T_{r,\max} \tag{12.10}$$

其中，T_r 表示反应器的温度，$T_{j,in}$ 表示夹套的入口温度，F 为过程模型方程，$\boldsymbol{x}$ 为 n 维状态向量，x_0 为初始条件。系统的约束条件通常可以分为两类：

- **终端约束**（式(12.7)和(12.8)）：它们是对批结束时某些变量最终值的约束。$X_{\min}$ 是最终转化 $X(t_f)$ 的下界，$\overline{M}_{w,\min}$ 是最终平均分子量 $\overline{M}_w(t_f)$ 的下界。转化的下界除了用来防止有毒单体的累积，还可以确保生产出足够多的聚合物。平均分子量的下界用来保证聚合物的质量。
- **路径约束**（式(12.9)和(12.10)）：它们是对批过程中过程变量取值的约束。在这个特定的例子中，$T_{j,in,\min}$ 表示夹套的入口温度可取的最小值，$T_{r,\max}$ 表示反应器的温度 $T(t)$ 的最大允许值。

通过求解这个特定问题，可以得到一条关于夹套入口温度的曲线。在不存在干扰和过程模型失配的情况下，该曲线可以将批运行时间最小化，同时保证满足转化指标和平均分子量指标。

12.4.3.2 动态优化问题的求解

动态优化问题存在多种求解方法，每种方法都有其自身特点。例如，对于低阶动态系统，利用诸如 Pontryagin 最大值原理或微分几何的变分方法，可以获得构成最优控制曲线的各种弧段的解析表达式。然而，在实践中一般以数值方式求解优化问题，可以采用包括序贯二次规划(Sequential Quadratic Programming,SQP)、遗传算法以及随机优化在内的多种技术。

不管采用哪种具体的解决方案,重要的是记住所得结果以标称模型为基础,因此只有当实际情况与理想模型匹配时,所得结果才是合理有效的。在实践中,存在大量以对象模型失配和干扰形式存在的不确定性。在这些情况下,为了使最优控制方法有效,必须在实现策略中引入适当的校正措施。这些问题是对批聚合过程实践最优控制的核心,下面将对其进行讨论。

12.4.3.3 策略的实现

在以数值方式对基于模型的优化问题(式(12.1～12.4))进行离线求解后,所得输入轨迹的**开环实现**仅当不存在干扰且过程模型完美时才是"最优"的。在实践中,当面临干扰时,有必要通过引入主动反馈来修改这一基本策略,并跟踪计算得到的最优输出轨迹。文献[35]将该方法应用到乳液共聚过程。

另一方面,对象模型失配的影响是,以标称模型为基础,通过优化计算得到的输入和输出轨迹对于对象来说不再是最优的。更糟的是,这些轨迹可能与违反了安全性或运行约束的不可行路径相对应。因此,需要明确考虑不确定性对优化问题的影响(鲁棒优化),或者采用过程测量量在线调整轨迹(在线优化)。

12.4.3.3.1 鲁棒优化

为了防止违反约束,有必要在计算最优曲线时明确考虑不确定性。例如,通过采用不确定参数的可能值集合描述优化问题,可以确定出一个鲁棒的优化解,它可以确保对于为不确定参数指定的所有取值,约束均可得到满足。这种方法称为**鲁棒优化**,显然为解赋予了鲁棒性,当不确定性区域较小时,可以取得满意的结果。当存在明显的模型不确定性时,鲁棒最优解通常过于保守,从而导致性能不佳。由于聚合过程很难建模,与模型结构和参数值相关的不确定性通常很明显,因此鲁棒优化的效果很有限。

12.4.3.3.2 在线优化

为了避免鲁棒优化中必然存在的保守性,一种替代策略是通过将测量量引入到优化框架中来主动处理不确定性。这种策略的前提是,测量量可以提供关于实际过程的最好最新信息。该策略具有多种实现方式,具体如下所述。

1. **迭代、更新优化**:这种两步法的思想是利用测量量更新优化问题,并重复进行优化。优化问题存在多种不同的更新方式:
   - 更新**后续**优化问题的初始条件。例如,MPC 采用输出的测量量或状态估计作为后续优化问题的新的初始条件。
   - 辨识不确定的模型参数,并更新过程模型。
   - 确定对象与模型预测(例如约束值)之间的特定偏差,并由此修正优化问题的数学描述。

这些方法都不是万能的,它们都有长处和不足[36]。然而,正如文献[37]报道的那样,通过仔细考虑当前面临的问题,往往有可能将这些迭代式优化方法成功应用于实际的批聚合反应器。在反馈控制的情况下,批过程的重复性也可用于迭代优化。优化过程的步骤本质上与前面讨论的一样,主要区别在于更新步骤是在连续批次之间而不是在某一批次的采样时刻进行的。通过该方式,可以获得更多数据(例如,从前一个完成的批次中)。

2. **自寻优控制**：自寻优控制通过反馈控制而不是通过反复求解优化问题实现最优，其关键是设计一个能够实现最优**对象**性能的反馈控制结构，而通过反馈实现最优性的一个主要手段是将设定点选择为优化问题的 NCO。

动态优化问题的最优解由一个或多个弧段构成，每个弧段要么使约束生效，要么使灵敏度为零。控制结构的构造过程如下：(i)使用对象模型离线地计算标称最优解(由于不确定性，它对对象不是最优的)；(ii)设计一个多回路控制系统，使每个回路将 NCO 的一个特定元素调节为零；(iii)使用测量量或 NCO 元素的估计实现该反馈控制。这种方法的设计目的是满足对象的 NCO[38]，因此被称为 NCO **跟踪**。

实现 NCO 跟踪的主要困难在于实时计算 NCO 元素。然而，该困难鉴于如下事实有所降低：(i)约束量一般可以测得，并直接用于反馈控制；(ii)与将灵敏度强制为零相比，实施主动约束可在降低代价方面获得更多益处[39]，因此通常没必要对灵敏度进行准确估计。

在线自寻优控制的一种替换方法是**批次**间自寻优控制，这涉及到将优化问题重新描述为控制问题。这种批次间方式的额外益处是它能够等待直到批结束，因此可以积累更多数据。从本质上讲，批次间自寻优控制策略效仿了在工业中改进批过程性能的方法。例如，在等温批聚合过程中，人们通常会尝试逐渐增加从一个批次到另一批次的反应器温度，从而缩短最终时间。当操作员确定当前过程十分接近其约束时，便停止运行该方法。如果继续增加反应器的温度，将产生不合格的产品。

根据前面的讨论，必须清楚地认识到，虽然自寻优控制在概念上非常具有吸引力，但它受到缺乏合适的测量量的限制。因此，状态估计对于成功实施这一策略至关重要。下面讨论自寻优控制的一个成功的工业应用。

12.4.3.4 示例：工业批聚合反应器的优化

这个问题涉及到反相乳液共聚过程(该过程之所以称为反相乳液聚合过程，是因为它与标准的乳液聚合过程相反。标准乳液聚合采用油溶性单体和水溶性引发剂，而反相乳液聚合过程中的单体却是水溶性的，并在油相中乳化，尽管聚合过程由油溶性的引发剂引发。)的批操作，其目标是最小化反应时间[33]。该反应会产生大量的热量，因此较高的反应器温度可以加快反应，缩短反应时间。然而，产生的热量除了有可能对最终产品质量(特别是平均分子量)带来不利，还将大大增加热失控的危险。因此，工业中的普遍做法是等温地运行在安全温度(相对较低)范围内。通过确定反应器的温度曲线，在产量与安全和质量之间取得可能的最优折衷，从而改善反应器的性能。图 12.8 给出了工业实践中某 $1m^3$ 反应器的一组温度和摩尔转化曲线。

针对该问题，文献[33]对基于测量的批次间优化策略的设计和实现进行了详细讨论，其要点可总结如下：

1. 基于简单过程模型的数值优化结果定性表明，第一阶段的反应必须接近等温，以避免违反散热约束，而在后续反应过程中允许温度增加，以缩短反应时间。事实上，一旦转化达到一定值，反应速率会自然下降，此时可以增加反应器的温度(以缩短批运行时间)，不过依然需要满足对平均分子量的最终要求。因此，由此产生的温度控制凭借初始的等温阶段到后续的绝热阶段，接近于半绝热。

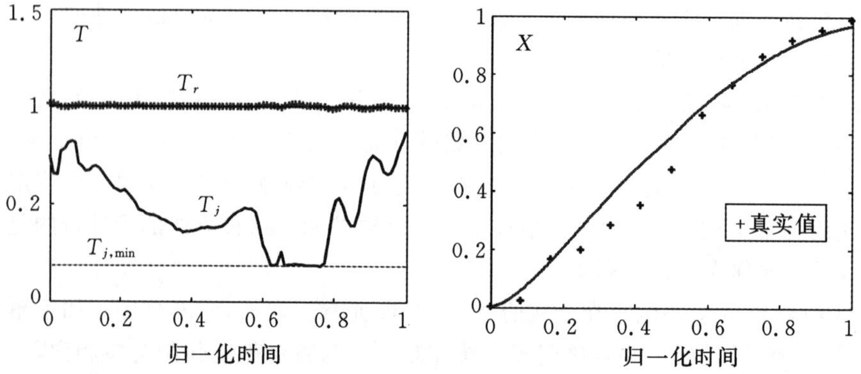

图 12.8 工业批反应器的归一化测量曲线。T_r 表示反应器的温度,T_j 表示夹套的温度,X 表示摩尔转化。实的转化线与聚合反应器的简单模型预测值相对应(改编自文献 Francois,G. et al.,Ind. Eng. Chem. Res.,43,7238-7242,2004)。请注意,当调节变量 T_j 位于其下界时,过程在时段[0.6,0.8]失控。这种失控可以通过减少引发剂进料进行手动补偿

2. 在最后时刻 t_f 的温度必须服从规定的限制,超过该限制,聚合物会发生凝聚。由于所能达到的最高温度取决于当控制策略从等温切换到绝热时反应器中剩余的未反应的单体数量,因此可以通过调节两个阶段之间的切换时间来满足温度约束。

由此,为了满足两个最终约束:(a)期望的单体转化量 X_{des},(b)反应器的最高温度 $T_{r,\max}$,批次间优化的任务实际上是指定如下两个标量参数:

ⅰ. 等温和绝热操作之间的切换时间 t_s。
ⅱ. 最终时间 t_f。

在这个过程中,由于 X_{des} 接近 100%,所以期望的转化量和最高温度是同时发生的。因此,优化问题可以简化为在批次间只调节切换时间 t_s,以满足 $T_r(t_f)=T_{r,\max}$。采用离散地积分控制律可以很容易地实现这种调节方案:

$$t_{s,k+1}=t_{s,k}+K(T_{r,\max}-T_{r,k}(t_f))$$

其中,K 表示批次间积分控制器的增益。图 12.9 给出了批次间控制策略的整体框图。

图 12.10 给出了该策略针对 $1m^3$ 工业反应器的三个连续批次的改进情况。批运行时间缩短了约 35%,而最终的平均分子量指标满足所有批次的要求。

12.5 总结与结论

过程控制在以安全环保方式制造高品质聚合物产品方面继续发挥着越来越重要的作用。特别是,由于聚合物产品的最终使用性能强烈依赖于聚合物的分子和/或宏观架构——这些特性在聚合反应器中聚合物合成时已经确定,不能通过后续加工或调配改变。因此,聚合反应器的有效控制对聚合物的现代经济生产非常重要。然而,由于聚合反应器通常是强放热的,且呈现出复杂的高度非线性动态性能,这些动态性能强烈依赖于反应物的化学类型和组成,人们对

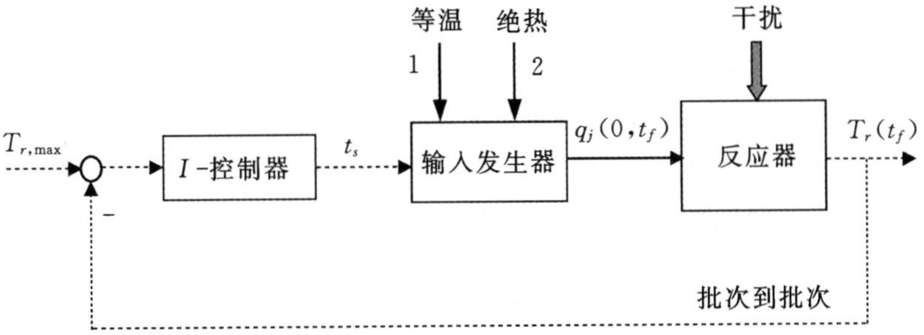

图 12.9 批次间优化方案，它表明了如何通过调节切换时间 t_s 来满足反应器的温度目标。在初始阶段，反应器在归一化温度 $T_{r,ref}=1$ 处等温运行。绝热操作开始于 t_s 时刻，该值通过批次间优化进行调整，以实现 $T_r(t_f)=T_{r,\max}$。真正的调节输入是夹套中冷却介质的流速 $q_j[0,t_f]$，在 $t<t_s$ 的等温阶段，通过将 $T_r(t)$ 调节到 $T_{r,ref}=1$ 附近来确定 $q_j[0,t_f]$；而在绝热阶段，将 $q_j[t_s,t_f]$ 简单地设置为 0

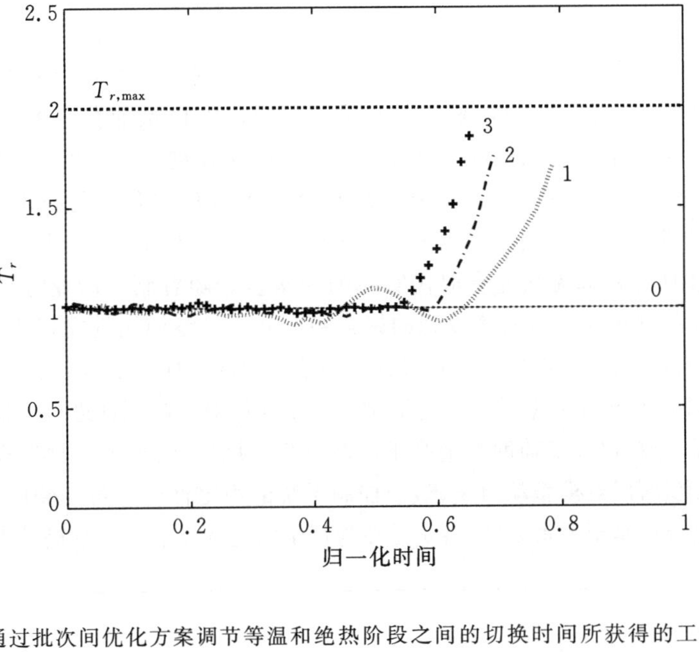

图 12.10 通过批次间优化方案调节等温和绝热阶段之间的切换时间所获得的工业反应器的归一化温度曲线。与当前等温操作的归一化反应时间 1 相比，三个连续批次的反应时间依次缩短到 0.78、0.72 和 0.65。请注意，为了安全起见，在实现 $T_{r,\max}$ 时进行了轻微的“回退”，主要目的是抵制本方法不能处理的运行期间的干扰

它知之甚少，所以对聚合反应器进行有效控制的难度很大。此外，决定聚合物产品最终使用性能的分子属性通常只能离线测量，需要很长的时间延迟，因此这些测量量很少用于在线控制。

本章对控制聚合过程的许多现代方法进行了综述。尽管各种技术的具体细节各不相同，它们在发展、使用和实现方面具有如下三个共同步骤，这与反应器类型是否为连续式、批式或半批式无关。

1. 给定期望的聚合物产品的最终使用性能，第一步是确定聚合物的分子和/或宏观架构（即平均分子量、功能群分布，以及共聚物成分——当涉及两种或多种不同的单体时），将它们进行组合，产生指定的最终使用性能。
2. 由于这些分子和宏观特征几乎不可能在线测量，第二步是确定反应器的温度和进料流速曲线。这些曲线一旦实现，将生产出具有期望的分子和宏观特征的聚合物产品。这些曲线在连续反应器中可以是分段恒定的，而在半批式或者批式反应器中可以是完全时变的。当然，在执行这些曲线时，必须保证不将反应器引至不安全的运行模式中。如果存在准确的反应器模型，可以利用最优控制技术和模型以离线和/或在线方式系统地计算温度和进料曲线。本章综述的优化方法可以用于执行这类计算。
3. 在最后一步，利用反馈控制来执行这些曲线，这些曲线在反馈控制系统中被用作温度和进料流速的设定值。如果可获得一些任何不频繁的关于聚合物属性的测量量，应将它们用于反馈控制系统中以提高性能。

虽然本章介绍的一些技术已在工业实践中获得成功应用，该领域仍存在许多具有挑战性的问题。下面列举其中的一部分：首先，通用优化方法的发展，尤其是 MPC 的发展，毫无疑问地对工业实现产生影响。然而，这些技术依赖于是否能够获得具有高可信度且适当复杂度的聚合物反应器模型。对于具有现实重要性的过程模型，实现这种内在矛盾的平衡具有一定难度：工业过程在本质上很复杂，若要采用具有足够可信度的模型捕获这种复杂过程的本质组成，几乎不可避免地要求最低水平的复杂度。非线性降阶模型方法能够采用降阶的、与控制相关的模型有效描述复杂的过程动态，这极大地推动了先进控制和优化技术在工业中的应用。此外，状态估计的发展使得我们能够对间或测量的产品属性进行估计，因此在线控制产品特性成为可能，但这些估计永远无法完全取代实际的测量量。随着制造产业链越来越不可阻挡地紧密集成，下游客户对从供应商处接收到的聚合物产品的最终使用性能提出日益严格的要求。为了满足这些要求，从根本上需要聚合物过程控制系统的性能具有较高水平，这种水平是无法通过对产品属性的不得已的不理想推断而达到的。为了能够对产品属性进行比目前更频繁的实际测量，要求传感器、分析仪以及辅助测量技术不断进步。最后，由于聚合物过程控制系统的结构具有更高的复杂度，所以对模型动力学、整个控制系统的稳定性以及可达到的性能（标称性能和鲁棒性）进行理论分析是至关重要的，特别是在为每个问题选择最优方案提供指导方面。

参考文献

1. J. MacGregor, Control of polymerization reactors, in *IFAC Symposium DYCORD 86*, Bournemouth, UK, pp. 21–36, 1986.
2. W. Ray, Modeling and control of polymerization reactors, in *3rd IFAC Symposium on Dynamics and Control of Chemical Reactors, Distillation Columns and Batch Processes*, College Park, MD, p. 161, 1992.
3. F. Doyle III, M. Soroush, and C. Cordeiro, Control of product quality in polymerization processes, in *Chemical Process Control-VI*, J. B. Rawlings, B. A. Ogunnaike and J. W. Eaton (eds.), AIChE Symposium Series, New York, NY, pp. 290–306, 2002.
4. A. Schmidt and W. Ray, The dynamic behavior of continuous polymerization reactors-I: Isothermal solution polymerization in a CSTR, *Chem. Eng. Sci.*, vol. 36, no. 8, pp. 1401–1410, 1981.

5. J. Hamer, T. Akramov, and W. Ray, The dynamic behavior of continuous polymerization reactors-II: Nonisothermal solution homopolymerization and copolymerization in a CSTR, *Chem. Eng. Sci.*, vol. 36, no. 12, pp. 1897–1914, 1981.
6. A. Schmidt, A. Clinch, and W. Ray, The dynamic behavior of continuous polymerization reactors-III: An experimental study of multiple steady states in solution polymerization, *Chem. Eng. Sci.*, vol. 39, no. 3, pp. 419–432, 1981.
7. B. Bequette, *Process Control: Modeling, Design, and Simulation.* Upper Saddle River, NJ: Prentice Hall Press, 2002.
8. B. Ogunnaike and W. Ray, *Process Dynamics Modeling and Control.* Oxford University Press, New York, 1994.
9. D. Seborg, T. Edgar, and D. Mellichamp, *Process Dynamics and Control*, 2nd ed. John Wiley and Sons, New York, 2004.
10. D. Chien and A. Penlidis, On-line sensors for polymerization reactors, *Polymer Reviews*, vol. 30, no. 1, pp. 1–42, 1990.
11. W. Ray, Polymerization reactor control, *IEEE Contr. Syst. Mag.*, vol. 6, no. 4, pp. 3–8, 1986.
12. S. Ponnuswamy, S. Shah, and C. Kiparissides, On-line monitoring of polymer quality in a batch polymerization reactor, *J. Appl. Polymer Sci.*, vol. 32, no. 1, pp. 3239–3253, 1986.
13. F. Schork and W. H. Ray, On-line measurement of surface tension and density with application to emulsion polymerization, *J Appl Polymer Sci*, vol. 28, no. 1, pp. 407–430, 1983.
14. M. Soroush and C. Kravaris, Multivariable nonlinear control of a continuous polymerization reactor: An experimental study, *AIChE J.*, vol. 32, no. 12, pp. 1920–1937, 1993.
15. K. B. McAuley and J. MacGregor, On-line inference of polymer properties in an industrial polyethylene reactor, *AIChE J.*, vol. 37, no. 6, pp. 825–835, 1991.
16. N. Zambare, M. Soroush, and B. A. Ogunnaike, Multirate control of a polymerization reactor: A comparative study, in *Proc. of American Contr. Conf.*, San Diego, CA, USA, pp. 2553–2557, 1999.
17. B. Ogunnaike, On-line modeling and predictive control of an industrial terpolymerization reactor, *Int. of Control*, vol. 59, no. 3, pp. 711–729, 1994.
18. N. Zambare, M. Soroush, and B. Ogunnaike, A method of robust multi-rate state estimation, *J. Process Contr.*, vol. 13, no. 4, pp. 337–355, 2003.
19. K. B. McAuley and J. MacGregor, Nonlinear product gas-phase property control in industrial polyethylene reactors, *AlChE J.*, vol. 39, no. 5, pp. 855–866, 1993.
20. S. BenAmor, F. Doyle III, and R. MacFarlane, Polymer grade transition control using advanced real-time optimization software, *J Process Contr.*, vol. 14, no. 4, pp. 349–364, 2004.
21. D. Bonvin, L. Bodizs, and B. Srinivasan, Optimal grade transition for polyethylene reactors via NCO tracking, *Trans IChemE Part A: Chemical Engineering Research and Design*, vol. 83, no. A6, pp. 692–697, 2005.
22. C. Chatzidoukas, C. Kiparissides, B. Srinivasan, and D. Bonvin, Optimization of grade transitions in an industrial gas-phase olefin polymerization fluidized bed reactor via NCO-tracking, in *16th IFAC World Congress*, Prague, Czech Republic, 2005.
23. J. Kadam, W. Marquardt, B. Srinivasan, and D. Bonvin, Optimal grade transition in industrial polymerization processes via NCO tracking, *AIChE J.*, vol. 53, no. 3, pp. 627–639, 2007.
24. M. Soroush and C. Kravaris, Nonlinear control of a batch polymerization reactor: An experimental study, *AIChE J.*, vol. 38, no. 9, pp. 1429–1448, 1992.
25. V. Hagenmeyer and M. Nohr, Flatness-based two-degree-of-freedom control of industrial semi-batch reactors using a new observation model for an extended Kalman filter approach, *Int. J. Control*, vol. 81, no. 3, pp. 428–438, 2008.
26. M. Shahrokhi and M. Ali Fanaei, Nonlinear temperature control of a batch suspension polymerization reactor, *Polymer Engineering and Science*, vol. 42, no. 6, pp. 1296–1308, 2002.
27. R. Ortega and R. Kelly, PID self-tuners: Some theoretical and practical aspects, *IEEE Trans. Ind. Electron.*, vol. IE-31, no. 4, pp. 332–338, 1984.
28. M. Soroush and C. Kravaris, Discrete-time nonlinear controller synthesis by input/output linearization, *AIChE J.*, vol. 38, no. 12, pp. 1923–1945, 1992.
29. J. Valappil and C. Georgakis, Nonlinear model predictive control of end-use properties in batch reactors, *AIChE J.*, vol. 48, no. 9, pp. 2006–2021, 2002.
30. K. Lee, S. Bang, J. Son, and S. Yoon, Iterative learning control of heat-up phase for a batch polymerization reactor, *J. Process Contr.*, vol. 6, no. 4, pp. 255–262, 1996.

31. Y. Wang, F. Gao, and F. J. Doyle, Survey on iterative learning control, repetitive control, and run-to-run control, *J Process Contr* , vol. 19, no. 10, pp. 1589–1600, 2009.
32. M. Dokucu and F. Doyle III, Batch-to-batch control of characteristic points on the psd in experimental emulsion polymerization, *AIChE J* , vol. 54, no. 12, pp. 3171–3187, 2008.
33. G. Francois, B. Srinivasan, D. Bonvin, J. Hernandez Barajas, and D. Hunkeler, Run-to-run adaptation of a semi-adiabatic policy for the optimization of an industrial batch polymerization process, *Ind. Eng. Chem. Res.*, vol. 43, no. 23, pp. 7238–7242, 2004.
34. C. Kiparissides, Challenges in particulate polymerization reactor modeling and optimization: A population balance perspective, *J. Process Contr.*, vol. 16, no. 3, pp. 205–224, 2006.
35. C. Gentric, F. Pla, M. A. Latifi, and J. P. Corriou, Optimization and nonlinear control of a batch emulsion polymerization, *Chem. Eng. J.*, vol. 75, no. 1, pp. 31–46, 1999.
36. B. Chachuat, B. Srinivasan, and D. Bonvin, Adaptation strategies for real-time optimization, *Comput. Chem. Eng.*, vol. 33, pp. 1557–1567, 2009.
37. C. Kiparissides, P. Seferlis, G. Mourikas, and A. Morris, Online optimizing control of molecular weight properties in batch free-radical polymerization reactors, *Ind. Eng. Chem. Res.*, vol. 41, no. 24, pp. 31–46, 2002.
38. B. Srinivasan and D. Bonvin, Real-time optimization of batch processes by tracking the necessary conditions of optimality, *Ind. Eng. Chem. Res.*, vol. 46, no. 2, pp. 492–504, 2007.
39. S. Deshpande, B. Chachuat, and D. Bonvin, Parametric sensitivity of path-constrained optimal control: Towards selective input adaptation, in *American Control Conference 2009*, 2009, pp. 349–354. Available at http://infoscience.epfl.ch/record/128131.

13

多孔薄膜生长过程的多尺度建模与控制

Gangshi Hu
加州大学洛杉矶分校
Xinyu Zhang
加州大学洛杉矶分校
Gerassimos Orkoulas
加州大学洛杉矶分校
Panagiotis D. Christofides
加州大学洛杉矶分校

13.1 引言

近年来,对薄膜沉积过程中薄膜微观结构的建模和控制吸引了大量的研究关注。特别地,人们开始使用以方形晶格为基础,并对沉积进行固体-固体(Solid-On-Solid,SOS)近似的动力学 Monte Carlo(kinetic Monte Carlo,kMC)模型来描述薄膜微观结构的变化,并设计反馈控制律来控制薄膜表面的粗糙度[1,2]。此外,提出了一种联合使用偏微分方程(Partial Differential Equation,PDE)模型和 kMC 模型的方法来对薄膜生长过程进行有效地多尺度优化[3]。然而,kMC 模型的封闭形式难以获得,这限制了它在对基于模型的反馈控制系统进行系统级分析和设计中的应用。

针对上述情况,人们很自然地将随机微分方程(Stochastic Differential Equation,SDE)用于对各种薄膜制备工艺中的超薄膜表面形态的建模中[4~8],并提出了一些基于 SDE 的先进控制方法,以应对对薄膜微观结构进行基于模型的反馈控制的需求。特别地,提出了基于线性[9~11]和非线性[12,13]SDE 模型的方法,用于对薄膜表面粗糙度的状态/输出反馈控制。

在对薄膜孔隙度的建模方面,kMC 模型已广泛应用于对多种沉积工艺中多孔薄膜的变化进行建模[14~17]。最近,针对薄膜孔隙度,提出了确定性的和随机的常微分方程(Ordinary Differential Equation,ODE)模型[18],这些模型可用于对薄膜孔隙度及其波动的变化情况进行建模,并用于设计模型预测控制(Model Predictive Control,MPC)算法,以便将薄膜的孔隙度控制在期望的水平,从而降低不同批次间孔隙度的差异。最近,提出了一种以薄膜生长的 kMC 模型为基础,以沉积速率为调节输入的统一控制框架,它可以同时控制薄膜厚度、表面粗糙度以及孔隙度[19]。然而,在实际的薄膜生长环境中,表面沉积率不能直接调节,只能通过调节入口处前驱物的浓度来对它进行间接调节。

本章所介绍的研究工作将解决这一实际问题,重点讨论在薄膜生长过程的多尺度模型中,以入口处前驱物的浓度为调节输入,实现对薄膜厚度、表面粗糙度以及孔隙度的同时调节。具体来说,本章将采用连续的宏观 PDE 模型来描述气相动力学,利用基于三角晶格的微观 kMC 仿真模型对薄膜生长过程进行建模,其中薄膜内允许存在空隙和突起,最后通过边界条件将宏观和微观模型联系起来。提出了分布参数和集总参数的动力学模型来描述薄膜表面形态和孔隙度的变化,该模型还被用作设计 MPC 算法的基础。该 MPC 算法对薄膜厚度、表面粗糙度以及薄膜孔隙度与相应的设定值之间的偏差进行惩罚。将所提出的控制器应用于多尺度过程模型,仿真结果表明本章提出的建模和控制方法是可行且有效的。

13.2 预备知识

现在我们来考虑如图 13.1 所示的低压化学气相沉积(Low-Pressure Chemical Vapor Deposition,LPCVD)反应器中硅薄膜的生长过程。由于气相和薄膜的生长在时间和空间尺度方面存在较大差异,所以我们采用两个不同的模型来描述气相和薄膜的变化。在连续性假设下,采用源于质量平衡的 PDE 模型来描述物体的气相浓度。对于薄膜生长模型,则利用一个基于晶格的 kMC 模型进行仿真,该 kMC 模型采用三角晶格,且允许薄膜中出现突起和空隙。通过边界条件可以将这两种模型联系在一起,即 kMC 模型中的吸附速率依赖于薄膜表面的反应物浓度,这服从化学反应速率定律。

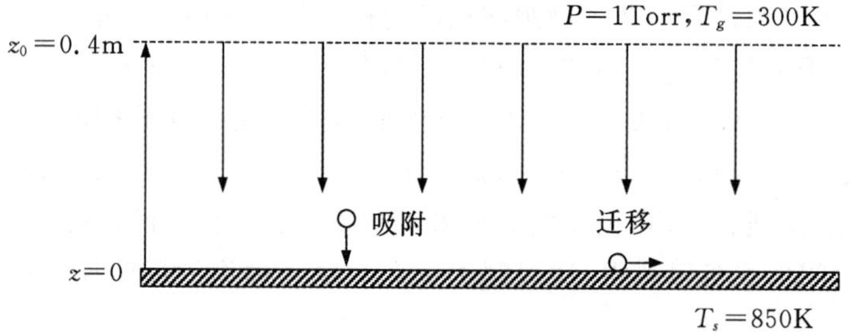

图 13.1　LPCVD 中薄膜生长过程的多尺度模型

13.2.1 气相模型

对于气相模型,考虑纵向、一维、停滞的流动几何特性。进气流由氢气和硅烷两部分组成,硅烷扩散通过停滞的氢气膜,且整个气相过程的温度恒定。因此,在连续性假设下,气相中的硅烷浓度可以由如下抛物线型 PDE 来进行建模:

$$\frac{\partial X}{\partial t} = D\frac{\partial^2 X}{\partial z^2} - KX \tag{13.1}$$

其中，X 表示硅烷的摩尔分数，D 表示硅烷的扩散系数，$-KX$ 项表示气相中硅烷的消耗情况，即反应器壁上的气相反应以及不希望出现的沉积物(假设该项是一阶的)。

扩散系数 D 可以由如下关于温度的二阶多项式计算[20]：

$$D = c_0 + c_1 T_g + c_2 T_g^2 \tag{13.2}$$

其中，T_g 表示气相温度，它被设定为 300K；c_0、c_1、c_2 为多项式系数。

质量平衡方程(13.1)服从如下初始条件：

$$X(z,0) = 0 \tag{13.3}$$

以及在入口处($z=z_0=0.4\text{m}$)的边界条件：

$$X(z_0,t) = X_{in} \tag{13.4}$$

其中，X_{in} 表示入口处硅烷的浓度。该方程还服从关于晶片表层($z=0$)的边界条件：

$$CD\frac{\partial X}{\partial z}(0,t) = Rw \tag{13.5}$$

其中，C 表示表层正上方气相的摩尔浓度，R_W 表示晶片表层上的反应速率。在理想气体的假设下，$C=P/(RT_g)$，其中，P 表示气相压力，R 表示理想的气体常数。

当硅烷扩散到晶片表层后，按照如下反应式分解为硅和氢：

$$\mathrm{SiH_4} \rightarrow \mathrm{Si} + 2\mathrm{H_2} \tag{13.6}$$

然后，硅原子将沉积在薄膜上。表层上的化学反应速率定律为[20]

$$R_w = \frac{kPX}{1 + K_H(P(1-X_s))^{1/2} + K_s P X_s} \tag{13.7}$$

其中，X_s 表示晶片表层上的硅烷浓度，k、K_H 和 K_S 是反应速率定律中的系数。系数 k 服从如下所示的 Arrhenius 型法则[20]：

$$k = 1.6 \times 10^4 \exp(-18\,500/T_s) \quad \text{mole m}^{-2}\text{s}^{-1}\text{Pa}^{-1} \tag{13.8}$$

其中，T_s 表示晶片表层的温度。表 13.1 给出了气相模型中各参数和系数的取值。

表 13.1　气相模型中的参数

T_g	300K	P	1Torr
T_s	850K	z_0	0.4m
C_0	-2.90	K	0.5
C_1	2.06×10^{-2}	K_H	$0.19\text{Pa}^{-1/2}$
C_2	2.81×10^{-5}	K_s	0.70Pa^{-1}

13.2.2　基于晶格的薄膜生长 kMC 模型

本章所述研究工作使用的薄膜生长模型是一种基于晶格的 kMC 模型，在该模型中，所有的粒子占据离散格点[19,21]。晶格 kMC 模型在 $T<0.5T_m$(T_m 为晶体的熔点)的低温区域有效，它选用三角形晶格表示薄膜的晶体结构，具体如图 13.2 所示。新的粒子总是从具有气相的晶格的正上方沉积。横向的晶点数被定义为晶格的大小，并由 L 表示。在三角晶格中，晶

格底层在初始时刻便由粒子完全塞满，并且是固定的。该层没有空隙，其中的粒子不能迁移，它用作沉积的基底，不计入沉积粒子数目之内，也就是说，这个固定层不影响薄膜孔隙度。考虑两种类型的微观过程(Monte Carlo 事件)：一种是吸附过程，其中的粒子被从气相吸入到薄膜；另一种是迁移过程，其中的表层粒子在相邻的晶点之间移动[14~16,22]。

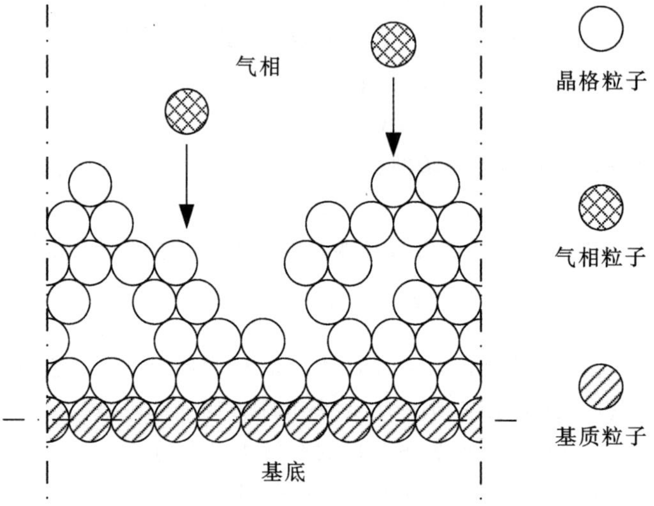

图 13.2　三角晶格上薄膜的生长过程

在吸附过程中，入射粒子与薄膜接触，并被吸附到薄膜上。微观吸附率 W 的单位是单位时间内的层数，其取值与气相中的表层反应速率 R_W 相等(即 $W=R_W$)。入射粒子最初随机地位于薄膜晶格上方，并不断沿着晶格的垂直方向移动，直到接触到薄膜上的第一个粒子。在发生接触后，粒子移动(松弛)到最近的空隙位置。如果该位置不稳定(即只有一个相邻粒子)，则进行表层松弛。当粒子进行表层松弛时，它会移动到最稳定的相邻空隙位置，并最终被吸附在薄膜上。

在迁移过程中，粒子克服晶点的能量势垒，跃迁到相邻的空隙晶点。粒子的迁移率(概率)遵循 Arrhenius 型法则，该法则具有一个预先计算的激活能量势垒，它依赖于粒子所处的局部环境以及基底的温度。由于膜很薄，可以假设整个薄膜面上的温度是均匀的。内部粒子(被 6 个最近邻粒子完全包围的粒子)和基底层不能发生迁移。

粒子在迁移过程中可以以相同的概率跃迁到相邻的任意空隙位，除非邻近的空隙位没有最近邻晶点。也就是说，表层粒子不能跳离薄膜，只能在薄膜表层迁移。沉积过程可由连续时间 Monte Carlo(Continuous-Time Monte Carlo，CTMC)方法进行仿真(详情请参阅文献[18])。

13.2.3　表面高度轮廓及薄膜晶点占用率的定义

利用 CTMC 算法可以对多孔硅薄膜生长过程的 kMC 模型进行仿真。薄膜微观结构的快照，即三角晶格内粒子的组成结构，可从过程演化期间各个时刻的 kMC 模型中获得。为了定量评价薄膜的微观结构，本节引入表面粗糙度和薄膜孔隙度两个变量。

表面粗糙度用来衡量薄膜表面的纹理，可由薄膜表面高度轮廓的均方根（Root Mean Square，RMS）来表示。与SOS模型相比，在三角晶格模型下测定表面高度轮廓稍有不同。在SOS模型中，薄膜表面很自然地由每列顶部粒子的位置描述。然而，在三角晶格模型中，由于存在空隙和突起，需要对薄膜表面的定义进一步说明。具体来说，考虑到实际的表面粗糙度测量量，根据在垂直方向上可到达的粒子来定义三角晶格模型表面的高度轮廓，具体如图13.3所示。在这个定义中，仅当某粒子不能被相邻列里的粒子阻塞时，该粒子才可视为表面粒子。因此，多孔薄膜的表面高度轮廓即为连接表面粒子所占晶点的曲线。根据该定义，可以将表面高度轮廓当作空间坐标的函数进行处理。用作衡量表面纹理的表面粗糙度则定义为表面高度轮廓偏离平均高度的标准偏差[21]：

$$r = \sqrt{\frac{1}{L}\sum_{i=1}^{L}(h_i - \bar{h})^2} \tag{13.9}$$

其中，r 表示表面粗糙度，$\bar{h} = \frac{1}{L}\sum_{i=1}^{L} h_i$ 表示表面的平均高度。需要注意的是，$r \geqslant 0$；$r=0$ 意味着表面平坦。

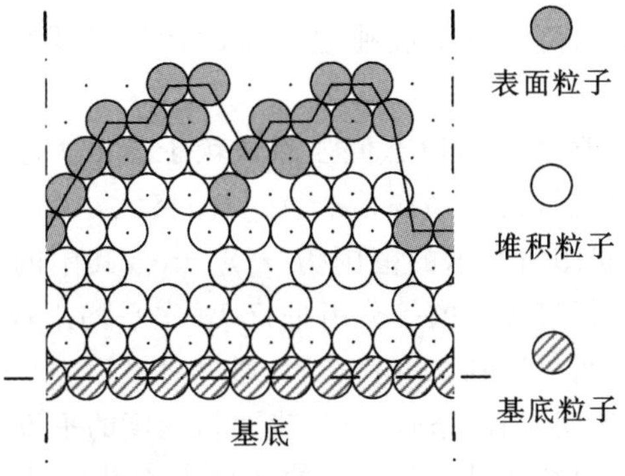

图13.3 表面高度轮廓的定义。表面粒子是指在垂直方向上没有被邻近的两列粒子阻塞的粒子

除薄膜的表面粗糙度之外，引入薄膜晶点占有率（Site Occupancy Ratio，SOR）来表示薄膜内孔隙的程度。薄膜SOR的数学表达式为

$$\rho = \frac{N}{LH} \tag{13.10}$$

其中，ρ 表示薄膜的SOR，N 表示晶格中沉积粒子的总数，L 表示晶格的大小，而 H 表示沉积层的数目。需要注意的是，沉积层中只包含沉积粒子，不包含初始的基底层。图13.4对式(13.10)所示定义表达式中的变量进行了直观解释。由于每一层包含 L 个晶点，那么薄膜中 H 层可以包含的晶点总数为 LH。因此，薄膜的SOR即为被占用的晶点 N 与可用的晶点总数 LH 的比值。薄膜的SOR的取值范围为0～1。特别地，当 $\rho=1$ 时，表示薄膜被完全占用，其表面是平坦的。在沉积过程的初始时刻，没有粒子沉积在晶格上，因此将 ρ 设为零。

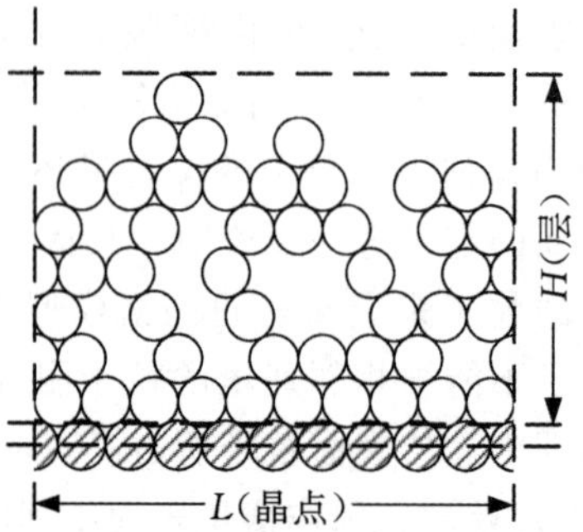

图 13.4　式(13.10)所示的薄膜 SOR 的定义的示意图

13.2.4　薄膜表面粗糙度和 SOR 与晶格大小的关系

13.2.3 节给出了薄膜表面粗糙度和 SOR 的定义,下面研究薄膜表面粗糙度和 SOR 与晶格大小之间的关系[23]。为了研究晶格大小的影响,采用不同的晶格大小对薄膜沉积过程进行 kMC 仿真。在整个仿真过程中,保持基底温度和吸附率恒定,并将仿真时间设为足够长,以计算表面粗糙度和 SOR 的稳态值。对多次独立仿真的运行结果取平均,作为相应的数学期望值。

表面粗糙度的平方的数学期望的稳态值强烈依赖于晶格大小。这种依赖性可以通过在 $T=300\text{K}$,$W=1$ 层/s 的情况下,绘制稳态值 $\langle r^2\rangle_{ss}$ 与晶格大小的关系图看出,具体可参见图 13.5。图 13.5 中的误差柱状图所表示的范围为 $\langle r^2\rangle_{ss}\pm\sigma_r$,其中的 σ_r 表示 $\langle r^2\rangle_{ss}$ 的标准偏差,该值可以通过对所有仿真运行过程中的等分组进行 10 次平均来计算得到。表面粗糙度的平方的数学期望的稳态值是在明显达到稳定状态后,通过对最后 1000 点取平均所得的进化曲线而确定的。图 13.5 清楚地表明,当晶格较大时,表面粗糙度的平方与晶格的大小呈线性关系,其中的线性回归结果是根据晶格大小 $L\geqslant 100$ 的数据点而获得的,线性回归系数为 0.9997。饱和时间,即表面粗糙度的平方的数学期望非常接近其稳态值所需的时间,与晶格大小的平方成正比。

图 13.6 给出了当 $T=400\text{K}$、$W=1$ 层/s,而晶格大小变化时,薄膜 SOR 的稳态值 ρ^{ss}。该图还给出了薄膜 SOR 在 $t=1000\text{s}$ 和 $t=2000\text{s}$ 时的取值。薄膜 SOR 的误差柱状图是通过对所有仿真运行过程中的等分组进行 5 次平均而计算得到的。采用最小二乘方法将从 kMC 仿真中获得的有限时间点的 $\rho(t)$ 数据拟合为薄膜 SOR 的积分模型,可以实现对 ρ_d^{ss} 稳态值的估计。关于积分模型的细节,请参阅本章 13.3.2 节。由于稳态值是从进化曲线中估计得到的,所以 ρ^{ss} 没有误差柱状图。对于较小的晶格,薄膜 SOR 在 1000s 和 2000s 时的取值非常接近 ρ^{ss},这表明薄膜 SOR 已经达到了稳定状态。然而,对于较大的晶格,薄膜 SOR 在 $t=2000\text{s}$ 时都不能达到稳态。从图 13.6(采用了对数刻度以展现本工作中所研究的较大范围内的晶格尺寸)中可以看出,薄膜 SOR 的稳态值对晶格大小具有弱依赖性。从图中还可以看出,薄膜 SOR 的数学期望的稳态值随着晶格尺寸的增大而减小。薄膜 SOR 的动态性能也取决于晶格大小:当晶格较大时,薄膜的 SOR 变化缓慢。

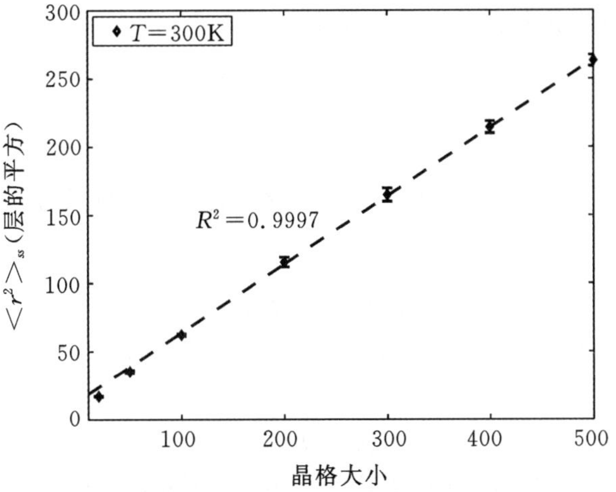

图 13.5　表面粗糙度的平方的数学期望的稳态值$\langle r^2 \rangle_{ss}$(与误差柱状图对应)与晶格大小的关系。$L \geqslant 100$ 的点对应的线性回归方程为$\langle r^2 \rangle_{ss} = kL + b$(虚线);$W=1$ 层/s,$T=300$K

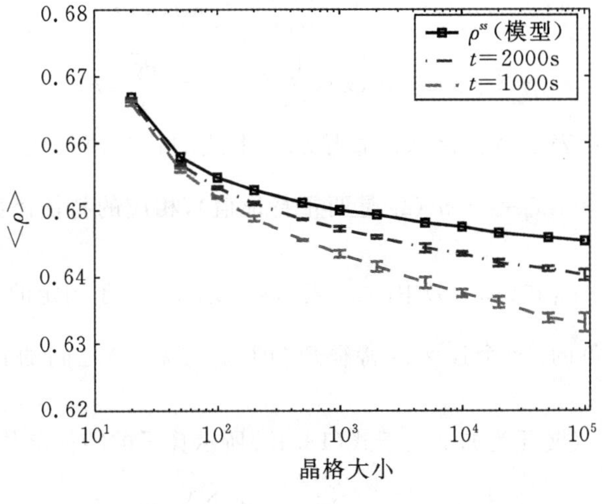

图 13.6　在 $t=1000$s 和 $t=2000$s 时刻,薄膜 SOR 的数学期望的稳态估计值随晶格大小变化的曲线;$W=1$ 层/s、$T=400$K

13.3　动力学模型的构建

13.3.1　Edwards-Wilkinson 型表面高度方程

Edwards-Wilkinson(EW)型方程为二阶随机偏微分方程,可以用来描述表面高度在许多微观过程中的变化,这些微观过程主要是指吸附(沉积)与迁移(扩散)之间的热平衡。本章选择 EW 型方程来描述表面高度的波动动力学(文献[23]严谨地说明了这种选择的合理性,下面将清楚地表明该选择在控制背景中的合理性):

$$\frac{\partial h}{\partial t} = r_h + v\frac{\partial^2 h}{\partial x^2} + \xi(x,t) \tag{13.11}$$

满足周期性边界条件:

$$h(-\pi,t) = h(\pi,t) \quad \frac{\partial h}{\partial x}(-\pi,t) = \frac{\partial h}{\partial x}(\pi,t) \tag{13.12}$$

以及初始条件:

$$h(x,0) = h_0(x) \tag{13.13}$$

其中,$x\in[-\pi,\pi]$表示空间坐标,t 表示时间,r_h 和 v 为模型参数,$\xi(x,t)$表示高斯白噪声,其均值和协方差为

$$\begin{gathered}\langle\xi(x,t)\rangle = 0\\ \langle\xi(x,t)\xi(x',t')\rangle = \sigma^2\delta(x-x')\delta(t-t')\end{gathered} \tag{13.14}$$

其中,σ^2 是衡量高斯白噪声强度的参数,$\delta(\cdot)$表示标准的 Dirac δ 函数。

为了进行模型参数估计和控制设计,首先利用模态分解来推导式(13.11)的随机 ODE 近似表达式。考虑式(13.11)的线性算子的特征值问题,其形式为

$$\begin{gathered}A\bar{\phi}_n(x) = v\frac{\mathrm{d}^2\bar{\phi}_n(x)}{\mathrm{d}x^2} = \lambda_n\bar{\phi}_n(x)\\ \bar{\phi}_n(-\pi) = \bar{\phi}_n(\pi),\frac{\mathrm{d}\bar{\phi}_n}{\mathrm{d}x}(-\pi) = \frac{\mathrm{d}\bar{\phi}_n}{\mathrm{d}x}(\pi)\end{gathered} \tag{13.15}$$

其中,λ_n 表示特征值,$\bar{\phi}_n$ 表示特征函数。直接求解上述的特征值问题,可以得到 $\lambda_0=0$,$\psi_0=\frac{1}{\sqrt{2\pi}}$,而对于 $n=1,\cdots,\infty$,$\lambda_n=-vn^2$(λ_n 是两重特征值),相应的特征函数为 $\phi_n=\left(\frac{1}{\sqrt{\pi}}\right)\sin nx$,$\psi_n=\left(\frac{1}{\sqrt{\pi}}\right)\cos nx$。请注意,式(13.15)中的 $\bar{\phi}_n$ 表示 ϕ_n 或 ψ_n。对于固定的正值 v,所有的特征值(零特征值除外)均是负的,两个连续的特征值(即 λ_n 与 λ_{n+1})之间的距离随着 n 的增大而增大。

式(13.11)的解可以展开为如下关于式(13.15)所示算子的特征函数的无穷级数:

$$h(x,t) = \sum_{n=1}^{\infty}\alpha_n(t)\phi_n(x) + \sum_{n=0}^{\infty}\beta_n(t)\psi_n(x) \tag{13.16}$$

其中,$\alpha_n(t)$,$\beta_n(t)$是随时间变化的系数。将上述展开式 $h(x,t)$ 代入式(13.11),并求取伴随特征函数 $\phi_n^*(x)=\left(\frac{1}{\sqrt{\pi}}\right)\sin nx$,$\psi_n^*(x)=\left(\frac{1}{\sqrt{\pi}}\right)\cos nx$ 的内积,可以得到可由如下无限随机 ODE 表示的系统:

$$\begin{aligned}\frac{\mathrm{d}\beta_0}{\mathrm{d}t} &= \sqrt{2\pi}r_h + \xi_\beta^0(t)\\ \frac{\mathrm{d}\alpha_n}{\mathrm{d}t} &= \lambda_n\alpha_n + \xi_\alpha^n(t),n = 1,\cdots,\infty\\ \frac{\mathrm{d}\beta_n}{\mathrm{d}t} &= \lambda_n\beta_n + \xi_\beta^n(t),n = 1,\cdots,\infty\end{aligned} \tag{13.17}$$

其中，

$$\xi_\alpha^n(t)=\int_{-\pi}^{\pi}\xi(x,t)\phi_n^*(x)\mathrm{d}x \quad \xi_\beta^n(t)=\int_{-\pi}^{\pi}\xi(x,t)\psi_n^*(x)\mathrm{d}x \tag{13.18}$$

$\xi_\alpha^n(t)$和$\xi_\beta^n(t)$的协方差为$\langle\xi_\alpha^n(t)\xi_\alpha^n(t')\rangle=\sigma^2\delta(t-t')$，$\langle\xi_\beta^n(t)\xi_\beta^n(t')\rangle=\sigma^2\delta(t-t')$。由于 EW 方程(13.11)中算子的特征函数的正交性，$\xi_\alpha^n(t)$与$\xi_\beta^n(t)$，$n=0,1,\cdots$，是随机独立的。

由于随机 OED 系统是线性的，那么可以通过如下方式直接计算获得状态方差的解析解：

$$\begin{aligned}\langle\alpha_n^2(t)\rangle&=\frac{\sigma^2}{2vn^2}+\left(\langle\alpha_n^2(t_0)\rangle-\frac{\sigma^2 s}{2vn^2}\right)\mathrm{e}^{-2vn^2(t-t_0)},n=1,\cdots,\infty\\ \langle\beta_n^2(t)\rangle&=\frac{\sigma^2}{2vn^2}+\left(\langle\beta_n^2(t_0)\rangle-\frac{\sigma^2}{2vn^2}\right)\mathrm{e}^{-2vn^2(t-t_0)},n=1,\cdots,\infty\end{aligned} \tag{13.19}$$

其中，$\langle\alpha_n^2(t_0)\rangle$和$\langle\beta_n^2(t_0)\rangle$表示 t_0 时刻的状态方差。式(13.19)所示状态方差的解析解将用于估计参数和设计 MPC。

当表面高度轮廓的动力学模型是确定的时，薄膜的表面粗糙度可以定义为表面高度曲线与其平均高度之间的标准偏差，计算方式为

$$r(t)=\sqrt{\frac{1}{2\pi}\int_{-\pi}^{\pi}[h(x,t)-\bar{h}(t)]^2\mathrm{d}x} \tag{13.20}$$

其中，$\bar{h}(t)=\frac{1}{2\pi}\int_{-\pi}^{\pi}h(x,t)\mathrm{d}x$ 表示表面的平均高度。根据式(13.16)可知，$\bar{h}(t)=\beta_0(t)\psi_0$ 成立，那么$\langle r^2(t)\rangle$可以重写为如下关于$\langle\alpha_n^2(t)\rangle$和$\langle\beta_n^2(t)\rangle$的形式：

$$\begin{aligned}\langle r^2(t)\rangle&=\frac{1}{2\pi}\left\langle\int_{-\pi}^{\pi}(h(x,t)-\bar{h}(t))^2\mathrm{d}x\right\rangle\\ &=\frac{1}{2\pi}\left\langle\sum_{i=1}^{\infty}(\alpha_i^2(t)+\beta_i^2(t))\right\rangle\\ &=\frac{1}{2\pi}\sum_{i=1}^{\infty}[\langle\alpha_i^2(t)\rangle+\langle\beta_i^2(t)\rangle]\end{aligned} \tag{13.21}$$

其中，$\bar{h}=\frac{1}{2\pi}\int_{-\pi}^{\pi}h(x,t)\mathrm{d}x=\beta_0(t)\psi_0$ 表示表面的平均高度。因此，式(13.21)给出了式(13.17)所示的无限随机 ODE 的状态方差与薄膜表面粗糙度的数学期望之间的直接联系。请注意，参数 r_h 并没有出现在表面粗糙度的表达式中，这是因为只有零状态 β_0 受 r_h 的影响，但该状态并没有包含在式(13.21)所示的表面粗糙度的平方的数学期望的计算公式中。

薄膜厚度可以由表面的平均高度 $\bar{h}$ 来表示，它是本章考虑的另一个目标。利用式(13.17)中零状态 β_0 的解析解，可以得到平均表面高度的数学期望的动力学方程，具体如下：

$$\frac{\mathrm{d}\langle\bar{h}\rangle}{\mathrm{d}t}=r_h \tag{13.22}$$

根据式(13.22)，可以直接求得薄膜厚度的数学期望$\langle\bar{h}\rangle$的解析解：

$$\langle\bar{h}(t)\rangle=\langle\bar{h}(t_0)\rangle+r_h(t-t_0) \tag{13.23}$$

13.3.2 薄膜 SOR 的动力学模型

薄膜 SOR 的概念主要用来描述膜的孔隙度。根据式(13.10)定义的薄膜 SOR，薄膜 SOR 考虑了整个沉积过程中的所有沉积层。因此，薄膜 SOR 具有累加性质，其变化过程可由积分

形式来表示。在进一步推导薄膜 SOR 的动力学模型之前,首先引入时刻 t 与 $t+\mathrm{d}t$ 之间所沉积薄膜层的瞬时薄膜 SOR 的概念,记为 ρ_d,它表示沉积粒子数目在生长方向上的空间导数,具体如下所示:

$$\rho_d = \frac{\mathrm{d}N}{\mathrm{d}(HL)} \tag{13.24}$$

在式(13.24)中,晶格大小 L 是一常量,微分 $\mathrm{d}H$ 可以写为如下关于时间微分 $\mathrm{d}t$ 的线性函数:

$$\mathrm{d}H = r_H \mathrm{d}t \tag{13.25}$$

其中,r_H 表示从顶层角度所能看到的薄膜生长率。请注意,这里的 r_H 与式(13.11)中的模型系数 r_h 不同。因此,通过对式(13.24)和(13.25)取积分,可以得到 N 和 H 的如下表达式:

$$\begin{aligned} N(t) &= L\int_0^r \rho_d r_H \mathrm{d}s \\ H(t) &= \int_0^t \rho_d \mathrm{d}s \end{aligned} \tag{13.26}$$

利用式(13.10)中 ρ 的定义和式(13.26)所示 N 和 H 的表达式,式(13.10)所示薄膜 SOR 的表达式可以重写为如下积分形式:

$$\rho = \frac{\int_0^t \rho_d r_H \mathrm{d}s}{\int_0^t r_H \mathrm{d}s} \tag{13.27}$$

为了简化后续推导并推得一个适用于控制目的的 SOR 模型,假设瞬时薄膜 SOR 的动力学模型 ρ_d 可由一阶线性过程来近似(后文将根据闭环仿真结果来验证该假设的合理性,同时评估控制器的性能),即:

$$\tau \frac{\mathrm{d}\rho_d(t)}{\mathrm{d}t} = \rho_d^{ss} - \rho_d(t) \tag{13.28}$$

其中,τ 为时间常数,ρ_d^{ss} 为薄膜瞬时 SOR 的稳态值。需要注意的是,文献[18]引入了式(13.28)所示的一阶 ODE,并利用数值结果验证了该 ODE 的有效性,其主要目的是建立部分薄膜 SOR 的模型,而定义部分薄膜 SOR 是为了描述接近薄膜表面的薄膜层孔隙度的变化。在本章中,薄膜瞬时 SOR 与部分薄膜 SOR 的概念类似,因为它也描述了新沉积层对整体孔隙度的影响。因此,一阶 ODE 模型是描述瞬时薄膜 SOR 变化的一个合理选择。

根据式(13.27)可知,薄膜 SOR 稳态值(ρ^{ss})逼近薄膜瞬时 SOR 稳态值($\rho^{ss}=\rho_d^{ss}$)的程度与 ρ_d 逼近 ρ_d^{ss} 的程度相当。式(13.28)所示的确定性 ODE 系统满足如下初始条件:

$$\rho_d(t_0) = \rho_{d0} \tag{13.29}$$

其中,t_0 表示初始时刻,ρ_{d0} 表示瞬时薄膜 SOR 的初始值。根据式(13.28)和(13.29),以及 ρ^{ss} 非常接近 ρ_d^{ss} 这一事实,可以得知下式成立:

$$\rho_d(t) = \rho^{ss} + (\rho_{d0} - \rho^{ss})\mathrm{e}^{-(t-t_0)/\tau} \tag{13.30}$$

为了实现控制目的,可以推导出薄膜 SOR 的如下表达式:

$$\rho(t) = \frac{\int_0^{t_0} \rho_d r_H \mathrm{d}s + \int_{t_0}^t \rho_d r_H \mathrm{d}s}{\int_0^{t_0} r_H \mathrm{d}s + \int_{t_0}^t r_H \mathrm{d}s}$$

$$= \frac{\rho_0 H_0 + \int_{t_0}^{t} \rho_d r_H \mathrm{d}s}{H_0 + \int_{t_0}^{t} r_H \mathrm{d}s} \tag{13.31}$$

其中，t_0 表示当前时刻，ρ_0 和 H_0 分别表示 t_0 时刻的薄膜 SOR 和薄膜高度。

将式(13.30)的解 ρ_d 代入式(13.31)，并假设 r_H 在 $t>\tau>t_0$ 时是一常数(后文在进行参数估计和 MPC 推导时，采用了相同的假设)，可以获得薄膜 SOR 在 t 时刻的如下解析解：

$$\rho = \frac{\rho_0 H_0 + r_H[\rho^{ss}(t-t_0) + (\rho^{ss}-\rho_0)\tau(\mathrm{e}^{-(t-t_0)/t}-1)]}{H_0 + r_H(t-t_0)} \tag{13.32}$$

该式将直接用在后文中式(13.35)所示的 MPC 公式中。

13.4 模型预测控制器(Model Predictive Controller，MPC)的设计

本节将在表面高度和薄膜 SOR 动力学模型的基础上设计模型预测控制器。控制目标是通过调节入口处硅烷浓度将薄膜表面粗糙度的平方以及薄膜 SOR 的数学期望值调节到理想水平。薄膜厚度的数学期望也包含在 MPC 公式的代价函数中。MPC 的公式描述采用 EW 方程的降阶模型来近似表示表面粗糙度的动态变化。本工作将采用状态反馈控制，即假设控制器可以采用有关表面高度曲线和薄膜 SOR 的信息。

13.4.1 表面粗糙度的降阶模型

在 MPC 的公式化描述中，表面粗糙度的数学期望可以根据 EW 方程(式(13.11))而计算得到。EW 方程是一种分布式参数的动力学模型，它包含无限维的随机状态，因此会产生一个无限阶的模型预测控制器，而这种控制器无法在工程中实现(即若要实际实现基于该系统的控制算法，需要计算无限多的求和项，而计算机无法完成该工作)。为此，我们推导了式(13.17)所示的无穷维 ODE 模型的降阶模型，并在模型预测控制器中利用该降阶模型计算表面粗糙度的数学期望的预测值。

根据 EW 方程(式(13.11))中线性算子的能量本征谱的结构可知，EW 动力学方程的主导模态数量是有限的。通过忽略高阶模态($n\geqslant m+1$)，式(13.17)所示系统可以由如下有限维的系统来近似：

$$\frac{\mathrm{d}\alpha_n}{\mathrm{d}t} = \lambda_n\alpha_n + \xi_\alpha^n(t), \frac{\mathrm{d}\beta_n}{\mathrm{d}t} = \lambda_n\beta_n + \xi_\beta^n(t) \quad n = 1,\cdots,m \tag{13.33}$$

需要注意的是，由于零状态对表面粗糙度没有任何影响，所以上式忽略了零状态对应的 ODE。

采用式(13.33)所示的有限维系统后，表面粗糙度的平方的数学期望$\langle r^2(t)\rangle$可以由有限维状态的方差近似如下：

$$\langle \widetilde{r^2}(t)\rangle = \frac{1}{2\pi}\sum_{i=1}^{m}[\langle\alpha_i^2(t)\rangle + \langle\beta_i^2(t)\rangle] \tag{13.34}$$

其中，$\langle r^2(t)\rangle$中的波浪号表示它与有限维的系统相关联。

13.4.2 MPC 的公式化描述

这里考虑采用 MPC 设计来解决薄膜表面粗糙度、孔隙度以及厚度的控制问题，并分别将数学期望值$\langle r^2\rangle$、$\langle\rho\rangle$以及$\langle\bar{h}\rangle$选作控制目标。吸附率由控制器计算；反过来，根据式(13.8)，由吸附率来计算入口处的硅烷浓度（即在计算控制动作 X_{in} 时，忽略了气相的存在，但在实际应用控制动作的多尺度过程模型中要考虑气相的影响）。在整个闭环仿真过程中，将基底的温度固定在 850K，而控制动作则是通过求解有限时域最优控制问题而获得的。

最优控制问题的代价函数（下文中的式(13.35)）对$\langle r^2\rangle$、$\langle\rho\rangle$与相应的设定值之间的偏差进行惩罚。然而，由于调节输入变量是吸附率以及薄膜沉积过程是一种间歇操作（即薄膜的生长过程在一定时间内终止），所以还需要薄膜厚度的理想值，以便在沉积过程结束时防止不正常薄膜的生长。因此，在式(13.35)所示的 MPC 表达式中，将薄膜厚度的理想值看作设定值，即将薄膜厚度与其理想值之间的偏差包含在代价函数中。然而，这里只对负偏差（当薄膜厚度小于理想值）进行惩罚；当薄膜厚度超过理想值时，不对偏差施加惩罚。该代价函数为薄膜表面粗糙度、SOR、厚度与相应的理想值之间的偏差分配不同的惩罚权重因子，并且使用相对偏差，以使得不同项的幅值具有可比性。优化问题满足式(13.33)所示的表面粗糙度的降阶动力学模型、式(13.22)所示的薄膜厚度动力学模型，以及式(13.27)所示的薄膜 SOR 动力学模型。利用滚动时域方式求解有限维优化问题，可以计算得到最优的吸附率曲线。具体来说，MPC 问题的公式化描述如下所示：

$$
\begin{aligned}
&\min_{w_1\cdots w_i\cdots w_p} J=\sum_{i=1}^{p}\{q_{r^2,i}F_{r^2,i}+q_{\rho,i}F_{\rho,i}+q_{h,i}F_{h,i}\} \quad \text{满足}\\
&F_{r^2,i}=\left[\frac{r_{set}^2-\langle r^2(t_i)\rangle}{r_{set}^2}\right]^2, F_{\rho,i}=\left[\frac{\rho_{set}-\langle\rho(t_i)\rangle}{\rho_{set}}\right]^2\\
&F_{h,i}=\begin{cases}\left[\dfrac{h_{\min}-\langle\bar{h}(t_i)\rangle}{h_{\min}}\right]^2, & h_{\min}>\langle\bar{h}(t_i)\rangle\\ 0, & h_{\min}\leqslant\langle\bar{h}(t_i)\rangle\end{cases}\\
&\langle\alpha_n^2(t_i)\rangle=\frac{\sigma^2}{2\upsilon n^2}+\left(\langle\alpha_n^2(t_{i-1})\rangle-\frac{\sigma^2}{2\upsilon n^2}\right)e^{-2\upsilon n^2\Delta}\\
&\langle\beta_n^2(t_i)\rangle=\frac{\sigma^2}{2\upsilon n^2}+\left(\langle\beta_n^2(t_{i-1})\rangle-\frac{\sigma^2}{2\upsilon n^2}\right)e^{-2\upsilon n^2\Delta}\\
&\langle\bar{h}(t_i)\rangle=\langle\bar{h}(t_{i-1})\rangle+r_h\Delta\\
&\rho(t_i)=\frac{1}{\langle\bar{h}(t_{i-1})\rangle+r_h\Delta}\{\rho(t_{i-1})\langle\bar{h}(t_{i-1})\rangle+r_h[\rho^{ss}\Delta+(\rho^{ss}-\rho(t_{i-1}))\tau_p(e^{-\Delta/\tau_p}-1)]\}\\
&W_{\min}<W_i<W_{\max},\quad i=1,2,\cdots,p
\end{aligned}
\tag{13.35}
$$

其中，t 表示当前时间；Δ 表示采样时间；p 表示预测步数；$p\Delta$ 则表示指定的预测时间范围；$t_i(i=1,2,\cdots,p)$表示第 i 个预测步的时间($t_i=t+i\Delta$)；$W_i(i=1,2,\cdots,p)$表示第 i 步的吸附率($W_i=W(t+i\Delta)$)；$q_{r^2,i}$、$q_{h,i}$和 $q_{\rho,i}(i=1,2,\cdots,p)$分别表示在第 i 步$\langle r^2\rangle$、$\langle\rho\rangle$与相应的设定值 r_{set}^2、ρ_{set}之间的偏差，以及$\langle\bar{h}\rangle$与其理想值 $h_{\min}$之间的偏差所对应的惩罚权重因子；$W_{\min}$和 $W_{\max}$分别表示沉积率的下界和上界。注意，我们分别选择$\langle\bar{h}\rangle$、r_h 和 $\rho(t_0)$代替式(13.35)所示 MPC

公式中的 H、r_H 和 ρ_{d0}。

通过求解式(13.35)所示的多变量优化问题可以得到最优集($W_1, W_2, \cdots, W_p$),但我们只使用调节输入的轨迹中的第一个值 W_1 来计算入口处硅烷的浓度,并将其应用于从当前时刻 t 到下一采样时刻的沉积过程。当获得新的测量值后,重新求解式(13.35)所示的 MPC 问题,得到下一阶段的最优输入轨迹。

式(13.35)所示的模型预测控制器公式采用了模型参数 $r_h, v, \sigma^2, \rho^{ss}, \tau$ 与吸附率之间的依赖关系。因此,可以根据薄膜生长过程在各种操作条件下的开环 kMC 仿真结果,利用最小二乘方法进行参数估计,进而获得模型系数与吸附率的依赖关系[21]。

13.5 仿真结果

本节将式(13.35)所示的模型预测控制器应用于 13.2 节所述的薄膜生长过程的多尺度模型。在每个采样时刻,通过求解式(13.35)所示问题获得吸附率的值。根据式(13.8)所示的吸附率公式,由吸附率计算入口处的硅烷浓度,并将其应用于闭环系统,直到下一个采样时刻。在进行一系列初始假设的基础上,利用局部约束最小化算法求解出式(13.35)所示的 MPC 优化问题。

闭环仿真的理想值(设定值)为 $r_{set}^2 = 50$ 层^2,$\rho_{set} = 0.985$,且理想的薄膜厚度为 $h_{\min} = 800$ 层,基底温度固定为 850K。式(13.35)所示的 MPC 问题的吸附率从 0.1 层/s 变化到 0.45 层/s(根据式(13.8)所示的吸附率公式可知,在 $X=1$ 以及表 13.1 给定的气相条件下,0.45 层/s 是能够获得的最大吸附率)。预测步数设置为 $p=5$,每一步的预测时间范围固定为 $\Delta = 5$s,闭环仿真持续时间为 3000s,所有的数学期望值都是根据 1000 次独立仿真运行而计算获得的。

13.5.1 表面粗糙度与薄膜厚度的调节

在闭环仿真中,首先调节薄膜表面粗糙度和薄膜厚度。这些控制问题的目标是将表面粗糙度的平方和薄膜厚度的数学期望调节到理想值。因此,这些问题的代价函数中包含了对表面粗糙度平方的数学期望、薄膜厚度的数学期望与相应设定值之间的偏差的惩罚。对于所有的 i,权重系数取为 $q_{r^2,i} = 0.1, q_{h,i} = 1, q_{\rho,i} = 0$。

图 13.7 给出了粗糙度-厚度控制问题的闭环仿真结果。从图中可以看出,模型预测控制器使得薄膜厚度在仿真结束时接近其理想值。然而,若要实现理想的薄膜厚度有诸多需求,其中包括一个较大的惩罚因子,这使得控制器计算出的吸附率较大,从而导致在闭环仿真结束时,表面粗糙度的平方的数学期望值较大。图 13.8 给出了不施加薄膜厚度惩罚项时的闭环仿真结果。通过比较图 13.8 与 13.7,可以看出薄膜厚度惩罚项的影响。从中可以清楚地看到,如果对薄膜厚度与其理想值之间的偏差不施加惩罚,那么在仿真结束时,表面粗糙度的平方的数学期望值接近其设定值,而薄膜厚度的数学期望却小于其理想值。

13.5.2 薄膜孔隙度的调节

本小节将说明 SOR 可被精确地调节到其设定值。图 13.9 给出了孔隙度控制问题的闭环仿真结果,其中的代价函数只考虑了对薄膜 SOR 与其理想值 0.985 之间的偏差的惩罚。根据

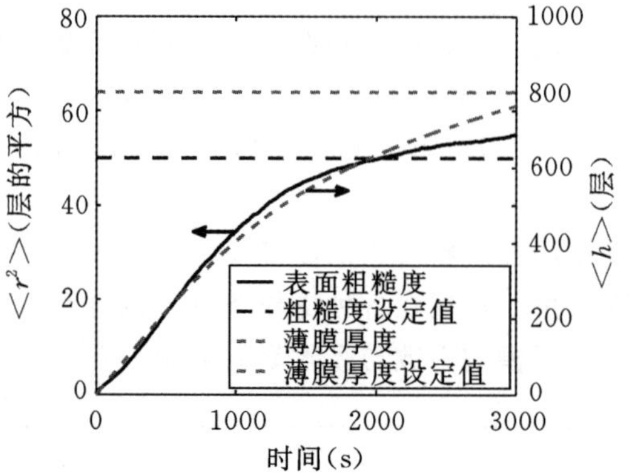

图 13.7 在闭环运行模式下,表面粗糙度平方的数学期望值(实线)与薄膜厚度的数学期望值(虚线)的曲线;同时控制表面粗糙度和薄膜厚度

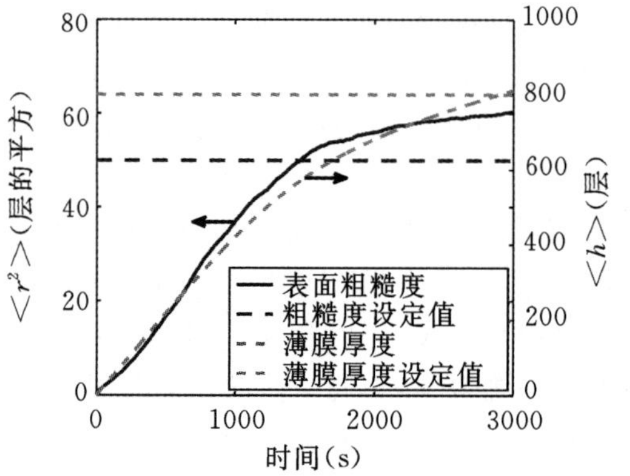

图 13.8 在闭环运行模式下,表面粗糙度平方的数学期望值(实线)与薄膜厚度的数学期望值(虚线)的曲线;仅控制表面粗糙度

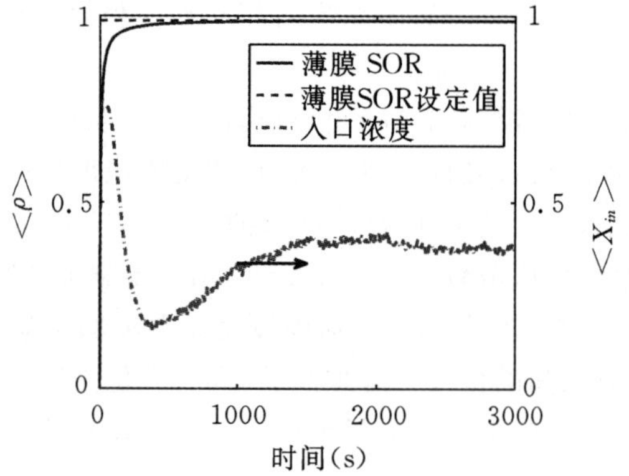

图 13.9 在闭环运行模式下,薄膜 SOR 的数学期望值(实线)与入口处硅烷浓度的数学期望值(虚线)的曲线;仅控制孔隙度

这两幅图可以得知，模型预测控制器可以将薄膜 SOR 的数学期望成功地调节到其设定值。

13.5.3 表面粗糙度、薄膜孔隙度以及薄膜厚度的同时调节

最后，在采用相同权重因子的情况下，对薄膜厚度、表面粗糙度、薄膜 SOR 的同时调节进行闭环仿真。由于入口处硅烷浓度是唯一的调节输入，所以不能同时实现 r_{set}^2 和 ρ_{set} 的理想值；也就是说，实现理想的表面粗糙度和薄膜厚度所需的相应的入口处硅烷浓度有所不同，因此，控制器对两个设定值进行了折衷处理。图 13.10 和 13.11 给出了这种情况下的仿真结果，从中可以看出，表面粗糙度平方的数学期望和薄膜 SOR 的数学期望均接近相应的设定值，而薄膜厚度达到了其理想值。

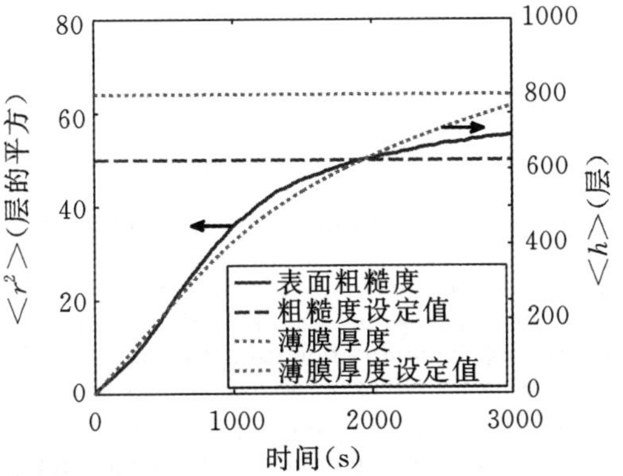

图 13.10 在闭环运行模式下，表面粗糙度平方的数学期望值（实线）与薄膜厚度的数学期望值（虚线）的曲线；同时调节薄膜厚度、粗糙度以及孔隙度

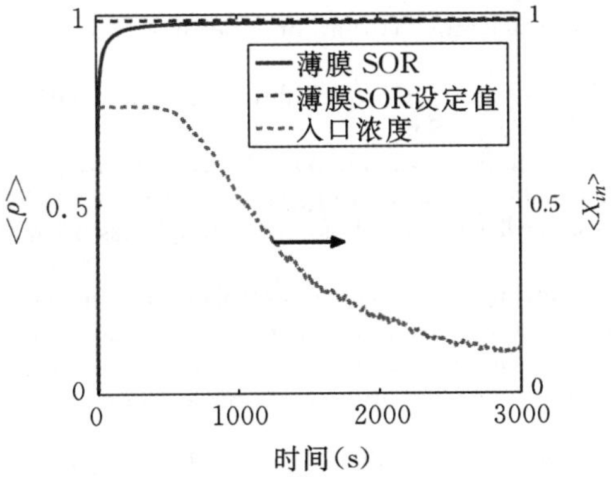

图 13.11 在闭环运行模式下，薄膜 SOR 的数学期望值（实线）与入口处硅烷浓度的数学期望值（虚线）的曲线；同时调节薄膜厚度、粗糙度以及孔隙度

13.6 结论

利用薄膜生长过程的多尺度模型，并以入口处前驱物的浓度作为调节输入，同时对薄膜厚度、表面粗糙度以及孔隙度进行了调节。具体来说，采用连续的宏观 PED 模型描述了气相的

动力学特性，并且利用基于三角晶格的微观 kMC 仿真模型对薄膜生长过程进行了建模，其中的三角晶格允许薄膜内存在空隙和突起。提出了封闭形式的薄膜表面轮廓和孔隙度的动力学模型，并以该模型为基础，设计了同时调节薄膜厚度、表面粗糙度以及薄膜孔隙度的 MPC 算法。在仿真过程中，将提出的控制器应用于多尺度模型，结果验证了所提建模和控制方法的适用性和有效性。

致谢

感谢美国国家科学基金会项目 CBET-0652131 的经济资助。

参考文献

1. P. D. Christofides, A. Armaou, Y. Lou, and A. Varshney. *Control and Optimization of Multiscale Process Systems*. Birkhäuser, Boston, 2008.
2. Y. Lou and P. D. Christofides. Estimation and control of surface roughness in thin film growth using kinetic Monte-Carlo models. *Chemical Engineering Science*, 58:3115–3129, 2003.
3. A. Varshney and A. Armaou. Multiscale optimization using hybrid PDE/kMC process systems with application to thin film growth. *Chemical Engineering Science*, 60:6780–6794, 2005.
4. R. Cuerno, H. A. Makse, S. Tomassone, S. T. Harrington, and H. E. Stanley. Stochastic model for surface erosion via ion sputtering: Dynamical evolution from ripple morphology to rough morphology. *Physical Review Letters*, 75:4464–4467, 1995.
5. S. F. Edwards and D. R. Wilkinson. The surface statistics of a granular aggregate. *Proceedings of the Royal Society of London Series A – Mathematical Physical and Engineering Sciences*, 381:17–31, 1982.
6. K. B. Lauritsen, R. Cuerno, and H. A. Makse. Noisy Kuramote–Sivashinsky equation for an erosion model. *Physical Review E*, 54:3577–3580, 1996.
7. J. Villain. Continuum models of crystal growth from atomic beams with and without desorption. *Journal de Physique I*, 1:19–42, 1991.
8. D. D. Vvedensky, A. Zangwill, C. N. Luse, and M. R. Wilby. Stochastic equations of motion for epitaxial growth. *Physical Review E*, 48:852–862, 1993.
9. G. Hu, Y. Lou, and P. D. Christofides. Dynamic output feedback covariance control of stochastic dissipative partial differential equations. *Chemical Engineering Science*, 63:4531–4542, 2008.
10. Y. Lou and P. D. Christofides. Feedback control of surface roughness using stochastic PDEs. *AIChE Journal*, 51:345–352, 2005.
11. D. Ni and P. D. Christofides. Multivariable predictive control of thin film deposition using a stochastic PDE model. *Industrial and Engineering Chemistrg Research*, 44:2416–2427, 2005.
12. Y. Lou and P. D. Christofides. Nonlinear feedback control of surface roughness using a stochastic PDE: Design and application to a sputtering process. *Industrial and Engineering Chemistry Research*, 45:7177–7189, 2008.
13. Y. Lou, G. Hu, and P. D. Christofides. Model predictive control of nonlinear stochastic partial differential equations with application to a sputtering process. *AIChE Journal*, 54:2065–2081, 2008.
14. S. W. Levine and P. Clancy. A simple model for the growth of polycrystalline Si using the kinetic Monte Carlo simulation. *Modelling and Simulation in Materials Science and Engineering*, 8:751–762, 2000.
15. L. Wang and P. Clancy. A kinetic Monte Carlo study of the growth of Si on Si(100) at varying angles of incident deposition. *Surface Science*, 401:112–123, 1998.
16. L. Wang and P. Clancy. Kinetic Monte Carlo simulation of the growth of polycrystalline Cu films. *Surface Science*, 473:25–38, 2001.
17. P. Zhang, X. Zheng, S. Wu, J. Liu, and D. He. Kinetic Monte Carlo simulation of Cu thin film growth. *Vacuum*, 72:405–410, 2004.

18. G. Hu, G. Orkoulas, and P. D. Christofides. Modeling and control of film porosity in thin film deposition. *Chemical Engineering Science*, 64:3668–3682, 2009.
19. G. Hu, G. Orkoulas, and P. D. Christofides. Regulation of film thickness, surface roughness and porosity in thin film growth using deposition rate. *Chemical Engineering Science*, 64:3903–3913, 2009.
20. C. R. Kleijn, Th. H. van der Meer, and C. J. Hoogendoorn. A mathematical model for lpcvd in a single wafer reactor. *Journal of the Electrochemical Society*, 11:3423–3433, 1989.
21. G. Hu, G. Orkoulas, and P. D. Christofides. Stochastic modeling and simultaneous regulation of surface roughness and porosity in thin film deposition. *Industrial and Engineering Chemistry Research*, 48:6690–6700, 2009.
22. Y. G. Yang, R. A. Johnson, and H. N. Wadley. A Monte Carlo simulation of the physical vapor deposition of nickel. *Acta Materialia*, 45:1455–1468, 1997.
23. G. Hu, J. Huang, G. Orkoulas, and P. D. Christofides. Investigation of film surface roughness and porosity dependence on lattice size in a porous thin film deposition process. *Physical Review E*, 80:041122, 2009.

14

颗粒过程控制

Mingheng Li
加州州立理工大学
Panagiotis D. Christofides
加州大学洛杉矶分校

14.1 引言

颗粒过程(也称为分散相过程)的特点是连续(气体或液体)相和颗粒(分散的)相在其中共存并具有强相互作用,这类过程在许多高价值的工业产品的生产过程中必不可少。在化工行业中,大约 60%的产品使用颗粒做原料,另外 20%使用粉末做原料,因此颗粒过程在工业过程中具有重要作用。在工业颗粒过程中具有代表性的例子包括制药应用中的蛋白质结晶、乳胶生产中的乳液聚合、通过热分解硅烷气体生产太阳能级的硅粒子流化床、白色颜料生产中使用的二氧化钛粉末的气溶胶合成,以及隔热和耐磨涂层的热喷涂加工。人们已经认识到颗粒过程在工业中的重要性,以及由颗粒所制造材料的物理-化学和机械性能强烈依赖于粒子大小分布(Particle-Size Distribution,PSD)的特点这一事实,这促使人们在过去的十年中对基于模型的颗粒过程控制进行了密切关注。近年及当前测量技术的发展进一步促进了该领域的发展,新的测量技术使得人们可以对包括重要的 PSD 特征在内的关键过程变量进行精确和快速的在线测量[1~3]。有关颗粒过程建模方面的重大进展也促进了人们最近在基于模型的颗粒过程控制方面的研究。具体来说,总体平衡为多种颗粒过程 PSD 的数学建模提供了一种自然框架(请参考教程论文[4]和综述论文[5]),并已成功地用于描述乳液聚合反应器[6,7]、结晶器[2,8]、气溶胶反应器[9]和细胞培养器[10]的 PSD。为了说明源于颗粒过程总体平衡模型的数学模型的结构,本章将研究三个代表性的示例:连续结晶、分批结晶以及气溶胶合成。

14.1.1 连续结晶

结晶是一种颗粒过程,它在工业中广泛用于诸如化肥、蛋白质和农药等产品的生产。图 14.1 给出了一个典型的连续结晶过程。在等温、定容、悬浮液充分混合、晶体成核无穷小以及去除混合产品的假设条件下,根据颗粒相的总体平衡和溶质浓度的质量平衡,可以推导出结晶器的动力学模型,其数学表达式为[11,12]

$$\frac{\partial n(r,t)}{\partial t}=-\frac{\partial(R(t)n(r,t))}{\partial r}-\frac{n(r,t)}{\tau}+\delta(r-0)Q(t)$$

$$\frac{\mathrm{d}c(t)}{\mathrm{d}t}=\frac{(c_0-\rho)}{\epsilon(t)\tau}+\frac{(\rho-c(t))}{\tau}+\frac{(\rho-c(t))}{\epsilon(t)}\frac{\mathrm{d}\epsilon(t)}{\mathrm{d}t} \tag{14.1}$$

其中，$n(r,t)\mathrm{d}r$ 表示在 t 时刻，单位体积悬浮液中晶体大小在$[r,r+\mathrm{d}r]$范围内的晶体数量；τ 表示停留时间；ρ 表示晶体密度；$c(t)$表示结晶器中溶质的浓度；c_0 表示进料中溶质的浓度；

$$\epsilon(t)=1-\int_0^{\infty}n(r,t)\frac{4}{3}\pi r^3\mathrm{d}r$$

表示单位体积悬浮液中液体的体积；$R(t)$表示晶体的生长速率；$\delta(r-0)$是标准的 Dirac 函数；$Q(t)$表示晶体的成核率；$\delta(r-0)Q(t)$项表示成核后尺寸为无穷小(零)的晶体产品。$R(t)$和$Q(t)$的一种示例表达式为

$$R(t)=k_1(c(t)-c_s),\quad Q(t)=\epsilon(t)k_2\mathrm{e}^{-\frac{k_3}{(c(t)/c_s-1)^2}} \tag{14.2}$$

其中，k_1、k_2 和 k_3 是常量，c_s 表示处于饱和状态的溶质浓度。对于许多运行条件(关于模型参数以及更详细的研究，请参考文献[13])，式(14.1)给出的连续结晶器模型会表现出强烈的振荡行为(形成这种行为的主要原因是，与生长速率相比，成核率对过饱和敏感得多。这一点可以通过比较 $R(t)$和 $Q(t)$对 $c(t)$和 c_s 值的依赖度而得知)，这意味着为确保稳定运行并获得具有期望特征的晶体大小分布(Crystal Size Distribution，CSD)，需要使用反馈控制。若要实现这个控制目标，可以将入口处溶质的浓度用作调节输入，并将晶体浓度用作被控和测量输出。

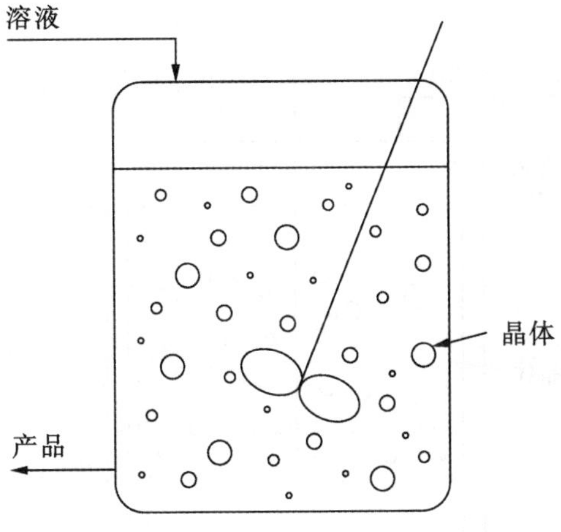

图 14.1　连续结晶器的示意图

14.1.2　蛋白质的分批结晶

分批结晶在制药行业中具有重要作用。这里考虑采用批式结晶器，从过饱和的溶液中生产正方晶的卵清溶菌酶(Hen-Egg-White，HEW)晶体[14]。图 14.2 给出了一种批式结晶器的示意图。对该过程应用群体、质量以及能量平衡，可以得到如下数学模型：

$$\frac{\partial n(r,t)}{\partial t}+G(t)\frac{\partial n(r,t)}{\partial r}=0,\quad n(0,t)=\frac{B(t)}{G(t)}$$
$$\frac{\mathrm{d}C(t)}{\mathrm{d}t}=-24\rho k_v G(t)\mu_2(t) \tag{14.3}$$
$$\frac{\mathrm{d}T(t)}{\mathrm{d}t}=-\frac{UA}{MC_p}(T(t)-T_j(t))$$

其中,$n(r,t)$表示 CSD,$B(t)$表示成核率,$G(t)$表示生长率,$C(t)$表示溶质浓度,$T(t)$表示结晶器温度,$T_j(t)$表示套层温度,ρ 表示晶体密度,k_v 表示体积形状因子,U 表示总体传热系数,A 表示总体传热面积,M 表示结晶器中溶剂的质量,C_p 表示溶液的热容量,$\mu_2(t)=\int_0^{\infty}r^2 n(r,t)\mathrm{d}r$ 表示 CSD 的二阶矩。给定如下成核率 $B(t)$和生长率 $G(t)$[14]:

$$B(t)=k_a C(t)\exp\left(-\frac{k_b}{\sigma^2(t)}\right),\quad G(t)=k_g\sigma^g(t) \tag{14.4}$$

其中,过饱和量 $\sigma(t)$是一无量纲变量,定义 $\sigma(t)=\ln(C(t)/C_s(T(t)))$;$C(t)$表示溶质浓度;$g$ 是过饱和指数增长率;$C_s(T)$表示溶质的饱和浓度,它是关于温度的非线性函数,其形式为

$$C_s(t)=1.0036\times10^{-3}T^3+1.4059\times10^{-2}T^2-0.12835T+3.4613 \tag{14.5}$$

现有的实验结果[15]表明,正方晶的 HEW 溶菌酶晶体的生长状态受过饱和度的影响很大。低过饱和度将导致晶体停止生长;另一方面,当过饱和度过高时,将形成大量的针状晶体,而非正方晶体。因此,为了保证产品质量,应使过饱和度处于适当的范围内。为了获得期望的晶体形状和大小分布,需要对套层温度 T_j 进行调节。

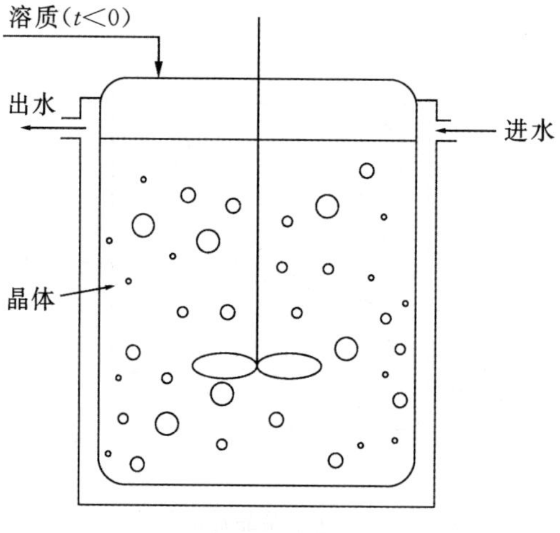

图 14.2 批式冷却结晶器的示意图

14.1.3 气溶胶的合成

气溶胶过程越来越多地被用于纳米和微米级颗粒的大规模生产。图 14.3 给出了一个典型的用于合成二氧化钛气溶胶,同时进行化学反应、成核、冷凝、凝结以及对流传输的气溶胶流

反应器。根据总体平衡条件,可以得到用于描述该气溶胶过程中PSD时空变化的一般数学模型,它由如下非线性偏积分-微分方程组成[16,17]:

$$\frac{\partial n(v,z,t)}{\partial t}+v_z\frac{\partial n(v,z,t)}{\partial z}+\frac{\partial G(\bar{x},v,z)n(v,z,t))}{\partial v}-I(v^*)\delta(v-v^*)$$
$$=\frac{1}{2}\int_0^v\beta(v-\bar{v},\bar{v},\bar{x})n(v-\bar{v},t)n(\bar{v},z,t)\mathrm{d}\bar{v}-n(v,z,t)\int_0^\infty\beta(v,\bar{v},\bar{x})n(\bar{v},z,t)\mathrm{d}\bar{v} \quad (14.6)$$

其中,$n(v,z,t)$表示PSD方程;v表示颗粒体积;t表示时间;$z\in[0,L]$表示空间坐标范围;L表示过程的长度尺度;v^*表示成核气溶胶颗粒的大小;v_z表示流体速度;$\bar{x}$表示连续相的状态变量向量;$G(\cdot,\cdot,\cdot)$、$I(\cdot)$、$\beta(\cdot,\cdot,\cdot)$是非线性标量函数,分别表示生长率、成核率、凝结率;$\delta(\cdot)$是标准的*Dirac*函数。模型方程(14.6)与描述物体浓度和气相($\bar{x}$)温度的时空变化的数学模型相耦合,后者可以根据质量和能量平衡条件而获得。这里的控制问题是,通过调节诸如入口流速和壁面温度的过程变量,使生产的气溶胶产品具有期望的大小分布特征。

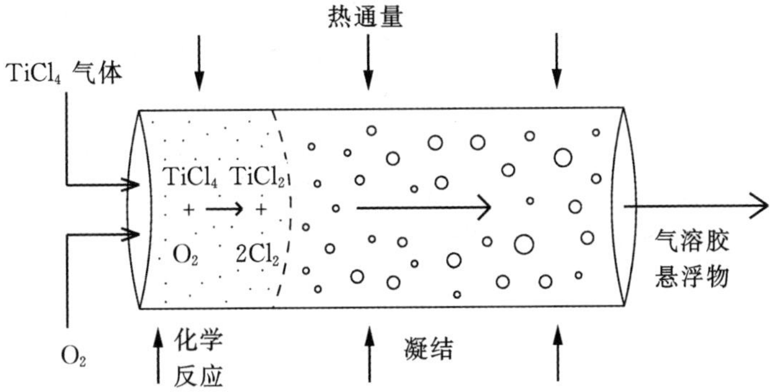

图 14.3 二氧化钛气溶胶反应器的示意图

式(14.1、14.3、14.6)给出的数学模型表明,颗粒过程模型本质上是非线性的,并具有分布式参数。这些属性促使人们对有效的数值方法进行了广泛研究,以期精确地计算模型的解,例如文献[5,9,10,18~21]。然而,尽管存在大量有关颗粒过程的总体平衡模型、数值解和动力学分析的文献,但直到大约十年前,对颗粒过程进行基于模型的控制研究还非常有限。具体而言,早期的研究工作主要集中在如何理解总体平衡模型的基本控制理论性质(可控性和可观性)[22],以及如何将传统的控制方法(例如比例-积分控制、比例-积分-微分控制、自校正控制)应用到结晶和乳液聚合过程[6,23,24]。针对颗粒过程,对基于模型的非线性反馈控制器进行综合的主要困难在于总体平衡模型的分布式参数性质,这种模型不能直接用于综合低阶的(实际上可实现的)基于模型的反馈控制器。此外,对颗粒过程模型直接应用上述求解方法,将产生总体平衡模型(即在时域中的非线性常微分方程(Ordinary Differential Equation,ODE)系统)的有限维近似,其阶次非常高,因此不适于综合可实时实现的、基于模型的反馈控制器。该限制已经成为对基于模型的颗粒过程反馈控制器进行基于模型的综合和实时实现的瓶颈。

14.2 基于模型的颗粒过程控制

14.2.1 概述

颗粒过程缺乏以总体平衡为基础的控制方法,而许多颗粒过程又需要严格控制颗粒大小的分布,这促使人们在过去的十年中为颗粒过程开发了以总体平衡模型为基础的,对非线性、鲁棒以及预测控制器进行综合的通用框架[13,14,16,25~30]。具体来说,该框架首先利用降阶技术推导出颗粒过程模型的非线性的低阶近似模型,并将其用于控制器综合;随后以该低阶近似模型的精度精确描述无限维闭环系统的稳定性、性能和鲁棒性。此外,还提出了控制器的设计方法,用于直接处理一些关键的实际问题,包括模型参数的不确定性、执行机构/传感器的未建模动态特性、执行机构的能力限制以及过程状态变量的幅值约束。还需注意的是,得益于控制器的低维结构,控制动作的计算只涉及很少几个 ODE,因此在较为合理的计算量下,便能很容易地实时实现所开发的控制器,从而解决了基于模型的颗粒过程控制所面临的主要问题,这一点是非常重要的。除了理论的发展,所提出的方法还成功地应用于连续和分批结晶、气溶胶以及热喷涂工艺中颗粒大小分布的控制。已有文献证明了该方法相对于传统方法的有效性和优势。图 14.4 对这些研究工作进行了汇总。读者可参阅文献[8~10]来了解有关颗粒过程仿真和控制结果的综述。本章剩余部分所述内容将以文献[13,14,16,17,25,26,28~32]中发表的成果为基础。

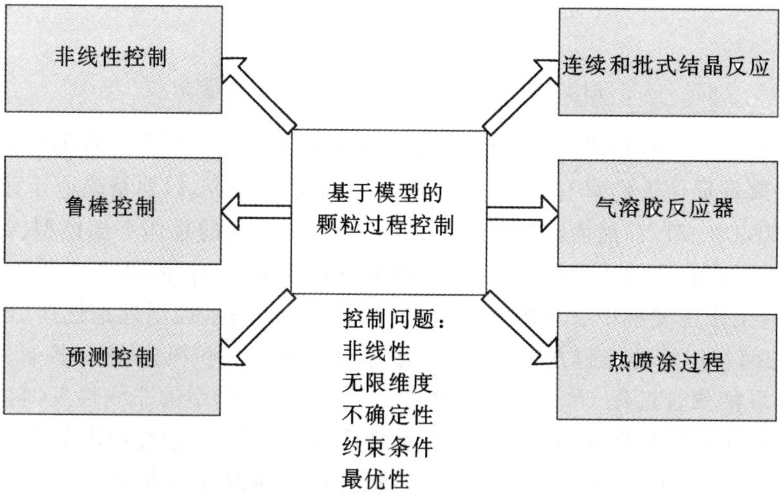

图 14.4 基于模型的颗粒过程控制的研究汇总

14.2.2 颗粒过程的模型

为了便于介绍基于模型的颗粒过程控制方法的主要内容,现在考虑一类空间均匀的一般颗粒过程，其中涉及粒子的同步生长、成核、结块以及破裂。前一节已对这种过程的例子进行了介绍。假设粒子大小是唯一的内部粒子坐标，并对大小为 r 到 $r+\mathrm{d}r$ 的粒子数量（总体平衡）应用动态物料平衡，可以得到如下一般形式的非线性偏积分-微分方程，它描述了 PSD 的变化速率 $n(r,t)$：

$$\frac{\partial n}{\partial t}=-\frac{\partial(G(\boldsymbol{x},r)n)}{\partial r}+w(n,\boldsymbol{x},r) \tag{14.7}$$

其中，$n(r,t)$表示粒子大小的分布；$r\in[0,r_{\max}]$表示粒子的大小；$r_{\max}$表示粒子大小的最大值（可能为无穷大）；t 表示时间；$\boldsymbol{x}\in\mathbb{R}^n$ 表示状态变量向量，它描述连续相的属性（例如，结晶器中溶质的浓度、温度、pH 值）。关于 $\boldsymbol{x}$ 的动态特性，可参看式(14.8)。$G(\boldsymbol{x},r)$和 $w(n,\boldsymbol{x},r)$是非线性的标量函数，其物理含义可以解释如下：$G(\boldsymbol{x},r)$表示粒子以凝结方式增长，通常称为生长率。它通常取决于连续相中各种成分的浓度、过程温度以及颗粒大小。另一方面，$w(n,\boldsymbol{x},t)$表示引入到系统中的新粒子的净增长率，它包括颗粒在系统中出现或从系统中消失的所有方式，具体包括粒子凝聚（两个粒子合并成一个）、裂变（一个粒子分裂为两个），以及满足 $r\geqslant 0$ 的粒子的成核、粒子的进给和去除。连续相变量 $\boldsymbol{x}$ 的变化率可以通过直接对连续相应用质量和能量平衡而推导获得，下面给出其非线性积分微分方程系统的一般形式：

$$\dot{x}=\boldsymbol{f}(\boldsymbol{x})+\boldsymbol{g}(\boldsymbol{x})\boldsymbol{u}(t)+\boldsymbol{A}\int_0^{r_{\max}}\boldsymbol{a}(n,r,\boldsymbol{x})\mathrm{d}r \tag{14.8}$$

其中，$\boldsymbol{f}(\boldsymbol{x})$和 $\boldsymbol{a}(n,r,\boldsymbol{x})$是非线性的向量函数，$g(\boldsymbol{x})$是非线性的矩阵函数，$\boldsymbol{A}$ 是常矩阵，$\boldsymbol{u}(t)=[u_1\quad u_2\quad\cdots\quad u_m]\in\mathbb{R}^m$ 是调节输入向量。$\boldsymbol{A}\int_0^{r_{\max}}a(n,r,\boldsymbol{x})\mathrm{d}r$ 项表示从连续相传递到所有粒子的质量和热量。

14.2.3 颗粒过程模型的降阶

虽然总体平衡模型是一无限维的系统，但对于许多颗粒过程模型，已经证明起主导作用的动态行为是低维的。这一根本性质主要体现为连续结晶器的振荡行为[11]以及利用自相似性的解刻画气溶胶系统长期行为的能力[9]。受此启发，文献[13]提出了一种推导低阶 ODE 系统的一般方法，该方法精确地再现了式(14.7～14.8)所示非线性积分微分方程系统的主导动态性能。所提出的模型降阶方法利用了式(14.7～14.8)所示系统的主导动态的低维行为，并以加权残值法和近似惯性流形的概念为基础。

具体来说，该方法首先采用加权残值法（文献[5]全面回顾了使用该方法求解总体平衡方程的结果）来构造一个非线性的、有可能高阶的 ODE 系统，该系统精确地再现了式(14.7～14.8)所示分布式参数系统的解和动态性能。具体来说，首先考虑基函数 $\phi_k(r)$的正交集，其中的 $r\in[0,r_{\max})$，$k=1,\cdots,\infty$，然后将 PSD 函数 $n(r,t)$按照如下方式展开为关于 $\phi_k(r)$的无穷级数：

$$n(r,t)=\sum_{k=1}^{\infty}a_k(t)\phi_k(r) \tag{14.9}$$

其中，$a_k(t)$是时变系数。为了用有限个 ODE 来近似式(14.7～14.8)所示的系统，可以将式(14.9)代入式(14.7～14.8)，然后用 N 个不同的权函数 $\psi_v(r)$（即 $v=1,\cdots,N$）乘以总体平衡方程，并在整个粒径谱对其取积分，从而获得一个由 N 个方程组成的方程组。为了得到有限维的模型,将 $n(r,t)$的级数展开式截断为 n 阶。式(14.7)所示的无穷维系统可以降阶为如下的有限个 ODE:

$$\int_0^{r_{\max}} \psi_v(r) \sum_{k=1}^{N} \phi_k(r) \frac{\partial a_{kN}(t)}{\partial t} \mathrm{d}r = -\sum_{k=1}^{N} a_{kN}(t) \int_0^{r_{\max}} \psi_v(r) \frac{\partial(G(x_N),r)\phi_k(r))}{\partial r} \mathrm{d}r$$

$$+\int_0^{r_{\max}} \psi_v(r) w\Big(\sum_{k=1}^{N} a_{kN}(t)\phi_k(r), x_N, r\Big) \mathrm{d}r, \quad v = 1,\cdots,N \tag{14.10}$$

$$\dot{x}_N = f(x_N) + g(x_N)u(t) + A\int_0^{r_{\max}} a\Big(\sum_{k=1}^{N} a_{kN}(t)\phi_k(r), r, x_N\Big) \mathrm{d}r$$

其中,x_N 和 a_{kN}分别表示通过 N 阶截断获得的 x 和 a_k 的近似表达式。从式(14.10)中可以明显看出,描述 $a_{kN}(t)$变化率的 ODE 形式取决于选择的基函数、权函数以及 N 的大小。直接对式(14.7~14.8)所示的系统应用加权残值法(采用任意基函数)也可以得到式(14.10)所示的系统,但为了准确地描述颗粒过程模型的主要动态性能,其阶次可能非常高。式(14.10)的高阶次将导致复杂的控制器设计和高阶控制器,这在实践中不易实现。为了规避这些问题,文献[13]利用了颗粒过程的主导动态的低维行为,并提出了一种基于惯性流形的概念来推导低阶 ODE 系统的方法,以期准确地描述式(14.10)所示系统的主导动态性能。这种降阶技术首先根据奇异摄动技术,利用前 N 阶模态来构造在推导式(14.10)所示有限维模态时所忽略的模态(例如,$N+1$ 或更高阶的模态)的非线性近似表达式。然后,在式(14.10)所示的模型中采用阶数为 $N+1$ 或更高阶的模态(截断至适当的阶数)的稳态表达式(而不是将它们设置为 0),这样就可以在不增加模型阶数的前提下,显著提高模型精度。关于该方法的详细讨论,可以参考文献[13]。

关于加权残值法,需要注意的是,基函数和权函数决定了应使用的加权残值法的类型,这一点非常重要。特别地,当将基函数选择为 Laguerre 多项式,并将权函数选择为 $\psi_v = r^v$ 时,加权残值法便简化为矩量法。PSD 的矩定义为

$$\mu_v = \int_0^{\infty} r^v n(r,t) \mathrm{d}r, \quad v = 0,\cdots,\infty \tag{14.11}$$

该矩方程可以通过在将总体平衡模型乘以 r^v,$v=0,\cdots,\infty$后,取 0 到∞的积分而直接得到。总体平衡方程在形成矩的过程中通常会产生不可化简为矩的项、分数矩项或一组不封闭的矩方程。为了克服这个问题,可将 PSD 扩展为定义在 $L_2[0,\infty)$上的 Laguerre 多项式以及级数解的形式,而这些级数解采用有限项来使矩方程闭合(该方法已成功用于具有精细汽水阀的结晶器的模型[25])。

14.2.4 基于低阶模型的控制

14.2.4.1 非线性控制

根据上一节所描述的技术可以构建出低阶模型。特别地,对于连续结晶过程,基于矩量法可以从式(14.1)中推导出如下无穷阶的无量纲系统[13]:

$$\frac{\mathrm{d}\tilde{x}_0}{\mathrm{d}t} = -\tilde{x}_0 + (1-\tilde{x}_3) D_{ae}{}^{-F/\tilde{y}^2}$$

$$\frac{\mathrm{d}\tilde{x}_1}{\mathrm{d}t} = -\tilde{x}_1 + \tilde{y}\tilde{x}_0$$

$$
\begin{aligned}
\frac{\mathrm{d}\widetilde{x}_2}{\mathrm{d}t} &= -\widetilde{x}_2 + \widetilde{y}\widetilde{x}_1 \\
\frac{\mathrm{d}\widetilde{x}_3}{\mathrm{d}t} &= -\widetilde{x}_3 + \widetilde{y}\widetilde{x}_2 \\
\frac{\mathrm{d}\widetilde{x}_v}{\mathrm{d}t} &= -\widetilde{x}_v + \widetilde{y}\widetilde{x}_{v-1}, \quad v = 4,\cdots \\
\frac{\mathrm{d}\widetilde{y}}{\mathrm{d}t} &= \frac{1-\widetilde{y}-(\alpha-\widetilde{y})\widetilde{y}\widetilde{x}_2}{1-\widetilde{x}_3}
\end{aligned}
\tag{14.12}
$$

其中,$\widetilde{x}_i$ 和 $\widetilde{y}$ 分别表示无量纲的 i 阶矩和溶质浓度,D_a 和 F 为无量纲的参数[13]。从式(14.12)所示的系统中可以看出,四阶以及更高阶的矩不影响三阶矩以及更低阶的矩,而且当 x_3 和 y 有界时,无限维系统的状态

$$
\frac{\mathrm{d}\widetilde{x}_v}{\mathrm{d}t} = -\widetilde{x}_v + \widetilde{y}\widetilde{x}_{v-1}, \quad v = 4,\cdots \tag{14.13}
$$

也是有界的,并且当$\lim\limits_{t\to\infty}x_3=c_1$ 和$\lim\limits_{t\to\infty}\widetilde{y}=c_2$($c_1$、$c_2$ 为常数)时,它收敛于全局的按照指数规律稳定的平衡点。这意味着,式(14.1)所示过程的主导动态性能(即接近虚轴的特征值对应的动态性能)可由如下的五阶矩模型来描述:

$$
\begin{aligned}
\frac{\mathrm{d}\widetilde{x}_0}{\mathrm{d}t} &= -\widetilde{x}_0 + (1-\widetilde{x}_3)D_{ae}^{-F/\widetilde{y}^2} \\
\frac{\mathrm{d}\widetilde{x}_1}{\mathrm{d}t} &= -\widetilde{x}_1 + \widetilde{y}\widetilde{x}_0 \\
\frac{\mathrm{d}\widetilde{x}_2}{\mathrm{d}t} &= -\widetilde{x}_2 + \widetilde{y}\widetilde{x}_1 \\
\frac{\mathrm{d}\widetilde{x}_3}{\mathrm{d}t} &= -\widetilde{x}_3 + \widetilde{y}\widetilde{x}_2 \\
\frac{\mathrm{d}\widetilde{y}}{\mathrm{d}t} &= \frac{1-\widetilde{y}-(\alpha-\widetilde{y})\widetilde{y}\widetilde{x}_2}{1-\widetilde{x}_3}
\end{aligned}
\tag{14.14}
$$

图 14.5 描述了上述五阶矩模型对式(14.1)所示分布式参数模型的动态性能以及在一定程度上对其解的再现能力,该图比较了两个模型所产生的总体粒子浓度曲线(两个模型起始于相同的初始条件)。尽管两个模型预测的总体粒子浓度差异随着时间的推移而增大(所考虑的过程开环不稳定,因此该现象是正常的),但可以明显看出,式(14.14)所示的五阶矩模型为分布式参数模型提供了一个很好的近似,从而可以确定式(14.1)所示系统的主导动态性能是低维的,这促使我们在设计非线性控制器时采用矩模型。

对于分批结晶过程,采用矩量法可以从式(14.3)中推导出如下低阶模型:

$$
\begin{aligned}
\frac{\mathrm{d}\mu_0}{\mathrm{d}t} &= \left(1-\frac{4}{3}\pi\mu_3\right)k_2\mathrm{e}^{-\frac{k_3}{(c/c_s-1)^2}}\mathrm{e}^{-\frac{E_b}{RT}} \\
\frac{\mathrm{d}\mu_1}{\mathrm{d}t} &= k_1(c-c_s)\mathrm{e}^{-\frac{E_g}{RT}}\mu_0 \\
\frac{\mathrm{d}\mu_2}{\mathrm{d}t} &= 2k_1(c-c_s)\mathrm{e}^{-\frac{E_g}{RT}}\mu_1 \\
\frac{\mathrm{d}\mu_3}{\mathrm{d}t} &= 3k_1(c-c_s)\mathrm{e}^{-\frac{E_g}{RT}}\mu_2
\end{aligned}
$$

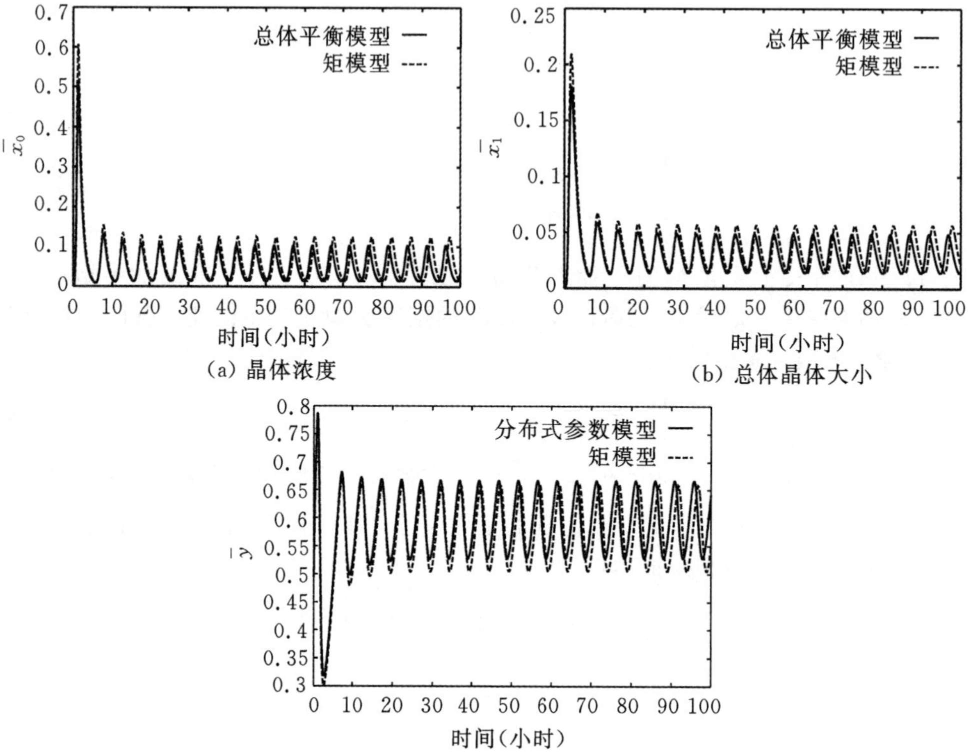

(a) 晶体浓度

(b) 总体晶体大小

(c) 溶质浓度

图 14.5 基于分布式参数模型和矩模型所得开环曲线的比较

$$\frac{\mathrm{d}c}{\mathrm{d}t}=\frac{-4\pi(c-c_s)\mu_2(\rho-c)}{\left(1-\frac{4}{3}\pi\mu_3\right)}$$

$$\frac{\mathrm{d}T}{\mathrm{d}t}=-\frac{\rho_c\Delta H_c}{\rho C_p}4\pi k_1(c-c_s)\mathrm{e}^{-\frac{E_g}{RT}}\mu_2-\frac{UA_c}{\rho C_p V}(T-T_c) \tag{14.15}$$

根据低阶模型,对非线性的有限维状态和输出反馈控制器进行综合,可以保证有限维的闭环系统的稳定性,并实现输出的跟踪性能。此外证明了这些控制器可以以指数形式将闭环颗粒过程模型镇定。通过状态反馈控制器和状态观测器的标准组合,构造了输出反馈控制器。特别地,对于连续结晶的例子,非线性的输出反馈控制器具有如下形式:

$$\frac{\mathrm{d}\omega_0}{\mathrm{d}t}=-\omega_0+(1-\omega_3)D_{ae}{}^{-F/\omega_4^2}+L_0(\tilde{h}(\tilde{x})-\tilde{h}(\omega))$$

$$\frac{\mathrm{d}\omega_1}{\mathrm{d}t}=-\omega_1+\omega_4\omega_0+L_1(\tilde{h}(\tilde{x})-\tilde{h}(\omega))$$

$$\frac{\mathrm{d}\omega_2}{\mathrm{d}t}=-\omega_2+\omega_4\omega_1+L_2(\tilde{h}(\tilde{x})-\tilde{h}(\omega))$$

$$\frac{\mathrm{d}\omega_3}{\mathrm{d}t}=-\omega_3+\omega_4\omega_2+L_3(\tilde{h}(\tilde{x})-\tilde{h}(\omega))$$

$$\frac{d\omega_4}{dt} = \frac{1-\omega_4-(\alpha-\omega_4)\omega_4\omega_2}{1-\omega_3} + L_4(\tilde{h}(\tilde{x})-\tilde{h}(\omega))$$
$$+\frac{[\beta_2 L_{\tilde{g}} L_{\tilde{f}} \tilde{h}(\omega)]^{-1}\{v-\beta_0\tilde{h}(\omega)-\beta_1 L_{\tilde{f}}\tilde{h}(\omega)-\beta_2 L_{\tilde{f}}^2\tilde{h}(\omega)\}}{1-\omega_3} \tag{14.16}$$
$$\bar{u}(t) = [\beta_2 L_{\tilde{g}} L_{\tilde{f}}\tilde{h}(\omega)]^{-1}\{v-\beta_0\tilde{h}(\omega)-\beta_1 L_{\tilde{f}}\tilde{h}(\omega)-\beta_2 L_{\tilde{f}}^2\tilde{h}(\omega)\}$$

其中，v 是设定点，β_0，β_1，β_2 和 $L=[L_0\ L_1\ L_2\ L_3\ L_4]^T$ 是控制器的参数，$\tilde{h}(\omega)=\omega_0$ 或 $\tilde{h}(\omega)=\omega_1$。

此外，将式(14.16)所示的非线性控制器与比例-积分(Proportional-Integral，PI)控制器组合起来(即采用 $v-\beta_0\tilde{h}\tilde{x})+1/\tau'_i\xi$ 代替 $v-\beta_0\tilde{h}(\omega)$ 项，其中 $\dot{\xi}=v-\tilde{h}\tilde{x})$，$\xi(0)=0$，$\tau'_i$ 是积分时间常数)，以在过程参数持续不确定的情况下，确保无偏的跟踪性能。若要实际实现式(14.16)所示的非线性控制器，还需在线测量被控输出 $\tilde{x}_0$ 或 $\tilde{x}_1$。在实践中，可以通过使用诸如光散射的方法[2,33]来获得这些测量量。在式(14.16)中，状态反馈控制器是通过几何控制方法而综合获得的，而状态观测器是 Luenberger 型观测器的扩展形式[13]。

在对根据降阶模型设计出的非线性控制器的性能和鲁棒性进行评价之前，我们对连续结晶器过程模型进行了一些仿真，并将其与 PI 控制器的仿真结果进行了比较。在所有仿真运行中，式(14.1～14.2)所示的过程模型采用的初始条件均为

$$n(r,0)=0.0,\quad c(0)=990.0\text{kg/m}^3$$

此外，在仿真中采用了具有 1000 个离散点的有限差分方法。考虑晶体浓度 $\tilde{x}_0$ 为被控输出，并选择入口处溶质的浓度为调节输入。初始时刻，在标称条件下将设定值增大 0.5，以评估非线性控制器对设定点的跟踪能力。

图 14.6 给出了使用非线性控制器(实线)获得的闭环输出(左图)和调节输入(右图)的变化曲线。为了方便比较，还给出了 PI 控制所对应的曲线(虚线)。对 PI 控制器进行了调整，使闭环输出响应与非线性控制下的闭环输出响应具有相同级别的超调量。很明显，在被控输出显示出相近的超调量的情况下，非线性控制器将控制输出驱动到新设定值所需要的时间远小于 PI 控制器。基于相同的仿真，图 14.7 给出了 CSD 的闭环曲线变化以及最终的稳态曲线。

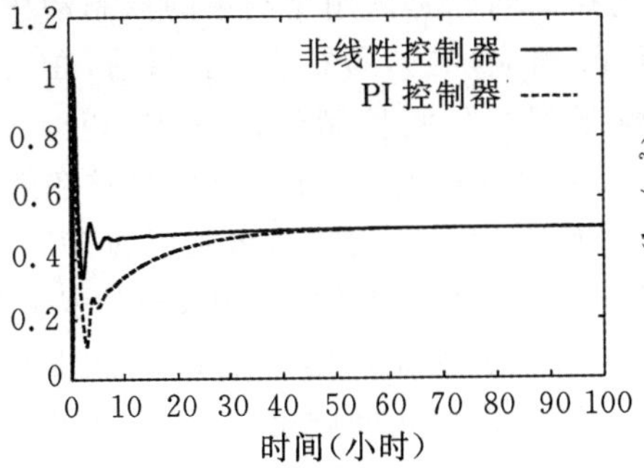

(a) 闭环输出

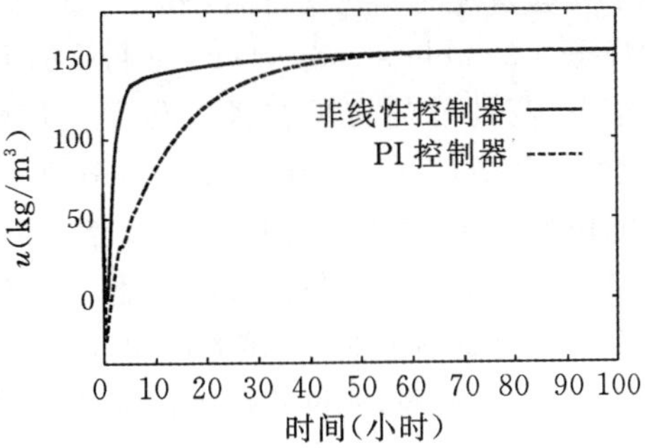

(b) 调节输入

图 14.6 将设定值增大 0.5 后，在非线性和 PI 控制方式下，闭环输出(a)和调节输入(b)的变化曲线($\tilde{x}_0$ 为被控输出)

从中可以看出,在稳态可以获得指数衰减的CSD。关于更多的仿真结果,读者可以参阅文献[13]。

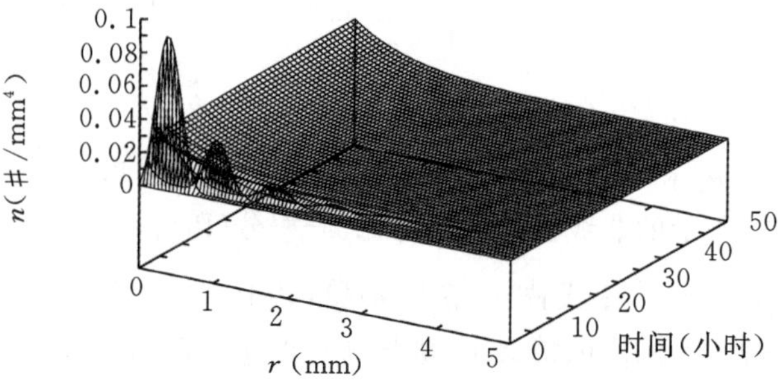

(a) 变化曲线

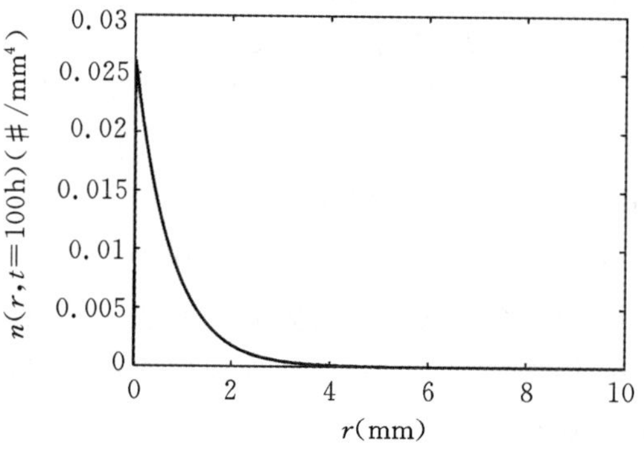

(b) 最终稳态

图14.7 在非线性控制方式下,CSD的变化曲线(a)和最终稳态(b)($\tilde{x}_0$ 为被控输出)

14.2.4.2 混合预测控制

除了处理系统的非线性行为,另一个重要的控制问题是采用受约束的控制动作将处于不稳定的稳态(unstable steady state,与期望的PSD对应)的结晶器镇定。目前,在控制约束和状态约束下,高性能的实现在很大程度上依赖于模型预测控制(Model Predictive Control,MPC)策略。该方法采用一个过程模型来预测未来过程的变化,并通过反复求解约束优化问题来计算控制动作,确保该过程的状态变量满足施加的限制。然而,可利用的MPC在保证闭环系统稳定性和满足约束条件方面的能力依赖于约束优化问题的可行性(即其解是存在的)假设。该限制大大影响了MPC策略的实际实现,需要对初始条件集的先验特征(即在控制器实现前的特征)进行限制,使得从这些初始条件出发的约束优化问题是可行的,并可保证闭环稳定性。若要解决这个问题,需要进行大量的闭环仿真和软件验证(在在线实现之前),以搜索所有可能的能够保证稳定性的初始条件集,这反过来将导致对象的调试时间延长。另外,由于缺乏有关可保证稳定的初始条件的**先验**知识,有必要将过程操作限制在期望设定点的较小的保守邻域内,以避免大量的测试和仿真。然而,鉴于严格的产品质量规范,这两种补救办法都限制了过程操作的灵活性,给过程的效率和盈利能力带来负面影响。基于Lyapunov的控制分析设计可以对受约束的稳定区域进行明确描述[34~36]，然而它不能清楚地描述闭环性能。

为了克服这些困难，最近提出了一种混合的预测控制结构，该结构为实现预测控制算法提供了安全保障[37]。其中心思想是，将 MPC 的实现嵌入到一个有界控制器的稳定区域之内，并制定了一套切换规则。当 MPC 不能实现闭环稳定性时(例如，由时长选择不当、不可行性或计算困难引起)，将 MPC 平滑地转换为有界控制器。通过在两个控制器之间切换，能够协调受约束的闭环系统的最优镇定(通过 MPC)与可确保闭环稳定的先验初始条件集(通过基于 Lyapunov 的有界非线性控制[34,35])的计算。

下面介绍如何将混合预测控制策略应用到式(14.1～14.2)所示的连续结晶器系统。这里的控制目的是抑制结晶器的振荡行为，并通过调节入口处溶质的浓度，将与期望的 PSD 相对应的不稳定的稳态镇定。为了实现这一目标，假定溶质浓度的前四阶矩的测量值或估计值是可用的。随后，采用所提出的方法设计控制器，其中使用了由矩量法构建的低阶模型。基于一组稳定性约束设计了 MPC 控制器，并将包含该 MPC 控制器的混合预测控制方案与基于 Lyapunov 的非线性控制器方案进行了比较。

在第一组仿真中，以 $\boldsymbol{x}(0)=[0.066\quad 0.041\quad 0.025\quad 0.015\quad 0.560]^{\mathrm{T}}$ 为初始条件，对采用了稳定性约束的 MPC 控制器的结晶器镇定能力进行了测试，结果如图 14.8(a)～(e)中的实线所示。从中可以看出，时长为 $T=0.25$ 的预测控制器能够将闭环系统镇定在期望的平衡点处。然而，当以 $\boldsymbol{x}(0)=[0.033\quad 0.020\quad 0.013\quad 0.0075\quad 0.570]^{\mathrm{T}}$ 为初始条件时，采用了稳定性约束的 MPC 控制器不能获得可行解。如果通过松弛稳定性约束使得 MPC 可行，从图 14.8(a)～(e)中的虚线可以看出，由此产生的控制动作不能镇定闭环系统，并会导致一个稳定的极限环。另一方面，在这两种初始条件下，有界控制器都可以将系统镇定(两种初始条件均位于控制器的稳定区域内，因此可以保证这一点)。图 14.8(a)～(e)中的点线给出了始于 $\boldsymbol{x}(0)=[0.033\quad 0.020\quad 0.013\quad 0.0075\quad 0.570]^{\mathrm{T}}$ 的状态轨迹。这一轨迹虽然是稳定的，但其到达平衡状态的收敛速度较慢，并表现出阻尼振荡行为；而当 MPC 能够将系统镇定时，并未表现出这一行为。

当以 $\boldsymbol{x}(0)=[0.033\quad 0.020\quad 0.013\quad 0.0075\quad 0.570]^{\mathrm{T}}$ 为初始条件实现混合预测控制器时，监测器检测到 MPC 在初始时刻不可行，因而在闭环中实现了有界控制器。随着闭环状态在有界控制器作用下变化并接近期望的稳定状态，监测器发现(当 $t=5.8$h 时)MPC 变得可行，因此在后续时段内将其实现。需要注意的是，在 $t=5.8$h 时刻，将有界控制器切换到 MPC 时，尽管控制动作曲线存在“跳变”(见图 14.8(f)中点线与点划线之间的区别)，但是结晶器 PSD 的矩依然平滑地变化(见图 14.8(a)～(e)中的点划线)。监测器发现 MPC 持续可行，因此在闭环中对它进行实现，从而将闭环系统镇定在期望的稳定状态。与有界控制器的仿真结果相比，混合预测控制器(点划线)能更快地使系统稳定，并且达到了更好的性能，这一点可从较小的性能指标值(0.1282 与 0.1308)中反映出来。图 14.8(f)给出了调节输入在这三种情况下的变化曲线。

14.2.4.3 批式蛋白质结晶器中粒子大小分布的预测控制

分批结晶的主要目标是在批处理结束时实现期望的 PSD，并在整个批运行过程中满足状态约束和控制约束。许多重要的前期研究工作都集中在批式结晶器的 CSD 控制上[2,38]。文献[39]提出了一种评估参数不确定性的方法，并研究了它对以最大化产品的加权平均大小为

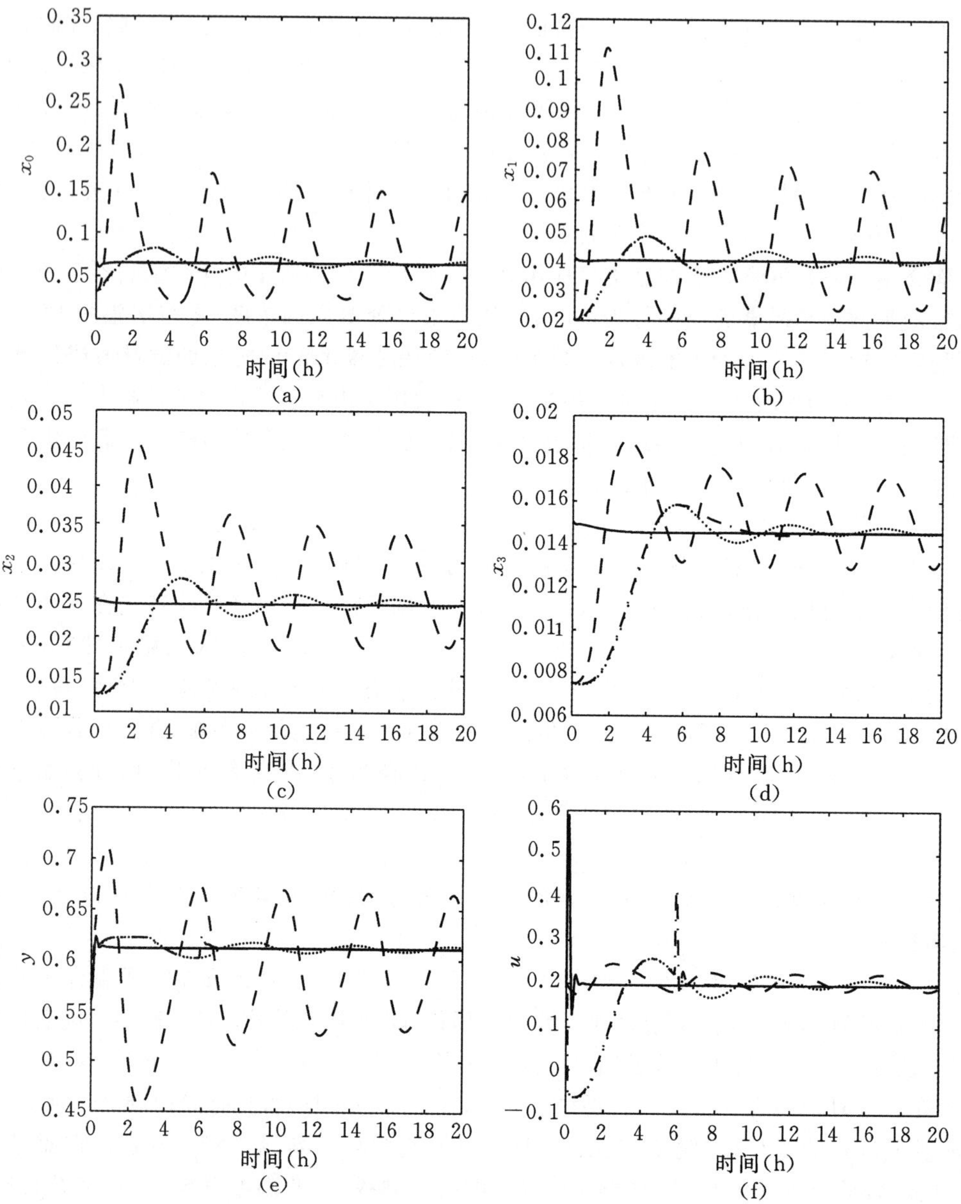

图 14.8 连续结晶器示例:(a)～(d)无量纲的结晶器矩的闭环曲线;(e)结晶器中溶质的浓度;(f)调节输入。具有稳定性约束的 MPC(实线),没有稳定性约束的 MPC(虚线),有界控制器(点线),混合预测控制器(点划线)。请注意不同的初始状态

目标的开环最优控制策略的影响。为了提高产品在平均大小和分布宽度方面的质量,文献[40]针对添加晶种的批式冷却结晶器提出了一种在线的最优控制方法。这些前期工作的大部分精力集中在对批式结晶器的开环优化控制,即根据数学模型先离线计算出最优运行条件。这种控制策略的成功应用在很大程度上依赖于模型的准确性。此外,由于无法避免的建模误

差，开环控制策略可能无法调节系统来跟踪最优轨迹。有鉴于此，文献[30]提出了一种通过调节套层温度 T_j 以最大化正方溶菌酶晶体的体积平均大小（即 μ_4/μ_3，其中 μ_3，μ_4 分别表示 CSD 的三阶矩和四阶矩，见式(14.11)）的预测反馈控制系统。该系统根据利用诸如激光散射技术在线测得的 CSD 和 n 计算得出主矩；此外，假设浓度和结晶器温度也可以实时测量。在闭环控制结构中，预测控制器采用了降阶的矩模型，以实现预测目的，其主要思想是使用该模型并根据当前时刻 t 的测量量，来获得过程状态在批操作结束时刻 t_f 的预测值。采用该预测方式，可以在满足运行约束的前提条件下，将依赖于该预测值的代价函数最小化。有关调节输入的限制以及针对过饱和度和结晶器温度的约束被以输入和优化问题状态约束的形式合并在一起。优化算法计算调节输入 T_j 从当前时刻到批处理操作间隔结束时的曲线，然后将计算得到的输入的当前值实现到过程之中，从而解决了优化问题。每当获得新的测量值时，将更新输入（滚动时域控制策略）。在每个采样时刻求解的优化问题具有如下形式：

$$\min_{T_j} -\frac{\mu_4(t_f)}{\mu_3(t_f)}$$

$$\text{使}\quad \begin{aligned} &\frac{d\mu_0}{dt} = k_a C\exp\left(-\frac{k_b}{\sigma^2}\right) \\ &\frac{d\mu_i}{dt} = ik_g\sigma^g\mu_{i-1}(t), i = 1,\cdots,4 \\ &\frac{dC}{dt} = -24\rho k_v k_g\sigma^g\mu_2(t) \\ &\frac{dT}{dt} = -\frac{UA}{MC_p}(T - T_j) \\ &T_{\min} \leqslant T \leqslant T_{\max} \\ &T_{j\min} \leqslant T_j \leqslant T_{j\max} \\ &\sigma_{\min} \leqslant \sigma \leqslant \sigma_{\max} \\ &\left\| \frac{dC_s}{dt} \right\| \leqslant k_1 \end{aligned} \tag{14.17}$$

$$n(0,t) \leqslant n_{fine}, \quad \forall t \geqslant t_f/2 \tag{14.18}$$

其中，$T_{\min}$ 和 $T_{\max}$ 是对结晶器温度 T 的约束，分别被设定为 4℃和 22℃。$T_{j\min}$ 和 $T_{j\max}$ 是对调节变量 T_j 的约束，分别被设定为 3℃和 22℃。对过饱和度 σ 的约束为 $\sigma_{\min}=1.73$ 和 $\sigma_{\max}=2.89$。常数 k_1（选定为 0.065mg/mL min）设定了饱和浓度 C_s 的最大变化速率。n_{fine} 表示在批运行后半程中任意时刻所允许的最大晶核数量，并设置为 5/μm mL。在仿真中，采样时间为 5 分钟，而批过程时间 t_f 为 24 小时。采用序贯二次规划（Sequential Quadratic Programming，SQP）方法求解优化问题，并采用具有 3000 个离散点的二阶精确有限差分方法求解获得了式(14.3)所示总体平衡模型的解。先前的研究工作表明，若式(14.18)所示的预测控制公式以最大化晶粒的体积平均大小为目标，将导致最终产品中含有大量的细屑[41]，注意到这一点是很重要的。为了提高预测控制策略最大化性能目标的能力，同时避免在最终产品中形成大量细屑，式(14.7～14.8)所示的预测控制器包含了一个针对最终产品中细屑数目的约束(式(14.18))。具体地，式(14.18)中的约束通过限制批运行后半程中任何时刻形成的晶核数量，来限制最终产品中的细屑数量。需要注意的是，在预测控制中，如果对细屑不施加约束，将导致产品中包含大量细屑（见图14.9(a)），这不是我们所期望的。式(14.18)所示的具有约束的预测控制器以减少产品中的细屑为目的，它的实现可以在最大化晶粒的体积平均大小的同时，大大减少产品中的细屑数量（见图14.9(b)）。若要进一步了解预测控制器的性能结果，以及与其他两种开环控制策略，即恒温控制（Constant Temperature Control，CTC）、恒定过饱和度控制（Constant Supersaturation Control，CSC）的性能比较结果，可以参阅文献[14,30]。

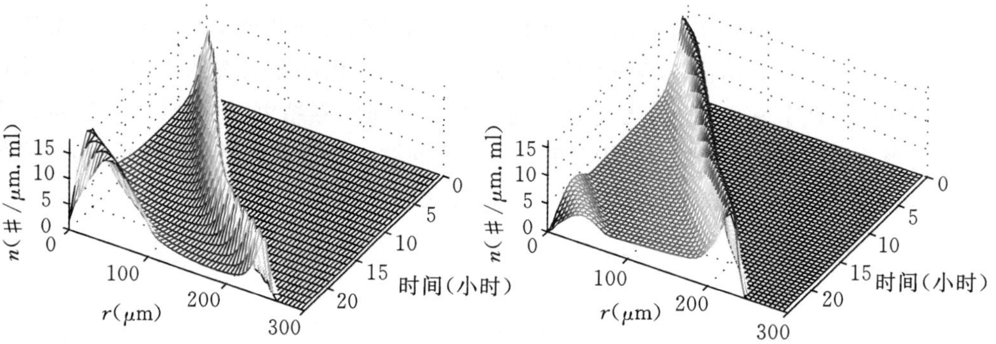

(a) 对细屑不施加约束的预测控制　　(b) 对细屑施加约束的预测控制

图14.9　不同控制策略下粒子大小分布的变化

14.2.4.4　颗粒过程的容错控制

针对颗粒过程的反馈控制设计，已有大量且越来越多的研究工作，相比之下，为颗粒过程设计容错控制系统这一问题并未受到太多关注。考虑到自动控制系统对故障（例如，控制执行机构、测量传感器或过程设备的故障）的脆弱性，以及这类故障对过程运行效率和产品质量的不利影响，容错控制系统设计是一重要问题。鉴于颗粒过程在许多工业领域（例如化学、食品和制药）中扮演着重要角色，其始终可以满足严格的产品规格的能力是保证产品效用的关键，因此非常有必要研究提出及时诊断和处理故障的系统化方法，以尽可能减少由运行故障引起的生产损失。

出于这些考虑，最近的研究工作通过综合使用基于模型的控制、无限维系统、故障诊断和混合系统理论等工具，开始解决这个问题。对于由考虑了控制约束、执行机构故障以及有限个过程测量量的总体平衡方程来建模表示的颗粒过程，最近文献[42]提出了一种将基于模型的故障检测、反馈和监督控制相集成的容错控制架构。该架构以能够描述颗粒过程的主导动态性能的降阶模型为基础，由一组控制配置以及一个故障检测滤波器和一个监督器构成。对于每种控制配置，首先通过综合使用状态反馈控制器和状态观测器，设计一个具有良好稳定性能的镇定输出反馈控制器，其中的状态观测器使用了可获得的PSD主矩和连续相变量的测量量，以进行适当的状态估计；然后设计一个故障检测滤波器，用来仿真无故障的降阶模型的行为，它与实际过程中的状态估计行为的差异被用作故障检测的残差；最后，基于所构造的控制配置的稳定区域推导切换律，以重新配置控制系统，使得在检测出故障的情况下，依然能够保持系统的闭环稳定性。为了在颗粒过程中实现该控制架构，推导得出了合适的故障检测阈值和控制配置标准，其中考虑了模型降阶和状态估计的误差。该方法已经成功应用于连续结晶器，其控制目的是在存在约束和执行机构故障的情况下，镇定不稳定的稳态，并实现期望的 CSD。

除了为颗粒过程综合执行机构容错控制系统外，最近的研究工作还研究了如何在传感器数据缺损的情况下，保持颗粒过程闭环系统的稳定性和性能的问题[32]。导致传感器数据缺损的典型原因包括测量时的采样损失、与测量技术有关的间歇性故障，以及传输线路中的数据包丢失。这项工作考虑了两个有代表性的颗粒过程示例——连续结晶器和批式蛋白质结晶器。在这两个例子中，首先根据低阶模型来设计反馈控制系统，并将其用于总体平衡模型中，以确保满足闭环稳定性和约束。随后，研究了控制系统对传感器数据缺损的鲁棒性，其中采用了文献[43]提出的随机方法，该方法将传感器故障建模为随机 Poisson 过程。对于连续结晶器示例，还设计了一个基于 Lyapunov 的非线性的输出反馈控制器。结果表明，在存在输入约束的情况下，该控制器可将总体平衡模型的开环不稳定的稳态镇定。在传感器存在故障的情况下，对闭环系统的分析结果表明，该控制器针对明显的传感器数据缺损是鲁棒的，但当数据的损失率超过一定的阈值时，不能保持闭环系统的稳定性。对于批式结晶器示例，设计了预测控制器，以在批处理结束时获得期望的 CSD，同时满足状态约束和输入约束。仿真结果表明了，当传感器存在数据损失时，修改预测控制器公式中的约束是如何有助于实现约束满足性的。

14.2.4.5 气溶胶反应器的非线性控制

上一节讨论的结晶过程示例具有一个共同特点，即都有两个独立的变量(时间和颗粒大小)。在这种情况下，采用诸如矩量法的方法进行降阶可以在时域中得到一组 ODE 作为降阶模型。然而，当过程模型中使用三个或更多的独立变量(时间、颗粒大小和空间)时，情况就会有所不同。这种过程的一个示例是“引言”中提到的气溶胶流反应器。针对空间不均匀的气溶胶过程，式(14.6)所示的偏积分-微分方程模型的复杂性使得该模型不能直接用于综合实际可实现的基于模型的非线性反馈控制器。因此，针对空间不均匀的气溶胶过程，文献[16,17,29]研究提出了一种基于模型的控制器设计方法，该方法以许多气溶胶大小分布可由对数正态函数充分近似这一实验观测为基础。提出的控制方法可以概括如下：

1. 在初始时刻，假设气溶胶的大小分布可由对数正态函数来描述，并将矩量法应用于式(14.6)所示的气溶胶总体平衡模型，以计算一个双曲型偏微分方程(Partial Differential Equation，PDE)系统(其中的自变量是时间和空间)。该系统可描述三个主矩的时空行为，而这种时空行为可以用来准确地描述满足对数正态特性的气溶胶的大小分布的变化。
2. 然后，将针对双曲型 PDE 的非线性几何控制方法[44]应用于由此产生的系统，以综合非线性的分布式输出反馈控制器，该控制器在过程中采用不同位置的过程测量量来调节输入(通常是壁温)，以获得具有期望性能(例如，粒子的几何平均体积)的气溶胶的大小分布。

这种非线性控制方法已被应用在生产NH_4Cl颗粒的气溶胶流式反应器中[16]，其中包括成核、冷凝、凝结等工艺，以及二氧化钛气溶胶反应器[17]。具体来说，用于生产NH_4Cl颗粒的气溶胶流式反应器中将发生如下化学反应：$NH_3+HCl\rightarrow NH_4Cl$，其中$NH_3$ 和 HCl 是反应物，NH_4Cl是单体产品。在气溶胶大小满足对数正态分布这一假设下，可用于描述分布的前三阶矩、单体(NH_4Cl)和反应物(NH_3，HCl)浓度和反应器温度的变化的数学模型具有如下形式：

$$\frac{\partial N}{\partial \theta} = -v_{zl}\frac{\partial N}{\partial \bar{z}} + I^{\mathrm{T}} - \xi N^2$$

$$\frac{\partial V}{\partial \theta} = v_{zl}\frac{\partial V}{\partial \bar{z}} + I^{\mathrm{T}} k^* + \eta(S-1)N$$

$$\frac{\partial V_2}{\partial \theta} = -v_{zl}\frac{\partial V_2}{\partial \bar{z}} + I^{\mathrm{T}} k^{*2} + 2\epsilon(S-1)V + 2\zeta V^2$$

$$\frac{\partial S}{\partial \theta} = -v_{zl}\frac{\partial S}{\partial \bar{z}} + C\overline{C}_1\overline{C}_2 - I^{\mathrm{T}} k^* - \eta(S-1)N$$

$$\frac{\partial \overline{C}_1}{\partial \theta} = -v_{zl}\frac{\partial \overline{C}_1}{\partial \bar{z}} - A_1\overline{C}_1\overline{C}_2$$

$$\frac{\partial \overline{C}_2}{\partial \theta} = -v_{zl}\frac{\partial C_2}{\partial \bar{z}} - A_2\overline{C}_1\overline{C}_2$$

$$\frac{\partial \overline{T}}{\partial \theta} = -v_{zl}\frac{\partial \overline{T}}{\partial \bar{z}} + B\overline{C}_1\overline{C}_2\overline{T} + E\overline{T}(\overline{T}_w - \overline{T})$$

其中,$\overline{C}_1$ 和$\overline{C}_2$ 分别表示无量纲的、NH_3 和 HCl 的浓度,$\overline{T}$,$\overline{T}_W$ 分别表示无量纲的、反应器和器壁的温度,A_1,A_2,B,C,E 均为无量纲的量[16]。

图 14.10 给出了无量纲的粒子总体浓度 N 的稳态曲线,它是一个关于反应器长度的函数。正如预期的那样,由于成核爆裂,反应器入口附近(大约为反应器的前 3%)的 N 增大得非常快;由于凝结,反应器其余部分的粒子浓度 N 缓慢降低。尽管凝结减少了粒子总数,但它导致形成了较大的粒子,因此增加了粒子的几何平均体积 v_g。该控制问题可以描述为,通过调节壁温来控制反应器出口处粒子的几何平均体积 $v_g(1,\theta)$($v_g(1,\theta)$与粒子的几何平均直径直接相关,因此是工业气溶胶过程的一个关键产品特征),即

$$y(\theta) = Cv_g = v_g(1,\theta),\quad u(\theta) = \overline{T}_w(\theta) - \overline{T}_{ws} \tag{14.20}$$

其中,$C(\cdot) = \int_0^1 \delta(\bar{z}-1)(\cdot)\mathrm{d}z$,$\overline{T}_{ws} = T_{ws}/T_0 = 1$。由于凝结是决定气溶胶粒子大小的主要机制,所以可以重点控制发生凝结的那部分反应器。因此,假设器壁温度等于反应器前 3.5%

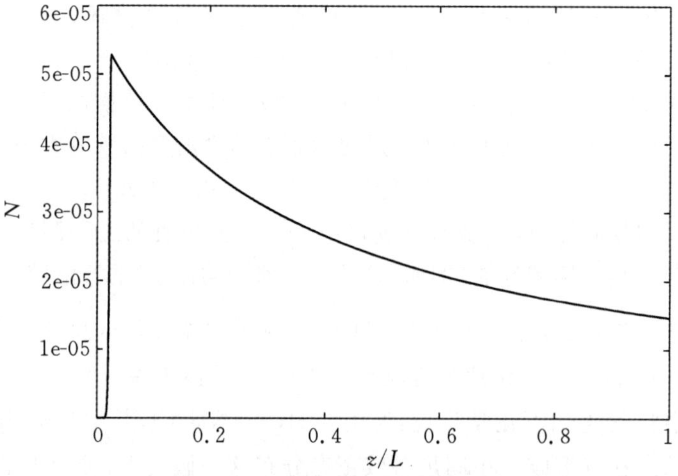

图 14.10 无量纲的粒子浓度的稳态曲线

的部分(成核现象发生的主要位置)对应的稳态值,并利用控制器对反应器其余部分(凝结现象发生的位置)的器壁温度进行调节。

以式(14.19)所示的模型为基础,采用上述控制方法对非线性控制器进行了综合。对于该模型,可以发现 $\sigma=2$。采用文献[44]中提出的非线性的分布式状态反馈公式综合了必要的控制器,以强制得到一个略微欠阻尼的响应。该控制器的形式为

$$u=\left[C\gamma_o L_g\left(\sum_{j=1}^{n}\frac{\partial x_j}{\partial \bar{z}}L_{aj}+L_f\right)h(x)b(\bar{z})\right]^{-1}\left\{y_{sp}-Ch(x)-\sum_{v=1}^{2}C\gamma_v\left(\sum_{j=1}^{n}\frac{\partial x_j}{\partial \bar{z}}L_{aj}+L_f\right)^{v}h(x)\right\} \tag{14.21}$$

其中,$\gamma_1=580$,$\gamma_2=1.6\times10^5$。

通过执行两次仿真评估了非线性控制器的设定点跟踪能力,并将其性能与 PI 控制器的性能进行了比较。在这两次仿真运行中均假设气溶胶反应器最初处于稳态,并在 $t=0$ 时刻将 $v_g(1,\theta)$ 的设定值增大了 5%(即 $y_{sp}=1.05v_g(1,0)$)。图 14.11 中的左图实线给出了反应器出口处的粒子平均体积 $v_g(1,t)$ 这一被控输出的变化曲线,而图 14.11 中的右图实线给出了器壁温度这一调节输入的相应变化曲线。式(14.21)所示的非线性控制器可以成功地将 $v_g(1,t)$ 调节到新的设定点。为了便于比较,还为过程实现了一个 PI 控制器,并且通过调节该控制器,使闭

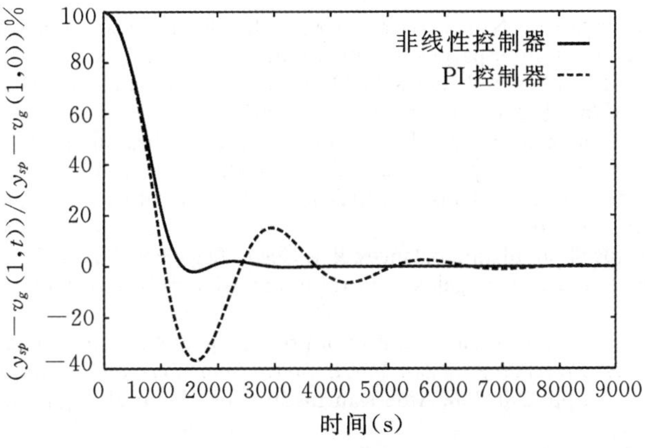

(a)

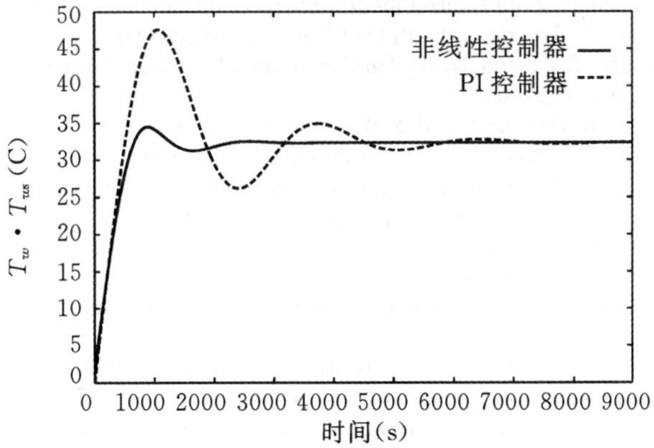

(b)

图 14.11 (a)在 PI 和非线性控制器作用下,经过尺度变换后的反应器出口处的粒子平均体积的闭环变化曲线;(b)PI 和非线性控制器的调节输入的变化曲线

环输出达到最终稳态所需要的时间与在非线性控制方式下所需要的时间相等。图 14.11 给出了被控输出和调节输入的变化曲线(虚线表示 PI 控制器对应的曲线),从中可以明显看出非线性控制器优于 PI 控制器。

14.3 结论

颗粒过程系统的控制是一个跨学科、发展迅速的研究领域,它涉及了基本建模、数值仿真、非线性动力学和控制理论。本章针对几大类颗粒过程,介绍了易于实现的非线性反馈控制器的系统设计方法的最新进展。可以预见,随着先进材料和半导体制造、纳米技术以及生物技术的不断研究和进步,反馈控制将在纳米级和微米级颗粒的合成和处理过程中发挥重要作用。若要了解关于颗粒过程未来控制问题的详细讨论,可参阅文献[31]。

参考文献

1. P. A. Larsen, J. B. Rawlings, and N. J. Ferrier. An algorithm for analyzing noisy, *in situ* images of high-aspect-ratio crystals to monitor particle size distribution. *Chem. Eng. Sci.*, 61:5236–5248, 2006.
2. J. B. Rawlings, S. M. Miller, and W. R. Witkowski. Model identification and control of solution crystallizatin process—a review. *Ind. Eng. Chem. Res.*, 32:1275–1296, 1993.
3. J. B. Rawlings, C. W. Sink, and S. M. Miller. Control of crystallization processes. In *Industrial Crystallization—Theory and Practice*, pp. 179–207, Butterworth, Boston, 1992.
4. H. M. Hulburt and S. Katz. Some problems in particle technology: A statistical mechanical formulation. *Chem. Eng. Sci.*, 19:555–574, 1964.
5. D. Ramkrishna. The status of population balances. *Rev. Chem. Eng.*, 3:49–95, 1985.
6. J. Dimitratos, G. Elicabe, and C. Georgakis. Control of emulsion polymerization reactors. *AIChE J*, 40:1993–2021, 1994.
7. F. J. Doyle, M. Soroush, and C. Cordeiro. Control of product quality in polymerization processes. In *AIChE Symposium Series: Proceedings of 6th International Conference on Chemical Process Control*, Rawlings, J. B. et al. (Eds.), pp. 290–306, American Institute of Chemical Engineers, New York, NY, 2002.
8. R. D. Braatz and S. Hasebe. Particle size and shape control in crystallization processes. In *AIChE Symposium Series: Proceedings of 6th International Conference on Chemical Process Control*, Rawlings, J. B. et al. (Eds.), pp. 307–327, American Institute of Chemical Engineers, New York, NY, 2002.
9. S. K. Friendlander. *Smoke, Dust and Haze: Fundamentals of Aerosol Dynamics* (2nd Ed.). Oxford University Press, New York, NY, 2000.
10. P. Daoutidis and M. Henson. Dynamics and control of cell populations. In *Proceedings of 6th International Conference on Chemical Process Control*, pp. 308–325, Tucson, AZ, 2001.
11. G. R. Jerauld, Y. Vasatis, and M. F. Doherty. Simple conditions for the appearance of sustained oscillations in continuous crystallizers. *Chem Eng Sci.*, 38:1675–1681, 1983.
12. S. J. Lei, R. Shinnar, and S. Katz. The stability and dynamic behavior of a continuous crystallizer with a fines trap. *AIChE J.*, 17:1459–1470, 1971.
13. T. Chiu and P. D. Christofides. Nonlinear control of particulate processes. *AIChE J.*, 45:1279–1297, 1999.
14. D. Shi, P. Mhaskar, N. H. El-Farra, and P. D. Christofides. Predictive control of crystal size distribution in protein crystallization. *Nanotechnology*, 16:S562–S574, 2005.
15. P. G. Vekilov and F. Rosenberger. Dependence of lysozyme growth kinetics on step sources and impurities. *J. Crvst. Growth*, 158:540–551, 1996.
16. A. Kalani and P. D. Christofides. Nonlinear control of spatially-inhomogeneous aerosol processes. *Chem. Eng. Sci.*, 54:2669–2678, 1999.

17. A. Kalani and P. D. Christofides. Modeling and control of a titania aerosol reactor. *Aerosol Sci. Technol.*, 32:369–391, 2000.
18. F. Gelbard and J. H. Seinfeld. Numerical solution of the dynamic equation for particulate processes. *J. Comput. Phys.*, 28:357–375, 1978.
19. K. Lee and T. Matsoukas. Simultaneous coagulation and break-up using constant-number monte Carlo. *Powder Technol.*, 110:82–89, 2000.
20. Y. L. Lin, K. Lee, and T. Matsoukas. Solution of the population balance equation using constant-number Monte Carlo. *Chem. Eng. Sci.*, 57:2241–2252, 2002.
21. T. Smith and T. Matsoukas. Constant-number Monte Carlo simulation of population balances. *Chem. Eng. Sci.*, 53:1777–1786, 1998.
22. D. Semino and W. H. Ray. Control of systems described by population balance equations-I. Controllability analysis. *Chem. Eng. Sci.*, 50:1805–1824, 1995.
23. G. Hu, J. Huang, G. Orkoulas, and P. D. Christofides, Investigation of film surface roughness and porosity dependence on lattice size in a porous thin film deposition process, *Phys. Rev. E.*, 80:041122, 2009.
24. D. Semino and W. H. Ray. Control of systems described by population balance equations-II. Emulsion polymerization with constrained control action. *Chem Eng Sci.*, 50:1825–1839, 1995.
25. T. Chiu and P. D. Christofides. Robust control of particulate processes using uncertain population balances. *AIChE J.*, 46:266–280, 2000.
26. P. D. Christofides. *Model-Based Control of Particulate Processes.* Kluwer Academic Publishers, Particle Technology Series, Netherlands, 2002.
27. P. D. Christofides and T. Chiu. Nonlinear control of particulate processes. In *AIChE Annual Meeting, Paper 196a*, Los Angeles, CA, 1997.
28. N. H. El-Farra, T. Chiu, and P. D. Christofides. Analysis and control of particulate processes with input constraints. *AIChE J.*, 47:1849–1865, 2001.
29. A. Kalani and P. D. Christofides. Simulation, estimation and control of size distribution in aerosol processes with simultaneous reaction, nucleation, condensation and coagulation. *Comput. Chem. Eng.*, 26:1153–1169, 2002.
30. D. Shi, N. H. El-Farra, M. Li, P. Mhaskar, and P. D. Christofides. Predictive control of particle size distribution in particulate processes. *Chem. Eng. Sci.*, 61:268–281, 2006.
31. P. D. Christofides, M. Li, and L. Mädler. Control of particulate processes: Recent results and future challenges. *Powder Technol.*, 175:1–7, 2007.
32. A. Gani, P. Mhaskar, and P. D. Christofides. Handling sensor malfunctions in control of particulate processes. *Chem. Eng. Sci.*, 63:1217–1229, 2008.
33. C. F. Bohren and D. R. Huffman. *Absorption and Scattering of Light by Small Particles.* Wiley, New York, 1983.
34. N. H. El-Farra and P. D. Christofides. Integrating robustness, optimality, and constraints in control of nonlinear processes. *Chem. Eng. Sci.*, 56:1–28, 2001.
35. N. H. El-Farra and P. D. Christofides. Bounded robust control of constrained multivariable nonlinear processes. *Chem. Eng. Sci.*, 58:3025–3047, 2003.
36. Y. Lin and E. D. Sontag. A universal formula for stabilization with bounded controls. *Syst. Contr. Lett.*, 16:393–397, 1991.
37. N. H. El-Farra, P. Mhaskar, and P. D. Christofides. Hybrid predictive control of nonlinear systems: Method and applications to chemical processes. *Int J Robust Nonlinear Control*, 14:199–225, 2004.
38. W. Xie, S. Rohani, and A. Phoenix. Dynamic modeling and operation of a seeded batch cooling crystallizer. *Chem. Eng. Commun.*, 187:229–249, 2001.
39. S. M. Miller and J. B. Rawlings. Model identification and control strategies for batch cooling crystallizers. *AIChE J.*, 40:1312–1327, 1994.
40. G. P. Zhang and S. Rohani. On-line optimal control of a seeded batch cooling crystallizer. *Chem Eng Sci.*, 58:1887–1896, 2003.
41. D. L. Ma, D. K. Tafti, and R. D. Braatz. Optimal control and simulation of multidimensional crystallization processes. *Comput. Chem. Eng.*, 26:1103–1116, 2002.
42. N. H. El-Farra and A. Giridhar. Detection and management of actuator faults in controlled particulate processes using population balance models. *Chem. Eng. Sci.*, 63:1185–1204, 2008.
43. P. Mhaskar, A. Gani, C. McFall, P. D. Christofides, and J. F. Davis. Fault-tolerant control of nonlinear process systems subject to sensor faults. *AIChE J.*, 53:654–668, 2007.
44. P. D. Christofides and P. Daoutidis. Feedback control of hyperbolic PDE systems. *AIChE J.*, 42:3063–3086, 1996.

15

批过程的非线性模型预测控制

Zoltan K. Nagy
拉夫堡大学
Richard D. Braatz
伊利诺伊大学香槟分校

15.1 引言

批过程非常适合体积小而附加值高的产品的生产制造，通常用于同一设备上多个相关产品的柔性制造。批过程方法通常用于年产量低于 10000 吨的产品，而连续生产过程主要用于年产量大约为 100000 吨的产品。批过程方法是制药、生物技术、特种化学品、消费类产品以及微电子行业的首选生产方案。这些高附加值的化学品给化学过程工业带来了显著且不断增长的收益和盈利。批过程方法还广泛应用于制药行业，为了保证安全和无菌化，该行业的生产过程需要隔离，并要求产品一致。此外，考虑到经济和安全两方面的约束，大体积产品的连续生产过程的中止和启动也可以当作批过程控制问题来处理。尽管批过程方法获得了广泛应用，但在工业实践中，由于过程模型的开发成本较高，且可在线获取的检测量的数量有限，一般只能根据经验设计批过程方法和控制策略。在过去十年中，可利用的合适模型和测量设备不断增加，这增强了人们对动态(在线)优化的研究兴趣，将大大有利于改进批过程方法的性能。为了成功应用最优的批控制策略，必须解决一系列的潜在问题。通常，过程的初始状态只能被粗略了解，其大部分状态是不可测的，且存在干扰和模型不确定性。即使是很小的干扰或模型不确定性，都能够显著降低批过程的性能，因此在设计控制系统时必须考虑这些问题。

批过程不存在稳态，这是它的一个独有特点。批过程通常从一个初始状态发展为一般具有很大差异的最终状态，因此不可能确定单个工作点，并围绕该工作点应用已经成熟的、且通常用于连续过程的线性控制设计方法来设计批控制系统。批过程的另一特点是约束具有非常高的重要性。由于批过程的运行范围广，所以通常需要在约束有效的情况下运行批过程。在进行最优设计时，更是如此。

批过程的另一个显著特点是它们的行为不可逆。许多批过程，例如聚合或微电子过程(如晶片制造)，一般不允许加工错误，这是因为无法通过进一步加工处理来修复那些没有达到严格规格的产品。相反地，连续过程通常可以通过控制输入把过程恢复到初始工作点。批过程的不可逆性质强化了对先进控制策略的需求，这种策略应保证最终产品的性能一致。

此外，批运行过程通常具有重复性，这种重复性使得我们可以在**批次控制**或**迭代学习控制**方法框架下，使用先前批次的运行信息来改进后续批次的性能。

批过程的上述特殊性质明确了这类系统的控制难点，同时也为很多新的具有很大经济社会影响力的控制设计方法提供了机遇，这些方法在当今过程工业激烈竞争和利益驱动的支配下而不断发展。

15.2 批过程控制概述

批过程控制通常需要根据模型对过程进行离线优化，然后采用诸如比例-积分-微分(Proportional-Integral-Derivative,PID)控制的传统反馈控制方法实现最优轨迹/方案。过程优化在降低生产成本、提高产品质量、减小产品差异、便于批次规模扩大等方面具有潜力。批优化可以在产品初始设计、过程操作和规模扩大阶段发挥益处。在试点工厂和生产阶段，批次和半批次优化有助于实现产品的一致性和批次生产时间的最小化。在这些情况下，应考虑模型的不确定性，以确保改进过程性能并达到期望的结果。15.3.5 小节在批次的非线性预测控制背景下，对鲁棒最优控制策略进行简要讨论，所得结论也适用于开环控制。由于批过程的开环最优控制可以看作下节将要详细讨论的批次的非线性预测控制方法的一个特例，这里就不再对其进行深入讨论。

为了适应不断变化的过程条件，并使批最优控制问题具有来源于反馈的内在鲁棒性，每当获得新的测量集时，可以重复进行在线优化，这就产生了实时且基于显式优化的控制方案，比如**非线性模型预测控制**(Nonlinear Model Predictive Control,NMPC)。NMPC 技术能够处理过程约束、非线性以及源于经济或环境因素的不同目标，因此理论上它是先进批过程控制的最优选择，正变得被越来越多的人接受。然而，尽管批过程的重要性越来越显著，但是其中应用 NMPC 的数量仍明显少于连续过程的情况(Qin and Badgwell,2003)。虽然批过程的固有非线性表明 NMPC 是对这些系统进行先进控制的自然选择，但大多数工业 NMPC 供应商不支持典型的批次 NMPC 问题。很少有供应商公司为**批次的非线性模型预测控制**(Batch Nonlinear Model Predictive Control,BNMPC)应用(例如 Cybernetica 和 IPCOS)提供解决方案，这主要是由于批过程的特殊性质使得它们的控制非常具有挑战性。批过程具有很强的非线性时变动态特性，并且通常由复杂的过程模型描述，这就产生了具有强非线性的优化问题，这类问题难以在线求解，无法提供实时的可行性以及工业环境所需的稳定性和鲁棒性。在工业中，BNMPC 主要用于高附加值的过程，这类过程经过改进后具有较大的经济潜能。

为了降低计算复杂度，提出了另一类基于实时且隐式优化的控制方法，通常将它们称为**基于测量的优化**方法。其中一类隐式优化方案采用了更新规则，该规则通过最小化受限于线性化动态约束的代价函数的二阶变化来近似最优解。另一类隐式优化方法则以过程/控制器模型的简单表示为基础，并应用 Pontryagin 最大化原理推导最优解的必要条件，然后利用当前的测量量跟踪这些条件。虽然这些方法大大减轻了在线计算的负担，并得到实际应用，且提供了一个有吸引力的鲁棒控制框架，但它们需要大量的离线工作来推导求解模型和最优性条件。此外，为了实现仿真和培训操作人员的目的，对于大多数重要的工艺过程，化工企业目前的发展趋势是不断地推导获得详细的第一原理模型。NMPC 提供了一个通用框架，可以将现有模型纳入到一个统一灵活的框架中，因此是本章讨论的重点。

批过程的重复性为批次间（也称为**批对批**）控制方法提供了发展空间，这类方法的主要目标是通过利用先前批次的信息为后续批次设计控制律，从而为若干批次而不只是单个批次提供控制，进而实现多批次产品质量的一致性。批次控制可以处理具有少量或低质量的测量量的批过程。一般情况下，在批过程结束时可以利用大量数据和计算时间，通过修改模型参数和结构将模型进一步精炼，并且为下一次的运行重新设计控制输入和配方。批次控制的缺点是，控制性能只能在有限的几个批次间收敛。由于批过程中存在不可预知的扰动，最初几个批次的运行可能发生故障。此外，当初始状态不确定和配方实现过程中出现错误时，该方法的性能较差。批次控制方法可以在显式（基于模型）或隐式（基于测量）的优化框架下得以实现。批次间和批次内相混合的方法也曾见诸报道，这种方法可以在批过程的两个时间标度上提供控制，以融合两种方法的优点。尽管在批次 NMPC 的通用框架下也可以讨论显式批次间控制方法的很多方面，但本章将重点讨论批次内 NMPC 方法。

15.3 高效实时的批过程输出反馈 NMPC 方法

15.3.1 BNMPC 问题描述

NMPC 是一种基于优化的多变量约束控制技术，该技术采用非线性动力学模型来预测过程输出。它在每个采样时刻根据新的测量量和状态变量的估计来更新模型，然后基于一些代价函数计算开环最优调节变量在有限预测范围内的变化量，并且将这些调节变量在后续的相应预测范围内实现，而后将预测范围滚动或收缩到下一个采样时刻，并重复前面的步骤。

在每个采样时刻，BNMPC 算法都需要在线求解最优控制问题。该问题通常可以公式化描述为

$$\text{问题 } P_1(t_k): \quad \min_{u(t)\in\mathcal{U},t_k^F} \mathcal{H}(x(t),u(t);\theta) \tag{15.1}$$

满足

$$\dot{x}(t) = f(x(t),u(t);\theta) \tag{15.2}$$

$$y(t) = g(x(t),u(t);\theta) \tag{15.3}$$

$$x(t_k) = \hat{x}(t_k) \tag{15.4}$$

$$h(x(t),u(t);\theta) \leqslant 0 \quad t\in[t_k,t_k^F] \tag{15.5}$$

其中，$\mathcal{H}$ 为性能目标；t 为时间；t_k 是第 k 次采样的时刻；$t_0=0$ 是批过程的初始时刻；$x(t)\in\mathbb{R}^{n_x}$ 是 n_x 维的状态向量；$u(t)\in\mathcal{U}$ 是 n_u 维的输入向量；$y(t)\in\mathbb{R}^{n_y}$ 是 n_y 维的测量变量向量，可以用来与初始值 $\hat{x}_0$ 一起计算状态估计 $\hat{x}(t_k)$；$\theta\in\Theta\subset\mathbb{R}^{n_\theta}$ 是 n_θ 维的可能不确定的参数向量，其中，集合 Θ 由硬边界定义或者以概率方式（由多变量概率密度函数（Probability Density Function，PDF）描述）定义。函数 $f:\mathbb{R}^{n_x}\times\mathcal{U}\times\Theta\rightarrow\mathbb{R}^{n_x}$ 是描述系统动力学方程的二阶连续可微的向量函数，$g:\mathbb{R}^{n_x}\times\mathcal{U}\times\Theta\rightarrow\mathbb{R}^{n_y}$ 是描述测量方程的函数，$h:\mathbb{R}^{n_x}\times\mathcal{U}\times\Theta\rightarrow\mathbb{R}^{c}$ 是描述系统中所有的线性和非线性、时变或终止时刻的代数约束的函数向量，其中的 c 表示约束的数量。目标函数的一

般形式为

$$\mathscr{H}(x(t),u(t);\theta)\mathscr{M}(x(t_k^F);\theta)+\int_{t_k}^{t_k^F}\mathscr{C}(x(t),u(t);\theta)\mathrm{d}t \tag{15.6}$$

其中，$\mathscr{H}:\mathbb{R}^{n_x}\times\mathscr{U}\times\Theta\to\mathbb{R}$ 二阶连续可微，由此确保在求解式(15.6)时可以应用基于一阶和二阶导数的快速优化算法。目标函数 $\mathscr{H}$ 包含一个关于终点的代价函数 $\mathscr{M}:\mathbb{R}^{n_x}\times\Theta\to\mathbb{R}$ 和一个关于运行期间的代价函数 $\mathscr{L}:\mathbb{R}^{n_x}\times\mathscr{U}\times\Theta\to\mathbb{R}$。式(15.6)的形式一般足以表示应用 NMPC 时遇到的大多数目标(例如，使用滚动或收缩时域方法来调节和跟踪设定点、直接最小化运行时间、最优方法设计所需的初始状态优化、多个同步目标、软约束处理以及终点惩罚项)。对于需要对终点进行优化的批过程，通常可以将目标简化为 Mayer 形式($L(\cdot)=0$)，其中的 Lagrange 项($L(\cdot)$)用来实现对控制律的软约束或设定点跟踪。对于 BNMPC，可以在**滚动时域** $t_k^F=t_k+T_p\leqslant t_f$ 或收缩时域($t_k^F=t_f$)内通过迭代来在线求解式(15.1～15.5)所示的优化问题，其中，T_p 是预测时域范围，t_f 是批终止时间。当 BNMPC 包含终点目标时，一般将批终止时间 t_f 当作优化过程中的一个决策变量。当 $t_k^F=t_f$ 且 $k=0$ 时，式(15.1～15.5)所描述的问题等价于 15.2 节描述的典型开环批次优化问题。

15.3.2 批反应器操作的 NMPC

批过程控制具有一些特殊性。与连续过程操作相比，批过程主要的不同点是不具备诸如 Lyapunov 稳定性等重要性质，这是因为批过程运行在有限时间内。可以根据选定的目标函数、约束，以及针对模型/对象失配、控制实现的不确定性所表现出来的鲁棒性来评价控制器的性能。对于连续过程，可以通过选择小于预测时间范围的控制时间范围来减轻计算负担。然而在 BNMPC 中，控制时间范围和预测时间范围应该相等，以避免过程的高度瞬态特性导致预测量远离设定点(通常是时变的)。这种相等性要求极大地增加了批过程初始时刻的计算需求。从积极的一面看，在收缩时域 BNMPC 中，随着批过程预测时间范围的缩短，计算需求也逐渐降低。

批过程操作通常存在两种不同的 BNMPC 问题，它们同等重要，并且通常需要结合起来一起应用：

a. **跟踪设定点。** 无论设定点是离线还是在线确定的，滚动或收缩(或两者的结合)时域方法通常都必须跟踪时变的设定点轨迹。对于这种情况，通常使用二次(最小二乘类型的)目标函数，以兼顾有效的 Hessian 近似(例如，基于约束的 Gauss-Newton 方法)。典型的设定点跟踪问题可以公式化表示为

$$u^*=\underset{u_k,\cdots,u_{k+N_p}}{\arg\min}\left\{\sum_{i=k+1}^{k+N_p}\|y_i-y_i^{ref}\|_{Q_y}^2+\sum_{i=k}^{k+N_p}(\|u_i-u_i^{ref}\|_{Q_u}^2+\|u_i-u_{u-1}\|_{Q_{\Delta u}}^2)\right\} \tag{15.7}$$

且满足模型方程。其中，y^{ref} 和 u^{ref} 分别表示参考输出和参考输入，Q_y、Q_u 和 $Q_{\Delta u}$ 为权重矩阵。该公式与连续过程的 NMPC 类似，主要的不同在于，在批过程中，参考轨迹和过程的动态特性不断变化。这种类型的控制问题在微电子应用中比较常见，在这些应用中，通常不能获得表示终点性质与设定点轨迹之间关系的合适模型，或者最优轨迹对干扰不敏感。在制药行业，有时通过调控可以避免设定点轨迹的在线自适应，因此可能需要批次最优控制来增强跟踪性能。(a)类型的控制问题是很多批过程的唯一选择。对于这类问题，由于缺乏可利用的测量量，导

致过程不具有可观性和可控性,进而无法使用预测终点性能所需的复杂模型。

b. **控制终点性能**(设定点再优化或在线优化方法)。在批过程中,实际的经济目标通常与批次结束时的产品质量有关,这就产生了一个不同的控制问题。该问题通常可以采用收缩时域方法来求解,并可表示为

$$u^* = \underset{u_k, \cdots, u_N}{\arg\min} \mathcal{M}(X_N) \tag{15.8}$$

其中,N 为整个批次时间范围$[0, t_f]$中的离散时间周期的数量。

通常可以采用离线方式求解(b)问题,求解得到的控制轨迹可以认为是固定的(由配方给出),并可用作(a)类型问题中的设定点。在这种情况下,用于设定点跟踪的控制器将尽可能近地跟随给定的设定点。当存在干扰时,控制器将尽可能减小与给定轨迹的偏差。在某些干扰情况下,初始的最优设定点轨迹可能不再是最优的;对于控制器而言,也可能不再可行,因此需要一个新轨迹以保持产品质量和/或过程安全。同步优化设定点(根据一个经济/性能目标函数)和控制输入(根据标准的二次型性能准则)是一个有趣的批过程控制问题,这是因为最优设定点或参考轨迹可能与丧失能控性或接近稳定性极限相对应。针对以跟踪设定点为目标的非线性模型预测控制(Setpoint Tracking Nonlinear Model Predictive Control,STNMPC)和基于终点准则的、以优化设定点为目标的非线性模型预测控制(Setpoint Optimizing Nonlinear Model Predictive Control,SONMPC),图 15.1 和 15.2 说明了相应的滚动和收缩时域方法的主要算法。当设定点的紧致跟踪和设定点的自适应都很重要且有可能实现时,可以采用如图 15.3 所示的层次结构将两种方法结合起来。虽然这两个问题可以组合成一个 BNMPC 公式,但优化与控制问题之间不同的根本性质使得我们偏向采用一种更有效的层次拓扑来实现它们。SONMPC 模型和预测时间范围的复杂度通常远高于 STNMPC。因此,具有不同复杂度和采样时间的模型可以用在两个层次上,这便于在分布式结构中实现更好的控制。在这两种情况中,一般不能采用全状态反馈,而且测量会受到噪声影响,因此需要应用诸如**扩展 Kalman 滤波**(Extended Kalman Filter,EKF,见 15.3.6 节)的状态估计算法来提供初始的状态向量。EKF 可以提供模型预测所需的初始状态向量,并对测量干扰进行滤波。此外,如果需要的话,它还可以通过参数自适应估计方案来对模型进行必要的调整。

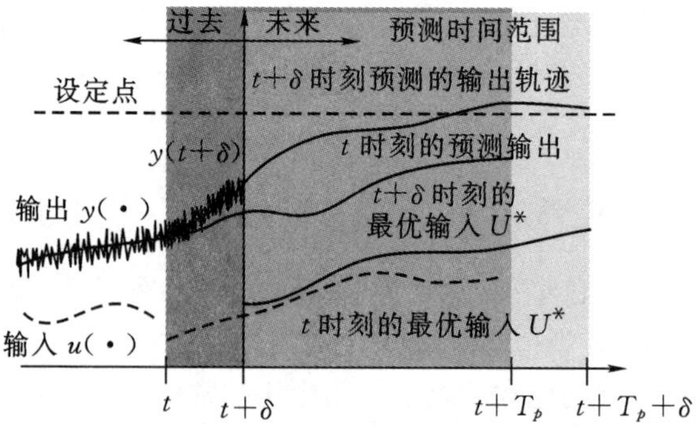

图 15.1 STNMPC 中滚动时域方法的主要思想

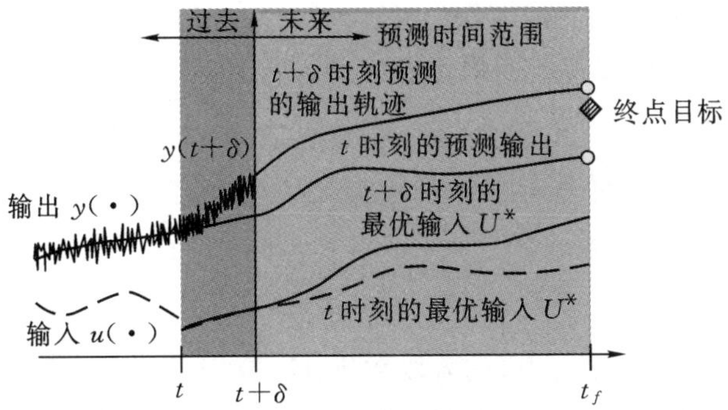

图 15.2　SONMPC 中收缩时域方法的主要思想

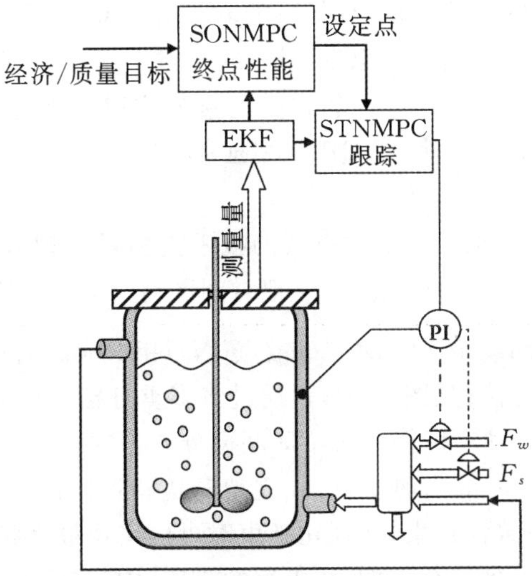

图 15.3　用于批式化学反应器的分层 BNMPC 的示意图

15.3.3　BNMPC 方法涉及的计算

15.3.3.1　基于直接多重打靶算法的有效优化

最优控制问题 $P_1(t_k)$很少可以解析地求解。直接方法的主要思想是构建一个离散的近似，把 $P_1(t_k)$优化问题转化为一个可以借助传统非线性规划(Nonlinear Program，NLP)方法求解的 NLP 问题。将时间范围 $t\in\pi_k=[t_k,t_k^F]$划分为 N_p 个子区间(阶段)$\pi_{k,i}=[t_{k,i},t_{k,i+1}]$，$i=0,1,\cdots,N_p-1$，离散时间点为 $t_k=t_{k,0}<t_{k,1}<\cdots<t_{k,i}<t_{k,i+1}<\cdots<t_{k,N_p-1}=t_k^F$。采用分段表示 $\tilde{u}_{k,i}(t,\boldsymbol{p}_{k,i})$，$t\in\pi_{k,i}$将连续调节变量 $u_k(t)$参数化，由此产生 N_p 个局部的控制参数向量 $\boldsymbol{p}_{k,0},\boldsymbol{p}_{k,1},\cdots,\boldsymbol{p}_{k,N_{p-1}},\boldsymbol{p}_{k,i}\in\mathbb{R}^{n_p}$，将这些局部的控制参数向量用作决策变量来求解优化问题。

大多数的实际应用问题都采用了分段常数或分段线性控制的参数化方法。对于分段常数的参数化方法，$\tilde{u}_k(t,\boldsymbol{p}_{k,0},\cdots,\boldsymbol{p}_{k,N_p-1}) \triangleq [u_k,u_{k+1},\cdots,u_{k+N_p-1}]$。

最优控制问题 $P_1(t_k)$ 的离散时间描述为

$$\text{问题 } P_1(t_k): \quad \min_{u_k,u_{k+1},\cdots,u_{k+N_p}} \left\{ M^{k+N_p}(x_{k+N_p};\theta) + \sum_{j=k}^{k+N_p} L_j(x_j,u_j;\theta) \right\} \tag{15.9}$$

得

$$G_k(x_k,u_k;\theta) = 0 \tag{15.10}$$

$$H_k(x_k,u_k;\theta) \leqslant 0 \tag{15.11}$$

其中，N_p 表示预测时间范围 $[t_k,t_k^F]$ 中的阶段数量；$G_k:\mathbb{R}^{n_x}\times\mathcal{U}\times\Theta\to\mathbb{R}^{n_x+n_y}$ 与从模型的代数方程（15.3）或离散化后的模型方程中得出的所有等式约束相对应；$H_k:\mathbb{R}^{n_x}\times\mathcal{U}\times\Theta\to\mathbb{R}^{c+2n_u}$ 是与所有的不等式约束（式（15.5））有关的向量方程，包括对调节变量的约束。允许的调节变量移动集可以表示为硬边界，或者也可以通过惩罚优化目标中的约束偏离量来进行处理（所谓的**软约束**）。这里假设向量函数 G 和 H 二阶连续可微。连续二次规划（Successive Quadratic Programming，SQP）具有良好的计算效率，且相应的软件容易获得，因此是一种常见的求解 NLP 的数值计算方法。SQP 实际上是一种拟牛顿法，它通过求解一系列局部线性二次近似问题来处理非线性优化问题，并且通常采用一个数值更新公式以二次方式来近似优化问题的 Lagrangian，而以线性方式来近似约束。SQP 方法通常将牛顿方法的等价形式应用到 NLP 问题的最优性条件，以实现更快的收敛速率。

求解问题（15.9～15.11）的一种非常有效的技术是**多重打靶方法**。直接多重打靶过程包括：通过一系列格点 $t_k=\tau_0<\tau_1<\cdots<\tau_M=t_k^F$ 把时间区间 $[t_k,t_k^F]$ 分割成 M 个子区间 $[\tau_i,\tau_{i+1}]$，这些格点并不一定与定义问题 $\widetilde{P}_1(t_k)$ 时的离散点（N_p）相对应。通过局部控制参数化，在连续的两个格点之间运行打靶方法（见图 15.4）。通过将多重打靶节点 τ_i 上的状态初始值 ω_i 引入为额外的优化变量，可以将 M 个区间中每个区间微分方程的解分离开。在每个优化迭代步骤中，根据对控制和初始条件 ω_i 的当前推测，独立地对这些区间的微分方程和代价进行数值积分。通过在 NLP 中加入一致性约束，在优化结束时可以实现最终状态轨迹的连续性/一致性。额外的内部边界条件被纳入到一个大的、待求解的 NLP 中，该问题可以简写为

$$\text{问题 } P_2: \quad \min_v \mathcal{H}(\boldsymbol{v};\theta) \quad \text{满足} \begin{cases} G(\boldsymbol{v};\theta) = 0 \\ H(\boldsymbol{v};\theta) \leqslant 0 \end{cases} \tag{15.12}$$

其中，

$$\mathcal{H}(\boldsymbol{v};\theta) = \mathcal{M}(\omega_{M+1};\theta) + \sum_{i=0}^{M} L_i(\omega_i,u_i;\theta) \tag{15.13}$$

且优化变量 $\boldsymbol{v}$ 包含所有的多重打靶状态变量和控制变量：

$$\boldsymbol{v} = [\omega_0,u_0,\omega_1,u_1,\cdots,\omega_{M-1},u_{M-1},\omega_M] \tag{15.14}$$

离散化的初始值问题和连续性约束都包含在如下等式约束中：

$$G(\boldsymbol{v},\theta) = \begin{bmatrix} \omega_0 - \hat{x}(t_k) \\ \omega_{i+1} - x_i(t_{i+1};\omega_i,u_i) \\ y - g(\omega_i,u_i;\theta) \end{bmatrix} = 0 \tag{15.15}$$

不等式约束则由 $H(\boldsymbol{v};\theta)=H(\omega_i,u_i;\theta)\leqslant 0$ 给出，其中，$i=0,1,\cdots,M$。图 15.4 阐释了直接多重打靶算法的主要思想。

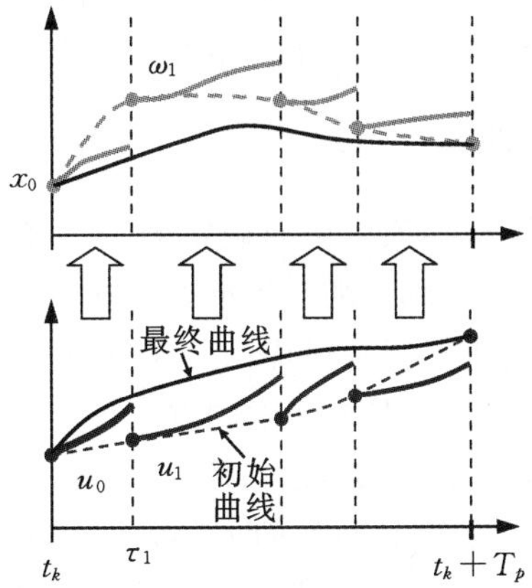

图 15.4 直接多重打靶算法的示意图(经许可后翻印自文献 Nagy,Z. K. ,et al. *Control Eng. Pract.* ,15:839－859,2007)

15.3.3.2 序贯优化方法

BNMPC 优化问题还具有其他一些求解方法，其中最常用的是序贯方法。在该方法中，控制向量被有限地参数化为 $\tilde{u}_{k,i}(t,\boldsymbol{p})_{\mathrm{k,i}})$，并且在每次评估代价函数时，利用优化器对参数化的输入向量的当前推测，实现对模型方程的数值积分，进而在整个预测时间范围内评估状态轨迹(见图 15.5)。该方法顺序地执行数值积分和优化步骤，从而可以在每个优化步骤都获得可行的状态轨迹。

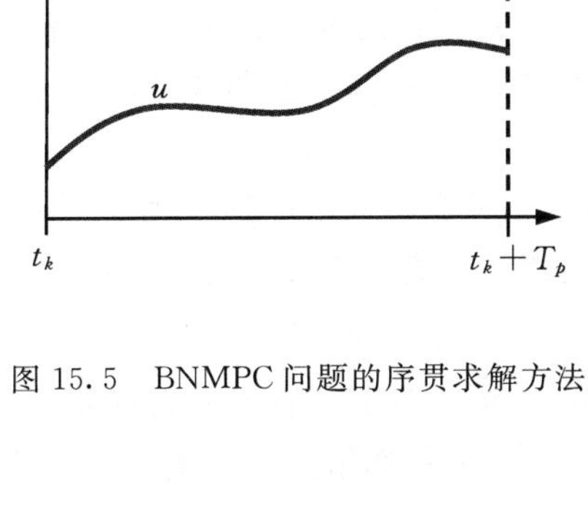

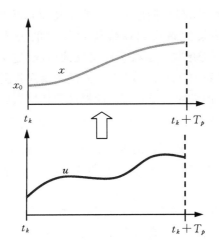

图 15.5 BNMPC 问题的序贯求解方法

15.3.3.3 同步优化方法

另一种优化方法同步地求解优化问题和模型的微分方程。该方法通常采用配置方法将微分方程离散化为 $x_{k+1}=f_k(x_k, u_k;\theta)$,并将其作为附加约束包含在优化问题中。虽然由此产生的 NLP 非常大,但可以利用其明显的稀疏性来提高数值效率。

15.3.4 实时 NMPC 算法

当过程发展到一个不同的状态时,通常需要确定的、不可忽略不计的计算时间 δ_k 来求解问题 P_2。在这种情况下,在时刻 t_k 计算出的最优反馈控制 $u^*(t_k)=[u_{0|k}, u_{1|k}, \cdots, u_{N_p|k}]$与在该时刻之前获得的信息相对应,它将不再是最优的。在 NMPC 的实时应用中,必须考虑计算延迟 δ_k。一种降低计算延迟对闭环动态特性影响的方法是,在时刻 t_k 首先对过程执行来自先前优化问题第二阶段的控制输入 $u_{1|t_{k-1}}$,然后采用固定的 $u_{0|t_k}=u_{1|t_{k-1}}$ 对当前优化问题进行数值求解。完成以上步骤之后,在剩余的时间区间 $t\in(t_k+\delta_k, t_{k+1})$内把数值优化算法闲置起来,然后在下一阶段的初始时刻 $t_{k+1}=t_k+\Delta t$ 将 $u_{1|t_k}$ 引入到过程中,如此不断重复。这种方法要求每个开环优化问题的求解都具有实时可行性($\delta_k\leqslant\Delta t$)。

嵌入初始值的策略可以显著提高计算性能。该方法基于这样一个事实:在后续的采样时刻,优化问题的差异仅体现在由初始值约束确定的不同初始值上。如果允许在初始时刻违反这些约束,先前优化问题的解轨迹可以用作对当前问题解的初始推测。由于在直接多重打靶方法中,决策变量包括控制输入、状态和离散点的初始值,那么为了使该方法有效运行,必须采用先前优化问题的解初始化整个决策向量(控制和状态变量)。而在新的优化问题中,可以采用由前一步骤得出的所有导数和对 Hessian 矩阵的近似来求解解轨迹。这使得在 SQP 求解过程中,可以在不求解任何额外微分方程的条件下,应用第一个二次规划问题的解。

15.3.5 面向终点性能的鲁棒 BNMPC 方法

在本质上,通过重复优化 BNMPC 问题的方式来应用反馈比基于优化的开环控制方法更具有鲁棒性。如果把鲁棒性条件集成到在线优化问题的公式中,可以进一步显著提高 BNMPC 方案的鲁棒性。下面考虑具有参数不确定性的情况:定义 $\delta\theta\in\mathbb{R}^{n_\theta}$ 为标称参数向量 $\hat{\theta}$ 的扰动,那么实际的不确定参数向量为 $\theta=\hat{\theta}+\delta\theta$。假设测量误差服从零均值的正态分布,且协方差矩阵是已知的,那么可能的参数值集合可由超椭球置信区域给出,可以表示为

$$\Theta(\alpha)\triangleq\{\theta:(\theta-\hat{\theta})^{\mathrm{T}}V_\theta^{-1}(\theta-\hat{\theta})\leqslant\chi_{n_\theta}^2(\alpha)\}\tag{15.16}$$

其中,α 为置信水平,$\chi_{n_\theta}^2(\alpha)$为自由度为 n_θ 的卡方分布的分位数,$V_\theta\in\mathbb{R}^{n_\theta\times n_\theta}$ 为参数的协方差矩阵。式(15.16)所示的不确定性描述是根据实验数据由最小二乘辨识方法生成的最常见的输出。

可以采用一些**鲁棒优化方法**将参数不确定性加入到 BNMPC 优化问题中,其中一种方法是最小化最坏情况下的目标(通常称为**最小最大方法**),例如

$$\mathscr{H}=\max_{\theta\in\Theta}\Psi(x(t_f);\theta)\tag{15.17}$$

其中,$\Psi(x(t_f);\theta)$是我们感兴趣的终点性质。最小最大优化问题的求解对计算量要求较大,虽然已有文献提出了一些有效技术,但最坏情况的发生概率非常小,这使得对于一些具有较强

代表性的参数值(如标称情况),求解性能反而较差。为了避免最小最大技术的这一缺点,提出了一些不同方法。这些方法在描述最优控制问题时,以折衷方式处理分别代表性能和鲁棒性且相互矛盾的两个目标。由此产生的鲁棒优化问题可以通过如下方式来描述:对性能和鲁棒性目标进行加权求和,或者在目标函数中只包含性能指标,而将鲁棒性要求作为优化问题的约束来处理。

均值-方差方法采用如下目标函数表示参数不确定性:

$$\mathscr{H}=(1-w)\mathscr{E}[\boldsymbol{\Psi}(x(t_f);\theta)]+wV_{\Psi}(t_f) \tag{15.18}$$

其中,$\mathscr{E}$ 和 $V_{\Psi}\in\mathbb{R}$ 分别表示当批次结束时,性能的数学期望和方差;$w\in[0,1]$是权重系数,用来量化标称性能和鲁棒性之间的折衷。与传统的最小最大优化方法相比,该方法的主要优点是可以通过选择权值,直接确定标称性能和鲁棒性能之间的折衷程度。通过如下二阶幂级数展开可以有效地估计数学期望和方差:

$$\delta\boldsymbol{\Psi}=L\delta\theta+\frac{1}{2}\delta\theta^{\mathrm{T}}\boldsymbol{M}\delta\theta+\cdots \tag{15.19}$$

其中,$L=(\mathrm{d}\boldsymbol{\Psi}/\mathrm{d}\theta)_{\hat{\theta},u}\in\mathbb{R}^{n_\theta}$ 和 $\boldsymbol{M}=(\mathrm{d}^2\psi/\mathrm{d}\theta^2)_{\hat{\theta},u}\rightarrow\mathbb{R}^{n_\theta\times n_\theta}$ 分别表示一阶和二阶灵敏度。假设参数 $\delta\theta$ 服从零均值正态分布,根据式(15.19),可以给出 $\delta\boldsymbol{\Psi}$ 的数学期望和方差的解析表达式

$$\mathscr{E}[\delta\boldsymbol{\Psi}]=\frac{1}{2}\mathrm{tr}(\boldsymbol{M}\boldsymbol{V}_\theta) \tag{15.20}$$

$$\boldsymbol{V}_{\Psi}=L\boldsymbol{V}_\theta L^{\mathrm{T}}+\frac{1}{2}\mathrm{tr}[(\boldsymbol{M}\boldsymbol{V}_\theta)]^2 \tag{15.21}$$

其中,$\mathrm{tr}(\boldsymbol{A})$为矩阵 $\boldsymbol{A}$ 的迹。在参数不确定的情况下,可以通过在概率意义下重写约束来评估该优化问题的可行性:

$$\mathbb{P}(h_i(x,u;\theta)\leqslant 0)\geqslant\alpha_i \tag{15.22}$$

其中,$\mathbb{P}$ 为概率,α_i 是为满足约束 i 所期望的置信水平。利用 t 检验,可以将式(15.22)所示的鲁棒公式写为如下形式:

$$\mathscr{E}[h_i]+t_{\alpha/2,n\theta}\sqrt{V_{h_i}}\leqslant 0\quad i=1,\cdots,c \tag{15.23}$$

约束 h_i 的数学期望($\mathscr{E}[h_i]$)和方差(V_{h_i})可以通过一阶和二阶近似估计出来。对于一阶近似,$\mathscr{E}[h_i(x,u;\theta)]=h_i(x,u;\hat{\theta})$、$V_{h_i}=L_{h_i}\boldsymbol{V}_\theta L_{h_i}^{\mathrm{T}}$;而对于二阶近似,可以利用与式(15.20)和(15.21)类似的表达式,其中 $L_{h_i}=(\mathrm{d}h_i/\mathrm{d}\theta)_{\hat{\theta},u}\in\mathbb{R}^{n_\theta}$、$\boldsymbol{M}_{h_i}=(\mathrm{d}^2h_i/\mathrm{d}\theta^2)_{\hat{\theta},u}\in\mathbb{R}^{n_\theta\times n_\theta}$。根据该公式,算法在满足约束和减小性能指标方差方面均表现出了鲁棒性。

15.3.6 状态估计

对状态进行精确估计对于成功应用 BNMPC 具有关键作用。在各种状态估计方法中,EKF 和滚动时域估计(Moving Horizon Estimation,MHE)的应用最为广泛,下文将对其进行描述。**粒子滤波**是近年来获得应用的一类状态估计方法,关于该方法的参考文献,请见本章结尾处的"更多信息"小节。

15.3.6.1 参数自适应 EKF

EKF 已经广泛用于控制应用中,但其性能严重依赖于模型精度。一种提高非线性模型预测控制器鲁棒性的方法是采用上一节讨论的鲁棒算法。此外,模型参数的在线自适应(或者将

其与前一种方法相结合)也可以显著提高鲁棒性。为了避免模型预测的偏差过大,可以将模型的一些参数与状态放在一起进行估计,这样就产生了**参数自适应** EKF 方法。定义 $\theta'\subseteq\theta$ 为参数向量中待估计的参数子集,$\theta''\triangleq\theta/\theta'$ 为剩余参数的集合。在这种情况下,增广的状态向量可以表示为 $\chi=[x,\theta']^{\mathrm{T}}$,而用来进行估计的增广模型为

$$\dot{\chi}=\left[f(\chi,u;\theta''),0\right]^{\mathrm{T}}+\left[w,w_{\theta'}\right]^{\mathrm{T}} \tag{15.24}$$

其中,w 和 $w_{\theta'}$ 为零均值的高斯白噪声变量。局部线性的增广模型的时变状态矩阵可定义为

$$\boldsymbol{A}(t_k)=\begin{bmatrix}\dfrac{\partial f(\chi(t_k),u(t_k);\theta'')}{\partial x} & \dfrac{\partial f(\chi(t_k),u(t_k);\theta'')}{\partial\theta'}\\ 0 & 0\end{bmatrix} \tag{15.25}$$

通过在采样时间($t\in[t_{k-1},t_k]$)内对模型方程和协方差传播方程进行数值积分,可以实现对及时更新的状态和状态协方差的传播:

$$\dot{\chi}=\left[f(\chi,u;\theta''),0\right]^{\mathrm{T}} \tag{15.26}$$

$$\dot{\boldsymbol{P}}(t)=\boldsymbol{A}(t)\boldsymbol{P}(t)+\boldsymbol{P}(t)\boldsymbol{A}^{\mathrm{T}}(t)+\boldsymbol{Q}(t) \tag{15.27}$$

其中,$t\in[t_{k-1},t_k]$,初始状态 $\hat{\chi}(t_{k-1})$ 和 $P(t_{k-1})$ 由上一次估计得到,Jacobian 矩阵 $\boldsymbol{A}$ 由式(15.25)给出。将式(15.26)和(15.27)的解分别定义为 $\hat{\chi}^{-}(t_k)$ 和 $\boldsymbol{P}^{-}(t_k)$,利用这些值,可以计算出 Kalman 增益 $\boldsymbol{K}$,然后根据如下各式完成测量量更新阶段的工作:

$$\boldsymbol{K}(t_k)=\boldsymbol{P}^{-}(t_k)\tilde{\boldsymbol{C}}^{\mathrm{T}}(t_k)(\tilde{\boldsymbol{C}}(t_k)\boldsymbol{P}^{-}(t_k)\tilde{\boldsymbol{C}}^{\mathrm{T}}(t_k)+\boldsymbol{R})^{-1} \tag{15.28}$$

$$\boldsymbol{P}(t_k)=(\boldsymbol{I}-\boldsymbol{K}(t_k)\tilde{\boldsymbol{C}}(t_k))\boldsymbol{P}^{-}(t_k) \tag{15.29}$$

$$F_K(t_k)=\boldsymbol{K}(t_k)(y_m(t_k)-g(\hat{\chi}^{-}(t_k),u(t_k);\hat{\theta}'')) \tag{15.30}$$

$$\hat{\chi}(t_k)=\hat{\chi}^{-}(t_k)+F_K(t_k) \tag{15.31}$$

其中,$y_m(t_k)$ 与在时刻 t_k 从实际过程中获得的测量量相对应,$F_K(t_k)$ 为 Kalman 滤波器的校正因子,$\tilde{\boldsymbol{C}}$ 为当采用增广状态时,测量方程的 Jacobian 矩阵:

$$\tilde{\boldsymbol{C}}(t_k)=\left(\frac{\partial_g(\chi(t),u(t);\hat{\theta}'')}{\partial\chi}\right)_{\hat{\chi}(t_k),u(t_k)} \tag{15.32}$$

由式(15.31)估计出的状态可以用作优化算法中模型预测阶段的初始值。

测量量的协方差矩阵可以根据测量量的精度来确定。然而在实际应用中,选择合适的状态协方差矩阵 $\boldsymbol{Q}$ 通常具有很大难度。通过假设过程噪声向量主要表示参数不确定性的影响,可以获得 $\boldsymbol{Q}$ 的估计。根据这个假设,并采用标称的参数向量和控制轨迹对模型的误差方程进行一阶幂级数展开,可以计算出过程噪声的协方差矩阵:

$$\boldsymbol{Q}(t)=\boldsymbol{S}_\theta(t)\boldsymbol{V}_\theta\boldsymbol{S}_\theta^{\mathrm{T}}(t) \tag{15.33}$$

其中,$\boldsymbol{V}_\theta\in\mathbb{R}^{n_\theta\times n_\theta}$ 为参数的协方差矩阵,$\boldsymbol{S}_\theta(t)$ 为利用标称参数和估计状态计算出的 Jacobian 矩阵:

$$\boldsymbol{S}_\theta(t)=\left(\frac{\partial f}{\partial\theta}\right)_{\hat{x}(t),u(t),\hat{\theta}} \tag{15.34}$$

式(15.33)为估计过程噪声的协方差矩阵提供了一种容易实施的方法,这是因为参数的协方差矩阵 $\boldsymbol{V}_\theta$ 通常可由参数估计得到,并且 $\boldsymbol{S}_\theta(t)$ 中的灵敏度系数可以通过有限差分或灵敏度

方程计算出来。该方法生成了一个时变的全协方差矩阵。已经证明,与传统的常数对角矩阵 Q 相比,该矩阵可以为批过程提供更好的估计性能。

15.3.6.2 滚动时域估计(Moving Horizon Estimation,MHE)

MHE 采用滚动式、且通常大小固定的窗口进行模型预测。当获得新的测量量后,丢弃最早的测量量,并用新信息去更新模型。MHE 公式以惩罚测量数据与预测输出之间的偏差为基础。此外,由于理论上的原因,对于连续过程,通常在目标函数中增加一个关于初始状态估计的正则项。然而,对于批系统,如果这一项没有定义好,状态通常会发生显著变化。对于 BNMPC 来说,MHE 的优势是,估计和控制问题的公式化描述是相似的,只需要较小的额外工作就可完成估计。在每个时间步 t_k,需要解决的参数自适应 MHE 估计问题为

$$\min_{\theta',\hat{x}(t_k)} \sum_{i=k-N_{est}}^{k} \| y_i - y_i^{meas} \|_{Q_{est}}^2 \tag{15.35}$$

满足

$$\dot{x}(t) = f(x(t), u(t); \theta) \tag{15.36}$$

$$y(t) = g(x(t), u(t); \theta) \tag{15.37}$$

$$x_{\min} \leqslant x(t) \leqslant x_{\max} \tag{15.38}$$

$$\theta_{\min} \leqslant \theta' \leqslant \theta_{\max} \tag{15.39}$$

其中,y_i^{meas} 为过程输出的测量量,Q_{est} 为包含遗忘因子的权重矩阵,N_{est} 是在估计窗口中使用的样本数量,$x_{\min}$ 和 $x_{\max}$ 分别是状态变量的最小和最大边界,$\theta_{\min}$ 和 $\theta_{\max}$ 分别是估计参数 θ' 的最小和最大边界。

当存在约束且模型具有强非线性时,或者当测量量难以获得且采样周期不同时,MHE 通常具有令人满意的性能,这是因为以上这些特征都可以很容易地纳入到 MHE 公式中。然而,MHE 的计算需求通常明显高于 EKF。此外,难以获得可靠的实时解是限制 MHE 在实际中应用的另一因素。

15.4 BNMPC 在工业环境中的实现

BNMPC 的实际实现比相关的线性 MPC 的应用更具挑战性。在实现 BNMPC 方法前,需要解决模型验证、状态估计的可靠性以及模型/对象的失配效应等问题。下面讨论给实际实现一般的 NMPC 以及特殊的 BNMPC 技术带来困难的几个关键问题。

15.4.1 与控制相关的模型的有效开发和辨识

通常大量的时间和代价都花费在了设计和实现 BNMPC 时的建模和系统辨识步骤上。已开发模型的管理复杂度对于 BNMPC 应用是非常重要的。虽然一个详细的模型原则上可以带来更好的性能,但在实际情况中,通常需要对其进行折衷处理,以防止后续优化中的建模和计算代价过大。这就是为什么大多数工业上的 BNMPC 产品采用通过对象测试辨识出来的经验模型的原因之一,尽管第一原理模型具有更好的外推能力,并能提供关于过程的最深入解释。另一方面,第一原理模型的这些优点以及控制硬件的计算能力的不断增强意味着,第一

原理模型在 BNMPC 中的应用将会越来越多。

15.4.2 基于测量的 BNMPC

在设计任何实际 BNMPC 应用的初始阶段,需要讨论的最重要的问题之一就是确定可以获得的测量量以及模型需要的变量。通常该问题的答案决定了所使用 BNMPC 方法的类型(STNMPC 或 SONMPC)。大规模的模型除了会带来建模困难和计算复杂性之外,模型中包含的很多细节将产生大量状态,这将导致以可获得的测量量为基础的模型是不可观测的。因此,通常需要结合观测器的设计来确定与控制相关的模型。在开发更多的基于第一原理的 BNMPC 应用时所面临的主要瓶颈之一是缺乏合适的传感器技术,或者在工业对象中无法应用最先进的传感器。鉴于现有传感器的可观性问题,在工业应用中通常采用基于经验的输入-输出模型和简化的第一原理模型,以降低计算需求。幸运的是,近年来传感器技术和计算机硬件获得了长足的发展,新软件和硬件传感器可以快速可靠地提供有关过程的全面信息,这些发展使得 BNMPC 的应用越来越广泛。

15.4.3 模型辨识

很多工业 BNMPC 的实现都是使用现有的建模软件包(例如 HYSYS,gPROMS),而不是从头开始建立和仿真其模型。这些在高级编程环境中开发出来的现有模型最初看起来很有吸引力,然而它们通常不适于控制目的。这种模型可以用作辨识与控制相关的模型的出发点,通常需要利用额外的数据对其进行改进,以提高它们描述过程动态特性的精度。

最优实验设计需要为用于模型辨识的实验数据集确定调节变量。可以把实验设计的目的公式化地描述为最小化模型的不确定性,提高对象的友好度,并/或最大化与控制的相关性。模型辨识不仅是指推导模型参数,而且还包括为模型确定恰当的结构。在 BNMPC 应用中,辨识出的模型结构应可以刻画过程动态特性,并且适于基于优化的控制。为了实现这一目标,与 BNMPC 相关的模型降阶技术连同低阶物理建模方法将发挥作用。此外,将基础建模和经验建模技术有效结合的混合模型非常有用,15.5 节将对此进行说明。

15.4.4 在线优化问题的可靠快速求解

为保证 BNMPC 应用的实时可行性,采用一个有效的优化方法是至关重要的。由于终点 BNMPC 具有在批过程中收缩预测时间范围的特性,所以它完全不同于传统的 NMPC 问题。一方面,这一特性使得计算需求逐步减小;但另一方面,预测时间范围必须始于批次起点直到结束,因此需要根据过程的瞬态性质将控制动作精细地离散化。通过将算法的工程方法应用到 BNMPC 中典型问题的定制解中,可以增强 BNMPC 算法的计算性能。例如,可以应用基于问题结构的分层求解方法。此外,还可以更为有效地利用 CPU 时间。例如,当算法在采样时间结束前收敛时,可以利用剩余的时间预先计算下一步的一些内容。理解各种模型属性是如何有助于产生相应的优化特性(例如,误差表面是否平滑)的,可以帮助我们更有效地求解优化问题。

在线计算负荷的管理不仅涉及到 BNMPC 的应用,更重要的是,它与优化方法的鲁棒性有关。为了防止由于优化过程的收敛问题或模型的动态仿真引起 BNMPC 主控制器发生故障，在实际的 BNMPC 实现中需要集成一种备用策略。最直接但次优的方法是，使用最后的控制输入或者在前一采样周期计算出的、与当前周期对应的控制输入，然后使低级控制器动作，直到系统复位。

15.4.5 BNMPC 算法在工业应用中的长期维护与支持

BNMPC 方法的实现复杂度很高，因此，评估以什么频率对该方法执行长期维护，以及评估该方法在面对不断变化的过程和运行条件时的不足是很重要的。应该在设计和实现控制器的同时，开发合适的用于长期现场维护的支持工具，这种工具应能对性能进行评估、对模型进行辨识并对控制器进行整定。

模型的复杂性也会对算法的支持和维护产生影响。复杂的模型可能需要在开发阶段付出巨大努力，但可以为长期维护提供更好的灵活性。简化模型或经验模型在面对不断变化的条件时将显得较为死板，因此需要更多的维护工作。

15.5 用于工业反应器设定点跟踪的 BNMPC

在第一个例子中，应用 BNMPC 算法来跟踪工业中中试规模的聚合反应器的设定点。考虑到控制目标、传感器的可用性以及温度控制系统的结构，该研究案例代表了一种非常典型的工业批式反应器的控制问题。图 15.6 给出了实验对象的原理图，图中利用一个广泛用于小型工业批式反应器的加热-冷却系统来控制反应器的温度，而加热-冷却系统以一个封闭油路为基础，该油路以恒定流速 F_j 在套层中重复循环。加热-冷却介质通过一个多管热交换器，其中的比例-积分(Proportional-Integral，PI)控制器 DTC 用于调整冷水的流速，其目的是保持热交换器的输入输出之间的温差恒定。该系统采用电加热器来完成加热工作，加热器的功率由一个低级别的控制套层输入温度的 PI 控制器 TC 来调整。PI 控制器 TC 的设定点则由更高级别的 STNMPC 确定，STNMPC 的目标是跟踪预设的反应器的温度曲线。

通过离线实验，在考虑过程中的材料和能量平衡的条件下，为过程开发并确定了一个详细的第一原理模型；此外还确定了过程动力学和热力学模型。由于在化学反应器中只能获得温度测量量，详细的过程模型的很多状态是不可估计的，甚至是不可检测的。详细的过程模型被用来确定初始的最优温度曲线，并推导与控制相关的降阶模型。与反应器有关的可用测量量包括反应器的内部温度(T_r)以及进入和离开套层的输入输出温度($T_{j,in}$，T_j)。基于这些测量量，在 STNMPC 中采用如下降阶模型：

$$\dot{n}_M = -Q_r/\Delta H_r \tag{15.40}$$

$$\dot{T}_{r,k} = \frac{Q_r + U_w A_w (T_{w,k} - T_{r,k}) - (UA)_{loss,r}(T_{r,k} - T_{amb})}{m_M c_{p,M} + m_P c_{p,P} + m_{water} c_{p,water}} \tag{15.41}$$

$$\dot{T}_{w,k} = \frac{U_j A_j (T_{j,k} - T_{w,k}) - U_w A_w (T_{w,k} - T_{r,k})}{m_w c_{pw}} \tag{15.42}$$

$$\dot{T}_{j,k} = \frac{NF_j \rho_j c_{p,j}(T_{j,k-1} - T_{j,k}) - U_j A_j (T_{j,k} - T_{w,k}) - (UA)_{loss,j}(T_{j,k} - T_{amb})}{m_j c_{p,j}} \tag{15.43}$$

其中，$k=1,\cdots,N$，$T_r = T_{r,N}$，$T_j = T_{j,N}$，$T_{j,0} = T_{j,in}$，n_M 为单体摩尔数，ΔH_r 为反应焓，T_w 为壁面温度，U 和 A 分别为从反应器到壁面$(\cdot)_w$ 或壁面到套层$(\cdot)_j$ 的传热系数和传热面积，

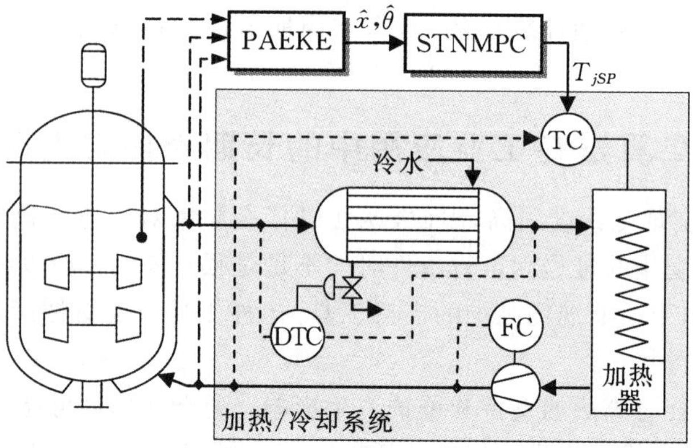

图 15.6 具有加热/冷却系统的批式聚合反应器的原理图(经许可后翻印自文献 Nagy, Z. K., et al. *Control Eng. Pract.*, 15:839-859, 2007)。PAEKF:参数自适应扩展卡尔曼滤波器;DTC:温度微分控制器;FC:流量控制器;TC:温度控制器

$c_{p,M/P/water/w/j}$ 与 $m_{M/P/water/w/j}$ 分别为单体、聚合物、水、壁面以及油的热容量和质量,T_{amb} 为环境温度,ρ_j 为油密度,$(UA)_{loss,r/j}$ 分别为反应器和套层的热损失系数。为了估计传输延迟,将反应器、壁面和套层分成 $N=4$ 个部分,由此形成了包含13个微分方程的系统。若要实现高性能的温度控制,对产生的热量 Q_r 进行估计是很重要的。根据详细的第一原理模型确定了一个经验型非线性关系 $Q_r=f_Q(n_M,T_r)$,用以仿真不同的温度曲线。此外,采用最大似然估计将式(15.40~15.43)所示模型中的参数($\theta=[(UA)_{loss,r},(UA)_{loss,j},U_jA_j,m_w,U_wA_w,m_j]$)与从工业试验对象多个水批次($Q_r=0$)中收集的实验数据相拟合。该方法给出了最优标称参数估计 $\hat{\theta}^*$ 以及相应的不确定性描述,其中后者是由根据最优参数估计下的极大似然目标函数的 Hessian 矩阵估计出来的协方差矩阵 $\mathbf{V}_\theta \approx \mathrm{H}^{*-1}=(\partial^2\Psi/\partial\theta^2)^{-1}_{\theta=\hat{\theta}^*}$ 给出的,该协方差矩阵被用来根据式(15.33)初始化 EKF 中的状态协方差矩阵。在实现过程中,采用参数自适应 EKF 同时估计参数 $\theta'=[Q_r,U_wA_w]$ 和模型状态,以便为模型提供自适应性,进而适应聚合过程中不断变化的状态。模型参数的自适应性不仅对于捕获实际过程中的参数变化很重要,而且也降低了模型/对象失配对无偏估计的影响。将式(15.40~15.43)所示模型用于 STNMPC 算法中,其目标是通过在每个采样时刻 k 在线求解如下优化问题,来实现严苛的设定点跟踪性能:

$$\min_{u(t)}\int_{t_k}^{t_k^F}\{(T_r(t)-T_{r,SP}(t))^2+Q_{\dot{u}}(\dot{u}(t))^2\}\mathrm{d}t \tag{15.44}$$

满足

$$\begin{aligned} u_{\min} &\leqslant u(t) \leqslant u_{\max} \\ \dot{u}_{\min} &\leqslant \dot{u}(t) \leqslant \dot{u}_{\max} \\ 0\% &\leqslant u_{PI}(t) \leqslant 100\% \end{aligned} \tag{15.45}$$

其中,控制器中使用的设定点曲线 $T_{r,SP}$ 由先前使用的标准方法给出。式(15.44)中的第二项是一个正则项,它通过最小化控制输入随时间的变化($\dot{u}$)来给出较为平稳的输入。此外,可以通过选择合适的权重系数 $Q_{\dot{u}}$ 来实现控制输入的平稳性与控制响应的快速性之间的折衷。

BNMPC 的调节输入 $u(t)=T_{j,in}^{SP}$ 是图 15.6 中所示的低级 PI 控制器 TC 的设定点温度，该控制器控制套层的输入温度。实际工业对象与 BNMPC 算法之间的通信是根据 OPC 自动化标准来实现的。BNMPC 算法使用的模型中包含了低级别的 PI 控制器，该算法将 PI 控制器的输出信号(u_{PI})的边界当作在线优化问题的额外约束(式(15.45)的最后一项)进行处理，以便预测控制器是否饱和，而控制器饱和是系统非线性的一项重要来源。更一般地，在设计上层控制系统时应研究低层控制系统的动态特性及其带来的约束，以确定是否必须在模型中考虑这些信息。

在优化过程中，采样间隔为 20s，采用的权重系数为 $Q_{\dot{u}}=0.4$，预测和控制的时间范围为 8000s。将调节变量在 400 个分段常数输入上离散化，获得一个合理的高维优化问题。采用了实时迭代和初始值嵌入的多重打靶方法保证了 STNMPC 的实时可行实现。尽管控制的离散化规模高达 400，但计算时间大约只有 5s，这低于 20s 的采样时间。图 15.7 给出的实验结果显示了 STNMP 取得的出色控制性能，其跟踪性能明显优于级联 PI 控制方法(见图 15.8)，后者是解决这类控制问题的标准控制结构。当采用级联 PI 控制方法时，最大控制误差约为 4.5℃，而当采用 STNMPC 方法时，最大控制误差小于 0.5℃。

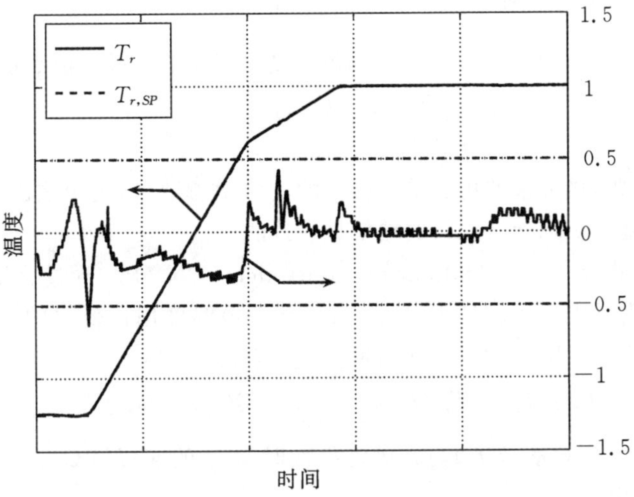

图 15.7 针对工业聚合反应器，实验数据表明的 BNMPC 的设定点跟踪性能。反应器温度非常严苛地跟踪设定点(±0.5℃以内)(经许可后翻印自文献 Nagy, Z. K., et al. *Control Eng. Pract.*, 15:839-859, 2007)

15.6 用于同步设定点跟踪和优化的分层 BNMPC

通过仿真，研究了将 STNMPC 与更高级别的 SONMPC 集成在一起时的性能，图 15.3 即为相应的原理图。在 STNMPC 中，采用与式(15.44)相类似的目标函数。大型对象的温度控制是通过一个分离阀实现的，该阀门可以调节冷水流速 F_w 和加热介质(蒸汽，F_s)流速的比例，这是另外一种广泛应用于大规模批式反应器的加热冷却系统配置。待优化的调节变量为

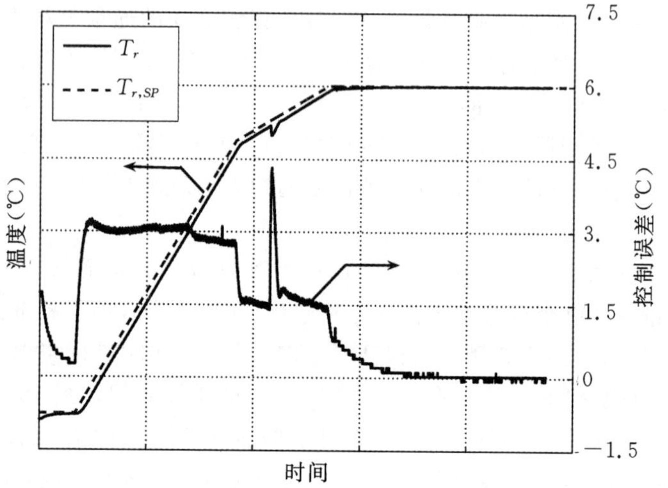

图 15.8 针对工业聚合反应器,实验数据表明的级联 PI 控制方法的设定点跟踪性能(采样间隔为 3s)。(经许可后翻印自文献 Nagy,Z. K. ,et al. *Control Eng. Pract.* ,15:839-859,2007)

分离阀的输入,它可以表示为 $u(t)\in[0,1]$,而流速则是根据最小最大值给定的:

$$F_w=(F_{w,\max}-F_{w,\min})u+F_{w,\min} \tag{15.46}$$

$$F_s=(F_{s,\min}-F_{s,\max})u+F_{s,\max} \tag{15.47}$$

考虑到所有权问题,接下来的仿真采用虚拟的动力学参数,以避免透露产品的性能指标。然而,定性的结论与基于实际参数获得的结果是一致的。

设定点优化控制器(Setpoint Optimizing Controller,SONMPC)通过反复求解如下所示的终点优化问题,计算出最优的反应器温度 $T_r^*(t)$,并把该温度用作低层的设定点跟踪控制器(Setpoint Tracking Controller,STNMPC)的参考温度 $T_{r,SP}(t)$:

$$T_{r,SP}(t)=T_r^*(t)=\arg\min_{T_r(t)}(Q(t_f)-Q_{recipe})^2 \tag{15.48}$$

其目标是最小化最终产品质量 $Q(t_f)$ 与在固定批次时间 t_f 的期望值 Q_{recipe} 之间的偏差。该优化问题应满足以下约束:

$$T_{r,\min}\leqslant T_r\leqslant T_{r,\max} \tag{15.49}$$

$$\dot{T}_{r,\min}\leqslant \dot{T}_r\leqslant \dot{T}_{r,\max} \tag{15.50}$$

$$\mathscr{P}_{\min}\leqslant \mathscr{P}(t_f) \tag{15.51}$$

其中,$T_{r,\min}$、$T_{r,\max}$、$\dot{T}_{r,\min}$ 和 $\dot{T}_{r,\max}$ 分别是最小、最大温度以及相应的变化量;式(15.51)所示的约束条件用来确保批结束时的最小生产能力,其中的 $\mathscr{P}$ 为生产能力的度量(如浓度或转化率)。STNMPC 和 SONMPC 优化还会受到模型方程的约束,相应的两个 BNMPC 方法采用了不同的模型。在上层的 SONMPC 中采用的模型包括详细的化学动力学方程、物料平衡方程,以及计算产品性能所需的微分方程。由于该层直接对反应器温度进行优化,因此其中不包括能量平衡方程。在低层的 STNMPC 中采用的模型包括详细的能量平衡方程,但不包括有关产品性能的方程。STNMPC 和 SONMPC 的求解均使用了直接多重打靶算法。

在误差为10%的干扰环境中，考虑所有可能的动力学参数，对分层BNMPC方法进行了测试。在测试中，采用参数自适应EKF来估计动力学参数和不可测的状态，因此系统的状态中增加了自适应的参数和形式为$\dot{\theta}=0$的微分方程。在EKF中，采用了第三个更复杂的模型，该模型包含了估计两个BNMPC状态所需的所有方程。测量变量包括反应器温度、套层的入口和出口温度、原材料和产品的浓度，以及计算产品性能指标所需的两个状态。基于这些测量量，增广后的系统是可观测的，并且EKF能够快速收敛。在STNMPC中，采用的采样间隔为30s，控制和预测范围为$N_p=10$；而在SONMPC中，采用了$N=100$个离散间隔，由此确定的采样间隔为5min。EKF采用的采样时间为3s。

图15.9给出了初始的最优温度曲线(与误差为10%的模型参数相对应)和SONMPC最后一次迭代获得的最终温度设定点。该图表明最优温度曲线对过程的参数变化非常敏感。当$t\in[t_1,t_2]$时，通过使用SONMPC最近计算出的设定点轨迹，STNMPC获得的被控反应器温度表明，分层BNMPC算法能够非常严苛地跟踪摄动的模型参数的最优温度轨迹。图15.10给出了与生产能力和质量相关的两个关键变量在不同情况下随批次的变化曲线。对于初始模型参数完全已知的假设情况，可以跟踪上图15.9中的初始设定点轨迹，相应的$P(t_f)$和$Q(t_f)$均在可行区域内。如果模型参数具有10%的初始误差，并且将SONMPC关闭，那么STNMPC将跟踪初始设定点轨迹，而最终产品将违反生产能力和质量要求。对于分层BNMPC算法，设定点轨迹是自适应的，从而产生了可行的批次。图15.11给出了应用两层BNMPC方法时，被控温度轨迹的调节变量(冷水流量与热介质流量)的变化情况。此外，图15.11还给出了两个BNMPC算法求解优化问题所需的CPU时间。STNMPC通常需要2～4次SQP迭代，并在3s内求解出一个开环优化问题。SONMPC需要在批次的初始阶段花费大约5min来求解终点优化问题，随着控制范围从初始的$N=100$个阶段持续减小，以及估计的模型参数达到它们的收敛值，它所需要的CPU时间也不断缩减。

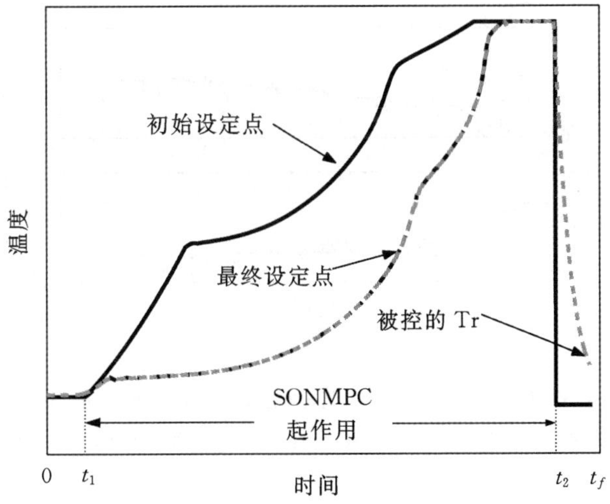

图15.9 SONMPC获得的初始和最终设定点温度轨迹，以及分层BNMPC算法获得的被控反应器温度

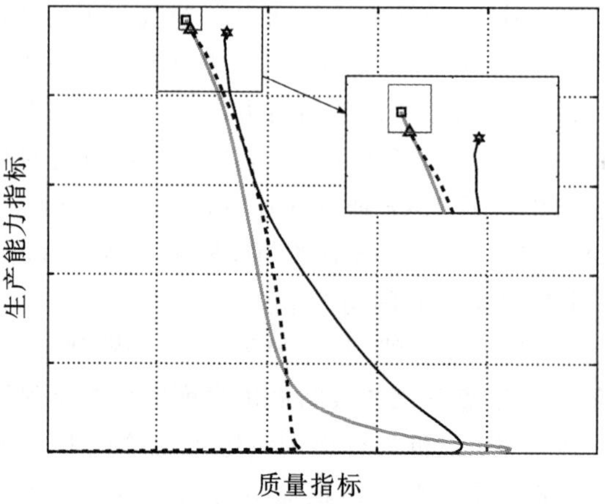

图 15.10 批过程中质量指标与生产能力指标变化的状态空间图。粗实线表示在初始模型参数完全已知的情况下，对于初始设定点轨迹，两个变量的变化情况；黑色虚线表示当将分层 BNMPC 算法应用到具有 10%的初始参数误差的模型中时，两个变量的变化情况；细黑线表示将 SONMPC 关闭后，仅采用 STNMPC 跟踪由具有 10%参数误差的模型获得的初始设定点轨迹时，两个变量的变化情况。图中给出了将三种情况下的终点性质(分别用正方形、三角形和星形表示)与期望范围(由矩形给出)对比时的更多细节

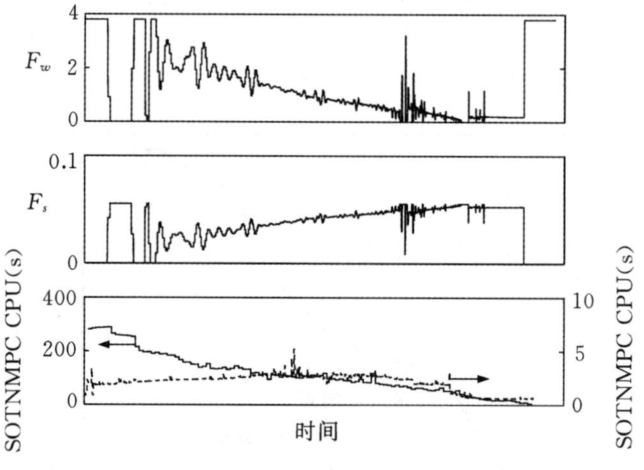

图 15.11 SONMPC 和 STNMPC 控制器(在采用 Intel Pentium M 1400MHz 处理器的 DELL Latitude D600 计算机上实现)的调节变量和 CPU 时间

15.7 面向终点的鲁棒 BNMPC 在冷却结晶过程晶体大小分布控制中的应用

本节将面向终点性能的 BNMPC 应用到一个模拟的批结晶过程中。通过从溶液中结晶可以提供高纯度的分离效果，因此这是一项重要的工业操作。晶体大小分布（Crystal Size Distribution，CSD）的控制对于高效的下游操作（如过滤或干燥）和产品质量（如生物可用率、片剂稳定性、溶出速率）极为重要。该过程通常具有显著的不确定性，这就为鲁棒控制方法提供了用武之地。本节模拟的模型系统是 KNO_3 在水中的批冷却结晶。过程模型为

$$x^{\mathrm{T}} = [\mu_0, \cdots, \mu_4, C, \mu_{seed,1}, \cdots, \mu_{seed,3}, T] \tag{15.52}$$

$$f(\boldsymbol{x}, u; \theta) = \begin{bmatrix} B \\ G_{\mu_0} + B_{r_0} \\ 2G\mu_1 + Br_0^2 \\ 3G\mu_2 + Br_0^3 \\ 4G\mu_3 + Br_0^4 \\ -\rho_c k_v(3G\mu_2 + Br_0^3) \\ G\mu_{seed,0} \\ 2G\mu_{seed,1} \\ 3G\mu_{seed,2} \\ \dfrac{-UA(T-T_j) - 3\Delta H_c(C)\rho_c k_v G\mu_2 m_s}{(\rho_c k_v \mu_3 + C + 1)m_s c_p(C)} \end{bmatrix} \tag{15.53}$$

其中，μ_i 表示共晶相（Total Crystal Phase）的第 i 个矩（$i=1,\cdots,4$），$\mu_{seed,i}$ 表示与从晶种生长起来的晶体相对应的第 i 个矩（$i=0,\cdots,3$），r_0 为有核晶体的大小，k_v 为体积形状因子，ρ_c 为晶体密度，U 为传热系数，A 为传热面积，T_j 为套层温度，m_s 为溶剂质量，$\Delta H_c(C)$ 为结晶热量，它是一个关于溶质浓度的经验函数，$c_p(C)$ 为浆料的热容量。晶体生长速率 G 和成核率 B 分别为

$$G = k_g S^g \tag{15.54}$$

$$B = k_b S^b \mu_3 \tag{15.55}$$

其中，$S=(C-C_{sat})/C_{sat}$ 表示相对过饱和度，$C_{sat}=C_{sat}(T)$ 表示饱和浓度，C 为溶质浓度，T 为温度。模型的参数向量包括与生长和成核有关的动力学参数：

$$\boldsymbol{\theta}^{\mathrm{T}} = [g, \mathrm{in}k_g, b, \ln k_b] \tag{15.56}$$

其标称值为

$$\hat{\boldsymbol{\theta}}^{\mathrm{T}} = [1.31, 8.79, 1.84, 17.38] \tag{15.57}$$

利用标准的参数估计方法可以得到以超椭球描述的参数不确定性，其协方差矩阵为

$$\boldsymbol{V}_\theta^{-1} = \begin{bmatrix} 102\,873 & -21\,960 & -7\,509 & 1\,445 \\ -21\,960 & 4\,714 & 1\,809 & -354 \\ -7\,509 & 1\,809 & 24\,225 & -5\,198 \\ 1\,445 & -354 & -5\,198 & 1\,116 \end{bmatrix} \tag{15.58}$$

可以将结晶器温度($u(t)=T(t)$)或者套层温度($u(t)=T_j(t)$)作为调节变量。当选择前者作为调节变量时,可以采用一个较低级别的反馈控制器来跟踪期望的温度轨迹。在这两种情况下,系统具有类似的不等式约束形式。当 $u(t)=T(t)$时,约束为

$$T(t)\in \mathscr{U}=[T_{\min},T_{\max}] \tag{15.59}$$

$$h(x,u;\theta)=\begin{bmatrix} \dfrac{\mathrm{d}T(t)}{\mathrm{d}t}-R_{T,\max} \\ -\dfrac{\mathrm{d}T(t)}{\mathrm{d}t}+R_{T,\min} \\ C(t_f)-C_{f,\max} \end{bmatrix}\leqslant 0 \tag{15.60}$$

其中,$R_{T,\min}$和 $R_{T,\max}$为最小和最大的温度变化速率,$C_{f,\max}$表示当批结束时最大的溶质浓度,它指定了经济利益所要求的最小产量。

图 15.12 给出了批式冷却结晶器的 BNMPC 实现。这里采用了与 15.3.6.1 节所述例子中类似的 EKF 技术来估计状态向量,在该过程中,将一阶幂级数展开应用到式(15.58)所示的由模型辨识获得的参数不确定性描述中,从而得到时变的状态协方差矩阵。测量向量为 $\boldsymbol{y}=[\mu_1,\mu_2,\mu_3,C,T]^{\mathrm{T}}$,其中前三个变量(矩 μ_1、μ_2 和 μ_3)可以使用视频显微镜或通过激光后向散射进行测量;溶液浓度可以通过一些在线技术(如利用传导性或 Fourier 变换红外光谱的衰减全反射)进行测量;而温度则可以很容易地利用热电偶进行测量。BNMPC 优化算法使用估计得到的状态,它将计算出的结晶器温度设定点发送给一个低级别的 PI 控制器,而 PI 控制器调节套层温度以获得期望的温度。将批次时间离散化为 N 个相等的间隔,并将每个时间间隔内的温度作为优化变量,从而可以将温度曲线描述为分段线性轨迹。采用序贯优化方法在 MATLAB 中实现了带有 EKF 的 BNMPC 算法,其中联合使用了僵化微分方程求解器和一个优化子程序(fmincon)。在鲁棒 BNMPC 算法中采用的目标函数为

$$\mathscr{H}=(1-w)\Psi(x(t_f);\hat{\theta})+wV\Psi(t_f)+\lambda\int_{t_k}^{t_f}\|T(t)-T_{\mathrm{nom}}(t)\|_2\,\mathrm{d}t \tag{15.61}$$

其中,核晶体质量与晶种质量的比值

$$\Psi(x(t_f))=\frac{\mu_3-\mu_{seed,3}}{\mu_{seed,3}} \tag{15.62}$$

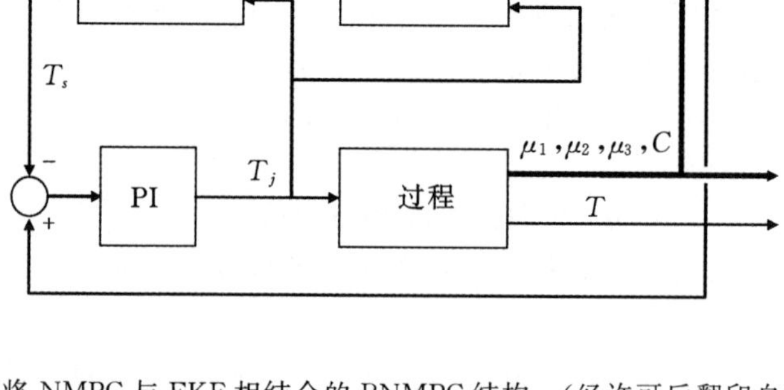

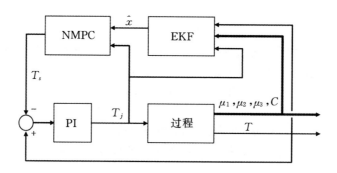

图 15.12 将 NMPC 与 EKF 相结合的 BNMPC 结构。(经许可后翻印自文献 Nagy, Z. K. and R. D. Braatz, *AIChE J.*, 49:1776-1786, 2003)

表示用作性能指标的 CSD 属性，$T_{nom}(t)$为通过标称参数获得的最优温度曲线，而鲁棒项 V_{Ψ} 可以通过使用一阶幂级数来获得。仿真结果表明，与式(15.19)给出的更精确的二阶近似相比，一阶幂级数高估了性能指标的方差。为了增强鲁棒性能，并不需要更精确的 V_{Ψ} 值，V_{Ψ} 的一阶近似可以在较低的计算要求下提供可接受的鲁棒性能。式(15.61)所示目标函数中的最后一项改善了系统的标称性能。在这个特定的应用中，当方差项的权重系数(w)较大时，通过设置适当的权值 λ，可以获得与将 BNMPC 用于不包含不确定项的情况相类似的标称性能。

在 $w=\lambda=0$ 的情况下，通过求解式(15.61)所示目标函数对应的优化问题，可以得到标称的开环最优温度曲线，具体如图 15.13 所示。由于在 $t=0$ 时刻，BNMPC 优化问题实际上与开环最优控制问题相同，所以标称的开环温度曲线与标称的 BNMPC 的结果几乎一致。如果在每一步都求解 BNMPC 优化问题，直到标称模型完全收敛，那么随后的曲线也将与开环温度曲线相同。在实际中，干扰、模型/对象失配，以及为了获得更好的计算性能而应用的固定迭代式 BNMPC 方案(即允许优化问题在几个采样周期内收敛，而不是在每个采样周期都求解优化问题直到模型完全收敛)，都将导致开环曲线与标称 BNMPC 曲线之间的差异。图 15.13 还给出了当 $\lambda=0.01$、$w=0.2$ 时，利用式(15.61)所示的鲁棒 BNMPC 方法获得的温度曲线。在这种设置下，该方法实现了类似的标称性能，并显著增强了鲁棒性能。分布式分析提供了对鲁棒性能更全面深入的评估：图 15.14(a)～(c)给出了当采用开环最优控制、标称 BNMPC 以及鲁棒 BNMPC 时，性能指标的概率分布函数(Probability Distribution Function，PDF)随批运行的变化情况，其中的 PDF 是利用沿着最优温度轨迹的一阶灵敏度而计算出来的。在这三种情况中，Ψ 分布的平均值在批运行期间都单调增加。与开环最优控制相比，BNMPC 方法在整个批运行期间产生的分布较窄。与标称 BNMPC 相比，鲁棒 BNMPC 方法取得的终点分布较窄(这一点是可以预料的，这是因为终点方差包含在式(15.61)所示的优化目标中)，并在批过程的第三阶段取得了较为宽广的分布。

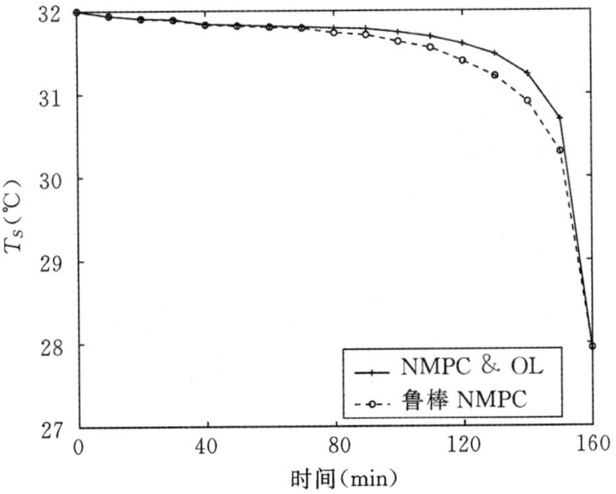

图 15.13 采用标称 BNMPC($w=0$)、鲁棒 BNMPC($w=0.2$)以及开环(OL)最优控制时获得的最优温度曲线(经许可后翻印自文献 Nagy，Z. K. and R. D. Braatz，*AIChE J.*，49：1776－1786，2003)

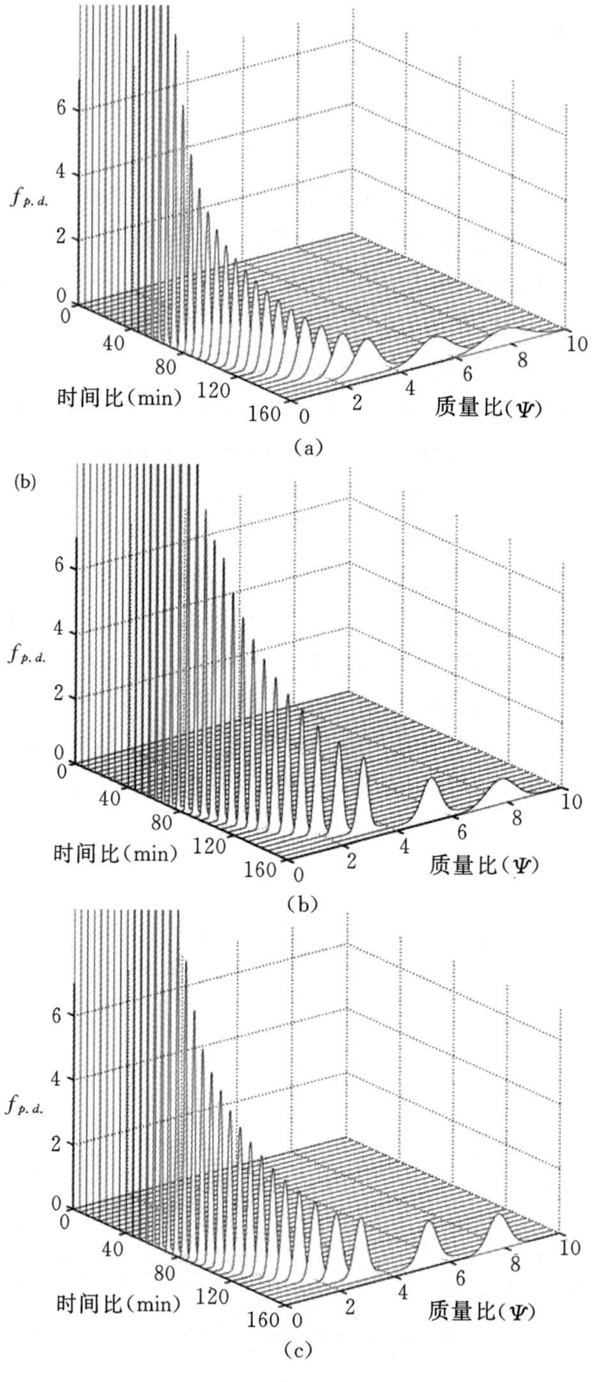

图 15.14　在(a)开环最优控制、(b)标称 BNMPC 以及(c)鲁棒 BNMPC 三种情况下,性能指标(核质量与种子质量之比)的概率分布函数的变化。概率分布函数是通过一阶分布分析而确定的(经许可后翻印自文献 Nagy, Z. K. and R. D. Braatz, *AIChE J.*, 49:1776-1786, 2003)

为了评估在目标函数中包含产品特定性质的方差的重要性，采用 Monte Carlo 仿真来计算没有包含在目标函数中的另一产品性质（加权平均大小：$WMS=\mu_4/\mu_3$）的变化。在 Monte Carlo 仿真过程中，根据式（15.58）所示的不确定性描述产生了 100 个随机参数向量。图 15.15 给出了在批结束时，参数不确定性对两种 CSD 性能的影响。在批结束时，BNMPC 算法的 WMS 没有明显比开环实现时的情况更鲁棒。因此，一个批控制策略可以对一些产品质量变量非常鲁棒，而对其他的产品质量不太鲁棒。这说明在目标函数鲁棒项中考虑所有的期望增强鲁棒性的产品质量变量是很重要的。

鲁棒 BNMPC 方法可以增强鲁棒性能的原因有两个：首先，闭环结构本质上就比开环方法更鲁棒，标称 BNMPC 的性能优于开环控制就可以说明这一点；其次，在线优化问题的鲁棒的公式化描述进一步增强了鲁棒性能。

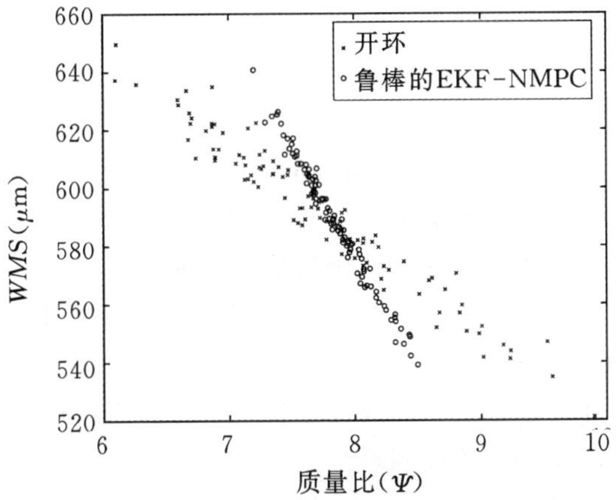

图 15.15　在开环最优控制和 BNMPC 两种实现方式下，分别采用动态模型进行 100 次 Monte Carlo 仿真，加权平均大小与核/种子质量比在批结束时的相互关系（经许可后翻印自文献 Nagy, Z. K. and R. D. Braatz, *AIChE J.*, 49:1776－1786, 2003）

15.8　结论

批过程广泛用于高附加值产品的制造，这些产品所具有的特殊属性对其控制构成了挑战。大多数批过程的一个显著特征是至少存在一个直到批结束才能测量的终点性能目标，因此需要通过模型对其进行预测。本章对批过程控制领域的内容进行了综述，重点强调了 BNMPC，描述了工业批过程控制的典型问题公式，包括基于终点性能准则的设定点跟踪和设定点优化控制，强调了鲁棒性、在线优化问题的实时可行求解的重要性，以及在设计控制器时考虑不确定性的益处，并介绍了解决这些问题的一些切实可行的方法。将 BNMPC 应用到工业中中试规模的反应器和批结晶过程的案例研究，说明了为了在工业环境中明显改进对象性能，从业者必须解决的一些问题。

15.9 术语定义

批次间控制(Batch-To-Batch Control):一种利用来自先前批次的信息为下一批次设计控制律的控制算法,其目标是通过多次批运行实现产品质量的收敛。

批次的非线性模型预测控制(Batch Nonlinear Model Predictive Control,BNMPC):解决批过程控制问题需求的非线性模型预测控制算法。

控制时间范围(Control Horizon):MPC算法在每个采样时刻所计算出来的未来控制输入对应的时间长度。

扩展卡尔曼滤波器(Extended Kalman Filter,EKF):一种将Kalman滤波器应用到校正过的线性化过程模型中的状态估计器,用以估计状态协方差矩阵。

迭代学习控制(Iterative Learning Control):通过连续实验来确定能够尽可能产生所期望的输出响应的控制输入轨迹。该控制方法适用于可以多次重复的批过程,典型的应用领域包括生产线上机器人的控制和高价值化学过程的控制。

均值-方差优化(Mean-Variance Optimization):一种鲁棒优化方法;它以目标函数期望值与由模型不确定性引起的期望值的随机偏差的加权和为优化目标。为了降低计算代价,在实际中通常采用模型参数的标称值对应的优化函数值代替期望值。

最小最大优化(Minimax Optimization):一种以最坏情况下的目标函数为优化目标的鲁棒优化方法,该方法在文献中也被称为*minimax*优化。

模型预测控制(Model Predictive Control,MPC):一种利用过程模型重复求解在线优化问题以确定控制输入(即调节变量值)的控制算法。

滚动时域控制(Moving-Horizon Control):MPC的一种实现方法;该方法采用恒定的预测范围,并在每次控制迭代中将预测范围向前推进一个采样间隔。当将该实现方法应用于批过程时,一旦预测范围超出最终的批次时间,通常切换到一个收缩时域。

滚动时域估计(Moving-Horizon Estimation,MHE):一种利用过程模型重复求解在线优化问题,进而确定状态估计的算法。

多重打靶(Multiple Shooting):最优控制问题的一种有效的数值求解技术,它在控制范围的每个子间隔内独立运行模型仿真。

非线性模型预测控制(Nonlinear Model Predictive Control,NMPC):一种利用非线性过程模型重复求解在线优化问题以确定控制输入(即调节变量值)的控制算法。

非线性规划(NLP):一种优化问题,其目标或约束是关于优化变量的非线性的代数函数。

参数自适应扩展 Kalman 滤波器(Parameter Adaptive Extended Kalman Filter):一种扩展的Kalman滤波器;它可以应用于除状态之外的部分或全部模型参数。

粒子滤波(Particle Filtering):一类非线性的状态估计算法,该算法重复使用非线性动态过程模型的直接数值解。

多项式混沌展开(Polynomial Chaos Expansion):一种量化模型不确定性对状态和输出轨迹的影响的方法;该方法利用级数展开来近似过程,并根据模型参数的概率分布函数优化其中的基函数。

预测时间范围(Prediction Horizon):在 MPC 算法中,在每个采样时刻确定的未来模型预测所对应的时间长度。

二次规划(Quadratic Program):一种非线性规划,其目标函数是优化变量的二次函数,而约束是优化变量的线性函数。

移动时域控制(Receding-Horizon Control):与滚动时域控制相同。

鲁棒优化(Robust Optimization):一种将不确定性考虑在内的优化方法。

批对批控制(Run-To-Run Control):与批次控制相同。

序贯优化方法(Sequential Optimization Approach):一种通过顺序执行动态模型仿真和优化步骤来数值求解最优控制问题的方法。

设定点优化非线性模型预测控制(Setpoint Optimizing Nonlinear Model Predictive Control,SONMPC):一种 NMPC 算法,其目标是优化控制输入和/或者设定点轨迹,以达到终点目标。终点目标通常定义为优化产品的质量变量。

设定点跟踪非线性模型预测控制(Setpoint Tracking Nonlinear Model Predictive Control,STNMPC):为了能够以最优方式跟踪设定点轨迹而确定控制输入的一种 NMPC 算法。

收缩时域控制(Shrinking-Horizon Control):一种用于批过程的 MPC 实现方法;为了满足确定的最终批次时间,该方法在每次控制迭代中都将预测范围收缩一个采样间隔。当最终批次时间可以变化时,预测范围从当前时刻运行到一个满足终点条件的时刻(终点条件通常由定义产量或纯度的不等式的满意度确定)。

同步优化方法(Simultaneous Optimization Approach):最优控制问题的一种数值求解方法,该方法把动态模型的微分方程离散化后,当作优化问题的约束来处理。

软约束(Soft Constraints):在 MPC 算法中常用的一种方法,它在优化目标中惩罚当前解与约束满足解之间的偏差,该方法通常用于确保或增加优化问题在每个采样时刻的可行性的可能性。

连续二次规划(Successive Quadratic Programming,SQP):一类数值算法,它通过重复求解二次规划问题来确定 NLP 的局部最优解。相应的二次规划问题则通过将非线性优化目标近似为二次函数,并将非线性约束近似为多面体来确定。这类优化算法也称为序贯二次规划。

参考文献

Allgöwer, F., T.A. Badgwell, S.J. Qin, J.B. Rawlings, and S.J. Wright, Nonlinear predictive control and moving horizon estimation—An introductory overview, in *Advances in Control, Highlights of ECC'99*, P.M. Frank (Ed.), Springer, Berlin, 391–449, 1999.

Atkinson, A.C. and A.N. Donev, *Optimum Experimental Designs*, Clarendon Press, Oxford, 1992.

Beck, J.V. and K.J. Arnold, *Parameter Estimation in Engineering and Science*, Wiley & Sons, New York, 1977.

Bequette, B.W., Nonlinear control of chemical processes—A review, *Ind. Eng. Chem. Res.*, 30:1391–1413, 1991.

Biegler, L.T., Efficient solution of dynamic optimization and NMPC problems, in *Nonlinear Predictive Control*, F. Allgöwer and A. Zheng (Eds.), Birkhaüser-Verlag, Basel, 219–244, 2000.

Bien, Z. and J. Xu (Eds.), *Iterative Learning Control: Analysis, Design, Integration and Applications*, Kluwer Academic Publishers, Boston, MA, 1998.

Bodizs, L., M. Titica, N. Faria, B. Srinivasan, D. Dochain, and D. Bonvin, Oxygen control for an industrial pilot-scale fed-batch filamentous fungal fermentation, *J. Process Control*, 17:595–606, 2007.
Cuthrell, J.E. and L.T. Biegler, Simultaneous optimization and solution methods for batch reactor profiles, *Comp. Chem. Eng.*, 13:49–62, 1989.
Darlington, J., C.C. Pantelides, B. Rustem, and B.A. Tanyi, Decreasing the sensitivity of open-loop optimal solutions in decision making under uncertainty, *Eur. J. Oper. Res.*, 121:343–362, 2000.
de Oliveira, N.M.C. and L.T. Biegler, Constraint handling and stability properties of model-predictive control, *AIChE J.* 40(2):1138–1155, 1994.
Diehl, M., *Real-Time Optimization for Large Scale Nonlinear Processes*, PhD Thesis, University of Heidelberg, 2001.
Diehl, M., H.G. Bock, and E. Kostina, An approximation technique for robust nonlinear optimization, *Math. Program.*, 107:213–230, 2006.
Diehl, M., H.G. Bock, J.P. Schlöder, R. Findeisen, Z. Nagy, and F. Allgöwer, Real-time optimization and nonlinear model predictive control of processes governed by differential algebraic equations, *J. Process Control*, 12:577–585, 2002.
Diehl, M., J. Gerhard, W. Marquardt, and M. Moenigmann, Numerical solution approaches for robust nonlinear optimal control problems, *Comp. Chem. Eng.*, 32:1279–1292, 2008.
Eaton, J.W. and J.B. Rawlings, Feedback-control of chemical processes using online optimization techniques, *Comp. Chem. Eng.*, 14:469–479, 1990.
Feehery, W.F., J.E. Tolsma, and P.I. Barton, Efficient sensitivity analysis of large-scale differential-algebraic systems, *Appl. Numer. Math.*, 25:41–54, 1997.
Findeisen, R., L.T. Biegler, and F. Allgöwer (Eds.), *Assessment and Future Directions of Nonlinear Model Predictive Control*. Lecture Notes in Control and Information Sciences, Springer-Verlag, Berlin, 2007.
Franke, R., E. Arnold, and H. Linke, HQP: A solver for nonlinearly constrained large-scale optimization, http://hqp.sourceforge.net, 2009.
Gelfand, A.E. and A.F.M. Smith, Sampling-based approaches to calculating marginal densities, *J. Am. Statist. Assoc.*, 85(410):398–409, 1990.
Goodwin, G.C., M.M. Seron, and J.A. De Dona, *Constrained Control and Estimation—An Optimisation Approach*, Springer-Verlag, Berlin, 2005.
Gupta, M. and J.H. Lee, Robust repetitive model predictive control, *J. Process Control*, 16:545–555, 2006.
Henson, M.A., Nonlinear model predictive control: Current status and future directions, *Comp. Chem. Eng.*, 23:187–201, 1998.
Hermanto, M.W., R.D. Braatz, and M.-S. Chiu, Nonlinear model predictive control for the polymorphic transformation of L-glutamic acid crystals, *AIChE J.*, 55:2631–2645, 2009.
Hermanto, M.W., R.D. Braatz, and M.-S. Chiu, Integrated batch-to-batch and nonlinear model predictive control for polymorphic transformation in pharmaceutical crystallization, *AIChE J.*, 56, 2010, DOI 10.1002/aic.12331.
Hermanto, M.W., X.Y. Woo, R.D. Braatz, and M.-S. Chiu, Robust optimal control of polymorphic transformation in batch crystallization, *AIChE J*, 53:2643–2650, 2007.
Julier, S.J. and J.K. Uhlmann, Unscented Kalman filtering and nonlinear estimation, *Proc. IEEE*, 92:401–422, 2004.
Larson, P.A., D.B. Patience, and J.B. Rawlings, Industrial crystallization process control, *IEEE Control Systems Mag.*, 26:70–80, 2006.
Li, S. and L.R. Petzold, *Design of New DASPK for Sensitivity Analysis*, Technical Report, University of California, Santa Barbara, 1999.
Ljung, L., *System Identification: Theory for the User*, Prentice-Hall, Englewood Cliffs, NJ, 1987.
Moore, K., *Iterative Learning Control for Deterministic Systems*, Springer-Verlag, London, 1993.
Myerson, A., *Handbook of Industrial Crystallization*, Butterworth Heinemann, London, 2001.
Nagy, Z.K. and F. Allgöwer, A nonlinear model predictive control approach for robust end-point property control of a thin film deposition process, *Int J Robust Nonlinear Control*, 17:1600–1613, 2007.
Nagy, Z.K. and R.D. Braatz, Robust nonlinear model predictive control of batch processes, *AIChE J*, 49:1776–1786, 2003.
Nagy, Z.K. and R.D. Braatz, Open-loop and closed-loop robust optimal control of batch processes using distributional and worst-case analysis, *J. Process Control*, 14:411–422, 2004.
Nagy, Z.K. and R.D. Braatz, Distributional uncertainty analysis using power series and polynomial chaos expansions, *J. Process Control*, 17:229–240, 2007.

Nagy, Z.K., B. Mahn, R. Franke, and F. Allgöwer, Efficient output feedback nonlinear model predictive control for temperature control of industrial batch reactors, *Control Eng Pract.*, 15:839–859, 2007.
Qin, S.J. and T. Badgwell, A survey of industrial model predictive control technology, *Control Eng Pract*, 11:733–764, 2003.
Rawlings, J.B., S.M. Miller, and W.R. Witkowski, Model identification and control of solution crystallization processes: A review, *Ind. Eng. Chem. Res.* 32:1275–1296, 1993.
Robertson, D.G., J.H. Lee, and J.B. Rawlings, A moving horizon-based approach for least-squares estimation, *AIChE J*, 42:2209–2224, 1996.
Rustem, B., Stochastic and robust control of nonlinear economic systems, *Eur. J. Oper. Res.*, 73:304–318, 1994.
Srinivasan, B., S. Palanki, and D. Bonvin, Dynamic optimization of batch processes I: Characterization of the nominal solution, *Comp. Chem. Eng.*, 27:1–26, 2003a.
Srinivasan, B., S. Palanki, and D. Bonvin, Dynamic optimization of batch processes II: Role of measurements in handling uncertainty, *Comp. Chem. Eng.*, 27:27–44, 2003b.
Terwiesch, P., M. Agarwal, and D.W.T. Rippin, Batch unit optimization with imperfect modeling: A survey, *J. Process Control*, 4:238–258, 1994.
Valappil, J. and C. Georgakis, Systematic estimation of state noise statistics for extended Kalman filters, *AIChE J.*, 46:292–308, 2000.

更多信息

目前有很多如何根据实验数据，利用最小二乘和极大似然进行关于超椭球不确定性描述的模型辨识和估计的教科书（例如，Beck and Arnold，1977；Ljung，1987）。许多详细描述非线性过程最优实验设计的文献也已出版，其中一些文献描述了它们在工业中的应用（Atkinson and Donev，1992；Beck and Arnold，1977；以及其中引用的文献）。

MHE 在状态估计过程中明确地将约束合并（例如，Goodwin et al.，2005；Robertson et al.，1996）。无迹 Kalman 滤波和粒子滤波方法（Gelfand and Smith，1990；Julier and Uhlmann，2004；and citations therein）近年来已获得广泛应用（例如，Hermanto et al.，2009），它们利用动态非线性过程模型的重复的直接数值解。即使对于具有大量状态的系统，粒子滤波方法也很容易实现，并在应用中表现出良好性能。Valappil 和 Georgakis（2000）提出了本章 15.3.6.1 节所述的参数自适应 EKF 方法。该方法中的灵敏度以及在许多鲁棒控制方法中使用的灵敏度可以通过有限差分或更复杂的方法计算，这里所说的更复杂方法指的是集成到一些微分代数方程解算器中的自动微分技术（Feehery et al.，1997；Li and Petzold，1999）。

过去的二十年内出版了许多关于 NMPC 的综述文献（Allgöwer et al.，1999；Bequette，1991；Findeisen et al.，2007；Henson，1998；Qin and Badgwell，2003）。在 20 世纪 80 年代后期形成了收缩时域 BNMPC 算法（Eaton and Rawlings，1990）。一些文献（Diehl，2001；Diehl et al.，2002；以及其中引用的文献）对多重打靶算法进行了详细描述，而有关 HQP 解算器的描述则可以从 Franke 等学者（2009）的著作中获得。大量文献（例如，Biegler，2000；Cuthrell and Biegler，1989；de Oliveira and Biegler，1994；以及其中引用的文献）描述了许多 NMPC 算法的数值求解方法，例如序贯和同步方法。

近年出版了几十篇关于基于测量的优化方法的文献（例如，Bodizs et al.，2007；Srinivasan et al.，2003a，b；以及其中引用的文献）。在过去的 15 年，批次控制和迭代学习控制获得了长足的发展（例如，Moore，1993；Bien and Xu，1998；Gupta and Lee，2006）。本手册中有关迭代学习控制的章节讨论了关于在控制过程中利用批过程周期性质的更多信息。此外，还有文献

(Hermanto et al.,2010)综述了将批次间控制与批次内控制相集成的方法。

关于如何分析不确定性对批次控制系统的影响,以及如何求解最小最大批次最优控制问题,目前已提出了许多方法(Darlington et al.,2000;Nagy and Braatz,2004,2007;Hermanto et al.,2007;Terwiesch et al.,1994;以及其中引用的文献)。这些方法大多都以幂级数或多项式混沌展开为基础,一般足以解决反馈情况下非线性分布式参数的积分-微分-代数方程。一些文献(例如,Diehl et al.,2006,2008;Nagy and Braatz,2004)详细描述了鲁棒开环批次优化方法。最小最大方法的替代方法包括灵敏度鲁棒性和均值-方差方法(Nagy and Braatz,2004;Rustem,1994;以及其中引用的文献)。

鲁棒 BNMPC 采用闭环控制律,并在每个 BNMPC 采样周期确定并应用局部鲁棒反馈律(Nagy and Allgöwer,2007)。该方法可以比典型的 BNMPC 实现方式提供好得多的鲁棒性能,而典型的 BNMPC 方法在 BNMPC 采样时刻之间不采用反馈。

15.5 和 15.6 节改编自文献 Nagy et al.(2007),这获得了 Elsevier 的许可。NMPC 问题均采用 OptCon 进行数值求解,OptCon 以 SQP 优化器 HQP(Franke et al.,2009)为基础,联合使用 HQP 和隐式微分-代数方程解算器 DASPK(Li and Petzold,1999)。NMPC 的实现以直接多重打靶方法为基础,该方法利用了 NMPC 优化问题的特殊结构。为了在非线性 SQP 迭代中有效处理线性二次子问题,OptCon 联合采用了非线性子问题的 Lagrangian Hessian 阵近似的低阶更新与稀疏内点算法。它还采用屏障方法处理边界和不等式约束,采用线搜索以获得 SQP 迭代的全局收敛。相应软件可向第一作者索取。

许多书籍和论文综述了结晶过程的建模和测量技术(例如,Larson et al.,2006;Myerson,2001;Rawlings et al.,1993;以及其中的文献)。15.7 节中的特殊应用改编自文献 Nagy and Braatz(2003),这获得了美国化学工程师学会(American Institute of Chemical Engineers,AIChE)的许可。

16

多元统计在过程控制中的应用

Michael J. Piovoso
宾夕法尼亚州立大学
Karlene A. Hoo
得克萨斯理工大学

16.1 引言

自动化和分布式控制系统的进步使得收集大量数据成为可能，然而如果没有相应的合适工具，我们不可能解读这些数据。对于每个现代工业现场来说，仅当那些重要的相关信息可以方便且快速地从数据库中提取出来时，这个数据库才称得上信息的金矿。及时地解读数据可以改善质量和安全、减少浪费以及提高商业利润。除了以下难题，这种解读都是可能的：未检测到的传感器故障、未校准和错位的传感器、历史数据不完整与缺乏用于数据存储的数据压缩技术，以及传抄错误。当面临这些严重问题时，数据分析方法将显得力不从心。此外，数据仓库持续增大，却可能没有存储任何有用信息。如果没有精确及时的测量量，过程的反馈控制很难甚至不可能达到一些指定的目标。例如，在化学工业中，成分测量通常不是在线进行的，而是在采样后进行离线分析。采样与结果之间的时间延迟通常是小时级的，因此很难及时获得有关成分纯度的信息来实施补救控制动作。

在一个典型的化学过程中，通常需要采样和存储数百个过程变量的测量量。这些数据具有受噪声干扰、共线等特征。此外，还存在测量量不在数据集中以及变量值严重错误的情况。为了处理这些数据，需要能够处理冗余[①]、噪声以及缺失信息的工具。

一个好的实验设计和过程的先验知识使得我们有可能利用诸如多元线性回归(Multiple Linear Regression，MLR)的标准技术来开发预测模型。在实际中，考虑到生产要求和经济损失，不可能在正在运行的过程上实现实验设计。在大多数情况下，只能利用历史数据。当变量不相关且不受噪声干扰时，MLR的性能最好，但这对于实际的过程数据而言是不现实的。

本章将讨论如何使用更合适的多元统计技术来分析过程数据(历史的)，并开发预测模型以实现对过程的监测和控制。特别地，将首先从理论发展开始，介绍偏最小二乘或隐空间投影

① 数百个测量量并不意味着发生数百个不同事件。

(Partial Least Square, Projection to Latent Structure, PLS)的多元方法,以及主成分分析(Principal Component Analysis, PCA)/主成分回归(Principal Component Regression, PCR)方法,然后通过示例解释它们的概念及其在实际工业过程中的实现。

PCA 是一种对存储在矩阵 **X** 中的数据集进行建模的方法,矩阵的行表示在某固定时刻采样的过程变量,列表示一个被均匀采样的变量。PCA 产生一个从数据集 **X** 到一个降维子空间的映射,该子空间由从数据 **X** 的方差-协方差矩阵的特征向量中选择的子集生成。这个 **X** 空间中的特征向量集或方向集称为 PCA 载荷。该技术的优势在于它开发了一个线性模型,而该模型可以产生反应数据 **X** 显著变化的伪测量量的正交集。第一个伪测量量或主成分解释了最大变化量,第二个伪测量量则解释了去除第一个最大变化量的影响之后的次最大变化量,以此类推。这些伪测量量是实际测量量与载荷的内积,被称为分数。整个分数集和载荷集定义了过程数据,而载荷是统计过程模型。最初的几个分数构成的子集提供了测量期间过程行为在低维空间中的信息。该分数集和 PCA 载荷可以用来确定相对于那些用来定义分数和载荷的数据而言,当前的过程操作是否改变了过程行为(Piovoso et al, 1992a)。此外,分数空间的性质使得它适于多元统计过程控制(Statistical Process Control, SPC; Kresta and MacGregor, 1991)。

虽然 PCA 适用于过程监测,但当存在一个特定的控制目标时,PCA 就不再合适了。例如,当在实验分析过程中难以获得一个关键测量量时,就需要考虑采用 PLS 或 PCR 等工具。如同 PCA 一样,PLS 为数据的 **X** 空间提供了一个模型。然而,该模型不同于 PCA 模型,它是 PCA 模型的旋转形式。通常定义的旋转方式可以使得测量量分数能够提供预测所谓的 **Y** -数据所需要的最大信息量。对于控制蒸馏塔的馏分输出中的未测量成分这一例子(Piovoso and Kosanovich, 1994),PLS 可能是一种合适的工具。按照传统做法,这可以通过选择一个与实际成分关联性最好的塔板温度,并保持该温度在一个规定值上而实现。一般情况下,存在多个可用的塔板温度,而 PLS 可以用来根据包含在多个塔板温度中的冗余信息来对成分进行建模。在这种情况下,控制目标不再是保持一个塔板温度恒定,而是允许所有塔板温度根据需要适当变化以维持期望的成分设定值。

PCR 是 PCA 的一种扩展,用于根据数据 **X** 建立某些数据 **Y** 的模型。确定这种关系的方法包含两个步骤,第一步是在数据 **X** 上执行 PCA,然后将分数回归到数据 **Y**。与 PLS 不同,PCR 建立载荷的过程与数据集 **Y** 独立。

用于过程监测的统计量建立在 PCA 成分彼此间不仅不相关而且相互独立这一假设之上。对于大部分过程来说,该假设都不成立。独立成分分析(Independent Component Analysis, ICA)克服了这一限制,并可以用于对非高斯行为建模。ICA 提供了一种有意义的方式,将一个数据集分解成若干独立源的线性组合。除一个源之外,其他所有源必须是非高斯的,才能获得一个有效的分解。

16.2 多元统计

本节回顾多元统计方法的理论基础,这里只提供方便读者掌握重要概念的必要信息。Wold 等学者(1987)对 PCA 进行了详细综述,Martens 和 Naes(1989)则对 PLS 和 PCR 进行了详细综述。

16.2.1　主成分分析(Principal Component Analysis,PCA)

PCA 包含若干步骤。首先将数据均值中心化,并通常采用标准差将数据归一化(尺度变换)。均值中心化意味着将每个变量的平均值从相应的测量量中去除。尺度变换是必要的,它可以避免某些测量值过大,而某些测量值过小的问题。例如,压力的测量值可能为数千帕斯卡,而温度的测量值可能为数百摄氏度。尺度变换将所有数值置于同一数量级,这意味着将中心平均值乘以一个适当的常数,通常为标准差的倒数。

基于归一化后的数据,利用关系 $\boldsymbol{X}^{\mathrm{T}}\boldsymbol{X}$ 生成方差-协方差矩阵,其中,$\boldsymbol{X}$ 是归一化后的数据矩阵。$\boldsymbol{X}^{\mathrm{T}}\boldsymbol{X}$ 矩阵半正定②,它定义了 $\boldsymbol{X}$ 空间中大多数可变性发生的方向。这些方向构成了 $\boldsymbol{X}^{\mathrm{T}}\boldsymbol{X}$ 的特征向量,特征值则与由相应特征向量解释的可变性程度有关。

PCA 将矩阵 $\boldsymbol{X}=(\boldsymbol{x}_1^{\mathrm{T}},\boldsymbol{x}_2^{\mathrm{T}},\cdots,\boldsymbol{x}_K^{\mathrm{T}})^{\mathrm{T}}$ 中的信息压缩到一个伪变量集 $\boldsymbol{T}=(\boldsymbol{t}_1,\boldsymbol{t}_2,\cdots,\boldsymbol{t}_A)$ 中。行向量 $\boldsymbol{x}_k$ 表示在时刻 k 的过程测量量,列向量 $\boldsymbol{t}_a$ 表示所有测量在第 a 个特征向量上的投影随时间的变化情况。

图 16.1 对 PCA 进行了说明。在这个例子中,给定的过程包含两个测量量。可以看到当测量量 1 增大时,测量量 2 也增大,因此数据不是线性独立的。一般情况下,在一个 K 维超空间中定义测量量,其中 K 为 $\boldsymbol{X}^{\mathrm{T}}\boldsymbol{X}$ 的秩。第一个特征向量是数据表现出最大可变性的方向,它可由向量 $\boldsymbol{p}_1$ 来说明。第二个特征向量与第一个特征向量正交(在剩余的$(\boldsymbol{X}-t_1 p_1^{\mathrm{T}})$空间中,最大可变性的方向),可表示为 $\boldsymbol{p}_2$。某些特征向量可能定义了额外信息的方向,例如,$\boldsymbol{p}_2$ 似乎只用来解释数据中的噪声。如果只采用特征向量 $\boldsymbol{p}_1$ 表示 $\boldsymbol{X}$,那么就有可能平滑地重建数据 $\boldsymbol{X}$。

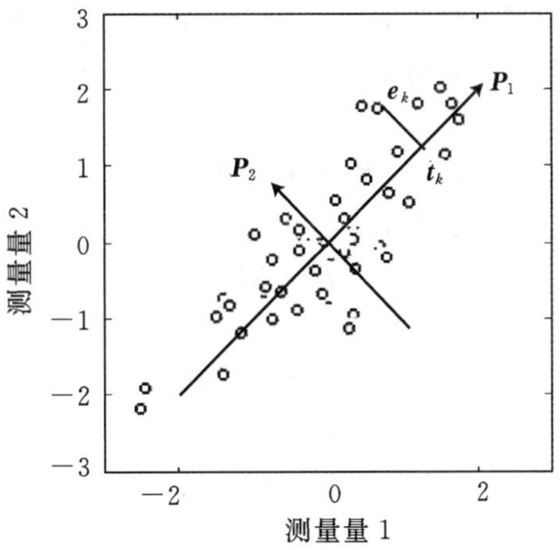

图 16.1　PCA 的图释

考虑在第 k 个时间间隔内的测量向量 $\boldsymbol{x}_k$,该数据点在第一个特征向量上有一个投影。从

---

② 所有特征值都是非负的。

原点沿着向量 $\boldsymbol{p}_1$ 到投影点的距离是相应的分数，该投影点在第一个特征向量张成的直线上的坐标表示根据单个特征向量重建的数据。投影误差 $\boldsymbol{e}_k$ 是子空间中的点，它与包含重建数据点的子空间正交。

归纳起来，PCA 可以按如下方式分解：令 $\boldsymbol{P}=(\boldsymbol{p}_1, \boldsymbol{p}_2, \cdots, \boldsymbol{p}_A)$，其中 $\boldsymbol{p}_j$ 为协方差矩阵 $\boldsymbol{X}^{\mathrm{T}}\boldsymbol{X}$ 的第 j 个特征向量，并且

$$\tau_a = \boldsymbol{t}_a^{\mathrm{T}}\boldsymbol{t}_a \tag{16.1}$$

标量 τ_a 定义了由第 a 个特征向量解释的归一化后的测量数据的可变程度。此外，矩阵 $\boldsymbol{P}$ 具有如下性质③：

$$\boldsymbol{P}^{\mathrm{T}}\boldsymbol{P} = \boldsymbol{I} \tag{16.2}$$

其中，$\boldsymbol{I}$ 为单位矩阵。$\boldsymbol{P}$ 与 τ_a 之间的关系为

$$\boldsymbol{X}^{\mathrm{T}}\boldsymbol{X}p_a = p_a\tau_a \tag{16.3}$$

如果提取了所有的特征向量，那么通过下式可以完美地重建 $\boldsymbol{X}$：

$$\boldsymbol{X} = \boldsymbol{T}\boldsymbol{P}^{\mathrm{T}} \tag{16.4}$$

如果只采用 $A<K$ 个特征向量，那么只可以近似地恢复 $\boldsymbol{X}$。对于这种情况，

$$\boldsymbol{X} = \boldsymbol{T}\boldsymbol{P}^{\mathrm{T}} + \boldsymbol{E}_x \tag{16.5}$$

其中，$\boldsymbol{E}_x$ 为重建误差。图 16.1 不仅显示了一个测量量在一个特征向量上的投影产生了分数，也显示了正交误差成分。

16.2.2 主成分回归(Principal Component Regression, PCR)

PCR 是 PCA 的扩展，用于根据数据 $\boldsymbol{X}$ 或测量数据建立数据 $\boldsymbol{Y}$ 的模型。例如，如果 $\boldsymbol{X}$ 由温度和压力组成，$\boldsymbol{Y}$ 可能源于所考虑热力学的成分集合。确定这种关系的方法包括两个步骤。首先，对数据 $\boldsymbol{X}$ 应用 PCA，为每个测量向量产生一组分数。也就是说，如果 $\boldsymbol{x}_j$ 是 K 个测量量在时刻 j 的第 j 个向量，那么 $\boldsymbol{t}_j$ 就是分数 A 的第 j 个向量。给定分数矩阵 $\boldsymbol{T}$，通过分数矩阵可以回归数据 $\boldsymbol{Y}$：

$$\boldsymbol{Y} = \boldsymbol{T}_q + \boldsymbol{E}_y \tag{16.6}$$

利用特征向量矩阵 $\boldsymbol{P}$ 的正交性以及式(16.4)，可以建立 $\boldsymbol{T}$ 与数据矩阵 $\boldsymbol{X}$ 的关系：

$$\boldsymbol{T} = \boldsymbol{X}\boldsymbol{P} \tag{16.7}$$

将上式代入式(16.6)，可得

$$\boldsymbol{Y} = \boldsymbol{X}\boldsymbol{P}\boldsymbol{Q} + \boldsymbol{E}_y \tag{16.8}$$

或者

$$\boldsymbol{B} = \boldsymbol{P}\boldsymbol{Q} \tag{16.9}$$

其中，$\boldsymbol{B}$ 为 $\boldsymbol{X}$ 到 $\boldsymbol{Y}$ 的 PCR 系数。

16.2.3 独立成分分析(Independent Component Analysis, ICA)

ICA 与 PCA 类似。在 PCA 中，我们寻找 $\boldsymbol{X}$ 空间中最能解释可变性的方向；而在 ICA 中，我们寻找与数据一致的、在统计意义上独立的源集。令 $\boldsymbol{x}$ 为 m 维的数据向量，根据下式可由 $\boldsymbol{x}$

③ 正交性。

确定 n 维的源向量 $\boldsymbol{s}$：

$$\boldsymbol{s} = \boldsymbol{W}\boldsymbol{x} \tag{16.10}$$

其中，$\boldsymbol{W}$ 是一个必须根据数据来确定的矩阵，选择的 $\boldsymbol{W}$ 应使 $\boldsymbol{s}$ 的元素尽可能独立。令 $\boldsymbol{W}$ 是一关于 $\boldsymbol{s}$ 的成分的函数。正如 Hyvarinen(1999)所述，$\boldsymbol{W}$ 正是最大化 $\boldsymbol{s}$ 线性独立性度量的矩阵。

这里需要重点区分统计独立性与不相关性。对于统计独立的数据集来说，联合概率密度是边缘概率密度的乘积，即

$$f(f_1, y_2, \cdots, y_m) = f_1(y_1) f_2(y_2) \cdots f_m(y_m) \tag{16.11}$$

其中，f 表示联合概率密度，$f_j(y_j)$表示随机变量 y_j 的边缘概率密度。如果随机变量$\{y_1, y_2, \cdots, y_m\}$是统计独立的，那么它们也是不相关的。而如果它们是不相关的，它们不一定是统计独立的。互不相关仅仅意味着两个随机变量乘积的均值是它们各自均值的乘积，即

$$\boldsymbol{\varepsilon}(y_1 y_2) = \boldsymbol{\varepsilon}(y_1)\boldsymbol{\varepsilon}(y_2) \tag{16.12}$$

如果随机变量是统计独立的，那么

$$\boldsymbol{\varepsilon}(g_1(y_1) g_2(y_2)) = \boldsymbol{\varepsilon}(g_1(y_1))\boldsymbol{\varepsilon}(g_2(y_2)) \tag{16.13}$$

对于高斯随机变量来说，如果它们是不相关的，则它们也是统计独立的。对于这种情况，PCA 是一种合适的分析工具，而 ICA 的意义不大，甚至不太合适。

在发现源 $\boldsymbol{s}$ 后，可以通过下式重建原始数据 $\boldsymbol{x}$：

$$\boldsymbol{x} = \boldsymbol{A}\boldsymbol{s} + \boldsymbol{n} \tag{16.14}$$

其中，$\boldsymbol{A}$ 是一个 $m \times n$ 的矩阵，它定义了生成 $\boldsymbol{x}$ 所需要的独立源的组合；向量 $\boldsymbol{n}$ 表示加性噪声。为了确定独立源并重建原数据 $\boldsymbol{x}$，必须定义 $\boldsymbol{A}$ 和 $\boldsymbol{W}$。生成这些矩阵所需的假设包括：

1. n 个源中的 $n-1$ 个源必须是非高斯的，另一个源可以是高斯的。
2. $\boldsymbol{x}$ 中变量的数量必须大于源的数量($m>n$)。
3. 矩阵 $\boldsymbol{A}$ 的列必须是线性无关的。

ICA 最早的一个应用是盲源分离。在这个问题中，有 m 个传感器记录 m 个离散时间信号，这些信号是 n 个不同源的线性组合。比如，假设有一些人在一个鸡尾酒会上讲话，同时有多个记录器(多于讲话人)记录讲话内容。这里的问题是根据记录器中的数据来区分讲话人。ICA 方法已广泛用于脑电图(Electroencephalographic，EEG)数据(Vigario，1997)和经济数据(Kiviluoto and Oja，1998)。

作为 PCA 的替代方法，ICA 已经应用于过程监测以及故障检测与识别。ICA 仅需要过程中最常见的非高斯数据，这是一种特别具有吸引力的方法。Lee 等学者(2004)将 ICA 应用于连续过程的统计过程监测和故障检测。由于 $\boldsymbol{T}^2$ 统计不再有意义，他们提出了 $\boldsymbol{I}^2$ 统计，即源平方的和。他们还把源分成系统性部分和非系统性部分，并根据源的非系统性部分提出了第二种统计量 $\boldsymbol{I}_e^2$(Lee et al，2004)，该统计量可用于故障检测与识别问题。此外，他们提出了贡献关系图，由此可以将容易受干扰或故障影响的变量识别出来。Lee 等学者将新的统计量和常见的 Q 统计应用于数学仿真数据和污水处理厂数据。

Yoo 等学者(2004)将 ICA 扩展到多路版本(Multiway ICA，MICA)，用以研究批过程监测问题。在这项工作中，Yoo 与其合作者采用类似于多路 PCA(Multiway PCA，MPCA)常用的方式，将三维批数据展开到一个二维矩阵中。每一行对应一个批次在第一个时刻的所有变

量值,然后是在第二个时刻的所有变量,以此类推。利用这些数据,他们开发了一个 MICA 模型。Yoo 等学者(2004)还使用 I_e^2 和 Q 统计确定批过程是否被正确执行,并通过青霉素的分批补料发酵过程说明了他们的工作。

16.2.4 偏最小二乘(Partial Least Squares,PLS)

PLS 是一个与哲学和技术相关的数学技术术语,它最早源于 Herman Wold 利用多组变量对双线性模型进行迭代拟合的基本思想(Wold,1982;Wold et al.,1984),最初用于经济和社会科学中的数据分析问题。这项新技术的提出,主要用于克服标准方法在处理只有少量观测数据、变量高度共线,以及数据 $\boldsymbol{X}$ 和 $\boldsymbol{Y}$ 均含有噪声等问题时的不足。例如,诸如 MLR 的标准技术存在严重的参数辨识和收敛问题。

PLS 有时也称为隐空间投影,它与 PCR 类似。两者都把数据 $\boldsymbol{X}$ 分解成更小的分数空间 $\boldsymbol{T}$,它们的不同在于如何将分数和数据 $\boldsymbol{Y}$ 联系起来。在 PCR 中,首先利用 PCA 分解数据 $\boldsymbol{X}$,然后将所得分数回归到数据 $\boldsymbol{Y}$。与此相反,在 PLS 中,数据 $\boldsymbol{Y}$ 和 $\boldsymbol{X}$ 都被分解为分数和载荷。正交集($\boldsymbol{T}$,$\boldsymbol{U}$)按照最大化数据 $\boldsymbol{X}$ 分数和数据 $\boldsymbol{Y}$ 分数之间的协方差的方式来生成结果。这一点很有吸引力,特别是对于并非所有主要的 $\boldsymbol{X}$ 变化源与数据 $\boldsymbol{Y}$ 的变化相关的情况。PLS 试图为数据 $\boldsymbol{X}$ 找到一个不同的正交表示集,以更好地预测数据 $\boldsymbol{Y}$。因此,给定的 A 个正交向量将为数据 $\boldsymbol{X}$ 产生*较差*的表示,而同一向量集的分数将比 PCR 产生*更好*的 $\boldsymbol{Y}$ 预测。

在数学上,$\boldsymbol{X}$ 被分解为如下所示的第一主成分模型:

$$\boldsymbol{X} = t_1 p_1^{\mathrm{T}} + \boldsymbol{E}_{x,1} \tag{16.15}$$

类似地,数据 $\boldsymbol{Y}$ 被分解为

$$\boldsymbol{Y} = u_1 q_1^{\mathrm{T}} + \boldsymbol{F}_{y,1} \tag{16.16}$$

在找到 t_1,p_1,u_1 和 q_1 后,对剩余矩阵 $\boldsymbol{E}_{x,1}$ 和 $\boldsymbol{F}_{y,1}$ 重复以上过程以找到 t_2,p_2,u_2 和 q_2。如此循环,直到剩余矩阵中不包含任何有用信息。t_i 和 u_i 为分数,而 p_i 和 q_i 分别为数据 $\boldsymbol{X}$ 和 $\boldsymbol{Y}$ 的载荷。每个 t_i 和 u_i 都具有如下线性回归关系:

$$u_i = b_i t_i + r_i \tag{16.17}$$

关于更多优秀处理方式的细节,可以参考 Geladi 和 Kowalski(1986),以及 Martens 和 Naes(1989)的著作。

PLS 算法针对单个 y 变量的实现方式与针对多个 y 变量的实现方式略有不同。对于前者,PLS 仅表现为单个传递方案;而对于后者,PLS 需要进行迭代。对于单个 y 变量的情况,PLS 引入一个额外的载荷*权重*集 $\boldsymbol{W}$,这样就可以更容易地解释结果。与 PCR 类似,该建模问题的第一步是均值中心化和对数据 $\boldsymbol{X}$ 进行尺度变换,使得一个变量不会因其大小而淹没另一个变量。此外,还需要对 y 变量进行均值中心化,并且必须指定待研究载荷的最大数量 $A\max$。对于每个满足 $1 \leqslant a \leqslant A\max$ 的因子 a,执行如下步骤(这里的 $\boldsymbol{X}(0)$ 是经过均值中心化和尺度变换后的 $\boldsymbol{X}$,$y(0)$ 是经过均值中心化后的单个 y 变量):

1. 找到满足 $\hat{w}_a^{\mathrm{T}} \hat{w}_a = 1$ 且可以最大化 $\hat{w}_a \boldsymbol{X}_{a-1}^{\mathrm{T}} y_{a-1}$ 的 $\hat{w}_a$。
2. 找到分数 t_a,即 $\boldsymbol{X}_{a-1}$ 在 $\hat{w}_a$ 上的投影:

$$t_a = \boldsymbol{X}_{a-1} \hat{w}_a \tag{16.18}$$

3. 将 $\boldsymbol{X}_{a-1}$ 回归到 t_a，并通过下式找到载荷 p_a：

$$p_a = \boldsymbol{X}_{a-1}^{\mathrm{T}} t_a / (t_a^{\mathrm{T}} t_a) \tag{16.19}$$

4. 将 t_a 回归到 y_{a-1}，得到

$$q_a = y_{a-1}^{\mathrm{T}} t_a / (t_a^{\mathrm{T}} t_a) \tag{16.20}$$

5. 从 $\boldsymbol{X}_{a-1}$ 中减去 $t_a p_a^{\mathrm{T}}$，得到 $\boldsymbol{X}_a$。
6. 从 y_{a-1} 减去 $t_a q_a^{\mathrm{T}}$，得到 y_a。
7. 将 a 加 1；如果 $a \neq \mathrm{Amax}+1$，返回到步骤 1。

当只有单个 y 变量时，不需要迭代寻找载荷和分数。

对于含有多个 y 变量的情况，以上算法需略作调整并进行迭代。将上文步骤 1 中的 y_{a-1} 项采用临时项 u_a 代替，并一直迭代 u_a 直到其收敛。在初始时刻，将 u_a 选为数据 $\boldsymbol{Y}$ 的一列。该算法变为

1. $\hat{w}_a = u_a^{\mathrm{T}} \boldsymbol{X}_{a-1} / (u_a^{\mathrm{T}} u_a)$（将 $\boldsymbol{X}$ 回归到 u）。
2. 将 $\hat{w}_a$ 归一化到单位长度。
3. $t_a = \boldsymbol{X}_{a-1} \hat{w}_a / (\hat{w}_a^{\mathrm{T}} \hat{w}_a)$（计算分数）。
4. $q_a = t_a^{\mathrm{T}} \boldsymbol{Y}_{a-1} / (t_a^{\mathrm{T}} t_a)$（将 $\boldsymbol{Y}$ 的列回归到 t）。
5. $u_a = \boldsymbol{Y}_{a-1}^{\mathrm{T}} q_a / (q_a^{\mathrm{T}} q_a)$（升级估计 u）。
6. 如果 u_a 没有收敛，跳转到步骤 1；否则继续下一步。
7. $p_a = \boldsymbol{X}_{a-1}^{\mathrm{T}} t_a / (t_a^{\mathrm{T}} t_a)$（计算 x 载荷）。
8. 计算残差 $\boldsymbol{X}_a = \boldsymbol{X}_{a-1} - t_a p_a^{\mathrm{T}}$ 和 $\boldsymbol{Y}_a = \boldsymbol{Y}_{a-1} - t_a q_a^{\mathrm{T}}$。
9. 将 a 加 1，如果 $a \neq \mathrm{Amax}+1$，设置 u_a 为 $\boldsymbol{Y}_{a-1}$ 的一列，并跳转到步骤 1。

在含有多个 y 变量的情况下，使用数据 $\boldsymbol{X}$ 和 $\boldsymbol{Y}$ 中的同步信息确实存在一些缺点。为了得到分数向量（$\boldsymbol{Q}$ 和 $\boldsymbol{T}$）的正交集，数据 $\boldsymbol{X}$ 需要两个载荷集或基向量集（一般称为 $\boldsymbol{W}$ 和 $\boldsymbol{P}$）。$\boldsymbol{W}$ 称为权重，它是正交的；$\boldsymbol{P}$ 称为**载荷**，它不正交。如果没有它们，分数向量就不正交，从而失去正交分数的计算优势（注意上文中的步骤 8）。如果分数是相关的，那么有必要同时将 $\boldsymbol{Y}$ 和 $\boldsymbol{X}$ 回归到所有的分数 $\boldsymbol{T}$。此外，若正交性不成立，将导致回归结果的方差较大。每次删除一个向量非常重要，因此采用两个载荷向量集合是替代同步回归的可取方法。

与其他任何数据建模范式类似，PLS 可能会遭遇欠拟合或过拟合问题。在欠拟合情况中，没有使用足够的载荷，模型无法捕获到一些有用信息。在过拟合情况中，使用了过多载荷，模型倾向于适合某些噪声。这两种情况下产生的模型都不理想。因此，为了避免这些问题，对模型进行验证是至关重要的。虽然存在多种验证方法，但这里只讨论交叉验证方法。读者可以参考 Martens 和 Naes(1989)的著作，以详细了解该方法和其他验证方法。在交叉验证中，数据 $\boldsymbol{X}$ 和相应的 $\boldsymbol{Y}$ 被分成若干组，通常是 4～10 组。采用除了一个预留组之外的其他所有组生成模型，随着载荷数量从 1 变化到 Amax，可以得到一个新的 PLS 模型。采用每个模型预测预留组中的数据 $\boldsymbol{Y}$，并计算每个模型的预测误差平方和（Prediction Error Sum of Squares，PRESS）。重复这一步骤直到每组均被预留一次且仅预留一次。然后对于给定的载荷数 a，通过累加所有预留数据对应的预测误差，生成整体的 PRESS。PRESS 关于载荷数量的曲线通常会先到达一个最小值，然后开始增大。与最小的 PRESS 对应的值即被选为所需的载荷数

量,小于这个数往往会导致数据欠拟合,大于这个数则会导致过拟合。

例子

该例子用来说明 PCR 及 PLS 相对于 MLR 的性能。考虑如下数据 $\boldsymbol{X}$:

$$\boldsymbol{X}=\begin{bmatrix}1.0 & 0.0 & -1.9985\\ -1.0 & 1.0 & 3.4944\\ 0.0 & -1.0 & -1.5034\\ 1.0 & 1.0 & -0.4958\end{bmatrix} \tag{16.21}$$

该数据 $\boldsymbol{X}$ 可以看作用于预测单个 y 变量的三个过程测量量。y 具有四个观测值:$\boldsymbol{y}=[-3.2475\ \ 5.2389\ \ -2.0067\ \ -1.2417]^{\mathrm{T}}$。将数据 $\boldsymbol{X}$ 关联到观测 y 的正确模型为 $y=-0.58x_1+1.333x_3$,其中,x_1 和 x_3 分别是数据 $\boldsymbol{X}$ 的第 1 列和第 3 列。

基于这些数据,由 MLR 确定的模型为 $y=0.75x_1-x_2+1.5x_3$。实际结果和这个估计之间的差异是由数据 $\boldsymbol{X}$ 的不良状态引起的,即第 3 列与第 1、2 列高度相关。事实上,$x_3\approx-2x_1+1.5x_2$。这种共线性使得 MLR 的解对数据中的异常值和噪声高度敏感。为了说明这一点,考虑当 y 的每个元素加 0.001 时所对应的解,新解为 $y=0.0703x_1-0.3827x_2+1.5889x_3$。而当 y 的每个元素减去 0.001 时,得到解为 $y=1.5793x_1-1.6173x_2+2.4111x_3$。

问题不仅与数据 $\boldsymbol{Y}$ 中的噪声有关。假设将矩阵 $\boldsymbol{X}$ 中的每个元素加上一个零均值、服从正态分布、方差为10^{-4}的噪声,MLR 获得的相应解变为 $y=-5.5716x_1+3.7403x_2-1.1518x_3$。

可以看到,数据的小变化会引起模型的大变化。这种对小误差表现出高敏感性的模型不太鲁棒。若将它们用作预测模型,通常会产生虚假结果。这是 *MLR* 用于高度共线数据时的一个严重缺点。另一方面,当其他设置与本实验相同而数据 $\boldsymbol{X}$ 正交时,该方法表现良好。

现在将 MLR 的结果与采用 PCR 获得的结果进行比较。PCA 模型需要两个特征向量或载荷,对于相同的数据集,产生的 PCR 模型为 $y=-0.6288x_1+0.0364x_2+1.3093x_3$。这比 MLR 得到的模型更接近真实模型。此外,PCR 的解对数据 $\boldsymbol{Y}$ 和 $\boldsymbol{X}$ 中的小偏差不敏感。如果将原始数据 $\boldsymbol{Y}$ 增大或减小 0.001,该模型基本保持不变。当将一个小的噪声信号(方差为 10^{-4})添加到数据 $\boldsymbol{X}$ 中时,情况也是如此。

PLS 的表现同样很好。采用了两个载荷的模型可以提供与 PCR 非常接近的解 $y=-0.62831x_1+0.03697x_2+1.3093x_3$。与 PCR 类似,PLS 的解对数据 $\boldsymbol{Y}$ 和 $\boldsymbol{X}$ 中小误差的敏感度远小于 MLR 方法。很明显,当相关数据 $\boldsymbol{X}$ 仅存在少量观测量时,PLS 和 PCR 相对于 MLR 具有绝对优势。

16.3 应用领域

多元统计方法在过程工业中有很多应用,本节将讨论其中的两个应用领域:数据分析/用于控制的估计与推理测量。基于 PCA/PLS 技术,数据分析可用来开发过程的期望行为模型。从理论上讲,模型偏差表明了错误的存在。推理测量可以用在通过间或的实验分析来测量被控量的情况,它采用统计模型估计被控量的取值,进而实现控制目的。本节将提出一种分数空间控制方法,并给出相应的示例。

16.3.1 数据分析

化学过程通常具有收集大量数据的自动化方法,这些数据可能是一个信息金矿,但是由于缺少从无关噪声中快速分离相关信息的工具,这种可能性没有实现,而多元统计方法则有助于从噪声中分离出重要信息。

虽然我们进行了许多测量,但是只有很少的物理现象发生,因此很多变量是高度相关的。试图以一元方式处理数据进而了解过程的做法,只能使问题更加混乱。诸如 PLS 和 PCA 的多元方法通常可以在由两个或三个主载荷或隐向量定义的低维空间中捕获信息的本质。在这个低维空间中观察这些数据并理解任意数据簇的意义,通常可以加深对过程的理解。

一个过程可以看作一种可以通过多元统计工具校准的仪器(Piovoso et al.,1992a)。过程数据提供有关过程的信息。如果这个仪器被正确地校准,即它在输出或质量变量向其目标量变化的所有时段可以提供相同的测量,那么它可以为过程工程师和操作员提供需要的信息。如果过程偏离了质量目标,最好能够通过在线检测很容易地发现该现象,并且对过程进行适当调整,以防止生产出质量较差的产品,同时降低损失,缩短停机时间。为了实现这个想法,需要在过程生产一流产品期间收集参考数据。PCA 模型可以捕捉到过程的可变性,该模型提供了过程的指纹,并设置了判断过程操作的标准。将新数据与这个多变量模型相对比,可以确定它们是否与正常操作一致。

16.3.1.1 过程监控与检测

实时监控解决了新过程数据相对于参考数据的分类问题。在该方面,不能过分强调必须采用精心挑选的参考过程数据(正常操作条件下)来开发校正模型。更为重要的是,通过检测可以判断模型的恰当性。本节将在分数空间背景下讨论实时监控与检测。

马氏距离 h_i 可以用来衡量新数据 x_i 的分数是否可以归类到用于产生校正模型的分数集的程度(Shah and Gemperline,1990)。因此,h_i 度量了 $\boldsymbol{x}_i$ 在模型空间的适应度,对于一个 $(1\times m)$ 的新数据向量 $\boldsymbol{x}_i$,h(标量)的计算公式为

$$h_i = (\boldsymbol{x}_i - \boldsymbol{\mu})^{\mathrm{T}}\boldsymbol{S}^{-1}(\boldsymbol{x}_i - \boldsymbol{\mu}) \tag{16.22}$$

其中,$\boldsymbol{\mu}$ 是校正模型的质心,$\boldsymbol{S}$ 是校正集 $\boldsymbol{X}$ 的方差-协方差矩阵。由于 t 是数据 x 在由前 $\boldsymbol{A}$ 个特征向量定义的低维空间上的投影,又鉴于数据的均值中心化作用,所以分数向量的均值为 0,那么可以在主成分定义的分数空间中计算 h_i:

$$h_i = \frac{1}{m} + \sum_{a=1}^{A} \frac{t_{ia}^2}{t'_a t_a} \tag{16.23}$$

其中,m 为生成模型时使用的过程测量量的个数,t_{ia} 为数据向量 $\boldsymbol{x}_i$ 的第 a 个分数,t_a 为与模型生成数据的第 a 个主成分相对应的分数向量。根据 Shah 和 Gemperline(1990)所述,如果 h_i 超出 A 个主成分的校准集的 90%,那么认为 $\boldsymbol{x}_i$ 的分数在模型空间外;否则,认为新数据向量与参考数据类似。

16.3.1.2 过程描述

Piovoso 等学者(1992a)给出了一个用来说明过程监控与检测方法在连续化学过程中应

用的例子。在该过程的第一阶段,发生了几个化学反应,生成了一种粘性聚合物产品;在第二阶段,对聚合物进行机械处理,为第三阶段和最后阶段做准备。如果聚合物的粘度和密度等关键性能发生明显改变,将影响到最终的产品质量,导致顾客收入减少,并引发可操作性问题。此外,难以确定究竟是哪个阶段应为质量下降负责。由于缺乏连续测量关键性能的在线传感器,使得我们不可能将任何具体的性能改变与某一特定阶段关联起来,这使得问题进一步复杂化。事实上,通过实验测量检测到性能变化可能已经延迟了 8 个小时或更长时间。分析结果只能代表过去信息,因此当前的操作状态可能无法反映过程状态。

这种稀发的测量使得产品质量难以控制。最好的情况是操作员掌握了一套启发式规则,如果采用这些规则,通常可以生产出好的产品。但是,可能会出现无法预料的干扰和未检测到的设备故障,这同样会影响到产品。实际上存在这样一种操作情况:尽管上层操作近乎完美,最终过程阶段却生产出低劣的产品。

由于第二阶段为第三阶段提供支持,并补偿第一阶段的性能误差,所以这项工作的重点将放在第二阶段的过程监控与检测上。第二阶段可以简单描述为:在严格控制速度和温度的条件下,将来自反应阶段的供料与溶剂混合在多个混合器中,并在最后一个混合器的出口处采集混合物的样本,进行实验分析。然后将过程液体送到搅拌器,控制搅拌器的液位和速度,使过程液体具有某些性质。在将液体送到过程的最后阶段之前,对其进行过滤以去除不溶性颗粒。为在由管道、泵以及过滤器组成的运输网络中运送粘性液体,需要消耗大量的机械能量。因此,设备的寿命是不可预知的,即使在相同时间投入服务的同种类型的设备也可能需要在不同的时间更换。初期故障、堵塞以及计划外停机是我们不期望发生但可以接受的部分操作。为了延长连续运行时间,将泵和过滤器成对安装,使得当一个设备正在被服务时,可以临时增加另一个设备的负载。由于过程最终阶段的设备都被预设为接收均匀的过程流体,流体性质的微小偏差都可能导致机器故障和产生不适于销售的产品,所以需要严格控制过程流体。

设备的日常维护不是控制问题的唯一来源,过程最后阶段的吞吐量需求可能引起突发变化。例如,如果下游设备故障引起需求下降,或者新设备或重新服务设备的增加引起需求的突然增大,那么第二阶段必须尽快地减少或增加产量。更为值得注意的是,这时必须调低吞吐量,不然的话,过程流体若没得到及时处理,其性质会发生变化。这些状况不定期地频繁发生,因此过程的第二阶段总是不断变化,从未达到过平衡。显然,吞吐量是传感器值和过程性能可变性的主要影响因素。

16.3.1.3 模型开发

由于过程流体是在第二阶段被赋予关键性质,所以开发了用以监控和改善第二阶段过程操作的校准模型。直观地说,如果通过监控可以预测第二阶段中正常过程操作的偏移,或者检测出设备故障,那么便可以采取纠正措施以尽可能减弱它们对最终产品的影响。该思想的其中一个局限是存在可能影响最终产品的干扰,而这些干扰不会表现在用以创建模型的变量中。另一方面,被监控变量中的干扰又可能不会影响最终产品。然而,面对少量选择,使用校准模型监控和检测不正常的过程行为,进而增进对过程的理解是一种合理的方法。

由于吞吐量对所有的测量量都有影响,PCA 分析将会被这种影响淹没,它将弱化其他有关过程状态的信息。因此,首先使用 PLS 分析来消除吞吐量的影响,然后使用 PCA 考察其他因素,揭示出对过程操作具有重要影响的其他变化源。

收集数个月内的常规过程数据，采用交叉验证方法检测和删除异常值，仅使用与正常过程操作相对应的数据，即生产出一流产品时的数据来开发模型。这里开发了两个校准模型，两者都是描述数据可变性主导方向的降阶模型。PLS 模型表明，需要两个载荷才能解释约 60%的测量量变化。第三个载荷没有明显改变已被解释的总变化，吞吐量的所有变化均得到了解释。针对残差的 PCA 分析表明，5 个主成分解释了其余可变性的 90%，而附加成分没有提供任何统计意义。

图 16.2 给出了其余数据在主成分 1 和 2 的分数空间中的观测结果，这些结果散布在一个广泛的区域内，并具有较大的变化速率。Piovoso 等学者(1992b)在一项相关工作中展示了如何利用一个非线性、有限冲激的混合中值滤波器对数据进行滤波，以放大操作差异并揭示数据的结构。通过研究 PCA 载荷，可以将主成分与过程中的一些物理现象关联在一起。对于较早的成分尤其如此，这是因为这些成分解释了大部分可变性。

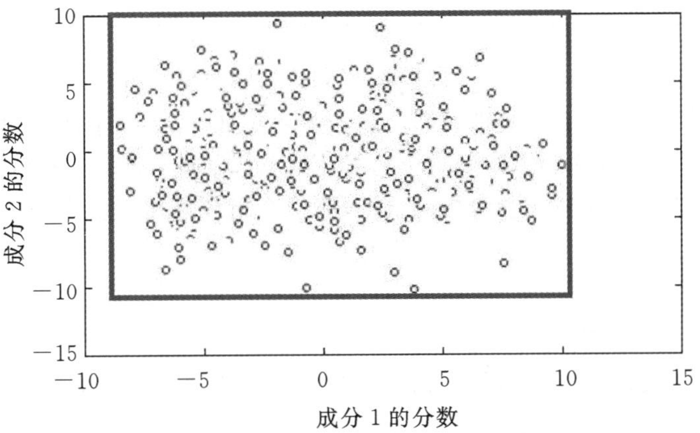

图 16.2　PCA 模型中成分 1 与成分 2 的分数

16.3.1.4　在线监控与检测

PLS 和 PCA 模型可以用来在线监控和检测在统计意义上显著的过程运行偏差。Piovoso 等学者(1992a)给出了系统配置。对于每个新的数据向量，计算出马氏距离。马氏指标可以度量新数据在模型子空间中的位置。如果 h_i 在模型空间内，则不给操作员发送警告。图 16.3 给出了归一化后的马氏距离在 30 个小时内的变化情况，其中最近时间内的马氏距离位于图的右侧。归一化是相对于校准模型中的最大马氏距离而实现的。从过去的第 5 到第 11 个小时的运行结果表明，过程变量偏离了正常的对象行为区域。该时段的异常行为是由意外的泵故障引起的，该故障在第 11 个小时显示出来，但实际故障发生在第 9 个小时。在最早时段，过程变量同样偏离了期望的区域，这是因为过程流体中的大颗粒造成了过滤器堵塞。

操作人员可以使用马氏距离图以及像图 16.4 所示的图表很容易地监控过程运行情况。图中的 o 表示校准模型的分数，+表示最近一段时间的运行情况，×用来指示过程历史。很明显，可以判定存在一个时段，其中的过程运行情况与校准集不同。根据图左上角的两个运行点可以看出，过程状态偏离了期望区域，这可能是由异常的控制动作或者干扰引起的。最终，通

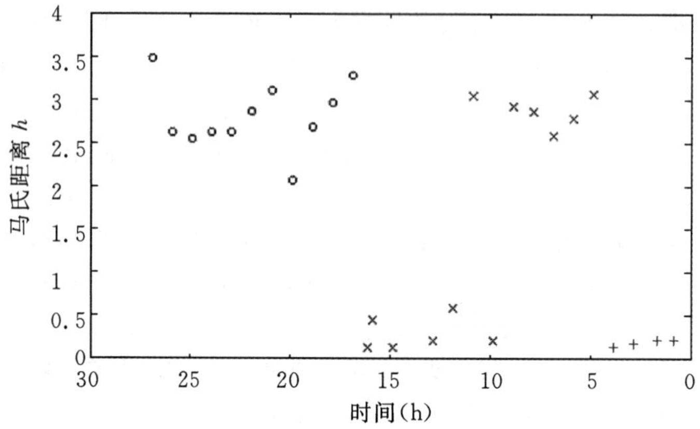

图 16.3　30 个小时的在线运行所对应的马氏距离。+:最近的 4 小时;×:最远历史

过应用合适的控制动作,过程返回到由校准集定义的区域内。

目前的一个不足是缺乏有代表性的高质量数据。正如 16.3.4 节将针对二元蒸馏塔例子所讨论的那样,有必要设计实验以映射整个运行范围。如果只有部分运行空间已知,且过程移动到一个不属于开发模型时所用参考集的状态,那么在闭环操作下输入输出之间的相关性可能不正确。

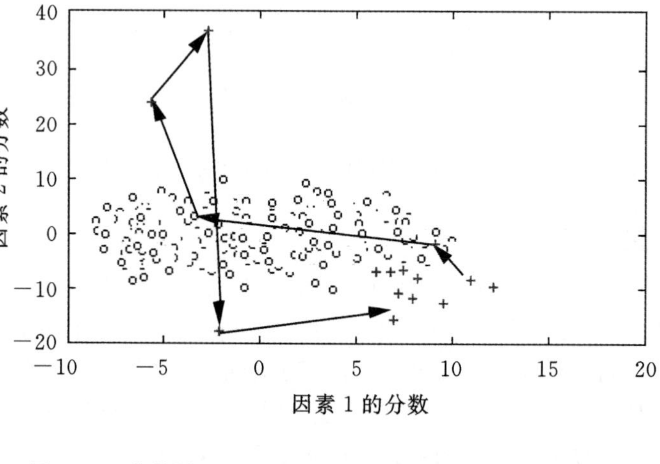

图 16.4　分数图。+:最近的运行情况;o:期望的运行区域

16.3.2　批过程

凭借着适合生产体量小但价值高的产品,批过程和半批过程在化学工业中发挥着重要作用。这样的例子包括反应器、结晶器、注射成型工艺以及聚合物制造。批过程具有在有限期限内完成规定的材料加工操作的特点。成功的操作是指,在批次之间以高度的可重复性跟踪执行规定的配方。温度和压力曲线可以通过伺服控制器来实现,而精确的顺序操作可以通过诸

如可编程逻辑控制器的工具生成。

批过程的主要特点包括柔性、有限期限以及非线性行为，这些特点与它们的效用及其与常用监测控制技术的不兼容性有关。然而，干扰的存在和在线质量测量量的缺乏通常会影响批过程的可重复性。Nomikos 和 MacGregor(1994)提出了基于 MPCA 的批过程 SPC 方案，该方案直接使用在线测量信息，系统并科学地识别过程正常运行行为中的显著偏差。与前面的例子类似，首先采用经验模型来描述过程中的正常行为，该模型是通过对过程运行状态良好时获得的数据进行 MPCA 分析而建立起来的。然后采用根据参考数据库开发出来的统计控制限制，将未来批次与这个 MPCA 模型比较，实现对这些批次的变化的监控。Kosanovich 等学者(1994)讨论了该方法在工业批过程中的应用。

16.3.2.1 MPCA 方法

MPCA 是 PCA 处理三维数组数据时的扩展。三维源于由批运行、变量以及采样时间组成的批轨迹，这些数据被组织到一个维数为$(I\times J\times K)$的数组 $\boldsymbol{X}$ 中，其中的 I 为批数量，J 为变量数，K 为批过程期间的时间样本数。MPCA 相当于在一个二维矩阵上执行普通的 PCA，这个二维矩阵可以通过展开 $\boldsymbol{X}$，使其每个垂直单元包含所有批次在给定时刻的观测变量而获得。在该方法中，MPCA 解释了各变量相对于它们的平均轨迹的变化。MPCA 将 $\boldsymbol{X}$ 分解为 t-分数向量与 p-载荷矩阵乘积的和，以及需要在最小二乘意义下最小化的剩余矩阵($\boldsymbol{E}_x$)：

$$\boldsymbol{X}=\sum_{r=1}^{R}\boldsymbol{t}_r\otimes\boldsymbol{P}_r+\boldsymbol{E}_x$$

式中的 R 表示分析过程中使用的主成分数量④。

这种分解汇总了与变量和时间有关的数据，并将它们压缩到低维分数空间中，这些空间表示批次在所有时刻的主要可变性。每个 p-载荷矩阵总结了所有批次中的变量相对于其平均轨迹的主要变化。通过这种操作，MPCA 不仅利用了每个变量距离各自平均轨迹的偏差的幅值，而且利用了变量之间的相关性。通过交叉验证可以找到主成分的合适数量。

为了分析一个批运行集的性能，可以在所有批次中执行 MPCA 分析，并在主成分空间中画出每个批的分数。所有表现出类似时间曲线的批次所对应的分数将聚集在主成分空间中的同一区域，而表现出偏离正常行为的批次所对应的分数将散落在主要集群之外，当然具有类似行为的批次将聚集在同一区域。

16.3.2.2 过程描述

用来采集数据的化学过程是一个单批聚合物反应器(Kosanovich et al，1994)。为了确保最终产品质量而必须控制的关键性质与反应程度有关(例如，分子量分布)。产品的关键性质通过离线的化学测量来确定，而不是在每个批次中都进行测量。性能测量结果可以在每个批次完成之后的 12 个小时或更长时间后获得，但这些结果不能及时用于弥补次品质量。此外，当制造出一批次品时，往往很难确定性能偏差的根源。

批循环的总时间不超过 2 个小时。为了对此进行分析，可以考虑聚合物生产时的两个主导现象，即汽化和聚合反应。在批循环的第一个阶段，溶剂被汽化并从反应器中移除，这大约

---

④ $\otimes$表示张量积。

需要 1 个小时。在后半阶段,发生聚合反应以达到期望的分子量分布。成品在压力作用下从容器中排出,至此循环完成。仔细监控总的批次时间,不断供应的外部热源是主要的控制因素,当然也可以对容器温度进行统计控制。对于同一生产类型,已知的批次间的可变性来源包括热源中热含量的变化、原料中不同级别的杂质,以及反应器运行寿命过程中不断增多的残余聚合物。

16.3.2.3 分析和结果

以 1 分钟为时间间隔,采集同一反应器中采用相同批配方的 50 个批次的数据,数据库变量包含关于反应器状态(温度、压力)和外部热源状态的信息。由于温度和压力反映了容器中反应的进度,所以采集它们是很正常的。初步分析表明,外部热源等级和质量的变化引发了分数空间内的聚集现象,图 16.5 显示了主成分 1 和 2 的分数图。为了消除这种影响,只研究那些具有相同设置的批次。将数据进一步分为两组以反映汽化和聚合情况。考虑到篇幅限制,这里只分析讨论汽化阶段。

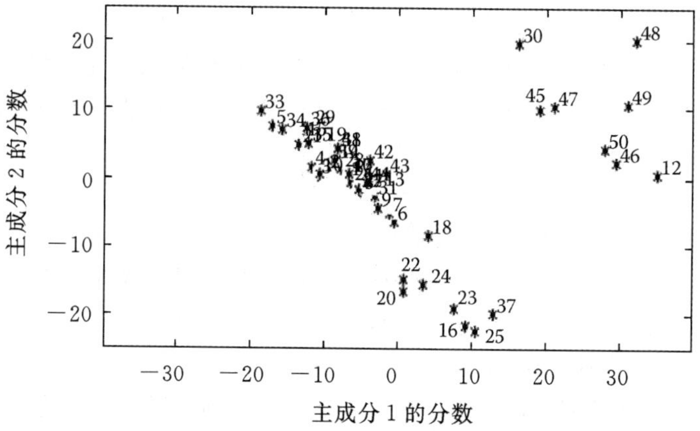

图 16.5 采用 50 个批次第一阶段的数据所得到的前两个主成分的分数图

采用 MPCA 分析了汽化阶段的数据,结果表明可变性的第一个方向与反应器的温度上升状况有关,第二个方向与热源提供的热质量有关,这两个主成分解释了大约 55%的总变化。由于沸腾是主要事件,那么热效应占主导地位并不奇怪。此外,沸腾速率和随后的温度上升速率依赖于从热源到反应器内物料的传热率。然而,通过分析可以知道,对于恒定的热输入和类似的反应器初始状态,不同批次间反应器温度的上升速率是不同的。这意味着某些批次可能比其他批次沸腾得更快,而维持规定的沸腾时间可能不仅会将溶剂汽化,还会影响最终的聚合物成分。强迫各批次遵循规定的反应器中心温度曲线而不只遵循一种时间序列的控制策略,应该可以削弱不同批次间温度上升状况的可变性。Kosanovich 和 Schnelle(1995)针对相同过程所做的额外工作验证了这一论断。

16.3.3 推理控制

多元统计方法可以用于开发反馈控制所需的非参数模型。这在没有仪器可以在线测量被控量的情况下尤其有用，成分测量即为这样的一个例子。模型可以用来预测所需信息，第一原理模型最适于这种情况。然而，这种模型的开发很耗时，且一般难以获得，而多元统计模型可以替代这种模型(Ljung，1989)。我们可以开发一个非参数模型来预测被控量，并将其用作闭环结构中的测量量(Kresta et al.，1991)。此外，可以在 PCA 模型定义的降维空间内进行公式化描述并实现闭环控制(Kasper and Ray，1992；Piovoso and Kosanovich，1994)。

16.3.3.1　PCA/PCR 控制器设计

本节提出了一种基于 PCA 模型的控制器设计。在化学工业中，过程涉及多个阶段，所有阶段都将影响最终产品的性能。为了维持这些性能，使其符合期望的规范，需要对所有阶段进行良好地控制。该类型过程的特点是，每个过程阶段都具有大量的外源变量和少量的调节变量。外源变量用来指示过程状态，调节变量用来间接控制不可测的量。这种方法缺乏在扰动发生时自动调整控制器设定值的机制。对这些变量进行仔细监测可以使我们把相对好和坏的产品性能与外源变量的变化关联起来。就可获得的质量数据来说，可以根据外源变量与质量变量之间的关系定义一个可接受的运行区域。当过程运行在该区域之内时，其表现得如同可以生产出优良产品时那么好。如果过程偏离了期望区域，根据外源变量与调节变量之间的关系，可以计算出合适的控制动作，使过程返回到期望的过程区域内。

更确切地说，可以首先开发一个 PCA 模型来表示分数空间中期望的过程区域，然后在分数空间中设计一个控制器来维持过程在该区域内运行，而后将分数空间中的控制动作映射到实际的变量空间，并在过程上实现。根据该方法，只要 PCA 模型正确地建立了外源变量与调节变量之间的关系，过程便将保持在期望的运行区域内，这种控制方法类似于模态控制。这里采用运行在大气压力下的高纯度二元蒸馏塔示例来解释控制器的开发过程。具体的控制目标是维持馏出产品的纯度 x_d 为 99.5%，其中塔板温度 X_{ex} 为外源变量，回流速率 X_{mp} 为调节变量。

令 $\boldsymbol{X}$ 表示由两种变量 X_{ex} 和 X_{mp} 组成的向量。对于各种运行状态，有

$$\boldsymbol{X} = [X_{ex} \mid X_{mp}] \tag{16.24}$$

首先开发 PCR 模型。对于本例，可得

$$[X_{ex} \mid X_{mp}] = \boldsymbol{TP}^{\mathrm{T}} + \boldsymbol{E}_x \tag{16.25}$$

$$x_d = \boldsymbol{T}q^{\mathrm{T}} + f_y \tag{16.26}$$

根据 $x_{d,sp}$ 确定分数空间中等效的控制器设定值：

$$t_{sp} = x_{d,sp}(q^{\mathrm{T}})^{\dagger} \tag{16.27}$$

其中，$(q^{\mathrm{T}})^{\dagger}$ 为 q^{T} 的伪逆，它是一个$(A\times 1)$的向量。根据 x 在特征向量矩阵 $\boldsymbol{P}$ 上的投影，可以计算出分数向量 $\boldsymbol{t}$：

$$\boldsymbol{t} = x\boldsymbol{P} \tag{16.28}$$

定义 $\Delta t = t_{sp} - t$ 为分数空间中的期望分数设定值与采样时间向量 $\boldsymbol{x}$ 相对应的分数之间的误差。反过来，通过

$$\Delta x = \Delta t\boldsymbol{P}^{\mathrm{T}} \tag{16.29}$$

可以将分数空间中的误差重建为 $\boldsymbol{X}$ 空间中的误差。

温度变量不能随意调节，只能通过改变回流速率来驱动过程，以产生新的 $\boldsymbol{x}$ 向量，使得 t

$\to t_{sp}$。在 $\boldsymbol{X}$ 空间，这意味着所需的回流速率变化应该驱动温度向产生 $x_{d,sp}(t_{sp})$ 的值的方向变化。从分数空间角度看，必须确定调节变量的变化，使得外源变量的变化与分数空间中位于期望区域的剩余变量相一致。要实现这一点，必须定义分数空间中外源变量与调节变量之间的关系。

考虑特征向量矩阵 $\boldsymbol{P}$ 的划分：

$$\boldsymbol{P}^{\mathrm{T}} = [\boldsymbol{P}_{ex} \mid \boldsymbol{P}_{mp}] \tag{16.30}$$

$\boldsymbol{P}_{ex}$ 是一个 $(A\times r)$ 维的矩阵，其中的 r 表示外源变量的数量，$\boldsymbol{P}_{mp}$ 是一个 $(A\times(m-r))$ 维的矩阵，其中的 $(m-r)$ 表示调节变量的数量。根据 $\boldsymbol{P}_{ex}$ 与 $\boldsymbol{P}_{mp}$ 之间的关系，可以发现外源变量与调节变量之间的关系为

$$\boldsymbol{P}_{mp} = \boldsymbol{P}_{ex}\boldsymbol{\Lambda} \tag{16.31}$$

其中，$\boldsymbol{\Lambda}$ 是一个 $(r\times(m-r))$ 维的系数矩阵，它定义了分数空间中外源变量与调节变量之间的关系。

式(16.31)具有良好的线性关系，这是因为特征向量在 $\boldsymbol{X}$ 空间定义了一个超平面。由于数据被均值中心化，通过原点和特征向量 p_j^T 的超平面是超平面中的单位向量，因此 p_j^T 在超平面中定义了一个点。求解上述关于 $\boldsymbol{\Lambda}$ 的方程，可得

$$\boldsymbol{\Lambda} = \boldsymbol{P}_{ex}^{\dagger}\boldsymbol{P}_{mp} \tag{16.32}$$

其中，$\boldsymbol{P}_{ex}^{\dagger}$ 是 $\boldsymbol{P}_{ex}$ 的伪逆。

16.3.3.2 实现

PCA/PCR 控制器按照如下方式工作：首先给定 $x_{d,sp}$，然后根据式(16.27)确定相应的 t_{sp}；类似地，给定 x，根据式(16.28)找到相应的 t。t 和 t_{sp} 之间的差异表示期望的分数变化 Δt，它可以用来产生一个相应的 Δx(式(16.29))。采用式(16.32)中的 $\boldsymbol{\Lambda}$ 矩阵，可以找到回流速率的变化，它将驱动塔板温度的未来变化，使其接近于零，从而使得 $x_d \to x_{d,sp}$。

由于这是一个稳态模型，所得控制器的变化可能非常大，进而违反 $\boldsymbol{X}$ 空间中的约束，因此只能实现一小部分变化。由于没有将过程动力学知识构建在模型之中，这个所谓的一小部分体现为一个调节参数。如果控制时间间隔相对于对象的动态特性来说比较长，那么可以实现计算出的所有改变。另一方面，如果控制时间间隔相对于对象的时间常数来说比较短，完全实现的计算出的控制动作可能过大，这是因为对象不能足够快地响应。图 16.6 对该方案进行了说明。

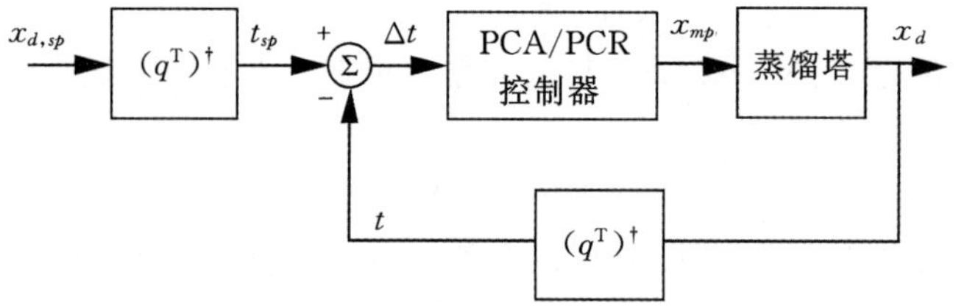

图 16.6 PCA/PCR 控制器的方块图

16.3.4 二元蒸馏塔

蒸馏塔是迄今为止在化学工程文献中最常研究的过程。在这项工作中，我们试图估计二元塔馏出物成分的纯度，并将其控制在 99.5%。为了实现该目的，做出以下假设：恒定的摩尔回流(Constant Modal Overflow，CMO)，100%级的效率，以及恒定的蒸馏塔压力。此外，假设离开第 n 个塔板的液体和第 n 个塔板的持液量之间存在一个简单的线性液压关系(Luyben，1990)。总共有 20 个塔板，冷凝器是一个完全的冷凝器，重沸器被建模为另一个塔板。水蒸汽的摩尔分数可以通过泡点计算来获得，并假设汽相是理想的，且 Raoult 定律成立。在蒸馏塔两端采用两个比例积分(Proportional-plus-Integral，PI)控制器，以维持回流罐中的存液量和塔底液位。在 L/V 配置下，采用两个额外的 PI 控制器控制馏出物和塔底残留物的成分。蒸馏塔的标称状态为：回流比为 2，馏分/进给比为 0.5。

16.3.4.1 成分估计

一种常见做法是采用选定塔板上的温度来控制端点处的成分，一个在精馏段，而另一个在提馏段。在大多数情况下，该做法是有效的，然而也存在失效的情况。在失效情况下，单个温度与产品成分之间的关系不能反映进给成分的变化以及蒸馏塔另一端的产品变化。对于大多数工业蒸馏塔，可以在多个位置处测量温度。那么，一种明智的选择是采用观测到的所有系统数据来推断端点处的成分，这种方式可以消除对单一塔板温度的依赖性，并最大化过程信息的利用程度。Mejdell 和 Skogestad(1991)提出采用这种成分估计器，他们利用 PCR 或 PLS 估计二元和多元蒸馏塔中的端点成分，其研究成果改进了产品成分的估计精度，增强了对测量噪声的鲁棒性。他们的工作还说明，当不存在可用的成分测量量时，可以采用静态估计器进行动态控制。

数据集是从一个包含 4 个因素、5 层设计的实验中获得的稳态温度和馏出物曲线，其中的进给速率、进给成分、蒸汽和回流率不断变化。数据中的进给成分和流速可在±20%的范围内变化。此外，数据是在一个不相关且在±0.2℃范围内均匀分布的温度噪声环境中收集的。根据交叉验证统计，一个具有 3 个载荷向量、采用 8 个塔板温度的 PLS 模型足以解释馏出物成分 98%的总变化。这个基于塔板温度的 PLS 模型仅为采用 PI 控制器的反馈控制提供馏出物成分的估计量(见图 16.7(左))。

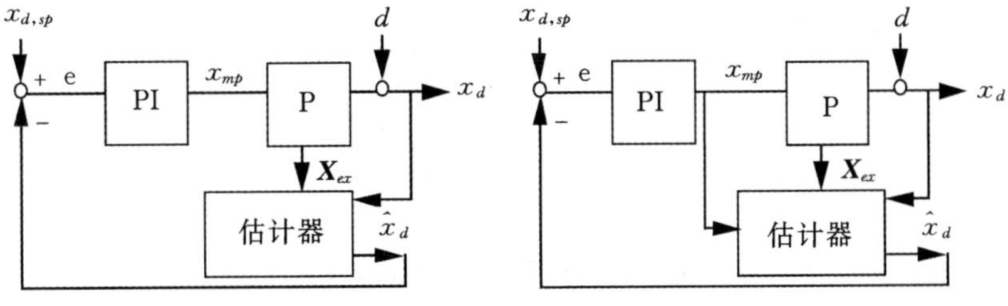

图 16.7 仅采用温度(左)和同时采用温度和回流(右)的反馈控制结构

可以想象，我们还可以开发基于温度和回流的成分估计器(见图 16.7(右))。由于回流是一种不同类型的测量量,在PLS模型中,不必将其像温度那样进行尺度变换(Kresta et al, 1991),而只需对其进行均值中心化,并根据前文所述方法,获得相应数据。与以前一样,一个具有3个载荷的PLS模型可以解释97%的成分总变化。

两个模型都能充分地预测馏出物成分,但温度-回流预测模型没有只采用温度的估计器那么准确,这与Mejdell和Skogestad(1991)的研究结果是一致的。鉴于该原因,他们在开发成分估计器时没有考虑调节变量测量量的贡献。针对馏出物成分设定值和输入载荷的变化,基于两种估计方法的任意一种进行反馈控制都可以获得令人满意的成分预测结果和良好的闭环性能。

16.3.4.2 PCA/PCR估计与控制

为了应用PCA/PCR控制器控制蒸馏塔,需要一个根据由温度和回流信息所构成数据开发出来的PCA模型,然后建立该模型分数关于馏出物成分信息的回归模型(PCR)。通过交叉验证,可以确定需要采用三个主成分来解释馏出物成分96%的总变化。采用16.3.3.2节讨论的方法实现控制器,这样只会产生积分型控制器。与基于温度的PI控制器和基于温度-回流的PI控制器相比,系统对设定值变化和载荷扰动的响应更加积极。这里采用了Ziegler-Nichols整定方法来设置PI控制器的参数值。图16.8和16.9总结了基于PCA/PCR控制器和基于温度-回流PI控制器的系统响应。与温度-回流PI控制器相比,PCA/PCR控制器对调节变量产生的噪声较小。在控制器行为过于积极的情况下,可以只适当地实现部分控制动作。对于蒸馏塔示例,我们需要根据控制变化过程和馏出物成分估计过程中的噪声来折中处理响应速度。在某些情况下,如果实现的控制动作过大,闭环系统可能变得不稳定;相反,如果过小,响应可能过于迟缓。调节变量的大小约束或调节变量变化率的约束可以以一种直接方式包含到这里讨论的任意一种模型中。

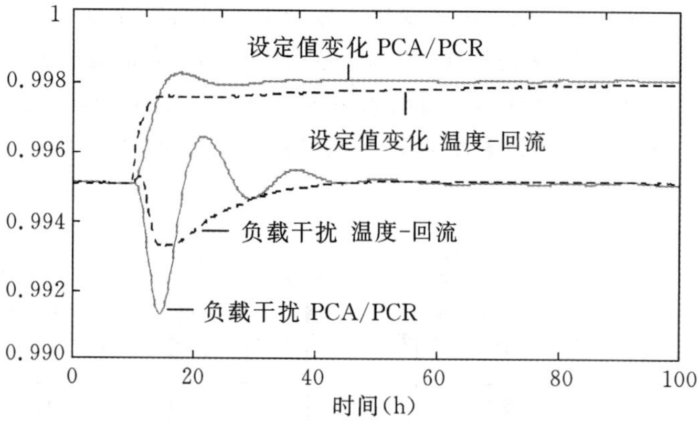

图16.8 采用PCA/PCR控制器方案估计出的馏出物成分

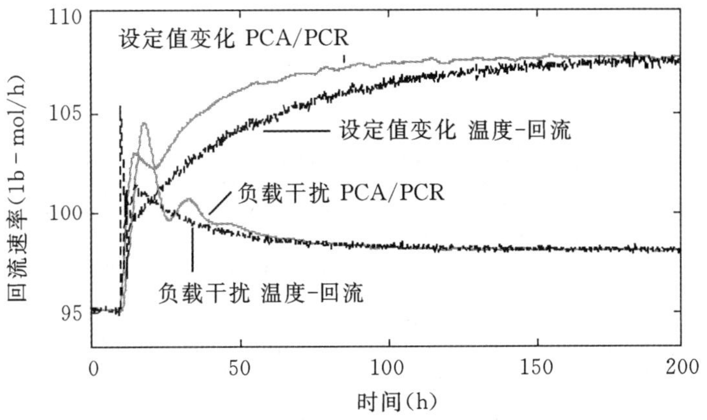

图 16.9 采用 PCA/PCR 控制器方案估计出的回流速率

16.4 结论

在很多化学过程中,数据均被高速收集。不幸的是,大部分数据很少被分析,除非出现了重大的运行问题。本章介绍了多元统计技术,这项技术可以将海量数据降维到较小的、更有意义的数据集合,从而可以处理噪声、共线性,并为改进控制性能奠定基础。

本章提出了三种这类技术:PCA、PCR 以及 PLS,提供了一个通用例子来说明这些技术的作用,并将其与较传统的 MLR 进行对比。采用了一个真实的工业例子说明了如何联合使用 PLS 和 PCA 来监控和检测异常事件。首先对数据进行分析,确定哪些是过程中的正常可变性;然后开发能够以简洁的方式定义可变性的模型;而后利用模型中的信息对当前过程状态进行分类,其依据是当前过程变化是否属于正常变化。如果不是,操作者便可获得有关数据为什么不具有期望形式的信息(不是根源),从而可以进行适当的校正操作。此外,本章还讨论了马氏距离这一判别统计量的使用方法。

针对批过程,本章开发了 PCA 的扩展形式,即 MPCA,它是处理批数据三维性质的必要工具。借助一个工业批聚合物反应器说明了 MPCA 的用法,提供了新的见解,证实了现有的过程知识,并提出了有意义的改进控制性能的方法。分析表明,将数据划分为与两个主要的化学现象相对应的集合这一做法,明晰了数据中隐含的信息,并允许根据对过程的理解进行解释。这样做便于识别与每个现象相关的可变性的主方向,并启发我们了解从何处着手可以改进现有的控制策略。

本章还介绍了一种基于 PCA 和 PCR 的新型控制器设计,并结合一个高纯度蒸馏塔示例进行了说明。该控制器的开发以生成调节变量的变化量为基础,该调节变量是关于一些外源变量的函数,而这些外源变量可以生成与 PCA 模型分数空间中分数相一致的分数集。这种控制器属于模态类控制器。对蒸馏塔实现整个控制动作后的结果说明,控制器动作是积极的,它具有更小的估计噪声和更短的调节时间。与温度-回流 PI 控制器相比,实现一部分控制器动作即可提供有竞争力的结果。

参考文献

Geladi, P. and Kowalski, B. 1986. Partial least-squares regression: A tutorial, *Analytica Chimica Acta* 185:1–17.

Hyvarinen, A. 1999. Survey on independent component analysis, *Neural Computing Surveys* 2:94–128.

Kasper, M. H. and Ray, W. H. 1992. Chemometric methods for process monitoring and high performance controller design, *AIChE Journal* 38:1593–1608.

Kiviluoto, K. and Oja, E. 1998. Independent component analysis for parallel financial time-series, *ICONIP'98* 2:895–898.

Kosanovich, K. A., Piovoso, M. J., Dahl, K. S., MacGregor, J. F., and Nomikos, P. 1994. Multi-way PCA applied to an industrial batch process, *Proceedings of the American Control Conference*, Baltimore, MD, 2:1294–1298.

Kosanovich, K. A. and Schnelle, P. D. 1995. Improved regulation of an industrial batch reactor, *Spring AIChE Conference*, Houston, TX.

Kresta, J. V. and Macgregor, J. F. 1991. Multivariate statistical monitoring of process operating performance, *Canadian Journal of Chemical Engineering* 69:35–47.

Lee, J., Yoo, C., and Lee. I. 2004. Statistical process monitoring using independent component analysis, *Journal Process Control* 14:467–485.

Ljung, L. 1989. *System Identification: Theory for the User*, Prentice-Hall, Englewood Cliffs, NJ.

Luyben, W. L. 1990. *Process Modeling, Simulation and Control for Chemical Engineers*, McGraw-Hill, New York, NY.

Martens, H. and Næs, T. 1989. *Multivariate Calibration*, John Wiley & Sons, New York, NY.

Mejdell, T. and Skogestad S. 1991. Estimation of distillation composition from multiple temperature measurements using partial least squares regression, *Industrial Engineering and Chemical Research* 30:2543–2555.

Nomikos, P. and MacGregor, J. F., 1994. Monitoring of batch processes using multi-way PCA, *AIChE Journal* 40:1361–1375.

Piovoso, M. J. and Kosanovich, K. A. 1994. Applications of multivariate statistical methods to process monitoring and controller design, *International Journal of Control* 59(3):743–765.

Piovoso, M. J., Kosanovich, K. A., and Yuk, J. P. 1992a. Process data chemometrics, *IEEE Transactions on Instrumentation and Measurements* 41(2):262–268.

Piovoso, M. J., Kosanovich, K. A., and Pearson, R. K. 1992b. Monitoring process performance in real-time, *Proceedings of the American Control Conference*, Chicago, IL, 3:2359–2363.

Shah, N. K. and Gemperline, P. J. 1990. Combination of the Mahalanobis distance and residual variance pattern recognition techniques for classification of near-infrared reflection spectra, *American Chemical Society* 62:465–470.

Vigario, R. 1997. Extraction of ocular artifacts from EEG using independent component analysis, *Electroencephalography and Clinical Neurophysiology* 103(3):395–404.

Wold, H. 1982. Soft modelling. The basic design and some extensions, in *Systems under Indirect Observations*, editors K. Jőreskog and H. Wold, Elsevier Science, North-Holland, Amsterdam.

Wold, S., Esbensen, K., and Geladi, P. 1987. Principal component analysis, *Chemometrics and Intelligent Laboratory Systems* 2:37–52.

Wold, S., Ruhe, A., Wold, H., and Dunn, W. 1984. The collinearity problem in linear regression. The partial least aquares (PLS) approach to generalized inverses, *SIAM Journal on Scientific and Statistical Computing* 5:735–743.

Yoo, C. K., Lee, J., Vanrolleghem, P. A., and Lee, I. 2004. On-line monitoring of batch processes using multiway independent component analysis, *Chemometrics and Intelligent Laboratory Systems* 71:151–163.

17

厂级控制

Karlene A. Hoo
德克萨斯理工大学

17.1 引言

工业工厂，无论是连续型还是批次型，都可以看作是由相互关联的处理单元组成的网络，用以生产各种日用商品。在过程控制领域，术语“工厂”和“过程”几乎是同义的，而系统通常是指工厂以及外围辅助性的控制硬件、蒸汽发生器（公共设备）、水处理设备等基础设施。传统上，过程设计和控制器的综合是顺序执行的，即首先设计由相互关联的单元操作组成的过程，以便满足设计参数（生产率、纯度规格、供给条件）的要求，然后确定控制策略，从而在与设计参数相关的运行条件下调节工业过程。从历史上看，这种串行的过程设计和厂级控制方法取得了成功，但是伴随着对防污染工厂、可持续过程以及降低对环境的影响等要求的日益提高，有必要对该方法进行改进，使得从一开始就把动态可操作性、稳定性以及可控性问题纳入到设计和控制策略中。

顾名思义，过程设计关注的是过程的设计，而厂级控制着重于控制系统，文献[1]指出了过程设计与其控制系统之间的互补作用。一个为某种特定设计服务的控制系统不仅应该使该设计的稳态经济性能达到最优，而且还要使该设计的开环动态性能具有可操作性、稳定性和可控性。换句话说，应同时考虑过程设计（稳态概念）和可操作性（动态和稳态特性），这会限制可达到的闭环性能。这一点并不奇怪，这是因为任何一个过程本质上都是非线性的、高维的，其中相互关联的单元操作之间具有复杂的交互作用，并且会受到安全和环境法规的制约。

设计的任务是构建一个由相互关联的单元操作组成的工艺流程，这些单元操作可以实现包括经济可行性在内的预设目标，而厂级控制的任务是为解构后的工艺流程设计控制器。当将流程重构后，所设计的控制器能够以令人满意的方式调节被控变量，并且使各部分的相互作用达到最小。当考虑厂级控制设计时，如何以最合理的方式分解工艺流程将成为一个附加任务。

公开的文献中已经提出了许多不同的厂级控制方法，但是没有一个方法在过程工业中得到检验。一个可能的原因是化学过程多种多样，因此不能期望单个基础性的厂级控制方法能够适用于所有过程。也许采用多种厂级控制方法，并根据化学过程中的主导现象（无机合成、低温等）把这些方法进行细分更为现实些。本章组织如下：17.2 节对有关厂级控制的文献进行简单回顾;17.3 节对比较知名的方法进行详述,并给出一个说明性的示例——二甲醚(Dimethyl Ether,DME)的合成;最后,17.4 节对本章进行总结,并给出一些建议。

17.2 厂级控制研究综述

即使是在设计条件下,传统的过程设计和控制器综合的方法也不能保证过程设计是可控的。厂级设计和控制的基本目标是同时考虑过程的稳态设计和动态性能;换句话说,这是过程设计和控制器综合的集成。然而,尽管从厂级角度来研究集成设计问题的优势很明显,但如此大规模问题的建模和求解具有较大难度。

本节将公开文献中的方法大致分为两类:启发式方法(其他说法包括实验、经验法则以及工程判断)和非启发式方法(通常是一个数学框架)。大多数的第一类方法都以从业人员丰富的工业经验和专业判断为基础。对于第二类方法,所得出的结论依赖于线性和非线性理论、最优理论、统计和概率论。这类方法研究两个动态子问题:**开环系统**和**闭环系统**,其中,前者关注过程不受控制时的动态性能,而后者考虑过程以及为其设计的控制策略。对于这两类分析方法而言,控制自由度的数量和闭环稳定性都很重要。

这两类方法遵循的总体方式是,隐式或显式地将高维化学流程分解为多个较小的组,每组包含若干个相互关联的单元操作,以便减小厂级控制器设计的维数。我们可以按照功能、结构或综合考虑这两个因素进行分解。此外,分解后得到的子组不必遵循过程的流向。

17.2.1 启发式方法

由于大规模生产制造是一个国家经济成功的标志,也是应对全球竞争的必要手段,因此在这方面积累了丰富的工业经验和专业的判断规则。一个大规模批次型或连续型过程的基本特征包括单元操作的种类和规模、它们之间的关联、消耗/生产的大量物料和设备。由于普遍做法是首先设计化学过程(可以得到一个满足稳态设计条件的工艺流程),然后执行控制策略,那么一点也不奇怪的是,该控制结构无法解决一些通常与过程设计本身所产生的约束有关的调节问题。针对启发式方法的一个严格考察表明,质量、能量和动量守恒定律是以产品质量和生产率规范、能量管理、安全和经济性(连续操作)的形式而被应用的。

17.2.1.1 程序规则

程序规则是构造过程设计和控制目标的步骤。例如,由于经济性对于过程的可行性具有较高优先级,所以需要明确强调产品的质量。产品质量通常取决于反应器和分离器单元的操作。

Luyben 与其合作者[2~7]对这类方法做出了突出贡献。他们所提出的规则以物料和能量守恒为基础。对于厂级控制策略的综合问题,他们设计的九步流程如下所示[2,4,8~10]:

1. 建立控制目标。
2. 确定控制自由度。
3. 建立能量管理系统。
4. 调节生产率。

5. 调节产品质量。
6. 直接调节每个循环回路的流量，并控制库存。
7. 平衡每种化学成分。
8. 调节各个单元操作。
9. 优化经济指标，并且/或者改进动态可控性。

这九个步骤遵循物料和能量守恒，并且在循环回路中不会出现诸如“雪球效应”的现象[10]。雪球效应之所以能够避免，是因为对每个物料循环回路中的循环流量都进行了明确的调节，从而使得物料循环对系统的影响不会累积。

Price 与其合作者[11,12]提出了一个类似的五步流程：

1. 调节生产率。
2. 调节库存。
3. 调节产品质量。
4. 通过调节来满足设备和操作约束。
5. 通过调节来改进经济性能。

对于这两种不同的过程化方法，首先可以看到各自的调节顺序有所不同。很明显，调节顺序设定了控制自由度的用法。控制自由度一旦被分配出去，将不再可用。此外还可以看出，经济性能是至关重要的，它主要体现为对生产率和产品质量的调节。最后可以看到，对于连续可操作性而言，液体库存可以被很好地调节。

Shinnar 与其合作者[13,14]提出了另外一种过程化方法。该方法的核心是确定一个变量集，使得在存在预设扰动的情况下，通过调节这些变量可以获得稳定的闭环性能。对该变量集的近一步研究表明，它与过程的经济性能具有紧密联系。这种特定的控制变量集的确定依赖于工程经验，并且很难泛化。Shinnar 与其合作者对复杂的非线性流体床催化裂化设备(Fluid Catalytic Cracker，FCC)这一示例系统进行了多次研究，同时 FCC 是石化工厂的支柱。除了在设计厂级控制策略时需要依赖工程经验这一主要缺点外，该方法的其他缺点还包括没有隐式地考虑多变量间的相互影响、传感器和执行机构的位置、单元操作的复杂性和非线性、稳定性以及动态响应时间。

17.2.1.2 分层分解方法

由于大多数启发式方法都以兼顾经济性、安全性和连续操作性为基础，所以很自然地，相应的目标函数的数学表达式会以某种形式包含这些因素。由于多目标函数的收敛性是一主要障碍，所以研究的难点是如何把过程设计分解为多个便于处理的部分。分解准则可能是功能性的(反应系统、分离系统)、结构性的(产品供料的自然流量)，也可能是两者的结合。

Buckley[15]建议根据物料平衡和产品质量来对厂级控制问题进行分解，其中的两个准则都以经济性能为基础。Douglas 与其合作者提出了一种五层的功能性分层设计方法[16~20]。这种层次结构几乎在所有的化学工程设计课程中都会讲授，这里对其重申一下：

1. 确定将要设计的过程是批次型还是连续型。连续型过程在化学和石化工厂中较为常见，而批次型过程通常适合于小型的特殊化学产品的生产。

2. 确定所有主要的输入输出流。从物料平衡的角度看,进入系统的每种成分都具有一个离开系统的路径。
3. 由于没有反应是100%完成的,为了提升经济性能,需要确定物料循环流。这里值得一提的是,循环流会带来更多的可操作性和可控性难题。
4. 由于反应系统会产生一些不需要的副产品,为了获得期望的产品纯度,需要设计一个分离系统。
5. 类似于物料循环,经济性还要求对能量进行管理。由于操作性约束和安全性要求,这里同样存在着调节难题。

这种方法的一个明显限制是,设计方案仅以稳态设计目标为基础。Ponton 和 Liang[21] 对 Douglas 设计的层次结构进行了改进。他们在每个设计层次中都包含了一个控制问题,并建议在每个层次都确定控制自由度和设计控制结构。这种改进方法的不足之处是没有考虑各层次之间的相互作用。

Morari 与其合作者应用优化理论和一种独特的三层分解方法来处理厂级控制问题[22~28]:

1. 采用稳态优化方法优化那些从厂级角度来看对经济性有很大影响的运行条件。
2. 在高级过程控制层,根据对最优运行条件的响应来确定被控变量的设定值。通常利用过程的数学模型来设计控制策略,以便描述交互作用、约束以及非线性行为。
3. 调节层具有最快的动态特性。这里的重点是调节各个单元操作,同时最大限度地削弱它们之间的交互作用。

Stephanopoulos 与其合作者将层次之间的关联概念化为一种嵌套框架[29~32]。高级层次构成了优化问题的外部回路,并且为内部回路提供设定值和有效的约束;而内部回路把当前的过程状态反馈给外部回路,从而不断地改善优化效果。由此,整个厂级优化问题的目标将由外部回路来确保,它通过调整内部回路的目标来实现整体目标。这种框架以级联控制结构的概念为基础。

总体而言,启发式方法已经成功地应用于大规模过程的设计和控制中。然而,与某一种过程(例如,碳氢化合物系统或低温系统)有关的启发式方法可能并不适用于另一种过程。即使是对于同一种过程,领域专家们也并不总是对相同的启发式方法达成一致。因此,如果解决方案(设计或者控制器)有所不同,一点也不奇怪。但是通过细致考察可以发现,它们在某种程度上还是具有一些相似性的。很明显,由于启发式方法的这种本质,具有相同基础的启发式厂级控制器设计也可能不总是具有可比性。

17.2.2 数学方法

数学方法的迅速发展和运用主要得益于各种可使用的自动化工具箱,例如 AspenTech (Houston,TX)的 AspenOne® 产品套件、SimSci-Esscor(Houston,TX)的 PRO/II™、Process Systems Enterprise(London,UK)的 gPROMS®、Mathworks(Natick,MA)的 MATLAB® 及相关工具箱、Honeywell(Minneapolis,MN)的 Profit Suite™ 以及 Control Station(Tolland,CT)的 LOOP-PRO™。

然而,这里需要指出的是,由于大多数这类方法都不太直观,并要求过程工程师能够透彻地理解控制和过程工程理论，所以只有一小部分这类工具被过程工程师有效地使用。实际上，对这些自动化工具熟悉的顾问通常被安排进行设计、测试以及验证过程设计和厂级控制结构的工作。

这一类中的大量方法具有很多分类方式，例如，稳态和动态、开环和闭环、时间和频率、是否以模型为基础等。由于大多数的化学过程工业都采用基于时间的方法，所以本章也不考虑基于频率的方法。

17.2.2.1　开环方法

这里假设如果可控性分析可以在设定条件下确定过程的动态性能，通过筛选各种可选设计的方式将更有效，并且只有那些完全可控的设计才会被保留下来。在本章中，可控性的一个可行定义是指，利用可获得的执行机构在指定范围内调节被控变量，以使得过程达到可接受的控制性能的能力[33]。

可控性的这种定义假设存在一个控制律，而过程可以在存在已知且有界的扰动的情况下被该控制律调节。因此，可控性是过程本身的性质，对所应用的控制律的类型没有特别要求。经典控制概念是以全状态反馈为假设条件，开环分析指的是在摄动情况下的动态过程设计行为。通常开环方法利用线性稳定性理论来证明当前设计在设定的条件下是一个稳定设计。闭环分析涉及过程和厂级控制策略。由于闭环特性，在理论上不容易获得非线性稳定性。通常利用数值仿真来证明所选择的控制策略可以调节系统，使其达到一些预设的性能指标。稳定性并不意味着可控性，但反过来是成立的。

大多数可控性分析工具都以线性理论为基础，并且假定过程仅在设定的运行状态附近经历较小的摄动。一个线性系统可以由多种模型形式来表示，一般的非线性系统可以表示为

$$\dot{x} = \boldsymbol{f}(x,u);\quad y = \boldsymbol{h}(x)$$
$$\text{满足}:\phi(x,u) = 0;\quad \psi(x,u) \leqslant 0 \tag{17.1}$$

其中，$\boldsymbol{f}$ 和 $\boldsymbol{h}$ 是非线性的实函数向量，x 表示状态，y 表示输出，u 表示输入，$\phi(\cdot,\cdot)=0$ 是等式约束，$\psi(\cdot,\cdot)\leqslant 0$ 是不等式约束。通过对式(17.1)进行 Taylor 级数展开，可以得到一个近似的线性状态空间模型：

$$\dot{x} = \boldsymbol{A}x + \boldsymbol{B}u \tag{17.2}$$
$$y = \boldsymbol{C}x \tag{17.3}$$

其中，$\boldsymbol{A}$，$\boldsymbol{B}$，$\boldsymbol{C}$ 是具有适当维数的时不变矩阵。根据这个线性模型可以得到传递函数模型，从而可以使用频率设计方法。当无法获得系统模型时，可以利用系统辨识方法来确定输入输出模型(阶跃响应模型、时间序列模型)。需要提醒的是，系统辨识方法只能辨识可控的模态。

相对增益阵列(Relative Gain Array，RGA)是一种通常用来证明可控性的定量工具[34]。RGA 是作为一种衡量调节变量与被控变量之间交互作用的稳态指标而被引入的，它是第一个用于验证以启发方式选定的控制变量和调节变量对的工具[11]。研究文献对原始 RGA 的推导进行了扩展。例如，RGA 已经被扩展到了非方系统。Stanley 等学者[35]采用类似的方式提出了稳态相对扰动增益(Relative Disturbance Gain，RDG)，用以量化扰动对可控性的影响。为了解决扰动的动态影响，Huang 和 Hovd 等学者[36,37]通过评估所有频率上相应的 RGA，把动态信息吸收进来。

Niederlinski 指数(Niederlinski Index，NI)是另外一种用于分析控制回路对的稳定性的有

效指标,它仅使用 RGA 的稳态结果。负的 NI 值意味着选择的控制回路对不稳定。有关稳态 RGA 和 NI 的使用方法,读者可以参看文献[33,38]。奇异值分析同样也被用于评估过程的可控性[39~42]。奇异值代表过程在所有可能的输入中的最小增益。奇异值越大,过程对扰动的适应性越强。

研究开环系统的一个主要优势在于,它假设对象的动态和稳态可操作性都被考虑到了过程之中。也就是说,只有在设计阶段把控制要求考虑进来,才能保证系统对某种变化的反应能力。如果设计决策是仅根据稳态要求而确定的,那么有可能给过程的可操作性和可控性带来严重的限制。通过利用可操作性和可控性方法分析开环设计的动态特性,可以发现由稳态设计造成的限制,并且有可能对其进行改进。通过以上讨论,不难得出结论:虽然这些分析方法可以指导控制设计,但是它们不一定给出相同的解决方案。一些研究人员已经证明,由于这些分析方法建立在不同的基础之上,那么从性能角度来说,得到的控制结构有可能是矛盾的[42,43]。通常,控制方案是根据启发式规则、成本以及其他一些无形因素而选择出来的。如果可以获得闭环系统的一个近似的数学模型,我们就可以在良好的控制状态下仿真控制器的性能。

17.2.2.2 闭环方法

闭环方法是一种能够同时处理动态过程和控制器设计问题的方法。Narraway 和 Perkins[44]提出了一种系统性的设计方法,该方法使用混合整数线性规划(Mixed Integer Linear Programming,MILP)方法,并根据线性经济分析来同时确定过程设计和调节反馈控制的结构。通过求解 MILP 问题,可以得到指定的部分或全部控制结构的动态经济性能指标的乐观边界。这种方法已被扩展应用于具有参数不确定性[45,46]和多变量控制器[47]的情况。

Georgakis 等学者[48]采用了一种基于优化的方法来确定输入的边界,该边界可以保证在整个动态响应过程中获得所要求的输出性能。Swartz[49]采用线性反馈控制器的 Q 参数化方法定义了任意线性镇定控制器的性能上界。Bahri[50]则应用了一种回退方法,该方法通过考虑预设扰动的影响,使系统离开初始的"最优"设计。回退量与该设计的经济收益和动态可操作性有关。

17.2.3 组合方法

从以上讨论可知,工程知识和数学分析都有利于解决厂级设计和控制问题。虽然这些方法是以启发式方法或定量方法的形式而引入进来的,然而很多方法是两者的组合。通常,组合方法首先采用启发式的知识来分解过程流程,然后利用两种方法的组合来设计控制策略。

Skogestad 与其合作者[33,51~57]提出了自寻优控制变量(Self-Optimizing Control Variable, SOCV)的概念,并给出了如图 17.1 所示的控制设计层次结构。

一个被控变量如果可以在输入恒定的情况下被对象调节到可接受的边界内,那么该变量被称为是自寻优的。下面给出了选择 SOCV 的准则:

- 对于已知扰动具有鲁棒性。
- 容易测量和控制。
- 对调节变量的变化敏感。

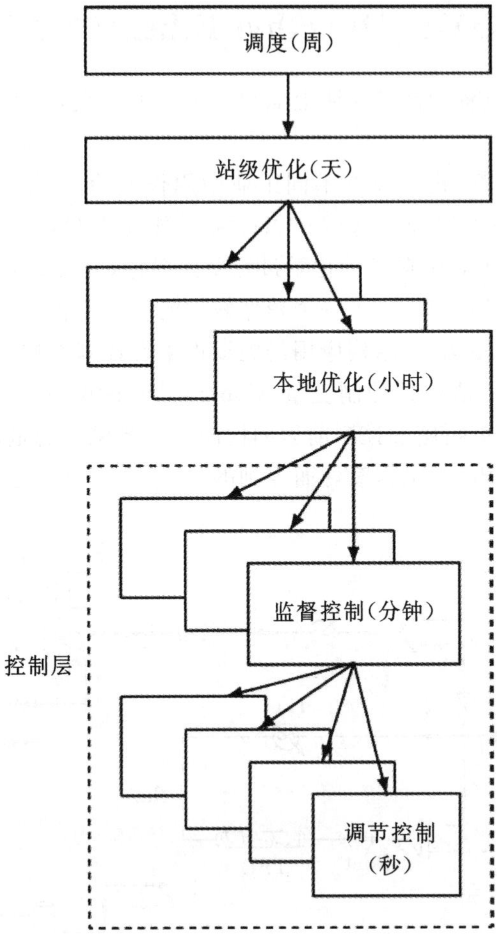

图 17.1 Larsson 和 Skogestad 提出的控制层次结构(改编自文献 T. Larsson and S. Skogestad, *Int. J. Control*, 21(4): 209－240, 2000)

- 相互之间独立。

对于一组预设扰动，为了评估所选择的 SOCV 的合理性，还需要构建并优化一个损失函数。这种方法与 Shinnar 及其合作者提出的部分控制的概念[13,14]具有一些相似性。它们面临的共同问题是如何选择已测量的预设扰动集。

Vasbinder 和 Hoo[58]提出并发展了一种基于决策的方法，称为**改进的层次分析法**(modified Analytic Hierarchical Process, mAHP)。该方法依赖于一种特殊的过程流程分解方法，这种分解方法根据稳态和动态可操作性要求来对单元操作进行分组。一旦子组被确定下来，可以采用任意的控制器设计方法来为每个子组开发控制结构。

17.3 仿真示例:DME(Dimethyl-Ether)的生产过程

本节将通过介绍一个过程示例来说明上面讨论的一些问题,同时展现一下厂级控制策略的发展。

DME 被广泛用作推进剂,也可以在不同工业中用作制冷剂、溶剂以及燃料。DME 具有多种生产方法,这里介绍一下以纯甲醇(MeOH)为原料生产 DME 的过程[58]。Turton 等学者[59]提供的工艺流程展示了其中典型的化学过程单元操作。考虑到经济因素,其中设置了物料循环和热集成操作。这里我们使用了一个稍作修改的工艺流程图,具体如图 17.2 所示。此外,还设计了一个分散控制结构,该结构应用经验知识来设计基本控制结构和选择预设的扰动集合。然后我们应 SOCV 方法选择控制变量(Control Variable,CV)。当然也可以使用其他方法,但这里的重点是如何分析施加控制前后的性能。需要说明的是,这里的流程和后面的结果是利用 2006 版的 AspenPlus® 工程套件而得到的。

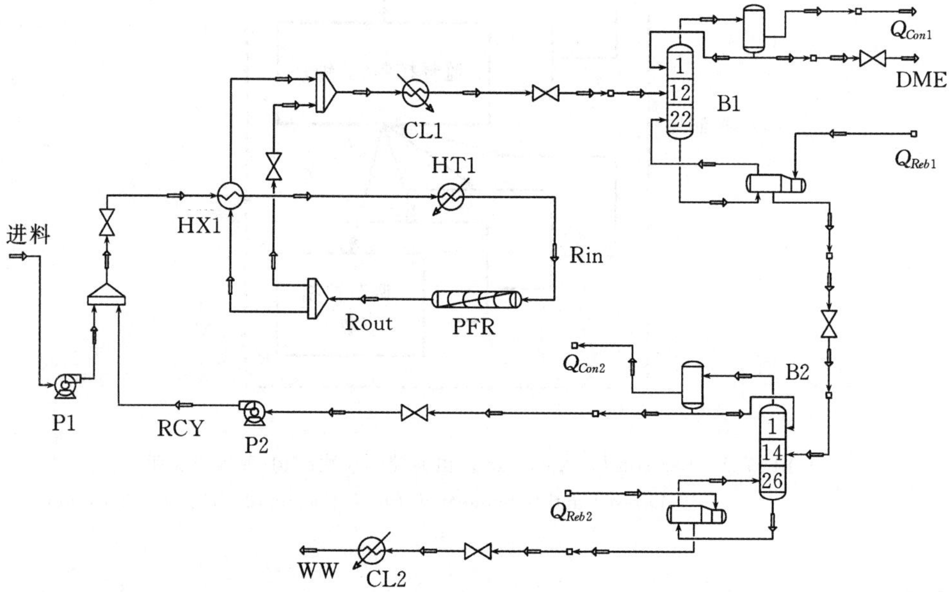

图 17.2 DME 的稳态设计的工艺流程

17.3.1 稳态分析

有关该过程的描述改编自文献[59]。一般通过对 MeOH 进行催化脱水来生产 DME,主要的化学反应为

$$2CH_3OH \rightarrow (CH_3)_2O + H_2O \tag{17.4}$$

这是个放热反应,运行条件是:入口温度为 250℃,压力大约为 1.5MPa。这个反应的动力学速率可由 Arrhenius 表达式来描述:

$$rMeOH = k\exp\left(-\frac{E_a}{RT}\right)P_{MeOH} \tag{17.5}$$

其中，r_{MeOH}是 MeOH 的转化率，k 和 E_a 是动力学速率参数(见表 17.1)，P_{MeOH}是 MeOH 的局部压力。这里假设在所列的运行条件下，不会发生明显的副反应。在 DME 的产品质量至少为 99.5wt%的前提下，期望的 DME 生产率是 50000 吨/年(～124.0kmol/h)。由于高温会使酸性沸石分子筛催化剂失去活性，所以要求反应器的温度不能超过 400℃。另外一个限制是，废水的纯净度至少应达到 99.8wt%，以满足环保法规。

表 17.1 DME 的运行条件

参数		值	
k	1.21×10^6 kmol/m³ - h		
E_a	8.048×10^4 kJ/kmol		
R	8.314J/mol - k		
进料	温度	25℃	
	摩尔流量	260.0kmol/h	
	质量流量	219.44tons/day	
	压力	101kPa	
	成分 wt%	MeOH	99.4
		H_2O	0.6

在环境状态下将新生产的 MeOH 加压至 1.56MPa，然后汇入循环流。所得到的混合物通过一个进料-热交换器和一个加热器后，被预热至 250℃。该设计可以使 MeOH 的一次转化率达到约 80.0%。采用两个蒸馏塔来获得提纯的 DME 产品以及回收的未反应的 MeOH。馏分流主要包含未反应的 MeOH，它们将被重新回收到反应器中。表 17.1 列出了所设计的运行条件。

设计参数包括泵速、设备负荷、塔板的总数量、进料塔板的位置和长度以及反应器的直径。转化过程对反应装置的入口温度比较敏感。如果反应装置的入口温度降低，反应程度和出口温度也将有所下降。进料-热交换器可能无法一直提供所需要的热负荷，因此额外增加了一个加热器。该加热器成为了一个能够对反应装置的入口温度的变化做出响应的控制自由度(见图 17.3)。

稳态设计是通过 2006 版的 AspenPlus 工程套件而解决的，表 17.2 列出了相应的结果。该设计满足了产品的稳态要求，也就是说，DME 在产品流中的浓度和流量分别为 99.56wt%和 129.0kmol/h，而水塔底部水流中的水浓度为 99.89wt%。

现在我们利用前面介绍的可控性措施和方法，从开环角度来分析过程的动态可操作性。

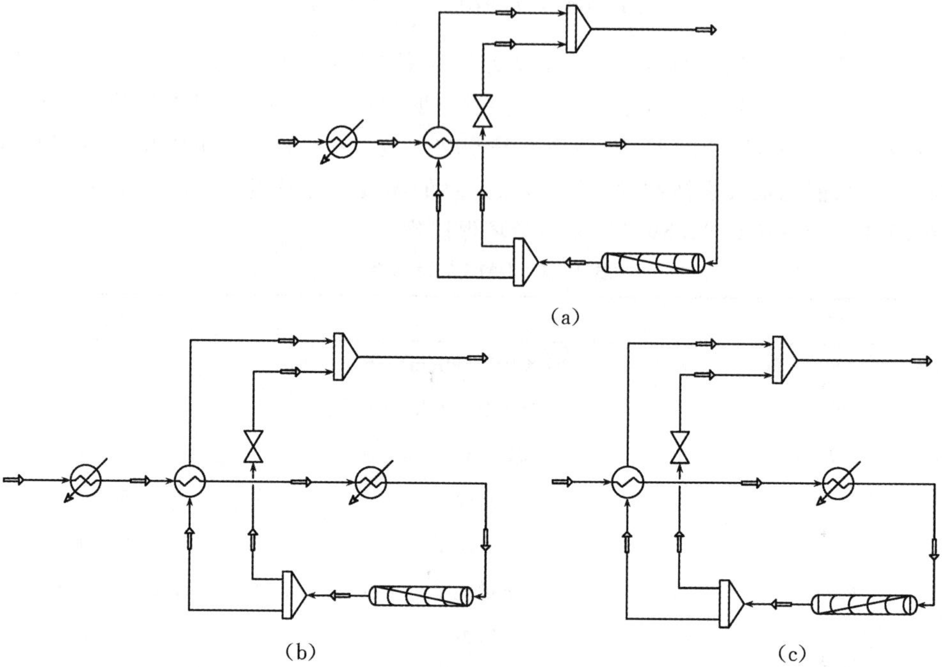

图 17.3 用于预热反应器入口处物料的装置结构对比:(a) Turton(改编自文献 R. Turton, et al., *Analysis, Synthesis, and Design of Chemical Processes*. Prentice-Hall International, Upper Saddle River, NJ, 1998);(b) Vasbinder(改编自文献 E. Vasbinder and K. Hoo, *Ind. Eng. Chem. Res.*, 42:4586-4598, 2003);(c)当前设计

表 17.2 DME 的生产过程:主要的设备和设计变量

单元操作	变量	值
反应器	长度,直径	10.0m,0.72m
	T_{Rin}, P_{Rin}, T_{Rout}, P_{Rout}	250.0℃,1.5MPa,368.0℃,13.9atm
泵(P1)	功率,出口压力	9.78kW,1.56MPa
泵(P2)	功率,出口压力	2.45kW,1.56MPa
加热器(HT1)	Q,出口温度	3.59×10^3kW,250.0℃
冷却器(CL1)	Q,出口温度	-3.84×10^3kW,81.5℃
冷却器(CL2)	Q,出口温度	-0.34×10^3kW,50.0℃
热交换(HX1)	传热系数,面积	50.0W/m^{2}K,40.2m^2
	N_T, N_f^a 塔板直径,间距	22,12,2.0m,0.61m
产品塔(B1)	F_{DME} 塔顶压力	129.0kmol/h,1.05MPa,0.79
	Q_{Reb1}, Q_{Con1}	1.38×10^3kW,-1.15×10^3kW
	N_T, N_f 塔板直径,间距	26,14,2.0m,0.58m
水塔(B2)	F_{WW} 塔顶压力	131.0kmol/h,0.7MPa,1.86
	Q_{Reb2}, Q_{Con2}	1.55×10^3kW,-1.58×10^3kW

* 从上至下编号

17.3.2 厂级控制结构的综合

根据文献[2,8]中给出的厂级控制设计步骤,我们作出以下分析:

1. 步骤 1:为满足 DME 的生产,对所制定的控制需求进行定性分析。

在所设计的运行条件下,反应器的转化率随温度的变化曲线如图 17.4 所示。MeOH 的转化率可在反应器的出口处测量得到。当入口温度处于 240～260℃的范围内时,出口温度和转化率与入口温度之间存在一种非线性关系。为了避免违背最高运行温度的限制(400℃),需要对出口温度进行调节。当出口温度处于 300～390℃的范围内时,MeOH 的转化率与出口温度呈线性关系。因此,可以通过调节出口温度来实现所设计的转化率。

当不采用物料循环时,过程的开环时间常数约为 2 小时,而当采用物料循环时,该时间常数将增大 3.5 倍(约为 7 小时)。此外,热集成也将显著改变过程的动态特性。由于采用了进料-热交换器,反应器的入口温度依赖于出口温度。为了进一步抑制出口温度中的扰动,我们增加了一个旁路,它可以额外提供一个控制自由度。

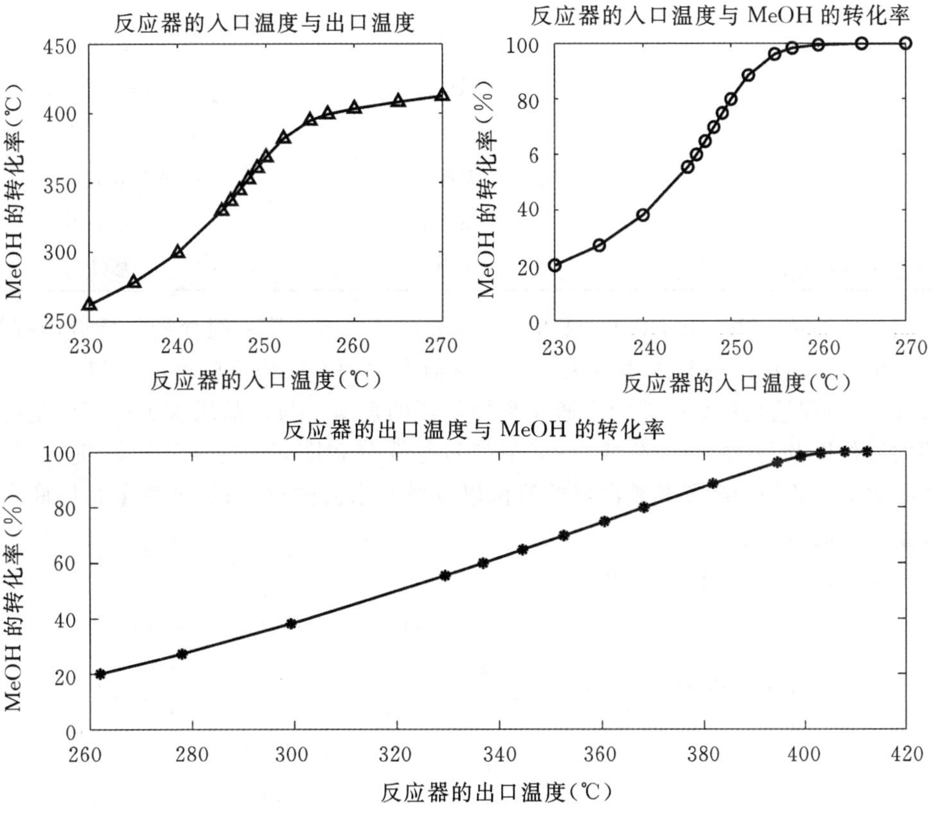

图 17.4 对所设计的反应器运行条件的分析

2. 步骤 2:确定被控变量和控制自由度。

工程经验表明,由于液位可以兼顾物料和所有库存,所以可将它选为被控变量。其他有关

库存的变量包括塔的压力、温度以及物料循环速率。最终确定如下 16 个变量为 CV(Control Variable):

- **反应器的单元操作(4)**:入口温度、出口温度、压力和流量。
- **DME 塔(6)**:馏出产品的纯度、进料流量、温度、压力、冷凝器和重沸器的液位。
- **水塔(5)**:塔底产品的纯度、温度、压力、冷凝器和重沸器的液位。
- **循环流(1)**:压力。

控制自由度的最大数量应该不少于被控变量的数量。所设计的控制自由度包括:7 个控制阀、7 个加热和冷却装置、2 台泵。根据经验知识和诸如稳态 RGA 和 NI 的定量指标,可以完成被控变量与调节变量的配对。表 17.3 列出了反应器、产品塔和水塔中的被控变量和调节变量对。

表 17.3 被控变量与调节变量对

单元	被控变量	调节变量
反应器	流量	控制阀
	压力	泵(P1)
产品塔	流量	控制阀
	温度	冷却装置(CL1)
	塔顶压力	冷凝器
水塔	温度	冷却装置(CL2)
	塔顶压力	冷凝器
循环流	压力	泵(P2)

根据相关的单元操作和 RGA 分析,对变量进行了分组。第一组变量与反应器有关,第二组和第三组变量与产品塔和水塔有关。与反应器有关的 CV 是反应器的入口温度和出口温度;选择的调节变量是热交换器的旁通阀和加热器的负荷。与产品塔有关的 CV 是冷凝器和重沸器的液位以及 DME 的馏分成分;调节变量是馏分和塔底的控制阀以及重沸器的负荷。与水塔有关的 CV 是冷凝器和重沸器的液位以及塔底水流的成分;调节变量是塔底水流的控制阀和重沸器的负荷。

三组变量的 RGA 分析结果为

$$\begin{bmatrix} & T_{Rin} & T_{Rout} \\ Q_{HT1} & 0.510 & 0.490 \\ F_{By} & 0.490 & 0.510 \end{bmatrix} \begin{bmatrix} & L_{Con1} & L_{Reb1} & X_{DME} \\ F_{DME} & 0.783 & -0.140 & 0.357 \\ F_{B}^{B1} & -0.140 & 1.745 & -0.605 \\ P_{Reb1} & 0.357 & -0.605 & 1.248 \end{bmatrix}$$

$$\times \begin{bmatrix} & L_{Con2} & L_{Reb2} & X_{WW} \\ F_{RCY} & 0.692 & 0.528 & -0.220 \\ F_{WW} & 0.528 & 1.928 & -1.456 \\ Q_{Reb2} & -0.220 & -1.456 & 2.676 \end{bmatrix}$$

我们建议沿主对角线进行配对。然而可以明显看出,这种配对方式依然存在显著的交互作用(非对角线项)。

3. 步骤 3:额外的控制问题。

第一个问题是对与反应器有关的变量进行配对。由于反应器的入口温度和出口温度是耦合的,所以无论根据主对角线还是次对角线进行配对都是不合适的。为了解决这个问题,提出了一种级联反馈控制策略。该策略根据反应器的入口温度的设定值来控制反应器的出口温度,而反应器的入口温度可以通过改变加热器的负荷来调节。内回路的开环时间常数约为4.5分钟,而外回路的开环时间常数约为 21.5 分钟。

除非出口温度超过 400℃的运行限制,热交换器的旁路始终保持关闭。闭环性能表明,级联反馈控制结构可以承受住反应器入口温度的大扰动(对进料速率高达+5.0%的阶跃扰动)。

DME 成分控制器和水成分控制器的性能有赖于可靠、在线且实时的成分数据。通常需要开发一个估计器,以便根据测量数据来推断成分。根据热力学理论可知,成分、温度和压力是相关的。蒸馏塔中塔板处的温度曲线表明了物理分离的程度,因此可以根据多个测量温度来估计组成成分[60]。一般认为,没有必要测量所有的塔板温度,只利用那些可获得的塔板温度便可改进成分估计的效果。

为了应用 SOCV 方法,定义了一个动态损失函数 L。这里的 L 表示当过程遭受预设扰动的影响且保持候选 SOCV 的设定值不变时,对不合格产品的总量的度量:

$$L = \left| \int_{t_0}^{T_f} F_{DME}(t)[x_{DME}(t) - x_{DME}^*]\mathrm{d}t + \int_{t_0}^{T_f} F_{WW}(t)[x_{WW}(t) - x_{WW}^*]\mathrm{d}t \right| \tag{17.6}$$

其中,t_0 和 T_f 分别表示初始时刻和最终时刻;F_{DME}和 F_{WW}分别表示产品流 DME 和 WW 的质量流量;x_{DME}和 x_{WW}分别表示产品塔和水塔的馏出物及其底流中 DME 成分的重量;x_{DME}^*和 x_{WW}^*表示各自的设定值。

根据经验知识,可以将预设扰动假设为进料流中 MeOH 成分的变化(−4.0wt%)和生产能力的变化(+3.0%)。候选 CV 可以从塔板温度中选取[60]。为了确定 L 的值,我们进行了动态仿真。仿真结果表明,产品塔中塔板 2 的温度是确定 DME 成分的最合适变量,而水塔中塔板 26 的温度是确定底流中水成分的最好的测量变量。

4. 步骤 4:厂级控制结构。

被控变量和调节变量之间的配对为该过程提供了一种控制结构。然而,控制策略除需要控制结构外,还需要一个合适的控制律。比例-积分(Proportional-Integral,PI)反馈控制律是一种已获得成功应用的典型控制律[61],该控制律具有多种形式[62,63],它将被应用于每个控制变量/调节变量对。图 17.5 给出了应用了完全分散化的 PI 控制结构的工艺流程,这些 PI 控制器的可调参数(控制器增益和积分时间常数)是根据 Ziegler-Nichols 整定规则和内模控制(Internal Model Control,IMC)整定规则而确定的[62]。表 17.4 列出了 PI 的整定常数值。

三个温度控制器被用来调节三种成分。首先,控制器 Rout_TC(见表 17.4)是级联回路的主控制器,用于调节反应器出口处的成分。另外两个成分控制器分别被标记为 DME_CC 和 WW_CC,前者用来调节产品塔馏出物中 DME 的纯度,后者用来调节水塔底部水流中的水纯度。

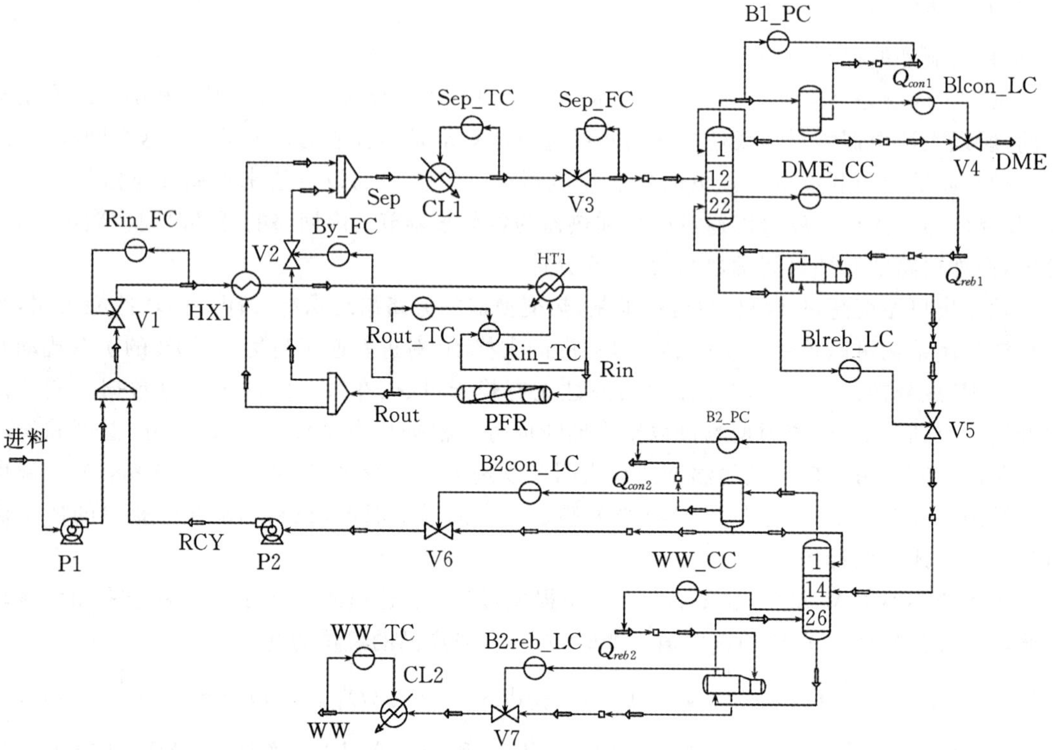

图 17.5　分散式 PI 控制结构。为简单起见,这里略去了进料流和 RCY 流的压力控制器

表 17.4　PI 控制器的整定值

控制器	CV	MV	K_p	T_I(min)
Rin_FC	F_{Rin}	$V1$	-6.9^{a}	0.7
Rin_TC	T_{Rin}	Q_{HT1}	−2.2	1.6
Rout_TC	T_{Rout}	Rin_TC 的 SP	−1.3	5.2
By_FC	F_{By}	$V2$	−12.5	0.9
Sep_TC	T_{Sep}	Q_{CL1}	−0.4	4.0
Sep_FC	F_{Sep}	$V3$	−13.8	0.8
B1_PC	塔 B1 的塔顶压力	Q_{Con1}	−4.2	28.5
B1con_LC	L_{Con1}	$V4$	4.4	25.0
DME_CC	$T_{B1}^{2\ b}$	Q_{Reb1}	−8.5	18.7
B1reb_LC	L_{Reb1}	$V5$	9.3	14.1
B2_PC	塔 B2 的塔顶压力	Q_{Con2}	−3.1	26.4
B2con_LC	L_{Con2}	$V6$	3.7	23.2
B2reb_LC	L_{Reb2}	$V7$	7.6	19.8
WW_CC	$T_{B2}^{26\ c}$	Q_{Reb2}	−10.2	34.5
WW_TC	T_{WW}	Q_{CL2}	−0.5	4.1

[a]负号:反向作用

[b]塔板 2 的温度:产品塔

[c]塔板 26 的温度:水塔

17.3.3 结果与讨论

这里通过两个案例研究来说明所提出的厂级控制结构。在第一项研究中对进料吞吐量引入了+5.0%的变化,在第二项研究中对进料的 MeOH 成分引入了−10.0%的变化。两种变化都是在对象到达稳态 10 小时后引入的,并且都被建模为阶跃变化。根据被控变量返回到设定值所需要的时间、超调量的幅值以及调节时间(到达最终值 5%的范围内所需要的时间)来衡量闭环性能。

17.3.3.1 案例研究 1:改变进料吞吐量

图 17.6 给出了反应器入口温度和出口温度的闭环响应。控制器 Rin_TC 通过把反应器的入口温度调整 0.57%来对扰动进行响应。在扰动发生后,反应器的出口温度会出现 0.03%的平均瞬时状态,并在 6 小时后进入稳态。

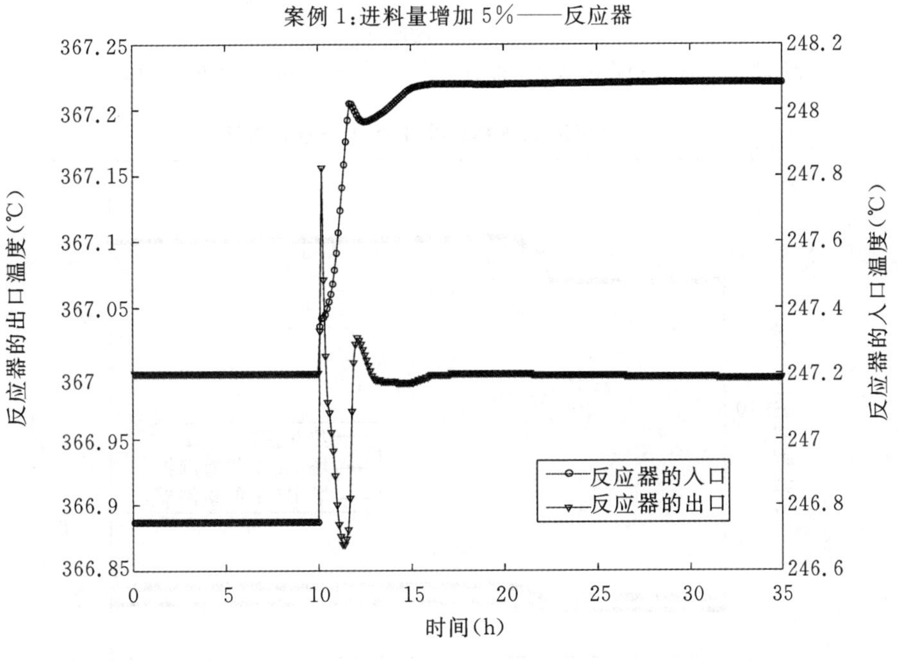

图 17.6 反应器的入口温度和出口温度对+5.0%的进料吞吐量变化的闭环响应

图 17.7 显示了产品塔中 DME 的成分和水塔中水流的成分。DME 产品具有 0.27%的超调量和 6 小时的调节时间,水的纯度具有 0.5%的下冲超调量和 15 小时的调节时间。通过改变水控制器的可调参数有可能缩短调节时间。

图 17.8 给出了关键设备的响应。随着过程生产能力的增大,系统所需要的能量也随之增多。从图 17.8 中可以看出,在扰动发生后,调节变量平滑地改变,并在 2 小时后进入稳态。正如前文说明的那样,通过修改可调参数有可能改变闭环性能。

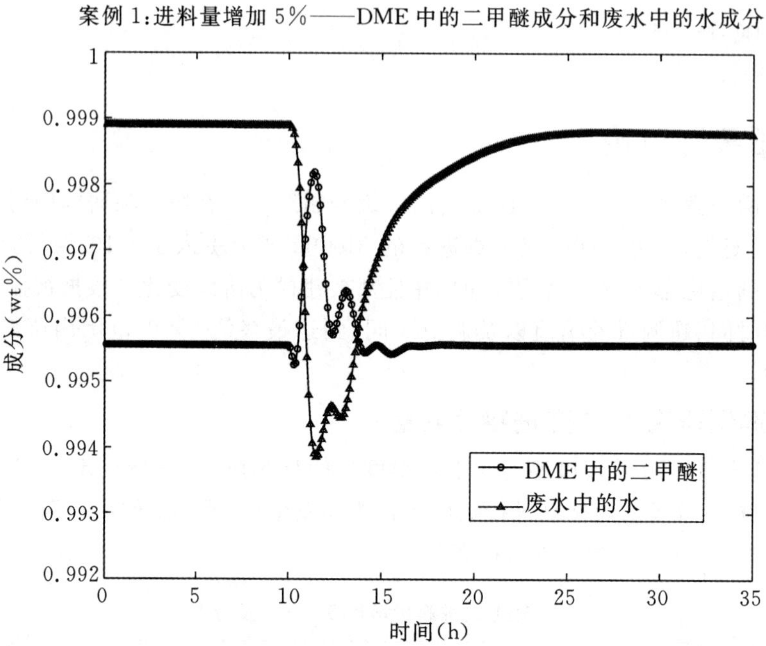

图 17.7 DME 和水产品的纯度对+5.0%的进料吞吐量变化的闭环响应

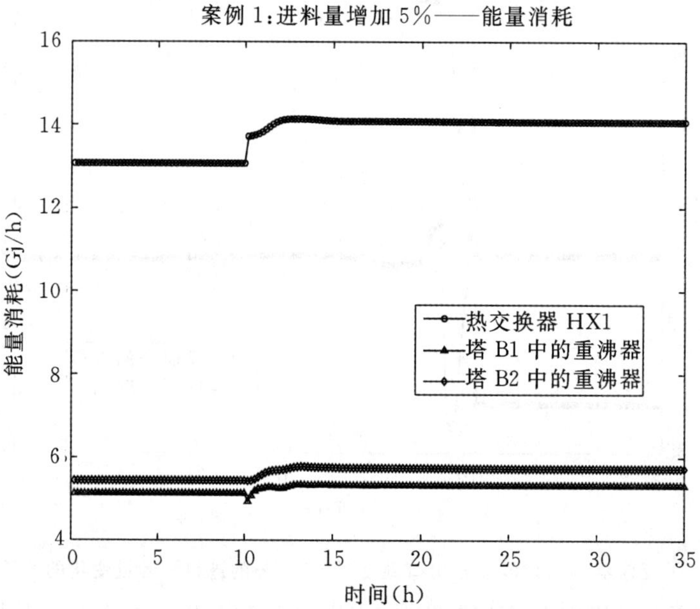

图 17.8 设备对+5.0%的进料吞吐量变化的响应

17.3.3.2 案例研究 2:改变进料成分

图 17.9 显示了反应器入口温度和出口温度的闭环性能。在扰动出现后,出口温度会出现 0.2%的下冲超调量,并在 7 小时后进入稳态。入口温度的设定值比它的稳态初始值高了 1.2%。

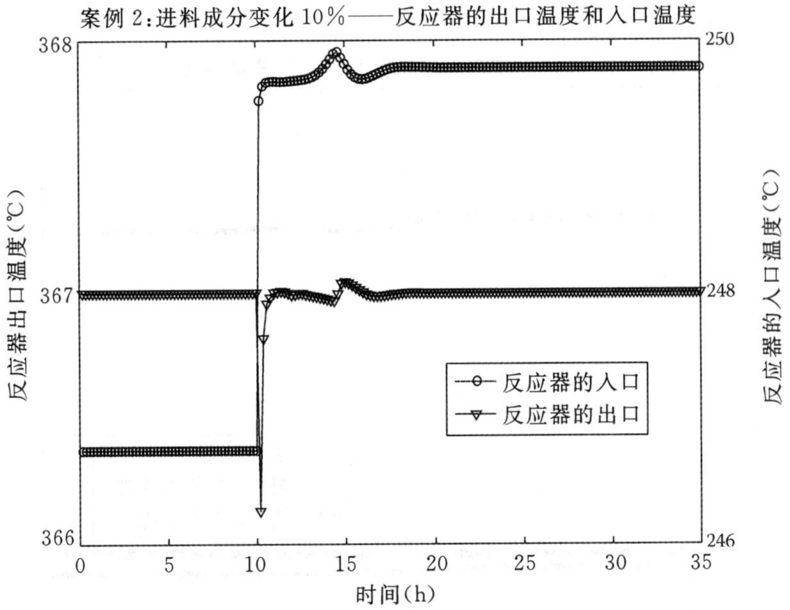

图 17.9 反应器出口流的温度对 −10% 的甲醇成分变化的响应曲线

图 17.10 显示了 DME 和水产品流中的成分。可以看出,在 2.5 小时后,水的纯度接近 100%;而 DME 产品具有 0.35% 的下冲超调量和 7 小时的调节时间。

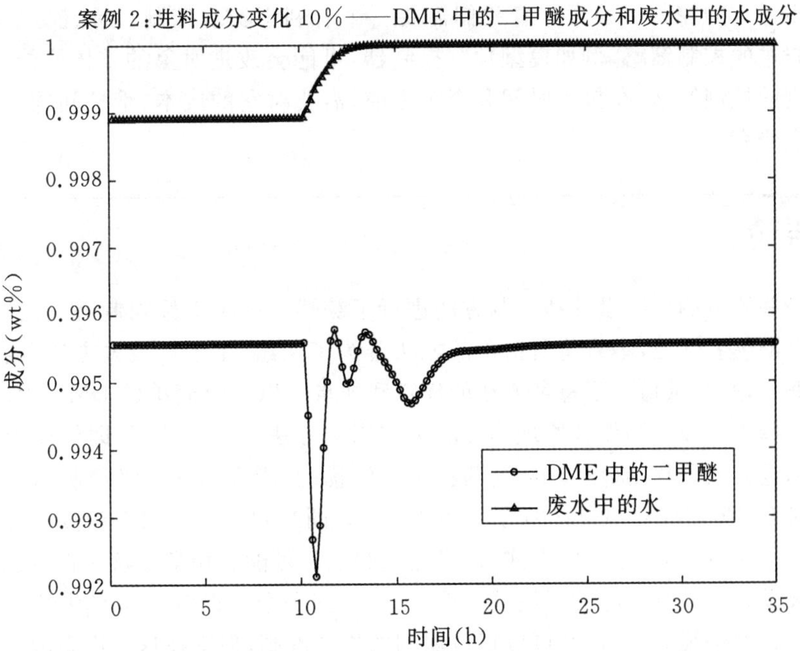

图 17.10 DME 和水产品的纯度对 −10.0% 的甲醇成分变化的闭环响应

图 17.11 显示了加热器和 DME 塔中重沸器的负荷。

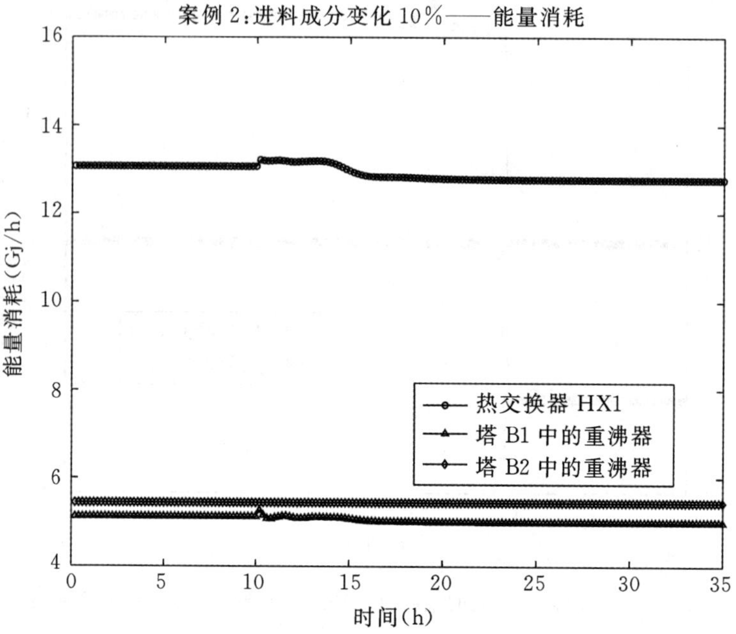

图 17.11 当进料甲醇的成分变化-10.0%时,设备的调节曲线

这两项案例研究表明,如果只调节反应器出口处的成分,循环流中将会出现大量未反应的甲醇。这种不寻常的控制困难意味着我们需要一个有利于实现控制目标且更具操作性的设计。一些更先进的控制策略,例如模型预测控制器,可能会改进对象的整体性能。然而,若要开发如此先进的控制策略,在投入时间和资源之前,需要对它的成本、维护问题和潜在利益进行充分地调查研究。

17.4 结论

本章对一些流行的厂级设计和控制方法进行了综述。由于篇幅限制,没有进行更深入的介绍。为了帮助读者学习,本章将所讨论的方法分为了两组:工程启发式方法/经验知识方法与一个数学框架,并尝试指出了每种方法的优点和缺点。以一个简单的 DME 生产过程为例,介绍说明了一些比厂级控制设计原理和方法更实用的方法。结果证明,即使对于进料吞吐量扰动(可测)和进料成分扰动(不可测)这两种常见的扰动,所提出的厂级控制结构也是非常有效的。通过对 DME 厂级控制设计的分析,可以得知,同时利用经验知识和数学方程是一种良好的折衷,优于只选择其中之一的方式,这可能应验了**尽可能运用常识**这一古老谚语。

由于厂级设计和控制问题的天然复杂性,很难找到一个可以解决所有化学过程的通用方法。尽管启发式方法很有价值,并可以提供深刻的指导准则,但支撑这些准则的数学方法具有更坚实且被广为接受的基础。

术语

符号	定义
CV	控制变量
DME	二甲醚和/或二甲醚产品流
E_a	DME 反应的活化能
F_B^{B1}	塔 B1 的底流流量
F_{By}	热交换器 HX1 的旁流流量
F_{DME}	DME 产品流的流量
F_{RCY}	RCY 循环流的流量
F_{WW}	*WW* 废水流的流量
H_2O	水
k	DME 反应的动力学参数
K_P	比例增益
L	动态损失函数
L_{Con1}	塔 B1 中冷凝器的液位
L_{Reb1}	塔 B1 中重沸器的液位
IMC	内模控制
mAHP	改进的层次分析法
MeOH	甲醇
MILP	混合整数线性规划
MINLP	混合整数非线性规划
MPC	模型预测控制/控制器
MV	调节变量
NI	Niederlinski 指数
N_f	进料塔板
N_T	塔板的总数量
PFR	推流式反应器
PID	比例积分微分
P_{MeOH}	反应中 MeOH 的局部压力
P_{Rin}	Rin 流的压力
Q_{Con1}	塔 B1 中冷凝器的负荷
Q_{Con2}	塔 B2 中冷凝器的负荷
Q_{HT1}	加热器 HT1 的加热负荷
Q_{Reb1}	塔 B1 中重沸器的负荷
Q_{Reb2}	塔 B2 中重沸器的负荷
R	通用气体常数

RCY	DME 过程中的循环流
RGA	相对增益陈列
Rin	反应器 PFR 的入口流
Rout	反应器 PFR 的出口流
Rr	摩尔回流比
r_{MeOH}	MeOH 的转化率
Sep	物料流进料分离塔 B1
SOCV	自寻优控制变量
SP	设定值
T	温度
T_{Rin}	Rin 流的温度
t_0	初始时刻
T_f	最终时刻
T_I	积分时间常数
WW	废水流
X_{DME}	产品流 DME 中的二甲醚成分
X_{DME}^*	产品流 DME 中二甲醚成分的设定值
X_{WW}	废水流 *WW* 中的水成分
X_{WW}^*	废水流 *WW* 中水成分的设定值

参考文献

1. J. G. Ziegler and N. B. Nichols. Optimum settings for automatic controllers. *Trans. ASME*, 65:433–444, 1943.
2. M. L. Luyben and W. L. Luyben. Design and control of a complex process involving two reaction steps, three distillation columns, and two recycle streams. *Ind. Eng. Chem. Res.*, 34(11):3885–3898, 1995.
3. M. L. Luyben, B. D. Tyreus, and W. L. Luyben. Plantwide control design procedure. *AIChE J*, 43(12):3161–3174, 1997.
4. M. L. Luyben and B. D. Tyreus. An industrial design/control study for the vinyl acetate monomer process. *Comp. Chem. Eng.*, 22(7-8):867–877, 1998.
5. W. L. Luyben. Design and control degrees of freedom. *Ind. Eng. Chem. Res.*, 35(7):2204–2214, 1996.
6. W. L. Luyben, B. Tyreus, and M. L. Luyben. *Plantwide Process Control.* McGraw-Hill, New York, NY, 1998.
7. W. L. Luyben. *Distillation Design and Control Using Aspen Simulation.* Wiley-Interscience, Hoboken, NJ, 2006.
8. M. L. Luyben and C. Floudas. Analyzing the interaction of design and control-I & II. *Comp. Chem. Eng.*, 18:933–993, 1994.
9. W. L. Luyben. Design and control of recycle processes in ternary systems with consecutive reactions. In *IFAC Workshop, Interactions between Process Design and Process Control*, pp. 65–74. Pergamon Press, Oxford, UK, 1992.
10. W. L. Luyben. Snowball effect in reactor/separator processes with recycle. *Ind. Eng. Chem. Res.*, 33(2):299–305, 1994.
11. R. M. Price and C. Georgakis. Plantwide regulatory control design procedure using a tiered framework. *Ind. Eng. Chem. Res.*, 32:2693–2705, 1993.

12. R. M. Price, P. R. Lyman, and C. Georgakis. Throughput manipulation in plantwide control structures. *Ind. Eng. Chem. Res.*, 33(5):1197–1207, 1994.
13. R. Shinnar. Chemical reactor modelling for purposes of controller design. *Chem. Eng. Commun.*, 9:73–99, 1981.
14. R. Shinnar, B. Dainson, and I. Rinard. Partial control, a systematic approach to the concurrent design and scale-up of complex processes: The role of control system design in compensating for significant model uncertainties. *Ind. Eng. Chem. Res.*, 39:103–121, 2000.
15. P. Buckley. *Techniques of Process Control.* John Wiley & Sons, New York, NY, 1964.
16. J. Douglas. *Conceptual Design of Chemical Process.* McGraw-Hill, St. Louis, MO, 1988.
17. W. Fisher, M. Doherty, and J. Douglas. Steady-state control as a prelude to dynamic control. *Ind. Eng. Chem. Res.*, 63:353–357, 1985.
18. W. Fisher, M. Doherty, and J. Douglas. The interface between design and control. 1. Process controllability 2. process operability. 3. selecting a set of controlled variables. *Ind. Eng. Chem. Res.*, 27:597–615, 1988.
19. W. Fisher, M. Doherty, and J. Douglas. The interface between design and control. 1. Process controllability. *Ind. Eng. Chem. Res.*, 27:597–605, 1988.
20. A. Zheng, R. V. Mahajanam, and J. M. Douglas. Hierarchical procedure for plantwide control system synthesis. *AIChE J.*, 45(6):1255–1265, 1999.
21. J. W. Ponton and D. Laing. A hierarchical approach to the design of process control systems. *Trans. IChemE*, 71:181–188, 1993.
22. M. Morari, Y. Arkun, and G. Stephanopoulos. Studies in the synthesis of control structures for chemical processes; Part i: Formulation of the problem. *AIChE J.*, 26(2):220–232, 1980.
23. M. Morari and G. Stephanopoulos. Studies in the synthesis of control structures for chemical processes; Part ii: Structural aspects and the synthesis of alternative feasible control schemes. *AIChE J.*, 26(2): 232–246, 1980.
24. M. Morari, Integrated plant control, A solution at hand or a research topic for the next decade?, *Chemical Process Control–II, Proc. of the Eng. Found. Conf.* (T.F. Edgar and D.E. Seborg, eds.), United Engineering Trustees, New York, pp. 467–496, 1982.
25. J. H. Lee and M. Morari. Robust measurements selection. *Automatica*, 27(3):519–527, 1991.
26. J. H. Lee, R. D. Braatz, M. Morari, and A. Packard. Screening tools for robust control structure selection. *Automatica*, 31(2):229–235, 1995.
27. J. H. Lee, P. Kesavan, and M. Morari. Control structure selection and robust control system design for a high-purity distillation column. *IEEE Trans. Control Systems Technol.*, pp. 402–416, 1991.
28. M. Morari and J. Lee. Model predictive control: Past present and future. *Comp. Chem. Eng.*, 24(4):667–682, 1999.
29. Y. Arkun and G. Stephanopoulos. Studies in the synthesis of control structures for chemical processes; Part iv: Design of steady-state optimizing control structures for chemical process units. *AIChE J*, 26(6):975–991, 1980.
30. T. Meadowcroft and G. Stephanopoulos. The modular multivariable constructures for chemical process units. i: Steady-state properties. *AIChE J.*, 38(8):1254–1278, 1992.
31. C. S. T. Ng. *A Systematic Approach to the Design of Plant-Wide Control Strategies for Chemical Processes.* Doctor of philosophy, Massachusetts Institute of Technology, MA, USA, 1997.
32. G. Stephanopoulos and C. Ng. Perspectives on the synthesis of plant-wide control structures. *J Process Control*, 10:97–111, 2000.
33. S. Skogestad and I. Postlethwaite. *Multivariable Feedback Control.* John Wiley & Sons, New York, NY, 1996.
34. E. H. Bristol. On a new measure of interactions for multivariable process control. *IEEE Transactions on Automatic Control*, 11:133–134, 1966.
35. G. Stanley, M. Marino-Galarraga, and T. J. McAvoy. Shortcut operability analysis. 1. The relative disturbance gain. *Ind. Eng. Chem. Process Des. Dev.*, 24:1181–1188, 1985.
36. H. P. Huang, M. Ohshima, and I. Hashimoto. Dynamic interaction and multiloop control system design. *J. Process Control*, 4:15–27, 1994.
37. M. Hovd and S. Skogestad. Simple frequency-dependent tools for control system analysis, structure selection and design. *Automatica*, 28(5):989–996, 1992.
38. M. Morari and E. Zafiriou. *Robust Process Control.* Prentice-Hall, Lebanon, IN, 1989.
39. A. Groenendijk, A. Dimian, and P. Iedema. Systems approach for evaluating dynamics and plantwide control of complex plants. *AIChE J.*, 46(1):133–145, 2000.

40. S. M. A. M. Bouwens and P. Kosters. Simultaneous process and system control design: An actual industrial case. In *IFAC Workshop on Interactions between Process Design and Process Control*. Pergamon Press, Oxford, UK, 1992.
41. M. Morari. Design of resilient processing plants—iii: A general framework for the assessment of dynamic resilience. *Chem. Eng. Sci.*, 38(11):1881–1891, 1983.
42. D. R. Vinson and C. Georgakis. A new measure of process output controllability. *J. Process Control*, 10(2–3):185–194, 2000.
43. P. Grosdidier, M. Morari, and B. R. Holt. Closed-loop properties from steady-state gain information. *Eng. Chem. Fundam.*, 24(1):221–235, 1985.
44. L. Narraway and J. D. Perkins. Selection of process control structure based on linear dynamic economics. *Ind Eng Chem Res.*, 32(11):2681–2692, 1993.
45. J. B. Lear, G. W. Barton, and J. D. Perkins. Interaction between process design and process control: The impact of disturbances and uncertainty on estimates of achievable economic performance. *J. Process Control*, 5(1):49–62, 1995.
46. M. J. Mohideen, J. D. Perkins, and E. N. Pistikopoulos. Robust stability considerations in optimal design of dynamic systems under uncertainty. *J. Process Control*, 7(5):371–385, 1996.
47. C. Loeblein and J. D. Perkins. Structural design for on-line process optimization (1) dynamic economics of mpc. *AIChE J.*, 45(4):1018–1029, 1999.
48. C. Georgakis, D. R. Vinson, S. Subramanian, and D. Uzturk. A geometric approach for process operability analysis. *Comp. Aided Chem. Eng.*, 17:96–125, 2004.
49. C. L. E. Swartz. A computational framework for dynamic operability assessment. *Comp. Chem. Eng.*, 20(4):365–371, 1996.
50. P. A. Bahri, J. A. Bandoni, and J. A. Romagnoli. Effect of disturbances in optimizing control: Steady-state open loop back-off problem. *AIChE J.*, 42:983–994, 1996.
51. T. Larsson and S. Skogestad. Plantwide control: A review and a new design procedure. *Int. J. Control*, 21(4):209–240, 2000.
52. S. Skogestad and M. Morari. Effect of disturbance directions on closed-loop performance. *Ind. Eng. Chem. Res.*, 26:2029–2035, 1987.
53. S. Skogestad. Plantwide control: the search for the self-optimizing control structure. *J. Process Control*, 10:487–507, 2000.
54. S. Skogestad. Self-optimizing control: The missing link between steady-state optimization and control. *Comp. Chem. Eng.*, 24:569–575, 2000.
55. S. Skogestad. Control structure design for complete chemical plants. *Comp. Chem. Eng.*, 28:219–234, 2004.
56. S. Skogestad. Near-optimal operation by self-optimizing control: From process control to marathon running and business systems. *Comp. Chem. Eng.*, 29:127–137, 2004.
57. S. Skogestad. The do's and don'ts of distillation column control. *Trans IChemE Part A*, 85:13–23, 2007.
58. E. Vasbinder and K. Hoo. The use of decision-based approach to the evaluation of plant-wide control problem. *Ind Eng Chem Res.*, 42:4586–4598, 2003.
59. R. Turton, R. Bailie, W. Whiting, and J. Shaeiwitz. *Analysis, Synthesis, and Design of Chemical Processes*. Prentice-Hall International, Upper Saddle River, NJ, 1998.
60. M. J. Piovoso and K. A. (Hoo) Kosanovich. Applications of multivariable statistical methods to process monitoring and controller design. *Int J Control*, 59(3):743–765, 1994.
61. K. J. Astrom and H. Hagglund. *PID Controllers: Theory, Design, and Tuning* (2nd ed.) Instrument Society of America, Research Triangle Park, NC, 1995.
62. B.A. Ogunnaike and W.H. Ray. *Process Dynamics, Modeling and Control*. Oxford University Press, New York, NY, 1994.
63. D. Seborg, T. F. Edgar, and D. A. Mellichamp. *Process Dynamics and Control* (2nd ed.). John Wiley, New York, NY, 2004.

18

金属平带加工的自动化及控制方案

Francesco Alessandro Cuzzola
达涅利自动化公司
Thomas Parisini
的里雅斯特大学

18.1 引言

金属平带加工的最终产品是镀锡板和镀锌板，这些板材在许多领域得到了应用，包括汽车制造业、食品工业、建筑业以及国防工业，因此其商业应用目前已遍布世界各地。

该加工领域所要求的性能不仅要关注所实现产品的精度，而且还要保证有限的电能以及原材料的消耗。由于对性能的要求越来越高，所以相应地有关实现新的机械、自动化以及控制技术的研究工作也不断增多。

本章主要关注平钢带制造过程的控制及自动化方案的实现，但其中大部分的概念也适用于铜带和铝带的制造。

传统上用于平带加工的自动化技术可分为三个部分，分别称为层 1、2、3。这三个自动化层中都实现了很多控制技术、物理现象的数学建模以及优化算法，并且这三个层之间需要相互配合，以保证最佳的最终产品性能和最高的生产力水平。

本章的主要目的是介绍平带加工专用的所有主要过程中所涉及的最重要的自动化和控制问题。由于**镀锌**过程代表了一类非常复杂的系统，且具有这一领域所有的典型的自动化特征，而目前的文献中还没有对其进行很好的描述，所以我们将对镀锌过程进行重点研究。特别地，在描述完轧制(热及冷的轧制情况)和酸洗过程之后，我们将介绍电镀过程中需要处理的**涂层控制**问题来作为一个典型示例，其中，自动化层 1 和自动化层 2 需要密切配合，以保证闭环调节系统的有效性。该综述还会讨论当今已有的传感器和执行器技术。

本章组织如下：18.2 节介绍一个金属平带生产过程以及加工过程所涉及的典型的自动化系统的结构。后续小节将阐明有关**热轧**(18.3 节)、**酸洗**(18.4 节)和**冷轧**(18.5 节)的控制技术的主要特点。最后，18.6 节将详细介绍**镀锌**过程以及近几年提出的有关涂层控制问题的先进控制技术。

18.2 金属平带的加工

18.2.1 平带加工的主要阶段

金属平带的成型是通过几个连续过程实现的,这些过程的复杂性涉及到机械和自动化技术,这些技术仍在被不断地研究着[1~3]。

在钢铁制造厂中,首先在高炉中通过还原氧化铁形成液态金属;进一步处理后,液态金属通过一个称为连铸的过程被浇铸成原料形状。原料态金属都是具有典型矩形横截面(**板坯**)的大块金属,这些金属块对于实际应用来说尺寸过大,因此需要通过轧钢机来削减它们的厚度,其中轧钢机的作用是对这些金属块进行挤压直到到达所需要的厚度。

制造平带产品的轧钢机可以分为两类:**热轧钢机**和**冷轧钢机**。对于热轧,材料在被送入轧制过程前先要被加热至仅低于其熔点的温度。而对于冷轧,材料的温度就是环境温度,因此,其硬度比热轧情况下要高得多。

热轧和冷轧不仅具有不同的机械方案,其控制技术也明显不同。反过来,热轧和冷轧所要求的最终产品的厚度目标和公差等典型性能也有很大不同。

例如,对于钢带加工问题,现代**热轧钢机**(HSM)可实现的最小厚度大约为1mm,而在**冷轧钢机**中,最终的目标厚度约为0.15mm。

经过热轧之后,为了给冷轧准备材料,需要除去钢带表面由环境因素引起的氧化层,这是需要通过**酸洗线**(Pickling Line,PKL)来实现的。

经过冷轧之后,需要在**热镀锌生产线**(Hot Dip Galvanizing Lines,HDGL)中再次对材料进行处理,以便既能恢复材料的机械性能(这是因为在冷轧加工中,由于金属晶体压缩会产生一种硬化效应),又能提高其表面特性,保护其免受进一步的氧化。

金属平带加工中涉及到的所有过程可以由一个标准软件和自动化结构来控制,该结构包括三个自动化层。

18.2.2 用于金属平带加工的自动化系统的实现

图18.1给出了冶金工业中平带加工以及其他一些技术加工过程常用的分层自动控制系统的结构[4,50]。

自动化层1直接与低级设备(执行器和传感器)进行交互,在该层中实现实时的控制回路和逻辑序列。通过利用诸如VME(Versa Module European)这样的架构技术可以实现快速采样(1ms)及强大的运算能力,而传统PLC只能保证最小采样时间为10ms。人机界面(Human-Machine Interface,HMI)可便于操作人员实时地监测这个过程。

自动化层2提供更高层次的控制功能和应用,例如,最优的工厂设置的计算、生产报告的生成以及产品质量的统计分析。特别地,该层采用了工艺流程的数学模型来产生合适的工厂设置。在不同的甚至时变的工作条件下,可利用**自适应**技术来保证物理模型的可靠性,即利用基于对象反馈的辨识技术递归地提高模型预测的可靠性。有关生产的技术信息和历史文档被存储到数据库(Database,DB)中,而过程工作站(Process Workstation,PWS)为层2的应用提

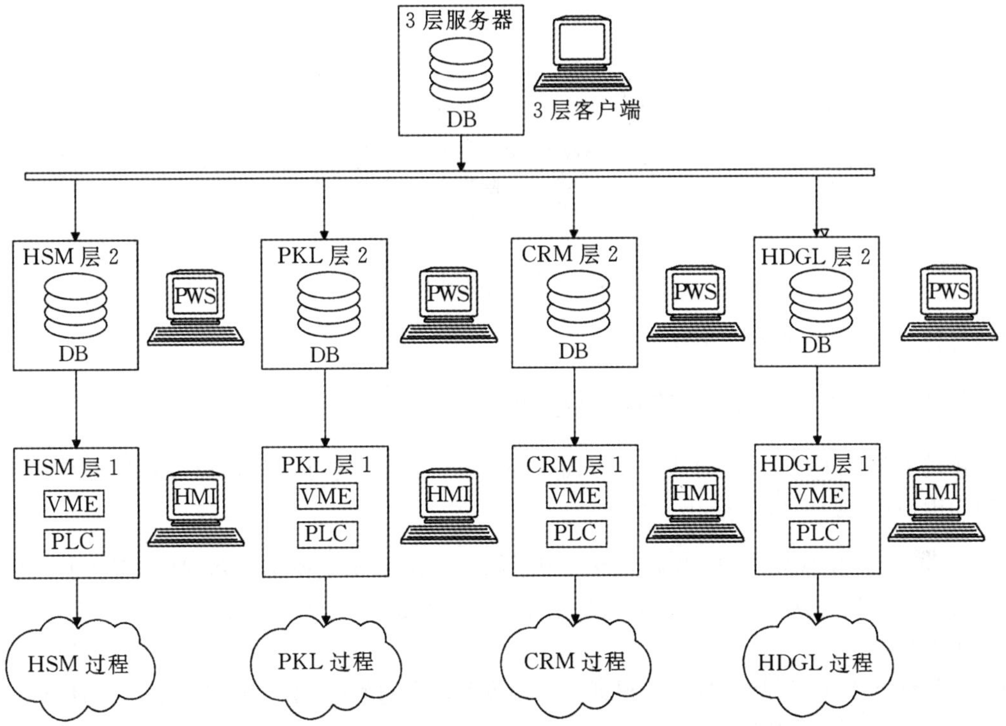

图 18.1 典型的用于金属平带带加工的自动化系统结构

供了图形界面。

在很多情况下，还会实现一个自动化系统层 3，来为顶层生产监管（所谓的制造执行系统（Manufacturing Execution System，MES）功能）、堆货场管理以及同一工厂中不同过程的层 2 之间的协调提供额外的设施。

正如图 18.1 所表明的那样，自动化系统层 3 负责协调热工厂区（由 HSM 代表）和冷工厂区（即 CRM，PKL 和 HDGL）之间的生产调度。

18.3 HSM 中的平带加工

以钢带为例，HSM 的目的是把 250mm 厚的铸钢块加工成只有 1.0mm 厚的平钢带。

典型的 HSM 过程包括以下步骤（见图 18.2）：

- 利用浇铸机生产出一个连续的钢铸件，然后将其切块。
- 将钢块在熔炉中重新加热，以达到最佳温度。
- 利用第一个轧钢机架（粗轧机）实现厚度的初步削减。
- 利用由 5/7 个连续轧钢机架构成的精轧机将厚度削减至所需的值。

在精轧机中，将由一个被称为**活套**的液压臂来执行一项重要的任务。活套被放置在两个连续的机架中间，其目的是保持钢带张力处于一个恒定值。这个机械系统受制于特别不稳定

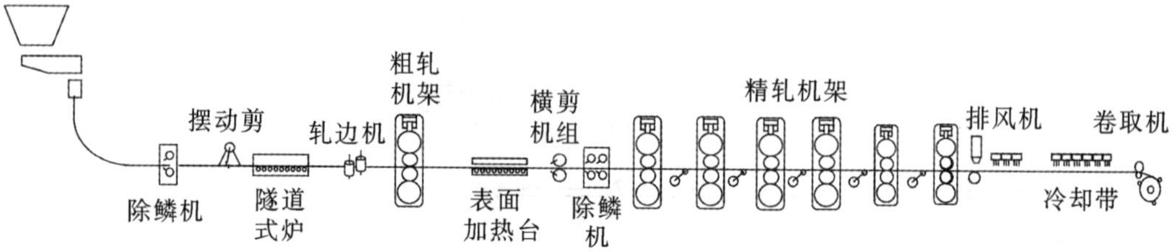

图 18.2　一个常规的 HSM 流程

的动态特性,使得控制问题很棘手。

18.3.1　应用于 HSM 的控制技术

在过去的四十年里,人们从很多方向入手,广泛研究了先进的控制以及建模方案在 HSM 中的使用(见文献[5]及其引用文献):

- 20 世纪 70 年代以来,提出了很多应用于精轧机的多变量控制技术(见文献[6]及其引用的文献),目前这些技术被认为是一种控制通用轧钢机架与后段活套或后段卷取机的一体化工具。
- 目前已开发了多种模型,用来根据材料温度和轧制过程预测材料的特性[7],并且可以应用控制技术来调节卷取的温度。
- 应用先进的控制技术来补偿摩擦现象[8]。
- 提出了一些用以改善材料的平整度和外形的模型和控制器[9]。
- 最近引入了转向控制技术[10,11],该技术能够通过降低次品率来提高生产力水平。

以下的小节将主要描述用于调节厚度的控制技术[51~53]。

在图 18.3 中,我们给出了一个应用于 HSM 的厚度调节器的例子,我们证实通常在 HSM 中需要装配以下传感器:

- **厚度与轮廓测量仪**以 x 射线技术为基础,其目的是测量材料沿中心线的厚度。它们一般不安装在移动的滑架上,也不能沿着线圈宽度方向测量整个厚度轮廓。通常只有一个厚度/轮廓测量系统安装在轧机的尾部。
- 装配**压式传感器**以测量**轧制力**,轧制力代表了 HSM 厚度调节中的一个基本测量信号。在没有配备压式传感器的情况下,可以利用安装在主缸上的压力传感器产生的液压力信号的测量值作为一种替代的量测。
- 在某些情况下,**压式传感器**安装在活套上,以便直接测量**中间机座的钢带张力**。同样,在这种情况下,可以通过安装在液压缸上,并作用于活套上的压力传感器所产生的力信号来作为一种替代的测量。

接下来,我们将区分**基本的**和**外部的**控制器,即负责为物理执行机构产生参考信号的控制器(基本控制器),以及为基本控制器产生参考信号以实现期望目标的控制器(外部控制器)。

厚度控制器由以下基本控制器来实现:

- **液压间隙控制器**(Hydraulic Gap Controller,HGC)接收间隙的参考信号,并测量来自安装在液压缸中的位置编码器的间隙,并产生伺服阀命令,该命令实际控制的是驱动液压缸的油的流量。当然,由于机架的弹性拉伸,测量得到的间隙可能与机架的物理间隙明显不同。
- **转矩控制器**(Torque Controller,TC)控制由两个卷轴产生的转矩。这些控制器接收由**转矩张力控制**(Tension Control by Torque,TCT)控制器产生的转矩的参考信号,TCT 控制器的目的是保持钢带具有恒定的卷取/展开的张力。
- **速度控制器**(Speed Controller,SC)负责调节机架的速度。当然,为了保证轧制稳定,速度参考信号必须与轧钢机中的其他设备相协调。
- **液压转矩控制器**(Hydraulic Torque Controller,HTC)负责控制活套产生的转矩。

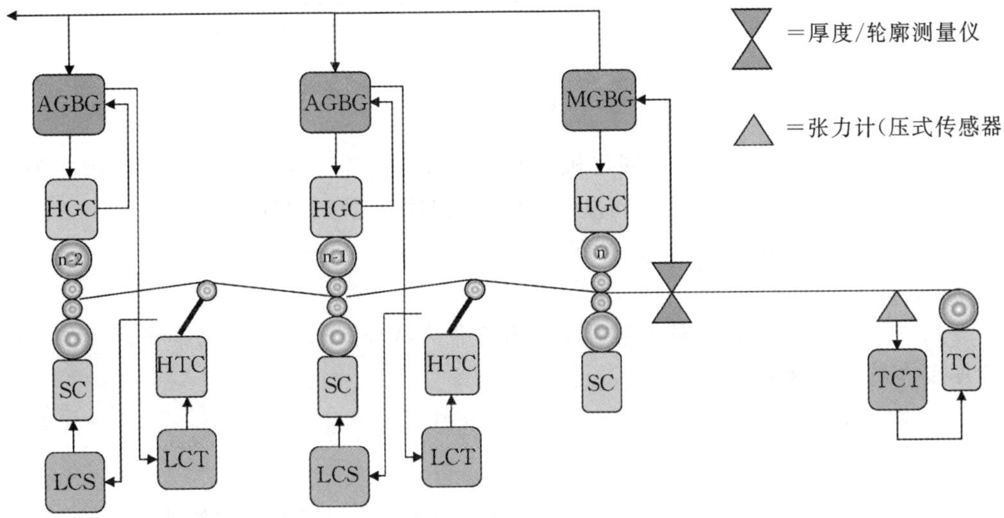

图 18.3 HSM 中的厚度控制

18.3.2 厚度的自动控制:热轧中厚度控制的实现

AGC(Automatic Gauge Control,**厚度的自动控制**)是负责调节厚度的系统。在 HSM 应用中 AGC 的确需要获取每个机架的**张力**(见图 18.4)。正如后面的 18.5 节将详细讨论的那样,对于**冷轧**而言,获取机架张力就不太重要了。

机架张力代表当主液压缸(即 HGC 液压缸)产生一个压缩力时,机架机械结构的弹性特性。为了实现 HSM 中的 AGC,必须提前获知这种特性。基于这个原因,需要离线(即在轧制前)实现并执行一个合适的控制序列(**张力获取序列**(Stretch Acquisition Sequence,SAS))。

SAS 可通过将工作辊紧密排列,并将 HGC 的位置的参考信号从最小值线性地修改为最大值来实现。对于每个位置的参考信号,需要记录压式传感器测量得到的力(或通过 HGC 液压力量测),以便建立一个如图 18.4 所描绘的张力特性曲线。通常进行两次记录:第一次随着

HGC位置参考信号的增大(上行读数)进行记录,第二次随着HGC位置参考信号的减小(下行读数)进行记录。

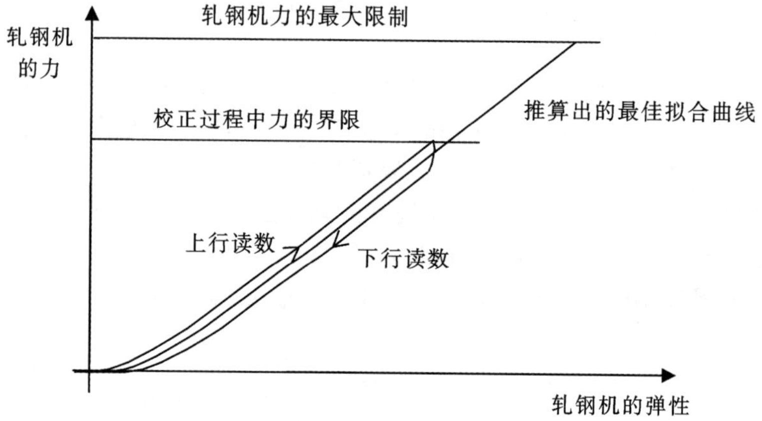

图18.4 轧钢机的张力特性

上行读数和下行读数之间的不同与机架弹性特性中一个不可忽视的滞后作用有关。最后,需要存储一个具有以下形式的最佳拟合多项式的曲线来执行AGC任务:

$$\text{Stretch}(F)=a^1+a^2F+a^3F^{1/2}+a^4F^{1/3}+\cdots+a^nF^{1/n-1} \tag{18.1}$$

其中,F为测量得到的力。

需要指出的是,可以利用在轧制过程中获得的张力特征Stretch(F)来推导得到如下的材料出口厚度h的间接测量:

$$\hat{h}=S+\text{Stretch}(F) \tag{18.2}$$

其中,

- h为所关注机架的钢带的出口厚度,$\hat{h}$是通过前面的公式得到的h的估计。
- S为所关注机架的测量间隙,它来源于安装在液压缸上的编码器。
- F为测量到的轧力(来源于压式传感器或HGC压力)

式(18.2)在文献中被称为Gaugemeter方程,它通常可以通过引入所谓的机架的轧机刚度M_m,即机架的弹性常数,来进行简化:

$$\hat{h}=S+\frac{F}{M_m} \tag{18.3}$$

常规AGC的真正实现通常以式(18.2)为基础,而基于模型对高级控制器进行综合时则可以利用式(18.3)所表示的线性化的形式[12,13]。

HSM中AGC的目的是保持恒定的材料厚度,这是通过补偿某些现象并对所有HGC的位置的参考信号施加作用而实现。所补偿的现象包括机架张力的滞后现象,由可能出现的材料温度波动引起的材料硬度变化等等。

为了做到这一点,有必要考虑这样的事实,即在一个机架和下一个机架之间放置一个活套,这意味着如果该活套能够保证对架间张力进行有效的控制,那么由一个机架执行的调节将不会影响相邻机架执行的调节。这个事实说明了**热轧**和**冷轧**中 AGC 控制结构显著不同的主要原因。

HSM 中是通过轧制过程中一些**外部**控制器的配合来实现 AGC 的。具体地，有两个调节器负责控制活套[49]。

- **活套的转矩控制**(Looper Control by Torque,LCT):LCT 通过作用于 HTC 上的转矩的参考信号来实现**架间张力**的调节。一般地，LCT 是通过一个安装在活套上的压式传感器产生的张力误差，或者通过活套液压力得到的架间张力估计产生的。
- **活套的速度控制**(Looper Control by Speed,LCS):LCS 的目的是通过作用于上游机架的速度的参考信号(即通过作用于上游机架 SC 的参考信号)来调节**活套的角位置**。这个调节器也被称为质量流调节器。

对于中间机架和最后机架，一般分别采用不同的方式来实现材料厚度的合理调节。事实上，对于中间机架而言，不能直接测量材料的厚度，所以要通过式 18.2 和 18.3 中的 Gaugemeter 法则来得到材料厚度的间接测量。

因此，图 18.4 表示的 AGC 是由以下两个调节器构成的：

- **通过间隙反馈的绝对厚度控制**(Absolute Gauge Control,Feedback via Gap,AGBG)(**的调节器**):需要对所有没有直接材料厚度测量装置的中间机架应用 AGBG,AGBG 基于 gaugemeter 原则，能修改对应 HGC 的间隙的参考信号。该控制器还负责对支撑辊轴的油膜变化、与钢带接触而产生的工作辊热膨胀及由于磨损产生的辊身直径变化进行一些前馈补偿。
- **通过间隙反馈的监测厚度控制**(Monitor Gauge Control,Feedback via Gap,MGBG)(**的调节器**):其目标是根据适当的目标值，通过使用位于轧钢机出口的 x 射线产生的厚度反馈，来确保钢带退出精轧机的最后一个机架时的厚度，并利用偏差信号来修正所有机架的 HGC 间隙参考信号。事实上，已有一个专门的算法来定义如何在所有精轧机中来分配这种修正作用。

实现 MGBG 的主要问题在于，非常有必要考虑 x 射线与需要执行修正作用的机架之间的传输延迟。

最后，如图 18.3 所证明的那样，LCT 可以接收来自 AGBG 调节器的修正作用，以便减少 LCT 和 AGBG 间的相互影响。

18.3.3 速度主控

机架和卷轴的速度必须协调一致，以保证轧机的稳定；这种前馈控制器被称为**速度主控**。

为了防止热轧过程中的不稳定问题，要选定一个机架作为**枢轴机架**，通过在前馈中对其他机架的速度进行合理的调节可对枢轴机架的速度变化进行补偿。

为了实现这样的补偿，首先要尽可能精确地知道所有机架的**前滑**(Forward Slip,FS),下面的系数代表了机架电机角速度 Ω 与出口钢带速度 V_{out} 之间的关系：

$$FS = \frac{V_{out}}{R\Omega} \tag{18.4}$$

其中 R 为工作辊的半径。

一般地,可通过2级的自动化系统采用合适的数学模型以及系统对张力设定点和钢带速度的灵敏度来估计 FS 系数。

18.3.4 应用于精轧机的多变量控制

在过去的几年里,已有许多先进的控制技术得以实现,并且现在我们也相信这些技术在 HSM 精轧机的厚度控制中也是行之有效的。正如文献中普遍提到的那样(如见文献[12～17]),精轧机的多变量控制的主要目的是提出一个多变量的框架,以便将 HSM 过程中起作用的主要控制器(更确切地说是 AGBG,LCT 和 LCS)整合成一个控制器,以降低各个任务之间可能的干扰,同时提高性能并降低实现极薄规格产品时的次品率。

为了完成由第 i 个机架实现的 AGBG 的同时,也能够实现下游活套的 LCT/LCS,因此,需要对中间机架应用多变量控制(见图 18.5)。

由于可能存在对机架张力认识的不确定性,有必要引入一种**先验的**鲁棒性,这是采用先进控制的另一个原因:事实上可以证明,对轧钢机模数认识的强不确定性会导致 AGBG 的不稳定(见文献[12]及其引用参考)。另一方面,如前所述,我们执行的是离线的张力测量,它易受时变性及机架磨损的影响。

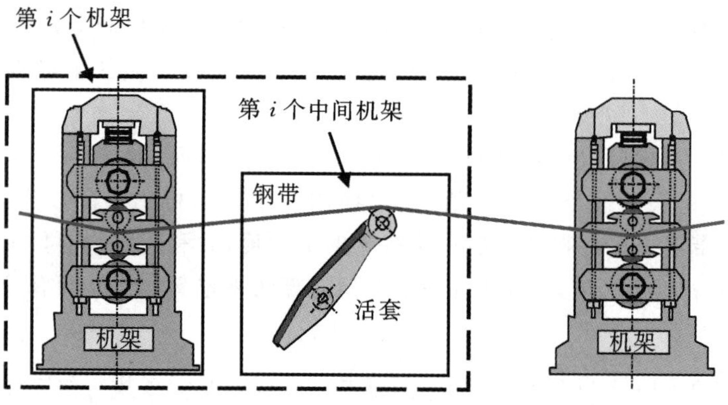

图 18.5 多变量控制在 HSM 中的应用

18.4 钢铁酸洗过程的建模与控制

材料离开 HSM 之后,与空气和冷却水进行反应,从而导致氧化层的形成。氧化层的特性取决于多种因素:钢的化学成分,所谓的盘卷温度(即钢带离开 HSM 时的温度)以及冷却过程持续的时间[55,56]。

18.4.1 碳钢的酸洗

热轧后钢带的除锈是在酸洗线(Pickling Lines,PKL)上完成的。酸洗线通常由许多加工槽组成,钢带进入这些加工槽与腐蚀性溶液(通常为盐酸)接触,酸会与氧化层进行化学反应,氯化铁和铁离子就会溶解到酸溶液中。通过向酸池加入新鲜酸液并排出废弃溶液来维持酸洗线的加工能力。在大多数情况下，PKL 与**酸再生装置**（Acid Regeneration Plant，ARP）相连，ARP 可以通过去除废弃溶液中的铁成分来再生酸液，因而可节省新鲜酸液的消耗。

通常，氧化层厚度为 10～20μm。其所谓的**断裂结构**并不相同，但它主要包括一个方铁矿（FeO）层。根据文献[18]中描述的除锈模型，酸液可穿透氧化层结构，从而到达游离的金属表面。在酸液和游离金属之间发生化学反应，会产生局部的电流流动，该电流将从未被氧化的金属部分构成的阳极流到导电的 FeO 层构成的阴极。

$$Fe \rightarrow Fe_2^+ + 2e- \tag{18.5}$$

局部电流减少了 FeO 中的三价离子，将它们转化成了酸溶性的二价铁离子，氧化层即可迅速溶解。一般可通过将酸溶液加热到 65～85℃来加速此化学反应。对于钢带的加工槽而言，不同的设计理念会使酸洗系统具有不同的特点（见图 18.6）。下面对它们进行简要介绍。

深型　PKL 由较深的供应槽构成，其中酸溶液呈现极其缓慢地流动。

浅型　PKL 的槽采用了一种不同的设计。相对于传统的深型酸洗线，即使在酸溶液流动缓慢的情况下，这种设计也能保证钢带底部的表面具有更好的酸洗效果。不足的是，这类设备存在一些密封的问题。

紊流　PKL 可维持酸溶液的流动，注入酸溶液。而直接注入的酸液具有较高的动能，可加速除锈过程，并增加钢带与酸液之间的传热系数。

Turboflo　PKL 由分成若干个单元的酸洗槽组成，每个单元长 2m 并配有特殊的槽盖[19]。在这种情况下，酸洗线可以达到更高的钢带速度（对于轻量级钢带速度可达 400m/min）且不影响酸洗效果。

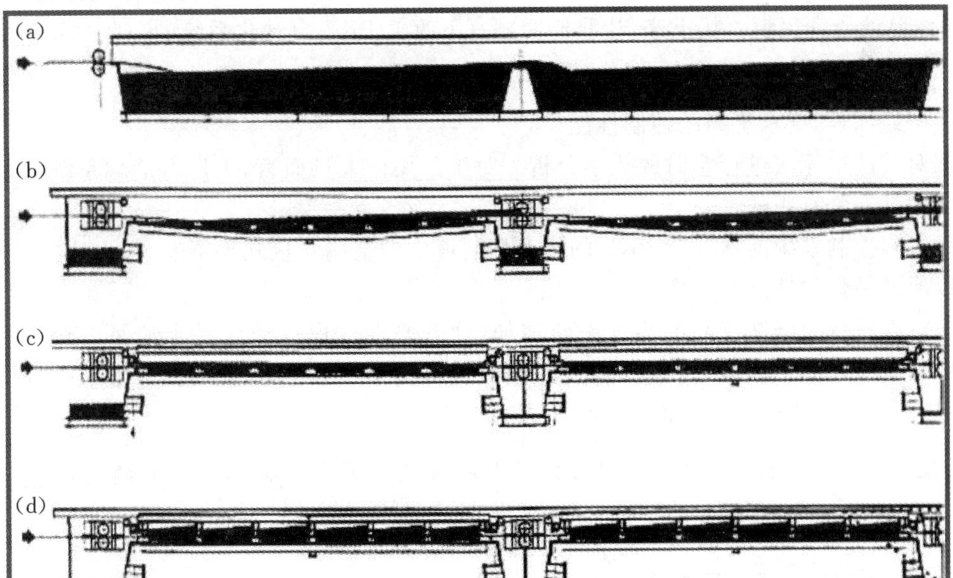

图 18.6　不同的 PKL 槽的设计。(a)深型槽；(b)浅型槽；(c)紊流槽；(d)turboflo 槽

18.4.2 不锈钢的酸洗

依据材料的不同应用需要生产多种不同质量的不锈钢,不锈钢包括奥氏体、铁素体和马氏体的等级。钢带通过冷轧后或热轧后可得到不锈钢。

热轧后和冷轧后的钢带在使用或再次冷轧之前,需要在退火炉中进行再结晶处理。因此,需要对不锈钢钢带进行反复除锈,以清除轧钢氧化层和退火过程形成的氧化层。

相对于碳钢,清除不锈钢的氧化层将更加困难。此外,热轧和退火过程会使铬从基本材料的上层扩散到氧化层。因此也需要在酸洗过程中清除钢带表面产生的贫铬层。

我们经常把不锈钢的退火与除锈操作合并到一个单一的加工线内[20,54]。由于钢带的速度由退火部分控制,因此酸洗过程必须保证具有合适的操作灵活性,以避免不必要的**酸洗不足**(即不完全除锈)或**过度酸洗**的现象。这一需求促使人们对不锈钢所特有的除锈过程进行开发。

18.4.3 酸洗过程的管理与控制

在钢铁制造中,人们对轧钢机先进控制方法的开发投入了很多精力。而加工线(酸洗和退火)的发展则是非常缓慢,且波澜不惊。基于这些原因,通常加工线没有配备先进的自动化系统。特别是 PKL,它通常都是通过基于操作者经验和工厂专业知识所定义的半人工操作的惯例来进行管理。

然而,近年来该领域的竞争也变得非常激烈,这样就需要现代控制和自动化的方案来显著改善产品质量,并在降低消耗的同时,提高产能。由于以模型为基础的自动化系统的应用[21,22]可以提供额外的过程监测能力,并给操作人员的决策提供有效的支持,这激发了人们越来越浓厚的研究兴趣。接下来,让我们回顾一下改善 PKL 自动化系统的一些主要动机。

1. 现代 Turboflo PKL[19]具有快速的动态特性的特点,这使得它相对于传统推-拉式或低速连续生产线而言,要求更高的控制性能[22,23]。
2. 通常对酸洗槽无法进行实时的化学分析。对工厂操作人员而言,工厂自动化系统的过程监测能力是非常有用的[24]。
3. 如果过程控制系统能够保持 PKL 的废弃酸溶液中的金属含量几乎不变,那么通常 ARP 就可以保证最佳的性能及效率。
4. 由于对高质量的钢铁产品的需求不断增加,这就要求过程自动化要能确保正确的除锈级别。**酸洗不足**会引起钢带的腐蚀损坏。而**过度酸洗**会降低钢带的质量,并增加钢带的粗糙度,从而导致冷轧过程中摩擦力的值不同。

借助于有效的过程控制系统的帮助,可以通过减少蒸汽及新鲜酸液的消耗来提高工厂效率。

18.4.4 酸洗线的主要组件

如前所述,PKL 呈现出一种模块化的结构。除锈过程在许多大小相同的连续不断的阶段中进行。一种酸洗阶段的典型结构如图 18.7 所示。它的主要组件列表如下。

1. 在**供应槽**(working tank,WT)中,钢带进入其中并与酸性反应物进行接触(不同的 WT 设计如图 18.6 所示)。通过给 WT 不断注入加热的酸溶液,同时排出废弃溶液,可以保持液位恒定。由于温度和溅散引起的蒸发,部分酸洗介质可能会丢失。反之尽管密封,部分溶液也会通过钢带表面传送到下面的处理槽中。
2. **回流槽**(recirculation tank,RT)向 WT 供给酸溶液,并从 WT 接收富含金属的酸洗液。根据酸洗线的结构以及该阶段的位置顺序,RT 可以从 ARP 和/或从相邻阶段直接接收新鲜的酸溶液。以同样的方式,RT 可以直接排出酸液。另外,部分溶液也可被传送到上一个或下一个阶段。
3. **再循环泵**(recirculation pump,RP)保证了酸洗液在供应槽和回流槽之间连续地流动。常规的 PKL 装配有定速再循环泵。在这种情况下,再循环流速必须足够高,以保持供应槽和 RT 中的酸及金属浓度处于相同值。相反,现代的 Turboflo PKL 通常采用变速再循环泵。由于可以改变泵速,就可对 WT 内酸浓度采用快速的控制机制,该机制在快速瞬变或工厂停止运转的情况下特别有用。
4. 通过热交换器,可将热蒸汽中的热能转移到酸洗液中。下游交换器的酸溶液温度则可以通过蒸汽流闭环控制器对其进行调节。

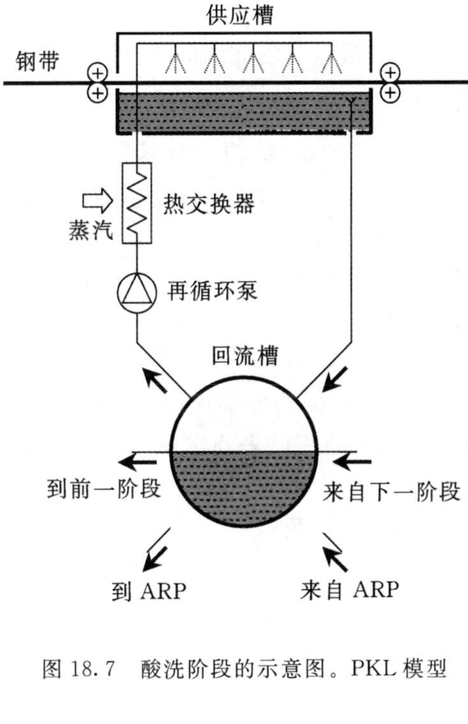

图 18.7 酸洗阶段的示意图。PKL 模型

18.4.5 酸洗线的模型

术语:

T:酸溶液的温度

x:酸的浓度

L_{WT}:供应槽的长度
w_s:钢带的宽度
q_S:从钢带去除的氧化物的流量
δ_s:氧化层的质量密度
h_{sin}:入口氧化层的厚度
h_{sout}:出口氧化层的厚度
v_s:钢带的速度
I:单位面积特定的电流

18.4.5.1 数学模型的目的

对于 PKL,层 1 对钢带速度和张力、处理槽中酸溶液的液位、酸洗槽的温度以及电解过程中的电流提供了实时的控制。此外,层 1 还管理了对所有槽进行自动重新充注的顺序。

根据将要处理的钢卷的特性及加工线的酸溶液的浓度和温度的状态,层 1 可从层 2 得到上述提到的变量的合适的设定点的值。在这种情况下,提供数学模型的目的是要保证:

- 最优设置的计算。
- 即使不能进行酸洗槽的实时化学分析,也可对酸洗槽分解时钢卷与钢卷间的情况进行估计。
- 在节约新鲜或再生酸条件下,对重新充注酸洗槽进行优化。

18.4.5.2 数学模型的结构

这里的数学模型以第一原理为基础,并依赖于对 RT 和 WT 进行表示的质量平衡方程。对于反应物的总量以及每一种化学种类,包括由于蒸发引起的质量流的损失以及源于化学反应的化学质量流的变化,都可以很容易地得到它们的质量平衡方程。

具体地,对于使用盐酸的 PKL,最重要的化学反应可表示为:

$$FeO + 2HCl \rightarrow FeCl_2 + H_2O$$

正如文献[22]中所建议的那样,可以通过引入一个称为**平均反应速度**(Average Reaction Speed,ARS)的量来得到除锈过程的严格的数学描述,并将其定义为单位面积及单位时间去除氧化物量的速度。可以通过实验室的测试来确定 ARS。它也被广泛用于表示工作在特定浓度和温度下的酸洗线的有效性。

ARS 是酸浓度 x 和温度 T 的二次函数:

$$ars(x,T) = k_{x1}x + k_{x2}x^2 + k_{T1}T + k_{T1}T^2 \tag{18.6}$$

在一个长度为 L_{WT}、所加工钢带的宽度为 w_s 的处理槽中,可通过表达式

$$q_s = ars(x,T)w_sL_{WT}$$

来得到其去除的氧化物的流速。

那么,可以通过下式计算处理槽输出的氧化层的厚度:

$$h_{sout} = h_{sin} - \frac{q_s}{w_s\delta_s}\frac{1}{v_s}$$

在电解不锈钢的 PKL 中,由于其除锈过程是通过电流驱动的,故需要替换 ARS 的公式(式 18.6)。对于使用中性电解质的酸洗线,如 Na_2SO_4,其去除氧化层的量基本上与钢带表面

移动的电荷量成正比。如果使用酸性反应物，如 H_2SO_4，甚至也必须妥善考虑其除锈作用。而温度则不会对这种酸洗过程产生显著影响。

通过简单地将式(18.6)中的温度替换成特定电流 I，可以得到 ARS 的电化学酸洗模型：

$$ars(x,l) = k_{x1}x + k_{x2}x^2 + k_{T1}I + k_{T1}I^2 \tag{18.7}$$

18.5 冷轧：控制在可逆式连轧中的应用

为了进一步削减厚度，并达到适用于产品加工的材料属性，需要对材料进行冷轧[57]。这里适用于产品加工的材料属性是指必须要保证的钢带更高的厚度精度、合适的平整度轮廓及更高的表面质量。

在冷轧中，主要通过三种类型的过程来实现钢带厚度的削减。这些过程根据不同的传感器和控制技术，需要采用不同的自动化方案：

- **单机架可逆式冷轧机**(Single Stand Cold Reversing Mills，SCRM)：可在几个通道(3 到 7 个)中对金属平带进行处理，且两个安装在机架附近的卷轴可将钢卷展开-重卷。
- **双机架可逆式冷轧机**(Double Stand Cold Reversing Mills，2CRM)：是通过一个可逆过程来实现厚度的削减的，但通过增加机架数可减少通道数(1 到 3 个)。
- **冷连轧机**(Tandem Cold Mill，TCM)：可通过若干个不可逆机架(通常为 3 到 5 个机架)来实现厚度的削减[25]。

在某些情况下，可将 TCM 过程与酸洗过程连接起来，以提高生产效率[26,27]。在这种情况下，由于钢卷被焊接在一起，这个过程被称为**全连续冷连轧机**(Continuous Tandem Cold Mill，CTCM)，并且要求该过程只能因为维护原因才能被停止。这种情况下甚至在一个钢卷和下一个钢卷之间的焊缝也要服从轧制的约束(**动态**设置)，参见文献[28]中的例子。

在图 18.8 中，描绘了一个可能的 SCRM 厚度控制器以及最常见的传感器配置的例子：

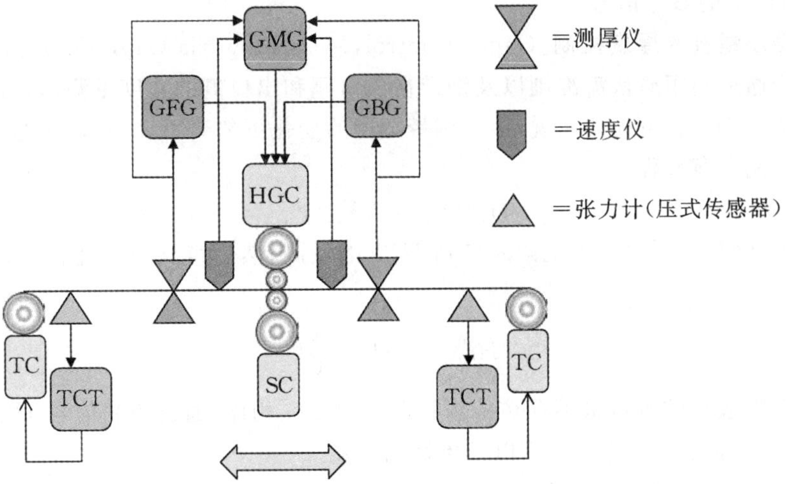

图 18.8　SCRM 中的厚度控制

- **测厚仪**与 HSM 的情况类似,也是以 x 射线技术为基础的,目的是测量钢卷中心线的厚度(几乎不测量钢卷的厚度分布)。
- **速度计**是以激光技术为基础的传感器,或者就是简单的编码器。一般情况下,当处于快速的加速/减速期间,也即此时编码器会失去与材料的接触,且仍需保证所需测量的精度时,应首选使用激光技术(但昂贵得多)。
- **压式传感器**通常安装在每个中间机架内,以便直接量测中间机架的张力。

如图 18.8 所示,可以很容易看到 SCRM 装置中在轧机两侧都安装了厚度和速度传感器(可能是编码器)。

18.5.1 AGC——冷轧中厚度控制的实现

我们通过复杂的控制器来实现冷轧(特别是连轧)中的厚度调节的效果,而控制器需要考虑没有活套时的情况,并因此必须要能协调所有机架的调节活动以保证轧制过程的稳定。

如同 18.3 节中对 HSM 轧制所采用的做法一样,下面我们将区分**基本的**和**外部的**控制器。基本的控制器{HGC,SM,TC}将不依赖于所考虑轧制过程的类型(见 18.3 节),而外部的控制器根据轧制过程的结构以及传感器的可用性,可能会变化很大。

SCRM 的外部控制器为:

- 通过**转矩的张力控制**(Tension Control via Torque,TCT):通过 TC 调节的转矩来使入口/出口处的张力保持恒定,而 TC 是由用于卷取机/开卷机的卷轴电机来实现的。
- **具有间隙反馈的厚度控制**(Gauge Control,Feedback via Gap,GBG):这种控制器以机架下游得到的厚度测量 H_{out}^{Xray} 为基础来对 HGC 的参考信号进行修正。
- **具有间隙前馈的厚度控制**(Gauge Control,Feedforward via Gap,GFG):为了预测传入的即将被轧制的钢带的厚度偏差,这个控制器通过安装在入口处的 x 射线产生的量测 H_{in}^{Xray} 来修正 HGC 的参考信号。
- **具有间隙质量流的厚度控制**(Gauge Control,Mass Flow via Gap,GMG):这个控制器的目的在于通过利用质量流准则以及钢带在入口侧和出口侧的速度量测(V_{in} 和 V_{out})来补偿厚度的偏差 H_{out}。更确切地说,由于钢带宽度的变化可忽略不计,质量流的变化将满足下面的质量流平衡方程:

$$H_{in}^{Xray}V_{in} = H_{out}^{Xray}V_{out} \tag{18.8}$$

在式(18.8)的基础上,可以跟踪机架入口侧 H_{in}^{Xray} 的量测,然后得到所关注机架出口侧的另一厚度量测:

$$H_{out}^{MF} := H_{in}^{Xray}\frac{V_{in}}{V_{out}} \tag{18.9}$$

由于由测量 H_{out}^{MF} 表示的测量量不存在传输延迟,与 GBG 相比,通过控制信号 H_{out}^{MF} 而不是信号 H_{out}^{Xray},GMG 可保证更宽的稳定裕度以及更好的性能。

在 2CRM 中,用于#1 机架的 HGC(见图 18.9)的目的并不是直接调节#1 机架的出口处钢带的厚度。事实上,在 2CRM 的情况下,为了尽可能保持#0 机架和#1 机架之间架间张力恒定需要引入一些调节器,以避免 GMG/GBG 作用于#0 机架时产生扰动。

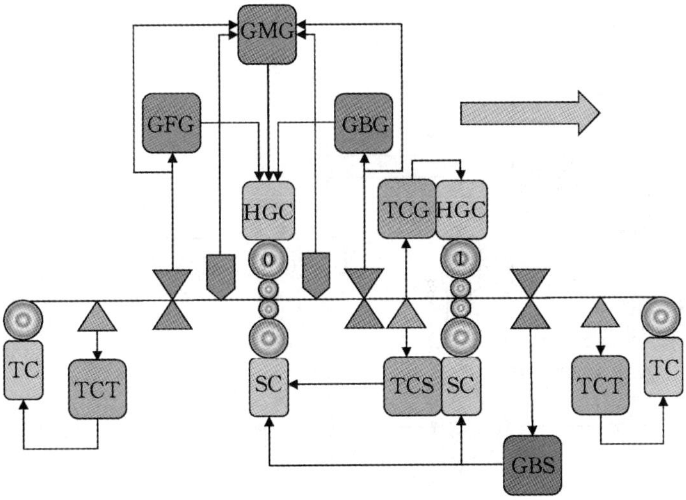

图 18.9 2CRM 中的厚度控制

此外，在＃1 机架出口的厚度是通过具有**速度反馈**(Gauge Control，Feedback via Speed，GBS)的**厚度控制**来调节的。该调节器作用于用于＃1 机架的 SC 所使用的速度的参考信号，并且还可能作用于＃0 机架上的 SC 所使用的速度的参考信号。

事实上，我们通过两个互相排斥的控制器来进行中间机架的张力控制：

- 通过**速度的张力控制**(Tension Control via Speed，TCS)：该控制器通过不断改变用于＃0 机架的 SC 的速度的参考信号来调节中间机架的张力。
- 通过**间隙的张力控制**(Tension Control via Gap，TCG)：该控制器作用于＃1 机架上的 HGC 的间隙的参考信号。

选择是让 TCG 起作用，还是让 TCS 起作用，要取决于轧钢机速度。事实上，低速时采用 TCS 将使得系统处于一个更迅速的控制器的控制中，但是，该控制器也会干扰到负责保证最终厚度的 GBS。因此，要使用一个合适的逻辑，以便当速度到达一个阈值时，能尽快从 TCS 切换到 TCG。当然，在 2CRM 中，当轧制方向转换时，＃1 和＃0 机架的角色也要转换，外部控制器也要采用一个对称的逻辑。

在 TCM 中[24～27,29～31]，需要进一步扩展用于 2CRM 的控制逻辑，以考虑更多机架的作用(见图 18.10)以及相应传感器的可用性。

事实上，一个典型的 TCM 的装置应配置如下的传感器：

- 在＃0 机架的入口和出口处用于测量厚度的 x 射线。
- 在最后机架的出口处用于测量厚度的 x 射线。
- 激光测速仪通常仅安装在＃0 机架的入口/出口处。
- 通过编码器测量所有中间机架的速度及卷取的速度。
- 通过压式传感器测量所有中间机架的张力。

与 2CRM 情况相同，将 GMG/GBG/GFC 应用于连轧机的第一个机架(见图 18.10 中的

♯0 机架),而负责调节最终厚度的 GBS 可以作用于所有机架的速度的参考信号。此外,与 2CRM 情况相同,可通过 TCG 或 TCS 来调节所有中间机架的张力。

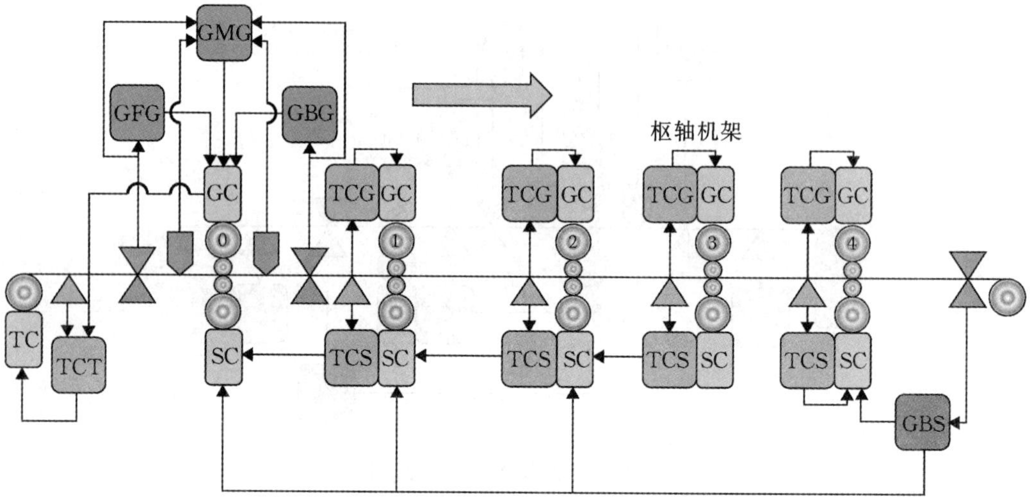

图 18.10 TCM 中的厚度控制

最后,与 2CRM 情况相同,必须使用速度主控制器(18.3.3 节)以协调轧钢机中不同设备间的速度。这在 2CRM/TCM 中尤为重要,这是因为由 TCG/TCS 所保证的中间机架的张力的调节速度,不如在 HSM 中通过活套实现的由 TCT 或 LCT 所保证的张力的调节速度快。

18.5.2 自动板形控制(Automatic Flatness Control,AFC):冷轧中的板形控制

层 1 的闭环控制中所实现的**冷轧**控制的任务不仅涉及自动厚度控制(AGC),而且还涉及自动板形控制(AFC)[32,33]。

由于热轧中更难以实现有效的传感器,因而**热轧**中类似的控制器应用并不那么普遍:由于钢带高温引起的磨损,接触式传感器很快会变得不可靠,而当非接触式传感器是以光学技术为基础时,它仅能给出关于板形存在明显缺陷的信息。不管怎样,这里介绍的大多数的概念在热轧中也是有效的。

对于进行冷轧的钢带,将板形定义为沿着材料宽度方向的内部应力的差异。卷取过程中可以通过合适的传感器,即名为**板形仪**或**应力计**,来获取钢带内部的应力(所谓的**形状**)的量测,但这些传感器直到现在也需要很大的投入。由于这些传感器的成本过大,很少有工厂装配一个以上的板形传感器,也就是说,板形仪只安装在轧钢机的出口处。

由于最后一个机架离板形仪最近,且它对钢卷的最终板形具有最直接且可预期的影响,故通常在闭环中仅使用最后一个机架的板形执行器来完成 AFC 的任务。

与热轧中几乎只使用专门的 4HI 型机架(即带有 4 轧的机架)的情况不同,用于完成冷轧任务的轧制机架可以装备更多先进的板形执行器:通常在 TCM/2CRM 中,机架可以是 4HI 型或是 6HI 型(即带有 6 轧的机架)。还可以采用 20HI 型机架("多辊轧机")[34,35,58] 来实现

(特别是不锈钢)SCRM 过程。

18.5.2.1　形状测量系统

传统冷轧中所使用的板形仪包括一系列沿着钢带宽度方向分布的压式传感器(有兴趣的读者可以参考文献[3]了解其他非传统传感器)。每个压式传感器将产生一个信号,该信号代表了钢带切片与其接触时所受到的压力。因此,板形仪将产生一系列张力信号,其维数为装配在传感器上压式传感器的个数:

$$Shape = [T_1 T_2 \cdots T_L]$$

最近,出现了基于超声波的非接触式传感器,它也可提供一个非常类似的信号阵列。

值得指出的是,当两个不同的钢带切片的具体张力存在一个梯度,就意味着两个切片会呈现不同的伸长值(见图 18.11)。相应地,钢带切片之间的伸长值存在很大的差异意味着此处存在一个应该被修正的明显的板形缺陷。

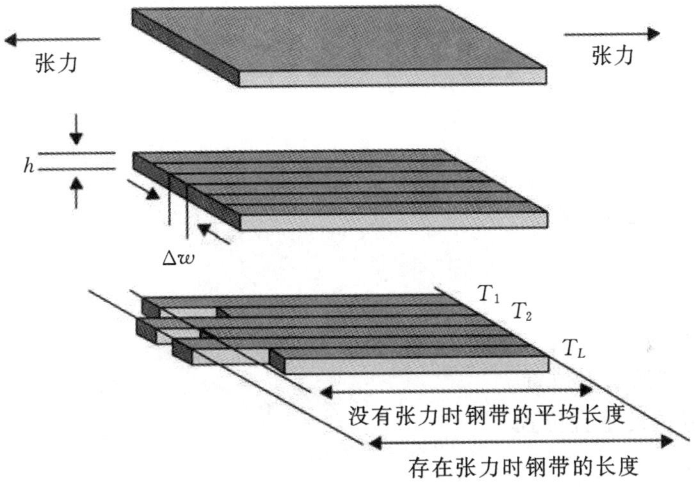

图 18.11　不同的内部张力引起不同的伸长值而造成的板形缺陷

18.5.2.2　基于最小均方的传统 AFC 系统

如果每个板形执行器对每个张力测量量 T_i 的影响都已知,其中 $i=1,\cdots,L$,那么就要面对修正一个可能的板形缺陷(即测量板形与期望板形目标的偏差)的问题。

换句话说,对每个执行机构有必要搞清楚以下关系

$$\Delta Shape(Act) = [\Delta T_1(Act) \quad \Delta T_2(Act) \quad \cdots \quad \Delta T_L(Act)] = \boldsymbol{M}(Act)\Delta Act \tag{18.10}$$

其中 Act 表示普通的板形执行器,$\boldsymbol{M}(Act)$是 L 维的向量,它表示普通的板形执行器 Act 在板形上的**灵敏度矩阵**。

灵敏度矩阵是 $\boldsymbol{M}(Act)$通过自动化层 2 中的自动化板形模型计算得到的,该模型可以预测施加了执行器的参考信号(辊栈挠度模型,Roll Stack Deflection Model,RSDM)后辊栈的挠度,以及该挠度又是如何改变材料的形状的(形状模型(Shape Model,SM))(有兴趣的读者可参考文献[36]及其参考)。

一旦矩阵 $\boldsymbol{M}(Act)$已知,通常就可借助于 LMS 来求解闭环控制问题。准确地说,我们将每个时刻测量形状的误差(即形状的量测量和形状目标之间的差值)都提供给基于 LMS 的优化工具,通过反转公式(18.10)就可以计算出在目前状态下每个执行器的参考信号的最优变化量[35]:

$$\Delta Act^{Corr} = \boldsymbol{M}(Act)^{+}\ \Delta Shape\_Err$$

在该领域,使用 LMS 实际上需要补充附加的逻辑以避免一些问题:举例来说,即使两个板形执行器具有很相似但不完全相同的灵敏度,也有必要执行这个控制算法。原则上,在这种情况下,纯 LMS 算法可以产生作为最优结果的板形执行器的配置,但这个配置可能具有一些与自己相矛盾的无意义的执行器,或者由于执行器饱和,该配置不能被有效地执行。

18.6 多变量控制器在 HDGL 镀锌中的应用:简介及问题求解

术语表示:

U:钢带的速度
M:锌层的重量
L:气刀和涂层测量仪之间的距离
ρ:熔融锌的密度
μ:熔融锌的粘度
g:重力加速度常数
h:气刀间隙——钢带的水平位置
X:气刀间隙——锌锅的垂直位置
d:气刀的打开间隙
P_0:气刀的供给压力
T_s:钢带的温度
T_{zp}:锌锅的温度

以下的下标符号将用于 M,其意义如下:

ref:锌层的目标
err:锌层的调节误差
hot:当锌仍处于熔融状态时,气刀处的锌层
$solid$:凝固后的锌层
$solid\_meas$:通过冷涂层测量仪得到的锌层量测
$solid\_pred$:通过数学模型得到的锌层估计
$solid\_pred\_del$:具有量测时,锌层的同步估计

HDGL 由顺序安装在一个连续的生产线中的几台设备构成,其目的在于提高平钢带的质量。正如图 18.12 中所指出,HDGL 的主要设备包括:

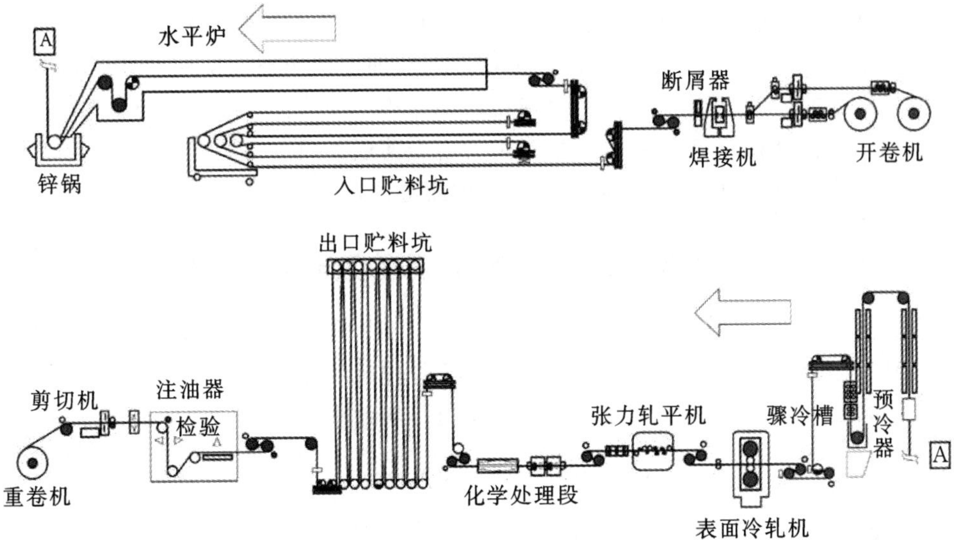

图 18.12 一个可能的 HDGL 设备布置图

- 卷板焊机用来不断地将若干钢卷焊接到一起，以保证该过程的连续性。
- 退火炉通过对材料再结晶来保证材料的机械性能。
- 表面冷轧机主要用于修补可能的钢带的板形缺陷。
- 涂层系统。

就镀锌过程而言，此过程专用的 HDGL 部分（见图 18.13）包括以下安装在熔炉之后的

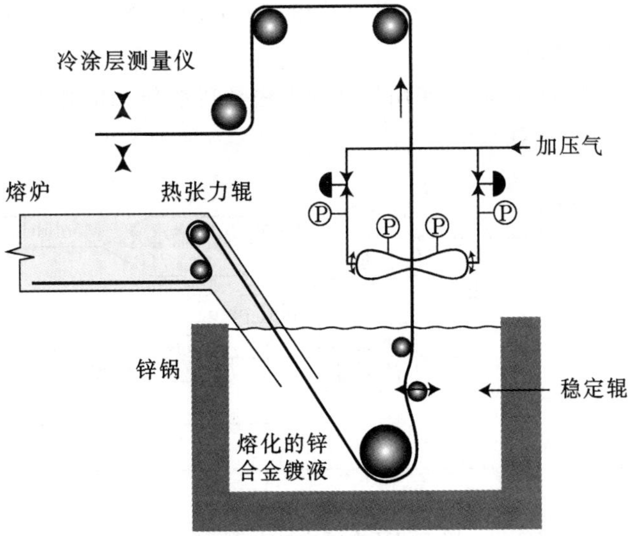

图 18.13 镀锌过程——P 表示安装的压力传感器

设备:

- 钢带离开熔炉之后,它将被浸入到一个盛有熔化的锌合金镀液的锌锅中。
- 一旦钢带离开锌锅,那么气刀(Air Knives,AK)(即由两个空气喷嘴组成的设备,每个喷嘴对应钢带的一面)就会通过空气喷嘴的清除作用来削减锌合金薄层的厚度(涂层重量)。
- 接着钢带就会沿着冷却塔进行传送,以使锌合金薄层凝固。
- 最后,x 射线设备将测量涂层的重量(**冷涂层测量仪**)。

18.6.1 闭环的涂层重量控制系统的目的及性能定义

在为目标 M_{ref} 选择可能的闭环控制器时,应当考虑该系统需要保证的标准偏差,$\sigma(M_{solid_meas})$以及最终应用需要保证的最小涂层的重量,$M_{\min\_ref}$。

事实上,常见的做法是按照以下规则来衡量镀锌的效率

$$Over - Coat\ ratio = 1000Average\ \frac{(M_{solid\_meas})}{M_{\min\_ref}} \tag{18.11}$$

因此,通过以下类型的规则选择目标 M_{ref} 是较为合理的做法:

$$M_{ref} = M_{\min\_ref} + 2\sigma(M_{solid\_meas})$$

由于工作在人工模式下的操作人员对待涂层过程的态度通常是,为避免发生可能的缺陷(**涂层不够厚**),将使用比必需量更多的锌。那么闭环控制器的目的就是保证在没有监管的情况下,过度**涂层的比率**(Over-Coat ratio)尽可能地接近 1000(但不应该在 1000 以下),以节约尽可能多的锌合金,同时避免涂层不够厚。

18.6.2 冷涂层测量仪在闭环控制中的使用

一个可能的闭环的涂层重量控制器必须考虑很多需求。其中要点之一就是必须要补偿由于冷涂层测量仪与 AK 之间存在距离而引起的相当大的测量延迟(见文献[37]中可能的闭环控制器的鲁棒性裕度的分析)。

为了彻底解决这个稳定性问题,使用最多的方法是利用 Smith 预估的概念(见图 18.14),即在闭环中引入一个预测模型[38,39,59]。

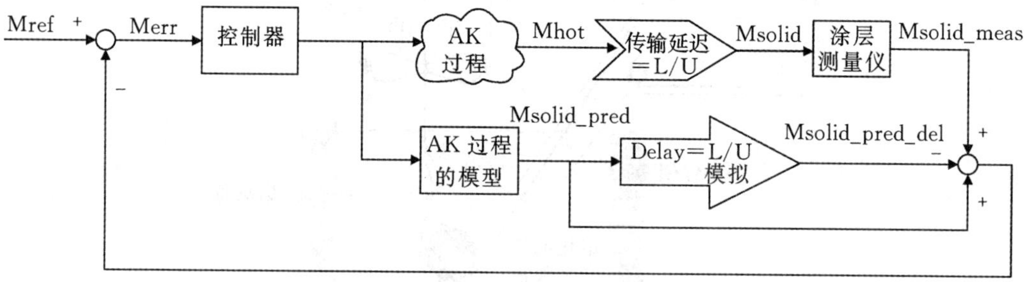

图 18.14 用于闭环涂层控制的 Smith 预估的概念

使用 Smith 预估的概念,目的是增加稳定裕度,并因此可在减少钢带仪表数的条件下,提

高达到期望的涂层重量目标的可能性。利用这样的控制原理，我们希望第一次涂层重量控制能达到的最终目标是涂层的厚度为执行器和测量设备之间距离的 1～3 倍。

可以通过基于 Smith 预估的闭环方法来补偿高频扰动，因此，必须叠加前馈补偿以保证抗扰动的性能，我们稍后将进行详细讨论。

在实际应用中，由于钢带的弹性形变引起的钢带震动引入了明显的高频扰动，通常此扰动很难通过 AK 执行器进行补偿。这就是为什么近年来要在该领域引入磁阻尼系统的主要原因[40]。

该领域也已考虑了热涂层测量仪的使用，即在 AK 设备后安装一个涂层测量的装置，并且一些工厂已安装了这样的设备。当然在没有使用 Smith 预估类型的控制器时，由于这种类型的测量装置大大降低了传输延迟，因此它显著提高了可能的闭环控制的稳定裕度，但是另一方面，主要因为这种类型的测量装置需要频繁维护，且必需的维护成本较高，而且安装比较困难(热涂层测量仪需要与钢带减震系统安装在一起才可以获得可靠的测量)，故这种类型测量装置仍然没有得到广泛应用。

相反，由于通常减震系统仅安装在表面冷轧机前的限动器上(见图 18.12)，在那里钢带不再会受到震动影响，因此减震系统并不严格要求与冷涂层测量系统安装在一起。

在本章的以下部分，由于冷涂层测量仪一定与该领域最普遍及最统一的涂层传感器技术相一致[38,39]，我们将只考虑冷涂层测量仪的情况。

18.6.3　闭环多变量控制器的目的

由于存在大量的控制变量和测量变量，因此要解决的控制问题具有多变量的特性。同样重要的是需要注意，该控制问题的多变量特性主要源于对于钢带的两面来说，涂层重量不能实现独立调节这一事实。更确切地说，两个喷嘴的控制变量的执行参考信号差异过大会带来一些后果，相应的这些后果都意味着涂层过程的不稳定。

例如两个 AK 的供给压力 P_0、水平位置 h 或者 AK 打开间隙 d 的差异过大，意味着由于施加于钢带的弯曲作用，钢带相对于 AK 设备机器中心线会有偏移。据作者所了解，两个空气喷嘴之间的协调，这一实现完全自动化的控制系统的主要障碍，直到现在也没有文献讨论过此问题。

18.6.3.1　控制变量的选择

根据可以使用的机械方案，选择的控制变量集会有显著变化：

- AK 喷嘴的入口气压 P_0。
- AK 装置相对于钢带的水平位置 h。
- AK 设备相对于锌锅的垂直位置 X。
- AK 的打开间隙[38]，d。

该闭环控制问题的享有特权的控制变量是 P_0 和 h，这不仅因为它们代表了最普遍的控制变量选择(它们所对应的适用的执行器，通常在任何装置中都是可得的)，而且还因为较容易预测它们对涂层重量的影响。

在很多装置中，不能直接测量得到代表 AK 喷嘴和钢带之间距离的 h，仅能通过使用绝对

编码器来对它进行估计。因此,应该考虑可得到的 h 估计会受到低频扰动的影响,这是因为:

1. 测量编码器的校准可能出错。
2. 钢带轧制线的校准可能出错。
3. 正如之前描述过,由于两个 AK 的结构差异过大或钢带的弯曲阻力可能会造成钢带弯曲,其中钢带的弯曲阻力往往会使钢带偏离稳定辊的中心线(见图 18.13)。

由于垂直位置对 M 的灵敏度在某些情况下可能会变小,并因此对闭环控制器不太起作用,因此不能单独把垂直位置作为一个灵活的控制变量。

喷嘴间隙 d 几乎不能被自动调节,一般是留给 AK 设备进行机械的预调的。如今,也有一些机械装置,可以通过伺服电机自动地设置间隙。文献[38]中提出的控制步骤,允许通过若干沿 AK 边缘安装的间隙执行器对涂层重量的分布进行调节。理论上,这类机械方案是非常有前景的,但目前还是一直非常少见。

接下来的部分将介绍一个多变量控制器的实现,它使用$\{P_0$ 和 $h\}$对作为控制变量,因为这个选择与最广泛使用的机械设备密切相关,并且能保证控制器在没有任何监管的所有可能的条件下保持一致的性能。

18.6.3.2 被控变量的定义

应用最为普遍的冷涂层测量仪都是以一个安装在轨道上的单独的 x 射线源为基础的,以便能以横切钢带的运动方向不断地来回移动。因此,测量仪不仅可以沿着钢卷长度方向,也可以沿着钢卷宽度方向获取涂层重量的分布,并且还可以获取钢带两面(**正**面和**背**面)的涂层重量的分布。

一般情况下,根据轨道的移动速度,可得到若干沿着钢带宽度方向的量测(**涂层重量的分布**)。让我们做以下约定:$\boldsymbol{M}_{solid_meas}(p)$为在相对于钢带中心线的规范化坐标 $p\in[-1,+1]$下采集到的量测,其中-1表示没有风机的一侧,$+1$表示具有风机的一侧。

由于只有非常特殊且昂贵的机械设备[38]才允许去纠正整个量测向量 $\boldsymbol{M}_{solid_meas}(\cdot)$距离目标向量 $\boldsymbol{M}_{ref}$ 的偏差,故我们将主要精力集中于是否可以调节由向量 $\boldsymbol{M}_{solid_meas}(\cdot)$推导出的两个主要信号:

$$\boldsymbol{M}_{avg\_solid\_meas} = \underset{p\in[-1,+1]}{Average}\{\boldsymbol{M}_{solid\_meas}(p)\} \tag{18.12}$$

以及

$$\boldsymbol{M}_{dif\_solid\_meas} = \boldsymbol{M}_{Solid\_meas}(-1) - \boldsymbol{M}_{Solid\_meas}(+1) \tag{18.13}$$

接下来,为简单起见,将使用符号 $\boldsymbol{M}_{solid\_meas}$ 代替信号向量$[\boldsymbol{M}_{avg_solid_meas}, \boldsymbol{M}_{dif_solid_meas}]$,因为这代表了被控变量集。

正如后文中将更好地解释的那样,对于 $\boldsymbol{M}_{avg\_solid\_meas}$(它们之间也是平均水平位置 h)的控制,可以很好地利用很多被控变量。另一方面,可以确定的是通过作用于以下变量表示的差分水平位置,应用最为广泛的机械方案可以对 $\boldsymbol{M}_{dif\_solid\_meas}$ 进行闭环调节:

$$h_{dif} = h(-1) - h(+1) \tag{18.14}$$

18.6.4 前馈补偿的目的

如之前所指出的那样,以冷涂层测量仪为基础的闭环控制器不能补偿高频扰动。而且,涂装线可能受制于运行条件的突然变化。

在实际情况中，最好是考虑采用一种前馈的方式来尽可能快地补偿如下的变化：

- 钢带的速度 U。
- 在熔炉出口处钢带的温度 T_s。

一般地，这些过程变量的阶跃变化对应于生产线的故障，但由于涂层过程的连续性，即使在这些特殊情况下，保证涂层过程的质量也是很重要的。

通过协调 AK 供给压力和垂直位置的变化，可以采用前馈方式来补偿**生产线上的加工速度**的阶跃变化。事实上，生产线速度的变化意味着将从钢带表面移除的锌质量流的速率发生了急剧变化，也意味着仅使用供给压力进行补偿可能变得不切实际。典型的需求是控制生产线从 50m/min(低速)到 200m/min(全速)的加速/减速。

钢带在熔炉出口处的温度变化虽然不是阶梯状的，但也会有剧烈变化，这可能会对钢带表面锌的粘附产生强烈影响(例如，在熔炉故障的情况下，钢带的温度可能在几分钟内变化 50℃)。

为了实现这两种前馈的补偿作用，图 18.14 中描述的控制器必须通过如图 18.15 所描述的合适程序进行补充。

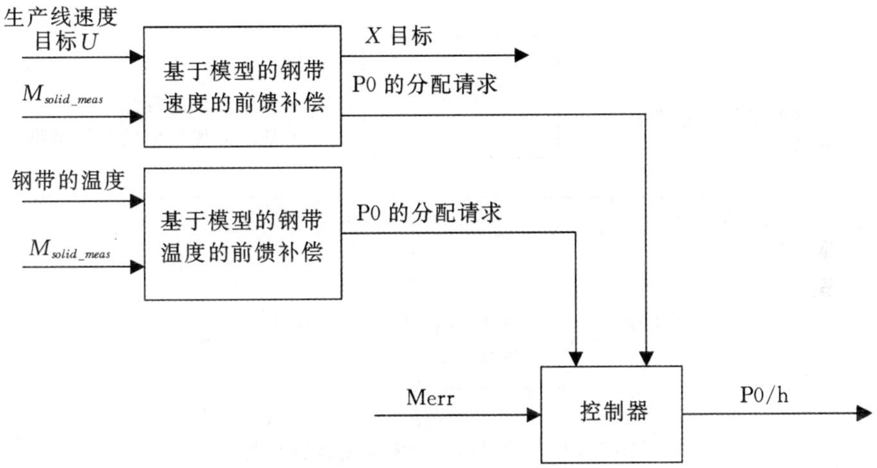

图 18.15　前馈(Feedforward，FF)补偿

实际上前馈的补偿方式所基于的预测数学模型与实现 Smith 预估概念所采用的模型相同：这些方式实现了**梯度化的方法**，其目的是使当前的涂层重量 M_{solid_meas} 与测量得到的钢带的速度及温度的变化不相关。

18.6.5　涂层的数学模型及其实现

众所周知，几乎不可能构造出高度精确的物理涂层过程模型(参见文献[41]最新的关于钢铁/造纸工业一项调查)，或者说所实现的精确物理模型不适合实时的闭环控制。

这就是为什么在一些已有的文献论述中，Smith 预估概念要通过极其简化的模型[42]或黑盒模型[43,44]来实现的主要原因。

实际上人们研究物理涂层过程已经很多年了[45,46],并且仍在继续研究着[47]。计算机硬件性能方面的最新发展,并没有对实际实现该领域复杂及可靠的涂层预测模型作任何特别的限制。

本章中用于实现图 18.14 和 18.15 所示的 Smith 预估和前馈补偿功能的数学模型实际上来源于文献[47],但这里为原模型补充了递推辨识功能。

18.6.5.1 实现的问题

正如许多其他金属平带生产的自动化系统一样,需要通过自动化层 1 和自动化层 2 之间的协作来实现复杂的控制回路(见图 18.16)。

自动化层 1 负责实现传感器与执行器之间的通信,理所当然它也应该是为真正实施 Smith 预估的概念而实现必需的材料的实时跟踪功能的地方。例如,自动化层 1 负责模拟传输延迟,并负责让模型预测跟踪上实际测量点(见图 18.14)。

另一方面,自动化层 2 负责在加工过程中各个事件发生之前执行数学模型。例如,每隔 3m 钢带就要执行一次实现的 Smith 预估的模型(即每秒,假设线速为全速 200m/min)。实际上,CPU 的潜能甚至可以使闭环控制器工作得更快,而在很多装置中真正的瓶颈在于涂层重量传感器的采集速度。

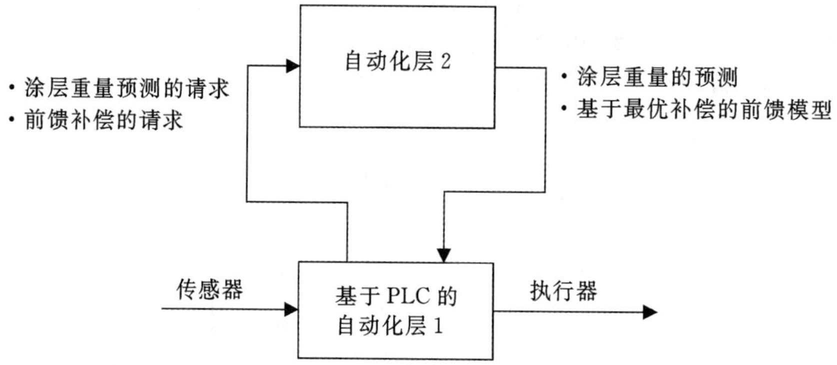

图 18.16 涂层重量的闭环控制的实现

18.6.5.2 模型的主要特点

文献[46,48]提出了涂层重量的数学模型,并且文献[47]对其进行了完善,其中为了估计凝固速率,该模型包含了一个传热模型。完善后的数学模型作为一个 AK 过程主要变量的函数,是一个静态函数,可以预测涂层重量。更确切地说,用于驱动预测 M_{solid_pred} 的涂层的数学模型可以表示为以下变量的函数(见图 18.17 通过数学模型产生的典型涂层重量的预测):

$$M_{solid\_pred} = f(U, h, d, p_0, \rho, \mu, T_s, T_{zp}) \tag{18.15}$$

对于薄膜来说,其数学模型的推导是以一个简化的二维 Navier-Stokes 方程为基础的:

$$\mu \frac{d^2 u}{dy^2} - \left(\rho g + \frac{dp}{dx}\right) = 0$$

其边界条件为

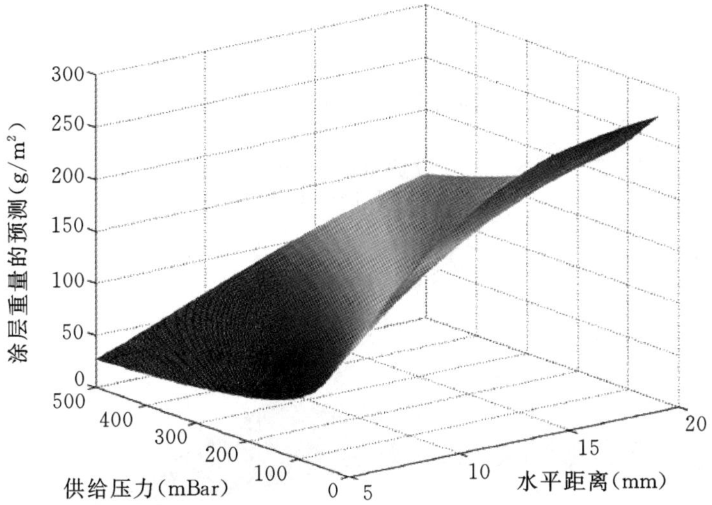

图 18.17　$d=1.2\text{mm}$ 及 $X=400\text{mm}$ 时，涂层重量的预测

$$u\big|_{y=0}=U,\mu\frac{\mathrm{d}u}{\mathrm{d}x}\bigg|_{y=W_{solid\_pred}}=\tau,\quad W_{solid\_pred}=\rho M_{solid\_pred}$$

其中 x 表示沿钢带长度方向的纵坐标，y 表示垂直于钢带方向的坐标，p 为沿钢带方向的压力，u 为熔化态的锌的速度，τ 为空气喷嘴施加于涂层膜上的剪切应力。

这个数学模型可在一个合理的计算时间内进行求解，这与实时的闭环控制器完全协调。事实上，经过一些简单设计，可以将涂层重量估计修正为一个二阶代数方程的求解：

$$\frac{1}{\rho}M_{solid\_pred}=\frac{S\pm\sqrt{S^2+4G}}{2G}$$

其中 S 为无量纲的剪切应力，G 为无量纲的有效重力加速度。有兴趣的读者可参考文献[47]了解更多细节。

如图 18.17 所示，涂层工艺的数学模型在很宽的工作条件下得到涂层重量的估计。特别地，很明显一旦固定一些主要工艺的参数(特别是 d,U,X,T_s 和 T_{zp})，通过两个主要的控制变量 P_0 和 h 的无限次组合就可以达到相同的涂层重量的目标。

同样非常重要的是我们观察到，所有这些解从控制角度来讲并不等效，这主要是由于两个原因：

- 由于用于控制入口处对空气进行加压的阀门的非线性特性，不可能以同样的精度去驱动所有可能的 P_0 值。
- 用于预测涂层重量的控制变量的灵敏度必须处于最小值和最大值的范围之内，以保证良好的调节裕度：

$$\min<\frac{\mathrm{d}M_{solid\_pred}}{\mathrm{d}p_a}<\max,\min<\frac{\mathrm{d}M_{solid\_pred}}{\mathrm{d}h}<\max \tag{18.16}$$

满足约束(18.16)的要求意味着要使用的数学模型必须要保证对灵敏度 $\mathrm{d}M_{solid\_pred}/\mathrm{d}h$ 和

dM_{solid_pred}/dP_0 预测的数值精度(在图 18.18 和 18.19 中会分别给出这些预测灵敏度的可能值)。

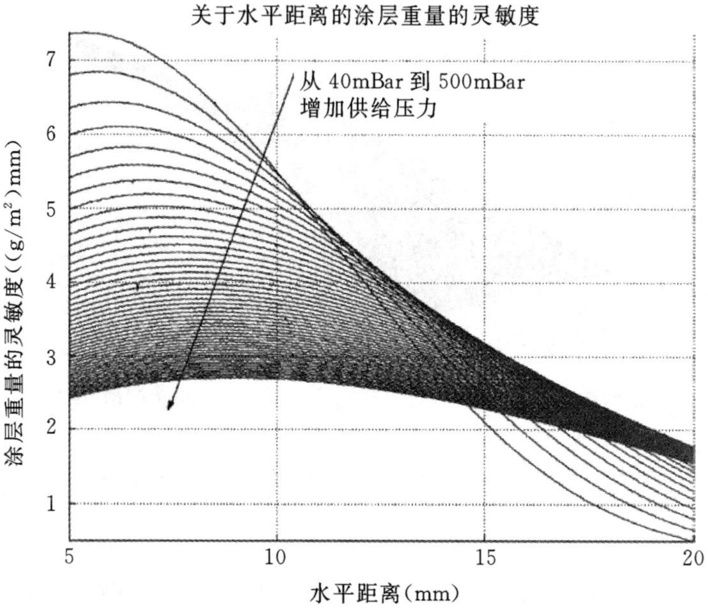

图 18.18 关于水平距离的预测涂层重量的灵敏度[①]

考虑到内部调节器对 P_0 和 h 的可达精度,我们需要对图 18.18 和 18.19 中给出的值进行评估。当然,这些内部调节器的精度很大程度上取决于所采用的机械方案,但评估每个控制变量对于涂层重量的真实控制能力也是非常有价值的。

以下要考虑的情况可能会导致各个装置的结果大为不同,但是为了深入了解闭环控制器的可达性能,这些考虑也是非常必要的:

- 假设系统运行的工作点对应于 $dM_{solid\_pred}/dP_0=-0.3g/m^2/mBar$,并假设 P_0 的内部控制器在相同条件下能保证 1.0mBar 的精度,那么作用于供给压力上的控制器能够修正不超过 $0.3g/m^2$ 的涂层重量误差。
- 这是有必要考虑的,由于阀门的非线性特性,不能再认为内部 P_0 调节器的精度与运行工作点无关。
- dM_{solid_pred}/dh 的一个典型值为 $4.0g/m^2/mBar$,而对于 h 而言,内部控制器可以达到的精度为 0.1mm(这个精度通常不依赖于运行的工作点,但可能由长期磨损效应来确定)。相应地,这意味着作用于水平压力的控制器能够修正不超过 $0.4g/m^2$ 的涂层重量的误差。

实际的工厂经验认为 P_0 是最精确的控制变量,但当然这在很大程度上要取决于机械装置的特性。

①原文似有误,已改正。——译者注

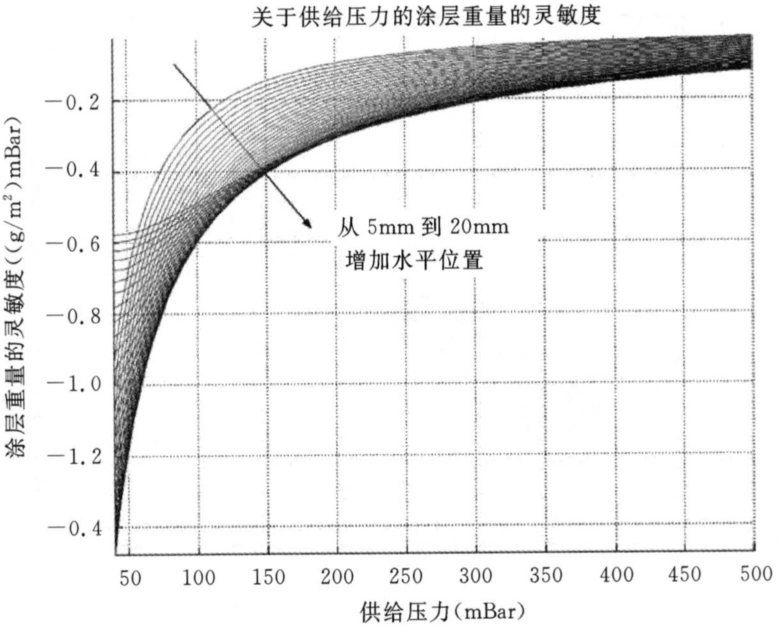

图 18.19 关于供给压力的预测涂层重量的灵敏度

18.6.5.3 涂层重量模型的预测性能

大多数工厂没有配备能直接测量 AK 和钢带表面之间距离的装置。正如已经解释过的那样，h 的估计会受到不确定的偏移的影响，这个偏移可以通过长期自回归技术来进行估计(当然对于钢带**正面**和**背面**，这个偏离可能完全不同)。

更确切地说，为了执行闭环控制和前馈补偿，最好是在式(18.15)中引入如下的递归估计参数：

$$M_{solid\_pred} = f(U, h + Offset, d, Po, \rho, \mu, T_s, T_{zp})$$

正如之前所解释的那样，大多数与 h 相关的不确定性都具有一个低频的成分，因此可以在各个钢卷之间估计在模型执行过程中引入的**偏移**项($offset$)。最终，图 18.20 中给出了在 h 的直接测量不可得的情况下，涂层重量模型所获得的估计性能。当然，若 h 的直接测量可得，绝对会有更好的预测结果。

自回归估计方法是以以下简单算法的理念为基础的：

```
Iter=0;offset=0;
For each coil,as soon as the coil tail leaves the mill
{
  Compute Optoffset such that;
```

$$\min_{\text{optoffset}} J = \sum_{\text{for all collected samples}} \times (\text{Msolid\_meas} - f(U, h + \text{Optoffset}, d, p_0, \rho, \mu, T_s, T_{zp}))^2$$

$$\text{offset} := (1.0 - \lambda)\text{Offset} + \lambda \text{optoffset};$$

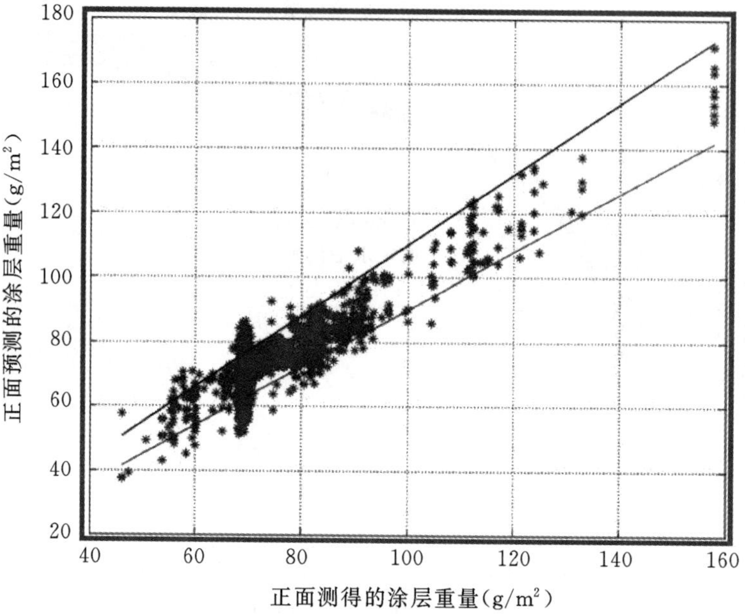

图 18.20　涂层重量的预测性能

$$\text{Iter} := \text{Iter} + 1$$

};

执行该算法时,需要考虑以下两点:

- 可以随时间自动调整系数 $\lambda \in [0,1]$,即可以根据计数器 Iter 和预测误差的方差来进行调整。
- 对于不同的涂层重量和钢卷厚度的优化参数,Offset 应有所变化。为了补偿测量 h 的不确定性以及模型本身的不确定性,这样做是合理的。事实上,正如在文献[47]也指出的那样,当涂层重量值较高时,纯模型预测的可靠性会降低。

18.6.6　基本控制器:供给压力的控制与水平位置的控制

AK 水平位置 h 驱动的主要问题涉及到粘-滑摩擦,该摩擦通常出现于以电控制的伺服电机为基础的机械的位置调节器中。

为了补偿可能出现的与摩擦现象有关的问题,最有效且最简单的控制技术之一是使用**滑动模态**(见文献[8]及其引用文献)。而根据磨损和润滑的情况,这些与摩擦有关的现象常常会随时间缓慢变化。在这类应用中,使用了一个一阶滑动模态控制器。

调节供给压力 P_0 的问题可能在以下几个方面变得更为复杂:

- 首先,P_0 不仅可以通过进气阀门打开命令进行操纵,而且也可以通过风机设定点进行操纵。
- 进气阀通常具有非线性特性,该特性不容易被补偿,而且该特性还会因阀门的供应商不同而不同。

- 与风机相关的电力消耗是不可忽略的参数。

由于刚刚说明的这些原因，我们应该考虑如图 18.21 所示的级联控制器。级联控制具有双重优势，它能维持阀门工作于对应的阀门特性曲线的线性部分的运行点上，并能减少电风机的电能消耗。

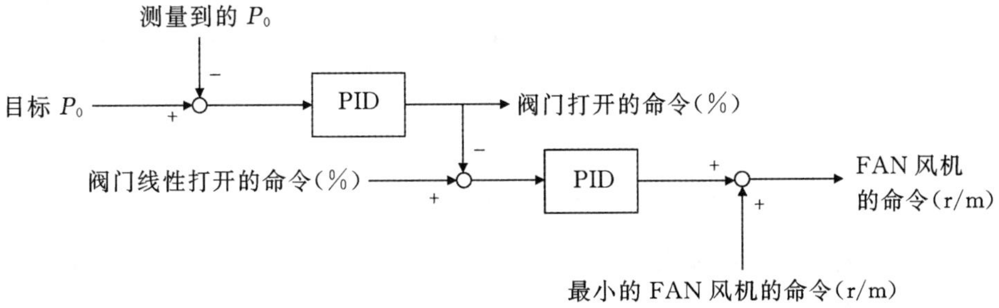

图 18.21　AK 供给压力的控制器

18.6.7　多变量控制器的结构

多变量控制器包括三种不同的算法，其目的在于解决以下三个问题：

1. **设定的控制算法**是在自动化层 2 中实现的。通常是在违反约束时才触发该算法(式(18.16))。它在于通过基于梯度的优化技术来解决以下的优化问题。

$$\min_{x,h,P_0} \mid M_{solid\_pred} - M_{ref} \mid \tag{18.17}$$

服从约束(式(18.16))。

2. **前馈补偿算法**是在自动化层 2 中实现的。根据感知到的生产线的速度基准 U 或炉外测量到的钢带温度 T_s 的变化，自动化层 1 会产生一个请求，而该请求会触发该算法：

$$\min_{X,P_0}[M_{solid\_pred} - M_{solid\_meas}] \tag{18.18}$$

服从约束(式(18.16))。

式(18.18)的问题不同于式(18.17)的问题，因为式(18.18)的目标不在于达到最终目标 M_{ref}，而在于保持当前测量值 M_{solid_meas}。

3. **多变量闭环控制器**：该控制器是在自动化层 1 中实现的，其中包括了图 18.14 中“控制器”模块的实现。图 18.22 给出了这个模块结构的细节。

如图 18.22 所示，该控制器为将要被传送到内部控制器的供给压力(P_{0_Ref})和水平位置(h_{avg_ref})产生一些参考信号。更确切地说，确定 P_{0_Ref} 是为了补偿图 18.14 中所指出的 Smith 预估原理产生的信号 M_{avg_err}，而确定 h_{avg_ref} 是为了减小**后面**与**前面**之间的压力差。

最后，常数 K_Sens 用于解耦两个 PID 控制器所产生的影响，它由如下模型生成的涂层重量灵敏度来定义：

$$K\_Sens := \frac{dM_{solid\_pred}/dp_0}{dM_{solid\_pred}/dh}$$

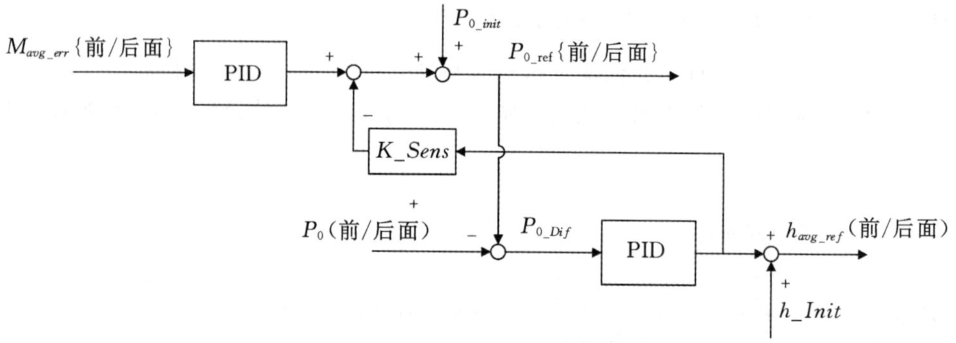

图 18.22 多变量闭环控制器

图 18.22 中闭环控制器的输入为误差 M_{avg_err},它是通过如下 Smith 预估概念而得到的(见图 18.14 和式(18.12)):

$$M_{avg\_err} := M_{ref} - (M_{avg\_solid\_mens} - M_{avg\_solid\_pred} + M_{avg\_solid\_pred\_del}) \tag{18.19}$$

值得注意的是,式(18.19)所示信号的实现需要符合以下要求:

- 自动化层 2 应该运行涂层工艺的数学模型至少 3 次,也就是说,无论对于中间水平基准 $h_{ref}(0)$(用来产生 $M_{avg\_solid\_pred}$),还是对于以下两个位置 $h_{ref}(-1)$和 $h_{ref}(+1)$(用来产生 $M_{dif\_solid\_pred}$)都要执行涂层工艺的数学模型。
- 必须为自动化层 1 提供一个合适的跟踪系统,以便可以根据 AK 设备位置到冷涂层测量仪的安装位置来跟踪估计 $M_{avg\_solid\_pred}$,也就是即使在加速/减速期间,也能通过"模拟"传输延迟来跟踪估计。该跟踪系统的输出由信号 $M_{avg\_solid\_pred\_del}$ 来表示。

18.6.8 可达到的性能

在本节中,我们给出了由一个真实工厂中的涂层重量控制器所得到的结果,其中 AK 设备和冷涂层测量仪之间的距离大约为 100m。

首先,我们会开启在钢卷中间的控制器,以测量沉淀性能。在图 18.23 中,我们给出了测量的平均涂层的历史记录。涂层重量的目标为 80g/m²。大约有 150m 的钢带的公差没有超过 1g/m² 的范围。

在图 18.24 和 18.25 中,我们给出了长期生产运行中所能保证的性能(即控制器在具有相同性质钢卷的生产期间保持开启)。

对于长期性能而言,人们最关注的方面在于可能的涂层过量的数量(见式(18.11)中的定义)。在图 18.26 和图 18.27 中,分别给出了在开环和闭环中从 1000 到 1500 范围涂层过量的产品的统计分布。

最后这几幅图中表现出的差异,不仅源于操作人员本身的谨慎态度,而且源于当任何意外情况发生时,恰当的人工干预的困难。

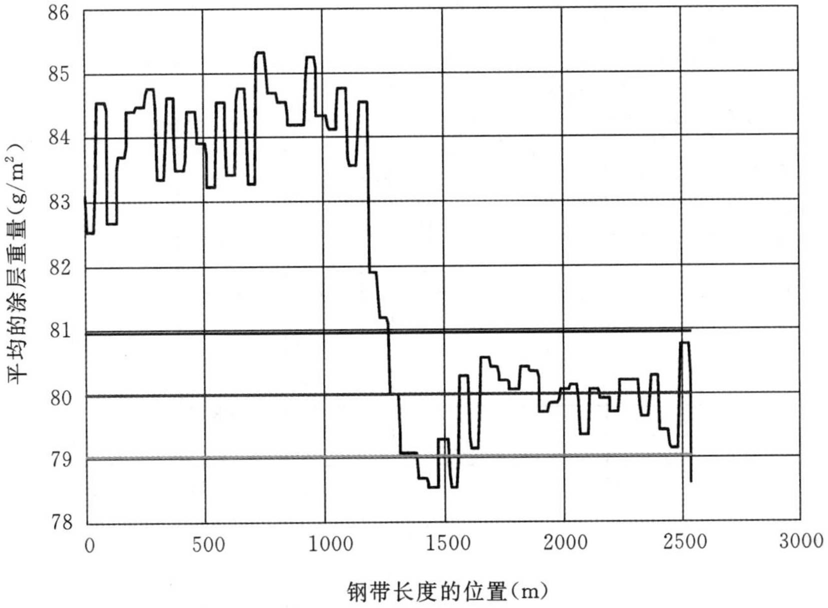

图 18.23 沉淀性能的测量

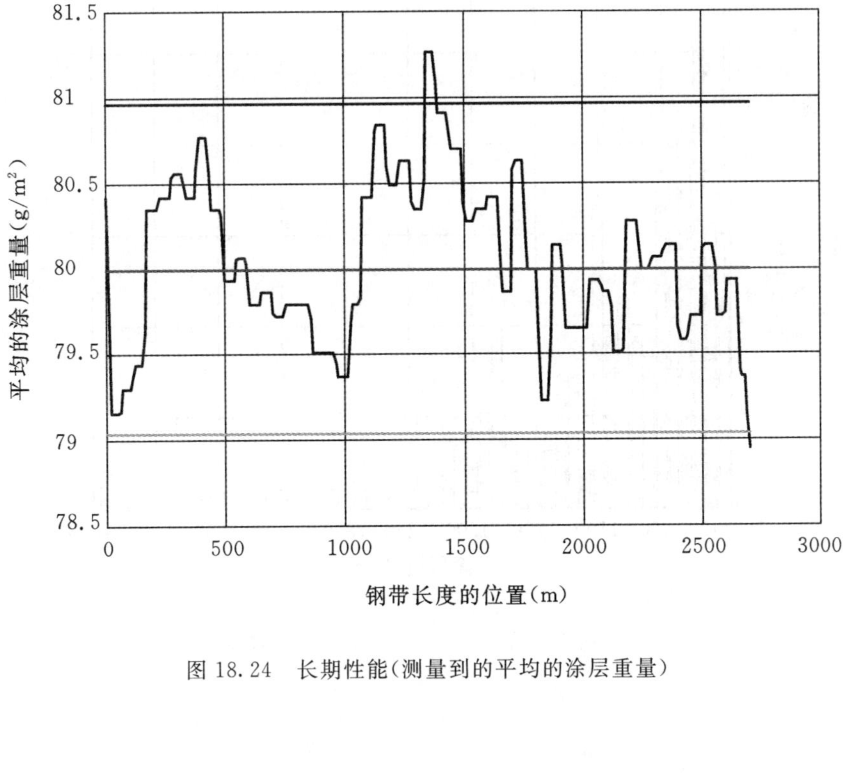

图 18.24 长期性能(测量到的平均的涂层重量)

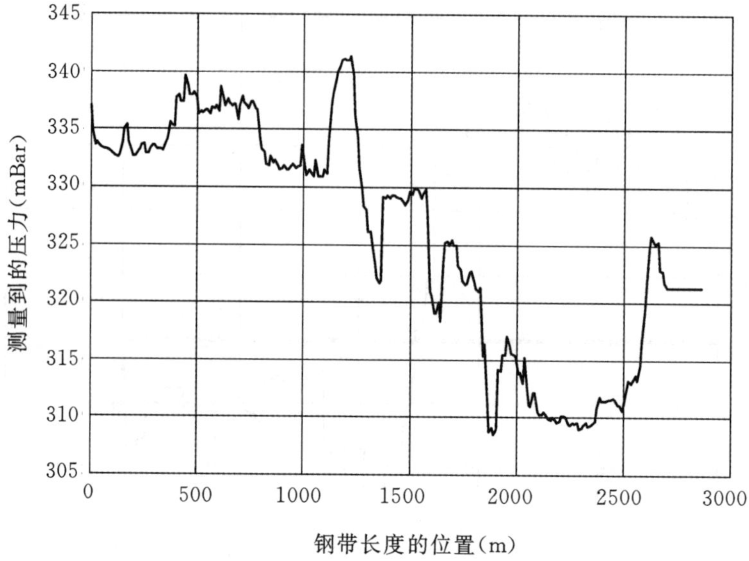

图 18.25 长期性能(测量到的 AK 供给压力)

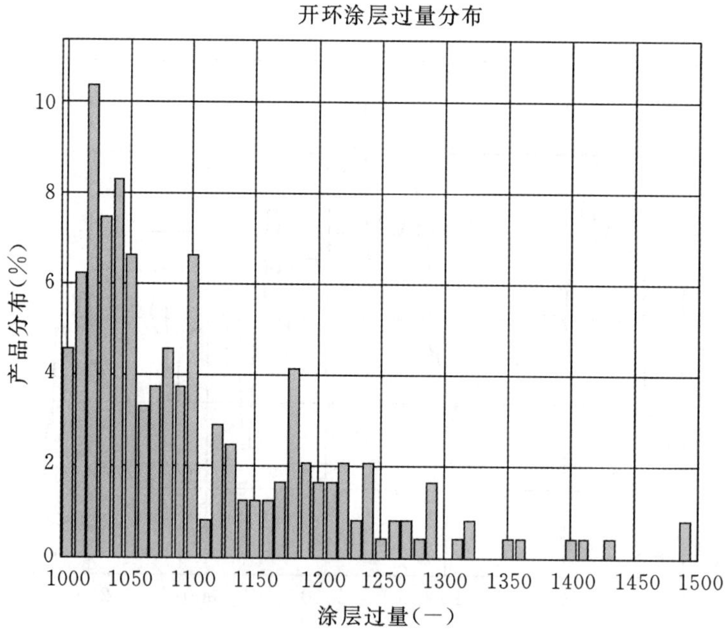

图 18.26 开环生产中测量到的涂层过量

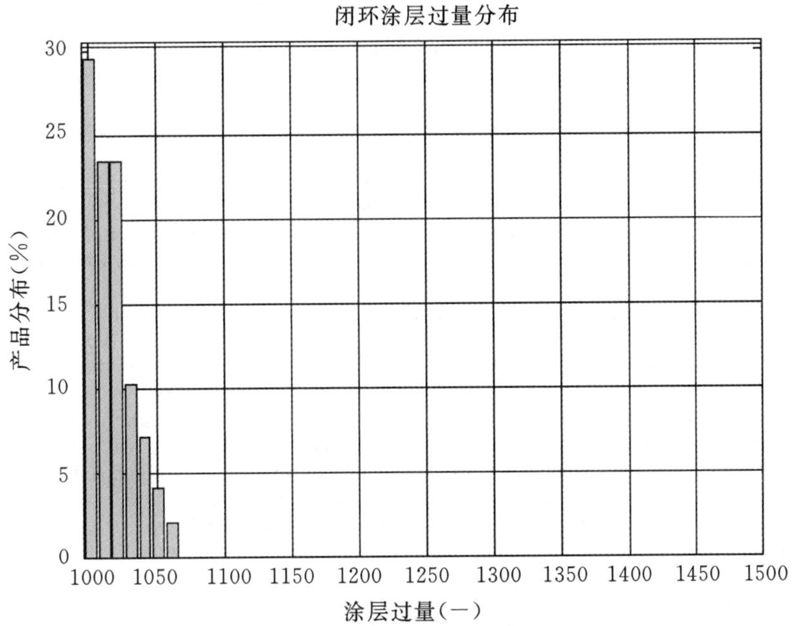

图 18.27 闭环生产中测量到的涂层过量

18.7 总结

本章回顾了为了具体实现金属平带生产的工厂而提出的自动化方案以及需要解决的控制问题。具体地,本章提出了一种多变量控制架构来调节 HDGL 中的锌层重量,并论述了为了有效实现这样的闭环控制器而要解决的所有问题。事实上,本章也给出为了完成闭环任务,如何实现并利用一个数学模型,并讨论了有关典型工厂的特征及可能的控制变量。最后,给出了这样的控制器所能实现的性能。

致谢

作者要感谢 Filippo Bertoli,Marco Roddaro 和 Massimo Filippo(Danieli Automation,Italy)在多变量涂层控制器在镀锌生产线上投入使用期间的帮助。

参考文献

1. A. Tselikov, *Stress and Strain in Metal Rolling*, MIR Publishers, Moscow, 1967.
2. W.L. Roberts, *Flat Processing of Steel*, Marcel Dekker, New York, 1988.

3. V.B. Ginzburg, Ed., *Flat-Rolled Steel Processes: Advanced Technologies*, Taylor & Francis Group, Broken Sound Parkway NW, 2009.
4. C. Aurora, D. Cettolo, and F.A. Cuzzola, Cut scheduling optimization in plate mill finishing area through mixed-integer linear programming, *IEEE Transactions on Control System Technology*, Vol. 18, No. 1, pp. 118–127, 2010.
5. R. Takahashi, State of the art in hot rolling process control, *Control Engineering Practice*, Vol. 9, No. 9, pp. 987–993, 2001.
6. K. Fukushima, Y. Tsuji, S. Ueno, Y. Anbe, K. Sekiguchi, and Y. Seki, Looper optimal multivariable control for hot strip finishing mill, *Transactions Iron Steel Inst. Japan*, Vol. 28, pp. 463–469, 1988.
7. G. van Ditzhuijzen, The controlled cooling of hot rolled strip: a combination of physical modeling, control problems and practical adaption, *IEEE Transactions on Automatic Control*, Vol. 38, No. 7, pp. 1060–1065, 1993.
8. R. Furlan, F.A. Cuzzola, and T. Parisini, Friction compensation in the interstand looper of hot strip mills: A sliding mode control approach, *Control Engineering Practice*, Vol. 16, No. 2, pp. 214–224, 2008.
9. T. Mroz, G. Hearns, T. Bilkhu, K.J. Burnham, and J.G. Linden, Predictive profile control for a hot strip mill, *19th International Conference on Systems Engineering*, pp. 260–265, 2008.
10. I. Malloci, J. Daafouz, C. Iung, R. Bonidal, and P. Szczepanski, Robust steering control of hot strip mill, *IEEE Transactions on Control Systems Technology*, Vol. 18, No. 4, pp. 908–917, 2010.
11. F.A. Cuzzola and N. Dieta, Camber and wedge compensation in hot strip rolling, *IFAC Workshop on New Technologies for Automation of Metallurgical Industry*, Shanghai, China, 2003.
12. G. Hearns and M.J. Grimble, Robust multivariable control for hot strip mill, *Transactions Iron Steel Inst. Japan*, Vol. 40, No. 10, pp. 995–1002, 2000.
13. F.A. Cuzzola, A multivariable and multi-objective approach for the control of hot-strip mills, *ASME Journal of Dynamic Systems, Measurement, and Control*, Vol. 128, No. 4, pp. 856–868, 2006.
14. T. Hesketh, Y.A. Jiang, D.J. Clements, D.H. Butler, and R. van der Laan, Controller design for hot strip finishing mills, *IEEE Transactions on Control Systems Technology*, Vol. 6, No. 2, pp. 208–219, 1998.
15. M. Okada, M. Murayama, A. Urano, Y. Iwasaki, A. Kawano, and H. Shiomi, Optimal control system for hot strip finishing mill, *Control Engineering in Practice*, Vol. 6, pp. 1029–1034, 1998.
16. Y. Seki, K. Sekiguchi, Y. Anbe, K. Fukushima, Y. Tsuji, and S. Ueno, Optimal multivariable looper control for hot strip finishing mill, *IEEE Transactions on Industry Applications*, Vol. 27, No. 1, pp. 124–130, 1991.
17. G. Hearns, P. Reeve, P. Smith, and T. Bilkhu, Hot strip mill multivariable mass flow control, *IEE Proceedings. Control Theory and Applications*, Vol. 151, No. 4, pp. 386–394, 2004.
18. B. Frisch, W.R. Thiele, and N. Muller, Determination of the pickling time during the descaling of steel in HCl, *Stahl und Eisen.*, Vol. 93, No. 15, pp. 673–679, 1973.
19. F. Pempera, D. Gruchot, and M. Turchetto, The Turboflo concept realized in the new Corus pickling and Bregal pickling and hot dip galvanising lines, *Metallurgical Plant and Technology International*, Vol. 24, No. 6, 2001.
20. T. Nakamura, H. Okoshi, Y. Kani, and H. Sugawara, Continuous annealing, pickling and galvanizing for production of surface-treated steel sheet, *Hitachi Review*, Vol. 45, No. 6 pp. 283–288, 1996.
21. D. Annika, Model-based control system for pickling lines, *Iron and Steel Engineer*, Vol. 74, No. 1, pp. 47–50, 1997.
22. L. Isopescu, P.M. Frank, and G. Gonsior, Modelling of a turbulence pickling line for adaptive control, *Proceedings of the European Control Conference*, Karlsruhe, Germany, 1999.
23. D. Annika and T. Heinz, Model for turbulence pickling lines, *Metallurgical Plant and Technology International*, Vol. 17, No. 2, pp. 70–75, 1994.
24. W.J. Edwards, Design of entry strip thickness controls for tandem cold mills, *Automatica*, Vol. 14, pp. 429–441, 1978.
25. C.F. Bryant, *Automation of Tandem Mills*, British Iron and Steel Institute, London, UK, 1973.
26. M. Tomasic and J. Felkl, Rolling of transitions in a continuous Tandem cold mill, *Proceedings of the 9th International and 4th European Steel Rolling Conference*, Paris, France, 2006.
27. C. Binroth and A. Fedosseev, Behavior of weld seams during cold rolling processes, *Proceedings of the 9th International and 4th European Steel Rolling Conference*, Paris, France, 2006.
28. J.S. Wanga, Z.Y. Jiang, A.K. Tieu, X.H. Liu, and G.D. Wang, A flying gauge change model in tandem cold strip mill, *Journal of Materials Processing Technology*, Vol. 204, No. 1–3, pp. 152–161, 2008.
29. J.R. Pittner and M.A. Simaan, An optimal control method for improvement in Tandem cold metal rolling, *IEEE IAS 2007 Conference Record of the 42nd Annual Meeting*, New Orleans, 2007.

30. J.R. Pittner and M.A. Simaan, Optimal control of Tandem cold rolling using a pointwise linear quadratic technique with trims, *ASME Transactions on Dynamic Systems, Measurement and Control*, Vol. 130, No. 3, 2008.
31. J.R. Pittner and M.A. Simaan, State-dependent Riccati equation approach for optimal control of a Tandem cold metal rolling process, *IEEE Transactions on Industrv Application*, Vol. 42, No. 3, pp. 836–843, 2006.
32. T. Saito, T. Ohnishi, T. Komatsu, S. Miyoshi, H. Kitamura, and M. Kitahama, Automatic flatness control in Tandem cold rolling mill for ultra-thin gauge strip, *Kawasaki Steel Technical Report*, Vol. 24, pp. 41–46, 1991.
33. S.R. Duncan, J.M. Allwood, and S.S. Garimella, The analysis and design of spatial control systems in strip metal rolling, *IEEE Transaction on Control System Technology*, Vol. 6, No. 2, pp. 220–232, 1998.
34. J.V. Ringwood and M.J. Grimble, Shape control in Sendzimir mills using both crown and intermediate roll actuators, *IEEE Transactions on Automatic Control*, Vol. 35, No. 4, pp. 453–459, 1990.
35. M.J. Grimble and J. Fotakis, The design of strip shape control systems for Sendzimir mills, *IEEE Transactions on Automatic Control*, Vol. 27, No. 3, pp. 656–666, 1982.
36. R.M. Guo, Development of an optimal crown/shape level-2 control model for rolling mills with multiple control devices, *IEEE transactions on Control Systems Technology*, Vol. 6, No. 2, pp. 172–179, 1998.
37. G.R. Galvan, L.A. Garcia-Garza, and I. Peres-Vargas, Robustness margin of the hot-dip galvanising control system, *Proceedings of the 2003 IEEE Conference on Control Applications*, Instanbul, Turkey, 2003.
38. S.R. Yoo, I.S. Choi, P.K. Nam, J.K. Kim, S.J. Kim, and J. Davene, Coating deviation control in transverse direction for a continuous galvanizing line, *IEEE Transactions on Control Systems Technology*, Vol. 7, No. 1, pp. 129–135, 1999.
39. C. Schiefer, F.X. Rubenzucker, H.P. Jorgl, and H.R. Aberl, A neural network controls the galvannealing process, *IEEE Transactions on Industry Applications*, Vol. 35, No. 1, pp. 114–118, 1999.
40. H.L. Gerber, Magnetic damping of steel sheet, *IEEE Transactions on Industry Applications*, Vol. 39, No. 5, pp. 1448–1453, 2003.
41. J.G. Van Antwerp, A.P. Featherstone, R.D. Braatz, and B.A. Ogunnaike, Cross-directional control of sheet and film processes, *Automatica*, Vol. 43, pp. 191–211, 2007.
42. Y.T. Kim, An automatic coating weight control for continuous galvanizing line, *Proceedings of the Conference on Control, Automation and Systems*, Seoul, Korea, 2008.
43. C. Fenot, F. Rolland, G. Vigneron, and I.D. Landau, A successful black box design: digital regulation of deposited zinc in hot-dip galvanising at Sollac Florange, *Proceedings of the 2nd IEEE Conference on Control Applications*, Vancouver, Canada, 1993.
44. T. Watanabe, H. Narazaki, Y. Uchiyama, and H. Nakano, An adaptive fuzzy modeling for continuous galvanizing line, *Proceedings of the IEEE Conference on Systems, Man, and Cybernetics*, 1997.
45. J.A. Thorton and H.F. Graff, An analytical description of the jet finishing process for hot dip metallic coatings on strip, *Metallurgical Transactions B*, Vol. 7, pp. 607–618, 1976.
46. C.H. Ellen and C.V. Tu, An analysis of jet stripping of liquid coatings, *ASME Journal of Fluids Engineering*, Vol. 106, pp. 399–404, 1984.
47. E.A. Elsaadawy, G.S. Hanumanth, A.K.S. Balthazaar, J.R. McDermid, A.N. Hrymak, and J.F. Forbes, Coating weight model for the continuous hot-dip galvanizing process, *Metallurgical and Materials Transactions B*, Vol. 38, No. 3, pp. 413–424, 2007.
48. C.H. Ellen and D.H. Wood, Wall pressure and shear stress measurements beneath an impinging jet, *Experimental Thermal and Fluid Science*, Vol. 13, No. 4, pp. 364–373, 1996.
49. V. Asano, K. Yamamoto, T. Kawase, and N. Nomura, Hot strip mill tension-looper control based on decentralisation and coordination, *Control Engineering in Practice*, Vol. 8, pp. 337–344, 2000.
50. F. Yamada, K. Sekiguchi, M. Tsugeno, Y. Anbe, Y. Andoh, C. Forse, M. Guernier, and T. Coleman, Hot strip mill mathematical models and set-up calculation, *IEEE Transactions on Industry Applications*, Vol. 27, No. 1, 131–139, 1991.
51. D.F. Garcia, J.M. Lopez, F.J. Suarez, J. Garcia, F. Obeso, and J.A. Gonzalez, A novel real-time fuzzy-based diagnostic system of roll eccentricity influence in finishing hot strip mills, *IEEE Transactions on Industry Applications*, Vol. 34, No. 6, 1342–1350, 1998.
52. G.W. Rigler, H.R. Aberl, W. Staufer, K. Aistleitner, and K.H. Weinberger, Improved rolling mill automation by means of advanced control techniques and dynamic simulation, *IEEE Transactions on Industry Applications*, Vol. 32, No. 3, pp. 599–607, 1996.
53. Y.-L. Hsu, C.-P. Liang, and S.-J. Tsai, An improvement of HAGC response for CSC No.1 HSM, *IEEE Transactions on Industry Applications*, Vol. 36, No. 3, pp. 854–860, 2000.

54. L.F. Lia, P. Caenenc, M. Daerdenc, D. Vaesc, G. Meersc, C. Dhondtd, and J.P. Celisa, Mechanism of single and multiple step pickling of 304 stainless steel in acid electrolytes, *Corrosion Science*, Vol. 47, No. 5, pp. 1307–1324, 2005.
55. R.Y. Chen and W.Y.D. Yuen, A study of the scale structure of hot-rolled steel strip by simulated coiling and cooling, *Oxidation of Metals*, Vol. 53, No. 5–6, pp. 539–560, 2000.
56. K.W. Gohring, N.D. Swain, and R.L. Sauder, Pickler line simulation model, *Proceedings of the 5th Annual Simulation Symposium*, Tampa, FL, 1972.
57. W.L. Roberts, *Cold Rolling of Steel*, Marcel Dekker, New York, 1978.
58. R.M. Guo, Optimal profile and shape control of flat sheet metal using multiple control devices, *IEEE Transactions on Industry Applications*, Vol. 32, No. 2, pp. 449–457, 1996.
59. G.C. Goodwin, S.J. Lee, A. Carlton, and G. Wallace, Application of Kalman filtering to zinc coating mass estimation, *Proceedings of the 3rd IEEE Conference on Control Applications*, Strathclyde University, Glasgow, UK, 1994.